AF566134

Bahninfrastrukturen

Ulrich Weidmann

Bahninfrastrukturen

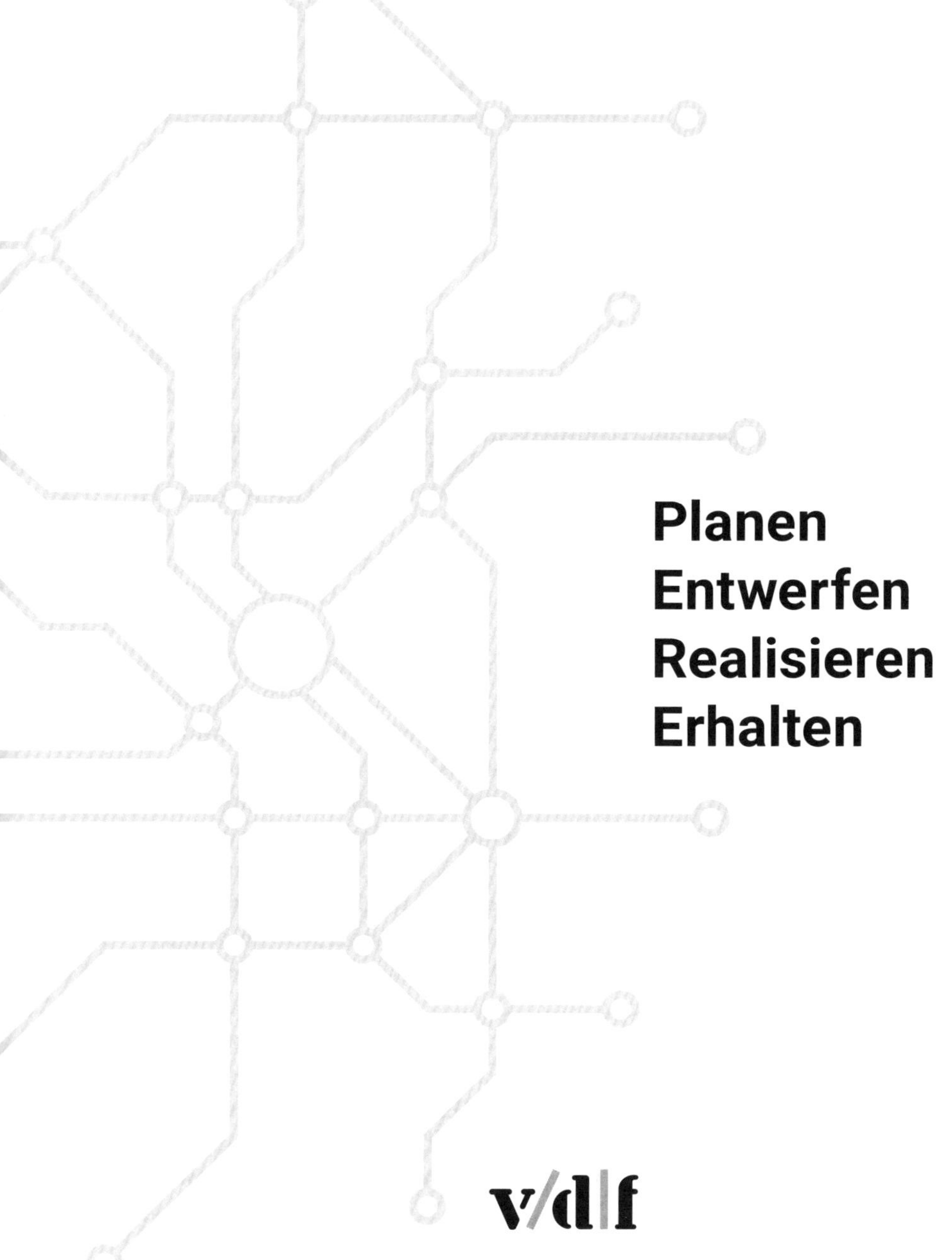

Planen
Entwerfen
Realisieren
Erhalten

v/d|f

Vorwort

Sie befördert ihre Fahrgäste mit hohem Komfort, maximaler Sicherheit und minimalem Platzbedarf. Sie verbindet Metropolen direkt und schnell. Grösste Gütermengen über lange Distanzen transportiert sie effizient und zuverlässig. Sie braucht wenig Energie und die Elektromobilität hat sich bei ihr seit über hundert Jahren bewährt. Um ihre Haltepunkte herum entfalten sich Wohnen und Arbeiten. Sie ist für alle Personen zu gleichen Bedingungen zugänglich und garantiert damit die Mobilität für die ganze Gesellschaft. Kurz: Die Eisenbahn bietet sich als Mobilitätsträgerin der Zukunft geradezu an. Im 19. Jahrhundert entstanden, vor fünfzig Jahren totgesagt, hat sie im 21. Jahrhundert eine klare Mission, denn eine nachhaltige Welt ist ohne die nachhaltige Bahn undenkbar – leistungsfähig, sicher, zuverlässig, umweltfreundlich.

Rückgrat ist die Bahninfrastruktur, ein komplexes soziotechnisches System und ein beträchtliches volkswirtschaftliches Vermögen. Deren zentrale verkehrspolitische Bedeutung äussert sich in der Schweiz und anderen Ländern in umfangreichen langfristigen Investitionsprogrammen. Gleichzeitig ist sie bei Weitem nicht kostendeckend und höchste Wirtschaftlichkeit ist bei ihrer Weiterentwicklung gefordert. Dazu ist zunächst der Infrastrukturbedarf funktional richtig zu spezifizieren; nicht zu viel, aber auch nicht zu wenig und vor allem das Richtige ist zu bauen. Lebenszykluskostenoptimale Technologien sollen die Ausführung bestimmen und während der Nutzung sind die Anlagen effizient und effektiv zu erhalten.

Die Bahn ist für alle da und doch eine Welt für sich: Zahlreiche Planungsaufgaben und Projektierungsverfahren sind eigenständig, ebenso die bahntechnischen Systeme, die Diagnostik oder die Erhaltungsverfahren. Grund genug, der Bahninfrastruktur an der ETH Zürich eine eigene Vorlesungsreihe zu widmen. Das über die Jahre entstandene Stoffprogramm wurde in Skripten und Foliensätzen dokumentiert, die sich aber nicht für eine allgemeine Zugänglichkeit eigneten. Die intensive Planungs- und Bautätigkeit im Bahnbereich äusserte sich indessen in einem breiten Interesse an einem Einführungswerk in die Materie. Dies motivierte mich, meine Skripte zu überarbeiten und zu aktualisieren sowie mit neuen Inhalten und Auszügen aus eigenen Publikationen abzurunden. Die erste Ausgabe liegt nun als Buch vor. Die Struktur folgt – nach einer übergreifenden Einleitung – dem Lebenszyklus einer Infrastruktur, von der Planung bis zu ihrer Erhaltung. Die Darstellung soll Grundlegendes aufzeigen und den Einstieg in die vertiefende Literatur oder das hervorragende Regelwerk Technik Eisenbahn (RTE) des schweizerischen Verbandes öffentlicher Verkehr erleichtern.

Über die Jahrzehnte haben zahlreiche Personen – bereits unter meinem Vorgänger Prof. Heinrich Brändli – recherchiert sowie Texte und Darstellungen beigesteuert. Naturgemäss ist es mittlerweile unmöglich, all dies korrekt zuzuordnen; deshalb sei den folgenden Personen an dieser Stelle gedankt: Dr. Bernhard Alt, Daniel Boesch, Hans-Konrad Bareiss, Dr. Axel Bomhauer-Beins, Dr. Ernst Bosina, Dr. Patrick Braess, Prof. Heinrich Brändli (†), Dr. Dirk Bruckmann, Stefan Buchmüller, Dr. Robert Dorbritz, Dr. Nikolaus Fries, Dr. Tobias Fumasoli, Dr. Peter Giger, Dr. Sabrina Herrigel, Christoph Lippuner, Dr. Marco Lüthi, Uwe Kirsch, Dr. Michael Kohler, Christoph Kölble,

Dr. Mark Meeder, Dr. Severin Rangosch, Dr. Markus Rieder (†), Hannes Schneebeli, Dr. Steffen Schranil, Dr. Marc Sinner, Lukas Stadelmann, Jost Wichser, René Zeller, Manuel Zimmermann.

Mit Sicherheit habe ich Personen vergessen. Dies geschah nicht aus Absicht und gerne trage ich diese in einer nächsten Auflage nach. Ähnliches gilt für die Quellenangaben: Ich habe sie nach bestem Wissen und Gewissen überprüft, auch sie sind aber wohl nicht vollständig. Abbildungen, deren Herkunft ich nicht mehr rekonstruieren konnte und die einen eher grundsätzlichen Charakter haben, habe ich als „eigene Darstellung" deklariert. Auch hier ist jeder Hinweis erwünscht. Schliesslich ist zu erwarten, dass Inhalte vermisst werden; dies lässt sich gerne ein nächstes Mal hinzufügen.

Ein ganz grosser Dank geht schliesslich an den vdf Hochschulverlag AG an der ETH Zürich. Er hat das verlegerische Risiko auf sich genommen, ein umfangreiches Werk zu einer spezialisierten Materie in sein Programm aufzunehmen. Sein ganzes Team hat die Herstellung mit grossem Einsatz sowie kaum zu übertreffender Präzision und Effizienz geführt, sodass ich mich in aller Ruhe auf die Inhalte konzentrieren konnte.

Prof. Dr. Ulrich Weidmann

1 Einführung in die Bahninfrastrukturen

1.1 Bahninfrastrukturen als Teil der Verkehrsinfrastrukturen

1.1.1 Entwicklung der Bahnnetze

1.1.1.1 Entwicklung des weltweiten Bahnnetzes

In vielen Gebieten der Erde hat sich die Eisenbahn als leistungsfähiges, zuverlässiges und energieeffizientes Landverkehrssystem etabliert. Sie erschliesst dicht besiedelte Agglomerationen, verbindet Metropolen und befördert riesige Gütermengen quer durch die Kontinente. Ihre Kerneigenschaft, die dies ermöglicht, ist die Spurführung; aus dieser wiederum leiten sich zahlreiche Charakteristiken der Infrastruktur sowie ihrer Nutzung und Organisation ab.

Erste Ansätze zu spurgeführten Verkehrssystemen finden sich bereits in der Antike sowie wieder ab dem Spätmittelalter, dannzumal vorwiegend im Bergbau. Erst im industrialisierten England des 19. Jahrhunderts entstanden Eisenbahnen zum allgemeinen Personen- und Gütertransport, beginnend 1825 zwischen Stockton und Darlington. Waren es zuerst einzelne Strecken, die bedeutende Städte, Produktionsstandorte oder Rohstoffvorkommen mit Wasserstrassen verbanden, so erwies sich die Eisenbahn rasch den Strassen und Kanälen überlegen und revolutionierte damit das Verkehrswesen. Um 1930 erreichte das weltweite Bahnnetz mit rund 1,53 Mio. km seine bisher grösste Ausdehnung.

Ab den 1930er-Jahren sowie erneut ab den 1950er-Jahren wurden indessen in Europa und Nordamerika zahlreiche Regionalbahnen auf Busbetrieb umgestellt. Zudem wurden vor allem in Afrika und Südamerika längere Eisenbahnstrecken aufgegeben. In der jüngeren Zeit bis in die Gegenwart wurden im Gegenzug wieder neue Hochgeschwindigkeitsstrecken und Schwerlast-Güterbahnen in Asien, in Australien, im Nahen Osten sowie in Europa gebaut. Nach einem Tiefpunkt ist das weltweite Bahnnetz deshalb erneut auf etwa 1,37 Mio. km angewachsen.

Vierteljahrhundert	Aufbau der Bahnnetze	Rückbau der Bahnnetze
1825–1850	Normalspurige Hauptbahnen im einfachen Gelände	
1850–1875	▪ Normalspurige Hauptbahnen im schwierigen Gelände ▪ Normalspurige Nebenbahnen	
1875–1900	▪ Normalspurige Hauptbahnen im Gebirge ▪ Schmalspurbahnen ▪ Strassenbahnen in Gross- und Mittelstädten	
1900–1925	▪ Überland-Strassenbahnen ▪ Orts- und touristische Strassenbahnen	

Vierteljahrhundert	Aufbau der Bahnnetze	Rückbau der Bahnnetze
1925–1950	Beginnender Aufbau des Busnetzes	Ab 2. Weltkrieg, normal- und schmalspurige Nebenbahnen, Überland-Strassenbahnen und kleine Strassenbahnnetze wegen Strassenkonkurrenz und Abnützung der Infrastruktur
1950–1975	Rasche Ausdehnung des Busnetzes	
1975–2000	Ergänzung der Hauptbahnen zum Teil durch Hochgeschwindigkeitsstrecken	Normal- und schmalspurige Regionalbahnen
2000–heute	▪ Wiedereinführung von Tramnetzen ▪ Verbindung der Hochgeschwindigkeitsstrecken zu einem Netz	Regionalbahnen in bevölkerungsschwachen oder sich entvölkernden Gegenden, insbesondere Osteuropa

Tabelle 1 *Entwicklungsperioden der Bahnsysteme in Europa, generalisiert [eigene Darstellung].*

1.1.1.2 Entwicklung des schweizerischen Bahnnetzes

In der Schweiz setzte der Bahnbau, infolge schwacher Industrialisierung und politischer Zersplitterung, vergleichsweise spät ein. Nicht zufälligerweise war es mit der Strecke Strassburg – Basel eine ausländische Bahn, die das Bahnzeitalter im Jahr 1844 einleitete. Als erste innerschweizerische Strecke wurde 1847 die Verbindung Zürich – Baden dem Betrieb übergeben. Erst 1852 – nach Gründung des schweizerischen Bundesstaates – konnte aber die Rechtssituation

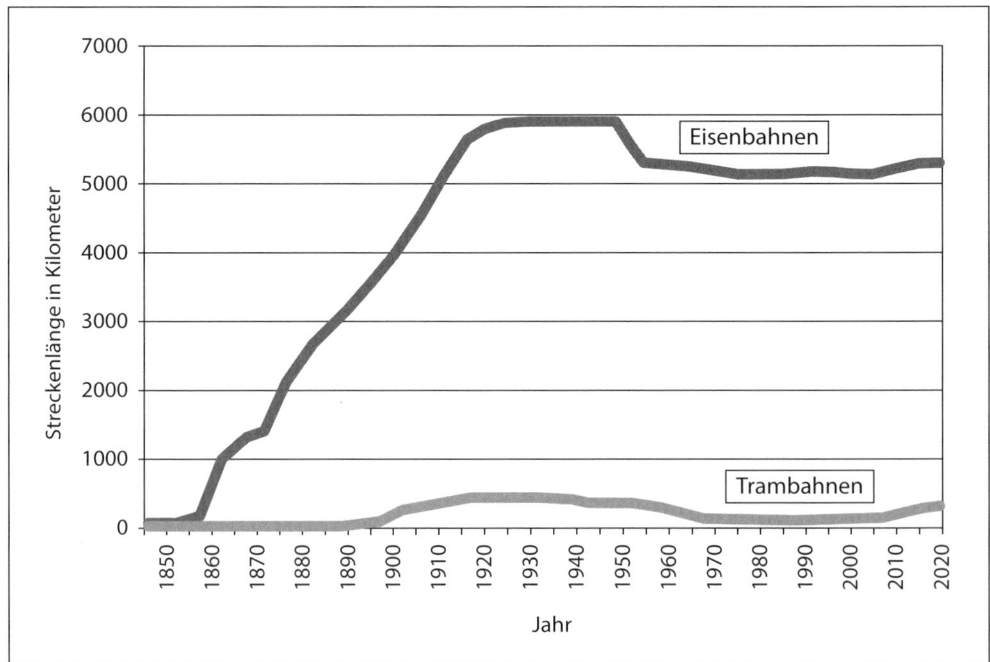

Abbildung 1 *Entwicklung des schweizerischen Bahnnetzes seit 1844, getrennt nach Eisenbahnen und Trambahnen; die Zahnradbahnen sind in der Kategorie der Eisenbahnen enthalten [eigene Darstellung].*

mit dem schweizerischen Eisenbahngesetz verlässlich geklärt werden. Bis etwa 1875 entstand in der Folge nahezu das gesamte Hauptstreckennetz, mit einer Baugeschwindigkeit von rund 190 km/Jahr. Ab den 1870er-Jahren folgten die regionalen Netzergänzungen. Dabei erlaubte das hydroelektrische Potenzial bereits früh die Erstellung kostengünstiger und leistungsfähiger elektrischer Regional- und Bergbahnen. Nach dem 1. Weltkrieg kam der Bahnbau weitgehend zum Erliegen und die weitere Verdichtung des Netzes des öffentlichen Verkehrs erfolgte vorwiegend mit dem Autobus. Die grösste Netzausdehnung der Schweizer Bahnen wurde um 1940 mit rund 5900 km erreicht. Anschliessend wurden zwar noch einzelne Netzergänzungen realisiert, insgesamt aber rund 800 km oder 14 % stillgelegt. Erst in jüngerer Zeit wurden wieder namhafte Netzerweiterungen realisiert.

1.1.1.3 Strukturelle Vereinheitlichung der Bahnnetze

Wurde das Bahnnetz zunächst in einer grossen Vielfalt – oft situativ gewählter – technischer und betrieblicher Eigenschaften aufgebaut, ist seit den 1920er-Jahren eine Vereinheitlichung im Gang. Die Infrastrukturen wurden sukzessive standardisiert und die vielfältigen Überlandstrassenbahnen wurden entweder eigentrassiert oder auf Bus umgestellt. Zudem verschwanden zahlreiche kürzere Strecken mit meist eigenständigen Ausbauparametern. Das heutige schweizerische Netz setzt sich aus normalspurigen Haupt- und Regionalbahnen, Schmalspurbahnen und den Tramnetzen der vier grössten Städte zusammen. Verschwunden sind dagegen vor allem die Überlandstrassenbahnen sowie die Strassenbahnen in Kleinstädten und Tourismusorten. In den europäischen Metropolen verbreiteten sich zudem vor allem in den letzten rund sechzig Jahren die U- und Stadtbahnen.

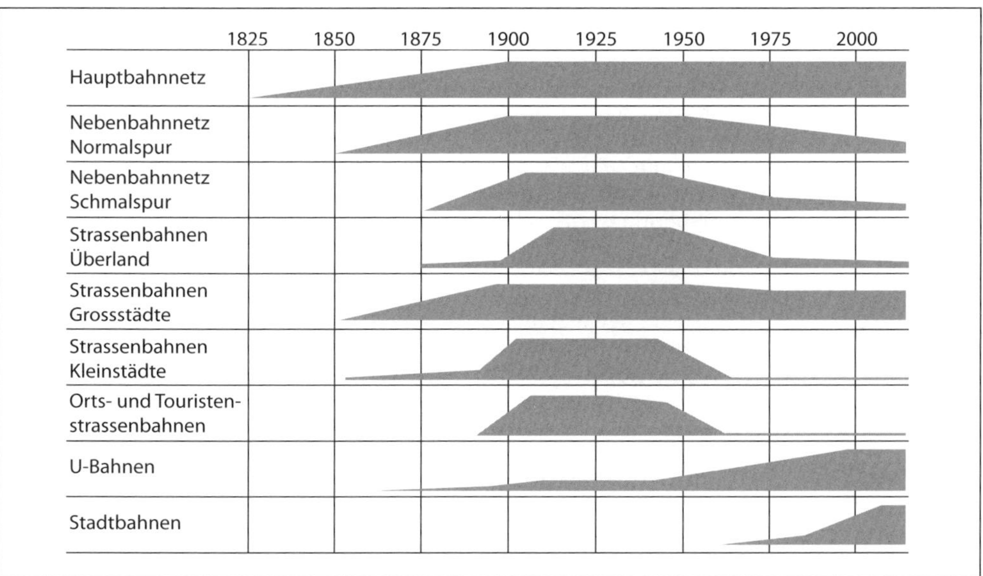

Abbildung 2 *Strukturelle Entwicklung der europäischen Schienennetze (qualitativ), Entwicklung der Netzausdehnung in Relation zur jeweils grössten Ausdehnung; starke Vereinheitlichung der Netze seit Ende des 2. Weltkrieges und Konzentration auf grosse Verkehrsströme [eigene Darstellung].*

1.1.2 Verkehrsinfrastrukturen als Teil der Verkehrssysteme

Die Eisenbahn ist das Verkehrssystem mit der komplexesten Infrastruktur. *Verkehrssysteme* sind – generell formuliert – soziotechnische und ökonomische Systeme, die Verkehrsangebote hervorbringen. *Infrastruktur* geht auf Lateinisch „infra" zurück, was „unten" oder „unterhalb" bedeutet. Infrastrukturen umfassen im Allgemeinen alle physischen Einrichtungen, die über einen langen Zeitraum bestehen und welche die Grundlage für andere Aktivitäten bilden. *Verkehrsinfrastrukturen* im Besonderen lassen sich verstehen als beständige ortsfeste Einrichtungen, welche die Fortbewegung von Personen und Gütern ermöglichen. Sie sind die Basis einer effizienten Raumüberwindung und sowohl Konsequenz aus als auch Voraussetzung für eine spezialisierte Flächennutzung. Verkehrsinfrastrukturen beeinflussen damit die Standortgunst von Siedlungen oder ganzen Regionen und Ländern.

Die Verkehrsinfrastrukturen werden von den beweglichen Transporteinheiten genutzt, welche die Ortsveränderungsleistung erbringen. Die Vorleistungen der Verkehrsinfrastruktur bestehen zum Ersten in der Vorhaltung des physischen Fahrweges und zum Zweiten in der Koordination und Sicherung aller Transporteinheiten. Daraus leiten sich drei Leistungsebenen von Verkehrssystemen ab [Höppner 2009]:

1. *Verkehrsebene:* Transporte mittels Transporteinheiten (Fahrzeuge, Flugzeuge, Schiffe).
2. *Steuerungsebene:* Koordination der Transporteinheiten, gegenseitige Sicherung.
3. *Fahrwegebene:* Planung, Bau und Erhaltung des Fahrweges.

<table>
<tr><th>Ebene</th><th>Funktionen/Subsysteme</th><th>Dreiebenenmodell</th><th>Zweiebenenmodell</th></tr>
<tr><td>Verkehrsebene
(Ebene 1)</td><td>Beförderungsdienstleistung durch Transporteinheiten (Fahrzeuge, Flugzeuge, Schiffe etc.)</td><td>Verkehrsmittel</td><td>Verkehrsmittel</td></tr>
<tr><td>Steuerungsebene
(Ebene 2)</td><td>Kapazitätsbewirtschaftung, Fahrwegsteuerung und -sicherung (Informations- und Detektionssysteme, Sicherheitssysteme, Dispositionssysteme)</td><td>Kapazitätsbewirtschaftung und Fahrwegsicherung</td><td rowspan="2">Gesamte Verkehrsinfrastruktur</td></tr>
<tr><td>Fahrwegebene
(Ebene 3)</td><td>Bau und Erhaltung der Fahrwege (Planung, Projektierung, Inbetriebnahme, Erhaltung einschliesslich benötigter Ressourcen)</td><td>Bau und Erhaltung</td></tr>
<tr><td></td><td>Anwendung</td><td>Strassenverkehr
Luftfahrt
Schifffahrt
Stadt- und Strassenbahn
Eisenbahn (selten)</td><td>Eisenbahn
(Regelfall)</td></tr>
</table>

Tabelle 2 *Verkehrsökonomisches Drei- und Zwei-Ebenen-Modell der Verkehrssysteme; bei der Eisenbahn in das Zwei-Ebenen-Modell die Regel, bei den sogenannten integrierten Bahnen sind alle drei Ebenen in einer Hand [eigene Darstellung].*

Aufgrund des engen Systemverbundes der Bahn werden die infrastrukturellen Ebenen 2 und 3 in der sogenannten Bahninfrastruktur zusammengefasst, während die Infrastrukturfunktionen bei den anderen Verkehrssystemen getrennt sind. Die Bahninfrastruktur ist mit anderen Worten der ortsfeste Teil des Produktionssystems „Bahn", vergleichbar mit einem Fabrikationsbetrieb, aber örtlich verteilt, den Witterungseinflüssen ausgesetzt, physisch kaum vom Umfeld abgegrenzt und allgemein einsehbar.

1.1.3 Eigenschaften von Verkehrs- und Bahninfrastrukturen

Verkehrsinfrastrukturen zählen zu den Netzwerkindustrien und zeichnen sich durch Besonderheiten aus, die sie oft mit anderen physischen Netzwerken wie Strom-, Gas- oder Wasserinfrastrukturen teilen (nach [Thomson 1978], erweitert):

1. Die Erstellung dieser Infrastrukturen ist sehr teuer, insbesondere verglichen mit den realisierbaren Erträgen. Der grösste Teil der Investitionen ist vor ihrer Inbetriebnahme zu tätigen und zeitlich kaum staffelbar.
2. Verkehrsinfrastrukturen sind meist nur im Netzverbund sinnvoll nutzbar. Einzig in Ausnahmefällen rechtfertigt sich eine Verkehrsinfrastruktur ohne Einbindung in ein Netz.
3. Die Lebensdauer erstreckt sich oft über mehrere Generationen. Die Infrastrukturen müssen mithin für Zeiträume ausgelegt werden, über die alle Prognoseverfahren versagen.
4. Verkehrsinfrastrukturen lassen sich nur für den vorgesehenen Zweck nutzen und sind ortsgebunden.
5. Die Grössenvorteile sind ausgeprägt; die Grenzkosten zusätzlich gefahrener Leistungen auf einer gegebenen Infrastruktur sind sehr tief und beschränken sich auf Energie, Infrastruktursteuerung und leistungsabhängigen Verschleiss.

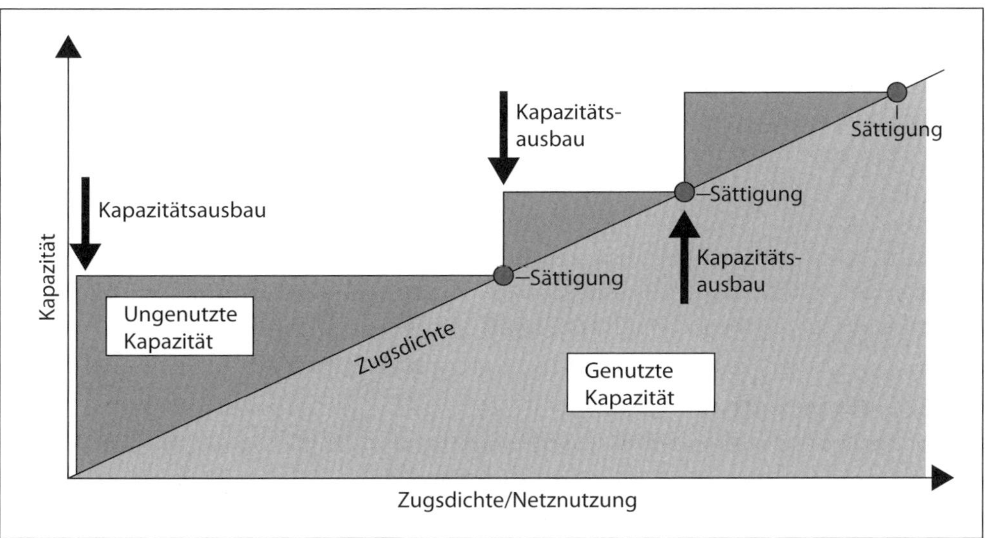

Abbildung 3 *Netznutzung versus Kapazität bei Bahnnetzen; hohe Sprungkosten bei Ausbauschritten und anschliessend strukturell bedingte Unternutzung [eigene Darstellung].*

Die Grössenvorteile relativieren sich durch folgende Effekte:

- Kapazitäten lassen sich nur stufenweise implementieren und ausbauen. Als Folge davon sind Infrastrukturen im Durchschnitt unternutzt.
- Damit verursacht ein Kapazitätsausbau stets Sprungkosten, die unmittelbar anfallen. Die Zusatzerträge stellen sich dagegen erst mit Verzögerung ein. Jeder Kapazitätsausbau ist ein Wirtschaftlichkeitsrisiko.
- Die Kapazitätserweiterung einer Infrastruktur kann zu sehr komplexen und teuren Verknüpfungsbauwerken und Knotenbereichen führen.

1.1.4 Kennwerte der Verkehrsinfrastrukturen

1.1.4.1 Netzdichte

Aufgrund der hohen Kosten wurden und werden Bahnstrecken so gelegt, dass sie möglichst viel Nachfrage bündeln; parallele Strecken wurden vermieden, ausser ihr Zweck und damit ihre betrieblich-technischen Parameter sind sehr unterschiedlich. Die Netzdichte der Bahn war und ist daher deutlich kleiner als jene der Strasse. Der motorisierte Individualverkehr verdrängte zudem im 20. Jahrhundert die Bahn vielerorts aus der Regionalerschliessung, das Strassennetz hingegen wurde nach Massgabe der Siedlungsentwicklung und Nachfrage laufend ausgebaut. Die Netzdichte der Bahnen in Europa ist aus diesen Gründen heute rund 15–40 Mal geringer als jene der Strasse, mit grossen nationalen Unterschieden [EU 2017]. In der Schweiz steht einem Bahnnetz von rund 5'200 km ein Strassennetz von 71'500 km gegenüber (Stand 2015) [BFS 2018], was ein Verhältnis von 1:14 ergibt. Es ist mithin vergleichsweise sehr dicht, aber dennoch für die Feinerschliessung auf das Busnetz mit seinen rund 21'000 km angewiesen [LITRA 2017].

1.1.4.2 Auslastung

Durch die Ausrichtung auf die starken Verkehrsströme und die Bündelung der Nachfrage ist das Bahnnetz viel stärker ausgelastet als das Strassennetz. Eine durchschnittliche schweizerische Bahnstrecke bewältigt im Personenverkehr rund dreimal und im Güterverkehr rund zehnmal mehr Nachfrage als ein durchschnittlicher Strassenabschnitt [LITRA 2017]. In den letzten Jahrzehnten blieben diese Verhältnisse konstant, da die Nachfrage der Bahn bei weitgehend unveränderter Netzlänge anstieg und gleichzeitig die Verkehrsleistung auf der Strasse zwar ebenfalls anstieg, das Strassennetz aber laufend erweitert wurde. Zu jeder Zeit gab und gibt es aber auch sehr stark belastete Strassen oder sehr schwach genutzte Bahnstrecken. Die Netzausdehnung der Bahn muss daher wiederkehrend überprüft und angepasst werden.

1.1.4.3 Wiederbeschaffungswerte

Der Wiederbeschaffungswert aller Investitionsgüter des öffentlichen Verkehrs der Schweiz liegt bei schätzungsweise 163 Mia. CHF, wovon rund 135 Mia. CHF auf Infrastrukturen entfallen. Dies entspricht einem knappen Drittel des Wiederbeschaffungswertes des gesamten schweizerischen Verkehrssystems. Bei Annahme einer durchschnittlichen Lebensdauer von

35 Jahren ergibt sich ein jährlicher Mittelbedarf von 4–5 Mia. CHF für den alterungs- und funktionsbedingten Ersatz der vorhandenen Anlagen und Fahrzeuge des öffentlichen Verkehrs.

Verkehrsnetz	Wiederbeschaffungswert (Mia. CHF, Grobschätzung)	Wiederbeschaffungswert/ Einwohner (CHF)
Infrastruktur SBB	105	12'500
Infrastruktur übrige Bahnen	25	3000
Infrastruktur Nahverkehr	5	600
Fahrzeuge Personenverkehr	22	2600
Fahrzeuge Güterverkehr	4	500
Fahrzeuge Linienbus	2	300
Wiederbeschaffungswert öffentlicher Verkehr	**163**	**19'500**
Anteil der Infrastrukturen am gesamten Wiederbeschaffungswert des öffentlichen Verkehrs	**83 %**	
Nationalstrassen	50	6000
Kantonsstrassen	65	7700
Gemeindestrassen	100	11'900
Fahrzeuge des Strassenverkehrs	140	16'700
Gesamter Wiederbeschaffungswert	**518**	**61'700**
Anteil des öffentlichen Verkehrs am gesamten Wiederbeschaffungswert	**32 %**	

Tabelle 3 *Wiederbeschaffungswerte des Verkehrs in der Schweiz, Stand ca. 2017; Wiederbeschaffungswerte des öffentlichen Verkehrs werden von den Bahninfrastrukturen dominiert. Anteil des öffentlichen Verkehrs am gesamten Wiederbeschaffungswert entspricht etwa seinem mittleren Marktanteil im Personen- und Güterverkehr (Grobschätzung unter anderem aufgrund von [BR 2016], [Koch 2010], [LITRA 2017], [SBB 2018], [Schalcher 2011]).*

1.1.5 Eigenschaften spurgeführter Systeme

Fahrzeuge müssen möglichst genau einer definierten horizontalen und vertikalen Ideallinie folgen, wozu das Fahrverhalten lückenlos zu kontrollieren sowie notfalls zu korrigieren ist. Der Verkehrsweg übernimmt die Führung in vertikaler Richtung. Bei der seitlichen Führung bestehen zwei Möglichkeiten:

- *Spurfreie Verkehrssysteme:* Die zu befahrende Spur kann vom Fahrer oder einem automatisierten System frei gewählt werden. Die Spurhaltung erfolgt kraftschlüssig, weshalb Fahrbahn und Räder einen hohen Reibungswert aufweisen müssen. Dies bedingt Pneuräder auf Asphalt- oder Betonfahrbahnen. Eine technische Sicherheit für die Einhaltung der vorgesehenen Spur ist nicht gegeben.

- *Spurgeführte Verkehrssysteme:* Bei technischer Spurführung besteht ein formschlüssiger Verbund zwischen Fahrzeug und Fahrweg; die Fahrzeuge sind zwangsgeführt. Bei der Eisenbahn werden sowohl Fahrbahn als auch Räder in Stahl ausgeführt, bei weiteren spurgeführten Systemen werden auch Pneuräder auf Beton (mit zusätzlicher mechanischer Spurführung) oder magnetische Kräfte (mit magnetischer Spurführung) eingesetzt.

Eine Zwischenstellung nehmen elektronisch spurgeführte Systeme ein, die sich in Zukunft stark verbreiten dürften. Sie werden an dieser Stelle nicht vertieft.

Spurführung	Haupteigenschaften
Spurfreie Verkehrssysteme	Grosse Reibung, kleine Bremswege, kleine Transporteinheiten
Spurgeführte Verkehrssysteme	Kleine Reibung, grosse Bremswege, sehr grosse Transporteinheiten

Tabelle 4 *Transporttechnologische Eigenschaften von Verkehrssystemen in Abhängigkeit von der Art der Spurführung [eigene Darstellung].*

Aspekt	Anforderungen und Auswirkungen
Fahrbahn	▪ Anforderungen an Lagegenauigkeit und Ebenheit der Fahrbahn sehr hoch. ▪ Geometrische Linienführung und Querschnittsgestaltung muss Fahrerverhalten nicht berücksichtigen. ▪ Spurverflechtung aufwendig (Weichen), Knotengestaltung komplex.
Fahrzeug	▪ Kein Einschleppen der Achsen in Kurven; dadurch beliebig lange Züge möglich. ▪ Querkräfte zwischen Rad und Fahrbahn für Spurführung nicht erforderlich; dadurch Stahlrad-Stahlschiene-Technologie mit geringster Rollreibung anwendbar. ▪ Starke Steigungsempfindlichkeit aufgrund der kleinen Reibung.
Energieversorgung und Traktion	▪ Alle Möglichkeiten der Energieversorgung nutzbar, insbesondere Energiezufuhr entlang der Strecke. ▪ Antriebseinheit auf Fahrzeug (Lokomotiven) oder an Strecke (Standseilbahn, Magnetbahn) möglich. ▪ Mit kleiner Antriebsleistung ist Fortbewegung vieler und schwerer Fahrzeuge möglich.
Betriebsführung	▪ Beförderungsleistungsfähigkeit pro Verkehrsfläche sehr hoch. ▪ Keine Selbstorganisationsfähigkeit; daher hierarchische Planung und Steuerung erforderlich. ▪ Lange Bremswege und damit technische Sicherung der Fahrt sowie der Transporteinheiten untereinander nötig.

Tabelle 5 *Technische und betriebliche Eigenschaften von Stahlrad-Stahlschiene-Bahnsystemen [eigene Darstellung].*

1.1.6 Komparative Stärken des Stahlrad-Stahlschiene-Systems

Aus den generischen Eigenschaften des Systems Stahlrad-Stahlschiene leiten sich drei komparative Stärken der Eisenbahn ab, die durch andere Verkehrssysteme nicht übertroffen werden können [Weidmann 2016]:

1. Die Bahn ist das schnellste netzbildungsfähige Landtransportmittel; der Strassenverkehr wird nie mit Höchstgeschwindigkeiten von 250–350 km/h betrieben werden können. Hochgeschwindigkeitszüge sind deshalb auf Distanzen bis etwa 700 km konkurrenzlos; erst darüber ist das Flugzeug schneller.
2. Bahnsysteme bieten die höchste Beförderungskapazität pro Verkehrsfläche und zudem lässt sich die Bahn innerstädtisch leicht in den Untergrund verlegen; die Flächeneffizienz der Strasse liegt bei einem Bruchteil davon. Diese Stärke kommt bei S-Bahnen, Metros, Stadtbahnen und Trams zum Tragen.
3. Die Bahn ist extrem effizient bei grösseren Gütermengen über lange Strecken, die sich mit kleinstem Personalaufwand transportieren lassen. Genutzt wird dies im transkontinentalen Güterverkehr sowie bei der Verbindung grosser Bergwerke mit Meereshäfen, Fabrikationsstätten oder Kraftwerken.

In allen diesen Einsatzfeldern kann die Bahn ihren Systemvorteil des geringen Energieverbrauchs pro transportierter Einheit voll zum Tragen bringen. In anderen Einsatzfeldern ist dieser Vorteil weniger ausgeprägt oder er besteht gar nicht.

1.1.7 Betrachtungsweisen der Bahninfrastrukturen

Aufbau, Betrieb, Erhaltung und Weiterentwicklung von Bahninfrastrukturen erfordern Kompetenzen in folgenden drei Dimensionen:

- *Spezifikation der funktionalen Elemente der Infrastruktur:* Funktionen der Bahninfrastruktur, um die Kunden- respektive Marktanforderungen optimal zu erfüllen und den Kundenzugang zum Bahnsystem zu ermöglichen.
- *Spezifikation der technischen Elemente der Infrastruktur:* Technische Subsysteme und Komponenten sowie deren Ausprägung und Dimensionierung, damit Zugfahrten in der geforderten Sicherheit, Leistungsfähigkeit und Qualität durchgeführt werden können.
- *Organisation der Infrastrukturerstellung und -benützung:* Regelung der Erhaltung und Weiterentwicklung der Infrastruktur sowie des organisatorischen Zusammenwirkens der Infrastruktur mit ihren Nutzern, insbesondere in der Kapazitätsbewirtschaftung.

Diese Betrachtungsweisen werden in den folgenden Abschnitten skizziert.

1.2 Funktionale, technische und organisatorische Sicht der Bahninfrastruktur

1.2.1 Funktionale Sicht

1.2.1.1 Funktionale Anlagengruppen

Damit Transporte durchführbar sind, muss die Bahninfrastruktur die Zugfahrten, den Zugang der Kundinnen und Kunden zur Bahn sowie den Güterumschlag gewährleisten. Schliesslich muss sie den Unterhalt der Fahrzeuge und der Anlagen ermöglichen. Daraus leiten sich drei grosse Anlagengruppen ab:

1. Durchführung von Zugfahrten: *Fahrweg*.
2. Zugang der Kunden zu den Zügen respektive zum Verladen von Gütern: *Verkehrliche Elemente der Infrastruktur*.
3. Unterhalt der Anlagen sowie die Abstellung und Wartung der Züge: *Betriebsanlagen*.

1.2.1.2 Streckennetze und Verkehrsnetze

Der Fahrweg bildet ein flächendeckendes *Streckennetz*. Es setzt sich aus Strecken und Knoten zusammen:

- Die *Strecke* ist eine physische Verbindung zweier Knoten.
- Der *Knoten* ist ein Verbindungspunkt (beziehungsweise eine Verbindungszone) mehrerer Strecken. In einem Knoten hat ein Zug die Wahl zwischen mindestens zwei Folgestrecken.

Beim Verkehrssystem Bahn wird die Personenverkehrsnachfrage auf *Linien* gebündelt, die in geeigneten *Anschlussknoten* gegenseitigen Anschluss gewähren. Auch das Verkehrsangebot bildet mithin ein Netz:

- Die *Linie* bezeichnet die sich regelmässig wiederholenden Fahrten von Kursen mit gleichem Anfangs- und Endpunkt.
- Die *Anschlussknoten* sind jene Punkte des Liniennetzes, an denen der planmässige Übergang von Reisenden von einer Linie auf eine andere vorgesehen ist.
- Das *Liniennetz* beschreibt das räumliche Angebot von mehreren Linien, die in Anschlussknoten miteinander verbunden sind.

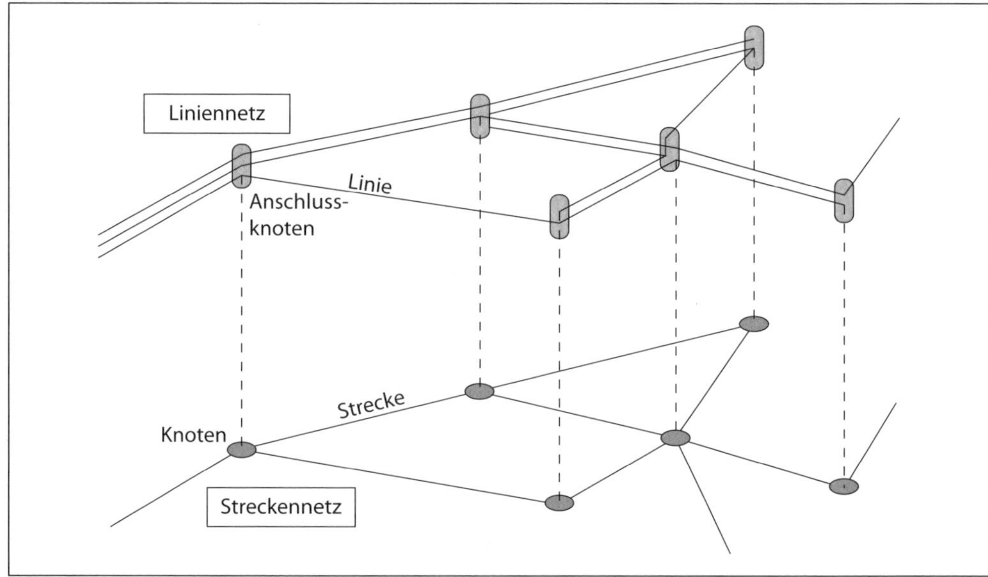

Abbildung 4 *Unterscheidung zwischen Liniennetz (Angebot) und Streckennetz (Infrastruktur). Die Angebotsnetze bauen auf den Infrastrukturnetzen auf, sind aber nicht deckungsgleich; Linien können sich auf derselben Strecke überlagern [eigene Darstellung].*

Eine Linie kann über verschiedene Strecken respektive durch mehrere Knoten eines Streckennetzes geführt werden. Im Gegenzug ist es auch möglich, dass sie nur einen Teilabschnitt einer Strecke benützt. Schliesslich führen oft mehrere Linien über dieselbe Strecke. Linien können somit nur dort verlaufen, wo auch Strecken gegeben sind. Die Anfangs- und Endpunkte dagegen können sich beliebig voneinander unterscheiden.

Die Angebotskonzepte und Produktionssysteme des Bahngüterverkehrs unterscheiden sich teilweise von jenen des Personenverkehrs. Insbesondere werden zunehmend Direktverbindungen für grosse Mengen mittels Ganzzügen angeboten. Dennoch gilt die dargestellte Systematik sinngemäss auch für diese Verkehrssparte.

1.2.1.3 Netzhierarchien

Verkehrsnetze werden hierarchisch aus Teilnetzen aufgebaut, ausgerichtet auf ihre jeweilige Hauptfunktion, aber untereinander optimal verknüpft:

- *Durchleiten:* Transitverbindungen durch ein Gebiet hindurch.
- *Verbinden:* Verbindung grosser Siedlungsgebiete und Städte sowie bedeutender Produktions- und Absatzgebiete.
- *Sammeln:* Verbindung der Vororte einer Agglomeration mit der Kernstadt sowie Verbindung der Vororte untereinander.
- *Erschliessen:* Interne Erschliessung von Städten und Gemeinden.

Diese Hierarchie bezieht sich zunächst auf die Verkehrsangebote, hat aber Auswirkungen auf die Infrastruktur. Zwischen der Strassen- und der Schieneninfrastruktur besteht diesbezüglich ein zentraler Unterschied:

- Die *Strasseninfrastruktur* erlaubt den Kunden direkt die Benützung zu Fuss oder durch ein individuelles Fahrzeug. Strasseninfrastruktur und Angebot des Strassenverkehrs sind damit praktisch identisch.
- Die *Bahninfrastruktur* erbringt selber keine direkt kundenrelevanten Leistungen, sondern ermöglicht lediglich das Fahren von Zügen und gewährleistet den Kunden den Zugang.

Im Individualverkehr leiten sich daher die technisch-betrieblichen Parameter der Strasseninfrastruktur sowie deren hierarchischer Aufbau direkt aus der Angebotshierarchie ab. Dieser Zusammenhang ist bei der Bahn weniger direkt: Dieselben Bahnstrecken dienen oft drei bis vier Netzfunktionen. Beispielsweise kann eine Strecke von Transitverkehr, Intercityzügen, Mittelstrecken-Zügen und S-Bahnen genutzt werden. Im Gegenzug werden für bestimmte Netzfunktionen gänzlich eigenständige Verkehrssysteme eingesetzt, etwa Standseilbahnen für die Erschliessung oder U-Bahnen in Grossstädten für das Sammeln.

Netzfunktion		Verkehrsart	Individualverkehr	Öffentlicher Verkehr
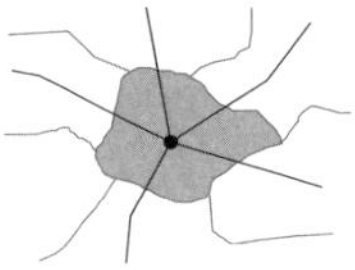	**Durchleiten** von Region zu Region	Personenverkehr	Personenwagen, Motorräder auf Hochleistungsstrassen, Privatflugzeuge	Linienflüge, Eurocity- und Intercityzüge, Fernbusse
		Güterverkehr	Lastwagen, Lieferwagen auf Hochleistungsstrassen, Binnenschifffahrt, Seeschifffahrt	Transitgüterzüge, Ferngüterzüge, Linienflüge
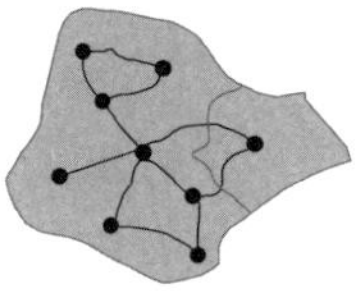	**Verbinden** der Siedlungsschwerpunkte einer Region	Personenverkehr	Personenwagen, Motorräder auf Hauptverkehrsstrassen	Intercityzüge, Schnellzüge, Fernbusse, Inlandflüge
		Güterverkehr	Lastwagen, Lieferwagen auf Hauptverkehrsstrassen, Binnenschifffahrt	Güterzüge
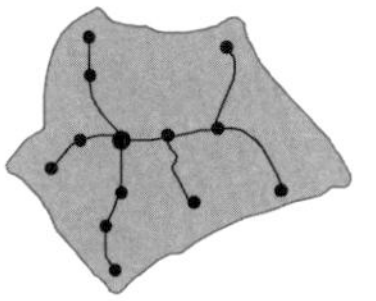	**Sammeln** von Verkehr in den Teilgebieten bzw. in Quartieren	Personenverkehr	Personenwagen, Motorräder, Mofa, Velo auf Sammelstrassen	Regionalzüge, S-Bahnen, Stadtbahnen, U-Bahnen, Strassenbahnen, Regionalbusse, Stadtlinienbusse
		Güterverkehr	Lastwagen, Lieferwagen auf Sammelstrassen	Nahgüterzüge
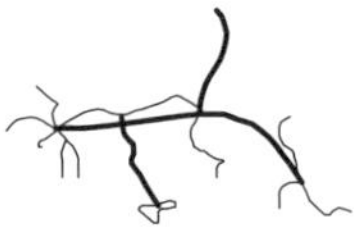	**Erschliessen** von Siedlungsteilen	Personenverkehr	Personenwagen, Motorräder, Mofa, Velos, Fussgänger auf Erschliessungsstrassen	Quartierbusse
		Güterverkehr	Lastwagen, Lieferwagen, Fussgänger auf Erschliessungsstrassen	Überführen auf Anschlussgleise, Containerendtransport mit Lastwagen

Abbildung 5 *Funktionale Hierarchie und Netzfunktionen bei Individualverkehr und öffentlichem Verkehr; Differenzierung der Angebote des Individualverkehrs durch Infrastrukturnetz, beim öffentlichen Verkehr durch Angebotsnetz [eigene Darstellung].*

1.2.1.4 Verkehrliche und betriebliche Elemente

Nebst dem Fahrwegnetz umfasst die Infrastruktur verkehrliche und betriebliche Anlagen:

- *Personenverkehrsanlagen* dienen dem Zugang der Fahrgäste zur Bahn. Sie können sowohl auf der freien Strecke in Form von Haltestellen als auch in Bahnhöfen liegen. Die Haltestelle ist dabei eine *„Anlage mit Publikumsverkehr auf der Strecke"*, der Bahnhof eine

„Anlage innerhalb der Einfahrsignale, wo welche fehlen, innerhalb der Einfahrweichen, zur Regelung des Zugverkehrs und der Rangierbewegungen, meist mit Publikumsverkehr" [BAV 2015]. Die Personenverkehrsanlagen umfassen auch die Park&Ride- und Bike&Ride-Anlagen, ebenso allfällige Drittnutzungen.

- *Güterverkehrsanlagen* dienen der Zufuhr und dem Verladen von Gütern auf die Bahn, entweder per Lastwagen oder direkt aus den Produktions- und Lagerhallen. Zu den Güterverkehrsanlagen zählen auch die Terminals des kombinierten Verkehrs für den Umschlag normierter Ladungseinheiten.
- *Betriebsanlagen* dienen der Produktion des Bahnsystems auf Verkehrs- und Infrastrukturseite. Es sind dies die Abstellanlagen für Züge oder Fahrzeuge, Rangierbahnhöfe und Unterhaltsanlagen.

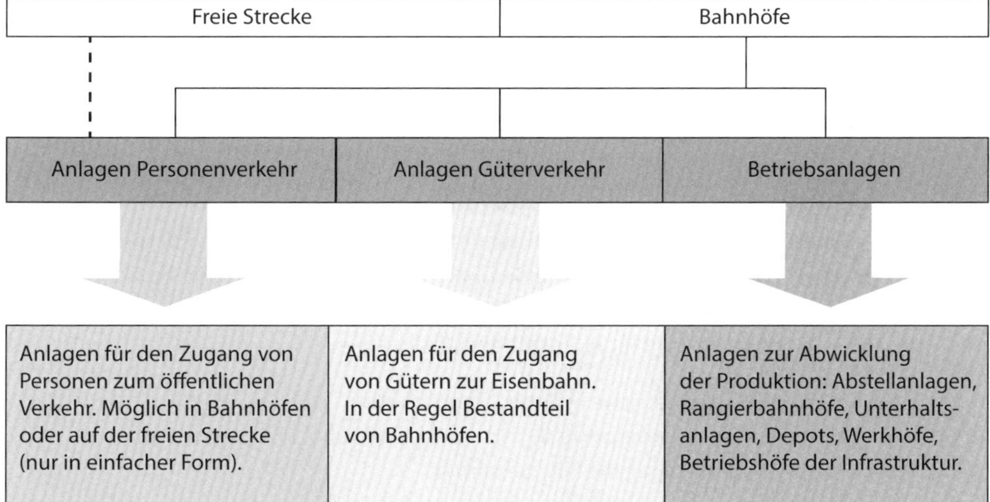

Abbildung 6 *Verkehrliche und betriebliche Anlagen der Bahninfrastruktur, unterteilt nach freier Strecke und Bahnhöfen [eigene Darstellung].*

1.2.2 Technische Sicht

1.2.2.1 Technische Funktionalitäten an der Schnittstelle Fahrweg – Fahrzeug

Die technische Ausgestaltung der Bahninfrastruktur leitet sich aus den grundlegenden Anforderungen der Benützung durch die Fahrzeuge ab, ebenso aus den Interaktionen zwischen Fahrweg und Fahrzeug:

- Lückenlose Erbringung aller technischen Funktionalitäten.
- Hinreichende Dimensionierung der Subsysteme und Komponenten.
- Erfüllung der geforderten Verfügbarkeit.
- Erfüllung der geforderten Sicherheit.

An der Schnittstelle zwischen Fahrweg und Fahrzeug muss zunächst die Aufnahme der mechanischen Kräfte in allen drei Richtungen gewährleistet sein:

- *Tragen:* Statische und dynamische Lasten; vertikales Bewegungsverhalten.
- *Führen:* Aufnahme seitlicher Führungskräfte; horizontales Bewegungsverhalten in seitlicher Richtung.
- *Vortrieb/Bremsen:* Aufnahme der Beschleunigungs- und Bremskräfte; horizontales Bewegungsverhalten in Längsrichtung.

Damit das Bahnsystem sicher, zuverlässig, wirtschaftlich und kundengerecht betrieben werden kann, müssen vier weitere Funktionalitäten gegeben sein:

- *Steuerung* der Fahrzeugeinheiten: Regelung der Geschwindigkeit und Wahl des Fahrweges.
- *Sicherung* der Fahrzeugeinheiten: Vermeidung von Kollisionen zwischen mehreren Einheiten.
- *Informationsversorgung:* Vermittlung der Informationen zur Benützung des Fahrweges.
- *Energieversorgung:* Traktionsenergie, Beleuchtung, Klimaanlage/Heizung etc.

1.2.2.2 Funktionsteilung zwischen Fahrweg und Fahrzeug

Beim Auto ist ein Grossteil dieser Funktionen auf dem Fahrzeug konzentriert. Bei spurgeführten Systemen lassen sich dagegen zahlreiche Funktionen auf den Fahrweg verlagern, was Effizienz-, Leistungsfähigkeits- und Sicherheitsvorteile bietet. Daraus ergeben sich bei der Bahn – nebst der Fahrbahn – folgende weitere fahrwegseitige Subsysteme:

- Steuerungssysteme (automatische U-Bahn, Magnetbahn).
- Sicherungssysteme (nur spurgeführte Systeme; Bahn, U-Bahn, Magnetbahn).
- Informationsübertragungssysteme (alle Systeme).
- Energieversorgungssysteme (nur elektrisch betriebene Systeme).

Die Sicherungsfunktion kann allerdings bei einfachen Bahnsystemen dem Fahrpersonal übergeben werden, zum Beispiel beim Tram. Zudem führen die thermisch angetriebenen Triebfahrzeuge ihre Energievorräte selbst mit, wie das Auto.

Funktion	Aufgaben	Spurgeführte Systeme	Spurfreie Systeme
Tragen	Halten der Fahrzeuge in Vertikalrichtung	Fahrbahn	Fahrbahn
Führen	Steuerung der Fahrzeuge in Querrichtung	Mechanische oder elektrische Führung	Fahrerin/Fahrer
Vortrieb	Steuerung der Fahrzeuge in Längsrichtung	Automatiksystem oder Fahrerin/Fahrer	Fahrerin/Fahrer
Sicherung	Sicherung der bewegten Einheiten untereinander	Zugsicherungssystem	Fahrerin/Fahrer (eventuell unterstützt durch Signalanlagen)

Funktion	Aufgaben	Spurgeführte Systeme	Spurfreie Systeme
Information	Versorgung mit Information für Fahrer und Fahrgäste, Informationsaustausch mit Bodenorganisation	Signale, Zugfunk, GSM-R, Zirkulare, betriebliche Anweisungen	Mobiltelefon, Navigationssystem, Lichtsignalanlage, Verkehrsschilder
Energie	Energieversorgung für Antrieb und Bordgeräte	Fahrleitung, Stromschiene, Treibstofftank, Batterie	Treibstofftank, Batterie

Tabelle 6 *Erfüllung der Grundanforderungen der Bewegung von Fahrzeugen auf einer Infrastruktur bei spurgeführten respektive spurfreien Systemen [eigene Darstellung].*

1.2.2.3 Fünf Teilnetze der Bahninfrastruktur

Sämtliche Funktionalitäten müssen netzweit und lückenlos erfüllt sein. Aufgrund seiner Systemeigenschaften ist ein Bahnsystem aber auch ein hochgradig soziotechnisches System, das ein fein abgestimmtes Zusammenwirken zahlreicher Menschen bedingt. Dies erfordert – als weitere Funktionalität – eine übergreifende Organisationsstruktur. Daraus leiten sich zusammen fünf Teilnetze ab, vier technische und ein organisatorisches. Die Komponenten der vier technischen Netze sind Teil des Fahrweges und damit für Planung, Projektierung, Bau und Erhaltung relevant.

Abbildung 7 *Fahrweg der Eisenbahn mit seinen Teilnetzen Fahrbahnnetz, Bahnstromnetz, Telecomnetz und Steuerungs-/Sicherungsnetz (in diesem Fall Führerstandssignalisierung ETCS 2 und Funkversorgung mit GSM-R); Südportal des Gotthard-Basistunnels Pollegio [Foto: Steffen Schranil].*

Technische Teilnetze				Organisatorisches Teilnetz
Fahrbahnnetz	**Bahnstromnetz**	**Telecomnetz**	**Steuerungs- und Sicherungsnetz**	**Organisationsnetz**
▪ Tragen ▪ Führen ▪ Vorantreiben/ Bremsen	▪ Versorgung mit Energie ▪ Energierück-leitung	▪ Information übermitteln ▪ (Sichern)	▪ Lenken ▪ Steuern ▪ Sichern	▪ Entscheide ▪ Koordination ▪ Information

Tabelle 7 *Technische und organisatorische Teilnetze für den sicheren und leistungsfähigen Bahnbetrieb; Hauptfunktionen der Teilnetze [eigene Darstellung].*

1.2.2.4 Technische Interaktionsfelder Fahrweg – Fahrzeug

Da der Fahrweg der Bahn gegenüber der Strasse viel umfassendere Funktionen wahrnimmt, sind auch die Interaktionen zwischen ihm und den Fahrzeugen vielfältiger. Insgesamt sieben technische Interaktionsfelder sind systembestimmend. Diese sind nicht nur technisch anspruchsvoll, sondern auch organisatorisch, da sie sich jeweils an der Zuständigkeitsgrenze zwischen Infrastruktur- und Verkehrsunternehmungen befinden. Zudem sind sie mehrheitlich sicherheits- und immer zuverlässigkeitsrelevant.

	Interaktionsfeld	Art der Interaktion	Detaillierte Behandlung
1	Rad – Schiene	mechanisch	Kapitel 6.1
2	Stromabnehmer – Fahrleitung		Kapitel 5.3
3	Lichtraumprofil	geometrisch	Kapitel 4.5
4	Wagenbodenhöhe – Perronhöhe		
5	Elektrische Interaktionen	elektrisch	Kapitel 5.3
6	Sicherungsanlagen Fahrzeug – Strecke	informationstechnisch	Kapitel 5.5 und 8.3
7	Funkempfänger Fahrzeug – Funksender Strecke		Kapitel 5.4

Tabelle 8 *Technische Interaktionsfelder zwischen Fahrzeug und Fahrweg; detaillierte Beschreibung in den angegebenen Kapiteln [eigene Darstellung].*

1.2.3 Organisatorische Sicht

1.2.3.1 Organisatorische Aufgabenstellung

Bahnnetze bilden sogenannte natürliche Monopole und sind daher heute in Staatsbesitz oder staatlich kontrolliert, zumindest in Europa. Eine besonders enge Beziehung besteht bei der Bahn zwischen der Infrastrukturvorhaltung und der Infrastrukturnutzung:

- Aus den beabsichtigten Transportleistungen leiten sich die funktionalen und technischen Anforderungen an die Bahninfrastruktur ab.
- Leistungsfähigkeit und technische Ausstattung der Bahninfrastruktur entscheiden wesentlich über die mögliche Qualität der erbringbaren kundenrelevanten Leistungen.

Seit Beginn der Eisenbahn bis in die jüngere Zeit waren deshalb sowohl Planung und Erbringung der Transportleistungen (Ebene 1) als auch die Bahninfrastruktur (Ebenen 2 und 3) in einer Hand. Im 20. Jahrhundert bildete sich in Europa generell das Staatsbahnmodell heraus, bei dem die Bahnen als Teil der Staatsverwaltung geführt wurden. Diese Regulierungsform bildete sich in einem langen Prozess heraus, nachdem im 19. Jahrhundert auch gänzlich private Infrastrukturbetreiber existiert hatten. Die staatlichen Bahnunternehmungen waren in diesem Modell die Systembetreiber und hatten im Perimeter ihres Netzes das Monopol. Die Optimierung zwischen Angebot, Produktion, Rollmaterial und Infrastruktur erfolgte durch interne Führungsprozesse. Ein Rechtsanspruch auf Infrastrukturzugang für andere Bahnen bestand nicht, sondern erforderte die Zustimmung des Netzbetreibers und blieb die Ausnahme.

1.2.3.2 Regulierung der Europäischen Union

Nach dem 2. Weltkrieg litten die Bahnen in Europa unter Marktanteilsverlusten, Investitionsstau und Innovationsrückstand. Als einen der Hauptgründe erkannte die damalige Europäische Wirtschaftsgemeinschaft EWG (heutige Europäische Union EU) die erwähnte Monopolstruktur, welche die Bahn mit anderen Netzwerkindustrien wie Telekommunikation oder Stromversorgung gemeinsam hatte. Die Beziehung zwischen der Bahninfrastruktur und den Betreibern von Transportdienstleistungen wurde daher nach den gleichen Prinzipien wie bei den anderen Netzwerkindustrien umgestaltet, wobei die Grundsätze in der „Richtlinie 91/440/EWG zur Entwicklung der Eisenbahnunternehmen in der Gemeinschaft" formuliert wurden:

- Rechnerische und organische Trennung von Fahrweg und Betrieb der Züge (Verkehrsbereich).
- Verbot von Quersubventionierungen zwischen Infrastruktur und den Verkehrsbereichen.
- Öffnung der Eisenbahnnetze für Dritte.
- Geschäftsführung der Eisenbahnen unabhängig vom Staat.
- Explizite Beauftragung und Abgeltung staatlicher Auflagen (gemeinwirtschaftliche Leistungen).
- Entschuldung und finanzielle Sanierung der Eisenbahnen.

Zur Umsetzung der Richtlinie wurden mittlerweile zahlreiche weitere Richtlinien erlassen, die in vier sogenannten Eisenbahnpaketen zusammengefasst wurden. Nach Umsetzung des 4. Eisenbahnpaketes wird die europäische Bahnregulierung durch folgende wesentliche Eckwerte gekennzeichnet sein:

- Verankerung des diskriminierungsfreien Netzzugangs.
- Sicherung der Markt- und Netzöffnung für den internationalen Personenverkehr und Güterverkehr.

- Erleichterung des Markt- und Netzzutritts für den nationalen Personenfernverkehr.
- Etablierung des Bestellprinzips mit Abgeltung im nicht kostendeckenden Regionalverkehr.
- Fortschritt in der Harmonisierung der technischen und Sicherheitsvorschriften durch technische Spezifikationen für die Interoperabilität.
- Erleichterung des Zugangs zu Wartungsinfrastrukturen, Distributions- und Informationssystemen, Güterumschlagterminals.

Wie schon in der Vergangenheit wird sich die Umsetzung dieser Prinzipien noch längere Zeit von Land zu Land unterscheiden.

1.2.3.3 Diskriminierungsfrei zugängliche Bahninfrastrukturen

In diesem Regulierungskonzept ist die Unterscheidung zwischen den Eisenbahn-Infrastrukturunternehmungen (EIU) und Eisenbahn-Verkehrsunternehmungen (EVU) zentral:

- Die *Eisenbahn-Infrastrukturunternehmungen (EIU)* sind Eigner oder zumindest Besitzer der Bahninfrastruktur (Ebenen 2 und 3). Sie haben ein natürliches Monopol und müssen daher ihre Infrastruktur allen interessierten EVU diskriminierungsfrei zur Verfügung stellen. Die EIU sind vollständig oder grossmehrheitlich in Staatsbesitz.
- Die *Eisenbahn-Verkehrsunternehmungen (EVU)* bieten die Transportdienstleistungen an (Ebene 1); sie können ebenfalls in Staatsbesitz oder privatwirtschaftlich sein. Je nach Land und Verkehrssparte können Personenverkehrs-EVU direkt am Verkehrsmarkt oder zumindest bei der Auftragsvergabe für bestellte Leistungen untereinander konkurrieren. Weitgehend liberalisiert ist der Güterverkehr.

Die Pflicht zum diskriminierungsfreien Zugang zur Infrastruktur gilt indessen nur für die fahrwegbezogenen Bereiche. Als Konsequenz gliedern sich die Infrastrukturen des öffentlichen Verkehrs ordnungspolitisch wiederum in zwei Kategorien:

Fahrwegbezogene Infrastrukturen: Sie sind für das Führen kommerzieller Züge direkt erforderlich und haben diskriminierungsfrei jeder EVU zur Benützung offenzustehen.

Verkehrs- respektive betriebsbezogene Infrastrukturen: Sie sind vorab zur Abstellung und Wartung des Rollmaterials erforderlich. Sie gehören den einzelnen EVU; Dritte haben keinen Anspruch auf Mitbenützung. Da dafür aber meist kein Markt besteht, handelt es sich ebenfalls um wettbewerbsrelevante Anlagen mit Monopolcharakter (essential facilities), weshalb ihr Zugang im Rahmen des 4. Eisenbahnpaketes zumindest erleichtert werden soll.

Beim strassengebundenen öffentlichen Verkehr gelten diese Regelungen nicht und die Gleisanlagen von Trams sowie die Depots und Werkstätten sind in der Regel im Besitz des entsprechenden Verkehrsbetriebes. Die Bushaltestellen und Busspuren zählen dagegen zum Verantwortungsbereich der Tiefbau- und Strassenämter. Schliesslich sind die Verkehrsbetriebe die Eigentümer der Busgaragen und -werkstätten.

Infrastrukturkategorie	Schienenverkehr	Strassenverkehr	Häufigste Eigner
Fahrwegbezogene Infrastrukturen	Streckeninfrastruktur Knoteninfrastruktur Publikumsanlagen Verladeanlagen Anschlussgleise Rangierbahnhöfe Abstellanlagen Werkhöfe Infrastruktur Verwaltungsgebäude Energieversorgung	Busfahrbahnen Busspuren Haltestellen Fahrleitungsanlagen von Trolleybussen	Eisenbahn-Infrastrukturunternehmung Integrierte Bahnen Kantonale oder städtische Tiefbauämter
Verkehrs- respektive betriebsbezogene Infrastrukturen	Rollmaterialwerkstätten Fahrzeugdepots Verwaltungsgebäude	Buswerkstätten Busgaragen	Eisenbahn-Verkehrsunternehmungen Integrierte Bahnen Busbetriebe

Tabelle 9 *Infrastrukturkategorien und wichtigste Anlagenelemente, Infrastruktureigner; unterschieden nach Schienenverkehr respektive öffentlichem Strassenverkehr [Weidmann 2009].*

1.2.3.4 Regulierungsmodelle

In der historisch gewachsenen integrierten Struktur der Bahnen erweist sich die Umsetzung des diskriminierungsfreien Netzzugangs als Herausforderung. Einerseits besteht ein inhärentes Diskriminierungsrisiko durch Bevorzugung der eigenen Verkehrssparten [Weidmann 2008], was für eine komplette organisatorische und rechtliche Trennung spricht. Andererseits bedeutet dies einen Schnitt durch die stark verflochtene Organisation und Produktion.

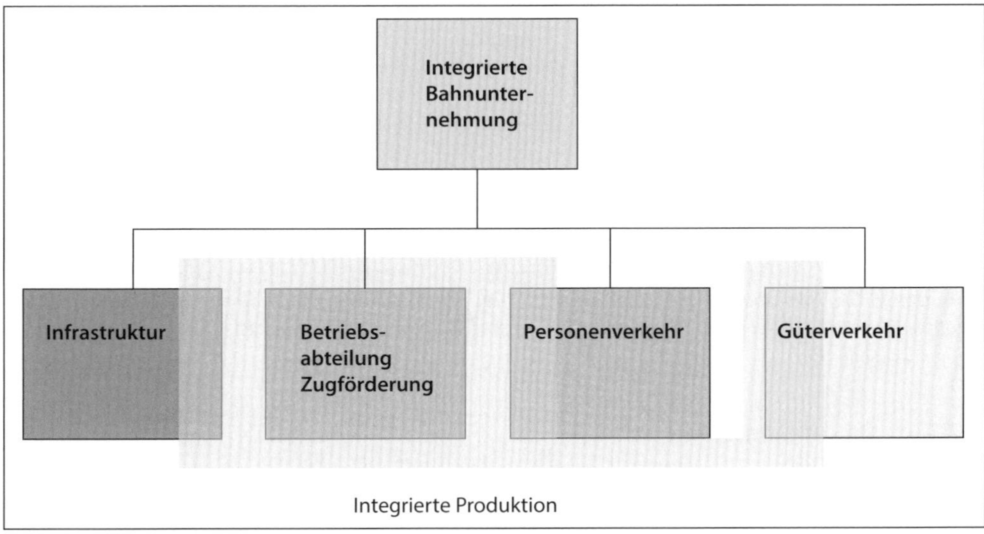

Abbildung 8 *Organisationsstruktur vor der europäischen Bahnreform nach EU 91/440 mit integrierter Produktion, umfassend den Betrieb der Infrastruktur sowie die Produktionsbereiche des Personen- und Güterverkehrs; kein diskriminierungsfreier Netzzugang möglich, dafür bestmögliche Integration aller Produktionsprozesse [eigene Darstellung].*

Die EU verschärfte sukzessive ihre Anforderungen an die Separierung von EIU und EVU. Bis auf Weiteres noch zugelassen ist das sogenannte Holding-Modell, bei dem EIU und EVU zwar einem gemeinsamen Konzern gehören, aber rechtlich und finanziell unabhängig sind. Angestrebt wird langfristig die vollständige Separierung.

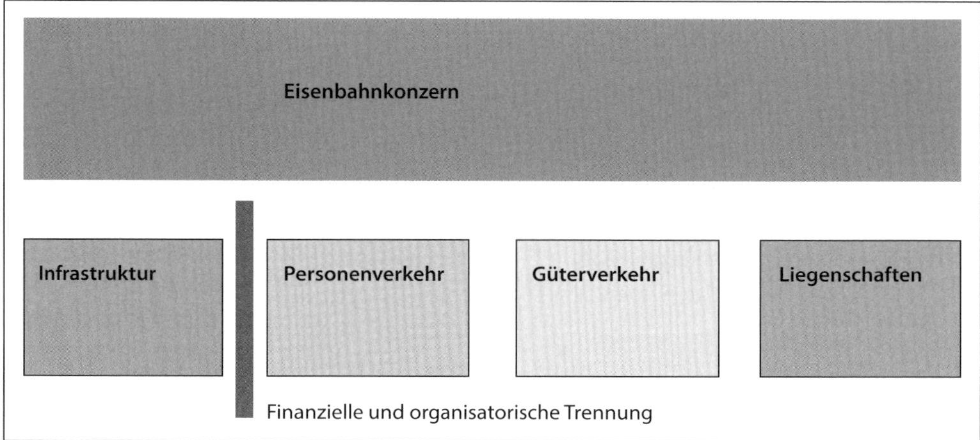

Abbildung 9 *Organisation nach dem Holding-Modell mit Konzerngesellschaft und rechtlich unabhängigen Konzerntöchtern; zwischen der Infrastruktur einerseits, den Bereichen Personenverkehr, Güterverkehr und Liegenschaften andererseits muss eine zumindest klare finanzielle und möglichst auch personelle Abgrenzung bestehen [eigene Darstellung].*

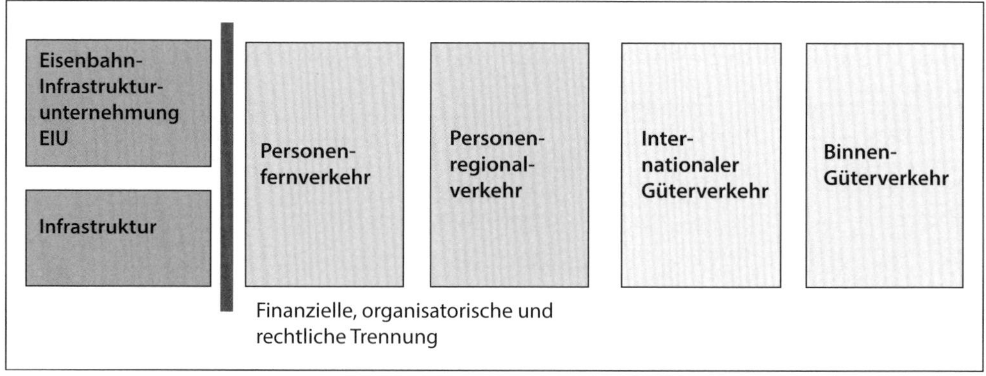

Abbildung 10 *Vollständige Trennung von EIU und EVU; die Verkehrsgesellschaften sind von der Infrastrukturunternehmung in jeder Hinsicht unabhängig und die Diskriminierungsfreiheit ist gänzlich gewährleistet [eigene Darstellung].*

1.2.3.5 Umsetzungsstand

Die Umsetzung der vier Eisenbahnpakete und insbesondere der neuen Modelle der Bahnorganisation kommt nur schleppend voran. Mit Blick auf die bisherige Entwicklung ist davon auszugehen, dass dies ein sehr langfristiger Prozess sein wird und auf absehbare Zeit noch hybride Regulierungsmodelle mit zahlreichen nationalen Eigenheiten prägend sein werden. Dies findet seinen Grund insbesondere in der Unvereinbarkeit zweier Organisationslogiken, welche beide je für sich ihre Berechtigung haben:

- *Technisch-betriebliche Logik:* Die zahlreichen technischen und betrieblichen Interaktionen zwischen der Infrastruktur und ihren Nutzern lassen sich mit einer integrierten Unternehmensform am einfachsten und besten beherrschen.
- Ökonomische Logik: Die mit einer integrierten Unternehmensform verbundene Monopolsituation birgt das Risiko wirtschaftlicher Ineffizienzen; eine konsequente Trennung der EVU von der EIU ermöglicht Wettbewerb zwischen den Nutzern und verspricht Effizienzvorteile. Es zeigt sich aber, dass der Regelungsbedarf ein Ausmass annimmt, der diese Effizienzvorteile mutmasslich kompensiert und damit nicht zum Tragen bringt.

Strukturmodelle, welche die Vorteile der einfachen technisch-betrieblichen Integration möglichst bewahren und dennoch auf einen effizienten Mitteleinsatz ausgerichtet sind, sind denkbar, stehen aber vorderhand nicht im Fokus der EU.

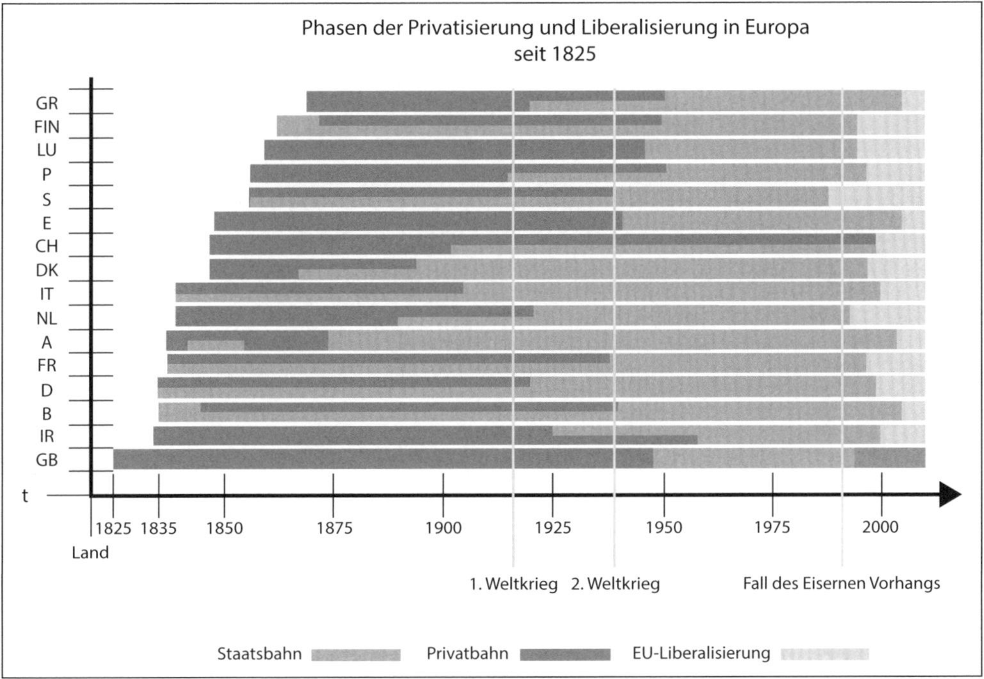

Abbildung 11 *Historische Entwicklung der Bahnregulierung in Europa. Vielfältige Organisationsformen privatwirtschaftlicher und staatswirtschaftlicher Ausprägung im 19. Jahrhundert; im 20. Jahrhundert Verstaatlichungen und Zusammenfassung in landesweiten Staatsbahnen; im 21. Jahrhundert unterschiedliche Ausprägungen liberalisierter Organisationsmodelle [Rieder 2012].*

1.2.3.6 Schweizerische Regulierung

Die bilateralen Verträge zwischen der Schweiz und der EU von 2002, insbesondere das Landverkehrsabkommen, verknüpfen die Verkehrspolitik der Schweiz mit jener der EU. Die Schweiz wurde verpflichtet, den Betrieb ihres Normalspurnetzes nach den Richtlinien der EU zu reorganisieren, insbesondere:

- Schaffung des offenen Netzzugangs (open access).
- Strukturelle Reorganisation der Eisenbahn-Infrastruktur.
- Einführung von Benutzungsabgaben, sogenannten Trassenpreisen.
- Technische Vereinheitlichung der Netze zwecks Schaffung der Interoperabilität.

Diese Anforderungen wirken sich erheblich auf den organisatorischen Aufbau des Bahnsystems aus, wobei die konkrete Umsetzung noch im Gang ist. Die schweizerischen Normalspurbahnen sind oft nach dem Modell der integrierten Bahn (aber ohne integrierte Produktion), teilweise bereits nach dem Holding-Modell organisiert. Der diskriminierungsfreie Netzzugang ist regulatorisch gewährleistet und eine weitergehende Trennung von EIU und EVU derzeit nicht beabsichtigt.

1.2.3.7 Schweizerischer Netzzugang

Beim sogenannten Netzzugang erhält ein EVU durch Erwerb einer Trasse zu einem Trassenpreis das Recht, zu einer festgelegten Zeit einen bestimmten Teil des Netzes zu befahren. Unter einer

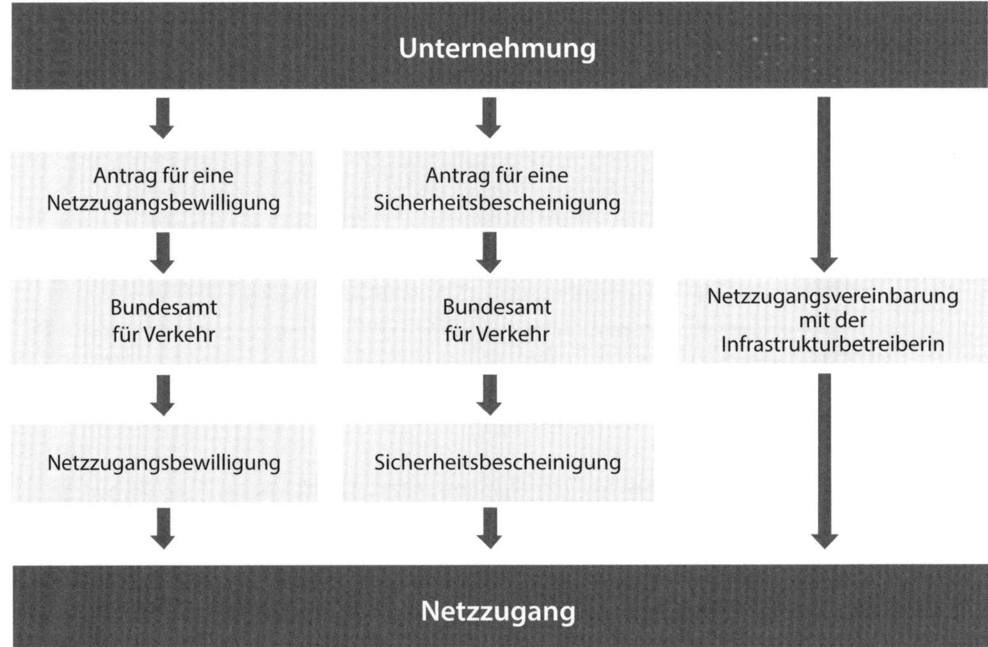

Abbildung 12 *Erlangung des Netzzugangs in der Schweiz. Von der Aufsichtsbehörde (Bundesamt für Verkehr) benötigt eine EVU die Netzzugangsbewilligung und die Sicherheitsbescheinigung. Mit der EIU ist eine Netzzugangsvereinbarung abzuschliessen [SOB 2018].*

Trasse versteht man eine zeitlich und gleisgenau definierte Trajektorie über das Streckennetz für eine bestimmte Zugfahrt. Die Trassen werden in der Schweiz zwar durch die EIU geplant, aber durch die unabhängige Trassenvergabestelle *trasse.ch* formell zugeteilt.

Die Benützungsregeln werden vom Gesetzgeber sowie gegebenenfalls von einer Regulierungsinstanz aufgestellt. Alle Netznutzer – insbesondere auch jene, die untereinander in Konkurrenz stehen – müssen demnach den Zugang zum Netz zu gleichen technischen und preislichen Konditionen sowie unter vergleichbaren zeitlichen Randbedingungen (Bestellfrist) erhalten. Diese Regeln müssen diskriminierungsfrei formuliert und vollzogen werden, was durch eine spezifische Organisation überwacht wird, in der Schweiz durch die *Schiedskommission Eisenbahn (SKE)*. Die Infrastrukturbetreiber publizieren jährlich ein sogenanntes Network Statement, in dem alle relevanten Informationen zum Zugang auf ihr jeweiliges Streckennetz enthalten sind.

1.2.3.8 Formalisierte Interaktionen zwischen EVU und EIU

Aus dem neuen regulatorischen Verständnis leiten sich vier wesentliche formalisierte Interaktionen zwischen EIU und EVU ab:

- *Technische und betriebliche Interoperabilität:* Technische Spezifikationen für die Interoperabilität.
- *Netzzugang für Verkehrsleistungen:* Netzzugangsverordnung, Netzzugangsbewilligung, Sicherheitsbescheinigung, Netzzugangsvereinbarung.

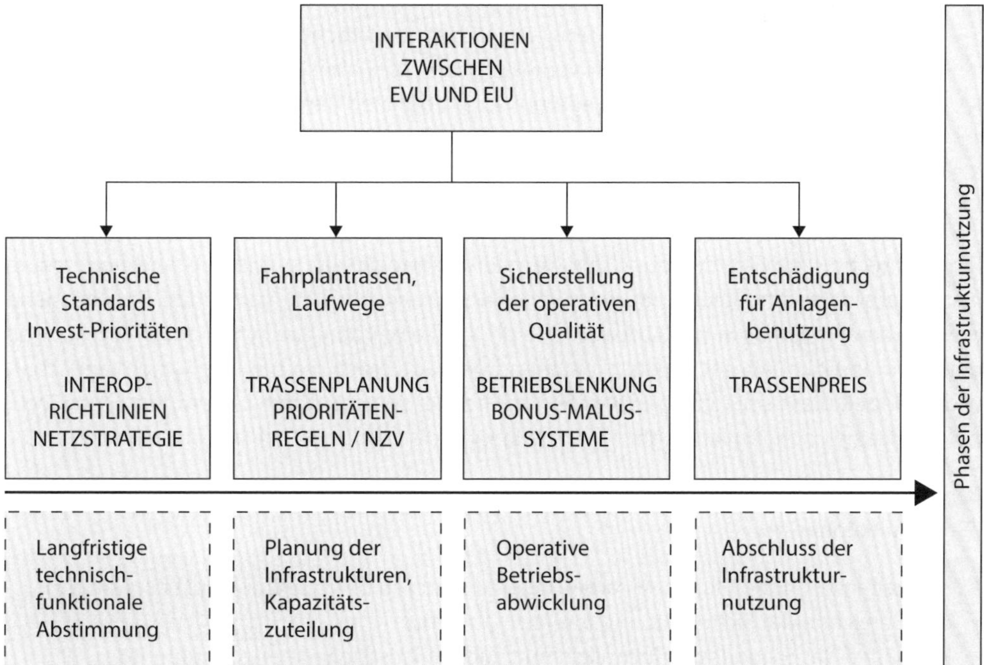

Abbildung 13 *Die wichtigsten vier Interaktionsbereiche zwischen EIU und EVU entlang der Infrastruktur-Benützungsphasen [eigene Darstellung].*

- *Operative Betriebsabwicklung:* Netzzugangsvereinbarung, Betriebslenkung/Disposition, gegebenenfalls Bonus-Malus-Regelungen in Abhängigkeit von der Betriebsqualität.
- *Nutzungsentschädigung:* Trassenpreis.

1.3 Interoperabilität und Regelwerke

1.3.1 Einleitung

Die gegenseitige Abstimmung von Fahrzeugen und Fahrweg ist für Sicherheit und Zuverlässigkeit entscheidend, weshalb den bahntechnischen Normen und Standards eine zentrale Funktion zukommt. Die wesentlichen Prinzipien und Parameter der Eisenbahn wie etwa Spurweite, Geometrien, Stromsysteme, Sicherungsanlagen wurden zwischen 1820 und 1920 festgelegt. Die zugehörigen Standards wurden überwiegend national definiert, aber seinerzeit international kaum koordiniert:

1. Die Bahnnetze entstanden zunächst aufgrund regionaler und/oder nationaler Bedürfnisse und wurden erst in einer zweiten Phase miteinander verknüpft.
2. Neue Technologien wurden jeweils schrittweise im Bahnsystem eingeführt, nach Massgabe ihrer Anwendungsreife. Die praktische Eignung respektive die optimale Lösung war oft erst nach längerer Erfahrung abschätzbar. Beispiel: Wahl der Stromsysteme zwischen etwa 1900 und 1920.
3. Die Entwicklungskapazitäten der Bahnen selbst war und ist klein, weshalb die Entwicklung vorab durch die (national orientierte) Industrie erbracht wurde. Jede Lösung war daher mit nationalen Lieferfirmen verknüpft. Beispiel: Bahnsicherungstechnik.
4. Die Wahl der Lösungen wurde wiederum von nationalen Bahnunternehmungen gefällt. Marktbeherrschende Firmen definierten damit die nationalen Standards. Beispiel: Definition der Normalspur von 1435 mm durch die beherrschende britische Lokomotivfabrik Stevenson.

Die bahntechnische Gesetzgebung und Normierung entwickelte sich im 19. Jahrhundert zum ersten auf einem nationalen und zum zweiten auf einem internationalen Pfad. Entsprechend dem nationalen Fokus in der Aufbauphase der Netze wurden zuerst nationale Regelungen getroffen und die Bahntechnik entsprechend geprägt. Noch die heutige Systemlandschaft widerspiegelt diese oft zufälligen Verhältnisse bei der seinerzeitigen Einführung neuer Technologien; eine nachträgliche internationale Standardisierung erweist sich als schwierig.

Bahntechnischen Gesetzen, Normen und Vorschriften kommen in diesem Kontext heute vielfältige Funktionen zu:

- Festhalten der hoheitlichen Anforderungen und deren Durchsetzung, insbesondere in den Bereichen der Sicherheit und Interoperabilität.
- Festhalten des Standes der Technik; damit auch juristische Referenzdokumente.
- Planungs- und Projektierungsgrundlagen.

- Sicherung des Systemverbundes zwischen Fahrzeug und Fahrweg, Ermöglichung des Zusammenbaus von Komponenten und Teilsystemen zu funktionsfähigen Gesamtsystemen.
- Klare Vorgaben für Produzenten; damit Voraussetzung für echte Marktöffnung.
- Grundlage für die Ausschreibung, Erstellung und Übergabe bahntechnischer Gesamtsysteme (Neubaustrecken, U-Bahn-Netze etc.) nach General-, Totalunternehmer- oder PPP-Modellen.
- Grundlage der Produktpolitik der Bahnen und der Straffung der eingesetzten Sortimente.
- Produktdokumentation für Anwender im Bereich der Montage und des Unterhalts.
- Festhalten und Weitergabe des bahnspezifischen Wissens.

1.3.2 Interoperabilität

1.3.2.1 Definition

Bahnsysteme als Netzwerke können ihren vollen Nutzen nur erbringen, wenn sie freizügig befahrbar, also interoperabel sind. Allgemein versteht man unter der *Interoperabilität,* dass verschiedene Systeme, Organisationen oder Techniken in der Lage sind, zusammenzuarbeiten. Dazu ist die Einhaltung gemeinsamer Standards notwendig. Interoperabilität bezeichnet im bahnspezifischen Kontext seit 1991 die technische und betriebliche Übergangsfähigkeit der Züge von einem Netz auf ein anderes. Die Richtlinie 2016/797 des Europäischen Parlaments und des Rates vom 11. Mai 2016 über die Interoperabilität des Eisenbahnsystems in der Europäischen Union besagt [EU 2016]:

„Das Ziel der Interoperabilität des Eisenbahnsystems der Union sollte zur Bestimmung eines optimalen Niveaus der technischen Harmonisierung führen und es ermöglichen, grenzüberschreitende Eisenbahnverkehrsdienste in der Union und mit Drittländern zu erleichtern, zu verbessern und auszubauen sowie zur schrittweisen Verwirklichung des Binnenmarkts für Ausrüstungen und Dienstleistungen für den Bau, die Erneuerung, die Aufrüstung und den Betrieb des Eisenbahnsystems der Union beizutragen."

1.3.2.2 Spurweite als erste Interoperabilitätsaufgabe

Die Spurweite als wohl wichtigster Interoperabilitätsparameter wurde in den Anfangsjahren der Eisenbahn oft situativ gewählt. Die heutige Normalspur von 1435 mm soll eher zufällig bei der englischen Killingworth-Bahn mit zunächst 4 Fuss und 8 Zoll entstanden sein. Der Entwickler und Bahnindustrielle George Stephenson soll sich um 1820 beim Bau der Lokomotive für die Werksbahn der Hetton-Kohlengrube an diesem bereits gebräuchlichen Mass orientiert haben. Aus lauftechnischen Gründen erweiterte er die Spurweite bei der Liverpool-Manchester-Bahn (1830) um 1/2 Zoll auf die heute üblichen 1435 mm. Durch die Dominanz seiner Lokomotivwerke wurde dieses Mass 1842 durch das britische Parlament zur „standard gauge" = „Normalspur" erklärt und es setzte sich in weiten Teilen der Welt durch. Dieselbe Festlegung traf die Schweiz im ersten Eisenbahngesetz von 1852.

Dennoch wurden in den Folgejahren bisweilen abweichende, zunächst oft breitere Spurweiten gewählt, so bei der britischen Great Western Railway das Mass von 2123 mm und bei der Badischen Staatsbahn jenes von 1600 mm. Beide Netze mussten noch im 19. Jahrhundert umgespurt werden (1870–1892 respektive 1854–1855). In anderen europäischen Ländern hielt sich die breitere Spurweite bis heute. Die europaweite wirtschaftliche Krise der Bahn ab Beginn der 1870er-Jahre, verbunden mit dem Bedürfnis nach der Erschliessung verkehrsschwächerer Regionen, zwang im Gegenzug zu kostengünstigeren Standards mit kleineren Spurweiten. In der Folge entwickelten sich in ganz Europa zahlreiche schmalspurige Strecken unterschiedlicher Spurweite, die aber nur selten grössere Netze bildeten.

Weltweit am meisten verbreitet ist heute die Normalspur mit etwa 59 %, gefolgt von der Breitspur 1524 mm mit 13 %, der Kapspur 1067 mm und der Meterspur mit je 9 %. Die restlichen 10 % verteilen sich auf fünfzehn weitere Spurweiten. Bei Trambahnen sind Masse von rund 900 mm bis etwas über der Normalspur zu finden; in der Schweiz sind die Trams einheitlich in Meterspur ausgeführt. Bei U-Bahnen ist die Normalspur, partiell die Breitspur, üblich. In der Schweiz wurden – nebst der Normalspur – die Spurweiten 1200 mm (selten, insb. Standseilbahnen), 1000 mm (üblich), 800 mm (Ausflugs-Zahnradbahnen) und 750 mm (Einzelfall) realisiert. Im Gegensatz zu den meisten europäischen Ländern macht das Normalspurnetz nur etwa zwei Drittel des gesamten schweizerischen Bahnnetzes aus.

1.3.2.3 Frühe formalisierte Schritte zur integralen Interoperabilität

Mit dem sukzessiven Zusammenwachsen der Bahnnetze in der zweiten Hälfte des 19. Jahrhunderts wurde die Notwendigkeit einer technischen Standardisierung unübersehbar. Die *Technische Einheit (TE)* als ältestes diesbezügliches Übereinkommen wurde durch die Gotthardbahn im Jahre 1882 ausgelöst. Auf Initiative der Schweiz wurde die überstaatliche Organisation „Technische Einheit" mit Beteiligung von Deutschland, Frankreich, Italien und Österreich-Ungarn anlässlich der Berner Konferenz vom 21. Oktober 1882 geschaffen, weshalb man auch von der „Berner Konvention" sprach. Die Technische Einheit trat 1887 in Kraft. Hauptfokus war die Gestaltung und Ausstattung der Fahrzeuge, doch legte sie insbesondere auch die Spurweite international fest. Von besonderer Bedeutung war die Vereinheitlichung der seitlichen und höhenmässigen Anordnung der Puffer und Kupplungen sowie eines Sicherheitsraums für das Rangierpersonal („Berner Raum").

Nach dem Ende des 1. Weltkrieges wurden weitere Anstrengungen zur Verbesserung der internationalen Zusammenarbeit unternommen und am 17. Oktober 1922 erfolgte die Gründung der „Union Internationale des Chemins de fer" (UIC). Mittels sogenannter UIC-Merkblätter wurden jene Standards kodifiziert, welche die Interoperabilität auf mechanischer und fahrzeugtechnischer Seite ermöglichten. Die UIC-Merkblätter beliessen aber grosse Spielräume in der Detailausgestaltung und ersetzten ein nationales Regelwerk nicht. Zudem vermochten sie mit den raschen Fortschritten der Elektro- und Kommunikationstechnik nicht Schritt zu halten. Ein wesentlicher Unterschied zwischen der UIC und den später dargestellten Aktivitäten der Europäischen Union besteht zudem in ihrer globalen Ausrichtung.

1.3.2.4 Interoperabilitätsrichtlinien der Europäischen Union

Trotz langjähriger Bestrebungen für eine gesamteuropäische Interoperabilität wurden keine zwei Netze in Europa nach genau denselben Parametern erstellt. Allerdings ist nicht jede der Schnittstellen gleich kritisch:

- Interoperabilität bei der Fahrstromversorgung kann heute vergleichsweise einfach fahrzeugseitig erreicht werden.
- Interoperabilität bei der Telekommunikation entsteht mit dem einheitlichen bahneigenen GSM-R(ail)-Netz.
- Interoperabilität der Zugsicherung erfordert hingegen den umfassenden Aufbau neuer Systeme auf Infrastrukturseite wie auf Fahrzeugseite.
- Interoperabilität der Spurweite ist weitgehend gegeben; unterschiedliche Schienenprofilneigungen und Schienenkopfformen limitieren allerdings die Laufstabilität. Einige Länder nutzen weiterhin eine integral abweichende Spurweite; zudem werden in einigen Ländern mit Normalspur auch Netze mit unterschiedlichen Spurweiten betrieben (insbesondere Schmalspurbahnen).
- Interoperabilität der Lichtraumprofile und Stromabnehmer ist noch mangelhaft.

Da diese Inkompatibilitäten den angestrebten gesamteuropäischen Bahnverkehr und damit auch den Wettbewerb behindern, postulierte die EU bereits in der Richtlinie 91/440 die volle Interoperabilität. Diese und weitere Richtlinien legen fest, dass zu ihrer Umsetzung sogenannte *Technische Spezifikationen für die Interoperabilität (TSI)* zu erstellen sind. Sie können auf die Vorarbeiten der UIC in Form der *UIC-Merkblätter* aufbauen.

1.3.3 Überblick über die aktuellen internationalen Regelungen

1.3.3.1 UIC-Merkblätter

Bei den UIC-Merkblättern handelt es sich um sogenannte Fachdokumentationen. Sie sind auf drei Schwerpunkte ausgerichtet:

- Netzweiter Einsatz von Personen- und Güterwagen.
- Vereinheitlichung der Produktanforderungen zur wirtschaftlichen Beschaffung von Fahrzeugen und Teilen der Infrastruktur.
- Administrative Regelungen bei Wagenaustausch, Tarifen und Abrechnungen.

Formell sind die UIC-Merkblätter keine Normen, da sie nur für die Mitgliedsunternehmungen gelten und nicht nach den Regeln eines Normierungsprozesses entstanden sind. Sie haben aber auch in jüngster Zeit ihre Bedeutung als Quasi-Bahnnormen behalten und regeln insbesondere wichtige Zusammenhänge zwischen der Infrastruktur und den Fahrzeugen. Da hingegen die Traktion (Stromversorgung, Triebfahrzeugsteuerung) und die Betriebsführung (Sicherungstechnik, Information) einzelstaatlich geregelt blieben, gibt es zu diesen Bereichen keine relevanten Regelungen. In Europa nimmt ihre Bedeutung durch die Umsetzung der TSI rasch ab und beschränkt sich weitgehend auf nicht interoperabilitätsrelevante Gebiete.

1.3.3.2 Technische Spezifikationen Interoperabilität

Auf europäischer Ebene werden die technischen und betrieblichen Vorgaben für das freizügige Verkehren von Zügen auf verschiedenen Infrastrukturen durch die TSI formuliert. Deren strategischen Zielsetzungen, auch *grundlegende Anforderungen* genannt, sind zusammengefasst in den Themen Sicherheit, Zuverlässigkeit und Betriebsbereitschaft, Gesundheit, Umweltschutz, technische Kompatibilität und Zugänglichkeit [EU 2016]. Die TSI gliedert das Bahnsystem des Weiteren in folgende strukturelle respektive funktionelle Teilsysteme, die den Aufbau des Regelwerks bestimmen und für die in zugehörigen TSI jeweils die interoperabilitätsrelevanten Festlegungen getroffen werden (nach [EU 2016], gekürzt). Die strukturellen Teilsysteme sind:

- *Infrastruktur:* Gleise, Weichen, Bahnübergänge, Kunstbauten. Eisenbahnbezogene Bahnhofsbestandteile. Sicherheits- und Schutzausrüstung.
- *Energie:* Energieversorgungssystem einschliesslich Oberleitungen und streckenseitiger Teile der Stromverbrauchsmess- und Ladeeinrichtungen.
- *Streckenseitige Zugsteuerung/Zugsicherung und Signalgebung:* Alle erforderlichen streckenseitigen Ausrüstungen zur Gewährleistung der Sicherung, Steuerung und Kontrolle der Bewegung von Zügen.
- *Fahrzeugseitige Zugsteuerung/Zugsicherung und Signalgebung:* Alle erforderlichen fahrzeugseitigen Ausrüstungen zur Gewährleistung der Sicherung, Steuerung und Kontrolle der Bewegung von Zügen.
- *Fahrzeuge:* Wagenkastenstruktur, Zugsteuerung und Zugsicherung, Stromabnahmeeinrichtungen, Traktionseinrichtungen, Stromverbrauchsmess- und Ladeeinrichtungen, Bremsanlagen, Kupplungen, Laufwerk, Türen, Mensch-Maschine-Schnittstellen, passive oder aktive Sicherheitseinrichtungen und Erfordernisse für die Gesundheit.

Die funktionalen Teilsysteme umfassen:

- *Betriebsführung und Verkehrssteuerung:* Verfahren und zugehörige Ausrüstungen, die eine kohärente Nutzung der strukturellen Teilsysteme erlauben (Normalbetrieb und Betriebsstörungen). Gesamtheit der beruflichen Qualifikationen für die Durchführung von Schienenverkehrsdiensten.
- *Instandhaltung:* Verfahren, zugehörige Ausrüstungen, logistische Instandhaltungseinrichtungen, Reserven zur Durchführung vorgeschriebener Instandsetzungsarbeiten und vorbeugender Instandhaltung.
- *Telematikanwendungen:* Personenverkehr: Information der Fahrgäste, Buchungssysteme, Reisegepäckabfertigung, Anschlüsse; Güterverkehr: Informationssysteme, Rangier- und Zugbildungssysteme, Buchungssysteme, Zahlungs- und Fakturierungssysteme, Anschlüsse zu anderen Verkehrsträgern, elektronische Begleitdokumente.

Die *Europäische Eisenbahn-Agentur (ERA, European Railway Agency)* wurde 2005 zur technischen Weiterentwicklung der TSI, zur Sicherstellung der Kohärenz, zur Überwachung der Umsetzung und für andere Aufgaben geschaffen. Im Weiteren regelt die ERA den Ablauf der Konformitätsprüfung von Interoperabilitätskomponenten. Die TSI werden von der EU-Kommission genehmigt und sind anschliessend entweder die Basis für europäische Normen und nationale Gesetze oder sie werden direkt angewandt. Die TSI und deren Umsetzung befinden sich noch im Aufbau und es verbleiben daher vorderhand Regelungslücken.

Für alle Komponenten, die auf einer interoperablen Bahnstrecke eingesetzt werden sollen, ist schliesslich durch eine *benannte Stelle* nachzuweisen, dass sie die Anforderungen der TSI erfüllen. Es genügt die Konformitätsprüfung durch eine einzige Stelle, um in allen Ländern gültig zu sein; die Prüfung in jedem einzelnen Land entfällt damit.

1.3.3.3 Internationale technische Normen

Das globale technische Normensystem, das auch relevante Vorgaben für Bahnen und insbesondere aus den TSI enthält, gliedert sich unter anderem in Bauwesen, Elektrotechnik und Telekommunikation. Auf globaler Ebene werden diese Normenwerke durch ISO, IEC und ITU geführt. Die Konkretisierung und Umsetzung auf europäischer Ebene erfolgt durch die Spiegelorganisationen:

- *CEN = Europäische Normenorganisation (zu ISO):* Alle Normen ausser jene von CENELEC und ETSI.
- *CENELEC = Europäisches Komitee (zu IEC)* für elektrotechnische Normung.
- *ETSI = Europäisches Institut (zu ITU)* für Telekommunikationsnormen.

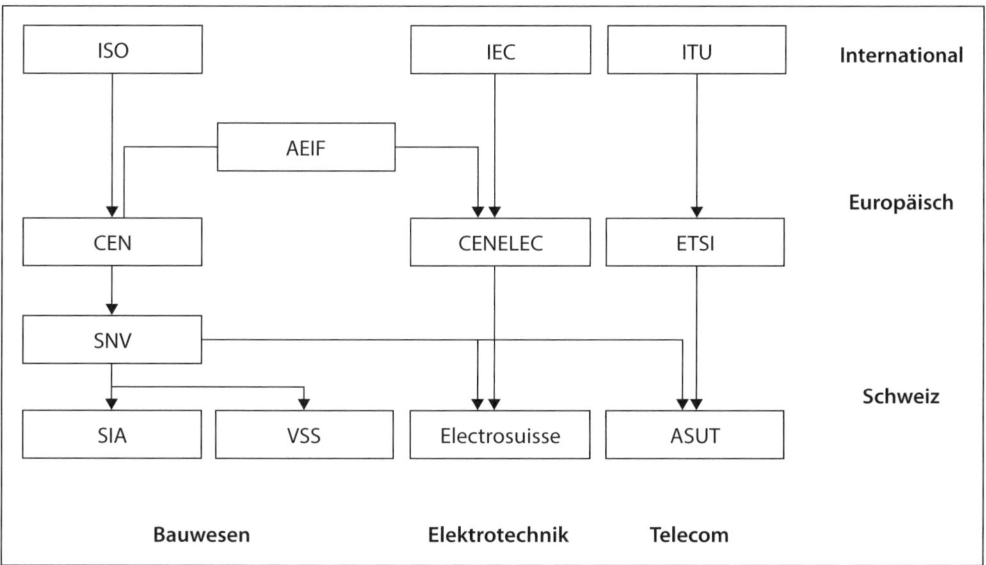

Abbildung 14 *Technische Normenorganisationen mit besonderer Relevanz für die Bahninfrastruktur, Zusammenhang zwischen globalen, europäischen und nationalen Organisationen [eigene Darstellung].*

Den CEN, CENELEC und ETSI sind wiederum nationale Normenorganisationen nachgelagert:

- *ISO/CEN: Schweizerischer Ingenieur und Architektenverein (SIA) und Verband Schweizerischer Strassen (VSS) und Verkehrsfachleute*, Normierung im Baubereich.
- *IEC/CENELEC: electrosuisse*, Normierung im Bereich Elektrotechnik.
- *ITU/ETSI: Schweizerischer Verband der Telekommunikation (ASUT)*, Normierung im Bereich Telekommunikation.

Weitere schweizerische Organisationen mit Verantwortung in der technischen Normierung sind SWISSMEM für die Maschinen-, Elektro- und Metallindustrie sowie NIHS für die Uhrenindustrie.

1.3.4 Überblick über die nationalen Regelungen

1.3.4.1 Zusammenhang zwischen europäischen und schweizerischen Regelwerken

Die schweizerische Gesetzgebung und Normierung im Bahnbereich war während langer Zeit weitgehend autonom und die internationale Verknüpfung beschränkte sich im Wesentlichen auf die Technische Einheit und die UIC-Merkblätter. Mit dem Abschluss der *Bilateralen Verträge I* zwischen der Schweiz und der EU hat sich die Schweiz bereit erklärt, die europäischen Interoperabilitätsrichtlinien zu übernehmen. Wesentliche Änderungen gegenüber der vorherigen Situation sind namentlich:

- Volle Integration der Eisenbahnpakete 1 und 2 in die Gesetzgebung.
- Verbindliche Interoperabilität gemäss den Interoperabilitätsrichtlinien.
- Bezeichnung des interoperablen Netzes.
- Anschluss an die Europäische Eisenbahnagentur (ERA).

Die Umsetzung erfolgt, indem alle betroffenen Gesetze und Vorschriften laufend an die TSI angepasst werden.

1.3.4.2 Gesetzgebung des Bundes

Die Eisenbahngesetzgebung ist in der Schweiz die Sache des Bundes, weshalb es auf kantonaler und kommunaler Ebene keine bahntechnischen und bahnbaulichen Erlasse gibt. Dies ist eine grundlegende Differenz zum übrigen Bauwesen. Zahlreiche wichtige und teilweise auch operative bahntechnische und bahnbetriebliche Regelungen sind, basierend auf Art. 17 des Eisenbahngesetzes, in den Gesetzeswerken des Bundes festgehalten. Darin unterscheidet sich die Bahn wiederum von anderen technischen Systemen. Die wichtigsten technisch-betrieblichen Bestimmungen sind:

- Eisenbahngesetz (EBG, SR 742.101).
- Eisenbahnverordnung (EBV, SR 742.141.1).
- Ausführungsbestimmungen zur Eisenbahnverordnung (AB EBV, SR 742.141.11).
- Bahninfrastrukturfondsgesetz (BIFG, SR 742.140).
- Verordnung über die Konzessionierung, Planung und Finanzierung der Eisenbahninfrastruktur (KPFV, SR 742.120).

- Eisenbahn-Netzzugangsverordnung (NZV, SR 742.122).
- Schweizerische Fahrdienstvorschriften (FDV, R 300.1 – R 300.15).

Insbesondere AB EBV und FDV regeln Bau und Betrieb von Bahninfrastrukturen sehr detailliert; die AB EBV ist eine der zentralen Projektierungsgrundlagen. Für Planung und Bau von Publikumsanlagen sind im Weiteren das Behindertengleichstellungsgesetz (BehiG, SR 151.3), die Verordnung über die behindertengerechte Gestaltung des öffentlichen Verkehrs (VböV, SR 151.34) und die Verordnung des UVEK über die technischen Anforderungen an die behindertengerechte Gestaltung des öffentlichen Verkehrs (VaböV, SR 151.342) massgebend.

1.3.4.3 Regelwerk Technik Eisenbahn (RTE)

Bahntechnische Normen oder Regelungen mit einem ähnlichen Status sind zwar keine staatlichen Vorschriften, sie nehmen aber in der Umsetzung der Letzteren eine wesentliche Funktion war. Zentral ist der Begriff des *Standes der Technik*, wie er beispielsweise im schweizerischen Eisenbahngesetz vorgeschrieben ist (Art. 17 EBG, Stand vom 1. Januar 2018, SR 742.101):

„Die Eisenbahnanlagen und Fahrzeuge sind nach den Anforderungen des Verkehrs, des Umweltschutzes und gemäss dem Stande der Technik *zu erstellen, zu betreiben, zu unterhalten und zu erneuern. Die Bedürfnisse mobilitätsbehinderter Menschen sind angemessen zu berücksichtigen."*

Vom *Stand der Technik* zu unterscheiden sind der *Stand von Wissenschaft und Technik* und die *anerkannten Regeln der Technik.*

Grundbegriff	Kurzbeschreibung
Stand von Wissenschaft und Technik	Umfasst nebst dem Stand der Technik auch aktuelle Erkenntnisse aus Forschung und Wissenschaft respektive die *good practice* in der entsprechenden Branche.
Stand der Technik	Technikklausel, stellt die technischen Möglichkeiten zu einem bestimmten Zeitpunkt dar, basierend auf gesicherten Erkenntnissen von Wissenschaft und Anwendung. Technische Normenwerke von anerkannten Fachverbänden bilden Grundlage für die Umschreibung.
Anerkannte Regeln der Technik	Technische Normen und Standards wie Branchenrichtlinien etc., die durch anerkannte private Normenorganisationen oder Branchenverbände kodifiziert wurden und der Allgemeinheit zugänglich sind.

Tabelle 10 *Grundbegriffe zum Stand der Wissenschaft respektive Technik [eigene Darstellung].*

Da dieser gesetzliche Auftrag für alle Bahnen gilt, gibt der Verband öffentlicher Verkehr (VöV) als Dachverband aller Bahnen seit 2003 das *Regelwerk Technik Eisenbahn (RTE)* heraus. Dabei werden unter anderem folgende Ziele verfolgt [VöV 2018]:

- Sicherung des Wissens und der Erfahrung der Schweizer Bahnunternehmen.
- Senkung der Lebenszykluskosten.

- Kostenbewusste Umsetzung der hoheitlichen Ziel- und Nachweisanforderungen.
- Ermöglichung von sinnvollen Standardisierungen.
- Halten des Bahnwissens auf aktuellem Stand der Technik, Verfolgen der Weiterentwicklung der internationalen und nationalen Normen.
- Sicherung des Wissens bei den Bahnen durch Mitarbeit bei Erarbeitung und Lesungen der RTE.

RTE stellt daher allgemeingültige, aber subsidiäre Ergänzungen zu den hoheitlichen Vorschriften und Normen zur Anwendung in der Projektierung, Realisierung und Erhaltung der Bahnanlagen zur Verfügung. Diese müssen sich auch nach den unternehmerischen Grundsätzen der Sicherheit, des Kundennutzens und des Kostenbewusstseins ausrichten. Aus formellen Gründen wird RTE zwar nicht als Norm bezeichnet, doch entspricht sein Charakter faktisch einer solchen.

RTE unterscheidet zwei hierarchische Dokumentenstufen [VöV 2016]:

- *R-Regelungen:* Ersetzen ehemalige Reglemente und Weisungen der Bahnen. Enthalten fehlende oder ergänzende Regelungen zu hoheitlichen Vorschriften und technischen Normen.
- *D-Regelungen:* Handbücher und Dokumentationen, deren Inhalte sich vorab an die praktisch tätigen Fachleute wenden.

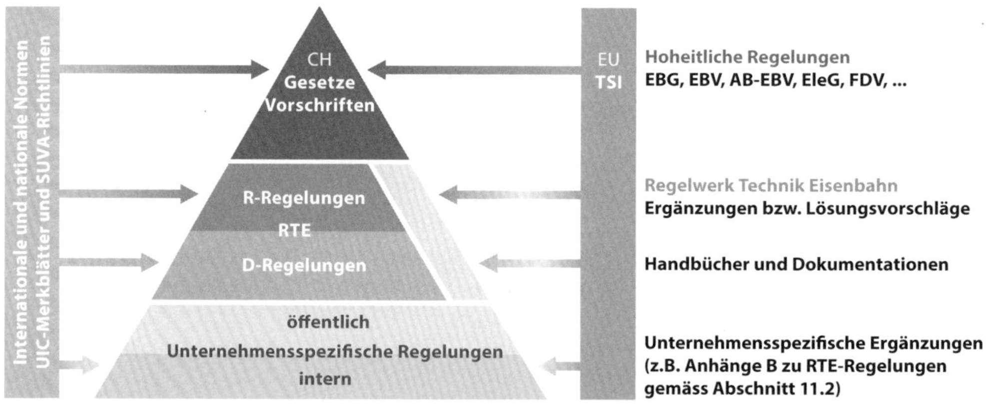

Abbildung 15 *Schweizerische Regelungspyramide mit der Gesetzgebung, den R- und D-Regelungen des Regelwerks Technik Eisenbahn (RTE) sowie den unternehmensspezifischen Regelungen [VöV 2018].*

Die Struktur des RTE kennzeichnet sich durch die Kombination einer fach- mit einer lebenszyklusorientierten Gliederung. Die Trennung der Regelungen des Fahrwegs von jenen des Fahrzeugwesens erlaubt innerhalb dieser beiden Bereiche je eine zweckmässige Feinunterteilung. Zudem sieht sie Strukturbereiche vor, in denen übergreifende Themen behandelt werden können. Umfassende Regelungen im Bahninfrastrukturbereich finden sich insbesondere zur Geometrie und Technik der Fahrbahn, zu Bahnstromanlagen und Sicherungsanlagen.

1.3.4.4 Unternehmensspezifische Regelwerke

Für unternehmensspezifische Festlegungen, Produktebeschreibungen, Organisationsanweisungen und betriebswirtschaftliche Festlegungen sind weiterhin die Bahnen selbst verantwortlich. Diese sind nur bei der betreffenden Unternehmung selbst erhältlich.

1.3.4.5 Normen nationaler Organisationen

Aufgrund der Autonomie der Bahnen und der meist exklusiv im Bahnbereich angewandten Technologien befassten sich die einschlägigen nationalen Organisationen nur am Rand mit bahntechnischen Fragen. Für die Bereiche Projektierung, Realisierung und Erhaltung sowie Hoch- und Tiefbau gelten die Normen des SIA und des VSS. Die SIA-Normen enthalten insbesondere Festlegungen zu Bahnbrücken und zur Sicherheit in Eisenbahntunneln. Die VSS-Normen regeln die Anlagen des öffentlichen Verkehrs im Strassenraum wie Haltestellen, Busbuchten etc.

1.3.4.6 Gesamtübersicht

Die bahntechnischen Regelungen gliedern sich somit in einen hoheitlich-rechtlichen und einen nicht hoheitlichen Bereich. In Letzteren fallen namentlich die Normen, Regelwerke und bahninternen Dokumentationen. Die Regelungen zu Planung, Projektierung, Bau und Betrieb von Eisenbahn-Infrastrukturen finden sich zusammenfassend in folgenden sechs Werken:

- *Gesetzgebung und nachgelagerte Stufen des Bundes:* Hoheitliche Vorschriften, insbesondere zu Sicherheit und Interoperabilität.
- *Regelwerk Technik Eisenbahn (RTE):* Allgemeingültige technische Regelungen der schweizerischen Bahnen (Normal-, Meter- und Spezialspur).
- *Normenwerk VSS:* Grundnorm sowie Normierung des strassengebundenen öffentlichen Verkehrs und der Schnittstellen von Schiene und Strasse.
- *Normenwerk SIA:* Normen des allgemeinen Ingenieursbaus.
- *Normenwerke Electrosuisse und SICTA:* Normen im Bereich Elektrotechnik und Telecom.
- *Bahnunternehmungen:* Unternehmensspezifische Detailregelungen.

1.3.5 Verbindlichkeiten

Sämtliche hoheitlichen Vorgaben sind verbindlich. Unabhängig von Herausgeber und Hierarchiestufe ist ferner jede technische Regelung, die von einer Bahn als Grundlage nach Art. 17 EBG erklärt wurde, zwingend zu beachten. Dies gilt insbesondere für das RTE. Die RTE-Regelungen bieten Gewähr, dass Projektierung, Bau und Umbau sowie Erhaltung konform mit den hoheitlichen Regelungen, den technischen Normen und dem Stand der Technik sind. Die Bahnen haben dazu die Gültigkeit einer bestimmten RTE-Regelung formell zu beschliessen.

Erfassen die Normen oder das RTE einen bestimmten Fall nicht oder wird eine von der Norm abweichende Methode gewählt, so hat der Anwender aufzuzeigen, dass seine Lösung die gleiche Sicherheit garantieren kann, wie dies bei Einhaltung der Normen gewährleistet wäre. Die Ausnützung dieses Spielraumes bedarf jedoch einer Ausnahmebewilligung derjenigen Stelle, welche die Regelung erlassen hat.

Literatur

[BAV 2015] Bundesamt für Verkehr (2015): Schweizerische Fahrdienstvorschriften FDV; SR 742.173.001, Bern

[BFS 2018] Bundesamt für Statistik (2018): https://www.bfs.admin.ch/bfs/de/home/statistiken/mobilitaet-verkehr/verkehrsinfrastruktur-fahrzeuge/streckenlaenge.assetdetail.3644576.html [Abfrage vom 21. März 2018]

[EU 2016] Europäische Union (2016): Richtlinie vom 11. Mai 2016 über die Interoperabilität des Eisenbahnsystems in der Europäischen Union; Brüssel

[EU 2017] European Commission (2017): Statistical Pocketbook 2017 – EU transport in figures; Publications Office of the European Union, Luxembourg

[Höppner 2009] Höppner, Thomas (2009): Die Regulierung der Netzstruktur – Elektrizität, Gas, Telekommunikation, Eisenbahn; Nomos Verlagsgesellschaft, Baden-Baden

[Koch 2010] Koch, Benedikt / Forster, Matthias (2010): Zustandsanalyse und Werterhaltung bei den Kantonsstrassen in der Schweiz; Fachverband Infra, Zürich

[LITRA 2017] LITRA (2017): Verkehrszahlen Ausgabe 2017; LITRA – Informationsdienst für den öffentlichen Verkehr, Bern

[Rieder 2012] Rieder, Marcus / Weidmann, Ulrich (2012): Europäische Eisenbahnregulierung im Wandel: Organisationsformen und Bestimmungsgrössen vom 19. bis zum 21. Jahrhundert; ETH Zürich, Institut für Verkehrsplanung und Transportsysteme, Schriftenreihe des IVT 159, Zürich

[SBB 2018] SBB Infrastruktur (2018): Netzzustandsbericht 2017; Bern

[Schalcher 2011] Schalcher, Hans-Rudolf et al. (2011): Was kostet das Bauwerk Schweiz in Zukunft und wer bezahlt dafür? Fokusstudie NFP 54, vdf Hochschulverlag, Zürich

[SOB 2018] Schweizerische Südostbahn AG (2018): Network Statement 2018, Herisau

[Thomson 1978] Thomson, John Michael (1978): Grundlagen der Verkehrspolitik; UTB / Verlag Paul Haupt, Bern

[VöV 2016] Verband öffentlicher Verkehr (2016): RTE – Regelwerk Technik Eisenbahn / Die VöV-Wissensplattform für Technik und Betrieb des Systems Eisenbahn; Bern

[VöV 2018] Verband öffentlicher Verkehr (2018): Regelwerk Technik Eisenbahn, Programmgrundlagen – R RTE 11000; Bern

[Weidmann 2008] Weidmann, Ulrich / Nash, Andrew (2008): Open access to railway networks: Hidden discrimination potentials in an integrated railway organization; Competition and regulation in network industries, CRNI Conference, 28. November 2008, Brüssel

[Weidmann 2009] Weidmann, Ulrich / Wichser, Jost (2009): Verlässliche Finanzierung des öffentlichen Verkehrs – Konzeptstudie; ETH Zürich, Institut für Verkehrsplanung und Transportsysteme, Schriftenreihe des IVT 145, Zürich

[Weidmann 2016] Weidmann, Ulrich (2016): Bahn im Umbruch; Eisenbahn-Technische Rundschau, 65. Jahrgang Heft 9, S. 138–139

2 Infrastrukturplanung

2.1 Aufgaben, Prozesse und Akteure der Infrastrukturplanung

2.1.1 Entwicklung der Infrastrukturplanung

2.1.1.1 Anfänge der Infrastrukturplanung

Ein bedarfsgerechtes und wirtschaftliches Bahnnetz verlangt einen jederzeit funktional und technisch aufeinander abgestimmten Zustand aller seiner Elemente. Zudem muss es sicher und zuverlässig sein, künftige Nutzungen sind zu antizipieren und es ist durch Anpassungen zeit- und anforderungsgerecht herzurichten. Dies erfordert eine umfassende Planung und Koordination hinsichtlich Zeit, Raum und Ressourcen.

Die Kompetenz für diese Anforderungen im Zusammenhang mit Verkehrsinfrastrukturen findet sich bereits in den frühen Hochkulturen, insbesondere im Römischen Reich mit seinem flächendeckenden und dauerhaften Strassennetz. Mit dem Untergang dieses Imperiums verlor sie sich aber für mehr als tausend Jahre. Erst in der Neuzeit erkannten zentralistische Staaten wieder, dass sie ihr Territorium nur mittels eines gut ausgebauten Strassennetzes im Griff haben konnten. Frankreich baute dazu mit dem *Corps des Ingénieurs des Ponts et Chaussées* eine entsprechende Organisation auf, die sich zusätzlich zu einer Keimzelle der universitären technischen Forschung entwickelte. Ähnliche Ansätze zu planmässigen Strassennetzen auf dem Gebiet der Schweiz gehen auf das Jahr 1742 im damaligen Staat Bern zurück.

2.1.1.2 Infrastrukturplanung im 19. Jahrhundert

Die systematische bernische Strassenplanung wurde im föderalistischen schweizerischen Bundesstaat von 1848 zunächst nicht fortgesetzt. Der Bundesrat beauftragte aber bereits 1850 die britischen Experten R. Stephenson und H. Swinburne mit einer Studie für ein gesamtschweizerisches Bahnnetz. Ihr Vorschlag zeigte ein Hauptstreckennetz, das die Seen noch als integrierenden Bestandteil einbezog, wie dies in der Frühzeit der Bahnentwicklung üblich war. Die finanziellen Gegebenheiten erlaubten indessen noch kein bauliches Engagement des Bundes und auch aufgrund der starken politischen Stellung des Liberalismus wurde der Bahnbau im 19. Jahrhundert der Privatwirtschaft überlassen.

Die Vorschläge von Stephenson und Swinburne hatten damit keine praktischen Konsequenzen. Die realisierte Netzstruktur orientierte sich vielmehr – nebst den Verkehrsbedürfnissen – an geschäftsstrategischen Überlegungen, nicht aber an einem landesweiten Gesamtentwurf. Ähnlich entwickelten sich die Bahnnetze in zahlreichen anderen Staaten. Die Bahnbetreiber – ob öffentlich oder privat – wurden dennoch immerhin zu Pionieren der neuzeitlichen Infrastrukturplanung und waren im 19. Jahrhundert die einzigen Organisationen mit dieser Befähigung.

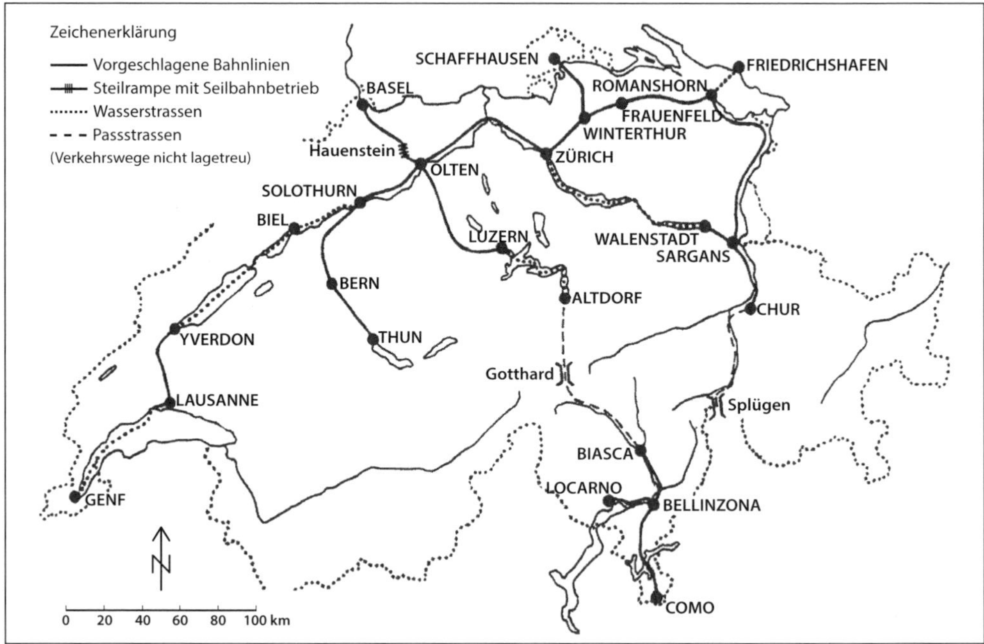

Abbildung 1 *Erster Vorschlag für ein schweizerisches Eisenbahnnetz von R. Stephenson und H. Swinburne, 1850, erstellt im Auftrag des Bundesrates [Böhler 1987].*

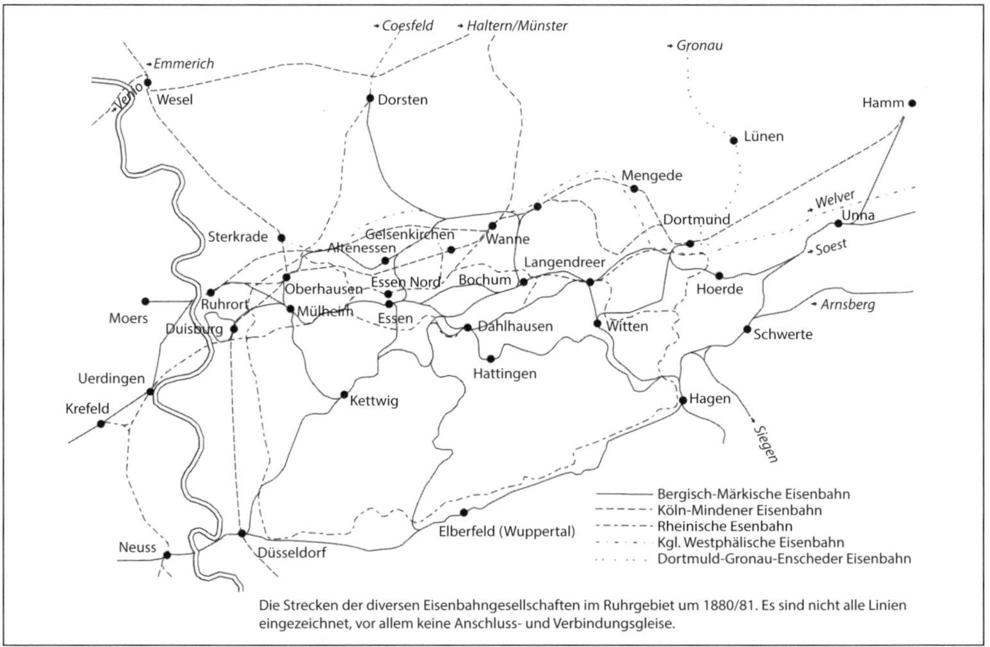

Die Strecken der diversen Eisenbahngesellschaften im Ruhrgebiet um 1880/81. Es sind nicht alle Linien eingezeichnet, vor allem keine Anschluss- und Verbindungsgleise.

Abbildung 2 *Unkoordinierter Aufbau des Bahnnetzes im deutschen Ruhrgebiet durch mehrere konkurrierende Bahngesellschaften; Stand 1880/1881 [DGEG Medien AG] / [Winkelschmidt 2005].*

2.1.1.3 Infrastrukturplanung im 20. Jahrhundert

Erst die sich ab Beginn des 20. Jahrhunderts sukzessive bildenden Staatsbahnen wurden zu national tätigen Infrastrukturbetreibern. Da der Grossteil der Netze, insbesondere die Hauptstrecken, bereits im 19. Jahrhundert entstanden war, konnten sie die Netzstruktur allerdings nicht mehr nennenswert beeinflussen. Hauptaufgaben waren vielmehr Erhaltung und Betrieb des Bestandsnetzes. Zusätzliche Herausforderungen waren die geostrategischen Veränderungen von 1918 und 1945 sowie die Beseitigung der Kriegsschäden. Der Fall des Eisernen Vorhangs von 1989 bewirkte zudem Verschiebungen von Landesgrenzen sowie Umorientierungen der Verkehrsströme, insbesondere eine Drehung der westeuropäischen Hauptverkehrsrichtung von Nord-Süd auf West-Ost, was zahlreiche Netzanpassungen implizierte.

Unter diesen Gegebenheiten war es im gesamten 20. Jahrhundert nicht möglich, Netz und Bahntechnologie zeitgerecht an die sich wandelnden Siedlungs- und Wirtschaftsstrukturen anzupassen. Die Anforderungen des Verkehrsmarktes stiegen sukzessive an, während das Preisniveau mit der Verbreitung des Autos sank. Diese Diskrepanz stellte gegen Ende des Jahrhunderts die Existenz der Bahn grundsätzlich infrage. Eine systematische Planung der Bahn – funktional, technisch, wirtschaftlich – erhielt damit eine essenzielle Bedeutung.

2.1.2 Integrierte Infrastrukturplanung

2.1.2.1 Lebenszyklusphasen eines Bahnsystems

Gegen Ende des 20. Jahrhunderts wurde erkannt, dass die Bahn nur mit einer integrierten Betrachtung von *Angebot, Produktion, Rollmaterial* und *Infrastruktur* eine Zukunft haben kann. Den Kern bildet dabei die Infrastruktur, denn zum Ersten besteht ein sehr enger Zusammenhang zwischen den geplanten Angeboten, ihren Produktionsressourcen und der Netzentwicklung. Zum Zweiten bestimmt die Infrastruktur mit ihren hohen Fixkosten und dem Erhaltungsaufwand die Gesamtwirtschaftlichkeit; sie ist aufgrund ihrer Komplexität entscheidend für den sicheren, stabilen und robusten Betrieb. Ohne stetige und langfristig orientierte Angebots- und Produktionsplanung lässt sich das Netz nicht optimal planen. Ohne ein technisch und organisatorisch gut durchgebildetes Netz ist ein qualitätsgerechtes und wirtschaftliches Angebot nicht möglich.

Eine solche integrierte Gesamtsystemplanung verläuft entlang der vier Hauptlebenszyklusphasen:

- *Angebotsplanung und Anforderungsspezifikation:* Entwurf eines netzweiten, konsistenten Linien- und Fahrplankonzepts für definierte Zeithorizonte durch die EVU, abgeleitet aus den Marktanforderungen sowie aus den Bestellungen der öffentlichen Hand im Regionalverkehr. Integration weiterer staatlicher Anforderungen, insbesondere hinsichtlich raumplanerischer und regionalpolitischer Aspekte.
- *Produktionsplanung und Kapazität:* Verkehrliche Dimensionierung des Angebotes für die erwartete Nachfrage, Spezifikation des erforderlichen Rollmaterials der EVU, abgestimmt auf die Zeithorizonte. Kapazitätsprüfung der EIU, Identifikation von Kapazitätsengpässen und Spezifikation von Infrastrukturanpassungen.

- *Infrastrukturentwicklung:* Umsetzung der funktionalen Anforderungen aus den Angebots- und Produktionsplanungen in Anlagenspezifikationen. Zeitliche und inhaltliche Koordination aller Infrastrukturmassnahmen mit den Anforderungen der EVU. Planung, Projektierung, Ausführung, Inbetriebnahme. Bestimmung geeigneter Technologien und Führung des Innovationsprozesses.
- *Betrieb und Erhaltung:* Operative Führung der Züge durch die EVU, Qualitätssicherung. Operativer Netzbetrieb durch die EIU mit Kurzfristplanung, Lenkung und Disposition. Management von Störungsfällen. Substanzerhaltung des Rollmaterials der EVU und der Infrastrukturen der EIU.

Auch wenn diese Lebenszyklusphasen sowie die zugehörigen Aufgaben, Kompetenzen und Akteure klar voneinander abgegrenzt sind, verlaufen die Planungen in der Realität iterativ und zeitlich verschränkt. Es handelt sich mithin nicht um eine lineare Abfolge, sondern um einen permanenten und iterativen Optimierungsprozess.

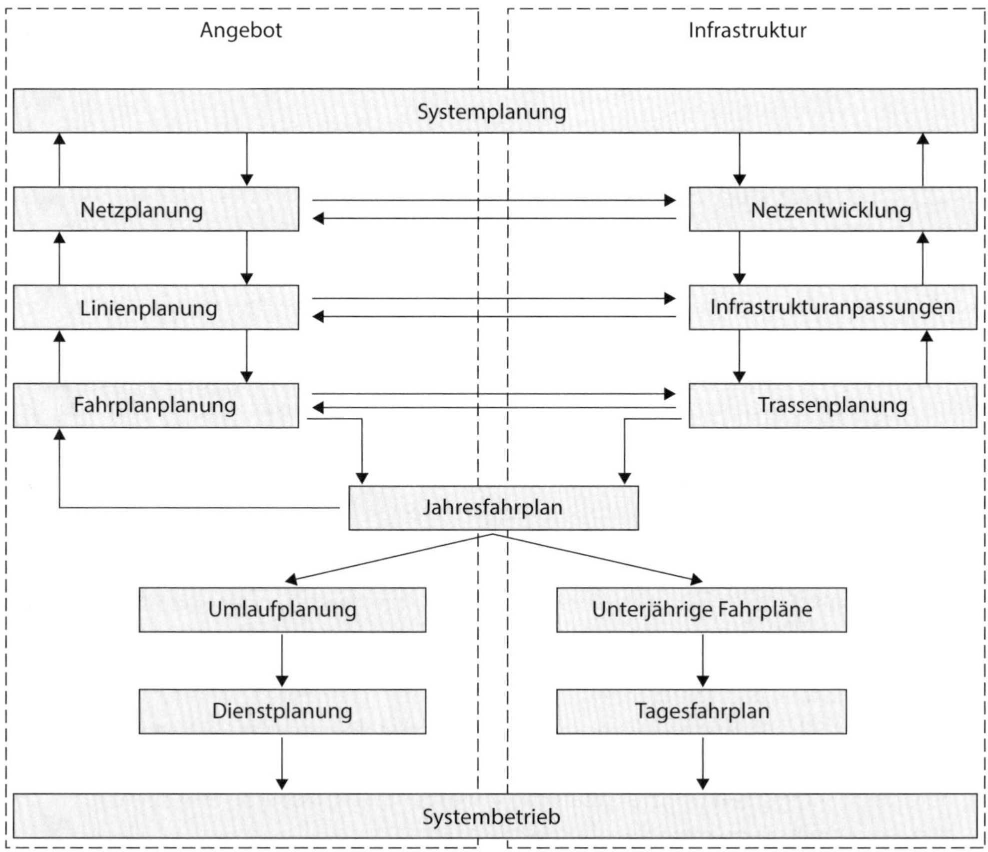

Abbildung 3 *Von der Systemplanung zum Systembetrieb eines Bahnnetzes; links: Abfolge der Aktivitäten bei der Angebotsentwicklung und -erstellung, rechts: Infrastrukturentwicklung und -betrieb. Verbindendes Element ist der Jahresfahrplan (nach [Huber 2008], erweitert).*

2.1.2.2 Teilaufgaben der Bahninfrastruktur

Die Infrastruktur hat in diesem Kontext die Aufgabe, die funktionalen und qualitativen Anforderungen aus der Angebots- und Produktionsplanung aufzunehmen, in ein spezifikationsgerechtes und wirtschaftliches Infrastrukturnetz umzusetzen, dieses operativ zu betreiben sowie dessen Substanzerhaltung zu sichern. Dies umfasst sieben Teilaufgaben:

- *Infrastrukturplanung:* Strategische Infrastrukturentwicklung, Festlegung der Planungsorganisation und -prozesse, Koordination der innerbetrieblichen mit der staatlichen Infrastrukturplanung. Grossräumige Festlegung der Lage neuer Infrastrukturen und planerische Raumsicherung.
- *Anlagenentwurf:* Umsetzung der funktionalen Anforderungen in Anlagenentwürfen, Identifikation aller wesentlichen Lösungsvarianten, strukturierte Evaluation der am besten geeigneten Lösung, summarische Machbarkeitsprüfung und Kostenschätzung.
- *Projektierung:* Geometrische Durchgestaltung neuer Anlagen auf Grundlage der Anlagenentwürfe, unter Berücksichtigung technischer und gesetzlicher Vorgaben. Nachweis der technischen und betrieblichen Machbarkeit. Erarbeitung der Vorprojekte und Auswahl der Bestvariante. Kostenvoranschlag und Nachweis der Finanzierung.
- *Bahntechnik:* Bestimmung der Technologien zur Erfüllung der Anforderungen an die Infrastruktur. Formulierung und Führung der Technologie- und Produktestrategie unter Berücksichtigung künftiger Anforderungen, technischer Entwicklungen und der Lebenszykluskosten. Migrationsstrategie in Koordination mit den EVU.
- *Bahnbau:* Bauliche Ausgestaltung der Bestvarianten aus der Projektierung. Detaillierte konstruktive Durchbildung und Dimensionierung aller Bauteile. Adaptierung der Bahntechnologie an die projektspezifischen Anforderungen. Aufbau der Projektorganisation für Bauvorhaben und Projektumsetzung.
- *Inbetriebnahme:* Prüfung der korrekten Ausführung und der Erfüllung aller vertraglichen Spezifikationen. Tests und Inbetriebsetzungen der technischen Einrichtungen. Sicherstellung der Nutzungsvoraussetzungen seitens der EVU, Nachweis der korrekten Interaktion Fahrweg – Fahrzeuge. Übergabe neuer Anlagen zur kommerziellen Nutzung.
- *Betrieb:* Betriebsführung des Netzes im Regelbetrieb und Störungsfall. Führung der Sachinventare und Planwerke der Anlagen. Kontinuierliche Überwachung des Anlagenzustandes durch Diagnose sowie Auswertung hinsichtlich des Interventionsbedarfs. Lebenszykluskostenorientierte Substanzerhaltungsstrategie, effiziente und qualitätsorientierte Umsetzung.

Die Infrastrukturplanung als erster Schritt dieser Abfolge wird im vorliegenden Kapitel vertieft. Die weiteren Teilaufgaben sind Gegenstand der späteren Abschnitte.

2.1.2.3 Übergeordnete Ziele der Infrastrukturstrategie

Grundlage der Infrastrukturplanung ist eine Infrastrukturstrategie. Sie folgt fünf übergeordneten Zielen, die zwar je nach Gegebenheiten unterschiedlich gewichtet sein können, aber nur gemeinsam eine ganzheitliche Entwicklung sichern (nach [Rogers 2008], erweitert):

- Erfüllung der zukünftigen Anforderungen an die Infrastruktur hinsichtlich Leistungsfähigkeit und Qualität.
- Bestmögliche Nutzung der vorhandenen Infrastrukturen mittels weiterentwickelter Verkehrsmanagementverfahren (Steuerung, Regelung).
- Gewährleistung der Substanzerhaltung.
- Berücksichtigung der raumplanerischen Zielsetzungen und beabsichtigten Raumstrukturen.
- Koordination mit anderen Verkehrssystemen, insbesondere Strassenverkehr, Luftfahrt und Schifffahrt.

Ein Bahnnetz soll somit zunächst die geforderten Kapazitäten und Geschwindigkeiten mit einer garantierten Zuverlässigkeit für alle kommerziellen Netznutzer zur Verfügung stellen. Punktuelle Kapazitätsengpässe können die Kapazität des Gesamtsystems bestimmen; die Kapazität muss daher an jeder Stelle des Netzes grösser oder gleich gross sein wie der Bedarf. Die Anpassung an den künftigen Bedarf kann sowohl Streckenausbauten als auch Stilllegungen umfassen. Aufgrund der Bedeutung der Bahn für die Raumentwicklung und im Gegenzug der Siedlungsstruktur für die Nachfrage ist ein enger Abgleich der Infrastrukturstrategie mit den raumplanerischen Konzepten erforderlich. Schliesslich sind die Planungen der anderen Verkehrssysteme einzubeziehen, um optimale Verknüpfungen sicherzustellen und Parallelinvestitionen zu vermeiden.

2.1.2.4 Kernkompetenzen für die Strategieumsetzung

Die Umsetzung dieser strategischen Zielvorgaben bedingt Kompetenzen auf drei Ebenen:

- *Strategische Kompetenzen:* Systematischer Netzaufbau und -ausbau, langfristige technische Ausgestaltung und Anlagenbau, Innovation zur Entwicklung und Wahl geeigneter technischer Strategien.
- *Taktische Kompetenzen:* Kapazitäts- und qualitätsoptimale Zuteilung der Kapazitäten, fehlerfreie Planung aller Produktionsprozesse, Erhaltung der Anlagen, technologische und wirtschaftliche Beherrschung der Systeme.
- *Operative Kompetenzen:* Bewirtschaftung der Kapazitäten im laufenden Betrieb, Überwachung und Steuerung des Verkehrsflusses unter Maximierung der Pünktlichkeit, zeit- und sachgerechte Intervention bei Störungen und Unfällen, übergreifende Qualitätssicherung.

Dabei steht die Netzentwicklung unter höchsten Effizienz- und Effektivitätsvorgaben. Infrastrukturplanung und Kapazitätsbewirtschaftung müssen versuchen, die Anlagenerweiterungen gezielt auf den konkret spezifizierten Bedarf auszurichten sowie zeitlich möglichst hinauszuschieben. Mittels informationstechnischer und organisatorischer Massnahmen (Fahrplanoptimierung, Zugsteuerung) sind die Kapazitäten bis an die Grenze auszuschöpfen.

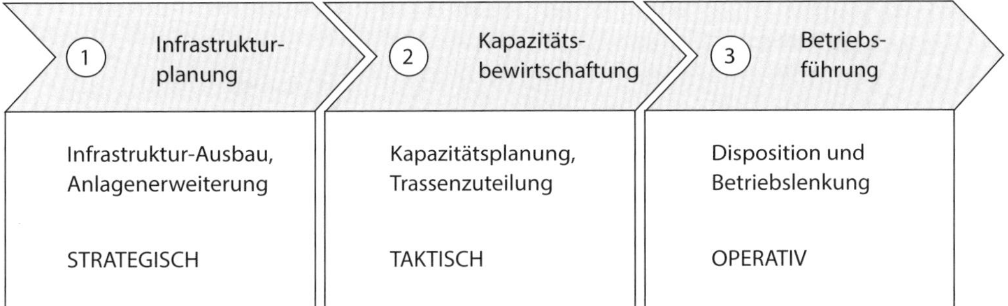

Abbildung 4 *Maximierung der Kapazität von Bahninfrastrukturen in der strategischen, taktischen und operativen Phase; bedarfsgerechte Infrastrukturplanung, kapazitätsorientierte Trassenzuteilung, stabilitätsoptimierte Betriebsführung [eigene Darstellung].*

2.1.3 Gliederung des Planungsprozesses

Die Netzentwicklung der Bahn zählt zu den langfristigsten Planungsprozessen, dies aus mehreren Gründen:

- Lange Realisierungsdauer von Netzerweiterungen (10–25 Jahre).
- Lange Lebensdauer der Substanz (25–75 Jahre).
- Langsame Veränderung der Siedlungsstruktur und des Verkehrsmarktes (20–50 Jahre).

Die Netzentwicklung beginnt daher zunächst ohne genaue Kenntnis des künftigen Betriebsprogramms und ist zahlreichen externen Einflüssen unterworfen. Im Verlauf des Planungsprozesses werden die Informationen präziser und sukzessive müssen Teilfestlegungen getroffen werden. Dies erfordert einen hierarchisch, zeitlich und räumlich gegliederten Planungsprozess. Die Zeithorizonte leiten sich einerseits aus dem frühest möglichen Vorhandensein von Zielsetzungen und Planungsgrundlagen ab, andererseits aus dem Zeitbedarf zur Ausführung von Netzanpassungen:

- *Langfristplanung:* Eine realistische Projektion der Marktentwicklung und des Umfeldes ist höchstens über etwa *15 Jahre* möglich. Für die Entscheidungsfindung und Umsetzung grosser Infrastrukturvorhaben sind jedoch Perspektiven bis etwa 30 Jahre nötig. Die Langfristplanung umfasst das ganze Netz.
- *Mittelfristplanung:* Mittelfristplanungen bewegen sich in einem besser abgesicherten Zeitraum von *5 bis maximal 15 Jahren*. Sie sollen bestimmte Objekte identifizieren und überschlägig dimensionieren. Der Zeithorizont vermag auch die Realisierung grösserer Projekte abzudecken. Eine Mittelfristplanung konzentriert sich auf die Netzbereiche mit hohem Veränderungsbedarf, insbesondere Hauptknoten und Hauptkorridore.
- *Kurzfristplanung:* Die kurzfristige Periode von *0–5 Jahren* entspricht der finanziellen Mittelfristplan-Periode. Sie umfasst insbesondere die Realisierungszeit kleiner und mittlerer Projekte. Objekte, die nicht zu Beginn dieser Periode ausgelöst werden, lassen sich indessen meist nicht mehr innerhalb derselben fertigstellen.

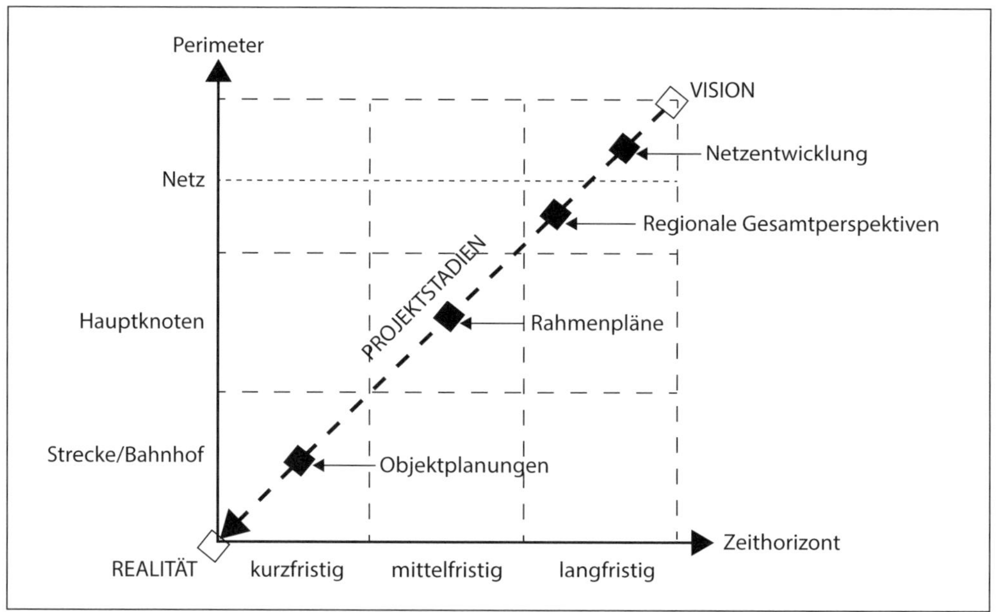

Abbildung 5 *Entwicklungspfad einer Infrastrukturanpassung von der Vision zur Realisierung; Einordnung in zeitliche Planungshorizonte und räumliche Perimeter des Netzes [eigene Darstellung].*

2.1.4 Finanzierung als Bestimmungsgrösse des Planungsprozesses

Eine zusätzliche Bestimmungsgrösse ist die Finanzierung. Der Finanzbedarf einer EIU setzt sich im Wesentlichen aus Substanzerhaltung, Investitionen in Ausbauten und Erweiterungen, Kosten der Betriebsführung sowie Energiekosten zusammen. Dem stehen einzig die Erträge aus den Trassenbenützungsgebühren gegenüber. Letztere decken aufgrund des Grenzkostenprinzips der Preisbildung nur den direkt zurechenbaren Verschleiss, den Betriebsführungsaufwand sowie die Energiekosten. Hingegen leisten die EVU keinen Beitrag an Investition, Verzinsung und Amortisation der Anlagen sowie an den zeitabhängigen Verschleiss. Für schweizerische Verhältnisse entsprechen die jährlichen Trassenpreiserträge gerade etwa 1 % des Wiederbeschaffungswertes der Infrastruktur, während der Verkehrsertrag des Personen- und Güterverkehrs etwa einen Viertel bis einen Fünftel des Wiederbeschaffungswertes dieser Bereiche erreicht.

Die ungedeckten Kosten der Infrastruktur werden praktisch vollständig durch den Staat übernommen, nur in sehr seltenen Fällen im Rahmen von PPP-Kooperationen unter Beteiligung des privaten Kapitalmarktes. Die Hauptlast des staatlichen Anteils tragen die Zentralstaaten, nur punktuell unterstützt durch EU, Regionen und Gemeinden.

Die konkrete Ausgestaltung der Finanzierung hinsichtlich Höhe der Trassenpreise sowie Aufgabenteilung zwischen Zentralstaat und Regionen/Gemeinden ist je nach Land sehr unterschiedlich. Gemeinsam ist allen Ländern, dass die EIU den Investitionsbedarf nicht am Markt erwirtschaften können. Die Netzentwicklungsstrategie ist damit eng mit der staatlichen Finanzplanung verknüpft.

Finanzierungsbedarf	Trägerinstitutionen
Leistungsabhängiger Verschleiss, Betriebsführung, Energieverbrauch	EVU durch Trassenbenützungsgebühren
Zeitabhängiger Verschleiss und Erneuerung des Bestandes	Zentralstaat
Investition internationaler Infrastrukturen	Zentralstaat mit Beitrag der EU
Investition und Amortisation der nationalen Infrastrukturen	Zentralstaat
Investition (teilweise auch Amortisation) spezifischer regionaler und lokaler Infrastrukturen	Regionen und Gemeinden

Tabelle 1 *Finanzierung der wichtigsten Kostenanteile einer Bahninfrastruktur durch die verschiedenen Trägerinstitutionen; übliche europäische Verhältnisse [eigene Darstellung].*

In der Schweiz werden seit 2016 sämtliche Kosten aller Bahninfrastrukturen, die nicht durch Trassenpreiserträge gedeckt sind, über den Bahninfrastrukturfonds (BIF) finanziert. Die Alimentierung des BIF lehnt sich an den früheren sogenannten FinöV-Fonds an, wird aber insbesondere durch Beiträge der Kantone ergänzt. Im Gegensatz zum FinöV-Fonds ist der BIF nicht befristet und nicht auf grosse Neubauvorhaben limitiert, sondern für Betrieb und Erhaltung des gesamten Netzes bestimmt. Zur Freigabe der Mittel bewilligt das eidgenössische Parlament alle vier Jahre einen sogenannten Zahlungsrahmen. In der Folge wird mit allen EIU eine ebenfalls vierjährige Leistungsvereinbarung abgeschlossen [BAV 2018a].

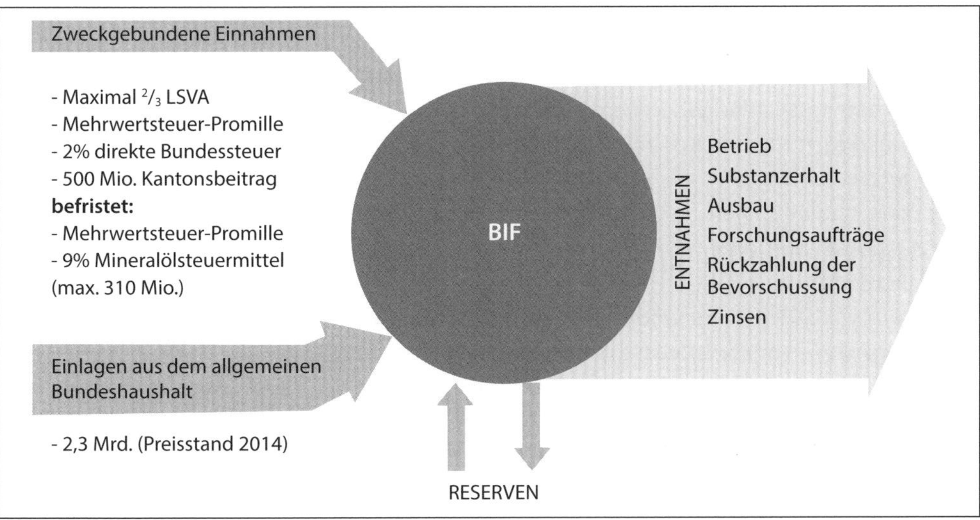

Abbildung 6 *Schweizerischer Bahninfrastrukturfonds BIF, Herkunft der Mittel und Zweckbestimmungen [BAV 2018a].*

2.1.5 Infrastrukturplanung als Gemeinschaftsaufgabe von Staat und Infrastrukturunternehmungen

2.1.5.1 Überblick über die Infrastrukturplanungen des Staates

Alle diese Gegebenheiten bestimmen Aufgabenteilung, Struktur und Kompetenzen des Planungsprozesses von Bahninfrastrukturen: Bahninfrastrukturen sind einerseits ein Gestaltungsmittel der Politik, ein natürliches Monopol und weitgehend in staatlichem Eigentum. Zudem trägt der Staat – wie gezeigt – die finanzielle Hauptlast. Andererseits sind sie ein grosstechnisches System und eine Netzwerkindustrie, was eine funktionale, technische und wirtschaftliche Planung bedingt. Daher befassen sich drei *staatliche* respektive *parastaatliche Ebenen* mit der Infrastrukturplanung auf ihrem Territorium, mit jeweils langfristigem Zeithorizont:

- *Kontinentale Infrastrukturplanung:* Umfassend die europäisch relevanten Korridore und Einzelanlagen. Prozessführer: Europäische Union. Nur Finanzierungsbeiträge an ausgewählte Projekte.
- *Nationale Infrastrukturplanung:* Umfassend das gesamte Bahnnetz mit Fokus auf national relevante Leistungen. Prozessführer: Schweizerische Eidgenossenschaft. Hauptfinanzierungsquelle von Neubau, Erweiterung und Erhaltung der Bahninfrastruktur.
- *Regionale Infrastrukturplanung:* Umfassend das Bahnnetz eines Kantons. Prozessführer: Kantone. Punktuelle Mitfinanzierung ausgewählter Projekte.

2.1.5.2 Überblick über die Infrastrukturplanungen der Infrastrukturunternehmungen

Die *Infrastrukturunternehmungen* als Besitzer und Betreiber der Bahninfrastruktur gliedern die Planungstätigkeit im Perimeter ihres Netzes in vier Stufen. Nebst der geografischen Gliederung werden dabei die Zeithorizonte einbezogen:

- *Gesamtnetzplanung:* Gesamtes Netz; langfristiger Zeithorizont.
- *Regionale Gesamtperspektiven:* Gesamtentwicklung der Bahninfrastruktur auf Kantonsgebiet einschliesslich Angebotsperspektiven und Arealplanungen; langfristiger Zeithorizont. Erarbeitung in Kooperation mit den Kantonen.
- *Planung von Hauptknoten und Hauptkorridoren:* Bahnanlagen von Grossstädten einschliesslich des Zulaufs im Umkreis von etwa 15–20 km *(Hauptknoten)* sowie sehr stark ausgelastete Korridore mit hoher Netzwirkung *(Hauptkorridore);* lang- bis mittelfristiger Zeithorizont.
- *Planung von Strecken, Bahnhöfen und weiteren Anlagen einschliesslich Substanzerhaltung:* Einzelprojekte variabler Grösse; mittel- bis kurzfristiger Zeithorizont.

Die Infrastrukturbetreiber verknüpfen ihren Netzplanungsprozess eng mit der Angebots- und Produktionsplanung; je mehr man sich der Objektplanung nähert, desto enger.

2.1.5.3 Aufgabenteilung und Integrationsaufgaben

Nur die Infrastrukturbetreiber sind im kurz-, mittel- und langfristigen Zeithorizont tätig, während die staatlichen Ebenen vorwiegend langfristig planen. Die betriebliche und technische Planung erfolgt praktisch ausschliesslich durch die EIU, wobei der Staat aber solche Aspekte mitberücksichtigt, soweit sie für ihn relevant sind. Die Bahninfrastrukturplanung ist somit eine Gemeinschaftsaufgabe verschiedener staatlicher Ebenen und der Infrastrukturunternehmungen, mit unterschiedlichen Integrationsaufgaben:

- *Staat:* Integration der Bahninfrastrukturentwicklung in den allgemeinen politischen Kontext, insbesondere in die Raumordnungs-, Verkehrs-, Wirtschafts- und Finanzpolitik (äussere Integration).
- *Infrastrukturunternehmungen:* Integration der Nutzeranforderungen, technischen Entwicklungen, Substanzerhaltung, Finanzplanung und zeitlichen Gegebenheiten (innere Integration).

Es handelt sich zudem um iterative Prozesse, die aufgrund inhärenter Interessengegensätze und unvermeidlicher thematischer Überschneidungen nicht reibungsfrei ablaufen können. Kern des übergreifenden Planungsprozesses sind dabei die nationale Infrastrukturplanung, zusammen mit der Gesamtnetzplanung der EIU.

Staatliche Infrastrukturplanung	Infrastrukturplanung der Eisenbahn-Infrastrukturunternehmungen (EIU)	Fristigkeiten
Planung des kontinentalen Netzes		Langfristig
Planung des nationalen Netzes	Planung des Gesamtnetzes der Eisenbahn-Infrastrukturunternehmung	
Planung des regionalen Netzes	Regionale Gesamtperspektiven (und Planung von Hauptkorridoren)	Langfristig
Planung des kommunalen Netzes	Planung von Hauptknoten (und Hauptkorridoren)	Lang- bis mittelfristig
(Arealplanungen)	Strecken, Bahnhöfe und weitere Bahnanlagen (Einzelobjektplanung)	Mittel- bis kurzfristig

Tabelle 2 *Orientierende Übersicht über Hierarchie und Zuständigkeiten bei der Infrastrukturplanung mit Aufgabenteilung zwischen Staat und EIU; inhaltlich und räumlich unterscheiden sich die Planungen auch auf gleicher Stufe erheblich [eigene Darstellung].*

2.2 Staatliche Infrastrukturplanungen

2.2.1 Zielsetzungen der staatlichen Infrastrukturplanung

Die Instrumente zur Festlegung und Umsetzung der Zielsetzungen eines Staates sind Politik und Verwaltung. *Politik* ist – allgemein verstanden – das auf die Durchsetzung bestimmter Ziele im staatlichen Bereich und die Gestaltung des öffentlichen Lebens gerichtete Handeln von Regierungen, Parlamenten, Parteien und Organisationen. Sie geht von den Kernaufgaben eines Staates aus, die sich in den Schwerpunktbereichen Wirtschaft, Soziales, Raumordnung, Sicherheit, Gesundheit, Umwelt und Finanzen fassen lassen.

Politikbereich		Generelle Zielsetzungen	Teilanforderungen an Verkehrspolitik
Leistungsziele	Wirtschaftspolitik	Maximierung der volkswirtschaftlichen Wertschöpfung	Leistungsfähige, zuverlässige und kostengünstige Verkehrsangebote; ordnungspolitisch klare Regelung des Verkehrs. Sicherstellung einer hohen Standortgunst für Industrie- und Dienstleistungsunternehmungen.
	Sozialpolitik	Maximierung der Wohlfahrt für alle Menschen	Hebung der Lebensqualität im öffentlichen Raum. Sicherstellung der Grundmobilität unter besonderer Berücksichtigung der Anforderungen von Behinderten, alten Menschen und Kindern. Sicherstellung der räumlichen Zugänglichkeit der Bildungseinrichtungen.
	Raumordnungspolitik	Ausgewogene Entwicklungsmöglichkeiten für alle Regionen und Stärkung des territorialen Zusammenhaltes	Flächendeckendes Netz bis in die Peripherie der Agglomeration. Leistungsfähige Erschliessung des Agglomerationskerns. Minimierung des Raumbedarfs und Optimierung der städtebaulichen Wirkungen.
Schutzziele	Sicherheitspolitik	Schutz von Leib und Leben	Minimale Gefährdung des Menschen durch den Verkehr. Gewährleistung der Personensicherheit im Verkehr.
	Gesundheitspolitik	Maximierung des gesundheitlichen Wohlergehens der Menschen	Minimierung der Immissionen durch Schall, Erschütterung, Luftverunreinigung, weiteren Schadstoffen und elektromagnetischen Einwirkungen.
	Umweltpolitik	Minimierung der Nutzung natürlicher Güter und des Ausstosses von Emissionen	Minimierung der Emissionen von Abgasen, Abwässern, Lärm, Erschütterung und Strahlung; Minimierung des Energieaufwandes.
Ressourcenziele	Finanzpolitik	Maximierung der Effektivität öffentlicher Mittel und Sicherstellung ausgeglichener öffentlicher Haushalte	Möglichst kleine, gut gestaffelte und wirtschaftliche Investitionen. Möglichst hohe Eigenwirtschaftlichkeit des Betriebes.

Tabelle 3 *Anforderungen an die Verkehrspolitik, ausgehend von den zentralen Politikbereichen von Leistung, Schutz und Ressourcen sowie deren generellen Zielsetzungen [eigene Darstellung].*

Verkehr ist in allen diesen Kernbereichen eine Voraussetzung zur Erfüllung der Aufgaben. Er ist damit zwangsläufig Gegenstand der Politik, womit die Verkehrspolitik einen dienenden Charakter im Sinne der Unterstützung der staatlichen Kernaufgaben erhält: *Verkehrspolitik ist Ausrichtung des staatlichen Handelns auf den Beitrag des Verkehrs zur Zielerreichung in seinen zentralen Aufgabenbereichen.* Im operativen Sinn kann Verkehrspolitik verstanden werden als *„[...] einen staatlichen Aufgabenbereich, dessen Ziel die vorausschauende Planung und Realisierung der Verkehrsinfrastruktur sowie die Regelung der Nutzung der Verkehrswege sind. Damit berührt die Verkehrspolitik einen wichtigen Teil der allgemeinen Daseinsvorsorge"* [Nuhn 2006].

2.2.2 Kontinentale Infrastrukturplanung

2.2.2.1 Infrastrukturplanung der Europäischen Union

Die europäische Infrastrukturplanung ist jungen Datums und basiert auf der überstaatlichen Zusammenarbeit der Europäischen Union (EU). Die EU formulierte mit den *Transeuropäischen Netzen* (TEN) eine kontinentale Netzstrategie für Verkehr (TEN-T), Energie (TEN-Energie) und Telekommunikation (eTEN). Gemäss Vertrag von Maastricht sollen sie die Entwicklung des Binnenmarktes unterstützen sowie zum wirtschaftlichen und sozialen Zusammenhalt beitragen. Den Anfang bildete die Entscheidung 1692/96/EG des Europäischen Parlaments und des Rates über gemeinschaftliche Leitlinien für den Aufbau eines transeuropäischen Verkehrsnetzes. In der Folge wurden die Festlegungen schrittweise weiterentwickelt und schliesslich in die heute gültigen Verordnungen 1315/2013 über Leitlinien der Union für den Aufbau eines transeuropäischen Verkehrsnetzes [EU 2013a] sowie 1316/2013 zur Schaffung der Fazilität „Connecting Europe" [EU 2013b] überführt.

Die TEN-Netze sollen insbesondere zu folgenden Zielen beitragen [EU 2013a]:

- *Kohäsion:* Zugänglichkeit und Anbindung aller Regionen einschliesslich entlegener Gebiete, Inseln, Berggebiete, dünn besiedelter Gebiete; Lückenschluss zwischen Mitgliedsländern; Verknüpfung mit dem Regional- und Nahverkehr; ausgewogene Abdeckung aller europäischen Regionen.
- *Effizienz:* Beseitigung von Engpässen innerhalb und zwischen Ländern; Verbund und Interoperabilität; Integration aller Verkehrsträger; Förderung von effizientem und hochwertigem Verkehr zur Steigerung der Wettbewerbsfähigkeit; effiziente Nutzung der Infrastrukturen; innovative technische und betriebliche Konzepte.
- *Nachhaltigkeit:* Aufbau aller Verkehrsträger mit Blick auf nachhaltiges und wirtschaftliches Verkehrswesen; Beitrag zu niedrigem Ausstoss von Treibhausgasen; Reduzierung der externen Kosten; Förderung des CO_2-armen Verkehrs.
- *Nutzer:* Deckung des Mobilitätsbedarfs; sicherer und hoher Qualitätsstandard im Personen- und Güterverkehr; Mobilität auch bei Naturkatastrophen und bei vom Menschen verursachten Ereignissen, Zugänglichkeit für Rettungsdienste; Gewährleistung von Qualität, Effizienz, Nachhaltigkeit; Zugänglichkeit für ältere Menschen, Menschen mit eingeschränkter Mobilität und mit Behinderungen.

Dient ein Infrastrukturvorhaben auf einem TEN-Netz mindestens zweien dieser vier Zielkategorien, ist es zudem aufgrund einer sozioökonomischen Kosten-Nutzen-Analyse wirtschaftlich tragfähig und hat es einen europäischen Mehrwert, so kann es als *Vorhaben von gemeinsamem Interesse* deklariert werden. Es kann damit von der EU finanziell unterstützt werden.

2.2.2.2 Transeuropäische Verkehrsnetze (TEN-T)

Das *TEN-T-Netz* umfasst Verkehrsinfrastrukturen sowie Verkehrsmanagement-, Ortungs- und Navigationssysteme. Die EU differenziert seit 2013 zwischen Gesamtnetz und Kernnetz, die beide vorab auf bestehenden Strecken basieren, aber gezielt auszubauen sind (nach [EU 2013a]):

- *Gesamtnetz:* Alle vorhandenen und geplanten Verkehrsinfrastrukturen des transeuropäischen Verkehrsnetzes, Massnahmen zur Förderung ihrer effizienten sowie sozial und ökologisch nachhaltigen Nutzung. Es soll die europäischen Regionen an das Kernnetz anschliessen, sodass bis 2050 niemand weiter als 20 Minuten vom Kernnetz entfernt leben soll.
- *Kernnetz:* Jene Teile des Gesamtnetzes, die von grösster strategischer Bedeutung für die Verwirklichung der Ziele des transeuropäischen Verkehrsnetzes sind. Es ist in neun multimodale Korridore mit einer Gesamtlänge von rund 15'000 km strukturiert und soll bis 2030 umgesetzt sein. Der Ausbauschwerpunkt liegt auf grenzüberschreitenden Verbindungen, Interoperabilität und Intermodalität zwischen den Verkehrssystemen. Die Schweiz wird vom Korridor Rhein – Alpen (Rotterdam – Genua) durchquert, dies mit den beiden Eisenbahn-Alpentransversalen Lötschberg-Simplon und Gotthard.

Das sogenannte Gesamtnetz entspricht im Wesentlichen dem TEN-Netz aus den früheren Festlegungen, die sich aber als zu feingliedrig erwiesen hatten. Das Kernnetz wurde mittels einer geografisch-verkehrsplanerischen Methode bestimmt. Ausgangspunkt waren die europäischen Hauptstädte, weitere wichtige Städte und Regionen, Flughäfen, Häfen, Grenzübertrittspunkte etc. Alle Knoten wurden mit ihren direkten Nachbarn verbunden und die Verkehrsströme auf möglichst wenigen Korridoren gebündelt, soweit dies aufgrund der Gegebenheiten realistisch war. Jene Verbindungen, die sich bis 2030 nicht umsetzen lassen, wurden eliminiert [Adelsberger 2012]. Die Hauptfinanzierung der Investitionsvorhaben obliegt den Mitgliedstaaten. Zur Mitfinanzierung aller TEN-T-Vorhaben sieht die EU einen Gesamtbetrag von rund 32 Mia. EUR vor.

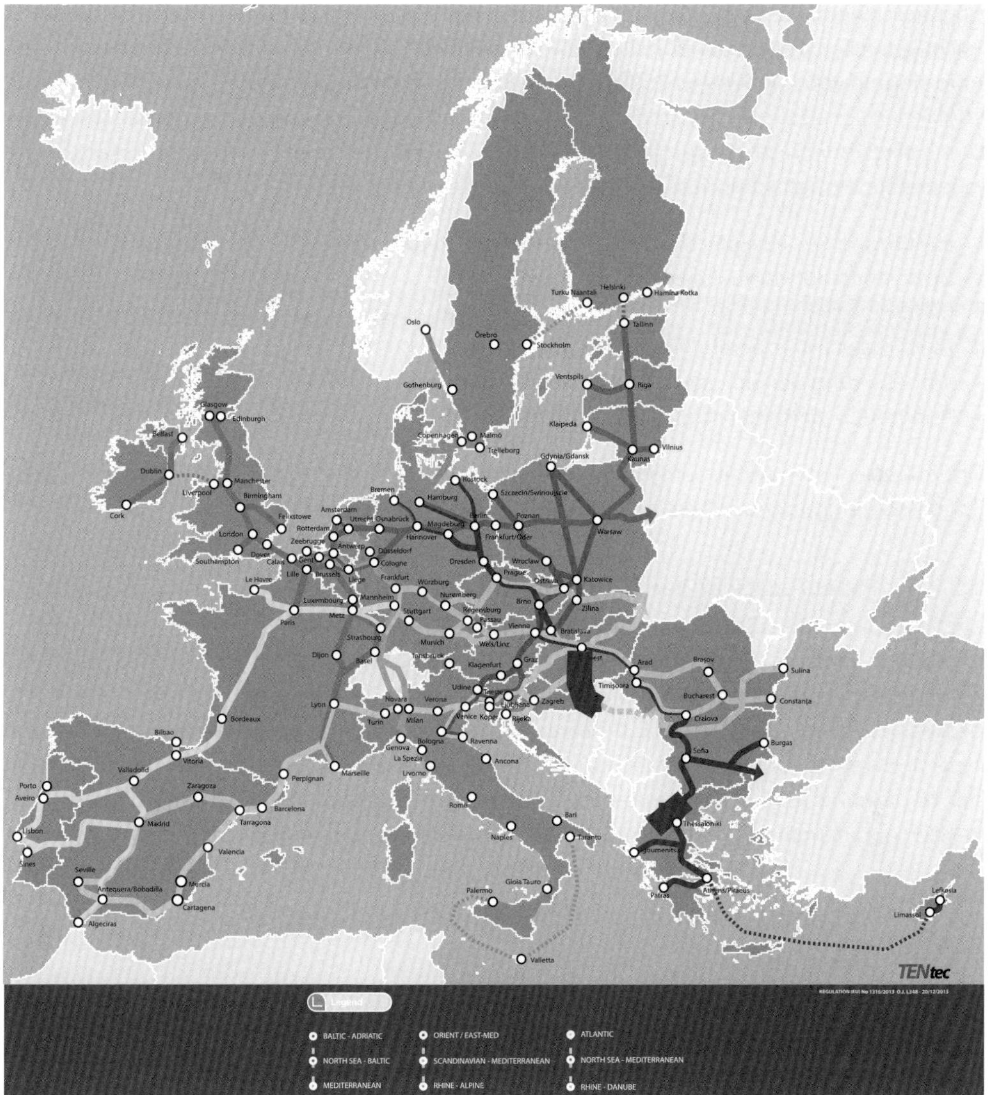

Abbildung 7 *Transeuropäisches Verkehrsnetz TEN-T der Europäischen Union, Stand 2013 [EU 2013c].*

2.2.2.3 Transeuropäische Bahnnetze

Die Bahninfrastruktur des TEN-Netzes umfasst [EU 2013a]:

- Hochgeschwindigkeitsstrecken und konventionelle Eisenbahnstrecken.
- Güterterminals und Logistikplattformen zum Güterumschlag innerhalb des Bahnsystems sowie mit anderen Verkehrssystemen.
- Anbindung an die übrigen TEN-Verkehrsnetze.
- Zugehörige Ausrüstungen und Telematikanwendungen.

Hochgeschwindigkeitsstrecken müssen auf mindestens 250 km/h ausgelegt sein, während für Ausbaustrecken des konventionellen Verkehrs als Teile des Hochgeschwindigkeitsnetzes eine Anforderung von mindestens 200 km/h gilt. Bahnstrecken des Kernnetzes sollen bis 2030 auf Zuglängen von 750 m, Achslasten von 22,5 t, elektrische Traktion und ERTMS gebracht werden. Damit ein Bahninfrastrukturprojekt als Vorhaben von gemeinsamem Interesse anerkannt wird, muss es zudem seine Priorität auf folgende Aspekte legen:

- Einführung des europäischen Zugsicherungssystems ERTMS.
- Umrüstung auf Normalspur.
- Reduktion der Lärm- und Erschütterungsauswirkungen.
- Ausbau der Interoperabilität.
- Verbesserung der Sicherheit an Niveauübergängen.
- Anbindung an Binnenschifffahrtsinfrastrukturen.

Grenzüberschreitende Bahnprojekte werden durch die EU finanziell mit bis zu 40 % unterstützt, Engpassbeseitigungen mit bis zu 30 % und andere Projekte mit bis zu 20 %.

2.2.2.4 Paneuropäische Verkehrskorridore

Zur Verknüpfung des TEN-Netzes mit Osteuropa und den Balkanstaaten wurden auf den europäischen Verkehrsminister-Konferenzen in Prag (1991), Kreta (1994) und Helsinki (1997) die „Paneuropäischen Verkehrskorridore" (PEK) mit einer Länge von 48'000 km festgelegt. Diese decken den Raum zwischen den EU-Staaten einerseits und dem Ural respektive dem Schwarzen Meer andererseits ab. Rund 25'000 km davon messen allein die Eisenbahnverbindungen. Mit der Verordnung 1315/2013 wurden diese Korridore in das Kernnetz der EU integriert und sie werden nun gemeinsam mit diesem behandelt sowie gegebenenfalls mitfinanziert.

2.2.3 Nationale Bahninfrastrukturplanung der Schweiz

2.2.3.1 Überblick

Sind nationale Infrastrukturplanungen etwa in Frankreich oder Deutschland schon lange etabliert, so sind sie in der Schweiz jungen Datums. Die erste vergleichbare Festlegung bildete der sogenannte *Netzbeschluss* von 1960 zum Nationalstrassennetz. Während dieser sehr erfolgreich war, scheiterte eine verkehrsträgerübergreifende Planung (*Koordinierte Verkehrspolitik [KVP]* auf Basis der *Gesamtverkehrskonzeption [GVK]*) in der Volksabstimmung von 1988. Erst 2016 entstand mit der *Finanzierung und Ausbau der Bahninfrastruktur* (FABI) ein zwar noch sektorielles, aber ganzheitliches Investitions-, Substanzerhaltungs- und Finanzierungsgefüge für das Bahnnetz, das den Ansprüchen an eine zeitgemässe Infrastrukturplanung zu genügen vermag. FABI ist das Ergebnis eines Prozesses, der seit dem Zweiten Weltkrieg über mehrere Etappen führte. Sie werden im Folgenden skizziert.

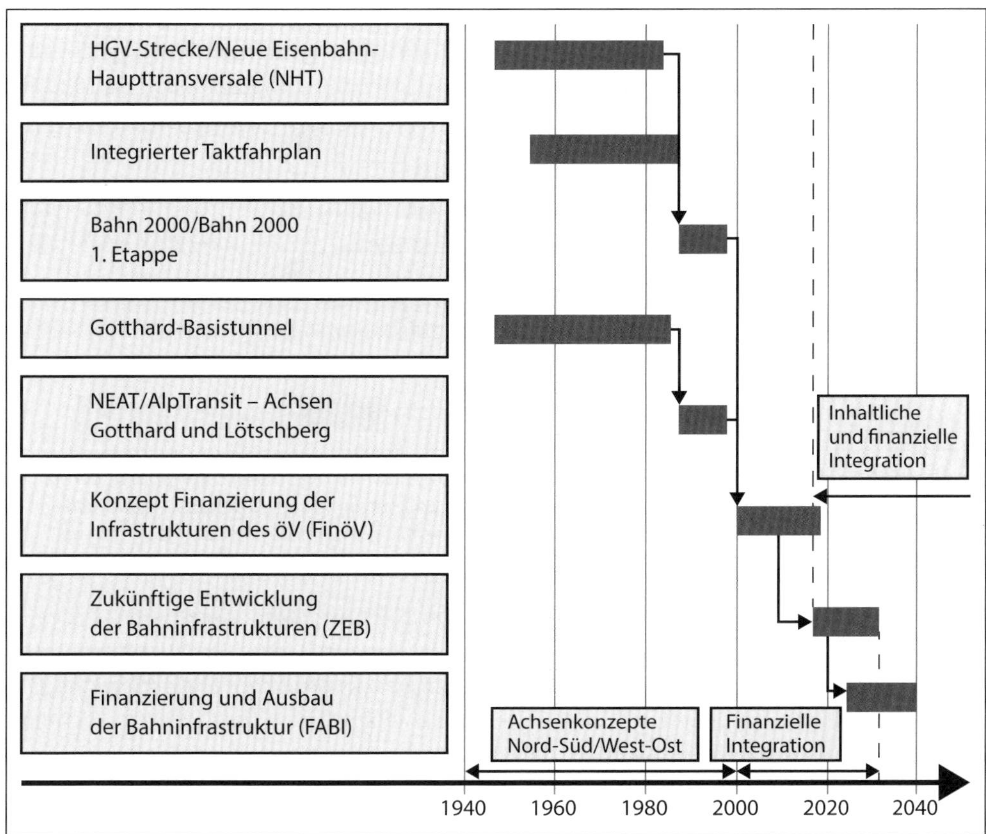

Abbildung 8 *Evolution der schweizerischen Bahninfrastrukturplanung, von den Grossprojekten NHT und Gotthard-Basistunnel zur integrierten Infrastrukturentwicklung und -finanzierung FABI; von den achsenorientierten Konzepten über die finanzielle Integration zur inhaltlichen Integration (nach [Weidmann 2011]).*

2.2.3.2 Bahn 2000

Selbst die national bedeutenden Achsen des Schweizer Bahnnetzes entstanden im 19. Jahrhundert aus der Aneinanderreihung bescheiden trassierter Streckenabschnitte, die nie grundlegend verbessert wurden. Die Schweiz kennt deshalb keine Tradition schneller Langstreckenverbindungen. Erste Skizzen für eine schweizerische Schnellbahn der neuen Generation finden sich 1947 und blieben noch ohne Folgen. In den 1950er-Jahren ging der Marktanteil des öffentlichen Verkehrs radikal zurück. Er erreichte 1960 nur noch einen Drittel; zwei Drittel des Personenverkehrs wurden bereits durch den motorisierten Individualverkehr bewältigt [LITRA 2017]. 1967 lancierte die SBB eine Vorwärtsstrategie mit einer Ost-West-Hochgeschwindigkeitsstrecke als Kernstück. 1973 lag das generelle Projekt für den ersten Teilabschnitt vor, das aber in den betroffenen Regionen auf vehementen Widerstand stiess. Die öffentliche Anhörung brachte 1984 das Ende dieser Idee.

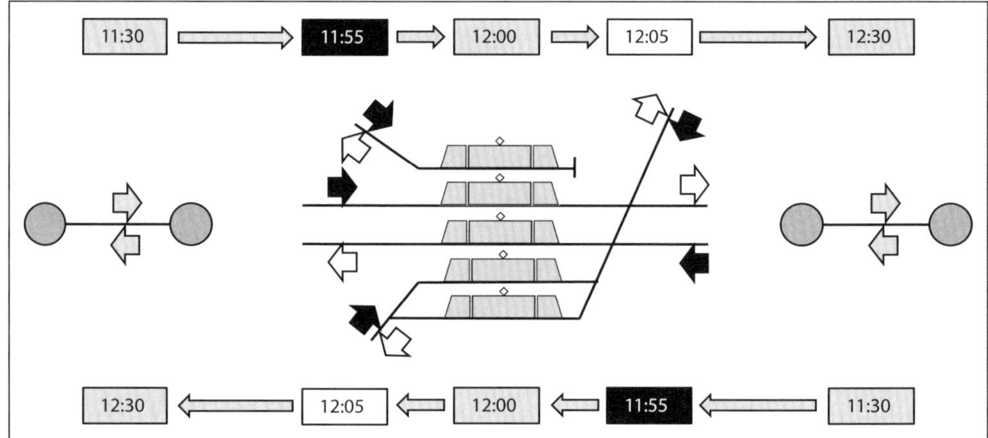

Abbildung 9 *Grundprinzip des integrierten Taktfahrplans; zu bestimmten Systemzeiten finden sich die Züge aus allen Richtungen simultan im Anschlussknoten ein und gewährleisten Anschlüsse in alle Richtungen sowie an die Anschlussverkehrsmittel. Zur halben Systemzeit begegnen sich die Züge der jeweils entgegengesetzten Fahrtrichtungen [eigene Darstellung].*

Als Alternative initialisierte die SBB das Projekt Bahn 2000 zur flächendeckenden Verbesserung des Angebotes durch Weiterentwicklung des Taktfahrplans von 1982 zum integrierten Taktfahrplan, kombiniert mit kurzen Neubaustrecken zwecks gezielter Fahrzeitgewinne. Der integrierte Taktfahrplan definiert Knoten, in denen simultane Anschlüsse aus jeder Richtung in jede Richtung gewährleistet werden. Daraus entsteht ein flächendeckendes Angebot mit stets optimalen Anschlüssen.

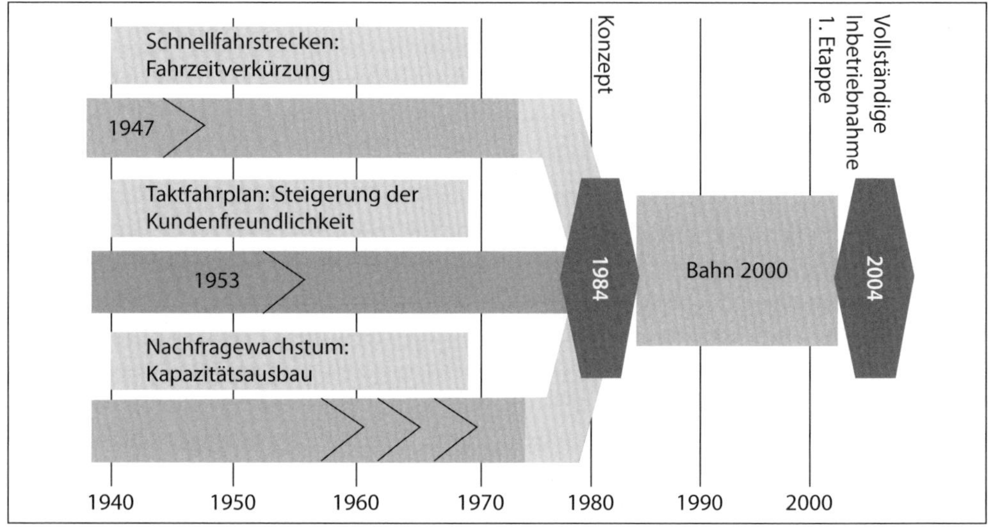

Abbildung 10 *Das Bahn 2000-Konzept von 1984 als Verknüpfung der drei historischen Entwicklungspfade Schnellfahrstrecken (HGV), integrierter Taktfahrplan und Kapazitätsausbau für das Nachfragewachstum [eigene Darstellung].*

Dies passte zur politischen Aktualität der Diskussion über das Waldsterben zu Beginn der 1980er-Jahre, als man den raschen Tod der Gebirgswälder infolge der Luftverschmutzung befürchtete. Im November 1984 fand sich Bahn 2000 bereits im entsprechenden Massnahmenpaket des Bundes und im Dezember 1987 wurde es in der Volksabstimmung gutgeheissen. Um 1990 wurde ersichtlich, dass Bahn 2000 zu den geschätzten Kosten nicht zu realisieren war. Eine 1995 beschlossene 1. Etappe sollte mit den genehmigten Mitteln so viel Nutzen wie möglich stiften. Allerdings konnte damit von den vier geplanten Neubaustrecken einzig jene zwischen Bern und Olten realisiert werden, mit einem Fahrzeitgewinn in Ost-West-Richtung von lediglich 15 Minuten und mit einer Verzögerung von fast fünf Jahren auf den ursprünglichen Zeitplan [Weidmann 2011].

2.2.3.3 Neue Eisenbahn-Alpentransversale (NEAT)

Die Überquerung der Alpen mit einer leistungsfähigen Bahnstrecke bildete im 19. Jahrhundert eine grosse Herausforderung, sowohl betriebs- als auch bautechnisch. Ein wirtschaftlicher Bahnbetrieb mit einigermassen grossen Anhängelasten verlangte Neigungen von unter etwa 30 ‰, was wesentlich weniger als die natürliche Geländeneigung im zentralen Alpenkamm ist. Der Scheiteltunnel sollte daher möglichst tief liegen, was ihn im Gegenzug verlängerte und auf bautechnische Grenzen stiess. Ein erster folgenloser Vorschlag für einen Gotthard-Basistunnel geht zwar bereits auf 1864 (!) zurück, aber erst 1946 wurde dieser Gedanke wieder aufgenommen.

1963 empfahl die Studienkommission *Wintersichere Strassenverbindung durch den Gotthard* eine Gotthard-Autobahn zusammen mit einem Eisenbahn-Basistunnel. Die Priorisierung des zentralen Gotthards provozierte Gegenvorschläge in der Ost- und Westschweiz. 1970 wurde der Gotthard indessen erneut als optimal bestätigt und 1973 formulierte der Bund sein Ausbaukonzept, umfassend den kurzfristigen Doppelspurausbau der Lötschbergstrecke der BLS und den längerfristigen Bau eines Gotthard-Basistunnels. Der zwischenregionale Konflikt verunmöglichte aber weiterhin einen Konsens. Mittlerweile war der Transitgüterverkehr konjunkturbedingt zusammengebrochen und 1983 sistierte der Bundesrat das ganze Vorhaben.

Damit hätten die Kantone Tessin und Wallis auf unabsehbare Zeit nicht von besseren Bahnverbindungen profitieren können. Seit Eröffnung der Autobahn durch den Gotthard schrumpfte zudem der Marktanteil der Bahn im Nord-Süd-Personenverkehr dramatisch. In der Bahn 2000-Debatte der eidgenössischen Räte von 1986 wurden daher Vorstösse eingereicht, die den Bau neuer Alpentransversalen forderten. Gleichzeitig verlangte die damalige EWG eine Anhebung der Gewichtslimite für Lastwagen auf 40 t (statt 28 t) sowie den Verzicht auf das Nacht- und Sonntagsfahrverbot, was aber innenpolitisch höchst umstritten war. Zum Schlüssel wurde eine Neue Eisenbahn-Alpentransversale (NEAT), die sowohl die südlichen Landesteile schneller mit der Nordschweiz verband als auch eine effiziente Alternative zum Lastwagentransport versprach. Da mit einer Achse allein nach wie vor keine politische Mehrheit zu gewinnen war, schlug der Bundesrat 1990 den gleichzeitigen Bau zweier Basistunnels am Lötschberg und Gotthard vor. Dieser sogenannte *Alpentransitbeschluss* wurde 1992 vom Volk genehmigt.

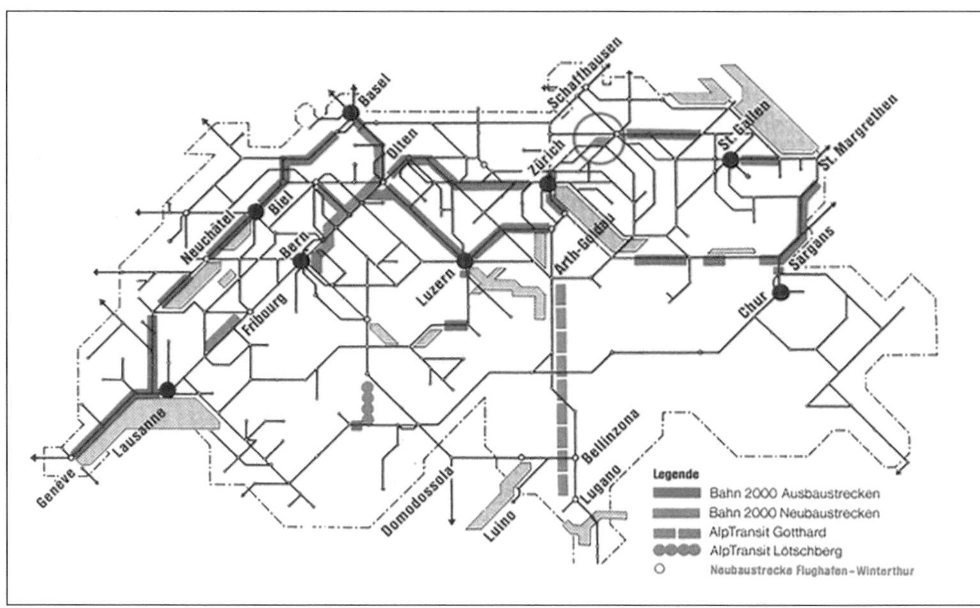

Abbildung 11 *Gesamtkonzepte Bahn 2000 und Alptransit vor deren jeweiligen Etappierung, Stand ca. 1993 [Grafik: SBB AG].*

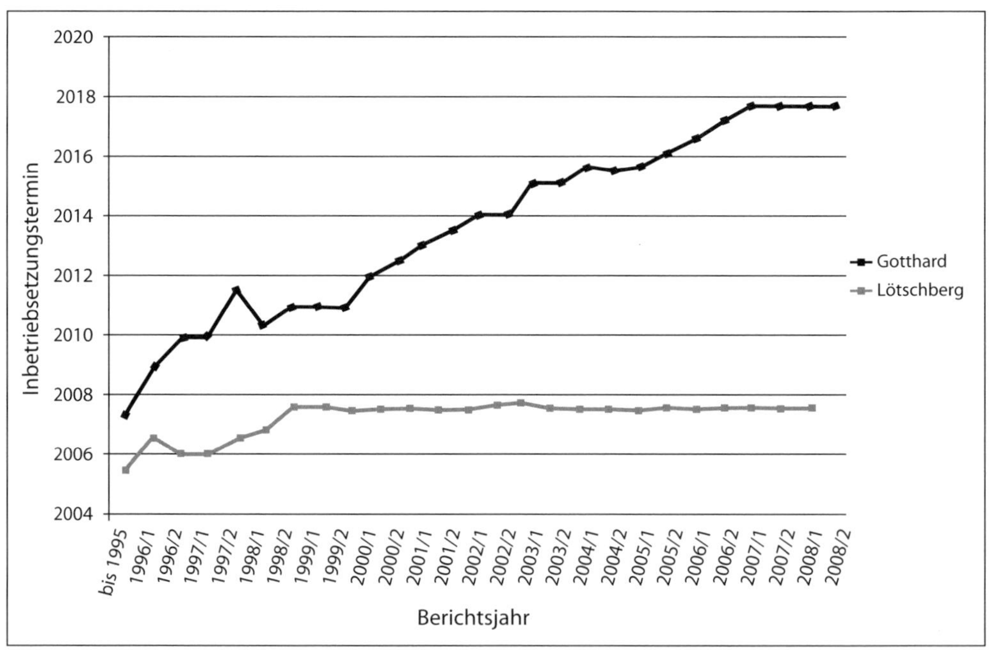

Abbildung 12 *Entwicklung des prognostizierten Inbetriebsetzungstermins der Lötschberg- und Gotthard-Basistunnel in Funktion des Prognosejahres (Berichtsjahr respektive Standberichte) [Wadenpohl 2011].*

Der Alpentransitbeschluss gemäss Zwei-Achsen-Konzept zusammen mit Bahn 2000 war für kurze Zeit die Leitvorstellung der schweizerischen Bahninfrastrukturplanung. Bereits 1994 wuchsen auch bei der NEAT die Zweifel an der ursprünglichen wirtschaftlichen Beurteilung und 1995 wurde eine Etappierung und Verzichtsplanung eingeleitet. Zudem zeichneten sich insbesondere bei der Gotthardachse massive Zeitverzögerungen ab, in kleinerem Mass auch bei der Lötschbergachse.

2.2.3.4 Finanzierung der Infrastruktur des öffentlichen Verkehrs (FinöV)

Die Etappierung von Bahn 2000 und NEAT bildete die Grundlage des Konzepts *Finanzierung der Infrastruktur des öffentlichen Verkehrs* (FinöV). Dieses wurde zur soliden Ausfinanzierung aller Bahngrossprojekte formuliert und 1998 von den Stimmberechtigten gutgeheissen [Weidmann 2011]. Inhaltlich und finanziell (Preisstand 1995) umfasste es zunächst die Bahn 2000 1. Etappe und eine noch zu definierende 2. Etappe des Bahn 2000-Konzepts (12,95 Mia. CHF) sowie die reduzierte NEAT (14,19 Mia. CHF). Ebenfalls vorgesehen wurden Mittel für den Anschluss der Schweiz an das europäische Hochgeschwindigkeitsnetz (HGV; 1,16 Mia. CHF) und für den Lärmschutz der Bahnen (2,17 Mia. CHF).

Jahr	Basisbeschlüsse	Etappierungen	Wichtigste verschobene Projekte	Erfolgte/geplante Fertigstellungen
1987	Bahn 2000			2004: 1. Etappe
1992	Alpentransit-Beschluss (NEAT)			2007: Lötschberg-Basistunnel 2016: Gotthard-Basistunnel 2020: Ceneri-Basistunnel
1995		Unterteilung von Bahn 2000 in 1. und 2. Etappe	NBS Liestal – Olten (Wisenbergtunnel) NBS Vauderens – Villars-sur-Glâne NBS Zürich-Flughafen – Winterthur	Ersetzt durch „Zukünftige Entwicklung der Bahninfrastruktur" (ZEB) mit anderer inhaltlicher Ausrichtung NBS Zürich-Flughafen – Winterthur vorgesehen in FABI / Ausbauschritt 2035
1998		Reduktion der NEAT im Rahmen von FinöV	Niesenflankentunnel Verzicht Doppelspurausbau Ferden – Frutigen des Lötschbergtunnels NBS Arth-Goldau – Altdorf NBS Giustizia – San Antonino/ Cadenazzo Hirzeltunnel Zürichsee – Zug Zimmerberg-Basistunnel II Thalwil – Baar	Doppelspurausbau Ferden – Mitholz des Lötschbergtunnels und Zimmerberg-Basistunnel II vorgesehen in FABI / Ausbauschritt 2035 Übrige Projekte aus derzeitiger Sicht gestrichen

Tabelle 4 *Chronologie der Basisbeschlüsse zu den schweizerischen Bahn-Grossprojekten sowie Etappierungen; betroffene verschobene Grossprojekte und Fertigstellung nach aktuellem Wissensstand (nach [Weidmann 2011], aktualisiert).*

Dazu wurde ein Fonds geschaffen, umfassend die erforderlichen 30,47 Mia. CHF und gespiesen aus einem Mehrwertsteuerprozent, zwei Dritteln der leistungsabhängigen Schwerverkehrsabgabe (LSVA) und einem Anteil an der Mineralölsteuer. Neuartig an dieser Finanzierung waren unter anderem die Zweckbestimmung für Eisenbahngrossprojekte, die genaue Spezifikation der zu finanzierenden Vorhaben und der hohe Finanzierungsanteil aus Quellen des Strassenverkehrs. Hingegen berücksichtigte der FinöV-Fonds weder die übrigen Netzausbauten noch die Folgekosten aus Erhaltung und Amortisation [Berger 2009], [BR 2007].

2.2.3.5 Zukünftige Entwicklung der Bahninfrastruktur (ZEB)

Beim Etappierungsbeschluss der Bahn 2000 bestand die Absicht, ab Ende der 1990er-Jahre eine 2. Etappe in Angriff zu nehmen. Die planerischen Arbeiten erwiesen sich aber als hindernisreich. Im Parlament wuchs die Ungeduld und 2005 erteilte es den Auftrag, eine Gesamtschau zu den Infrastrukturvorhaben vorzulegen. Im Oktober 2007 wurde die entsprechende Botschaft veröffentlicht, in der die Bahn 2000 2. Etappe in *Zukünftige Entwicklung der Bahninfrastruktur* (ZEB) umbenannt wurde, deren Finanzrahmen von 5,4 Mia. CHF (Preisstand April 2005) sich aber aus der Bahn 2000-Ursprungsvorlage ableitete. Auf grosse Neubaustrecken wurde verzichtet, dafür wird eine Vielzahl kleiner und mittlerer Netzanpassungen umgesetzt. Das ZEB-Gesetz trat am 1. September 2009 in Kraft [BAV 2010], [Weidmann 2010].

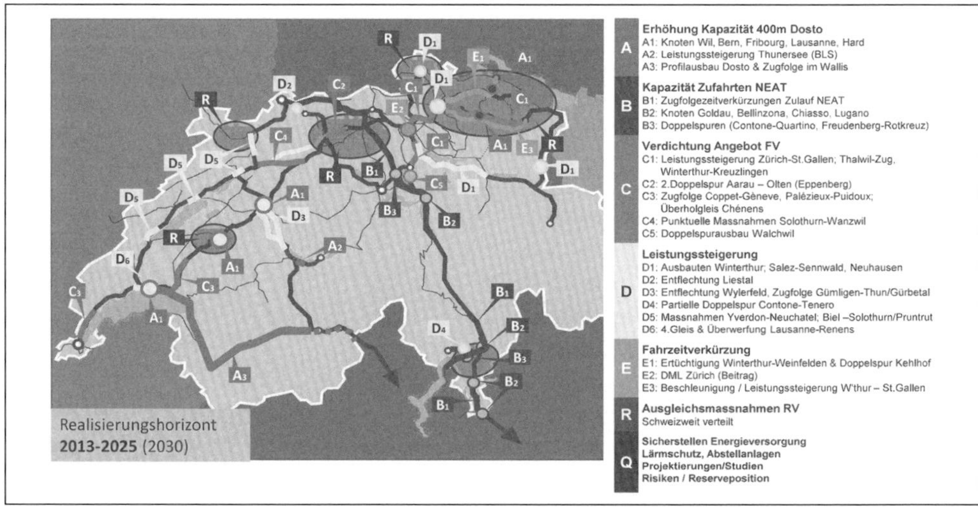

Abbildung 13 *Zukünftige Entwicklung der Bahninfrastruktur ZEB; Übersicht über die Projekte [BAV 2013].*

2.2.3.6 Finanzierung und Ausbau der Bahninfrastruktur (FABI)

In einer Konsultation der Kantone hatte sich gezeigt, dass die angemeldeten Ausbaubedürfnisse um ein Vielfaches die finanziellen Möglichkeiten von ZEB überstiegen. Die Zustimmung zur ZEB verknüpfte das Parlament daher mit dem Folgeauftrag, den längerfristigen Weiterausbau des Netzes aufzuzeigen, der mit dem Konzept zu *Finanzierung und Ausbau der Bahninfrastruktur* (FABI) erfüllt wurde. Ein Element von FABI ist das *Strategische Entwicklungsprogramm*

Bahninfrastruktur (STEP), nebst dem Finanzierungskonzept mit dem Bahninfrastrukturfonds BIF [BAV 2011], [Weidmann 2010]. Bezüglich des Infrastrukturausbaus formuliert FABI nicht mehr einen abschliessenden Zielzustand, sondern führt einen rollenden Planungsprozess mit Einbezug aller Akteure ein. FABI wurde 2014 in einer Volksabstimmung gutgeheissen.

Der erste Ausbauschritt wurde für 2025 festgelegt (Programm AS25). Sein Schwerpunkt liegt auf netzweit verteilten Kapazitätsausbauten, die das Knotensystem vervollständigen sowie eine Angebotsverdichtung bei stabilem Betrieb ermöglichen sollen. Für den Güterverkehr sollen marktgerechtere und zuverlässigere Fahrplantrassen zur Verfügung gestellt werden [BAV 2018b]. Bei der Erarbeitung des anschliessenden Ausbauschrittes 2030 (AS30) erwies sich, dass damit nur einige akute Engpässe auf der Ost-West-Achse angegangen werden könnten, aber wesentliche weitere Bedürfnisse unberücksichtigt bleiben müssten. Es wurde daher zeitgleich bereits der Ausbauschritt 2035 (AS35) angegangen und beide Ausbauschritte wurden zusammen in die öffentliche Vernehmlassung gegeben. Leitsätze für beide Ausbauschritte sind [UVEK 2017]:

- Infrastrukturausbau einschliesslich Fahrgastanlagen richtet sich nach der Nachfragemenge. Kapazitätserhöhung des Netzes dient auch der Stabilität sowie der Ausführung von Substanzerhalt und Erweiterung.
- Attraktivitätssteigerung im Fernverkehr durch Angebotsverdichtung, nicht Beschleunigung.
- Attraktivitätssteigerung im Regionalverkehr durch Angebotsverdichtung. Sicherstellung der Erreichbarkeit der Tourismusregionen und der Grundversorgung ländlicher Räume.
- Schaffung von Voraussetzungen für die attraktive, wettbewerbsfähige und wirtschaftliche Produktion im Güterverkehr.

Abbildung 14 *Schwerpunkte des Bahnausbaus im Angebotsschritt 2035 von FABI; Antrag an das Parlament [NZZ 2018].*

Aufgrund der Vernehmlassung verzichtete der Bundesrat auf einen eigenständigen Ausbauschritt 2030 und schlug dem Parlament nur noch einen Ausbauschritt 2035 (AS35) mit einem Investitionsvolumen von gesamthaft 11,9 Mia. CHF vor. Markante Einzelvorhaben sind der neue Brüttener Tunnel (Zürich Flughafen – Winterthur), das vierte Gleis im Bahnhof Zürich-Stadelhofen, der Zimmerbergtunnel II (Thalwil – Baar) und der Doppelspurausbau des Lötschberg-Basistunnels zwischen Mitholz und Ferden [BR 2018a].

2.2.3.7 Interoperables Bahnnetz der Schweiz

Die Nutzbarkeit des schweizerischen Bahnnetzes durch ausländische Züge ist angesichts der zentralen Lage im europäischen Bahnnetz und des starken Transitgüterverkehrs essenziell. Im Rahmen der Bilateralen Abkommen verpflichtete sich die Schweiz daher auch zur Übernahme der europäischen Interoperabilitätsrichtlinien respektive der TSI, wozu 2012 die entsprechenden Anpassungen von EBG und EBV beschlossen wurden. Da die volle Umsetzung aller Interoperabilitätsvorgaben (IOP) sehr aufwendig wäre, einzelne Normalstrecken betriebliche Inseln bilden und die Interoperabilitätsrichtlinien grundsätzlich nur die Normalspur betreffen, wurde das schweizerische Bahnnetz in drei IOP-Kategorien unterteilt [BAV 2016]:

- *IOP-Hauptnetz:* Voll interoperable Normalspurstrecken, im Wesentlichen die Strecken mit Anschluss an ausländische Strecken und erheblichem internationalem Verkehr.
- *IOP-Ergänzungsnetz:* Teilweise interoperable Normalspurstrecken, müssen das Verkehren aller interoperablen Fahrzeuge zulassen, aber nicht sämtliche TSI erfüllen.
- *Nicht-IOP-Netz:* Einzelne Normalspurstrecken (insbesondere Zahnradbahnen), alle Schmalspurstrecken.

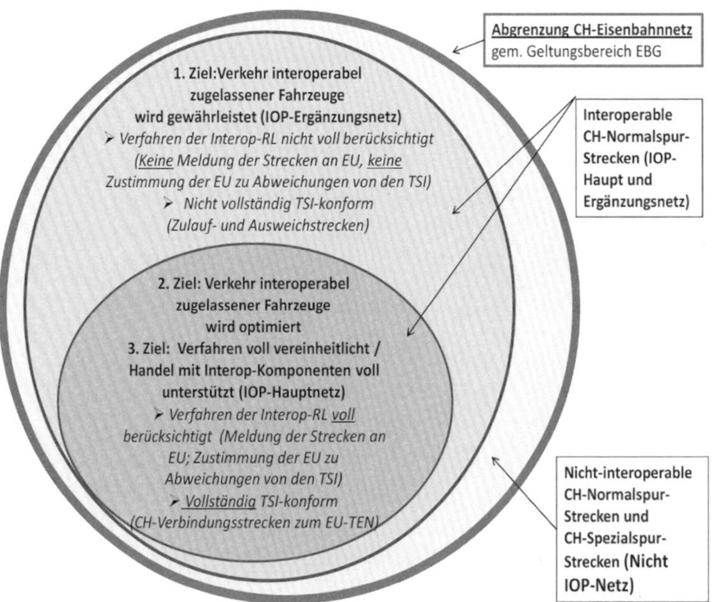

Abbildung 15 *Interoperabilitätsspezifische Gliederung des schweizerischen Eisenbahnnetzes [BAV 2016].*

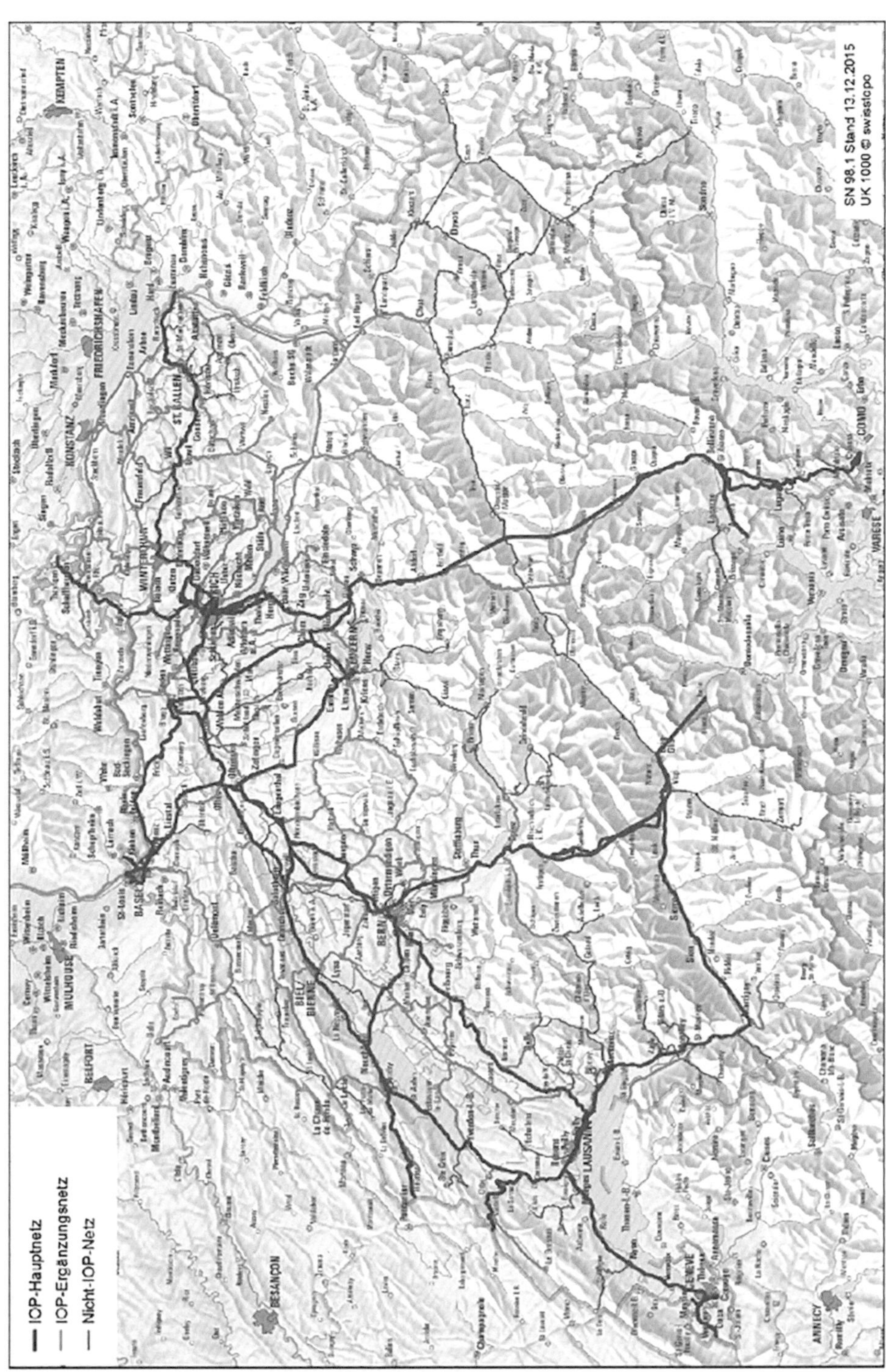

Abbildung 16 *Streckenkarte der Interoperabilitätsnetze der Schweiz [BAV 2016].*

2.2.4 Übergreifende Planungswerke

2.2.4.1 Überblick

Nebst den spezifischen Bahninfrastrukturplanungen sind weitere übergreifende staatliche Planungen für die Bahninfrastruktur relevant. Es handelt sich zum Ersten um die raumorientierten Planwerke von Bund, Kantonen und Gemeinden. Sie zeigen die beabsichtigte räumliche Entwicklung des Landes und damit die mutmassliche Entwicklung des Verkehrsmarktes, umfassen aber auch die direkt raumwirksamen Aspekte der Bahninfrastrukturen. Zum Zweiten besteht mit den Agglomerationsprogrammen ein Förderinstrument zur Mitfinanzierung von Verkehrsvorhaben in Agglomerationen. Sie streben insbesondere eine integrierte Verkehrs- und Raumplanung an.

2.2.4.2 Raumkonzept Schweiz

Die Planung der Bahninfrastrukturen hat sich stets im Kontext der Raumentwicklung zu bewegen. Die langfristig beabsichtigte räumliche Perspektive wird im Raumkonzept Schweiz beschrieben, das von Bund, Kantonen und Gemeinden gemeinsam ausgearbeitet wurde. Es soll explizit zur besseren Abstimmung von Raumentwicklung und Verkehr beitragen und fokussiert auf raum- und energiesparende Verkehrssysteme. Zudem postuliert es die maximale Nutzung bereits bestehender Infrastrukturen anstelle von Neubauten. Es ist zwar weder für die nachgelagerten Planungsstufen verbindlich, noch enthält es bereits eine konkrete Infrastrukturplanung. Es gibt aber mit seinen räumlichen Vorstellungen und den angestrebten Interaktionen zwischen den Teilräumen bereits Hinweise auf die Prioritäten und Posterioritäten der Infrastrukturplanungen [UVEK 2012].

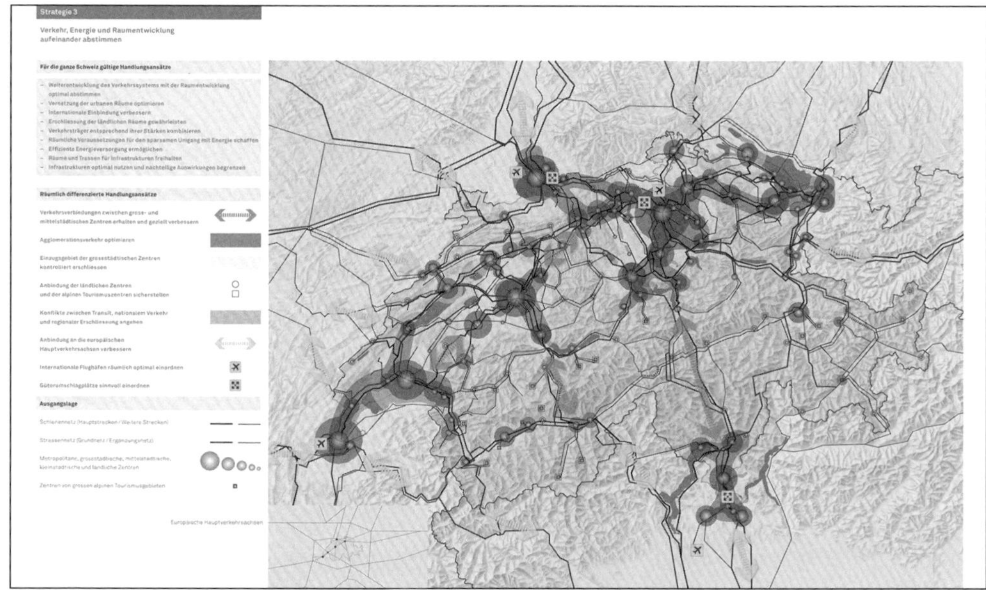

Abbildung 17 *Raumkonzept Schweiz, Strategie 3: Verkehr, Energie und Raumentwicklung aufeinander abstimmen [UVEK 2012].*

2.2.4.3 Sachpläne des Bundes

In der Schweiz ist der Bund in jenen raumwirksamen Bereichen für sogenannte *Sachpläne* zuständig, in denen er gemäss Verfassung die inhaltliche Kompetenz hat. Sachpläne werden insbesondere erstellt für Fruchtfolgeflächen, Verkehr (Schiene, Strasse, Luftfahrt), Übertragungsleitungen, geologische Tiefenlager, Rohrleitungen und Militär. Der Bund zeigt darin auf, welche Ziele er verfolgt und wie er seine raumwirksamen Aufgaben wahrnimmt. Sachpläne sind für alle staatlichen Stufen behördenverbindlich, sie sind die Voraussetzung für eine Konzessionserteilung und dienen der Entscheidungsfindung in Ermessensfragen. Sie haben damit eine starke koordinative Funktion und dienen in beschränktem Umfang auch der Flächensicherung [VLP 2014].

Mit dem Sachplan Schiene soll insbesondere die Entwicklung von Raumnutzung und Bahnnetz koordiniert werden. Um Optionen zu wahren, nimmt der Sachplan Schiene auch Vorstellungen auf, die noch nicht finanziert sind. Er ist aber den dargestellten Planungsprozessen von FABI nachgelagert; politische Beschlüsse zur Bahninfrastrukturentwicklung, die einem geltenden Sachplan widersprechen, sind in diesem nachzuvollziehen. Die Festlegungen im Sachplan Schiene sind dagegen für die Richtplanung der Kantone und die Nutzungsplanung der Gemeinden verbindlich [VLP 2014].

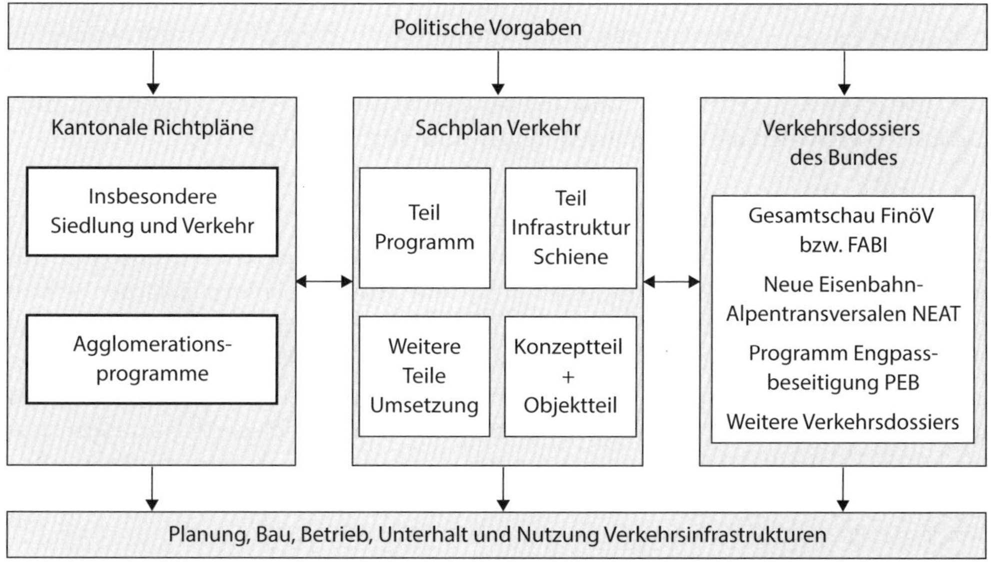

Abbildung 18 *Sachplan Verkehr, Teil Infrastruktur Schiene; Kompetenz- und Entscheidungsordnung in Einordnung zwischen die kantonalen Richtpläne und die Verkehrsdossiers des Bundes [VLP 2014].*

2.2.4.4 Richtpläne der Kantone

In der kantonalen *Richtplanung* werden die raumwirksamen Tätigkeiten aller staatlichen Ebenen koordiniert und festgelegt. Die Richtpläne sind für die Behörden des Bundes, der Kantone, der Gemeinden sowie für öffentliche Körperschaften verbindlich (sogenannte Behördenverbindlichkeit). Sie zeigen die beabsichtigte Entwicklung der Raumnutzung hinsichtlich Funktionen (zum Beispiel Wohnen, öffentliche Bauten und Anlagen) und Lage der Infrastrukturen, unter Berücksichtigung des Umweltschutzes. Ein Richtplan steht funktional zwischen einem *Leitbild* mit strategischen Aussagen und einem *Nutzungsplan* mit parzellengenauen, allgemeinverbindlichen Festlegungen. Er ist damit eine erste verortete Konkretisierung von raumrelevanten Absichten und formuliert die Eckwerte der kommunalen Nutzungsplanung. Mit dieser Positionierung ist er vorab ein Koordinationsinstrument, mittels dem eine widerspruchsfreie räumliche Entwicklung erreicht werden soll.

Für die Verkehrsanlagen werden zumeist spezielle, teilweise auch regionale Teilrichtpläne erlassen. Die Richtpläne und Verkehrsrichtpläne zeigen die übergeordneten Infrastrukturvorhaben gemäss Sachplan des Bundes und weisen die räumliche Koordination nach. Für Bahninfrastrukturen in kantonaler Kompetenz (zum Beispiel Tram- und Stadtbahnstrecken) ist zudem die Linienführung festzulegen. Dazu sind umfassende inhaltliche Vorarbeiten zu leisten, da nur die am besten geeignete Linienführung oder Lage aufgenommen wird. Richtpläne und Teilrichtpläne, damit auch deren infrastrukturellen Festlegungen, unterliegen der öffentlichen Anhörung und werden schliesslich von den Parlamenten genehmigt.

2.2.4.5 Nutzungspläne der Gemeinden

Aufbauend auf den Richtplänen werden die kommunalen *Nutzungspläne* erstellt, welche die Nutzung jeder Parzelle allgemein verbindlich festlegen. Die Bahninfrastrukturen werden dargestellt und deren detaillierte Koordination mit der kommunalen Raumnutzung wird aufgezeigt. Zusätzliche bahnrelevante Festlegungen werden aber nicht getroffen.

2.2.4.6 Agglomerationsprogramme des Bundes

Aufgrund des hohen Stellenwertes der Gemeindeautonomie in der Schweiz engagierte sich der Bund bis vor Kurzem nicht für Projekte im Agglomerationsverkehr. Im öffentlichen Verkehr gilt dies insbesondere für den Ortsverkehr innerhalb einer Gemeinde, worunter beispielsweise die Tramsysteme fallen. Deren Kosten waren von den Städten und Kantonen alleine zu tragen, während der Bund zum Beispiel Regionalbahnstrecken mitfinanzierte. Die starke Entwicklung der Agglomerationen und das entsprechende Wachstum der Pendlerverkehrsmengen liess diese Finanzierungslücke akut werden. Sie wurde durch vierjährige sogenannte Agglomerationsprogramme geschlossen, dessen erstes im Jahr 2011 und das zweite ab 2015 wirksam wurde; das Programm der dritten Generation gilt ab 2019 [ARE 2018].

Verkehrsprojekte, die von dieser Bundesunterstützung profitieren sollen, müssen in das Agglomerationsprogramm jener Agglomeration integriert werden, in der sie realisiert werden sollen. Die Programme sind durch die Kantone und Gemeinden zu formulieren und werden anschliessend durch das Bundesamt für Raumentwicklung beurteilt. Wesentliche Prüfkriterien sind die Wirkungen hinsichtlich der Qualität des Verkehrssystems, der Siedlungsentwicklung nach innen, der Erhöhung der Verkehrssicherheit sowie der Senkung der Umweltbelastung und des Ressourcenverbrauchs. Der Bund kann Projekte mit maximal 30–50 % mitfinanzieren, falls die Kosten-Nutzen-Bewertung ein vorteilhaftes Ergebnis erbracht hat. Die erforderlichen Mittel stammen seit 2018 aus dem Fonds für die Nationalstrassen und den Agglomerationsverkehr [ARE 2018]. Bahninfrastrukturen in Agglomerationen, insbesondere für S-Bahnen, werden nicht durch die Agglomerationsprogramme unterstützt, sondern durch den BIF. Gefördert werden dagegen Stadtbahn- und Tramprojekte. Für den öffentlichen Verkehr sind die Agglomerationsprogramme mithin ein komplementäres Förderinstrument zum bahnorientierten BIF.

2.3 Infrastrukturplanung der Eisenbahn-Infrastrukturunternehmungen

2.3.1 Aufgaben, Anlagengruppen, Koordination mit der Angebotsplanung

Die Eisenbahn-Infrastrukturunternehmungen (EIU) sind im Auftrag ihrer staatlichen Eigner für die Erhaltung, die Weiterentwicklung und den Betrieb des Bahnnetzes verantwortlich, dies im Rahmen der gegebenen Finanzierung. Daraus leiten sich für die Netzentwicklung folgende Hauptaufgaben ab:

- Substanzerhaltung der vorhandenen Anlagen.
- Anpassung des Netzes an neue Marktbedürfnisse und Betriebsformen.
- Anpassung des Netzes gemäss spezifischen Aufträgen des Infrastruktureigners.

Alle drei Hauptaufgaben umfassen sowohl die Ausgestaltung der betrieblichen Funktionalitäten als auch den Einsatz der Technologien. Die zu planenden und auszuführenden Massnahmen haben dabei entweder kontinuierlichen Charakter oder es handelt sich um Einzelvorhaben. Eine EIU führt daher zwei unterschiedliche Planungsprozesse:

- *Repetitive Planung der Netzerhaltung;* Taktgeber sind die vorhandenen Anlagen mit ihrem Erneuerungsbedarf sowie die finanzielle Mittelfristplanung und das Jahresbudget. Beispiele: Oberbauerneuerungsprogramm, Grünraumpflege.
- *Objektspezifische Planung von Netzanpassungen;* Taktgeber sind die jeweiligen Projekte mit ihren Anfangs- und Endzeitpunkten, insbesondere die strukturbestimmenden Grossprojekte. Beispiel: Realisierung einer Neubaustrecke, Umbau einer Strecke auf Führerstandssignalisierung. Diese Aufgaben werden auch unter der *Netzentwicklung* zusammengefasst.

Diese zwei Planungen unterscheiden sich fundamental hinsichtlich der Planungsinstrumente, Führungsprozesse und Finanzierungsstrukturen. Eine Herausforderung für die EIU besteht darin, jederzeit und für jede Stelle des Netzes die Konsistenz aller Annahmen und Massnahmen sicherzustellen. Üblicherweise werden daher innerhalb einer EIU jeweils entsprechende separate Organisationseinheiten gebildet. Sehr grosse Einzelvorhaben werden entweder intern eigenständig geführt (zum Beispiel früherer Stab Bahn 2000 bei der SBB) oder sogar rechtlich und finanziell ausgegliedert (zum Beispiel BLS AlpTransit AG, AlpTransit Gotthard AG).

Die Bahninfrastrukturen gliedern sich in folgende Hauptgruppen, mit jeweils unterschiedlichen treibenden Wirkungen und Planungsaufgaben:

- Fahrwegnetz
- Personenverkehrsanlagen
- Güterverkehrsanlagen
- Betriebsanlagen
- Anlagen im Strassenraum

Hauptgruppe	Wichtigste Teilgruppen	Entwicklungstreiber	Planungsaufgaben
Fahrwegnetz	Strecken, Knoten	Fahrplandichte, Fahrplanstruktur, Heterogenität, Güterzugsdichte; technische Eigenschaften der Züge	Lageevaluation; Gewährleistung genügender Kapazität, Betriebsstabilität, Verfügbarkeit und Sicherheit; Führung und Entwicklung der Bahntechnologie
Personenverkehrsanlagen	Bahnhöfe, Haltestellen, intermodale Anlagen	Fahrgastpotenzial der Haltepunkte, Umsteigermengen aufgrund der Fahrplanstruktur, Nutzung intermodaler Angebote; städtebauliche Strategien	Gewährleistung genügender Fussgängerkapazität, Einhaltung geforderter Umsteigezeiten; Evakuationsfähigkeit; städtebauliche Integration
Güterverkehrsanlagen	Verladeanlagen, Umschlaganlagen, intermodale Anlagen	Branchenstruktur, Logistikkonzepte, Transportkonzepte, Gütermengen; Bahnproduktionskonzepte	Gewährleistung genügender Umschlagkapazitäten, abgestimmt auf Logistikkonzepte; Standortevaluation der bahnbetrieblichen Güterverkehrsanlagen und Einbindung in Streckennetz und Knoten
Betriebsanlagen	Depots, Werkstätten, Abstellanlagen, Werkhöfe	Fahrplanstruktur, Rollmaterialmengen, Rollmaterialtypen, Unterhaltsstrategien; Baulogistikkonzepte	Standortevaluation, Einbindung in Streckennetz und Knoten, rationeller Anlagenbetrieb
Strassenbahnanlagen	Strassenbahnanlagen, Haltestellen	Liniendichte, Fahrplandichte, städtebauliche Anforderungen, Organisation des städtischen Verkehrsraums	Konzeptionelle, betriebliche und technische Integration in städtebauliche Situation

Tabelle 5 *Hauptgruppen der Bahninfrastrukturen mit den jeweiligen Treibern ihrer Entwicklung und den Planungsaufgaben [eigene Darstellung].*

Die wichtigste Planungsgrundlage für die mittel- und langfristige Netzentwicklung sind die Angebotsplanungen der EVU. Hauptparameter mit Einfluss auf die Netzentwicklung sind:

- Netzstruktur des Angebotes.
- Linienbildung.

- Zeitliche Lage der Züge, Fahrplanstruktur, Lage der Anschlussknoten, Anschlussgefüge.
- Fahrplandichte, Taktfolgen.
- Fahrzeugeinsatz (Typen, Längen, Geschwindigkeiten, spezielle Eigenschaften).

Aufgrund des offenen Netzzugangs verkehren auf dem Netz einer EIU meist mehrere EVU; die Koordination der verschiedenen Angebotsplanungen, soweit dies für Netznutzung und Netzplanung relevant ist, ist Aufgabe der EIU. Das zentrale Koordinationsinstrument dafür sowie zur Koordination mit der Produktionsplanungen der EVU ist der Fahrplanentwurf. Er kann erst endgültig festgelegt werden, nachdem alle Gegebenheiten der Infrastruktur berücksichtigt, die Produktionsprozesse aufeinander abgestimmt sowie alle Ressourcen spezifiziert und gesichert sind. Da die Angebotsplanungen neue oder geänderte Infrastrukturen erfordern können, müssen sie langfristig angelegt sein. Zur Synchronisation der Infrastruktur- mit der Angebotsplanung werden zwischen der EIU und den EVU bestimmte Zeithorizonte vereinbart, zu denen definierte Infrastrukturprojekte ausgeführt sein müssen, abgestimmt auf definierte Angebotsveränderungen.

2.3.2 Netzentwicklung

2.3.2.1 Zielsetzungen der Netzentwicklung

Im Unterschied zur staatlichen Planung bezieht die EIU den Verkehrsmarkt, den Netzbetrieb, die Bahntechnologie und die betriebswirtschaftlichen Aspekte viel detaillierter in ihre Netzplanung ein. Insbesondere muss sie die langfristigen technischen Netzparameter definieren. Die Netzentwicklung beschreibt somit den langfristigen Zustand ihres Netzes für definierte Zeitpunkte hinsichtlich folgender Aspekte:

- Netzausdehnung, Netzstruktur, Anschlusspunkte zu anderen Netzen.
- Funktionen und Leistungsprofile der einzelnen Strecken.
- Verknüpfungspunkte der Strecken, Festlegung der Hauptknoten des Netzes.
- Angestrebte Kapazität und Betriebsqualität jeder Strecke.
- Technische Parameter, Streckenausrüstungen, Umsetzung der Interoperabilität.
- Zugangspunkte zum Netz für die Nachfrager (Haltepunkte, Verladeanlagen, Anschlussgleise, Terminals)
- Wichtigste Betriebsstützpunkte der EIU und EVU (Unterhaltsstützpunkte, Hauptwerkstätten, Abstellanlagen).
- Verknüpfung mit anderen Verkehrssystemen.

Die Festlegungen werden vorteilhafterweise auf thematischen Übersichtskarten dargestellt, ergänzt durch erläuternde Beschriebe. Die Planungshorizonte ergeben sich entweder aus den Zeitpunkten geplanter struktureller Angebotsveränderungen, aus der Fertigstellung strukturbestimmender Grossprojekte und/oder aus Vorgaben des Staates, insbesondere hinsichtlich der Finanzierung.

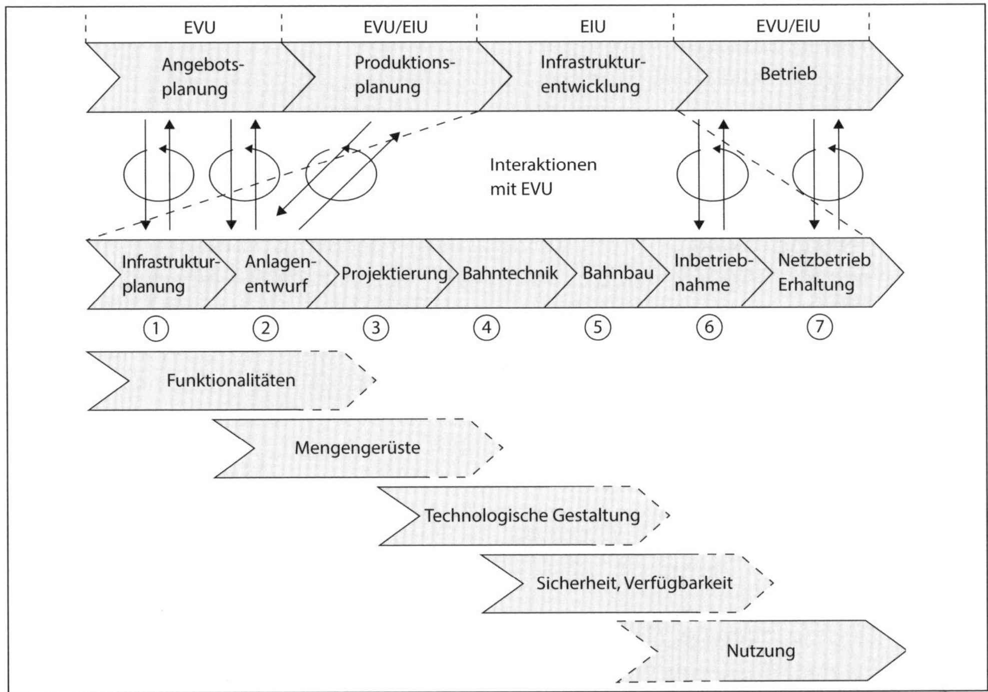

Abbildung 19 *Abfolge der Planungsschritte in der Angebots- und Produktionsplanung einer EVU, verknüpft mit den Phasen der Infrastrukturentwicklung [eigene Darstellung].*

2.3.2.2 Verkehrliche Einflüsse

Das Bahnnetz ist zunächst so weiterzuentwickeln, dass es die künftigen Verkehrsbedürfnisse bestmöglich zu befriedigen vermag. Die wichtigsten Personenverkehrsmärkte sind:

- *Internationaler Verkehr (Ein-/Ausreise, Transit):* Strategische Bedeutung hoch, Transportmengen und Erträge eher klein, oft Rollmaterial mit speziellen technischen Eigenschaften.
- *Nationaler Fernverkehr:* Verkehrserträge dominant, Verkehrsmengen mässig, bestimmt Fahrplan-Grundstruktur des Netzes.
- *Agglomerationsverkehr:* Verkehrsmengen dominant, Verkehrserträge mässig, viele Fahrgastanlagen für die Flächenbedienung erforderlich.
- *Regionalverkehr:* Verkehrsmengen und -erträge klein, viele Fahrgastanlagen für die Flächenbedienung erforderlich.

Im Güterverkehr lassen sich unterscheiden:

- *Transitgüterverkehr* (Quelle und Ziel des Transportes ausserhalb Staatsgrenze, grosse Distanzen): Starke Verkehrsströme, konzentriert auf wenige Achsen, ertragsstark.
- *Binnen-Ganzzugsverkehr* (inklusive Import/Export): Grosse Mengen auf Einzeldestinationen, hohe Erträge, wenige Bedienpunkte bei Hauptkunden; kaum spezifische Infrastruktur erforderlich.

- *Binnen-Einzelwagenverkehr* (Quelle und/oder Ziel des Transportes innerhalb Staatsgrenze): Netzförmige Nachfragestruktur, zahlreiche, aber wenig genutzte Bedienpunkte; System von Rangierbahnhöfen erforderlich.
- *Kombinierter Güterverkehr* (spezifische Angebote): Kleine Mengen, meist kleine Erträge und subventionsgestützt; spezifische Verladeterminals erforderlich.

Für die Netzentwicklung ist die EIU auf hinreichend detaillierte, terminierte und stabile Angebotsvorstellungen der EVU pro Zeithorizont angewiesen. Eine Herausforderung bilden insbesondere die Fristen: Während sich die Personenverkehrsströme durch soziodemografische, politische und wirtschaftliche Entwicklungen strukturell nur langsam verändern, ist der Güterverkehr sehr volatil und langfristige Aussagen sind fast nicht möglich. Zur Koordination der Infrastruktur mit den Personenverkehrs-EVU liefern die Fahrpläne eine verlässliche Basis, während eine solche für den Güterverkehr nicht gegeben sein kann. Der Einbezug seiner Anforderungen muss sich daher auf allgemeinere Abschätzungen abstützen.

Verkehrsmarkt	Treiber der Marktentwicklung	Planungsgrundlagen	Wichtigste Risiken
Internationaler Personenverkehr	Bevölkerungsmässige und wirtschaftliche Entwicklung der Metropolen im Umkreis von 500–700 km Flugreiseangebote und -preise, Zahlungsbereitschaft der Fahrgäste	Kooperative Planungen der nationalen Bahnen, Planungen der weiteren Bahngesellschaften des internationalen Personenverkehrs	Tiefe Verbindlichkeit der Angebotsplanung, da Flugverkehr volatil ist und internationaler Personenverkehr eigenwirtschaftlich sein muss
Nationaler Fernverkehr	Entwicklung der Einwohner- und Arbeitsplatzzahlen, räumliche Verteilung, Mobilitätsverhalten der Bevölkerung, Zahlungsbereitschaft der Fahrgäste	Lang- und mittelfristige Fahrplanentwürfe der Fernverkehrs-EVU	Änderungen der Fahrplanstruktur aufgrund neuer Strategie der EVU oder Konzessionswechsel, Verkehrs- und Ertragsrückgang
Agglomerationsverkehr	Einwohner- und Arbeitsplatzzahl, Siedlungsstruktur, Strassenkapazität, Parkplatzangebot in Städten, Abgeltungsmittel des Bundes, Bestellungen der Kantone	Lang- und mittelfristige Fahrplanentwürfe der Kantone und der Agglomerationsverkehrs-EVU	Rückgang der Abgeltungsmittel, geänderte verkehrspolitische Ziele der Kantone, Verkehrs- und Ertragsrückgang
Regionalverkehr	Einwohner- und Arbeitsplatzzahl, Siedlungsstruktur, Motorisierungsgrad, Abgeltungsmittel des Bundes, Bestellungen der Kantone	Lang- und mittelfristige Fahrplanentwürfe der Kantone und der Regionalverkehrs-EVU	Rückgang der Abgeltungsmittel, geänderte verkehrspolitische Ziele der Kantone, Verkehrs- und Ertragsrückgang

Tabelle 6 *Teilverkehrsmärkte des Personenverkehrs, Treiber der Marktentwicklung, Planungsgrundlagen, planerische Unsicherheiten [eigene Darstellung].*

Verkehrs-markt	Treiber der Marktentwicklung	Planungsgrundlagen	Wichtigste Risiken
Transitgüter-verkehr	Entwicklung der grossen euro-päischen Industrieregionen, Bedeutung der Hochseehäfen	Kooperationen der nationalen Bahnen, Planungen der weiteren Bahngesellschaften des internationalen Güter-verkehrs	Wirtschaftsentwicklung und -struktur der Industrieregi-onen, Preisentwicklung des Lastwagenverkehrs, Verän-derungen der Seefahrts-routen und Entwicklung der Hochseehäfen
Binnen-Ganzzugs-verkehr	Entwicklung und Lage der grossen Versender und Emp-fänger, zeitliche Prioritäten	Erfahrungswerte, interne Planungen der Versender und Emp-fänger	Schliessung, Verlagerung, Neugründung von Standor-ten; Wirtschaftsentwicklung der betreffenden Unterneh-mungen und Branchen
Binnen-Einzel-wagen-ladungs-verkehr	Entwicklung und Lage der kleinen und mittleren Versen-der und Empfänger, Standorte der Rangier- und Teambahn-höfe	Erfahrungswerte, interne Planungen der Versender und Emp-fänger	Schliessung, Verlagerung, Neugründung von Stand-orten; Wirtschaftsentwick-lung der betreffenden Unter-nehmungen und Branchen, Preisentwicklung und Regulierung des Strassen-güterverkehrs
Kombinier-ter Güter-verkehr	Entwicklung und Lage der kleinen und mittleren Versen-der und Empfänger, Standorte der Terminals, politische Zielsetzungen	Erfahrungswerte, interne Planungen der Versender und Empfän-ger, Terminalstandort-Planungen	Schliessung, Verlagerung, Neugründung von Stand-orten; Wirtschaftsentwick-lung der betreffenden Unter-nehmungen und Branchen, Preisentwicklung und Regulierung des Strassen-güterverkehrs, Subventions-kürzungen, geänderte politische Prioritäten

Tabelle 7 *Teilverkehrsmärkte des Güterverkehrs, Treiber der Marktentwicklung, Planungsgrundlagen, planerische Unsicherheiten [eigene Darstellung].*

2.3.2.3 Betriebliche Einflüsse

Die *betrieblichen Einflüsse* betreffen zunächst die Umsetzbarkeit der Angebote und die optimale Kapazitätsauslastung. Sie umfassen einerseits die verkehrsseitigen Produktionskonzepte mit Art der Zugbildung und Zugförderung. Andererseits berücksichtigen sie die infrastrukturseitigen Produktionskonzepte, zum Beispiel Fernsteuer- und Automationstechnik oder Bahnsicherungstechnik. Eine volle Kapazitätsoptimierung ist nur durch integrierte Betrachtung von Fahrplanstruktur, Zugmix, Fahrdynamik der Züge, Haltezeiten, Sicherungsanlagen etc. zu erreichen. Aus den langjährigen Erfahrungen stehen Informationen über Kapazitätsengpässe und Überkapazitäten zur Verfügung. Es ist in der betrieblichen Planung zu prüfen, inwieweit sich Erstere durch iterative Optimierung mit den Angebotskonzepten beseitigen lassen, inwieweit noch ein Kapazitätssteigerungspotenzial bei der Leit- und Sicherungstechnik besteht und wo dennoch zusätzliche Infrastrukturen erstellt werden müssen.

Eine tragbare Wirtschaftlichkeit der sehr teuren Bahninfrastruktur kann nur mit einer höchstmöglichen Auslastung erreicht werden. In der Regel werden deshalb Personen- und Güterverkehr auf derselben Infrastruktur abgewickelt, während eine infrastrukturelle Separierung nur auf kurzen, sehr hoch ausgelasteten Streckenabschnitten oder im Hochgeschwindigkeitsverkehr verantwortbar ist. Die Folge ist eine Nutzungskonkurrenz zwischen den verschiedenen Zuggattungen, insbesondere aus den gattungsspezifisch unterschiedlichen Geschwindigkeiten sowie fahrplantechnisch gegebenen zeitlichen Zwangspunkten. In der Betriebsplanung sind iterativ möglichst gute Kompromisse zu finden.

Ein Bahnnetz erfordert im Weiteren ständigen Unterhalt:

- Das Bahnnetz liegt unter freiem Himmel und ist Witterung und Naturgefahren ausgesetzt.
- Die physischen Interaktionen zwischen Zug und Fahrweg verschleissen die Materialien.
- Die funktionalen Anforderungen ändern sich und bedingen eine Anpassung an neue Bedürfnisse.

Nutzungsart	Art des Kapazitätskonsums	Wichtigste Bestimmungsgrössen	Planungsgrundlagen
Personenverkehr	Zugfahrten	Linienbildung, Netzbildung, Anschlusssysteme, Fahrplandichte pro Linie, Fahrplanstruktur	Kurz-, mittel- und langfristige Fahrpläne
Güterverkehr	Zugfahrten	Fahrplanlage internationaler Güterzüge, Einzelwagenladungssystem, Lage und Bestellzeiten grosser Versender/Empfänger, Betriebslage des Netzes	Internationaler Güterverkehrsfahrplan, Netz mit Bedienpunkten und Fahrplan des Einzelwagenladungsverkehrs einschliesslich Standorte der Rangier- und Teambahnhöfe, kurzfristige Dispositionen
Infrastrukturerhaltung	Anlagensperrung, reduzierte Nutzbarkeit (zum Beispiel Einspurbetrieb)	Oberbauerneuerungen, Tunnel- und Brückensanierungen, Bahnhofsumbauten, Doppelspurausbauten, Stellwerkersatz	Lang- und mittelfristige Bau- und Unterhaltsplanung, insbesondere Oberbauerneuerungsprogramm, Bauprojektplanung
Dienstfahrten	Fahrzeugüberfuhren, Lokleerfahrten im Güterverkehr, Zu- und Wegführungen zu Baustellen und Materialtransporte	Anfangs- und Endzeitpunkte des Regelverkehrs, Abstell- und Unterhaltsstandorte, Zugdichte, Unpaarigkeit der Güterverkehrsnachfrage, Baustellen	Jahresfahrplan Personenverkehr mit Fahrzeugeinsatzplan, Dispositionen im Güterverkehr, Planungen der Infrastrukturerhaltung

Tabelle 8 *Nutzungsarten der Bahninfrastruktur, Art des Kapazitätskonsums, Bestimmungsgrössen und Planungsgrundlagen [eigene Darstellung].*

Zahlreiche Arbeiten lassen sich nur ausserhalb des Betriebs oder mit Betriebseinschränkungen durchführen, weshalb das Bahnnetz nicht während der gesamten Zeit für die Benützung voll zur Verfügung steht. Schliesslich erfordern Zugbetrieb und Anlagenunterhalt auch rein dienstliche Fahrten für die Rollmaterialüberführung oder die Baustellenbedienung, was ebenfalls Kapazität beansprucht.

2.3.2.4 Technische Einflüsse

Technische Weiterentwicklungen eröffnen neue Möglichkeiten in der Betriebsabwicklung und der Kapazitätsausnutzung, sie erfordern aber oft auch Umbauten und Anpassungen, wobei stets ein netzweit konsistenter Stand zu sichern ist. Relevante *technische Einflüsse* sind insbesondere Parameter wie Achslasten, Lichtraumprofile, Sicherungssysteme etc. Die technische Netzplanung hat zudem darzustellen, wie und in welcher zeitlichen Abfolge die Interoperabilität realisiert wird. Bei der Migration neuer Technologien müssen in der Übergangsphase oft zwei Systeme nebeneinander betrieben werden. Für die etappenweise Einführung muss daher eine Migrationsstrategie entwickelt werden.

2.3.2.5 Finanzielle Einflüsse

Die *finanziellen Randbedingungen* sind definiert durch das Trassenpreissystem, das erwartete Verkehrsvolumen sowie die vom Staat beabsichtigten Unterstützungszahlungen. In der Netzplanung ist sicherzustellen, dass alle geplanten Anpassungen zusammen mit der Substanzerhaltung durch die zur Verfügung stehenden Mittel gedeckt sind. Dabei sind nicht nur die Gesamtbeträge planungsbestimmend, sondern auch deren jährliche Tranchen (Annuitäten) sowie allfällige Zweckbestimmungen. Die Freigabe der Mittel erfolgt oft durch Parlaments- oder sogar Volksbeschlüsse, was die Zeitplanung mitbestimmt.

2.3.3 Regionale Gesamtperspektiven

Mit der verstärkten Aufmerksamkeit des öffentlichen Verkehrs in Gesellschaft und Politik ab den späten Siebzigerjahren des 20. Jahrhunderts wuchs der Bedarf nach regionalen Planungen, unbesehen historischer Unternehmensgrenzen und unterschiedlicher Verkehrssysteme. Ab den 1980er-, verstärkt ab den 1990er-Jahren finden sich umfassendere Gesamtplanungen des öffentlichen Verkehrs, zuerst im Busbereich, später auch bei der Bahn. Einen wichtigen Impuls vermittelte die sogenannte *Regionalisierung* des Regionalverkehrs, welche die Abgeltung der ungedeckten Kosten für alle Unternehmungen harmonisierte und den Kantonen die Kompetenz zur Bestellung regionaler Gesamtangebote übertrug.

Seit 2013 formalisiert die SBB diese Planungen als sogenannte *regionale Gesamtperspektiven*, die in Zusammenarbeit mit den Kantonen erarbeitet werden und die künftige gemeinsame Strategie auf den Gebieten der Angebotsplanung, Bahngüterverkehr, Bahninfrastruktur und Flächennutzung im Bahnumfeld beschreibt. Inhaltlich werden die langfristigen Perspektiven in diesen Gebieten für ganze Kantone oder sogar kantonsübergreifend dargestellt. Regionale Gesamtperspektiven wurden bisher für die Regionen Basel, Bern, Zentralschweiz, Tessin und Wallis zwischen SBB und

Kantonen vereinbart. Inhaltlich sind diese Planungen detaillierter als die Netzplanungen und umfassen sowohl die Verkehrsbereiche wie Infrastruktur und Immobilien in einer Gesamtschau. Sie sind aber noch genereller ausgerichtet als die nachfolgenden Rahmenpläne.

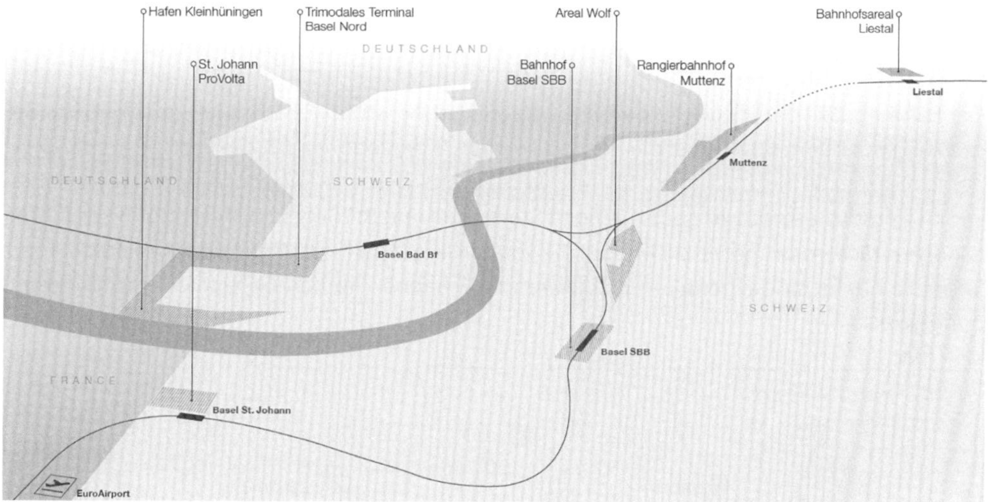

Abbildung 20 *Wichtigste Fragestellungen in der regionalen Gesamtperspektive Basel [SBB 2013].*

2.3.4 Rahmenpläne

Hauptknoten bestimmen die Nutzung des Netzes und planerisch besonders komplex. Es sind Netzbereiche, in denen mehrere Korridore miteinander verknüpft werden und die typischerweise etwa 100 km voneinander entfernt sind. Sie erstrecken sich funktional 10–15 km in die anschliessenden Korridore. Meist fallen sie mit Grossstädten zusammen und bilden daher oft Anschlussknoten integrierter Taktfahrpläne. Zur Bewältigung des starken eigenen Verkehrsaufkommens im jeweiligen Metropolitanraum werden auf dem gleichen Netz auch S-Bahn-Systeme mit dichtem Takt betrieben. Selbst wenn für die S-Bahnen im Kernbereich eigene Infrastrukturen erstellt werden, so sind die Hauptknoten dennoch für das ganze Netz kapazitätsbestimmend, analog zu den Knoten eines innerstädtischen Strassennetzes.

Aus bahnbetrieblicher Sicht müssen die Anlagen von Hauptknoten daher leistungsfähig und grosszügig dimensioniert sein, doch stösst dies auf die Nutzungskonkurrenz im städtischen Raum und damit auf Akzeptanzgrenzen. Gerade ihre zentrale Lage ist kommerziell interessant, eine bevorzugte Wohnlage und städtebaulich prägend. Damit überlagern sich auf kleinem Raum eine Vielzahl von Anforderungen unterschiedlichster Akteure, für die ein langfristig orientiertes und ganzheitliches Planungsinstrument benötigt wird. Diese Aufgabe erfüllt der sogenannte *Rahmenplan*, der den langfristigen Zielzustand der Infrastruktur eines Hauptknotens einschliesslich funktionaler Festlegungen beschreibt. Aus Sicht der Bahn sollen damit auch die langfristig benötigten Flächen gesichert, die nicht mehr benötigten Flächen dagegen geordnet einer neuen Nutzung zugeführt werden. Die Rahmenplanung soll folgende Anforderungen berücksichtigen:

- Funktionen des Knotens im Betrieb des Netzes (grossräumige Funktion).
- Funktion des Knotens als Kernelement des regionalen Nahverkehrsnetzes.
- Verknüpfungspunkte mit dem städtischen Nahverkehr.
- Erschliessung des Siedlungsraumes im näheren Umfeld im Personen- und Güterverkehr.
- Städtebauliche Anforderungen hinsichtlich Anordnung der Anlagen sowie Nutzung allfällig freiwerdender Areale.

Der Rahmenplan berücksichtig damit als erste Planungsstufe auch Betriebsaspekte. Das Betriebsregime beinhaltet dabei die Festlegung der Zugkategorien für die Gleisgruppen sowie deren reguläre Betriebsrichtung. Oftmals werden verschiedene Angebote auf derselben Infrastruktur produziert, was zu gegenseitigen Störungen und Betriebsbeeinträchtigungen führen kann. Aus diesem Grund versucht man die Verkehrsarten im Knoten möglichst zu entflechten. Beispiele hierfür sind eigene Infrastrukturen für S-Bahnen im Kernbereich oder Güterumgehungsstrecken.

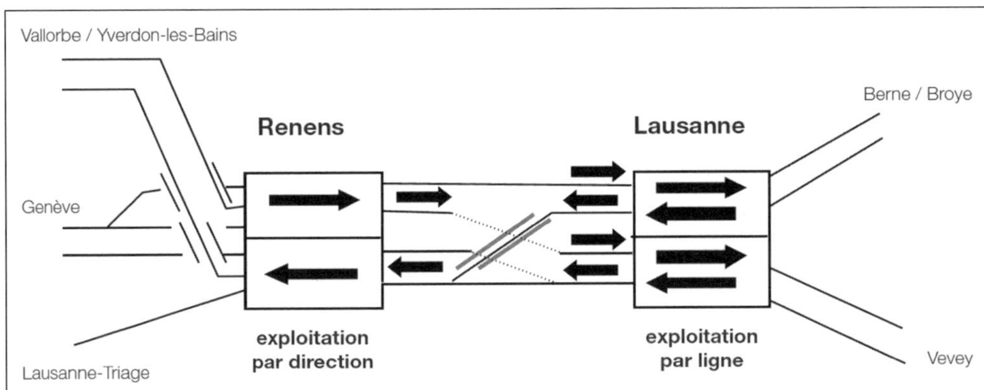

Abbildung 21 *Rahmenplan Lausanne der SBB, 2010/2014; geplantes langfristiges Betriebsregime Lausanne – Renens, Richtungsbetrieb in Renens und Linienbetrieb in Lausanne mit Regimewechsel zwischen den beiden Knoten [SBB 2014].*

In die Überlegungen müssen bereits die Betriebsanlagen einbezogen werden. Deren Lage im Netz sowie Frequentierung beeinflusst den Kapazitätsbedarf und machen unter Umständen zusätzliche Anlagen notwendig. Den Strecken, Bahnhofsbereichen und Flächen im Bahnumfeld werden konkrete Funktionen zugeordnet. Diese Funktionszuweisung bedingt vorlaufend die Ausscheidung jener Flächen, die auch längerfristig für den Bahnbetrieb erforderlich sind. Anschliessend ist der Flächenbedarf in Abhängigkeit vom Bedarfszeitpunkt für folgende Funktionen zu ermitteln:

- Rollmaterialabstellungen.
- Rollmaterialunterhalt.
- Güterverkehrsanlagen.
- Anlagen des Infrastrukturunterhalts (Werkhöfe).
- Drittnutzungen nach kommerziellen und städtebaulichen Gesichtspunkten.

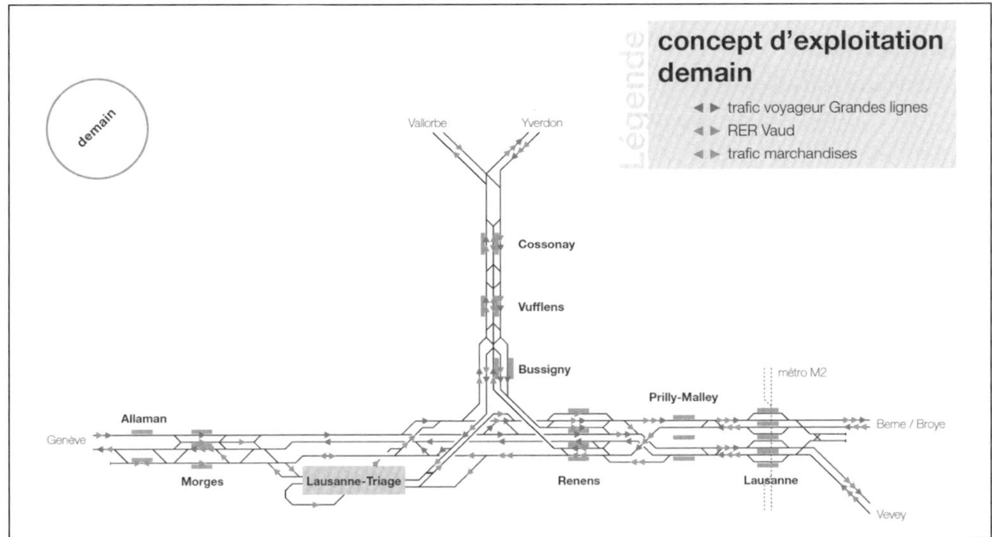

Abbildung 22 *Rahmenplan Lausanne der SBB, 2010/2014; geplantes langfristiges Betriebskonzept im Rahmenplan-Perimeter [SBB 2014].*

Die Wahl der Parzellen richtet sich nach den funktionalen Anforderungen, den verfügbaren Grundstücksflächen und deren Proportionen, der Eignung hinsichtlich der bahnbetrieblichen Lage und dem kommerziellen respektive städtebaulichen Potenzial. Dies bedingt eine enge Zusammenarbeit mit den Liegenschaftseignern und der öffentlichen Hand. Die Ergebnisse der Rahmenplanungen der SBB werden für die zwei FABI-Planungshorizonte Ausbauschritt 2025 (AS25) und Ausbauschritt 2030/35 (AS30/35) sowie für einen dritten längerfristigen Horizont formalisiert, mit folgenden Festlegungen:

- Definition der verkehrlichen und betrieblichen Funktion der einzelnen Strecken.
- Lage der Haltepunkte und ihre Bedienung.
- Lage und Funktion von verkehrlichen Anlagen.
- Lage von Betriebsanlagen.
- Nutzung der weiteren Flächen im näheren Bahnumfeld.

Damit bilden die Rahmenpläne sowohl die inhaltliche Grundlage für die regionalen Gesamtperspektiven und die Objektplanungen der Bahn als auch für die Richtplan- und Nutzungsplaneintragungen von Kanton und Städten.

2.3.5 Objektplanungen

2.3.5.1 Überblick

In der Objektplanung werden die beabsichtigten Netzveränderungen aufgrund der vorgelagerten Planungsstufen projektiert und realisiert. Dies bedeutet:

- Konkrete, vollständige Erfassung der Anforderungen.
- Erkennen und Beschreiben der Randbedingungen.

- Entwicklung und strukturierte Evaluation mit Vorausscheidung der grundsätzlich denkbaren Varianten.
- Detaillierte Ausarbeitung der Bestvariante.
- Ausschreibung, Auftragsvergabe und Werkvertragsabschluss.
- Inbetriebnahme der neuen Anlagenteile.

Die wesentlichen Unterschiede zu den vorherigen Planungsphasen sind:

- Streng formalisiertes Vorgehen.
- Verbindliche gesetzliche Regelungen zu verschiedenen Projektphasen (zum Beispiel Plangenehmigungsverfahren, Beschaffung).
- Zwingende Sicherung einer verbindlichen Finanzierung.
- Hoher Detaillierungsgrad.
- Sehr hoher Planungs- und Projektierungsaufwand.

Insbesondere im Hinblick auf letzteren Punkt ist die Planungs- und Realisierungsphase stark gegliedert, mit schrittweiser Variantenelimination und Projektvertiefung.

2.3.5.2 Projektprozess

Die Realisierung von grösseren Infrastrukturerhaltungsarbeiten und -veränderungen erfolgt in Form von Projekten. *Ein Projekt ist ein zielgerichtetes, einmaliges Vorhaben, das aus komplexen, abgestimmten und gelenkten Tätigkeiten mit Anfangs- und Endtermin besteht und durchgeführt wird, um unter Berücksichtigung von Vorgaben zu Zeit, Ressourcen (Finanzierung, Personal, Arbeitsbedingungen, Produktionsbedingungen etc.) ein Ziel zu erreichen* [BLS 2015].

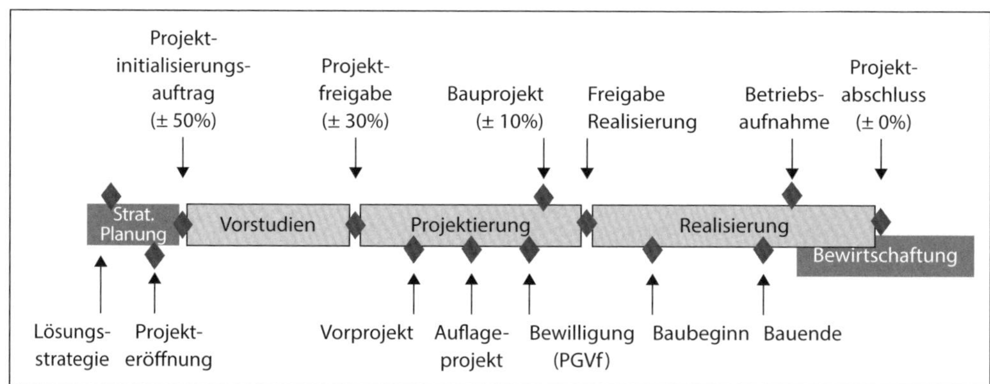

Abbildung 23 *Generischer Phasenablauf bei Bauprojekten; phasenspezifischer Genauigkeitsgrad der Kostenberechnungen (nach [BLS 2015]).*

Der Projektierungs- und Realisierungsprozess von Bahninfrastrukturprojekten entspricht zwar grundsätzlich den üblichen Abläufen des Bauwesens und den einschlägigen Normen, in der Schweiz insbesondere des SIA. Im Einzelnen wird er aber durch die jeweilige EIU definiert und unterliegt zudem der jeweiligen nationalen Gesetzgebung. Wesentliche Differenzen zu üblichen Bauvorhaben sind die Genehmigung der Bahnprojekte durch das Bundesamt für Verkehr mittels einer Plangenehmigungsverfügung und die Ausschreibung der Erstellung nach den Regeln des Bundesgesetzes über das öffentliche Beschaffungswesen.

Nur bei einfachen Vorhaben werden die Projektphasen linear durchlaufen. In der Regel wird zwar die logische Abfolge eingehalten, aber Projektphasen können teilweise parallel zueinander sein oder sie wiederholen sich, da bestimmte Projektergebnisse noch nicht erreicht werden konnten. Grosse Vorhaben werden zudem in Lose mit je eigenem Terminprogramm aufgeteilt, zum Beispiel:

- *Räumliche Unterteilung* („Zufahrt West, Hallengeleise, Zufahrt Ost").
- *Inhaltliche Unterteilung* („Aufnahmegebäude, Perrons und Zugänge, Bahnhofvorplatz, Projekte von angrenzenden Partnern").
- *Technische Unterteilung* („Fahrbahn, Fahrstrom, Sicherungs- und Leittechnik, Informationsanlagen, Ingenieurbau").

Deren Phasenfolgen sind oft untereinander asynchron. Eine Herausforderung für die Gesamtprojektleitung besteht in der Definition und Einhaltung bestimmter Meilensteine, zu denen die Teillose inhaltlich aufeinander abgestimmt und zeitlich synchronisiert werden. Dazu sind insbesondere die zugehörigen Phasenziele pro Teilphase vollständig zu erreichen, da sie oft die Grundlagen für folgende Lose bilden.

Phasen		Teilphasen		Ziele
1	Strategische Planung	11	Bedürfnisformulierung, Lösungsstrategie	Bedürfnisse, Ziele und Rahmenbedingungen definiert, Lösungsstrategien festgelegt
2	Vorstudien	21	Projektdefinition, Machbarkeitsstudie	Vorgehen und Organisation festgelegt, Projektierungsgrundlagen definiert, Machbarkeit nachgewiesen, Projektdefinition und Projektpflichtenheft erstellt
		22	Auswahlverfahren	Anbieter/Projekt ausgewählt, welche den Anforderungen am besten entsprechen (Bestvariante), Projektbudget genehmigt
3	Projektierung	31	Vorprojekt	Konzeption und Wirtschaftlichkeit optimiert
		32	Bauprojekt	Projekt und Kosten optimiert, Termine definiert
		33	Bewilligungsverfahren, Auflageprojekt	Projekt bewilligt, Kosten und Termine verifiziert, Baukredit genehmigt
5	Realisierung	51	Ausführungsprojekt	Ausführungsreife erreicht
		52	Ausführung	Bauwerk/Anlage gemäss Pflichtenheft und Vertrag erstellt
		53	Inbetriebnahme, Abschluss	Bauwerk/Anlage (von der Stammorganisation) übernommen und in Betrieb genommen, Schlussabrechnung abgenommen, Mängel behoben

Phasen	Teilphasen	Ziele
6 Bewirtschaftung	61 Betrieb	Betrieb sichergestellt und optimiert
	62 Überwachung/ Überprüfung/ Wartung	Bauwerkszustand/Anlagenzustand abgeklärt, Wartung sichergestellt
	63 Instandhaltung	Dauerhaftigkeit und Wert für die Restnutzungsdauer aufrechterhalten
7 Erfahrungssicherung	71 Erfahrungssicherung	Daten in Kennzahlensysteme (Projektkostendatenbank) eingepflegt, Best-Practice-Beispiele für Folgeprojekte verfügbar gemacht

Tabelle 9 *Phasen, Teilphasen und Phasenziele von Bauprojekten gemäss SIA 112:2014; Beschaffungen gemäss Phase 41 können in allen dargestellten Phasen auftreten [BLS 2015].*

2.3.5.3 Projektorganisation

Während die Führung einer Eisenbahn-Infrastrukturunternehmung eine permanente Aufgabe ist und durch die Linien- und Stabsorganisation wahrgenommen wird, sind Projekte definitionsgemäss Einzelaufgaben. Dazu sind spezifische temporäre Organisationsstrukturen zu schaffen, nämlich Projektorganisationen. Projektorganisationen sind grundsätzlich unabhängig von der Linienorganisation, sie arbeiten aber in deren Auftrag. Die Projektbeteiligten sind üblicherweise in der Linienorganisation angestellt und hierarchisch den Linienvorgesetzten unterstellt.

Die Grundstruktur einer Gesamtprojektorganisation von Bahninfrastrukturprojekten unterscheidet sich nicht prinzipiell von anderen Bauvorhaben. Als Besonderheiten sind aber zu benennen:

- Eine EIU ist ein professioneller Bauherr mit hoher eigener Kompetenz; zahlreiche Funktionen werden daher durch eigene Mitarbeitende wahrgenommen. Dies hat den Vorteil, dass den meisten Beteiligten die Unternehmung und ihre Spezifika gut vertraut sind. Eine führungsmässige Herausforderung ist aber deren Doppelunterstellung unter die Gesamtprojektleitung und gleichzeitig unter die Linienvorgesetzten.
- Viele Vorhaben sind unter Betrieb zu erstellen, können Betriebseinschränkungen zur Folge haben oder sind Voraussetzung für bestimmte Angebots- und Produktionsveränderungen. Die betroffenen EVU sind in diesen Fällen auf geeignete Weise in die Projektorganisation einzubeziehen, sei es in Form von Gästen ausgewählter Gremien oder sogar mit eigenen Teilprojekten.
- Der Kommunikationsbedarf ist hoch, sowohl innerhalb der EIU und EVU als auch gegenüber Öffentlichkeit und Behörden. Die projektbegleitende Kommunikation soll daher Teil der Projektorganisation sein und alle Projektphasen begleiten.
- Oft sind Bahninfrastrukturprojekte verbunden mit komplementären Projekten der öffentlichen Hand, insbesondere im städtischen Raum und bei Bahnhofsumbauten. Auch dies ist in der Projektorganisation zu berücksichtigen.

Eine grosse Bedeutung kommt daher in vielen Fällen der Projektsteuerung zu. In dieser sind mit Vorteil alle Akteure auf Führungsstufe vertreten, die entweder eigene Teilprojekte oder angrenzende Projekte von Partnern verantworten. Die Projektsteuerung kann – nebst der strategischen Projektleitung – insbesondere auch die Bereinigung von Differenzen im Rahmen einer geordneten Eskalation übernehmen.

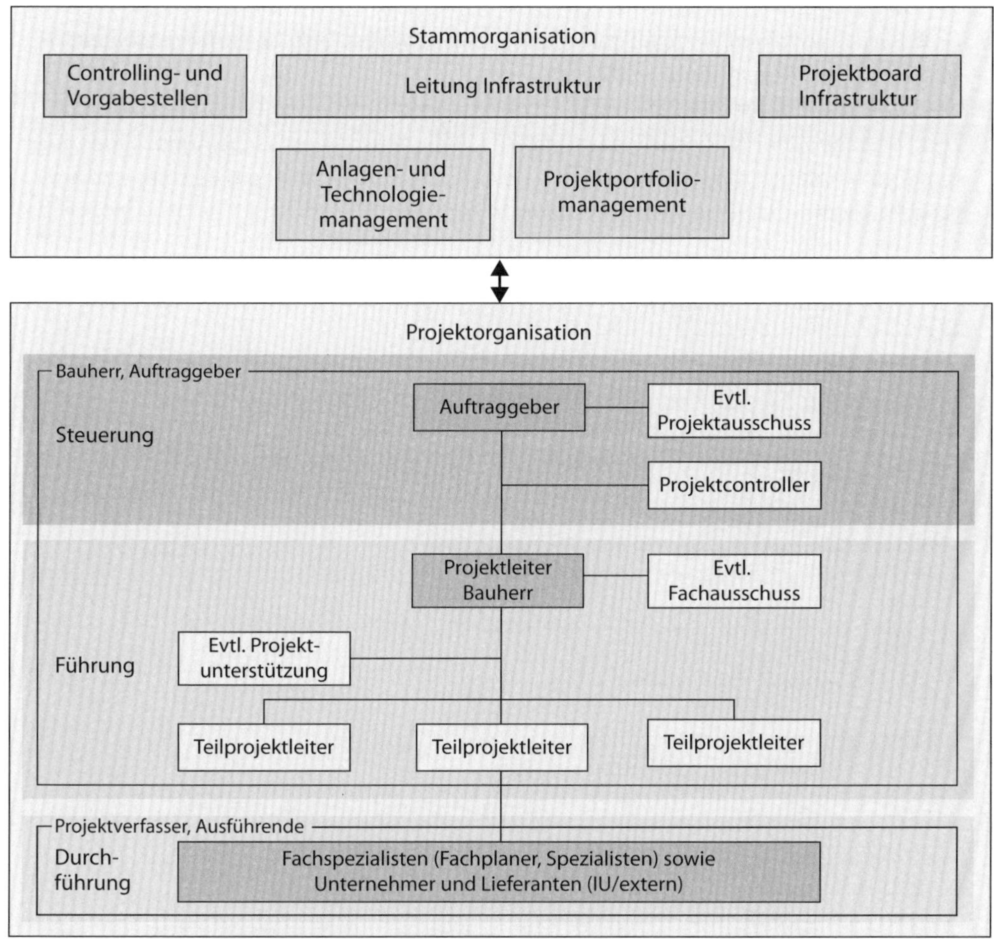

Abbildung 24 *Generische Gesamtprojektorganisation bei komplexen Eisenbahnbauprojekten, Einbindung in die jeweilige Stammorganisation [BLS 2015].*

2.3.5.4 Plangenehmigungsverfahren

In der Phase 33 nach SIA 112 sind für ein Projekt die erforderlichen Genehmigungen einzuholen. Im Gegensatz zu den meisten anderen Bauvorhaben unterliegen die Bahninfrastrukturprojekte nicht den kantonalen und kommunalen Baugesetzen, sondern der *Plangenehmigungsverordnung* des Bundes [BR 2014]. Genehmigungsbehörde für alle Infrastrukturvorhaben ist das Bundesamt für Verkehr (BAV); weitere kantonale oder kommunale Bewilligungen sind nicht erforderlich. Die Konformität eines Projektes mit den technischen Vorschriften, die Wahrung der Rechte von Betroffenen sowie die Einhaltung der bundesrechtlichen Bestimmungen der Raumplanung, des Umweltschutzes, des Naturschutzes und des Heimatschutzes prüft das BAV im Plangenehmigungsverfahren. Dieses ersetzt das übliche Baubewilligungsverfahren.

Bei den Verfahren ist zu unterscheiden [BR 2014]:

- *Ordentliches Verfahren:* Regelfall mit allen Prozessschritten. Übliche Verfahrensdauer: 12 Monate (mit Enteignung: 18 Monate).
- *Vereinfachtes Verfahren:* Örtlich begrenzt mit wenigen definierten Betroffenen, Umnutzung bestehender Anlagen ohne wesentliche Veränderung des Erscheinungsbildes oder temporäre Anlagen mit Rückbau innert dreier Jahre. Hier entfällt zum Beispiel eine amtliche Publikation. Übliche Verfahrensdauer: 4 Monate.

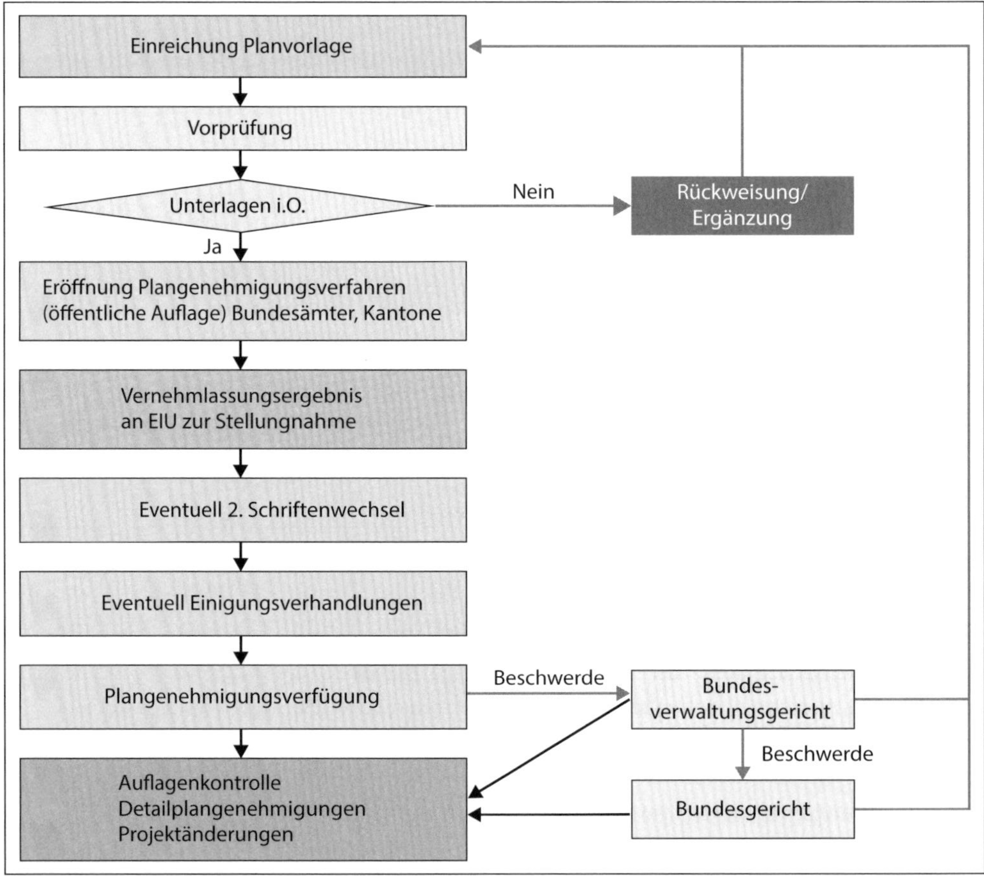

Abbildung 25 *Genereller Ablauf des schweizerischen Plangenehmigungsverfahrens bei Bahninfrastrukturprojekten [BAV 2018c].*

Nur unter eng definierten Bedingungen kann auf ein Plangenehmigungsverfahren verzichtet werden. Das Plangenehmigungsgesuch hat alle Informationen und Unterlagen zu enthalten, die zur Beurteilung erforderlich sind. Dazu zählen – nebst den technischen Dokumenten – insbesondere auch die Sicherheitsberichte, die Sicherheitsbewertungsberichte und der Umweltverträglichkeitsbericht. Bei interoperablen Strecken sind im Weiteren die Nachweise der Einhaltung der TSI einzureichen [BR 2014].

2.3.5.5 Beschaffungsrechtliche Bestimmungen

Da die Bahninfrastrukturen in öffentlicher Hand sind, unterliegen alle Projekte und Beschaffungen den GATT-Richtlinien für öffentliche Beschaffungen – in der Schweiz konkretisiert im *Bundesgesetz über das öffentliche Beschaffungswesen (BöB)* und in der *Verordnung über das öffentliche Beschaffungswesen (VöB)* [BV 2018], [BR 2018b]. Die Gesetzgebung sieht drei Vergabeformen vor:

- *Offenes Verfahren:* Öffentliche Publikation des Ausschreibungsgegenstandes und Möglichkeit zur Einreichung einer Offerte durch jede Firma.
- *Einladungsverfahren:* Anfrage zur Einreichung einer Offerte an eine beschränkte Anzahl Firmen, wobei ein echter Wettbewerb gewahrt bleiben muss.
- *Freihändige Vergabe:* Direktvergabe ohne Ausschreibung.

Die Verfahrensarten sind durch sogenannte Schwellenwerte voneinander getrennt. Freihändige Vergaben sind (derzeit) möglich bei Liefer- und Dienstleistungsaufträgen bis zu 230'000 CHF, bei Bauwerken bis 8,7 Mio. CHF. Es gilt somit der Grundsatz, dass alle Beschaffungen ausgeschrieben werden müssen, mit Ausnahme der kleinen Aufträge unterhalb der Schwellenwerte. Da Infrastrukturvorhaben sehr teuer sind, kommt bei der Ausführung in der Regel das offene Verfahren zur Anwendung. Für Planerleistungen ist bisweilen das Selektive Verfahren möglich.

Da Verhandlungen nach Offertabgabe sehr limitiert sind und die Offerten vergleichbar sein sollen, muss der ausgeschriebene Gegenstand bereits präzis spezifiziert werden. Zudem verlangt das Gesetz eine vorgängige Festlegung und Publikation des Evaluationssystems. Dies erfordert einen hohen Detaillierungsgrad und entsprechend umfangreiche vorangehende Planungen seitens der sogenannten Vergabestelle, also der Bauherrschaft.

Bei den Planungs- und Projektierungsaufträgen ist zudem auf die sogenannte Vorbefassung zu achten. Diese besagt, dass kein Offerent einer späteren Phase (zum Beispiel bei der Ausschreibung des Bauprojektes) gegenüber Konkurrenten einen Vorteil aus einer früheren Verfahrensphase (zum Beispiel Vorprojekt) haben darf. Werden beispielsweise Vorprojekt und Bauprojekt getrennt ausgeschrieben, so kommt der Verfasser des Vorprojektes in der Regel nicht mehr als Lieferant für das Bauprojekt infrage. Um dies dennoch zu ermöglichen, kann die Ausschreibung der Leistungen bereits alle Phasen umfassen, soll aber Klauseln zum Vertragsausstieg für den Fall unbefriedigender Erfahrungen mit dem Leistungserbringer enthalten. Alternativ können nicht vorbefasste Anbieter für den Einarbeitungsaufwand entschädigt werden.

Ähnliches gilt für die Bahntechnologie: Bahntechnologische Produkte können nicht gemeinsam mit dem Lieferanten entwickelt werden, ausser man stellt die resultierende Spezifikation allen möglichen Anbietern zur Verfügung. Da dies in der Regel nicht im Interesse des Entwicklungspartners der Bahn ist, wird die Bahntechnik meist funktional, das heisst produkteneutral, spezifiziert und ausgeschrieben.

2.3.5.6 Bestimmungsgrössen der terminlichen Projektplanung

Die terminliche Projektplanung wird durch zahlreiche Grössen bestimmt, die teilweise nicht direkt mit den Spezifikationen des Projektes zu tun haben:

- Verfahrensverläufe und Fristen, insbesondere Plangenehmigungsverfahren und Ausschreibungen.
- Finanzplanung, Annuitäten gemäss Mittelfristplan und Budget.
- Mögliche Realisierungsgeschwindigkeit auf der Baustelle (Bauprojekte).
- Leistungsfähigkeit der Baulogistik (Bauprojekte).
- Zeitbedarf für Systementwicklungen (Sicherungsanlagen, Automationstechnik).
- Zeitbedarf Tests, Inbetriebsetzungsarbeiten und Verfahrensabläufe zur Erlangung der Betriebsbewilligung (Grossprojekte).

Die Terminplanung von Projekten hat alle diese Gesichtspunkte frühzeitig und realistisch zu erfassen sowie in ein konsistentes Terminprogramm umzusetzen. Wo möglich sind Prozessschritte parallel einzuplanen. Besondere terminliche Risiken treten dabei bei den Verfahrensabläufen (Rekurse), der Realisierung (bautechnische Unsicherheiten, Baugrund/Gesteinsverhältnisse, Bauunfälle) sowie bei technischen Systementwicklungen auf. Diese Risiken können in der Regel nicht mit Reserven im Terminprogramm abgedeckt werden, da dies die Realisierungsdauer untragbar verlängern würde. Vielmehr ist das Terminprogramm so robust aufzubauen, dass das Eintreten gewisser Terminrisiken möglichst geringe Auswirkungen auf den Endtermin und die Gesamtkosten hat.

2.3.6 Netzweite Steuerungsprozesse

2.3.6.1 Überblick

Bei der Eisenbahn als Netzwerkindustrie hängen die Anlagen in verschiedener Hinsicht inhaltlich zusammen. Um jederzeit ein konsistentes und finanzierbares Netz zu gewährleisten, muss die Infrastrukturunternehmung mithin die geplanten Anpassungen in mehreren Dimensionen koordinieren:

- Inhaltliche Projektsteuerung.
- Programmbasierte Projektsteuerung.
- Terminliche Projektsteuerung.
- Finanzielle Projektsteuerung.
- Technologische Projektsteuerung.

Diese Koordinationsaufgaben ergeben sich dabei nicht nur bei der Anlagenerweiterung, sondern grundsätzlich bei jedem Eingriff, insbesondere bei der Erneuerung und beim Unterhalt.

2.3.6.2 Inhaltliche Projektsteuerung

Zahlreiche Einzelmassnahmen haben sowohl isolierte als auch netzweite funktionale Auswirkungen. Man spricht dabei von sogenannten *Netzwirkungen*. Wenn zum Beispiel eine Streckenbegradigung die Fahrtzeit auf einem bestimmten Streckenabschnitt verkürzt, so verändern sich auch die Anschlussbedingungen in den benachbarten Hauptknoten. Dies kann wiederum Anpassungen in diesen Knoten erfordern, wenn sich neue Fahrstrassenkonflikte aufgrund der geänderten Fahrplankonstellation ergeben. Investitionsmassnahmen können somit den angestrebten Nutzen oft nur in Kombination mit Investitionen auf anderen Netzteilen erbringen. Die Aufgabe der Netzplanung besteht darin, diese Netzeffekte zeitgerecht zu erkennen und die Anlagenveränderungen entsprechend zu bündeln.

2.3.6.3 Programmbasierte Projektsteuerung

Oft bilden mehrere über das Netz verteilte Einzelprojekte ein inhaltlich oder technologisch zusammenhängendes Ganzes. Dieser Zusammenhang kann gegeben sein durch:

- Migration einer neuen Technologie, zum Beispiel Automation von Stellwerken und Einbindung in eine Fernsteuerung.
- Fachlich ähnliches, spezifisches Know-how, zum Beispiel Tunnel- oder Brückensanierungen für ganzes Netz.
- Gemeinsame Finanzierungsquelle, verbunden mit staatlichem Auftrag, zum Beispiel Sanierung von Niveauübergängen oder Lärmsanierung.

Solche Projekte werden sinnvollerweise zu sogenannten Programmen zusammengefasst und einer zentralen Programmleitung unterstellt. Am generellen Projektablauf der Einzelprojekte ändert dies nichts, wohl aber am internen Genehmigungsprozess und an der Projektfreigabe, die durch den Programmleiter gesteuert wird.

2.3.6.4 Terminliche Projektsteuerung

Die meisten neuen Objekte oder Anlagenanpassungen sind mit geplanten Angebotsveränderungen verbunden und daher terminlich an einen Fahrplanwechsel geknüpft. Grössere Erneuerungsarbeiten können im Gegenzug zu Angebotsreduktionen im Jahresfahrplan führen. Zudem besteht – über die Bahnproduktion – ein Zusammenhang zwischen oft weit auseinanderliegenden Eingriffen. Diese terminliche Gesamtkoordination kann nicht mehr auf der Ebene des Einzelprojektes sichergestellt werden, sondern bedingt eine zentrale Projektsteuerung:

- Führung einer mehrjährigen Erweiterungs- und Erneuerungsplanung.
- Zusammenstellung aller Projekte, die für definierte Fahrplanwechsel umgesetzt sein müssen.
- Aushandlung allfälliger Projektetappierungen und Abstimmung mit ebenfalls etappierten Angebotsanpassungen.
- Zeitgerechtes Erkennen von Terminverzögerungen mit Angebotsauswirkungen. Auslösen beschleunigender Eingriffe und/oder von Ersatzfahrplänen.

- Abgleich mit der laufenden Finanzplanung und der aktuellen Gesamtbudgetsituation.
- Führung der regelmässigen Kontakte mit den EVU und Sicherstellung der allenfalls erforderlichen Rollmaterialanpassungen.

2.3.6.5 Finanzielle Projektsteuerung

Verbunden mit der netzweiten Terminsteuerung ist die finanzielle Steuerung. Die öffentliche Finanzierung verlangt eine möglichst grosse Stetigkeit der finanziellen Aufwendungen. Dies bedeutet insbesondere:

- Vermeidung der Überschreitung des Gesamtjahreskredites der EIU.
- Möglichst weitgehende Kreditausschöpfung durch nachweislich sinnhafte Projekte.
- Möglichst gleiche Jahreskredite in den folgenden Jahren.

Selbstverständlich dürfen diese Ziele nicht dadurch erreicht werden, dass auf nötige Funktionalitäten verzichtet wird oder dass im Gegenteil aufwendigere Lösungen als nötig gewählt werden. Vielmehr ist der Ausgleich durch eine strukturierte Bewirtschaftung der Mittel zwischen den Projekten zu schaffen:

- Permanentes Controlling des Kostenverlaufes aller aktiven Projekte, mindestens im Monatsrhythmus.
- Vergleich mit Jahres-Kostenverlaufskurve, aufgrund von Erfahrungen der Vorjahre. Eine solche ist erforderlich, da die Zahlungen systembedingt nicht linear über das Jahr anfallen.
- Ermittlung des aufgrund der bisherigen Kostenentwicklung zu erwartenden Abschlusses der Ausgaben zum Ende des Budgetjahres. Ein solcher Forecast ist bereits im 2. Quartal eines Geschäftsjahres sinnvoll.
- Einleitung steuernder Eingriffe, zum Beispiel Auslösung zusätzlicher baureifer Projekte, Verzicht auf Projektauslösungen, Etappierung laufender Projekte mit Verschiebung von Teilprojekten auf das Folgejahr.

2.3.6.6 Technologische Projektsteuerung

Die EIU sind Anwender bahntechnischer Systeme und Produkte, die von der Industrie entwickelt und angeboten werden, sie sind aber in der Regel nicht selber Entwickler. Eine Minimierung der Erhaltungskosten lässt sich auf diesem Gebiet insbesondere erzielen durch:

- Straffes, möglichst kleines Programm eingesetzter Produkte.
- Echte Konkurrenzsituation der Anbieter, keine Beschränkung auf einen einzigen Lieferanten, funktionale Ausschreibungen.
- Proaktiver Generationenwechsel, um technologischen Wandel selbst gestalten zu können.
- Möglichst flexible Integrierbarkeit von Ersatzprodukten.
- Beurteilung der Produkte aufgrund von LCC-Betrachtungen, Maximierung der Verfügbarkeit.

Diese Ziele widersprechen sich im Einzelfall. Sie sind im Rahmen eines strukturierten Prozesses gegeneinander abzuwägen, der später vertieft beschrieben wird.

2.4 Lageplanung von Bahninfrastrukturen

2.4.1 Aufgaben der Lageplanung

Bahninfrastrukturen sind flächenintensiv und räumlich ausgedehnt. Sie beeinflussen Siedlungsstrukturen und Landschaftsbild erheblich und können auch Schutzgebiete tangieren. Im städtischen Raum verändern neue Bahnhöfe oder Haltepunkte sogar die Standortgunst der umliegenden Quartiere und führen oft zu Preissteigerungen. Die sogenannte Gentrifizierung, die Verdrängung wenig zahlungskräftiger Mieterinnen und Mieter durch kaufkräftigere, kann sogar politische Konflikte auslösen. Der Bau neuer Infrastrukturen wird daher in der Regel als spürbarer bis erheblicher Eingriff empfunden und muss mithin planerisch behutsam und ganzheitlich erfolgen. Die Herausforderungen bei dieser Aufgabe unterscheiden sich teilweise je nach Raum:

- *Nicht städtischer Raum:* Oft grosse Variantenvielfalt, grossräumige Auswirkungen, Beeinflussung vorwiegend naturräumlicher Gegebenheiten.
- *Städtischer Raum:* Variantenvielfalt klein, Anlage meist auf kleinstem Raum unterzubringen, stets direkte Interessengegensätze mit Anwohnern, Politik und örtlicher Wirtschaft, immer Eingriff in städtisches Gefüge, selten in Naturräume (ausgenommen örtliche, kleinräumige Biotope).

So unterschiedlich die Ausgangslagen sind, so ist in jedem Fall eine sorgfältige politische und kommunikative Projektbegleitung unter engem Einbezug der Betroffenen sinnvoll.

2.4.2 Trassenwahl, Trassierungsparameter, Trassierungsregeln

2.4.2.1 Anforderungen an die Trassenwahl

Die Lageplanung von Bahninfrastrukturen, insbesondere Korridorwahl und Trassierung, bildet eine wichtige und häufige Planungsaufgabe, obschon das Bahnnetz in seinen Grundzügen fertiggestellt ist. Fragen dieser Art stellen sich aber beispielsweise bei Netzergänzungen, Trassierungsverbesserungen, Neubauten von Haltepunkten oder Arealentwicklungen; die planerischen Grundüberlegungen folgen dabei stets den gleichen Grundprinzipien. Während der *Korridor* ein Band im Gelände bezeichnet, in dem mögliche Linienführungen unterzubringen sind, beschreibt dabei die *Trassierung* eine bestimmte, geometrisch durchgestaltete Linienführung.

Aufgrund der stets beträchtlichen Ausdehnung von Bahnanlagen sind Lageplanungen oft eng verknüpft mit den übergreifenden Planungswerken und die Ergebnisse finden meist Eingang in Sachpläne, Richtpläne und Nutzungspläne. Korridorwahl und Trassierung haben dabei zahlreichen Anforderungen zu genügen, die untereinander oft widersprüchlich sind; es handelt sich mithin um eine Optimierungsaufgabe.

Teilanforderung	Auswirkung auf andere Anforderungen
Erfüllung des Betriebs-programmes	Grosszügige Anlagen mit hohen Kosten für Kunstbauten und Beeinträchtigung von Siedlung und Umwelt
Technische Machbarkeit, Einhaltung der Trassierungsparameter	Kann zum Ausschluss von Lösungen zwingen, die ansonsten optimal wären
Minimale Kosten für Erstellung und Erhaltung	Orientierung der Trassierung am Geländeverlauf zur Vermeidung von Kunstbauten; keine Schutzmassnahmen für Siedlung und Umwelt sowie kein Schutz gegen Naturgefahren
Schonung des Siedlungs-gebietes	Trassierungsverlegungen, Schutzmassnahmen wie Tunnel oder Lärmschutzdämme mit hohen Kostenfolgen; gegebenenfalls Beeinträchtigung des Landschaftsbildes und der Funktionalität
Schonung der Umwelt	Zu bescheidene Trassierungsparameter mit Fahrzeitverlängerungen, suboptimale Erschliessung von Siedlungsgebieten, kostspielige Schutzmassnahmen wie etwa Tunnels auf sensiblen Abschnitten
Schonung von Natur- und Kulturgüterschutzobjekten	Wahl einer teureren und/oder betrieblich weniger vorteilhaften Trassenlage; gegebenenfalls Schutzmassnahmen wie etwa Tunnels
Schutz vor Naturgefahren	Trassenverlegung in ungefährdete Bereiche, kostspielige Schutzbauten

Tabelle 10 *Teilanforderungen an die Trassenwahl und Auswirkungen auf andere Anforderungen, Konflikte [eigene Darstellung].*

2.4.2.2 Festlegung der Parameter

Die Trassierungsparameter, insbesondere Mindestradien und Maximalneigungen, bestimmen die infrage kommenden Geländekorridore, innerhalb derer eine Linienführung untergebracht werden kann. Bevor mit der Trassensuche begonnen werden kann, müssen diese daher aufgrund folgender Bestimmungsgrössen festgelegt werden:

- *Funktionale Anforderungen:* Sie leiten sich aus den Betriebsprogrammen ab, insbesondere den geplanten Geschwindigkeiten und Gewichten der Züge. Bei Erweiterungen oder Umbauten eines bestehenden Netzes sind sie mit den Parametern der Anschlussstrecken abzugleichen. Grosszügigere Parameter sind nur zu wählen, wenn sich diese aus dem Betriebsprogramm oder einer langfristigen Ausbaustrategie der Gesamtstrecke ergeben.
- *Streckenkategorien:* Strecken können in Streckenkategorien eingeteilt sein, die bestimmte Trassierungsvorgaben machen. Allerdings ist durch deren Einhaltung nicht sichergestellt, dass eine Strecke die jeweiligen funktionalen Anforderungen zu erfüllen vermag. In den TSI wurden für das europäische Bahnnetz die Strecken basierend auf Verkehrscodes/Traffic Codes strukturiert [Wiescholek 2015].

Leistungskennwerte für den Personenverkehr				
Verkehrscode	**Begrenzungslinie**	**Radsatzlast [t]**	**Streckengeschwindigkeit [km/h]**	**Perronnutzlänge [m]**
P1	GC	17	250–350	400
P2	GB	20	200–250	200–400
P3	DE3	22.5	120–200	200–400
P4	GB	22.5	120–200	200–400
P5	GA	20	80–120	50–200
P6	G1	12	–	–
P1520	S	22.5	80–160	35–400
P1600	IRL1	22.5	80–160	75–240
Leistungskennwerte für den Güterverkehr				
Verkehrscode	**Begrenzungslinie**	**Radsatzlast [t]**	**Streckengeschwindigkeit [km/h]**	**Zugslänge [m]**
F1	GC	22.5	100–120	740–1050
F2	GB	22.5	100–120	600–1050
F3	GA	20	60–100	500–1050
F4	G1	18	–	–
F1520	S	25	50–120	1050
F1600	IRL1	22.5	50–100	150–450

Tabelle 11 *TSI-Streckenklassen, Stand 2014, basierend auf Traffic Codes [Wiescholek 2015].*

2.4.2.3 Trassierungsregeln

Eine Trassierungsentscheidung ist oft irreversibel. Mit Blick auf die sehr lange Lebensdauer der Infrastrukturen ist, im Rahmen der Wirtschaftlichkeit, eine grosszügige Linienführung mit einer hohen Entwurfsgeschwindigkeit anzustreben. Spätere Trassierungsanpassungen – meist unter Betrieb – sind überproportional aufwendig und infolge der Bebauung im Bahnumfeld oft gar nicht mehr realisierbar. Dabei ist insbesondere auch auf eine möglichst stetige Linienführung mit homogenem Geschwindigkeitsprofil, das heisst wenigen Geschwindigkeitswechseln zu achten. Dies vermeidet überproportionale Fahrzeitverluste, die durch häufige, kurze Langsamfahrabschnitte mit zahlreichen Brems- und Beschleunigungsvorgängen entstehen. Damit verbunden sind namhafte Energieeinsparungen, da ein erheblicher Teil der Traktionsenergie für das (Wieder-)Beschleunigen der Züge gebraucht wird. Die Aufrechterhaltung einer einmal erreichten Geschwindigkeit erfordert dagegen vergleichsweise wenig Energie.

Besonders im Hügelland und Gebirge sind Geländebewegungen nicht zu vermeiden, da die Linienführung aufgrund der üblichen Trassierungsparameter, in Verbindung mit den zahlreichen Randbedingungen, kaum dem natürlichen Geländeverlauf angepasst werden kann. Dies erfordert Tunnels, Einschnitte oder Aufschüttungen. Noch zu Beginn des 20. Jahrhunderts waren Transporte von Aushubmassen kaum machbar, weshalb bei der Linienführung darauf geachtet wurde, dass diese möglichst gering gehalten werden konnten. Dazu hielt man die Volumina der Dämme und der Geländeeinschnitte abschnittsweise möglichst gleich, um die Aushub- und Aufschüttungsmengen vor Ort ausgleichen zu können. Man sprach daher bei der Trassierung vom Massenausgleich als Optimierungsgrösse. Mit den heutigen leistungsfähigen Bauverfahren ist dies zwar mit vertretbarem Zeitaufwand möglich, doch sind die resultierenden Aushub- und Aufschüttungsmengen sehr gross und die Transporte entsprechend kostspielig. Das Ziel einer Verbesserung der Umweltbilanz von Bauprojekten und die nur schwer auffindbaren akzeptierten Deponienstandorten für überschüssiges Material haben dem Massenausgleich jüngst eine weiter erhöhte Bedeutung verschafft.

Abbildung 26 *Trassierung mit Massenausgleich durch Hangabtrag und anschliessende Dammschüttung [Foto: Steffen Schranil].*

2.4.3 Korridorwahl, Linienführungsentwicklung, Trassenwahl

2.4.3.1 Überblick

Es ist aufgrund der zahlreichen Zielgrössen und Abhängigkeiten nicht möglich, die optimale Linienführung in einem einzigen Arbeitsgang zu projektieren. Vielmehr ist ein mehrstufiges Suchverfahren anzuwenden, mit schrittweise erhöhtem Detaillierungsgrad und gleichzeitig abnehmender Variantenvielfalt. Die üblichen drei Arbeitsschritte der Trassierung sind Korridorevaluation, Linienführungsentwicklung und Trassenwahl.

Schritt	Inhalt	Arbeitsergebnis
1	Korridorevaluation	Ein oder maximal zwei am besten geeignete Korridore zwischen Anfangs- und Endpunkt der zu trassierenden Strecke
2	Linienführungs-entwicklung	Projektierung möglicher Linienführungen im gewählten respektive in den gewählten Korridoren, Evaluation der am besten geeigneten Linienführungen
3	Trassenwahl	Detaillierte technische Durchbildung und Beurteilung der am besten geeigneten Trassierungen, Machbarkeitsnachweis, Kostenschätzung, Festlegung der definitiven Trassierung

Tabelle 12 *Generelle Vorgehensschritte bei der Entwicklung und Bestimmung der am besten geeigneten Linienführung [eigene Darstellung].*

2.4.3.2 Korridorevaluation

Das Ziel der Korridorevaluation ist die Identifikation eines oder maximal zweier besonders geeigneter Geländekorridore, innerhalb derer die Linienführung möglich ist. Die Korridore sind so zu legen, dass sie schwierigem Gelände oder geschützten Bereichen möglichst ausweichen. Alle sinnvollerweise infrage kommenden Korridore sollen erfasst und in die Evaluation einbezogen werden. Die wesentlichen Arbeitspunkte sind:

1. *Festlegung des Anfangs- und Endpunktes* der Trassierungsaufgabe, Identifikation allfälliger Zwischenpunkte.
2. *Analyse des Geländes*, insbesondere Topografie, Geologie, Bebauung, Gewässer, Wälder, Schutzgebiete, geschützte Objekte.
3. *Identifikation möglicher Korridore.* Die Breite der Korridore ist von der Aufgabenstellung abhängig: Bei grossräumigen Trassierungsaufgaben (Distanz über etwa 50 km) empfehlen sich Korridorbreiten von rund 5 km, gegebenenfalls auch mehr. Liegen Anfangs- und Endpunkt näher zusammen, so soll die Korridorbreite entsprechend reduziert werden. In Hügel- und Gebirgsregionen können aussagekräftige Korridore sogar nur wenige hundert Meter breit sein.
4. *Machbarkeitsprüfung der Korridore.* Es ist zu verifizieren, dass sich eine Linienführung mit den gewählten Parametern technisch unterbringen lässt. Beeinträchtigungen geschützter Gebiete sowie bauliche Risikoabschnitte sind zu identifizieren.
5. *Auswahl von einem oder zwei Korridoren* zur Weiterbearbeitung. In einfachen Fällen genügt eine Vorausscheidung aller Korridore, die wesentliche Randbedingungen verletzen, sowie eine qualitative Rangierung der verbliebenen Korridore. In komplexen Fällen sind die einschlägigen Verfahren der Entscheidfindung anzuwenden.

Der Best-Korridor bildet die Grundlage für die folgende Linienführungsentwicklung.

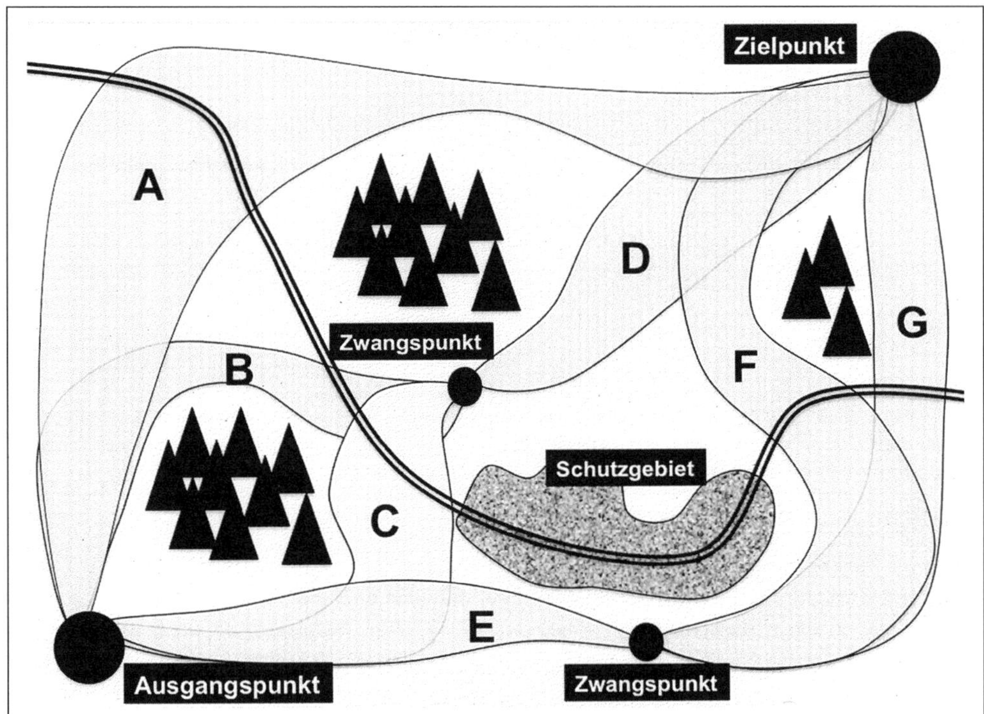

Abbildung 27 *Korridorevaluation zwischen Ausgangspunkt und Zielpunkt, unter Beachtung von Zwangspunkten und Schutzgebieten [eigene Darstellung].*

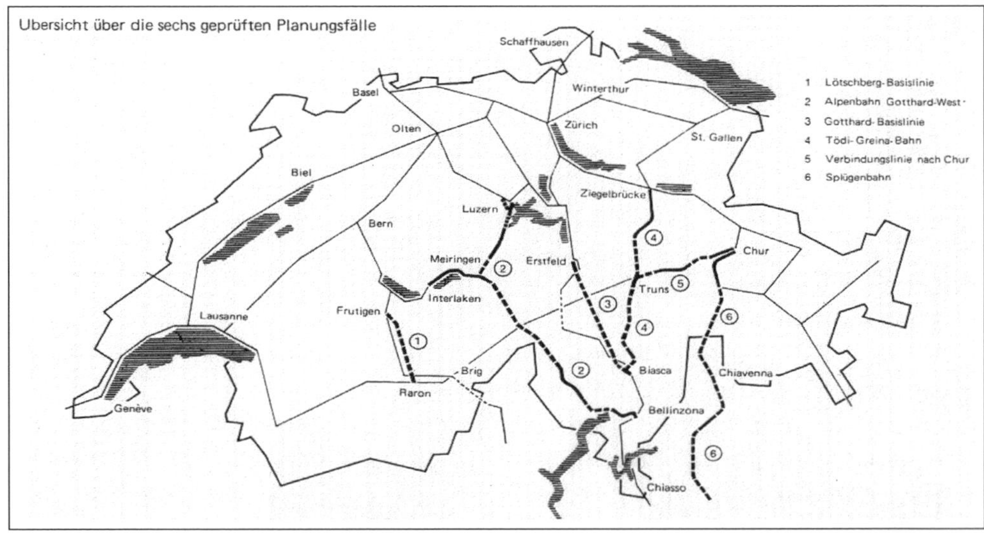

Abbildung 28 *Planungsfälle der neuen Eisenbahn-Haupttransversale, Kommission Eisenbahntunnels durch die Alpen 1971; Beispiel für grossräumige Korridorevaluation [EVED 1971], [Siedentop 1977].*

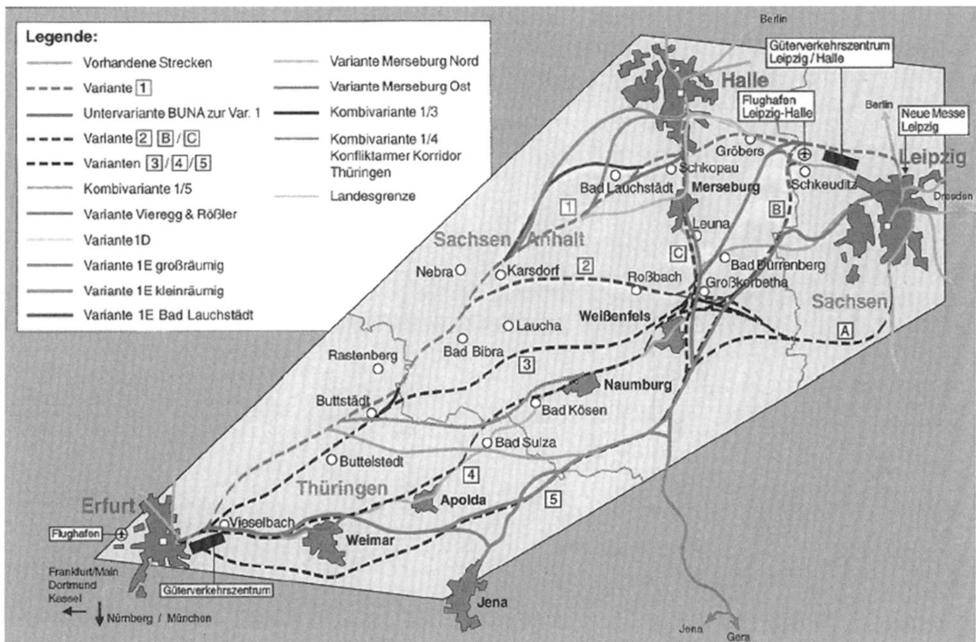

Abbildung 29 *Korridorevaluation der Hochgeschwindigkeitsstrecke Leipzig – Erfurt; untersuchte Varianten im Raumordnungsverfahren, Stand 1993/1994, ausgewählt wurde Variante 1 [Schenkel 2013].*

2.4.3.3 Linienführungsentwicklung

Die Linienführungsentwicklung hat das Ziel, die am besten geeigneten Trassierungen innerhalb des gewählten Korridors zu finden:

1. *Entwurf von Linienführungsvarianten.* Auch hier gilt, dass möglichst alle denkbaren Linienführungen erkannt und aufgezeichnet werden. Die Trassierungsparameter sind zu berücksichtigen, insbesondere die zulässigen Kurvenradien und Längsneigungen sowie gegebenenfalls die geforderten Längen von Stationsgleisen. Eine detaillierte Trassierung mit Übergangsbögen ist noch nicht erforderlich.
2. *Bewertung der Linienführungsentwürfe.* Zunächst sind jene Varianten auszuscheiden, die Randbedingungen verletzen oder nicht finanzierbar sind. Die verbliebenen Linienführungen sind hinsichtlich der Erfüllung betrieblicher Anforderungen, ihrer Einbettung ins Gelände, der zu erwartenden Baukosten, der Realisierungszeit und -risiken, der Berücksichtigung von Schutzbedürfnissen etc. zu bewerten.
3. *Wahl der am besten geeigneten Linienführung.* Dieser Entscheid ist vorzugsweise mittels eines transparenten, multidimensionalen Verfahrens durchzuführen und nachvollziehbar zu dokumentieren.

Die am besten geeignete Linienführung sowie ihre Zwangspunkte bilden die Grundlage für die Trassenwahl.

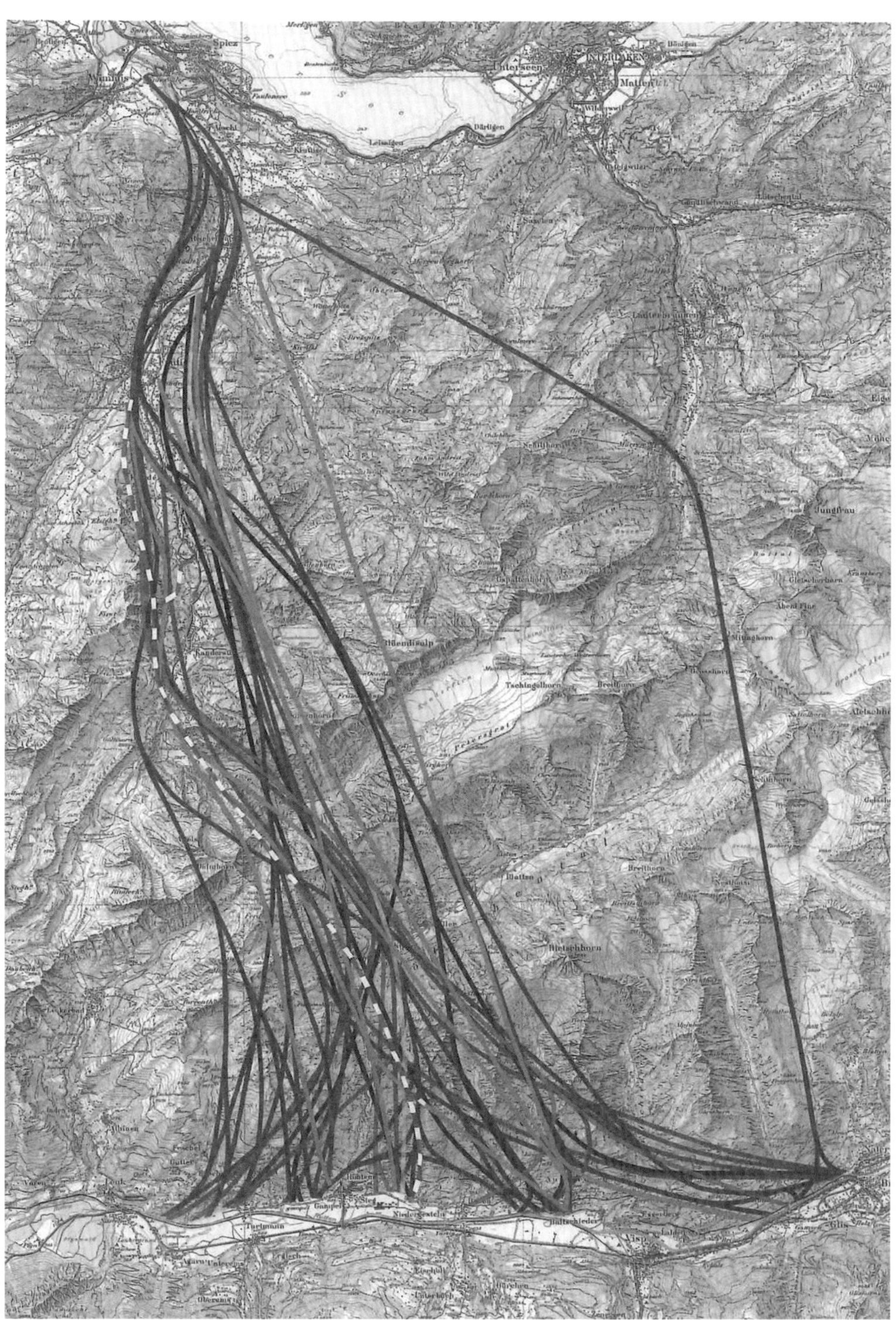

Abbildung 30 *Linienführungsvarianten der Lötschberg-Basislinie, 1990 [BLS-AT 2008].*

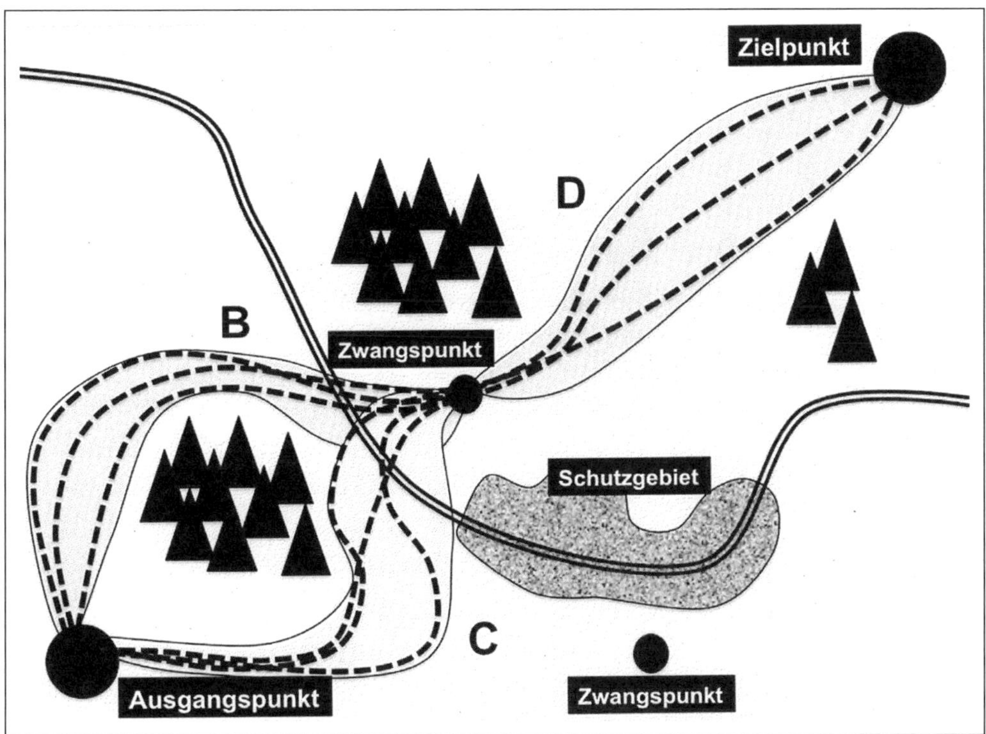

Abbildung 31 *Linienführungsvarianten innerhalb der evaluierten Best-Korridore [eigene Darstellung].*

2.4.3.4 Trassenwahl

Auf Basis der gewählten Linienführung ist die definitive Trassierung in diesem abschliessenden Arbeitsschritt bis auf Stufe Vorprojekt zu entwickeln:

- *Erarbeitung der Trassierungsvarianten* unter Berücksichtigung aller Trassierungsparameter. Übergangsbögen und Ausrundungsradien sind einzubeziehen.
- *Evaluation* der Trassierungsvarianten einschliesslich vertiefter Machbarkeitsprüfung. Beurteilung der betrieblichen Qualität, der Kosten und der Risiken. Häufig ist im Betriebsprogramm eine maximal zulässige künftige Fahrzeit vorgegeben; in solchen Fällen sind detaillierte traktionstechnische Fahrzeitberechnungen zur Verifizierung der Trassierung durchzuführen und es ist nachzuweisen, dass die Zielfahrzeiten eingehalten werden.
- *Auswahl und Entscheid* über die weiterzubearbeitende Best-Trassierung.

Diese Best-Trassierung schliesst das Vorprojekt ab und führt in das Bauprojekt über.

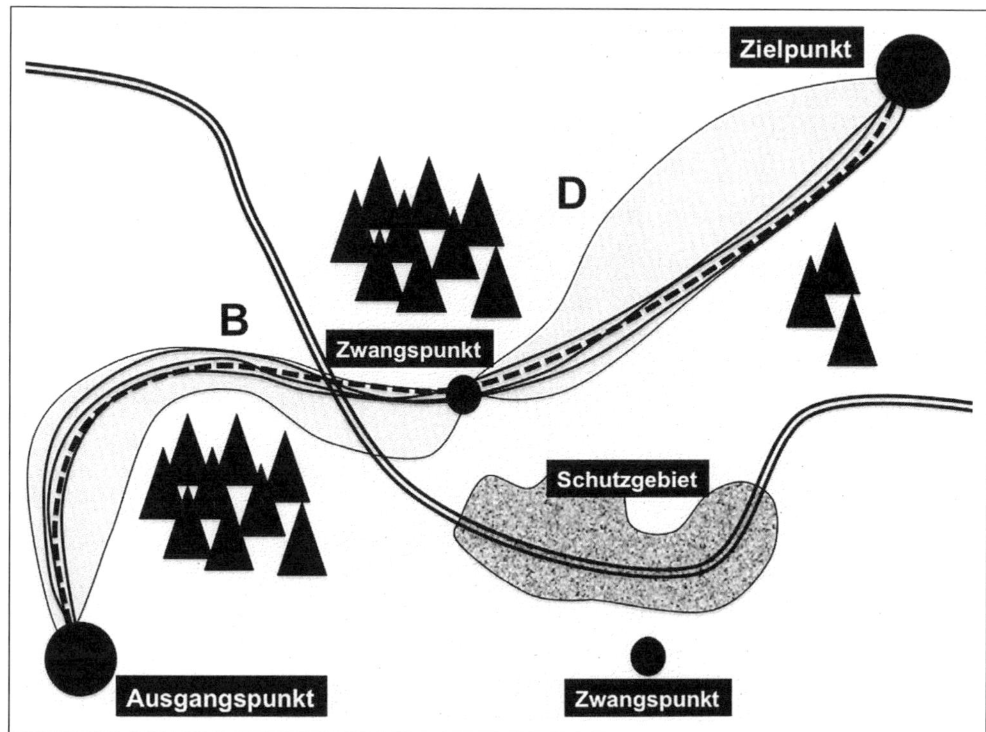

Abbildung 32 *Trassierungsvarianten innerhalb der evaluierten Best-Linienführungen [eigene Darstellung].*

2.4.4 Lageplanung im städtischen Raum

2.4.4.1 Korridorevaluation

Bei Lageplanungen im städtischen Raum stellen sich grundsätzlich dieselben Fragen wie im nicht städtischen Raum. Allerdings wird die oberirdische Korridorwahl primär durch Besiedlung, Baudenkmäler, andere geschützte Objekte und städtebauliche Gesichtspunkte bestimmt, während Natur- und Landschaftsschutzgebiete sowie Topografie sekundär sind. Projekte mit rein oberirdischer Korridorsuche sind im städtischen Raum selten. Insbesondere in Zentrumslage kommt eine oberirdische Linienführung meist nicht infrage, sodass primär unterirdische Korridore zu identifizieren und evaluieren sind. Diese ergeben sich unter anderem aufgrund folgender Gesichtspunkte und Randbedingungen:

- Geologie, insbesondere Risiken für darüberliegende Gebäude und andere Infrastrukturen.
- Bereits vorhandene oder geplante unterirdische Anlagen, die einen Korridor verunmöglichen oder gegebenenfalls verlegt werden müssten (Gebäude, Verkehrsanlagen, Werkleitungen etc.).
- Mögliche Bündelung mit anderen Verkehrs- oder Versorgungsinfrastrukturen.
- Zu unterquerende Gewässer respektive zu durchquerende Grundwasserströme (Hinderniswirkung des Bahntunnels für den Grundwasserstrom).

- Wahl der Tiefenlage, unter Berücksichtigung der für die Fahrgäste zu überwindenden Höhendifferenz bei unterirdischen Haltepunkten.
- Mögliche räumliche Anordnung von unterirdischen Haltepunkten (Anbindung an oberirdisches Wegenetz, Anschlüsse an innerstädtische Verkehrssysteme).

Die Anfangs- und/oder Endpunkte von solchen Korridoren sind in der Regel fixiert durch die möglichen Verknüpfungspunkte mit dem oberirdischen Netz sowie der räumlichen Unterbringung der Zufahrtsrampen.

2.4.4.2 Aufgabenveränderungen der Bahnhöfe

Die Anordnung neuer und die Weiterentwicklung bestehender Haltepunkte im städtischen Raum ist eine eigenständige planerische Aufgabe, da dies die Standortgunst der unmittelbaren Umgebung erheblich verändern, die Gebäudewerte und Mietzinse steigern sowie Nutzungsveränderungen bewirken kann. Zudem ist die optimale Verknüpfung mit allen städtischen Verkehrssystemen und dem Fusswegnetz zu erreichen.

Bahnhöfe und Haltestellen dienen primär dem Zugang der Fahrgäste zur Bahn. Eine der wichtigsten Aufgaben lag ursprünglich im Verkauf der Fahrausweise und in der Betreuung der Fahrgäste. Die steigenden Löhne des Personals bei sinkenden Verkaufsumsätzen erzeugten einen hohen Rationalisierungsdruck, weshalb der Fahrausweisverkauf sukzessive auf Automaten oder andere Verkaufskanäle übertragen und zahlreiche Bahnhöfe in unbediente Haltestellen umgewandelt wurden. Ähnlich entwickelten sich die bahnbetrieblichen Funktionen: Die Eisenbahnsicherungstechnik liess ab den 1940er-Jahren erste Formen der Automatisierung zu. Ab den 1960er-Jahren war die Fernsteuerung grösserer Sektoren möglich. In der Folge wurden seit den Neunzigerjahren integrale Fernsteuerbezirke aufgebaut, die bald zu einem netzweiten System verbunden sein werden. Dadurch ist keine betriebliche Stationsbesetzung mehr erforderlich.

Dies sowie die strukturellen Veränderungen des Verkehrsmarktes lassen sich in insgesamt sechs Entwicklungen zusammenfassen [Weidmann 2007]:

1. Die Raumnutzung hat sich seit dem Zweiten Weltkrieg nicht mehr auf die Bahn ausgerichtet. Ländliche Gebiete haben sich entvölkert.
2. Der öffentliche Verkehr hat sein Monopol im Verkehrsmarkt zugunsten des Autos eingebüsst.
3. Die Bahn ist nur noch beschränkt der Hauptleistungsträger im öffentlichen Verkehr. Durch die Umstellung von Bahnlinien und die Zersiedelung ist der Bus zum neuen Leistungsträger geworden.
4. Die Bahnangebote wurden von achsen- zu netzförmigen Strukturen mit minimalen Umsteigezeiten weiterentwickelt. Dadurch ist die Aufenthaltsdauer der Fahrgäste an den Bahnhöfen stetig gesunken.
5. Neue Distributionsformen ziehen nennenswerte Umsätze von den traditionellen Verkaufsstellen ab.
6. Durch die Automatisierung der Zugsteuerung ist kein Personal mit bahnbetrieblichen Aufgaben mehr erforderlich.

Abbildung 33 *Bahnhöfe als Schnittstellen der Wegeketten im öffentlichen Verkehr mit Bahnhofvorplatz, Stadtbus, Regionalbahn und ebenerdigem Übergang zum Siedlungsraum; Beispiel Solothurn [Foto: Marcus Rieder].*

2.4.4.3 Primäre, sekundäre und tertiäre Funktion von Bahnhöfen

Dieser generelle Verlust fast aller bisheriger Kernfunktionen von Bahnhöfen erfordert eine strategische Neupositionierung. Diese geht von der Kernfunktion *Zugang zur Bahn* aus, die sich in drei verschiedene Dimensionen gliedert:

- Zu- und Abgang zum System Bahn sowie Umstieg innerhalb desselben.
- Anwesenheit von zahlreichen Menschen im Bahnhof selbst und im direkt angrenzenden Perimeter.
- Direkter Zugang zum Bahnhofsgebiet aus einem grossen Einzugsgebiet durch die Zugverbindungen.

Ausgehend davon lassen sich die Funktionen von Bahnhöfen heute gliedern in [Juchelka 2002]:

- *Primäre Funktion* als Haltepunkt. Erschliessung des unmittelbaren, fussläufigen Umfeldes sowie Umsteigefunktion zwischen Zubringerverkehrsmitteln und der Bahn.
- *Sekundäre Funktion* als Handels-, Kultur- und Freizeitzentrum. Funktionen sind im Perimeter des Haltepunktes selbst angeordnet und bilden Bestandteil seiner Infrastrukturen. Sie sind mitbestimmend für das interne Wegenetz und dessen Funktionalitäten.
- *Tertiäre Funktion* als städtisches Zentrum. Bahnorientierte Nutzungen werden im Umfeld konzentriert und sind eng mit dem Bahnhof verbunden. Sie sind wesentlich für die Lage der Eintrittspforten des Haltepunktes und damit für die äusseren Eckpunkte des internen Wegenetzes.

Die sekundäre und tertiäre Funktion setzen ein entsprechendes Potenzial voraus und finden sich nur an Bahnhöfen von Mittel- und Grosszentren.

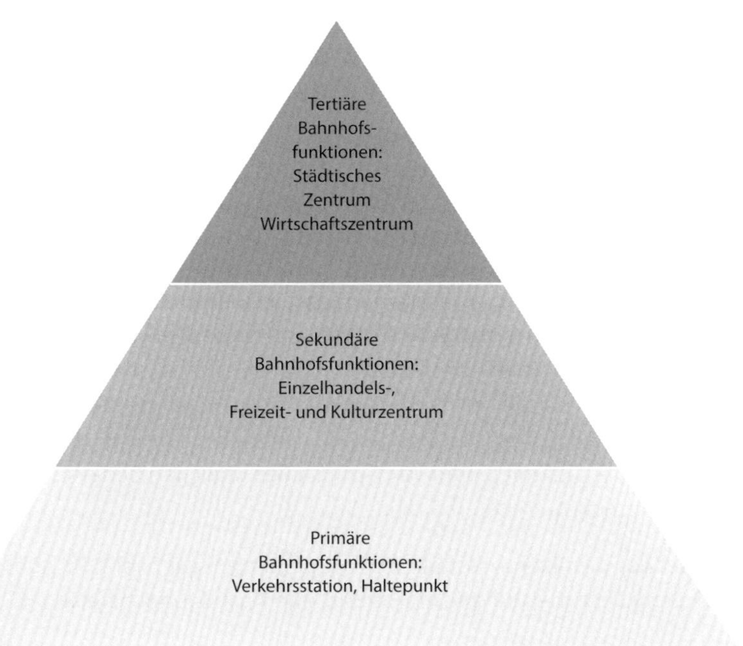

Abbildung 34 *Primäre, sekundäre und tertiäre Funktionen von Bahnhöfen (eigene Darstellung nach [Juchelka 2002]).*

2.4.4.4 Primäre Funktion: Zugang zur Bahn

Die grundlegende Aufgabe jedes Bahnhofes und jeder Haltestelle ist eine zweifache: Sie vermitteln den abreisenden Fahrgästen den Zugang zum öffentlichen Verkehr, aber auch den ankommenden den Zugang zu ihrem Reiseziel oder zu einem nächsten Verkehrsmittel. Sie sind somit sowohl Abfahrts- wie Ankunftsort. Bei Haltestellen des Nahverkehrs im Strassenraum sind die Haltestellen sogar bauliches Element des Umfeldes.

Ebenfalls zu den primären Aufgaben zählt das Umsteigen innerhalb des Bahnsystems, der Übergang zwischen der Bahn und anderen öffentlichen Verkehrsmitteln sowie jener auf verschiedene Formen des Individualverkehrs. Umsteiger zu anderen Verkehrsmitteln verlassen den Haltepunkt durch zu definierende Eintrittspforten. Infrastrukturell erfordert die primäre Funktion insbesondere die Perronanlagen als Eckpunkte des internen Wegenetzes sowie sowie deren Zugänge ab definierten Übergangsstellen zum Umfeld. Die Personenverkehrsanlagen sind somit zunächst auf die elementaren Anforderungen der Fahrgäste auszurichten:

- *Physischer Zugang:* Die Reisenden betreten oder verlassen ein Fahrzeug oder steigen möglichst direkt um.
- *Information:* Die Fahrgäste müssen alle benötigten Informationen erhalten.
- *Ticketing:* Fahrgäste müssen einen Fahrausweis vor Ort erwerben können.
- *Warten:* Beim Umsteigen oder frühzeitigen Eintreffen müssen die Reisenden in angemessener Qualität warten können.

2.4.4.5 Sekundäre Funktion: Verkaufs- und Freizeitzentrum

Zu den Veränderungen der letzten Jahrzehnte zählen gewandelte Strukturen der Warenverteilung und veränderte Konsumgewohnheiten. Einkaufszentren haben sich als neue Marktplätze etabliert, Tankstellenshops haben sich ausgehend vom Autozubehör zu Gesamtanbietern des täglichen Bedarfs entwickelt. Gemeinsam ist diesen neuen Verkaufsformen, dass sie an verkehrsgünstigen Standorten ein breites Kundensegment anziehen. Analoge Ansätze bestehen bei der Bahn [Weidmann 2007]:

- Grosse Bahnhöfe bieten gute Voraussetzungen für Einkaufszentren: Durch ihre Funktionen in der Transportkette werden sie durch zahlreiche Menschen frequentiert und erreichen mit Fahrausweisverkäufen beträchtliche eigene Umsätze. Durch kommerzielle Angebote lassen sich für die Bahn erhebliche zusätzliche Mieterträge erwirtschaften.
- Bei mittleren Bahnhöfen lässt sich der Umsatz der Verkaufsstelle durch die Verbindung von Fahrausweisverkauf mit jenem von Artikeln des täglichen Bedarfes erhöhen und die personelle Besetzung aufrechterhalten.

Zusätzlich bietet das bevölkerungsstarke Einzugsgebiet grosser Bahnhöfe günstige Voraussetzungen für weitere Dienstleistungen im Freizeit- und Ausbildungsbereich.

Abbildung 35 *Sekundäre Funktion von Bahnhöfen mit Verkaufsstelle für den täglichen Bedarf; Beispiel Gland [Foto: Marcus Rieder].*

2.4.4.6 Tertiäre Funktion: Städtischer Entwicklungsschwerpunkt

In den Agglomerationen und Städten existieren Haltepunkte, die sehr dicht bedient werden und insbesondere mit dem Aufbau von S-Bahn-Netzen einen Attraktivitätssprung vollziehen konnten. Je nach Gegebenheiten kann eine halbe Million Menschen an Haltepunkten mit direkter und kurzer Zugverbindung zu einem solchen zentralen Standort leben. Diese ausgesprochen hohe Standortgunst kann für städtebauliche Entwicklungen des gesamten Umfeldes genutzt werden. Die Erfahrung zeigt allerdings, dass eine gezielte Um- und Zusatznutzung durch Ansiedlung neuer Wirtschaftsbranchen ohne begleitende Massnahmen nur langsam und zufällig vorankommt; oft fehlt dagegen ein Prozessführer.

Durch eine übergreifende Projektorganisation unter Einbezug aller interessierten Akteure kann das Bahnhofsumfeld zum Entwicklungsschwerpunkt gemacht werden. Der Bahnhof und sein Aufnahmegebäude bilden den Katalysator, die Veränderung umfasst aber insbesondere das Umfeld. Die intensivere Nutzung des Bahnhofsumfeldes erhöht wiederum die Bahnnachfrage und stärkt den Standort zusätzlich. Verfügt die Bahn selber im Umfeld über Landeigentum, kann sie die Entwicklung auch durch Investitionen in eigene kommerzielle Liegenschaften vorantreiben. Geeignete Planungsverfahren sind etwa Testplanungen, die zu Masterplänen führen.

Abbildung 36 *Tertiäre Funktion von Bahnhöfen bei deren Weiterentwicklung, Arealentwicklung mit hoher Flächenausnutzung für Büroarbeitsplätze und Verkauf; Beispiel Zürich-Oerlikon [Foto: © SBB CFF FFS].*

2.4.4.7 Handlungsstrategien und planerische Aufgaben

Soll ein Bahnhof oder eine Haltestelle neu positioniert werden, so ist zunächst aufgrund einer Lagebeurteilung abzuschätzen, ob das Potenzial nur für die primäre Funktion ausreicht, ob zusätzliche Elemente der sekundären Funktion denkbar wären oder ob der Bahnhof sogar die tertiäre Funktion leisten könnte. Zu berücksichtigende Aspekte sind unter anderem das direkte und das erweiterte Einzugsgebiet bezüglich Einwohnern und Arbeitsplätzen, Qualität des Bahnangebotes und der Anschlussverkehrsmittel, städtebauliche Lage, Konkurrenz anderer Einkaufs- und Arbeitsplatzschwerpunkte etc. Diese Positionierung ist mit geeigneten Massnahmen umzusetzen; insbesondere lassen sich folgende Handlungsstrategien anwenden:

Handlungsstrategien zur Umsetzung der Neupositionierung	Primäre Funktion (Haltepunkt)	Sekundäre Funktion (Einkaufs- und Kulturzentrum)	Tertiäre Funktion (Urbanes Zentrum)
■ Aufwertung durch kommerzielle Zusatzangebote		X	(X)
■ Nutzungsverdichtungen im Umfeld durch planerische Massnahmen	X	(X)	X
■ Rückbau der Anlagen, Fokussierung auf verkehrliche Funktion	X		
■ Ausbau zur Drehscheibe des öffentlichen und intermodalen Verkehrs	X	(X)	(X)
■ Schaffung neuer Haltepunkte bei geänderten Siedlungsstrukturen	X		(X)
■ Denkmalpflegerische Bewahrung und Aufwertung	(X)	(X)	(X)

Tabelle 13 *Primäre, sekundäre und tertiäre Funktion; Handlungsstrategien zur Neupositionierung von Bahnhöfen und Haltepunkten und Bezug zu primärer, sekundärer und tertiärer Funktion [eigene Darstellung].*

Sind die Funktionen und die Handlungsstrategien festgelegt, so hat der Entwurf der Bahnhofsanlage auf eine zweckmässige, hochwertige und leistungsfähige Führung der Fahrgäste zum und vom Perron sowie zu den übrigen Bereichen des Bahnhofs zu fokussieren. Dabei sind insbesondere definierte *Verbindungsprinzipien* umzusetzen. Bei einer umfassenden Anlagenneugestaltung inklusive Integration kommerzieller Zusatznutzungen umfasst die Aufgabe zusätzlich sowohl die Makrosituation mit dem Zugang zum Bahnhof als auch die Mikrosituation mit der Anordnung der Nutzungen und der inneren Erschliessung. Bei dieser Aufgabe sind zusätzliche *Anordnungsprinzipien* zu beachten. In komplexeren Fällen kann sich eine städtebauliche Arealentwicklung als dritte Teilaufgabe hinzugesellen. Dazu gelten entsprechende *Städtebauprinzipien.*

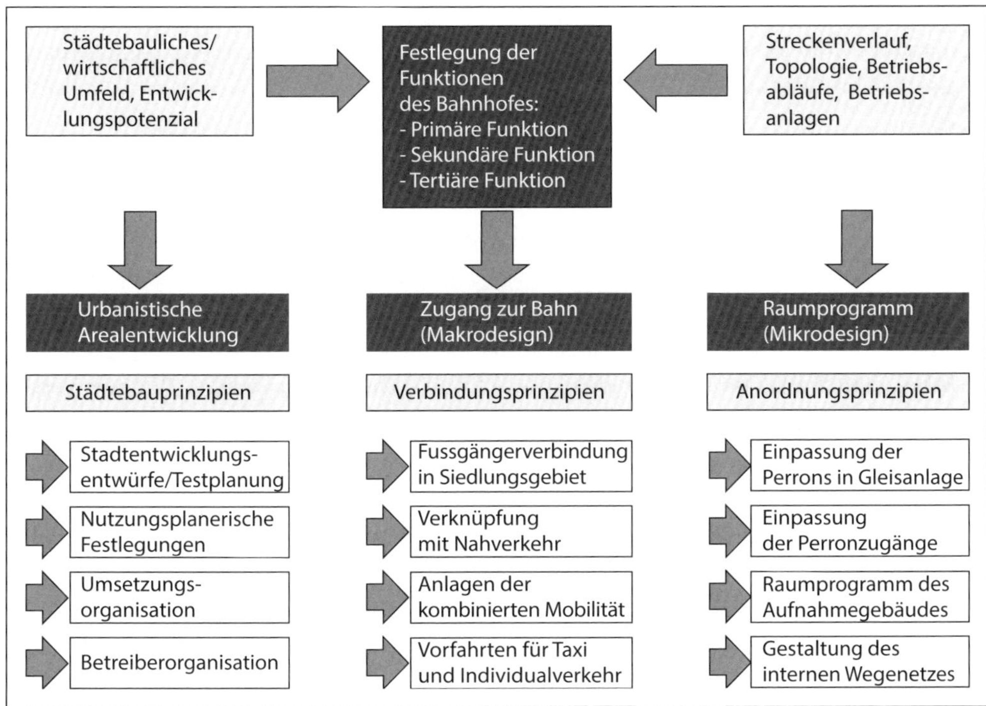

Abbildung 37 *Übersicht über die drei planerischen Hauptaufgaben bei der Gestaltung von Bahnhöfen und Haltestellen [eigene Abbildung].*

Literatur

[Adelsberger 2012] Adelsberger, Helmut (2012): Neue Ansätze für die europäische Verkehrs- und Infrastrukturpolitik; Informationen zur Raumentwicklung, 12. Jahrgang Heft 7/8, S. 339–347

[ARE 2018] Bundesamt für Raumentwicklung (2018): Verkehr und Siedlung in Agglomerationen: mit Weitsicht Zukunft planen; Bern

[BAV 2010] Bundesamt für Verkehr (2010): Zukünftige Entwicklung der Bahninfrastruktur (ZEB) – Standbericht 2010 / 1. Januar – 31. Dezember 2010; Bern

[BAV 2011] Bundesamt für Verkehr (2011): Finanzierung und Ausbau der Bahninfrastruktur (FABI; Gegenentwurf zur Volksinitiative „Für den öffentlichen Verkehr"), Erläuternder Bericht für das Vernehmlassungsverfahren; Bern

[BAV 2013] Bundesamt für Verkehr (2013): ZEB – Infrastrukturmassnahmen ganze Schweiz: https://www.bav.admin.ch/bav/de/home/verkehrstraeger/eisenbahn/ausbauprogramme_bahninfrastruktur/zeb/ausbau-von-angebot-und-infrastruktur.html [Abfrage vom 4. März 2019]

[BAV 2016] Bundesamt für Verkehr (2016): Richtlinie BAV – IOP-Anforderungen an Strecken des Ergänzungsnetzes; Bern

[BAV 2018a] Bundesamt für Verkehr (2018): BIF – Bahninfrastrukturfonds: https://www.bav.admin.ch/bav/de/home/das-bav/aufgaben-des-amtes/finanzierung/finanzierung-infrastruktur/eisenbahnnetz/finanzierungsquellen/bif-bahninfrastrukturfonds.html, [Abfrage vom 8. April 2018]

[BAV 2018b] Bundesamt für Verkehr (2018): Eisenbahnausbauprogramme – Bahninfrastrukturfonds (BIF) – Standbericht 2017, Bern

[BAV 2018c] Bundesamt für Verkehr (2018): Workshop: Fit für das Plangenehmigungsverfahren (Zürich, 24. Oktober 2018): https://www.bav.admin.ch/bav/de/home/themen-a-z/plangenehmigungsverfahren.html [Abfrage vom 4. März 2019]

[Berger 2009] Berger, Hans-Ulrich / Güller, Peter / Mauch, Samuel / Oetterli, Jörg (2009): Verkehrspolitische Entwicklungspfade in der Schweiz – Die letzten 50 Jahre; Rüegger Verlag, Zürich/Chur

[BLS 2015] BLS Netz AG (2015): Projektmanagementmethode PROFUMO BAU – Leitfaden Abwicklung von Bauvorhaben der BLS Infrastruktur [Version 3.2]; Bern

[BLS-AT 2008] BLS AlpTransit AG (2008): Lötschberg-Basistunnel – Von der Idee zum Durchschlag; Stämpfli Verlag, Bern

[Böhler 1987] Böhler, Karl (1987): Geographische Aspekte zur Integration der Eisenbahn in die Landesverteidigung der Schweiz bis 1872; Zentralstelle der Studentenschaft, Zürich

[BR 2007] Bundesrat (2007): Botschaft zur Gesamtschau FinöV vom 17. Oktober 2007; Bern

[BR 2014] Bundesrat (2014): Verordnung über das Plangenehmigungsverfahren für Eisenbahnanlagen (VPVE) vom 2. Februar 2000; Stand vom 1. November 2014, SR 742.142.1, Bern

[BR 2018a] Bundesrat (2018): Botschaft zum Ausbauschritt 2035 des strategischen Entwicklungsprogramms Eisenbahninfrastruktur vom 31. Oktober 2018; Bern

[BR 2018b] Bundesrat (2018): Verordnung über das öffentliche Beschaffungswesen (BöB) vom 11. Dezember 1995; Stand vom 1. Januar 2018, SR 172.056.11, Bern

[BV 2018] Bundesversammlung (2018): Bundesgesetz über das öffentliche Beschaffungswesen (BöB) vom 16. Dezember 1994; Stand vom 1. Januar 2018, SR 172.056.1, Bern

[EU 2013a] Europäische Union (2013): Verordnung 1315/2013 über Leitlinien der Union für den Aufbau eines transeuropäischen Verkehrsnetzes (11. Dezember 2013); Brüssel

[EU 2013b] Europäische Union (2013): Verordnung 1316/2013 zur Schaffung der Fazilität „Connecting Europe" (11. Dezember 2013); Brüssel

[EU 2013c] https://ec.europa.eu/transport/infrastructure/tentec/tentec-portal/site/maps_upload/SchematicA0_EUcorridor_map.pdf [Abfrage vom 8. September 2019]

[EVED 1971] Eidgenössisches Verkehrs- und Energiewirtschaftsdepartement (1971): Eisenbahntunnel durch die Alpen – Schlussbericht; Kommission des Eidgenössischen Verkehrs- und Energiewirtschaftsdepartements, Bern

[Huber 2008] Huber, Christian / Liebchen, Christian (2008): Optimierungsmodelle für integrierte Fahr-, Umlauf- und Dienstplanung; Der Nahverkehr, 26. Jahrgang Heft 12, S. 51–55

[Juchelka 2002] Juchelka, Rudolf (2002): Bahnhof und Bahnhofsumfeld – ein Standortkomplex im Wandel; Zeitschrift für angewandte Geographie, 26. Jahrgang Heft 1, S. 12–16

[LITRA 2017] LITRA (2017): Verkehrszahlen Ausgabe 2017; LITRA– Informationsdienst für den öffentlichen Verkehr, Bern

[Nuhn 2006] Nuhn, Helmut / Hesse, Markus (2006): Verkehrsgeographie; Ferdinand Schöningh, Paderborn

[NZZ 2018] Neue Zürcher Zeitung (2018): Bundesrat will den Lötschberg-Ausbau; Ausgabe vom 1. November 2018, Zürich

[Rogers 2008] Rogers, Martin (2008): Highway Engineering; 2nd edition, Blackwell Publishing, Oxford

[SBB 2013] Schweizerische Bundesbahnen AG (2013): Gesamtperspektive – Die Bahnzukunft im Raum Basel; Bern

[SBB 2014] Schweizerische Bundesbahnen AG (2014): Plan cadre Lausanne 2010, Présentation et contexte; Bern

[Schenkel 2013] Schenkel, Marcus / Felgner, Michael (2013): Die Stabbogenbrücke der Saale-Elster-Talbrücke; Der Eisenbahningenieur, 64. Jahrgang Heft 10, S. 63–68

[Siedentop 1977] Siedentop, Irmfried (1977): Tunnellabyrinth Schweiz; Orell Füssli Verlag, Zürich

[UVEK 2012] Eidgenössisches Departement für Umwelt, Verkehr, Energie und Kommunikation UVEK (2012): Raumkonzept Schweiz; Bern

[UVEK 2017] Eidgenössisches Departement für Umwelt, Verkehr, Energie und Kommunikation UVEK (2017): Vernehmlassungsverfahren zum Ausbauschritt der Bahninfrastruktur 2030/35 (AS 2030/35) – Erläuternder Bericht vom 29. September 2017; Bern

[VLP 2014] VLP-ASPAN (2014): Der Sachplan des Bundes: Ein unterschätztes Instrument; Raum & Umwelt, 8. Jahrgang Heft 2, Bern

[Wadenpohl 2011] Wadenpohl, Frank (2011): Stakeholder Management bei grossen Verkehrsinfrastrukturprojekten; vdf Hochschulverlag AG an der ETH Zürich, Zürich

[Weidmann 2007] Weidmann, Ulrich (2007): Schlüsselinfrastruktur Bahnhof – Das Herz der Eisenbahn?! in Deutsche Akademie für Städtebau und Landesplanung, Stadt und Bahn, Almanach 2006/2007, S. 78–94

[Weidmann 2010] Weidmann, Ulrich (2010): Die Bahn in der Schweiz von 1975 bis 2010 – Krise und Wiedererstarken; in Gesellschaft der Ingenieure des öffentlichen Verkehrs (GdI – AdI), (K)Ein Wunder, dass es uns noch gibt – 100 Jahre Gesellschaft der Ingenieure des öffentlichen Verkehrs 1910–2010; ETH Zürich, Institut für Verkehrsplanung und Transportsysteme, Schriftenreihe des IVT 149, S. 106–138

[Weidmann 2011] Weidmann, Ulrich (2011): Die Weiterentwicklung des schweizerischen Bahnnetzes im Kontext der NEAT; Eisenbahntechnische Rundschau, 60. Jahrgang Heft 7+8, S. 82–87

[Wiescholek 2015] Wiescholek, Ulrich et al. (2015): Die neuen Technischen Spezifikationen für die Interoperabilität; Eisenbahntechnische Rundschau, 64. Jahrgang Heft 6, S. 45–51

[Winkelschmidt 2005] Winkelschmidt, Sönke / Klee, Wolfgang (2005): Kleine Eisenbahngeschichte des Ruhrgebiets; DGEG Medien, Hövelhof

3 Anlagenentwurf

3.1 Entwurf von Gleisanlagen

3.1.1 Grundlagen des Entwurfs von Gleisanlagen

3.1.1.1 Überblick

Eine neue oder zu verändernde Bahnanlage entsteht in einem schrittweisen Prozess, ausgehend von der bereits dargestellten Infrastrukturplanung über Vorstudie und Vorprojekt zum Bau- und Ausführungsprojekt. Mit jedem Schritt konkretisiert sich das Vorhaben, beginnend mit den funktionalen Anforderungen und endend mit den Ausführungsplänen. In jedem Bearbeitungsschritt werden zudem die funktionalen und betrieblichen Anforderungen stufengerecht eingearbeitet.

Projektphase	Funktionale und betriebliche Anforderungen	Wichtigste Arbeitsschritte
Vorstudie	Betriebsprozesse der geplanten Zugfahrten Betriebsprozesse der Zugbildung und Abstellung Zugang zur Bahn für Personen und Güter Betriebsprozesse des Anlagenunterhalts Wichtigste Zuglängen, erforderliche Abstelllängen	Gleisplangestaltung/Topologieentwicklung Gestaltung der Personenverkehrsanlagen Gestaltung der Güterverkehrsanlagen Gestaltung der Betriebsanlagen Gestaltung der Verknüpfung mit anderen Verkehrssystemen und dem Umfeld
Vorprojekt	Geforderte Höchstgeschwindigkeiten pro Gleis Geforderte Gleislängen Geforderte betriebliche Kapazitäten Personenverkehrsaufkommen an den Bahnhöfen Umzuschlagende Güterarten und Gütermengen	Berechnung der horizontalen und vertikalen geometrischen Linienführung Detaillierter Signalplan Geometrische Bemessung der Fussgängeranlagen Geometrische Bemessung der Güterverkehrsanlagen
Bauprojekt/ Ausführungsprojekt	Eigenschaften der Züge bezüglich Höchstgeschwindigkeiten und Achslasten Gleisbeanspruchung der geplanten Fahrzeuge	Detaillierte geometrische Linienführung Oberbaudimensionierung Brückendimensionierung Detailprojektierung der Fussgänger- und Verladeanlagen

Tabelle 1 *Funktionale und betriebliche Anforderungen an die Anlagen und Berücksichtigung in den verschiedenen Projektphasen [eigene Darstellung].*

Ausgangspunkt bildet die Vorstudie mit dem Gleisplanentwurf. Dieser kann lediglich einen Bahnhof, aber auch eine ganze Strecke oder ein grösseres Netzteil umfassen. Der Gleisplanentwurf setzt die betrieblichen Anforderungen in funktionale Anlagenelemente um. Ziel ist die verkehrlich und betrieblich optimale Anordnung und Verknüpfung der Gleise, unter Berücksichtigung der technischen Einflüsse sowie der topografischen Gegebenheiten. Die weiteren Infrastrukturen wie Personen- und Güterverkehrsanlagen oder Betriebsanlagen sind einzugliedern. Die Verknüpfung mit dem Umfeld und anderen Verkehrssystemen ist zu konzipieren. Das Ergebnis ist eine Vorauswahl der am besten geeigneten Gleisplanentwürfe für das anschliessende Vorprojekt. Im Vorprojekt sollen keine funktionalen Änderungen des Gleisplanes mehr nötig sein.

Aufgrund der Spurführung bilden Angebot und Produktion der Verkehrsunternehmungen einerseits, Bahninfrastruktur und deren Betrieb andererseits einen engen Systemverbund. Wie in Kapitel 1 gezeigt, sind zudem zahlreiche Technologien und Normen bahnspezifisch oder sogar proprietär. Jede Planung ist daher stets durch Fachleute der EVU und der EIU qualitätssichernd zu begleiten, wenn sie durch externe Firmen ausgeführt wird.

3.1.1.2 Definition und Aussagekraft der Gleistopologie

Eine Bahninfrastruktur bildet ein Netz aus Strecken und Knoten und lässt sich in drei Detaillierungsstufen beschreiben:

- *Makroskopisch:* Abstrakte Darstellung der Strecken und Knoten, gegebenenfalls Anzahl der Streckengleise zwischen den Knoten. In der Infrastrukturplanung lediglich für generelle strategische Aussagen anwendbar.
- *Mesoskopisch:* Vollständige Darstellung aller logischen Funktionen der Gleisanlagen, aber ohne geometrische Durchbildung. Zentrale Darstellungsform in der Vorstudie und bei Kapazitätsbeurteilungen. Weist die funktionale Eignung nach.
- *Mikroskopisch:* Projektierte geometrische Linienführung in horizontaler und vertikaler Richtung. Ist das Resultat des Vorprojektes und weist die technische Machbarkeit nach.

Die mesoskopische Detaillierungsstufe wird auch *Topologie*, *Gleistopologie* oder *Spurplan* genannt. Man spricht daher bei der Erarbeitung des Gleisplanes auch von der *Topologieentwicklung*. Topologien kennt man nicht nur bei der Bahn, sondern der Begriff bedeutet allgemein die Konfiguration von Netzwerkknoten und -verbindungen. Die Gleistopologie zeigt demnach die Anordnung und gegenseitige Verknüpfung der topologischen Grundelemente sowie die funktionale Anordnung weiterer Anlagenteile und Gebäude. Funktionalität und Leistungsfähigkeit einer Bahninfrastruktur hängen nicht nur von der Topologie ab, sondern auch von den Sicherungsanlagen, weshalb bereits ein einfacher Signalplan mit den Standorten der Hauptsignale integriert wird. Die wesentlichen Informationsinhalte einer Gleistopologie sind somit:

- Lage der Gleise und ihrer logischen Verknüpfungen.
- Einfacher Signalplan mit Anordnung der Hauptsignale.
- Lage des Aufnahmegebäudes, Perronanlagen und Perronzugänge.

- Lage der Zu- und Abgänge von/nach dem Siedlungsraum und anderen Verkehrsmitteln.
- Verladeanlagen des Güterverkehrs.
- Betriebs- und Abstellanlagen, Anlagen der Baudienste.
- Schnittstellen mit anderen Verkehrsmitteln, Bahnübergänge.

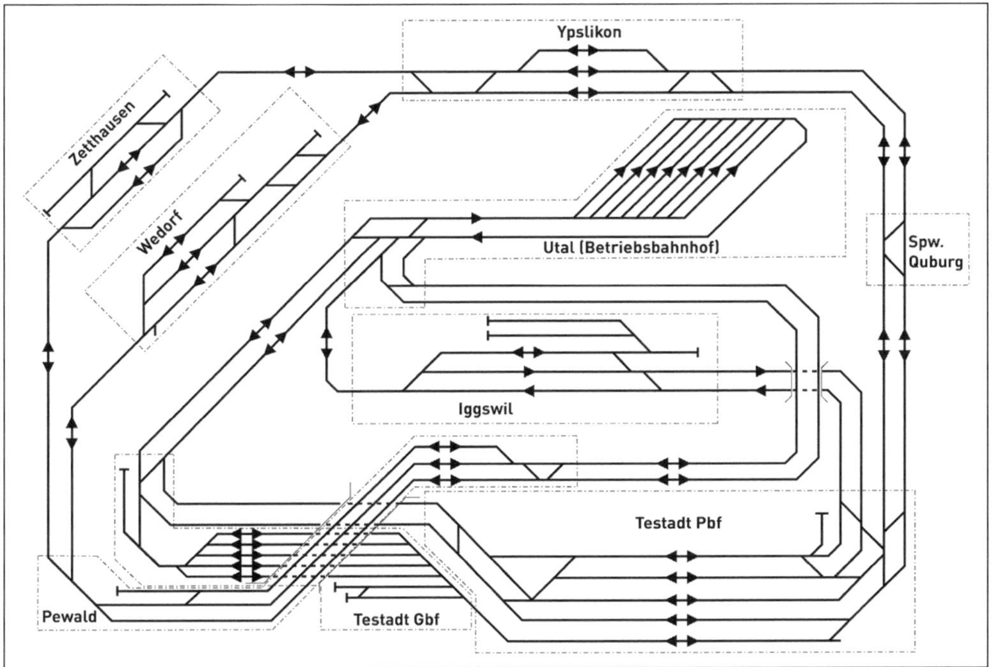

Abbildung 1 *Darstellungsbeispiel einer Gleistopologie; Eisenbahnbetriebslabor des Instituts für Verkehrsplanung und Transportsysteme der ETH Zürich [eigene Darstellung].*

Eine Topologie ist damit zwar eine vergleichsweise abstrakte Darstellungsform, zeigt aber bereits alle relevanten Funktionalitäten. Die geometrischen Verhältnisse bleiben noch weitgehend unberücksichtigt, vermerkt werden aber oft die nutzbare Länge von Ausweichgleisen, die Perronlängen sowie die Blockdistanzen und Signalabstände.

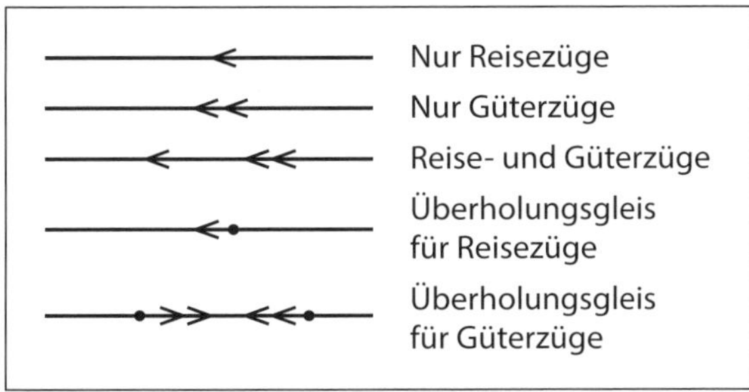

Abbildung 2 *Signaturen zur Kennzeichnung der betrieblichen Organisation von Gleistopologien [Fromm 2005].*

Damit ist man in der Lage, verschiedene Gleisplanentwürfe miteinander zu vergleichen und eine Auswahl für das Vorprojekt zu treffen, basierend auf:

- Berechnung der Anlagenleistungsfähigkeit und Erkennen kapazitätskritischer Stellen.
- Vergleich der Leistungsfähigkeit unterschiedlicher Topologievarianten.
- Abschätzung der Kosten der Gleisanlagen aufgrund der Zahl der Weichen und der ungefähren Gleislängen.
- Abschätzung der Stellwerkkosten aufgrund der sogenannten Stelleinheiten (insbesondere Weichen, Signale).
- Erkennen sicherheitskritischer Stellen.
- Konzeptionelle Einpassung der verkehrlichen und betrieblichen Anlagenteile.

3.1.1.3 Betriebliche Planungsgrundlagen

Die Herleitung der betrieblichen Funktionalitäten erfordert möglichst genaue Daten zur geplanten Nutzung. Dazu gehören:

- Angebotskonzept pro Linie (Zuggattungen, Zahl der gleichzeitig anwesenden Züge, Linienbildung).
- Betriebskonzept pro Linie (Fahrzeugeinsatz/-längen, Zugbildungsaufgaben, Geschwindigkeiten).
- Zu gewährleistende Umsteigebeziehungen zwischen Linien.

Die betrieblichen Anforderungen oder das Betriebsprogramm werden im sogenannten *betrieblichen Pflichtenheft* zusammengefasst:

- Bahnbetriebliche Grundfunktionalitäten.
- Betriebsprogramm, Fahrplan.
- Zugbildungsaufgaben/Rangieraufgaben.
- Geforderte Gleislängen und Perronlängen.
- Geforderte Geschwindigkeiten.
- Anlagenrelevante Anforderungen des Personenverkehrs.
- Anlagenrelevante Anforderungen des Güterverkehrs.
- Erhaltungskonzept.

Damit werden die Anforderungen der Verkehrsunternehmungen in Anlagenspezifikationen umformuliert.

3.1.2 Topologische Grundelemente, Teiltopologien

3.1.2.1 Topologische Grundelemente

Beim Aufbau einer Topologie werden die Betriebsprozesse mittels der topologischen Elemente abgebildet. Jede Gleistopologie geht auf lediglich drei Grundelemente zurück, die den drei Grundfunktionalitäten entsprechen, dem *Fahren,* dem *Verzweigen* und dem *Abkreuzen*. Eine Weiche erlaubt die Wahl zwischen zwei Gleisen respektive deren Zusammenführung in einem

Strang. Die Gleisdurchschneidung ermöglicht es einem Gleis, ein anderes Gleis zu kreuzen. Sie wird daher üblicherweise als Kreuzung bezeichnet.

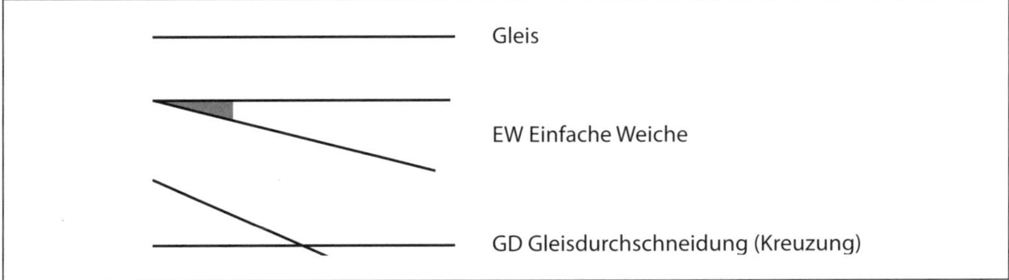

Abbildung 3 *Topologische Grundelemente für die drei Grundfunktionalitäten „Fahren", „Verzweigen" und „Kreuzen" [eigene Darstellung].*

Oft steht zur Gestaltung einer Gleisanlage nur ein beschränkter Platz zur Verfügung, weshalb man die Längenentwicklung minimieren möchte. Dies erfolgt durch Kombination der Funktion *Verzweigen* mit der Funktion *Kreuzen* in einer einzigen Bauform, der sogenannten Kreuzungsweiche. Sie wird als *einfache* sowie *doppelte Kreuzungsweiche* realisiert.

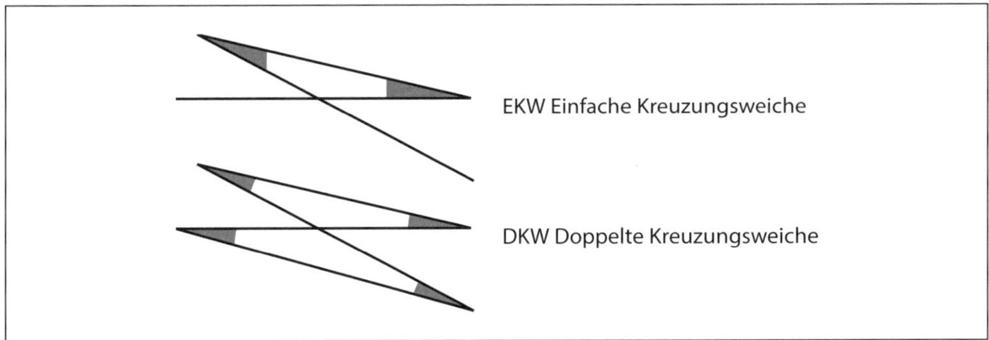

Abbildung 4 *Kombinierte topologische Elemente einfache Kreuzungsweiche und doppelte Kreuzungsweiche, die alle drei Grundfunktionalitäten in einer Bauform vereinigen [eigene Darstellung].*

3.1.2.2 Topologische Kombinationen für Doppelspuren

Auf einer doppelspurigen Strecke ermöglichen zwei Weichen den Wechsel eines Zuges von einem Gleis auf das andere. Man spricht von einem *einfachen Spurwechsel*. Beim *doppelten Spurwechsel* kann von beiden Gleisen auf das jeweils benachbarte Gleis gewechselt werden. Durch diese serielle Anordnung der Weichen wird die Entwicklungslänge beträchtlich, die insbesondere in Knoten nicht immer zur Verfügung steht. Die gleiche Funktion erfüllt der *doppelt gekreuzte Spurwechsel*. Er benötigt zusätzlich eine Gleisdurchschneidung und verursacht daher höhere Investitions- und Unterhaltskosten, reduziert aber den Platzbedarf. Der doppelte Spurwechsel ist die typische Bauform auf Strecken, der doppelt gekreuzte Spurwechsel jene im Knoten.

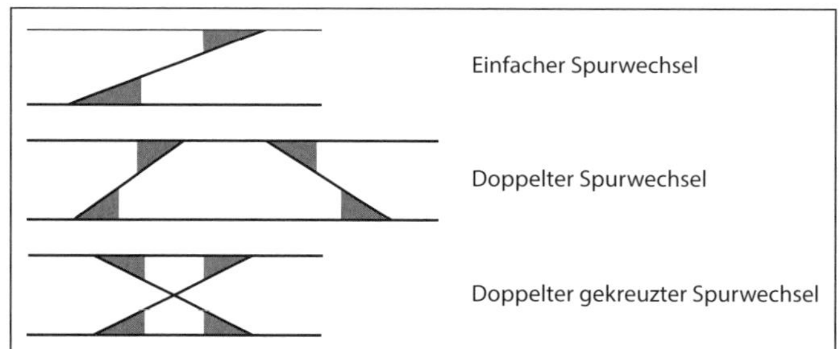

Abbildung 5 *Links: Topologische Kombinationen für Spurwechsel bei Doppelspuren [eigene Darstellung]; rechts: Doppelter Spurwechsel der Forchbahn, Rehalp – Zollikerberg [Foto: Steffen Schranil].*

3.1.2.3 Topologische Kombinationen zur Querung von Gleisfeldern

Soll ein Fahrweg mehrere Gleise durchqueren, so lässt sich dies mit doppelten Kreuzungsweichen auf engem Raum realisieren. Die gleiche Funktionalität wird auch mit einfachen Weichen erreicht, was jedoch sehr viel mehr Platz erfordert. Beide Lösungen haben ähnliche Investitionskosten; die Unterhaltskosten einer doppelten Kreuzungsweiche sind jedoch höher als jene von zwei einfachen Weichen. Ferner sollen Kreuzungsweichen nur mit Geschwindigkeiten bis maximal 100 km/h befahren werden. Deshalb werden aufgelöste Weichenstrassen bei ausreichenden Platzverhältnissen bevorzugt.

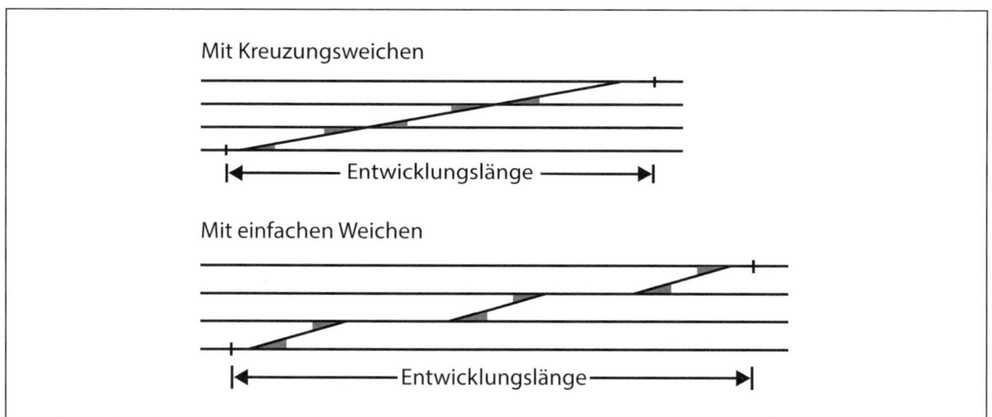

Abbildung 6 *Weichenstrassen über vier Gleise; unterschiedliche Längenentwicklung bei Ausführung mit doppelten Kreuzungsweichen (kompakt) respektive einfachen Weichen (langgestreckt) [eigene Darstellung].*

3.1.2.4 Topologische Kombinationen für Bahnhofsköpfe

Bei einer *Gleisharfe* sind die Weichen eines Bahnhofkopfes so angeordnet, dass für das nächstliegende Gleis nur eine Weiche befahren werden muss. Für das zweitunterste Gleis sind es zwei Weichen, für das drittunterste Gleis drei Weichen etc. Damit wird die erste Weiche am häufigsten benutzt und die Abnützung der Gleise und Weichen ist sehr unterschiedlich. Beim *binären Gleisbaum* wird für jedes Gleis die gleiche Anzahl Weichen befahren. Artreine binäre

Gleisbäume sind nur möglich, wenn die Anzahl Gleise einer Zweier-Potenz entspricht. Binäre Gleisbäume benötigen in der Regel weniger Platz und werden gewählt, wenn alle Gleise für den Betrieb gleichwertig sind.

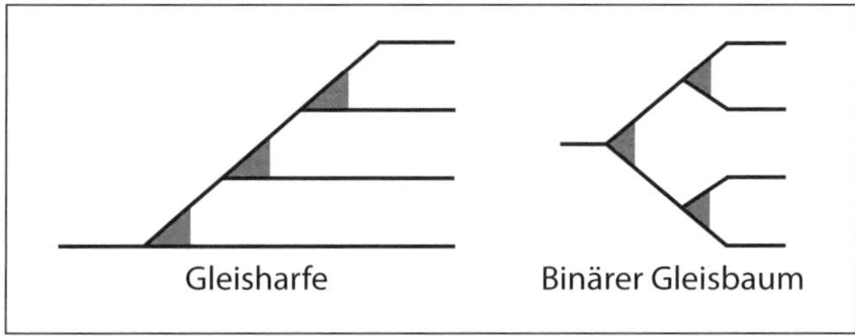

Abbildung 7 *Weichenanordnung in Gleisköpfen; Gleisharfe (links) und binärer Gleisbaum (rechts) [eigene Darstellung].*

3.1.3 Betriebsformen der Topologie

3.1.3.1 Betriebsformen einzelner Topologieelemente

Für jedes topologische Element ist die Betriebsform festzulegen:

- *Einrichtungsbetrieb:* Topologieelement ist nur in einer Richtung befahrbar. Dies vereinfacht die Sicherungsanlagen, da das Element nur von einer Seite durch Signale gesichert werden muss. Der Einrichtungsbetrieb ist aber unflexibel und die mögliche Kapazität einer Topologie lässt sich nicht ausschöpfen. Muss die Betriebsrichtung eines Elementes nachträglich geändert werden, so bedingt dies Eingriffe in Stellwerk und Aussenanlagen der Bahnsicherungstechnik.
- *Zweirichtungsbetrieb:* Lassen sich Topologieelemente in beide Richtungen befahren, so ist die betriebliche Flexibilität maximal. Die beidseitige Sicherung mit Signalen erhöht zwar die Kosten der Sicherungsanlagen, der Zweirichtungsbetrieb ist aber aufgrund seiner betrieblichen Vorteile heute in stark genutzten Netzbereichen üblich.

3.1.3.2 Betriebsformen mehrerer paralleler Topologieelemente

Bei mehreren parallelen Gleisen sind die Betriebsformen aller Gleise in ihrem Zusammenwirken festzulegen. Dies definiert, wie eine Bereichstopologie als Ganzes betrieben wird, wobei folgende Regimes unterschieden werden:

- *Links- oder Rechtsbetrieb:* Grundsätzlich gilt auf einem Netz ein einheitliches Regime mit Links- oder Rechtsbetrieb. Warum eine bestimmte Regel auf einem Netz gilt, ist rein historisch begründet und lässt sich oft nicht mehr rekonstruieren. Es ist möglich und heute üblich, zur Betriebs- und Anlagenoptimierung von dieser Regel abzuweichen.
- *Banalisierung:* Bei entsprechender signaltechnischer Ausrüstung können alle parallelen Gleise in beide Richtungen genutzt werden. Dies kann entweder für kurzfristige Umdispositionen genutzt werden oder aber die Gleise werden planmässig wechselweise benutzt. Im ersteren Fall gilt als Planungsgrundlage ein festgelegter Links- oder Rechtsbetrieb, der aber situativ angepasst wird.

3.1.3.3 Topologien im Linienbetrieb und Richtungsbetrieb

Auf zentralen Netzabschnitten verkehren meist mehrere Zuggattungen mit unterschiedlichen Eigenschaften hinsichtlich Geschwindigkeit, Beschleunigungs- und Bremsvermögen, Laufweg und Haltemuster. Solche Strecken werden oft auf vier Parallelgleise ausgebaut, deren Betriebsform kapazitätsoptimal zu organisieren ist. Man unterscheidet zwischen dem *Linien-* und dem *Richtungsbetrieb:*

- Beim *Linienbetrieb* werden Doppelspuren örtlich gebündelt, ohne deren Betriebsregime zu ändern. Die beiden Doppelspuren entsprechen zwei parallel zueinander verlaufenden unabhängigen Doppelspuren, werden aber üblicherweise durch Spurwechsel miteinander verbunden.
- Beim *Richtungsbetrieb* werden hingegen die Gleise mit gleicher Fahrtrichtung gruppiert, sodass pro Fahrtrichtung je mindestens zwei direkt benachbarte Gleise zur Verfügung stehen.

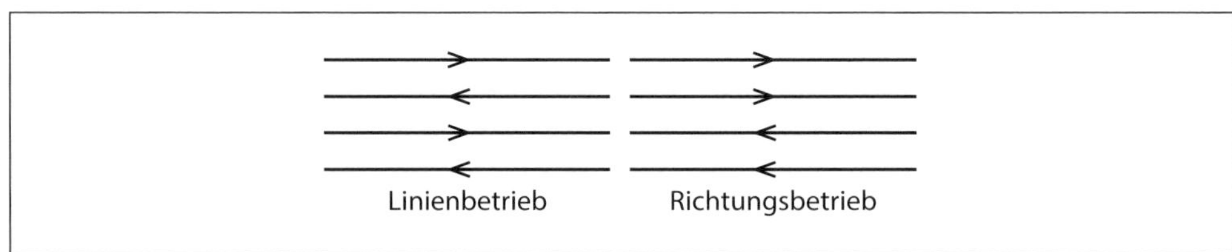

Abbildung 8 *Betriebliche Organisation einer Vierspur im Linienbetrieb (links) respektive Richtungsbetrieb (rechts), übertragbar auf andere Parallelgleisanzahlen [eigene Darstellung].*

3.1.4 Topologieelemente zur Gewährleistung der Sicherheit

3.1.4.1 Konfliktformen zwischen Zügen und deren Sicherung

Die Fahrt eines Zuges über eine Gleisanlage wird durch den sogenannten *Fahrweg* oder *Laufweg* beschrieben, der aus einer Abfolge zu befahrender Topologieelemente besteht. Wollen zwei Züge dasselbe Topologieelement zur gleichen Zeit nutzen, so spricht man von einem Konflikt. Zwischen zwei Zugfahrten können sechs verschiedene Konfliktformen auftreten, von denen fünf sicherheits- und betriebsrelevant sind, eine nur betriebsrelevant.

Bei spurgeführten Systemen erfolgt die Sicherung gegenüber diesen Konflikten auf unterschiedliche Weise:

- *Eisenbahn, U-Bahn, Stadtbahn (teilweise):* Technische Sicherung mittels Fahrstrassen (in Knoten) und Streckenblock (Strecke).
- *Strassenbahn, Stadtbahn (teilweise):* Fahrt auf Sicht mit manueller Sicherung durch Fahrer, sehr hohes Bremsvermögen der Fahrzeuge für Notfälle (Magnetschienenbremse).

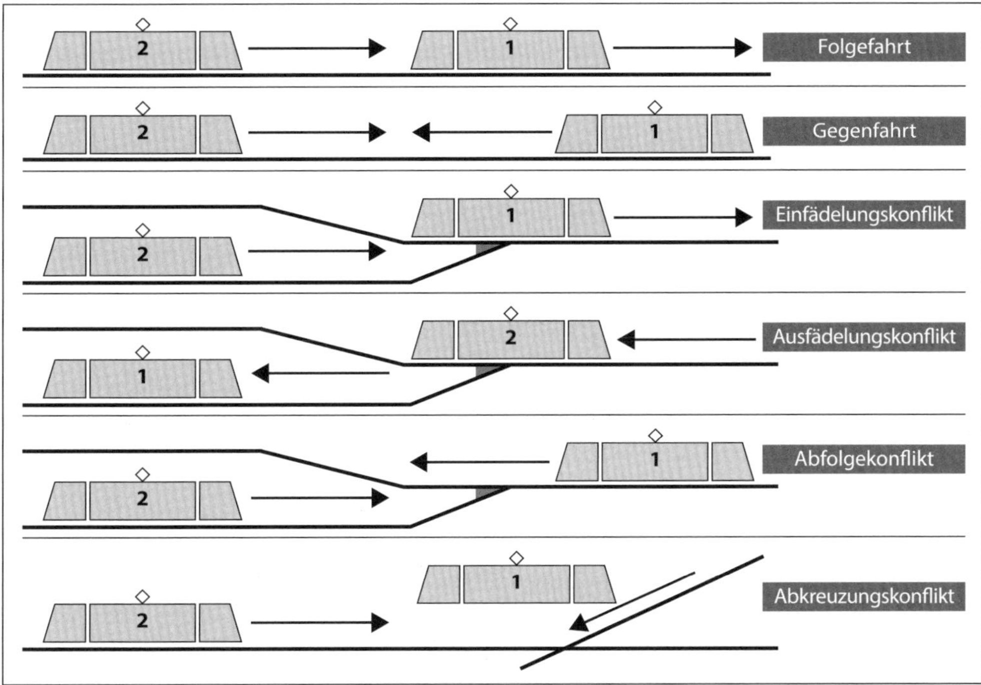

Abbildung 9 *Betriebliche Konfliktformen zwischen zwei Zugfahrten [eigene Darstellung].*

Konfliktform	Beschreibung	Knoten	Strecke *)
Folgefahrt	Zweiter Zug fährt in vorausfahrenden Zug mit gleicher Fahrtrichtung	X	X
Gegenfahrt	Zweiter Zug fährt in Gegenzug	X	X
Einfädelungskonflikt	Zweiter Zug kollidiert mit erstem Zug an Vereinigungsstelle der Strecke, gleiche Fahrtrichtung (Flankenfahrt)	X	
Ausfädelungskonflikt **)	Zwei Züge folgen sich an einer Verzweigungsstelle, erster Zug befährt Weiche auf Ablenkung; Fahrzeitverlust für zweiten Zug, Kapazitätseinbusse der Anlage	X	
Abfolgekonflikt	Zweiter Zug kollidiert mit erstem Zug bei Vereinigungsweiche, entgegengesetzte Fahrtrichtung (Flankenfahrt)	X	
Abkreuzungskonflikt	Zweiter Zug kreuzt Fahrweg des ersten Zugs, in gleicher oder entgegengesetzter Fahrtrichtung	X	

Tabelle 2 *Betriebliche Konfliktformen zwischen zwei Zugfahrten und Auftreten in Knoten respektive auf freier Strecke. *) Spurwechsel werden hier als Knoten betrachtet. **) Nur betriebsrelevant; Kapazitätsreduktion, wenn ein vorausfahrender Zug mit tiefer Geschwindigkeit über Ablenkung geführt wird und damit einen folgenden, geradeaus fahrenden schnellen Zug behindert [eigene Darstellung].*

3.1.4.2 Topologierelevante Restrisiken

Die derzeit übliche Eisenbahnsicherungstechnik überwacht und sichert die Fahrtverläufe weitgehend, aber noch nicht lückenlos und es verbleibt das folgende Gefahrenpotenzial:

- Es ist nicht sichergestellt, dass ein Zug in jedem Fall vor einem Halt zeigenden Signal zum Stehen kommt. Dieses *Durchrutschen* tritt bei vermindertem Bremsvermögen auf, zum Beispiel infolge schlechten Schienen- oder Fahrzeugzustandes. Kritisch ist dies insbesondere in den zusammenlaufenden Strängen von Weichen (Frontalkollision mit entgegenkommendem Zug, Flankenfahrt).
- Rangierfahrten sind technisch nicht gleich umfassend gesichert wie Zugfahrstrassen. Namentlich fehlt ein Zugsicherungssystem, weshalb die Verantwortung für die korrekte Beachtung der Signale ausschliesslich beim Rangierlokführer liegt. Zur Risikominderung ist die Geschwindigkeit auf 40 km/h, fallweise weniger, limitiert.
- Abgestellte Bahnfahrzeuge können fälschlicherweise ungebremst sein oder ihre Bremswirkung kann sich erschöpfen. Infolge des geringen Rollwiderstands genügen bereits ein Gefälle von 1–2 % oder Windeinwirkungen, um sie in Bewegung zu setzen.

Zur Risikominderung werden bei der Topologie zusätzliche Massnahmen in Form von *Durchrutschwegen, Schutzweichen* oder *Gleissperren* vorgesehen. Die Wahl der Lösung stützt sich auf eine einzelfallbezogene Risikoanalyse sowie die örtlichen Gegebenheiten ab. Langfristig werden diese Restrisiken sukzessive durch die weiterentwickelte Bahnsicherungstechnik eliminiert.

3.1.4.3 Durchrutschweg

Zwischen Hauptsignal und Konfliktpunkt kann ein sogenannter *Durchrutschweg* angeordnet werden, mit einer geschwindigkeitsabhängigen Länge von einigen Dutzend bis gegen hundert Meter [BAV 2016]. Die Ausdehnung der Anlage vergrössert sich dadurch aber erheblich, was oft nicht möglich oder erwünscht ist.

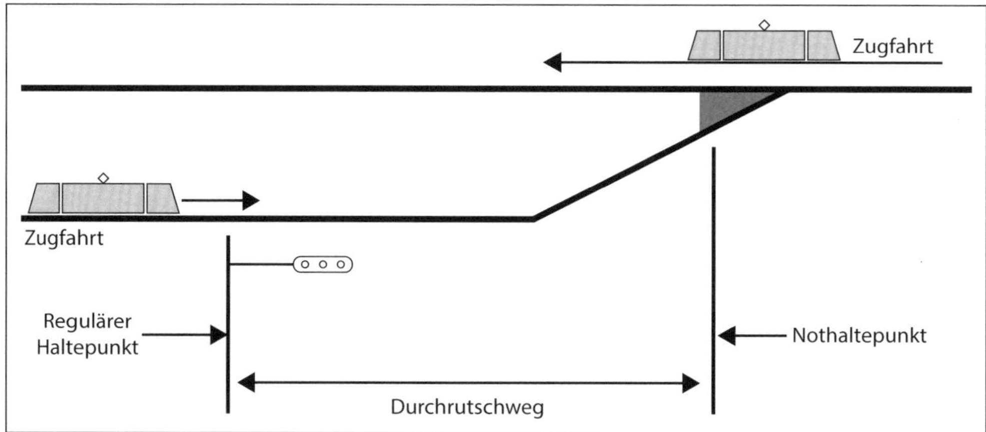

Abbildung 10 *Prinzip des Durchrutschwegs zwischen regulärem Haltepunkt und Nothaltepunkt [eigene Darstellung].*

3.1.4.4 Schutzweichen

Genügt der Platz nicht für einen Durchrutschweg, so kann vor dem Konfliktpunkt eine *Schutzweiche* eingebaut werden, die auf einen Gleisstumpen mit Prellbock führt. Prellböcke sind nicht in der Lage, falschlaufende Züge sicher anzuhalten. Es ist daher zu vermeiden, dass sich hinter dem Stumpen eine grössere Menschenmenge aufhalten kann (Unterführungen, Bushaltestellen) oder gefährliche Güter gelagert werden (Tanklager, Chemielager). Dies ist regelmässig zu verifizieren, da sich das bauliche Umfeld der Bahnanlage ändern kann.

Alternativ lässt sich der ungenügend gebremste Zug über die Schutzweiche auf ein Nachbargleis führen, das als Durchrutschweg genutzt wird. In diesem Fall werden entweder bestehende Weichen als Schutzweichen geschaltet oder zusätzliche Weichen eingebaut. Die gleichzeitige Nutzung dieses Nachbargleises durch einen anderen Zug ist signaltechnisch zu verunmöglichen. Die Lösung ist platzeffizient und muss in Knotenbereichen oft angewandt werden, vermindert aber die Anlagenkapazität.

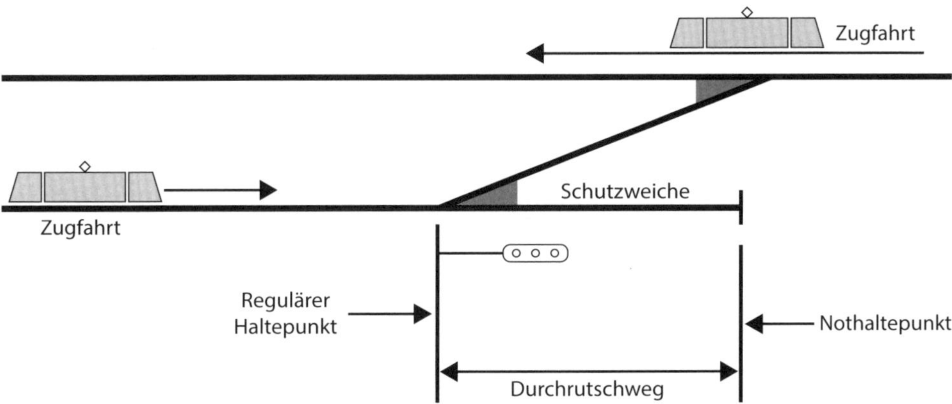

Abbildung 11 *Prinzip der Schutzweiche mit physischer Trennung des Durchrutschweges vom Gegengleis [eigene Darstellung].*

3.1.4.5 Gleissperren/Entgleisungsvorrichtungen

Gleissperren oder Entgleisungsvorrichtungen bringen den gefährdenden Zug zum Anhalten durch Entgleisen. Auf Hauptgleisen sind sie nicht zulässig, können aber auf Nebengleisen vorgesehen werden, wenn ein korrekter Flankenschutz nicht möglich ist. Bei ihrer Anordnung ist insbesondere sicherzustellen, dass das entgleiste Fahrzeug nicht in das Lichtraumprofil anderer Gleise ragt oder einen Fahrleistungs- oder Strommasten gefährdet.

3.1.5 Entwurfsprozess

3.1.5.1 Entwurfsebenen

Die Gesamttopologie eines Streckennetzes gliedert sich funktional in drei hierarchische Ebenen:

1. *Partialtopologie:* Die Partialtopologie ist jene virtuelle Topologie, die nur für einen einzigen ausgewählten Betriebsfall des Betriebsprogrammes nötig wäre. Für jeden Betriebsfall des Betriebsprogrammes gibt es mithin eine zugehörige Partialtopologie.
2. *Teilanlage:* Aus der Überlagerung der Partialtopologien ergeben sich *Teilanlagen.* Durch lokale Optimierung der Elementgruppen lässt sich der gesamte Funktionsumfang mit minimaler Elementzahl sowie geringstmöglicher Längen- und Breitenausdehnung erreichen. Teilanlagen umfassen auch die Einbindung der Publikumsanlagen und betrieblichen Einrichtungen.
3. *Gesamtanlage:* Durch den Zusammenbau aller Teilanlagen entsteht schliesslich die Gesamtanlage, zum Beispiel ein ganzes Streckennetz oder eine grössere Region desselben.

3.1.5.2 Topologieentwicklung durch Überlagerung von Partialtopologien

Es ist noch auf absehbare Zeit nur in einfachsten Fällen möglich, eine Topologie aufgrund des Betriebsprogrammes numerisch zu bestimmen. Durch die unterschiedlichen örtlichen Verhält-

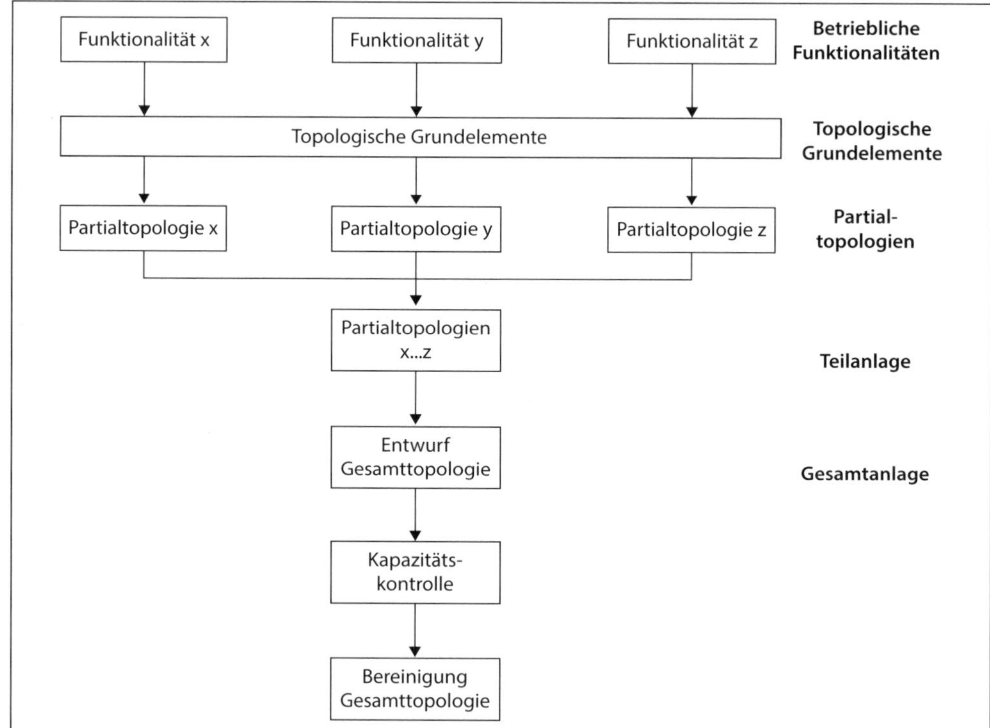

Abbildung 12 *Ablaufschema der Topologieentwicklung von der Partialtopologie über die Teilanlage zur Gesamtanlage [eigene Darstellung].*

nisse und Betriebsprogramme ist eine Standardisierung zudem nur selten möglich, am ehesten bei U-Bahnen und Regionalbahnen. Im Regelfall handelt es sich aber um einen individuellen manuellen Entwurfsprozess. Die Gesamttopologie ist dabei schrittweise durch Überlagerung der Partialtopologien herzuleiten und zu optimieren.

Je eher die topologischen Elemente einer Anlage für mehrere Betriebsprozesse genutzt werden können, desto weniger Elemente braucht es insgesamt und desto besser ist das Kosten-Nutzen-Verhältnis. Dies ist allerdings nur möglich, wenn die einzelnen Betriebsfälle zeitlich getrennt ablaufen. Für die Topologieentwicklung ist daher auch die zeitliche Abfolge der Betriebsfälle in der Planung einzubeziehen. Zudem kann eine hohe Anlagenauslastung dazu führen, dass das Betriebsprogramm nicht mehr stabil abgewickelt werden kann. Stellt man dies in der Kapazitätskontrolle fest, so sind einzelne Betriebsfälle durch zusätzliche Topologieelemente wieder zu entflechten. Die Kapazitätskontrolle ist daher integrierender Bestandteil der Topologieentwicklung.

3.1.5.3 Integration der Personenverkehrs-, Güterverkehrs- und Betriebsanlagen

In einem nächsten Schritt sind die Anlagen des Personen- und Güterverkehrs zu integrieren, insbesondere:

- Aufnahmegebäude, Perronanlagen, Verbindungswege und Unterführungen respektive Überführungen, Verknüpfung mit dem Nahverkehr und deren Anlagen, Park & Ride, Bike & Ride.
- Freiverladeanlagen, Lager- und Umschlaghallen, Containeraufstellplätze, Containerterminal, weitere Krananlagen des kombinierten Verkehrs, Anbindung der Güteranlagen an Strassennetz.

Können deren Anforderungen nicht erfüllt werden, so ist die Topologie iterativ weiter zu verbessern. Zum Beispiel können sich die Umsteigewege als zu lang erweisen, weshalb die Anordnung und Belegung der Haltegleise verbessert werden muss. Dies wiederum kann eine Anpassung der Weichenverbindungen erfordern. Schliesslich sind die Betriebsanlagen einzubinden:

- Wendegleise, Abstellanlagen.
- Fahrzeugreinigung, Depots, Werkstätten.
- Betankungsanlagen für Dieselfahrzeuge.
- Anlagen der Bau- und Unterhaltsdienste.

Ist der Verkehr zwischen den Gleisen für die Zugfahrten und den Betriebsanlagen intensiv, so können separate Zu- und Wegführgleise sinnvoll sein, beispielsweise bei Abstellanlagen für Reisezugwagen und Triebzüge in grossen Knotenbahnhöfen.

3.1.5.4 Integration in die Gesamtanlage

Beim Anlagenentwurf ist in der Regel eine bestehende Topologie umzubauen. Im Entwurfsprozess ist die zu planende Teilanlage daher zunächst abzugrenzen, mit klar definierten Anschlusspunkten zur Gesamtanlage. An den Trennstellen sind die Anschlusstopologien so zu beschreiben, dass sich die neu gestaltete Topologie des zu bearbeitenden Bereiches konsistent einfügt, wobei folgende Punkte abzugleichen sind:

- Zahl der Gleise in den einzelnen Korridoren.
- Betriebsregime.
- Zugrunde liegende Zugzahlen und Kapazitäten.
- Betriebsprogramm.

Zu den Koordinationsaufgaben des Betriebsregimes zählt auch die Festlegung des Linien- oder Richtungsbetriebs. Die zugrunde gelegten Leistungsmengen der neuen Anlage müssen mit jenen auf den bestehenden Anlagenteilen übereinstimmen. Auf dieser Planungsstufe kann die Kontrolle anhand der Zugzahlen, gegliedert nach Zuggattung, erfolgen. Schliesslich ist mittels des Betriebsprogrammes zu gewährleisten, dass alle geplanten Laufwege konsistent von den angrenzenden Teilanlagen übernommen respektive durch die neugestaltete Anlage hindurchgeführt werden. Besonders zu beachten sind die Erreichbarkeit bestimmter Haltekanten sowie schnell trassierte Laufwege für durchfahrende Zugläufe.

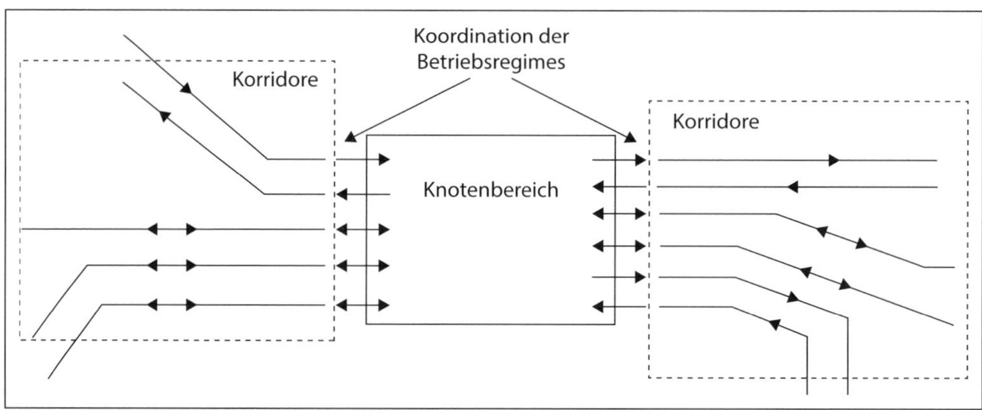

Abbildung 13 *Koordination des Betriebsregimes zwischen einem Knotenbereich und seinen zu- und wegführenden Strecken [eigene Darstellung].*

3.1.5.5 Entwurfsprinzipien

Folgende Prinzipien tragen zum Entwurf einer funktionsgerechten und wirtschaftlichen Anlage bei:

- Eine Topologie soll mit möglichst wenigen Gleisverbindungen auskommen. Jedes Topologieelement muss mindestens eine bestimmte Funktion haben. Die Zahl der Signale soll minimiert werden.
- Die Betriebsprozesse sind in der Topologie so umzusetzen, dass möglichst wenige Fahrstrassenkonflikte auftreten.
- Für durchfahrende Züge ist eine hohe Geschwindigkeit zu ermöglichen, möglichst mit der Höchstgeschwindigkeit der anschliessenden Streckenabschnitte.

- Wendeprozesse von Zügen sollen in möglichst kurzer Zeit abgewickelt werden können. Für Züge mit langer Aufenthaltszeit ist ein eigenes Abstellgleis vorzusehen, um das Streckengleis/Perrongleis freizuhalten.
- Topologien sollen genügende Flexibilität für Änderungen im Betriebsprogramm bewahren. Dazu gehören auch Spielräume zum Auffangen kleinerer Verspätungen.
- Eine Topologie soll möglichst etappierbar umzusetzen sein.

3.1.6 Topologie von Knoten

3.1.6.1 Funktion Durchfahrt

Mit Ausnahme der grössten Knotenpunkte, der Endbahnhöfe sowie der Haltepunkte reiner Regionalstrecken wird jeder Bahnhof zumindest von einzelnen Zugkategorien ohne Halt durchfahren. Deshalb sind bestimmte Gleise als Durchfahrtsgleise für eine Geschwindigkeit auszubauen, die möglichst nahe an jener der angrenzenden Strecke liegt. Gleise mit hohen Geschwindigkeiten sollen aus Gründen der Sicherheit wartender Reisender nicht an Perronkanten vorbeiführen. Kann betrieblich nicht mit hoher Wahrscheinlichkeit garantiert werden, dass die durchfahrenden Züge auch ausserplanmässig nicht zum Stehen kommen, so soll die weichenfreie Länge der Durchfahrtsgleise mindestens der Maximallänge der durchfahrenden Züge entsprechen.

3.1.6.2 Funktion Halt

Ein kommerzieller Zughalt bedingt ein Perron in der nötigen Länge. Die Mindestlänge der *Perronkanten* ergibt sich aus der Anzahl der Wagen zuzüglich eines Zuschlags für die Bremsungenauigkeit von etwa 5 m. Wird das Haltegleis von Weichen begrenzt, so ist zusätzlich die Länge der Lokomotiven und allfälliger Gepäckwagen zu berücksichtigen, denn der haltende Zug darf keine andere Fahrstrasse versperren. Üblicherweise sind die maximalen Zuglängen normiert, zum Beispiel bei der SBB:

- Fernverkehr: 400 m (teilweise 300 m).
- S-Bahn Zürich: 300 m (teilweise 200 m).
- Weitere S-Bahn-Systeme: 200 m.
- Regionalverkehr: 150 m.

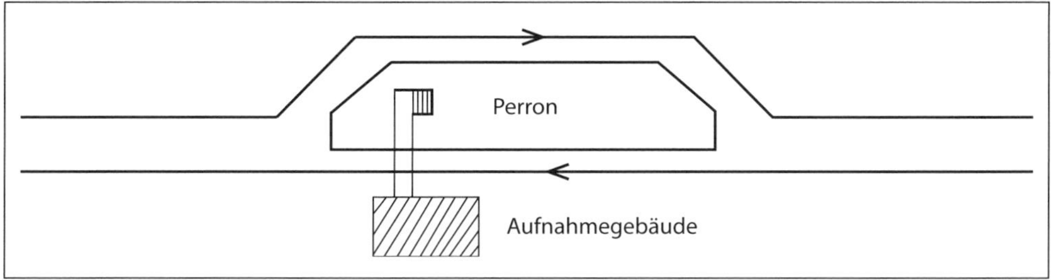

Abbildung 14 *Haltestelle mit Inselperrons; gestattet Banalisierung der Strecke [Blum 1961].*

Die Zufahrt zu den Perronkanten – zumindest zu den meistgenutzten – ist vorzugsweise in gerader Linienführung auszugestalten. Müssen die Züge über ablenkende Weichen geführt werden, so können namhafte Fahrzeitverluste durch Einbau schlanker Weichen vermieden werden, denn dank des hohen Beschleunigungs- und Bremsvermögens zeitgemässer Fahrzeuge werden auch diese Bereiche mit vergleichsweise hoher Geschwindigkeit befahren.

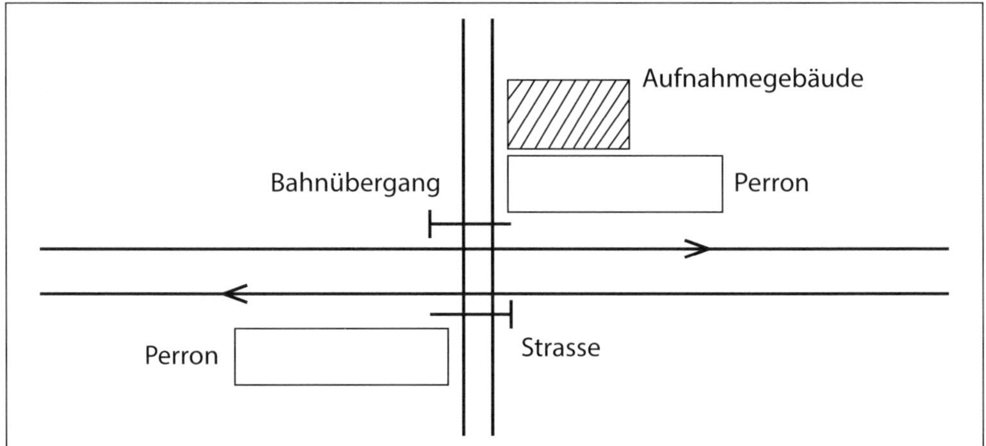

Abbildung 15 *Haltestelle mit versetzten Aussenperrons, direkt zugänglich von der querenden Strasse aus [Blum 1961].*

3.1.6.3 Funktion Überholung

Mittels Überholgleisen können langsame durch schnellere Züge überholt werden. Soll der schnelle Zug einen Anschluss an den überholten langsamen Zug herstellen, so ist ein gemeinsames Perron vorzusehen. Andernfalls benötigt das Überholgleis kein Perron und ist für hohe Geschwindigkeiten zu trassieren. Durchfahrende Fernverkehrszüge sind nicht über ablenkende Weichen zu führen. Bei Güterzügen ist dies zulässig, falls genügend schlanke Weichen mit Auslegungsgeschwindigkeiten von 60–90 km/h gewählt werden.

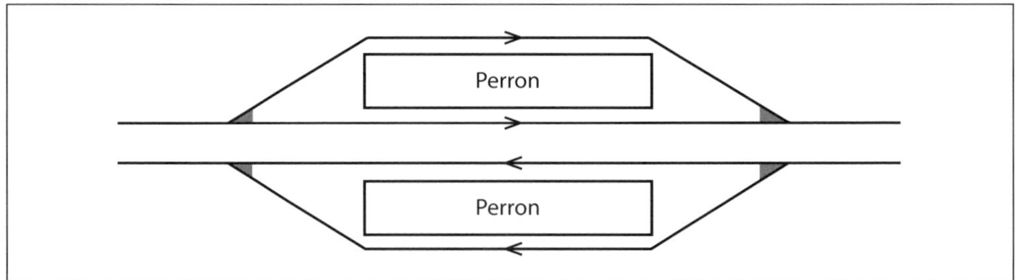

Abbildung 16 *Überholbahnhof für Personenzüge mit Anschlussmöglichkeit zwischen zwei Personenzügen in gleicher Fahrtrichtung [Blum 1961].*

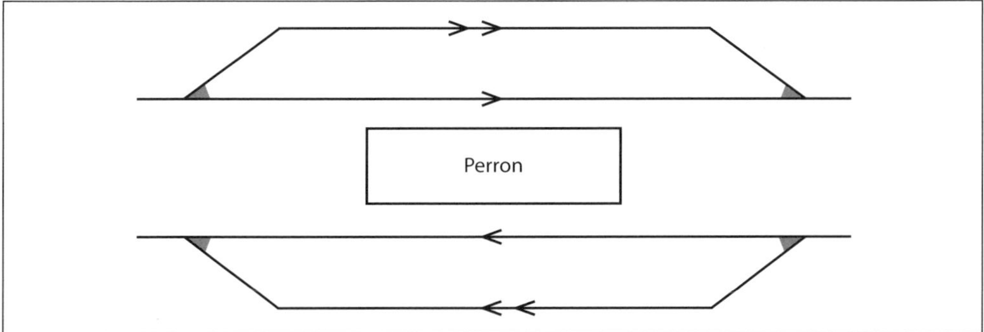

Abbildung 17 *Personenbahnhof mit Güterzug-Überholung; Güterzüge werden über ablenkende Weichen geführt [Blum 1961].*

3.1.6.4 Funktion Zugkreuzung

Strecken mit mässigem Verkehrsaufkommen sind häufig eingleisig, weshalb Kreuzungsstationen erforderlich sind. Mögliche Bauformen sind:

- *Kreuzungsbahnhof, der gleichzeitig Verkehrshalt ist.* Die am meisten angewandte Lösung und früher bevorzugt, da die Bedienung der Weichen und Sicherungsanlagen eine örtliche Personalpräsenz voraussetzte. Durch die Fernbedienung der Stellwerke besteht dieser Zwang heute nicht mehr.
- *Betrieblicher Kreuzungsbahnhof ohne verkehrliche Funktion.* Wird in jüngerer Zeit vermehrt realisiert. Vorteilhaft, wenn die systematischen Begegnungen von Zügen im Taktfahrplan zwischen zwei bestehenden Kreuzungsbahnhöfen zu liegen kommen. Dank Fernsteuerung ohne örtliches Personal machbar.

Kritisch sind Kreuzungsbahnhöfe mit niveaugleichem Zugang, die nur bei örtlicher Personalpräsenz tolerierbar sind. Die Züge können aus Sicherheitsgründen nur sequenziell einfahren und die Einfahrt für den zweiten Zug darf erst freigegeben werden, wenn der ersteinfahrende Zug nachgewiesenermassen zum Stehen gekommen ist. Der Verzicht auf örtliches Betriebspersonal erfordert bauliche Anpassungen mit niveaufreien Zugängen, vermeidet aber den Fahrzeitverlust von rund zwei Minuten von Zugkreuzungen auf niveaugleichen Anlagen.

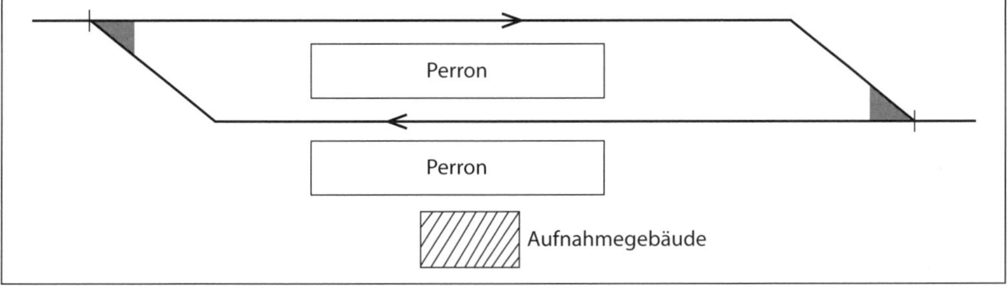

Abbildung 18 *Kreuzungsbahnhof mit Achsensprung, ermöglicht rasche Einfahrt aus beiden Richtungen; aufgrund des hohen Beschleunigungsvermögens zeitgemässer Triebfahrzeuge heute weniger relevant [Blum 1961].*

3.1.6.5 Funktion Wenden von Zügen

Unter *Wenden* versteht man die Änderung der Fahrtrichtung einer Zugkomposition. Dabei können zwei Fälle auftreten:

- *Fahrtrichtungswechsel innerhalb eines Zuglaufes:* Strecke lässt eine Weiterfahrt in gleicher Richtung nicht zu. Dieser Fall tritt in grossen Knotenbahnhöfen auf, zum Beispiel in Zürich HB, Basel SBB und Bern für einen Teil der Fernverkehrszüge, aber auch auf einigen Regionalbahnstrecken. Dieser Fall ist insgesamt untergeordnet und wird durch neue direkte Streckenführungen (zum Beispiel Durchmesserlinie Zürich) sukzessive eliminiert.
- *Fahrtrichtungswechsel am Ende eines Zuglaufes:* Regelfall; Zug wird für Rückfahrt vorbereitet.

Funktional sind die Anforderungen für beide Fälle weitgehend identisch. Die zu entwickelnde Gleistopologie leitet sich ab aus:

- *Geforderte Leistungsfähigkeit der Anlage:* Anzahl der gleichzeitig zu wendenden Züge.
- *Lage im Netz:* Streckenendpunkt, Zwischenpunkt.
- *Zeit für das Wendemanöver:* Vorgaben aus dem Betriebsprogramm.
- *Fahrzeugkonzept:*
  - *Lok und Wagen unverpendelt:* Umfahrungsmöglichkeit der Wagen für Lok erforderlich. Alternativ: Bereitstellung einer zweiten Lokomotive auf entsprechendem Abstellgleis.
  - *Pendelzüge/Triebzüge:* Ein Gleis genügt, da diese Fahrzeuge an beiden Zugenden über einen Führerstand verfügen.
  - *Einrichtungsfahrzeuge:* Können kommerziell nur in eine Richtung verkehren, um Türen auf einer Fahrzeugseite zu konzentrieren. Bedingt Wendeanlagen, die eine Gegenfahrt ohne Richtungswechsel des Fahrzeugs gestatten.

Abbildung 19 *Fahrzeugkonzept mit Lok und Wagen; unverpendelt [Foto: Marc Sinner].*

Abbildung 20 *Fahrzeugkonzept mit Pendelzug; Triebwagen, Zwischenwagen und Steuerwagen [Foto: Axel Bomhauer-Beins].*

Abbildung 21 *Fahrzeugkonzept mit Triebzug [Foto: Ulrich Weidmann].*

Abbildung 22 *Fahrzeugkonzept mit Einrichtungsfahrzeug, Türen nur auf einer Fahrzeugseite [Foto: Marc Sinner].*

Wenden am Kopfperron: Grundform grosser Kopfbahnhöfe mit direktem Übergang zwischen Kopfperron und Stadt. Der Zeitaufwand ist minimal. Ist allerdings das Weichenvorfeld auf der Streckenseite niveaugleich ausgeführt, was aufgrund der Platzverhältnisse die Regel ist, treten zahlreiche Fahrstrassenkonflikte zwischen ein- und ausfahrenden Zügen auf und verursachen erhebliche Kapazitätsminderungen. Um dies zu mildern, sind die kritischen Gleise niveaufrei zu verflechten und/oder das Betriebsregime ist auf minimale Fahrstrassenkonflikte auszulegen.

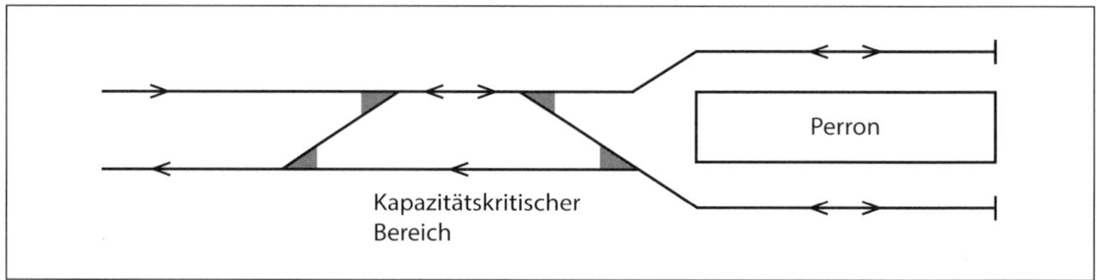

Abbildung 23 *Wenden am Streckenendpunkt mit Kopfperron, Grundform; systematische Fahrstrassenkonflikte im Gleisvorfeld zwischen ein- und ausfahrenden Zügen und damit Kapazitätsverlust sowie fahrplantechnische Zwangspunkte [eigene Darstellung].*

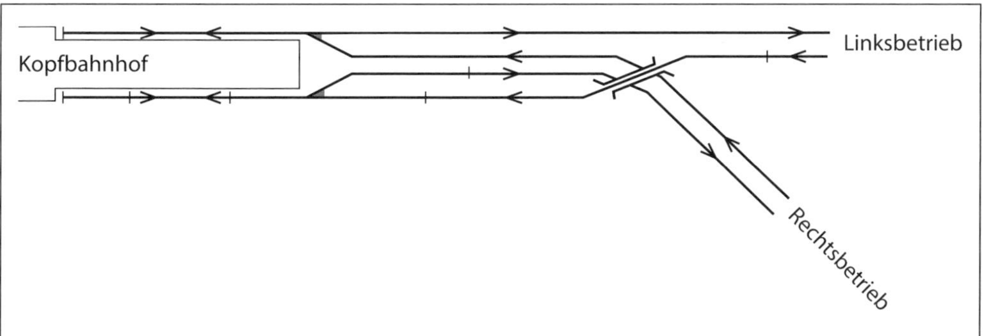

Abbildung 24 *Wenden am Streckenendpunkt mit Kopfperron; Kopfbahnhof für zwei Strecken, Eliminierung der Fahrstrassenkonflikte durch niveaufreie Entflechtung der Doppelspuren sowie Alternierung des Betriebsregimes mit Links- respektive Rechtsbetrieb [Blum 1961].*

Wenden hinter dem Perron: Die streckenseitige Zu-/Wegfahrt einerseits und der Wendeprozess andererseits werden räumlich getrennt. Die Wendeanlage befindet sich hinter dem Perron, womit keine Fahrstrassenkonflikte auftreten und die Kapazität maximal wird. Zum Wenden muss der Zug in die Wendeanlage geführt werden; betriebliche (Wenden) und verkehrliche (Ein-/Aussteigen der Fahrgäste) Funktionen sind getrennt und erfordern zusammen mehr Zeit als bei der erstgenannten Lösung.

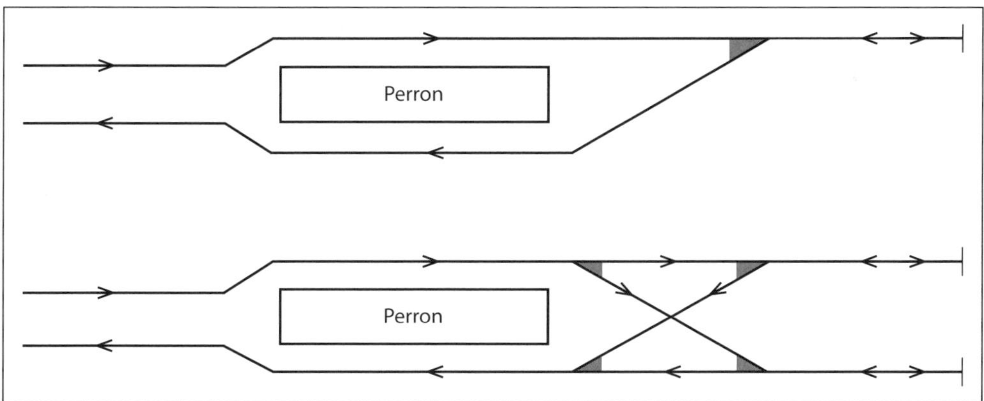

Abbildung 25 *Wenden am Streckenendpunkt mit Wendeanlage hinter den Perrons ohne Kapazitätsbeeinträchtigung der Streckengleise; oben: Einfache Grundform; unten: Leistungsfähige Wendeanlage, erlaubt gleichzeitiges Wenden zweier Züge [eigene Darstellung].*

Spitzkehren: In seltenen Fällen muss die Fahrtrichtung auf der Strecke gewechselt werden. Funktional entspricht dies dem Richtungswechsel in einem Knotenbahnhof mit durchlaufenden Zügen. Spitzkehren wurden bei Gebirgsbahnen angewandt, um die hohen Baukosten einer durchgehenden Streckenführung (Kehrtunnels, Schleifenentwicklungen) zu vermeiden. Sie sind betrieblich umständlich und werden möglichst mit Verkehrshaltepunkten kombiniert.

Wenden auf der Strecke ohne separates Gleis: Dies eignet sich aus Kapazitätsgründen nur für wenig ausgelastete Strecken und nur, wenn dies die Fahrplanstruktur zulässt. Ob der Spurwechsel vor oder hinter dem Perron angeordnet wird (aus Sicht des einfahrenden Zuges), entscheidet sich aufgrund der jeweiligen Situation. Für eine kurze Wendezeit ist ein Spurwechsel vor dem Perron vorteilhafter.

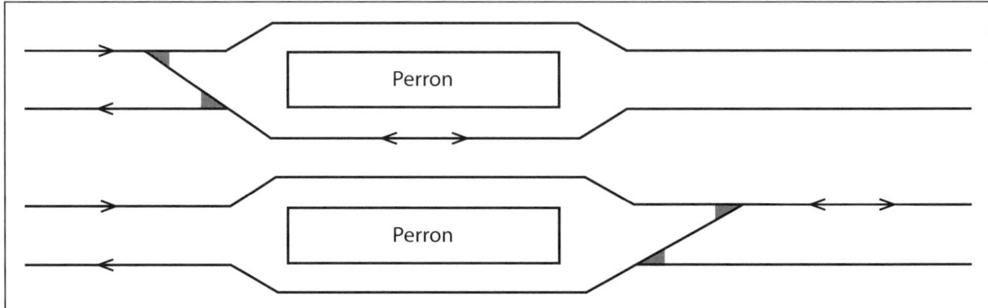

Abbildung 26 *Wenden auf der Strecke ohne separates Gleis; Wenden am Perron mit wenig Zeitbedarf (oben) und Wenden hinter dem Perron mit erhöhtem Zeitbedarf (unten) [eigene Darstellung].*

Wenden auf der Strecke mit separatem Gleis: Bei stark ausgelasteten Strecken muss für den wendenden Zug ein separates Wendegleis vorgesehen werden. Vorteilhafterweise wird es zwischen den Streckengleisen angeordnet, um Fahrstrassenkonflikte zu vermeiden. Wendegleise können zusätzlich zum Auswechseln von Zugteilen und zur Zwischenaufstellung von Verstärkungseinheiten nützlich sein. Dadurch werden allerdings die beiden Streckengleise über eine längere Distanz stark auseinandergerückt und die Breitenausdehnung wird erheblich. Ist die Breitenausdehnung limitiert, so sind die Wende- und Abstellgleise auf zwei Teilanlagen vor und hinter den Perrons aufzuteilen oder aber seitlich anzuordnen.

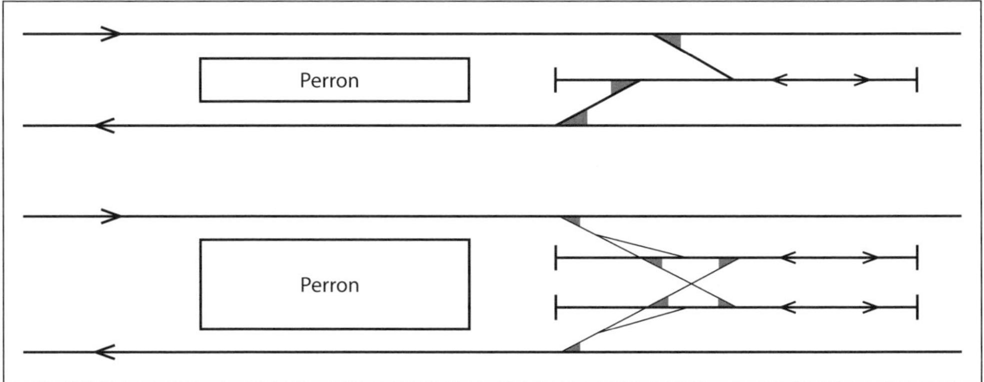

Abbildung 27 *Wenden auf der Strecke mit separater Wendeanlage zwischen den Streckengleisen; betriebliche Entkopplung des Wendeprozesses von der Nutzung der Streckengleise [eigene Darstellung].*

Eine analoge Lösung lässt sich für Anschlussbahnen anwenden, die an Doppelspurstrecken gleicher Spurweite anschliessen. In diesen Fällen kommen den Umsteigemöglichkeiten von/nach der Anschlussstrecke eine höhere Bedeutung zu, weshalb je ein Gemeinschaftsperron pro Richtung für Anschlussbahn und Hauptstrecke vorzusehen ist.

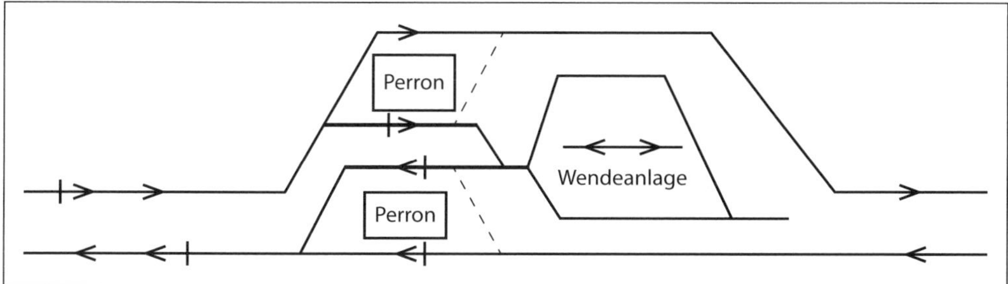

Abbildung 28 *Wenden auf der Strecke mit separater Wendeanlage zwischen den Streckengleisen und Gewährleistung von Anschlüssen an durchfahrende Züge, Anschlussbahnhof [Blum 1961].*

Wendeschleifen: Einrichtungs-Strassenbahnen werden üblicherweise mittels Schleifen gewendet. Je nach Zahl der wendenden Linien und Kursdichte sind sie ein- oder mehrgleisig. Ist eine Endhaltestelle zugleich Umsteigehaltestelle zwischen Tram und Bus, so empfiehlt es sich, das Tram im Rechtsverkehr auf der Aussenseite zu führen, damit perrongleich auf den Bus umgestiegen werden kann. Wendeschleifen beanspruchen erheblich Platz und sind städtebaulich umstritten; durch Umstellung auf Zweirichtungs-Strassenbahnen erübrigen sie sich. Bei Vollbahnen finden sie sich nur äusserst selten.

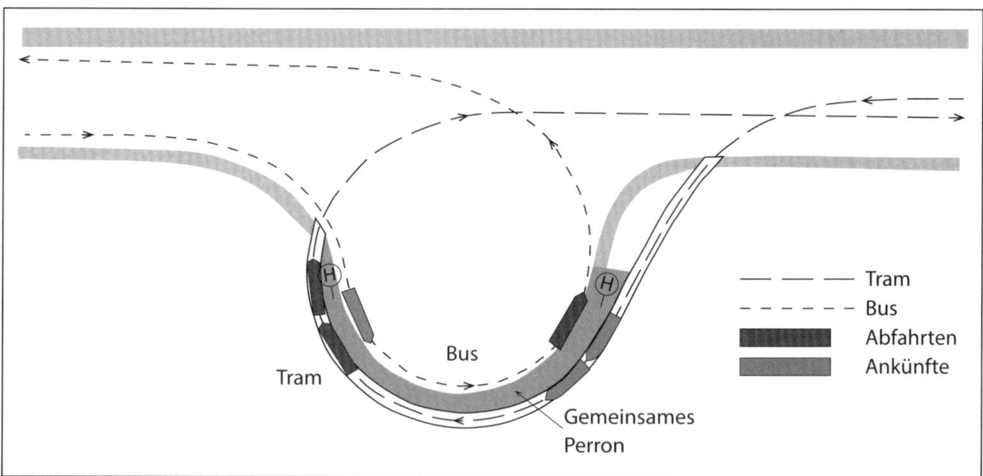

Abbildung 29 *Wendeschleife für Einrichtungs-Strassenbahnen mit perrongleichem Umstieg auf Anschlussbusse [eigene Darstellung].*

Gleisdreiecke: Einrichtungsfahrzeuge lassen sich auch mittels Gleisdreiecken wenden. Durch den zweimaligen Fahrtrichtungswechsel, verbunden mit einer Rückwärtsfahrt, ist diese Lösung betrieblich umständlich und wird daher bei Strassenbahnen nur noch ausnahmsweise angewandt. Bei Vollbahnen sind Gleisdreiecke an bestimmten Stellen des Netzes erforderlich, um Kompositionen nach einer Betriebsstörung wieder in ihre planmässige Ausrichtung zu bringen. Für regelmässige Wendemanöver werden sie indessen nicht genutzt.

3.1.6.6 Funktion Streckenverzweigung

Eine Streckenverzweigung ist die Verknüpfung mindestens zweier Bahnstrecken gleicher Spurweite und gewissermassen eine makroskopische Weiche. Bei der Kombination mit einem Haltepunkt hängt deren Gestaltung insbesondere ab von:

- Zugdichte und Fahrplanstruktur.
- Umsteigeströme zwischen den haltenden Zügen.

Je grösser die Zugzahl und die Häufigkeit der Abkreuzungskonflikte, desto konsequenter müssen die Fahrstrassen physisch separiert werden. Bei der Perronanordnung sind zudem die fahrplanmässigen Anschlüsse zwischen den Linien zu berücksichtigen. Im folgenden Kapitel über die Personenverkehrsanlagen werden generische Topologien und die dazugehörigen Perronanlagen dargestellt.

Abzweigungen können dank der Fernsteuerung der Weichen auch auf der Strecke realisiert werden; betrieblich sind dies kleine Knoten. Die Fragestellungen lauten:

- Sollen sich geradeausführende und abzweigende Gleise auf gleicher Ebene überkreuzen (niveaugleich) oder höhenmässig getrennt werden (niveaufrei)?
- Wie ist eine Verknüpfung topologisch optimal zu gestalten?

Bei einer *niveaugleichen Streckenabzweigung* können Weichenzahl und Entwicklungslänge mittels einer Gleisdurchschneidung minimiert werden, wodurch aber jedes Rad über zwei Herzstücke geführt werden muss. Gleisdurchschneidungen werden deshalb in der Schweiz möglichst vermieden und durch zwei einfache Weichen ersetzt oder zumindest mit beweglichen Herzstücken versehen.

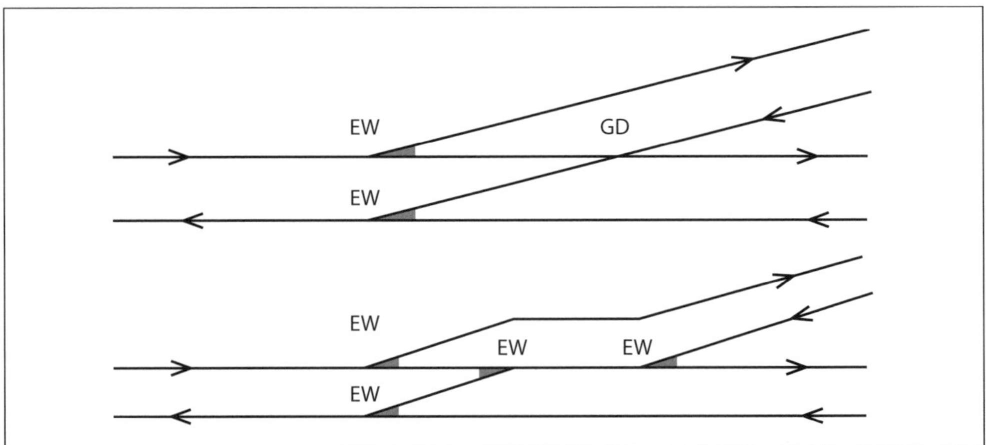

Abbildung 30 *Niveaugleiche Verzweigung von Doppelspurstrecken mit Gleisdurchschneidung (oben) und einer aufgelösten Weichenstrasse mit einfachen Weichen EW (unten) [eigene Darstellung].*

Hoch belastete *Streckenverzweigungen* sind *niveaufrei* als sogenannte *Überwerfung* zu realisieren, denn diese eliminieren die Fahrwegkonflikte und sind damit leistungsfähiger. Die zulässigen Steigungen sind aber limitiert, was die Entwicklungslänge zusätzlich vergrössert. Zudem sind sie sehr kostspielig (50–100 Mio. CHF). Deren Zweckmässigkeit ist mittels betriebstechnologischer Verfahren zu evaluieren, basierend auf:

- Minutengenauer Fahrplan.
- Verspätungsszenarien und -statistiken.
- Fahrdynamische Eigenschaften der Züge.
- Zugsicherungssysteme und Signalplan.

Bei sehr stark befahrenen Strecken ist ein Ausbau des Gemeinschaftsabschnittes auf drei oder vier Spuren erforderlich. Deren Betriebsregime beeinflusst die Ausgestaltung des Überwerfungsbauwerkes.

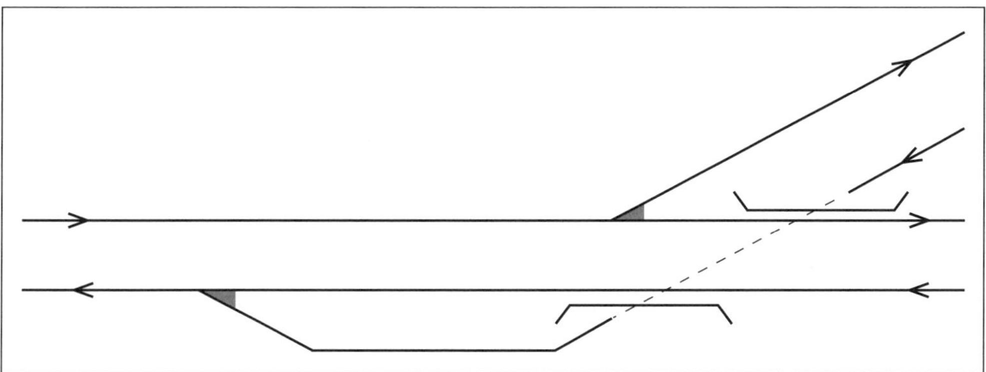

Abbildung 31 *Verzweigung von Doppelspurstrecken mit Überwerfungsbauwerk, einfache Ausführung [eigene Darstellung].*

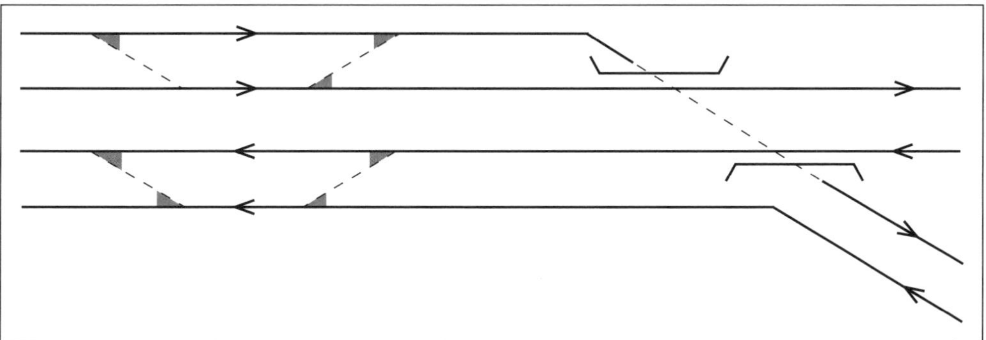

Abbildung 32 *Überwerfung von zwei Doppelspurstrecken aus einer Vierspur im Richtungsbetrieb bei hohem Kapazitätsbedarf [eigene Darstellung].*

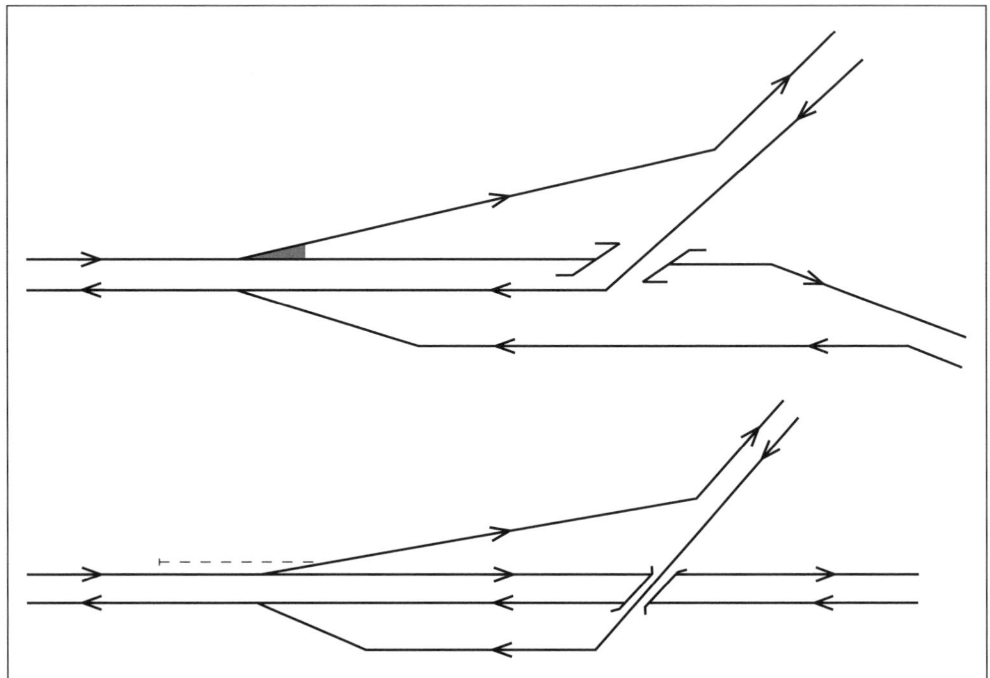

Abbildung 33 *Ausführungsvarianten von Überwerfungen; oben: Verschränkter Richtungsbetrieb; unten: Richtungsbetrieb [Blum 1961].*

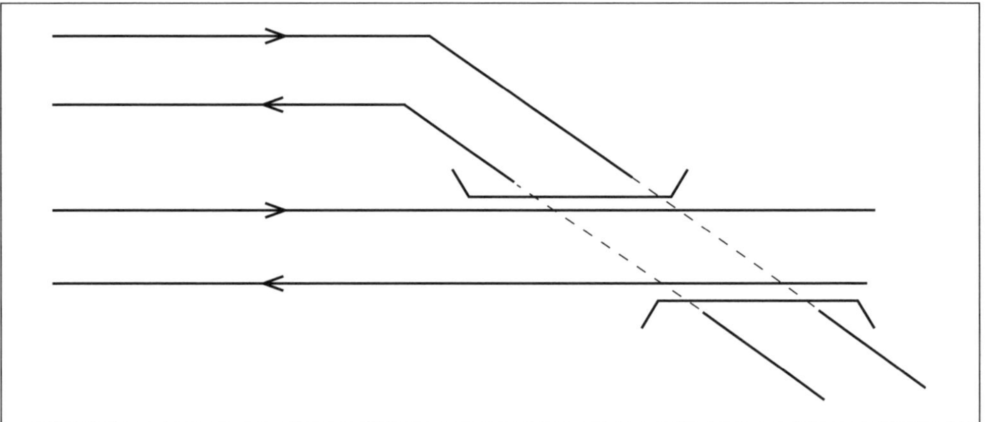

Abbildung 34 *Überwerfung von zwei Doppelspurstrecken aus einer Vierspur im Linienbetrieb [eigene Darstellung].*

3.1.6.7 Funktion Streckenkreuzung

Die Streckenkreuzung entspricht grundsätzlich einer verdoppelten Streckenverzweigung. Die resultierende Topologie ist komplexer als jene der Verzweigung, ist aber auf dieselben Überlegungen auszurichten.

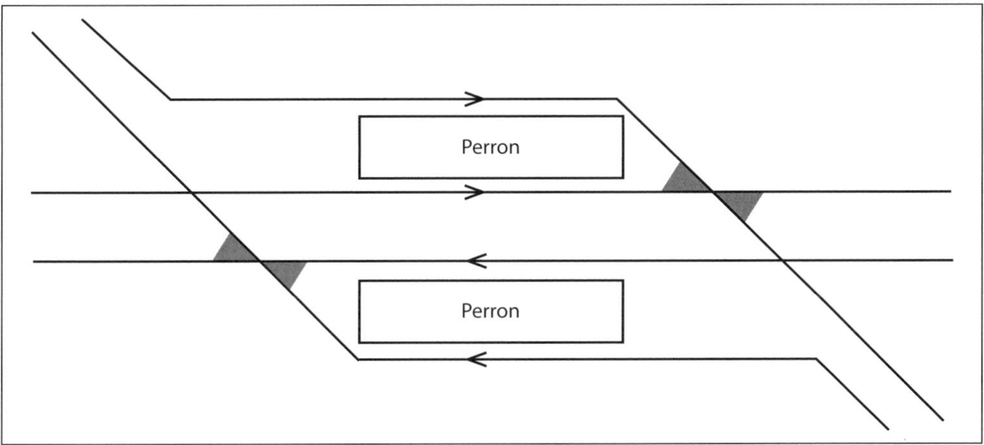

Abbildung 35 *Streckenkreuzungen im Richtungsbetrieb; Umstieg hauptsächlich auf Züge derselben Fahrtrichtung [eigene Darstellung].*

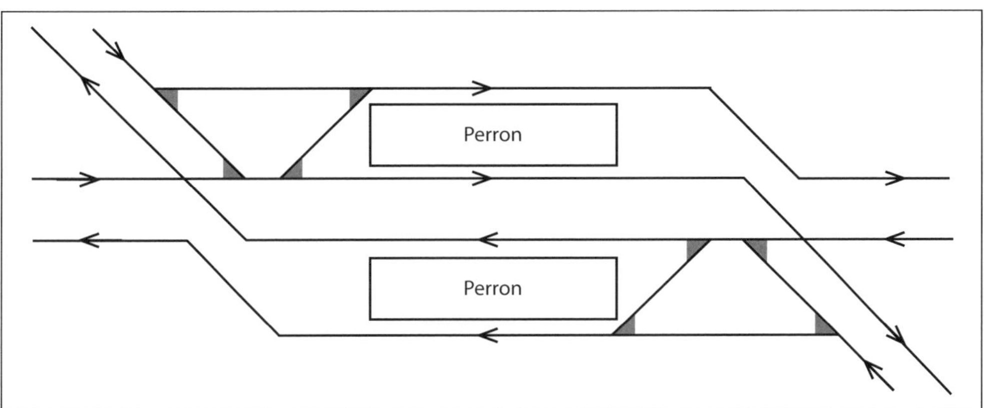

Abbildung 36 *Streckenkreuzungen im Richtungsbetrieb; verschränkter Richtungsbetrieb: Nur bei hohen Anforderungen an Flexibilität [eigene Darstellung].*

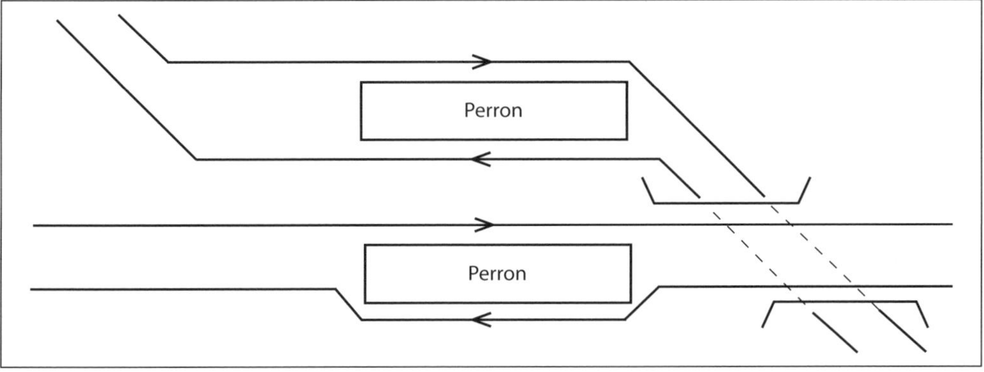

Abbildung 37 *Streckenkreuzungen im Linienbetrieb; nur geeignet für geringen Umsteigeranteil [eigene Darstellung].*

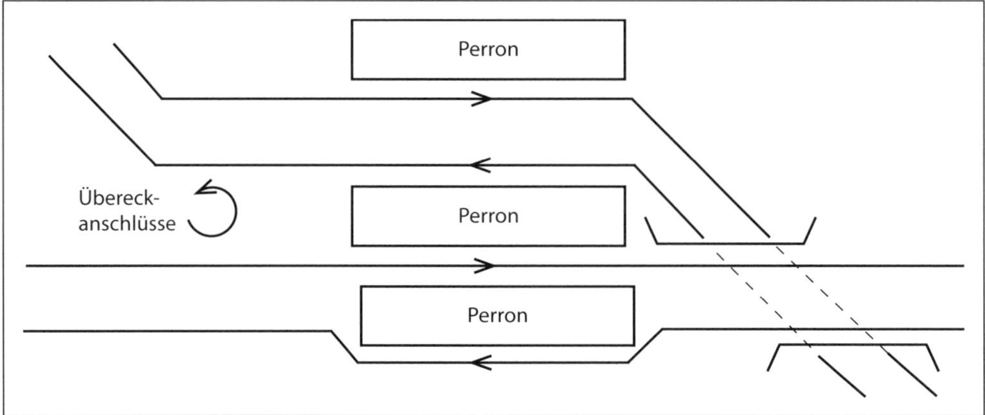

Abbildung 38 *Streckenkreuzungen im Linienbetrieb; Mittelperron ermöglicht perrongleiches Übereck-Umsteigen in einer Richtung [eigene Darstellung].*

3.1.6.8 Funktion Zugvereinigung/Zugtrennung

Sogenannte *Flügelzüge* verkehren zunächst vereinigt auf einem gemeinsamen Linienabschnitt und werden an Verzweigungspunkten getrennt respektive in Gegenrichtung vereinigt. Dies reduziert die Streckenbelastung auf dem Gemeinschaftsabschnitt und erübrigt für die Fahrgäste das Umsteigen.

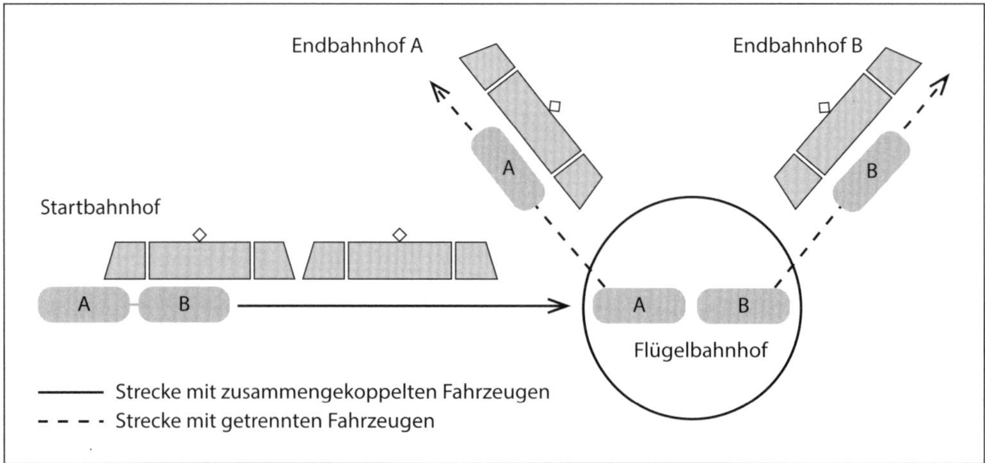

Abbildung 39 *Betriebskonzept von Flügelzügen [eigene Darstellung nach BLS].*

Das Trennen respektive Vereinigen von Flügelzügen ist vor einem Bahnhof auf der Strecke oder in einem Bahnhof möglich. Da dies stets mit Zeitbedarf verbunden ist, bevorzugt man letztere Variante und nutzt den Trennungshalt auch für den Fahrgastwechsel. Der Trennungs-/Vereinigungsbahnhof muss dazu über ein Perrongleis verfügen, das der Länge der vereinigten Zugkomposition entspricht. Solche Bahnhöfe erfordern besondere Sicherungsanlagen, welche die Einfahrt auf ein besetztes Gleis zulassen.

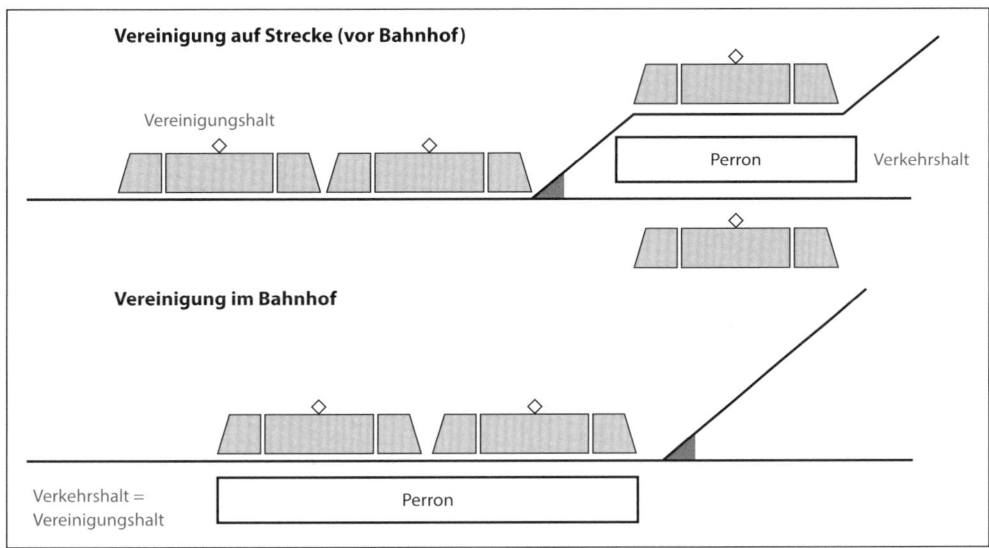

Abbildung 40 *Topologische Lösungen von Trennungs-/Verzweigungsbahnhöfen für Flügelzugkonzepte [eigene Darstellung].*

3.1.7 Topologie von Strecken

3.1.7.1 Zusammenhänge zwischen Streckentopologie und Kapazität

Strecken verbinden die Knoten und ihre verkehrliche Funktion beschränkt sich auf Haltestellen, dagegen werden oft zusätzliche Topologieelemente zur Erleichterung des Streckenunterhalts eingebaut (insbesondere Spurwechsel), die fahrplanmässig nicht befahren werden. Die Grundtopologie von Strecken ist daher insgesamt viel einfacher als jene von Knoten. Der wesentliche betriebliche Parameter ist die Streckenkapazität als Zahl der Züge, die pro Zeiteinheit verkehren können. Da nur die Konfliktformen *Folgefahrt* und *Gegenfahrt* auftreten können, wird die Kapazität infrastrukturseitig beeinflusst durch:

- Zahl der Gleise (wichtigster Parameter).
- Länge der Blockabschnitte.
- Freizügigkeit der Fahrtrichtung (Befahrbarkeit der Gleise nur in einer oder in beide Richtungen).
- Flexibilität der Gleisbenützung (Möglichkeit zum Wechsel von einem Gleis auf ein anderes).
- Erhaltungskonzept.

Hinzu kommen zwei weitere topologieunabhängige Einflussfaktoren:

- *Homogenität der Züge:* Geschwindigkeiten, Beschleunigungs-/Bremsvermögen, Zuglängen.
- *Struktur des Angebotes:* Zugindividuelle Fahrplanlagen oder systematisiertes Taktangebot, Abfolge der Züge mit hoher, mittlerer und tiefer Geschwindigkeit.

Die unter üblichen Verhältnissen erreichbaren Streckenleistungsfähigkeiten lassen sich durch optimale Abstimmung von Betriebsprogramm und Streckenkonfiguration deutlich übertreffen.

Anzahl Spuren	Züge/Tag, beide Richtungen
Einspur	80–100
Doppelspur	250–300
Dreispur	330–400
Vierspur	500–600

Tabelle 3 *Approximative Streckenkapazitäten unter üblichen Bedingungen, ohne Optimierung des Betriebsprogrammes und Homogenisierung der Zugeigenschaften, beide Richtungen zusammen; können unter bestimmten Voraussetzungen deutlich übertroffen werden [eigene Darstellung].*

3.1.7.2 Einspurstrecken

Einspurstrecken sind die ursprüngliche Streckentopologie und werden aufgrund ihrer geringen Kosten und der systematisierten Fahrplanstrukturen auch künftig eine Rolle spielen. Wichtigste Festlegungen sind Abstand und Lage der Kreuzungspunkte. Traditionell war ein

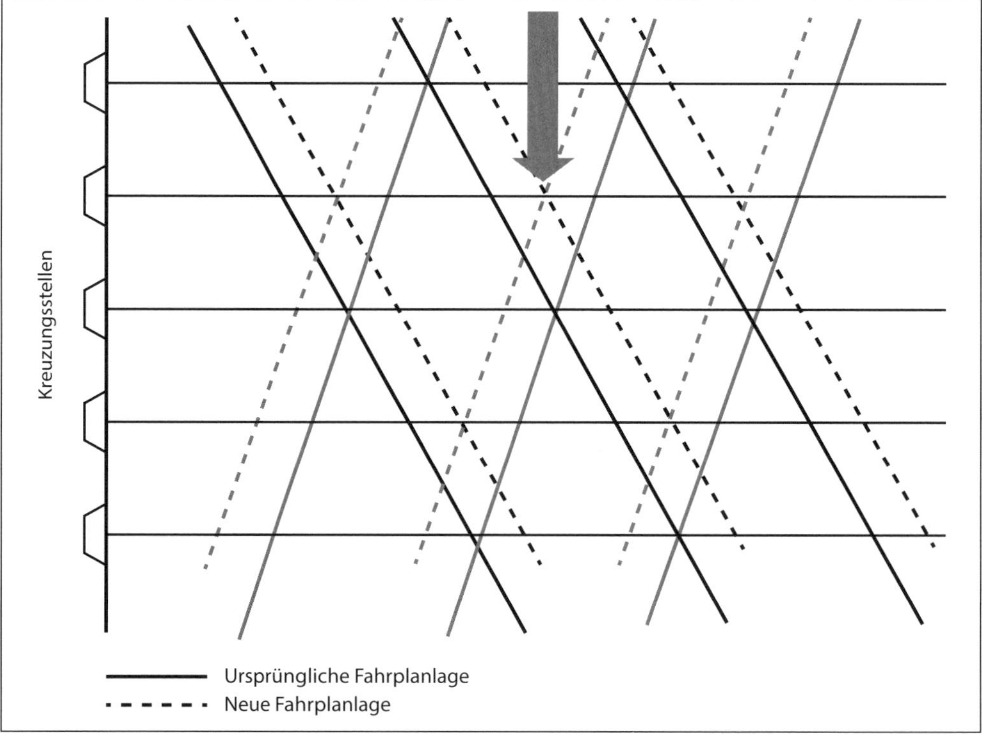

Abbildung 41 *Anordnung der Kreuzungsstellen auf Einspurstrecken in der Mitte zwischen zwei regulären Taktkreuzungen [eigene Darstellung].*

Kreuzen von Zügen an jedem Bahnhof möglich, was typische Kreuzungsdistanzen von etwa 3 km mit 3–5 min Fahrzeit zwischen zwei benachbarten Kreuzungsmöglichkeiten ergab. Die Systematisierung des Angebotes, verbunden mit Rationalisierungsmassnahmen bei der Infrastruktur, führten zur Ausdünnung des Kreuzungsrasters und dessen Rückbau auf das betrieblich Notwendige.

Die maximal zulässige Distanz zwischen zwei Kreuzungsmöglichkeiten leitet sich aus der Fahrplandichte und der Zuggeschwindigkeit ab. Zwischen zwei Kreuzungsmöglichkeiten entspricht die Fahrzeit der halben Taktzeit, bei einem Halbstundentakt somit 15 Minuten. Bei einer Durchschnittsgeschwindigkeit von beispielsweise 60 km/h ergibt dies eine maximal zulässige Distanz von 15 km. Stünden allerdings nur die genau fahrplanmässig benötigten Kreuzungsstellen zur Verfügung, so hätte dies folgende Konsequenzen:

- Keine Flexibilität bei Betriebsunregelmässigkeiten.
- Keine Flexibilität für Fahrplananpassungen.
- Keine Möglichkeit zur Führung zusätzlicher Züge.

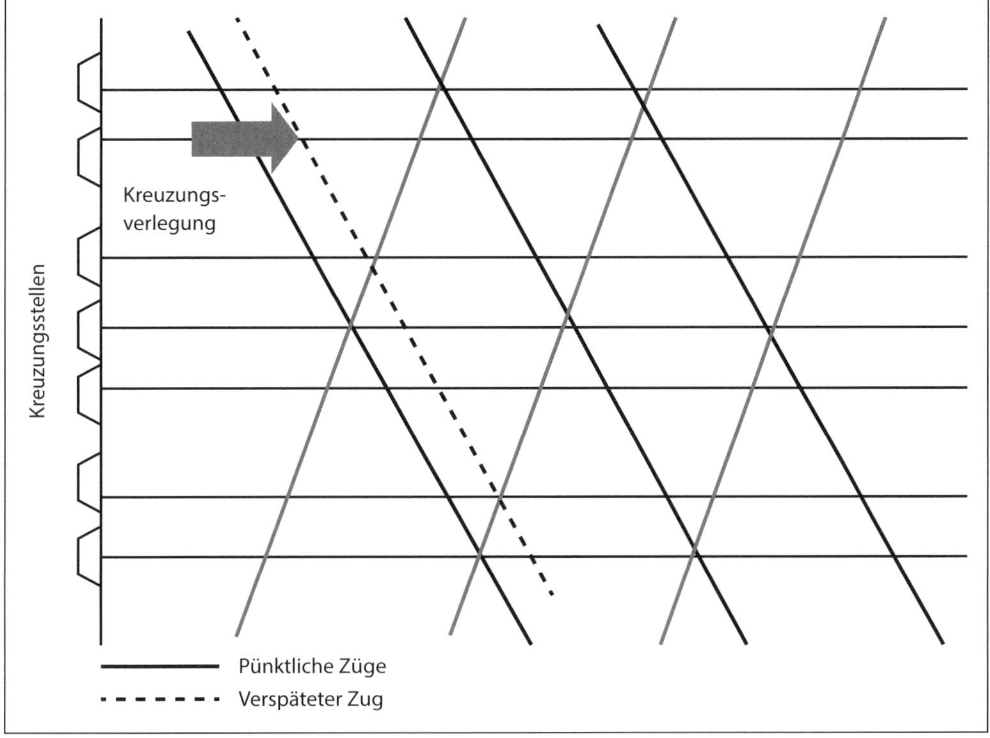

Abbildung 42 *Anordnung der Kreuzungsstellen auf Einspurstrecken in Stationsdistanz von der regulären Taktkreuzung [eigene Darstellung].*

Somit ist – ausser bei sehr einfachen Verhältnissen – eine grössere Zahl von Kreuzungsstellen erforderlich, mit zwei möglichen Anordnungen:

- *Mitte zweier Taktkreuzungen.* Vorteil: Systemzeiten des Angebotes werden in der Regel in Viertelstundenschritten verschoben. Bei Kreuzungsstationen in einem Abstand von durchschnittlich $7^1/_2$ min (für Strecken mit Halbstundentakt) ist die Topologie gegenüber Taktverschiebungen robust. Nachteil: Kreuzungsstationen für operative Kreuzungsverlegungen zu weit auseinander.
- *Abstand von der Taktkreuzungsstelle* soll die üblichen Verspätungen abdecken (3 bis 4 min). Stimmt etwa mit mittlerer Stationsdistanz von 3 bis 4 km überein. Vorteil: Hohe Flexibilität für Kreuzungsverlegungen. Nachteil: Sensibel auf Änderungen des übergeordneten Taktgefüges.

Bei dichteren Taktfolgen, zum Beispiel beim Viertelstundentakt, ergeben sich aus beiden Anforderungen etwa dieselben optimalen Kreuzungsabstände.

3.1.7.3 Fahrplanorientierte Doppelspurabschnitte

Genügt eine Einspur nicht für ein geplantes Betriebsprogramm, so ist zumindest ein partieller Doppelspurausbau erforderlich. Gründe können sein:

- Steigende Zugdichte.
- Ungünstige Fahrplanstruktur mit Zugkreuzungen ausserhalb der Stationen.
- Heterogenität der unterschiedlichen Zuggattungen.
- Mangelhafte Betriebsstabilität.

Bei vertakteten Personenverkehrssystemen finden Zugbegegnungen stets an den gleichen Stellen statt, sodass sich die erforderlichen Doppelspurabschnitte leicht mittels eines grafischen Fahrplanes ermitteln lassen. In diesen Fällen ist eine durchgehende Doppelspurstrecke selbst bei hoher Zugdichte nicht zwingend.

Rein fahrplanorientierte Doppelspurausbauten mit verbleibenden Einspurabschnitten sind indessen unflexibel hinsichtlich:

- Zukünftige strukturell und/oder mengenmässig geänderte Angebots- und Betriebskonzepte.
- Kurzfristige Abweichungen wie Verspätungen, Zusatzzüge, Umleitungen etc.

Deshalb werden Doppelspurabschnitte mit Vorteil grosszügiger angelegt.

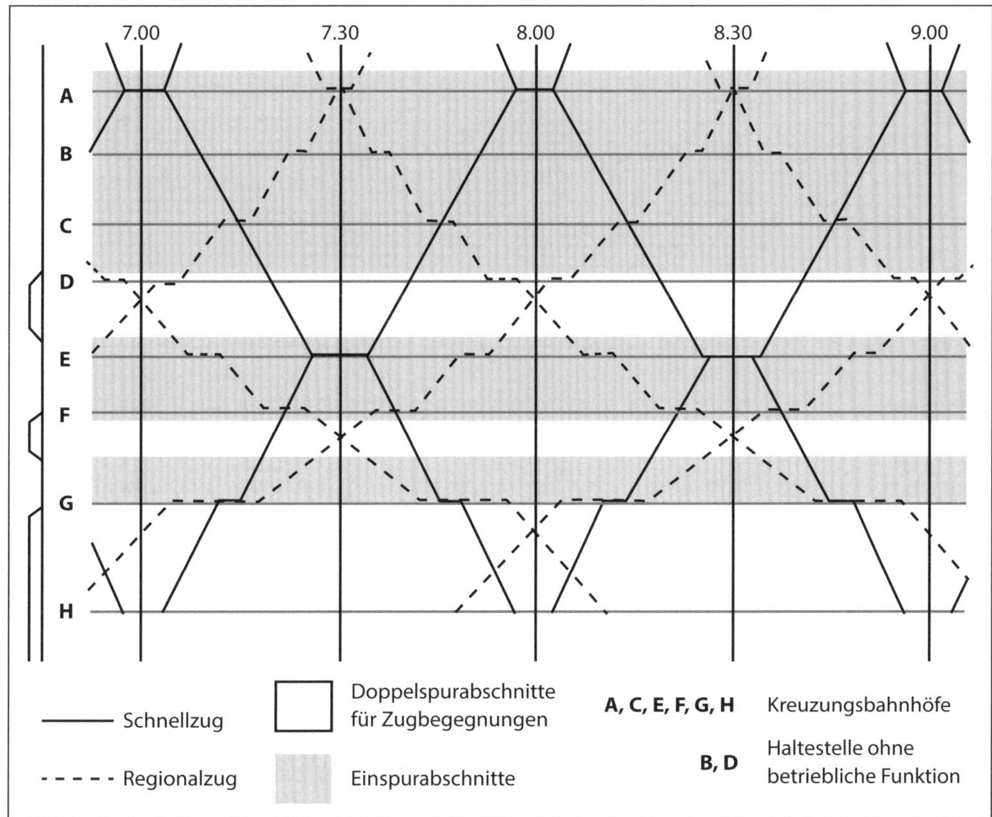

Abbildung 43 *Belegung einer eingleisigen Strecke mit Doppelspurabschnitten; Doppelspuren leiten sich aus zeitlicher Lage der Züge ab. Wo keine Begegnungen geplant sind, kann Einspur belassen werden [eigene Darstellung].*

3.1.7.4 Durchgehende Doppelspurstrecken

Eine maximale Flexibilität und Stabilität erreicht man erst mit einer durchgehenden Doppelspur. Um deren Leistungsfähigkeit und Funktionalität zu maximieren, werden Spurwechselstellen in bestimmten Abständen eingebaut:

- *Volle Nutzung der Flexibilität banalisierter Strecken:* Durch Spurwechselstellen können Züge auf das jeweilige Gegengleis geführt werden. Dies ist die Voraussetzung für eine simultane Nutzung beider Gleise in derselben Richtung.
- *Rationalisierung des Gleisunterhaltes:* Regelmässig angeordnete Spurwechsel erlauben die temporäre Sperrung eines Gleises für Unterhaltszwecke. Durch Feinoptimierung des Fahrplans und dispositive Priorisierung kann das Betriebsprogramm vollumfänglich oder nur mit kleinen Einschränkungen aufrechterhalten werden.

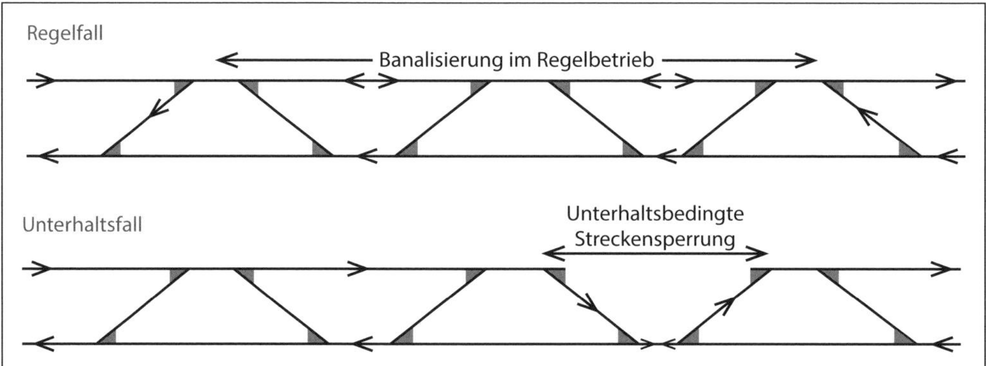

Abbildung 44 *Oben: Banalisierter Betrieb im Regelfall; unten: Unterhaltsbedingte Sperrung eines Abschnittes zwischen zwei Spurwechseln für Unterhaltszwecke [eigene Darstellung].*

Spurwechsel werden möglichst als Teil der Topologie der Zwischenbahnhöfe realisiert, im Bedarfsfall aber auch auf freier Strecke. Die optimale Spurwechseldistanz ergibt sich aus der Minimierung von [Veit 2006]:

- *Investitionen* in die Spurwechsel für Fahrbahn, Sicherungstechnik, Fahrstromversorgung.
- *Erhaltungsaufwand* für die Spurwechsel.
- *Betriebserschwerniskosten.* Darunter fallen etwa die Verspätungen, ausserplanmässigen Zughalte, Umleitungen und Bahnersatz.

Je kürzer die Abstände zwischen den Spurwechseln, desto flexibler können Teilsperrungen angeordnet werden und desto tiefer sind die Betriebserschwerniskosten. Dafür steigen die Investitionen und Erhaltungskosten. Daraus leitet sich für übliche Belastungen und Geschwindigkeiten bis 160 km/h ein optimaler Spurwechselabstand von zwischen etwa 7,5 und 10 km

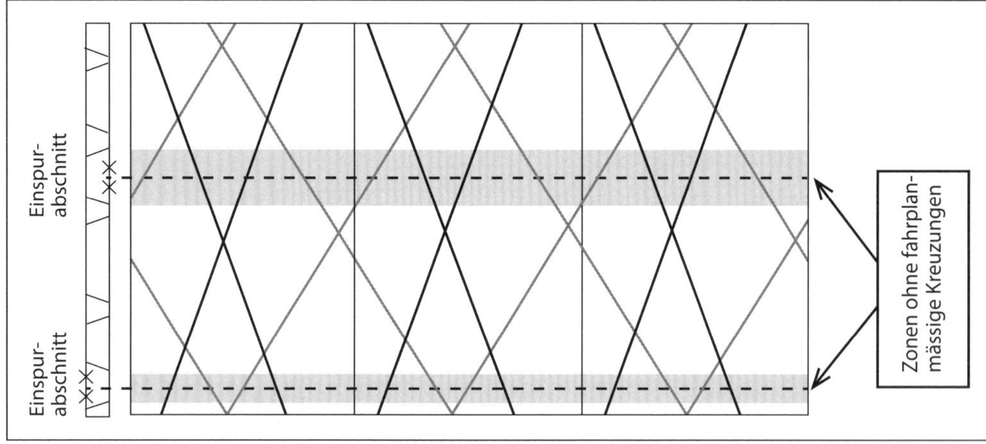

Abbildung 45 *Optimierte Festlegung der unterhaltsbedingten Einspurabschnitte und Koordination mit der Fahrplanstruktur; Zielsetzung ist die Sperrung möglichst vieler Unterhaltsabschnitte ohne Einschränkung des Betriebsprogrammes [eigene Darstellung].*

ab [Veit 2006]. Bei tiefen Streckengeschwindigkeiten und extremen Kapazitätsanforderungen verkürzt sich diese Distanz. Sie betrug auf der Gotthard-Bergstrecke der SBB bei einer Höchstgeschwindigkeit von 80 km/h nur etwa 4 km.

3.1.7.5 Dreispurstrecken

Durch ein drittes Gleis kann die Streckenleistungsfähigkeit mindestens im Umfang einer Einspurstrecke erhöht werden, je nach Betriebsprogramm aber auch deutlich mehr. Es dient dem Überholen von langsamen Zügen oder der Parallelfahrt bei Zu- oder Wegfahrten zu/von Knotenbahnhöfen. Zudem gewährleistet es auch bei unterhaltsbedingter Sperrung eines einzelnen Gleises eine vollwertig nutzbare Doppelspur. Die Dreispur ist sicherungstechnisch zu banalisieren. Die Weichenverbindungen zwischen allen Gleisen sind in Abständen von 4–8 km anzuordnen. Eine dritte Spur kann aber auch dazu dienen, den langsamen Regionalverkehr vom schnelleren Fern- und Güterverkehr zu trennen, indem sie wie eine eigenständige Einspur betrieben wird. In diesen Fällen richten sich allfällige Weichenverbindungen und Kreuzungsstellen nach dem Regionalverkehrsfahrplan.

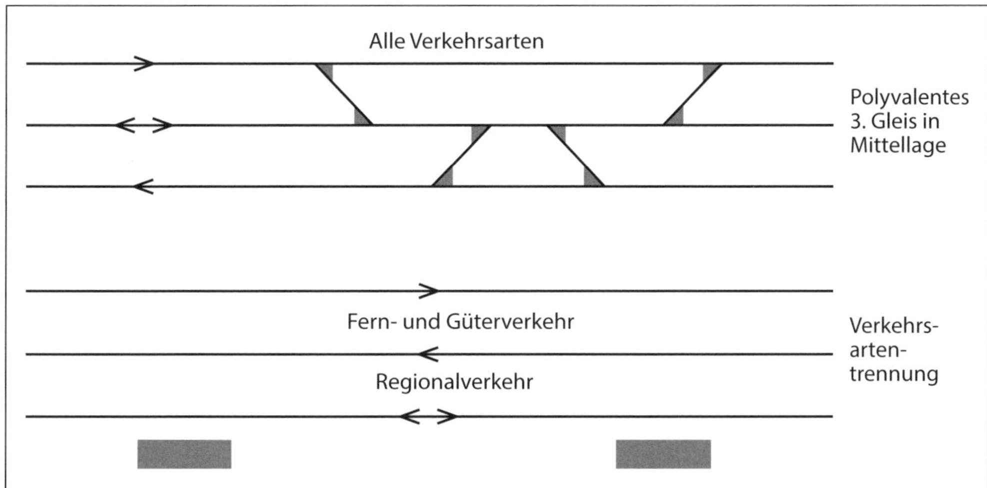

Abbildung 46 *Betrieblich-topologische Ausführungen von Dreispurstrecken; oben: Mittleres Gleis polyvalent nutzbar zur Kapazitätssteigerung, unten: Drittes Gleis dem Regionalverkehr vorbehalten und damit Entflechtung der Geschwindigkeiten [eigene Darstellung].*

3.1.7.6 Vierspurstrecken

Vierspurstrecken sind äusserst leistungsfähig und rechtfertigen sich nur auf zentralen Streckenabschnitten mit höchsten Kapazitätsanforderungen sowie grosser Heterogenität der Züge. Das optimale Betriebsregime (Linienbetrieb oder Richtungsbetrieb) leitet sich aus dem Betriebsprogramm ab. Der *Richtungsbetrieb* eignet sich für Strecken mit relativ homogenen Zuggeschwindigkeiten, bei Zuläufen zu Knotenbahnhöfen oder für langgezogene Entflechtungs-/Verflechtungsstrecken. Der *Linienbetrieb* hingegen wird insbesondere angewandt, wenn verschiedene Zuggattungen voneinander getrennt werden sollen:

- Trennung des schnellen Reiseverkehrs vom langsamen Güterverkehr.
- Trennung des Fernreise- und Güterverkehrs (ohne Zwischenhalte) vom S-Bahn-Verkehr (mit Zwischenhalten).

Beim Linienbetrieb muss ein Zug ein Gegengleis queren, wenn er auf das zweite Gleis mit gleicher Fahrtrichtung wechseln soll, und behindert damit Gegenfahrten. Im Richtungsbetrieb können dagegen die Gleise einer jeden Fahrtrichtung ohne Behinderung der Gegenrichtung gewechselt werden. Wird die Strecke im Linien-, der anschliessende Knoten aber im Richtungsregime betrieben, so ist bereits in der Knotenzufahrt eine Überleitstelle vorzusehen.

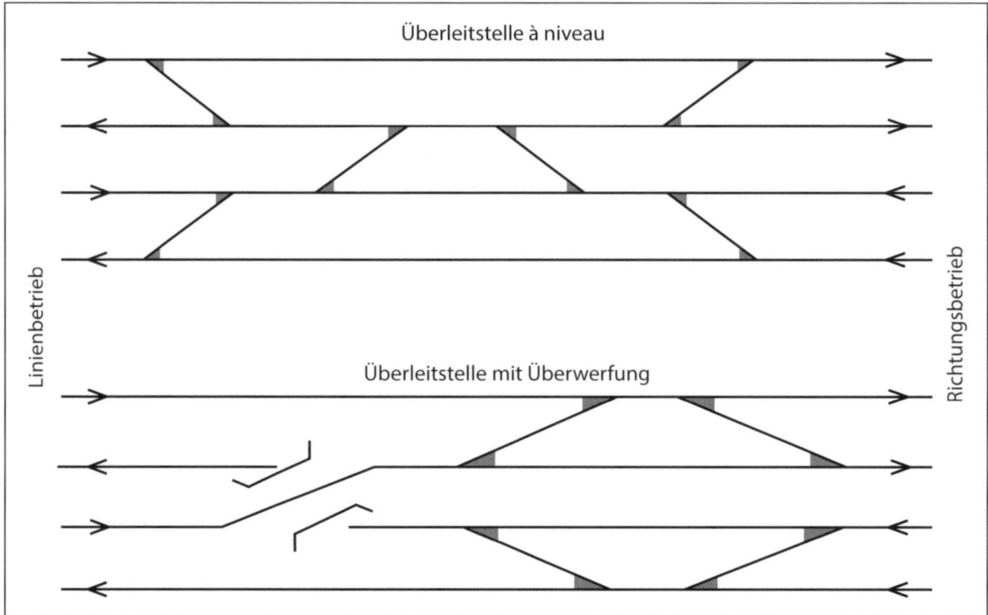

Abbildung 47 *Überleitstelle zwischen Linien- und Richtungsbetrieb; oben: À niveau, unten: Mit Überwerfung [eigene Darstellung].*

3.1.8 Gesamttopologie und Bereichstopologien

3.1.8.1 Entwicklung der Gesamttopologie

In den vorangehenden Kapiteln wurden charakteristische Teiltopologien für die einzelnen Betriebsfälle dargestellt. Auf einem neu zu planenden Anlagenausschnitt sind in der Regel mehrere unterschiedliche Betriebsprozesse abzuwickeln, weshalb die Gesamttopologie – wie gezeigt – durch Überlagerung und Optimierung der Teiltopologien entsteht.

Die pro Betriebsfall gewählten Teiltopologien können sich nach diesem Optimierungsprozess von den ursprünglichen Typen unterscheiden. Grundlegend ist das Betriebsprogramm, denn nicht nur die Zahl, sondern auch die gegenseitige zeitliche Lage der Züge entscheidet oft, ob bestimmte Teiltopologien für mehrere Betriebsfälle genutzt werden können oder nicht.

Bisweilen muss die Topologie aus Kapazitätsgründen aufwendiger ausgestaltet werden, als dies pro Betriebsfall nötig wäre. Dies kann beispielsweise niveaufreie Verflechtungen oder mehrgleisige Knotenzuläufe bedeuten.

3.1.8.2 Kritische Netzbereiche

Bezogen sich die bisherigen – lokal orientierten – Darstellungen entweder auf einen Knoten oder auf eine Strecke, so genügt dies bei dicht belasteten Netzbereichen nicht mehr. Die Kapazitätsknappheit ergibt sich hier oft durch bestimmte kritische Konstellationen von Zugzahlen, zeitlicher Lage, vorhandener Topologie und sicherungstechnischer Ausrüstung.

In Zeiten wenig leistungsfähiger Sicherungs- und Betriebsführungstechnologien waren meist die Strecken wegen der grossen technischen Zugfolgezeiten kapazitätskritisch, die durch Abschnittslängen, Zuggeschwindigkeiten und Prozesszeiten der Sicherungsanlagen gegeben waren. Sie lagen oft bei fünf Minuten und mehr, was die Zugzahlen so weit limitierte, dass sie durch die Knoten meist problemlos zu bewältigen waren. Die kapazitätsbestimmenden Engpässe haben sich indessen in jüngerer Zeit sukzessive in die Knoten verlagert:

- Fahrplanverdichtungen, die die Gleisvorfelder der Kopfbahnhöfe an die Kapazitätsgrenze bringen.
- Integrierte Taktfahrpläne mit Anschlussgewährung zwischen allen Relationen in Taktknoten führen zu hohem gleichzeitigem Perronkantenbedarf und zu zahlreichen Fahrstrassenkonflikten.
- Streckenkapazität lässt sich heute vergleichsweise einfach mittels signaltechnischer Massnahmen und mehrgleisigem Ausbau steigern. Leistungssteigerungen in Knoten sind aufgrund von Abkreuzungs- und Einfädelungskonflikten schwieriger.
- Überlagerung von Fern- und S-Bahn-Verkehr in den Knotenbahnhöfen grosser Städte.

Nebst den integrierten Taktknoten – mit oder ohne S-Bahn-System – sind oft auch Korridorverflechtungen ohne grosses eigenes Verkehrsaufkommen kapazitätskritisch, selbst wenn sie keine Funktion als Taktknoten haben. Strecken mit Mischverkehr können kapazitätskritisch werden, wenn sie hoch belastet sind und sehr grosse Geschwindigkeitsunterschiede zwischen den Zuggattungen auftreten.

3.1.8.3 Projektabgrenzung

Auslöser der Neuplanung von Bereichstopologien sind in der Regel Anpassungen der Angebots- und Produktionskonzepte. In diesen Fällen zeigt die Betriebsanalyse, dass das geplante Konzept auf bestehender Topologie nicht produzierbar ist. Gründe dafür können fehlende Funktionalitäten der Topologie, aber auch mangelnde Kapazität, Stabilität und/oder Robustheit sein. Aus der Betriebsanalyse geht zudem hervor, an welchen Stellen der Topologie neue Konflikte oder Engpässe entstehen. Die Projektabgrenzung leitet sich aus jenen Bereichen ab, die Anpassungen erfordern. Durch Netzeffekte können diese räumlich voneinander getrennt sein. Dies trifft oft bei Fahrplanverdichtungen und/oder einer Strukturänderung eines integralen Taktfahrplanes auf. Solche Ausbauprojekte umfassen in der Folge räumlich getrennte, aber inhaltlich zusammenwirkende Teilbereiche. Weitere Abgrenzungskriterien sind:

- Abschnitte mit klar anderer Betriebsweise (insbesondere Grenzen zwischen Strecken und Knoten).
- Bereiche mit fehlendem Gestaltungsspielraum aufgrund inhaltlicher oder finanzieller Randbedingungen.

Entsteht der neue Kapazitätsengpass in einem Knoten, so empfiehlt es sich, in der Planung von dort auszugehen und die anschliessenden Streckentopologien nach einer ersten Optimierung des Knotens im Detail zu entwerfen.

3.1.8.4 Aufgabenstellungen bei Bereichstopologien

Bereichstopologien sind gegenüber üblichen Planungsaufgaben komplexer, insbesondere da sie grössere funktional zusammenhängende Netzbereiche betreffen. In einem grossräumigen Perimeter sind festzulegen:

- Linienbetrieb oder Richtungsbetrieb des gesamten Bereiches, Übergänge zwischen unterschiedlichen Regimes.
- Ausgestaltung der Zufahrtsbereiche, Streckenverflechtungen.
- Topologische und betriebliche Koordination zwischen Knotenorganisation und Streckenorganisation.
- Festlegung der Bahnhofstypen.

Dies ist oft so grundlegend, dass dazu ein Rahmenplan formuliert wird. Der zugehörige Kapazitätsnachweis ist anspruchsvoll, da eine verlässliche Aussage erst unter Berücksichtigung *aller* Züge auf der *gesamten* Anlage möglich ist. Es sind dazu oft mikroskopische Bahnsimulationsmodelle einzusetzen. In folgenden Netzbereichstypen treten regelmässig kapazitätsbestimmende Situationen auf:

- Kopfbahnhöfe.
- Integrierte Taktknoten.
- S-Bahn-Stammstrecken.
- Korridorverflechtungen.
- Sehr lange Strecken mit Mischverkehr.

Im Folgenden werden für jeden Typ die Art des Kapazitätsengpasses skizziert und Lösungsansätze aufgezeigt.

3.1.8.5 Kopfbahnhöfe

Kopfbahnhöfe lassen sich je nach Gegebenheiten im Linien- oder im Richtungsbetrieb organisieren. Je nach den geplanten Linienkonzepten sind diese Organisationsformen hinsichtlich der Gesamtkapazität unterschiedlich geeignet. Beim Linienbetrieb entspricht der Kopfbahnhof einer Aneinanderreihung separater Kopfbahnhöfe für jede eingebundene Strecke. Dies eignet sich vorab dann, wenn die Züge jeweils nur auf einer einzigen Strecke pendeln und damit nach der Ankunft auf derselben Strecke zurückfahren. Die Zahl der Querfahrten wird minimal. Demgegenüber ist der Richtungsbetrieb geeigneter, wenn die Züge nur einen Zwischenhalt einlegen und anschliessend auf anderen Strecken übergehen. Im Richtungsbetrieb steht jeweils die Hälfte aller Gleise für alle ankommenden respektive abgehenden Richtungen gruppiert zur Verfügung (entsprechende Topologie im Bahnhofszulauf vorausgesetzt). Dies erhöht die Flexibilität und Kapazität des Kopfbahnhofes.

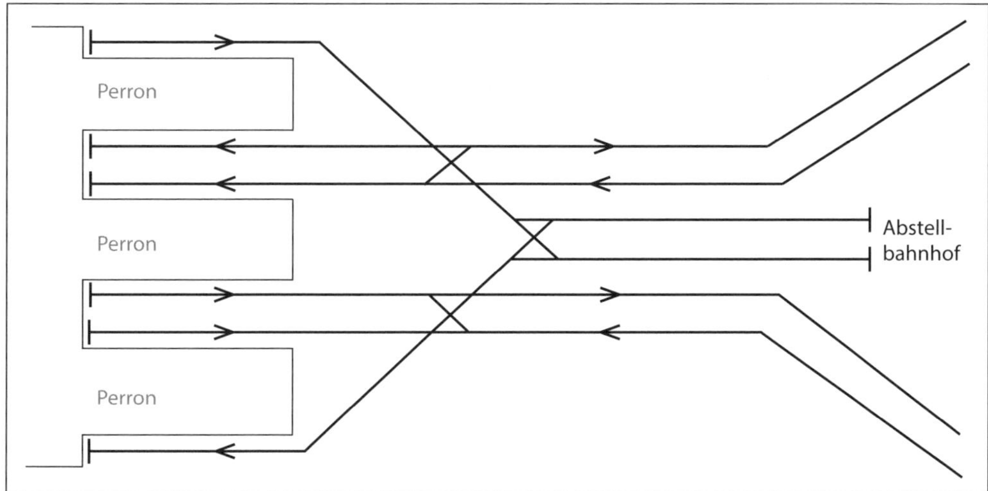

Abbildung 48 *Betriebsregimes von Kopfbahnhöfen; Kopfbahnhof im Linienbetrieb [Blum 1961].*

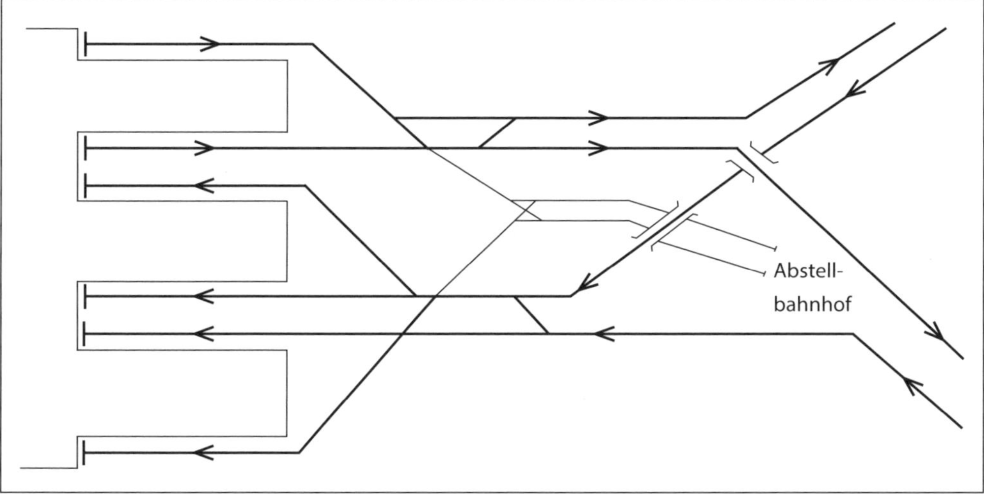

Abbildung 49 *Betriebsregimes von Kopfbahnhöfen; Kopfbahnhof im Richtungsbetrieb [Blum 1961].*

3.1.8.6 Integrierte Taktknoten

In integrierten Taktknoten treffen sich die Züge aller Linien simultan in beiden Fahrtrichtungen zu bestimmten Systemzeiten und verbleiben im Knoten, bis sämtliche Umsteigevorgänge abgeschlossen sind. Betrieblich kennzeichnend ist die grosse Zahl von Zügen, die gleichzeitig ein- respektive ausfahren und dazwischen die Perrongleise des Knotens belegen. Kapazitätsbestimmend sind die Zahl der Perrongleise, die Kapazitäten der Knotenzuläufe/-abläufe sowie die Personenflusskapazitäten im Bahnhof. Folgende Massnahmen können zur Leistungsfähigkeit beitragen:

- Organisation des Hauptknotens im Richtungsbetrieb.
- Optimierung der Benützungsrichtung der Gleise bereits im Zulauf; Abweichung von netzweiter Gleisbenützungsregel, gegebenenfalls mit Überwerfungen in den Aussenbereichen. Dadurch Minimierung von Abkreuzungskonflikten im zentralen Knoten.
- Verkehrsartentrennung im Zulauf mit frühzeitiger Separierung des Fernverkehrs von der S-Bahn und dem Güterverkehr.
- Ermöglichung simultaner Mehrfacheinfahrten durch sicherungstechnische Banalisierung der Zulaufstrecken. Gegebenenfalls zusätzliche Einfahrgleise.
- Fahrstrassenkonfliktarmes Gleisvorfeld mittels Topologien, die möglichst viele synchrone Zugbewegungen zulassen.
- Möglichst schneller Wendeprozess der Züge durch Einsatz von Pendelzügen anstelle von Lok mit Wagen; damit kürzere Aufenthaltsdauer und weniger Topologiebedarf für Manöverfahrten und Abstellungen.
- Anbindung der Abstellanlagen mittels Fahrwegen, die keine Fahrstrassenkonflikte mit Fahrplanzügen auslösen (notfalls niveaufrei).
- Ausrichtung der Fahrplanstruktur und Perrongleisbenützungsregeln auf Minimierung der potenziellen Fahrstrassenkonflikte.
- Sicherstellung einer hohen Pünktlichkeit der in den Knoten einlaufenden Züge.

3.1.8.7 S-Bahn-Stammstrecken

Sogenannte S-Bahn-Stammstrecken durchqueren beziehungsweise unterqueren die Innenstadt eines Metropolitanraumes und verbinden gegenüberliegende Zulaufkorridore. Dies ermöglicht die Bildung von Durchmesserlinien unter Bedienung mehrerer Stadtbahnhöfe und entlastet den zentralen Fernverkehrsbahnhof. In der Stammstrecke werden möglichst viele S-Bahn-Linien in engster Zugfolge gebündelt. Zugdichten von gegen 30 Zügen pro Gleis und Stunde sind nicht selten. Die Kapazität der Stammstrecken wird insbesondere limitiert durch die technisch minimale Zugfolge der Strecke, die Haltezeiten an Zwischenhaltepunkten, Unpünktlichkeiten im Zulauf zur Stammstrecke und Fahrplanzwänge auf den Aussenstrecken. Folgende Massnahmen maximieren die Kapazität:

- Doppelspurige Stammstrecke mit möglichst homogenem Geschwindigkeitsprofil.
- Möglichst kurze, regelmässige und auf die Fahrdynamik der Züge abgestimmte Blockeinteilung oder Einsatz von Signalsystemen mit Blockabschnitten, die mit den Zügen mitwandern (Moving Block; in Kapitel 5.5.4.3 erläutert).

- Fahrplantechnische Pufferzeiten vor der Einfahrt in die Stammstrecke, dadurch weitgehende Ausnützung jeder technisch-betrieblichen Fahrmöglichkeit auf der Stammstrecke.
- Letzte Haltepunkte vor Einfahrt in die Stammstrecke mehrgleisig oder Puffergleise zum Abwarten der nächsten Fahrtmöglichkeit.
- Haltepunkte auf der Stammstrecke entweder vermeiden oder mit zwei Haltegleisen pro Fahrtrichtung ausstatten respektive als Zwillingsperrons ausführen.
- Leistungsfähige Aussenstrecken; notfalls eigene Infrastruktur für S-Bahn auf höchstbelasteten Abschnitten.
- Aufbau der Fahrplanstruktur auf den Aussenstrecken so, dass sich Fernverkehrsverspätungen möglichst nicht auf S-Bahn übertragen.
- Betrieb mit speziellen Triebzügen mit hoher Anfahr-/Bremsleistung sowie kurzen Fahrgastwechselzeiten.

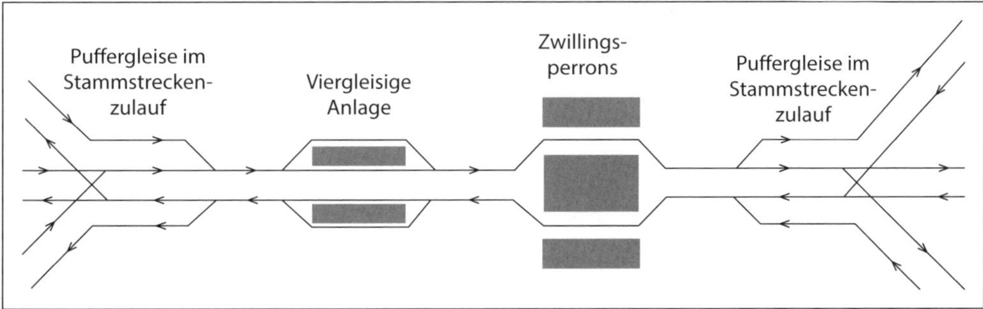

Abbildung 50 *Topologische Massnahmen zur Leistungssteigerung von S-Bahn-Stammstrecken; weitere leistungssteigernde Massnahmen bestehen insbesondere in der sicherungstechnischen Ausrüstung, der Fahrzeugkonzeption und der Fahrplanstruktur [eigene Darstellung].*

3.1.8.8 Korridorverflechtungen

Je nach Netzstruktur und Topografie können sich stark befahrene Korridore auch ausserhalb grosser Zentren kreuzen und/oder verflechten. Das eigene Verkehrsaufkommen des betreffenden Bahnhofes ist dabei meist untergeordnet, hingegen dominieren die grossräumigen Verkehrsströme. Die Zugläufe transitieren ihn, meist ohne Halt. Kapazitätsengpässe entstehen durch das Abkreuzen oder Verflechten von Zugläufen sowie die gebündelte Nutzung allfälliger Gemeinschaftsabschnitte. Lösungsansätze zur Maximierung der Kapazität sind etwa:

- Niveaufreie Abkreuzung von querenden Zugläufen.
- Niveaufreie Verflechtung respektive Entflechtung von Strecken.
- Umfahrungsstrecken für bestimmte Zugläufe zwecks Entlastung des zentralen Verflechtungsbereiches.

Kreuzen sich Korridore, zwischen denen keine Züge ausgetauscht werden, können diese auf zwei Ebenen in Form eines Turmbahnhofes geführt werden. Die Anlage wird dabei durch den Verzicht auf ausgedehnte Verflechtungs-/Entflechtungsbereiche sehr kompakt, gleichzeitig maximiert man die Kapazität dank Eliminierung aller Abkreuzungskonflikte. Allerdings sollte sich das natürliche Gelände für die Höhenunterschiede eignen und nötigenfalls sind zumindest Verbindungskurven für den Übergang von Güter- und/oder Regionalzügen von einem auf den anderen Korridor zu erstellen.

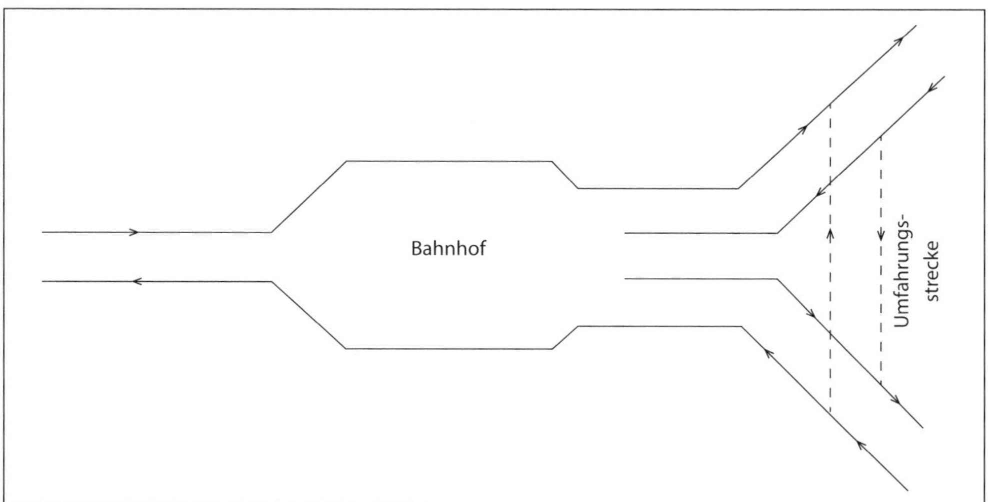

Abbildung 51 *Entlastung eines Kopfbahnhofes mittels einer Verbindungs- respektive Umgehungsstrecke [Blum 1961].*

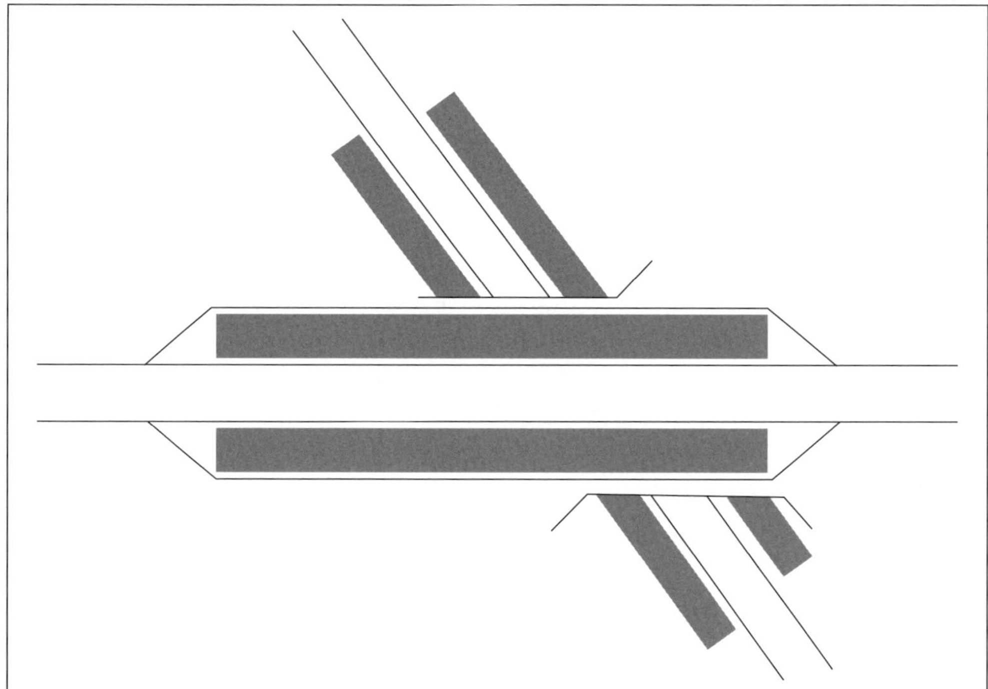

Abbildung 52 *Vermeidung von Abkreuzungskonflikten bei Korridorverflechtungen durch Turmbahnhof mit unterschiedlichem Höhenniveau [Blum 1961].*

3.1.8.9 Lange Strecken mit Mischverkehr

Das Überholen von Zügen ist nicht spontan möglich sowie in der betrieblichen Planung und operativen Umsetzung anspruchsvoll. Üblicherweise müssen sie sich daher in ihrer ursprünglichen Reihung über einen längeren Streckenverlauf folgen. Sind die Geschwindigkeitsunterschiede gross, so steigen sukzessive die Zeitabstände zwischen den Zügen. Schnelle Züge entfernen sich immer mehr von nachfolgenden langsamen Zügen und holen gleichzeitig vorauslaufende langsame Züge ein; dadurch sinkt die Streckenkapazität. Grosse Geschwindigkeitsunterschiede treten insbesondere im Mischverkehr mit Regionalzügen (45–55 km/h), Güterzügen (60–90 km/h), Interregiozügen (70–90 km/h) und Intercityzügen (100–120 km/h) auf. Die infrastrukturellen Möglichkeiten zur Kapazitätssteigerung sind limitiert; bedeutender sind betriebliche Massnahmen:

- Fahrplantechnische Bündelung der Züge mit ähnlichen Geschwindigkeiten.
- Mehrgleisiger Ausbau definierter Zwischenbahnhöfe, in denen die Anschlüsse zwischen Fern- und Regionalverkehrszügen zu definierten Systemzeiten erfolgen; gleichzeitig Überholung durch nicht haltende Fernverkehrsbündel.
- Möglichst kurze Blockabstände, regelmässige Blocklängen. Besonders kurze Blockabstände vor/nach den Zwischenbahnhöfen.
- Zusätzliche Überholgleise zwischen den Zwischenbahnhöfen für Güterzüge.
- Partieller Ausbau auf drei Spuren, wobei eine Spur durch den langsamen Regionalverkehr genutzt wird.

3.2 Entwurf von Personenverkehrsanlagen

3.2.1 Grundlagen der Personenverkehrsanlagen und planerische Aufgaben

3.2.1.1 Räumliche und funktionale Abgrenzung

Die Personenverkehrsanlagen von Haltepunkten stellen erstens die physische Verbindung zwischen dem Einzugsgebiet eines Haltepunktes und den Bahnangeboten her und zweitens ermöglichen sie den Fahrgästen das Besteigen und Verlassen von Zügen oder das Umsteigen zwischen zwei Zügen. Ihre Planung umfasst deshalb zwei Perimeter:

- *Umfeld:* Begrenzt wird der direkte Einflussbereich eines Haltepunktes durch die akzeptierten Gehdistanzen der Fahrgäste von 300–500 m im Nahverkehr respektive 500–750 m im S-Bahn- und Fernverkehr.
- *Haltepunktperimeter:* Kann baulich klar abgetrennt sein wie bei einer U-Bahn-Station, oder er ist funktional zu erkennen. Oft bildet zudem das Anlageneigentum eine formale Abgrenzung.

Planerischer Ausgangspunkt ist das Perron als Schnittstelle zu den Zügen. Von dort sind die Fussgängeranlagen durch den Haltepunkt hindurch bis ins Einzugsgebiet zu entwickeln:

- *Perrons und Zugänge:* Perrons bilden zusammen mit ihren Zugängen ein funktionales Ganzes.
- *Internes Wegenetz:* Das interne Wegenetz verbindet die Perronzugänge mit definierten Eintrittspforten, die sich an der äusseren Grenze des Haltepunktperimeters befinden.
- *Zugang zum Haltepunkt aus dem Umfeld und Eintrittspforten:* Der Zugang zum Haltepunkt wird durch das öffentliche Wegenetz hergestellt, das bestmöglich auf die Eintrittspforten zu orientieren ist. Zum Zugang zählen zudem andere Verkehrssysteme wie Nahverkehr, Velo und Auto.

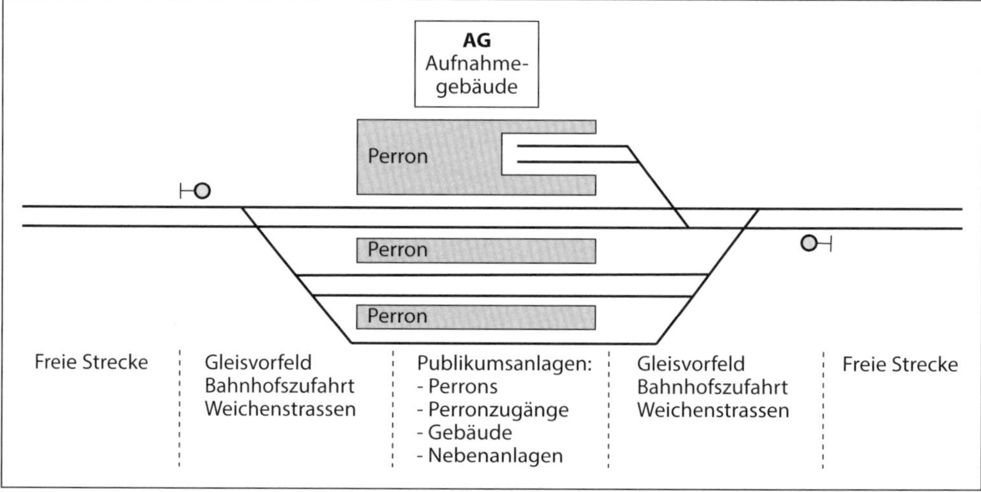

Abbildung 53 *Elemente von Personenverkehrsanlagen und deren Einpassung in die Gleistopologie [eigene Darstellung].*

3.2.1.2 Haltepunkttypen

Für die planerische und bauliche Ausgestaltung der Fussgängeranlagen ist der Kontext des Haltepunktes wesentlich:

- *Bahnhöfe und Haltestellen von Eisenbahnen:* Teilweise abgetrennt vom Umfeld mit definierten Eintrittspforten, teilweise aber fliessende Übergänge; grosse räumliche Ausdehnung, oft nur mässiges bis kleines Gesamtverkehrsaufkommen, aber ausgeprägte Spitzenbelastungen. An Umsteigehaltepunkten sind vorgegebene Umsteigezeiten einzuhalten. Anlagenteile vorwiegend oberirdisch, aber auch unterirdisch und in Gebäuden.
- *Haltestellen von U-Bahnen und weitere unterirdische Haltepunkte:* Sehr hohes Verkehrsaufkommen bei limitierten Anlagenabmessungen. Klar definierte Eintrittspforten und praktisch unveränderbare Anlagengestaltung. Zahlreiche Berandungen. Einsehbarkeit eingeschränkt; damit erhöhte Risiken hinsichtlich Personensicherheit und Vandalismus.

- *Haltestellen des Nahverkehrs im Strassenraum:* Einfache Ausstattung und kleine Dimensionen, meist nicht vom Umfeld abgetrennt und keine baulich definierten Eintrittspforten, oft integriert in Trottoirs und gemischt genutzt durch Passantenströme. Hohes Verkehrsaufkommen mit raschem Personenwechsel.

Abbildung 54 *Bahnhof/Bahnhaltestelle: Grosse Ausdehnung, Übergang von Perronanlage in öffentlichen Raum ohne strikte Abgrenzung [Foto: Marcus Rieder].*

Abbildung 55 *U-Bahn-Haltepunkt: Physische Begrenzungen der Fussgängerflächen, knappe Dimensionen [Foto: Marc Sinner].*

Abbildung 56 *Strassenbahnhaltestelle: Nicht klar definierter Übergang zum Strassenraum sowie Mischnutzung als Wartebereich und Fussgängeranlage [Foto: Axel Bomhauer-Beins].*

3.2.1.3 Nutzergruppen und deren Anforderungen

Die Nutzerinnen und Nutzer setzen sich aus folgenden Personengruppen mit jeweils spezifischen Anforderungen zusammen:

- *Einsteiger:* Möchten einen Zug benützen und erreichen den Haltepunkt zu Fuss, mit dem öffentlichen Nahverkehr oder mit Auto respektive Velo.
- *Aussteiger:* Erreichen den Haltepunkt mit einem Zug und verlassen den Bahnhof entweder zu Fuss, mit dem öffentlichen Nahverkehr oder mit Auto respektive Velo.
- *Umsteiger:* Steigen am betreffenden Haltepunkt zwischen zwei Zügen um, verlassen den Perimeter des Haltepunktes aber nicht.
- *Passanten:* Benützen den Haltepunkt einzig als Verbindung zwischen zwei Ortsteilen; möglicherweise konsumieren sie ein Serviceangebot.
- *Besucher:* Nutzen Dienstleistungen des Haltepunktes oder Bahnhof dient als Treffpunkt.
- *Angestellte:* Arbeitsplatz befindet sich im Haltepunktperimeter.

Je nach den Funktionen des Haltepunktes sind diese Nutzergruppen mehr oder weniger stark vertreten oder können auch gänzlich fehlen. Daraus leiten sich die grundlegenden Anforderungen an die Fussgängeranlagen ab:

- *Zugang zu den Haltepunkten des öffentlichen Verkehrs:* Schneller Zu- oder Abgang zu, von oder zwischen den Zügen. Wege müssen direkt und intuitiv geführt sowie leistungsfähig dimensioniert sein.

- *Warten:* Genügend grosse und komfortable Warteflächen, insbesondere auf den Perrons. Warteflächen sind mit umfassenden Informationsmitteln auszustatten.
- *Service:* Fahrgäste müssen ihren Fahrausweis auch am Haltepunkt erwerben können. Ergänzende Serviceleistungen sind etwa Gepäckaufgabe, Fundbüro oder WC.
- *Konsum:* Verpflegungsmöglichkeiten und Einkaufsläden mit reisenahem Angebot gehören bei grösseren Bahnhöfen zu den erwarteten Dienstleistungen. Diese Angebote werden auch von Besuchern und Passanten genutzt.
- *Arbeit, Ausbildung, Unterhaltung:* Diese Funktionen sind für Bahnbenutzer und Besucher interessant, müssen sich aber nicht an den Hauptzugangswegen befinden.

3.2.1.4 Gestaltungsaufgaben und Vorgehen

Entwurf und Bemessung der Fussgängeranlagen von Haltepunkten umfassen folgende vier Teilaufgaben:

1. Einpassung der Fussgängeranlage in die Gleisanlage.
2. Gestaltung des inneren Wegenetzes.
3. Anbindung des Bahnhofes oder der Haltestellen an das Umfeld.
4. Leistungsmässige und qualitative Dimensionierung der Anlagenteile.

Diese Teilaufgaben stehen in Wechselwirkung zueinander, indem sich beispielsweise aus der Dimensionierung der Anlagen ein Anpassungsbedarf bei der Wegenetzgestaltung ergeben kann. Der generelle Arbeitsablauf umfasst folgende Hauptschritte:

1. Räumliche Abgrenzung mit Festlegung des Haltepunktperimeters; Festlegung des Planungshorizontes und allfälliger Zwischenhorizonte, Aufarbeitung der Angebots- und Betriebskonzepte, geplanten Serviceeinrichtungen, Dienstleistungen und Arbeitsplätze.
2. Definition der funktionalen Anforderungen der Nutzergruppen, Festlegung der geforderten Verkehrsqualität und der zulässigen Umsteigezeiten, Erfassung der Randbedingungen.
3. Einpassung der Fussgängeranlagen in die Gleisanlage, Festlegung der Perronerschliessung.
4. Festlegung der Eintrittspforten zum Haltepunkt.
5. Entwurf des Raumprogrammes.
6. Entwurf des internen Wegenetzes, Verbindung der Perronanlagen mit den Eintrittspforten und Erschliessung aller Funktionalitäten des Haltepunktes.
7. Iteration zwischen Perronerschliessung, Zutrittspforten, Raumprogramm und internem Wegenetz.
8. Anbindung des Haltepunktes an sein Umfeld.
9. Identifikation der Lastfälle mit Ermittlung der Personenflüsse hinsichtlich Destinationen, Mengen und zeitlichen Eigenschaften.
10. Bemessung aller Anlagenteile, iterative Anpassung des Anlagenentwurfes.
11. Ermittlung der Umsteigezeiten und iterative Anpassung des Anlagenentwurfes.
12. Konsolidierung der Gesamtanlage, Sicherstellung der Konsistenz.

Je nach Ausgangslage und Komplexität entfallen einzelne Schritte oder sie sind nur summarisch zu behandeln. Die Arbeitsschritte 1 bis 8 werden in diesem Kapitel behandelt, die Schritte 9 bis 12 im Kapitel 4.

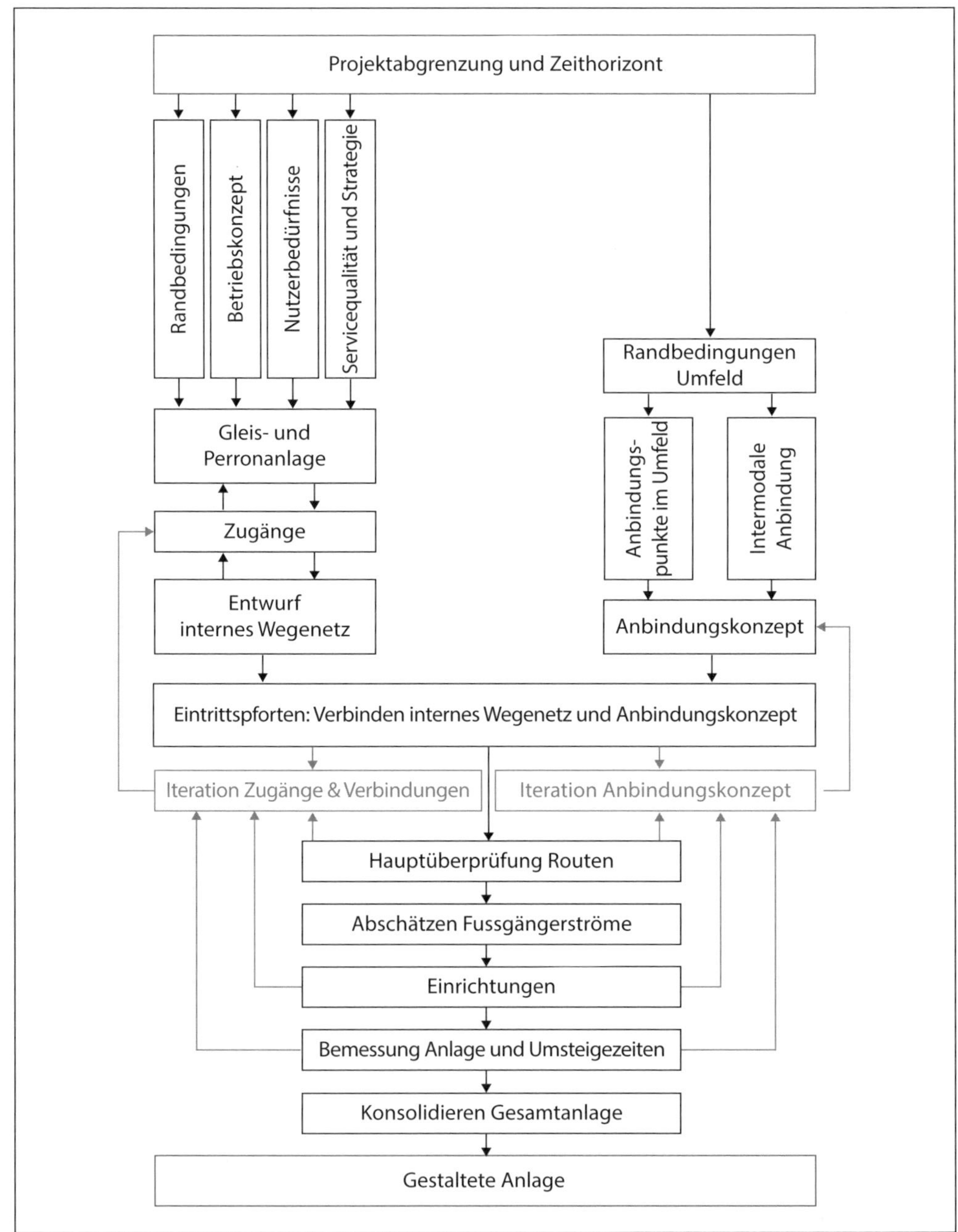

Abbildung 57 *Ablauf der Gestaltung von Fussgängeranlagen in Bahnhöfen [Zietala 2015].*

3.2.2 Einpassung der Fussgängeranlagen in die Gleisanlage

3.2.2.1 Aufgabenstellung und Anforderungen

Ausgangspunkt der Planung ist die Lage der Fussgängeranlagen bezüglich der Gleise, denn Letztere bilden die restriktivste Randbedingung und sind zunächst als gegeben zu übernehmen. Das Betriebsprogramm mit der Zuteilung der Züge zu den Perrons leitet sich ferner aus der netzweiten Fahrplanplanung ab und ist ebenfalls wenig veränderbar, kann aber gewisse Spielräume bezüglich der Gleisbenützung bieten. Zudem bestehen Freiheitsgrade bei der Einpassung der Personenverkehrsanlagen in die Gleistopologie bezüglich Anordnung der Perrons und ihrer Zu- und Abgänge sowie der Gestaltung der Verbindungswege. Der Entwurf umfasst folgende Teilaufgaben:

1. *Perrons:* Länge, Lage gegenüber den Gleisanlagen.
2. *Perronerschliessung:* Anordnung entlang des Perrons, Anlagentyp (Treppe, Rampe, Lift).
3. *Perronzugänge:* Wahl der Höhenlage (Unter- oder Überführung), Verknüpfung mit der Perronerschliessung.
4. *Einbindung ins interne Wegenetz:* Ort der Verknüpfungen mit dem Wegenetz, Zugänge zu Unter- und Überführungen

3.2.2.2 Perronanordnung bei Doppelspuren

Bahn-, U-Bahn- und Stadtbahnfahrzeuge verfügen als Zweirichtungsfahrzeuge beidseits über Türen, weshalb man in der Seitenwahl der Perrons frei ist. Daraus ergeben sich bei Doppelspuren drei grundsätzliche Anordnungsmöglichkeiten:

Bei einem *Aussenperron* muss nur die Hälfte der Fahrgäste eine Unter- respektive Überführung benützen. In Ausnahmefällen können barrierengesicherte ebenerdige Bahnübergänge im Bahnhofsbereich verwendet werden. Eine Banalisierung der Strecke ist nicht voll wirksam, da haltende Züge immer über das Regelgleis geführt werden müssen. Beim *Inselperron* (Mittelperron) ist der Zugang ausschliesslich durch Unter- oder Überführungen möglich, dafür können alle Züge die Streckengleise freizügig benützen. Das *Zwillingsperron* erlaubt das zeit-

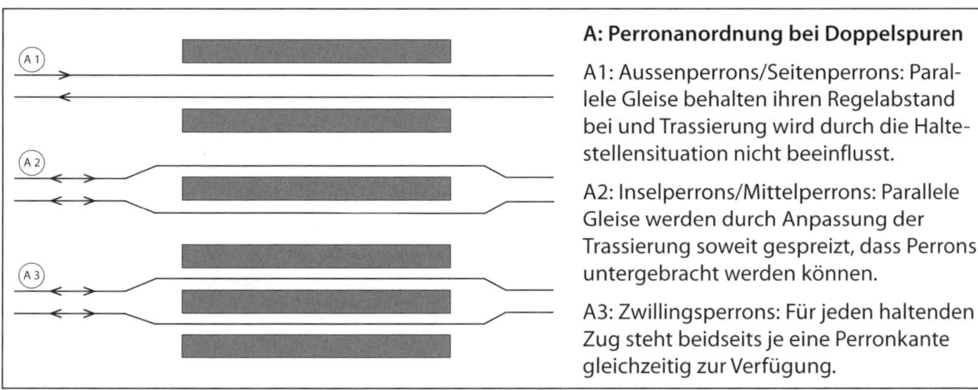

Abbildung 58 *Grundformen der Perronanordnung an doppelspuriger Strecke [eigene Abbildung].*

gleiche Ein- und Aussteigen auf beiden Seiten des Zuges, gegebenenfalls nach Fahrzeugseite getrennt. Es verdoppelt damit die nutzbare Türleistungsfähigkeit des Zuges und verkürzt die Fahrgastwechselzeit substanziell. Perrongleiche Umsteigebeziehungen zwischen anschlussgewährenden Linien sind möglich. Es eignet sich vor allem für höchstbelastete Strecken, deren Kapazität durch die Haltezeit der Züge bestimmt wird.

3.2.2.3 Perronanordnung bei Endstationen

Bei Endstationen können die Perronanlagen entweder am Gleisende oder vorgelagert angeordnet werden:

Perronanlagen am Gleisende finden sich insbesondere bei Kopfbahnhöfen mittlerer und grosser Städte. Vorteilhaft ist der direkte Weg zum Stadtzentrum und zum öffentlichen Nahverkehr. Zudem liegen die Betriebsanlagen für das Wenden und Formieren der Züge nicht an städtebaulich wertvollster Lage. Für die Fussgängerführung bestehen maximale Freiräume und jedes Gleis kann ohne Höhenunterschied erschlossen werden. Erkauft wird dies mit einem leistungskritischen Gleisvorfeld.

Streckenseitige Perronanlagen entsprechen funktional jenen an einer durchgehenden Doppel- oder Mehrspurstrecke, mit den entsprechenden Vor- und Nachteilen. Sie sind bahnbetrieblich vorteilhafter, da der Wendeprozess der Fahrzeuge die Streckenkapazität nicht beeinträchtigt. Nachteilig ist der zusätzliche Platzbedarf der Wendeanlage zwischen Perrons und Gleisende, der zudem eine optimale Fussgängerführung erschwert. Diese Ausführung findet sich bei kleinen Endpunkten und im Nahverkehr.

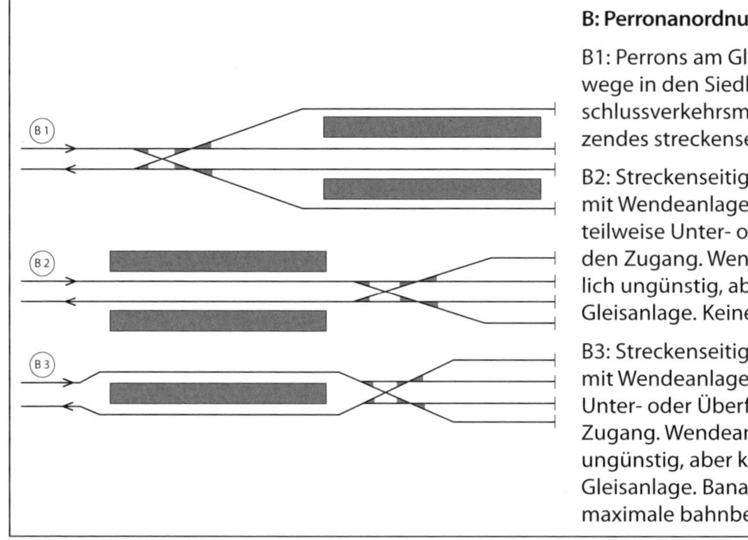

B: Perronanordnung bei Endhaltepunkten

B1: Perrons am Gleisende. Direkte Fusswege in den Siedlungsraum und zu Anschlussverkehrsmitteln. Leistungsbegrenzendes streckenseitiges Bahnhofsvorfeld.

B2: Streckenseitige Perrons in Seitenlage mit Wendeanlage am Gleisende; erfordern teilweise Unter- oder Überführungen für den Zugang. Wendeanlage oft städtebaulich ungünstig, aber kapazitätsoptimale Gleisanlage. Keine Banalisierung.

B3: Streckenseitige Perrons in Mittellage mit Wendeanlage am Gleisende; erfordern Unter- oder Überführungen für den Zugang. Wendeanlage oft städtebaulich ungünstig, aber kapazitätsoptimale Gleisanlage. Banalisierung möglich, damit maximale bahnbetriebliche Flexibilität.

Abbildung 59 *Grundformen der Perronanordnung bei Endhaltepunkten [eigene Abbildung].*

3.2.2.4 Perronanordnung bei Umsteigepunkten von Bahnen gleicher Spurweite

Haltepunkte können auch Umsteigepunkte zwischen verschiedenen Linien sein. Meist, aber nicht immer, handelt es sich dabei um Streckenverzweigungen oder -kreuzungen. Umsteigefunktionen erfüllen auch Haltepunkte, an denen ein Teil der Linien auf derselben Strecke endet (zum Beispiel Linienabbaupunkte von S-Bahn-Aussenästen). Perronanordnung und Gleisplangestaltung hängen eng miteinander zusammen und werden insbesondere bestimmt durch:

- *Optimale Umsteigevorgänge:* Umsteigeströme zwischen Zügen in gleicher oder entgegengesetzter Fahrtrichtung. Für die stärksten Umsteigeströme ist jeweils ein perrongleiches Umsteigen anzustreben.
- *Bahnbetriebliche Kapazität:* Kapazitätskritisch sind insbesondere niveaugleiche Abzweigungen. Zur Kapazitätssteigerung dient eine Vorsortierung der Züge sowie eine Über- oder Unterwerfung des abzweigenden Stranges.

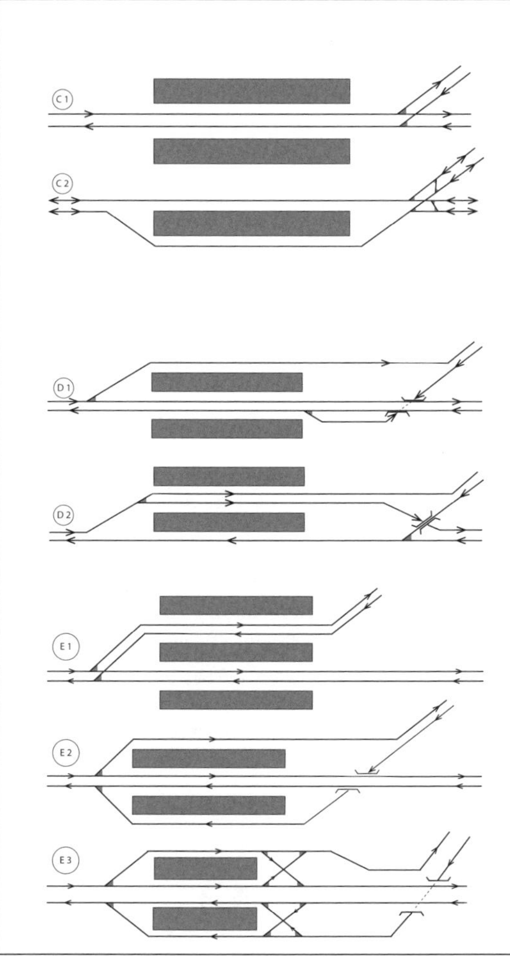

C: Einfache Lösung; bahnbetrieblich wenig leistungsfähig, da Perrongleise und niveaugleiche Abzweigung kapazitätslimitierend wirken

C1: Geeignet für Umsteigeströme zwischen Zügen in gleicher Richtung; Banalisierung nicht möglich.

C2: Geeignet für Umsteigeströme zwischen Zügen entgegengesetzter Richtung; Banalisierung möglich.

D: Leistungssteigerung durch drittes Gleis und optional niveaufreie Abzweigung; gemeinsames Perrongleis leistungsbestimmend

D1: Geeignet für Umsteigeströme zwischen Zügen in gleicher Richtung.

D2: Geeignet für Umsteigeströme zwischen Zügen entgegengesetzter Richtung.

E: Leistungssteigerung durch viertes Gleis und optional niveaufreie Abzweigung; Strecken sind leistungsbestimmend

E1: Geeignet für Umsteigeströme zwischen Zügen in entgegengesetzter Richtung (Übereckanschlüsse).

E2: Geeignet für Umsteigeströme zwischen Zügen in gleicher Richtung.

E3: Geeignet für Umsteigeströme zwischen Zügen in gleicher Richtung; sehr hohe Leistungsfähigkeit und Flexibilität durch freizügige Nutzbarkeit aller Gleise.

Abbildung 60 *Grundformen der Perronanordnung bei Umsteigeanlagen von Strecken gleicher Spurweite [eigene Abbildung].*

3.2.2.5 Perronanordnung bei Umsteigepunkten von Bahnen unterschiedlicher Spurweite

Bei Anschlusspunkten von Bahnen unterschiedlicher Spurweite kann das Umsteigen nicht an derselben Haltekante erfolgen, ausser bei selten angewandten Dreischienengleisen. Üblicherweise werden die Perronanlagen von Schmalspurbahnen seitlich zur Normalspuranlage realisiert und die Gleisanlagen der beiden Spurweiten getrennt. Möglich ist zudem die Tief- oder Hochlage der Schmalspurperrons.

Ist die Normalspurstrecke doppelspurig, aber nicht banalisiert, so kann bei einer seitlichen Anlage zumindest in einer Richtung das Umsteigen am gleichen Perron gewährleistet werden. Bei einer banalisierten Normalspurbahn mit Zwischenperron haben alle Fahrgäste die Gleise zu unter- oder überqueren. Demgegenüber lässt sich bei Tief- oder Hochlage der Schmalspurperrons ein direkter Übergang zu jedem Normalspurperron schaffen.

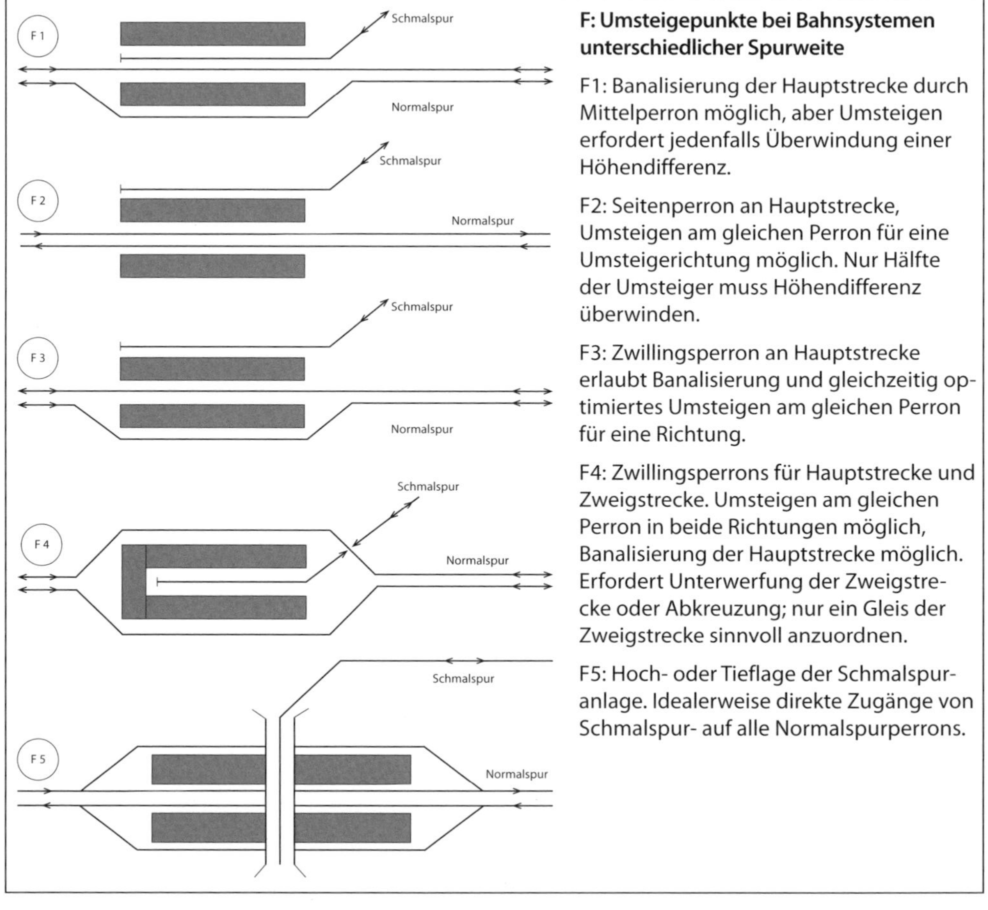

Abbildung 61 *Grundformen der Perronanordnung bei Umsteigeanlagen von Strecken unterschiedlicher Spurweite [eigene Abbildung].*

Bei starkem Umsteigeverkehr zwischen Normal- und Schmalspur ist eine Mittellage der Schmalspurgleise denkbar. Damit kann der Anschluss in beide Richtungen am selben Perron erfolgen, doch bedingt dies eine Unterwerfung oder eine kapazitätsmindernde Kreuzung zwischen beiden Spurweiten. Zudem kann die Schmalspuranlage kaum mehr als zwei Gleise umfassen, da ansonsten die Breitenentwicklung der Normalspur zu umfangreich wird.

3.2.2.6 Perrongestaltung

Die *Perronlängen* und die Modularität der Fahrzeuge sind aufeinander abzustimmen, mit Standardlängen für die Perrons und zugehörigen optimalen Längen der betrieblich trennbaren Fahrzeuggruppen respektive Einzelfahrzeuge.

Perronlängen	Ganzzüge	Halbzüge	Drittelszüge	Viertelszüge
100 m	100 m	50 m	–	–
150 m	150 m	75 m	50 m	–
200 m	200 m	100 m	67 m	50 m
300 m	300 m	150 m	100 m	75 m
400 m	400 m	200 m	137 m	100 m

Tabelle 4 *Sinnvolle Kombinationen aus Perronlängen und Fahrzeugmodullängen; übliche Werte [eigene Abbildung].*

Die *Perronfläche* muss so gross bemessen sein, dass der Fahrgastwechsel nicht durch wartende Passagiere behindert wird und dass keine Fahrgäste an den Perronrand oder aufs Gleis gedrängt werden. Einbauten, Querschnittsverengungen und gleisseitige Engstellen sind möglichst zu vermeiden. Für die Mindestabmessungen und insbesondere die Mindestabstände zwischen Einbauten und Perronkante sind die technischen Vorschriften zu berücksichtigen. Auf Dienstleistungen ist grundsätzlich zu verzichten und die Perrons sind sehr zurückhaltend zu möblieren.

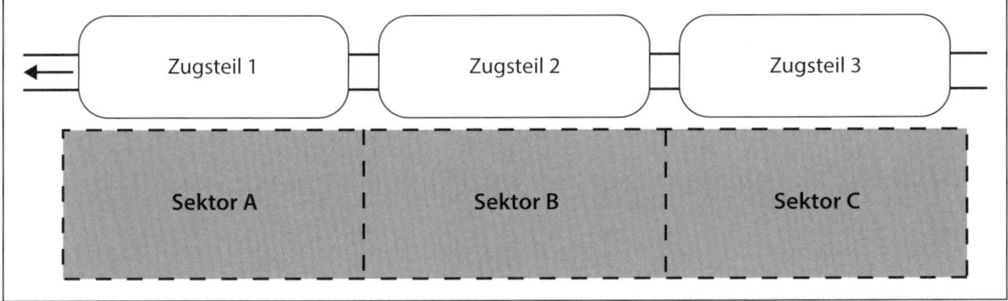

Abbildung 62 *Abstimmung der Sektoreinteilungen von Perrons auf den Fahrzeugeinsatz und die Länge der Fahrzeugmodule [eigene Darstellung].*

Für den optimalen Ablauf des Fahrgastwechsels sind die Perrons in Sektoren einzuteilen. Bei homogenem Fahrzeugeinsatz sind die Sektoreinteilungen genau auf die Fahrzeugmodule abzustimmen; wenn möglich ist die Lage der Fahrzeugtüren am Boden zu markieren. Dies erleichtert insbesondere die Fahrgastinformation in Schwachlastzeiten, wenn die Züge nicht mit voller Länge verkehren.

3.2.2.7 Perronerschliessung

Zahl und Anordnung der Perronzugänge ist auf zwei Hauptzielsetzungen auszurichten:

- Kurze Wege für alle Fahrgäste, innerhalb des Bahnhofs und aus dem Umfeld.
- Gleichmässige Fahrgastverteilung auf dem Perron und damit im Zug.

Dazu sind möglichst mindestens zwei Perronaufgänge vorzusehen, so angeordnet, dass die Fusswege von den Ausstiegstüren zum Perronabgang minimiert werden und sich die Fahrgäste gleichmässig verteilen. Alle Perronaufgänge sind gleichwertig in das Wegenetz einzubinden. Die Wegelängen zu den Eintrittspforten des Bahnhofes sind zu minimieren. Wenn möglich ist das Erschliessungsgebiet des Haltepunktes direkt mit dem Perron zu verbinden. Zusätzliche Vorteile mehrerer Zugänge ergeben sich durch kleinere mögliche Dimensionen, also schmälere Treppen und Rampen. Dasselbe gilt für die Perronbreite, da die gleichmässigere Fahrgastverteilung eine schmalere Ausführung erlauben kann.

Die Zugangsanordnung hat zudem die übrigen Haltepunkte des Netzes zu berücksichtigen, denn die Verteilung der Fahrgäste auf dem Perron folgt im Wesentlichen drei Strategien: in der Nähe des Zugangs bleiben, sich auf den Abgang am Zielort ausrichten oder Warteort zufällig auswählen. Aufgrund der zweiten Strategie steuert ein dominanter Zielhaltepunkt durch die Anordnung seiner Perronzugänge die Auslastung aller Züge auf dem Netz. Bei geschickter Verortung seiner Zu- und Abgänge lassen sich die Züge mithin netzweit gleichmässiger auslasten.

Der Zugang zu den Perrons ist mit Unterführungen, Überführungen oder niveaugleich möglich:

- *Unterführungen* sind aufgrund der hohen Baukosten, der schlechten Einsehbarkeit und der wenig geschätzten geschlossenen Situation grundsätzlich nachteilig. Ihre grossen Vorteile bestehen aber im massvollen Höhenunterschied von rund 4 m und in der relativen städtebaulichen Unauffälligkeit.
- *Überführungen/Passarellen* sind kostengünstiger als Unterführungen. Der Höhenunterschied ist jedoch mit rund 6 m grösser, da Fahrzeuge und Fahrleitungen überquert werden müssen; behindertengerechte Rampen werden sehr lang. Ideal sind Überführungen, wenn die Bahnhofsumgebung zumindest auf einer Seite des Bahnhofs erhöht liegt (Hanglage).
- Der *niveaugleiche Übergang* ist am kostengünstigsten, aber mit Betriebseinschränkungen verbunden und nicht behindertengerecht. Diese Lösung ist nur noch im Stadtverkehr anwendbar.

Für das Überwinden der Höhenunterschiede bei Unterführungen und Passarellen können Treppen, Rampen, Rolltreppen oder Lifte eingesetzt werden. Deren Wahl hat mit Blick auf die örtliche Situation zu erfolgen.

Kriterien	Treppen	Rampen	Rolltreppen	Lifte
Leistungsfähigkeit	Mittel	Gross	Mittel	Klein
Entwicklungslänge und Platzbedarf	Mittel	Gross	Mittel	Klein
Behindertengerechtigkeit	Nein	Möglich	Möglich	Sehr gut
Begehbarkeit mit Kinderwagen und Handgepäck	Stark erschwert	Gut	Erschwert	Sehr gut
Nutzbarkeit mit Kofferkulis	Nein	Gut	Gut	Sehr gut
Störunganfälligkeit	Keine (Vereisung im Winter, wenn nicht überdacht)	Keine (Vereisung im Winter, wenn nicht überdacht)	Klein	Klein

Tabelle 5 *Eigenschaften von Treppen, Rampen, Rolltreppen und Liften als Perronzugänge [eigene Darstellung].*

3.2.3 Gestaltung des inneren Wegenetzes

3.2.3.1 Aufgabenstellung und Anforderungen

Das innere Wegenetz spannt sich zwischen den Perrons und den Eintrittsportalen auf und erfüllt mehrere Aufgaben:

- Verbindung der Eintrittsportale mit den Perronzugängen.
- Zugang zu den Distributions- und Serviceeinrichtungen des Bahnhofes.
- Zugang zu den weiteren Angeboten und Dienstleistungen.
- Erschliessung der Arbeitsplätze im Haltepunktperimeter.
- Sicherstellung von Quartierverbindungen durch den Haltepunkt hindurch.

Die Topologie des inneren Wegenetzes wird bestimmt durch:

- *Makroskopisch:* Lagebeziehungen zwischen Aufnahmegebäude, Gleisanlage und Perrons.
- *Mikroskopisch:* Raumprogramm des Aufnahmegebäudes, Anordnungsstruktur der Nutzungen.

Dessen Aufbau geht damit zwar von der primären Aufgabe des Zugangs zur Bahn aus, ist aber gleichzeitig mit dem Raumprogramm des Haltepunktes verknüpft. Diese Aufgabe kann nur iterativ gelöst werden, da die Anforderungen nicht widerspruchsfrei sind:

- Einerseits sollen die Fahrgäste einen direkten, einfachen Zugang zu den Perrons haben. Besonders relevant sind minimale Wegezeiten bei intensiven Umsteigerströmen.
- Andererseits sind die kommerziellen Nutzungen auf möglichst lange Ladenfronten entlang starke Passantenströme angewiesen.

Zudem ist das Wegenetz grosser Bahnhöfe möglichst in einen öffentlichen Bereich zu unterteilen, der jederzeit zugänglich bleibt, und einen bahnbezogenen Bereich, der bei Betriebsruhe abgeriegelt werden kann.

3.2.3.2 Lagebeziehungen zwischen Aufnahmegebäude, Gleisanlage und Perron

Das Aufnahmegebäude ist das kundenseitige Zentrum eines Haltepunktes. Es umfasst die Räume für Verkauf, Information, Betrieb und Drittnutzungen. Seine Grösse richtet sich nach den verkehrlichen (Anzahl Nutzer) und betrieblichen Funktionen (Anzahl Mitarbeitende und Grösse

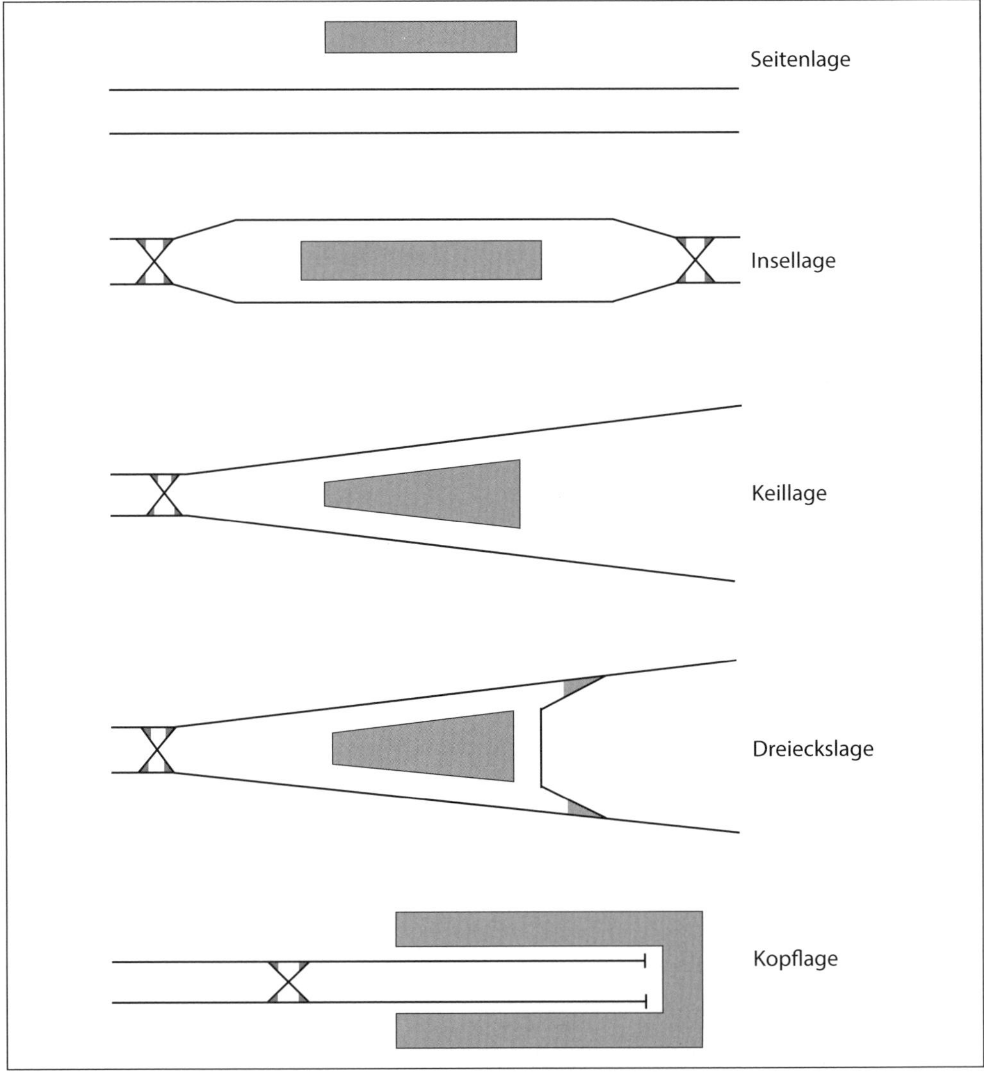

Abbildung 63 *Bezeichnungen der Bahnhofstypen in Funktion der Lage des Aufnahmegebäudes [eigene Darstellung].*

technischer Einrichtungen) sowie nach den Bedürfnissen der Drittnutzungen. Es kann sich um ein stattliches Gebäude oder aber nur um eine kleine Wartehalle handeln. Die grundsätzlichen konzeptionellen Überlegungen bleiben sich gleich.

Befinden sich die Bahnhofsgleise in Tieflage, so kann das Aufnahmegebäude in Brücken- oder Reiterform quer zur Gleisachse angeordnet werden. Damit ist ein direkter Zugang von den Perrons ins Aufnahmegebäude möglich.

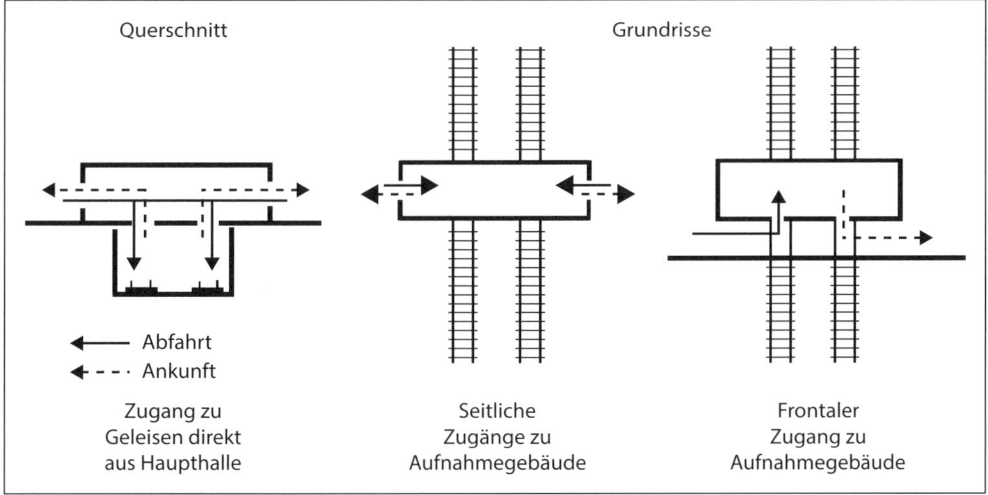

Abbildung 64 *Reiterbahnhof; Durchgangsbahnhof in Gleistieflage und Anordnung des Aufnahmegebäudes auf dem Niveau des umgebenden Geländes; erlaubt direkte Erschliessung der Perrons ab der Haupthalle (Reiterbahnhof) [Stutz 1983].*

3.2.3.3 Raumprogramm des Aufnahmegebäudes, Anordnung der Nutzungen

Die logische Struktur des Aufnahmegebäudes wird in einem Raumprogramm zusammengefasst, dessen Aufgaben sind:

- Erfassung aller Teilfunktionalitäten.
- Umsetzung in Raumbedürfnisse.
- Funktional-logische Anordnung der Räumlichkeiten.
- Verbindungswege zwischen Bahnhof und Umfeld sowie innerhalb des Bahnhofes.

Analog zur Gleistopologie handelt es sich beim Raumprogramm noch nicht um die Detaildimensionierung, sondern um die optimierte logische Anordnung der Funktionalitäten.

Eine einheitliche Logik aller Aufnahmegebäude erleichtert die intuitive Orientierung der Fahrgäste, da sich dadurch die Abfolge der Dienstleistungen an allen Haltepunkten wiederholt. Um zudem den Planungsaufwand zu reduzieren, empfiehlt sich eine abgestufte Anlagentypisierung, die der unterschiedlichen Nachfrage an den verschiedenen Haltepunkten Rechnung trägt.

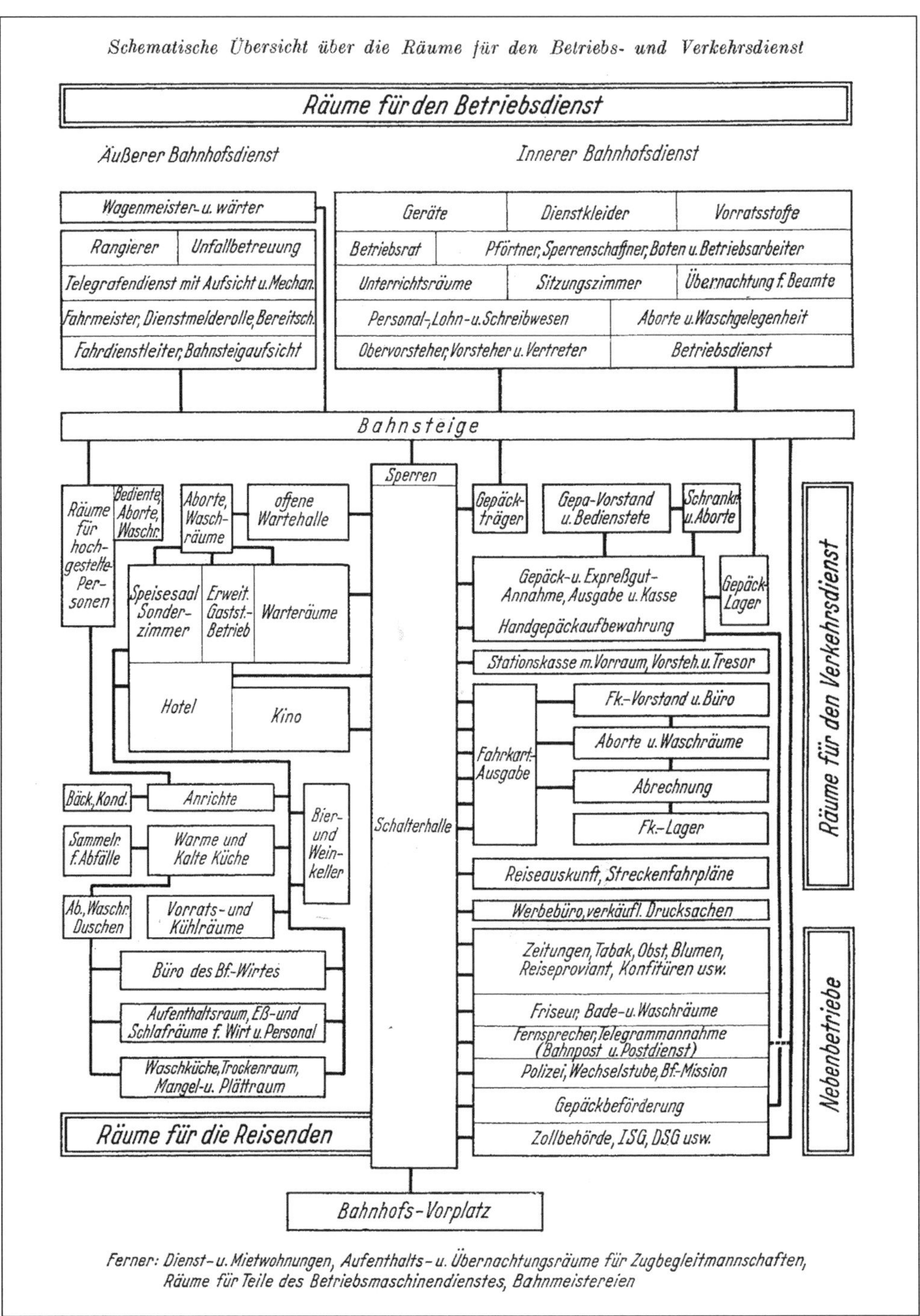

Abbildung 65 *Generisches Raumprogramm eines Bahnhofes der seinerzeitigen Deutschen Bundesbahn; sachlogische Anordnung der Nutzungen und Funktionalitäten [Schack 2004].*

3.2.3.4 Topologiekonzepte

Für den konzeptionellen Aufbau der Wegetopologie sind insbesondere folgende Bestimmungsgrössen entscheidend:

- Einseitige oder zweiseitige Erschliessung des Haltepunktes.
- Anzahl der Eintrittspforten.
- Anzahl der Perronzugänge.
- Anzahl der Hauptachsen durch den Haltepunkt.
- Anordnung der zentralen Einrichtungen.

Einseitige/zweiseitige Erschliessung des Haltepunktes: Die Gleisanlage kann zentrisch oder peripher zur Siedlung liegen, mit Eintrittspforten entweder auf beiden Seiten der Perrons oder nur einseitig. Anspruchsvoll ist die zentrische Lage. Um in solchen Fällen eine Verdoppelung aller Einrichtungen oder aber die Konzentration auf einer Seite mit Nachteilen für Fahrgäste aus der abgewandten Seite zu vermeiden, bietet sich deren zentrale Anordnung unter oder über den Gleisen an.

Anzahl der Eintrittspforten: Die zweckmässige Zahl der Eintrittspforten ist aus der Ausdehnung der Anlage und der räumlichen Struktur des Umfeldes abzuleiten. Günstig sind möglichst wenige konzentrierte Pforten, um die Fussgängerströme zu kanalisieren. Nebeneingänge sind möglichst zu vermeiden, ebenso Eintrittspforten, von denen man nur zu einem Teil des Bahnhofes oder zu einzelnen Perrons gelangt.

Anzahl der Perronzugänge: Die Überlegungen wurden bei der Perronerschliessung dargestellt.

Anzahl der Hauptachsen durch Haltepunkt: Das Erschliessungssystem ist zwischen den Eintrittspforten und den Perronzugängen aufzubauen. Von jeder Eintrittspforte aus soll jeder Perronzugang erreichbar sein. Dazwischen sind die Serviceeinrichtungen anzuordnen, wobei zu vermeiden ist, dass dieselbe Funktion mehrmals vorgesehen werden muss. Die Verbindung zwischen Eintrittspforten und Perrons kann auf eine Hauptachse konzentriert oder auf mehrere Achsen aufgeteilt werden. Daraus leiten sich unterschiedliche Netztopologien ab (nach [Zietala 2015]):

1. *Einachsig, Verteilung der Fahrgäste erst bei Perronzugängen und auf dem Perron:* Bei einer einzigen Eintrittspforte werden die Fahrgäste gesammelt und direkt zu den Perronzugängen geführt.
2. *Mehrachsig und Vorsortierung bei den Eintrittspforten:* Sammel- und Verteilbereich bei den Eintrittspforten und getrennte Führung zu den Perronzugängen durch ganzen Haltepunkt hindurch.
3. *Mehrachsig und Sammlung vor den Perronzugängen:* Getrennte Führung der Fahrgäste durch ganzen Bahnhof bis zu Sammelbereichen bei den einzelnen Perronzugängen.
4. *Mehrachsig und zentraler Servicebereich:* Getrennte Führung der Fahrgäste von den Eintrittspforten zu zentralem Sammel- und Verteilbereich vor den Perronzugängen.

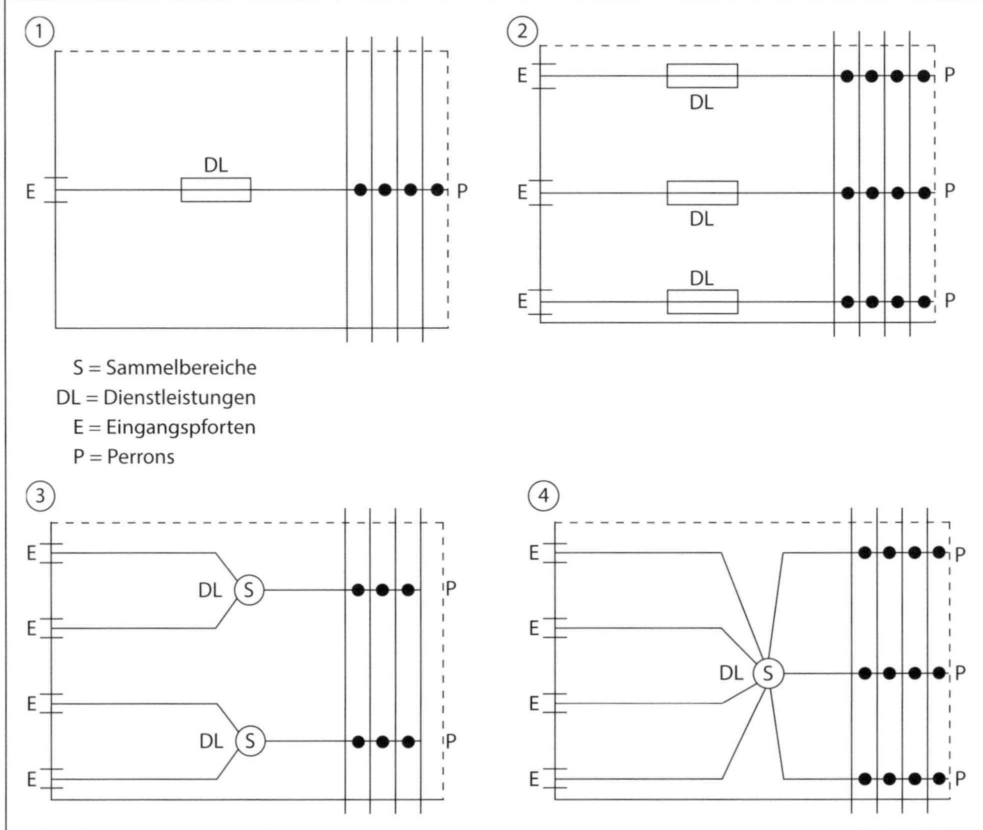

Abbildung 66 *Generische Topologien der Fusswege eines Bahnhofs zur Verbindung der Eintrittspforten mit den Perronanlagen [eigene Darstellung].*

Anordnung der zentralen Einrichtungen: Die fahrgastbezogenen Serviceeinrichtungen sollen direkt an der Verbindung zwischen den Eintrittspforten und den Perrons liegen. In Abstimmung mit den Erschliessungssystemen sind folgende Anordnungen möglich:

- Unmittelbar bei Eintrittspforten.
- Unmittelbar vor Perronzugängen.
- Im zentralen Bereich.

Lassen sich aufgrund der örtlichen Verhältnisse nicht alle Fussgängerströme an den zentralen Einrichtungen vorbeiführen, so ist mit Fahrkartenautomaten und Bildschirmen ein Mindestangebot an Distribution und Information sicherzustellen. Bei den Automaten besteht die Wahl zwischen zentraler (Unterführung) oder dezentraler (Perron) Aufstellung. Die dezentrale Anordnung auf den Perrons ist kundenfreundlicher, erfordert aber mehr Verkaufsgeräte, was wirtschaftlich oft nicht vertretbar ist.

3.2.3.5 Gestaltung

Bei der Entwicklung der *Topologie des Wegenetzes* sind folgende Prinzipien zu beachten:

- Verbindungen zwischen den Eintrittspforten und den Perrons möglichst kurz und übersichtlich.
- Verbindung aller Eintrittspforten mit allen Perrons; keine selektiven Erschliessungen, da dies zu Umwegen führt und zusätzlichen Informationsaufwand verursacht.
- Wenige kanalisierende, stark genutzte und entsprechend grosszügig dimensionierte Wege sind besser als ein dichtes, verzweigtes und nur mässig genutztes Netz.
- Vermeidung schwach genutzter Wegeabschnitte, da diese hinsichtlich Personensicherheit und Vandalismus problematisch sind, insbesondere in unterirdischen Anlagen.

Die Wegeführung soll die Fahrgäste intuitiv an ihr Ziel lenken. Die Linienführung soll direkt und mit möglichst wenigen Richtungswechseln sein. Angewinkelte Wände bei Richtungswechseln sind zu vermeiden, da eine kontinuierliche Krümmung die Fahrgäste besser lenkt. Wegeführung, Geometrie der Berandungen, Farb- und Materialwahl sowie Beleuchtung sind optimal aufeinander abzustimmen.

Meist besteht Kapazitätsknappheit durch die ausgeprägten Spitzen des Fahrgastaufkommens, weshalb alle Einrichtungen, Möblierungen und anderen Hindernisse leistungsoptimal anzuordnen sind, insbesondere deren Ausrichtung im Querschnitt:

- Nutzung der Restflächen durch kommerzielle Einrichtungen, sofern Passantenströme einen rentablen Betrieb versprechen; andernfalls Verzicht.
- Reiseferne Dienstleistungen gegebenenfalls in separatem Bereich; diese Leistungen werden erheblich durch Nichtreisende frequentiert, für welche die Wege von/zu den Perrons nicht relevant sind.
- Vermeiden von Blockaden durch wartende Fahrgäste quer zu Fahrgastströmen. Schalter, Informationseinrichtungen und Automaten so anordnen, dass sich keine Warteschlangen oder Fahrgastpulks im Bereich des Fussgängerstromes bilden.
- Schalter und Verkaufsfenster von Imbissgeschäften sind nicht quer zum Fahrgaststrom auszurichten, sondern längs. Hilfreich ist Anordnung in Nischen oder in Seitengängen.
- Keine punktuellen Querschnittsverengungen, Vermeiden jeder Form von Hindernissen in den Hauptfahrgastströmen und auf den kapazitätskritischen Warteräumen. Eliminierung von Zeitungs- und Prospektboxen, Verzicht auf Informationseinrichtungen, die am Boden montiert sind.
- Beachtung der Überlagerung querschnittsverengender Einflüsse von Hindernissen, die zwar nicht in einer Flucht, aber entlang desselben Fahrgaststromes liegen.

3.2.3.6 Orientierung

Die Orientierung der Fahrgäste im Raum und ihre Wegfindung bedingen drei Fähigkeiten (nach [Zietala 2015]):

- *Informieren:* Kognitives Erstellen von Karten; Fähigkeit zum Verständnis der umgebenden Welt.
- *Entscheiden:* Befähigung zum Fällen von Entscheidungen, als Ausgangspunkt von Aktionen nach einem strukturierten Plan.
- *Handeln:* Befähigung zur Transformation von Entscheidungen in Handlungen und zu deren Umsetzung.

Die Orientierbarkeit kann durch gestalterische Massnahmen hinsichtlich *Sichtbezügen*, *Anlagengrundstruktur*, *Identitäten*, *Situationslogiken* und *Anlagengestaltung* unterstützt werden [Zietala 2015]):

Die Anlagenstruktur beeinflusst die optische Information insbesondere über direkte *Sichtbezüge*. Idealerweise verschafft die Anlage eine direkte Sicht von den Eintrittspforten zu den Zügen respektive von den Perrons zur Stadt. Sichtbezüge werden unterstützt durch grosszügige Anlagenabmessungen, transparente Materialien, abgerundete Richtungswechsel, eine gute Beleuchtung, kontinuierliche Strukturen ohne Sichthindernisse und Galerien bei mehrgeschossigen Anlagen.

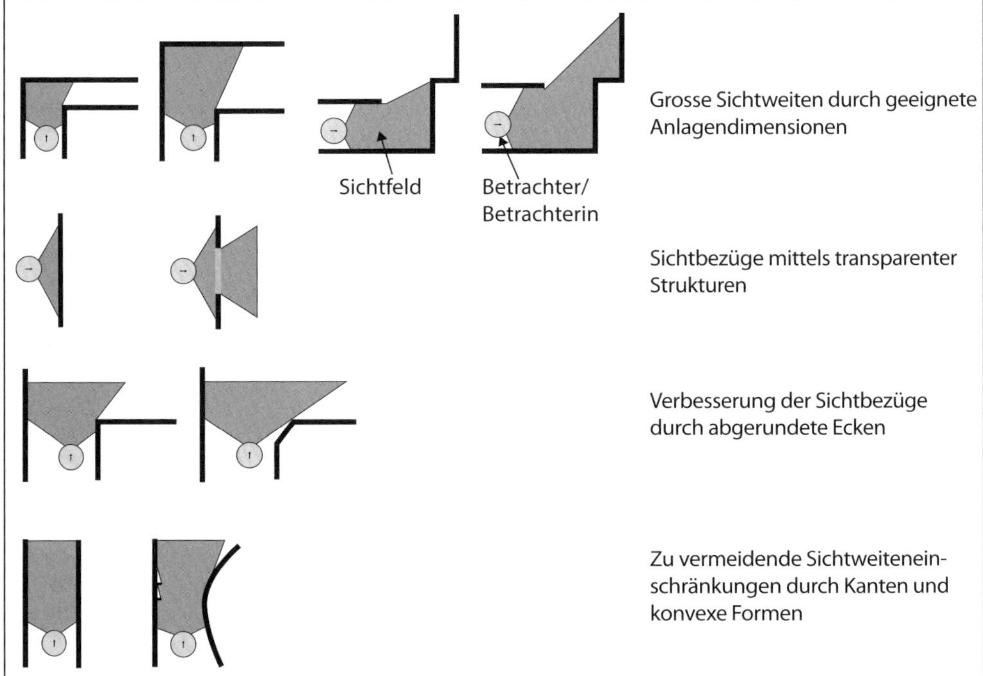

Abbildung 67 *Einflüsse der baulichen Ausgestaltung auf die Sichtbezüge einer Personenverkehrsanlage von Bahnhöfen [Zietala 2015].*

Aus der *Anlagengrundstruktur* bilden die Nutzerinnen und Nutzer individuelle mentale Karten. Rechtwinklige Formen unterstützen solche Karten, ebenso kontinuierliche Strukturen und/ oder solche mit rhythmischen Wiederholungen. Verbindungen innerhalb der Anlagenstruktur, insbesondere mit strategischer Funktion, sowie Entscheidungsorte müssen erkennbar sein. Die Zahl der Ebenen ist zu minimieren; bei einer Mehrzahl von Ebenen soll deren Grundstruktur möglichst identisch sein. Schliesslich sollen die Hauptfunktionen der Anlagenbereiche erkennbar und gestalterisch durch Farben und Materialien ausdifferenziert sein.

Identitäten in Form von Referenzpunkten oder Landmarks erlauben es den Nutzerinnen und Nutzern, sich rasch zurechtzufinden und die eigene Position einzuordnen. Referenzpunkte können das Bahnhofsgebäude selbst sein, aber auch farblich und gestalterisch markante Bereiche innerhalb des Bahnhofareals. Die besondere Bedeutung eines bestimmten Anlagenbereichs kann insbesondere durch warme Farbtöne hervorgehoben werden.

Die Anlagen sollen *Situationslogiken* folgen, die den Fahrgästen bereits aus anderen Lebensbereichen vertraut sind. Diesem Ziel dienen auch die bereits erwähnten standardisierten Raumprogramme. Gleiche Funktionen sollen sich in gleicher Abfolge und in identischer Nachbarschaft auffinden lassen.

Die *Anlagengestaltung* mit Wahl der Farben und Materialien unterstützt die Orientierung. Je heller die Anlage, desto orientierungsfreundlicher ist sie. Kühle Farben erhöhen die Aufmerksamkeit, warme Farbtöne bleiben besser in Erinnerung. Unterschiedliche Rauigkeiten der Oberflächen können Warte- von Gehbereichen unterscheiden.

3.2.3.7 Information

Bei der Nutzung einer Anlage muss den Fahrgästen an jeder Stelle und zu jeder Zeit bekannt sein:

- Aktueller Standort („wo bin ich?").
- Richtungsangaben bezüglich der verschiedenen Wege („wohin geht es?").
- Allfällige Handlungsanweisungen („was habe ich zu tun?").

Dies bedingt zusätzliche Informationen selbst bei gut konzipierten Anlagen. Die Informationsversorgung ist dabei als integrale Kette zu verstehen, die auch die Informationen vor der Reise sowie in den Zügen einschliesst. Als Informationskanäle stehen visuelle, akustische und taktile Mittel zur Verfügung. Für den schweizerischen öffentlichen Verkehr gelten für den Regelbetrieb folgende Grundsätze [VöV 2012]:

- *Am Bahnhof:* Information über An- und Abfahrten der Züge inklusive Serviceleistungen.
- *Vor Abfahrt des Zuges:* Information über den Zuglauf und Serviceleistungen im Zug.
- *Vor Ankunft des Zuges:* Information über nächsten Halt sowie wichtigste Umsteigeverbindungen.
- *Nach Ankunft des Zuges:* Information über wichtigste Anschlüsse.

Im Störungsfall erhöht sich der Informationsbedarf, da die Angaben zum Planangebot nicht mehr gültig sind. Die Fahrgäste erwarten zusätzliche Informationen zu Ausmass der Störung, Gewissheit der Störungsbehandlung, Abschätzung der Konsequenzen für den persönlichen Reiseweg sowie Empfehlungen für alternative Verbindungen. Dies ist wie folgt zu vermitteln [VöV 2012]:

- *Am Bahnhof:* Information über veränderte Zugläufe, An- und Abfahrten.
- *Im Zug:* Erstinformation nach drei Minuten, weitere Information nach acht Minuten und anschliessend regelmässig bis zum Störungsende; Information über Anschlüsse zur Weiterreise.

Dabei ist eine eindeutige, standardisierte Signaletik anzuwenden, in der Schweiz das sogenannte FIScommun nach D RTE 24100 [VöV 2012].

3.2.4 Anbindung des Haltepunktes an das Umfeld

3.2.4.1 Aufgabenstellung und Anforderungen

Die Zugänge zum Haltepunkt bilden den Gegenpol zu den Perronanlagen. Sie verbinden die Herkunftsorte der Fahrgäste respektive die Ziele im Umfeld des Haltepunktes mit den Eingangspforten. Herkunftsorte oder Ziele können sein:

- Direkt erschlossenes Siedlungsgebiet mit dessen Nutzungsschwerpunkten und seinem Wegenetz.
- Andere öffentliche Verkehrsmittel mit deren Haltestellen.
- Motorisierter Individualverkehr mit dessen Zufahrtsstrassen, Vorfahrten und Parkplätzen.
- Veloverkehr mit dessen Fahrwegen und Abstellanlagen.

Die Zugänge zum Haltepunkt haben dabei nicht ausschliesslich verkehrliche Funktionen, sodass deren Planung meist auch eine gestalterische Aufgabe ist:

- Abreisende Fahrgäste sollen direkt und komfortabel zu den Zügen geführt werden; die Zugänge zu Bahn und Bus sollen erkennbar und ansprechend sein.
- Ankommende Fahrgäste sollen den Übergang ins Siedlungsgebiet und zu Anschlussverkehrsmitteln einfach auffinden und sich angenehm empfangen fühlen. Der Bahnhof und dessen Umgebung sind für die Reisenden häufig der erste und bleibende Eindruck einer Stadt.
- Die Anlagen aller Verkehrmittel, zu erhaltende Bausubstanz und neue Bebauungen sind integral zu planen sowie funktional und gestalterisch aufeinander abzustimmen.
- Die Anlagen der öffentlichen Zubringerverkehrsmittel zu Bahnhöfen sind so zu gestalten, dass sie einen sicheren, störungsarmen und leistungsfähigen Betrieb ermöglichen.

Häufig ist das Entwicklungspotenzial der Gebiete um grössere Bahnhöfe und Stadtverkehrsknotenpunkte durch die gute Erschliessung für Fussgänger überdurchschnittlich, was entsprechende Investitionen privater und öffentlicher Bauherren auslöst. Die Anbindung eines

Haltepunktes an sein Umfeld stellt somit auch Fragen nach der städtebaulicher Nutzung und Gestaltung des Haltepunktumfeldes, Anordnung der Haltestellen des Nahverkehrs, Organisation des Fusswegenetzes im Bahnhofsumfeld und Anordnung der Abstellmöglichkeiten für Auto und Velo.

3.2.4.2 Grossräumige Anbindung

Die Verbindungen zwischen den Schwerpunkten des Umfeldes und den Eintrittspforten sollen möglichst direkt sein; Attraktivität und Sicherheit sind jederzeit zu gewährleisten. Dazu müssen diese Wege belebt sein und eine positive Anmutung vermitteln. Publikumsorientierte Nutzungen wie Ladengeschäfte und Restaurants, aber auch öffentliche Einrichtungen sind entlang von ihnen zu bündeln. Eine Konzentration der Zugänge auf wenige Pforten unterstützt dies und macht die Fusswege für kommerzielle Angebote attraktiv. Die gestalterische und bauliche Qualität muss hoch sein, gefordert ist aber auch ein guter Unterhalts- und Reinigungszustand.

3.2.4.3 Zugang zum Haltepunkt

Bahnhöfe sind aufgrund ihrer Grösse oft ein Hindernis im städtischen Verkehrssystem. Der Strassenverkehr bündelt sich im Bahnhofsvorfeld, während die Fussgängerströme quer dazu verlaufen. Die unvermeidlichen Konflikte lassen sich unterschiedlich lösen:

Ebenerdige Verbindung: Idealerweise sollen die Fussgänger das Aufnahmegebäude ebenerdig erreichen. Mit verkehrsplanerischen Massnahmen ist daher der Bahnhofsvorplatz möglichst von bahnhoffremdem Verkehr zu befreien oder zumindest ist durch Lichtsignalanlagen eine angemessene Priorisierung zu erreichen.

Unterführung: Unterirdische Anlagen werden negativ wahrgenommen. Soll ein Bahnhofsvorplatz dennoch mit einer Unterführung gequert werden, sind die Höhendifferenzen zu minimieren und die Personensicherheit ist zu optimieren. Dazu kann die Unterführung beispielsweise mit dem internen Wegenetz auf der Ebene des ersten Untergeschosses verbunden werden, damit die Perronunterführungen direkt erreichbar sind. Dies bedingt Distributions- und Serviceeinrichtungen im Untergeschoss. Schwierig ist diese Lösung, wenn das Fussgängeraufkommen nicht für rentable und durchgehend geöffnete Dienstleistungen ausreicht. In diesen Fällen ist eine oberirdische Lösung zu bevorzugen.

3.2.4.4 Anbindung an öffentliche Zubringerverkehrsmittel

Die Haltestellen des Nahverkehrs sind möglichst bei den Eintrittspforten anzuordnen. Zahl und Anordnung der Haltekanten ergibt sich aus der Zahl der Linien, dem Netzaufbau und der Angebotsdichte. Im städtischen Nahverkehr werden die Tram- und Buslinien meist als Durchmesserlinien organisiert. Sie halten nur kurz und dieselbe Halteposition kann von mehreren Linien genutzt werden, je nach Fahrplandichte von bis zu sechs. Die Haltestellenanlage ist kompakt und übersichtlich.

Die Buslinien kleinerer Städte sowie die Regionalbusse sind meist als Radiallinien organisiert und beginnen an den Anschlussbahnhöfen. Meist werden zudem alle Linien fahrplantechnisch auf dieselben Anschlusszüge ausgerichtet. Sie müssen einige Minuten vor Ankunft der Züge eintreffen und können den Bahnhofsvorplatz erst wieder verlassen, wenn das Umsteigen abgeschlossen ist. Deshalb benötigt jede Linie eine eigene Haltebucht. Durch die wesentlich grössere Zahl an Halteplätzen werden die Fusswege länger und unübersichtlicher. Dieser Platzbedarf verunmöglicht bisweilen die Anordnung aller Busbuchten auf der gleichen Seite des Bahnhofs. Eine beidseitige Anordnung kann auch aufgrund der Strassenführung und zur Vermeidung allfälliger Niveauübergänge unumgänglich sein.

Abbildung 68 *Perrongleiches Umsteigen Bahn – Tram – Bus [Foto: Marcus Rieder].*

Abbildung 69 *Bahnhofsvorplatz; Bushaltestelle für Radiallinien mit je einer Haltekante pro Linie, damit grosser Platzbedarf [Foto: Marcus Rieder].*

Eine vorteilhafte Alternative sind Nahverkehrshaltepunkte in Hoch- oder Tieflage, parallel oder quer zu den Hauptgleisen. In diesen Fällen ist sicherzustellen, dass die Höhenunterschiede auf angenehme Weise überwunden werden können und dass auch diese Umsteigeströme an minimalen Serviceeinrichtungen vorbeigeführt werden. Bei U-Bahnen steht dazu die Integration in die Bahnhofsunterführung im Vordergrund, bei Strassenbahnen und Busse kommen sowohl eine Brücke über das Gleisfeld als auch dessen Unterquerung infrage.

3.2.4.5 Intermodalität

Die intermodalen Verknüpfungen mit Velo und Auto in Form von Bike&Ride, Park&Ride und Bahnhofsvorfahrten sollen jene Einzugsgebiete anbinden, die nicht über ein genügendes Busangebot verfügen. Mengenmässig sind diese Verkehrsströme pro Haltepunkt eher untergeordnet, in der Summe für den öffentlichen Verkehr aber unverzichtbar. Bike&Ride-Anlagen können unter günstigen Voraussetzungen sogar ein substanzielles Verkehrsaufkommen an einem einzelnen Haltepunkt generieren [Weidmann 2012].

Bei *Bike&Ride*-Nutzenden liegen die mittleren Zugangsdistanzen – in Abhängigkeit von den örtlichen Verhältnissen – bei etwa 1–2 km, sodass Bike&Ride-Anlagen grundsätzlich an jedem Haltepunkt vorzusehen sind. Obwohl ein einzelnes Fahrrad einschliesslich Zirkulationsfläche nur etwa 2 m^2 beansprucht, sind an grösseren Bahnhöfen dennoch bisweilen mehrgeschossige Bauwerke erforderlich. Die Veloabstellanlagen sind möglichst nahe an den Perrons anzuordnen, da die Fahrräder ansonsten ungeordnet abgestellt werden. Eine limitierte Zahlungsbereitschaft besteht nur für eine diebstahlsichere Veloabstellung, ansonsten wird eine kostenlose Benützbarkeit erwartet [Weidmann 2012].

Park&Ride-Anlagen werden an Regionalbahnhöfen, Fernverkehrsbahnhöfen sowie am Stadtrand an Endhaltestellen städtischer Verkehrsmittel erstellt. Je nach Situation kann die mittlere Autodistanz zwischen 2 und bis zu 20 km betragen. Für den öffentlichen Verkehr und aus ökologischer Sicht sind möglichst dezentrale Anlagen in der Region vorteilhaft. Oft lassen sich hier Brachflächen kostengünstig in ebenerdige, einfache Park&Ride-Parkplätze umwandeln. Obschon pro Parkfeld mit einer Bruttofläche von 20 m^2 zu rechnen ist, lässt sich eine genügende Parkfeldzahl realisieren. Da die Zahlungsbereitschaft für Park&Ride erheblich ist, lässt sich dieser Anlagentyp oft wirtschaftlich betreiben. Bei zentral gelegenen Anlagen sind dagegen Parkhäuser unumgänglich, welche nicht rentabel sind. Das Park&Ride am Stadtrand schliesslich hat sich in der Schweiz nicht bewährt [Weidmann 2012].

Für die Autovorfahrt (sogenanntes *Kiss&Ride*) genügen wenige Plätze mit limitierter Haltezeit in der Nähe der Haupteintrittspforten.

3.2.4.6 Gestaltung

Bei der konzeptionellen und baulichen Gestaltung der Zugänge zu den Haltepunkten gelten dieselben Prinzipien wie für jede städtische Fussgängeranlage:

- Die Kapazität muss der Nachfrage und deren zeitlichen Schwankungen Rechnung tragen.
- Die Sicherheit ist zu gewährleisten und ein Sicherheitsgefühl ist zu vermitteln.
- Die Anlage muss hindernisfrei sein.

Die Dimensionen der Zugänge zu den Haltepunkten sind oft beträchtlich und ergeben sich zunächst durch die Zug- respektive Perronlängen von bis zu 400 m. Dies entspricht einer Gehzeit von rund 5 min. Im Weiteren sind Bahnhöfe auch zentrale Orte mit dichter Nutzung, womit die Liegenschaften im Bahnhofsumfeld ebenfalls grossmassstäblich sind. Umso wichtiger ist daher die Beachtung folgender Entwurfsprinzipien:

- Die Wege aus dem Siedlungsraum zu den Eingangspforten des Haltepunktes sollen möglichst direkt und ohne Höhenunterschiede, intuitiv erkennbar und leistungsfähig sein.
- Die Querung stark befahrener Strassen ist zu vermeiden.
- Wo möglich sind die Perrons direkt mit den Zugangswegen aus dem Umfeld zu verbinden.

Die Fusswegverbindung zwischen Bike&Ride- respektive Park&Ride-Anlage und den Perrons soll möglichst direkt sein und muss nicht zwingend an Serviceeinrichtungen vorbeiführen. Der Personensicherheit ist bei der Gestaltung dieser Wege eine besondere Aufmerksamkeit zu widmen, da sie oft weniger belebt sind.

Bei der Gestaltung der Fusswege ist zudem zu beachten:

- Übersichtlichkeit der Wege, gute Einsehbarkeit und Vermeidung toter Winkel.
- Durchgehend gute Beleuchtung, insbesondere auch der Treppen, Unterführungen und Liftzugänge.
- Verwendung vandalenresistenter Materialien, die sich gut reinigen lassen; transparente Baustoffe.
- Vermeidung sicherheitskritischer Konfliktsituationen zwischen den verschiedenen Verkehrsarten; Mischflächen nur bei kleinem Verkehrsaufkommen und übersichtlicher Gesamtsituation.
- Strukturierung von Plätzen mit Ausscheidung der Fussgängerflächen respektive der Fahrflächen, beispielsweise durch die Wahl der Beläge, Markierungen und massvolle Höhenabsätze.

3.3 Entwurf von Güterverkehrsanlagen

3.3.1 Eigenschaften der Güter

3.3.1.1 Einführung

Der Güterverkehr unterscheidet sich transporttechnisch klar vom Personenverkehr:

- *Güter sind nicht selbst beweglich* und können sich nicht selbst organisieren. Daher sind Umschlaganlagen notwendig.
- *Güter haben sehr unterschiedliche Materialeigenschaften.* Unterschiedliche Güter erfordern entsprechende Fahrzeuge und Umschlageinrichtungen.
- *Güter haben unterschiedliche Anforderungen an den Transportprozess.* Diese leiten sich aus den Materialeigenschaften und den logistischen Prozessen der Verlader ab.

Der Gesamtprozess *Gütertransport* besteht aus mehreren Einzelprozessschritten, aus denen sich der Infrastrukturbedarf ableitet:

- Verpackung und Kommissionierung.
- Lagerungsprozesse vor, während und nach dem Transport.
- Transport mit verschiedenen Verkehrssystemen und -mitteln.
- Umschlag zwischen verschiedenen Verkehrssystemen und -mitteln.

Manche Einzelprozesse können entfallen, während andere mehrmals durchlaufen werden müssen.

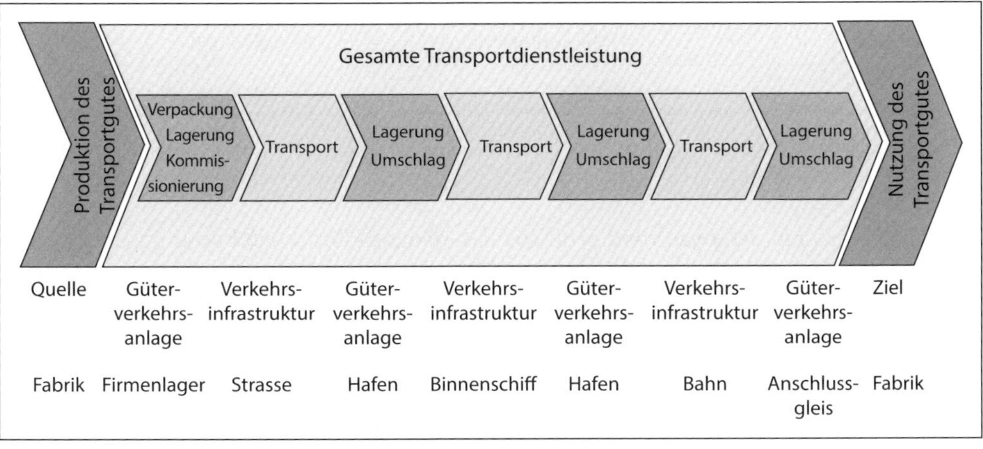

Abbildung 70 *Generische Prozesskette von Transportdienstleistung [eigene Darstellung].*

3.3.1.2 Umschlagprinzipien

Die Umschlagtechnologie hängt von Transportgut, Verkehrsmittel und verwendetem Umschlagprinzip ab. Es sind *drei Umschlagprinzipien* zu unterscheiden:

- *Direktverladung:* Das Transportgut wird ohne Verpackung in Eisenbahnwagen verladen (zum Beispiel Mineralöl, Getreide, Schrott).
- *Einzelverladung:* Verpackte Versandstücke werden in geschlossene Eisenbahnwagen verladen (zum Beispiel Paletten, Kisten, Fässer).
- *Behälterverladung:* Das Transportgut wird in Behälter (zum Beispiel Container, Wechselbehälter, Tankcontainer) verladen. Beim Umschlag wird der Behälter bewegt.

Im sogenannten kombinierten Verkehr werden unterschiedliche Verkehrssysteme, insbesondere Bahn und Strasse, zu einem integrierten Transportsystem verknüpft. Die damit verbundenen zusätzlichen Umschlagvorgänge werden durch standardisierte Behälter (zum Beispiel Container) und leistungsfähige Umschlagverfahren rationalisiert.

Beschaffenheit	Umschlageinrichtung	Güterwagen
Stückgüter (palletierbar), Behälter im kombinierten Verkehr	Kran, Stapler für Paletten, Fahrflächen	Wagen mit Plattformen und geschlossene Wagen
Schüttgüter	Höhenunterschied, Förderband, Kran	Spezielle Wagen
Staubförmige Güter	Höhenunterschied, Feststoffpumpe	Spezielle Wagen
Flüssigkeiten	Höhenunterschied, Pumpe	Kesselwagen
Gase	Pumpe	Kesselwagen für hohe Drücke

Tabelle 6 *Einflüsse der Beschaffenheit eines Transportgutes auf die Umschlageinrichtungen und die Güterwagen [eigene Darstellung].*

Die *logistischen Anforderungen* werden durch die verladende Wirtschaft bestimmt. Entsprechen die dafür bestimmten Infrastrukturen nicht mehr den aktuellen Anforderungen, so sind sie nutzlos. Dies ist für die Infrastrukturbetreiber eine grosse Herausforderung, da sich die logistischen Anforderungen in der Regel rascher ändern, als Infrastrukturanlagen amortisiert sind. Das Investitionsrisiko ist damit wesentlich höher als bei Personenverkehrsanlagen.

3.3.1.3 Auswirkungen auf Betrieb und Infrastruktur

Die Planung der Infrastrukturen des Gütertransports erfordert zunächst ein an die Nachfrage angepasstes Angebots- und Betriebskonzept. Daraus wiederum leiten sich die Anforderungen an die Infrastruktur mit ausreichender Kapazität und Reserve ab. Die Lade- und Umschlageinrichtungen sind so zu dimensionieren, dass die betrieblichen Voraussetzungen für einen raschen und ökonomischen Umschlag erfüllt werden. Beispiele sind:

- Länge und Anzahl der Lade-/Umschlaggleise.
- Rangiergleise zur Zugbildung und -zerlegung.
- Aufstell- und Warteflächen für Strassenfahrzeuge.
- Zu- und Wegfahrkapazität für Strassenfahrzeuge auf dem öffentlichen Strassennetz.
- Schutzvorkehrungen bei Gefahrengütern.

3.3.1.4 Standortwahl von Güterverkehrsanlagen

Die Planung von Güterverkehrsanlagen beginnt mit der Standortwahl. Zur Bestimmung des (grossräumigen) *Makrostandortes* müssen Angaben zu folgenden Aspekten vorliegen:

- Transportkonzept.
- Lage der Wirtschaftsräume.
- Transportmengen/Mengenentwicklung.
- Richtplanung, Zonenplanung.
- Verkehrsnetze und ihre Entwicklung.
- Bestehende Infrastruktur.

Die lokale Festlegung des (kleinräumigen) *Mikrostandortes* einer Güterverkehrsanlage bedarf folgender Angaben:

- Erreichbarkeit auf Schiene und Strasse.
- Aufkommenspotenziale im Nahbereich.
- Eignung für Layout, erforderliche Fläche, Ausgestaltung und Erweiterungsmöglichkeit.
- Zonenplanung.
- Umwelt (Luft, Lärm, Gewässer, Boden, Natur, Störfälle, Lichtemissionen).
- Folgewirkungen auf Wirtschafts- und Wohnstandort.
- Kosten (Land, Anlage, Infrastrukturanpassungen).
- Risiken (Altlasten, Termine, Betriebsrisiken).

3.3.1.5 Ausgestaltung und Dimensionierung

Viele Güterverkehrsinfrastrukturen sind direkt mit den Prozessen verknüpft, wie zum Beispiel die Gestaltung des Vor- und Nachlaufs der Lastwagen bei Anlagen des kombinierten Verkehrs. Da dies einen Einfluss auf die zeitliche Verteilung der Anlieferung und somit auf die erforderliche Umschlagkapazität hat, ist die Organisations- und Benutzerstruktur miteinzubeziehen.

Layout, Ausgestaltung und Dimensionierung einer Güterverkehrsanlage benötigen folgende Angaben:

- Umschlag zwischen Verkehrssystemen und -mitteln, Anteile (Wasser, Schiene, Strasse).
- Verkehrsmengen spezifiziert nach Transportgut bzw. Anzahl, Art und Grösse der Behälter.
- Zeitliche Verteilung der Umschlagmengen und -vorgänge.
- Umschlagtechnologie.

- Geometrischer Mindestplatzbedarf der Fahrzeuge und Umschlagmittel (insbesondere Zuglängen).
- Logistische Prozesse der Anlage, insbesondere Bedarf an Lagerflächen und Lagervolumen.
- Verbindungswege innerhalb der Anlage, Anschlüsse an Bahn- und Strassennetz.
- Sicherungstechnische Auflagen und Verordnungen.
- Vorhandene Infrastruktur.
- Gesetze, Verordnungen, Projektierungsrichtlinien.

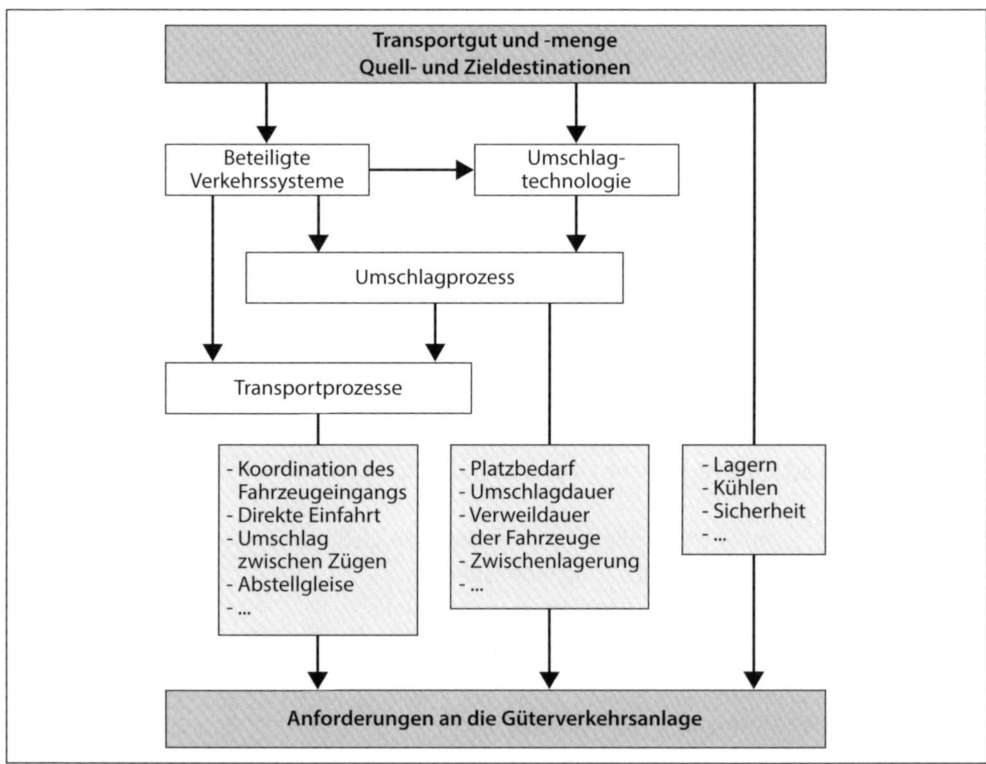

Abbildung 71 *Vorgehen bei der Planung von Güterverkehrsanlagen [eigene Darstellung].*

3.3.2 Anlagen des konventionellen Güterverkehrs

Beim konventionellen Güterverkehr werden die Waren – sofern der Verlader kein Anschlussgleis besitzt – mit Strassenfahrzeugen angeliefert und im *Güterbahnhof* auf Güterwagen verladen. Während diese früher die häufigste Produktionsform darstellte, ist sie heute seltener geworden. Ein Güterbahnhof setzt sich aus folgenden Gleisen zusammen:

- Einfahrgleise.
- Ausfahrgleise.
- Aufstellgleise für ankommende Wagen.

- Aufstellgleise für abgehende Wagen.
- Ladegleise verschiedener Art.
- Auszieh-, Durchlauf- und Ordnungsgleise.

Zwischen Aufstell- und Ladegleis ist ein Durchlaufgleis anzuordnen, das ständig freizuhalten ist, um das Rangieren zu erleichtern. Bei hohem Verkehrsaufkommen werden einzelne Gleise zu selbstständigen Gruppen erweitert. Eine Einfahrgruppe wirkt als Puffer, der einfahrende Züge aufzunehmen hat, bis die Wagen auf die Ladegleise verteilt sind. Entsprechend ist eine Ausfahrgruppe zu schaffen, die alle Gleise für die verschiedenen Versandrichtungen zusammenfasst.

Anschlussgleise dienen primär dem konventionellen Wagenladungsverkehr, wobei das Ein- und Ausladen der Güter im Werksgelände erfolgt. Damit ist ein direkter Haus-zu-Haus-Verkehr möglich. Im Gegensatz zu Güterbahnhöfen befinden sich Anschlussgleise im Besitz einzelner Verlader. Deren Planung ist noch stärker an den spezifischen Anforderungen der Versender respektive Empfänger ausgerichtet. Anschlussgleise erlauben die bestmögliche Nutzung der Stärken des Bahntransportes. Sie setzen aber sowohl beim Versender wie beim Empfänger eine entsprechende Anlage voraus, ebenso eine Mindestmenge von mehreren Wagen pro Woche. Beides ist immer seltener erfüllt, weshalb auch diese Form insgesamt rückläufig ist.

3.3.3 Rangierbahnhöfe

Der Rangierbahnhof ist eine Betriebsanlage des Einzelwagenladungsverkehrs, die keine verkehrlichen Aufgaben erfüllt. Hauptaufgabe ist das Zerlegen und Bilden von Güterzügen. Der Standort kann aufgrund folgender Kriterien gewählt werden:

- *Binnenverkehrsorientierte Anlagen:* Minimierung der zu fahrenden Zug- und Wagenkilometer im Netz des Einzelwagenladungsverkehrs, optimierte Nutzung des Bahnnetzes, insbesondere Führung der Züge über Strecken mit schwachem Personenverkehr.
- *Transitorientierte Anlagen:* Optimale Formationspunkte der Transitgüterzüge, zum Beispiel beim Zusammenfluss mehrerer starker Güterströme.

Rangierbahnhöfe beanspruchen sehr ausgedehnte, mehr oder weniger ebene zusammenhängende Flächen. Der Standort ist demzufolge meist ein Kompromiss. Neue Standorte sind in Zentraleuropa aufgrund der dichten Besiedlung und der Aversion gegen Kulturlandverbrauch und Lärm kaum mehr realisierbar. Umso wichtiger ist die optimale Nutzung vorhandener Standorte. Die rückläufigen Mengen des Einzelwagenladungsverkehrs lassen indessen einen mittel- bis langfristigen Rückbau weiterer Anlagen erwarten.

Die Grösse eines Rangierbezirks und damit die erforderliche Leistungsfähigkeit des Rangierbahnhofs hängen von Produktionskonzept und Automatisierungsgrad ab. Hoch automatisierte Anlagen sind sehr leistungsfähig, doch kommt diese Stärke nur bei grosser Verarbeitungsmenge wirklich zum Tragen. Um auch kurze Zeitlücken zwischen Reisezügen ausnützen zu können, muss der Anschluss des Rangierbahnhofs an das Netz leistungsfähig sein. Die Arbeitsrichtung eines Rangierbahnhofs ist aufgrund netzweiter Überlegungen festzulegen. Dabei sind sogenannte ein- respektive zweiseitige Anlagen möglich. Bei Anlagen mit einer einzigen Arbeitsrichtung leitet sich daraus das Betriebskonzept für Güterzüge im Uhrzeiger- oder Gegenuhrzeigersinn ab.

Üblicherweise erhalten die Güterwagen die nötige kinetische Energie mittels eines *Ablaufberges,* der Rest der Anlage ist flach. Bei *Gefälleanlagen* hingegen liegt der ganze Bahnhof in einem durchgehenden Gefälle, was grosse Höhenunterschiede ergibt. Die mittlere Neigung der Verteilungszone muss 10 ‰ und jene der Steilrampe 40–70 ‰ über 1–2 m Gefällehöhe betragen. Es folgt eine flachere Strecke mit mindestens 10 ‰ Gefälle im Bereich der Gleisbremsen,

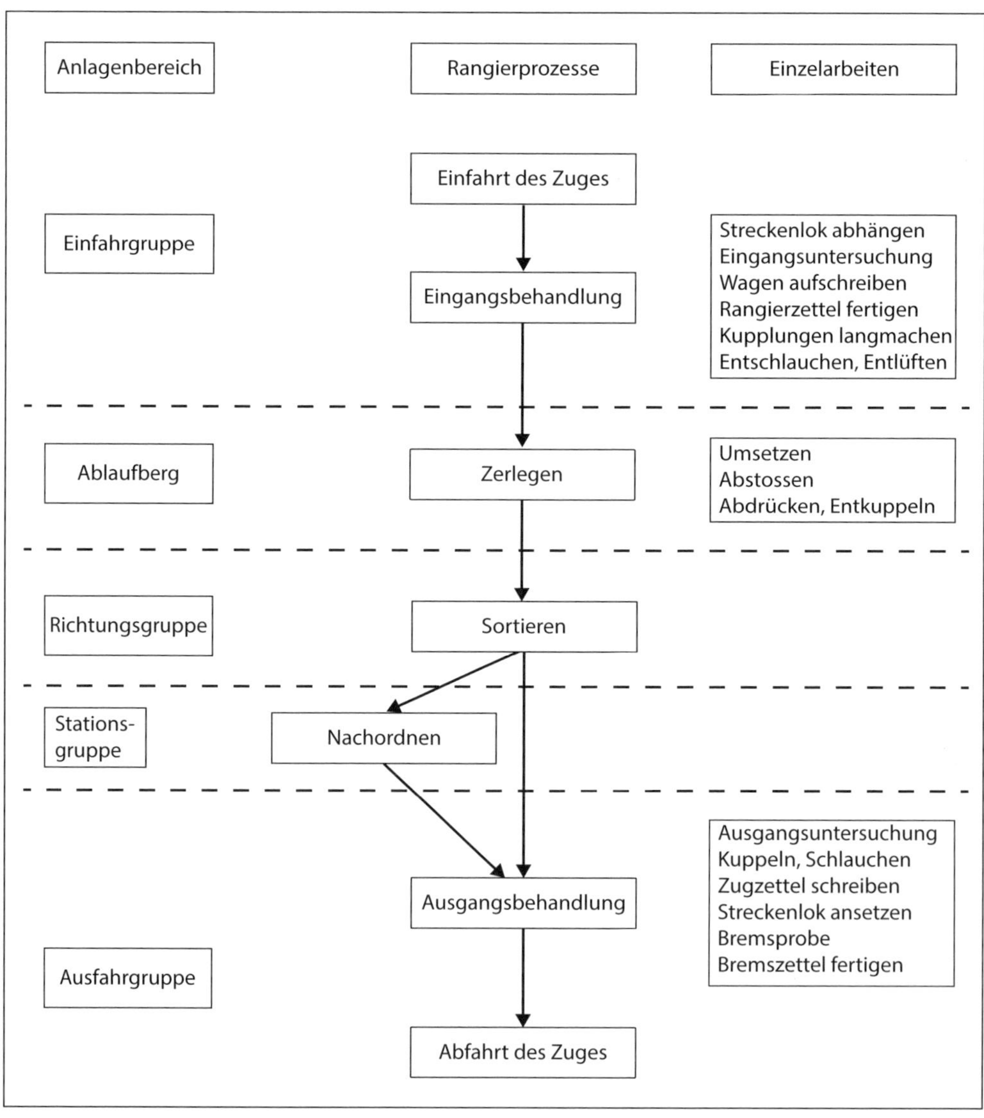

Abbildung 72 *Betriebsablauf eines Rangierbahnhofes [eigene Darstellung].*

anschliessend kann der gleiche Höhenverlauf wie bei einer Flachanlage gewählt werden. Ein Rangierbahnhof soll in der Lage sein, Güterzüge mit Maximallängen bis 740 m aufzunehmen, für bestimmte Relationen streben einige europäische Bahnen sogar 835 m an. Da sich die Anlagenbereiche eines Rangierbahnhofes sequenziell folgen, beträgt die Gesamtlänge einer Rangieranlage normalerweise 3–4 km, die Gesamtbreite bewegt sich meist zwischen 200 und 300 m.

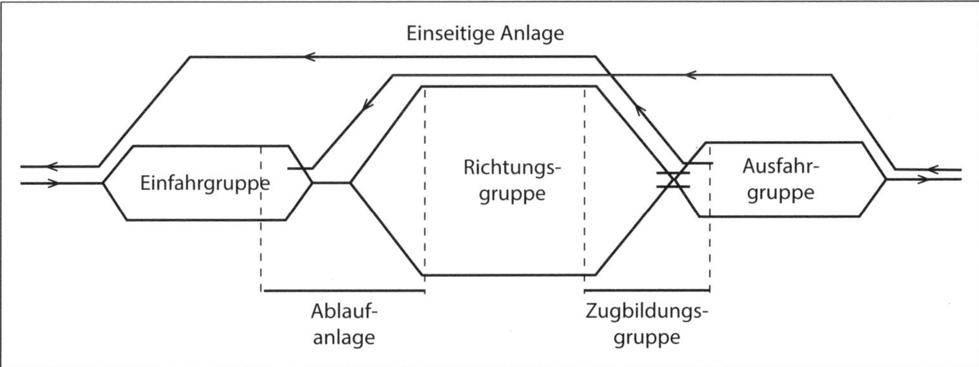

Abbildung 73 *Grundkonfigurationen von Rangierbahnhöfen; einseitiger Rangierbahnhof [eigene Darstellung].*

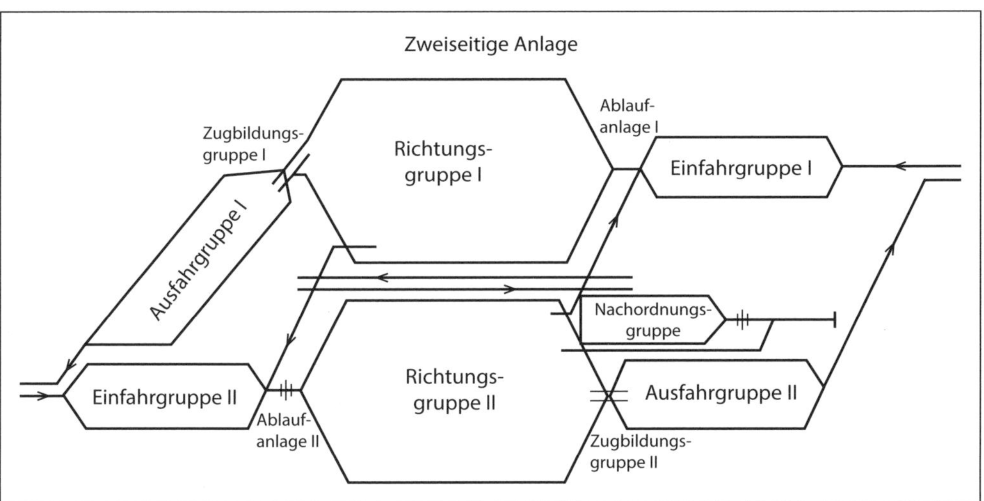

Abbildung 74 *Grundkonfigurationen von Rangierbahnhöfen; zweiseitiger Rangierbahnhof [eigene Darstellung].*

3.3.4 Terminals des kombinierten Verkehrs

Die wesentlichen Elemente von Terminals des kombinierten Verkehrs sind:

- *Gleisanlagen* mit Zugbildungsanlage (Ein-/Ausfahrgleise, Zuführungsgleise, sonstige Gleise wie zum Beispiel Abstell-, Auszieh- und Ladegleise).
- *Umschlagbereich* (Umschlaggleise, Fahr- und Ladespuren, gegebenenfalls Arbeitsflächen für mobile Umschlaggeräte, Abstellflächen für das Zwischenabstellen von Ladungseinheiten).
- *Gatebereich* (Ein- und Ausfahrbereich für Lkw) mit Stauflächen, (Abfertigungs-)Gebäuden und sonstigen technischen Anlagen.

Mögliche Anordnungen der Anlagenteile werden anhand von Systemplänen untersucht. Sie weisen aus:

- Anbindung des Umschlagbahnhofes an das Schienen- und Strassennetz.
- Funktionale Zusammenhänge der Anlagenteile.
- Lage und Verknüpfung der Gleise respektive Gleisgruppen untereinander.
- Wesentliche Längen- und Breitenmasse.

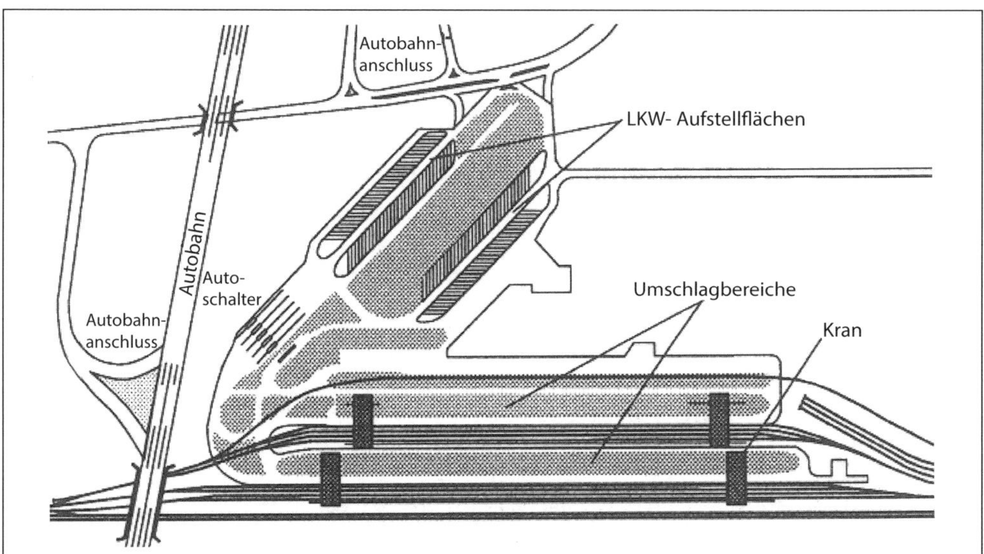

Abbildung 75 *Beispiel einer Terminalstruktur des kombinierten Güterverkehrs (Zugbildungsanlage nicht abgebildet) [Buchholz 1998].*

Die Zugbildungsanlage dient dazu, Züge ein- oder auszufahren, diese zu bilden oder aufzulösen, Umsetzbewegungen innerhalb der Anlage durchzuführen sowie Lokomotiven und Wagen abzustellen. Die Gleise sollen unmittelbar neben den Streckengleisen angeordnet und möglichst in einer Gruppe zusammengefasst werden. In Abhängigkeit von der Lage des Umschlagbahnhofes im Netz ist die Zugbildungsanlage ein- oder zweiseitig anzuschliessen. Die geplanten Zuglängen sind zu berücksichtigen, wobei komplette Wagenzüge ohne Teilung aufgenommen werden sollen.

Die Umschlaggleise, die dem vertikalen respektive horizontalen Verladen von Ladungseinheiten dienen, sind getrennt voneinander anzuordnen. Für den Vertikalumschlag sollen nicht mehr als vier Gleise innerhalb einer Kranbahn liegen. Sie müssen in der Geraden liegen und sollen keine Längsneigung aufweisen (maximal zulässige Längsneigung: 2,5 ‰). Die Anzahl der Umschlaggleise richtet sich nach Verkehrsaufkommen, maximaler Wagenzuglänge und vorgesehenem Arbeitsverfahren. Bei den Arbeitsverfahren ist zu unterscheiden zwischen

- *Standverfahren* (Züge bleiben von der Entladung bis zur erneuten Beladung im Umschlaggleis).
- *Fliessverfahren* (zwischenzeitliche Räumung des Ladegleises zur Ent- und Beladung weiterer Züge).

Bei grösseren Umschlagbahnhöfen können weitere Gleise für folgende Aufgaben benötigt werden:

- Kleinere Reparaturen an den Tragwagen.
- Aufstellen von Schadwagen, die zur Ausbesserung überführt werden müssen.
- Anschluss des Service-Centers, in dem Container gewartet und gelagert werden.

Zu den Anlagen für den Strassenverkehr gehören im Allgemeinen:

- Fahrstrassen.
- Ladestrassen mit Fahr- und Ladespur.
- Parkflächen, Ein- und Ausfahrspuren sowie Stauflächen.

Die Fahr- und Ladespuren für die Lastwagen sollen richtungsgebunden sein. Höhengleiche Kreuzungen zwischen Schiene und Strasse sind möglichst zu vermeiden. Die Flächen für den rollenden und ruhenden Verkehr sind voneinander zu trennen. Innerhalb des Umschlagbereiches ist ein Abfertigungsgebäude für Diensträume des Personals vorzusehen.

3.4 Entwurf von Betriebsanlagen

3.4.1 Überblick

Bahnfahrzeuge sind naturgemäss an das Schienennetz gebunden und ein Strassentransport zu Werkstätten ohne Bahnanschluss ist nur in Ausnahmefällen vertretbar. Deshalb muss die Bahninfrastruktur auch auf Rollmaterialeinsatz und -erhaltung ausgelegt werden. Die dazu erforderlichen Anlagen gliedern sich in:

- *Abstellanlagen:* Abstellen von zeitweise nicht benötigtem Rollmaterial, Bereitstellung für nächsten Einsatz, Kleinunterhalt.
- *Triebfahrzeugdepots:* Geschützte Abstellung von Triebfahrzeugen, Vorbereitung für nächsten Einsatz, Kleinunterhalt.
- *Werkstätten:* Behebung von Schäden, Substanzerhaltung durch Revisionen, Ertüchtigung durch Umbauten.

Diese Anlagen unterscheiden sich nicht nur durch Aufgaben und technische Ausstattung, sondern auch durch die Bestimmungsgrössen für ihre Lage im Netz und die ordnungsrechtliche Stellung. Obschon es sich nämlich technisch stets um Bahninfrastrukturen handelt, gehören die Triebfahrzeugdepots und Werkstätten den Eisenbahn-Verkehrsunternehmungen; sie bilden deren einzigen bahntechnischen Infrastrukturen. Sie sind zwar organisch in das Netz einzupassen, stehen aber anderen EVU nur zur Verfügung, wenn dies die Eigentümer-EVU zulässt. Die Abstellanlagen sind hingegen im Eigentum der Eisenbahn-Infrastrukturunternehmung und können durch jede EVU gemäss Netzzugangsverfügung und gegen Bezahlung genutzt werden.

Standortwahl und örtliche Eingliederung aller Anlagen wurden in den letzten Jahren immer anspruchsvoller:

- Zunehmender Rollmaterialbestand bei vielen Bahnen infolge von Fahrplanverdichtungen.
- Komplexeres, technisch anspruchsvolleres und empfindlicheres Rollmaterial.
- Systematisierung der Angebotssysteme; damit immer weniger Standorte, an denen die Zugbildung sich ändert, und konzentrierter Abstellbedarf an zentralen Orten.
- Wechsel von lokbespannten Zügen zu nicht trennbaren Triebzügen und damit Bedarf nach grösseren Gleislängen.
- Ausbau des S-Bahn-Verkehrs mit Bedarf nach neuen Abstellstandorten an der Netzperipherie und nach hoher Abstellkapazität infolge ausgeprägter Verkehrsspitzen respektive -flauten während des Tages.

Die Anlagen werden daher teilweise an neuen Orten benötigt und sind nicht nur grösser, sondern auch weniger flexibel hinsichtlich ihrer Nutzlänge. Zudem sind sie weitgehend standortgebunden, will man nicht lange Überfuhrfahrten und damit ineffizienten Rollmaterial- und Personaleinsatz in Kauf nehmen. Daraus resultieren zahlreiche städtebauliche, ökologische und Nutzungskonflikte, die im Rahmen strukturierter Prozesse auszuhandeln und zu entscheiden sind.

3.4.2 Abstellanlagen

3.4.2.1 Standortwahl

In Abstellanlagen werden angekommene Personenzüge gewendet sowie zur Rückfahrt vorbereitet oder vorübergehend nicht benötigte Fahrzeuge werden abgestellt. Abstellanlagen sind insbesondere dann erforderlich, wenn eine Zugeinheit nach Ankunft am Endbahnhof nicht unverzüglich auf eine Gegenfahrt übergeht. Gründe können sein:

- Aufgrund fahrplantechnisch langer Wendezeit muss ein Zug weggestellt werden, um keine Perrongleise zu blockieren.
- Verstärkungseinheiten werden in der Nebenverkehrszeit in der Abstellanlage abgestellt, um in der Hauptverkehrszeit wieder eingesetzt zu werden.
- Ein Fahrzeug ist schadhaft und muss entweder vor Ort repariert oder zur Überführung in die Werkstätte vorbereitet werden.
- Reservefahrzeuge sind zur Abdeckung von Fahrzeugausfällen sowie für unerwartete Nachfragespitzen vorzuhalten.

Abstellmöglichkeiten sind somit dort erforderlich, wo die Zugformation im Laufe des Tages verändert wird und wo Zugläufe nach Betriebsschluss enden. Massgebend für die optimale Lage ist das Betriebsprogramm mit dem Fahrzeugumlaufplan. Aufgrund dessen unterscheiden sich die Standorte je nach Zugkategorie:

- *Internationaler Personenverkehr/Nachtzüge:* Grösste Bahnhöfe des Netzes, die Endpunkte internationaler Zugläufe sind.
- *Fernverkehr:* Knoten von Gross- und Mittelstädten, insbesondere Anschlussknoten des integrierten Taktfahrplans sowie andere Linienendpunkte, wo Zugläufe morgens beginnen und abends enden.
- *S-Bahn-Verkehr:* Linienendpunkte im Aussenbereich der Agglomerationen sowie Linienendpunkte an der Grenze des inneren Agglomerationsgürtels.
- *Regionalverkehr:* Linienendpunkte, abhängig vom Fahrzeugumlaufplan; Dimensionen normalerweise klein.

Die grössten Anlagen werden naturgemäss gerade an den Betriebsschwerpunkten benötigt, also in grossen Städten mit ihren restriktiven Platzverhältnissen. Aus städtebaulichen Gründen und aufgrund hoher Landpreise in Zentrumslage sind indessen Distanzen zwischen den Perrons und der Abstellanlage von bis zu etwa 5 km bisweilen nicht vermeidbar. Solche Lösungen sind nur zurückhaltend in Kauf zu nehmen.

3.4.2.2 Funktionen und erforderliche Kapazität

Eine Abstellanlage hat im Einzelnen folgende Aufgaben zu erfüllen:

- Abstellen der Züge.
- Technische Überprüfung der Wagen.
- Auflösung des Zuges mit Aussortierung der Wagen, die einer Spezialbehandlung bedürfen.
- Innen- und Aussenreinigung sowie Versorgung mit Wasser.
- Bildung neuer Züge.
- Bereitstellung von Zügen.

Je nach Betriebsprogramm kann dafür ein einzelnes Gleis ausreichen oder aber es ist eine umfangreiche Infrastruktur mit räumlicher Trennung der Aufgaben und Spezialeinrichtungen nötig. Durch den Ersatz konventioneller Züge mit Lokomotive und Wagen durch fixe Triebzüge nähern sich die Funktionen einer Abstellanlage jenen der später behandelten Lokdepots an.

3.4.2.3 Anordnung von Abstellgleisen

Die Abstellanlagen werden häufig angefahren, oft von jedem ankommenden Zug. Jede Benützung bedeutet:

- Zeitbedarf für die Überführung in die Anlage und Rückführung, der die Umlaufzeit einer Zugkomposition verlängert und zum Fahrzeugmehrbedarf führen kann.
- Zusätzliche Arbeitszeit für das Lok- und allfälliges Rangierpersonal.
- Zusätzlicher Energiebedarf und Verschleiss.

Abstellanlagen sollen daher möglichst nahe bei den Perrongleisen liegen und ohne Fahrtrichtungswechsel erreichbar sein. Zudem soll die Überführung keine Fahrstrassenkonflikte mit fahrplanmässigen Zügen verursachen. Das Zusammenstellen von langen Zugkompositionen soll ohne Mitbenützung von Gleisen erfolgen, die für Zugfahrten benötigt werden.

Die Kapazität richtet sich nach der Zahl und Länge der gleichzeitig abzustellenden Zugkompositionen bei Schwachlast und Betriebsruhe sowie nach der Anzahl bereitzustellender Reservefahrzeuge für ausserordentliche Spitzen und kurzfristigen Ersatz schadhafter Fahrzeuge. Zu berücksichtigen ist, dass Pendel- und Triebzüge betrieblich nicht getrennt werden können und dass auch Doppel- oder Dreifachtraktionen ungetrennt bleiben sollen, wenn das Betriebsprogramm keine Trennung vorsieht. Die letzten Züge vor der Betriebsruhe können auf den Perrongleisen abgestellt werden, was den Gleisbedarf der Abstellanlage vermindert.

Grosse *Durchgangsbahnhöfe* benötigen möglichst beidseits einen Abstellbahnhof, um ankommende Züge ohne Fahrtrichtungswechsel überführen zu können. Bei kleineren Durchgangsbahnhöfen wird aus wirtschaftlichen Gründen auf den zweiten Abstellbahnhof verzichtet. *Kopfbahnhöfe* haben in der Regel einen einzigen Abstellbahnhof, doch werden oft mehrere verteilte Restflächen ausgenützt. Dies ist zwar logistisch ungünstig, hat aber den betrieblichen Vorteil, dass die Züge mit wenig Querungen von Streckengleisen abgestellt werden können.

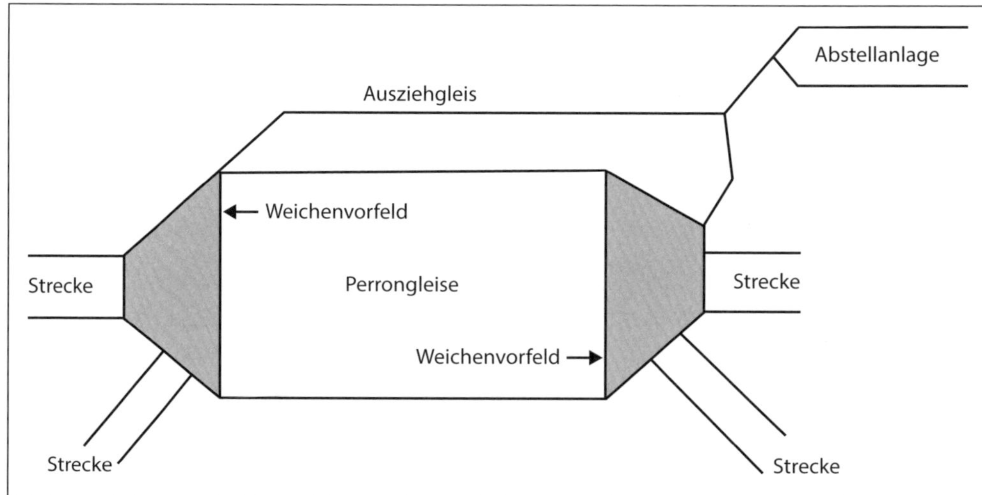

Abbildung 76 *Abstellgleise anschliessend an den Personenbahnhof auf der Gleiskopfseite mit schwächerem Verkehrsaufkommen [eigene Darstellung].*

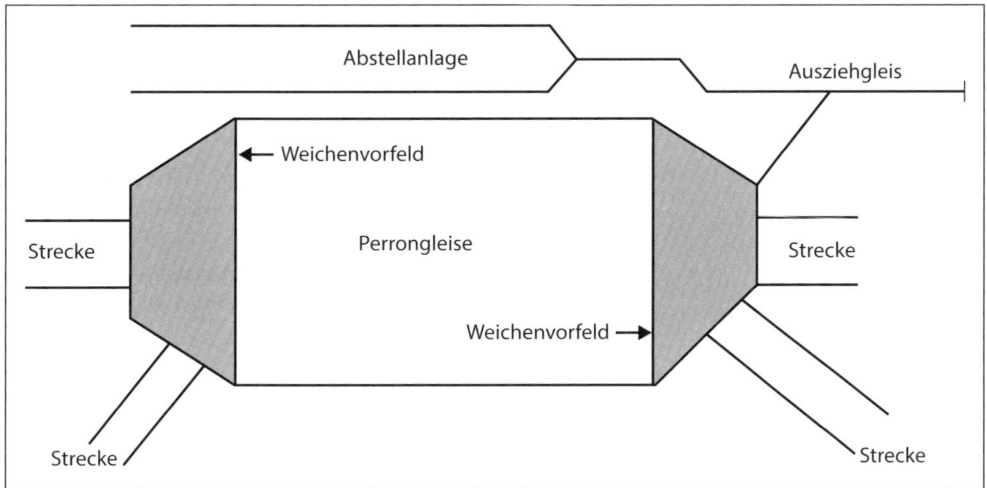

Abbildung 77 *Abstellgleise seitlich zum Personenbahnhof [eigene Darstellung].*

3.4.3 Triebfahrzeugdepots

Triebfahrzeugdepots haben Lokomotiven und Triebwagen zwischen zwei Einsatztagen aufzunehmen und sie für den nächsten Einsatz vorzubereiten. Die Werkstättenausrüstung ist auf kleine Schäden sowie den Austausch von Komponenten auszurichten. Im Gegensatz zu Abstellanlagen benötigen sie eine Strassenzufahrt für Materialtransporte und die Mitarbeitenden. Wie bei den Abstellanlagen leiten sich auch die Standorte der Depots vom Betriebsprogramm ab und sollen möglichst nahe an den Einsatzendpunkten liegen. In zahlreichen Ländern werden Lokomotiven praktisch nur noch im Fern- und Mittelstreckenverkehr eingesetzt. Die Zahl der konventionellen Lokdepots reduziert sich daher sukzessive und diese konzentrieren sich zudem in den grossen Bahnknoten. Im Gegenzug entstehen grosse Abstell- und Wartungshallen für Triebzüge.

Dienen die Depots elektrischen Triebfahrzeugen, so sind die Gleise zu elektrifizieren. Die Eingriffe an den Fahrzeugen werden meist im Abstellbereich vorgenommen. Diese Gleise sind daher auf der ganzen Länge mit einer Inspektions- und Arbeitsgrube auszustatten, damit die Fahrwerke und die Unterflur-Einrichtungen zugänglich sind. Alternativ können die Wagenkästen der Triebzüge angehoben werden, während die Fahrwerke auf den Gleisen stehen bleiben und damit für die Arbeiten zugänglich werden. Gerade bei Triebwagen und Triebzügen befinden sich die Aggregate zunehmend auf dem Fahrzeugdach, weshalb zusätzliche Arbeitsbühnen gefordert sind. Schliesslich verfügen Depots oft über Einrichtungen, die den Aus- und Einbau einzelner Achsen ermöglichen [Mayer 2005].

Betrieblich nicht trennbare Triebzüge verlangen Unterhaltshallen mit einer Länge von 100 bis über 400 m. Sie sind ausserordentlich aufwendig, weil die technische Ausrüstung von Triebzügen auf mehrere oder alle Fahrzeuge der Komposition verteilt ist, und zwar oft sowohl auf dem Dach wie Unterflur. Auf der ganzen Länge müssen daher Arbeiten ausgeführt werden können.

Aufgrund dessen sowie der zunehmenden Komplexität der Fahrzeuge erfordern Triebfahrzeugdepots eine technische Ausrüstung, die jener einer Werkstätte nahekommt. Eine Kombination von Triebfahrzeugdepot mit einer Werkstätte für den kleinen Unterhalt kann daher zweckmässig sein, sofern sich eine Lage nahe den Betriebsschwerpunkten finden lässt.

Wagenhallen werden vor allem für Reinigung und Kleinunterhalt gebaut. Für die Kontrolle der Achsen und des Untergestells der Wagen sind Kontrollgruben vorzusehen. Die Wagenhallen benötigen ebenfalls eine Strassenzufahrt. Das Reserverollmaterial wird in den *Vorratsgleisen* zusammengefasst. Sie sollen neben den Abstellgleisen liegen, damit sie vom Hauptausziehgleis bedient werden können. Die *Übergabegleise* stellen die Verbindung mit dem Abstellbahnhof und anderen Betriebsanlagen dar. Die *Wartegleise* bilden einen Puffer zwischen Personenbahnhof und Abstellbahnhof. Auf ihnen werden einzelne Wagen, Lokomotiven oder ganze Züge vor oder nach Gebrauch kurzfristig abgestellt.

3.4.4 Werkstätten

Durch die zunehmend umfangreichere technische Ausstattung der Depots mit Spezialwerkzeugen werden kleinere Unterhaltsarbeiten sukzessive zu diesen verlagert. Die Hauptwerkstätten fokussieren dagegen vorab auf den schweren Unterhalt, also die geplanten regelmässigen Grossrevisionen, die Ausbesserungen grösserer Schäden sowie Umbauarbeiten. Bisweilen müssen sogar Spezialteile gefertigt werden, die bei den Lieferanten nicht mehr erhältlich sind, wird Bahnrollmaterial doch 40–60 Jahre alt.

Vor der Festlegung von Grösse und Struktur einer Werkstätte ist zu entscheiden, welche Arbeiten selbst ausgeführt und welche an andere Firmen vergeben werden sollen. Eine allgemeine Regel besteht nur insofern, als sich eigene Werkstätten mit wachsender Betriebsgrösse zunehmend lohnen. Fahrzeuglieferanten kommen eher nicht als Auftragnehmer infrage, da man sich aus strategischen Gründen nicht fest an einen einzigen Lieferanten binden möchte und dies aufgrund beschaffungsrechtlicher Regeln auch nicht zulässig ist. Infolge der sehr spezifischen Aufgaben, der erforderlichen Ausrüstungen und des Spezialpersonals existiert zudem kein allgemeiner Markt für solche Leistungen. Bei vielen Fahrzeugen handelt es sich schliesslich um Kleinserien für ein bestimmtes Netz oder Schmalspurfahrzeuge. Dies ist ein wesentlicher Unterschied zum öffentlichen Strassenverkehr mit seinen standardisierten in Grossserien gefertigten Bussen. Eine komplette Auftragsvergabe an andere Unternehmungen ist einzig bei Kleinunternehmungen üblich, die sich auf eine *Betriebswerkstatt* beschränken und grössere Arbeiten vorab an andere Unternehmungen vergeben können.

Bahnfahrzeuge werden zunehmend stärker ausdifferenziert. Grosse Betriebe spezialisieren ihre Werkstätten daher nach fahrzeugbezogenen Kriterien, zum Beispiel:

- Lokomotiven, Triebzüge, Reisezugwagen, Güterwagen.
- Konventionell gesteuerte Triebfahrzeuge, elektronisch gesteuerte Triebfahrzeuge.
- Nahverkehrsfahrzeuge, Fernverkehrsfahrzeuge.

Da die Skaleneffekte von Werkstätten erheblich sind, ist eine zu starke Aufteilung der Arbeiten und Fahrzeugsegmente auf zahlreiche Standorte unwirtschaftlich. Die optimale Zahl von Standorten ergibt sich aus der Minimierung der Investitionskosten, Produktionskosten und Überführungskosten. Dies spricht insgesamt auf eine möglichst weitgehende Konzentration, im Rahmen verfügbarer Parzellengrössen.

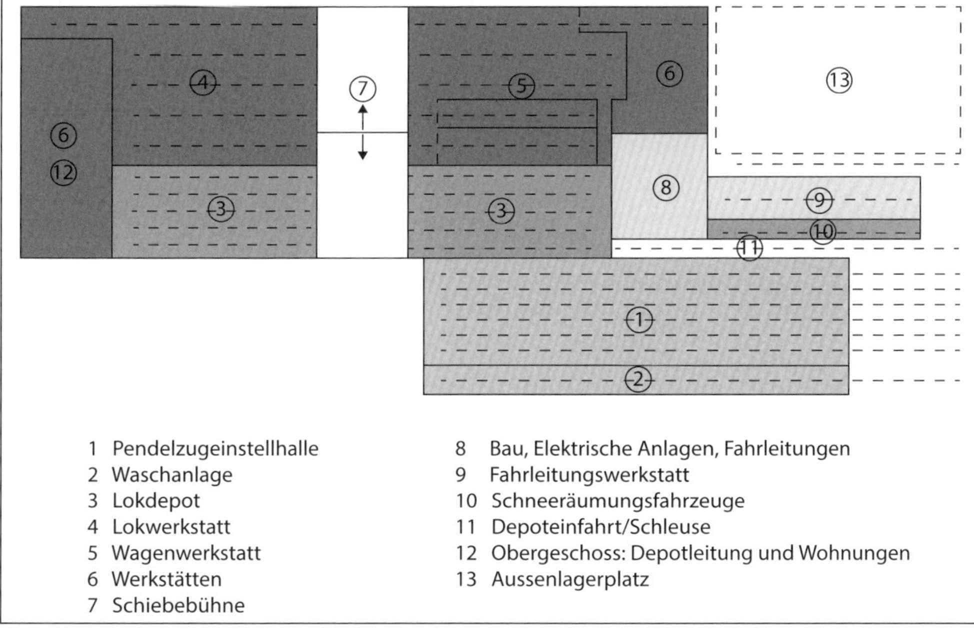

Abbildung 78 *Anordnung der Funktionalitäten bei Depots und Werkstätten; Beispiel der Matterhorn-Gotthard-Bahn (MGB) in Brig (nach [Matterhorn Gotthard Bahn]).*

Im Gegensatz zu den Depots gelangen die Fahrzeuge selten in die Werkstatt, dafür halten sie sich Tage bis Monate dort auf. Bei der Standortermittlung spielt daher das Betriebsprogramm – im Gegensatz zu den anderen Anlagentypen – praktisch keine Rolle, da die Fahrzeuge ohnehin ausser Betrieb genommen werden. Allerdings ist man auch hier an möglichst kurzen Überführungen, bei Wagen sogar durch Regelzüge, interessiert und weitere betriebliche Gesichtspunkte beeinflussen die Standortwahl:

- Minimierung der Zu- und Wegführungsdistanzen, dadurch Minimierung der Transferkosten.
- Topologie der Zufahrtsstrecke mit minimalem Manöverbedarf.
- Kapazität der Zufahrtsstrecken; Zufahrt zur Werkstätte soll kritische Netzbereiche nicht zusätzlich belasten.

Zudem haben folgende Aspekte eine erhöhte Bedeutung, unter anderem aufgrund des Flächenbedarfs und des erheblichen Personalbestandes mit seinen Zu- und Wegfahrten:

- Verfügbarkeit eines geeigneten Grundstückes bezüglich Fläche, Form, Grundeigentum.
- Eignung der Grundstücke hinsichtlich Topografie, Geologie, Grundwasser, Altlasten.

- Zonenplanerische Konformität, keine Beeinträchtigung von Natur- und Landschaftsschutzgebieten, Ortsbildschutzgebieten, Fruchtfolgeflächen sowie Wald.
- Genügend leistungsfähiger Anschluss an das Strassennetz für Angestellte und Zulieferer, möglichst nicht durch Wohngebiete führend.
- Anschluss an den öffentlichen Verkehr für die Angestellten.

Regionale Verkehrsunternehmungen ziehen meistens alle Werkstattfunktionen an einem Standort zusammen, oft kombiniert mit Depots und Abstellanlagen. *Überregionale Betriebe* dezentralisieren ihre Werkstätten, auch aus Gründen des Arbeitsmarktes. Dies ist kombiniert mit der beschriebenen Arbeitsteilung zwischen den Standorten hinsichtlich der Art der Arbeiten sowie der betreuten Fahrzeugbauarten. Der Einsatz von besonders anspruchsvollen oder investitionsintensiven Geräten und damit eine rationelle Fertigung werden dadurch unterstützt. Je stärker eine Werkstätte funktional mit einem Depot kombiniert ist und je mehr Kleinunterhalt an diesem Standort demnach ausgeführt werden soll, desto höher ist schliesslich die Bedeutung betrieblicher Aspekte bei der Standortsuche.

3.5 Entwurf von Anlagen im Strassenraum

3.5.1 Öffentlicher Verkehr im Strassenraum

Der städtische Raum wurde – mit Ausnahme einer kurzen Zeit zwischen etwa 1950 und 1980 – meist nicht nach den Bedürfnissen des Verkehrs gestaltet; nur selten kann die Verkehrsinfrastruktur eines Stadtteils gleichzeitig mit den Gebäuden geplant werden. Er hat zudem – nebst Verkehr und Versorgung – vielfältigsten Ansprüchen von Aufenthalt, Kommunikation, Wohnumfeld und Frischluftzufuhr zu genügen [Besier 2002]. Die Kombination der hohen Nutzungsdichte mit den knappen Platzverhältnissen führt zu vielfältigen Konflikten zwischen allen Nutzungen.

Zum städtischen öffentlichen Verkehr werden jene Verkehrssysteme gerechnet, die der Erschliessung von Siedlungsgebieten dienen und den Strassenraum zumindest partiell mitbenutzen. Der bedeutendste Vertreter ist der Stadtbus, der in jüngerer Zeit zum *Bus Rapid Transit*-System (BRT) weiterentwickelt wird, wenn sehr hohe Kapazität gefordert wird. Steht der Qualitätsgewinn im Vordergrund, so spricht man vom *Bus with a High Level of Service* (BHLS). Beiden ist gemeinsam, dass sie eine erhebliche eigene Infrastruktur mit Busspuren und Haltestellen erfordern. Seit rund 150 Jahren werden *Strassen- und Stadtbahnen* eingesetzt, heute nur noch in den Grossstädten. Ihre Systemcharakteristiken liegen zwischen jenen der Vollbahn und des Busses. In den Metropolen sind schliesslich weltweit über hundert *Metrosysteme* in Betrieb.

Ein Vergleich der Systemcharakteristiken zeigt, dass nicht nur Nutzungskonflikte um Raum und Kapazitäten bestehen, sondern dass sich die städtischen Verkehrssysteme auch betrieblich stark voneinander unterscheiden. Dies macht die städtische Verkehrsplanung ausserordentlich anspruchsvoll. Einige Besonderheiten werden im Folgenden dargestellt, wobei das Schwergewicht auf dem Tram liegt, doch sind die meisten Prinzipien sinngemäss auf den Bus übertragbar.

Aspekt	Motorisierter Individualverkehr	Bus	Strassenbahn	Bahn
Gewichte der Einheiten	Klein (< 2 t/40 t)	Klein (10–30 t)	Mittel (~ 100 t)	Gross (> 100 t)
Reibungskoeffizient	Gross	Gross	Klein	Klein
Bremsweg	Kurz	Kurz	Mittel	Sehr lang
Halt auf Sicht möglich	Ja	Ja	Ja	Nein
Schadenspotenzial bei Unfall	Klein	Klein	Mittel	Sehr gross
Fahrt nach Betriebs-programm	Nein	Ja	Ja	Ja
Dynamische Signalisierung des Fahrweges	Ja (LSA)	Ja	Ja	Ja
Dynamische Sicherung des Fahrweges	Nein	Nein	Nein	Ja
Diskretisierung des Fahrweges	Nein	Nein	Nein	Ja

Tabelle 7 *Systemcharakteristiken ausgewählter Verkehrssysteme im Stadtverkehr [eigene Darstellung].*

3.5.2 Gestaltung der Strecken

3.5.2.1 Querschnittsaufteilung

Zwischen der Topologiegestaltung der Bahn und der Querschnittsaufteilung des Strassenraums bestehen einige Ähnlichkeiten, aber planerisch besteht ein wesentlicher Unterschied:

- *Bahn:* Gegeben ist ein angestrebtes Betriebsprogramm. Abzuleiten ist jene Topologie, die für dessen Produktion erforderlich ist.
- *Strassenraum*: Gegeben ist ein Querschnitt, definiert durch die anliegende Bebauung. Abzuleiten sind ein Anlagenkonzept und eine Betriebsform, welche die Anforderungen aller Verkehrsarten, unter Einbezug der städtebaulichen Aspekte, möglichst gut befriedigen.

Die gemeinsame Nutzung von Verkehrsflächen im *Mischbetrieb* von Tram und anderen Verkehrsträgern stellt historisch die Grundform dar. Die fahrplanmässige Fahrt der Trams wird dabei durch vielfältige Störeinflüsse beeinträchtigt. Ein sogenanntes *Eigentrassee* dagegen reduziert diese Behinderungen auf ein Minimum und gestattet kleinere Fahrzeitreserven bei höheren Geschwindigkeiten, wodurch wiederum die Produktivität steigt. Ein Eigentrassee lässt sich auf verschiedene Weise realisieren, wobei zwischen räumlicher und betrieblicher Trennung zu unterscheiden ist.

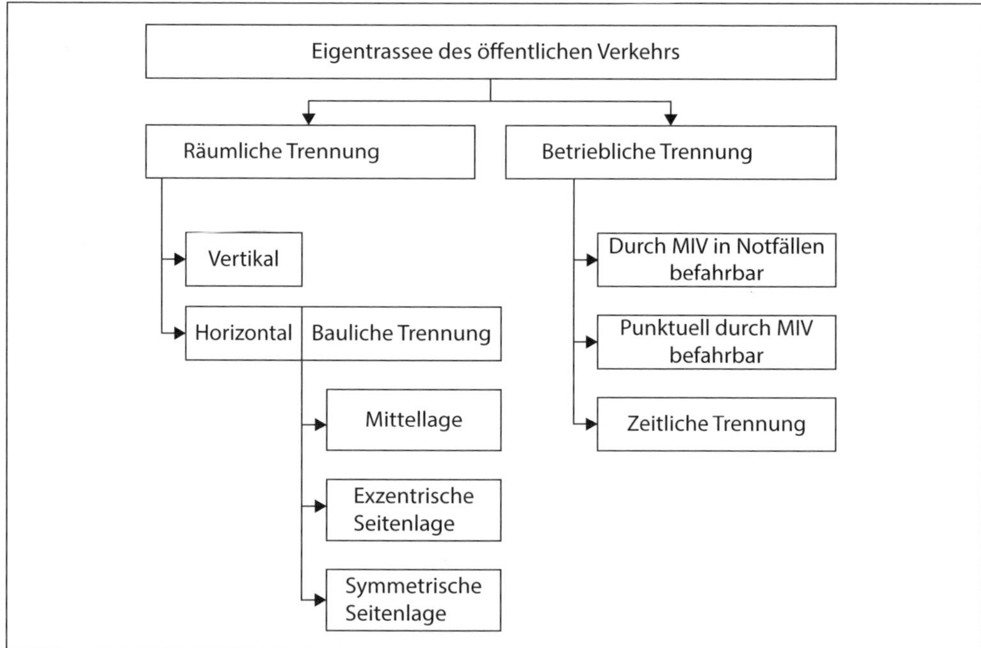

Abbildung 79 *Übersicht über die möglichen Eigentrassierungen des öffentlichen Verkehrs im Stadtraum (MIV = Motorisierter Individualverkehr) [eigene Darstellung].*

Das Trassee kann im Strassenraum auf verschiedene Arten angeordnet werden:

- Wird das Trassee zwischen den Fahrspuren des motorisierten Individualverkehrs angelegt, so spricht man von *Mittellage*. Die Konflikte beschränken sich auf Linksabbieger, überholende und vor Knoten wartende Fahrzeuge. Für Erstere müssen Abbiegespuren und Warteräume erstellt werden oder die Abbiegemöglichkeiten sind zu unterbinden. Fahrgäste müssen auf jeden Fall mindestens eine Fahrspur des Individualverkehrs überqueren.
- Bei der *exzentrischen Seitenlage* sinkt der Platzbedarf, weil die notwendigen Querschnittsabmessungen geringer werden. Haltestellen können besser eingegliedert und die Zugänge einfacher angeordnet werden. Bei den häufigen Fussgängerübergängen im städtischen Raum ist allerdings in Fahrbahnmitte eine Schutzinsel erforderlich, was den Platzgewinn zumindest lokal zunichte macht. Ein Nachteil ist zudem die Abtrennung der Liegenschaften auf der Seite des Trassees, die eine rückwärtige Erschliessung bedingt und für kommerzielle Erdgeschossnutzungen unattraktiv ist.
- Die *symmetrische Seitenlage* konzentriert den Individualverkehr in der Mitte des Strassenquerschnittes und die beidseitigen Tramfahrbahnen schirmen den Fussgängerbereich von diesem ab. Dennoch wirken sie nicht so dominant wie bei der exzentrischen Seitenlage. Der Strassenquerschnitt als Ganzes wirkt aufgeräumt und kann gut mit einer Allee ergänzt werden. In den Knotenbereichen ergeben sich allerdings lange Umsteigewege und die Liegenschaften sind auf beiden Seiten vom Strassenverkehr abgetrennt. Diese Lösung kommt daher vorab in städtebaulichen Sondersituationen zur Anwendung.

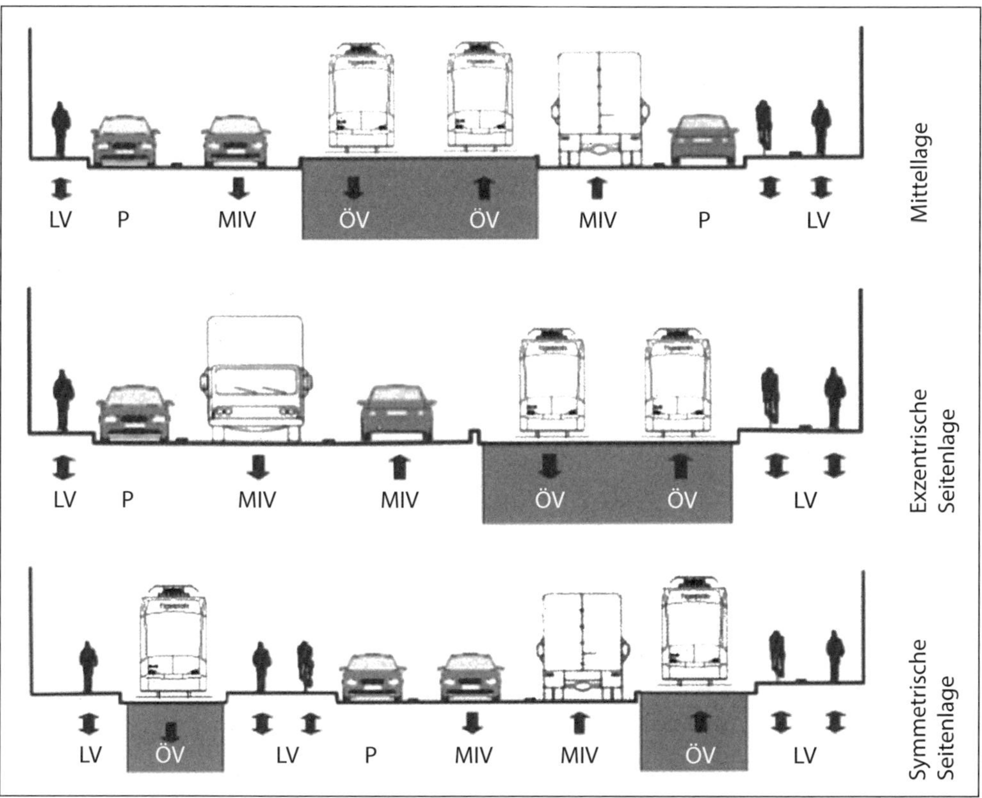

Abbildung 80 *Verschiedene Lagen von Trassees des öffentlichen Verkehrs im städtischen Strassenraum [eigene Darstellung].*

3.5.2.2 Räumliche Trennung

Ein sogenanntes *Eigentrassee* wird völlig unabhängig von anderen Verkehrssystemen geführt und ist baulich abgetrennt. Ein Sonderfall ist die vertikale Trennung, wie zum Beispiel bei U-Bahnen, Hochbahnen oder partiell bei Stadtbahnen. Auch ein Tram kann abschnittsweise unterirdisch oder in Hochlage geführt werden. Die Befahrbarkeit oberirdischer Eigentrassees mit Strassenfahrzeugen ist nicht gegeben, auch nicht für Notfallfahrzeuge und zur Liegenschaftenerschliessung. Im Gegenzug bestehen städtebauliche Gestaltungsmöglichkeiten bei der Deckschicht, zum Beispiel Rasen oder Kies. Es lassen sich aber auch Schotterfahrbahnen in Vollbahntechnik anwenden, was insbesondere eine rationelle Erhaltung begünstigt.

Ein relativ häufiger schweizerischer Spezialfall ist die Eigentrassierung früherer Überlandstrassenbahnen und deren Weiterentwicklung zu leistungsfähigen Vorortbahnen. In der Regel werden diese Eigentrassees einspurig und in Seitenlage ausgeführt. Dies impliziert zahlreiche Niveauübergänge im innerörtlichen Bereich, aber auch ausserorts zur Erschliessung landwirtschaftlich genutzter Flächen und von Höfen. Lässt sich eine Eigentrassierung räumlich nicht umsetzen, so kommt nur eine zweckmässige Form der betrieblichen Trennung oder eine grossräumige Streckenverlegung infrage.

Eigentrassees stehen stets in Flächenkonkurrenz zum Individualverkehr, in jüngerer Zeit auch zum Veloverkehr, und lassen sich im gegebenen Strassenquerschnitt oft kaum umsetzen. Bei geringer Fahrplandichte sind kurze Einspurabschnitte mit signaltechnischer Sicherung denkbar, um eine bauliche Abtrennung auch bei knappen Platzverhältnissen zu ermöglichen. Diese Lösung wird bisweilen auch für Busspuren angewandt. Ein Eigentrassee ist ein spürbarer Eingriff in das Stadtbild und in die funktionale Organisation des Strassenraumes. Aus Sicht des öffentlichen Verkehrs ist es die bevorzugte Form, aber vorab dann begründbar, wenn besonders hohe Geschwindigkeit, Störungsarmut und hohe Streckenleistungsfähigkeit gefordert sind. In den anderen Situationen lassen sich akzeptable Betriebsbedingungen auch mit betrieblichen Trennungen erzielen.

Jede Querung von Eigentrassees bedingt einen Bahnübergang. Dieser kann sehr einfach und ungesichert sein, wird aber aufwendig, wenn eine technische Sicherung nötig ist. In einfacheren Fällen genügen Lichtsignalanlagen oder Warnblinker, bei erhöhtem Risiko sind Schranken unumgänglich. Bei Letzteren sind strassenseitige Stauräume zwingend, was eine Aufweitung des Strassenquerschnitts bedingen kann und vor allem bei eigentrassierten Regionalbahnen oft schwierig umsetzbar ist. Die Erfahrung zeigt, dass die Strassenverkehrsteilnehmenden im Umgang mit Niveauübergängen immer weniger geübt sind und daher die maximale Sicherung mit Schranken oft unausweichlich wird.

Abbildung 81 *Überlandbahn, innerorts verlegt als Strassenbahn; Beispiel Wynen- und Suhrentalbahn WSB in Gränichen [Foto: Max Hintermann].*

Abbildung 82 *Eigentrassierung einer früheren Überlandstrassenbahn in bestehender Lage; enge räumliche Verhältnisse und schrankengesicherte Hauszugänge [Foto: Steffen Schranil].*

3.5.2.3 Betriebliche Trennung

Oftmals ist eine Eigentrassierung in diesen Fällen räumlich nicht möglich, betrieblich aber auch nicht zwingend. Man lässt die Nutzung des Bahnkörpers grundsätzlich zu, versucht aber durch betriebliche Organisation des Strassenquerschnittes zu gewährleisten, dass das Tram trotzdem möglichst störungsfrei verkehren kann. Dazu besteht eine Vielzahl unterschiedlicher Lösungen, die situativ zu wählen sind:

- *Benutzung nur für Notfallfahrzeuge:* Belag muss Befahrbarkeit durch die seltenen Notfallfahrzeuge zulassen, aber nicht zwingend aus Asphalt bestehen, da Beanspruchung insgesamt klein.
- *Benutzung durch Strassenverkehr in Ausnahmefällen:* Insbesondere in Innenstadtbereichen ohne Umfahrungsmöglichkeiten muss dem motorisierten Strassenverkehr eine Ausweichmöglichkeit auf der Tramspur angeboten werden. Dies ist zum Beispiel bei Strassenverkehrsunfällen und Bauarbeiten an der Strassenfahrbahn nötig. Dazu erfolgt die Fahrbahnabgrenzung entweder mit einem niederen, überfahrbaren Bordstein oder lediglich mittels einer durchgezogenen Markierung.

- *Punktuelle regelmässige Benutzung:* Bei geringer Kursdichte oder Geschwindigkeit des Trams und guter Übersichtlichkeit können Linksabbiegespuren auf dem Tramtrassee angelegt werden.
- *Grössere, aber temporäre Benutzung:* Das Tramtrassee wird durch ein von der Tram gesteuertes Lichtsignal für den Individualverkehr abgesperrt und damit temporär zum Eigentrassee. Eine steuerungstechnische Herausforderung ist die rechtzeitige Räumung der Fahrbahn.

3.5.2.4 Tram im Mischverkehr

In den gewachsenen Stadtstrukturen Europas fehlt oft der Platz für jegliche Form baulicher oder betrieblicher Trennung. Die Schaffung einer eigenen Fahrspur wird zudem durch Bestrebungen erschwert, dem Velo im gleichen Querschnitt eigene Fahrstreifen zu verschaffen. Tram und Strassenverkehr müssen daher in solchen Situationen über längere Distanzen im Mischverkehr verlaufen, was aus Sicht des öffentlichen Verkehrs stets unvorteilhaft ist.

Abbildung 83 *Tram im Mischverkehr; Knotenzulauf auf gleicher Fahrbahn [Foto: Marc Sinner].*

Nachteilig sind zunächst die Einbusse an Streckenkapazität sowie die unterschiedlichen Fahrcharakteristiken von Tram, Auto und insbesondere Velo. Hinzu kommt, dass Auto und Velo keine Vorfahrt an Fussgängerstreifen haben. Diese Gegebenheiten verursachen häufige plötzliche Bremsmanöver des Trams mit Sturzunfällen im Fahrzeug und/oder Auffahrkollisionen mit Strassenfahrzeugen. Mischverkehrsstrecken sind für das Tram deshalb nur akzeptabel, wenn folgende Kriterien erfüllt sind:

- Ebene Strecke oder nur geringes Gefälle bis maximal 3 %.
- Maximal zwei Haltestellen auf Mischverkehrsabschnitt ohne Überholmöglichkeit aus Akzeptanzgründen.
- Wirkungsvolle Bevorzugung des Trams an den Lichtsignalanlagen entlang der Strecke und am Ende des Mischverkehrsabschnittes. Keine Lichtsignalanlagen mit Anforderungsmöglichkeit durch Fussgänger und/oder Velo.
- Kein Strassenverkehrsstau auf Mischverkehrsabschnitt, keine Störung durch Abbieger, Einmünder, Parkierung, Anlieferung, Entsorgung.
- Separate Führung des Veloverkehrs ausserhalb des Lichtraumprofils des Trams.

3.5.2.5 Tram in Fussgängerzonen

Fussgängerzonen entstanden bereits in den 1930er-Jahren, verbreiteten sich aber erst ab den 1970er-Jahren in grösserem Ausmass. Damals wurden Tramstrecken noch zusammen mit dem Autoverkehr aus diesen Innenstadtbereichen eliminiert. Ab den 1980er-Jahren wurde aber erkannt, dass Trams, gegebenenfalls auch Busse zur Belebung und zum Sicherheitsgefühl beitragen können sowie gleichzeitig die Umsätze in den Geschäften erhöhen [Schmidt 2004].

Das Tram wirkt indessen auch als Hindernis und kann auf Akzeptanzgrenzen stossen. Gefahrensituationen sind häufig, sei es aufgrund des hohen Fussgängeraufkommens (bis zu 100'000 Personen/Tag) oder weil den Fussgängern das Vorfahrtsrecht des Trams nicht bewusst ist. Für den Trambetrieb nachteilig sind die sicherheitsbedingt tiefe Geschwindigkeit und das permanente Risiko von Sturzunfällen im Fahrzeug als Folge von Notbremsungen.

Die Grenzen der Fahrtenhäufigkeit von Trams in Fussgängerzonen sind situativ unterschiedlich, lassen sich aber mittels folgender Gesichtspunkte abschätzen [Schmidt 2004]:

- *Sperrzeiten:* Anteil einer Stunde, in der die Querung der Fussgängerzone wegen Trams nicht möglich ist.
- *Nutzungsdichte:* Anzahl der gleichzeitig anwesenden Personen als Fussgänger, Tramfahrgäste, Velofahrer.
- *Querungsbedarf:* Anteil der Fussgänger, der die Fussgängerzone zu queren wünscht, verglichen mit Zahl der Fussgänger, der auf einer Seite bleibt.
- *Anzahl wartender Raumnutzer:* Anteil der Fussgänger mit Querungswunsch an Gesamtzahl der Raumnutzer.
- *Zufriedenheitsrate:* Anteil der Raumnutzer, insbesondere der Fussgänger, der das Tram grundsätzlich positiv wertet.

Ein zentraler Faktor sind die Sperrzeiten. Deren Akzeptanz nimmt bei über 60 Fahrzeugeinheiten pro Stunde rasch ab; die Akzeptanzgrenze liegt bei etwa 80 Kursen/h [Schmidt 2004].

Abbildung 84 *Tram in Fussgängerzone [Foto: Steffen Schranil].*

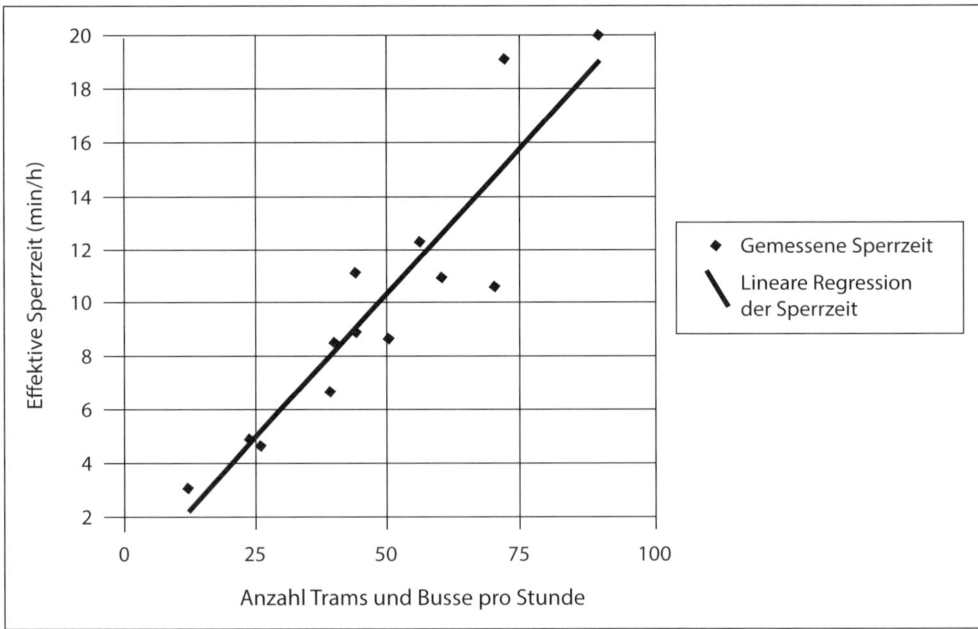

Abbildung 85 *Sperrzeiten in Fussgängerzonen mit Tram- und Busbetrieb; Minuten pro Stunde, in denen die Fussgänger eine Fussgängerzone trambedingt nicht queren können, in Funktion der Kursdichte [Schmidt 2004].*

Allgemeine Regeln für Fussgängerzonen mit Tram und Bus sind [Schmidt 2004]:

- Kursdichte von Tram und Bus nicht höher als 80 Fahrten pro Stunde (beide Richtungen); dies entspricht vier bis fünf Linien im 6- bis 7,5-Minuten-Takt. Fahrplantechnische Bündelung mehrerer Linien zur Schaffung genügender Verkehrspausen.
- Bauliche Hindernisfreiheit. Genügend breite Trottoirs beidseits des Tramkörpers oder der Busspur, damit Fussgänger nicht auf Bahnkörper ausweichen müssen.
- Kontrastreicher Bodenbelag der Tram- und Busspur; raumgliedernde Längselemente (spezielle Farbwahl oder leichter Höhenversatz).
- Sorgfältige Gestaltung der Haltestellen, gute Erkennbarkeit, Integration in bauliches Umfeld, aber auch Erkennbarkeit als Teil des Netzes des öffentlichen Verkehrs; hindernisfreier Einstieg.
- Velos in Fussgängerzonen in Abhängigkeit von örtlicher Akzeptanz; wenn möglich vermeiden durch attraktive Alternativrouten.

3.5.3 Gestaltung der Knoten

3.5.3.1 Ziele der Knotengestaltung

Auf Knotenpunkten kreuzen sich Verkehrsströme und gleichzeitig sind sie wichtige Halte- und Umsteigeorte. Zudem sind sie häufig städtebaulich zentral, bedeutende Freiräume und wesentliche Identifikationspunkte einer Stadt [Steierwald 2005]. Beim Entwurf sind städtebauliche Aspekte daher angemessen zu berücksichtigen, ohne die betriebliche Funktionalität zu beeinträchtigen. Ziel der Infrastrukturplanung von Knoten ist es, den Fahrzeugen des öffentlichen Verkehrs eine möglichst kontinuierliche und störungsfreie Fahrt sowie den Fahrgästen einen möglichst guten Zugang zu den Halteplätzen zu ermöglichen.

3.5.3.2 Knoten mit Lichtsignalanlagen

Innerstädtische Knoten werden meist durch Lichtsignalanlagen geregelt, bei deren Planung die Anforderungen von Trams in mehreren Aspekten berücksichtigt werden müssen:

- Knotenpunktgeometrie (Spuraufteilung).
- Verteilung der Grünzeiten auf die einzelnen Verkehrsströme.
- Getrennte oder integrierte Signalisierung für das Tram.
- Beeinflussung der Lichtsignalsteuerung durch das Tram.

Die Anforderung einer behinderungsfreien Fahrt bezieht sich nicht nur auf den engeren Knotenbereich, sondern insbesondere auch auf die Zufahrten. Dies bedingt eine geräumte Spur für das Tram bis zum Knotenpunkt, wofür es drei Lösungen gibt:

- *Räumlich separierte Zufahrt:* Das Tram hat eine eigene Spur, die übrigen Fahrzeuge werden über eine andere Spur geführt.
- *Zeitlich koordinierte Zufahrt:* Durch Eingriff in die Lichtsignalanlage wird die Knotenzufahrt für das Tram geräumt.
- *Kombination* aus räumlich separierter und zeitlich koordinierter Zufahrt.

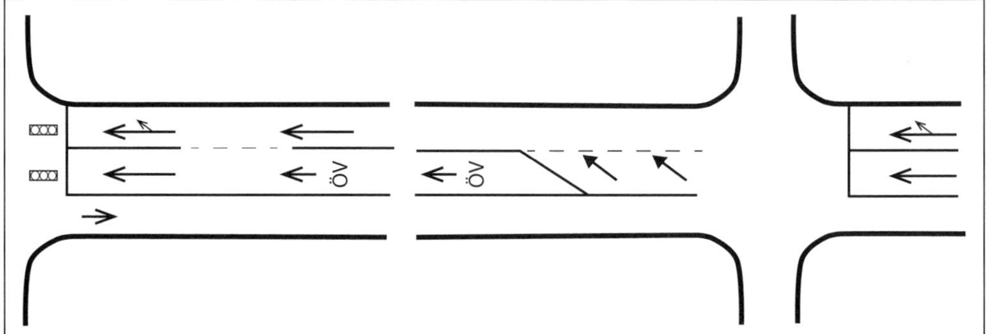

Abbildung 86 *Räumlich separierte Knotenpunktzufahrt; Fahrstreifen des öffentlichen Verkehrs neben den MIV-Fahrstreifen (Rückversetzung und Verkleinerung des Warteraums der Geradeausfahrenden) [eigene Darstellung].*

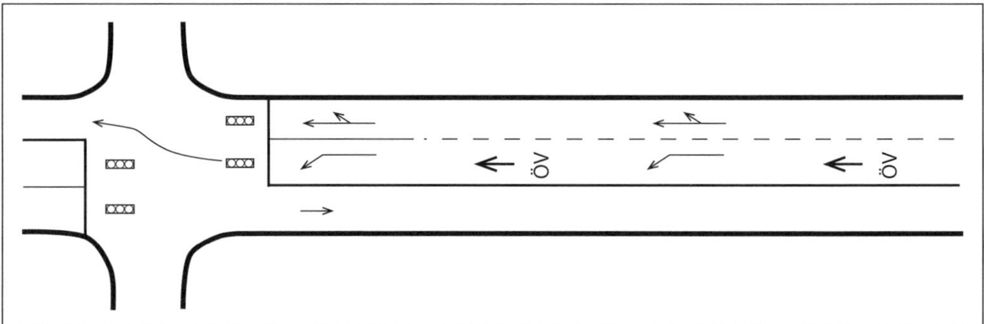

Abbildung 87 *Öffentlicher Verkehr und MIV teilen sich einen Sortierstreifen [eigene Darstellung].*

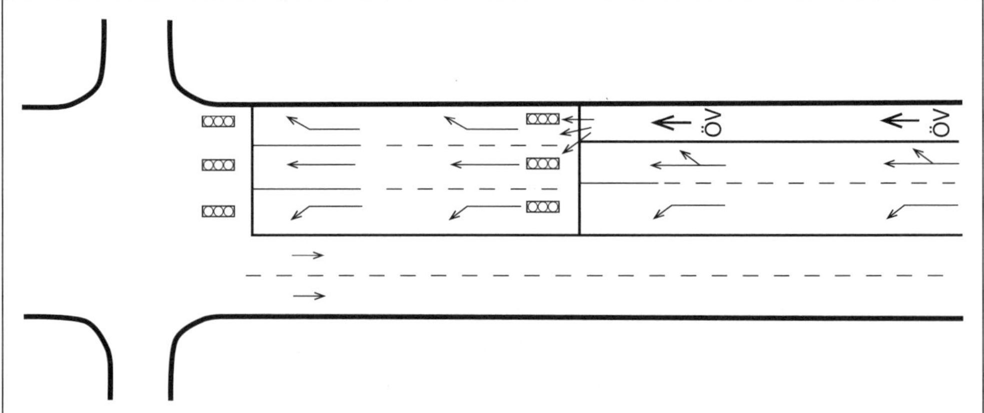

Abbildung 88 *Kombination aus räumlich separierter und zeitlich koordinierter Zufahrt; Fahrstreifen des öffentlichen Verkehrs vor den MIV-Fahrstreifen mit Vorsignal für linksabbiegende oder geradeausfahrende Fahrzeuge (vorwiegend für Busse anwendbar) [eigene Darstellung].*

3.5.3.3 Koordinierte Knoten

Koordinierte Lichtsignalanlagen sollen möglichst viele Fahrzeuge des Individualverkehrs ohne Halt über mehrere Knoten führen und damit die Leistungsfähigkeit ausgewählter Ströme maximieren (sogenannte *grüne Welle*). Die Beförderungsgeschwindigkeit des Trams liegt allerdings aufgrund der Haltestellen und des limitierten Beschleunigungsvermögens unter der idealen Geschwindigkeit und ein Tram trifft daher praktisch an jedem Knoten auf Rotlicht. Eine Hilfsmöglichkeit bildet die gezielte Platzierung der Haltestellen wechselweise vor und hinter einem Knotenpunkt. Die Trams können zunächst in einer ersten grünen Welle mitschwimmen und nach dem Halt auf die nächste grüne Welle überwechseln. Kann das Tram die Lichtsignalanlagen beeinflussen und freie Fahrt anfordern, so übersteuert es die grüne Welle im Längsverkehr oder stört sie im Querverkehr. Koordinierte Knoten und Signalbeeinflussung durch das Tram schliessen sich daher in der Realität faktisch gegenseitig aus.

3.5.3.4 Anordnung der Haltestellen an Knoten

Meist ist es vorteilhaft, die Haltestellen *vor* dem Knotenpunkt vorzusehen, da dadurch der Fahrgastwechselhalt gleichzeitig auch Wartehalt vor der Lichtsignalanlage ist. Dies ermöglicht ausserdem eine einfachere Beeinflussung der Lichtsignalanlage durch das Tram. Die Haltepunkte mit den stromstärksten Umsteigebeziehungen sollen am nächsten beieinander liegen.

	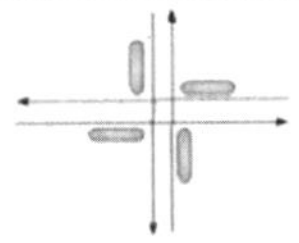	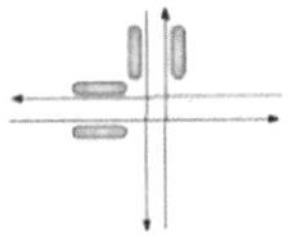	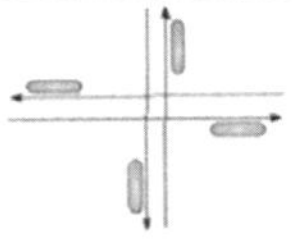	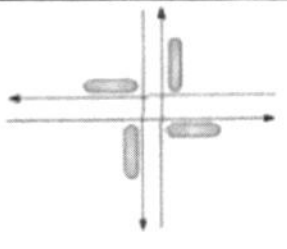
Umsteigeströme	Stark, gleichmässig	Starke Eckbeziehung	Schwach	
Stauraum	Vorhanden	Nicht in alle Richtungen vorhanden	Nötig, wenn > 35 Kurse/h und Richtung	
Besonders zu beachten		Sichtverhältnisse beim Queren der Gleise	Lange Umsteigewege, fehlende Beziehung der Haltepunkte gleicher Linien	Sichtverhältnisse der Fussgänger

Tabelle 8 *Anordnung der Haltestellen an Knoten und deren Anwendungsfälle [eigene Darstellung].*

3.5.3.5 Fahrstrassenkonflikte an Strassenbahnknoten

Kreuzungen und Vereinigungen von Fahrspuren des Trams sind auch interne Konfliktpunkte. Es treten dieselben Konfliktformen auf wie bei der Vollbahn, doch sind sie nicht durch eine Bahnsicherungstechnik geregelt und gesichert. Jeder Konfliktpunkt bewirkt zudem eine Kapazitätsreduktion und ein einzelner Knoten kann für das ganze Tramnetz kapazitätsbestimmend werden. Besonders bei hochbelasteten Knoten sind daher möglichst konfliktarme, kapazitätsoptimierte Topologien vorzusehen.

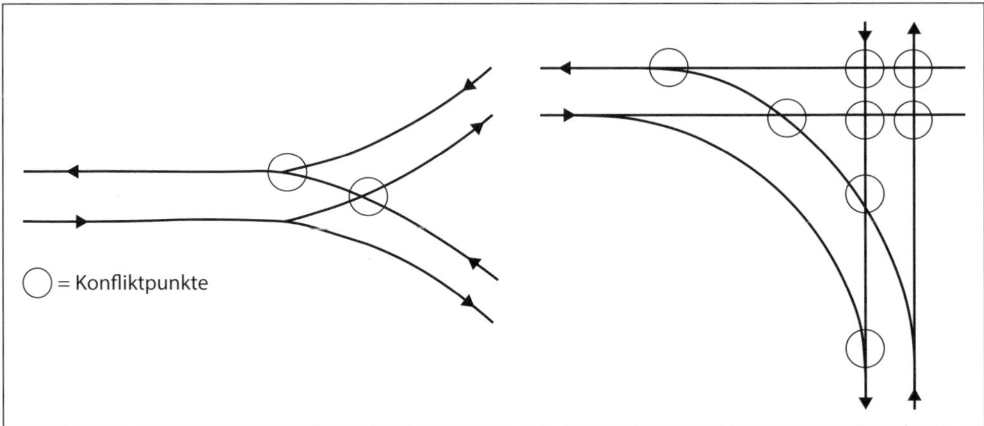

Abbildung 89 *Konfliktpunkte des öffentlichen Verkehrs an Knoten; links: Konflikt bei Streckenverzweigung, rechts: Konflikte bei Gleisdreieck (Konfliktpunkte mit anderen Verkehrsmitteln nicht dargestellt) [eigene Darstellung].*

Während die Bahnsicherungstechnik bei Vollbahnen die unbeabsichtigte gegenseitige Behinderung von Zügen verhindert, unterliegen Tramknoten der Selbstorganisation durch das Fahrpersonal. Je nach Lage der einzelnen Konfliktpunkte und je nach Situation kann daher ein wartender Kurs einen oder mehrere Konfliktpunkte sperren. Fehlen Lichtsignalanlagen und Stauraumüberwachung, muss mit Fahrvorschriften sowie durch eine gute Übersichtlichkeit der Anlage sichergestellt werden, dass Kurse nur dann in den Knoten einfahren, wenn sie ihn auch ungestört wieder verlassen können. Dazu werden Vorfahrtsregeln aufgestellt.

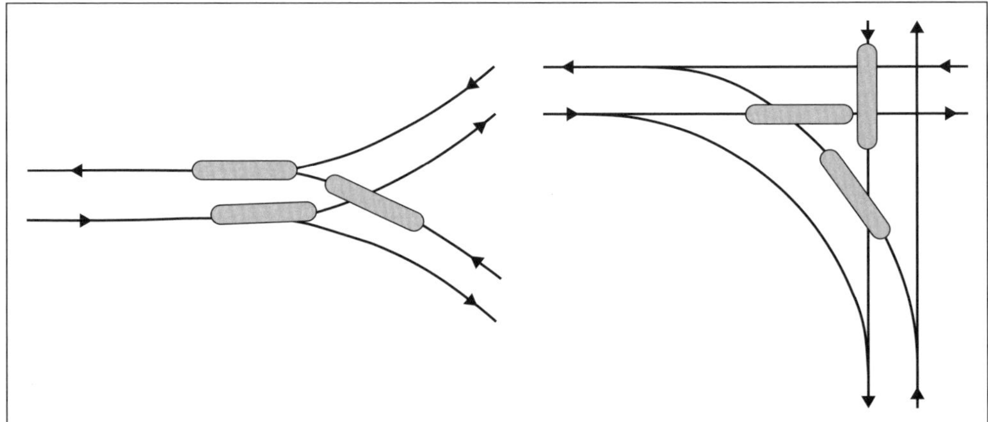

Abbildung 90 *Selbstblockade von Kursfahrzeugen in Knoten; diese Situationen sind durch Betriebsregeln zu verhindern [eigene Darstellung].*

Gegenseitige Behinderungen an Knoten infolge von Fahrwegkonflikten können durch *Stauräume zwischen Konfliktpunkten* reduziert werden, womit sich benachbarte Konfliktpunkte entkoppeln lassen. Ein solcher Stauraum muss mindestens die maximale Kurslänge plus eine

Toleranz für unpräzises Anhalten umfassen. *Stauräume vor der Lichtsignalanlage* entkoppeln zudem den Halteprozess an der Haltestelle von den Phasen der Lichtsignalanlage. Ein ausfahrendes Tram kann den Haltebereich verlassen und ausserhalb dessen auf freie Fahrt über den Knoten warten, dasselbe gilt für ein einfahrendes Tram. *Sortieranlagen* schliesslich sind eine weiterentwickelte Form des Stauraumes. Sie werden im Zulauf von Verzweigungen vorgesehen und entflechten die verschiedenen Destinationen bereits vor der Haltestelle.

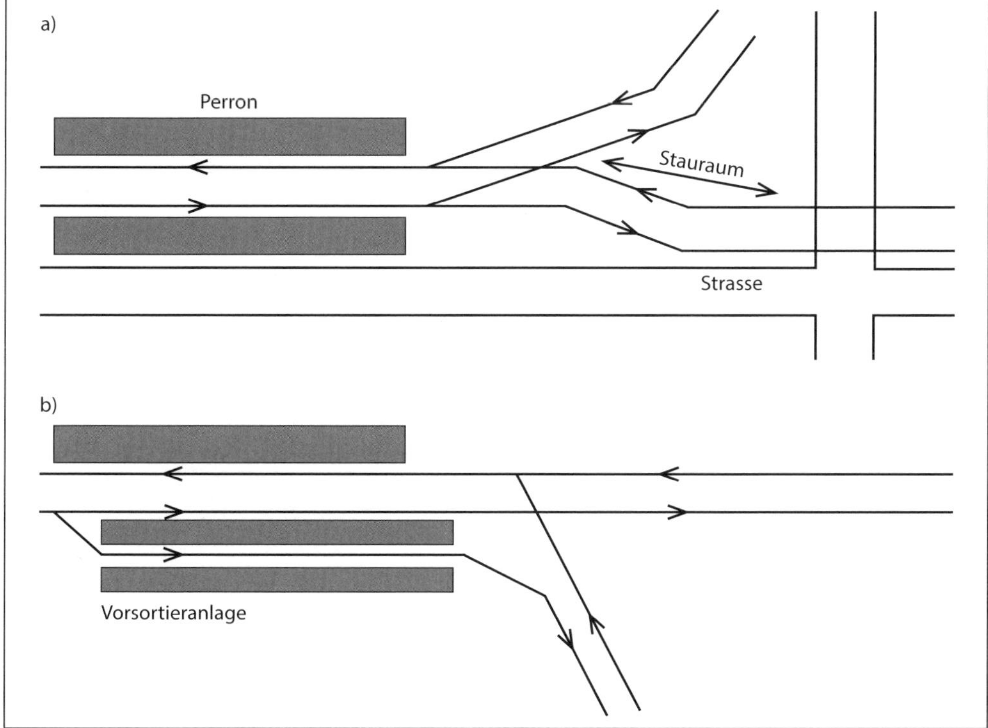

Abbildung 91 *Topologische Massnahmen zur Kapazitäts- und Pünktlichkeitssteigerung von Strassenbahnen; oben: Stauraum mit der Länge eines Tramzuges zwischen zwei Konfliktpunkten; unten: Vorsortieranlage bei Verzweigung im Haltestellenbereich [eigene Darstellung].*

3.5.4 Haltestellenanordnung

3.5.4.1 Haltestellentypen

Bei Haltestellen im Strassenraum leiten sich die Gestaltungsaufgaben aus deren Anordnung und den örtlichen Platzverhältnissen ab, insbesondere bezüglich ihrer Lage gegenüber den Fahrbahnen des Individualverkehrs. Haltestellengestaltung ist somit Querschnittsgestaltung. Dabei stellt sich zum Beispiel die Frage, ob eigenständige Haltestelleninseln gebaut oder das Trottoir mitbenützt werden soll, wobei sich der Einsatz von Ein- oder Zweirichtungsfahrzeugen erheblich auf die baulichen Lösungen auswirkt. Erstere verfügen nur auf einer Seite über Türen, womit auch die Seite der Haltekante gegeben ist. Bei Zweirichtungsfahrzeugen ist man diesbezüglich frei. In der Schweiz sind derzeit Einrichtungsfahrzeuge noch die Regel.

Je nach Lage der Haltestellen im Strassenraum können bei Einrichtungsfahrzeugen verschiedene Grundtypen unterschieden werden [Brändli 1989]. Bei Zweirichtungsfahrzeugen sind zusätzlich Lösungen mit Mittel- und Zwillingsperrons möglich, wie bei den Bahnhaltepunkten dargestellt.

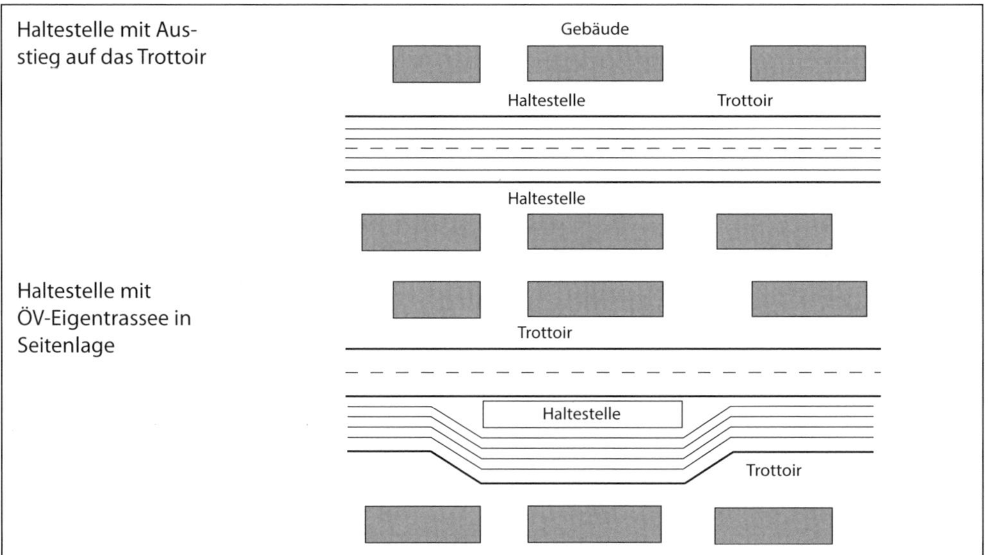

Abbildung 92 *Haltestellen mit Halte- und Warteplatz in Seitenlage [eigene Darstellung nach Brändli 1989].*

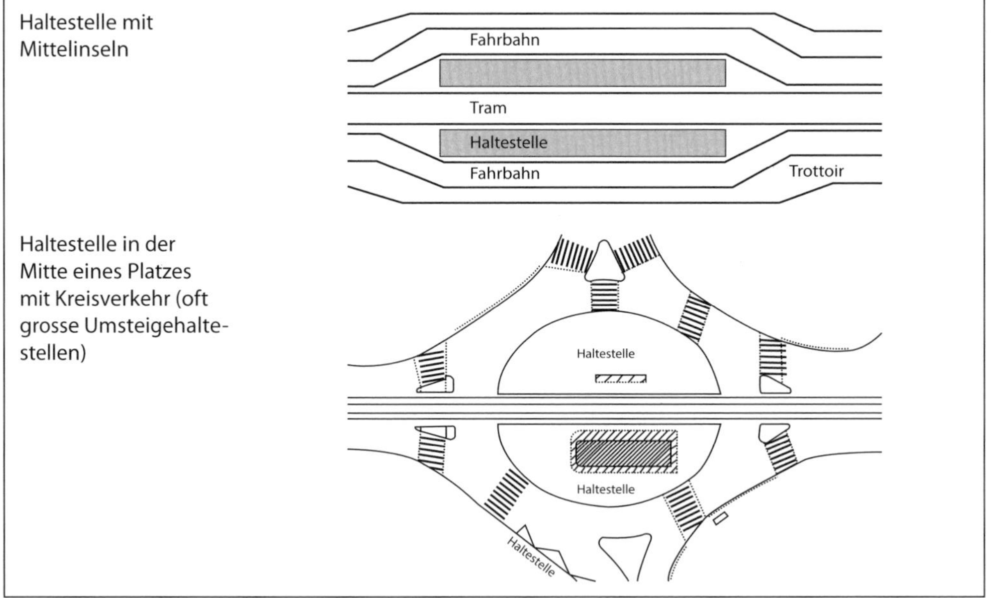

Abbildung 93 *Haltestelle mit Wartefläche und Halteplatz in Mittellage [eigene Darstellung nach Brändli 1989].*

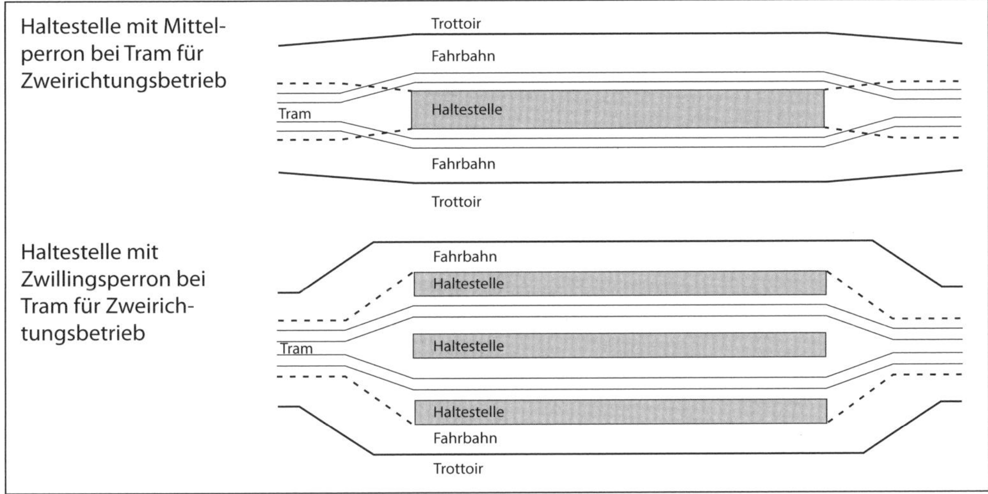

Abbildung 94 *Haltestellen mit Halte- und Warteplatz in Mittellage; mögliche Anordnungen bei Zweirichtungsfahrzeugen [eigene Darstellung].*

3.5.4.2 Haltestellenplanung

Bei der Ausgestaltung von Haltestellen ist vorab zu unterscheiden, ob eine eigene Insel vorgesehen oder ob das Trottoir mitbenützt wird:

- *Haltestelleninseln* müssen genügend breit sein, um den Fahrgastwechsel zu ermöglichen und gleichzeitig den wartenden Fahrgästen genügend Raum zu bieten. Die Fahrgäste werden sonst auf die Fahrbahn abgedrängt oder warten auf dem gegenüberliegenden Trottoir und überqueren vor Einfahrt des Kurses die Fahrbahn. Zudem müssen sie – wie alle Haltestellenformen – behindertengerecht sein.
- Bei *Trottoirs,* die als Wartefläche mitbenützt werden, sind die Platzverhältnisse in der Regel grosszügiger; zudem sind diese in Längsrichtung nicht begrenzt. Hingegen werden sie auch durch Passanten und Besucher von anliegenden Geschäften sowie bisweilen von Fahrradstreifen beansprucht.

Eine Sonderbauform der Trottoirhaltestelle ist die *Kaphaltestelle.* Bei ihr wird die Bordsteinkante in den Strassenraum vorgezogen. Sie hat den Vorteil, dass das Tram die Haltestelle in direkter Linie oder nur leicht versetzt anfahren kann. Sie bietet zudem einen vergrösserten Warteraum für die Fahrgäste. Der Veloverkehr kann ungehindert hinter der Haltestelle geführt werden.

Die Haltestelle mit *parallelen Mittelinseln* kann bei ÖV-Trassees in Mittellage angewendet werden. Die Inseln müssen genügend breit sein, um den Fahrgastwechsel zu ermöglichen und den wartenden Fahrgästen den nötigen Raum zu bieten. Haltestellen können in der *Mitte eines Platzes* angeordnet werden, wobei die Fahrspuren des Strassenverkehrs im Kreisverkehr darum herum geführt werden. Ein Vorteil ist die gegenseitige Nähe der Haltestellen. Ein Nachteil besteht in der Trennung vom umliegenden Gebiet. Zudem entstehen zahlreiche Konflikte zwischen Tram und Auto an den beidseitigen Einfahrten. Diese Lösung ist geeignet für grosse Umsteigeknoten.

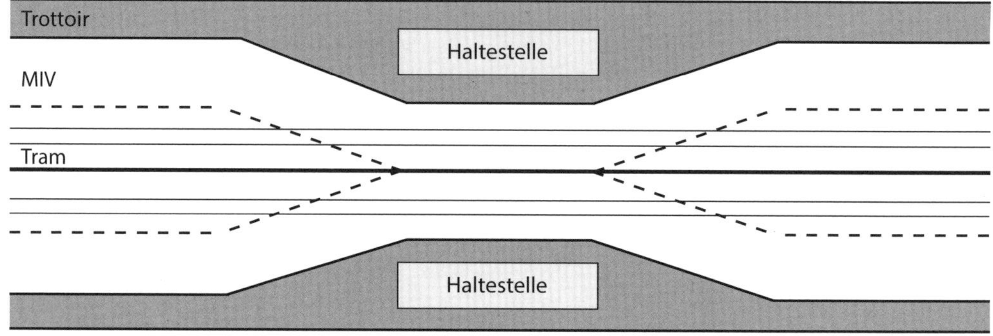

Abbildung 95 *Kaphaltestelle mit Mischbetrieb Tram – Individualverkehr im unmittelbaren Haltestellenbereich [eigene Darstellung].*

Beim *Ausstieg auf die Fahrbahn,* wie er aus historischen Gründen bisweilen noch anzutreffen ist, ist das Risiko an Fussgängerunfällen mit Autos erhöht und die Hindernisfreiheit ist nicht gegeben. Zudem ist der Ein- und Ausstieg unkomfortabel. Für neue Anlagen kommt dieser Typ nicht mehr infrage. Ist aus Platz- oder anderen Gründen keine der anderen Bauformen möglich, so lässt sich immerhin ein Höhenunterschied durch gegenseitigen vertikalen Versatz von Tramtrassee und Strassenfahrbahn erreichen. Entweder wird das Tramgleis um rund 25 cm abgesenkt oder die Strassenfahrbahn entsprechend angehoben. Solche Haltestellen sind mit Lichtsignalanlagen zu sichern, die sie während des Haltes eines Trams für den Strassenverkehr sperren.

3.5.4.3 Anordnung der Halteplätze und Ausstattung von Haltestellen

Bei der gegenseitigen Anordnung der Halteplätze der beiden Fahrtrichtungen bestehen drei Möglichkeiten:

- *Genau auf gleicher Höhe:* Braucht am meisten Platz, ist aber kompakte Anlage und unter einfachen Verhältnissen genügt ein einziger Billettautomat. Hohe Sicherheit, da alle querenden Fahrgäste von den Tramführern gut erkannt werden. Zudem ist ein Tram der Gegenrichtung im Stillstand oder bewegt sich nur mit kleinster Geschwindigkeit.
- *Führerstand an Führerstand:* Je nach Gegebenheit platzsparend. Gefährlich, da die Fahrgäste eines ankommenden Trams, welche die Fahrbahn im Heckbereich queren, das Tram der Gegenrichtung nicht sehen können; dieses wiederum erreicht bereits eine hohe Geschwindigkeit. Diese Lösung ist möglichst zu vermeiden.
- *Heck an Heck:* Je nach Gegebenheit platzsparend. Leicht erhöhtes Sicherheitsrisiko für querende Fahrgäste durch einfahrendes Tram aus der Gegenrichtung, wenn sie die Fahrbahn im Heckbereich queren wollen.

Die verkehrlichen Einrichtungen sind beim strassengebundenen öffentlichen Verkehr grundsätzlich einfach und im Freien platziert. Bei grösserer Fahrgastfrequenz ist jedoch zumindest ein Wetterschutz empfehlenswert. Haltestellenüberdachungen dienen auch dem Schutz der Installationen (insbesondere Billettautomaten).

3.5.5 Wendeanlagen

3.5.5.1 Ausgangslage und Anforderungen

Tramfahrzeuge müssen entweder fahrplanmässig am Linienendpunkt oder infolge einer Störung vorzeitig irgendwo auf dem Netz gewendet werden können. Um die Betriebskosten in Schwachlastzeiten zu senken, sind Linienverkürzungen erwünscht, die zusätzliche Wendeanlagen an marktmässig günstiger Lage erfordern. Störungen des Betriebsablaufs sind durch den Mischbetrieb häufig, weshalb möglichst viele Wendemöglichkeiten im Zulauf zu betrieblich neuralgischen Stellen hilfreich wären. Folgende Wendemöglichkeiten sind somit für einen robusten und wirtschaftlichen Trambetrieb nötig:

- An jedem Streckenendpunkt.
- Im Übergang zum Aussenbereich der Strecken für Linienverkürzungen in Schwachlastzeiten.
- Im Zulauf zu Netzbereichen mit grosser Störungshäufigkeit, insbesondere am Rand der Innenstadt.

Im Gegensatz zur Bahn ist die Topologie von Tramnetzen äusserst einfach und beschränkt sich in der Grundform auf eine durchgehende Doppelspur. Jede Wendemöglichkeit erfordert damit eine Zusatzinfrastruktur. Zudem werden Tramnetze in der Schweiz traditionell noch mit Einrichtungsfahrzeugen betrieben, die kommerziell nur in einer Fahrtrichtung eingesetzt werden können.

3.5.5.2 Realisierungsformen

Wie bereits gezeigt, kommen bei Einrichtungsfahrzeugen die Wendeschleife und das Gleisdreieck infrage. Die Wendeschleife ist platzintensiv und städtebaulich oft nicht erwünscht. Das Gleisdreieck lässt sich einfacher in den Strassenraum integrieren, ist aber betrieblich so aufwendig, dass es heute nicht mehr angewandt wird. Die Regelform ist daher die Wendeschleife, die nach Möglichkeit zweispurig ausgeführt wird. Dies ist zwingend, wenn sie von mehreren Linien genutzt wird, und vorteilhaft zur Aufstellung von Einsatzfahrzeugen oder von gestörten Fahrzeugen. Aufgrund des Platzbedarfs kann nur eine kleine Zahl von Wendeschleifen realisiert werden und insbesondere im Innenstadtbereich ist deren Erstellung fast unmöglich, was die Disposition im Störungsfall erschwert.

Zeitgemässe Niederflurfahrzeuge verfügen über einen durchgehenden Fussboden ohne Treppen; zudem sind grössere Stehplatzflächen im Einstiegsbereich zur Beschleunigung des Fahrgastwechsels erwünscht. Beidseitige Türen sind damit für die Fahrgäste nicht hinderlich und verursachen keinen Kapazitätsverlust, weshalb Zweirichtungsfahrzeuge in Zukunft häufiger eingesetzt werden. Sie erfordern am Linienendpunkt nur einen Gleisstumpen, von dem sie auf das Gegengleis wechseln. Für das Wenden auf der Strecke genügt ein Spurwechsel, der sich auch im Innenstadtbereich einbauen lässt.

3.5.5.3 Eignung der Anlagentypen

Bei Einrichtungsfahrzeugen kommen heute einzig Wendeschleifen infrage, die aufgrund ihrer Ausmasse nur in kleiner Zahl und nicht immer an optimaler Lage angeordnet werden können. Zweirichtungsfahrzeuge vereinfachen die Wendeanlagen und erlauben insbesondere auch störungsorientierte Standorte im Innenstadtbereich. Wendeschleifen werden überflüssig. Die einzigen nennenswerten Nachteile sind die höheren Fahrzeugkosten aufgrund des zweiten Führerstandes und der doppelten Türzahl sowie ein gewisser Kapazitätsverlust durch den zweiten Führerstand.

Literatur

[BAV 2016] Bundesamt für Verkehr (2016): Ausführungsbestimmungen zur Eisenbahnverordnung AB-EBV; SR 742.141.11, Bern

[Besier 2002] Besier, Stephan (2002): StadtBahnGestaltung – Städtebauliche Gestaltung von Stadtbahnsystemen; Universität Kaiserslautern, Fachgebiet Verkehrswesen, Grüne Reihe 51, Kaiserslautern

[Blum 1961] Blum, Otto / Leibbrand, Kurt (1961): Personen- und Güterbahnhöfe [zweite neubearbeitete Auflage]; Verlag Springer, Berlin/Göttingen/Heidelberg

[Brändli 1989] Brändli, Heinrich / Kobi, Reto (1989): Sicherheit an Bus- und Tramhaltestellen; ETH Zürich, Institut für Verkehrsplanung und Transportsysteme, Zürich

[Buchholz 1998] Buchholz, Jonas / Clausen, Uwe / Vastag, Alex (1998): Handbuch der Verkehrslogistik; Verlag Springer, Berlin/Heidelberg

[Fromm 2005] Fromm, Günter (2005): Gleispläne; transpress Verlag, Stuttgart

[Kasa 1995] Kasa, Carl / Furrer, Frank (1995): Industriegleise – ein komplettes Vademekum; Verband Schweizerischer Anschlussgleise- und Privatgüterwagenbesitzer, Zürich

[Mayer 2005] Mayer, Lugio (2005): Impianti Ferroviari, I Volume [terza edizione]; Collegio Ingegneri Ferroviari Italiani, Roma

[Schack 2004] Schack, Martin (2004): Neue Bahnhöfe – Die Empfangsgebäude der Deutschen Bundesbahn 1948–1973; Verlag B. Neddermeyer, Dortmund

[Schmidt 2004] Schmidt, Martin (2004): Strassenbahnen in Fussgängerzonen – Verträglichkeit und Gestaltung; Universität Kaiserslautern, Fachgebiet Verkehrswesen, Grüne Reihe 61, Kaiserslautern

[Steierwald 2005] Steierwald, Gerd / Künne, Hans-Dieter / Vogt, Walter (2005): Stadtverkehrsplanung, Grundlagen, Methoden, Ziele; Verlag Springer, Berlin/Heidelberg

[Stutz 1983] Stutz, Werner (1983): Bahnhöfe der Schweiz – von den Anfängen bis zum Ersten Weltkrieg; Orell Füssli Verlag, Zürich/Schwäbisch Hall

[Veit 2006] Veit, Peter (2006): Wirtschaftlich optimaler Abstand von Überleitstellen; ZEVrail Glasers Annalen, 130. Jahrgang Heft 3, S. 116–121

[VöV 2012] Verband öffentlicher Verkehr (2012): Regelwerk Technik Eisenbahn / FIScommun, Standardisierung Fahrgastinformationssysteme – D RTE 24100; Bern

[Weidmann 2012] Weidmann, Ulrich / Kirsch, Uwe / Carrasco, Nelson / Anderhub, Gabriel (2012): Wirkungsweise und Potential von kombinierter Mobilität; Bundesamt für Strassen, Forschungsauftrag ASTRA 2007/009, Bericht 1380, Bern

[Zietala 2015] Zietala, Ivan (2015): Orientierungsbasierte Fusswegenetzbildung in Grossbahnhöfen – Grundprinzipien für die Netzgestaltung basierend auf Orientierung und Routenwahl; ETH Zürich, Institut für Verkehrsplanung und Transportsysteme, Masterarbeit Studiengang Bauingenieurwissenschaften

4 Anlagenprojektierung

4.1 Grundlagen

4.1.1 Einleitung

4.1.1.1 Überblick

Wurden in der Vorstudie die funktionalen Anforderungen in Anlagenentwürfe umgesetzt, mit dem Ziel einer optimalen logischen Anordnung der Teilanlagen, so sind diese im Vorprojekt nun geometrisch zu bemessen. Dabei kommen die Projektierungsvorgaben der nationalen und bahninternen Gesetze, Normen und Regelwerke zur Anwendung. Die Anlagenprojektierung ist damit wesentlich stärker formalisiert als der Anlagenentwurf. Es kann sich erweisen, dass bestimmte Anlagenentwürfe oder Teile derselben aus verschiedenen Gründen nicht realisierbar sind:

- Der zur Verfügung stehende Raum genügt nicht zur Umsetzung mit den geforderten Trassierungsparametern.
- Die Form der zur Verfügung stehenden Grundstücke erlaubt die gewünschte Anlagenausgestaltung nicht oder nur mit grossen Eingriffen in den städtischen oder natürlichen Raum.
- Die verschiedenen Anlagenbereiche wie Gleis, Fahrgastanlagen, Betriebsanlagen etc. lassen sich aufgrund ihrer geometrischen Abmessungen nicht optimal kombinieren.

In diesen Fällen ist der Entwurf zu überarbeiten, die Projektierungsparameter sind zu überprüfen oder die betreffende Variante ist gänzlich zu verwerfen.

4.1.1.2 Projektierungsaufgaben

Obwohl das europäische Bahnnetz in seiner Grundstruktur kaum noch erweitert wird, sind die Projektierungsaufgaben dennoch zahlreich:

- Auch in Europa werden punktuell wiederholt neue Strecken gebaut, zum Beispiel für den Hochgeschwindigkeitsverkehr, den Agglomerationsverkehr, zur Leistungssteigerung im Güterverkehr, zur Schliessung von Lücken im Netz etc.
- In verschiedenen Teilen der Welt sind die Bahnnetze noch im Aufbau, zum Beispiel in China oder im Nahen Osten.
- Anlagen- und Trassierungsverbesserungen am Bestandsnetz kommen hinsichtlich der Projektionsaufgaben oftmals einem Neubau gleich.
- Steigende Fahrgastzahlen und neue Nutzungskonzepte verlangen Kapazitätserweiterungen der Publikumsanlagen von Bahnhöfen.

Verfügt man bei der Projektierung von Bahnanlagen über vergleichsweise viele Freiheitsgrade, so sind die Vorgaben bei Strassen- und Stadtbahnen wesentlich restriktiver. Sie verkehren weitgehend innerhalb geschlossener Bebauungen und oft in engen Strassenräumen. Meist ist die

Trassierung des Strassenzuges zu übernehmen. Hinzu kommen die Anforderungen von Städtebau, Strassenraumaufteilung, optischer Strassenraumgestaltung sowie Verkehrssicherheit.

4.1.1.3 Bestimmungsgrössen

Jedes Fahrzeug legt bei der Fahrt über eine Fahrbahn eine dreidimensionale Kurve im Raum zurück. Bei den spurgeführten Verkehrssystemen wird diese Raumkurve durch die Fahrbahn definiert, da ihr die Fahrzeuge aufgrund des Formschlusses Rad – Schiene zwingend folgen müssen. Fahrzeuge sind aber keine Massenpunkte, sondern räumlich ausgedehnt mit verteilten Massen. Der Fahrtverlauf der einzelnen Fahrzeugkomponenten wird daher zusätzlich durch die Fahrzeugeigenschaften wie etwa die Federung bestimmt. Der Fahrzeugschwerpunkt befindet sich zudem deutlich über der Schienenoberkante. Dies beeinflusst sowohl Verschleiss wie Komfort und ist in der Ausgestaltung der geometrischen Linienführung zu berücksichtigen. Dieser räumliche Fahrtverlauf ist entscheidend für:

- *Fahrgastkomfort, Ladungssicherung* im Güterverkehr.
- *Kräfte* zwischen Fahrbahn und Fahrzeug hinsichtlich Dimensionierung und Verschleiss an der Schnittstelle.
- *Kräfte* zwischen Fahrbahn und Fahrzeug hinsichtlich der Entgleisungssicherheit.

Daraus leiten sich die Parameter der Linienführung und der Elementabfolgen ab. Von besonderer Bedeutung sind dabei die Zusammenhänge zwischen Kurvenradien und Geschwindigkeiten.

4.1.2 Trassierungselemente, Zielgrössen, Grenzwerte

4.1.2.1 Trassierungselemente

Die Trassierung gliedert sich in:

- *Horizontale Trassierung in x-Richtung (Längsrichtung):* Abfolge der Topologieelemente, insbesondere geometrisch korrekte Anordnung der Weichen und Gleisdurchschneidungen.
- *Horizontale Trassierung in y-Richtung (Querrichtung):* Festlegung durch die horizontalen Trassierungselemente einschliesslich der Überhöhung aussenliegender Schienen im Bogen (Abfolge und geometrische Bemessung).
- *Vertikale Trassierung in z-Richtung (Vertikalrichtung):* Festlegung der Höhenentwicklung der Fahrbahn durch die vertikalen Trassierungselemente (Abfolge und geometrische Bemessung).

Zur Trassierung stehen folgende *Trassierungselemente* zur Verfügung:

- Gerade.
- Kreisbogen.
- Übergangsbogen (Verbindung zwischen Gerade und Kreisbogen).

Kreisbogen und Gerade treten in einem Bahnnetz typischerweise je etwa hälftig auf. Während in Querrichtung alle drei Trassierungselemente angewandt werden, kommen bei der vertikalen Trassierung üblicherweise nur Kreisbögen mit sehr grossen Radien zur Anwendung. Die dynamischen Interaktionen zwischen horizontaler und vertikaler Linienführung werden durch entsprechende Trassierungsregeln gesteuert.

Radienklassen [m]	Absolute Häufigkeit [km]	Relative Häufigkeit [%]
R > 3000 m	3182	57
1200 m < R < 3000 m	444	8
600 m < R < 1200 m	715	13
400 m < R < 600 m	638	11
300 m < R < 400 m	360	7
R < 300 m	241	4
Summe	**5580**	**100**

Tabelle 1 *Häufigkeit der Radien der Hauptgleise (von Zügen planmässig befahrene Gleise) auf dem Netz der SBB, Stand Januar 2019 [SBB 2019].*

4.1.2.2 Zielgrössen der Trassierung

Die geometrische Linienführung beeinflusst die Nutzbarkeit hinsichtlich Geschwindigkeit und Zuggewicht in viel ausgeprägterem Mass als bei der Strasse. Schon geringfügige Unterschiede bei Radien und Neigungen bewirken eine erhebliche Differenz bei den Fahrzeiten und Beförderungskapazitäten. Bei Erneuerungen bestehender Strecken versucht man deshalb, die zulässige Geschwindigkeit durch Linienführungsverbesserungen zu erhöhen, auch wenn die Veränderungsspielräume oft limitiert sind. Doch selbst wenn ein Fahrzeitgewinn im Einzelnen bescheiden bleibt, so kann er doch zumindest die Fahrzeitreserve und damit die Betriebsstabilität verbessern. Im Weiteren soll das Geschwindigkeitsband verstetigt werden, mit dem Ziel möglichst ähnlicher Geschwindigkeiten auf sich folgenden Streckenabschnitten. Häufigkeit und Ausmass der Beschleunigungs- respektive Bremsvorgänge lassen sich damit minimieren, und dadurch wiederum Verschleiss und Energieverbrauch.

Bei Neubaustrecken bestimmen die Entwurfsgeschwindigkeit respektive die Zielfahrzeit aus dem Betriebsprogramm direkt die Minimalradien und Maximalneigungen. Hinzu kommen die geplanten Zugtypen und Fahrzeugbauarten (stark motorisierte Triebzüge, lokbespannte Reisezüge, schwere Güterzüge etc.) sowie Vorgaben der Interoperabilitätsrichtlinien. Radien und Neigungen beeinflussen, in Kombination mit der Topografie und der Geologie, die Baukosten und den Landverbrauch massgeblich. Zeigt es sich, dass die Entwurfsgeschwindigkeiten und/oder Zielfahrzeiten nicht zu vertretbaren Kosten erreicht werden können, so ist das Betriebsprogramm zu überarbeiten.

4.1.2.3 Grenzwerte

Die Parameter der Trassierungselemente sollen so gewählt werden, dass Sicherheit und Komfort maximal, der Verschleiss dagegen minimal sind. Deren Grenzwerte werden dazu in drei Stufen klassiert:

- *Planungsgrenz- und Regelwerte:* Die Planungsgrenz- und Regelwerte der Trassierung sind bei der Projektierung einzuhalten. Sie garantieren eine ausgewogene, auf die Beanspruchungskriterien abgestimmte und im Bedarfsfall weiter entwickelbare Linienführung mit vertretbarem Erhaltungsaufwand. Bei Überschreitung der Planungsgrenz- und Regelwerte erhöhen sich die Erhaltungskosten.
- *Grenzwert im Normalfall:* Diese Grenzwerte sind bei Neuanlagen und soweit möglich bei Umbauten von bestehenden Anlagen oder bei Fahrbahnerneuerungen zu berücksichtigen. Sie verursachen höhere Erhaltungskosten, können im Bedarfsfall aber ohne besondere Zusatzmassnahmen ausgenützt werden.
- *Maximaler bzw. minimaler Grenzwert:* Die Anwendung dieser Werte über respektive unter den Grenzwerten im Normalfall bedarf im Einzelfall der Genehmigung des Bundesamtes für Verkehr (BAV). Sie sind nur in unumgänglichen Einzelfällen bei besonderen Verhältnissen oder für bestimmte Fahrzeugarten anwendbar, sofern die zusätzliche Beeinträchtigung des Fahrkomforts und die höheren Erhaltungskosten in Kauf genommen werden können. Die Laufstabilität der Fahrzeuge und die Einhaltung der Grenzwerte der Gleisbeanspruchung sind nachzuweisen. Maximale beziehungsweise minimale Grenzwerte sind vor allem im Bestandsnetz anzutreffen.

4.1.3 Geschichte der Trassierung

4.1.3.1 Einflüsse auf die Entwicklung der Trassierungsparameter

In den mittlerweile bald zweihundert Jahren der kommerziellen Anwendung von Bahnsystemen wurden die Trassierungsparameter wiederholt stark verändert, veranlasst durch folgende Einflüsse:

- Leistungsfähigkeit der Lokomotivantriebe.
- Geforderte Geschwindigkeiten.
- Bremsvermögen der Züge.
- Topografische Situation der erschlossenen Regionen.
- Verkehrsnachfrage.
- Wirtschaftliche Situation der Bahnen.
- Betriebsweise der Strecken.

Nur selten wurden Strecken nachträglich grundlegend an neue Bedürfnisse angepasst. In der Regel beschränkte man sich auf punktuelle Verbesserungen. Daher weisen beträchtliche Teile des Bahnnetzes noch immer die Trassierungsparameter aus ihrer Entstehungszeit auf.

4.1.3.2 Ausdifferenzierung der Trassierungselemente

Die fahrdynamischen Gesetzmässigkeiten der Bogenfahrt wurden erst ab den 1830er-Jahren allmählich verstanden. 1833 formulierte Minard drei Bedingungen für die optimale Bogenfahrt [Siems 2008]:

- Überhöhung der bogenäusseren Schiene.
- Konische Gestaltung der Lauffläche des Rades.
- Spurkränze mit Spiel.

Ab den 1840er-Jahren wurden erste mathematische Formeln für die Trassierung entwickelt und ab etwa 1845 bei Bahnbauten angewandt. Die geometrische Linienführung der ersten Bahnstrecken nutzte zunächst nur Geraden und Kreisbögen. Die Zweckmässigkeit von Übergangsbögen wurde erstmals 1854 beschrieben, doch war deren Absteckung im Feld noch schwierig. Eine praktikable Lösung wurde 1867 von Nördling mit der kubischen Parabel gefunden [Siems 2005]. Dennoch wurden auch später zahlreiche Kurven ohne Übergangsbögen trassiert und selbst auf dem heutigen Netz muss noch mit fehlenden Übergangsbögen gerechnet werden.

4.1.3.3 Europäische Epochen der Trassierung

Die in den verschiedenen Epochen des Bahnbaus angewandten Trassierungsparameter reflektieren die jeweiligen topografischen und wirtschaftlichen Verhältnisse beim Netzausbau, aber auch die Entwicklung der Traktionstechnik. Durch die rasche Leistungssteigerung der Dampflokomotiven bereits zur Mitte des 19. Jahrhunderts wurden restriktivere Parameter anwendbar, was wiederum den wirtschaftlichen Bau von Bahnstrecken im Hügelland erlaubte. Elektrische Antriebe ermöglichten später noch bescheidenere Parameter, was die Baukosten weiter senkte und Bahnen auch für schwach besiedelte Regionen erschwinglich machte. Auf kostspielige und zeitraubende Umwege zur Einhaltung einer geringen Maximalneigung konnte verzichtet werden. Daraus ergaben sich unterschiedliche Phasen von Netzausbau und Trassierung; charakteristische Streckentypen werden nachfolgend skizziert.

Hauptzeitraum	Trassierungstyp	Spurweite	Traktion	Leistungsfähigkeit	Geschwindigkeit	Kosten	Betriebsweise
1825–1870	Hauptstrecken Ebene	Normal	Dampf	Hoch	Gemischt	Mittel	Gemischt
1840–1880	Hauptstrecken Hügelland/ Mittelgebirge	Normal	Dampf	Hoch	Mittel	Hoch	Gemischt
1855–1925	Hauptstrecken Alpen	Normal	Dampf/ Elektro	Hoch	Mittel	Sehr hoch	Gemischt
1980–	Hochgeschwindigkeitsstrecken	Normal	Elektro	Mittel	Sehr hoch	Sehr hoch	Personen (gemischt)

Hauptzeitraum	Trassierungstyp	Spurweite	Traktion	Leistungsfähigkeit	Geschwindigkeit	Kosten	Betriebsweise
1865–1900	Regionalstrecken Ebene/ Hügelland	Normal	Dampf	Klein	Mittel	Mittel	Gemischt
1875–1895	Regionalstrecken Ebene/ Hügelland	Schmal	Dampf	Klein	Klein	Klein	Gemischt
1880–1915	Regionalstrecken Alpen	Schmal	Dampf	Klein	Klein	Mittel	Gemischt
1895–1920	Regionalstrecken Ebene/ Hügelland	Schmal	Elektro	Klein	Klein	Klein	Gemischt
1895–1920	Regionalstrecken Alpen	Schmal	Elektro	Klein	Klein	Mittel	Gemischt
1870–1915	Touristische Zahnradbahnen	Diverse	Dampf/ Elektro	Klein	Sehr klein	Mittel	Personen
1895–1920	Zahnradbahnen des allgemeinen Verkehrs	Diverse	Dampf/ Elektro	Klein	Klein	Mittel	Gemischt
1895–1920	Strassenbahnen Überland	Schmal	Elektro	Klein – mittel	Sehr klein	Klein	Personen
1860–1880	Strassenbahnen Stadt	Diverse	Pferde, Dampf	Sehr klein	Sehr klein	Klein	Personen
1880–1925	Strassenbahnen Stadt	Diverse	Elektro	Hoch	Klein	Mittel	Personen
1875–1930	Standseilbahnen	Diverse	Diverse	Sehr klein	Sehr klein	Klein – mittel	Personen (gemischt)

Tabelle 2 *Epochen der Trassierungstypen; Epocheneinteilung gültig für Europa/Schweiz [eigene Darstellung].*

4.1.3.4 Trassierung der frühen Hauptbahnen

In der Frühzeit der Eisenbahn galt es, im Gelände die steigungsärmste Trassierungsmöglichkeit zu finden. Je leistungsfähiger die Lokomotiven wurden, desto steiler konnte eine Strecke gebaut werden und desto kostengünstiger gestaltete sie sich. Bis etwa 1850 bildeten sich diesbezüglich drei unterschiedliche Grundauffassungen heraus [Dinhobl 2003], [Goldenbaum 1986]:

Abbildung 1 *Einschnitt Machern der Leipzig-Dresdner-Bahn als Beispiel einer frühen Bahnstrecke mit sehr grosszügiger Trassierung (Inbetriebnahme 1837–1839) [Thomas Jacob, https://www.pictokon.net/bilder/09-04-bildermaterial/eisenbahnen-geschichte-03-der-gelaendeeinschnitt-bei-machern-erste-deutscheeisenbahn.html, CC BY-SA 4.0)].*

- In Grossbritannien und anfangs auch auf dem europäischen Kontinent orientierte man sich am Kanalbau und war bestrebt, die Strecken möglichst in gerader Linie oder mit Radien von über 460 m anzulegen. Übliche Längsneigungen betrugen nicht mehr als 4–5 ‰. Bei Neigungen von 13–50 ‰ wurden schiefe Ebenen mit Standseilbahnen erstellt.
- In den USA brach man früh mit den Traditionen des Kanalbaus und die Strecken wurden möglichst dem Gelände angepasst, um Kunstbauten zu vermeiden. Kurvenradien bis 250 m und Längsneigungen von 20 ‰ waren dabei üblich.
- In den gebirgigeren europäischen Ländern wie Österreich oder der Schweiz war die britische Trassierung gar nicht umsetzbar, weshalb sich diese Länder am Beispiel der USA orientierten, aber zunächst etwas grosszügigere Parameter wählten.

Schiefe Ebenen wurden indessen noch zwischen 1830 und 1840 in Deutschland, Frankreich, Belgien oder Italien erstellt [Dinhobl 2003]. 1844 wurde dagegen erstmals zwischen Kulmbach und Hof in Bayern die amerikanische Trassierungsweise angewandt [Goldenbaum 1986]. Der gesamte mittlere und südliche Teil Europas, ebenso Teile Skandinaviens und Osteuropas, kennzeichnen sich durch hügelige bis gebirgige Topografien. Im 19. Jahrhundert befanden sich dort vielerorts grosse neue Industrieregionen, die dringend auf wirtschaftliche Transporte angewiesen waren, weshalb der Bahnbau bald auch im Hügelland einsetzte. Nach etwa 1850 entstanden zahlreiche Hauptbahnen mit Trassierungsparametern, die jenen der späteren Alpenbahnen nahekamen oder ihnen sogar entsprachen.

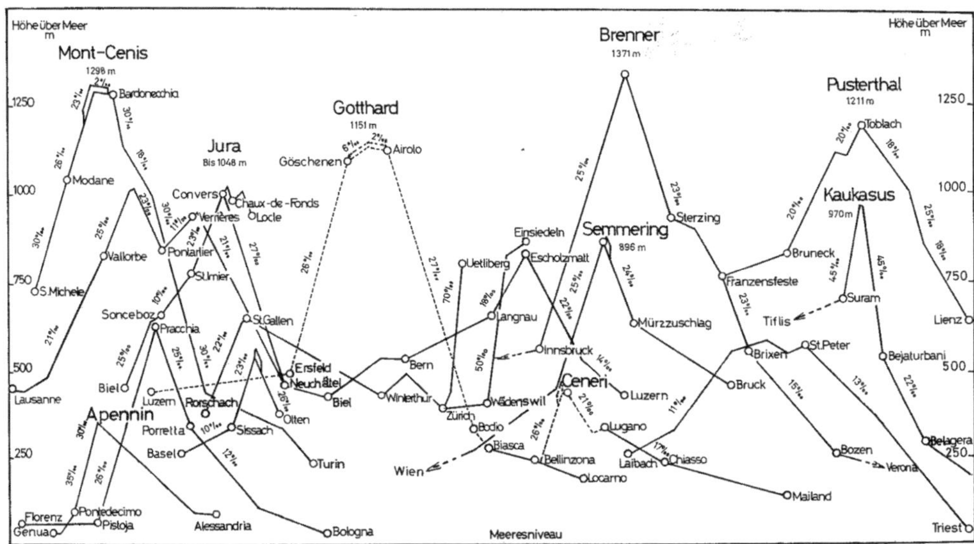

Abbildung 2 *Europäische Bahnen im Gebirge mit Eröffnung bis und mit 1882 (Gotthardbahn) [Eggermann 1981].*

4.1.3.5 Trassierung der Gebirgsbahnen

Als erste wirkliche Gebirgsbahn Europas wurde 1848–1854 die Semmeringbahn erbaut, mit Maximalneigungen von 25 ‰ und Minimalradien von 190 m. Sie wies nach, dass ein wirtschaftlicher und leistungsfähiger Betrieb auch mit einer solchen Trassierung möglich war. In den nächsten dreissig Jahren folgten die Gebirgsbahnen über den Schwarzwald sowie an Brenner, Mont Cenis, Gotthard und Arlberg. Es wurden Maximalneigungen von 27–31 ‰ und Minimalradien von 250–300 m angewandt. Noch heute ist die Maximalgeschwindigkeit durch diese Kurvenradien auf rund 80 km/h und weniger limitiert.

Kennzeichnend für viele Alpenbahnen sind künstliche Längenentwicklungen durch Ausfahren von Seitentälern, Doppelschleifen oder Kehrtunnels. Sie erlauben es, steile Geländestufen ohne Änderung der Trassierungsparameter zu überwinden. Die Gesamtstreckenlänge vergrössert sich dadurch gegenüber der Luftlinie allerdings etwa um den Faktor 1,5.

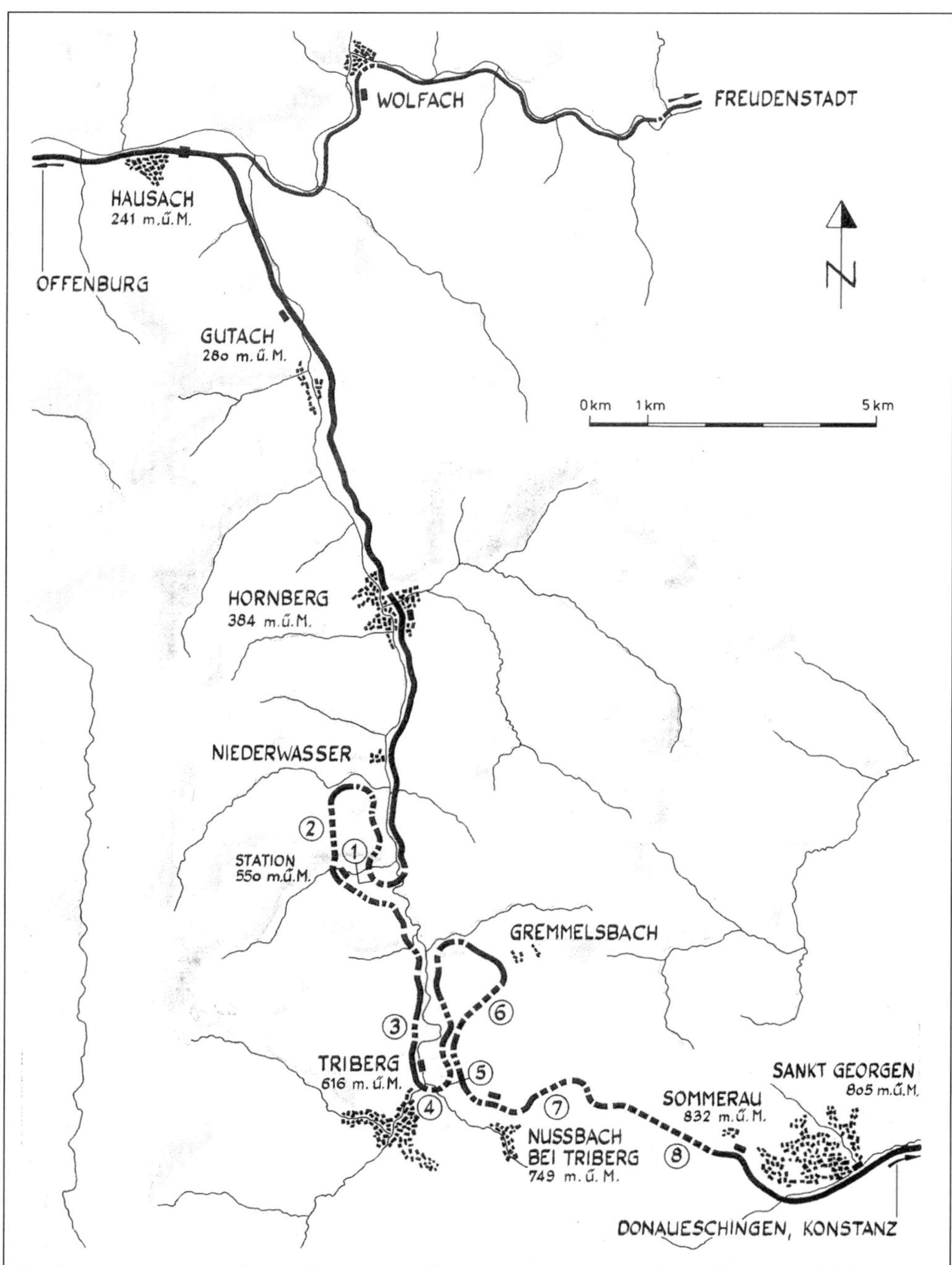

Abbildung 3 *Überwindung von Geländestufen durch Kehrtunnels und Ausfahren von Seitentälern; Schwarzwaldbahn mit Streckenentwicklung bei Triberg [Schneider 1982].*

Die Alpen stellten aufgrund ihrer Dimensionen für den Bahnbau nicht nur eine technische, sondern auch eine wirtschaftliche und führungsmässige Herausforderung grössten Ausmasses dar. Die höchste Komplexität erreichte diesbezüglich die Gotthardbahn, die erst durch die Erfahrungen anderer Gebirgsbahnen realisierbar wurde:

- *Semmeringbahn:* Wirtschaftliche und technische Anwendbarkeit von starken Neigungen und engen Bogenradien bei Hauptbahnen.
- *Schwarzwaldbahn:* Künstliche Längenentwicklung mittels Ausfahren von Seitentälern und Kehrschleifen.
- *Brennerbahn:* Überwindbarkeit grosser Höhendifferenzen.
- *Mont Cenis-Bahn:* Rascher Bohrvortrieb bei Tunnels.

Abbildung 4 *Künstliche Längenentwicklung bei der Südrampe der Gotthard-Bahn; Biaschina mit Pianotondo-Kehrtunnel, Zustand etwa 1900 [Foto: SBB Historic].*

4.1.3.6 Trassierung der normal- und schmalspurigen Regionalstrecken

Der Erfolg der Bahn und deren positive Auswirkungen auf die regionale Entwicklung führten dazu, dass ab 1870 auch strukturschwächere Gebiete einen Bahnanschluss anstrebten. Aus gesetzlichen Gründen und um den durchgehenden Einsatz der Güterwagen zu ermöglichen, wurde zunächst die Normalspur angewandt, nun aber mit Minimalradien bis 150 m und Maximalsteigungen von bis zu 50 ‰, vereinzelt sogar mehr [Goldenbaum 1986].

Noch weiter senken liessen sich die Baukosten durch schmälere Spurweiten. Zum Ersten reduzierte sich naturgemäss der Materialbedarf für die Schwellen und das Ausmass der Erdbewegungen. Zum Zweiten konnten die teuren Normen normalspuriger Bahnfahrzeuge deutlich unterschritten werden. Dies erlaubte eine radikale Reduktion der Kurvenradien, in Einzelfällen bis 30 m. Die ab etwa 1895 nutzbare elektrische Traktion gestattete schliesslich eine nochmalige Steigerung der Maximalneigung bis an die physikalische Grenze des wirtschaftlichen Bahnbetriebs von 70–80 ‰.

4.1.3.7 Trassierung der Hochgeschwindigkeitsbahnen

Nach dem Zweiten Weltkrieg mussten die Bahnen zuerst die zerstörten oder abgenutzten Anlagen wiederherstellen, während sich gleichzeitig Auto und Flugzeug verbreiteten. Existenzbedrohende Marktanteilsverluste führten zur Idee, die Geschwindigkeit der Bahn bis an die Grenze der Rad-Schiene-Technologie zu steigern. Dazu waren völlig neue Strecken mit grosszügiger Trassierung unumgänglich. Den Anfang machte 1964 die Neubaustrecke Tokio – Osaka mit Minimalradien von 2500 m und Maximalneigungen von 20 ‰, was durch einen Brückenanteil von 34 % und einen Tunnelanteil von 13 % erkauft wurde.

1981 wurde die erste europäische Hochgeschwindigkeitsstrecke Paris – Lyon eröffnet, mit einer Höchstgeschwindigkeit von 270 km/h. Die Minimalradien wurden auf 4000 m gesteigert, aber Maximalneigungen von 35 ‰ angewandt, womit sich Kunstbauten fast völlig vermeiden liessen. Voraussetzung dafür war ihre ausschliessliche Benützung durch spezielle Hochgeschwindigkeitstriebzüge. Die ersten deutschen Hochgeschwindigkeitsstrecken dagegen sahen Mischbetrieb vor, was die Maximalneigung auf 12 ‰ limitierte. Dies sowie die sehr grosszügigen Minimalradien von 7000 m verursachten einen Kunstbautenanteil von 35–50 %. Die zahlreichen späteren Hochgeschwindigkeitsstrecken bewegen sich, je nach Ausgangslage und Kontext, trassierungsmässig zwischen diesen Extremen.

4.1.3.8 Trassierung der elektrischen Strassen- und Überlandbahnen

Strassenbahnen in Städten wurden erstmals 1832 in New York und 1840 in Wien realisiert, zunächst noch ohne bleibenden Erfolg. Die wirkliche Verbreitung setzte ab 1860 ein, meist als Pferdestrassenbahnen in der Ebene. Ab 1875 wurden vereinzelt Dampflokomotiven eingesetzt und Steigungen bis etwa 50 ‰ sowie Minimalradien bis 12 m realisiert. Der elektrische Antrieb erlaubte ab 1881 sogar Neigungen von 70–80 ‰, in Extremfällen bis über 100 ‰, wobei sich Letzteres betrieblich nicht bewährte.

Ab etwa 1890 waren die elektrischen Motoren stark und robust genug, um auch für höhere Geschwindigkeiten und Lasten genutzt zu werden. Dies ermöglichte es, die Bahnen entlang oder sogar in die bestehenden Landstrassen zu verlegen. Dadurch entfiel der Landkauf und die

Trassierung der Strasse musste höchstens geringfügig angepasst werden. In der Folge wurden Überlandstrassenbahnen mit Steigungen bis 80 ‰ und Minimalradien bis 14 m realisiert.

Abbildung 5 *Trassierung elektrischer Überlandbahnen mit starken Neigungen und kleinen Kurvenradien erlaubte kostengünstige Anpassung ans Gelände und die teilweise Nutzung vorhandener Strassen, Beispiel Bremgarten-Dietikon-Bahn bei Mutschellen [Foto: Karl Meyer aus der Sammlung von Max Hintermann].*

4.1.3.9 Trassierung der Zahnrad- und Standseilbahnen

Bei Zahnradbahnen greifen die Trieb- und Bremszahnräder des Zuges in eine Zahnstange zwischen den Schienen ein und übertragen die Längskräfte reibungsunabhängig. Zu Beginn der Bahngeschichte wurde vereinzelt befürchtet, die Reibung zwischen Rad und Schiene reiche ohne Zahnradantrieb gar nicht zur Fortbewegung aus. Die erste, horizontal verlaufende Zahnradbahn realisierte Blenkinsop im Jahr 1812 und dessen Prinzip wurde 1847–1868 auf der Strecke Madison – Indianapolis angewandt. Als sich die Befürchtungen nicht bewahrheiteten, erinnerte man sich erst mit der Entstehung des Hochgebirgsmassentourismus wieder an das Prinzip der Zahnradbahn. Erstmals angewandt wurde es bei den Bergbahnen von Silvester Marsh auf den Mount Washington (1869, USA) und Niklaus Riggenbach auf die Rigi (1871, CH). Die 377 ‰ respektive 250 ‰ übertrafen nun die Möglichkeiten des Adhäsionsbetriebs um ein Vielfaches.

Einsatzgebiete wurden Ausflugsbahnen im Gebirge, Regionalbahnen im Alpenraum und in europäischen Mittelgebirgen sowie vereinzelte Güterstrecken auf verschiedenen Kontinenten. Bei letzteren beiden Anwendungen werden nur die Steilstrecken mit Zahnradhilfe zurückgelegt, die flacheren Abschnitte dagegen im schnelleren Adhäsionsbetrieb. Der wirtschaftlich interessante Anwendungsbereich der Zahnradtechnologie beginnt bei etwa 100 ‰, die steilste Anwendung ist die Pilatusbahn mit 480 ‰.

Alternativ zur Zahnradbahn werden seit 1862 Standseilbahnen zur Überwindung kurzer, ausgeprägter Geländestufen eingesetzt, nachdem die Seilbahnabschnitte aus der Frühzeit der Bahn sukzessive durch Adhäsionsstrecken ersetzt worden waren. Der Antrieb befindet sich üblicherweise in der Bergstation, die Fahrzeuge (meist zwei, selten nur eines) verfügen über keine Traktionseinrichtung. Standseilbahnen wurden meist für touristische Zwecke erbaut, in einigen Fällen aber auch zur Erschliessung von Stadtquartieren in Hanglage sowie von höherliegenden Ortschaften. Ihre Länge ist auf etwa 2500–3000 m limitiert, dafür sind Steigungen von über 1000 ‰ möglich.

Abbildung 6 *Zahnradbahn; Pilatusbahn mit grösster realisierter Steigung von 480 ‰ [Foto: Ernst Bosina].*

4.2 Horizontale Linienführung

4.2.1 Gerade

Die Gerade ist das einfachste und bevorzugte Trassierungselement. Die Fahrwiderstände sind am geringsten, nennenswerte seitliche Kräfte treten einzig durch den Sinuslauf auf und die

Geschwindigkeit der Züge ist stetig. Letztere wird auf der Geraden nur durch folgende Faktoren begrenzt:

- Längssteigung, in Verbindung mit Zuggewicht, Leistung der Triebfahrzeuge und gegebenenfalls Leistung der Fahrstromversorgung.
- Längsgefälle, in Verbindung mit den Bremseigenschaften der Züge.
- Gleislagequalität.
- Untergrundqualität, mit möglichen ungünstigen dynamischen Effekten.
- Auslegungsgeschwindigkeit der Fahrleitung.
- Sicherungsanlagen, insbesondere Vorsignalabstände, in Verbindung mit dem Bremsvermögen der Züge.

Im Gegensatz zur Strasse, bei der die Gerade zur Vermeidung von Monotonie bei den Lenkern möglichst nicht genutzt wird, spielt dies bei der Bahn keine Rolle. Gerade Strecken können daher beliebig lang sein und messen im Extremfall bis zu 478 km, nämlich bei der Durchquerung der australischen Nullarbor-Wüste. Die Anwendbarkeit der Geraden wird vorab durch die Lage der zu bedienenden Haltepunkte und die Topografie bestimmt.

Abbildung 7 *Trassierungselement Gerade [Foto: Ernst Bosina].*

4.2.2 Kreisbogen

4.2.2.1 Kräfte bei der Fahrt durch einen Kreisbogen

Kreisbögen dienen der Richtungsänderung und rufen daher geschwindigkeitsabhängige seitliche Kräfte zwischen Gleis und Fahrzeug hervor, mit folgenden möglichen Effekten:

- Entgleisung infolge Lageverschiebung des Gleiskörpers.
- Entgleisung infolge Aufsteigen des Spurkranzes.
- Komfortbeeinträchtigung der Fahrgäste durch Seitenbeschleunigung, Ruck, Anhub.
- Verschiebung der Wagenladungen.
- Vergrösserung des Fahrwiderstandes.
- Vergrösserung des Lärms.
- Kippen des Fahrzeuges.
- Entgleisung infolge Kippen der äusseren Schiene.

Die zulässige Geschwindigkeit im Bogen ergibt sich somit aufgrund der Anforderungen an eine sichere und komfortable Fahrt sowie durch die Kräfte zwischen Zug und Gleis. Zur Herleitung der Kräfteverläufe wird das Fahrzeug zunächst als ungefederter Massepunkt betrachtet. Auf ein solches Fahrzeug mit der Geschwindigkeit v in einer Kurve vom Radius R wirkt aufgrund der Seitenbeschleunigung a_r eine horizontal gerichtete Zentrifugalkraft F_r. Diese überträgt sich auf die Fahrgäste und wird als unangenehm empfunden, weshalb sie zu limitieren ist. Die maximale Geschwindigkeit im ebenen Kreisbogen errechnet sich aufgrund der maximal zulässigen Seitenbeschleunigung zu:

$$a_r = \frac{v_R^2}{R} \rightarrow v_R = \sqrt{a_r * R}$$

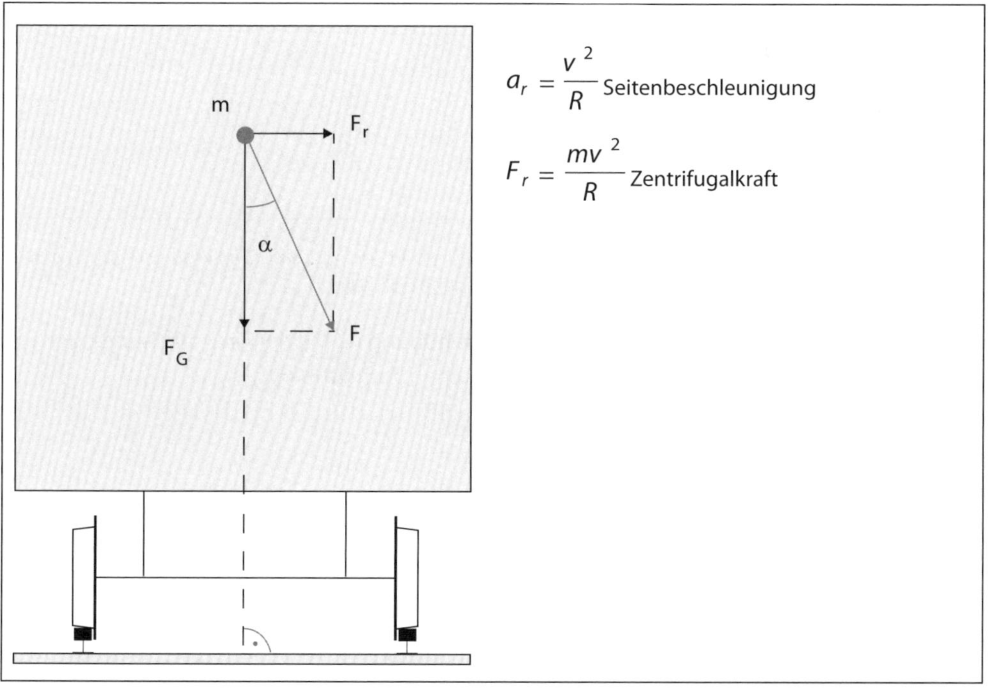

Abbildung 8 *Resultierende Zentrifugalkraft, die auf das Fahrzeug im ebenen Kreisbogen wirkt [eigene Darstellung].*

4.2.2.2 Kreisbogen mit ausgleichender Überhöhung

Eine Gegenkraft zur unerwünschten Fliehkraft lässt sich durch Anwinkeln der Gleisebene um α aufbauen, wozu die äussere Schiene eine Überhöhung ü erhält. Ist dieser nach kurveninnen gerichtete Hangabtrieb genau gleich gross wie die Fliehkraft, so ist die resultierende Kraft F senkrecht zur Gleisebene gerichtet und die Seitenbeschleunigung wird eliminiert. Weder spüren die Fahrgäste eine Seitenbeschleunigung, noch wirken seitliche Kräfte auf den Gleisrost.

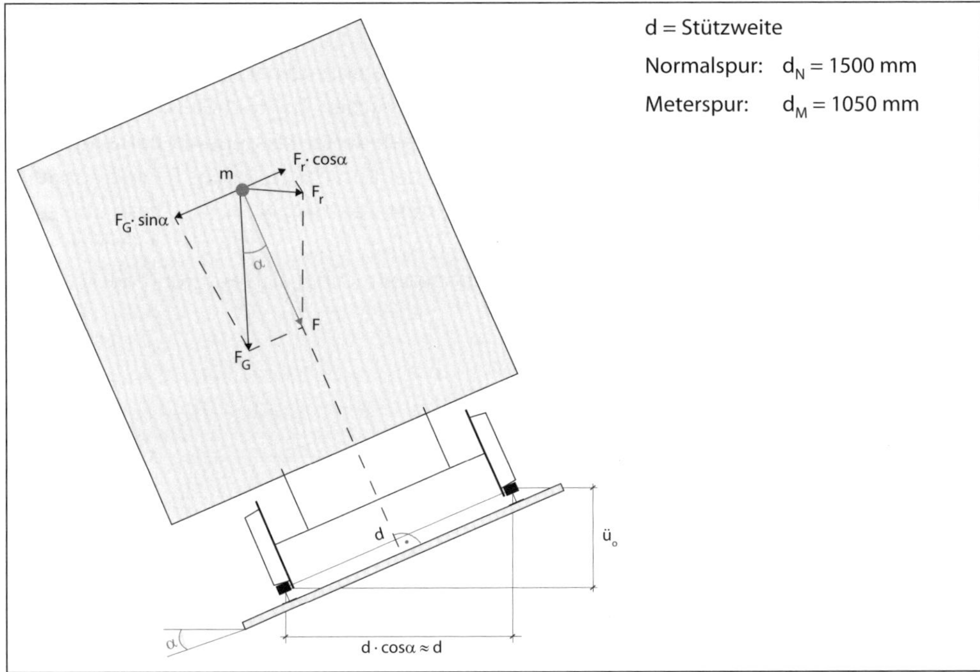

Abbildung 9 *Fahrzeug im Kreisbogen mit ausgleichender Überhöhung; Zentrifugalkraft wird durch den Hangabtrieb infolge Überhöhung genau ausgeglichen [eigene Darstellung].*

Diese Überhöhung nennt man ausgleichende Überhöhung $ü_0$. Mit der Vereinfachung $\cos\alpha \approx 1$ (für kleine α) errechnet sich $ü_0$ aus den geometrischen Verhältnissen:

$$\tan\alpha = \frac{ü_0}{d} = \frac{F_r}{F_G}$$

wobei $F_r = \frac{mv^2}{R}$ und $F_G = mg$

Damit wird: $ü_0 = \frac{v_0^2 d}{gR}$

Für eine gegebene Überhöhung und einen definierten Kurvenradius lässt sich damit die Geschwindigkeit v_0 errechnen, die ohne Seitenbeschleunigung gefahren werden kann:

$$v_0 = \sqrt{\frac{\ddot{u}_0 g R}{d}}$$

Die Formel zeigt aber auch, dass die volle Kompensation in einem gegebenen Bogen nur für eine einzige Kombination von Überhöhung, Radius und Geschwindigkeit gilt. Fährt der Zug schneller, so entsteht ein sogenannter *Überhöhungsfehlbetrag*, fährt er langsamer, so wirkt ein *Überhöhungsüberschuss*.

4.2.2.3 Kreisbogen mit Überhöhungsfehlbetrag

Geschwindigkeiten über jener mit ausgeglichener Überhöhung verursachen eine nicht kompensierte Restseitenbeschleunigung. Diese ist auch als Fehlbetrag an Überhöhung $\Delta\ddot{u}_f$ interpretierbar, die der Differenz zwischen fiktiver ausgleichender und tatsächlich eingebauter Überhöhung entspricht. Auch der Überhöhungsfehlbetrag bezieht sich in einer gegebenen Kurve auf eine ganz bestimmte Geschwindigkeit.

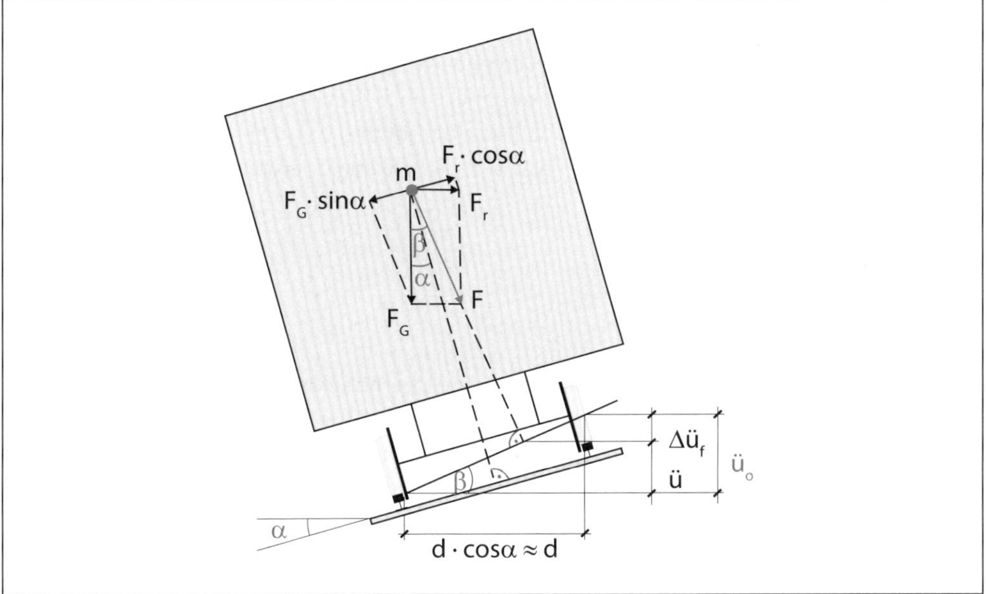

Abbildung 10 *Fahrzeug im überhöhten Bogen mit Fehlbetrag an Überhöhung; Zentrifugalkraft wird durch Hangabtrieb nur teilweise ausgeglichen [eigene Darstellung].*

$$\Delta\ddot{u}_f = \ddot{u}_0 - \ddot{u}$$

Die nicht kompensierte Seitenkraft F_{rnc} errechnet sich aus der Differenz der Kräfte, senkrecht zur Fahrzeugachse:

$$F_{rnc} = ma_{rnc} = F_r \cos\alpha - F_G \sin\alpha$$

mit: $$F_r = \frac{mv^2}{R}$$ und $$F_G = mg$$

$$a_{rnc} = \frac{v^2}{R} - g\frac{ü}{d}$$

a_{rnc} wird zu:

$$a_{rnc} = g\frac{ü_0}{d} - g\frac{ü}{d} = \frac{g}{d}(ü_0 - ü)$$

$$a_{rnc} = \frac{g}{d}\Delta ü_f$$

Infolge der nicht kompensierten Seitenbeschleunigung führt die bogenäussere Schiene den Zug, was aus Gründen der Laufstabilität und des Verschleisses erwünscht ist. Der Gleisrost muss die seitlichen Kräfte auf die äussere Schiene ins Schotterbett ableiten, ohne sich dabei zu verschieben. Der zulässige Höchstwert ist daher nebst dem Fahrgastkomfort auch von der Fahrbahnbauart abhängig. Aus der eingebauten Überhöhung $ü$ und der zulässigen nicht kompensierten Seitenbeschleunigung $a_{rnc,zul}$ lässt sich die maximal zulässige Geschwindigkeit v_{max} in einem Bogen bestimmen:

$$v_{max} = \sqrt{\left(\frac{üg}{d} + a_{rnc,zul}\right)R}$$

Mit der gleichen Beziehung lässt sich die notwendige Überhöhung $ü_{min}$ errechnen, die aufgrund einer definierten nicht kompensierten Seitenbeschleunigung $a_{rnc,zul}$ und der angestrebten Maximalgeschwindigkeit $v_{max,ang}$ des Zuges einzubauen ist:

$$ü_{\min} = \left(\frac{v^2_{\max_{ang}}}{R} - a_{rnc,zul}\right)\frac{d}{g}$$

Für den Höchstwert des Überhöhungsfehlbetrages $ü_f$ beziehungsweise a gelten in Streckengleisen ohne Zwangspunkte reglementarisch vorgeschriebene Grenzwerte.

		Radius [m]	a_q [m/s²]	üf [mm]
Normalspur	Grenzwert im Normalfall	R < 350	0,8	122
üf = 153 * a_q		350 ≤ R < 650	0,85	130
		R ≥ 650	1,0	150
	Maximaler Grenzwert	R < 350	0,85	130
		350 ≤ R < 650	1,0	150
		R ≥ 650	1,0	150
Meterspur	Grenzwert im Normalfall	Ohne Einschränkungen	0,8	86
üf = 107 * a_q	Maximaler Grenzwert	Ohne Einschränkungen	1,0	107

Tabelle 3 *Grenzwerte der nicht kompensierten Seitenbeschleunigung gemäss schweizerischen Vorschriften ([BAV 2016], Art. 17, Blatt 8 N resp. 6 M).*

4.2.2.4 Kreisbogen mit Überhöhungsüberschuss

Ist die gefahrene Geschwindigkeit tiefer als jene, die durch die Überhöhung genau ausgeglichen wird, so bewirkt der Hangabtrieb eine resultierende Kraft auf die Kurveninnenseite und der Zug wird durch die kurveninnere Schiene geführt. Die Seitenbeschleunigung wird überkompensiert und man spricht vom Überhöhungsüberschuss $\Delta ü_{ü.}$

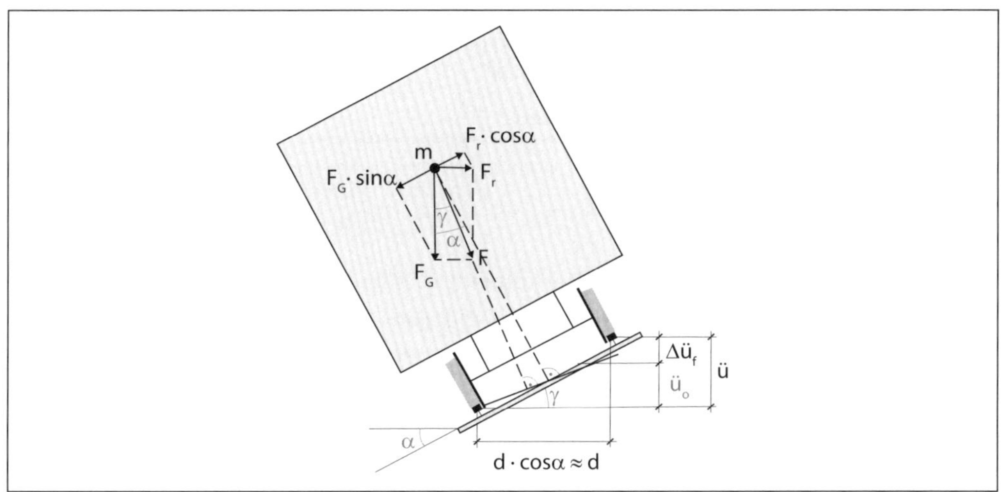

Abbildung 11 *Fahrzeug im überhöhten Bogen mit Überschuss an Überhöhung; Hangabtrieb durch Überhöhung ist grösser als Zentrifugalkraft [eigene Darstellung].*

Alle Beziehungen zum Überhöhungsfehlbetrag gelten, mit umgekehrtem Vorzeichen bei der Seitenbeschleunigung, auch für den Überhöhungsüberschuss.

$$\Delta \ddot{u}_{\ddot{u}} = \ddot{u} - \ddot{u}_0$$

$$a_{roc} = g\frac{\ddot{u}}{d} - \frac{v^2}{R} = \frac{g}{d}\Delta \ddot{u}_{\ddot{u}}$$

$$\ddot{u}_{max} = \left(\frac{v_{min}^2}{R} + a_{roc,zul}\right)\frac{d}{g}$$

$$v_{min} = \sqrt{\left(\frac{\ddot{u}g}{d} - a_{roc,zul}\right)R}$$

Ein Überhöhungsüberschuss kann bei langsamen Zügen auftreten, aber auch wenn schnelle Züge aus betrieblichen respektive unterhaltsbedingten Gründen langsam fahren müssen oder gar zum Stehen kommen. Schlimmstenfalls kann der Überhöhungsüberschuss zur Ladungsverschiebung in Güterzügen führen. Der maximal zulässige Wert ist deshalb abhängig vom Geschwindigkeitsunterschied zwischen langsamem und schnellem Verkehr. Bei überwiegendem Güterverkehr muss er tiefer gehalten werden als bei reinem Personenverkehr. Das Geschwindigkeitspotenzial des Letzteren kann damit nicht voll ausgeschöpft werden. Im Gegenzug lässt sich die eingebaute Überhöhung auf reinen Personenzugstrecken vergrössern und die maximale Geschwindigkeit im Bogen heraufsetzen.

		a_q [m/s²]	üf [mm]
Normalspur	Grenzwert im Normalfall	0,72	110
üf = 153 * a_q	Maximaler Grenzwert	0,85	130

Tabelle 4 *Maximaler Überhöhungsüberschuss gemäss schweizerischen Vorschriften ([BAV 2016], Art. 17, Blatt 9 respektive 6 M).*

4.2.2.5 Fahrzeugseitige Einflüsse bei konventionellem Rollmaterial

Der Fahrgastraum ist in mehreren Stufen gegenüber den Rädern abgefedert. Zudem liegt der Fahrzeugschwerpunkt etwa 1,0–1,5 m über der Gleisebene und damit *über* dem virtuellen Drehpunkt des Wagenkastens. Daher bewirkt die im Schwerpunkt angreifende Fliehkraft bei Kurvenfahrt ein nach aussen gerichtetes Drehmoment auf den Wagenkasten. Die kurvenäusseren Federn werden gestaucht, die kurveninneren dagegen gedehnt und der Wagenkasten neigt sich gegenüber der Senkrechten zur Gleisachse leicht nach aussen. Die positive Wirkung einer Überhöhung wird dadurch etwas abgeschwächt. Bei überkompensierter Seitenbeschleunigung kippt das Fahrzeug dagegen unerwünschterweise zusätzlich nach der Kurveninnenseite, wodurch sich die innengerichtete Seitenbeschleunigung weiter steigert. Durch die Federung des Wagenkastens wird somit die positive Wirkung der Überhöhung bei grosser Geschwindigkeit abgemindert und die negative Wirkung bei kleiner Geschwindigkeit verstärkt.

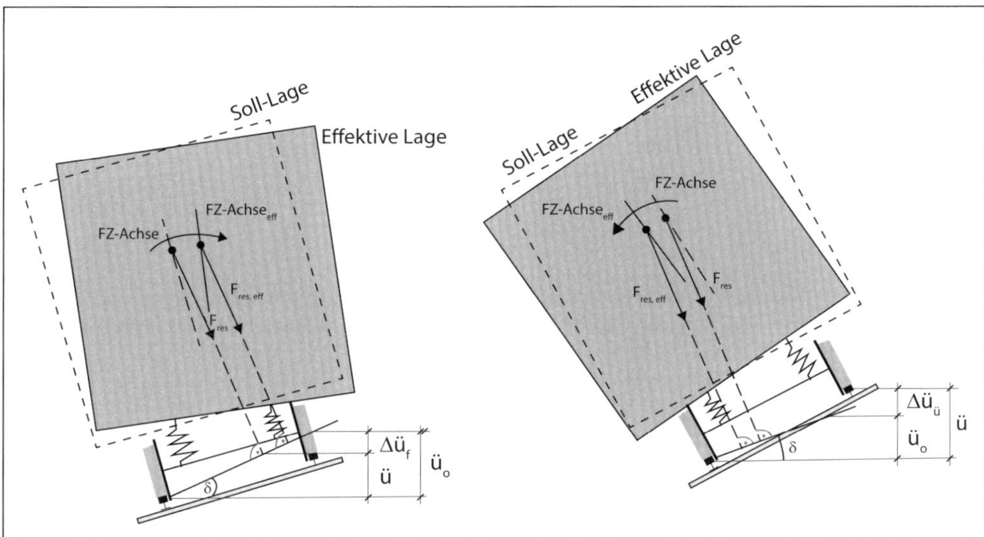

Abbildung 12 *Zusätzliche Neigung des Wagenkastens aufgrund der Federung. Links: Überhöhung mit Überhöhungsfehlbetrag; Wagenkasten wird nach kurvenaussen zurückgeneigt. Rechts: Überhöhung mit Überhöhungsüberschuss; Wagenkasten wird zusätzlich nach kurveninnen geneigt [eigene Darstellung].*

Der Neigungskoeffizient S_r quantifiziert diesen Effekt, der eine Funktion der Winkel zwischen Kräfteresultierender, Gleisachse und Fahrzeugachse ist:

$$a_{r,eff} = a_r(1 + S_r)$$

S_r liegt zwischen etwa 0,2 und maximal 0,4 [BAV 2016]. Für den Fahrgast soll die nicht kompensierte Seitenbeschleunigung unter 1,2 m/s^2 bleiben und darf 1,5 m/s^2 auf keinen Fall übersteigen. Um dies trotz des Neigungskoeffizienten zu gewährleisten, muss die nicht kompensierte Seitenbeschleunigung auf Gleisebene entsprechend kleiner sein und darf maximal 1,0 m/s^2 betragen. Dies bestimmt die zulässige Maximalgeschwindigkeit in der Kurve.

4.2.2.6 Fahrzeugseitige Einflüsse durch Wagenkastenneigung

Der komfortorientierte Grenzwert der nicht kompensierten Seitenbeschleunigung auf Gleisebene für konventionelle Fahrzeuge liegt deutlich unterhalb der Entgleisungsgrenze; ein Fahrzeug könnte somit eine Kurve gefahrlos schneller befahren. Um dieses Geschwindigkeitspotenzial auszuschöpfen, stehen verschiedene wagenbauliche Massnahmen zur Verfügung:

- *Wankkompensation:* Einfedern nach kurvenaussen wird unterbunden.
- *Passive Wagenkastenneigung:* Fliehkraft wird genutzt, um eine zusätzliche Neigung nach innen zu bewirken.
- *Aktive Wagenkastenneigung:* Aktive Stellglieder neigen den Wagenkasten zusätzlich nach innen.

Bei der *Wankkompensation* wird sichergestellt, dass der Wagenkasten auch im Bogen senkrecht zum Gleis bleibt und somit die volle Überhöhung wirkt. Der Neigungskoeffizient wird null.

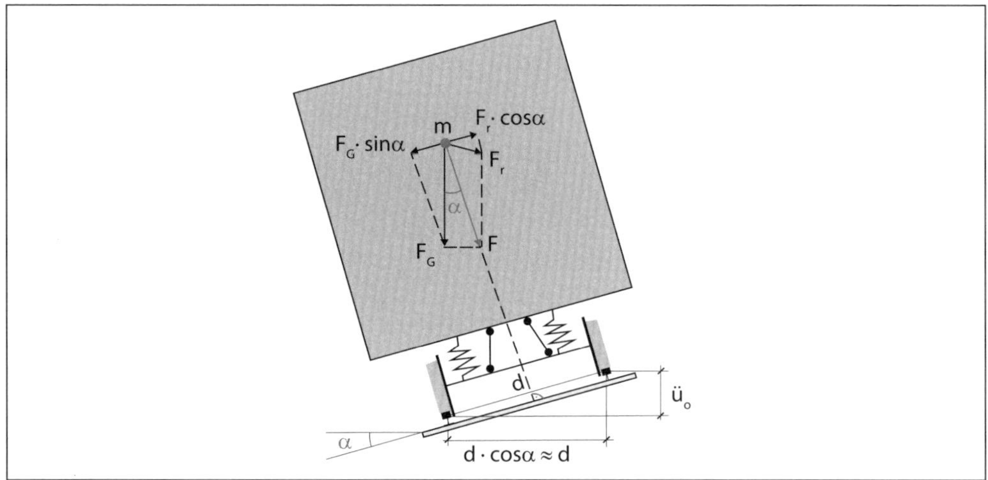

Abbildung 13 *Prinzip der Wankkompensation; Wagenkasten steht auch im Kreisbogen senkrecht zur Gleisebene und Überhöhung ist voll wirksam [eigene Darstellung].*

Verschiebt man den virtuellen Drehpunkt des Wagenkastens durch eine geänderte Aufhängung über dessen Schwerpunkt, so bewirkt das Moment aus der Zentrifugalkraft eine *zusätzliche Neigung nach innen* und *verstärkt* den gewünschten Effekt der Überhöhung; man erhält eine sogenannte *passive Wagenkastenneigung* ohne aktive Stellglieder. Die Wirkung bleibt limitiert, da sich die Auslenkung des Wagenkastens bei Kurveneinfahrt infolge seiner Trägheit erst verzögert aufbaut und der Auslenkwinkel auf etwa 3,5 Grad beschränkt bleibt.

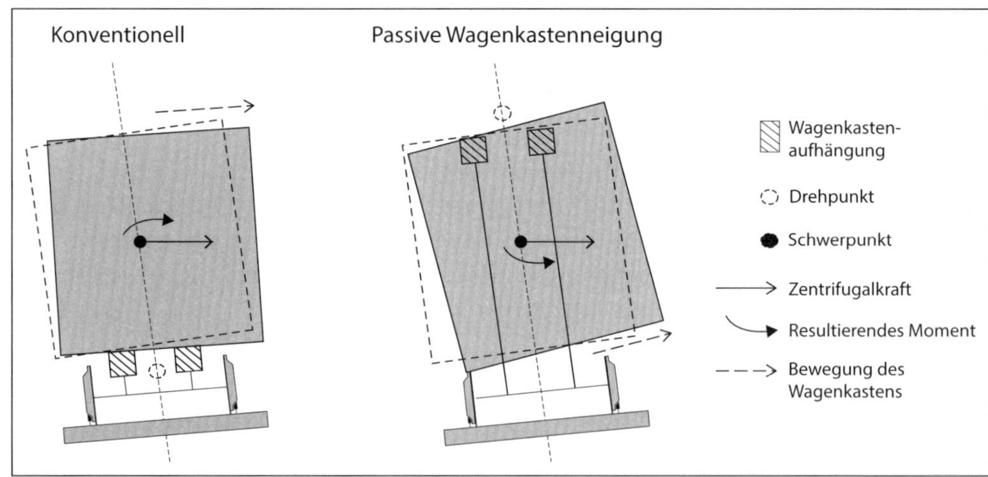

Abbildung 14 *Prinzip der passiven Wagenkastenneigung. Links: Konventionelles Fahrzeug, Angriff der Zentrifugalkraft oberhalb des Drehpunktes. Rechts: Fahrzeug mit passiver Wagenkastenneigung, Angriff der Zentrifugalkraft unterhalb des Drehpunktes [eigene Darstellung].*

Wird die Neigung hingegen mittels einer sogenannten *aktiven Wagenkastenneigung* durch Motoren oder Hydraulik aufgebaut, so sind Wagenkastenneigungen von etwa 8° zur Gleisebene möglich, zusätzlich zur gleisseitigen Überhöhung. Bei der aktiven Wagenkastenneigung wird die Fahrt durch den Übergangsbogen komfortmässig kritisch, da nicht nur der Wagenkasten wesentlich stärker geneigt wird, sondern dies aufgrund der höheren Geschwindigkeit auch in kürzerer Zeit geschehen muss. Die im nächsten Abschnitt hergeleiteten Grössen *maximaler Seitenruck* und *maximale Hubgeschwindigkeit* des Wagenkastens werden bestimmend. Zudem steigen die Rad-Schiene-Kräfte stark an, da sie durch die Wagenkastenneigung nicht reduziert werden. Die Geschwindigkeitserhöhung in Kurven gegenüber konventionellem Rollmaterial beträgt radienabhängig bis zu 30 %. Dies ergibt gesamthafte Fahrzeitgewinne von 8–12 %, je nach Charakteristik der Strecke; je höher der Anteil gerader Abschnitte ist, desto kleiner bleibt naturgemäss der Nutzen der Wagenkastenneigung.

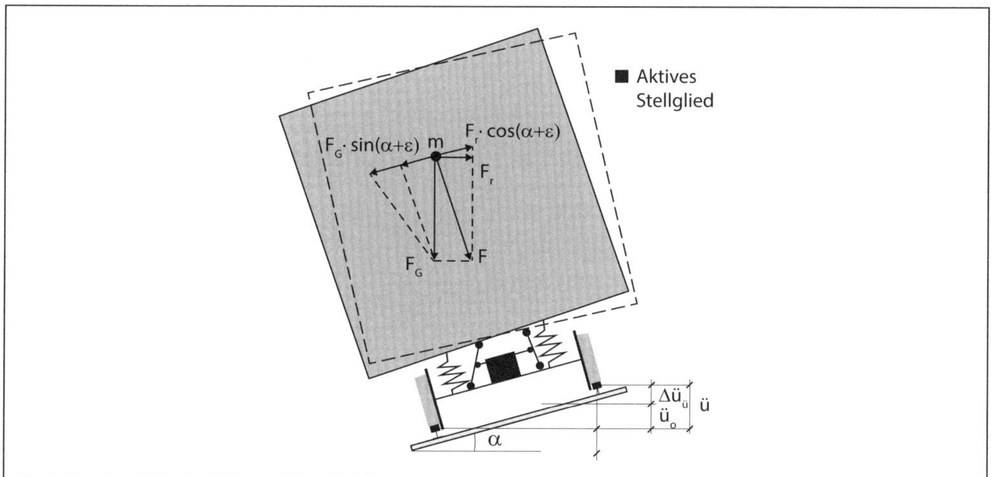

Abbildung 15 *Prinzip der aktiven Wagenkastenneigung mit Stellglied [eigene Darstellung].*

4.2.2.7 Projektierungswerte der Überhöhung

Die *Minimalüberhöhung* ergibt sich in Abhängigkeit von der zulässigen Seitenbeschleunigung $a_{rnc,zul}$ auf Gleisebene und der angestrebten Höchstgeschwindigkeit $_{vmax,ang}$. Die kleinste einzubauende Überhöhung beträgt technisch 10 mm. In Anbetracht der baulichen Toleranzen werden kleinere Überhöhungen nicht verwendet.

Die zulässige *Maximalüberhöhung* leitet sich ab aus der zulässigen Seitenbeschleunigung auf Gleisebene a_{roc} und der angestrebten Mindestgeschwindigkeit v_{min}. Die maximale Überhöhung muss beschränkt werden, weil Züge an jeder Stelle des Bogens zum Stehen kommen können.

			$ü_{max}$ [mm]
Normalspur	Streckengleise	Grenzwert im Normalfall	160
		Maximaler Grenzwert	180
	Bogenweichen	Grenzwert im Normalfall	120
		Maximaler Grenzwert	150
	Perronbereich		100
Meterspur	Grenzwert im Normalfall		105
	Rollbockbetrieb		90
	Zahnstangengleis		35

Tabelle 5 *Maximale Überhöhungen gemäss schweizerischen Vorschriften ([BAV 2016] Art. 17, Blatt 4 N und 17 N respektive 4 M).*

Um eine gute Spurführung im Bogen durch nicht ausgleichende Überhöhung zu erhalten, wird folgende Regelüberhöhung projektiert:

$$ü_{reg} = \frac{a * V_{max}^{2}}{R} \ [mm]$$

	Verkehrsart	Geschwindigkeitsbereich	Regelüberhöhung
Normalspur	Gemischter Verkehr	$V_R \leq 125$ km/h	$ü_{reg} = \frac{6{,}5 * V_R^{2}}{R}$
		130 km/h $\leq V_R \leq$ 160 km/h	$ü_{reg} = \frac{6{,}5 * 125^{2}}{R}$
	Mehrheit der Züge erreicht Streckengeschwindigkeit	140 km/h $\leq V_R \leq$ 160 km/h	$ü_{reg} = \frac{5{,}0 * V_R^{2}}{R}$
	Gemischter Verkehr (z. B. Mattstetten – Rothrist)	160 km/h $< V_R \leq$ 250 km/h	$ü_{reg} = \frac{6{,}2 * V_R^{2}}{R}$
	Gemischter Verkehr mit sehr grossem Anteil Güterverkehr (Gotthard Basislinie)	175 km/h $\leq V_R \leq$ 250 km/h	$ü_{reg} = \frac{11{,}8 * 130^{2}}{R}$
Meterspur			$ü_{reg} = \frac{a * V_R^{2}}{R}$ mit $4{,}2 \leq a \leq 5{,}2$
	Zahnstangengleise		$ü_{reg} = \frac{1{,}98 * V_R^{2}}{R} + 6{,}13$

Tabelle 6 *Regelüberhöhungen gemäss schweizerischen Vorschriften ([BAV 2016], Art. 17, Blatt 5 N respektive 5 M).*

Mit dem Koeffizienten a wird der Anteil der auszugleichenden Seitenbeschleunigung bestimmt. Bei Strecken mit gemischtem Verkehr bis 160 km/h wird dabei eine möglichst gleichmässige Beanspruchung des Gleisrostes angestrebt. Bei Geschwindigkeiten über 160 km/h muss die Regelüberhöhung unter Berücksichtigung der grossen Geschwindigkeitsunterschiede zwischen dem Personen- und dem Güterverkehr bestimmt werden.

4.2.2.8 Geometrische Minimalwerte bei Kreisbögen

Für den freizügigen Rollmaterialeinsatz sind Mindestradien gesetzlich und in Regelwerken spezifiziert, bei der Trassierung aufgrund der tiefen auf ihnen zulässigen Geschwindigkeiten allerdings möglichst zu vermeiden. Die Minimalwerte für Streckentrassierungen sind zudem nicht zu verwechseln mit den technischen Minimalradien des Rollmaterials. Sehr kleine Kurvenradien werden insbesondere bei Anschlussgleisen angewendet, sind aber nur mit tiefster Geschwindigkeit befahrbar.

		R_{min} [m]
Normalspur	Zuggleise	185
	Zuggleise über Ablenkung von überhöhten Weichen	150
	Rangiergleise	150
	Gleise an Perronkanten (nach Möglichkeit)	500
Schmalspur	Grenzwert im Normalfall	80
	Zahnradbahnen	60
Strassenbahnen	Streckengleise	20
	Wendeschlaufen	15

Tabelle 7 *Minimalwerte der Kurvenradien gemäss schweizerischen Vorschriften ([BAV 2016] Art. 17, Blatt 3 N, 11 N respektive 9 M, [VöV 2013]).*

Bei Schmalspurbahnen liegen die Trassierungswerte aus historischen und wirtschaftlichen Gründen deutlich tiefer, ein technischer Zusammenhang zwischen Spurweite und minimalem Kurvenradius besteht aber nicht. Auch auf normalspurigen Tramnetzen kommen beispielsweise Kurvenradien von unter 20 m zur Anwendung. Bei Strassenbahnen gelten zusätzliche betriebsspezifische Vorgaben.

Anwendungsbereich	Richtwerte (Empfehlung)	Richtwerte (Minimum/Maximum)	Grenzwert
Strecke	150,00 m	80,00 m	
Platzgestaltung	20,00 m	18,50 m	
Haltestellen/Haltekante 30 cm hoch (Spalt < 7 cm)			
Kurvenaussenseite	Gerade	750,00 m	
Kurveninnenseite	Gerade	465,00 m	
Haltestellen/Haltekante 13 cm hoch (Spalt < 10 cm)			
Kurvenaussenseite	70,00 m		
Kurveninnenseite	40,00 m		
Wendeschleifen	20,00 m	18,50 m	
Depots		18,50 m	14,50 m

Tabelle 8 *Betriebsspezifische Richt- und Grenzwerte der Bogenradien bei Strassenbahnen; Beispiel der Verkehrsbetriebe Zürich [VBZ 2014].*

4.2.3 Übergangsbogen zwischen Gerade und Kreisbogen

4.2.3.1 Aufgaben und Zielgrössen

Jeder Übergang zwischen zwei Trassierungselementen ist eine fahrdynamische Unstetigkeitsstelle. Beispielsweise schliesst eine Gerade mit beiden Schienen in gleicher horizontaler Ebene an einen Kreisbogen mit Krümmung und geneigtem Gleisrost an. Damit die Fahrbahn stetig bleibt, sind die Gerade kontinuierlich in die gekrümmte Linienführung und der Gleisrost von der horizontalen in die geneigte Lage überzuführen.

Abbildung 16 *Bogen und direkt anschliessender Gegenbogen mit Wechsel von linksseitiger zur rechtsseitigen Überhöhung [Foto: Patrick Braess].*

Folgt ein Kreisbogen auf eine Gerade, so wechseln Krümmung, nicht kompensierte Seitenbeschleunigung und Überhöhung in einem einzigen Punkt von null auf die Werte des Kreisbogens. Betrachtet man das Fahrzeug vereinfachend als Massepunkt, so wird der *Seitenruck* als Änderung der Seitenbeschleunigung pro Zeiteinheit theoretisch unendlich gross. Ein Ruck tritt aber auch auf, wenn zwei Kreisbögen mit unterschiedlichem Radius direkt aneinander anschliessen.

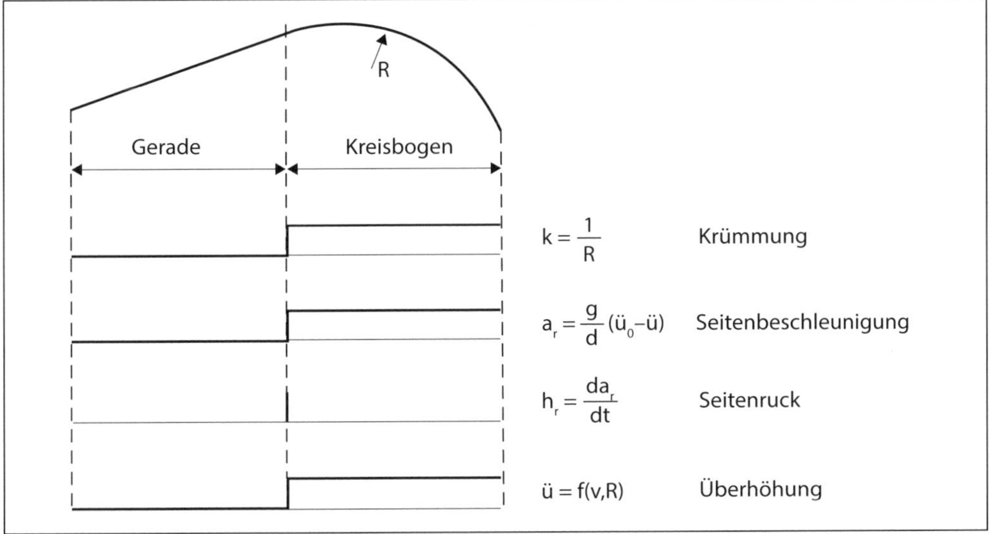

Abbildung 17 *Übergang zwischen Gerade und Kreisbogen ohne Übergangsbogen, Verlauf der Seitenbeschleunigung und unendlich grosser Seitenruck [eigene Darstellung].*

Die Trassierung muss daher auf folgende drei Bestimmungsgrössen ausgerichtet werden:

- *Seitenruck:* Minimierung zur Begrenzung der Komforteinbusse und des Verschleisses (betrifft horizontale Linienführung).
- *Verwindung:* Minimierung zur Vermeidung von Entgleisungen (betrifft vertikale Gleislage).
- *Hubgeschwindigkeit:* Minimierung zur Begrenzung der Komforteinbusse (betrifft vertikale Gleislage).

Da ein Fahrzeug in der Realität kein Massepunkt ist, sondern eine bestimmte Länge sowie ein Fahrwerk aufweist, ändert sich die Seitenbeschleunigung nie schlagartig und der Ruck bleibt stets endlich. In folgenden Fällen kann daher auf Übergangsbögen verzichtet werden ([BAV 2016], Art. 17, Blatt 11 N):

- Streckengleise in begründeten Einzelfällen (zum Beispiel Kreisbogen mit ü = 0 mm bei kleinen Änderungen der Gleisabstände).
- Weichenanlagen und daran anschliessende Streckengleise innerhalb von Stationen bei VR ≤ 65 km/h.
- Fahrt über die signalisierte Ablenkung einer im Streckengleis liegenden Weiche und ähnlich gelagerte Fälle (zum Beispiel Weiche mit anschliessendem Gegenbogen) oder bei

Spaltungsweichen (Streckenverzweigung oder Aufspaltung von einer einspurigen auf eine zweispurige Streckenführung).

- Innerhalb der Gleisverbindungen mit abrupter Krümmungsänderung.
- Rangiergleise.
- Richtungsknick (am Ende einer Geraden) in bestehenden Anlagen (Azimutkorrektur von max. 1 ‰).

4.2.3.2 Kontinuierlicher Übergang Gerade – Kreisbogen und Krümmungszuwachs

Zur Begrenzung des Ruckes auf einen tolerablen Wert sind zwei aneinander anschliessende Trassierungselemente mittels eines sogenannten Übergangsbogens kontinuierlich ineinander überzuführen, der beidseitig tangential an die Trassierungselemente anschliesst. Dessen Länge wird bestimmt durch den zulässigen Krümmungszuwachs pro Länge, die Hubgeschwindigkeit und die Verwindung.

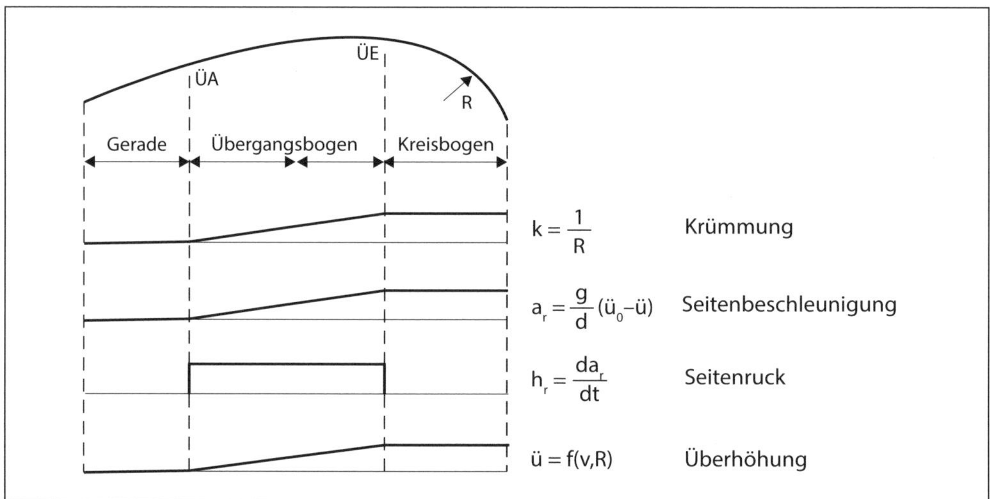

Abbildung 18 *Übergang zwischen Gerade und Kreisbogen mit Übergangsbogen; kontinuierlicher Aufbau der Seitenbeschleunigung und begrenzter konstanter Seitenruck [eigene Darstellung].*

Soll sich die Seitenbeschleunigung konstant aufbauen, so muss sich die Krümmung über den gesamten Übergangsbogen ebenfalls konstant ändern. Das geometrische Element mit dieser Eigenschaft ist die Klothoide. Aus Gründen der Absteckung wurde sie früher durch die kubische Parabel angenähert. Auch eine Klothoide bewirkt aufgrund der Krümmungsänderung einen *Seitenruck*. Dies kann als Änderung des Überhöhungsfehlbetrages in Funktion der Zeit $dü_f/dt$ ausgedrückt werden. Die Länge des Übergangsbogens wird durch die zulässige Grösse der Beschleunigungsänderung bestimmt.

$$a_{r,x} = a_r \frac{x}{L_B}$$

$$h_{r,x} = \frac{\partial a_{r,x}}{\partial t} = v\frac{\partial a_{r,x}}{\partial x} = v\frac{a_r}{L_B}$$

$$L_B = v\frac{a_r}{h_r} = v\frac{g}{d}\frac{\Delta ü}{h_r}$$

Klothoiden zwischen zwei Bögen mit unterschiedlichem Radius, aber gleicher Krümmungsrichtung schliessen mit den jeweiligen Krümmungen an die Kreisbögen an. Für die Berechnung der Mindestlänge ist nur die Differenz der Überhöhungen der angrenzenden Kreisbögen massgebend.

			$h_r = \frac{\partial a_q}{\partial t}$ [m/s³]	$\frac{\partial \Delta üf}{\partial t}$ [mm/s]
Normalspur üf = 153 * a_q	Planungsgrenzwert [VöV 2013]	$V_R \leq 160$ km/h	0,236	36
		$V_R > 160$ km/h	0,196	30
	Grenzwert im Normalfall		0,359	55
	Maximaler Grenzwert	$V_R \leq 200$ km/h	0,588	90
		$V_R > 200$ km/h	0,490	75
Meterspur üf = 107 * a_q	Planungsgrenzwert [VöV 2012b]		0,374	40
	Grenzwert im Normalfall		0,514	55
	Maximaler Grenzwert		0,673	72

Tabelle 9 *Grenzwerte des Ruckes gemäss schweizerischen Vorschriften (Änderung des Überhöhungsfehlbetrags in Funktion der Zeit düf/dt) ([BAV 2016] Art. 17, Blatt 11 N respektive 8 M).*

Da für die Trassierung der Meterspur weniger Grenzwerte festgelegt sind, ergeben sich aus ihnen für die Länge des Übergangsbogens direkt die Gebrauchsformeln.

Meterspur	Planungsgrenzwert	$V_R < 50$ km/h	$L_B = 0{,}4 * ü_{reg}$
		$V_R \geq 50$ km/h	$L_B = \frac{V_R^{\,3}}{25 * R}$
	Grenzwert im Normalfall	$V_R < 60$ km/h	$L_B = 0{,}4 * ü_{reg}$
		$V_R \geq 60$ km/h	$L_B = \frac{V_R^{\,3}}{31 * R}$

Tabelle 10 *Gebrauchsformeln für die Länge des Übergangsbogens bei Meterspur ([VöV 2012b] Abschnitt 6.3.2).*

4.2.3.3 Diskontinuierlicher Übergang Gerade – Kreisbogen

In verschiedenen, teilweise historisch bedingten Fällen fehlt bei der Trassierung ein Übergangsbogen:

Schliessen zum Beispiel zwei oder mehr Kurvenabschnitte mit unterschiedlichem Radius, aber gleicher Krümmungsrichtung ohne Übergangsbögen aneinander an, so spricht man von einem *Korbbogen*. Korbbögen können behelfsmässig die Funktion von Klothoiden erfüllen. Kurze Zwischengeraden sind bei Korbbögen zu vermeiden.

Wenn dagegen zwei *Gegenbögen* mit kleinen Radien ohne Zwischengerade aneinanderstossen, kann die Abweichung der Puffermitten grösser werden als der Durchmesser der Puffer. Es besteht die Gefahr, dass sich die Pufferteller verhaken und die Fahrzeuge entgleisen. Zum Nachweis der diesbezüglichen Sicherheit wird der ideelle Radius verwendet:

$$R_{id} = \frac{R_1 R_2}{R_1 + R_2} \leq 110$$

Bei Normalspur kann der Gegenbogen direkt an den Kreisbogen angeschlossen werden, wenn $R_{id} \geq 110$ m, sonst muss eine kurze Zwischengerade eingelegt werden. Bei Meterspur muss $R_{id} > 65$ m sein.

Gleisverziehungen sind Kreisbögen mit kleinen Mittelpunktwinkeln. Sie sollen den Abstand von Parallelgleisen geringfügig verändern, zum Beispiel auf der freien Strecke zwecks Anordnung eines Mittelperrons. In der Geraden sind Gleisverziehungen ohne Überhöhung und Übergangsbogen einzulegen. Dabei sind die Radien so gross zu wählen, dass sie beim Befahren nicht spürbar werden. Die Summe der Seitenbeschleunigungen soll dazu im Bogen und Gegenbogen den Wert von 0,3 m/s^2 nicht übersteigen.

Auf Übergangsbögen wird schliesslich bei den meisten *Weichen* und *Kreuzungsweichen* verzichtet. Ausnahmen werden später behandelt.

4.2.3.4 Überhöhungsrampe und Hubgeschwindigkeit

Zwischen zwei Trassierungselementen ist – nebst der horizontalen Krümmung – jeweils auch die Überhöhung mittel einer Rampe gegenseitig anzugleichen, wobei die *Hubgeschwindigkeit* nicht zu untragbaren Komforteinbussen und die *Verwindung* nicht zu Entgleisungen führen darf.

In der Schweiz werden dazu gerade Überhöhungsrampen eingebaut, sodass nicht nur die Seitenbeschleunigung aufgrund der Klothoide linear zunimmt, sondern auch die Überhöhung konstant ansteigt. Die äussere und die innere Schiene werden dazu je um die Hälfte des Überhöhungswertes angehoben beziehungsweise abgesenkt. Damit behält der Schwerpunkt des Fahrzeuges während der Bogenfahrt seine Höhenlage bei und wird gegenüber der theoretischen Trajektorie nur seitlich leicht verschoben. Bei späteren Unterhaltsarbeiten kann allerdings nur noch die Höhenlage der Aussenschiene verändert werden und die Rampe verliert gegebenenfalls auch ihren geraden Verlauf.

Da bei diesem Vorgehen zum Einbau grösserer Überhöhungen auch Anpassungen am Planum notwendig werden können, kann alternativ die gesamte Überhöhung bei der Aussenschiene aufgebaut werden; die Innenschiene behält die ursprüngliche Höhenlage.

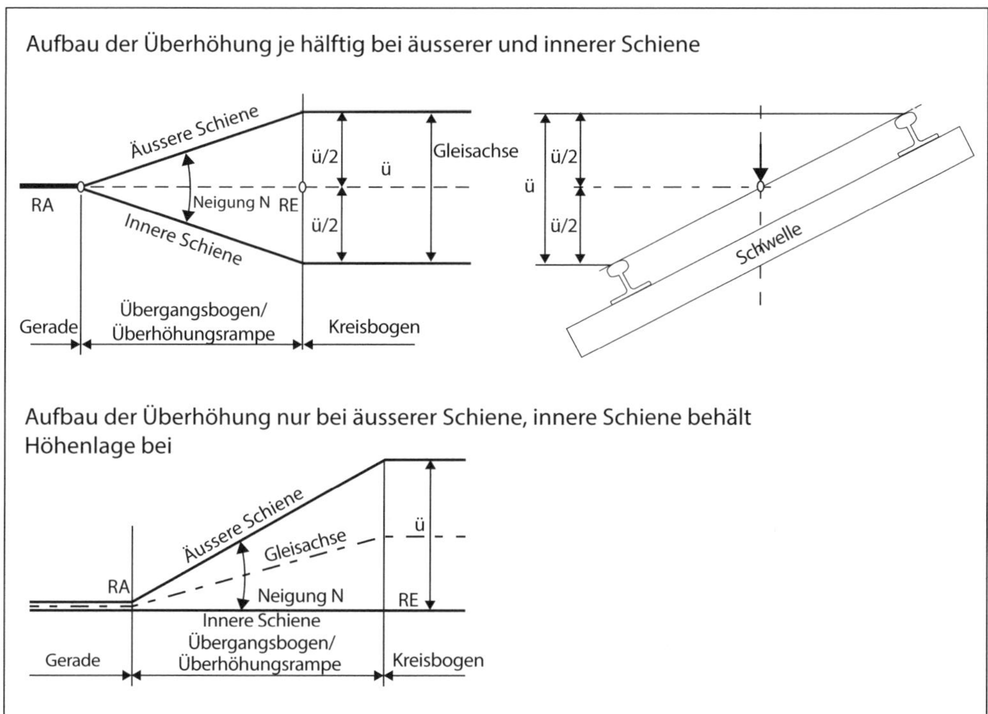

Abbildung 19 *Anordnung der Überhöhungsrampen. Oben: Übliche Lösung der Überhöhungsrampe in der Schweiz mit hälftiger Anhebung (äussere Schiene) respektive Absenkung (innere Schiene). Unten: Sonderfall mit Überhöhung ausschliesslich des Aussengleises [eigene Darstellung].*

Die *Hubgeschwindigkeit* $\ddot{u}_v$ ist die Änderung der Überhöhung in Funktion der Zeit, die durch die Fahrgäste als Komfortminderung spürbar ist. Für eine angenommene konstante Geschwindigkeit gilt:

$$\ddot{u}_x = \ddot{u}\frac{x}{L_R};$$

und: $$\ddot{u}_v = \frac{\partial \ddot{u}_x}{\partial t} = v\frac{\partial \ddot{u}_x}{\partial x} = v\frac{\ddot{u}}{L_R}$$

Die Länge der Überhöhungsrampe ist somit von der eingebauten Überhöhung, der Geschwindigkeit des Zuges und der zulässigen Hubgeschwindigkeit abhängig:

$$L_R = v \frac{ü}{ü_v}$$

Abbildung 20
Überhöhter Bogen [Foto: Steffen Schranil].

Aus Komfortgründen wird die Hubgeschwindigkeit begrenzt. Sie ist vor allem beim Einsatz von Neigezügen zu beachten, die den Übergangsbogen rascher durchfahren und bei denen der Wagenkasten zusätzlich aktiv geneigt wird.

			$ü_v = \frac{\partial ü}{\partial t}$ **[mm/s]**
Normalspur	Planungsgrenzwert [VöV 2013]	$V_R \leq 160$ km/h	44
		$165 \leq V_R \leq 200$ km/h	35
		$175 \leq V_R \leq 250$ km/h	30
	Grenzwert im Normalfall		50
	Maximaler Grenzwert		60
Meterspur	Planungsgrenzwert [VöV 2012b]	$V_R < 50$ km/h	35
		$V_R \geq 50$ km/h	32
	Grenzwert im Normalfall		40
	Maximaler Grenzwert		50

Tabelle 11 *Grenzwerte der Hubgeschwindigkeit gemäss schweizerischen Vorschriften (Änderung der Überhöhung in Funktion der Zeit [*$ü_v = \frac{\partial ü}{\partial t}$*]) ([BAV 2016], Art. 17, Blatt 11 N respektive 8 M).*

4.2.3.5 Verwindung

Während der Fahrt durch die sich sukzessive aufbauende Überhöhungsrampe befinden sich die Auflagepunkte der vier Räder eines Fahrwerkes nicht mehr in einer Ebene. Dieser Überhöhungs-*unterschied* pro Gleislängeneinheit wird als *Verwindung* bezeichnet. Durch seine Steifigkeit behält der Wagenkasten seine Form bei, woraus sich Be- respektive Entlastungen der einzelnen Räder ergeben. Um Entgleisungen zu vermeiden, muss die Verwindung begrenzt werden. Diese Grenzwerte sind ebenfalls Bestimmungsgrössen für die Länge des Übergangsbogens:

$$L_R = \frac{ü}{N}$$

wobei L_R *[m], ü [mm], N = Neigung des Gleises [‰]*

		$N = \frac{\partial ü}{\partial l}$ [‰]
Normalspur	Planungsgrenzwert [VöV 2013]	2
	Grenzwert im Normalfall	2
	Grenzwert im Normalfall (Rangiergleis)	3
	Maximaler Grenzwert	2,5
Meterspur	Planungsgrenzwert [VöV 2012b]	2,5
	Grenzwert im Normalfall	2,5
	Grenzwert im Normalfall (Rangiergleis)	3,0
	Maximaler Grenzwert	3,0

Tabelle 12 *Grenzwerte der Verwindung gemäss schweizerischen Vorschriften ([BAV 2016], Art. 17, Blatt 10 N respektive 7 M).*

4.2.3.6 Anordnung von Übergangsbogen und Überhöhungsrampe

Im Regelfall werden die Längen von Übergangsbogen und Überhöhungsrampe gleichgesetzt. Mittels der Bedingungen für Ruck, Hubgeschwindigkeit und Verwindung ist die massgebende Minimallänge der Übergangsbögen zu bestimmen. Im unteren Geschwindigkeitsbereich ist meist die Verwindung massgebend. Im mittleren Geschwindigkeitsbereich sind die Bedingungen für die Begrenzung des Ruckes und der Hubgeschwindigkeit kongruent, solange die Überhöhung geschwindigkeitsabhängig eingebaut wird. Im oberen Bereich, wo die Überhöhung nicht mehr geschwindigkeitsabhängig ist, hat die Hubgeschwindigkeit keinen Einfluss und die Begrenzung des Ruckes in Funktion des Überhöhungsfehlbetrages ist massgebend.

Wenn die Überhöhungsrampe massgebend wird und der Übergangsbogen nicht entsprechend verlängert werden kann, muss die Überhöhungsrampe am Anfangspunkt des Übergangsbogens beginnen und in den Kreisbogen hineingezogen werden. Am Ende des Übergangsbogens muss mindestens folgende Überhöhung erreicht sein:

Normalspur

$$\ddot{u}(\ddot{U}E) \geq \frac{11{,}8 v_R^2}{R} - 130$$

Meterspur

$$\ddot{u}(\ddot{U}E) \geq \frac{8{,}26 v_R^2}{R} - 86$$

wobei: R [m], v_R [km/h] und ü [mm]

4.2.3.7 Abfolge von Trassierungselementen

Jeder Wechsel von Trassierungselementen führt zu Unstetigkeitsstellen. Sie bewirken Schwingungen des Fahrzeuges mit einer Abklingzeit von etwa 1,5–2 s. Die Trassierung muss die Überlagerung der Fahrzeugschwingungen aus mehreren Unstetigkeitsstellen vermeiden. Dazu soll sich ein Fahrzeug genügend lange in einem bestimmten Trassierungselement aufhalten, bevor es auf das nächste wechselt. Daraus und aus der Geschwindigkeit der Züge ergibt sich eine einzuhaltende Mindestlänge der Geraden und Bögen.

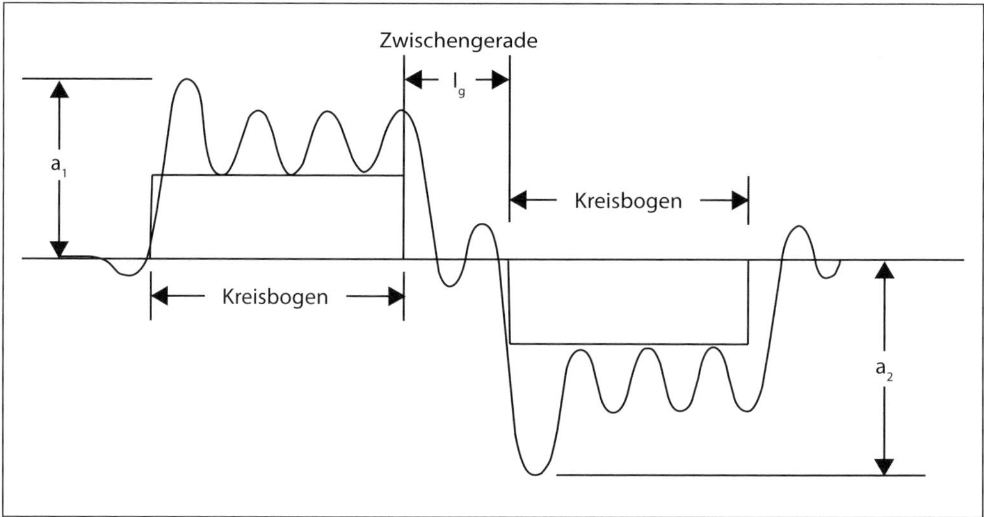

Abbildung 21 *Aneinanderstossende Übergangsbögen; Beschleunigungen im Wagenkasten bei Fahrt durch S-förmigen Bogen und Aufschaukelung der Wankbewegungen beim Richtungswechsel [Freystein 2005].*

			t [s]
Normalspur	Planungsgrenzwert [VöV 2013]	$V_R \leq 100$ km/h	1
		$V_R > 100$ km/h	1,5
	Grenzwert im Normalfall	$V_R \leq 65$ km/h	0,7
		$V_R > 65$ km/h	1
	Minimaler Grenzwert	$V_R \leq 65$ km/h	0,7
		$V_R > 65$ km/h	0,7

		t [s]
Meterspur	Planungsgrenzwert [VöV 2012b]	1
	Grenzwert im Normalfall	1
	Minimaler Grenzwert	0,7

Tabelle 13 *Grenzwerte der Mindestaufenthaltszeit in einem Zwischenelement gemäss schweizerischen Vorschriften ([BAV 2016], Art. 17, Blatt 13 N respektive 3 M).*

4.2.3.8 Weiterentwickelte Geometrien

Bei der Klothoide verbleibt die Krümmungsänderung als Unstetigkeit, indem diese bei ihrem Anfangspunkt bereits ihren vollen Wert annimmt. Zudem folgt der Fahrzeugschwerpunkt nicht genau der geometrischen Soll-Linie. Dies äussert sich in Komforteinbussen und erhöhtem Unterhaltsaufwand am Beginn des Übergangsbogens. Es wurden daher weiterentwickelte Trassierungsformen entworfen, um diese Mängel zu beheben, zum Beispiel der Wiener Übergangsbogen mit Überhöhungsrampe vom Typ HHMP7. Dessen Krümmung verläuft S-förmig geschwungen mit einem ausschwingenden Anteil an den Enden. Diese kompensieren die Wank- und Rollbewegung des Fahrzeugs bei der Ein- und Ausfahrt in die Kurve. Die Überhöhungsrampe HHMP7 führt zu einer stetigen Änderung der Überhöhung, was bei der linearen Rampe ebenfalls nicht gegeben ist. Gegenüber der herkömmlichen Trassierung sind die Beschleunigungswerte tiefer, entsprechend sind die Gleiskräfte niedriger und der Unterhaltsaufwand geringer.

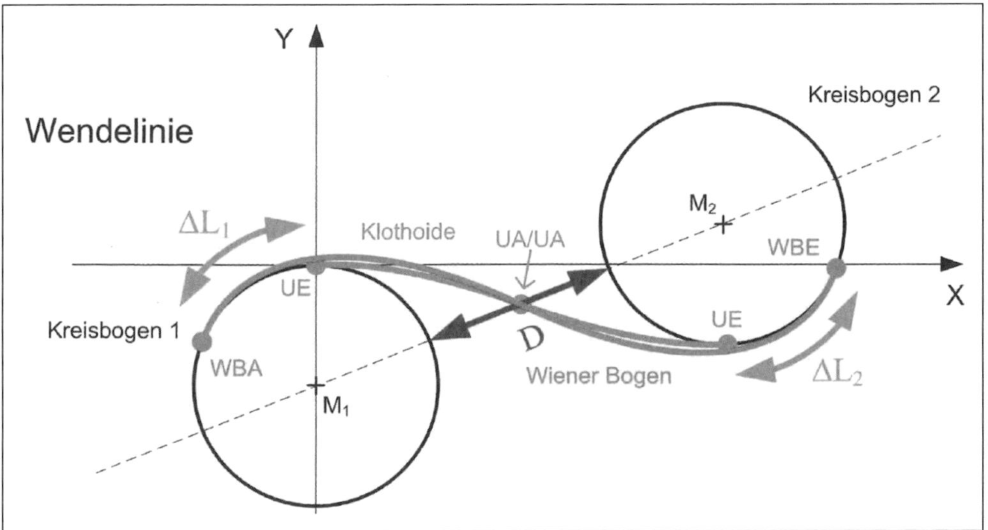

Abbildung 22 *Übergangsbogen als Wendelinie, Vergleich von Klothoide und Wiener Bogen [Presle 2007].*

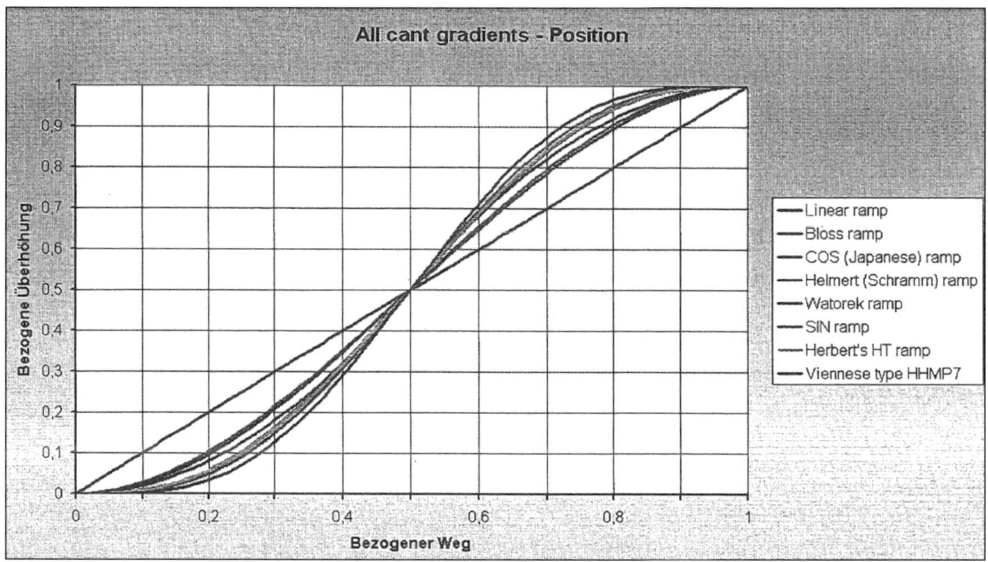

Abbildung 23 *Höhenverlauf bei unterschiedlichen Formen der Überhöhungsrampen [Hasslinger 2004].*

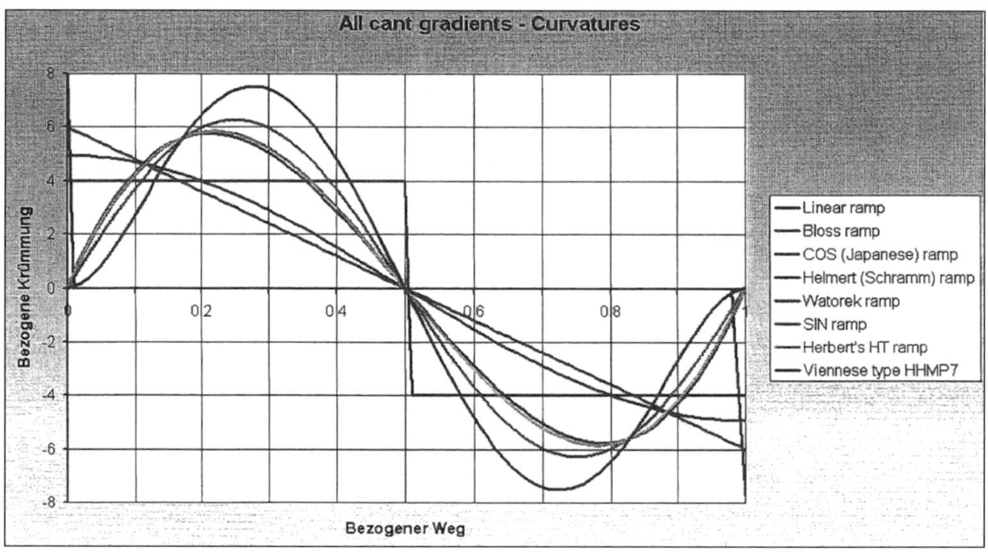

Abbildung 24 *Krümmungsverlauf bei unterschiedlichen Formen der Überhöhungsrampen [Hasslinger 2004].*

4.2.4 Zulässige Geschwindigkeiten im Bogen

4.2.4.1 Limitierende Faktoren für die Geschwindigkeit im Bogen

Je nach Radius und Fahrzeugtyp werden unterschiedliche Bedingungen für die maximal zulässige Bogengeschwindigkeit massgebend. Zu beachten sind insbesondere das Kippen des Fahrzeuges, das Aufsteigen des Spurkranzes, die Gefahr der Gleisverrückung und die Komfortbedingung.

4.2.4.2 Kippen des Fahrzeuges

Für ein Fahrzeug mit Schwerpunkt auf beispielsweise 1,2 m über Schienenoberkante ergibt die Momentenbedingung bezüglich der äusseren Schiene eine zulässige nicht kompensierte Seitenbeschleunigung von 0,625 g. Dies entspricht einem Überhöhungsfehlbetrag von 938 mm. Das Kippen wird daher bei der Normalspur nie massgebend. Bei der Schmalspur kann es dagegen relevant werden.

4.2.4.3 Aufsteigen des Spurkranzes

Die Sicherheitsbedingung gegen Entgleisen verlangt, dass das Verhältnis von Horizontalkraft des Radsatzes zu dessen Radlast den Wert von 1,2 nicht überschreiten darf. Durch eine überschlägige Gleichsetzung von Y mit S sowie Q mit der halben Radsatzlast P erhält man die Bedingung für den zulässigen Überhöhungsfehlbetrag:

$$\Delta \ddot{u}_f \leq 818 - 1{,}36v$$

wobei $\Delta \ddot{u}_f$ [mm], v [km/h]

Das Entgleisen wird bei korrektem Oberbau somit in der Regel nicht massgebend.

4.2.4.4 Gleisverrückung

Die Bedingung der Gleislagestabilität für ein Betonschwellengleis lautet nach Prud'Homme (Herleitung an anderer Stelle):

$$S_{eff,\max,zul} \leq L = 10 + \frac{P}{3}$$

wobei S [kN] Horizontalkraft zwischen Radsatz und Schienen
L [kN] Seitenwiderstand des Gleisrostes
P [kN] Achslast

Die Horizontalkraft, die ein Fahrzeug im Bogen auf die Schienen überträgt, hängt von dessen lauftechnischen Eigenschaften ab. Sie streut je nach Radius und Fahrwerkkonstruktion sehr stark. Eine überschlagsmässige empirische Formel nach Alias lautet:

$$S = 1{,}1 \frac{P \Delta \ddot{u}_f}{1500} + \frac{Pv}{1000}$$

wobei $\Delta \ddot{u}_f$ [mm], v [km/h]

Daraus ergibt sich die Gebrauchsformel zur Bestimmung des geschwindigkeitsabhängigen zulässigen Überhöhungsfehlbetrages:

$$\Delta \ddot{u}_f \leq 455 + \frac{13640}{P} - 1{,}36v$$

Die Gleislagestabilität kann im Schottergleis massgebend werden.

4.2.4.5 Komfort

Wie gezeigt wurde, wird die zulässige nicht kompensierte Seitenbeschleunigung auf Fahrgastebene vor allem durch den Komfort limitiert. Er ist bei konventionellen Fahrzeugen im unteren Geschwindigkeitsbereich massgebend. Bei Neigezügen wird er nicht kritisch.

4.2.4.6 Limitierende Faktoren

Bei konventionellem Rollmaterial ist demnach die Komfortbedingung im tiefen und mittleren Geschwindigkeitsbereich limitierend. Erst im Hochgeschwindigkeitsverkehr wird die Maximalgeschwindigkeit durch die Gleisverrückung begrenzt. Die Wagenkastenneigung ist nur bei Radien von unter etwa 2500 m wirkungsvoll, darüber wird ebenfalls die Gleisverrückung kritisch. Komfortbedingung respektive Gleisverrückung sind bei Normalspurbahnen stets restriktiver als das Überkippen des Fahrzeuges und das Aufsteigen des Spurkranzes.

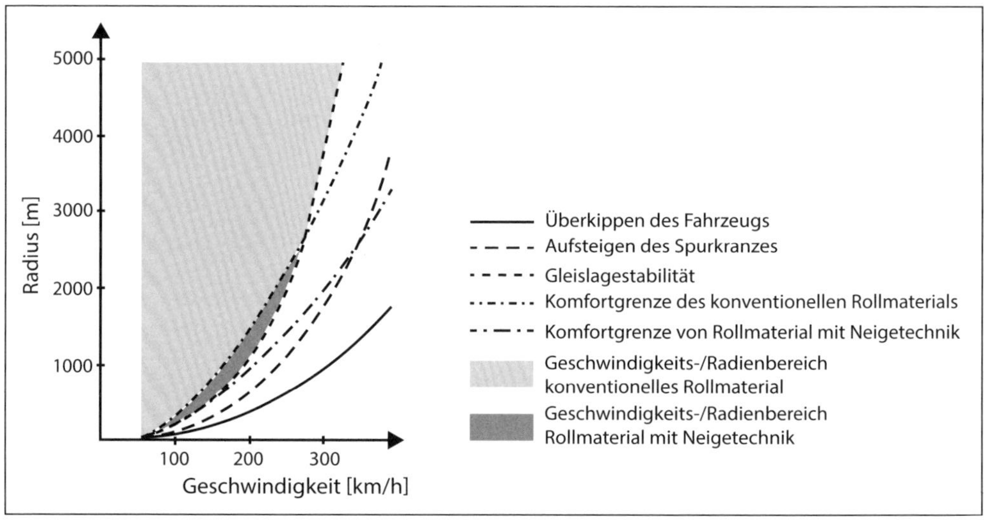

Abbildung 25 *Begrenzung der Geschwindigkeit im Kreisbogen durch die verschiedenen Bestimmungsgrössen; Grenzwertlinien der Sicherheits- und Komfortbedingungen sowie Bereich des Geschwindigkeitsgewinns durch aktive Wagenkastenneigung [eigene Darstellung].*

4.3 Vertikale Linienführung

4.3.1 Eisenbahnen

4.3.1.1 Bestimmungsgrössen der Längsneigung

Die vertikale Linienführung wirkt gegenüber dem Zug als zusätzliche Brems-(Steigung) oder Antriebskraft (Gefälle). Sie ist damit sowohl traktionstechnisch als auch – bei Neigungswechseln – fahrdynamisch relevant. Der Reibungsbeiwert Stahlrad – Stahlschiene liegt nur bei 0,1–0,3, was die übertragbaren Längskräfte sowohl für das Antreiben wie für das Bremsen limitiert. Die zulässige Höchstneigung hängt daher von verschiedenen Faktoren ab, die mehrheitlich durch die Zugförderung bestimmt werden:

- *Zugkraft:* Verfügbare Zugkraft der Triebfahrzeuge zur Überwindung des Steigungswiderstandes in Abhängigkeit der Zuglasten, verfügbare Reibungskraft zwischen Rad und Schiene.
- *Bremskraft:* Beschränkung der Geschwindigkeit bei grossen Neigungen infolge der Bremskraft des Zuges und der Reibungskraft zwischen Rad und Schiene.
- *Normen:* Vorgaben der Gesetze und Normen, insbesondere technische Spezifikationen für die Interoperabilität und Streckentypen.
- *Topografie:* Kosten für direkte oder gewundene Linienführung sowie Kunstbauten.

Massgebend für die vertikale Trassierung einer bestimmten Strecke ist die traktionstechnisch ungünstigste Zugkategorie.

4.3.1.2 Richtwerte

Die zu wählende Längsneigung wird durch das konkrete Betriebsprogramm bestimmt, womit ein beträchtlicher Optimierungsspielraum zwischen Trassierung, Traktionstechnik, Fahrzeiten und Zuggewichten besteht. In den Sicherheitsvorschriften sind insbesondere die Höchstgeschwindigkeit in Talrichtung festgelegt. Sind grosse Lasten zu transportieren, so sind die Neigungen jedenfalls sehr gering zu halten. Hingegen werden Hochgeschwindigkeitsstrecken mit Neigungen von bis zu 40 ‰ von speziellen Triebzügen mit bis zu 300 km/h befahren.

Die folgenden Richtwerte sind Empfehlungen, die zu einer gewissen Grosszügigkeit der Infrastruktur und deren flexiblen Nutzbarkeit beitragen sollen. Wenn aber deren Einhaltung zu einer aufwendigen, teuren Trassierung zwingen würde, sind stärkere Neigungen zu prüfen, gegebenenfalls mit Einsatz von speziellem Rollmaterial. Die Maximalneigungen bei Schweizer Bahnstrecken liegen aus historischen Gründen wesentlich höher als die anzustrebenden Werte.

Typen von Bahnstrecken	Maximalneigung
Neubaustrecken mit gemischtem Verkehr	10–13 ‰
Schnellfahrstrecken mit einheitlichen Triebzügen	35 ‰
S-Bahnen	40 ‰
Regionalbahnen	40 ‰
Stadt- und Strassenbahnen	70 ‰

Tabelle 14 *Unverbindliche Richtwerte für die Maximalneigung unterschiedlicher Bahnstrecken [eigene Darstellung].*

Bei Neutrassierungen oder Streckenausbauten kann die Neigung grundsätzlich so gross gewählt werden wie auf den anschliessenden Abschnitten. Mit Ausnahme der Richtwerte für Neubaustrecken mit gemischtem Verkehr sind die Vorgaben zur vertikalen Linienführung mithin vorab von der jeweiligen Situation abhängig. Bei Neigungen von über 70–80 ‰ ist allerdings kein leistungsfähiger und gleichzeitig wirtschaftlicher Betrieb mehr möglich. Sind extreme Neigungen zu überwinden, so sind Zahnrad- und Standseilbahnen vorteilhafter. Abstellgleise sind aus Sicherheitsgründen grundsätzlich horizontal auszugestalten. Bei Haltestellengleisen ist dagegen eine leichte Neigung unproblematisch.

Charakteristik	Bahngesellschaft	Streckenabschnitt	Neigung
Steilste Adhäsionsbahn	Kraftwerke Oberhasli	Stollenbahn Guttannen – Handeck	88 ‰
Steilste Normalspurbahn mit Triebwagen	Sihltal-Zürich-Uetliberg-Bahn	Uitikon Waldegg – Üetliberg	79 ‰
Steilste Meterspurbahn mit Triebwagen	Appenzeller Bahnen	St. Gallen – Riethüsli (Ruckhalde)	80 ‰
Steilste Meterspurbahn mit Lokomotiven	Montreux-Oberland-Bahn	Les Avants – Jor	73 ‰
Steilste Normalspurbahn mit Lokomotiven	Schweizerische Südostbahn	Pfäffikon SZ – Arth-Goldau Wädenswil – Biberbrugg	52 ‰
Steilste SBB-Strecke	Schweizerische Bundesbahnen	Zürich HB – Zürich Stadelhofen	40 ‰

Tabelle 15 *Einige Maximalneigungen bei schweizerischen Bahnstrecken [eigene Darstellung].*

4.3.1.3 Ausgestaltung der Neigungswechsel

Wechsel der Längsneigung werden mithilfe eines vertikalen Kreisbogens (Ausrundung) ohne Übergangsbogen ausgeführt. Die Wahl des Radius wird durch folgende Anforderungen bestimmt:

- Die Länge der vertikalen Ausrundung soll mindestens 20 m betragen.
- Bei kleinen Gefällsunterbrüchen mit $\Delta i \leq 2$ ‰ kann ein fiktiver Ausrundungsradius mit einer Bogenlänge von 0,5–1,0 m (sogenannter Knick) eingerechnet werden.

Die Länge L_v des Kreisbogens und den Scheitelabstand y errechnen sich mittels folgender Beziehungen:

$$\frac{L}{2} = \frac{i_1 \pm i_2}{2000} R_v$$

$$y = \frac{1000 \cdot L^2}{8 \cdot R_v}$$

wobei L [m], R_V [m], y [mm], i [‰]

$i_1 + i_2$ bei entgegengesetzten Neigungen; $i_1 - i_2$ bei Neigungen im gleichen Sinn

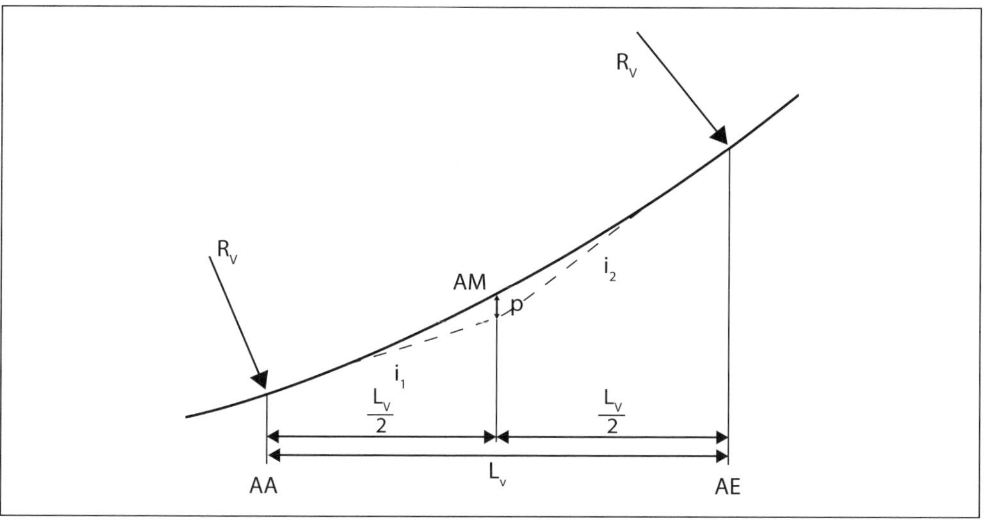

Abbildung 26 *Vertikale Ausrundung; AA = Ausrundungsanfang; AM = Brechpunkt [VöV 2013].*

In Kuppen werden die Radsätze infolge der vertikalen Zentrifugalkraft entlastet, in Wannen zusätzlich belastet. Damit die Entgleisungssicherheit gewährleistet bleibt, werden Kuppen deshalb normalerweise grosszügiger ausgerundet als Wannen. Neigungswechsel in Überhöhungsrampen und Weichenanlagen sind zu vermeiden. Lassen sie sich nicht umgehen, so sind möglichst grosse Ausrundungsradien zu wählen.

Anwendungsfall			Vertikalradius
Normalspur	Planungsgrenzwert [VöV 2013] und Grenzwert im Normalfall	Kuppe	$R_v = 0{,}35\ V_R^2$ und $R_v \geq 3000\ m$
		Wanne	$R_v = 0{,}35\ V_R^2$ und $R_v \geq 2000\ m$
	Minimaler Grenzwert	Kuppe	$R_v = 0{,}25\ V_R^2$ und $R_v \geq 3000\ m$
		Wanne	$R_v = 0{,}175\ V_R^2$ und $R_v \geq 2000\ m$
Meterspur	Planungsgrenzwert [VöV 2012b] und Grenzwert im Normalfall	Kuppe	$R_v = 0{,}25\ V_R^2$ und $R_v \geq 1500\ m$
		Wanne	$R_v = 0{,}17\ V_R^2$ und $R_v \geq 1000\ m$
	Minimaler Grenzwert	Kuppe und Wanne	500 m

Tabelle 16 *Gebrauchsformeln für die Ausrundungsradien gemäss schweizerischen Vorschriften, für Weichen und Rangiergleise gelten besondere Bestimmungen ([BAV 2016], Art. 17, Blatt 19 N respektive 14 M).*

4.3.1.4 Zulässige Geschwindigkeiten im Gefälle

Die Geschwindigkeiten bei Talfahrt werden durch die Vorsignalabstände und die Leistungsfähigkeit der Bremsen (sogenanntes Bremsverhältnis) bestimmt. Da dies sicherheitskritisch ist, sind die zulässigen Werte in der Gesetzgebung vorgeschrieben.

2.1 **BREMSTABELLE I**

A N

Gültig für:

- Vorsignalentfernungen von **350 bis 870 m**
- Massgebende Neigung bis **30 ‰**
- Bremsverhältnisse, ermittelt aufgrund von Bremsgewichten nach UIC 544

Auf den von der Betriebsleitung bezeichneten Strecken mit verlängerten Vorsignalabständen sind mit einem bestimmten Bremsverhältnis grössere Höchstgeschwindigkeiten zulässig.

Gefälle ‰	Bremsverhältnisse für Fahrgeschwindigkeiten von km/h																				
	25	30	35	40	45	50	55	60	65	70	75	80	85	90	95	100	105	110	115	120	125
0	6	7	8	11	14	18	23	27	32	37	42	47	53	59	65	71	78	85	93	102	112
1	6	7	9	11	14	18	23	27	32	37	42	47	53	59	65	71	78	85	93	102	112
2	6	7	9	12	15	19	23	28	33	38	43	48	54	60	66	72	78	86	94	103	113
3	7	8	9	13	16	20	24	28	33	38	43	49	54	60	66	72	79	87	95	104	114
4	7	9	10	13	16	20	25	29	34	39	44	50	55	61	67	73	80	88	96	105	115
5	7	9	10	14	17	21	26	30	35	40	45	51	56	62	68	74	81	89	97	106	116
6	8	10	12	15	18	22	27	31	36	41	46	52	57	63	69	75	82	90	98	107	117
7	8	10	12	15	19	23	28	32	37	42	47	53	58	64	70	76	83	91	99	108	118
8	9	11	13	16	20	24	29	33	38	43	48	54	60	65	71	78	85	92	101	110	120
9	9	11	14	17	21	25	30	34	39	45	50	55	61	67	73	79	86	93	103	112	122
10	10	12	15	18	22	26	31	36	41	46	51	57	63	68	74	80	88	95	105	114	125
11	11	13	16	19	23	27	32	37	42	47	53	58	64	70	76	82	90	97	106	117	
12	12	14	17	20	24	29	34	38	44	49	54	60	66	72	78	84	92	100	109	120	
13	13	15	18	21	25	30	35	40	45	51	56	62	68	74	80	86	94	102	111	123	
14	14	16	19	22	26	31	36	41	47	52	58	64	70	76	82	89	96	104	114		
15	15	17	20	23	28	32	37	43	48	54	60	65	72	78	84	91	99	107	117		
16	16	18	21	25	29	34	39	44	50	55	61	67	74	80	87	94	101	110	120		
17	17	19	22	26	30	35	40	46	51	57	63	69	76	82	89	96	104	113			
18	18	20	23	27	32	37	42	47	53	59	65	71	78	85	91	99	107	116			
19	19	21	24	29	33	38	44	49	55	61	67	73	80	87	94	101	109	119			
20	20	23	26	30	35	40	45	51	57	63	69	76	83	90	97	104	113				
21	21	24	27	32	36	41	47	53	59	65	71	78	85	92	100	107	116				
22	23	25	29	33	38	43	49	55	61	67	73	80	87	95	102	110	119				
23	24	27	31	34	40	45	50	56	63	69	76	83	90	98	105	113					
24	25	28	32	36	41	46	52	58	65	71	78	85	93	100	108	116					
25	27	30	34	38	43	48	54	60	67	73	80	88	95	103	111	120					
26	28	31	35	39	45	50	56	62	69	76	83	90	98	106	114						
27	30	33	37	41	46	52	58	64	71	78	85	93	101	109	117						
28	31	34	38	43	48	54	59	66	73	80	87	95	103	112	121						
29	33	35	40	44	50	55	61	68	75	82	90	98	106	115							
30	34	37	41	46	51	57	63	70	77	85	92	101	109	118							

Abbildung 27 *Zulässige Höchstgeschwindigkeiten in Funktion der Längsneigung und der Bremsverhältnisse gemäss schweizerischen Vorschriften; Beispiel [BAV 2016], Art. 77.*

4.3.1.5 Darstellung des vertikalen Verlaufs

Die maximalen Neigungen zwischen jeweils zwei Betriebspunkten lassen sich den sogenannten Streckenprofilen entnehmen. Dabei wird in aufsteigender Kilometrierung sowohl die Maximalsteigung (rechts) als auch das Maximalgefälle (links) eingetragen.

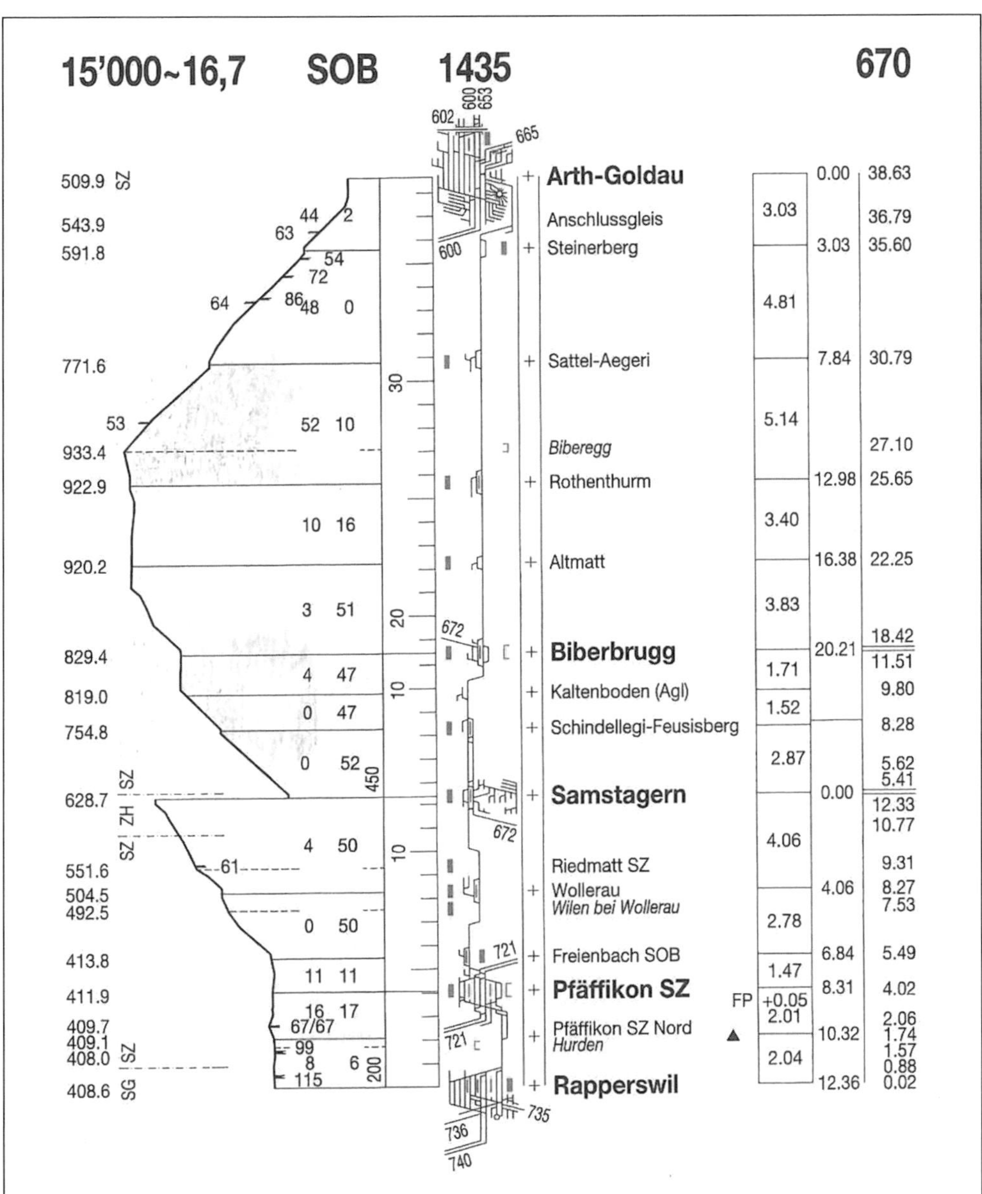

Abbildung 28 *Darstellungsbeispiel des vertikalen Verlaufs einer Bahnstrecke; Beispiel Streckenprofil der Schweizerischen Südostbahn von Arth-Goldau bis Rapperswil [Wägli 2010].*

4.3.2 Strassenbahnen

Strassenbahntriebwagen sind auf hohe spezifische Anfahr- und Bremskräfte ausgelegt, um kurze Fahrzeiten zu erreichen. Sie eignen sich daher auch für stärkere Neigungen. Die vertikale

Linienführung des Trams unterliegt zwar im Vergleich zur Strassenprojektierung gewissen Einschränkungen, ist aber dennoch recht flexibel.

In der Schweiz werden Strassenbahnstrecken traditionell mit Längsneigungen bis 77 ‰ betrieben (VBZ, Laubegg – Albisgütli). Die weltweit steilste Strassenbahn ist die Pöstlingbergbahn in Linz/Österreich mit 116 ‰. 1989 wurde in Würzburg die 91 ‰ steile Neubaustrecke nach Heuchelhof neu in Betrieb genommen, 2018 die mit Tramfahrzeugen betriebene Neubaustrecke St. Gallen – Riethüsli der Appenzeller Bahnen mit 80 ‰. Dies setzt speziell ausgestattetes Rollmaterial voraus.

Anwendungsbereich	Richtwerte (Empfehlung)	Richtwerte (Minimum/Maximum)	Grenzwert
Gefälle und Steigungen			
Auf der Strecke	≤ 30 ‰	≤ 70 ‰	80 ‰
Bei Platzgestaltungen		≤ 20 ‰	
Bei Haltestellen	≤ 10 ‰	≤ 70 ‰	
Bei Wendeschleifen		≤ 20 ‰	
Vertikale Ausrundungsradien			
Auf der Strecke	4000 m	500 m	300 m
Weichen auf Kuppen		5000 m	
Weichen in Wannen		1000 m	

Tabelle 17 *Richt- und Grenzwerte der Gefälle und Steigungen sowie der vertikalen Ausrundungsradien; Beispiel Verkehrsbetriebe Zürich [VBZ 2014].*

Situation	Neigung	Höchstgeschwindigkeit
Steigungen		
Eigenes Trassee	> 0 ‰	60 km/h
Strassenraum	> 0 ‰	48 km/h
Gefälle, eigenes Trassee	< 30 ‰	60 km/h
	< 50 ‰	42 km/h
	< 70 ‰	30 km/h
	< 80 ‰	24 km/h
Gefälle, im Strassenraum	< 10 ‰	48 km/h
	< 30 ‰	42 km/h
	< 50 ‰	36 km/h
	< 70 ‰	30 km/h
	< 80 ‰	24 km/h

Tabelle 18 *Geschwindigkeit von Strassenbahnen in Abhängigkeit von der Längsneigung; Beispiel Verkehrsbetriebe Zürich [VBZ 2014].*

4.3.3 Zahnradbahnen

Die maximale Neigung von Zahnradbahnen und die Auslegung ihrer Fahrzeuge sind eng miteinander verknüpft. Massgebend sind Zuggewicht, Art des Rollmaterials und erforderliche Kapazität. Grundsätzlich können gezogene Züge mit Lokomotive auch auf der Bergseite bis zu einer Neigung von 125 ‰ verkehren, weil die Wagen bei einer Zugtrennung sicher gebremst werden können. Darüber muss das Triebfahrzeug auf der Talseite eingereiht werden und den Zug bergwärts schieben.

Die häufigste Art des Eingriffs der Zahnräder in die Zahnstangen ist die Vertikalverzahnung in unterschiedlichen Bauformen, bei der die Zahnstange aufrechtstehend zwischen den Schienen eingebaut wird und die Zahnräder im Fahrzeug ebenfalls vertikal angeordnet sind. Über etwa 300 ‰ Neigung ist bei diesen Systemen ein Aufsteigen des Zahnrades auf die Zähne der Zahnstange und damit eine Entgleisung zu befürchten. Bei solchen Steigungen kommt die später erläuterte Horizontalverzahnung infrage. Aufgrund der geringeren Geschwindigkeit sind bei Zahnradbahnen kleinere vertikale Ausrundungsradien zulässig.

	Zahnradbahn
Auf Kuppen $R_{v,min}$	400 m
In Wannen $R_{v,min}$	300 m

Tabelle 19 *Minimalwerte der Ausrundungsradien für Zahnradbahnen gemäss schweizerischen Vorschriften ([BAV 2016] Art. 17, Blatt 14 M).*

4.3.4 Standseilbahnen

Da die Antriebs- und Bremskräfte von Standseilbahnen über ein Seil übertragen werden, sind hier grundsätzlich beliebige Steigungen möglich. Bei horizontalen Standseilbahnen spricht man von People Movern, die vorab in Städten und auf Flughäfen angewandt werden. Die steilsten Standseilbahnen der Schweiz sind demgegenüber die Stoosbahn (Kanton Schwyz) mit 1100 ‰, die Gelmerbahn (Oberhasli) mit 1060 ‰ sowie die Ritombahn (Leventina) mit 878 ‰.

Bis in die jüngere Zeit musste darauf geachtet werden, dass die Steigung möglichst gleichmässig verläuft, damit die Fahrgastkabinen durch eine treppenartige Anordnung im Fahrzeug stets näherungsweise horizontal ausgerichtet bleiben. In jüngerer Zeit wurden Fahrgastkabinen entwickelt, die sich im Fahrtverlauf flexibel dem jeweiligen Neigungsverlauf anpassen. Dies erweitert die Einsatzmöglichkeiten von Standseilbahnen erheblich.

Abbildung 29 *Konventionelle Standseilbahn, stufenförmig angeordnete Fahrgastabteile mit fester Neigung, Beispiel Polybahn [Foto: Steffen Schranil].*

Abbildung 30 *Standseilbahn mit Fahrgastabteilen von variabler Neigung, die sich dem Streckenverlauf anpasst; Beispiel Stoos-Bahn [Foto: Marc Sinner].*

Die Antriebskraft dient der Überwindung des Fahr- und Beschleunigungswiderstandes, zum Ausgleich von Lastdifferenzen zwischen den Wagen sowie zu jenem der unterschiedlichen Seilgewichte je nach Position der Fahrzeuge. Idealerweise wird das Längenprofil darauf ausgerichtet, dass die aufzubringende Antriebskraft während der gesamten Fahrt möglichst konstant bleibt. Die Neigung einer solchen idealen Fahrbahn nimmt von unten nach oben zu, ist also leicht konkav. Damit halten sich zwei gleich schwere Fahrzeuge in jeder Stellung im Gleichgewicht, denn im unteren Bereich ist zwar der Hangabtrieb kleiner, dafür das Seilgewicht des betreffenden Wagens grösser als beim oberen Fahrzeug. Wird das Trassee konkaver als die Zugseilkurve unter Maximalzug, sind Tiefhaltevorrichtungen erforderlich, damit das Zugseil nie von den Seiltragrollen abhebt.

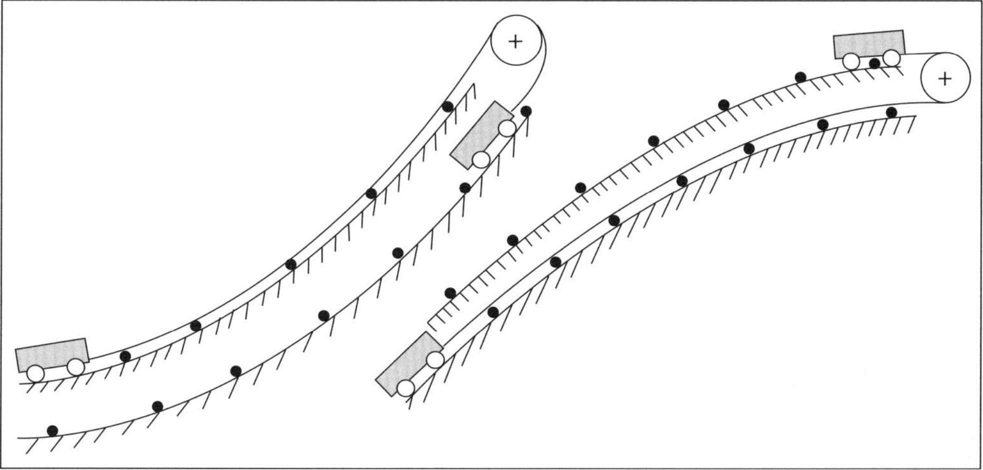

Abbildung 31 *Links: Ideales, konkaves Längenprofil einer Standseilbahn; rechts: Ungünstiges konvexes Längenprofil einer Standseilbahn [eigene Darstellung].*

Aus topografischen Gründen ist ein konkaves Längenprofil oft nicht umsetzbar und eine konvexe Linienführung unvermeidlich. Im steilen Bereich wirken dabei ungünstigerweise ein starker Hangabtrieb und ein grosses Seilgewicht. Die Gewichts- und Hangabtriebsverhältnisse zwischen den beiden Wagen sind sehr unausgeglichen, was eine stärkere Motorenleistung erfordert. Konvexe Gefällewechsel sind mit grossen Radien von 1000–2000 m auszurunden, um den Druck zwischen Drahtseil und Seiltragrollen innerhalb zulässiger Grenzen zu halten.

4.4 Weichen und Gleisdurchschneidungen

4.4.1 Überblick

Wie im Kapitel 3.1.5.2 gezeigt, sind Weichen und Gleisdurchschneidungen die physischen Ausführungen zweier topologischer Grundfunktionen. Diese beiden Grundelemente finden sich in diversen, auch kombinierten Bauformen.

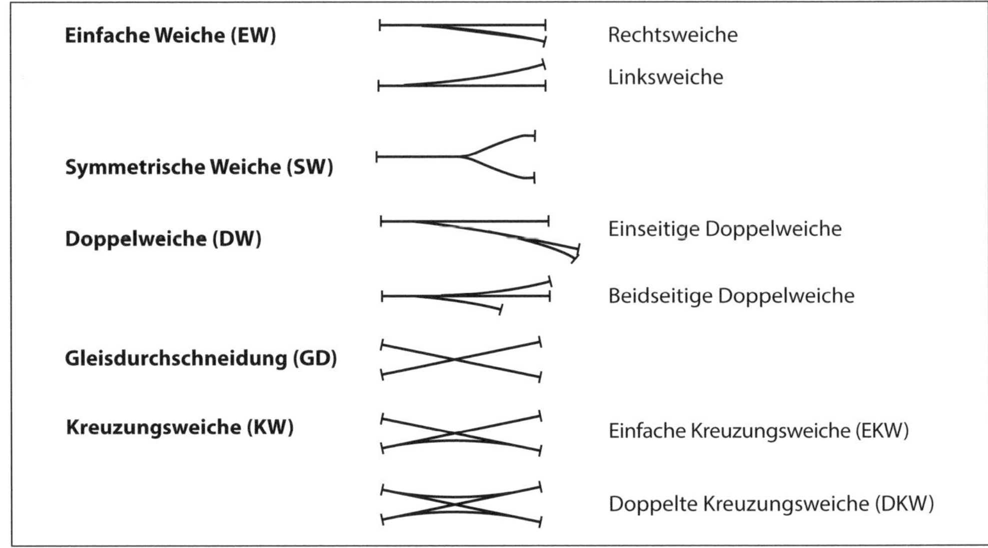

Abbildung 32 *Weichengrundformen und ihre Bezeichnungen [Matthews 2007].*

4.4.2 Einfache Weichen

4.4.2.1 Grundformen

Weichen mit einem geraden und einem gekrümmten Ast werden als *einfache Weichen* bezeichnet. Sind die Zweigradien normiert, so spricht man von einer *Grundform*. Weichen in Grundform sind in Absteckungsskizzen tabelliert und können ohne konstruktiven Zusatzaufwand geliefert werden. Es werden zwei Unterkategorien unterschieden:

- Weichen mit *gebogenem Herzstück* (durchgehender Bogen bis zum Weichenende).
- Weichen mit *geradem Herzstück* (der Bogen endet vor dem Herzstück).

Ob ein Herzstück gebogen oder gerade ist, hängt von der Kombination aus Ablenkradius und Weichenneigung ab. Je grösser der Abzweigradius und je grösser der Abzweigwinkel, desto eher muss, geometrisch bedingt, eine Weiche mit gebogenem Herzstück gewählt werden.

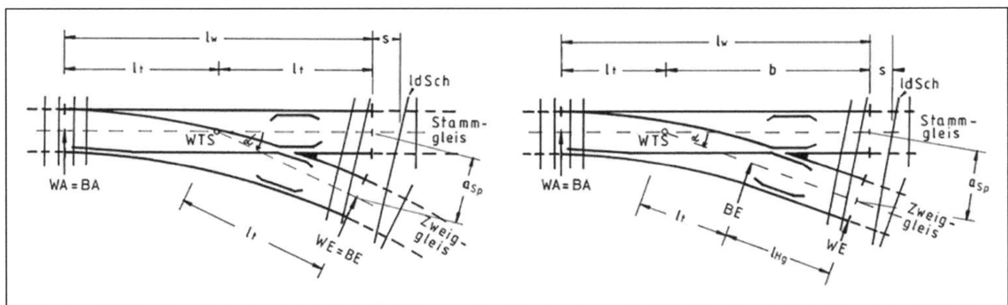

Abbildung 33 *Weichen mit gebogenem Herzstück (links) und geradem Herzstück (rechts) [Matthews 2007].*

Um unterschiedlich hohe Fahrgeschwindigkeiten auf dem abzweigenden Ast zu ermöglichen, umfasst das Weichenprogramm abgestufte Zweiggleisradien, abgestimmt auf die Geschwindigkeitssignalisierung. Je schneller der abzweigende Ast befahren werden soll, desto länger wird eine Weiche als Ganzes. Da mit den herkömmlichen Signalsystemen nur wenige Geschwindigkeiten signalisiert werden können, baut das Weichenprogramm in der Schweiz auf Ablenkgeschwindigkeiten von 40 km/h, 60 km/h und 90 km/h auf. Zusätzlich sind Grundformen für 50 km/h, 110 km/h, 120 km/h, 160 km/h und 200 km/h definiert [VöV 2013].

Das Programm enthält zu verschiedenen Geschwindigkeiten nicht nur die dazugehörige einfache Weiche (EW) mit geradem respektive mit gebogenem Herzstück, sondern auch die entsprechende Gleisdurchschneidung (GD), einfache Kreuzungsweiche (EKW) und doppelte Kreuzungsweiche (DKW). Damit kann eine gewählte Weichenneigung für die ganze Anlage beibehalten werden. Neben dem vollständigen Sortiment aller Grundformen enthalten die Absteckungsskizzen die Abmessungen und Angaben, die für das Entwerfen von Gleisanlagen sowie das anschliessende Berechnen der Gleisverbindungen notwendig sind [VöV 2013].

4.4.2.2 Geometrie und Bezeichnungen

Das betrieblich bevorzugte Gleis einer Weiche wird als *Stammgleis* bezeichnet, das andere Gleis als *Zweiggleis*. Üblicherweise – aber nicht immer – handelt es sich beim Stammgleis um den geraden Strang. Das geometrische Bild wird gebildet durch die (üblicherweise) gerade Gleisachse von Weichenanfang (WA) bis Weichenende des Stammgleises (WES) und die Achse des abzweigenden Gleises von WA bis WEA mit tangentialem Anschluss des Bogens an das gerade Gleis am Weichenanfang.

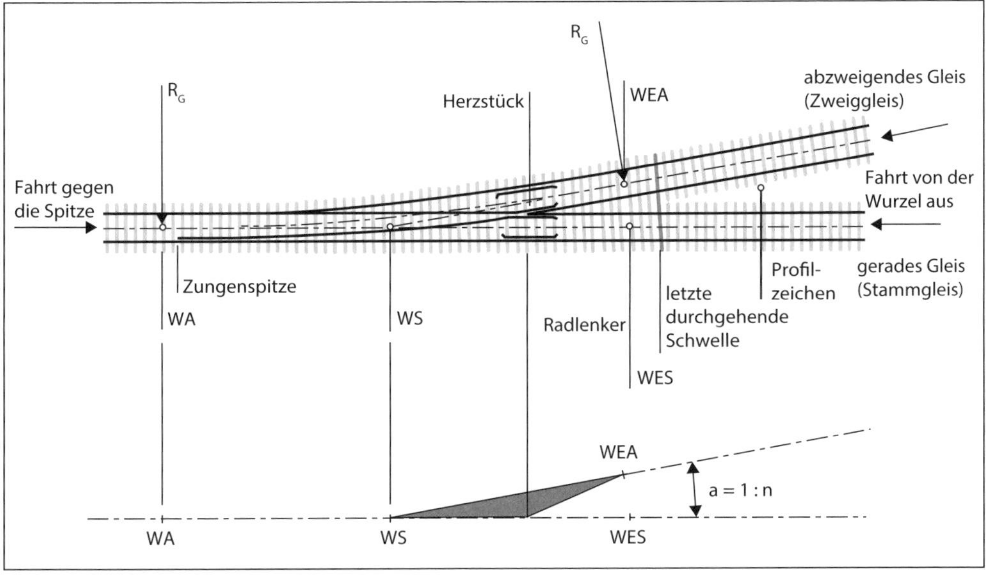

Abbildung 34 *Geometrisches Bild einer einfachen Weiche mit gebogenem Herzstück [eigene Darstellung].*

Weichenanfang (WA)	An diesem Punkt fallen Tangenten von abzweigendem und geradem Gleis zusammen. Entspricht in der Regel dem Schienenstoss Streckengleis – Weiche.
Herzstück	Kreuzungsteil der zwei inneren Schienen.
Weichenende (WES/WEA)	Schienenstösse hinter dem Herzstück.
Weichenschnittpunkt (WS)	Schnittpunkt der Tangente an den Weichenenden des abzweigenden Astes (WEA) und der geraden Gleisachse.
Weichenwinkel α *und Weichenneigung 1:n*	Winkel, der im Schnittpunkt WS entsteht. Die Weichenneigung entspricht dem Tangens des Weichenwinkels tan α und wird als Bruch 1:n dargestellt.
Ablenkradius der Grundform RG	Der abzweigende Bogen wird in der Regel als Kreisbogen ohne Übergangsbogen gestaltet; der Radius wird als Ablenkungsradius der Grundform bezeichnet.
Sperrdreieck	Dreieck WS-WEA-WES. Dieses Dreieck bleibt auch beim Verbiegen der Weichen formkonstant (siehe später).
Weichenverschluss	Die jeweilige Endlage der Zunge wird mechanisch verriegelt. Bei grossen Weichen sind mehrere Weichenantriebe und -verschlüsse erforderlich.
l. d. S.	Bis zur *letzten durchgehenden Schwelle* übernimmt das Zweiggleis die Überhöhung des Stammgleises.
Radlenker	Bei der Fahrt über das Herzstück wird das innere Rad durch die an den Aussenschienen angeordneten Radlenker geführt.
Profilzeichen	Roter Pfosten (Höhe ca. 15 cm) in der Mitte zwischen abzweigendem und geradem Gleis oder zwei Pfosten direkt neben den zwei Gleisen bezeichnet jenen Punkt, an dem sich die Lichtraumprofile berühren.

Abbildung 35 *Einfache Weiche [Foto: Ernst Bosina].*

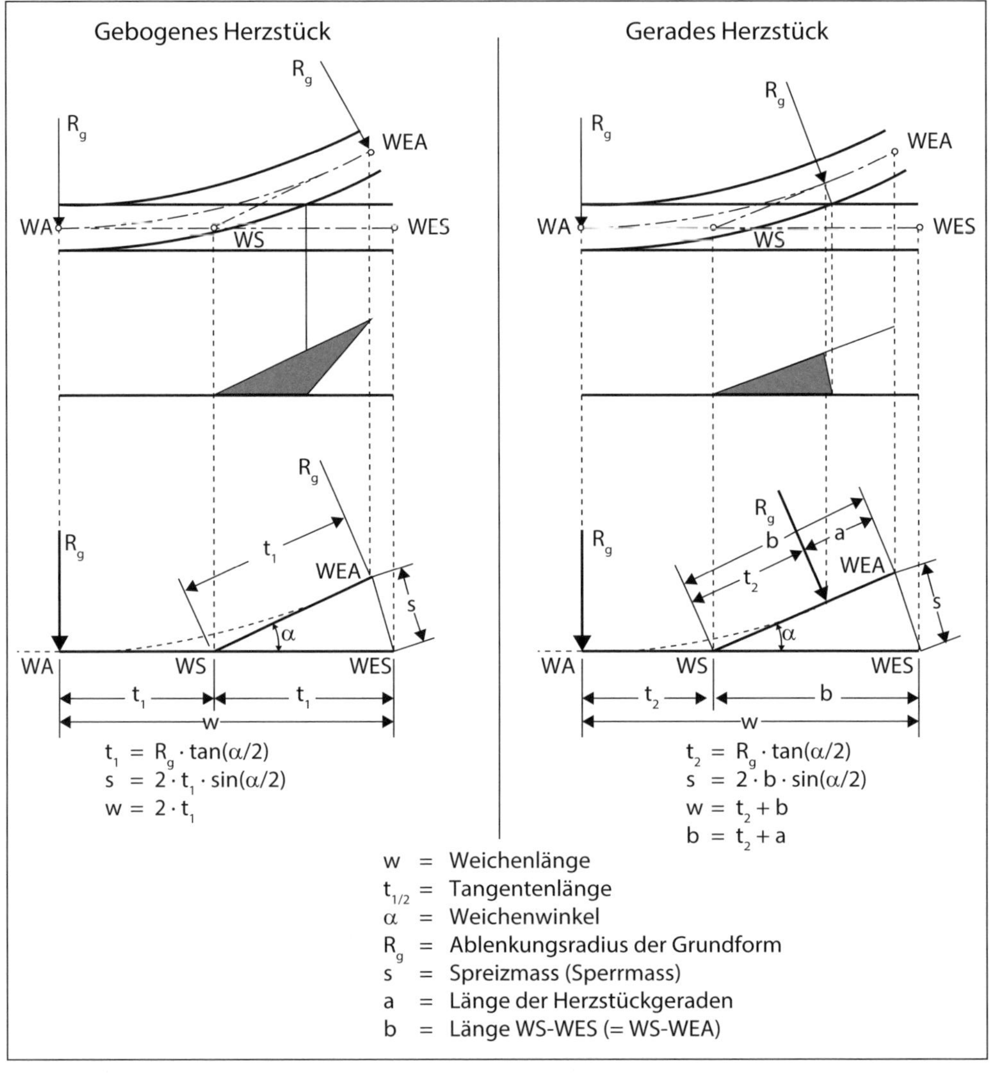

Abbildung 36 *Weiche mit gebogenem (links) respektive geradem Herzstück (rechts); schematische Darstellung in Gleisplänen und geometrische Zusammenhänge [eigene Darstellung].*

4.4.2.3 Klothoidenweichen

Beim Streckengleis wird ein Kreisbogen üblicherweise durch einen Übergangsbogen eingeleitet. Bei Weichen ist dies konstruktiv aufwendig, weshalb der Bogen bei den Regelbauarten direkt an die Gerade anschliesst. Der unvermeidliche Ruck ist von Ablenkungsradius, Geschwindigkeit sowie Achs- beziehungsweise Drehgestellmittenabstand des Fahrzeuges abhängig. Zur Verbesserung der Fahrdynamik können Klothoidenweichen eingebaut werden, bei denen das Zweiggleis als Mittelteil einer Scheitelklothoide ausgebildet ist.

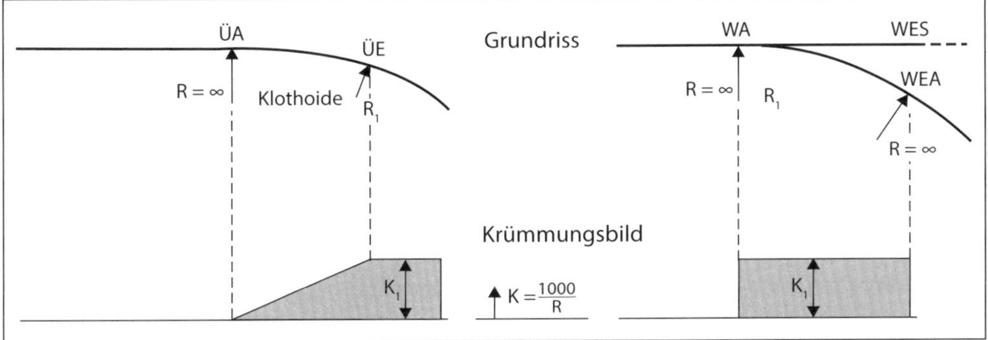

Abbildung 37 *Vergleich der Krümmungsbilder für Bogen in offenem Gleis mit Klothoide (links) und in Weichen ohne Klothoide (rechts) [eigene Darstellung].*

Abbildung 38 *Klothoidenweiche [Foto: Michael Kohler].*

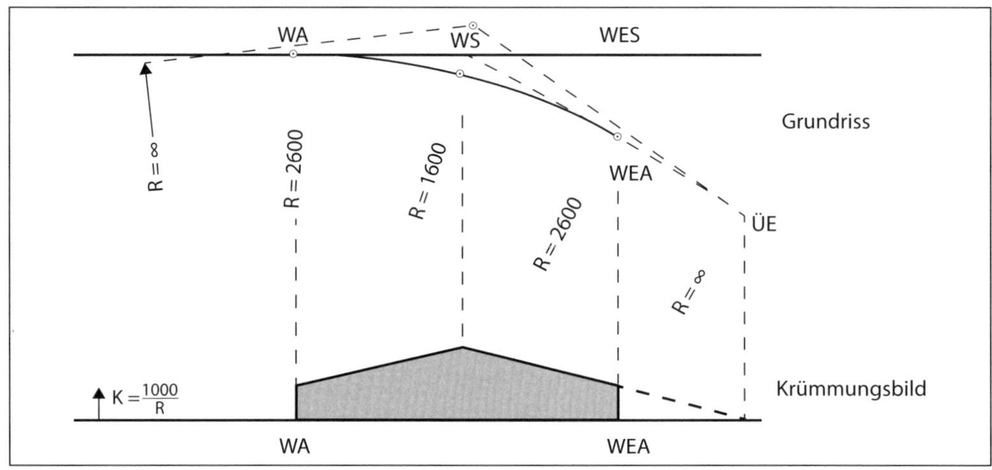

Abbildung 39 *Klothoidenweiche EW – 1600/2600 – 1:24 der SBB für 125 km/h über Ablenkung; Krümmungsbild [eigene Darstellung].*

4.4.2.4 Bezeichnungsschema für die Weichentypen

Bei Weichen wird ein standardisiertes Bezeichnungsschema angewandt:

EW	IV (54E2)	– 250	– 1:9,5	F	H	R	T
1)	2)	3)	4)	5)	6)	7)	8)

1) Weichenart: Einfache Weiche (EW)
2) Schienenprofil:
   VST 36 (36E3, 36 kg/m, für Schmalspurbahnen)
   SBB I (46E1, 46 kg/m)
   SBB IV (54E2, 54 kg/m)
   SBB VI (60E1, UIC60, 60 kg/m)
3) bei Federweichen: Ablenkungsradius in m (für Weiche in der Grundform)
   bei Gelenkweichen: Typ der Zungenvorrichtung oder Ablenkungsradius in m
   bei Bogenweichen: Anstelle des Ablenkungsradius werden der Stammgleis- und der Zweiggleisradius angegeben (z. B. 307/800 = Stammgleis-/Zweiggleisradius)
4) Weichenneigung: bei Federweichen am Weichenende
   bei Gelenkweichen an der Herzspitze
   bei Doppelweichen werden beide Weichenneigungen angegeben
5) Bauart der Zunge: F: Federschienenzunge
   G: Gelenkzunge
6) Schwellenart: S: Stahl; H: Holz; Be: Beton
7) Richtung des ablenkenden Strangs (bei Fahrt gegen die Weichenspitze):
   R: Rechts; L: Links
8) Umstellhilfen: T = Trockenlauf
   Ro = Rollen

Bei Klothoidenweichen werden der Radius am Weichenschnittpunkt und der Radius am Weichenende/Weichenanfang (in dieser Reihenfolge) genannt.

4.4.2.5 Überhöhung bei einfachen Weichen

Das Stammgleis wird entsprechend der anschliessenden Strecke überhöht. Im Bereich der durchgehenden Schwellen ist die Überhöhung für beide Stränge identisch, sodass das Zweiggleis jene des Stammgleises übernehmen muss. Ist das Stammgleis gerade, so kann das gekrümmte Gleis nicht überhöht werden, während dem geraden Gleis einer Weiche mit gebogenem Stammgleis eine Überhöhung aufgezwungen wird. Die Querneigung im Zweiggleis kann ab der letzten durchgehenden Schwelle an die fahrdynamischen Anforderungen angepasst werden.

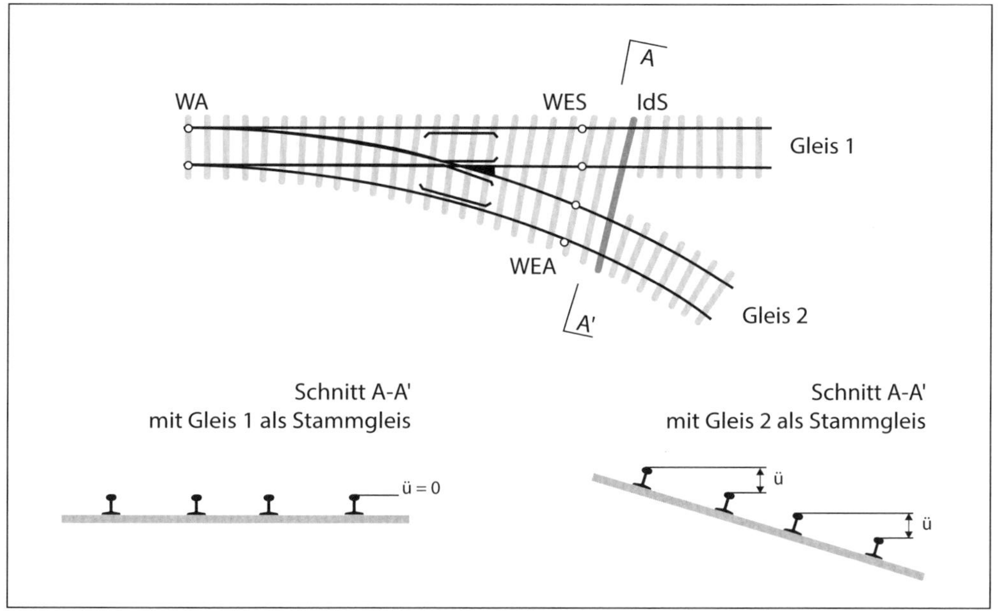

Abbildung 40 *Abhängigkeit der Überhöhung des Zweiggleises von derjenigen des Stammgleises bis zur letzten durchgehenden Schwelle [eigene Darstellung].*

4.4.3 Bogenweichen

4.4.3.1 Definitionen

Als *Bogenweiche* wird eine Weiche bezeichnet, bei der beide Stränge gekrümmt sind. Weichenverbindungen lassen sich damit auch im Kurvenbereich einer Strecke oder eines Bahnhofs einbauen, was zusätzliche planerische Freiheitsgrade verschafft und kompakte Topologien unter beengten räumlichen Verhältnissen ermöglicht. Schliesslich können Spurwechselstellen an den betrieblich optimalen Stellen vorgesehen werden, ohne Rücksicht auf die örtlichen topografisch-geometrischen Verhältnisse.

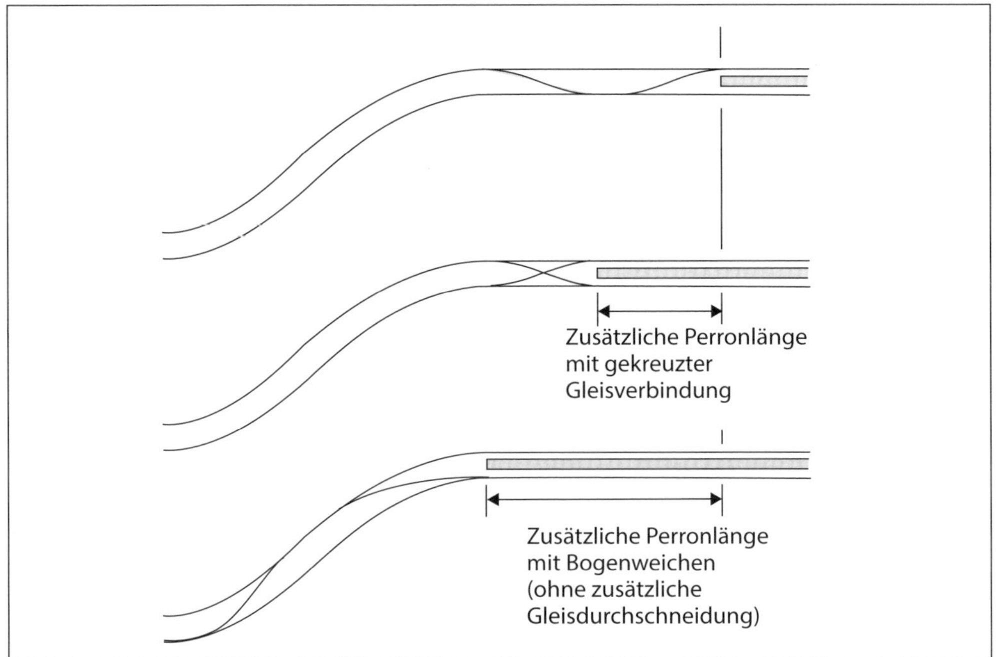

Abbildung 41 *Gewinn an Nutzlänge in Stationsgleisen dank Anwendung von Bogenweichen bei kurvenreicher Strecke [eigene Darstellung].*

Bei einer Bogenweiche wird von einer *Abzweigung nach innen* gesprochen, wenn das Zweiggleis vom Stammgleis aus betrachtet auf der bogeninneren Seite liegt. Sinngemäss spricht man von einer *Abzweigung nach aussen*, wenn das Zweiggleis auf der Bogenaussenseite liegt. Zusätzlich wird zwischen Innenbogenweichen und Aussenbogenweichen unterschieden. Bei Innenbogenweichen sind beide Stränge auf dieselbe Seite gekrümmt, bei Aussenbogenweichen auf die jeweils gegenüberliegende.

Abbildung 42 *Spurwechsel mit Innenbogenweichen [Foto: Michael Kohler].*

Abbildung 43 *Aussenbogen- (links) und Innenbogenweiche (rechts) [Foto: Steffen Schranil].*

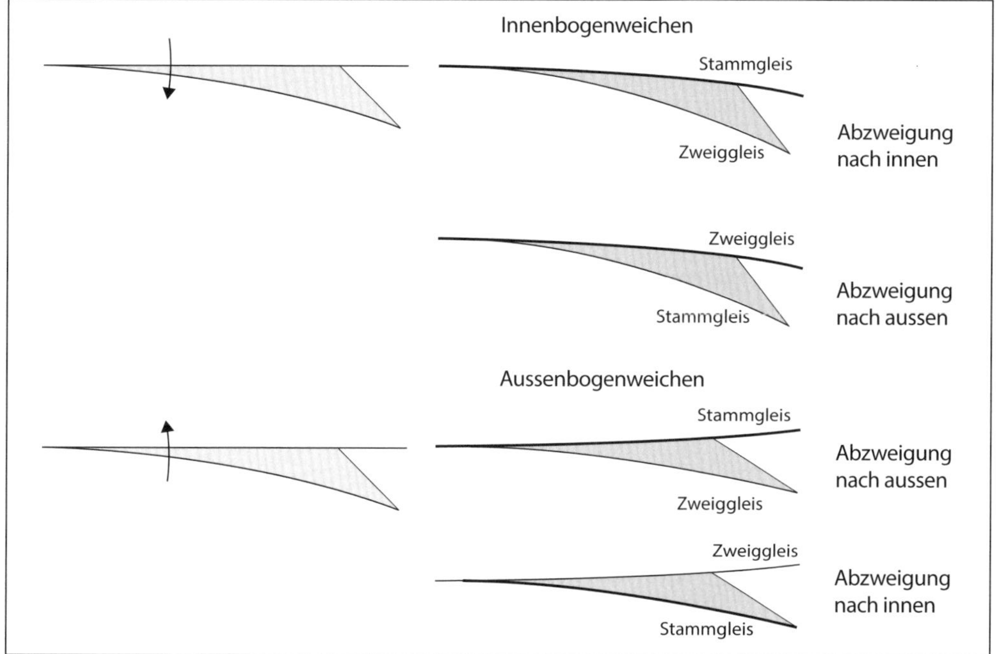

Abbildung 44 *Definition der Begriffe für Innenbogen- respektive Aussenbogenweichen [eigene Darstellung].*

4.4.3.2 Geometrie

Die Einheitsweichen sind geometrisch und konstruktiv so ausgebildet, dass sie sich mit geringen werkstattseitigen Veränderungen bis zu einem definierten Grenzwert verbiegen lassen. Dabei kann der Radius des einen Stranges frei gewählt werden. Der Radius des zweiten Stranges leitet sich aus dem Radius des ersten Stranges sowie dem Sperrdreieck ab, das um den Weichenschnittpunkt (WS) gedreht wird. Geschieht dies in Richtung des abzweigenden Stranges, so entsteht eine Innenbogenweiche. Für eine Aussenbogenweiche wird das Sperrdreieck vom abzweigenden Gleis der Grundform weggedreht.

Da das Sperrdreieck formkonstant ist, ergibt sich der neue Radius R_Z des Zweiggleises für einen bestimmten Stammgleisradius R_S und einen bestimmten Radius der Grundform R_G aufgrund folgender Beziehung:

$$K = \frac{1}{R}$$

Im Weichenbau wird zur Vermeidung unnötiger Dezimalstellen die Krümmung mit 10^3 multipliziert:

$$K = 1000 \cdot \frac{1}{R} = \frac{1000}{R}$$

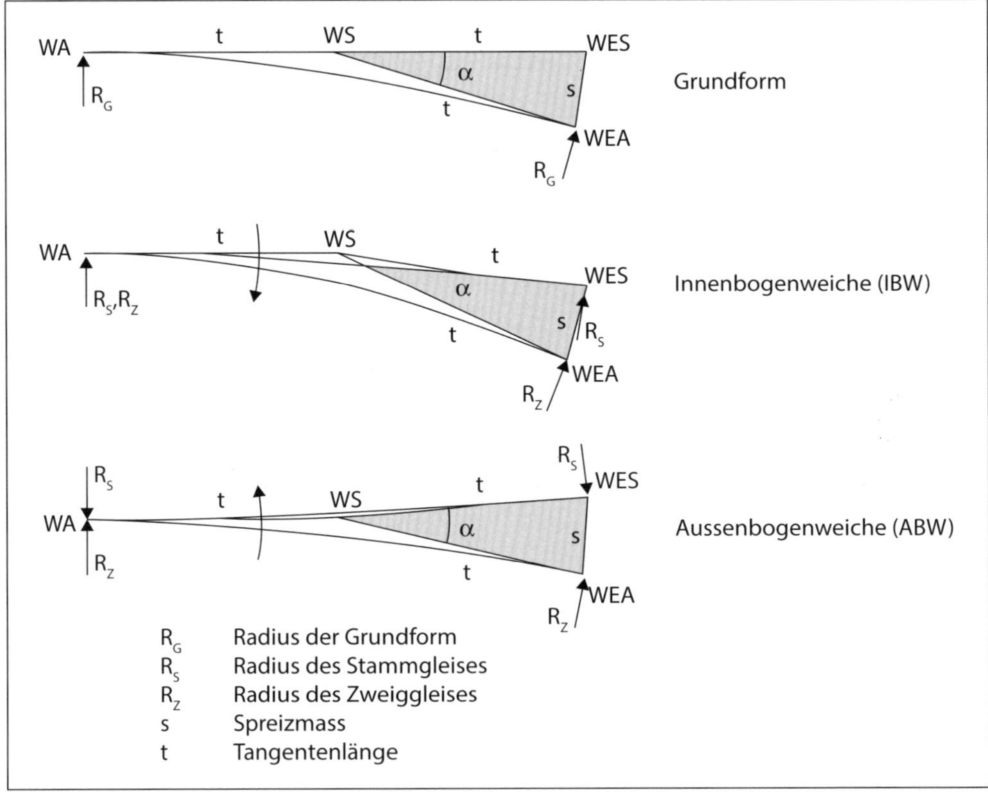

Abbildung 45 *Verbiegen einer einfachen Weiche; WES – WEA – WS = Formkonstantes Sperrdreieck [eigene Darstellung].*

Die Krümmung des Zweiggleises K_Z berechnet sich wie folgt:

$$K_Z = K_S \pm K_G \longrightarrow R_Z = \frac{R_G \cdot R_S}{R_G \pm R_S}$$

wobei K_S = Krümmung des Stammgleises $(= \frac{1000}{R_S})$ und R_S = Radius des Stammgleises

K_G = Krümmung der Grundform $(= \frac{1000}{R_G})$ und R_G = Radius der Grundform

K_Z = Krümmung des Zweiggleises $(= \frac{1000}{R_Z})$ und R_Z = Radius des Zweiggleises

Dabei ist die Vorzeichenkonvention zu beachten. Bezeichnet man in der Grundform das gerade Gleis als Haupt- und das gebogene Gleis als Nebenstrang, kommen folgende Vorzeichen zur Anwendung:

- Hauptstrang wird in Richtung Nebenstrang gebogen (Innenbogenweiche): +
- Hauptstrang wird vom Nebenstrang weggebogen (Aussenbogenweiche): –

Die Richtwerte für das Verbiegen von SBB-Weichen sind bei *Innenbogenweichen*:

- $R_Z \geq 2/3\ R_G$ Ohne Weiteres möglich, problemlos.
- $R_Z = 2/3\ R_G - 1/2\ R_G$ Möglich, eventuell kleinere Anpassungen erforderlich.
- $R_Z < 1/2\ R_G$ Verlangt immer Sonderanfertigung.

Die individuellen Verbiegbarkeitsgrenzen pro Weichentyp finden sich in den Absteckungsskizzen. Bei Aussenbogenweichen stellt die symmetrische Weiche den Grenzwert dar [VöV 2013].

Beim Verbiegen einer Weiche mit geradem Herzstück entsteht im Zweiggleis einer Innenbogenweiche ein Korbbogen. Bei der Aussenbogenweiche stellt sich in der Ablenkung ein Gegenbogen ein, der fahrdynamisch genau zu untersuchen ist. In gewissen Fällen kann dies von Vorteil sein, da zum Beispiel der Radlenker weniger stark angefahren wird.

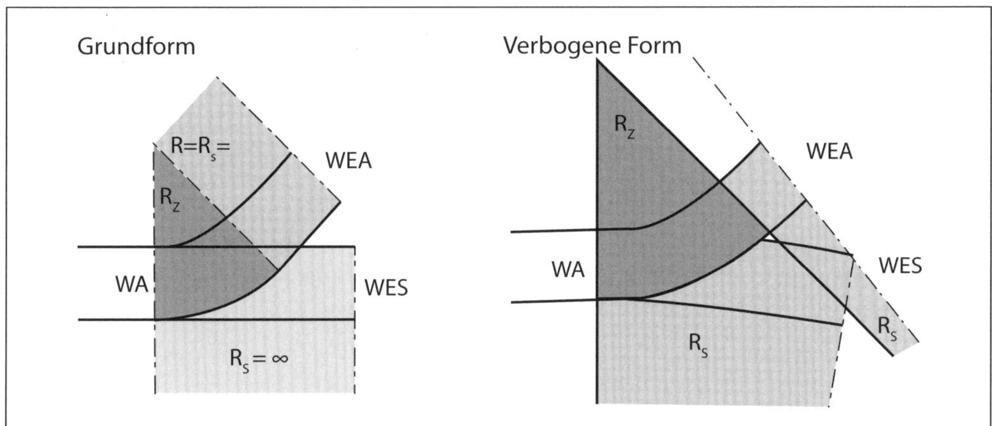

Abbildung 46 *Verbiegen einer Weiche mit geradem Herzstück zu einer Aussenbogenweiche, resultierende Krümmung des Zweiggleises [eigene Darstellung].*

4.4.3.3 Überhöhung bei Bogenweichen

Speziell zu beachten sind die Höhenverhältnisse einer Doppelspur im Bogen. Im Normalfall liegen beide Gleisachsen auf derselben Höhe horizontal nebeneinander. Wird ein Spurwechsel mit Bogenweichen eingebaut, müssen die Achsen beider Gleise in derselben geneigten Ebene sein. Die bauliche Höhe eines solchen Spurwechsels im Kreisbogen wird dadurch grösser als jene zweier nebeneinander liegender Gleise, was insbesondere bei Brücken, Unterführungen und anderen Einbauten unter dem Gleis zu berücksichtigen ist.

Bei Aussenbogenweichen kommt es wegen des Überhöhungszwangs zu falsch überhöhten Gleisen, indem die innere Schiene höher als die äussere liegt und man von einem untertieften Gleis spricht. Für untertiefte Gleise gilt ein Grenzwert $\Delta \ddot{U}_{f,max} = -122\ mm$.

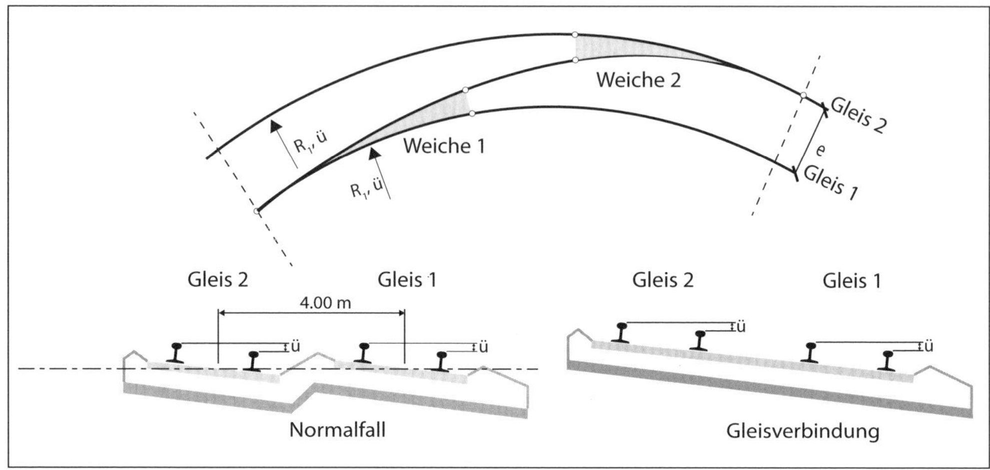

Abbildung 47 *Überhöhung einer Doppelspur im Bogen. Links: Ohne Spurwechsel; rechts: Spurwechsel mit Bogenweichen und dadurch erzwungene Anordnung beider Gleise in derselben schiefen Ebene [eigene Darstellung].*

4.4.4 Gleisdurchschneidungen, Kreuzungsweichen

Das geometrische Bild einer *Gleisdurchschneidung* ist durch die beiden sich schneidenden Gleisachsen gegeben. Der Winkel im Kreuzungsmittelpunkt ist der Kreuzungswinkel (α). Seine Grösse wird durch den Tangens 1:n angegeben und als Kreuzungsneigung bezeichnet.

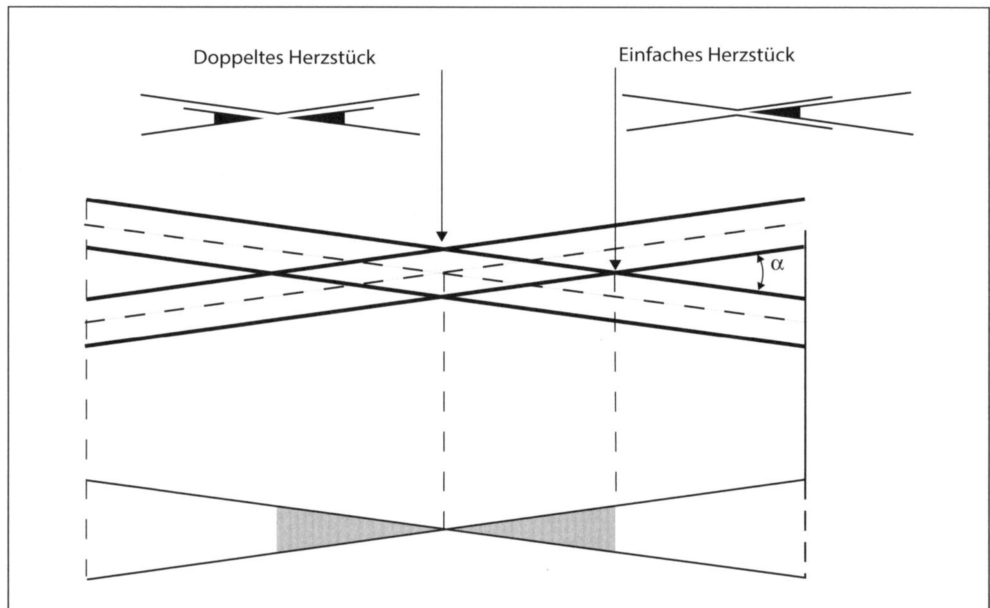

Abbildung 48 *Geometrisches Bild einer Gleisdurchschneidung [eigene Darstellung].*

Abbildung 49 *Gleisdurchschneidung [Foto: Steffen Schranil].*

In *Kreuzungsweichen* werden eine Gleisdurchschneidung und zwei oder vier Weichen zu einem einzigen Element vereinigt. Kreuzungsweichen sind konstruktiv aufwendige und unterhaltsintensive Konstruktionen. Sie sind nur gerechtfertigt, wo preiswertere Lösungen mit einfachen Weichen geometrisch nicht unterzubringen oder fahrdynamisch unvorteilhaft sind.

Es werden zwei Grundformen unterschieden:

- *Kreuzungsweichen mit innenliegenden Zungen:* Die jeweils bogenäusseren Zungen liegen innerhalb der Herzstücke.
- *Kreuzungsweichen mit aussenliegenden Zungen:* Der Kreisbogen wird ausserhalb des Kreuzungsbereichs tangential in die Kreuzungsgleise eingeführt, alle Zungen liegen ausserhalb der Herzstücke.

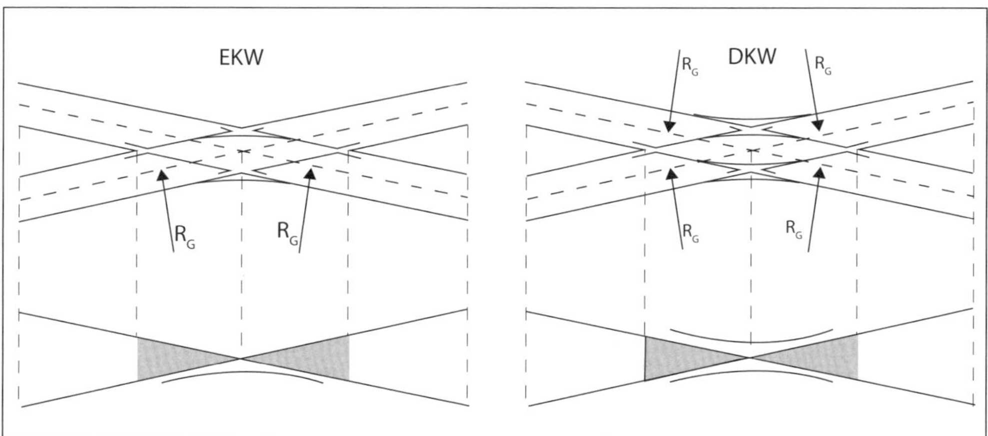

Abbildung 50 *Kreuzungsweiche mit innenliegenden Zungen (geometrisches Bild, ohne Radlenker) [eigene Darstellung].*

Kreuzungsweichen mit innenliegenden Zungen können nur bei kleinen Radien und damit tiefen Geschwindigkeiten angewandt werden. Für höhere Geschwindigkeiten sind Kreuzungsweichen mit aussenliegenden Zungen geometrisch bedingt unumgänglich. Zwischen den sogenannten Grenzradien der EKW/DKW mit innenliegenden respektive aussenliegenden Zungen ist kein Bogenradius möglich, da sonst eine Zungenvorrichtung im Herzstückbereich zu liegen käme. Aufgrund dessen ist der radienmässige Anwendungsbereich von EKW und DKW eingeschränkt. Gleisdurchschneidungen und Kreuzungsweichen können schliesslich wie einfache Weichen verbogen werden.

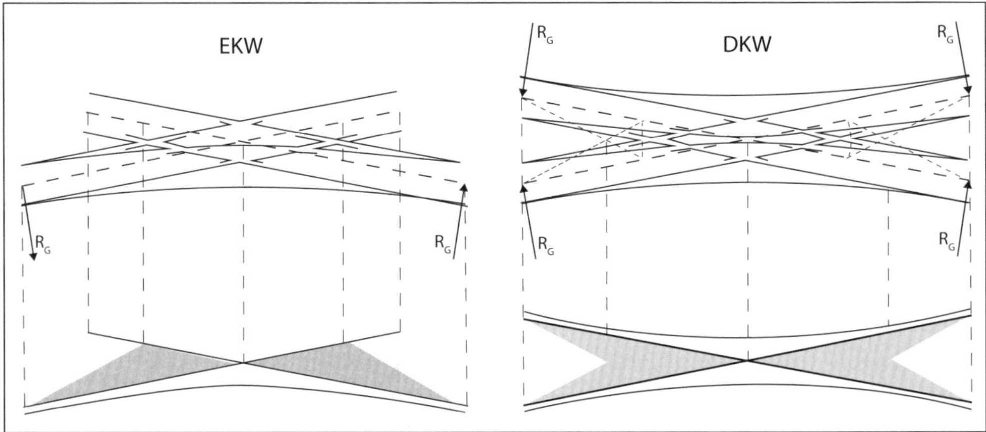

Abbildung 51 *Kreuzungsweiche mit aussenliegenden Zungen (geometrisches Bild, ohne Radlenker) [eigene Darstellung].*

Abbildung 52 *DKW mit aussenliegenden Zungen [Foto: Martin Brunner, SBB].*

Abbildung 53 *DKW mit innenliegenden Zungen [Foto: Steffen Schranil].*

4.4.5 Strassenbahnweichen

4.4.5.1 Besonderheiten von Strassenbahnweichen

Rillenschienen sind biegesteifer als die bei der Bahn angewandten Vignolschienen und entsprechend sind Rillenschienenweichen starre Gebilde. Allerdings verlangen gerade Weichenanlagen von Trams eine extreme Anpassungsfähigkeit. Die Weichen werden daher normalerweise, nebst einem beschränkten Standardsortiment, projektspezifisch aus einzelnen Bauelementen wie Zungenvorrichtungen, Zwischenschienen und Herzstück zusammengesetzt.

Die Definition des Neigungswinkels unterscheidet sich von den Vignolschienenweichen, indem der Öffnungswinkel des Zweiggleisbogens angegeben wird. Je nachdem, ob der Bogen bis zum Weichenende durchläuft, vor dem Herzstück endet oder es sich nur um Zungenvorrichtungen handelt, werden andere Bezeichnungen verwendet. Für Weichen, bei denen nur die Zungenvorrichtung genormt ist, wird das Herzstück speziell angefertigt. Sein Kreuzungswinkel ergibt sich aus den frei wählbaren Radien der Zwischenschienen. Dabei können auch Stamm- und Zweiggleis gekrümmt sein, und zwar gleichgerichtet wie auch gegenläufig.

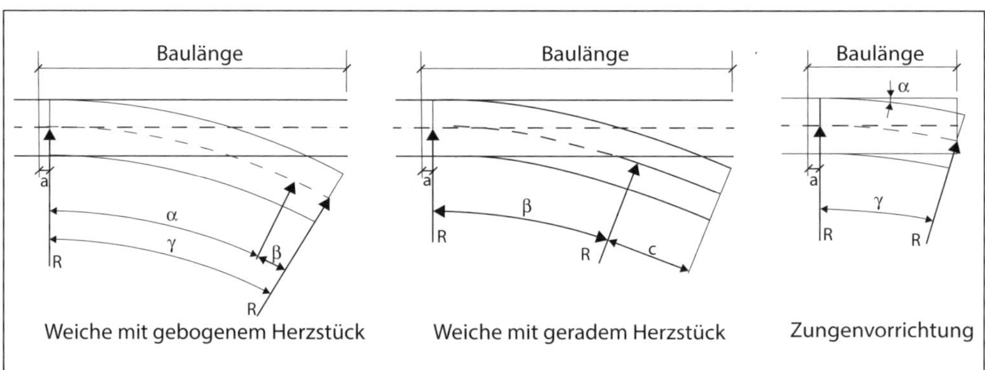

Abbildung 54 *Bezeichnung des Weichenwinkels bei Rillenschienen [eigene Darstellung].*

4.4.5.2 Bogenweichen

Bei Rillenschienenweichen ist das Verbiegen der Grundform zu Bogenweichen infolge der biegesteiferen Profile sowie anderer Konstruktionsmerkmale nicht möglich; sie sind daher Spezialanfertigungen. Um solche zu vermeiden, können bogenweichenähnliche Bauformen gewählt werden. Als Zungenvorrichtung wird ein gerader genormter Typ verwendet, alle anschliessenden Schienen liegen in den gewünschten Bögen. Diese Weichen sind zwar keine echten Bogenweichen, erfüllen aber mit Einschränkungen denselben Zweck.

Abbildung 55 *Rillenschienen-Bogenweiche [Foto: Marc Sinner].*

Abbildung 56 *Unechte Rillenschienen-Bogenweiche mit gerader Zungenvorrichtung [Foto: Marc Sinner].*

4.4.5.3 Strassenbahnweichen mit vorgezogener Zunge

Eine Besonderheit sind Weichen mit vorgezogener Zunge. Die Zungenvorrichtung liegt hier in einem frei wählbaren Abstand vor dem Zweiggleisbogenanfang. Sie können in folgenden Fällen zweckmässig sein:

- Erhöhte Geschwindigkeit im Bereich der eigentlichen Gleistrennung, zum Beispiel bei lichtsignalgesteuerten Knoten (das Befahren der Zungen erfordert Geschwindigkeitsreduktion).
- Vermeidung von Bogenweichen (Zungenvorrichtung kann ins gerade Gleis zurückverlegt werden).
- Bei beschränkter Bauhöhe (zum Beispiel auf Brücken): Platzintensive Bauteile des Weichenantriebs können in eine günstige Lage zurückverlegt werden.
- Querung von Fahrbahnen des Individualverkehrs. Zungen sollen wegen der grossen Verschmutzung nicht vom Individualverkehr befahren werden.

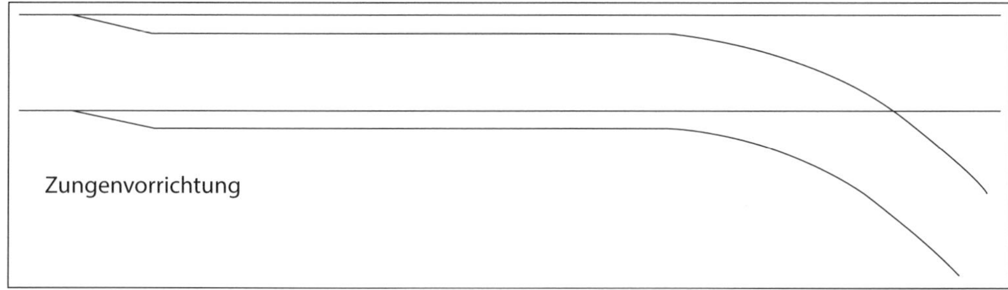

Abbildung 57 *Strassenbahnweiche mit vorgezogener Zunge, zwischen Zungenvorrichtung und Herzstück entsteht ein Doppelschienengleis beliebiger Länge [eigene Darstellung].*

Abbildung 58 *Dreiwege-Weiche für Rillenschienen mit vorgezogener Zungenvorrichtung [Foto: Steffen Schranil].*

4.5 Lichtraumprofil und Perrongeometrie

4.5.1 Grundsätze und Aufbau des Lichtraumprofils

4.5.1.1 Überblick

Bahninfrastrukturen und Fahrzeuge müssen in ihren geometrischen Abmessungen so aufeinander abgestimmt sein, dass auf keinem Streckenabschnitt und in keinem Betriebszustand die Gefahr einer Berührung besteht. Sowohl der Infrastrukturersteller wie der Fahrzeugbetreiber müssen dazu genau wissen, welcher Raum ihnen zur Verfügung steht. Bei der Festlegung dieser Räume ist insbesondere zu berücksichtigen:

- Der Zug folgt nie genau der geometrischen Ideallinie, sondern bewegt sich aufgrund von Ungenauigkeiten der Gleislage und der kinematischen Fahrzeugeigenschaften innerhalb einer bestimmten Bandbreite.
- Bei der Fahrt durch Kurven entsteht zusätzlicher Platzbedarf.
- Die Dachstromabnehmer elektrischer Triebfahrzeuge benötigen zusätzlichen Platz, der – nebst der Stromabnehmerbreite – auch von der Höhenlage des Fahrdrahtes bestimmt wird.
- Bei elektrischen Bahnsystemen besteht zudem eine Gefährdung der Umgebung durch mögliche Überschläge.
- Entlang des Gleises können sich Menschen aufhalten.

Zusätzlich müssen die Perronhöhen und die Wagenbodenhöhen möglichst genau aufeinander abgestimmt sein, um insbesondere den gesetzlichen Anforderungen bezüglich der Hindernisfreiheit gerecht zu werden.

4.5.1.2 Grundsätze, Definitionen

Dazu wird der Querschnitt in zwei fiktive Sphären unterteilt, eine für die Infrastruktur und eine für die Fahrzeuge. Erstere setzt sich aus physischen Elementen des Fahrweges zusammen. Letztere ist ein darauf aufbauender ideeller lichter Raum, aufgrund dessen die Dimensionen der Fahrzeuge festzulegen sind.

Dieses sogenannte *Lichtraumprofil* ist definiert als *„die Umhüllende des für die Durchfahrt von Fahrzeugen und weitere bahnbetriebliche Zwecke freizuhaltenden Raumes. Es setzt sich zusammen aus der Grenzlinie fester Anlagen und den zusätzlich erforderlichen Sicherheitsräumen."* [BAV 2016].

Ausgangsbasis für die schweizerischen Lichtraumprofile sind die Merkblätter 505 des Internationalen Eisenbahn-Verbandes (Union Internationale des Chemins de Fer, UIC). Sie enthalten verbindliche Vorgaben für die international eingesetzten Fahrzeuge und für Regelspurstrecken, auf denen solche Fahrzeuge verkehren. Das Lichtraumprofil hat in jedem Land rechtsverbindlichen Charakter und ist in der Schweiz in den Ausführungsbestimmungen zur Eisenbahnverordnung (AB-EBV) festgehalten.

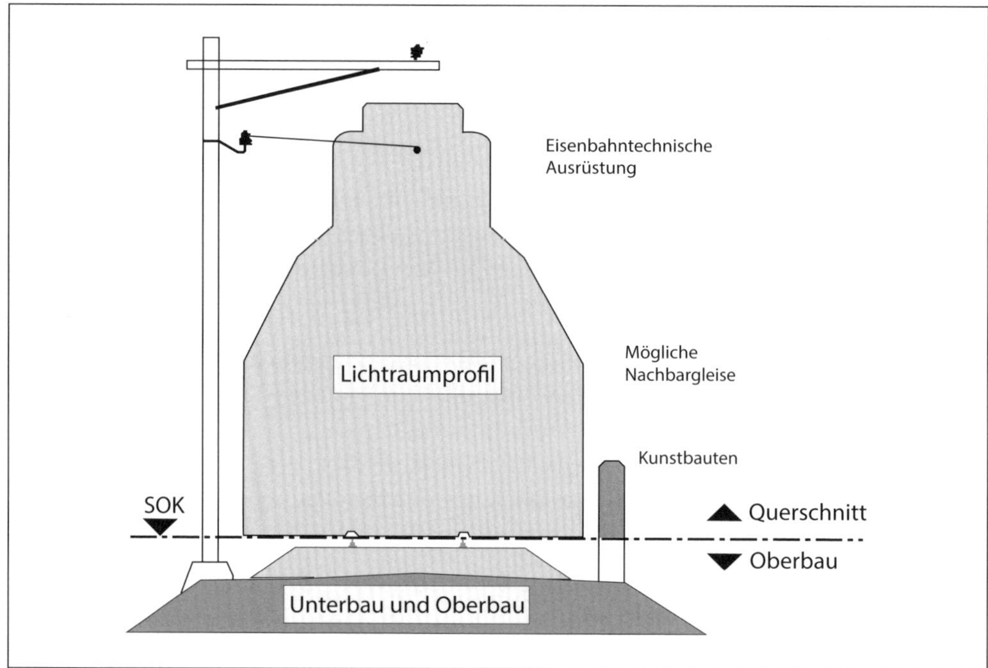

Abbildung 59 *Genereller Aufbau des Querschnittes und Anordnung des Lichtraumprofils [eigene Darstellung].*

4.5.1.3 Aufbau des Lichtraumprofils

Die Lichtraumvorschriften bilden bestmöglich das dynamische Fahrzeugverhalten unter realen Einsatzbedingungen sowie den Gleiszustand mit den zu erwartenden Toleranzen ab. Es werden vier definitorische Begrenzungen unterschieden:

- Die *Bezugslinie* ist die dynamische Umhüllende eines Fahrzeugs auf einer idealen (toleranzfreien) horizontalen Fahrbahn und damit die Trennungslinie zwischen den Verantwortungsbereichen Fahrzeug und Fahrbahn oder auch zwischen Verkehr und Infrastruktur. Einerseits werden ausgehend von dieser Linie die Begrenzung von Fahrzeugen und Ladungen, andererseits die Grenzlinie fester Anlagen bestimmt.
- Die *Begrenzung der Fahrzeuge und Ladungen* bezieht sich auf das stillstehende Fahrzeug (inklusive Ladungen im Güterverkehr) in Mittelstellung im geraden und horizontalen Gleis. Fahrzeughersteller müssen die Fahrzeugumgrenzung aus der Bezugslinie herleiten, wobei sie die geometrischen Eigenschaften und das mit der definierten Nutzung festgelegte dynamische Fahrzeugverhalten auch während der Fahrzeugnutzungsdauer zu berücksichtigen haben.
- Die *Grenzlinie fester Anlagen* ist der minimale Querschnitt, bei dem die Durchfahrt der Fahrzeuge unter Einhaltung eines definierten dynamischen Fahrzeugverhaltens und bestimmter Gleislagetoleranzen gewährleistet ist. Gegenüber festen Anlagen hat die

Grenzlinie den Charakter eines unteren Grenzmasses (Kleinstmass). Sie muss auch bei zeitweiligen Einbauten für bahntechnische Einrichtungen (Baustellen) oder im Verlauf der langen Lebensdauer von Anlagen (zum Beispiel Kriechbewegungen von Stützbauwerken) eingehalten werden.

- Das *Lichtraumprofil* ist die Umhüllende der Grenzlinie fester Anlagen und den dieser hinzugefügten Sicherheitsräumen.

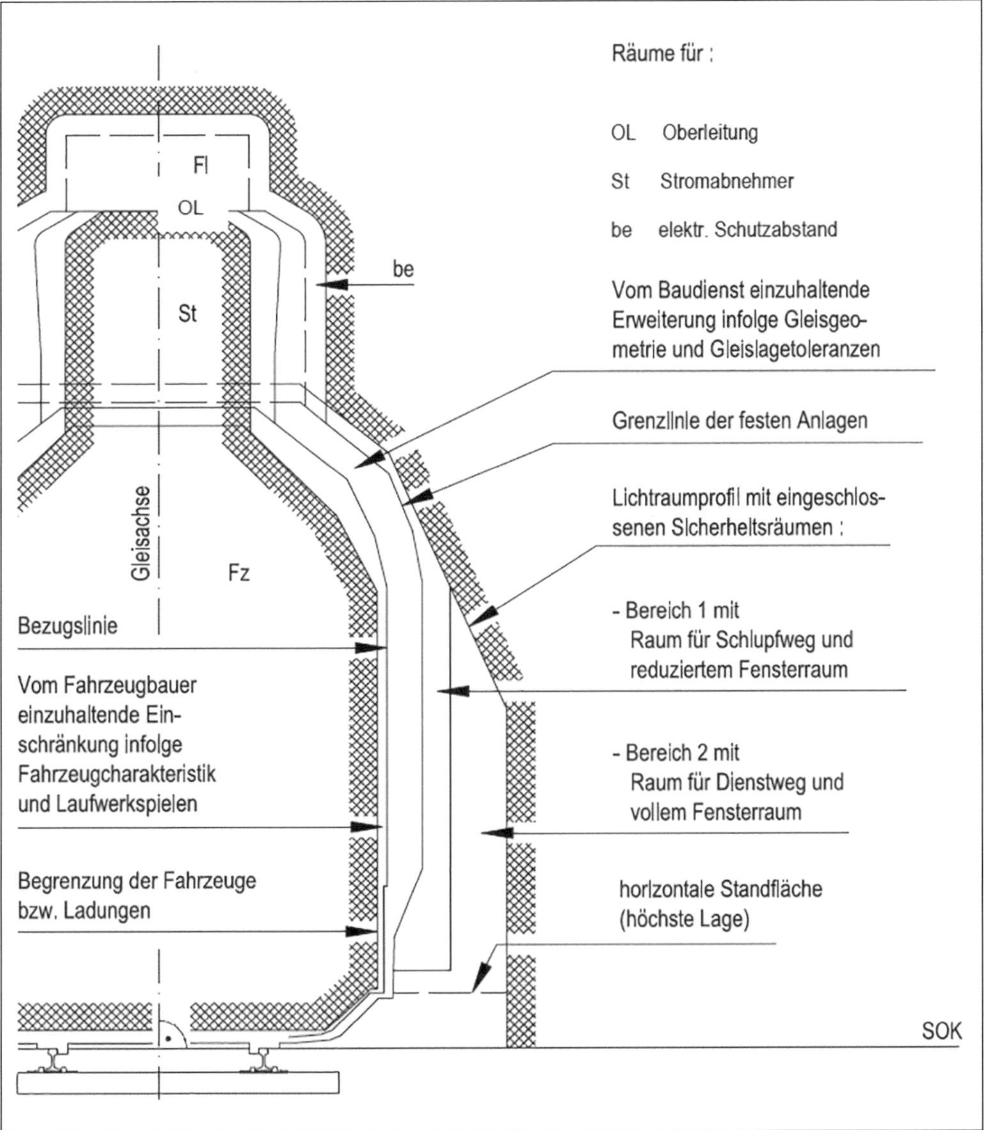

Abbildung 60 *Prinzipieller Aufbau des Lichtraumprofils gemäss schweizerischen Vorschriften ([BAV 2016] Art. 18, Blatt 5 N).*

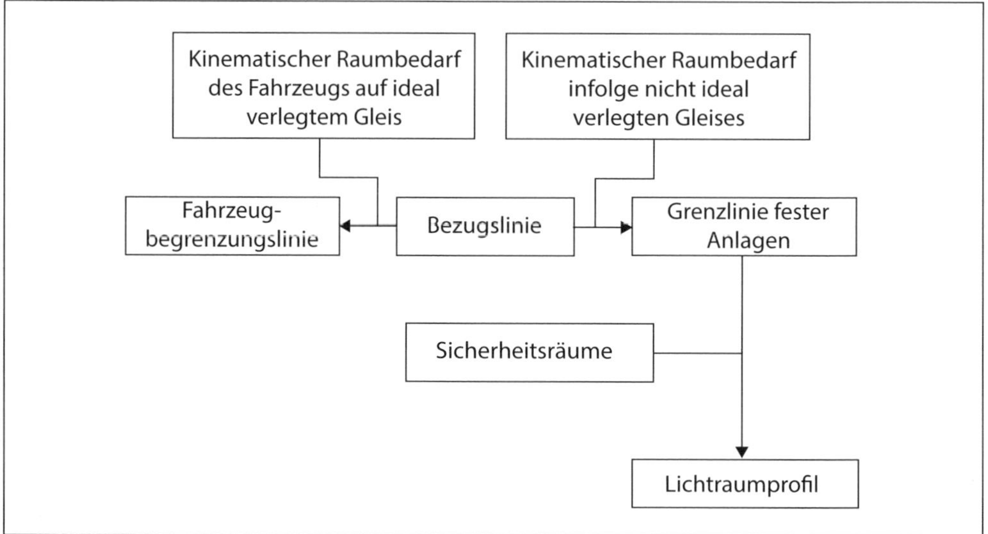

Abbildung 61 *Systematik des Aufbaus der Lichtraumprofile [eigene Darstellung].*

Das Lichtraumprofil bezieht sich immer auf ein Achsensystem, das durch die Verbindungslinie der Schienenoberkanten (SOK) (Fahrebene) und der darauf rechtwinklig stehenden Gleismittellinie definiert ist. Ausgenommen sind der Dienstweg und der Schlupfweg in Kurven.

4.5.1.4 Herleitung des Lichtraumprofils

Die Bestimmung der Fahrzeugbegrenzung respektive der Grenzlinie fester Anlagen basiert auf der Addition von Sicherheitszuschlägen für definierte Toleranzen. Zwischen der Bezugslinie und der Fahrzeugbegrenzung werden die fahrzeugbedingten Ungenauigkeiten berücksichtigt, zwischen der Bezugslinie und der Grenzlinie fester Anlagen die infrastrukturbedingten Imperfektionen. Aufgrund von Risikoüberlegungen dürfen sich gewisse Toleranzen partiell überlagern, um das Lichtraumprofil nicht unwirtschaftlich gross werden zu lassen. Dabei ist zu beachten, dass die seitlichen Ausschläge der Wankbewegungen mit der Höhe über Schienenoberkante zunehmen.

Auf der geraden Strecke ist die Systematik der Grenzlinie bzw. des Lichtraumprofils für Normal- und Meterspur identisch. In Gleisbogen gilt es, folgenden Unterschied zu beachten:

- *Normalspur (Spurweite 1435 mm):* Das Lichtraumprofil berücksichtigt die Ausladung in Gleisbögen mit Radien über 250 m. Für Radien unter 250 m sind die Breitenmasse zu vergrössern.
- *Meterspur (Spurweite 1000 mm):* Die Breitenmasse des Lichtraumprofils sind für alle Kurven zu erweitern.

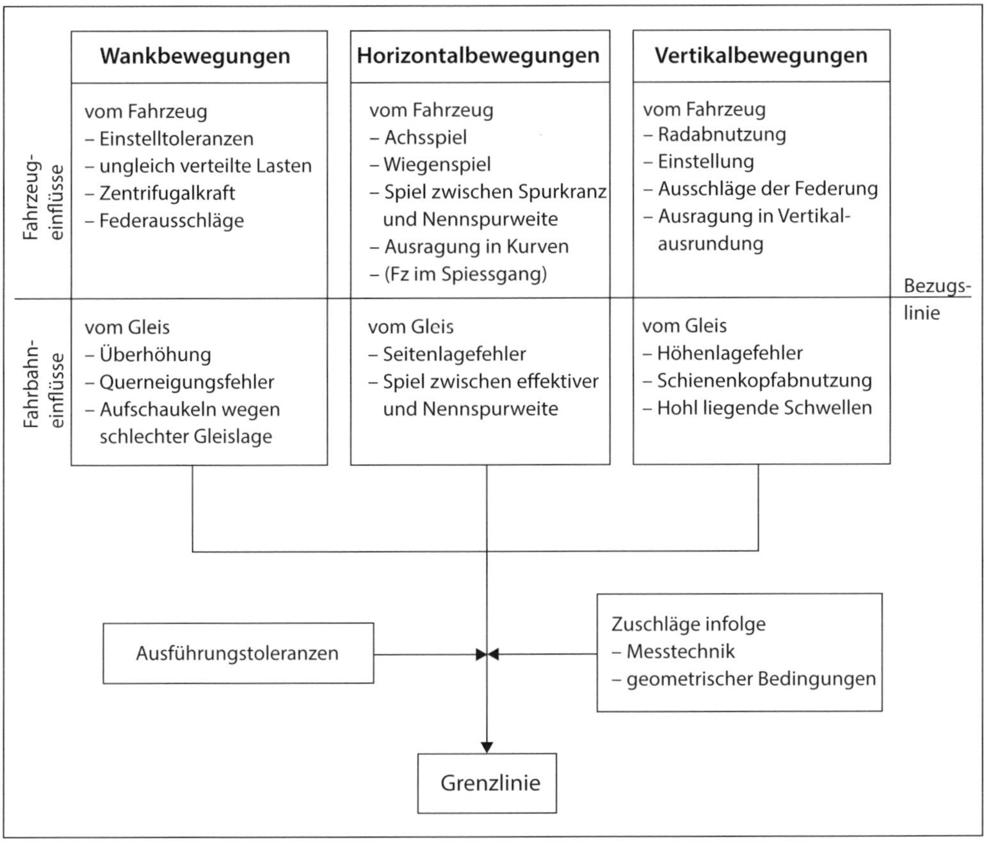

Wankbewegungen
Horizontalbewegungen
Vertikalbewegungen
Fahrzeug-einflüsse
vom Fahrzeug
– Einstelltoleranzen
– ungleich verteilte Lasten
– Zentrifugalkraft
– Federausschläge
vom Fahrzeug
– Achsspiel
– Wiegenspiel
– Spiel zwischen Spurkranz und Nennspurweite
– Ausragung in Kurven
– (Fz im Spiessgang)
vom Fahrzeug
– Radabnutzung
– Einstellung
– Ausschläge der Federung
– Ausragung in Vertikal-ausrundung
Bezugs-linie
Fahrbahn-einflüsse
vom Gleis
– Überhöhung
– Querneigungsfehler
– Aufschaukeln wegen schlechter Gleislage
vom Gleis
– Seitenlagefehler
– Spiel zwischen effektiver und Nennspurweite
vom Gleis
– Höhenlagefehler
– Schienenkopfabnutzung
– Hohl liegende Schwellen
Ausführungstoleranzen
Zuschläge infolge
– Messtechnik
– geometrischer Bedingungen
Grenzlinie

Abbildung 62 *Einflussgrössen respektive zu berücksichtigende Toleranzen beim Aufbau der Grenzlinie fester Anlagen, ausgehend von der Fahrzeugbegrenzungslinie [eigene Darstellung].*

Lichtraumprofil
Drehzapfen der Drehgestelle
Gleis-achse
Realisierbare Form
Gleis-achse
Lichtraumprofil
Seitliche Verjüngung am Ende des Wagenkastens

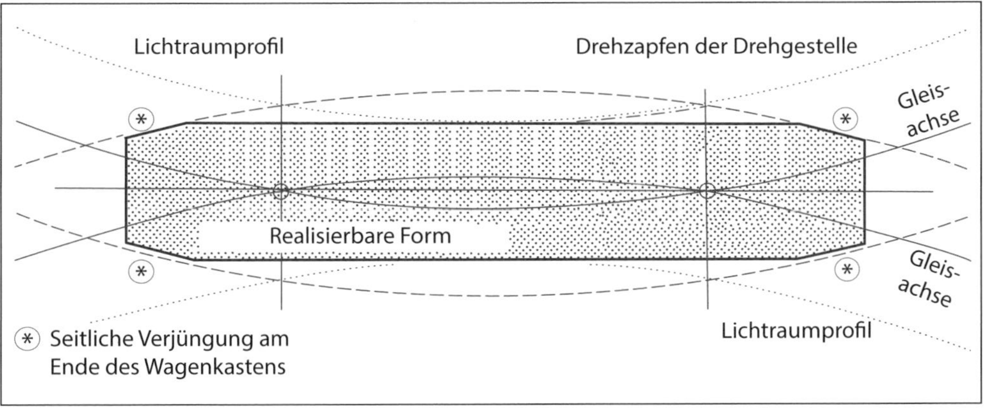

Abbildung 63 *Fahrzeug im Bogen mit Überhang und Konsequenzen für seitlichen Platzbedarf; Limitierung der Wagenkastenbreite durch Kurvenfahrt und zusätzlicher Einzug der Wagenkastenenden [eigene Darstellung].*

Grösse	Abk.	Einheit	Normalspur	Meterspur
Vertikalausrundungsradius	R_V	m	5000[1]	
Radius	R	m	250[1]	
Überhöhungsüberschuss[2]	$\delta_{üü}$	mm	150[1]	105
Überhöhungsfehlbetrag	$\delta_{üf}$	mm	150	99 (EBV A)[3] 107 (EBV B)[3]
Maximale Spurweite	s_{max}	mm	1470	1030
Gleislagetoleranz Seitenlage	t_1	mm	± 25	± 25
Gleislagetoleranz Querneigung	$f_ü$	mm	± 15	± 15
Gleislagetoleranz Höhenlage	δ_h	mm	± 30	+ 50 - 20
Allgemeiner Zuschlag h ≥ 1300 mm h < 1300 mm	B B	mm mm	50 0	
Anhublage des Fahrdrahts	h_{fo}	mm		5500

[1] Bei Vertikalausrundungsradien RV < 5000 m, Radien R < 250 m oder Überhöhungen ü > 150 mm muss der Sonderwert des Lichtraumprofils zwingend verwendet werden.

[2] Da für die Bestimmung des Zuschlags das stillstehende Fahrzeug massgebend ist, wird der Überhöhungsüberschuss der Überhöhung gleichgesetzt (üü = ü).

[3] Die angegebenen Überhöhungsfehlbeträge sind grösser als jene im KOM EBV 3, da die Profile der AB-EBV (Sollwerte) Rundungszuschläge enthalten. Mit den angegebenen Werten ergeben sich genau die Profile (Sollwerte) der AB-EBV.

Tabelle 20 *Zugrunde gelegte Gleislagetoleranzen für die Entwicklung des Lichtraumprofils für Normalspur und Meterspur [VöV 2012a], [VöV 2014].*

4.5.2 Schweizerische Lichtraumprofile, besondere Räume

4.5.2.1 Lichtraumprofile nach AB-EBV

In den AB-EBV sind eine Reihe von Grenzlinien fester Anlagen und Lichtraumprofile sowohl für Normalspur- als auch Meterspurbahnen vorgegeben. Nachstehend werden diese Profile (es gibt sowohl Grenzlinien als auch Lichtraumprofile zum selben Typ) aufgeführt.

Lichtraumprofile nach AB-EBV	Anwendungsgebiete
EBV 1	Nur zur Überprüfung resp. Anpassung bestehender Anlagen.
EBV 2	Neuanlagen, Umbauten an bestehenden Anlagen und neu montierte Anlagenteile Strecken für Kombiverkehr bis Code P60/C60/W50/NT50 Strecken für Verkehr mit doppelstöckigen Reisezugwagen
EBV 3	Bestehende Anlagen, herzurichten für Kombiverkehr mit dem Code P80/NT70

Lichtraumprofile nach AB-EBV	Anwendungsgebiete
EBV 4	Neubaustrecken der Nord-Süd-Transversalen Basel – Chiasso bzw. Basel – Iselle Neu- und Ausbaustrecken für V > 160 km/h
Meterspur A	Adhäsions-, Zahnrad- und gemischte Meterspurbahnen
Meterspur B	Adhäsions-, Zahnrad- und gemischte Meterspurbahnen mit Rollschemel- oder Rollbockbetrieb
Meterspur C	Strassenbahnen

Tabelle 21 *In der Schweiz angewandte Lichtraumprofile gemäss schweizerischen Vorschriften [BAV 2016].*

4.5.2.2 Stromabnehmerräume

Die Breite der Schleifstücke respektive Stromabnehmerwippen muss erheblich sein, um folgende Effekte zu berücksichtigen:

- In Kurven können die Fahrdrähte der geometrischen Lage des Gleises nicht genau folgen, sondern bilden ein Polygon von Stützpunkt zu Stützpunkt, das durch das Schleifstück sicher zu bestreichen ist.
- Um das Einschleifen von Rillen in die Schleifstücke der Stromabnehmer zu vermeiden, verläuft der Fahrdraht auf geraden Strecken in einem Zickzack.
- Seitlicher Wind verschiebt den Fahrdraht aus seiner Soll-Lage.

Historisch bedingt sind die Wippenbreiten länderspezifisch, worin sich vor allem auch regionale Besonderheiten abbilden. Die in der Schweiz vorherrschenden engen Tunnels aus der Zeit des Dampfbetriebs führten zu schmalen Stromabnehmern und in der Folge zu kleinen seitlichen Auslenkungen der Fahrleitungen.

Wippenbreite	Land
1450 mm	Schweiz, Luxemburg (AC), Frankreich (AC), Italien
1600 mm	Grossbritannien, Frankreich (AC, DC), Ex-Jugoslawien, Luxemburg (DC)
1950 mm	Deutschland, Österreich, Tschechien, Dänemark, Ungarn, Polen, Belgien, Niederlande, Frankreich (DC), Luxemburg (DC)

Tabelle 22 *Wippenbreite ausgewählter europäischer Vollbahnnetze [Zweig 2007].*

In der Technischen Spezifikation Interoperabilität (TSI) wurden die relevanten Parameter für Europa wie folgt spezifiziert:

- Fahrdrahtnennhöhe: 5000 mm bis 5500 mm.
- Breite der Stromabnehmerwippe: 1600 mm.
- Maximal zulässige seitliche Auslenkung des Fahrdrahtes unter Querwindeinwirkung: ± 400 mm.

Da eine Umrüstung des internationalen Bahnnetzes aus finanziellen Gründen unangemessen ist, wird in einigen Gebieten weiterhin eine maximale seitliche Auslenkung von ± 550 mm zugelassen (für Wippenbreite 1950 mm). Wegen der engen Verhältnisse gilt in der Schweiz eine maximale seitliche Auslenkung des Fahrdrahtes von 300 mm [Steimel 2004].

4.5.2.3 Sicherheitsräume

Verschiedene Sicherheitsräume dienen dem Schutz der Fahrgäste und des Personals. Ihre Abmessungen sind Mindestmasse. Zusätzlich zu den Sicherheitsräumen steht (insbesondere bei stehendem Fahrzeug) der Abstand zwischen der Begrenzung der Fahrzeuge und der Grenzlinie zur Verfügung. So würde eine Schlupfwegbreite von 200 mm ein Passieren entlang stehender Züge nicht gestatten. In der Praxis verbleiben zwischen der Grenzlinie und der Begrenzung der Fahrzeuge und Ladungen jedoch rund weitere 300 mm. Bei elektrischen Bahnen sind zudem definierte Sicherheitsdistanzen zu den stromführenden Teilen der Fahrleitung einzuhalten.

Spannung	Empfohlene Schutzabstände [mm]	
	Dauernd	Kurzzeitig
600 V Gleichspannung *)	100	50
750 V Gleichspannung	100	50
1500 V Gleichspannung	100	50
3000 V Gleichspannung	150	50
15000 V Wechselspannung	150	100
25000 V Wechselspannung	270	150

Tabelle 23 *Empfohlene elektrische Schutzabstände nach EN 50119:2009; *) nur bestehende Anlagen [Electrosuisse 2009].*

4.5.2.4 Abstände von Gleisachsen

Die Abstände zwischen Parallelgleisen sind so zu wählen, dass sich die Grenzlinien fester Anlagen nicht überschneiden. Sie sind in den AB-EBV festgelegt. Da die Wahrscheinlichkeit des gleichzeitigen Auftretens aller maximal negativen Abweichungen vom Sollwert auf beiden Gleisen kleiner ist als gegenüber festen Anlagen, lassen sich die Zuschläge reduzieren. Bei höheren Geschwindigkeiten (> 140 km/h) sind die Abstände wegen des Luftwiderstandes und der Druckschläge dagegen zu vergrössern. Auf freier Strecke beträgt der Gleisachsabstand normalspuriger Neubauten 3,8 m, dies bei Radien ≥ 250 m und Geschwindigkeiten bis 160 km/h.

In Stationen sind grössere Gleisachsabstände als auf der freien Strecke angebracht, weil sich dort Rangierpersonal zwischen den Gleisen aufhalten kann. Bei Perrons sind die Abstände zwischen Gleisachsen respektive Perronkanten und festen Bauten so festzulegen, dass die Aufenthaltsflächen genügend gross dimensioniert werden können.

4.5.3 Perrongeometrie

4.5.3.1 Aufgabenstellung

Für die Fahrgäste bilden Perron und Wagenboden zusammen die Schnittstelle zwischen der Infrastruktur und dem Fahrzeug. Ihre gegenseitige Abstimmung entscheidet über die Benützungsqualität, für Menschen mit Behinderungen kann sie sogar zum unüberwindlichen Hindernis werden. Das Behindertengleichstellungsgesetz verlangt deshalb, *„Benachteiligungen zu verhindern, zu verringern oder zu beseitigen, denen Menschen mit Behinderungen ausgesetzt sind"* (Art. 1) [BV 2017]. Die Umsetzung für den öffentlichen Verkehr wird konkretisiert durch die Verordnung über die behindertengerechte Gestaltung des öffentlichen Verkehrs [BV 2016]. Gemäss den dortigen Grundsätzen sollen *„Behinderte, die in der Lage sind, den öffentlichen Raum autonom zu benützen, [...] auch Dienstleistungen des öffentlichen Verkehrs autonom beanspruchen können"* (Art. 3). Da dies zahlreiche Anpassungen an Fahrzeugen und festen Anlagen bedingt, wurde eine Übergangsfrist von zwanzig Jahren festgelegt, die am 31. Dezember 2023 ausläuft. Die Schweiz gliedert sich damit in analoge Bestrebungen in Europa ein.

4.5.3.2 Perronhöhe

Die Perronhöhe bestimmt zusammen mit der Wagenbodenhöhe die Höhendifferenz. Grundsätzlich sollen sich Wagenboden und Perronoberfläche auf gleicher Höhe befinden. Dabei sind folgende Grundsätze zu berücksichtigen:

- Kann eine exakt gleiche Höhenlage nicht bei jedem Fahrzeug und in jedem Beladungszustand gewährleistet werden, so ist eine optisch und taktil erkennbare Höhendifferenz vorzusehen. Ansonsten werden die Fahrzeugeinstiege zur Stolperfalle.
- Zur selbstständigen Befahrbarkeit mit Rollstühlen soll diese Höhendifferenz unter 5 cm bleiben (bei gleichzeitig maximaler Spaltbreite von 7,5 cm) [Meyrat 2016].
- Aus bewegungsphysiologischen Gründen sowie um ein problemloses Öffnen der Fahrzeugtüren zu gewährleisten, soll der Wagenboden höher als das Perron sein; ein Hinuntersteigen in das Fahrzeug ist vor allem für Bewegungsbehinderte ungünstig.
- Die technischen Toleranzen des Fahrzeugs respektive der festen Anlagen sind zu beachten, insbesondere Radreifenabnützung, Einsenkung unter Belastung, Wanken des Fahrzeugs, Gleislagetoleranzen und Bautoleranzen der Perronhöhe.

4.5.3.3 Spaltbreite

Das zweite Sicherheits- und Komfortelement ist – nebst der Höhendifferenz – die Spaltbreite. Für Behinderte beträgt die maximal zulässige Spaltbreite 7,5 cm (bei gleichzeitiger maximaler Höhendifferenz von 5 cm) [Meyrat 2016]. Je höher die Perronoberfläche über der Schienenoberkante liegt, desto weiter muss die Perronkante aufgrund der Form des Lichtraumprofils vom Gleis abgerückt werden. In Kurven kommt erschwerend hinzu:

- Einstiege *zwischen den Drehgestellen* entfernen sich im *Aussenbogen* zusätzlich von der Perronkante.
- Einstiege *an den Wagenenden* entfernen sich im *Innenbogen* zusätzlich von der Perronkante.

Um dennoch in allen diesen Situationen den zulässigen Grenzwert einzuhalten, werden neuzeitliche Fahrzeuge mit Schiebetritten oder Klapptritten ausgerüstet, die den Spalt weitgehend schliessen.

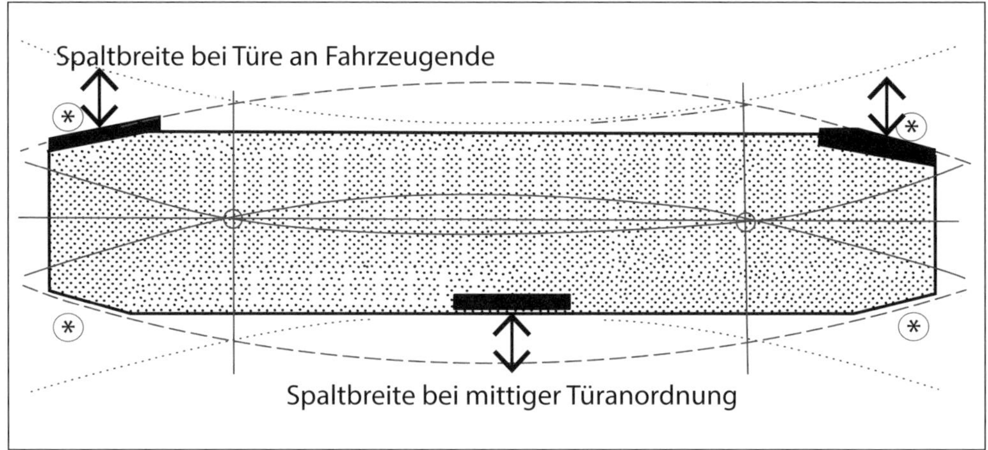

Abbildung 64 *Abrücken der Einstiege von der Perronkante in Kurven und dadurch entstehende Spalten; zur Sicherstellung der Hindernisfreiheit werden Fahrzeuge mit Schiebetritten ausgestattet [eigene Darstellung].*

4.5.3.4 Angewandte Perron- und Wagenbodenhöhen

Die genaue Abstimmung von Perronhöhe und Wagenbodenhöhe wäre grundsätzlich bei allen strassenunabhängigen Systemen möglich. Bei der Eisenbahn mit ihrer grossen Zahl wenig genutzter Haltepunkte wurde in Kontinentaleuropa aus ökonomischen und anderen Gründen auf Hochperrons verzichtet. Man beschränkte sich vielmehr auf eine Normierung der Perronhöhen. In der Schweiz wurde zwar der Regelwert schrittweise auf die heute gültigen 550 mm erhöht und gleichzeitig bei Fahrzeugneubeschaffungen eine darauf abgestimmte Einstiegshöhe realisiert. Die lange Lebensdauer der Anlagen und Fahrzeuge hat indessen zur Folge, dass noch eine gewisse Zahl unterschiedlicher Perron- und Einstiegshöhen vorzufinden ist.

Die U-Bahn ist bezüglich Wagenbodenhöhe und Perronhöhe vollkommen frei, sodass sich ein höhengleicher Einstieg ohne aufwendige Niederflurtechnik schaffen lässt. Typische Perronhöhen von U-Bahnen sind 900–1150 mm. Bei strassenabhängigen Systemen erschweren demgegenüber die Platzverhältnisse und ästhetischen Aspekte eine Angleichung von Perron und Wagenboden. Haltestelleninseln wurden in der Vergangenheit mit 100–160 mm Höhe ausgeführt. In jüngerer Zeit werden behindertenorientierte Höhen von 250–300 mm realisiert. Eine Absenkung des Gleises im Haltestellenbereich wird bisher nur punktuell angewandt, ist aber oft eine zweckmässige Lösung.

	Hochperron ca. 900 mm	Mittelperron ca. 500 mm	Tiefperron ca. 200 mm
Hochflur 1000 mm	**Ebener Einstieg** **(Optimum und gesetzes-konform)** U-Bahn-Systeme S-Bahnen in Deutschland Grossbritannien	**Treppeneinstieg aufwärts** Hauptbahnen S-Bahnen Schweiz Regionalbahnen (sukzessive eliminiert durch Mittelflurfahr-zeuge)	**Treppeneinstieg aufwärts** Trams, Busse Vorortbahnen Hauptbahnen, Regionalbahnen (sukzessive eliminiert durch Perronerhöhungen sowie Nieder- und Mittelflurfahrzeuge)
Mittelflur 600 mm	**Treppeneinstieg abwärts** (selten, ungünstig)	**Ebener Einstieg** **(Optimum und gesetzes-konform)** Hauptbahnen S-Bahnen Schweiz Regionalbahnen (neuer Standard Schweiz)	**Treppeneinstieg aufwärts** Mittelflurtrams Mittelflurbusse S-Bahnen Schweiz Fernverkehrsfahrzeuge Schweiz (sukzessive eliminiert durch Per-ronerhöhungen)
Niederflur 300 mm	**Nicht anwendbar**	**Treppeneinstieg abwärts** (selten, ungünstig)	**Ebener Einstieg** **(Optimum und gesetzeskonform)** Niederflurtrams Niederflurbusse (neuer Standard Schweiz)

Tabelle 24 *Auftretende Kombinationen von Wagenbodenhöhen und Perronhöhen im europäischen öffentlichen Verkehr; Hindernisfreiheit ist in vielen Netzteilen noch nicht erreicht (nach [Weidmann 1995]).*

Abbildung 65 *Hochperron mit Hochflurfahrzeugen, U-Bahn [Foto: Steffen Schranil].*

Abbildung 66 *Mittelperron mit Mittelflurfahrzeugen, S-Bahn [Foto: Ernst Bosina].*

4.6 Kapazitätsdimensionierung von Personenverkehrsanlagen

4.6.1 Zielsetzungen und Anlagenelemente

4.6.1.1 Überblick

Die Personenverkehrsanlagen von Bahnhöfen sind, ausgehend von geometrischen Mindestabmessungen, insbesondere auf einen korrekten Personenfluss zu dimensionieren. Zielgrössen sind:

- *Leistungsfähigkeit* für den erwarteten Personenfluss.
- Angemessene *Benützungsqualität*.
- *Zeitbedarf* für die Umsteigevorgänge.

Stark frequentierte unterirdische Personenverkehrsanlagen sind zusätzlich auf die Evakuation im Katastrophenfall auszulegen. Oberirdische Bahnhöfe, unterirdische Haltepunkte sowie Haltestellen im Strassenraum unterscheiden sich bezüglich der Bemessungsaufgaben in verschiedener Hinsicht:

Kriterium	Oberirdische Bahnhöfe	Unterirdische Haltepunkte, insbesondere U-Bahnen	Haltestellen im Strassenraum
Fahrgastzustrom	Fahrplanabhängig	Fahrplanunabhängig	Mehrheitlich fahrplanunabhängig
Spitzen des Personenaufkommens	Ausgeprägt	Mässig bis stark	Mässig, gedämpft durch öV-fremde Nutzer derselben Anlage
Anzahl Fahrten während üblicher Aufenthaltsdauer	Meist keine	Wenige	Mehrere
Anteil wartender Fahrgäste ohne Bezug zu bestimmter Fahrt	Wenig	Klein bis mittel	Mittel bis hoch
Räumliche Abgrenzung der Fussgängeranlagen	Teilweise strikt durch bauliche Begrenzungen, teilweise übergehend in anschliessende Flächen	Strikt durch bauliche Begrenzungen	Meist keine bauliche Begrenzung, oft kontinuierlicher Übergang in andere Fussgängerflächen
Grunddimensionen der Anlage, bezogen auf Fahrgäste	Gross	Mittel bis gross	Klein
Wegelängen	Mittel bis gross	Gross	Klein

Tabelle 25 *Charakteristiken der drei Grundtypen von Haltepunkten [eigene Darstellung].*

4.6.1.2 Planerische Grundlagen

Die Anlagendimensionierung erfordert folgende Grundlagen:

- Entwurf der Wegetopologie, gegebenenfalls mit Vordimensionierung der relevanten Abmessungen.
- Betriebskonzept der Anlage sowie zugehörige Lastfälle und Qualitätsziele und -standards.
- Funktion der Anlage im Langsamverkehrssystem des Umfeldes, insbesondere Verbindungsfunktionen zwischen Orts- oder Stadtteilen, die durch die Haltepunktanlage wahrgenommen werden.
- Weitere Einrichtungen im Perimeter des Haltepunktes, die das Ziel von Fussgängern bilden, insbesondere für bahnfremde Nutzer.
- Zahl und Trajektorien bahnfremder Nutzer von/zu Dienstleistungen und Arbeitsplätzen.

Wesentliche Teile der Haltepunktanlagen wie etwa Passagen, Bewegungsflächen in Bahnhofsgebäuden, unterirdische Gänge und Treppen oder Überführungen unterscheiden sich bei der Dimensionierung nicht grundsätzlich von üblichen Fussgängeranlagen. Die wesentliche Differenz besteht im Verkehrsaufkommen, insbesondere in den ausgeprägten Spitzenbelastungen. Ein gänzlich abweichendes Benützungsbild zeigen zudem die Perrons während des Fahrgastwechsels.

4.6.1.3 Qualitätsorientierte Kapazitätsdimensionierung

Kapazitätsbemessung und Benützungsqualität hängen eng miteinander zusammen: Je höher die Kapazitätsausnutzung sein soll, desto höhere Fussgängerdichten müssen zugelassen werden und desto tiefer ist die wahrgenommene Qualität. Da sich die wahrgenommene Qualität bereits deutlich vor der maximalen Leistungsfähigkeit entscheidend verschlechtert, wird sie für die Dimensionierung meist massgebend. Man spricht daher von der *qualitätsorientierten Kapazitätsdimensionierung*, bei der zunächst die angestrebte *Verkehrsqualität* pro Bemessungsfall festgelegt wird. Mithilfe der zugehörigen Dichte leitet sich aus dem *Fundamentaldiagramm* die zugehörige spezifische Leistungsfähigkeit ab.

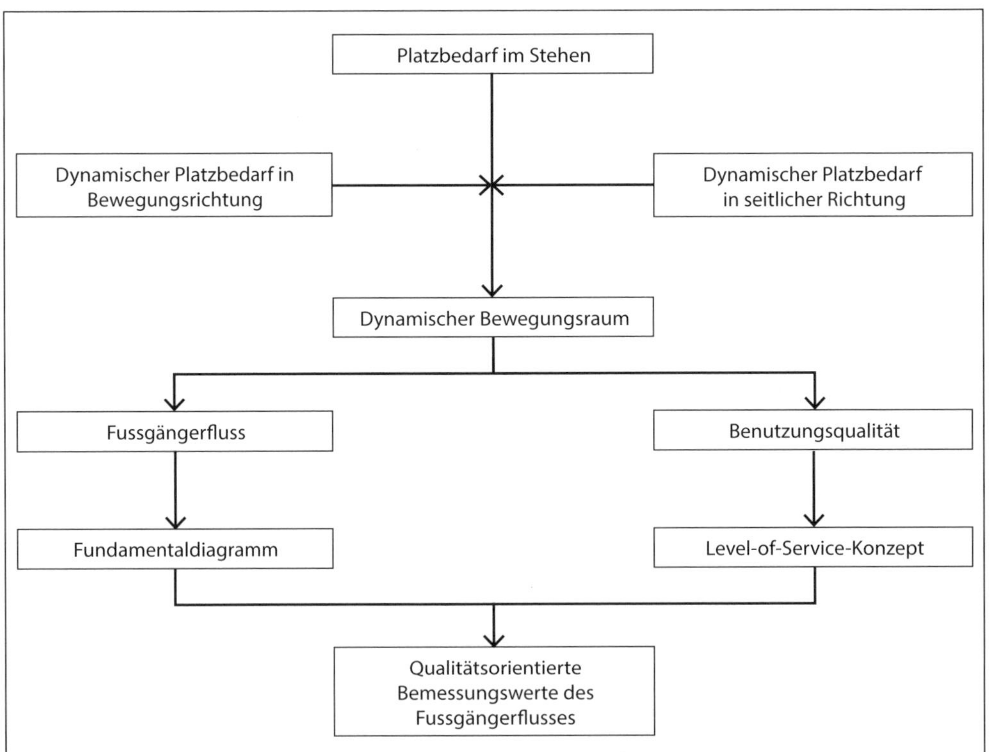

Abbildung 67 *Konzept der qualitätsorientierten Kapazitätsdimensionierung [eigene Darstellung].*

4.6.2 Dimensionierungsnachfrage

4.6.2.1 Massgebende Lastfälle und deren Charakteristiken

Basis der Kapazitätsdimensionierung ist die Nachfrage mit den massgebenden Lastfällen und Nutzerzahlen pro Lastfall. Die Nutzenden einer Bahnhofsanlage setzen sich aus zwei Hauptpersonengruppen zusammen, für die das Aufkommen getrennt zu ermitteln ist:

- Ein-, Aus- und Umsteigende der Züge sowie von Zubringerverkehrsmitteln.
- Passantenströme durch den Bahnhof hindurch sowie Besucherinnen und Besucher von Drittnutzungen.

Das Verkehrsaufkommen unterliegt folgenden Streuungen:

- *Definierte kurzzeitige Streuungen:* Ankünfte und Abfahrten von Zügen und/oder Zubringerverkehrsmitteln.
- *Systematische zeitliche Streuungen:* Jahreszeit, Wochentag, Tageszeit; ausgelöst zum Beispiel durch Arbeits- und Öffnungszeiten.
- *Undefinierte kurzzeitige Streuungen:* Stochastische Einflüsse.

Da sich die Fussgängernachfrage auch innerhalb eines bestimmten Lastfalls permanent ändert, sind Konventionen zum Bemessungszeitraum zu treffen. Bei Haltepunkten hängt die Dimensionierungsnachfrage meist vom Betriebsprogramm des öffentlichen Verkehrs ab. Bereits die Änderung der Fahrplanstruktur kann die gleichzeitig anwesenden Fahrgastzahlen vervielfachen. Zu jeder Haltepunktdimensionierung gehört daher die Analyse der künftigen Funktion eines Haltepunktes im Angebotssystem und der daraus abgeleiteten Fahrplankonstellation.

4.6.2.2 Betriebliche Einflussgrössen auf die Perronbelastung

Zur Bestimmung der Ein-, Aus- und Umsteigenden sind zunächst die relevanten Planungshorizonte festzulegen und die zugehörigen Betriebskonzepte aufzuarbeiten, insbesondere hinsichtlich folgender Punkte:

- *Massgebende Spitzenstunde:* Tritt meistens im Pendlerverkehr auf. Bei touristischem Verkehr können auch Zeitintervalle am Wochenende relevant werden.
- *Betriebsablauf der Züge:* Für Spitzenbelastung ist insbesondere die Überlagerung der Personenströme (nahezu) gleichzeitig ankommender Züge verantwortlich. Das massgebende Zugbündel, das mehrere simultane Fussgängerströme verursacht, ist daher aufgrund des Betriebsprogramms zu identifizieren. Dies sind näherungsweise jene Züge, deren Ankünfte innert weniger als 3 min liegen. Das massgebende Zugbündel definiert die Länge des Bemessungsintervalls.
- *Betriebsablauf an den Perrons und Zugangsstellen:* Der Betriebsablauf ist detailliert und minutengenau zu erfassen.
- *Bemessungszüge:* Für das Bemessungsintervall sind Anzahl und Typ der Züge pro Perronkante zu definieren.

Die Betriebsabläufe an einem Perron entsprechen einem der folgenden drei Grundtypen:

- *Perrons mit einem einzigen Zughalt:* Während des Bemessungsintervalls hält nur ein Zug.
- *Perrons mit zwei gleichzeitigen Zughalten:* An Mittelperrons sind zwei Zughalte gleichzeitig oder zeitlich leicht versetzt möglich, sodass sich die Fahrgastströme der beiden Züge überlagern.
- *Perrons mit dichter Zugfolge:* An Perrons mit dichter Zugfolge – zum Beispiel auf S-Bahn-Stammstrecken oder bei U-Bahnen – überlagern sich die Fahrgastströme von mehr als zwei Bemessungszügen.

Optimal ist es, wenn die genauen Fahrzeugtypen und Zugformationen pro Planungshorizont bekannt sind. Andernfalls lässt sich das potenzielle Fahrgastaufkommen näherungsweise über das spezifische Fassungsvermögen typischer Fahrzeugkategorien abschätzen:

Verkehrsmittel/ Fahrzeugtyp	Länge der Einheit [m]	Bauart	Spezifisches Fassungsvermögen [P/m]	Fassungsvermögen der Einheit [P]
Fernverkehr	400	Einstöckig	2,2– 2,5	900–1000
		Doppelstöckig	2,8–3,0	1100–1200
S-Bahnen	300	Doppelstöckig	3,7–4,0	1100–1200
	200	Einstöckig	2,8–3,0	560–600
Regionalbahnen	120	Einstöckig	2,8–3,0	330–360
	60	Einstöckig	2,8–3,0	160–180
Strassenbahnen	42	Einstöckig	4,5–5,0	190–210
	37	Einstöckig	4,5–5,0	165–185
	24	Einstöckig	4,5–5,0	110–120
Autobus/Trolleybus	24	Einstöckig	4,5–5,0	110–120
	18	Einstöckig	4,5–5,0	80–90
	12	Einstöckig	4,5–5,0	50–60

Tabelle 26 *Orientierende Richtwerte für das spezifische Fassungsvermögen von Zügen und Bussen in Fahrgästen pro Laufmeter Fahrzeug einschliesslich Verlustlängen durch Lokomotiven, Führerstände, Gepäckabteile etc. [eigene Darstellung].*

4.6.2.3 Ermittlung der Zusteigerströme

Die Zusteigerströme setzen sich aus zwei Anteilen mit unterschiedlichem zeitlichem Verhalten zusammen:

- *Erstzusteigende* aus dem Einzugsgebiet.
- *Umsteigende* von anderen Zügen oder Bussen.

Die zeitliche Verteilung der *Erstzusteiger* ergibt sich aus der Überlagerung der zufällig ankommenden Fahrgäste mit jenen, die sich am Fahrplan orientieren. Würden alle Fahrgäste zufallsverteilt zur Haltestelle gelangen, so entspräche die mittlere Wartezeit genau der Hälfte der jeweiligen Kursfolgezeit. Je länger die Kursfolgezeit ist, desto mehr Fahrgäste orientieren sich am Fahrplan, weshalb die durchschnittliche Wartezeit asymptotisch einem Grenzwert zustrebt. Es lassen sich vereinfachend drei Bereiche unterscheiden:

- *Taktfolge < 5 min:* Fahrplanunabhängiger, gleichmässiger Zustrom, durchschnittliche Wartezeit ist halbe Kursfolgezeit, meist etwa 2 min.
- *Taktfolge 5–15 min:* Hybrides Verhalten; je merkbarer der Takt, desto höher der Anteil fahrplanorientierter Fahrgäste, durchschnittliche Wartezeit mit wachsender Kursfolge von 2–4 min.
- *Taktfolge > 15 min:* Fahrplanorientierter Zustrom, durchschnittliche Wartezeit von 4 min.

Im Eisenbahnfern- und Regionalverkehr sowie bei den meisten S-Bahnen kann daher mit fahrplanorientiertem Eintreffen gerechnet werden. Im städtischen Nahverkehr überwiegen dagegen die zufälligen Ankünfte. Haltepunkte von U-Bahnen, Stadtbahnen und Trams in Stadtzentren werden oft von mehreren Linien in sehr kurzen Intervallen bedient, welche die üblichen Wartezeiten der Fahrgäste unterschreiten. Beim Halt eines Kurses warten darum bereits Fahrgäste auf spätere Kurse und belegen die Perronflächen ebenfalls; sie sind im Flächenbedarf zu berücksichtigen.

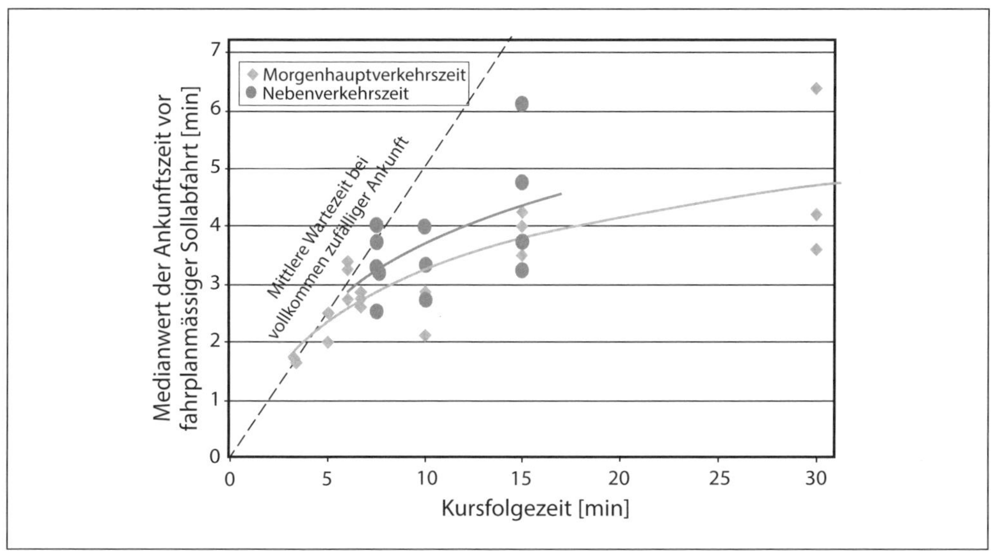

Abbildung 68 *Ankunftszeiten der Fahrgäste an Haltestellen des öffentlichen Verkehrs vor der Sollabfahrt in Abhängigkeit von der Kursfolgezeit; Median [Weidmann 2006].*

Der zeitliche und mengenmässige Verlauf der Umsteigerströme von anderen Zügen und Bussen leitet sich aus der Fahrplankonstellation und den nachfolgend beschriebenen Aussteigeprozessen ab. Vor allem in Taktknoten von integrierten Taktfahrplansystemen sowie an grossen Umsteigepunkten des Nahverkehrs dominieren diese die Spitzen.

4.6.2.4 Ermittlung der Aussteigerströme

Die Aussteiger verlassen den Zug als Pulk und verursachen damit eine Belastungsspitze. Der massgebende Fussgängerstrom ist für jeden Querschnitt der Anlage aufgrund von Fahrgastmenge pro Tür, Türleistungsfähigkeit, Abflussverhältnissen und Gehgeschwindigkeiten zu bestimmen. Die Zahl der Aussteiger einer Fahrzeugtür, dividiert durch die jeweilige Türleistungsfähigkeit, liefert die Dauer des Aussteigevorganges an dieser Tür:

$t_{aus} = P_{aus} / L_{Tür}$

Mit t_{aus} = Dauer des Aussteigevorganges an einer Tür [s]
P_{aus} = Aussteigerzahl an einer Tür [P]
$L_{Tür}$ = Türleistungsfähigkeit [P/s]

Die Türleistungsfähigkeit ist in erster Näherung von Türbreite und Einstiegshöhe abhängig. Für überschlägige Beurteilungen können Richtwerte verwendet werden.

Einstiegshöhe [mm]	Lichte Türbreite [mm]		
	800	1250	1900
0–250	0,7 P/s	1,0 P/s	1,5 P/s
600–700	0,5 P/s	0,7 P/s	1,1 P/s

Tabelle 27 *Richtwerte für die Türleistungsfähigkeit in [P/s] von Bahnfahrzeugen und Bussen in Abhängigkeit von der Türbreite und der Einstiegshöhe (abgeleitet aus [Weidmann 1994]). Andere Einstiegshöhen und/oder Türbreiten sind zu interpolieren.*

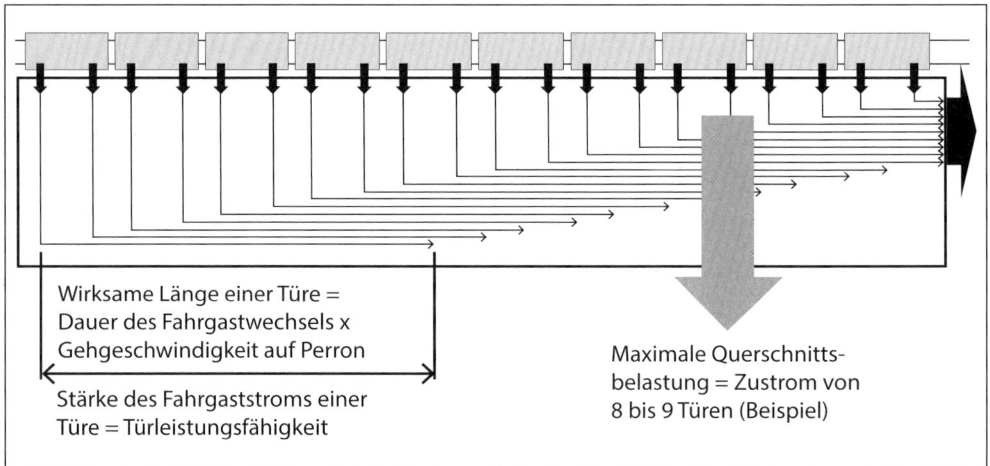

Abbildung 69 *Ermittlung der Überlagerung der Aussteigerströme der einzelnen Türen eines Zuges auf dem Perron, unter Annahme eines einzigen Perronabgangs; Identifikation des kritischen Perronquerschnitts [eigene Darstellung].*

Multipliziert man diese Aussteigedauer an einer Tür mit der mittleren Gehgeschwindigkeit, so erhält man die Länge der zugehörigen Personenkolonne auf dem Perron:

$L_{aus} = t_{aus} \cdot v$

Mit L_{aus} = Länge der Aussteigerkolonne auf Perron aus betrachterer Tür [m]
v = Mittlere Gehgeschwindigkeit auf dem Perron, Richtwert = 1,34 m/s [m/s]

Für jeden Querschnitt zwischen zwei Türen ist aufgrund der türweisen Fahrgastströme und ihrer Länge zu ermitteln, wie viele von ihnen sich im ungünstigsten Zeitpunkt überlagern. Dies liefert folgende dimensionierungsrelevante Grössen:

- Maximaler Zustrom zum Perronabgang.
- Maximal auftretender Fahrgaststrom entlang des gesamten Perrons.

4.6.2.5 Ermittlung der übrigen Fussgängerströme

Die Fussgängernachfrage in Bahnhöfen, die nicht direkt mit den Zugfahrten in Verbindung steht, verhält sich stochastisch mit zufälligen kurzzeitigen Spitzen, gefolgt von Phasen mit wenigen oder gar keinen Fussgängern. Die Bemessung auf einen längerfristigen Mittelwert wäre nicht aussagekräftig, weshalb die Dimensionierung auf die Auftretenshäufigkeit bestimmter Fussgängermengen auszurichten ist. Zweckmässig sind die 2-Minuten- und die 15-Minuten-Werte. Ist ein bestimmter Wert bekannt, zum Beispiel das stündliche Verkehrsaufkommen, so lässt sich daraus das Aufkommen in den anderen Zeitintervallen mithilfe empirischer Spitzenfaktoren ableiten.

Gegebene Fussgängerverkehrsstärke in Personen pro Zeitintervall	Umrechnungsfaktoren für andere Zeitintervalle	
	15 min	2 min
60 min	0,30	0,06
30 min	0,55	0,10
15 min	1,00	0,18
10 min	1,40	0,25

Tabelle 28 *Umrechnung von Spitzenwerten der Nachfrage mittels Spitzen- respektive Umrechungsfaktoren auf andere Zeitintervalle [HBS 2001].*

4.6.3 Kapazität von Fussgängeranlagen

4.6.3.1 Geschwindigkeiten von Fussgängern

Die bestimmenden Eigenschaften für den Fussgängerfluss und damit die Kapazität von Fussgängeranlagen sind Fussgängergeschwindigkeit und Fussgängerdichte. Die Durchschnittsgeschwindigkeit auf ebenen Wegen liegt bei 1,34 m/s, variiert aber zwischen den einzelnen Personen aufgrund vielfältiger Einflüsse, beispielsweise:

- *Physische Eigenschaften:* Geschlecht, Alter, Gesundheitszustand etc.
- *Emotionale und kulturelle Einflüsse:* Charakter, Temperament, kulturelles Umfeld etc.
- *Anlageneigenschaften:* Ebene Anlage, Rampe, Treppe etc.
- *Umgebungseinflüsse:* Tageszeit, Temperatur, Fussgängerdichte etc.

Die Horizontalgeschwindigkeit auf Rampen ist neigungsabhängig und fällt bei 10 % Steigung auf 1,19 m/s. In einem Gefälle von 10–15 % steigt sie leicht auf 1,40 m/s. Einen besonders Einfluss haben Treppen, auf denen sich die Horizontalgeschwindigkeit etwa halbiert. Die Geschwindigkeiten einer Fussgängergruppe sind zudem normalverteilt. Die Standardabweichung σ beträgt 0,26 m/s, die Varianz 19,3 %, was für die Berechnung von Umsteigezeiten relevant ist.

Neigung	**Gehrichtung**					
	Aufwärts			**Abwärts**		
	v [m/s]	**v_{hor} [m/s]**	**v_{vert} [m/s]**	**v [m/s]**	**v_{hor} [m/s]**	**v_{vert} [m/s]**
0 %	1,34	1,34	0,00	1,34	1,34	0,00
5 %	1,29	1,29	0,06	1,40	1,38	0,07
10 %	1,20	1,19	0,12	1,41	1,40	0,14
15 %	1,10	1,07	0,16	1,42	1,40	0,21

Tabelle 29 *Mittlere Gehgeschwindigkeiten auf geneigten Gehflächen in Funktion der Neigung und der Bewegungsrichtung [Weidmann 1993a].*

	$v_{horizontal}$ [m/s]	**$v_{vertikal}$ [m/s]**	**f [Stufen/s]**
Aufwärts	0,610	0,305	1,97
Abwärts	0,694	0,347	2,24

Tabelle 30 *Mittlere Gehgeschwindigkeiten auf Treppen in Funktion der Bewegungsrichtung [Weidmann 1993a].*

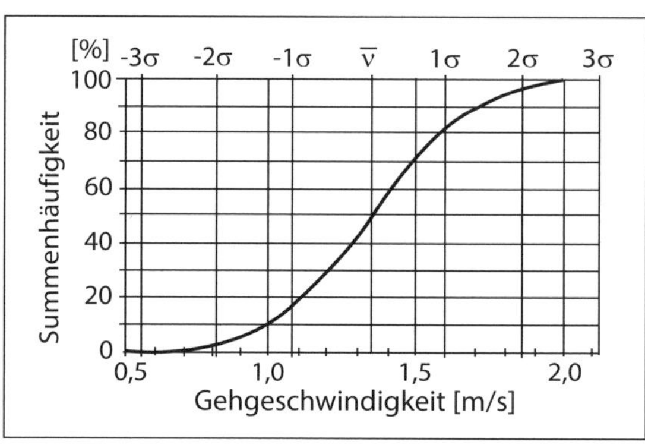

Abbildung 70 *Summenkurve der Fussgängergeschwindigkeiten in Funktion der Streuung; Ablesebeispiel: 30 % der Fussgänger sind langsamer als 1,2 m/s [Weidmann 1993a].*

4.6.3.2 Kapazitätsberechnung von ebenen Fussgängeranlagen und Treppen

Die Anzahl der Fussgänger, die pro Zeiteinheit einen gegebenen Querschnitt der Einheitsbreite von 1 m passieren können, ist die spezifische Leistungsfähigkeit und errechnet sich als Produkt aus Fussgängerdichte und Fussgängergeschwindigkeit:

$$L_s = D \cdot v(D)_h$$

wobei L_S spezifische Leistungsfähigkeit [P/sm]
D Fussgängerdichte [P/m²]
$v(D)_h$ Horizontalkomponente der Fussgängergeschwindigkeit [m/s]

Das Leistungsmaximum wird nicht bei höchster Geschwindigkeit erreicht, denn höchste Geschwindigkeit und maximale Dichte schliessen sich gegenseitig aus. Grund dafür ist der bewegungsbedingte Platzbedarf jedes Fussgängers, der mit der Geschwindigkeit ansteigt. Wächst die Personendichte an, so reduziert sich die Geschwindigkeit bereits ab etwa 0,5 P/m². Bei 5–6 P/m² kommt jegliche Fussgängerbewegung zum Erliegen.

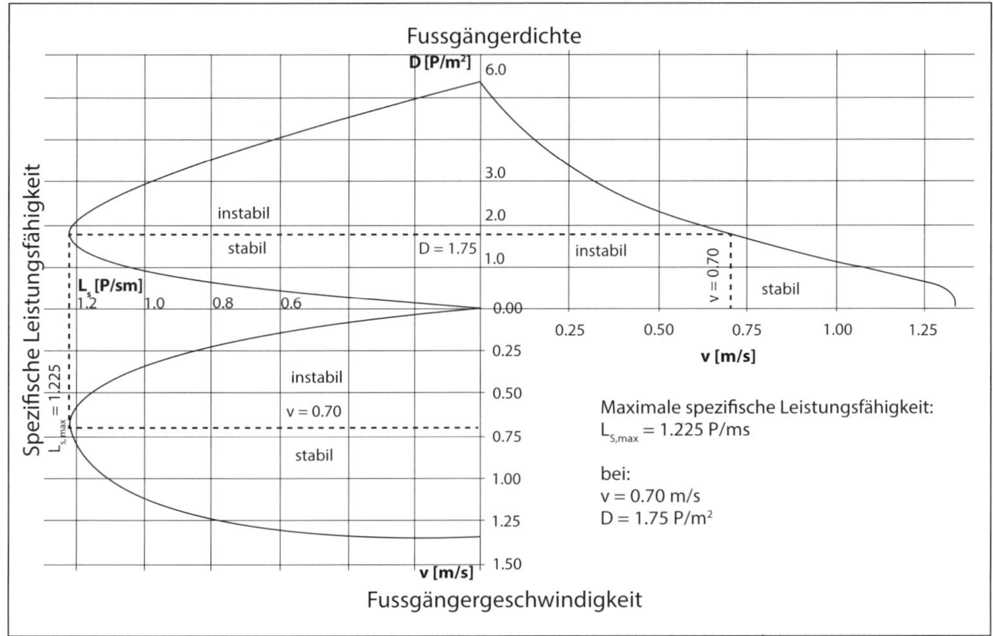

Abbildung 71 *Fundamentaldiagramm für ebene Fusswege, Einrichtungsverkehr; Zusammenhänge zwischen Fussgängerdichte D, spezifischer Leistungsfähigkeit L_s und Geschwindigkeit v [Weidmann 1993a].*

Bei der Leistungsauslegung von Fussgängeranlagen interessieren je nach Aufgabenstellung alle drei möglichen Zusammenhänge zwischen Geschwindigkeit, Dichte und Leistungsfähigkeit. Diese werden im sogenannten Fundamentaldiagramm dargestellt, wobei Einrichtungsverkehr unterstellt wird. Die maximale spezifische Leistungsfähigkeit von 1,225 P/sm auf ebenen Wegen wird demnach bei einer Geschwindigkeit von 0,70 m/s und bei einer Dichte von 1,75 P/m² erreicht. Bei höheren Dichten wird die Situation instabil, es entsteht Stau und schliesslich völliger Stillstand. Analoge Abhängigkeiten gelten für die Leistungsfähigkeit von Treppen.

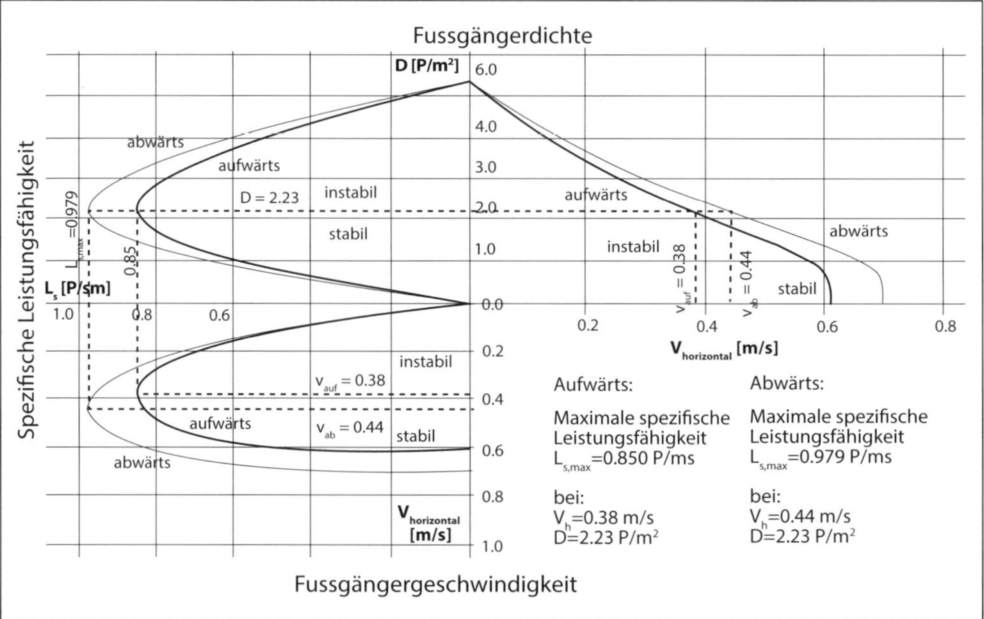

Abbildung 72 *Fundamentaldiagramm für Treppen, Einrichtungsverkehr; Zusammenhänge zwischen Fussgängerdichte D, spezifischer Leistungsfähigkeit Ls und Geschwindigkeit v [Weidmann 1993a].*

Bei Gegenverkehr tritt eine Leistungsminderung ein. Bei ausgeglichenem Verhältnis der beiden Richtungen beträgt diese nur etwa 4 %, je unterschiedlicher die beiden Richtungsanteile sind, desto grösser wird auch der Verlust und kann bis auf 15 % steigen.

Anteil der schwächeren Richtung am Gesamtvolumen [%]	Verminderung der spezifischen Leistungsfähigkeit [%]
0–15	- 15
15–25	- 10
25–40	- 7
40–50	- 5

Tabelle 31 *Leistungsverlust bei Gegenverkehr in Abhängigkeit von den Richtungsanteilen; Leistungsfähigkeit bezogen auf beide Ströme zusammen [Weidmann 1993a].*

4.6.3.3 Kapazitätsberechnung von Rolltreppen und Rollbändern

Rolltreppen und Rollbänder werden zur Komfortverbesserung eingebaut. Rolltreppen haben typischerweise eine Neigung von 30°–35°. Die innere Breite beträgt 600 mm, 800 mm oder 1000 mm. An beiden Enden einer Rolltreppe sind Ein- und Auslaufzonen von 800–1200 mm für die Fussgänger nötig. Rollbänder werden üblicherweise als horizontale Fahrsteige mit Neigungen von 0°–6° oder als geneigte Anlagen mit 10°–12° ausgeführt. Geneigte Rollbänder werden mit Innenbreiten von 800 mm oder 1000 mm geliefert, bei horizontalen Anlagen sind 800 mm, 1000 mm, 1200 mm und 1400 mm üblich. Die Leistungsfähigkeit von Rolltreppen ist von folgenden Faktoren abhängig:

- Lichte Innenbreite der Rolltreppe.
- Fussgängerdichte.
- Geschwindigkeit der Rolltreppe.
- Eigenbewegung der Fussgänger.

Sie lässt sich wie folgt berechnen:

$$L_R = V_{R,s} \cdot \cos\alpha \cdot B_N \cdot D$$

wobei
L_R Leistungsfähigkeit der Rolltreppe [P/s]
$v_{R,s}$ Schräggeschwindigkeit der Rolltreppe [m/s]
α Neigungswinkel der Rolltreppe [°]
B_N Nutzbare Breite = lichte Innenbreite [m]
D Fussgängerdichte auf der Rolltreppe [P/m²]

Bewegt sich ein Teil der Benutzenden auf der Rolltreppe selbst aktiv vorwärts, so wird die Leistungsfähigkeit zu:

$$L_R = q_{T,b} \cdot F_{St} \cdot \left(\frac{v_{R,s}}{a_R} + \frac{v_{F,v}}{h_R} \right) + \left(1 - q_{T,b}\right) \cdot F_{St} \cdot \frac{v_{R,s}}{a_R}$$

wobei
L_R Leistungsfähigkeit der Rolltreppe [P/s]
$q_{T,b}$ Anteil der Fussgänger, die sich aktiv auf der Rolltreppe hinauf- oder hinunter bewegen [-]
F_{St} Personen pro Treppenstufe [P]
$v_{R,s}$ Schräggeschwindigkeit der Rolltreppe [m/s]
a_R Stufentiefe der Rolltreppe [m]
$v_{F,v}$ Vertikalgeschwindigkeit der Fussgänger auf der Rolltreppe [m/s]
h_R Höhe der Treppenstufe [m]

Aus verschiedenen Gründen nimmt die Fussgängerdichte auf Rolltreppen bei höherer Betriebsgeschwindigkeit sukzessive ab. Darum steigt die Kapazität mit wachsender Geschwindigkeit zunächst an, sinkt aber oberhalb einer leistungsoptimalen Geschwindigkeit wieder. Als leistungsoptimal erweisen sich etwa 0,70 m/s, mit einer maximalen spezifischen Leistung bezogen auf die lichte Innenbreite von 1,75 P/ms. Bezogen auf die bauliche Gesamtbreite sind Rolltreppen etwa gleich leistungsfähig wie feste Treppen. Zur Gewährleistungen der Behindertengerechtigkeit sind heute eher Fahrgeschwindigkeiten von 0,5 m/s üblich. Die Leistungsfähigkeit von Rollbändern entspricht etwa jener von Rolltreppen.

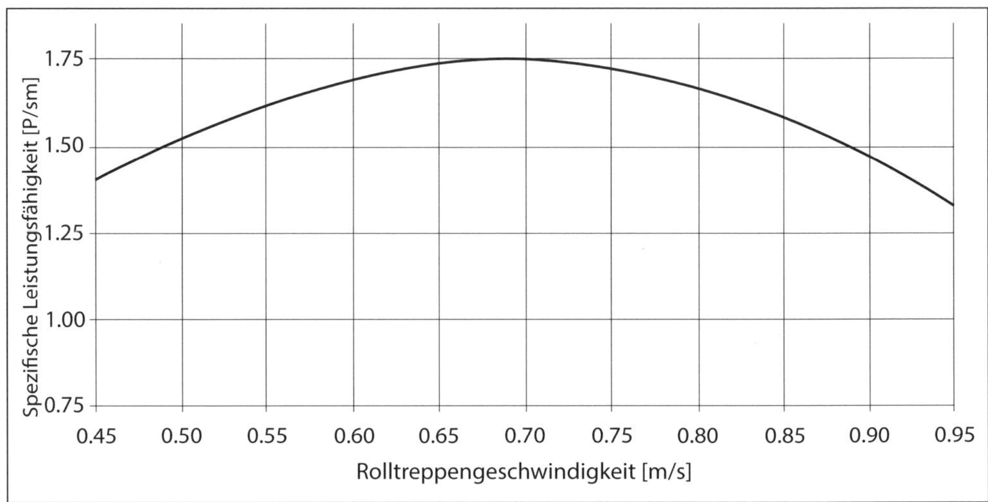

Abbildung 73 *Abhängigkeit der praktischen spezifischen Leistungsfähigkeit von Rolltreppen und Rollbändern (Fünf-Minuten-Intervall) von der Betriebsgeschwindigkeit, bezogen auf die lichte Innenbreite [Weidmann 2013].*

Stehen normale Treppen und Rolltreppen parallel zur Verfügung, so verteilen sich die Fussgängerströme etwa wie folgt:

- Auch bei sehr schwachem Personenaufkommen benützen 5–10 % in jedem Fall die feste Treppe.
- Auch bei extrem hohem Aufkommen und sehr leistungsfähigen festen Treppen bevorzugen rund 40–50 % der Personen jedenfalls die Rolltreppe.

4.6.3.4 Kapazitätsberechnung von Liftanlagen

Lifte sind Pendel-Transportsysteme. Ihre Leistungsfähigkeit ist daher insbesondere abhängig von:

- Fahrgeschwindigkeit.
- Höhendifferenz.
- Anzahl der Zwischenstationen.
- Kabinengrösse.
- Betriebs- und Steuerungsart.

Die Geschwindigkeiten für übliche Gebäudehöhen liegen bei 1,0–1,6 m/s, sie können aber auch auf über 2,5 m/s gesteigert werden. Hochleistungsaufzüge für Wolkenkratzer erreichen bis zu 10 m/s [Schindler 2006].

Die Kapazität von Liften ist aufgrund der zahlreichen Einflussfaktoren individuell sehr unterschiedlich. Einen wesentlichen Einfluss hat die Füllkurve der Kabinen, die besagt, dass die Einsteigezeit pro Fahrgast mit zunehmendem Besetzungsgrad der Kabine ansteigt. Für einen

Lift ohne Zwischenhalt kann sie aufgrund der Umlaufzeit (Summe der Fahr- und Haltezeiten) und der leistungsoptimalen Belegung der Kabine bestimmt werden [Weidmann 2013]:

$$K = 3600 \cdot \left(\frac{Q \cdot \frac{F}{2}}{t_{Halt} + \frac{h}{v_m}} \right)$$

Wobei		
	K	Transportkapazität der Liftanlage (Einzelkabine) [P/h/Richtung]
	Q	Leistungsfähigkeitsoptimale Passagiergruppengrösse in der Liftkabine [P]
	t_{Halt}	Haltezeit pro Fahrt in eine Richtung ($t_{Ein} + t_{Aus} + t_{Tür}$) [s]
	F	Anzahl der Liftkabinen [-]
	h	Höhenunterschied zwischen unterem und oberen Halt [m]
	v_m	Mittlere Fahrgeschwindigkeit der Kabine [m/s]
	$t_{Tür}$	Türprozesszeiten: Öffnen/Schliessen [s]
	t_{Ein}	Einsteigezeit [s]
	t_{Aus}	Aussteigezeit [s]
	t_R	Reaktionszeiten [s]

Zur Ermittlung der leistungsoptimalen Passagiergruppe kann das folgende grafische Verfahren angewandt werden [Weidmann 2013]:

- Auftragen der Füllkurve der jeweiligen Liftkabine auf der rechten Seite der Abszisse.
- Abtragen der Fahrzeit auf der linken Seite der Abszisse.
- Tangente an Füllkurve zeigt höchste Förderleistung der Liftanlage, Berührungspunkt mit Füllkurve entspricht optimaler Kabinenbelegung.

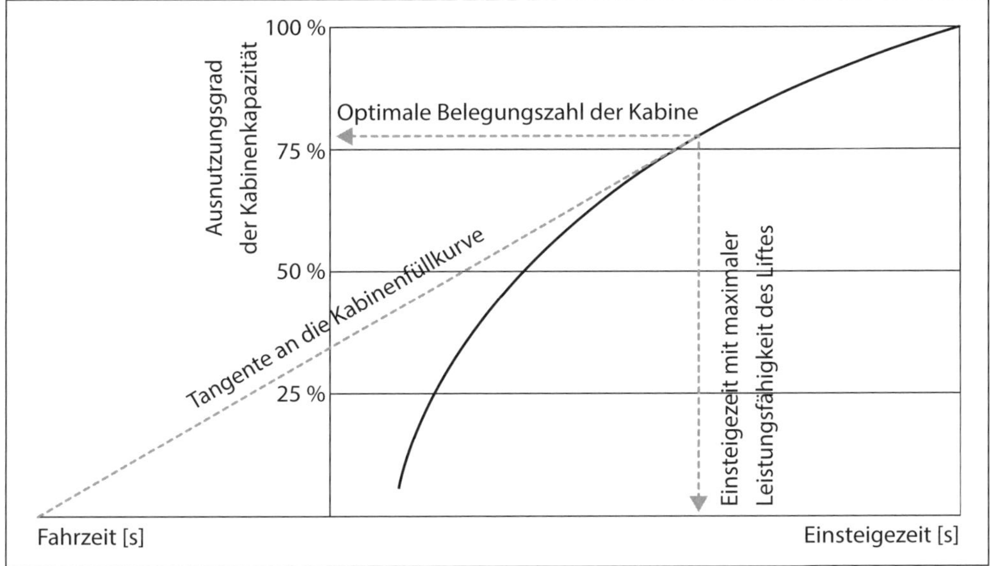

Abbildung 74 *Prinzip der grafischen Bestimmung des leistungsoptimalen Besetzungsgrades von Liftkabinen [Weidmann 2013].*

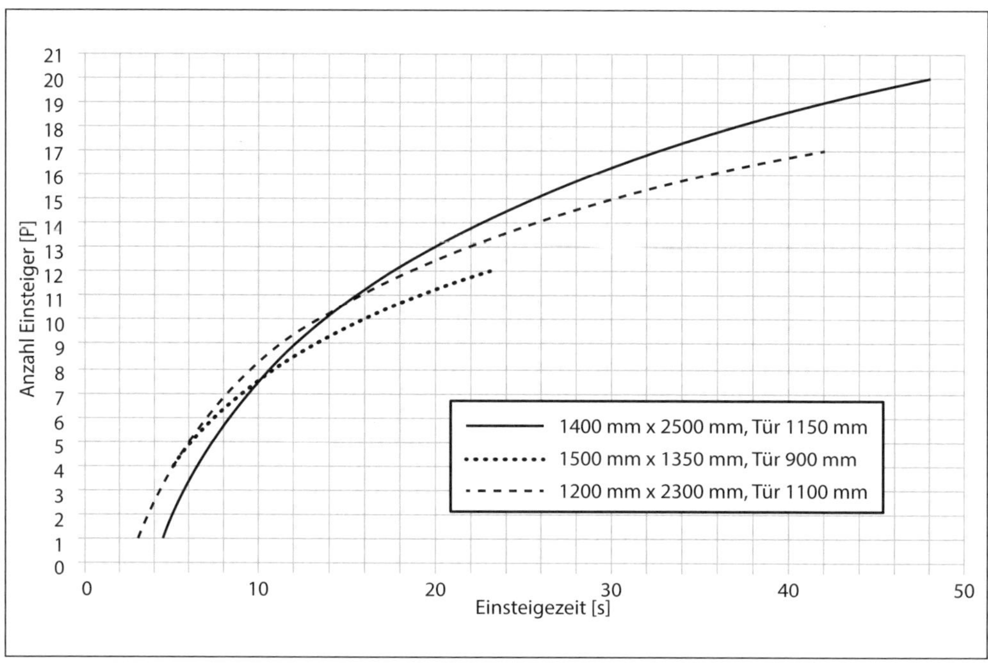

Abbildung 75 *Füllkurven einiger gebräuchlicher Liftkabinen [Weidmann 2013].*

4.6.4 Benützungsqualität von Fussgängeranlagen, Level-of-Service

Um einen instabilen Zustand des Fussgängerflusses mit Rückstau zu vermeiden, dürfen Fussgängeranlagen nicht auf die maximale spezifische Leistungsfähigkeit gemäss Fundamentaldiagramm dimensioniert werden. Zudem muss ein angemessener Benutzungskomfort gewährleistet sein. Zur Beurteilung der Benützungsqualität werden sogenannte *Level-of-Service (LoS)* oder *Verkehrsqualitätsstufen (VQS)* definiert, mit den Stufen A–F für die unterschiedlichen Benützungsqualitäten. Leitparameter ist die Fussgängerdichte, die sowohl die Qualitätswahrnehmung wie die Leistungsfähigkeit bestimmt. Über die Fussgängerdichte ist jeder Verkehrsqualität eine korrespondierende spezifische Leistungsfähigkeit zugeordnet.

LoS	Qualitätsstufen
A	Die Fussgänger haben freie Geschwindigkeitswahl. Sie werden durch andere Fussgänger äusserst selten beeinflusst. Die Verkehrsdichte ist sehr gering. In Wartesituationen gibt es keine Beeinträchtigungen.
B	Die Fussgänger werden nur selten wegen anderer Personen zu Geschwindigkeits- oder Richtungsänderungen gezwungen. Bei geringer Verkehrsdichte kommt es insgesamt nur zu geringfügigen Beeinträchtigungen. In Wartesituationen gibt es nur sehr geringe Beeinträchtigungen.

LoS	Qualitätsstufen
C	Die freie Geschwindigkeitswahl ist eingeschränkt. Die Verkehrsdichte erreicht ein spürbares Mass. Gelegentlich treten erzwungene Geschwindigkeits- oder Richtungsänderungen durch andere Fussgänger auf, die ständig beachtet werden müssen. In Wartesituationen sind Beeinträchtigungen durch andere Personen möglich, ohne dass es zu Körperkontakten kommt.
D	Die Geschwindigkeitswahl ist deutlich eingeschränkt. Fussgänger sind häufig zu Geschwindigkeits- oder Richtungsänderungen gezwungen. Die Verkehrsdichte ist hoch und die freie Bewegung stark behindert. Die mittlere Geschwindigkeit sinkt erkennbar ab. In Wartesituationen kommt es zur Bildung von Reihen oder Gruppen und zu unbeabsichtigten Körperkontakten mit anderen Personen. Der Verkehrszustand ist noch stabil.
E	Die Fussgänger haben keine freie Geschwindigkeitswahl. Gegenverkehr ist erheblich erschwert. Die Verkehrsdichte ist so hoch, dass es zu massiven Behinderungen kommt. In Wartesituationen sind Körperkontakte zu anderen Personen nicht zu vermeiden. Die Kapazität wird erreicht.
F	Der Zugang ist höher als die Kapazität. Richtungsänderungen sind kaum noch durchführbar, zeitweise kommt es zum Stillstand. Gegenverkehr wird unmöglich. Die Fussgänger haben ständig unabweisbare Körperkontakte zu anderen. Die Verkehrsanlage ist überlastet.

Tabelle 32 *Beschreibung der Levels-of-Service LoS A–F für horizontale Gehflächen [Weidmann 2013].*

LoS	Qualitätsstufen
A	Stillstehen und ungehinderte Zirkulation ist möglich, ohne andere Personen zu beeinträchtigen.
B	Stillstehen und leicht eingeschränkte Zirkulation ist möglich, ohne dass andere Personen beeinträchtigt werden.
C	Stillstehen und eingeschränkte Zirkulation ist möglich, ohne dass andere Personen beeinträchtigt werden. Dieser Zustand wird noch als angenehm empfunden.
D	Stehen ohne andere zu berühren ist noch möglich; das Herumgehen aber stark eingeschränkt. Vorwärtskommen ist nur in der Gruppe möglich. Über längere Zeit in dieser Dichte zu warten ist unbehaglich.
E	Körperkontakt mit anderen ist unvermeidlich, Herumgehen unmöglich. Warten in dieser Dichte ist nur für kurze Zeit ohne erhebliches Unbehagen ertragbar.
F	Nahezu alle Personen stehen in direktem Körperkontakt zueinander. Vorwärtskommen ist nicht möglich. Diese Dichte ist äusserst unbehaglich; sind solche Ansammlungen gross, so besteht die Gefahr einer ausbrechenden Panik.

Tabelle 33 *Beschreibung der Levels-of-Service LoS A–F für Warteflächen [Weidmann 2013].*

Aus wirtschaftlichen Gründen kann ein maximaler Level-of-Service nicht für jeden Lastfall angeboten werden. Gemäss dem Konzept der qualitätsorientierten Dimensionierung ist eine verminderte Qualität für kurze Lastspitzen zulässig, für längerdauernde Belastungen ist dagegen eine komfortablere Verkehrsqualitätsstufe zugrunde zu legen.

LoS	Allgemeine Fussgängeranlagen	Anlagen des öffentlichen Verkehrs
B	Massgebende Spitzenstunde	Massgebende Spitzenstunde
C	Massgebende Spitzen-Halbstunde	Fahrgastdichte auf Perrons vor Eintreffen eines Zuges und während Zugdurchfahrten
D	Massgebende Spitzen-Viertelstunde	Mittleres Fahrgastaufkommen während eines Umsteigevorganges im integrierten Taktfahrplan
E	Massgebender maximaler 2-Minuten-Wert	Fahrgastdichte auf Warteflächen von Tram- und Bushaltestellen bis 30 s vor Eintreffen des Kurses, maximales Fahrgastaufkommen während eines Umsteigevorganges im integrierten Taktfahrplan an kritischen Stellen der Anlage
F	Ist zu vermeiden, da bei dieser Dichte ein Rückstau und ein sukzessiver Leistungsrückgang auftreten kann	Ist zu vermeiden, da Umsteigezeiten nicht mehr gewährleistet sind und sicherheitskritische Situationen entstehen

Tabelle 34 *Dimensionierungsqualitäten für allgemeine Fussgängeranlagen und Anlagen des öffentlichen Verkehrs; LoS A ist nicht dimensionierungsrelevant [Weidmann 2013].*

4.6.5 Vorgehen bei der qualitätsorientierten Dimensionierung

4.6.5.1 Dimensionierungsorientierte Gliederung der Anlage

Als Grundlage ist für alle zu dimensionierenden Flächen vorab zu bestimmen, welche Anteile effektiv für die Fortbewegung genutzt werden können und welche Bereiche in der Realität vorab als Warteflächen dienen. Oft sind diese (faktischen) Warteflächen baulich nicht abge-

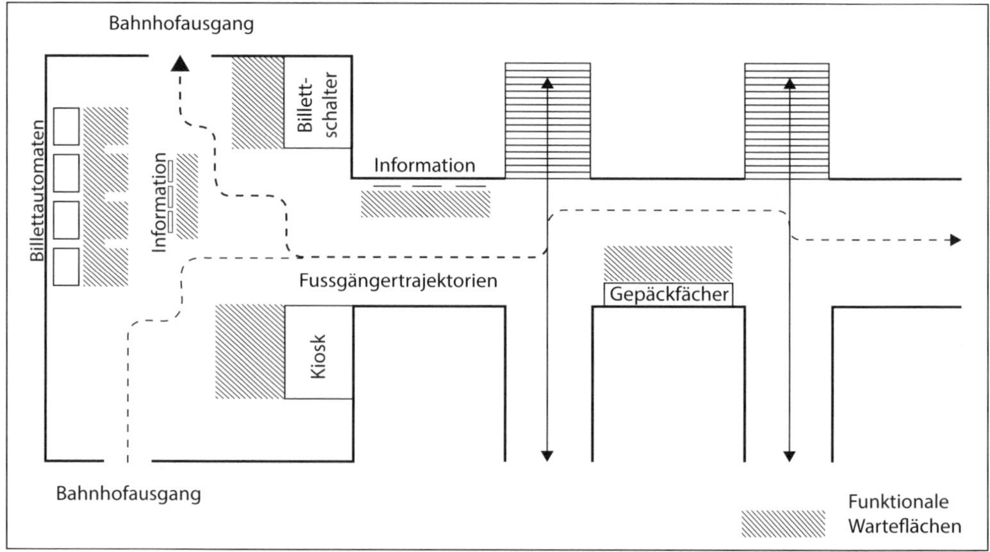

Abbildung 76 *Funktionale Aufteilung gemischt-genutzter Flächen und massgebende Fussgängertrajektorie [eigene Darstellung].*

grenzt, sondern ergeben sich aus der Anordnung der Einrichtungen. Zum Beispiel ist die Fläche unmittelbar vor einem Billettautomaten als Wartebereich zu betrachten und darf bei der Kapazitätsermittlung nicht angerechnet werden.

Für den Dimensionierungsprozess ist die Anlage anschliessend in ihre kleinsten funktional und verkehrlich homogenen Elemente zu segmentieren. Zunächst wird jedes einzelne Element separat dimensioniert. Nachfolgend ist an allen Elementschnittstellen zu prüfen, ob die jeweiligen Elemente in der Lage sind, den Zu- und Abstrom von den jeweiligen Nachbarelementen in homogener Qualität zu bewältigen.

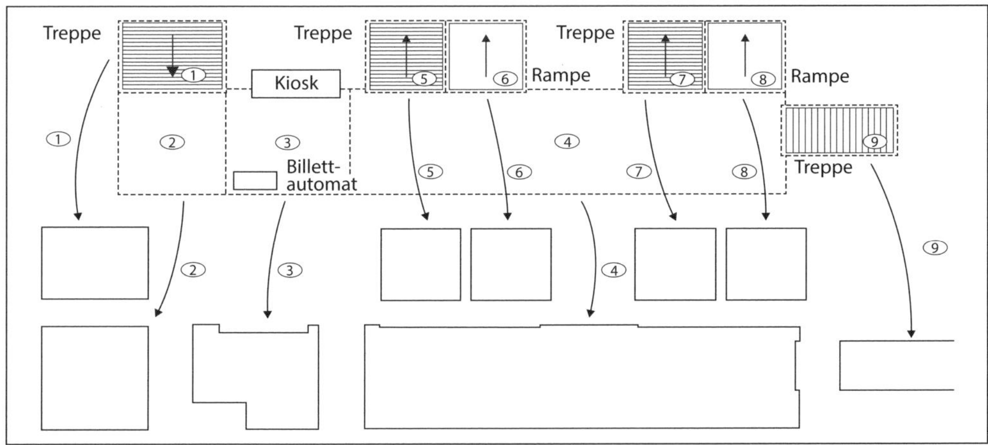

Abbildung 77 *Segmentierung einer komplexen Anlage in ihre funktional einheitlichen Elemente zur analytischen Dimensionierung [Weidmann 2013].*

4.6.5.2 Vorgehen bei der Kapazitätsberechnung

Die Zahl der Fussgänger, die einen Querschnitt innerhalb eines definierten Zeitintervalls durchqueren, ermittelt sich folgendermassen:

$$F = L_S \cdot B_N \cdot t$$

wobei F Anzahl Fussgänger [P]
L_S Spezifische Leistungsfähigkeit [P/sm]
B_N Nutzbare Elementbreite [m]
t Durchströmzeit [s]

Die nutzbare Elementbreite B_N ergibt sich aus der baulichen Bruttobreite B_B abzüglich eines Verlustes B_H infolge von Wandeinflüssen oder Hindernissen:

$$B_N = B_B - n_H \cdot B_H$$

wobei B_B Bauliche Bruttobreite eines Anlagenelements [m]
B_H Verlustbreite infolge von Wandeinflüssen oder Hindernissen [m]
n_H Zahl der Begrenzungen des Fussweges, meist 2 [-]

Art der Begrenzung	Verlustbreite [m]
Hauswände bei Trottoirs	0,45
Betonwand in Korridor	0,25
Metallwand in Korridor	0,20
Strassenränder bei Trottoirs (Abstand zur Fahrbahn)	0,35
Gartenzäune, Bepflanzungen	0,35–0,60
Hauswände	0,45
Schaufenster (Rücksicht auf stehende Fussgänger)	0,75–1,00
Stützen (punktuelle Hindernisse)	0,25–0,30
Platzmehrbedarf in Kurven	0,15

Tabelle 35 *Verlustbreiten B_H durch Berandungen, zu berücksichtigen bei Leistungsberechnungen [Weidmann 2013].*

Die kapazitätsmindernde Wirkung von Berandungen und Hindernissen ist auch stromauf- und abwärts auf einer gewissen Distanz spürbar und entsprechend zu berücksichtigen.

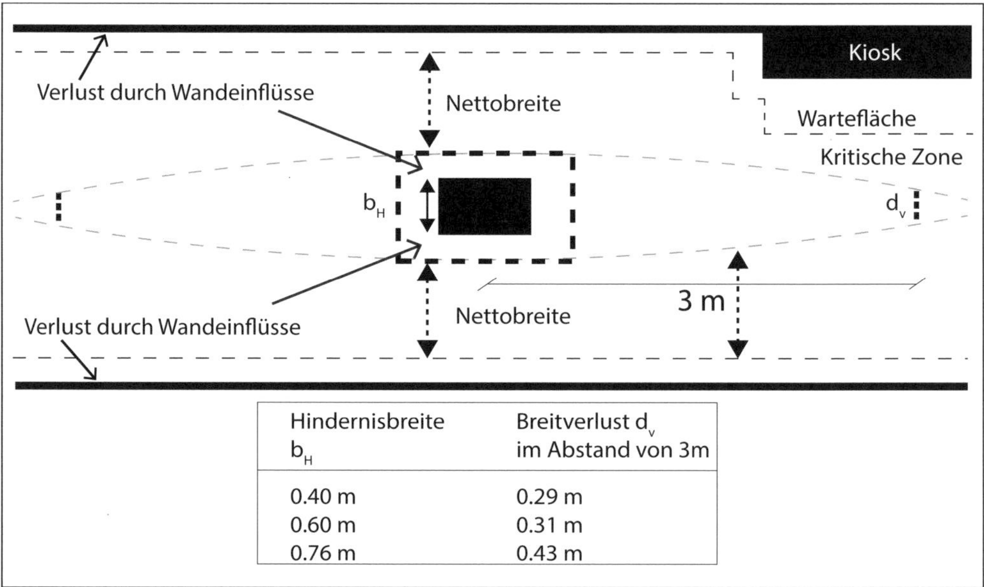

Hindernisbreite b_H	Breitverlust d_v im Abstand von 3m
0.40 m	0.29 m
0.60 m	0.31 m
0.76 m	0.43 m

Abbildung 78 *Stromwirkung von Hindernissen; zusätzliche Verlustflächen in beiden Richtungen der Personenströme [Buchmüller 2008], [Weidmann 1993a].*

4.6.5.3 Kapazität und Benützungsqualität ebener Gehwege, Plätze und Treppen

Für ebene Fusswege und Treppen gelten die spezifischen Leistungsfähigkeiten gemäss den jeweiligen Fundamentaldiagrammen. Bei den dargestellten Abminderungsfaktoren für Gegenverkehr ist zu beachten, dass diese nur für Fussgängeranlagen von über etwa 5 m lichter Breite gelten. Sind die Verhältnisse zum Beispiel in einer Unterführung oder bei einem Perronabgang enger, so ist rechnerisch jedenfalls eine Spurbreite von mindestens 0,7–0,8 m für den schwächeren Verkehrsstrom vorzusehen. Für den stärkeren Strom steht nur die verbleibende lichte Breite zur Verfügung.

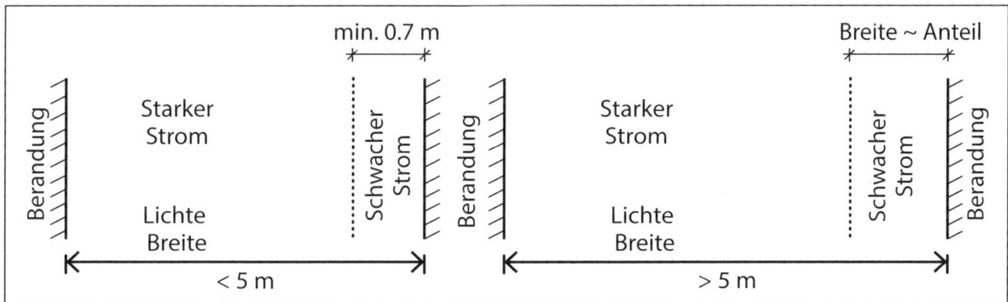

Abbildung 79 *Dimensionierung eines Querschnittes auf Gegenverkehr. Links: Lichte Breite < 5 m mit minimaler Breite von 0,7 m für den schwächeren Strom; rechts: Lichte Breite > 5 m mit anteilsentsprechender Spurbreite für den schwächeren Strom [eigene Darstellung].*

Auf Plätzen respektive bei sich kreuzenden Gehwegen durchmischen sich mehrere Verkehrsströme. In diesem Bereich soll die Fussgängerdichte einen Grenzwert von 0,8 P/m^2 nicht überschreiten. Daraus, aus der Gehgeschwindigkeit sowie der Fläche des Kreuzungsbereichs, leitet sich der zulässige Zufluss aus den verschiedenen Zugängen ab. Eine geschlossene analytische Lösung dieser Dimensionierungsaufgabe ist nicht möglich.

LoS	Qualitätsstufen		
	Ebene Gehwege (Eindimensionale Situation)	Platz/Kreuzungen (Zweidimensionale Situation)	Treppen (Eindimensionale Situation)
		[P/m^2]	
A	< 0,30	< 0,15	< 0,60
B	0,30–0,45	0,15–0,25	0,60–0,75
C	0,45–0,60	0,25–0,35	0,75–0,90
D	0,60–0,75	0,35–0,45	0,90–1,15
E	0,75–1,50	0,45–0,80	1,15–2,15
F	> 1,50	> 0,80	> 2,15

Tabelle 36 *Verkehrsqualitätsstufen von Gehflächen für die qualitätsorientierte Dimensionierung [Weidmann 2013].*

4.6.5.4 Kapazität und Benützungsqualität von Rolltreppen und Liften

Auch bei mechanischen Fussgängeranlagen wird die Benützungsqualität durch die Belegungsdichte bestimmt. Es gelten daher analoge Richtwerte für die zulässige Dichte in Funktion der Verkehrsqualitätsstufe.

LoS	Qualitätsstufen	
	Rolltreppen	Lifte
	[P/m²]	
A	< 0,65	< 0,95
B	0,65–0,80	0,95–1,30
C	0,80–1,00	1,30–1,65
D	1,00–1,25	1,65–2,20
E	1,25–2,40	2,20–4,50
F	> 2,40	> 4,50

Tabelle 37 *Verkehrsqualitätsstufen von Rolltreppen und Liften [Weidmann 2013].*

4.6.5.5 Kapazität von Zugangs- und Kontrollsystemen

Je nach Kontroll- und Abfertigungsverfahren werden unterschiedliche Zugangssysteme eingesetzt. Bei den Leistungswerten für deren Dimensionierung werden keine Qualitätsstufen unterschieden.

Art des Zugangs	Leistungsfähigkeit [P/min]
Freier Zugang (einfache Barriere)	40–60
Ticketkontrolle durch Personal	25–35
Einfacher Eingang mit Münzeinwurf oder Wertmarke	25–50
Doppeleingang mit Münzeinwurf	15–25
Kartenleser (verschiedene Typen)	25–40
Eingangs- und Ausgangsdrehkreuz	20
Ausgangsdrehkreuz	28
Ausgangstür, 0,9 m Breite	75
Ausgangstür, 1,2 m Breite	100
Ausgangstür, 1,5 m Breite	125

Tabelle 38 *Leistungsfähigkeit verschiedener Zugangssysteme [Weidmann 2013].*

4.6.5.6 Kapazität und Benützungsqualität von Warteflächen

Als Warteflächen dürfen nur jene Bereiche gerechnet werden, die nicht für die Fussgängerströme benötigt werden. Ist eine Mischfläche zu dimensionieren, beispielsweise ein Perron mit wartenden Personen und Fussgängerströmen gleichzeitig, so sind für Letztere fiktive Bahnen mit der nötigen Breite auszuscheiden. Analog zu den Gehwegen und Treppen werden auch bei den Warteflächen verschiedenen LoS definiert. Bei sicherheitskritischen Flächen, insbesondere Warteflächen unmittelbar am Gleis oder an der Strassenfahrbahn, ist die Wahrscheinlichkeit eines Aufenthaltes von Fahrgästen im Gefahrenbereich zu minimieren. Dazu sind die Richtwerte für die Fahrgastdichte pro LoS sicherheitsorientiert herabzusetzen, sofern keine präziseren Vorgaben zur Sicherheit der Fahrgäste auf Perrons bestehen.

LoS	Fussgängerdichten [P/m²]	
	Allgemeine Warteflächen (nicht sicherheitskritisch)	Warteflächen vor LSA, Perrons (sicherheitskritisch)
A	< 0,90	< 0,55
B	0,90–1,20	0,55–0,75
C	1,20–1,50	0,75–0,95
D	1,50–2,00	0,95–1,25
E	2,00–4,00	1,25–2,50
F	> 4,00	> 2,50

Tabelle 39 *Verkehrsqualitätsstufen von Warte- und Stauflächen [Weidmann 2013].*

4.6.5.7 Dimensionierung mittels mikroskopischer Simulationsverfahren

Für die Gestaltung und Dimensionierung von Fussgängeranlagen wurden in der Vergangenheit mehrheitlich analytische Methoden verwendet. Diese stossen vor allem bei grösseren und komplexen Anlagen mit zahlreichen Fussgängern an Grenzen. Parallel dazu wurden in jüngerer Zeit verschiedene Fussgängersimulationsmodelle entwickelt, die in der Lage sind, auch solche Situationen abzubilden. Unterschieden werden heute [Weidmann 2013]:

- *Mikroskopische Simulation:* Simulation des Verhaltens der einzelnen Fussgänger und ihrer individuellen Interaktionen (Zelluläre Automaten, Social Force-Modelle, gaskinetische Modelle).
- *Mesoskopische Simulation:* Kombination makroskopischer und mikroskopischer Teilmodelle in einem übergreifenden Simulationsmodell.
- *Makroskopische Simulation:* Simulation des Verhaltens ganzer Fussgängerströme, analog zu Flüssigkeitsströmen.

Eine Fussgängersimulation erfolgt in der Regel in vier Arbeitsschritten [Weidmann 2013]:

1. Analyse der geplanten Anlage und Aufarbeitung der Simulationsinputs.
2. Eingabe der Simulationsdaten.
3. Durchführen von Simulationsläufen.
4. Auswertung der Resultate (visuelle Ausgabe der Simulationen, Ausgabe von Kenngrössen, Durchführen von spezifischen Datenauswertungen).

Als Grundlage sind im Wesentlichen vier Kategorien von Eingabedaten erforderlich:

- *Infrastruktur der Fussgängeranlage:* Geometrische Ausprägung der Fussgängeranlage, gegebenenfalls auf den verschiedenen Ebenen, Gestaltung der vertikalen Verbindungselemente der Ebenen sowie deren Parameter (Treppe, Fahrtreppe, Lifte etc). Allenfalls sind weitere Transportsysteme zu modellieren (Fahrtreppen, Fahrsteige).
- *Verkehrsmittel (Züge):* Dabei handelt es sich vorab um die ankommenden und abfahrenden Züge. Um das Betriebsprogramm eines Bahnhofs simulieren zu können, sollen Details zu Gleisbelegung und Halteort sowie die Parameter des Rollmaterials (Anzahl und Lage der Türen, Gestaltung der Einstiege, Kapazität der Wagen, Fahrgastverteilung im Zug) verfügbar sein.
- *Benutzer der Anlage:* Zum einen sind die Anzahl Fussgänger und deren fussgängertechnische Eigenschaften zu definieren. Hinzu kommen Eigenschaften des Verhaltens (Nutzung von Informationseinrichtungen, Nutzung von Dienstleistungen etc.). Ebenfalls sind die Startpunkt-Zielpunkt-Relationen zu definieren. Startpunkte/Zielpunkte können sein: Wagen respektive einzelne Fahrzeugtüren, Ein-/Ausgänge des Bahnhofes, Orte von Aktivitäten.
- *Aktivitäten (= bahnrelevante oder kommerzielle Dienstleistungen):* Alle Arten von Informations- und Distributionseinrichtungen, Verpflegungs- und Einkaufsmöglichkeiten. Für die Simulation sind diese Standorte, die von deren Nutzern beanspruchten Flächen sowie die Charakteristik der Nutzung selber (Dauer der Aktivität, Warteschlangenverhalten etc.) zu definieren.

Nach den Simulationsläufen sind die Resultate zur Beurteilung der entworfenen Anlage auszuwerten. Dazu sollen die Fussgängersimulationen folgende Möglichkeiten zur Verfügung stellen:

- *Leistungsfähigkeit/Sicherheit der Anlage:* Anhand der Fussgängersimulation sollen kritische Bereiche bezüglich der Personenströme identifiziert werden können, an denen Leistungsengpässe und unter Umständen sicherheitskritische Zustände auftreten. Dies kann qualitativ aufgrund einer Animation erfolgen. Es soll aber auch eine quantitative Auswertung möglich sein, die für auszuwählende Bereiche den Dichteverlauf angibt.
- *Auswertung von Rückstau-Situationen:* In Bahnhöfen kommt es aufgrund von Belastungsspitzen oft zu Rückstau. Zu dessen Beurteilung sind aussagekräftige Parameter notwendig, zum Beispiel die maximale Grösse eines Rückstaus (Anzahl Personen, Flächenbedarf der Warteschlange) sowie dessen Dauer.

- *Verlustzeiten im Vergleich zur ungehinderten Bewegung:* Die Verlustzeiten entsprechen der Differenz der tatsächlichen zu den idealen Wegzeiten bei ungehinderter Bewegung. Dabei sollen die Verlustzeiten für alle Ströme oder für bestimmte Relationen pro Person ausgewertet werden können.
- *Wegzeiten der Fussgänger:* Zur Überprüfung von Übergangszeiten in Bahnhöfen zwischen bestimmten Anschlüssen (Zug – Zug, Zug – Nahverkehr) sollen die Wegzeiten für die verschiedenen Relationen ausgewertet werden können.
- *Verkehrsqualität:* Auswertung des Verkehrszustandes für die verschiedenen Bereiche der Anlage während des betrachteten Intervalls. Eine Simulation soll dazu die LoS für ausgewählte Bereiche einschliesslich deren Zeitdauer liefern.

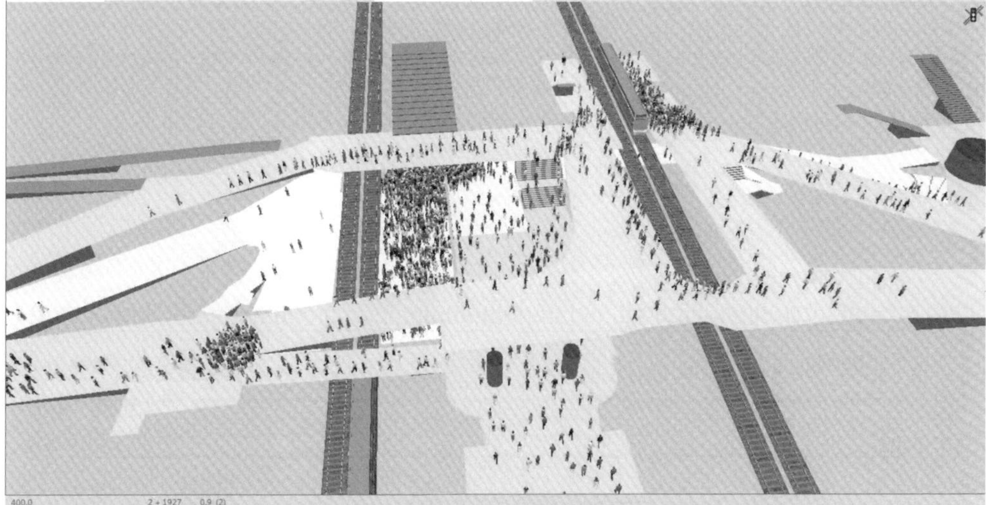

Abbildung 80 *Visualisierung von Personenflüssen auf mehreren Ebenen während der Hauptverkehrszeit im zukünftigen Bahnhof Lausanne im Bereich der Metrostationen M2 und M3. Simulationssoftware: PTV Viswalk [eigene Darstellung].*

4.6.6 Perrondimensionierung

4.6.6.1 Zu dimensionierende Anlagenteile von Bahnhöfen

Die Perronanlagen sind jener Teil des Fussgängersystems, der sich am nächsten bei den Zügen befindet. Die schubweise auftretenden Fahrgastwellen sind hier praktisch noch ungepuffert. Zudem bildet das Perron zusammen mit dem Tür- und Gangsystem der Fahrzeuge ein gemeinsames temporäres Fussgängersystem. Die Perrondimensionierung hat daher insbesondere folgende Anforderungen sicherzustellen:

- Hinreichende Leistungsfähigkeit der Perronzu- und -abgänge, Vermeidung von Rückstauerscheinungen bei stossweiser Belastung während der Um- und Aussteigevorgänge.
- Sicherstellung des Fahrgastflusses auf dem Perron in jeder Phase des Fahrgastwechsels, Vermeidung der Behinderung aussteigender Fahrgäste.

- Vermeidung sicherheitskritischer Fahrgastdichten auf dem Perron.
- Gewährleistung eines angemessenen Aufenthaltskomforts für länger wartende Fahrgäste.

Diese Anforderungen verlangen eine entsprechende Leistungsfähigkeit folgender Anlagenteile:

1. Perronanlagen mit Warte- und Bewegungsflächen.
2. Perronzugänge, insbesondere Treppen und Rampen, gegebenenfalls Liftanlagen.
3. Unter- und/oder Überführungen als Verbindungs- und Verteilsystem der Perronzugänge, unter Einbezug von allfälligem Fremdverkehr.
4. Zugänge zu den Unter- und/oder Überführungen. Dabei handelt es sich um die Anschlussbereiche an die weiterführenden Fusswegnetze innerhalb und ausserhalb des Haltepunktes.

Bei den Perrons ist zu beachten, dass die Flächen zwischen den Sicherheitsstreifen (inklusive) und dem Perronrand nicht angerechnet werden dürfen. Zudem gelten hier gegebenenfalls die sicherheitsorientierten reduzierten Dichtewerte pro LoS.

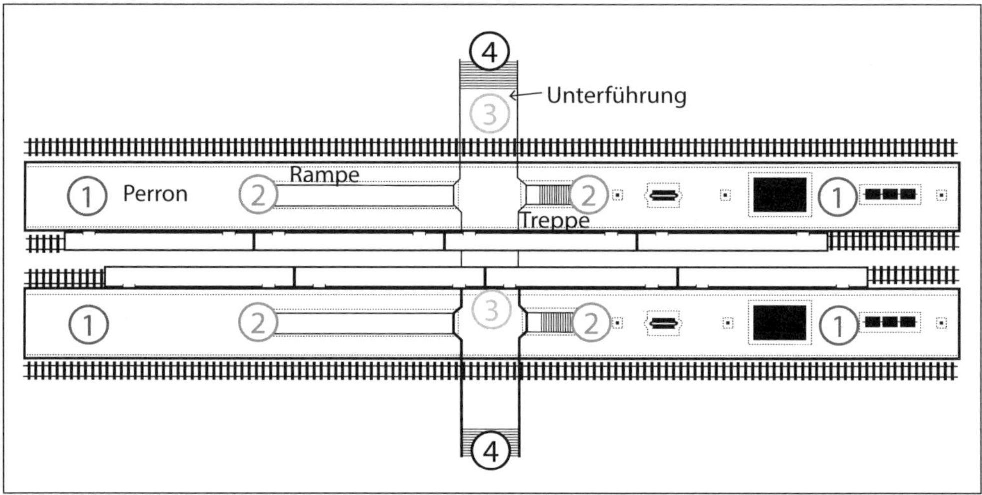

Abbildung 81 *Zu dimensionierende Anlagenelemente von Perrons für den Verlauf des Fahrgastwechsels [Buchmüller 2008].*

4.6.6.2 Dimensionierungsmethodik bei Bahnhöfen

Leistungsbestimmend für die Perrons und Zugänge sind die ankommenden und abfahrenden Reisenden. Mit zunehmendem Abstand vom Perron verringert sich der Einfluss eines einzelnen Zuges und im Gegenzug wird die Überlagerung mit anderen Fussgängerströmen spürbarer. Die Kapazitätsprüfung der Perrons ist für die vier Phasen des Halteprozesses und die jeweils relevanten Anlagenelemente vorzunehmen.

Phasen des Halteprozesses	Lastfall		Zu dimensionierende Anlagenelemente
Unmittelbar vor Zugeinfahrt: Einsteiger warten auf dem Perron auf den Zug	A	Wartende Einsteiger	Perronanlagen
Fahrgastwechsel: Alle Ein- und Aussteiger sowie wartende Fahrgäste auf dem Perron	B	Fahrgastwechsel	Perronanlagen
Nach der Zugabfahrt: Aussteiger verlassen das Perron (eventuell kombiniert mit gleichzeitig zuströmenden Einsteigern von Folgezügen)	C	Abfluss der Aussteiger	Perronanlagen Perronzugänge
Umsteigeintervall: Ein-, Aus- und Umsteiger sowie Passanten	D	Umsteigerströme	Unter- oder Überführungen Zugänge zu den Unter- und Überführungen

Tabelle 40 *Dimensionierungsrelevante Situationen von Perrons für den Verlauf des Fahrgastwechsels sowie zu betrachtende Anlagenelemente [eigene Darstellung].*

4.6.6.3 Zu dimensionierende Anlagenteile bei Tram- und Bushaltestellen

Tram- und Bushaltestellen werden durch Fahrgäste des öffentlichen Verkehrs und gleichzeitig durch Passanten genutzt. Zudem werden sie oft in dichter Folge von mehreren Linien bedient, weshalb die Fahrgäste auf unterschiedliche Fahrmöglichkeiten warten. Ein Teil der Fahrgäste verbleibt daher auch während des Fahrgastwechsels auf der Haltestelle. Zur Bemessung ist die Haltestelle in fiktive funktionale Teilbereiche aufzugliedern. Dies entspricht der bereits gezeigten Ausscheidung fiktiver Flächen pro Benützungszweck in Bahnhöfen. Es handelt sich dabei um ein vereinfachtes Dimensionierungsmodell [Lanz 2006]:

- Warteraum für einsteigende Fahrgäste an Perronkante.
- Bewegungsflächefläche für Passanten und zuströmende Fahrgäste.
- Warteraum für Fahrgäste, die auf spätere Kurse warten.

Die Abmessungen ergeben sich aus der massgebenden Belastung des Aussteigeverkehrs, des Umsteigeverkehrs, des Einsteigeverkehrs und des Längsverkehrs. Lage und Gesamtfläche der Haltestelle richten sich nach den folgenden Aspekten:

- Fahrzeuglängen.
- Funktion der Haltestelle.
- Zugangssituation.
- Einsteigeverhältnisse.
- Einrichtungen auf der Haltestelle wie Dächer, Automaten, Informationsmittel.
- Vermutete Besetzung der einzelnen Bereiche der ankommenden Fahrzeuge.
- Abgangswege auf den Ausstiegshaltestellen.

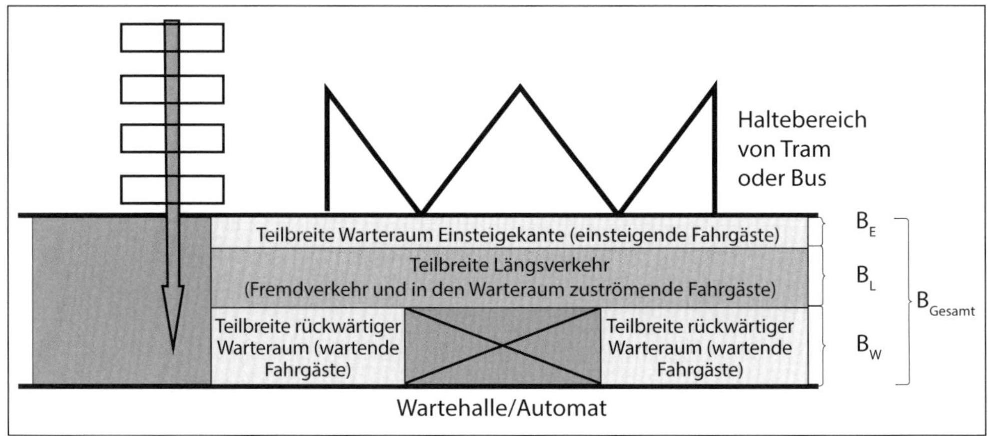

Abbildung 82 *Einteilung der Haltestelle in fiktive Teilbreiten für die Haltestellendimensionierung [Lanz 2006].*

4.6.6.4 Dimensionierungsmethodik bei Tram- und Bushaltestellen

Eine Haltestelle muss zum Ersten bestimmte geometrische Mindestmasse einhalten, die insbesondere die erforderlichen Bewegungsräume für Rollstuhlfahrende sichern. Diese statisch-geometrische Dimensionierung geht daher von den sicherzustellenden Minimalabmessungen aus. Zum Zweiten ist die Kapazität in der sogenannten dynamisch-kapazitativen Dimensionierung hinsichtlich der Belastung durch Fahrgäste und Passanten zu prüfen [Lanz 2006].

Abbildung 83 *Aufgaben der statisch-geometrischen sowie der dynamisch-kapazitativen Dimensionierung von Haltestellen (nach [Lanz 2006]).*

Die Betriebsfälle eines Haltepunktes bestehen aus drei Situationen [Lanz 2006]:

- *Situation 1:* Wartesituation, relativ statischer Zustand bis etwa 30 s vor Ankunft des Fahrzeuges. In dieser Phase sammeln sich die Fahrgäste sukzessive an der Haltestelle.
- *Situation 2:* Dynamische Übergangssituation kurz vor und während der Einfahrt des Fahrzeuges in die Haltestelle. Die einsteigewilligen Fahrgäste bewegen sich in Richtung ihres gewünschten Einsteigeortes.
- *Situation 3:* Fahrgastwechsel vom Beginn des Aussteigens bis zum Abschluss des Einsteigens. Diese Phase ist ebenfalls dynamisch, indem sich die Aussteiger einen Weg durch die wartenden Fahrgäste verschaffen müssen.

Für die Kapazitätsbemessung sind die Situationen 1 und 3 massgebend; Situation 2 dauert kurz und ist nicht kritischer als Situation 1.

4.6.6.5 Dimensionierungsformeln

Die erforderliche Wartefläche berechnet sich wie folgt:

$$F = \frac{Q_{massg,w}}{k_{w,zul}}$$

F	Erforderliche Wartefläche	[m^2]
$Q_{massg.,w}$	Massgebende Anzahl Wartender	[Pers.]
$k_{w,zul}$	Zulässige Wartedichte	[Pers./m^2]

Die Breite des Warteraumes an der Einsteigekante ergibt sich aus:

$$B_E = \frac{E}{L_N \cdot D_E}$$

E	Anzahl einstiegsbereiter Fahrgäste	[Pers.]
L_N	Länge des öV-Fahrzeuges abzüglich Türbreiten	[m]
D_E	Wartedichte im Warteraum an der Einstiegskante = 2,5	[Pers./m^2]

Die erforderliche Netto-Gehbreite der Zirkulationsflächen für Fahrgäste und Passanten leitet sich aus der massgebenden Belastung q_t und der Leistungsfähigkeit L ab:

$$B_L = \frac{q_t}{L_S}$$

B_L	Netto-Gehbreite	[m]
q_t	Massgebende Belastung	[Pers./s]
L_S	Spezifische Leistungsfähigkeit	[Pers./m*s]

Die Breite des rückwärtigen Warteraumes ergibt sich schliesslich wie folgt:

$$B_W = \frac{W}{L \cdot D_W}$$

W	Anzahl Wartende	[Pers.]
L	Gesamtlänge der Haltestelle	[m]
D_W	Wartedichte im rückwärtigen Warteraum = 1,25	[Pers./m^2]

4.6.7 Dimensionierung der Umsteigezeiten

4.6.7.1 Aufgabenstellung und Vorgehen

Die Umsteigezeiten sind entweder gesucht als Grundlage zur Fahrplanerstellung oder aber als Zielwerte vorgegeben aufgrund des Fahrplankonzeptes. Letzteres tritt oft bei integrierten Taktfahrplänen mit systematisierten Anschlussknoten auf. Können die Zeiten nicht erreicht werden, so kann dies einen Umbau der Anlage auslösen. Schliesslich können maximale Umsteigezeiten und -wege als Komfortkriterium vorgegeben werden. Die Berechnung des Zeitbedarfs geht von den einzelnen Teilanlagen entlang des Umsteigeweges aus. Mit der Weglänge auf jeder Teilanlage und der zugehörigen Geschwindigkeit in Funktion der LoS errechnet sich der Zeitbedarf pro Teilanlage. Der Zeitbedarf für den gesamten Weg ist die Summe des Zeitbedarfs für jede benützte Teilanlage.

Die der Zeitberechnung zugrunde zu legende Verkehrsdichte und die zugehörige Bewegungsgeschwindigkeit leiten sich aus den Lastfällen der Leistungsberechnung ab. Letztere ist daher vor der Umsteigezeitermittlung durchzuführen. Da die Geschwindigkeit von der Verkehrsdichte abhängt, können für die verschiedenen Lastfälle unterschiedliche Gehzeiten resultieren. Der Nachweis der Umsteigezeiten gliedert sich mithin in folgende Arbeitsschritte:

1. Festlegung der massgebenden Umsteigerelationen.
2. Identifikation der zugehörigen Umsteigewege. Bei Eisenbahnen mit ihren langen Zügen ist eine sinnvolle Wahl der betrachteten Fahrzeuge zu treffen.
3. Bestimmung der Länge der Bemessungstrajektorien pro Teilanlage.
4. Bestimmung der LoS für den betrachteten Umsteigevorgang und für jede Teilanlage aufgrund der Leistungsberechnung; falls nicht vorhanden: Festlegung sinnvoller Annahmen.
5. Ableitung der Bemessungsgeschwindigkeiten aufgrund der Anlagentypen und der LoS.
6. Berechnung der Bewegungszeit auf den einzelnen Teilanlagen.
7. Summierung aller Bewegungszeiten pro Umsteigerelation.

4.6.7.2 Berücksichtigung der Streuung der Fussgängergeschwindigkeit

Die Umsteigezeiten sollen von möglichst allen Fahrgästen auf akzeptable Weise einhaltbar sein, weshalb die Streuungen der Geschwindigkeit zu beachten sind. Die Bemessungsgeschwindigkeit ist so abzumindern, dass ein definierter Anteil der Fahrgäste den Anschlusszug innert der gegebenen Zeit erreichen kann. Welche Unterschreitungswahrscheinlichkeit gewählt wird, ist eine Ermessensfrage. Im Allgemeinen ist eine um 1,0–1,5 σ reduzierte Geschwindigkeit zweckmässig. Letztere gestattet rund neun von zehn Fahrgästen das Erreichen der Anschlusszüge mit üblichem Gehverhalten. In jedem Fall ist die Situation für Gehbehinderte, die auf stufenlose Gehverbindungen angewiesen sind und möglicherweise längere Wege zurückzulegen haben, speziell zu prüfen.

Bemessungs-geschwindigkeit [Niveau]	Unterschreitungswahr-scheinlichkeit [%]	Prozentuale Reduktion der Bemessungsgeschwindig-keit [%]	Beispiel für LoS B und Mittelwert von 1,34 m/s [m/s]
Mittelwert	50,0	0,0	1,34
Mittelwert - 1σ	84,1	- 19,3	1,08
Mittelwert - 1.5σ	93,3	- 30,0	0,94
Mittelwert - 2σ	97,7	- 38,6	0,82

Tabelle 41 *Bemessungsgeschwindigkeiten zur Berechnung von Umsteigezeiten und zugehörige Unterschreitungswahrscheinlichkeiten [eigene Darstellung].*

4.6.7.3 Zusammenhang zwischen Anlagengestaltung und Umsteigezeiten

Die Umsteigezeiten reagieren sensibel auf die Wegelängen, die wiederum massgeblich durch die Anordnung der Verbindungselemente bestimmt werden. Dies lässt sich an folgendem Beispiel illustrieren: Betrachtet wird ein Fahrgast, der vom äussersten Wagen eines Zuges A auf einen Zug B umsteigt. Bewegt er sich ungehindert und mit Durchschnittsgeschwindigkeit, so benötigt er bei nur einer einzigen Unterführung in Mittellage rund 152 s. Entspricht seine Geschwindigkeit aber lediglich dem - 1 σ-Wert, so steigt seine Umsteigezeit auf 188 s, bei einer - 2 σ-Geschwindigkeit sogar auf 249 s oder etwa 1,5-mal mehr als im Durchschnitt.

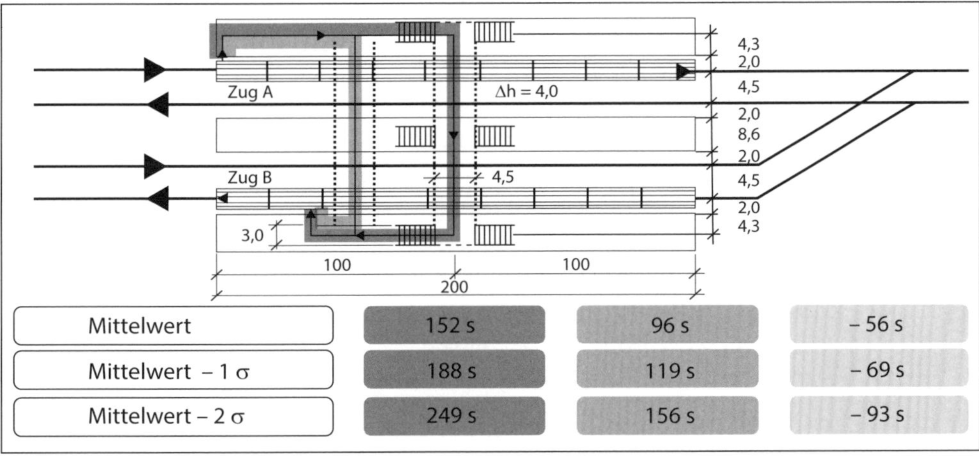

Abbildung 84 *Sensitivitätsvergleich der Umsteigezeiten mit unterschiedlichen Anordnungen der Perronunterführungen sowie verschiedenen zugrunde gelegten Streuungen der Geschwindigkeit [Weidmann 1993b].*

Ist der Bahnhof dagegen mit zwei Unterführungen an den Viertelspunkten konzipiert, so sinkt die Umsteigezeit im Mittel auf 96 s und bei einer Fussgängergeschwindigkeit von – 2 σ auf noch 156 s. Dauert der Umsteigevorgang demnach im ungünstigsten Fall und bei einer einzigen zentrischen Unterführung über 4 min, so genügen bei zwei Unterführungen etwa 2,5 min [Weidmann 1993a].

Abkürzungen zur Linienführung

Kapitel 4.2 Horizontale Linienführung

AB-EBV	Ausführungsbestimmungen zur Eisenbahnverordnung
TSI	Technische Spezifikationen für die Interoperabilität
R	Kurvenradius [m]
R_{min}	Minimaler Kurvenradius [m]
R_{id}	Ideeller Kurvenradius [m]
m	Fahrzeugmasse [kg]
F_r	Zentrifugalkraft [N]
F_g	Gewichtskraft [N]
F_{rnc}	Nicht kompensierte Seitenkraft [N]
F_{roc}	Überkompensierte Seitenkraft [N]
g	Erdbeschleunigung [m/s^2]
v, v_R	Kurvengeschwindigkeit [m/s]
v_{max}	Maximal zulässige Kurvengeschwindigkeit [m/s]
$v_{max,ang}$	Maximal angestrebte Kurvengeschwindigkeit [m/s]
v_0	Kurvengeschwindigkeit ohne Wirkung einer Seitenbeschleunigung bei gegebener Überhöhung [m/s]
v_p	Geschwindigkeit des Personenverkehrs [m/s]
v_g	Geschwindigkeit des Güterverkehrs [m/s]
a_r	Seitenbeschleunigung [m/s^2]
$a_{r,max}$	Maximal zulässige Seitenbeschleunigung [m/s^2]
a_{rnc}	Nicht kompensierte Seitenbeschleunigung [N]
$a_{rnc,zul}$	Maximal zulässige nicht kompensierte Seitenbeschleunigung [N]
a_{roc}	Überkompensierte Seitenbeschleunigung [N]
$a_{roc,zul}$	Maximal zulässige überkompensierte Seitenbeschleunigung [N]
$a_{r,eff}$	Effektiv messbare Seitenbeschleunigung [m/s^2]
h_r	Seitenruck [m/s^3]
α	Anstellwinkel (Drehung) Gleisebene
d	Stützweite [m]
d_n	Stützweite Normalspur [m]
d_m	Stützweite Meterspur [m]
ü	Tatsächlich eingebaute Schienenüberhöhung [m]
$ü_0$	Ausgleichende Überhöhung [m]
$\Delta ü_f$	Überhöhungsfehlbetrag [m]

$\Delta ü_{f,max}$	Maximal zulässiger Überhöhungsfehlbetrag [m]
$\Delta ü_{ü}$	Überhöhungsüberschuss [m]
$\Delta ü_{ü,max}$	Maximal zulässiger Überhöhungsüberschuss [m]
$ü_{min}$	Minimal notwendige Überhöhung [m]
$ü_{max}$	Maximal zulässige Überhöhung [m]
$ü_{reg}$	Regelwert der Überhöhung [m]
$ü_{x}$	Überhöhung an der Stelle x [m]
$ü_{w}$	Überhöhung des Wagenkastens [m]
$ü_{v}$	Hubgeschwindigkeit [mm/s]
S_{r}	Neigungskoeffizient [-]
c_{k}	Kurvenparameter [-]
L_{B}	Länge Übergangsbogen [m]
L_{R}	Länge Überhöhungsrampe [m]
$L_{R,norm}$	Regellänge der Überhöhungsrampe [m]
$L_{R,min}$	Minimale Länge der Überhöhungsrampe [m]
N	Verwindung [‰]
S	Horizontalkraft zwischen Radsatz und Schienen [N]
L	Seitenwiderstand des Gleisrostes [N]
P	Radsatzlast [N]

Kapitel 4.3 Vertikale Linienführung

L_{v}	Länge des vertikalen Kreisbogens [m]
R_{v}	Radius des vertikalen Kreisbogens [m]
p	Pfeilhöhe der vertikalen Ausrundung [mm]
i	Längsneigung [‰]
v, v_{R}	Geschwindigkeit [m/s]
v_{max}	Maximalgeschwindigkeit [m/s]

Kapitel 4.4 Weichen und Gleisdurchschneidungen

R	Gleisradius [m]
R_{G}	Ablenkungsradius der Grundform [m]
R_{S}	Radius des Stammgleises [m]
R_{Z}	Radius des Zweiggleises [m]
K	Krümmung [1/m]
K_{G}	Krümmung der Grundform [1/m]
K_{S}	Krümmung Stammgleis [1/m]
K_{Z}	Krümmung Zweiggleis [1/m]
α	Weichenwinkel [°]
w	Weichenlänge [m]
t_{i}	Tangentenlänge der Weiche i [m]
s	Spreizmass (Sperrmass) der Weiche [m]
a	Länge der Herzstückgeraden [m]

b Länge Weichenschnittpunkt – Weichenende Stammgleis [m]
L_B Länge des Übergangsbogens [m]
$R_{v,Wanne}$ Vertikaler Ausrundungsradius für Wannen [m]
$R_{v,Kuppe}$ Vertikaler Ausrundungsradius für Kuppen [m]
N_{max} Maximal zulässige Gleisverwindung [‰]

Anhang

Strecke	Staaten	Durchgehender Betrieb	Grösste Neigung [‰]	Minimaler Radius [m]	Höhe Scheitelpunkt [m.ü.M.]	Länge des Scheiteltunnels [m]
Semmering, Gloggnitz – Mürzzuschlag	Österreich	15. Mai 1854	25,0	190	898	1430
Brenner, Innsbruck – Bozen	Österreich / Italien	17. August 1867	25,0	285	1371	–
Mont-Cenis, Culoz – Bussoleno	Frankreich / Italien	17. September 1871	30,2	345	1298	13'657
Schwarzwald, Offenburg – Konstanz	Deutschland	1. November 1871	20,0	300	832	1698
Gotthard, Arth-Goldau – Bellinzona	Schweiz	23. Mai 1882	27,0	280	1155	15'003
Arlberg, Innsbruck – Bludenz	Österreich	21. September 1884	31,0	250	1311	10'250
Simplon, Brig – Domodossola	Schweiz / Italien	18. Mai 1906	25,0	300	705	19'803
Tauern, Schwarzach-St. Veit – Spittal-Millstättersee	Österreich	5. Juli 1909	27,0	250	1226	8551
Karwendelbahn, Innsbruck – Garmisch-Partenkirchen	Österreich / Deutschland	28. Oktober 1912	36,5	200	1185	–
Ausserfern, Scharnitz – Pfronten-Steinach	Österreich / Deutschland	20. Mai 1913	32,0	190	1128	512
Lötschberg, Spiez – Brig	Schweiz	15. Juli 1913	27,0	300	1240	14'612
Tenda, Cuneo – Ventimiglia/Nizza	Italien / Frankreich	30. Oktober 1928	25,0	300	1073	8099

Tabelle 42 *Parameter der Hauptbahnstrecken im Schwarzwald und im Alpenraum ([eigene Darstellung], basierend auf [Hehl 2005], [Schneider 1982].*

Strecke	Staaten	Durchgehender Betrieb	Grösste Neigung [‰]	Minimaler Radius [m]	Höhe Scheitelpunkt [m.ü.M.]	Länge des Scheiteltunnels [m]
Montreux – Zweisimmen	Schweiz	6. Juli 1905	73	80	1275	2424
Albula Chur – St. Moritz	Schweiz	10. Juli 1907	35	100	1823	5865
Bernina St. Moritz – Tirano	Schweiz	5. Juli 1910	70	45	2256	–
Locarno – Domodossola (Centovalli)	Schweiz / Italien	6. Mai 1923	60	50	831	–
Villefranche – La Tour de Carol	Frankreich	6. August 1927	60	80	1592	–
Korinth – Kalamata (Peloponnes)	Griechenland	10. September 1897	25	130	814	–

Tabelle 43 *Parameter wichtiger Schmalspurbahnen [Hehl 2005] [Schneider 1982].*

Literatur

[BAV 2016] Bundesamt für Verkehr (2016): Ausführungsbestimmungen zur Eisenbahnverordnung AB-EBV; SR 742.141.11, Bern

[Buchmüller 2008] Buchmüller, Stefan / Weidmann, Ulrich (2008): Handbuch zur Anordnung und Dimensionierung von Fussgängeranlagen in Bahnhöfen; ETH Zürich, Institut für Verkehrsplanung und Transportsysteme, Studie für Schweizerische Bundesbahnen, Zürich

[BV 2016] Schweizerische Eidgenossenschaft: Verordnung über die behindertengerechte Gestaltung des öffentlichen Verkehrs (VböV) vom 12. November 2003; Stand vom 1. Januar 2016, SR 151.34, Bern

[BV 2017] Bundesversammlung (2017): Bundesgesetz über die Beseitigung von Benachteiligungen von Menschen mit Behinderungen (Behindertengleichstellungsgesetz, BehiG) vom 13. Dezember 2002; Stand vom 1. Januar 2017, SR 151.3, Bern

[Dinhobl 2003] Dinhobl, Günter (2003): Die Semmeringbahn – Der Bau der ersten Hochgebirgsbahn der Welt; Verlag für Geschichte und Politik, Wien / Oldenbourg Wissenschaftsverlag, München

[Eggermann 1981] Eggermann, Anton / Lanfranconi, Karl J. / Winter, Paul / Kalt, Robert / Trüb, Walter (1981): Die Bahn durch den Gotthard; Orell Füssli Verlag, Zürich

[Electrosuisse 2009] Electrosuisse (2009): Bahnanwendungen – Ortsfeste Anlagen – Oberleitungen für den elektrischen Zugbetrieb; Schweizer Norm EN 50119+A1, Fehraltdorf

[Freystein 2005] Freystein, Hartmut / Muncke, Martin / Schollmeier, Peter (2005): Handbuch Entwerfen von Bahnanlagen; Verlag Eurailpress Tetzlaff-Hestra, Hamburg

[Goldenbaum 1986] Goldenbaum, Heinz / Meyer, Dietrich (1986): Linienführung der Eisenbahn – gestern und heute; in Fünf Jahrhunderte Bahntechnik, Hestra-Verlag, Darmstadt

[Haigermoser 2002] Haigermoser, Andreas (2002): Schienenfahrzeuge – Vorlesungsskript zur Lehrveranstaltung; Technische Universität Graz, Graz

[Hasslinger 2004] Hasslinger, Herbert Leopold / Stockinger, Hans (2004): Messtechnischer Nachweis der Überlegenheit eines neuen Trassierungselements, des „Wiener Bogens"; Zeitschrift für Eisenbahnwesen und Verkehrstechnik ZEVrail Glasers Annalen, 128. Jahrgang Sonderheft ÖVG, S. 66–77

[HBS 2001] Forschungsgesellschaft für Strassen- und Verkehrswesen (2001): Handbuch für die Bemessung von Strassenanlagen; Verlag der Forschungsgesellschaft für Strassen- und Verkehrswesen, Köln

[Hehl 2005] Hehl, Markus (2005): Das grosse Buch der Alpenbahnen – Über 150 Jahre Bezwingung der Alpen; Verlag Geramond, München

[Lanz 2006] Lanz, Rudolf et al. (2006): Dimensionierung der Fussgängerflächen von Haltestellen des strassengebundenen öffentlichen Verkehrs; Bundesamt für Strassen, Forschungsauftrag VSS 1998/187, Bericht 1150, Bern

[Matthews 2007] Matthews, Volker (2007): Bahnbau; Teubner Lehrbücher, Springer Science & Business Media, Wiesbaden

[Meyrat 2016] Meyrat, Pierre-André (2016): Hinweise des BAV zur autonomen Benutzung des barrierefrei ausgestalteten öffentlichen Verkehrs; Bundesamt für Verkehr, Bern

[Presle 2007] Presle, Gérard / Boyer, Martin / Hahn, Andreas (2007): Der Wiener Bogen® in der Erhaltung der Gleisinfrastruktur der ÖBB; Eisenbahntechnische Rundschau, 56. Jahrgang Heft 3, S. 135–140

[SBB 2019] SBB Infrastruktur Datenmanagement & Reporting Fahrbahn (2019): Gleise und Weichen im Eigentum der SBB ohne Tochtergesellschaften; Bern

[Schindler 2006] Schindler Aufzüge AG (2006): Schindler Planungsnavigator – Für Aufzüge, Fahrtreppen und Fahrsteige; Ebikon

[Schneider 1982] Schneider, Ascanio (1982): Gebirgsbahnen Europas, Mitteleuropa – Iberische Halbinsel – Grossbritannien – Skandinavien – Italien – Jugoslawien – Griechenland; Orell Füssli Verlag, Zürich

[Siems 2005] Siems, Erich (2005): Erste Eisenbahnen – nicht ohne Feldmesser; Der Eisenbahningenieur, 56. Jahrgang Heft 9, S. 70–76

[Siems 2008] Siems, Erich (2008): Vermessungsarbeiten für die ersten Eisenbahnstrecken in Niedersachsen; Der Eisenbahningenieur, 59. Jahrgang Heft 8, S. 48–54

[Steimel 2004] Steimel, Andreas (2004): Elektrische Triebfahrzeuge und ihre Energieversorgung – Grundlagen und Praxis; Oldenburg Industrieverlag, München

[VBZ 2014] Verkehrsbetriebe Zürich (2014): Empfehlungen für die Planung von Strassenbahnanlagen auf dem Netz der Verkehrsbetriebe Zürich; Unternehmensbereich Infrastruktur, Zürich

[VöV 2012a] Verband öffentlicher Verkehr (2012): Regelwerk Technik Eisenbahn, Lichtraumprofil Normalspur – R RTE 20012; Bern

[VöV 2012b] Verband öffentlicher Verkehr (2012): Regelwerk Technik Eisenbahn, Geometrische Gestaltung der Fahrbahn, Meterspur – R RTE 22546; Bern

[VöV 2013] Verband öffentlicher Verkehr / Schweizerische Bundesbahnen (2013): Regelwerk Technik Eisenbahn, Geometrische Gestaltung der Fahrbahn für Normalspur – I 22046; Bern

[VöV 2014] Verband öffentlicher Verkehr (2014): Regelwerk Technik Eisenbahn, Lichtraumprofil Meterspur – R RTE 20512; Bern

[Wägli 2010] Wägli, Hans G. (2010): Schienennetz Schweiz, Strecken, Brücken, Tunnels – Ein technisch-historischer Atlas; AS Verlag, Zürich

[Weidmann 1993a] Weidmann, Ulrich (1993): Transporttechnik der Fussgänger – Transporttechnische Eigenschaften des Fussgängerverkehrs, Literaturauswertung; ETH Zürich, Institut für Verkehrsplanung und Transportsysteme, Schriftenreihe des IVT 90, Zürich

[Weidmann 1993b] Weidmann, Ulrich (1993): Der Fussgänger im Strassenverkehr – Geschwindigkeit und Leistungsfähigkeit, Der Nahverkehr, 11. Jahrgang Heft 6, S. 53–60

[Weidmann 1994] Weidmann, Ulrich (1994): Der Fahrgastwechsel im öffentlichen Personenverkehr; Dissertation ETH Zürich, Zürich

[Weidmann 1995] Weidmann, Ulrich (1995): Grundlagen zur Berechnung der Fahrgastwechselzeit; Institut für Verkehrsplanung und Transportsysteme ETH Zürich, Schriftenreihe des IVT 106, Zürich

[Weidmann 2006] Weidmann, Ulrich / Lüthi, Marco (2006): Die Fahrplanabhängigkeit der Fahrgastankunft an Haltestellen; Der Nahverkehr, 24. Jahrgang Heft 12, S. 16–19

[Weidmann 2013] Weidmann, Ulrich / Pestalozzi, Christian / Conrad, Vera / Kirsch, Uwe / Puffe, Enrico / Jacobs, Dietlind (2013): Verkehrsqualität und Leistungsfähigkeit von Anlagen des leichten Zweirad- und des Fussgängerverkehrs; Bundesamt für Strassen, Forschungsauftrag VSS 2007/306, Bericht 1444, Bern

[Zweig 2007] Zweig, Bernd-Wolfgang (2007): Energieversorgung elektrischer Bahnen; in Handbuch Bahninfrastruktur, Springer Verlag, Berlin/Heidelberg

5 Bahntechnik

5.1 Fahrweg der Bahn, Entwicklung der Fahrbahn und Fahrbahnbauarten

5.1.1 Überblick über den Fahrweg der Bahn

Zur Umsetzung der geometrisch projektierten in eine physisch realisierbare Anlage sind unter anderem die technischen Systeme und Komponenten für die vier Teilnetze Fahrbahn, Bahnstromversorgung, Telekommunikation sowie Sicherung und Steuerung festzulegen. Dies ist meist nicht eine projektweise Einzelentscheidung, sondern jede Infrastrukturunternehmung folgt einer eigenen Technologie- und Produktestrategie. In den einzelnen Bauprojekten werden die am besten geeigneten Produkte aus dieser Produktestrategie eingesetzt. Dies minimiert den Engineering-Aufwand und die Anwendungsrisiken, verspricht aber auch günstigere Konditionen in Beschaffung sowie Vereinfachungen bei der Anlagendokumentation und -erhaltung.

Die bahntechnische Innovation erfolgt daher nicht im Rahmen eines einzelnen Bauvorhabens, sondern in einem Innovationsprozess, als Teil der Technologiestrategie. Bahnprojekte mit besonderen Anforderungen können aber punktuell Innovationen und Produkteentwicklungen initialisieren, zum Beispiel Hochgeschwindigkeitsstrecken oder grosse Alpentunnels.

Teilnetz	Wichtigste technologische Subsysteme
Fahrbahn	Gleisrost mit Schienen, Schwellen, Schienenverbindungen und Schienenbefestigungen Weichen und ihre Bauteile Schotterbett und Unterbau Brücken, Durchlässe, Tunnels und Stützbauwerke
Bahnstromversorgung	Kraftwerke Hoch- und Mittelspannungs-Übertragungsnetz Umformerstationen und Gleichrichter, Unterwerke, Schaltposten Fahrdraht, Fahrleitungstragwerke, Stützpunkte
Telekommunikation	Bodengebundene Kupfer- und Glasfasernetze Kabelschutzeinrichtungen Funksysteme, GSM-R
Sicherung und Steuerung	Aussensignale, sicherheitsbezogene Weichenausrüstung Gleisfreimeldeeinrichtungen; Zugbeeinflussungssysteme Stellwerke und Radio Block Center Leit- und Dispositionssysteme, Automationssysteme Leit- und Störmeldesysteme

Tabelle 1 *Die vier bahntechnischen Teilnetze und deren wichtigsten Subsysteme [eigene Darstellung].*

Im Folgenden werden zunächst die unterschiedlichen Fahrbahnbauarten dargestellt. Für die meistverbreitete Schotterfahrbahn werden die Komponenten detaillierter beschrieben. Die Grundzüge der anderen drei technischen Teilnetze werden skizziert. Abschliessend wird auf einige Besonderheiten des Innovationsprozesses bei der Bahn eingegangen.

5.1.2 Anforderungen an die Fahrbahn, Begriffe, Entwicklung

5.1.2.1 Anforderungen an die Fahrbahn

Rückgrat des Fahrwegs ist die Fahrbahn. Sie verantwortet die präzise, lagestabile und sichere Führung des Zuges in vertikaler und horizontaler Richtung. Beansprucht wird sie durch die Vertikal- und Horizontalkräfte, die über die Räder in den Schienenkopf eingeleitet werden. Die Schiene ist damit sowohl Träger als auch Abrollfläche. Die Fahrbahn ist gegenüber der Umwelt ungeschützt und wird deshalb zusätzlich durch Temperaturänderungen, Feuchtigkeit, korrosionsfördernde Stoffe und Vegetationswuchs beeinflusst.

Die Fahrbahn muss allen diesen Beanspruchungen widerstehen können und dabei die geometrische Soll-Lage möglichst gut und dauerhaft beibehalten. Sie ist aber auch das teuerste Teilnetz und ihre Erhaltung bedingt oft die Stilllegung des Betriebs. Schliesslich benötigt sie grosse Materialmengen, welche die Umwelt bei Fertigung und Entsorgung belasten. Daraus leitet sich eine Vielzahl teilweise widersprüchlicher Anforderungen ab:

- Verschleissarme Abrollfläche für die Räder, Kontaktstelle zwischen Rad und Schiene mit optimaler Materialpaarung.
- Krafteinleitung vertikal, seitlich und in Längsrichtung, Kraftverteilung und Ableitung der Kräfte in den Untergrund.
- Definierte Elastizität, um Kraftspitzen zu dämpfen, dadurch Verschleissminderung bei Fahrbahn und Rollmaterial.
- Hohe Sicherheit bei Beanspruchung durch die Züge, gutmütiges Verhalten bei Komponentenversagen.
- Haltbarkeit und Dauerhaftigkeit gegenüber Umwelteinflüssen.
- Präzise Einbaubarkeit, gute Regulierbarkeit während der Nutzungszeit.
- Gute Überwachbarkeit und Unterhaltbarkeit, möglichst ohne Beeinträchtigung des Bahnbetriebs, gute Reparierbarkeit bei Entgleisungen und anderen Schadenfällen.
- Wirtschaftlichkeit hinsichtlich Einbau, Erhaltung und Anpassung.
- Standardisierbarkeit der Komponenten, keine proprietären Systeme.
- Ökologische Verträglichkeit hinsichtlich verwendeter Rohstoffe, erforderlicher Energie während des Lebenszyklus und Toxizität.

5.1.2.2 Begriffe

Die Fahrbahn besteht aus Oberbau, Unterbau und Untergrund. Zum *Oberbau* gehören der *Gleisrost* mit Schienen, Schienenbefestigungen und Schwellen, das *Schotterbett* und eine allfällige *Schutzschicht*. Die Grenze zwischen Ober- und Unterbau wird als *Planie* bezeichnet. Zum *Unterbau* zählen die Fundationsschichten, allfällige Schutzschichten und Dammschüttungen sowie die Kunstbauten. Das *Planum* ist schliesslich die Grenze zwischen dem Unterbau und dem gewachsenen beziehungsweise stabilisierten Boden. Der Fahrbahn angegliedert sind Energieversorgung, Telekommunikation und Sicherungstechnik; zusammen bilden sie den *Fahrweg*.

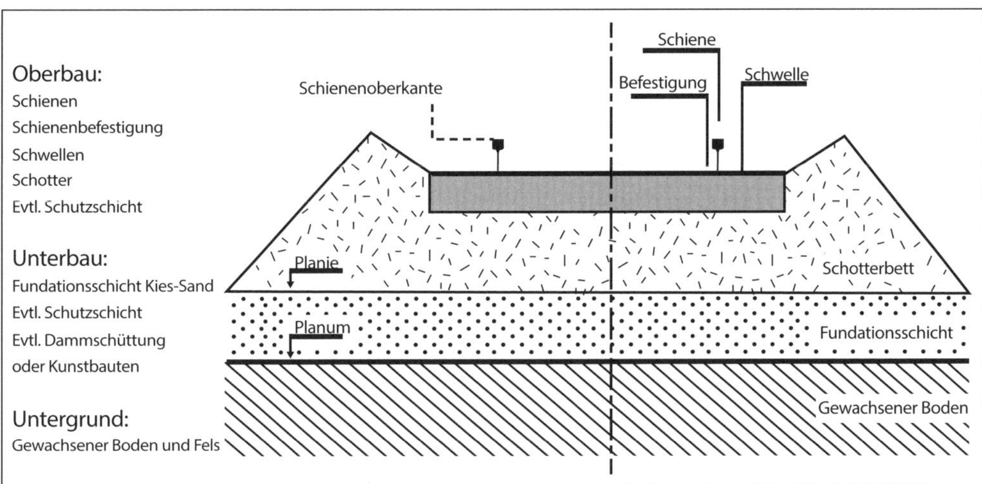

Abbildung 1 *Abgrenzung von Oberbau, Unterbau und Untergrund [eigene Darstellung].*

5.1.2.3 Entwicklung der Fahrbahn

Die Schotterfahrbahn ist das Resultat einer über 500-jährigen Entwicklung. Im mitteldeutschen Harzgebiet wurden bereits im Mittelalter zwei parallele Holzbohlen als Fahrbahnen für Grubenbahnen eingesetzt, mit einem mittigen Spurnagel für die Spurführung. Diese Technologie wurde nach England exportiert, wo 1630 der Grubenbesitzer Beaumont in Northumberland die Bohlen mit Querhölzern zu verbinden begann. Damit wurde erstmals die Idee des Gleisrahmens umgesetzt. Die hölzernen Fahrbahnen unterlagen einem hohen Verschleiss, weshalb sie Reynolds im Jahr 1767 mit Gusseisenbarren belegte. John Curr realisierte 1776 die Winkelschiene, die auch die Führungsfunktion übernahm und trotzdem noch von Strassenfahrzeugen befahren werden konnte [Preuss 1986].

Ein statisches Tragvermögen erhielten die Schienen erst, als Jessop 1789 die Gusseisenschienen mit Kopf und Steg herstellte und sie auf Steinwürfel lagerte. Zu deren Nutzung mussten die Fahrzeugräder nun mit einem Spurkranz versehen werden, was Strassenfahrzeuge von der Benützung ausschloss und die Bahn endgültig von der Strasse trennte. Die Schienenlänge betrug zunächst lediglich 1 m. Das Tragvermögen konnte gesteigert werden, als Berkinshaw im Jahre 1820 gewalzte Schienen mit 4,5 m Länge fabrizierte, die als Durchlaufträger wirkten, nicht mehr als einfache Balken.

Eine weitere Erhöhung der Tragfähigkeit wurde durch Verbesserung der Schienenform erreicht. Zunächst wurde die Schienenhöhe an der Stelle des grössten Biegemomentes vergrössert und es entstand die sogenannte Fischbauchschiene [Preuss 1986]. Da eine variable Schienenhöhe walztechnisch nicht herstellbar war, entwickelte Stephenson 1835 die Doppelkopfschiene, die sich aber langfristig nicht durchsetzte. Bereits 1832 führte dagegen Stevens bei der Camden & Amboy Railroad die Breitfussschiene ein. Diese wurde 1836 von Vignoles in Grossbritannien verbreitet und ist noch heute nach ihm benannt [Henn 1986], [Preuss 1986].

Die Schienen wurden zunächst auf Einzelstützpunkten verlegt. Diese bestanden vorwiegend aus Steinwürfeln, aber auch aus eisernen glockenförmigen Konstruktionen. Die Würfel brachen oft unter dem Druck der zentrischen Vertikalkräfte, die kaum gedämpft wurden, entzwei. Anfänglich waren die beiden Schienenstränge zudem nicht miteinander verbunden, sodass die Spurerhaltung sehr mangelhaft war. Später wurden Spurstangen und schliesslich Querschwellen eingezogen; es entstand sukzessive das heutige Querschwellengleis.

Abbildung 2 *Gleis der Liverpool-Manchester-Bahn von 1830, verlegt auf Steinwürfeln mit Fischbauchschienen [Günther 2006].*

In den Siebzigerjahren des 19. Jahrhunderts hatte sich das Querschwellengleis allgemein durchgesetzt. Es wurde in seiner Detailgestaltung weiterentwickelt und die einzelnen Fahrbahnkomponenten wurden den zunehmenden Verkehrslasten angepasst. Neue, langlebigere Materialien wie Stahl oder später Beton ersetzten teilweise die hölzernen Querschwellen. Verbesserte Walztechniken erlaubten die Herstellung von längeren und schwereren Schienen. Parallel dazu wurde die Schotterbettung verstärkt und das oftmals lokal gewonnene Material durch Hartkalk-Schotter oder andere robuste Gesteine ersetzt [Henn 1986].

Das schwächste Element des Oberbaus bildet nach wie vor der Schotter, der unter Betrieb seine Form verliert und einem starken Verschleiss unterliegt. Bereits in den Fünfzigerjahren des 20. Jahrhunderts wurde deshalb begonnen, diesen durch Beton oder Asphalt zu ersetzen, und es entstanden unterschiedliche Bauformen sogenannter *fester Fahrbahnen*. Bei den Hochgeschwindigkeitsstrecken in Japan wurde diese neue Bauform erstmals in grösserem Ausmass angewandt. In Europa beschränkte man sich dagegen zunächst auf kürzere Streckenabschnitte, hauptsächlich Tunnels. Erst Ende des 20. Jahrhunderts wurden längere Bereiche mit fester Fahrbahn in Betrieb genommen [Darr 2006].

5.1.3 Schotterfahrbahn

Der Aufbau der Schotterfahrbahn verteilt die eingebrachten Lasten so, dass die zulässigen Spannungen in keiner Schicht überschritten werden. Die Materialeigenschaften verschaffen die geforderte Elastizität. Die Schienenbefestigung verbindet die Schienen mit den Schwellen und gewährleistet die Rahmensteifigkeit des Gleisrostes. Die Querschwelle verteilt die Lasten flächig und ist für die Spurhaltung verantwortlich. Das Schotterbett lagert den Gleisrost elastisch, verteilt die Lasten weiter und erlaubt bei Bedarf auch grössere Gleislagekorrekturen. Eine beidseitige Überhöhung des Schotterbetts unterstützt die Gleislagestabilität. Die Fundationsschicht reduziert die vertikale Beanspruchung für die darunterliegenden Schichten und schützt den Untergrund vor schädlichen Einwirkungen des Frostes. Gleichzeitig leitet sie das Oberflächenwasser ab [VöV 2015].

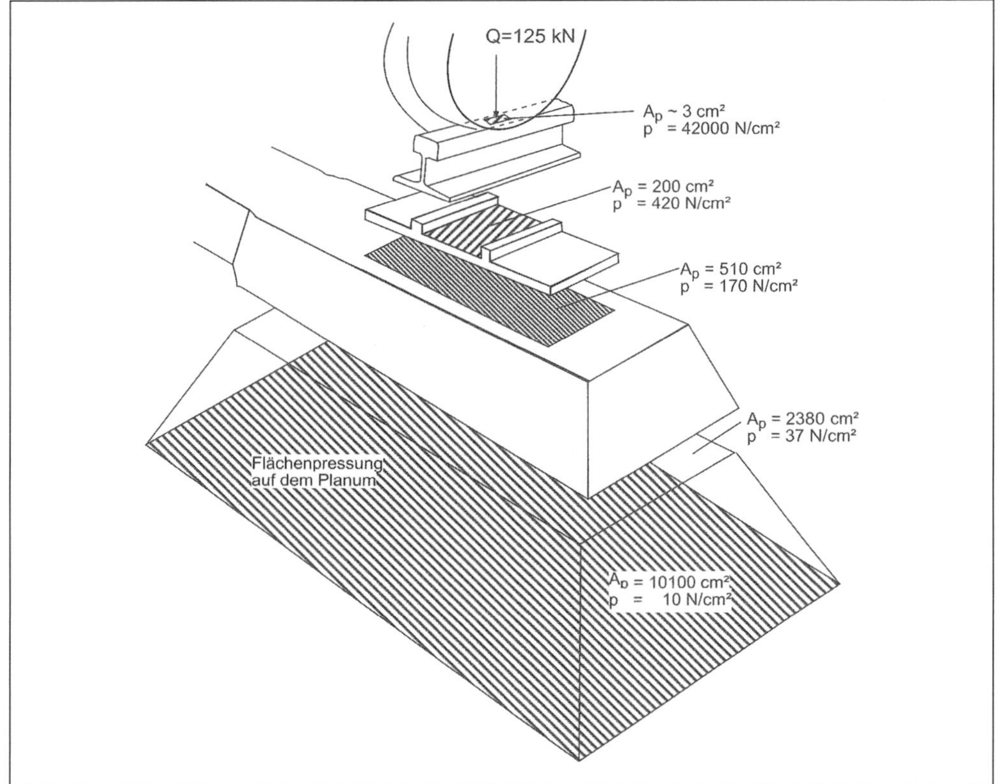

Abbildung 3 *Lastverteilung durch die Komponenten des Oberbaus [Lichtberger 2004].*

Für Schienen und Schwellen ist eine Vielzahl von Bauteiltypen in Verwendung, die zu unterschiedlichen Einzelbauformen kombiniert werden können. Das Grundprinzip entspricht aber immer etwa den Bettungsquerschnitten des Schottergleises der SBB.

Abbildung 4 *Schotterfahrbahn [Foto: Ulrich Weidmann].*

Der Schotteroberbau eignet sich für praktisch jede Gegebenheit und ist maschinell einbaubar, weshalb er bei der Erstellung kostengünstig ist. Die Komponenten verschiedener Hersteller sind austauschbar, da die Schnittstellen normiert sind; eine Mehrzahl von Schienentypen ist mit unterschiedlichsten Schwellenbauarten kombinierbar. Die Komponenten werden grossindustriell hergestellt und sind damit von kontrollierter Qualität. Besonders vorteilhaft ist der Schotteroberbau bei schlechtem Untergrund und/oder Unterbau, da die Gleislage leicht regulierbar ist. Er bietet zudem Vorteile bezüglich Elastizität und elektrischer Isolation. Gleistopologie und Trassierung lassen sich einfach ändern und Bauprovisorien sind problemlos möglich. Der Schotteroberbau ist unempfindlich bei Entgleisungen und bietet eine gewisse Lärm- und Erschütterungsdämmung. Er lässt sich mechanisiert unterhalten und Einzelteilauswechslungen sind leicht möglich.

Hingegen ist die Gleislage nicht langfristig stabil. Abhängig von Streckenbelastung, Schotterqualität, Untergrundzusammensetzung und Intensität des Bewuchses im Umfeld muss der Schotter regelmässig gereinigt und teilweise oder gänzlich ersetzt werden. Auf einer Betonsohle (Brücke, Tunnel) ist die Schotterpressung rund 40 % höher als auf einem Erdkörper, was zur vorzeitigen Schotterzerstörung führt. Den vergleichsweise tiefen Erstellungskosten stehen somit regelmässige Unterhaltsarbeiten und entsprechende Kosten während der Betriebsphase gegenüber.

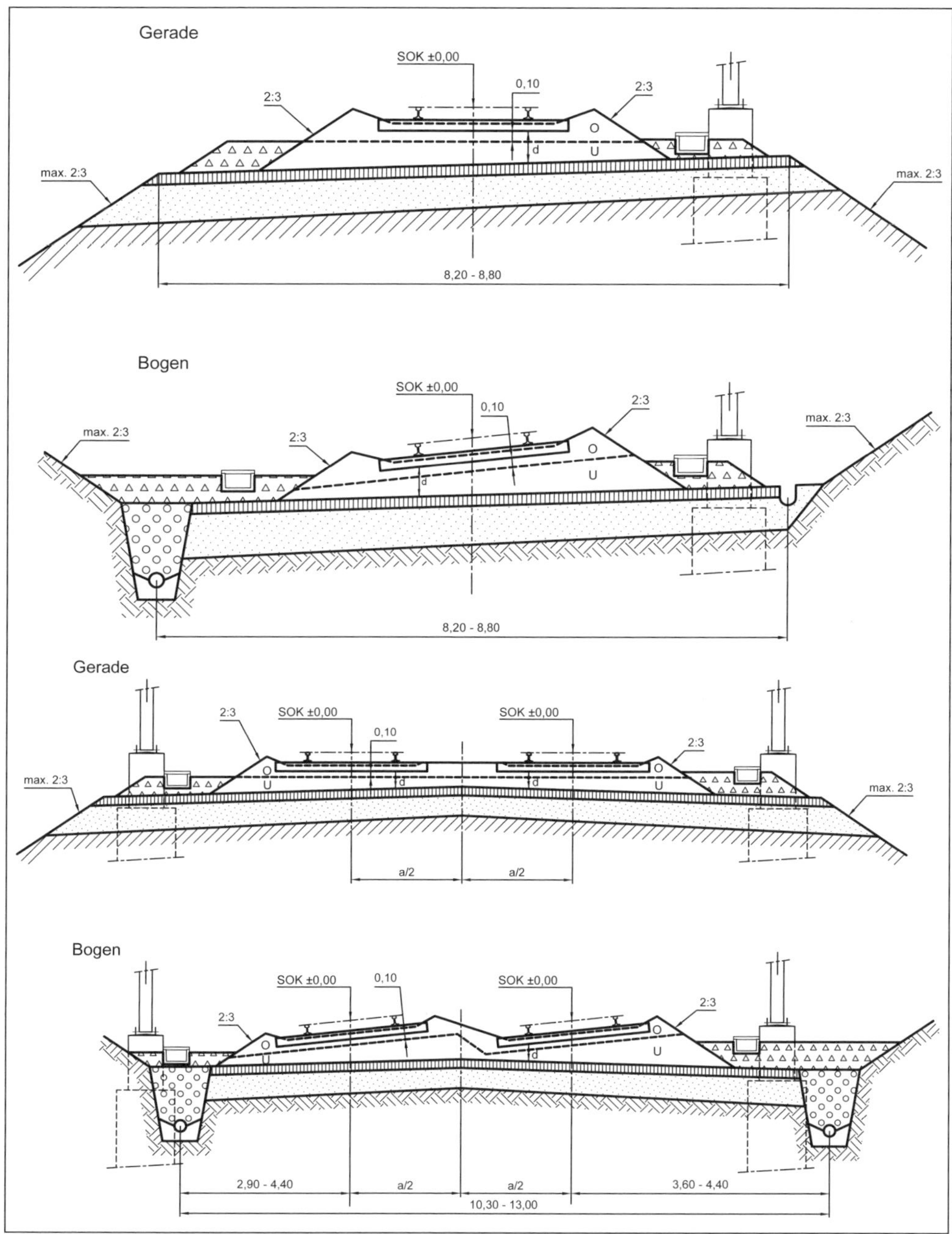

Abbildung 5 *Bettungsquerschnitte von Schotterfahrbahnen; Ausführung der SBB in Normalspur [VöV 2015].*

5.1.4 Feste Fahrbahnen

5.1.4.1 Überblick über die Systeme fester Fahrbahnen

Die Aufwendungen für die Lageerhaltung der Fahrbahn, verbunden mit Schotterersatz und Beeinträchtigung des Betriebs, motivierten zur Suche nach neuen Fahrbahnen in unterhaltsarmer Bauweise. Bei der sogenannten *festen Fahrbahn* wird dazu der Schotter durch Beton oder Asphalt ersetzt, die zeit- und formbeständig sind. Aufgrund ihrer Steifigkeit muss die Elastizität allerdings durch spezielle Schienenbefestigungen und/oder elastische Einlagen geschaffen werden.

Im Laufe der Zeit wurden zahlreiche solche Fahrbahnsysteme entwickelt, die sich hauptsächlich durch die Art der Schienenlagerung (Stützpunkte oder kontinuierliche Lagerung) und durch den Grad der Vorfertigung unterscheiden: Bei den *Plattensystemen* werden sowohl die Schienenstützpunkte (Schienenbefestigungen mit Krafteinleitung) wie auch die Tragplatte im Werk gefertigt. Bei *Schwellensystemen* werden nur die Schienenstützpunkte vorfabriziert und bei *Einzelstützpunktsystemen* muss alles vor Ort hergestellt werden. Eine weitere Differenzierung bezieht sich auf die Anzahl der elastischen Zwischenlagen. Als Standard konnte sich bis heute kein System etablieren.

Eine einbautechnisch wichtige Differenzierung ist das Vorgehen zur Herstellung der präzisen Gleislage. Bei der Schotterfahrbahn wird der Gleisrost während des Einbauvorganges in mehreren sequenziellen Stopfvorgängen in die projektierte Lage gebracht und anschliessend während der Lebensdauer regelmässig justiert. Im Gegensatz dazu kann die Gleislage einer festen Fahrbahn nach dem Einbau praktisch nicht mehr nachkorrigiert werden. Das Gleis muss mithin bei Abschluss des Einbauvorganges bereits genau in der verlangten Position liegen. Dies kann auf zwei Arten geschehen:

- *Prinzip „Genauigkeit von oben nach unten":* Bevor der Fahrbahnaufbau erstellt wird, werden der Gleisrost oder gegebenenfalls die vorgefertigte Fahrbahnplatte genau in die definitive Lage eingemessen und in allen drei Dimensionen fixiert. Anschliessend wird darunter der Fahrbahnkörper gegossen. Dieses Vorgehen ist bei den Betonfahrbahnen und Plattenbauweisen üblich.
- *Prinzip „Genauigkeit von unten nach oben":* Der Fahrbahnkörper wird sukzessive Schicht für Schicht aufgebaut. Mit jeder Schicht wird die Genauigkeitsanforderung verschärft. Gleichzeitig wird mit jeder Schicht die Ungenauigkeit der vorangehenden Schicht auskorrigiert. Erst die oberste Schicht muss die finale Genauigkeitsanforderung erfüllen. Dieses Prozedere wird bei Bauformen mit Asphalt angewandt und entspricht der Herstellung von Strassenfahrbahnen.

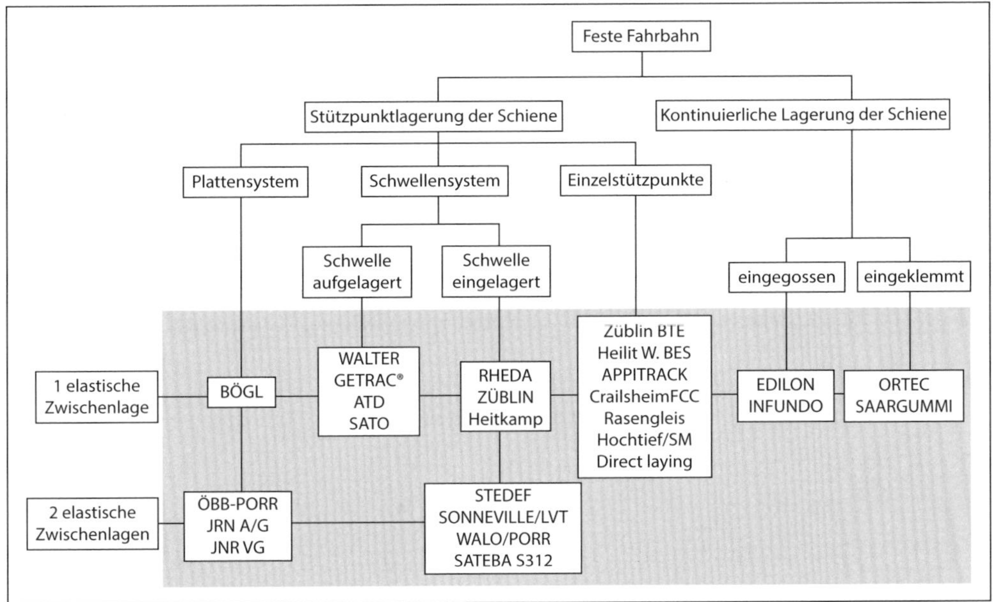

Abbildung 6 *Überblick über verschiedene Systeme und Bauarten der festen Fahrbahn (eigene Darstellung auf Grundlage von [Darr 2006]).*

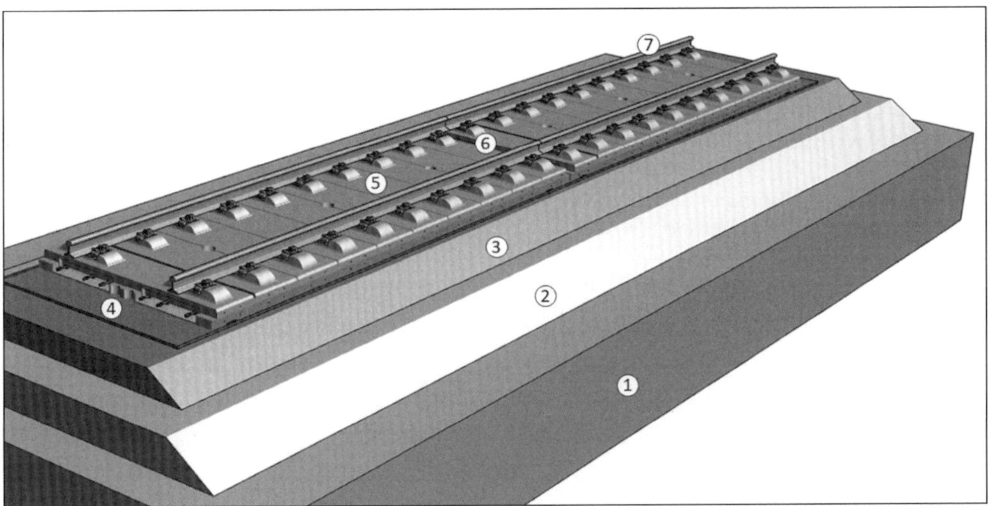

Abbildung 7 *Schichtaufbau einer festen Fahrbahn, Beispiel Bauart Bögl: (1) Vorhandenes Erdplanum. (2) Frostschutzschicht. (3) Tragschicht hydraulisch gebunden (THB). (4) Unterguss (selbstverdichtender Mörtel). (5) Vorgespannte Gleistragplatte. (6) Koppelfuge. (7) Langschiene [Grafik: Firmengruppe Max Bögl / Feste Fahrbahn Bögl].*

5.1.4.2 Ausgewählte Bauarten: Systeme mit eingelagerten Schwellen STEDEF/LVT

In der Schweiz werden die miteinander verwandten Systeme STEDEF und LVT (Low Vibration Track) bei allen grossen unterirdischen Anlagen standardmässig verwendet. Als wesentlicher Vorteil wird gesehen, dass der Gleisrost leicht von der Betontragplatte trennbar ist. Bei der Bauart STEDEF wird eine Zweiblock-Betonschwelle auf sogenannten Gummischuhen formschlüssig in die Betontragplatte eingelagert, aber nicht kraftschlüssig mit ihr verbunden. Die Betonschwelle dämpft zusammen mit dem Gummischuh rund 80–90 % der Schwingungen, die restlichen 10–20 % werden durch die elastische Zwischenlage unter der Schiene übernommen. Da dieses System annähernd dem elastischen Verhalten des Schotteroberbaus entspricht, ist die kostengünstige Schienenbefestigung aus dem Schotteroberbau anwendbar.

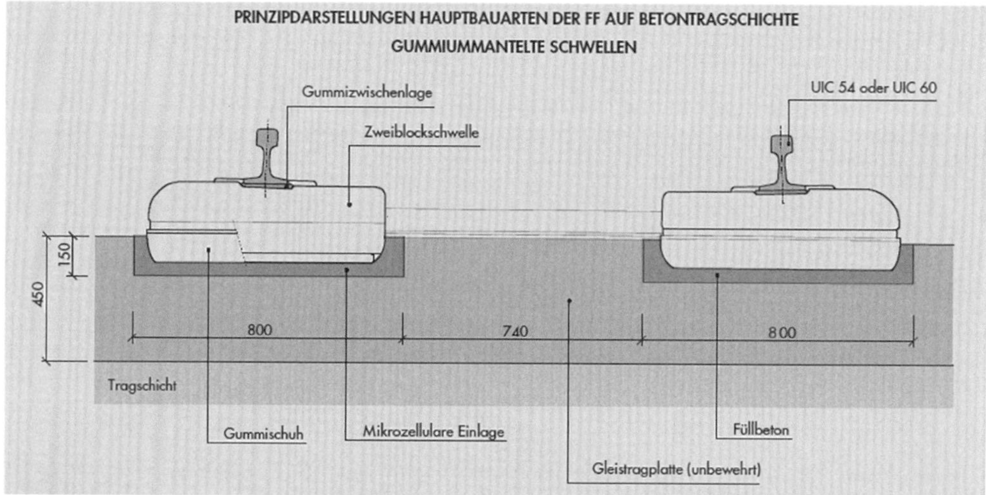

Abbildung 8 *Feste Fahrbahn der Bauart STEDEF mit Zweiblockschwellen, mit Gummischuhen in die Gleistragplatte eingelagert [Schilder 2002 / ©PORR].*

Abbildung 9 *Feste Fahrbahn der Bauart LVT mit eingelagerten Einzelblöcken; Einbauzustand vor Einbringung des Füllbetons [Foto: Marc Sinner].*

Die Bauart SONNEVILLE/LVT unterscheidet sich von STEDEF darin, dass die Schwellenblöcke nicht mehr durch eine Spurstange verbunden werden, sondern dass sie als Einzelblöcke direkt in die Betontragplatte eingefügt werden. Dazu wird die Einbindetiefe der Blöcke in der Gleistragplatte vergrössert.

5.1.4.3 Ausgewählte Bauarten: Eingegossene Schwellen Rheda

Der Vorteil von Schwellensystemen besteht darin, dass die Schienenstützpunkte vorkonstruiert werden können und so Schienenneigung und Spurweite vorgegeben sind. Beim Einbau muss nur die Betontragplatte vor Ort gefertigt werden. Bei der Bauart Rheda werden die Schwellen in eine längs- und querbewehrte Betontragplatte gegossen und somit ein monolithischer Verbund hergestellt. Beim aktuellen System Rheda 2000 werden Zweiblockschwellen eingesetzt, die durch ein Bewehrungsgitternetz miteinander verbunden sind. Die Bewehrung der Betontragplatte dient lediglich der gleichmässigen Rissverteilung. Die gesamte Elastizität des Oberbaus muss bei diesem System durch eine spezielle Schienenbefestigung geschaffen werden. Nachteilig ist, dass die Schwellen durch den monolithischen Verbund nicht austauschbar sind.

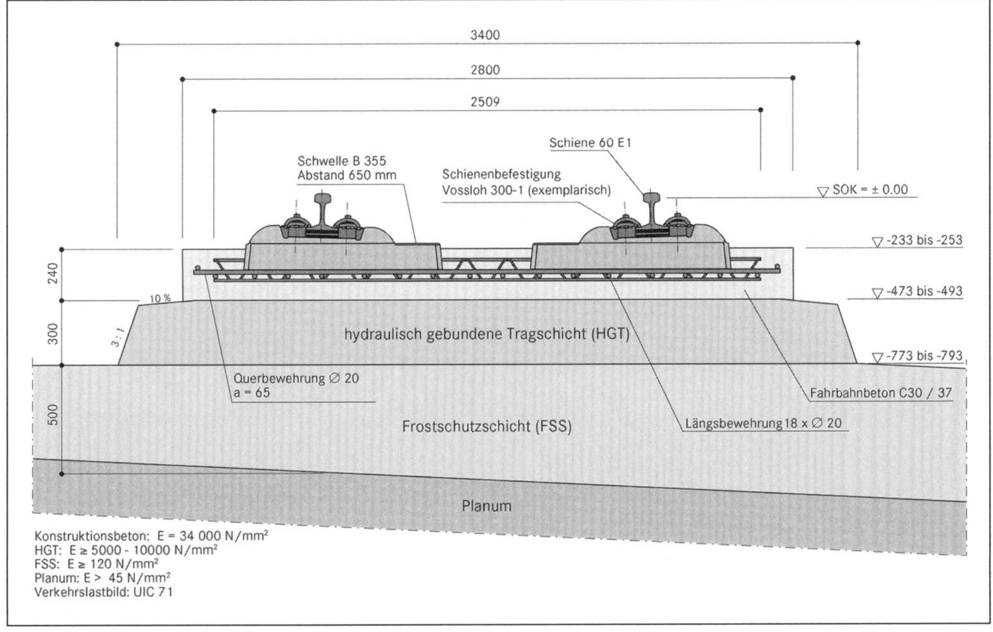

Abbildung 10 *Feste Fahrbahn der Bauart RHEDA 2000 mit einbetoniertem Bewehrungsgitter zur Verbindung der beiden Stützpunkte [Grafik: PCM RAIL.ONE AG].*

5.1.4.4 Ausgewählte Bauarten: System mit aufgelagerten Schwellen, GETRAC

Bei Systemen mit aufgelagerten Schwellen werden diese auf eine Tragschicht (zumeist Asphalt, aber auch Beton möglich) aufgelegt und mit Ankern oder Dübelsteinen in Quer- und Längsrichtung fixiert. Im Unterschied zu allen anderen Systemen erfolgt der Aufbau schichtweise von unten nach oben. Da die Verankerung der Schwellen leicht gelöst werden kann, lassen sich einzelne defekte Schwellen schnell austauschen. Bei einer Asphalttragschicht kann die Fahrbahn zudem sofort nach dem Einbau voll belastet werden, was die Einbauzeit merklich verkürzt. Anpassungen an neue Geometrien sind vergleichsweise leicht möglich. Besondere Vorkehrungen sind indessen gegen die Alterung des Asphalts zu treffen, zum Beispiel Lichtschutz durch eine leichte Schotterüberdeckung.

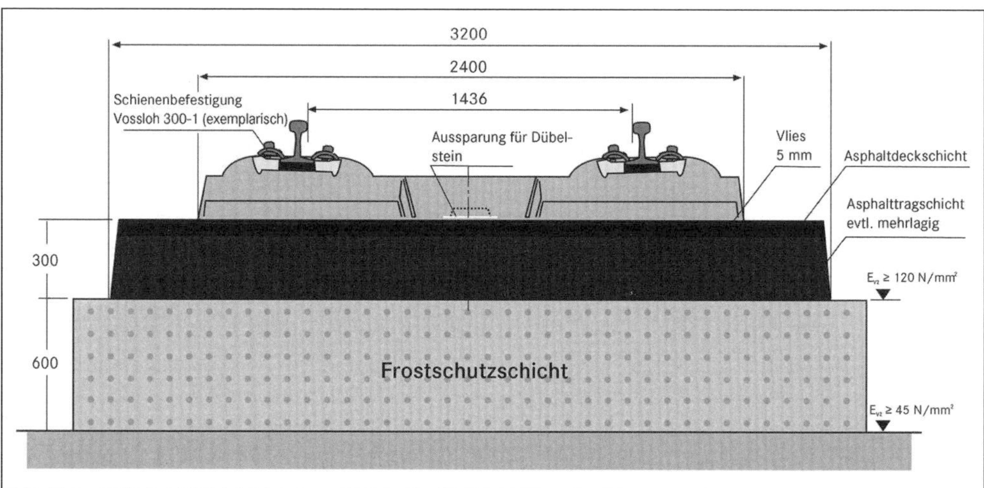

Abbildung 11 *Feste Fahrbahn Bauart GETRAC; Gleisrost aufgelagert auf Asphaltschichten [Grafik: PCM RAIL.ONE AG].*

Abbildung 12 *Feste Fahrbahn Bauart GETRAC; Anwendung bei der Sanierung des Brandleitetunnels an der Strecke Erfurt – Schweinfurt [Foto: PCM RAIL.ONE AG].*

Bei der Bauart GETRAC® werden die Quer- und Längskräfte über einen Dübelstein an der Unterseite jeder zweiten bis dritten Schwelle auf die Asphalttragschicht übertragen. Das Loch für die Aufnahme des Dübelsteins wird aus der noch nicht erkalteten Asphaltschicht herausgesaugt. Nach dem Ausrichten des Gleises werden die Dübelsteine in die Tragschicht eingegossen.

5.1.4.5 Ausgewählte Bauarten: Plattenbauweisen Bögl und ÖBB-PORR

Bei Plattensystemen wird die Fahrbahnplatte unter kontrolliert guten Bedingungen im Werk vorgefertigt. Qualitative Unregelmässigkeiten können erkannt und korrigiert werden, sodass sich Ausbesserungsarbeiten auf der Strecke praktisch erübrigen. Wird eine Platte durch eine Entgleisung zerstört, kann sie als Ganzes vom Unterbau getrennt und ersetzt werden. Auch bei Setzungen ist eine rasche Sanierung möglich. Plattensysteme gelten als die teuersten festen Fahrbahnsysteme, bieten hinsichtlich Herstellungsqualität und Flexibilität jedoch Vorteile.

Die Platte nach Bauart Bögl ist 6,45 m lang, zwischen 2,55 m und 2,80 m breit und in der Plattenmitte 0,20 m dick. Eine Platte wiegt rund 9 t. Die Platten sind in Querrichtung vorgespannt und mit regelmässigen Kerben als Sollbruchstellen versehen, um einer ungesteuerten Rissbildung entgegenzutreten. Sie werden nach dem Einbringen sowie dem Richten mit Spindeln mit einem Bitumen-Zement-Mörtel untergossen. Zuletzt werden die Armierungen der einzelnen Platten mit Spannschlössern miteinander verspannt und die Fugen mit Beton ausgegossen.

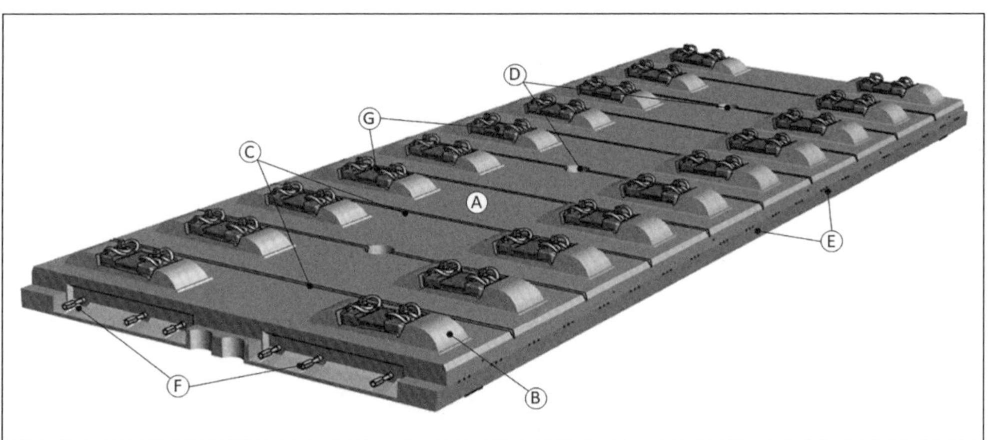

Abbildung 13 *Feste Fahrbahn in Plattenbauweise, Bauart Bögl: (A) Gleistragplatte (6,50 x 2,55 m). (B) Integrierte Stützpunkte mit nachträglich geschliffener Oberfläche. (C) Sollbruchstellen. (D) Einfüllöffnungen. (E) Spanndrähte. (F) GEWI-Stäbe (Koppelstellen). (G) Schienenbefestigungen [Grafik: Firmengruppe Max Bögl / Feste Fahrbahn Bögl].*

Die Platte der Bauart ÖBB-PORR ist 5,16 m lang, zwischen 2,1 m und 2,4 m breit, in Plattenmitte 0,16 m dick und wiegt etwa 5 t. Im Unterschied zur Bauart Bögl werden die Platten nicht fugenlos miteinander verbunden, sondern es bleibt eine Fuge von rund 4 cm bestehen, die der Entwässerung und dem Ausgleich temperaturbedingter Längenänderungen dient. Da die Platten nicht kraftschlüssig gekoppelt werden, verfügt die Bauart ÖBB-PORR über zwei rechteckige

Vergussöffnungen. Zwischen der Plattensohle sowie der Vergussöffnung und dem Vergussbeton ist ein Gummigranulat angebracht, das die gesamte Platte leicht elastisch lagert. Dennoch müssen spezielle, für feste Fahrbahnen geeignete Schienenbefestigungen eingesetzt werden. Durch diese elastische Konstruktionsart kann auch der Körperschall wirksam reduziert werden.

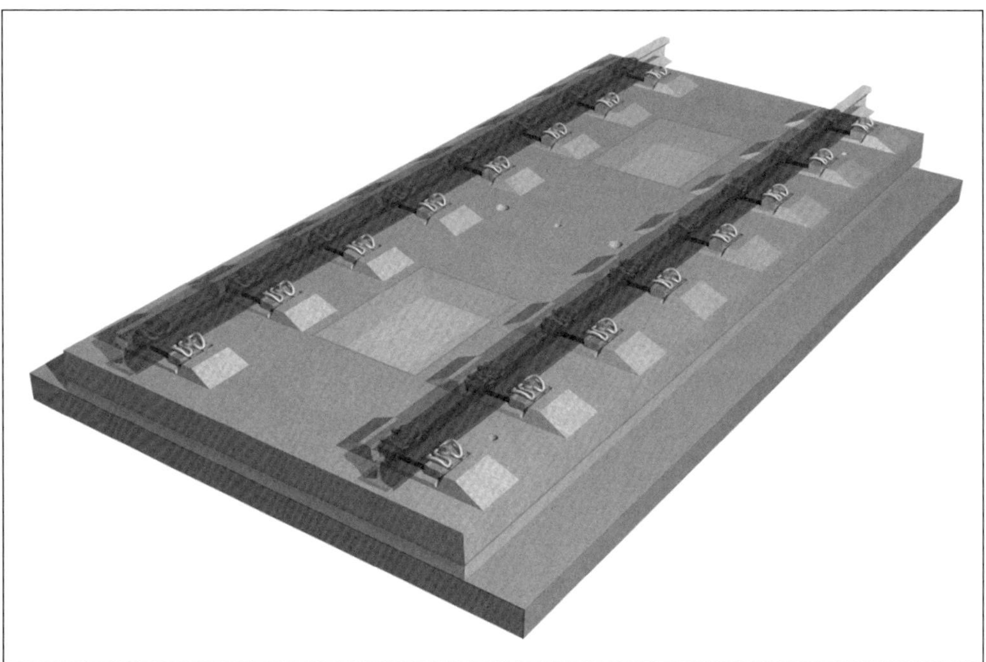

Abbildung 14 *Feste Fahrbahn-Bauart ÖBB-PORR / Slab Track Austria; Plattenbauweise [Grafik: ©PORR].*

5.1.5 Anwendungsbereiche der Fahrbahnen

5.1.5.1 Systemvergleich zwischen Schotterfahrbahn und festen Fahrbahnen

Der Schotteroberbau bietet den Vorteil der geringeren Investitionen. Vor allem im Bestandesnetz sehr vorteilhaft ist zudem, dass er einfach repariert oder umgebaut sowie flexibel an neue Bedürfnisse angepasst werden kann. Solche neuen Anforderungen ergeben sich regelmässig durch Fahrplanänderungen und -verdichtungen sowie durch neue Produktionskonzepte. In Kauf zu nehmen sind die vergleichsweise hohen Erhaltungskosten trotz mechanisierbaren Unterhalts. Sollen zudem die Kostenvorteile effizienter maschineller Erhaltungsverfahren wirklich genutzt werden, so ist eine längere Strecke für einige Zeit temporär stillzulegen. Besonders nachteilig ist der Unterhaltsbedarf in baulogistisch schwierigen Situationen, zum Beispiel in Tunnels und unterirdischen Bahnhöfen.

Feste Fahrbahnen sind dagegen hinsichtlich der Anpassung an zukünftige Anforderungen unflexibel, zumindest jene in Betonbauweise. Die – allerdings selten zu erwartenden – Reparaturen lassen sich nicht auf einfache Weise ausführen. Unter den festen Fahrbahnsystemen finden sich dennoch relativ flexible, anpassungsfähige und reparaturfreundliche Bauformen. Dies sind vor allem Platten- und aufgelagerte Schwellensysteme mit Asphalttragschichten. In Streckenabschnitten mit sehr langfristig stabiler Topologie ist die fehlende Flexibilität kein grosser Nachteil. Allerdings ist jeder Übergang zwischen fester Fahrbahn und Schotterfahrbahn eine potenzielle Störstelle, da beidseitig identische Elastizitätseigenschaften nur schwer zu erreichen sind. Dies setzt dem abschnittsweisen Einbau einer festen Fahrbahn gewisse Grenzen.

Kriterium	**Schotter-oberbau**	**Feste Fahrbahnen**			
		Platten-systeme	**Monolithisch eingelagerte Schwellen**	**Elastisch eingelagerte Schwellen**	**Aufgelagerte Schwellen (Asphalt)**
Investitionskosten	Gering	Sehr hoch	Hoch		
Unterhaltskosten	Hoch	Gering			
Streckenverfügbarkeit	Eingeschränkt	Uneingeschränkt			
Gleislage, Fahrkomfort	Nachlassend	Gleichbleibend gut			
Einsatzmöglichkeit der Wirbelstrombremse	Eingeschränkt	Uneingeschränkt			
Schallverhalten	Niedriger	Höher			
Aufwand für Vegetationskontrolle	Hoch	Gering			
Maximale Überhöhung	160 mm	180 mm			
Maximaler Überhöhungsfehlbetrag	150 mm	250 mm			
Aufbauhöhe (Schienenoberkante bis und mit Schotter/Betonplatte/Asphaltschicht)	730 mm	473 mm	476 mm	612 mm	574 mm
Anforderungen an setzungsarmen Untergrund	Gering	Sehr hoch			
Empfindlichkeit gegen Ausführungsmängel	Gering	Hoch	Sehr hoch		Hoch
Witterungsabhängigkeit des Einbaus	Sehr gering	Gering	Sehr hoch		Mittel
Mechanisierbarkeit des Einbaus	Sehr gut	Gut	Mittel		Gut
Aufwand für Neubau	Gering	Sehr hoch			
Einbaugeschwindigkeit	Sehr hoch	Hoch	Gering		Hoch

Kriterium	Schotter-oberbau	Feste Fahrbahnen			
		Platten-systeme	Monolithisch eingelagerte Schwellen	Elastisch eingelagerte Schwellen	Aufgelagerte Schwellen (Asphalt)
Umbau einer eingleisigen Strecke in Nachtintervall	Gut möglich	Nicht möglich		Bedingt möglich	Nicht möglich
Umbau einer Doppelspur mit einseitiger Gleissperre	Gut möglich	Möglich	Bedingt möglich		Möglich
Gleis nach Umbau voll belastbar	Ja	Ja	Nein		Ja
Anpassungsmöglichkeit der Gleistopologie	Sehr gut	Mittel	Sehr ungünstig		Gut
Aufwand für Totalerneuerung	Gering	Hoch	Sehr hoch	Hoch	Mittel
Aufwand für grössere Setzungskorrektur	Sehr gering	Mittel	Sehr hoch		Mittel
Austausch einzelner Schwellen/Platten in Nachtintervall	Möglich	Möglich	Nicht möglich	Möglich	
Reparaturzeit bei Zerstörung der Tragstruktur	Sehr kurz	Kurz	Sehr lang		Kurz

Tabelle 2 *Übersicht über Vor- und Nachteile der einzelnen Oberbausysteme [Darr 2006], [Koriath 2003].*

5.1.5.2 Wirtschaftliche Anwendungsbereiche der Schotterfahrbahn und der festen Fahrbahnen

Im Gegensatz zur Schotterfahrbahn eignen sich nicht sämtliche festen Fahrbahnen für alle Anwendungsfälle. In Einsatzgebieten, in denen sowohl eine Schotterfahrbahn wie eine feste Fahrbahn anwendbar ist, entscheiden primär die Lebenszykluskosten. In wirtschaftlicher Hinsicht ist eine feste Fahrbahn nur vorteilhaft, wenn ihre Investitionskosten nicht mehr als 30 % höher sind als jene des Schotteroberbaus [Lichtberger 2004]. Den Mehrkosten bei der Erstellung stehen die Minderaufwendungen während der Nutzungszeit gegenüber. Es entfallen insbesondere die periodischen Nachstopfungen zwecks Lagekorrektur sowie der Schotterersatz. Zwar sind diese Interventionen vergleichsweise häufig, aber nicht sehr kostspielig und sie verteilen sich über die Zeit. Mithin treten die Mehrkosten der festen Fahrbahn sofort ein, die Einsparungen realisieren sich aber mit grossem zeitlichem Verzug, was in einer dynamischen wirtschaftlichen Beurteilung ungünstig ist.

Die Mehrinvestitionen beim Bau einer festen Fahrbahn gehen insbesondere auf Massnahmen im Untergrund zurück, der hinsichtlich des Setzungsverhaltens homogenisiert werden muss und zu versteifen ist. Beispielsweise ist er bis in eine Tiefe von 2,5 m unter Tragplatte erdbautechnisch abzusichern, verglichen mit 0,5 m bei der Schotterfahrbahn. Allein für solche Massnahmen müssen rund 2–2,5-mal höhere Kosten veranschlagt werden [Lichtberger 2004].

5.1.5.3 Technische Anwendungsbereiche der Schotterfahrbahn und der festen Fahrbahnen

Unter spezifischen technischen Gegebenheiten kann allerdings die feste Fahrbahn nebst Unterhaltsarmut weitere wirtschaftliche Vorteile verschaffen:

Durch ihre praktisch unbegrenzte Lagestabilität kann sie viel höhere Längskräfte aufnehmen und erlaubt damit die Nutzung der sogenannten Wirbelstrombremse. Diese wird teilweise im Hochgeschwindigkeitsverkehr zur Verstärkung der Bremswirkung angewandt, führt aber zur Erhitzung der Schienen und damit zu hohen Längskräften. Die bessere Bremsleistung erlaubt indessen stärkere Gefälle und die bessere Anpassung der Linienführung an die natürliche Topografie, sodass Zahl und Ausmass der Brücken und Tunnels verringert werden können. Diese Einsparungen können grösser sein als die Mehrkosten der festen Fahrbahn.

Abbildung 15 *Dem Gelände angepasste Trassierung mit Längsneigungen bis 40 ‰ bei der Hochgeschwindigkeitsstrecke Köln – Rhein/Main (kommerzielle Höchstgeschwindigkeit 300 km/h), ermöglicht durch Anwendung der Wirbelstrombremse in Verbindung mit der festen Fahrbahn [Foto: Deutsche Bahn AG / Volker Emersleben].*

Ist der Untergrund ohnehin sehr hart und setzungsfrei, so wird die feste Fahrbahn ebenfalls wettbewerbsfähig. Die sonst üblichen Mehrkosten zur Untergrundstabilisierung entfallen, während der Schotter bei hartem Untergrund stärker beansprucht wird und mehr Unterhalt erfordert. Dies trifft insbesondere bei Tunnels und Brücken zu. Gerade Tunnels mit ihrer niedrigen Konstruktionshöhe und schlechten Zugänglichkeit für Erhaltungsarbeiten bieten besonders gute Voraussetzungen für eine feste Fahrbahn. Nebst dem Wegfall der besonders teuren Stopf- und Richtarbeiten können zudem bestehende Tunnels kostengünstiger im Profil erweitert werden. In Deutschland und Österreich baut man die feste Fahrbahn in der Regel bereits in Tunnels mit einer Länge von 500 m ein, in der Schweiz ab 1000 m [Darr 2006].

Auch bei Brückenbauwerken ist der Untergrund setzungsfrei; feste Fahrbahnen sind zudem leichter als der Schotteroberbau mit seinem Schottertrog und erlauben eine kostengünstigere Tragkonstruktion. Gleichfalls erhöht ist zudem der Schotterverschleiss einer konventionellen Fahrbahn, was den wirtschaftlichen Vorteil der festen Fahrbahn weiter verstärkt. Nachteilig und kostspielig sind hingegen die Steifigkeitsunterschiede an den Brückenenden sowie die unerlässlichen Dilatationsvorrichtungen. Beides sind Unstetigkeiten der Fahrbahn und erzeugen örtlich erhöhten Verschleiss.

5.1.5.4 Verbreitung

Der Schotteroberbau ist in Europa auf rund 98 % des Streckennetzes zu finden und damit nach wie vor das dominierende Fahrbahnsystem [Darr 2006]. Die meisten Länder bauen feste Fahrbahnen ausschliesslich bei Tunnels und Brücken ein. Das einzige Land mit grösserem Umfang an festen Fahrbahnen auf Erdbauwerken ist Deutschland. Dies wird dadurch begünstigt, dass die Investitionen vom Bund übernommen werden, der Unterhalt hingegen von den Infrastrukturbetreibern bezahlt werden muss. Zudem wird auf einigen ICE-Abschnitten die Wirbelstrombremse betrieblich eingesetzt. Der hohe Anteil fester Fahrbahnen auf dem japanischen Hochgeschwindigkeitsstreckennetz ist damit zu erklären, dass diese Strecken aufgrund der ungünstigen Untergrundverhältnisse und Topografie fast ausnahmslos (üblicherweise 90–100 %) auf Kunstbauten geführt werden müssen [Oberweiler 2002].

5.1.6 Fahrbahnbauarten der Strassenbahn

5.1.6.1 Anforderungen

Für Strassenbahnen werden überwiegend feste Fahrbahnen verwendet, da das Trassee oft von Strassenfahrzeugen befahren werden soll. Während der Eisenbahnoberbau maximale Achslasten von bis zu 25 t übernehmen muss, sind es bei einem Strassenbahnoberbau üblicherweise nur rund 12 t [Oury 2004]. Er ist allerdings einem höheren Verschleiss ausgesetzt, insbesondere durch die dichte Kursfolge mit hoher Gesamttonnage, kleinere Kurvenradien, kleine Raddurchmesser der Fahrzeuge mit erhöhter Flächenpressung sowie durch starke Beschleunigungs- und Bremskräfte. Daraus ergeben sich folgende spezifische Anforderungen:

- Die Schienen müssen auf der Schieneninnenseite gegenüber dem Strassenbelag abgegrenzt werden, damit der Raum für den Spurkranz stets frei bleibt.
- Damit im Belag keine Risse auftreten, sollen die vertikalen und horizontalen Bewegungen der Schienen nicht auf den Belag übertragen werden; die Einfederung der Schiene muss beschränkt werden.

- Schwerverkehr bewirkt hohe Querbeanspruchungen der Schienen. Diese müssen vom Oberbau dauerhaft aufgenommen werden können.
- Der Tramoberbau sollte mit einem Minimum an Unterhaltsarbeiten auskommen.

5.1.6.2 Überblick über die Fahrbahnbauarten

Die verwendeten Systeme unterscheiden sich insbesondere hinsichtlich Tragschicht, Spurhaltung und Eindeckung. Grundsätzlich können die Oberbauarten in zwei Gruppen eingeteilt werden:

- Eindeckung ist konstruktives Element.
- Eindeckung ist gestalterisches Element.

Zusätzlich unterscheidet sich die Art der Spurhaltung:

- Spurstangen mit Rillenschienen mit oder ohne Verankerung in der Tragschicht (Rahmengleis).
- Querschwellen ein- oder aufgelagert in der Tragschicht.
- Direkte Verankerung der Schienen auf der Tragschicht (Massivelementgleis).

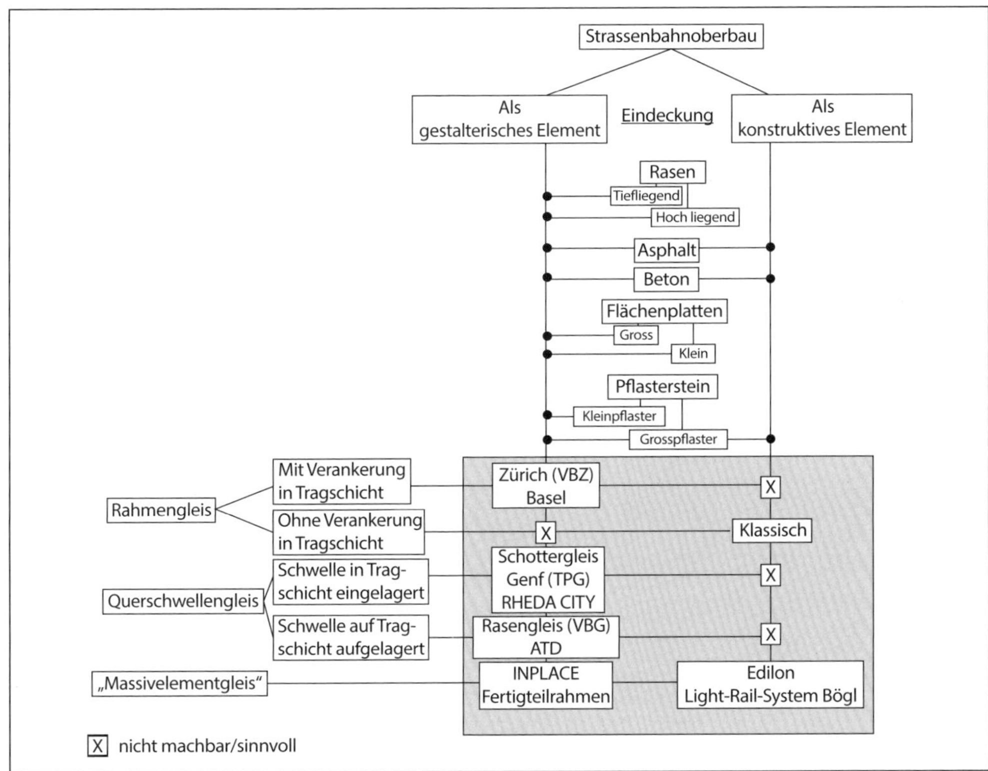

Abbildung 16 *Überblick über verschiedene Systeme und Bauarten von Strassenbahn-Fahrbahnen [eigene Darstellung].*

5.1.6.3 Ausgewählte Bauarten: Querschwellengleis in Betontragschicht eingelagert

Beim Ersatz der Schottertragschicht durch Beton kann eine Einsenkung unter Strassenverkehrslasten vermieden werden. Auf das geneigte Planum wird eine 10–20 cm dicke Kiesschicht gebracht. Darauf kommt eine 2–10 cm starke Sandschicht als Ausgleichsschicht zu liegen, die zugleich lärm- und erschütterungsmindernd wirkt. Diese Schichten werden in ein Drainagerohr entwässert. Bei guten Untergrundverhältnissen kann die Platte direkt auf das Planum betoniert werden. Die Betonplatte, in der Regel als Unterbeton bezeichnet, ist 25–30 cm stark und wird als Ortbetonplatte hergestellt, infolge der geringen Beanspruchung ohne Armierung.

Bei der Erstellung wird der Gleisrost auf Zweiblockbetonschwellen in der endgültigen Lage fixiert. Anschliessend werden die Schwellen in die Unterbetonplatte eingegossen. Die Auflager der Zweiblockschwellen können dabei entweder mit einer stab- (Bauart Genève TPG) oder gitterförmigen (Bauart RHEDA CITY) Spurhaltung verbunden sein. Vorteile sind die stabile, temperaturunabhängige Gleislage und niedrige Unterhaltskosten. Sie ist bei sämtlichen Untergrundverhältnissen anwendbar. Die Nachteile liegen in den hohen Investitionskosten, den Erschwernissen bei späteren Gleiskorrekturen, der hohen Schallabstrahlung und der Tendenz zur sogenannten *Riffelbildung* (siehe später).

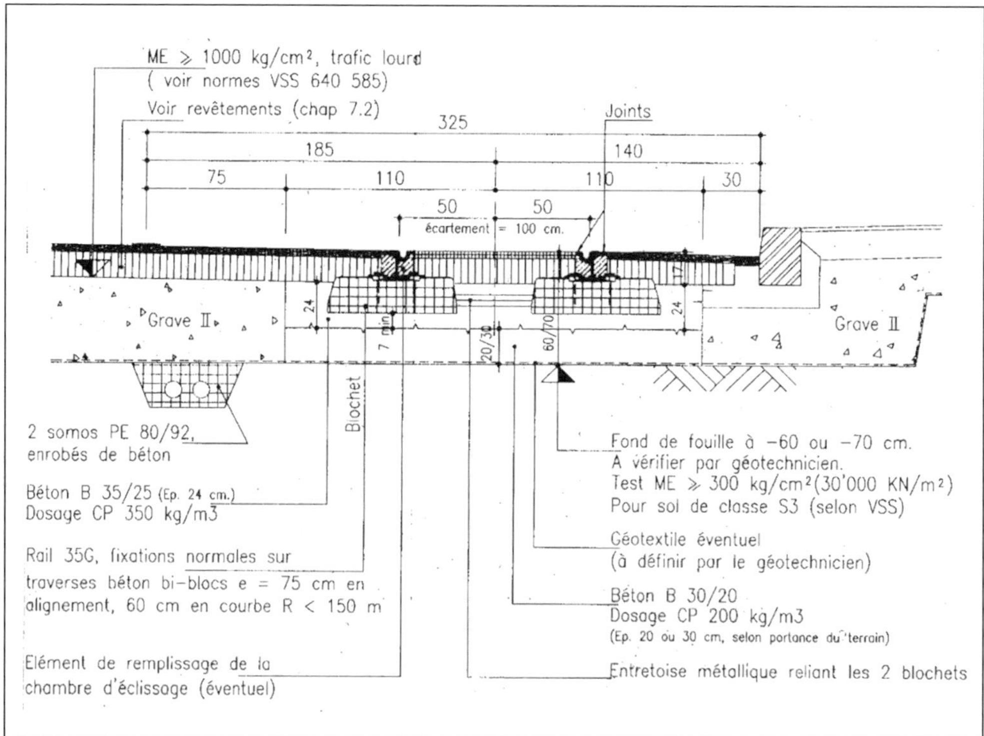

Abbildung 17 *Bauart Genève (TPG); Querschwellenoberbau in Betontragschicht eingelagert mit punktförmiger Schienenlagerung und mit HMT-Eindeckung und Deckbelag [TPG 2016].*

5.1.6.4 Ausgewählte Bauarten: Rahmengleis mit Verankerung in der Tragschicht

Auch die Bauart mit Rahmengleis basiert auf einer Betontragschicht. Spurstangen verbinden die Rillenschienen und gewährleisten die korrekte Spurweite. Das Rahmengleis wird mit Ankerstücken in eine Unterbetonplatte einbetoniert. Diese Oberbauart wird vorwiegend in Zürich (VBZ) und Basel (BVB) angewendet. Bei der Gleismontage wird das fertig verschraubte Gleis (inklusive Ankerstücke und Spurstangen) provisorisch auf Betonwürfel aufgelegt und in der richtigen Lage fixiert. Anschliessend wird die Unterbetonplatte betoniert. Während des Abbindens werden die Befestigungen gelöst und die Schienen von den Ankerstücken abgehoben. Nach dem Erhärten der Platte können die Schienen wieder an die Ankerstücke montiert werden. Schliesslich werden die Tragschicht für den Strassenverkehr sowie – nach deren Aushärten – der Deckbelag eingebracht. Bei kombinierten Tram-/Bushaltestellen sowie an anderen Stellen mit sehr hoher Beanspruchung durch den Strassenverkehr kann eine kombinierte Trag- und Deckschicht aus Beton zweckmässig sein, da sich der Asphalt-Deckbelag ansonsten zu rasch verformt (Spurrillenbildung).

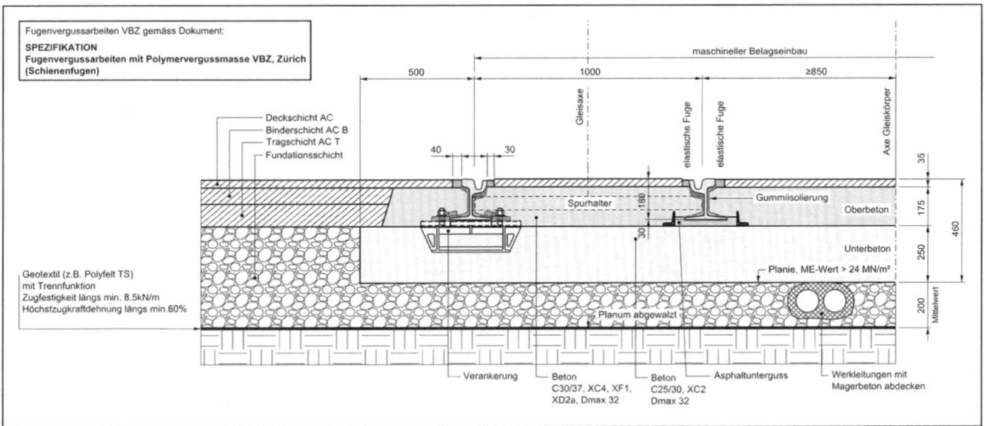

Abbildung 18 *Bauart Zürich (VBZ); Betonplattenoberbau mit Oberbeton und Deckbelag für Schienenprofil 60R2 [Grafik: Verkehrsbetriebe Zürich].*

5.2 Schotterfahrbahn

5.2.1 Schienen

5.2.1.1 Anforderungen

Die Schiene ist gleichzeitig Tragsystem, Führungssystem und Fahrbahn. Sie unterliegt damit den statischen und dynamischen Kräften, der Abnützung durch den Rad-Schiene-Kontakt, den Witterungseinflüssen sowie Eigenspannungen aus dem Herstellungsprozess. Daraus leiten sich folgende Anforderungen ab:

- Geringe Flächenpressung Rad/Schiene durch günstige Formgebung und breite Lauffläche des Schienenkopfes. Ausreichender Materialvorrat zwecks Abnützungsspielraums.
- Grosses vertikales Widerstandsmoment, durch grosse Profilhöhe sowie grosszügige Kopf- und Fussquerschnitte.

- Genügendes, aber nicht zu hohes Widerstandsmoment gegen horizontale Kräfte; gleichzeitig Flexibilität zur Anpassung der Schiene an geometrische Linienführung.
- Genügende Stegdicke für gute Profilstabilität und ausreichende Materialreserve für Rostbildung.
- Breiter Fuss für gute Standsicherheit, Kippsicherheit und geringe Flächenpressung; genügende Dicke für Steifigkeit und Reserve für Rostbildung.
- Schwerpunkt möglichst in halber Schienenhöhe.
- Grosse Ausrundungsradien für günstige Spannungsverteilung sowie einfache Herstellung.

5.2.1.2 Profilformen

Auf Normalspurstrecken der Schweiz werden die international standardisierten Schienenprofile UIC 54E (SBB IV) und UIC 60 (SBB VI) eingesetzt, bei Geschwindigkeiten über 160 km/h ausschliesslich das Profil UIC 60. Die Lieferlänge der Schiene wird durch die Herstell-, Transport- und Lagermöglichkeiten sowie durch die Einbaugeräte bestimmt. Sie beträgt bei Schweizer Normalspurbahnen traditionell 36 m (heute auch länger, Produktionslängen ab Werk bis gegen 120 m). Bei Meterspurbahnen sind Lieferlängen von 60 m, 30 m, 18 m oder 15 m gebräuchlich. Die wichtigsten Informationen zur jeder Schiene, nämlich Walzwerk, Stahlgüte, Herstellungsjahr und Schienenprofil, finden sich auf jeder Schiene im Walzzeichen.

UIC-Profile	Schienenhöhe H [mm]	Fussbreite B [mm]	Fläche A [mm^2]	Gewicht G [kg/m]	Trägheitsmoment I_x [cm^4]	Widerstandsmoment W_x [cm^3]
50E4	152	125	6392	50,2	1940	253,6
54E2 (SBB IV)	161	125	6855	53,8	2308	276,4
54E1 (SBB III)	159	140	6934	54,4	2127	279,2
60E1 (SBB VI)	172	150	7687	60,3	3055	335,5

Tabelle 3 *Bezeichnungen und wichtigste Kennwerte der UIC-Profile [Lichtberger 2004].*

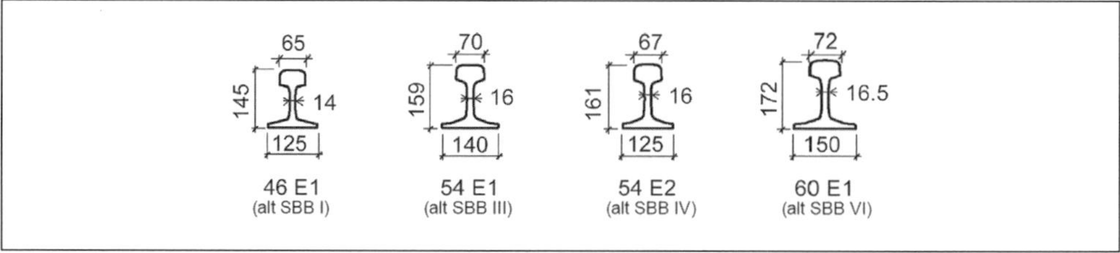

Abbildung 19 *Hauptabmessungen der wichtigsten in der Schweiz eingesetzten Schienenprofile [VöV 2010a].*

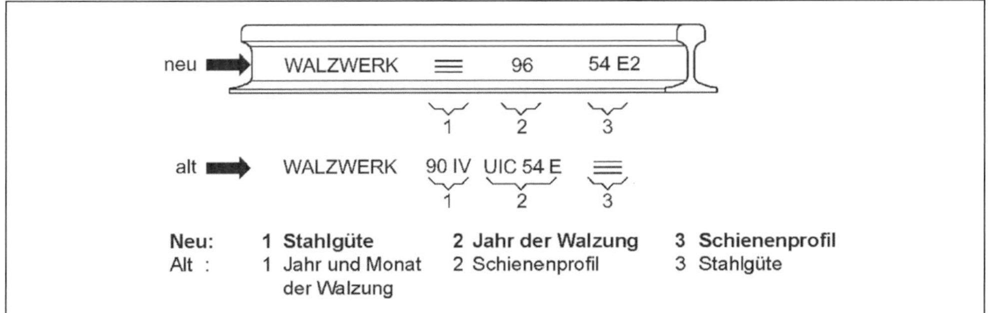

Abbildung 20 *Walzzeichen der in der Schweiz verwendeten Schienen, alte und neue Bezeichnung [VöV 2010a].*

Soll der Fahrweg auch von Strassenfahrzeugen genutzt werden, zum Beispiel Tram- oder Industriegleise, so werden Rillenschienen verwendet. Rillenschienen für Strassenbahnen sind stärker ausgebildet, als dies statisch erforderlich wäre, denn eine grosse Steghöhe wird zur Befestigung der Spurstangen benötigt. Rillenschienen werden in Längen von 15–36 m geliefert (Regellänge: 18 m).

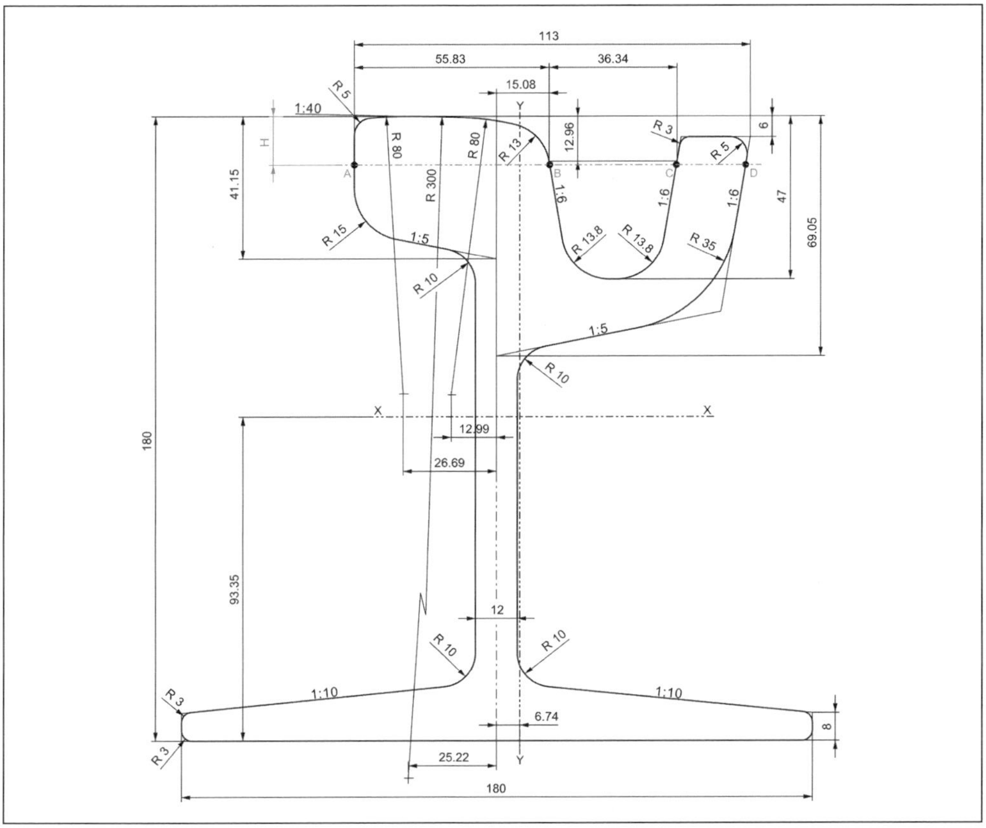

Abbildung 21 *Rillenschiene Profil 60R2 [Grafik: Verkehrsbetriebe Zürich].*

5.2.1.3 Schienenherstellung

Der Schienenstahl wird auf der Stranggiessanlage zu Vorblöcken gegossen. Diese werden auf eine Walztemperatur von etwa 1250 C° gebracht. In 12–20 Walzgängen entsteht aus einem Vorblock eine bis zu 120 m lange Schiene, die auf die gewünschte Lieferlänge geschnitten und auf dem Kühlbett möglichst gleichmässig abkühlt wird. Da der dicke Schienenkopf langsamer abkühlt als der dünne Steg und der Fuss, verbiegt sich die Schiene und ist mittels Rollenrichten bei etwa 50 C° horizontal und vertikal wieder in die gerade Form zu bringen. Dieser Arbeitsprozess verursacht erhebliche Eigenspannungen [Lichtberger 2004].

5.2.1.4 Schienenmaterialien

Schienen bestehen zu 94–98 % aus Eisen, die restlichen 2–6 % setzen sich unter anderem aus Kohlenstoff, Mangan und Silicium zusammen. Bei der hochverschleissfesten Sondergüte werden je nach Legierung Molybdän, Chrom und Vanadium beigegeben. Die Gefügestruktur ist entweder perlitisch oder bainitisch, je nach zeitlichem Temperaturverlauf des Abkühlens. Die hochverschleissfeste bainitische Struktur entsteht durch Temperaturverläufe zwischen Perlit- und Martensitbildung. Solche Schienen weisen eine höhere Zugfestigkeit und im Betrieb etwas längere Liegedauern auf als perlitische Stähle. Die geringeren Herstellungskosten perlitischer Schienenstähle führen jedoch in der Regel zu niedrigeren Life Cycle Costs (LCC) [Lichtberger 2004].

Durch die Gefügestruktur, zusammen mit den Legierungen, können die Schieneneigenschaften bestmöglich auf die funktional-technischen und wirtschaftlichen Anforderungen ausgerichtet werden. Die Schienengüte teilt sich entsprechend in drei Klassen [Lichtberger 2004]:

- Regelgüte (Zugfestigkeit ca. 680 N/mm^2).
- Verschleissfeste Güte (Zugfestigkeit ca. 860 N/mm^2).
- Hochverschleissfeste Sondergüte (bainitisch; Zugfestigkeit > 1080 N/mm^2).

Güte	Liefer-zustand	Bezeichnung	Chemische Zusammensetzung					Zugfestigkeit [N/mm^2]
			C	Si	Mn	Cr	V	
700	Naturhart	Regelgüte	0,50	0,20	1,00	–	–	680
900A	Naturhart	Verschleissfeste Güte	0,70	0,30	1,00	–	–	860
1100	Naturhart	Hochfeste Sondergüte	0,72	0,60	1,10	0,90	0,10	1080
1200	Naturhart	(bainitisch)	0,77	1,00	1,10	0,90	0,15	1180
1200HH	Kopf-gehärtet		0,77	0,30	0,90	0,10	-	1175
1400	Naturhart		0,30	1,80	2,00	2–3	-	1400

Tabelle 4 *Übersicht über Festigkeit und chemische Zusammensetzung von Schienenstählen für Regelgüte, verschleissfeste Güte und Sondergüte [Lichtberger 2010].*

Dabei liegt die Zugfestigkeit aller Schienen – teilweise sehr erheblich – über jener von Baustahl. Bei *kopfgehärteten Schienen* wird der Schienenkopf einer speziellen Wärmebehandlung unterzogen. Dazu wird er noch walzheiss in ein Härtungsbad getaucht oder induktiv aufgeheizt und anschliessend wieder abgekühlt.

Bezeichnungen			Gewicht [kg/m]	Materialqualitätsbezeichn.			Stahleigenschaft: Zugfestigkeit Rm (Richtwerte)
EN, ab 2003	SBB, bis 2002	UIC, bis 2002		Stahlgüte ab 2003: EN-Bez.	Symbol	bis 2002	
60 E1	SBB VI	UIC 60	60.34	R 260	=	VQ	min. 880 N/mm²
				R 350 HT	=—	PQ	min. 1175 N/mm²
				R 350 LHT	≡—		
54 E2	SBB IV	UIC 54 E	53.81	R 260	=	VQ	min. 880 N/mm²
				R 350 HT	=—	PQ	min. 1175 N/mm²
				R 350 LHT	≡—		
54 E1	SBB III	UIC 54	54.4	R 200	keines	NQ	min. 680 N/mm²
				R 320 Cr	≡	SQ	min. 1080 N/mm²
46 E1	SBB I		46.16	R 260	=	VQ	min. 880 N/mm²
				R 350 HT	=—	PQ	min. 1175 N/mm²

Abbildung 22
Alte und neue Bezeichnung der in der Schweiz eingesetzten Schienenprofile [VöV 2010a].

5.2.1.5 Stosslückengleis

Schienen können – wie gezeigt – nur in verhältnismässig kurzen Längen hergestellt werden. Die Verbindung zweier Schienen ist der Schienenstoss. Ein unverschweisster Schienenstoss mit Laschen ist dabei eine Schwachstelle:

- Das volle Widerstandsmoment der Schiene kann mit Laschen nicht erreicht werden, weshalb der Schienenstoss eine statische Unstetigkeit ist.
- Infolge der Stosslücke üben die Räder starke Schläge auf die Schienenenden aus, welche die Kanten des Schienenkopfes beschädigen und häufige Reparaturen verursachen.

- Profil 46 E1 und 54 E2 mit Flachlaschen, Höhenausgleichslaschen und Übergangslaschen

Isolierstösse:
- verlascht Profil 46 E1 und 54 E2 mit 4-Loch-Laschen
- geklebt Profil 46 E1 und 54 E2 mit 4-Loch-Laschen

Isolierstösse:
- verlascht Profil 60 E1 mit 6-Loch-Laschen
- geklebt Profil 54 E2 mit 6-Loch-Laschen
- geklebt Profil 60 E1 mit 6-Loch-Laschen

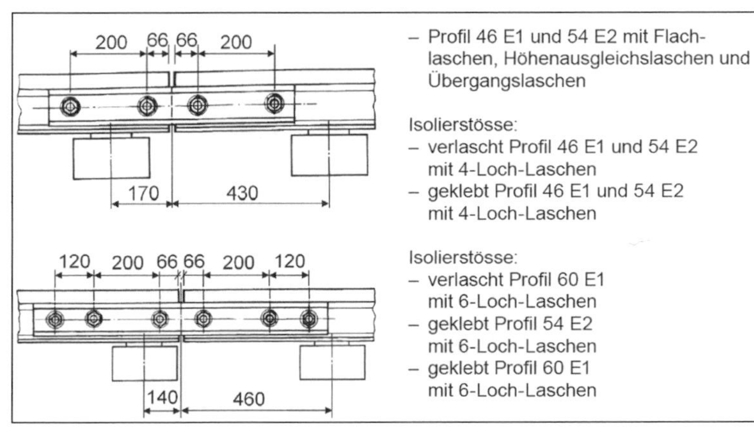

Abbildung 23
Stossanordnung im Schwellenfach [VöV 2010a].

Bis zur Mitte des 20. Jahrhunderts war es technisch nicht möglich, die Schienen lückenlos zu verschweissen. Da aber eine kontinuierliche Fahrfläche zahlreiche Vorteile hinsichtlich Erhaltungskosten und Fahrkomfort bietet, setzte sich das sogenannte lückenlos verschweisste Gleis später breit durch. Das Stosslückengleis hat heute eine untergeordnete Bedeutung und wird nur noch eingesetzt, wenn ein lückenlos verschweisstes Gleis nicht zulässig oder nicht wirtschaftlich ist. Beim verlaschten Gleis können zudem nur Holz- oder Stahlschwellen verwendet werden, da die Schläge das Materialgefüge von Betonschwellen zerstören.

5.2.1.6 Ausziehstösse/Dilatationsvorrichtungen

Verlaschte Schienenstösse gestatten eine Bewegung der Schienenenden von nur etwa ± 1 cm. Wird eine grössere Bewegungsfreiheit gefordert, so sind sogenannte Ausziehstösse (Dilatationsvorrichtungen) einzubauen. Diese können, wie später gezeigt wird, auf beweglich gelagerten Brücken notwendig werden. Ihnen werden die wärmebedingten Längenänderungen der Brückenträger aufgezwungen, was zur Relativverschiebung gegenüber dem angrenzenden Gleis auf festem Boden führt. Wird daher das Gleis auf der Brücke nicht physisch von jenem auf festem Boden getrennt, können Temperaturveränderungen zu Gleisverwerfungen (hohe Temperatur) oder Schienenbrüchen (tiefe Temperatur) führen. Bei einem sogenannten Ausziehstoss oder einer Dilatationsvorrichtung wird das Ende der einen Schiene als Zungenschiene und das andere als Backenschiene ausgebildet. Dilatationsvorrichtungen werden für Ausziehmöglichkeiten von 200 mm oder 340 mm (Regelausziehstösse) hergestellt.

Abbildung 24 *Dilatationsvorrichtung und Fangschienen [Foto: Michael Kohler].*

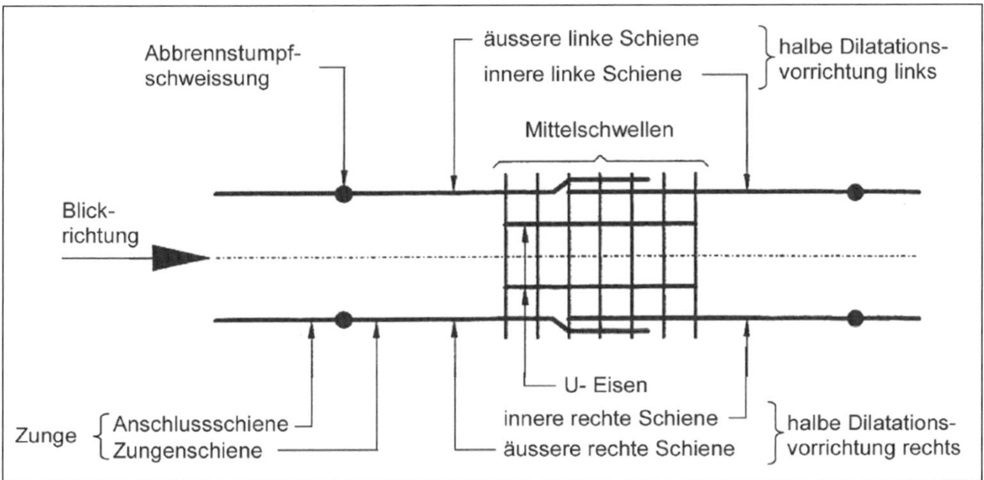

Abbildung 25 *Schematischer Aufbau einer Dilatationsvorrichtung [VöV 2010a].*

5.2.1.7 Isolierstösse

Die Signaltechnik verwendet unter anderem Gleisstromkreise zur Gleisfreimeldung, indem die Schienen als Stromleiter dienen. An den Begrenzungsstellen von Gleisstromkreisen, das heisst an den Grenzen der Fahrstrassen oder Teilfahrstrassen, sind die Schienen unterbrochen und müssen gegeneinander mittels Isolierstössen elektrisch getrennt werden. Bei den in jüngerer Zeit vermehrt angewandten Achszählern entfällt dies. In Bahnhöfen wird dagegen weiterhin der Gleisstromkreis mit Isolierstössen eingesetzt.

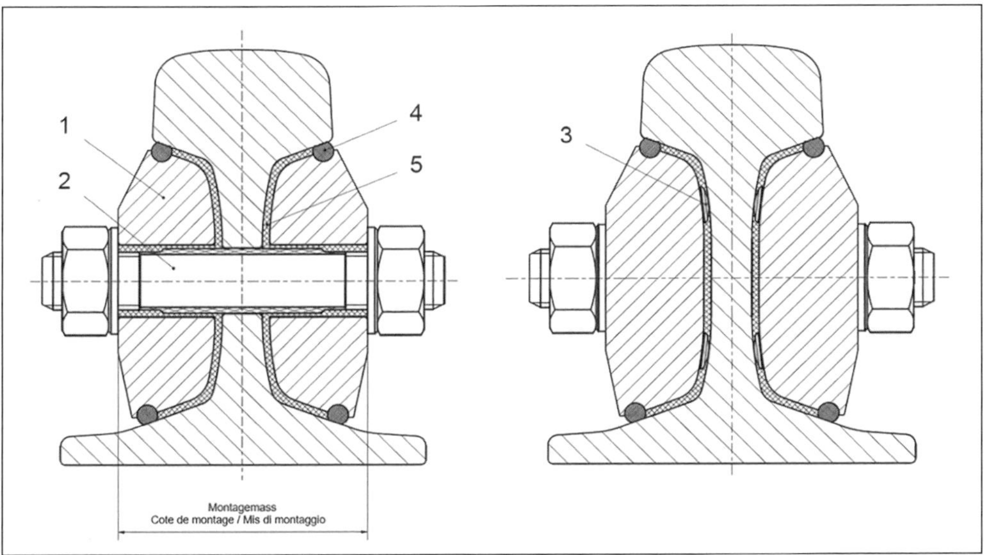

Abbildung 26 *Isolierklebestoss: (1) Lasche. (2) Laschenbolzen mit Muttern und Unterlagsscheiben. (3) Distanznocken. (4) Einlagestab. (5) Zweikomponentenkleber [SBB 2020].*

5.2.1.8 Lückenlos verschweisstes Gleis

Zur Verschweissung der Schienen vor Ort ist die seit 1928 angewandte *aluminothermische Schweissung* aufgrund verschiedener Vorteile nach wie vor das Standardverfahren. Dabei wird die chemische Eigenschaft ausgenützt, dass Aluminium und Eisenoxid miteinander exotherm reagieren. Durch den Wechsel des Sauerstoffs vom Eisenoxid zum Aluminium beim Verbrennungsprozess entsteht reines flüssiges Eisen, das in die Stosslücke gegossen werden kann.

Die Schweissportion zur Verfüllung der Schweisslücke wird dazu in einer Schweissform vorbereitet. Die Schienen werden in einem Abstand von 20–22 mm eingespannt und die Giessform wird über die Schweissstelle gelegt. Der Eisenzunder wird mit Aluminium vermischt, gezündet und die chemische Reaktion in Gang gesetzt. Der flüssige Stahl wird danach in die Schweisslücke eingefüllt. Die Erstarrung dauert 3–5 min. Danach wird die Form abgenommen und die Schweissstelle bearbeitet. Diese sogenannte Thermit-Schweissung erfordert eine Zugpause von nur 15–20 min. Im Gegensatz zur Abbrennstumpfschweissung bildet sich bei diesem Verfahren eine ausgedehntere Zone geringerer Härte.

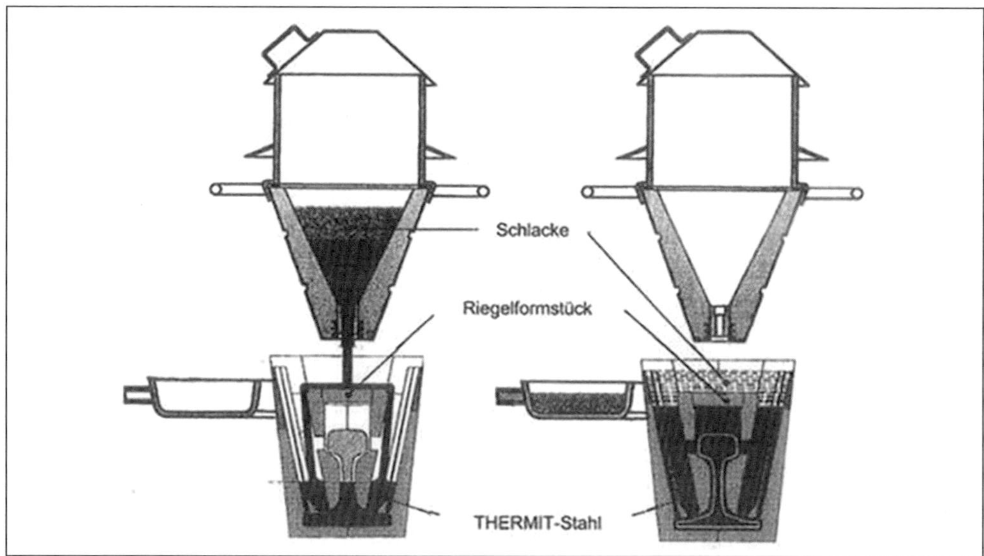

Abbildung 27 *Aluminothermische Schweissung (Thermitschweissung) [Grafik: Elektro-Thermit GmbH & Co KG].*

Für die *elektrische Abbrennstumpfschweissung* sind spezielle und umfangreiche Maschinen erforderlich. Die beiden Schienenenden werden eingespannt und mit Schweissstrom versorgt (10'000–40'000 A; 6–15 V) [Fendrich 2007]. Im Vorwärmvorgang werden die beiden Schienenenden mehrmals in Berührung gebracht, damit ein Kurzschlussstrom entsteht, der die Schienenenden bis zur Schmelztemperatur erhitzt. Der anschliessende Abbrennprozess bewirkt eine gleichmässige Erwärmung, bevor die Schienen durch Stauchen zusammengefügt werden. Bei hochverschleissfesten Schienen folgt ein Nachwärmvorgang, um die Abkühlgeschwindigkeit auf das erwünschte Gefüge auszurichten. Bei kopfgehärteten Schienen muss die Schweissstelle hingegen mittels Druckluft abgeschreckt werden, damit sich die Härte der Schweissstelle an die ursprüngliche Härteverteilung angleicht. Der Zeitbedarf für den Schweissvorgang liegt bei rund 3 min [Lichtberger 2004]. Dieses Verfahren lässt sich im Werk sowie auf stark mechanisierten Baustellen einsetzen.

Abbildung 28 *Aluminothermische Schweissung (Thermitschweissung) [Foto: Steffen Schranil]).*

5.2.2 Schienenbefestigungen

5.2.2.1 Anforderungen

Die Schienenbefestigung verbindet die Schiene mit der Schwelle und hat dabei insbesondere eine zentrale Funktion für die genaue Einhaltung der Spurweite. Sie ist hohen schwankenden Belastungen in verschiedenen Frequenzbereichen ausgesetzt und hat folgenden Anforderungen zu genügen:

- Elastische Lagerung der Schiene (Verschleiss, Fahrkomfort, Lärm).
- Gute Spurhaltung.
- Gute Lastverteilung, nicht zu hohe Kantenpressungen (vor allem wichtig bei Holzschwellen).
- Hoher Durchschubwiderstand zwischen Schiene und Schwelle (vor allem für lückenlos verschweisstes Gleis).
- Hohe Verdrehungssteifigkeit des Systems Schiene-Schwelle zwecks hoher Rahmensteifigkeit.
- Möglichkeit zur elektrischen Isolation (vor allem bei Einsatz von Gleisstromkreisen).
- Einfache Montage und Demontage, Eignung für mechanisiertes Verlegen.
- Korrosionsbeständigkeit.
- Verwendbarkeit in Gleisen und Weichen.

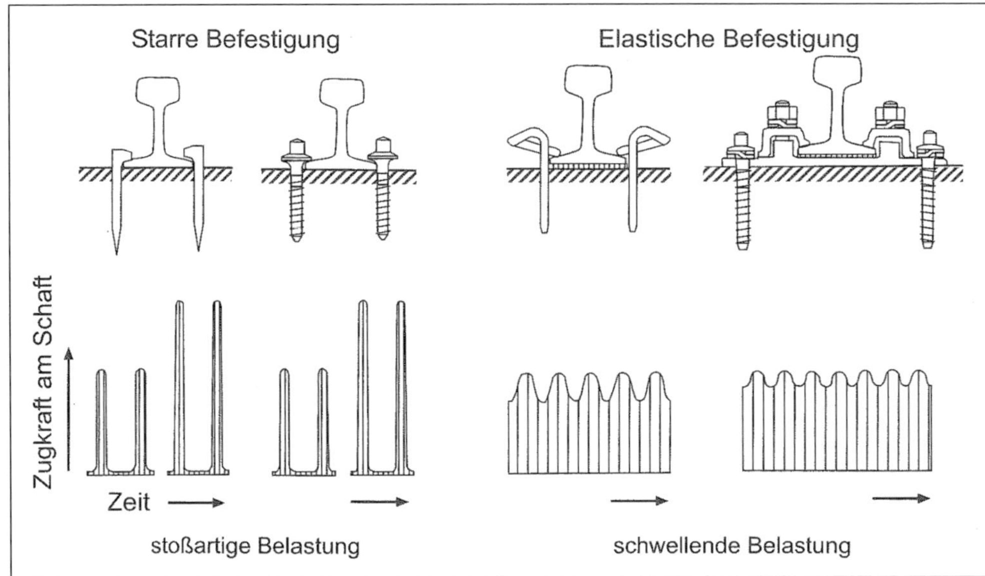

Abbildung 29 *Vergleich des Kräfteverlaufs bei elastischer respektive starrer Befestigung [Lichtberger 2004].*

5.2.2.2 Befestigungsbauarten

Durch die hohen Anforderungen hat sich eine Vielzahl von Ausführungsformen herausgebildet. Sie lassen sich vereinfachend in folgende Bauarten unterteilen:

Direkte Befestigung	Ohne Unterlagsplatte	Ohne Klemmplatte
		Mit Klemmplatte
	Mit Unterlagsplatte	Ohne Klemmplatte
		Mit Klemmplatte
Indirekte Befestigung	Mit Unterlagsplatte	Ohne Klemmplatte
		Mit Klemmplatte

Tabelle 5 *Typisierung der Befestigungsbauarten [eigene Darstellung].*

Die Elastizität des Oberbaus ist entscheidend für Verschleissarmut und Fahrkomfort. Durch das Einbringen einer elastischen Zwischenlage (Kunststoff) zwischen Schiene und Unterlagsplatte (bei Holzschwellen) oder Schwelle (bei Stahl- oder Betonschwellen) kann die Oberbauelastizität erhöht werden. Diese vermeidet auch, dass örtliche Überbeanspruchungen durch das Aufliegen der Schiene auf einer Kante entstehen. Zur Unterstützung der Elastizität kann die Schiene mittels Federelementen niedergehalten werden.

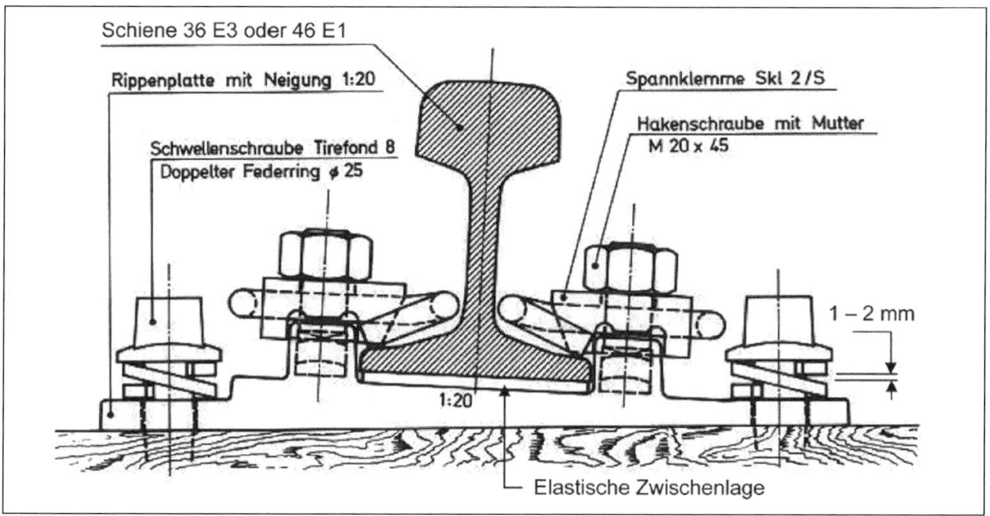

Abbildung 30 *Schienenbefestigung mit elastischer Zwischenlage [VöV 2011].*

5.2.2.3 Schienenbefestigung für schotterlosen Oberbau

Die Schienenbefestigung bei der festen Fahrbahn entspricht grundsätzlich der Befestigung auf Betonschwellen, unterscheidet sich im Einzelnen aber je nach Fahrbahnbauart. Zum Beispiel werden die Schienen mittels mehr oder weniger aufwendigen Befestigungskonstruktionen direkt auf die Betonplatte montiert. Die Dübel für die Befestigungsschrauben müssen genau auf den Kraftverlauf ausgerichtet werden, um Biegemomente zu vermeiden. Sie werden daher gegenüber der horizontalen Schwellenachse angewinkelt.

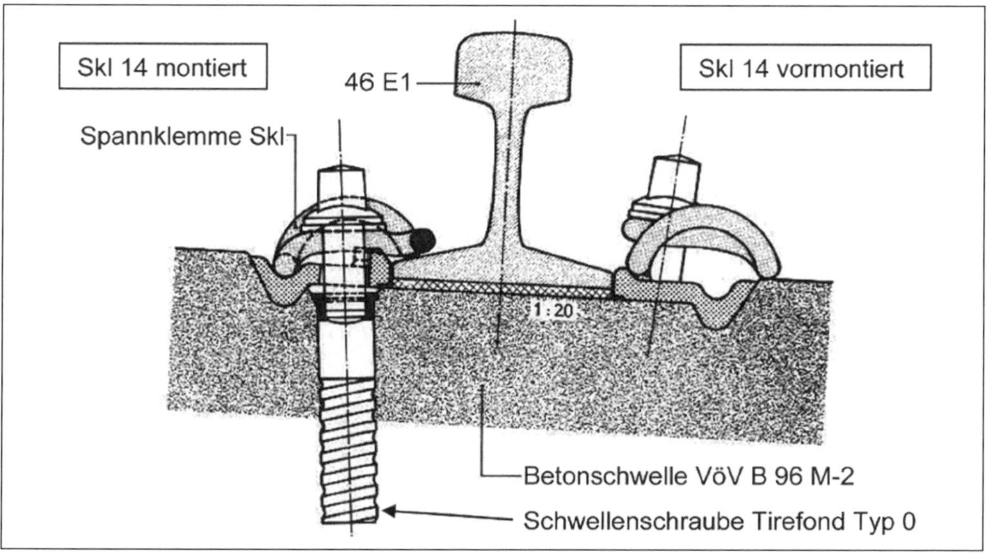

Abbildung 31 *Schienenbefestigung bei LVT-Zweiblock-Schwelle, System ATG-LVT2 [VöV 2011].*

5.2.3 Weichenbauteile

5.2.3.1 Bezeichnung der Weichenbauteile

Eine Weiche wird aus weitgehend standardisierten Weichenbauteilen kombiniert, die im Weichenwerk und/oder auf dem Bauplatz zur vollständigen Weiche zusammengesetzt werden. Konstruktiv und materialtechnisch besonders anspruchsvoll sind die beweglichen Zungenvorrichtungen sowie die unterbrochene Fahrkante im Herzstückbereich.

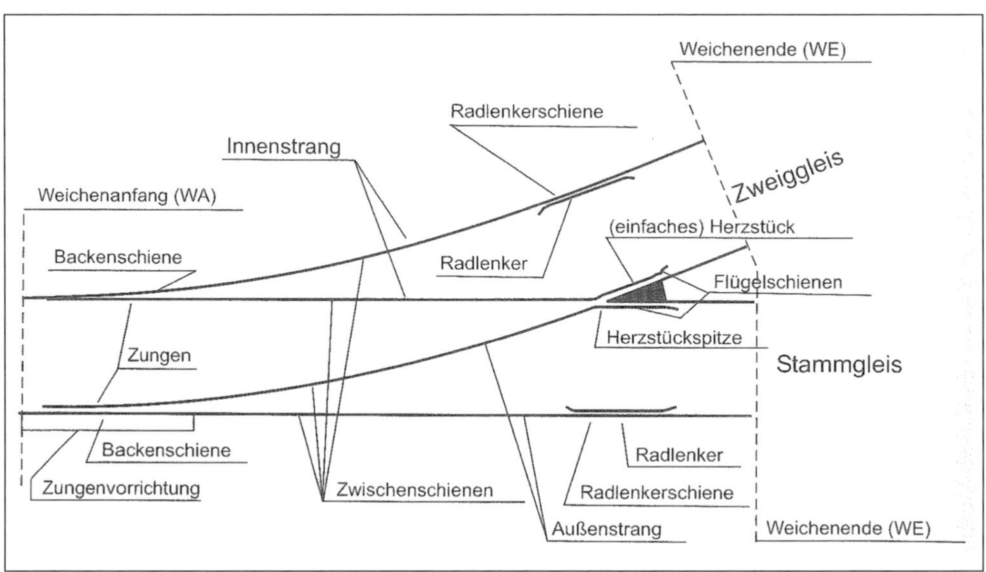

Abbildung 32 *Bezeichnungen der Bauteile einer einfachen Weiche [Lichtberger 2004].*

5.2.3.2 Zungenvorrichtungen

Zwei bewegliche Zungen bilden zusammen die sogenannte *Zungenvorrichtung,* die im Zusammenwirken mit den Spurkränzen dazu dient, die Fahrzeuge in die geforderte Richtung zu lenken. Sie werden mittels Weichenantrieben bewegt. Durch die hohe Beanspruchung unterliegen sie einem starken Verschleiss und müssen deshalb oftmals vorzeitig ausgewechselt werden. Durch eine vorausschauende Lagerhaltung ist sicherzustellen, dass immer genügend Zungenvorrichtungen aller Typen verfügbar sind. Alternativ lassen sich heute die Weichenzungen für beliebige Weichentypen auch just in time in einem entsprechend ausgerüsteten Weichenwerk fertigen.

Zungenvorrichtungen sind sicherheitskritische Bauteile, da sie sehr genau an der Backenschiene anliegen müssen, um ein Aufschneiden durch den Spurkranz zu verhindern. Gleichzeitig muss die entgegengesetzte Zunge eine genügend breite Öffnung für den anderen Spurkranz bieten. Heute werden praktisch nur noch sogenannte Federweichen eingebaut, bei denen die Zunge beim Umstellvorgang elastisch gebogen wird. Die früheren sogenannten Gelenkweichen mit gelenkiger Verbindung zu den Zwischenschienen sind kaum mehr gebräuchlich.

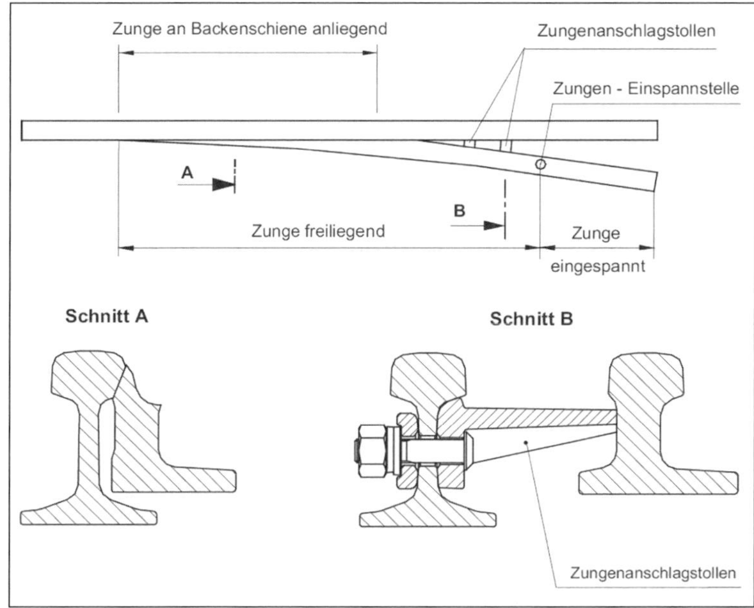

Abbildung 33 *Anschluss der Zunge an die Backenschiene [VöV 2010a].*

5.2.3.3 Herzstücke

Das Herzstück ermöglicht das Durchfahren der sich schneidenden Schienenstränge. Beim Übergang von der Flügelschiene auf die Herzspitze oder umgekehrt kommt es zu mehr oder weniger starken Stössen. Deshalb werden die Schienenköpfe aus besonders harten und schlagfesten Stählen ausgeführt. Die Liegedauer ist dennoch vergleichsweise kurz.

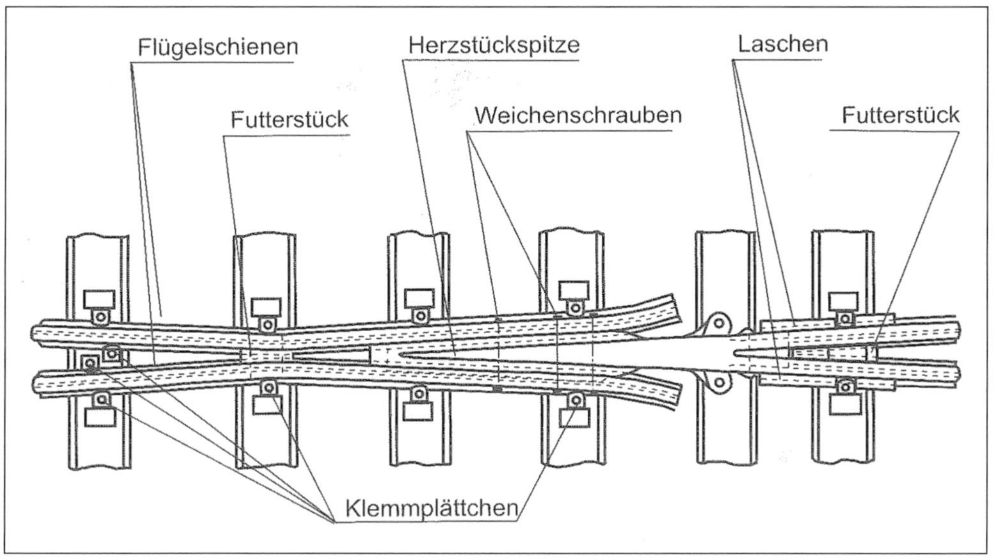

Abbildung 34 *Grundbauform und Bezeichnungen bei Herzstücken [Lichtberger 2004].*

Herzstücke werden auf unterschiedliche Weise hergestellt, insbesondere [Lichtberger 2004]:

- *Blockherzstück:* Ganzer Herzstückkomplex (Spitze, Flügelschienen) wird in einem Block gegossen. Den guten Materialeigenschaften steht der Nachteil gegenüber, dass es schlecht mit den anschliessenden Schienen verschweisst werden kann.
- *Verbundherzstück:* Aus mehreren Teilen zusammengebaut; wurde durch die Einführung von Bogenweichen begünstigt, da sie geometrisch flexibler sind. Durch die Verbundkonstruktion können die Teile zudem materialmässig auf die jeweiligen Anforderungen ausgerichtet werden.
- *Herzstück mit beweglichen Spitzen:* Für Strecken mit hoher Geschwindigkeit, wobei Spitzen gelenkig oder federnd beweglich sein können. Gegenüber konventionellen Herzstücken sind die Räder kontinuierlich gestützt und geführt, sodass keine Radlenker notwendig sind.
- *Herzstück mit beweglichen Flügelschienen:* Alternativ können auch die Flügelschienen bewegt werden. Besonders geeignet für kleinbogige Weichen, zum Beispiel U-Bahn und Nahverkehrsbetriebe sowie Tram-Train-Systeme.

Abbildung 35
Herzstück mit beweglicher Spitze [Foto: Michael Kohler].

Mit dem unvermeidlichen Einsinken des Rades beim Wechsel des Aufstandpunktes im Herzstückbereich konventioneller Herzstücke entstehen vertikale Kräfte, die zu erhöhten Abnützungen führen. Durch Abstimmung von Radbreite, Durchschneidungswinkel und Bauart des Herzstückes wird das Rad in diesem Bereich dennoch möglichst durchgehend gestützt. Bei sehr kleinen Winkeln und schmalen Rädern, wie etwa bei Strassenbahnen, muss der Spurkranz auf einem Flachrillenherzstück laufen, was verschleissfördernd, lärmbildend und komfortmindernd ist.

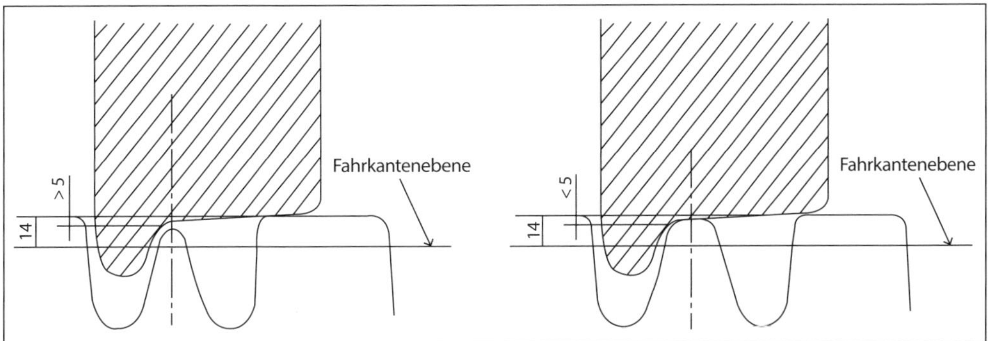

Abbildung 36 *Radlauf im Bereich des Herzstücks; Sicherung eines kontinuierlichen Aufstandspunktes für das Rad [eigene Darstellung].*

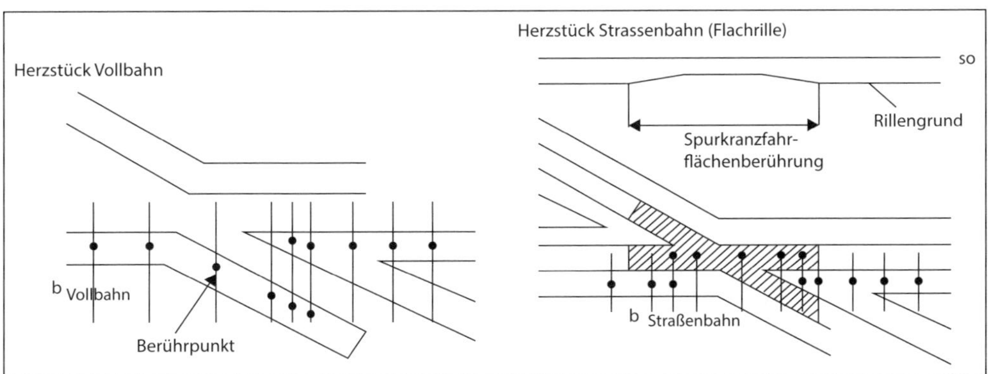

Abbildung 37 *Radlauf im Bereich des Herzstücks; links: Aufstandspunkte bei Vollbahn-Herzstück oder Tiefrillenweiche; rechts: Flachrillenweiche. b = Radreifenbreite; SO = Schienenoberkante [Abbildungen: Prof. Dr. Markus Hecht, TU Berlin].*

Abbildung 38 *Tiefrillenherzstück [Foto: Marc Sinner].*

Abbildung 39 *Flachrillenherzstück [Foto: Marc Sinner].*

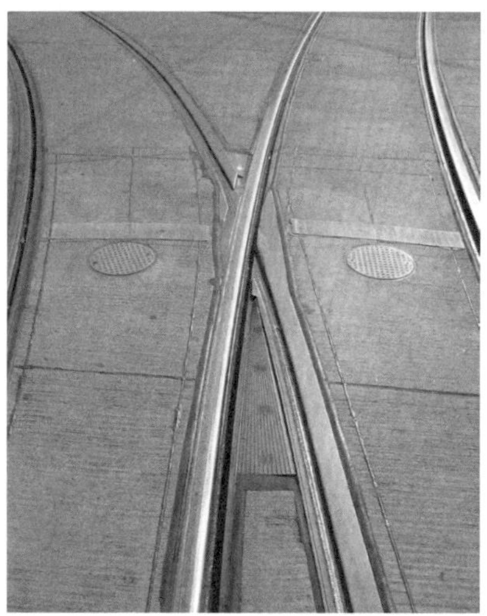

Abbildung 40 *Herzstück einer Weiche, deren linkes Gleis zu einer Dienstverbindung führt; fahrplanmässig befahrene Schiene bleibt durchgehend [Foto: Marc Sinner].*

5.2.3.4 Weichenverschlüsse

Weichenverschlüsse haben jeweils eine der Weichenzungen sicher in anliegender Stellung an der Stockschiene zu halten sowie gleichzeitig bei der gegenüberliegenden Zunge einen ausreichenden Spalt für die Durchfahrt des Spurkranzes zu gewährleisten. Aus Stabilitätsgründen muss die Zunge bei Weichen mit Ablenkungsradien über 500 m von zwei oder mehr Verschlüssen gehalten werden. Diese hier behandelten Weichenverschlüsse sind zu unterscheiden von den logischen Weichenverschlüssen, die im Stellwerk eine Fehlbedienung verhindern. Eine Weiche lässt sich verschliessen, indem man die anliegende Zunge gegen einen Block in der Weichenmitte abstützt oder aber sie formschlüssig mit ihrer Backenschiene verbindet. Sogenannte *aufschneidbare Weichenverschlüsse* können dabei stumpf entgegen der Ablenkrichtung passiert werden. Die Kraft des Spurkranzes auf die befahrene Weichenzunge überwindet die Sicherung und löst die nicht befahrene Weichenzunge von der Stockschiene, ohne die Weiche zu zerstören.

In der Schweiz werden hauptsächlich drei Bauarten eingesetzt:

- Jüdelverschluss (Blockverschluss).
- Klammerspitzenverschluss.
- Klinkenverschluss.

Der *Jüdelverschluss* kennzeichnet sich durch den in Gleismitte sitzenden Abstützkörper. Die an der Stockschiene anliegende Zunge wird durch einen Stempel auf ein Mittelgehäuse abgestützt. Da er gegen Spurerweiterung sehr empfindlich ist, sind die Stockschienen und der Abstützkörper auf einer gemeinsamen, über die ganze Schwelle durchlaufenden Unterlagsplatte montiert. Der Jüdelverschluss kann aufgeschnitten werden. Nachteilig sind die aufwendige Fertigung und der hohe Wartungsaufwand (Schmierung). Diese Bauart ist veraltet.

Abbildung 41
Jüdelverschluss mit aufgeklapptem Schutzblech; Abstützkörper und Stempel für jede der beiden Zungen [Foto: Ulrich Weidmann].

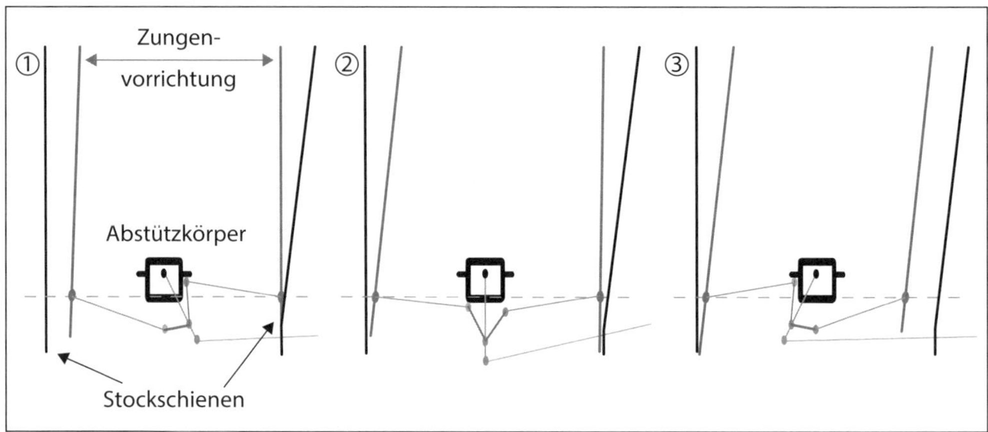

Abbildung 42 *Umstellvorgang beim Jüdelverschluss [eigene Darstellung].*

Beim *Klammerspitzenverschluss* ist seitlich ausserhalb der Stockschienen je ein Verschlussgehäuse befestigt, durch das eine Schieberstange frei gleiten kann. Verschlussklammern, die gelenkig an den Zungen angebracht sind, werden je nach Stellung der Schieberstange von ihr mitgenommen oder in Aussparungen des Gehäuses arretiert. Der Weichenantrieb wirkt direkt auf die Schieberstange. Der Verschluss besteht aus wenigen Teilen. Er ist unempfindlich gegen Spurerweiterung und kann aufgeschnitten werden.

Der *Klinkenverschluss* arbeitet wie der Klammerspitzenverschluss, aber im Gegensatz zur waagrechten Verschlusskammer rastet eine vertikale Klinke in die Stockschienen ein und verbindet Zunge und Stockschiene formschlüssig. Der Verschluss ist unempfindlich gegen Schläge, Zungenwanderungen und temperaturabhängige Längenänderungen, kann aber nicht aufgeschnitten werden.

Abbildung 43 *Spitzenverschluss [Foto: AlpTransit Gotthard AG].*

5.2.3.5 Weichenheizungen

Damit Weichen auch im Winter funktionsfähig bleiben, müssen sie von Schnee und Eis freigehalten werden. Zudem kann der Schnee den Ölfilm auf den Gleitstühlen beim Umstellvorgang entfernen, sodass die Umstellkräfte für den Weichenantrieb zu gross werden. Weitere Störungen ergeben sich durch Einfrieren der beweglichen Weichenteile. Die vielerorts noch angewandte manuelle Weichenreinigung wird zunehmend durch fest installierte Weichenheizungen ersetzt. Es werden folgende Typen angewendet:

- Elektrische Weichenheizungen.
- Gasweichenheizungen.
- Zukünftig vermehrt Fernwärme und Erdwärme.

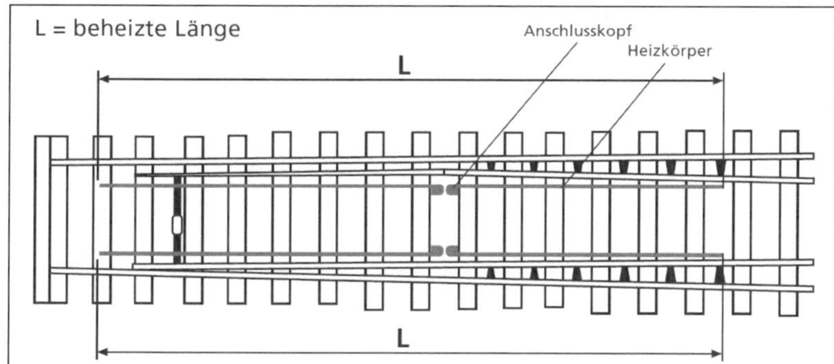

Abbildung 44 *Anordnung der Heizkörper einer elektrischen Weichenheizung bei einer Einfachweiche [Grafik: Backer ELC AG].*

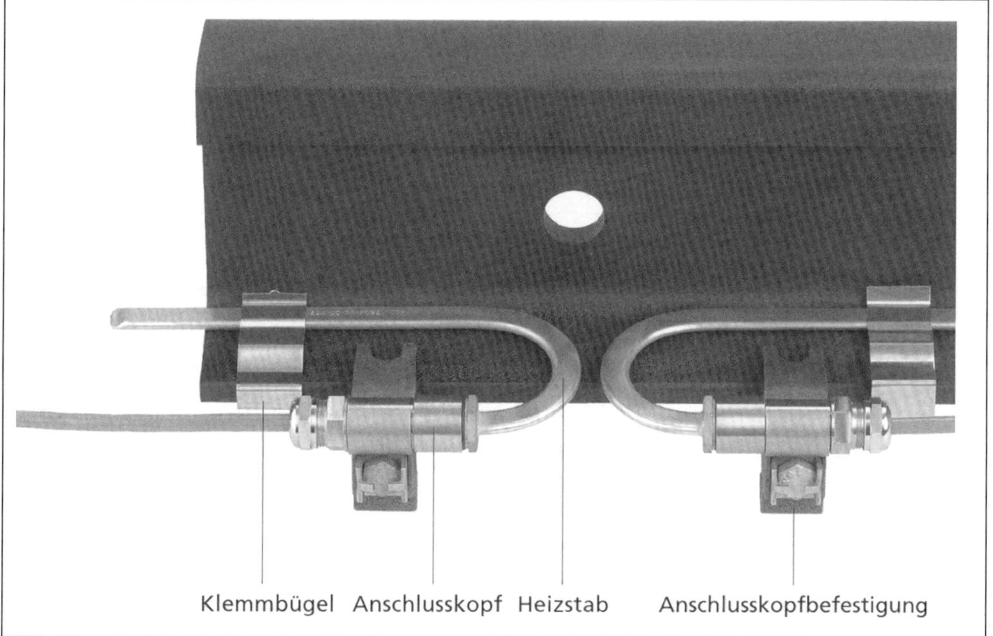

Abbildung 45 *Befestigung der Heizkörper einer elektrischen Weichenheizung [Grafik: Backer ELC AG].*

Abbildung 46 *Bahnhofvorfeld mit beheizten Weichen [Foto: Ernst Bosina].*

5.2.4 Leit- und Fangschienen

Fang- und Leitschienen sollen Fahrzeuge bei einer Entgleisung auf dem Gleisrost halten und ein Abstürzen verhindern. Sie werden beispielsweise auf Fachwerkbrücken mit untenliegender Fahrbahn oder bei Stabbogenbrücken eingesetzt, um die tragende Konstruktion der Brücke bei Entgleisungen zu schützen. Dasselbe gilt zum Schutz von Tragstrukturen im Umfeld der Bahn, zum Beispiel Pfeiler von Gebäuden und Brücken oder Stützen von Lawinenschutzbauwerken. In sehr engen Kurven werden sie schliesslich ausnahmsweise eingebaut, um ein Aufsteigen des bogenäusseren Rades zu verhindern.

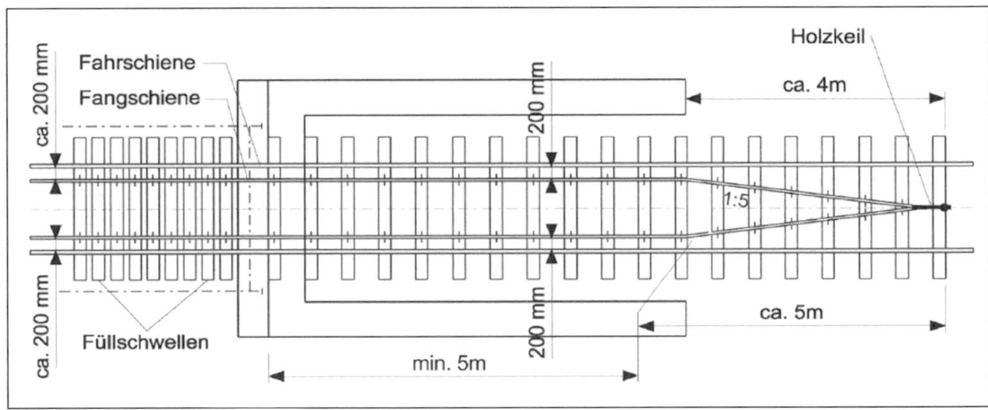

Abbildung 47 *Fangschienen auf einer Stahlbrücke [VöV 2010a].*

5.2.5 Zahnstangen

Die Zahnstangen für Zahnradbahnen entstanden in mehreren Bauformen. Die heute noch genutzten Systeme gehen in ihren Grundprinzipien zurück auf:

- Marsh (1869) / Riggenbach (1871): Leiterzahnstange.
- Abt (1885): Lamellenzahnstange.
- Locher (1889): Horizontalverzahnung.
- Strub (1896): Gefräste Keilkopfschiene.

Da die Leiterzahnstangen und die Zahnstange vom System Strub heute nur noch sehr aufwendig produzierbar sind, wurde vom Institut für Verkehrsplanung und Transportsysteme der ETH Zürich zusammen mit der früheren Firma Von Roll eine vereinheitlichte Bauform als Lamellenzahnstange mit der Geometrie der beiden genannten Vorgängerbauarten entwickelt. Durch die Zahnstange Von Roll lassen sich sukzessive die alten Zahnstangen Riggenbach und Strub ersetzen. Das System Locher ist bisher ein Spezialfall der Pilatusbahn mit ihrer Steigung von 480 ‰ geblieben. Deren Zahnräder sind rechtwinklig zu den Laufrädern und parallel zur Schienenebene montiert; das System ist damit vollständig entgleisungssicher.

Zahnstangentyp	Schema
Riggenbach Leiterzahnstange, Wangen aus Walzstahl, eingeschweisste Zähne aus Baustahl	
Abt 2 oder 3 versetzte Einzellamellen	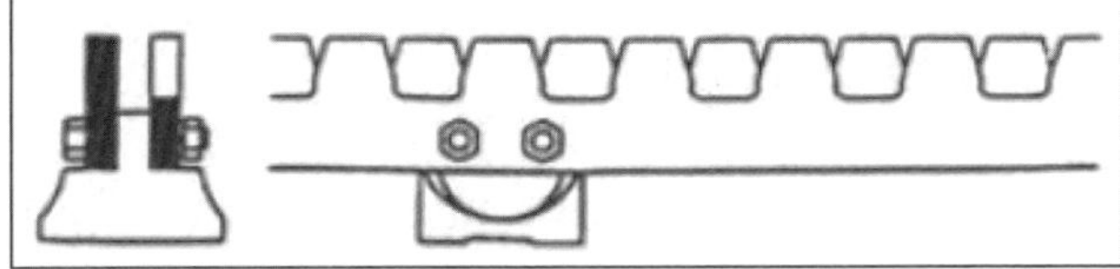
Locher Horizontale Anordnung einer doppelten Zahnstange	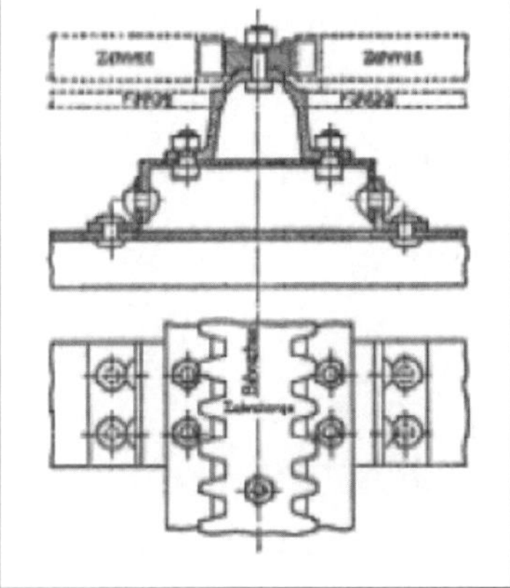

Zahnstangentyp	Schema
Strub Gewalztes Keilkopfschienenprofil mit gefrästen Zähnen	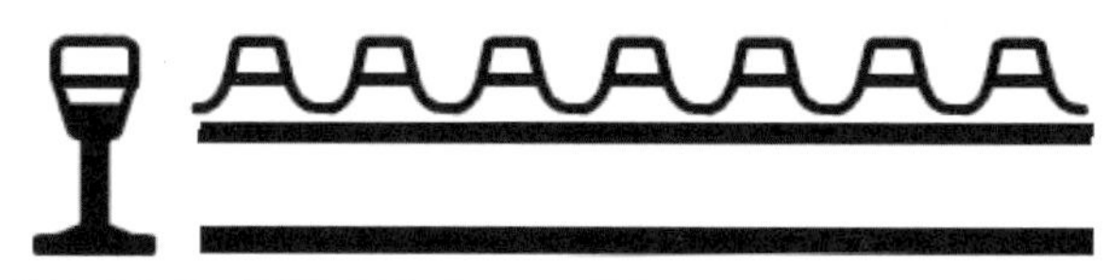
Von Roll Lamellenzahnstange mit Verzahnungsgeometrie Riggenbach und Strub	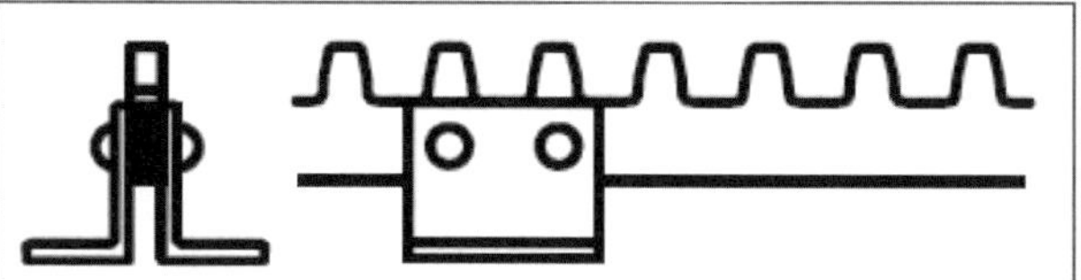

Tabelle 6 *Übersicht über die gebräuchlichen Zahnstangensysteme, nach [VöV 2010a].*

Abbildung 48 *Zahnstange Typ Riggenbach [Foto: Marc Sinner].*

Abbildung 49
Zahnstange Typ Abt, zweilamellig [Foto: Michael Kohler].

Sogenannte *gemischte Zahnrad-Adhäsionsbahnen* verkehren auf flachen Abschnitten als Reibungsbahn, auf Steilstrecken nutzen sie das Zahnrad. Am Anfang und Ende jeder Zahnradsektion sind daher Zahnstangeneinfahrten erforderlich, mit folgenden Aufgaben [VöV 2010b]:

- Genaue Synchronisierung der Drehgeschwindigkeit der Zahnräder mit der Fortbewegungsgeschwindigkeit des Zuges sowie Sicherung des korrekten Eingriffs in die Zahnstange.
- Beschleunigung der Bremszahnräder und Sicherung des korrekten Eingriffs in die Zahnstange.
- Möglichst verschleissfreies Einrasten aller Zahnräder in die Zahnstange.

Eine besondere konstruktive Herausforderung ist die Verschleissarmut der Zahnstangeneinfahrt selbst, aber auch des Zahnradantriebs der Fahrzeuge. Dazu werden die Zahnräder zuerst auf eine synchrone Geschwindigkeit gebracht und die Position der Zähne wird anschliessend mit der Zahnteilung der Lamellen so abgeglichen, dass ein Aufklettern des Fahrzeugs vermieden werden kann.

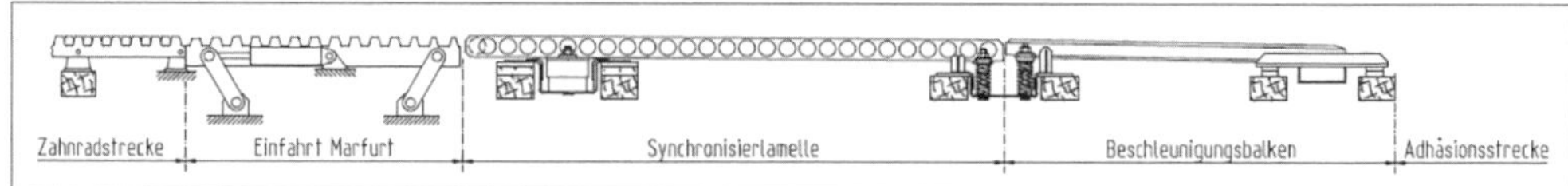

Abbildung 50 *Zahnstangeneinfahrt mit Einfahrsystem Typ Marfurt [VöV 2010b].*

Abbildung 51 *Zahnstangeneinfahrt mit Einfahrsystem Typ Marfurt [Foto: Steffen Schranil].*

5.2.6 Schwellen

5.2.6.1 Anforderungen

Die Schwellen haben folgenden Anforderungen zu genügen:

- Günstige Herstellung.
- Einfacher Einbau.
- Witterungs- und Korrosionsunempfindlichkeit.
- Grosse Ermüdungsfestigkeit.
- Gute Weiterverwend- und Recyclierbarkeit.
- Gute Spurhaltung.
- Gute Lastverteilung.
- Hoher Seiten- und Längsverschiebewiderstand.
- Gute Isolierfähigkeit (d.h. Möglichkeit, beide Schienenstränge elektrisch voneinander zu trennen).
- Gute Befestigungsmöglichkeiten für die Schienen.

Aufgrund dieser teilweise gegenläufigen Anforderungen haben sich mehrere Materialien etabliert, insbesondere Holz, Stahl und Beton, für Nischenanwendungen auch Kunststoff.

5.2.6.2 Holzschwellen

Holz ist nach wie vor ein zweckmässiges Schwellenmaterial. Für die Schwellen der Streckengleise wird in der Regel Eichen- oder Buchenholz verwendet. Für Weichenschwellen wird vorab Eichenholz bevorzugt. Ohne Imprägnierung würde die Lebensdauer nur wenige Jahre betragen, mit Imprägnierung lässt sie sich auf 30–35 Jahre ausdehnen. Allerdings gelten imprägnierte Holzschwellen als Sonderabfall und sind mit besonderen Verfahren zu entsorgen; neue, wenig toxische Imprägnierverfahren sind in Entwicklung.

Abmessungen	Normalspur (SBB)	Meterspur
Länge [mm]	2500 oder 2600	1800
Breite [mm]	260	240 oder 260
Höhe [mm]	150	150
Gewicht [kg]	93 oder 96	ca. 50

Tabelle 7 *Abmessungen der Holzschwellen für Hauptgleise (kleinere Werte für schweizerische Fabrikate) [VöV 2010a].*

Vorteile	Nachteile
▪ Gute Bearbeitbarkeit ▪ Im Vergleich zu Betonschwellen relativ leicht und gut transportierbar ▪ Schienen lassen sich gut befestigen ▪ Holzschwellen können gut unterstopft und gerichtet werden ▪ Gute Beständigkeit gegen chemische Einflüsse ▪ Eignung für Tunnels (bei gleichbleibender Feuchtigkeit sehr lange Liegedauer) ▪ Ausgezeichnetes elastisches Verhalten, dämpft Schwingungen und Lärm ▪ Unempfindlich gegen Überbeanspruchungen ▪ Spurerhaltung bei Entgleisungen ▪ Gute elektrische Isolation der beiden Schienen untereinander sowie gegenüber dem Unterbau/Untergrund ▪ Geringe Bauhöhe	▪ Grosse Lagerhaltung notwendig (Zeitaufwand für Tränkung und Trocknung) ▪ Verbleibende Anfälligkeit auf Fäulnis; Schraubenlöcher müssen gegebenenfalls saniert werden ▪ Anfälligkeit auf tierische und pflanzliche Schädlinge; müssen daher imprägniert werden ▪ Aufwendige Entsorgung als Sondermüll aufgrund der Imprägnierung ▪ Allmähliche Verschlechterung der Spurhaltung, insbesondere Verbiegen bei feuchtem Untergrund und damit Spurverengung ▪ Nicht nutzbar für Geschwindigkeiten über 160 km/h aufgrund des geringen Gewichts und damit ungenügenden Querverschiebewiderstands

Tabelle 8 *Vor- und Nachteile der Holzschwellen [Barth 2014], [eigene Darstellung].*

5.2.6.3 Stahlschwellen

Stahlschwellen werden seit Ende des 19. Jahrhunderts und auch heute noch häufig eingebaut. Das – lange als vorteilhaft geltende – geringe Gewicht und die schlechte Isolierbarkeit sind allerdings hinderlich, wenn ein lückenlos verschweisstes Gleis realisiert und Gleisstromkreise eingesetzt werden sollen. Sehr vorteilhaft ist die problemlose Rezyklierbarkeit, die bei hohem Weltmarktpreis für Stahl zudem wirtschaftlich interessant sein kann. Durch den vermehrten Einbau von Achszählern anstelle von Gleisstromkreisen verliert zudem der Nachteil der elektrischen Leitfähigkeit an Bedeutung.

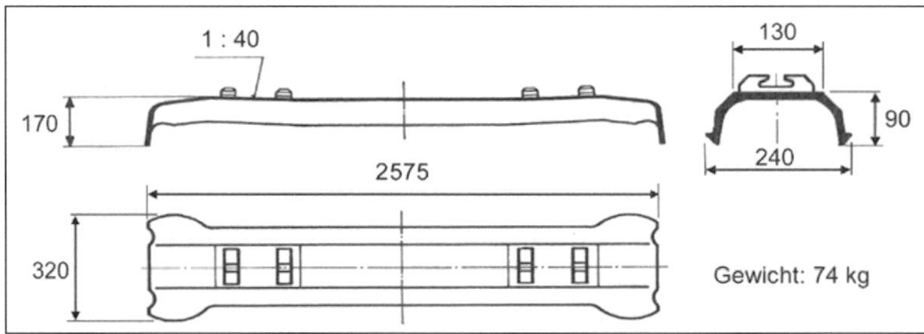

Abbildung 52 *Stahlschwelle Normalspur für Verlegeart Aek/Aeki, Abmessungen unabhängig von Haupt- oder Nebengleis [VöV 2010a].*

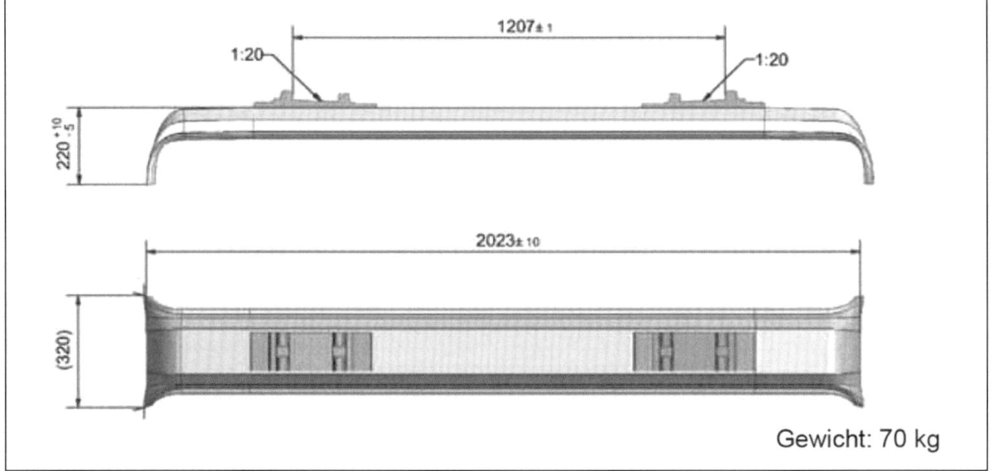

Abbildung 53 *Stahlschwelle Meterspur für Verlegeart Aek [VöV 2011].*

Vorteile	Nachteile
▪ Günstige Formgebungsmöglichkeiten ▪ Einfache Herstellung langer Weichenschwellen ▪ Sehr geringes Gewicht, dadurch gute Handhabung auch ohne Maschinen ▪ Sehr geringe erforderliche Schotterbetthöhe ▪ Einfache, direkte und billige Befestigung der Schienen ▪ Hohe Lebensdauer bei nicht aggressivem Klima (ca. 50–60 Jahre) ▪ Material von alten Schwellen kann wiederverwendet und als Rohstoff verkauft werden ▪ Dauerhafte Spurhaltung	▪ Preis unterliegt den stark schwankenden Welthandelspreisen für Stahl; damit unberechenbare Kostensituation ▪ Teure und unterhaltsintensive Schienenisolierung für Sicherungsanlagen ▪ Keine Elastizität, Schotter wird aufgrund ungedämpfter Schläge stark abgenutzt ▪ Gefahr von Korrosion im Bereich von Industrien und in Tunnels ▪ Spurhaltung bei Entgleisungen nicht gewährleistet ▪ Verformung und Rissbildung bei hohen Querkräften aus instabilem Fahrzeuglauf ▪ Höhere Fahrgeräusche als auf Holz- und Betonschwellen ▪ Nicht nutzbar für Geschwindigkeiten über 160 km/h aufgrund des geringen Gewichts und damit ungenügenden Querverschiebewiderstands

Tabelle 9 *Vor- und Nachteile der Stahlschwellen [Barth 2014], [eigene Darstellung].*

Die vielfältigen Formgebungsmöglichkeiten von Stahl wurden zur Entwicklung einer neuartigen Schwellenbauart genutzt, die insbesondere die Gleislagequalität unterstützen und den Nachteil des tiefen Gewichts kompensieren soll. Die sogenannten Y-Stahlschwellen bilden zusammen mit den Schienen einen näherungsweise biegesteifen Rahmen mit sehr hoher statischer Steifigkeit. Selbst enge Radien lassen sich damit verschweissen, da der Gleisbogen trotz der später beschriebenen temperaturbedingten Formänderungen stetig gekrümmt bleibt. Bisher konnte sich die Y-Stahlschwelle nur in diesem Einsatzbereich durchsetzen.

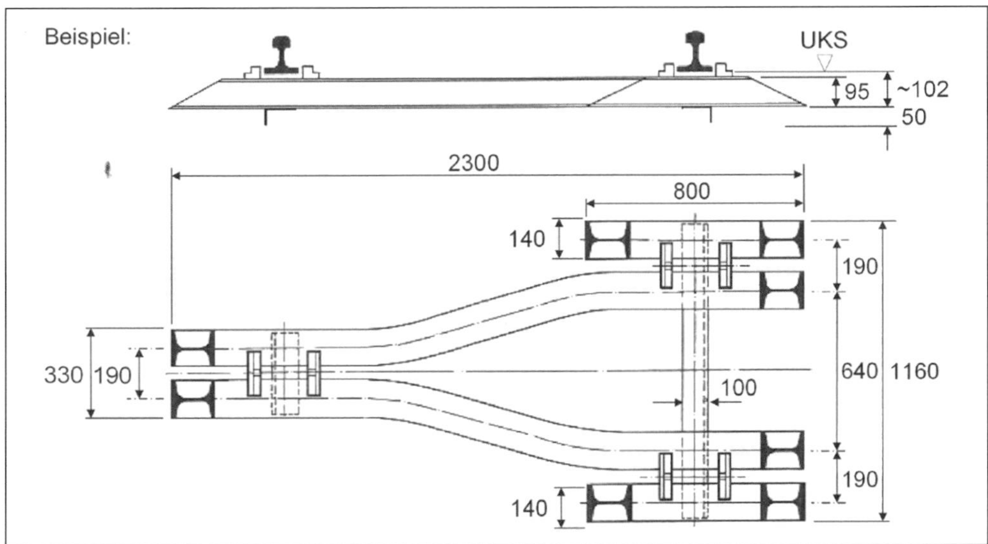

Abbildung 54 *Y-Stahlschwelle für Normalspur; Hauptabmessungen [VöV 2010a].*

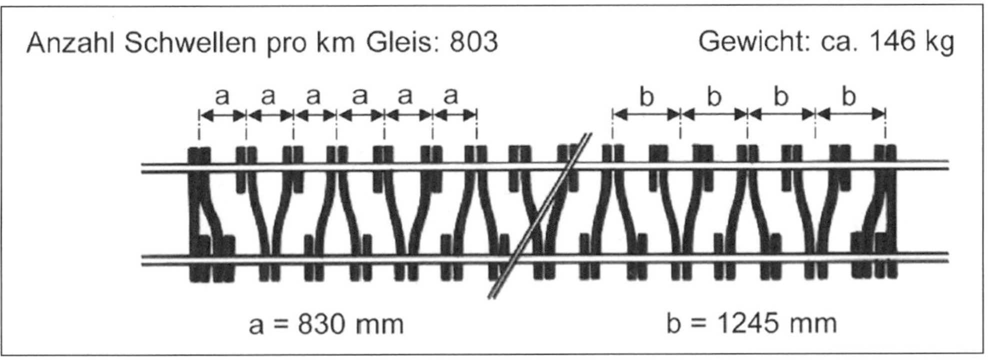

Abbildung 55 *Einbaumasse eines Fahrbahnrostes mit Y-Stahlschwellen für Normalspur [VöV 2010a].*

5.2.6.4 Betonschwellen

Im Gefolge der Entwicklung des Stahlbetons wurde bereits 1895 in Frankreich und 1906 in Deutschland versucht, diese neue Technologie auch für Schwellen zu verwenden [Preuss 1986]. Erste schlaff armierte Betonschwellen bewährten sich aber nicht, da sie anfällig auf Risse waren und die Befestigung der Schienen nicht dauerhaft war. Man trennte in der Folge die monolithische Schwelle zunächst in zwei Einzelblockschwellen auf, die mittels einer Stahlstange verbunden wurden. Die Biegemomente im Beton liessen sich dadurch auf ein tragbares Ausmass vermindern. Allerdings war der Verdrehwiderstand der Stäbe gering, was zu Verwindungen bei Kramparbeiten führte. Die Einblock- oder Monoblock-Betonschwelle verbreitete sich dagegen erst durch die Anwendung der Vorspanntechnik. Die Spannkraft kann mit einer grossen Anzahl von Stahldrähten (20–50) oder mit wenigen Spannstäben (2–8) aufgebracht werden.

Vorteile	Nachteile
▪ Kostengünstig ▪ Kann industriell unter kontrollierten Bedingungen in Betonwerken hergestellt werden ▪ Vielfältige Formgebungsmöglichkeiten ▪ Sehr hohe Lebensdauer von deutlich über 40 Jahren ▪ Schwellenmaterial ausgedienter Schwellen rezyklierbar oder problemlos zu entsorgen (inertes Material) ▪ Sehr guter Längs- und Querverschiebewiderstand dank hohem Gewicht und grossen Seitenflächen ▪ Dauerhafte Spurhaltung ▪ Resistent gegen Umwelteinflüsse ▪ Für alle Geschwindigkeiten geeignet	▪ Gewicht setzt maschinellen Einbau voraus ▪ Hohe Ansprüche an Schotterbett und Unterbau; Gefahr des Einsinkens bei weichem Untergrund ▪ Nur für durchgehend verschweisste Gleise geeignet, da die Schienenstösse die schlagempfindlichen Schwellen rasch zerstören ▪ Bei Zweiblockbetonschwellen ist die Spurhaltung bei Entgleisungen nicht gewährleistet ▪ Zerstörung der Monoblockschwelle durch entgleiste Räder ▪ Dübel der Schienenbefestigung und Schwellenschultern sind Schwachstellen

Tabelle 10 *Vor- und Nachteile der Betonschwellen [Barth 2014], [eigene Darstellung].*

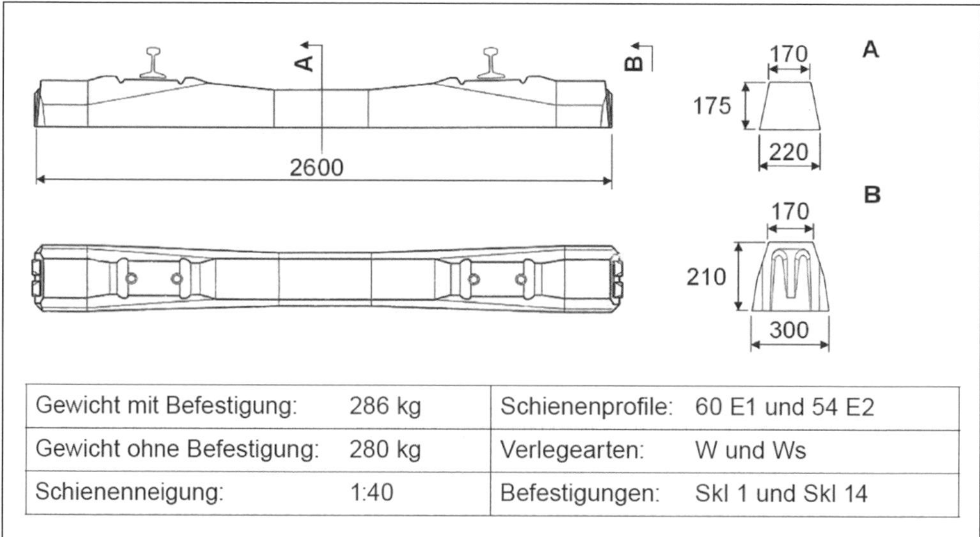

Gewicht mit Befestigung:	286 kg	Schienenprofile:	60 E1 und 54 E2
Gewicht ohne Befestigung:	280 kg	Verlegearten:	W und Ws
Schienenneigung:	1:40	Befestigungen:	Skl 1 und Skl 14

Abbildung 56 *Normalspur-Betonschwelle B91 [VöV 2010a].*

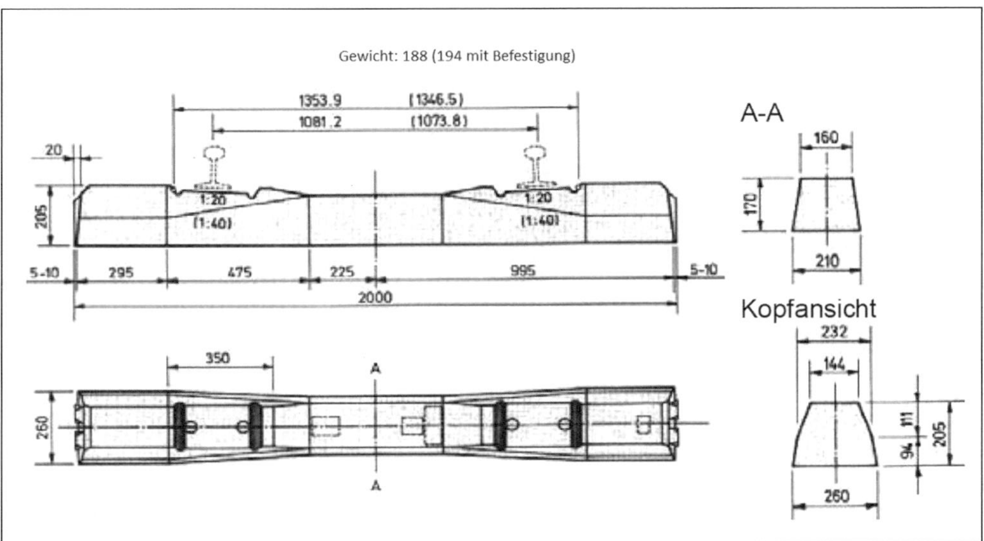

Abbildung 57 *Meterspur-Betonschwelle VöV-E M2/M4 [VöV 2011].*

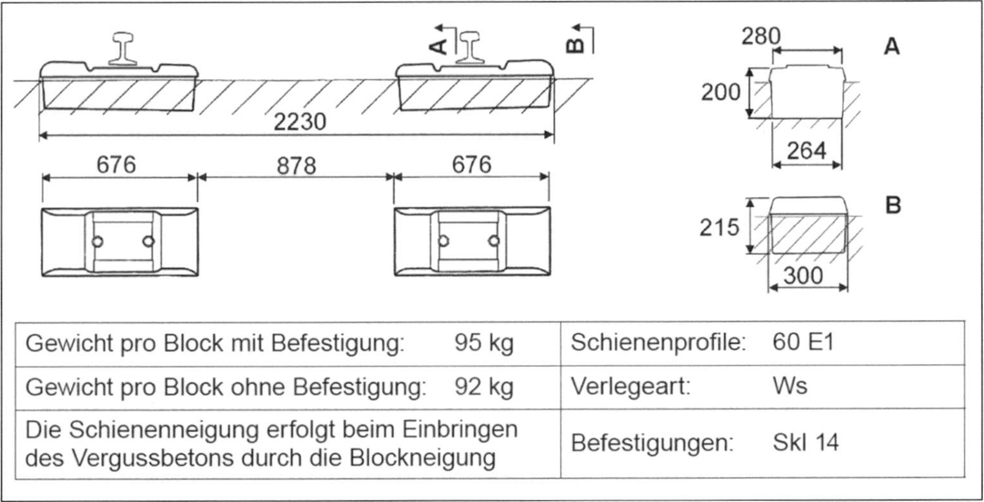

Gewicht pro Block mit Befestigung:	95 kg	Schienenprofile:	60 E1
Gewicht pro Block ohne Befestigung:	92 kg	Verlegeart:	Ws
Die Schienenneigung erfolgt beim Einbringen des Vergussbetons durch die Blockneigung		Befestigungen:	Skl 14

Abbildung 58 *Zweiblock-Betonschwelle für feste Fahrbahn LVT (Low Vibration Track), Schwellenblöcke mit Gummischuh [VöV 2010a].*

Da die Bauhöhe einer konventionellen Betonschwelle grösser als jene einer Holzschwelle ist, lässt sie sich bei reinen Schwellenauswechslungen nicht einbauen, wenn zuvor Holzschwellen lagen. Diesen Nachteil soll eine neue Flachschwelle eliminieren, die sich in Markteinführung befindet. Um den Schotterverschleiss zu reduzieren und die Rahmenwirkung zu verbessern, wurden zudem weitere neue Bauformen entwickelt. Sie befinden sich erst in Versuchseinsätzen und konnten sich bisher nicht breit durchsetzen.

5.2.6.5 Kunststoffschwellen

Kunststoffschwellen werden aufgrund ihrer geräusch- und vibrationsdämmenden Eigenschaften sowie ihrer kleinen Bauhöhe beispielsweise bei U-Bahnen im Stadtgebiet eingesetzt oder aufgrund des geringen Gewichts auf Brücken. Gerade infolge des tiefen Gewichts kommen sie aber für den Schotteroberbau nicht infrage.

5.2.6.6 Anwendungsbereiche der Schwellenbauarten

In ihrem Geschwindigkeitsbereich eignen sich Holzschwellen grundsätzlich für alle Anwendungsfälle. Vorteilhaft sind Elastizität und elektrische Isolation, während die Imprägnierung nach wie vor ökologisch nicht gelöst ist. Stahlschwellen bieten sich eher für Einsatzgebiete mit reduzierten Anforderungen an, zum Beispiel schwächer belastete Regionallinien oder andere Streckenabschnitte sowie mittlere bis tiefe Geschwindigkeiten. Besonders nützlich sind sie für Zahnradbahnen mit ihren hohen Anforderungen an die Montagegenauigkeit der Zahnstangen [Barth 2014].

Die Betonschwellen vereinigen tiefen Preis und breiteste Anwendungsmöglichkeiten. Bei den bisher verwendeten Schwellentypen kann allerdings die grössere Bauhöhe aufgrund der erforderlichen Unterbausanierung bei Schwellentypwechsel finanziell nachteilig sein: Ist bei einer Fahrbahnsanierung ohnehin eine Unterbausanierung notwendig, so ist die Betonschwelle aus Sicht der Lebenszykluskosten zwar der Holzschwelle meist überlegen. Muss der Unterbau hingegen ausschliesslich für die Betonschwellen umgebaut werden, so sind diese gegenüber Holzschwellen nur bei tiefen kalkulatorischen Zinssätzen von unter 1–2 % wirtschaftlich.

Insgesamt bietet jede Schwellenbauart spezifische Vorteile und es sind in jedem Fall gewisse Nachteile in Kauf zu nehmen. Deshalb werden in der Schweiz nach wie vor alle drei Typen verbaut. Aufgrund der breiten Anwendbarkeit bei günstigem Preis sind Betonschwellen mit 45 % am stärksten verbreitet, gefolgt von den Holzschwellen mit 35 % und den Stahlschwellen mit 20 % [Barth 2014].

Kenngrösse	Holz	Stahl	Stahl-Y	Beton B91
Länge [cm]	260	260	230	260
Höhe [cm]	15–16	9	9,5	21
Orientierender Preis pro Stück [CHF]	110	145	330 (umgerechnet auf übliche Schwellenteilung: 99)	70
Anzahl/Streckenkilometer	1667	1667	803	1667
Gewicht inklusive Befestigungen [kg]	Ca. 90	70	146	286
Schotterbedarf [m^3/km]	1670	1770	1670	1870
Gewicht des gesamten Oberbaus [t/km]; gerade, einspurige Strecke	6400	6570	6450	7080

Tabelle 11 *Vergleich der meistverwendeten Schwellentypen [Barth 2014].*

5.2.7 Schotterbett

Das Schotterbett wird durch Anhäufung von Schottersteinen gebildet, die nur formschlüssig verbunden sind. Damit der Formschluss möglichst kompakt ist, wird das Schotterbett beim Einbau und bei späteren Unterhaltsarbeiten gestopft sowie gegebenenfalls dynamisch stabilisiert. Auf diese Weise lassen sich sowohl die Anforderungen nach Elastizität und Regulierbarkeit als auch nach tiefen Erstellungskosten und Erhaltung der Gleislagequalität erfüllen. Die Federwirkung von 1–2 mm ist für einen guten Fahrzeuglauf und insbesondere die Dämpfung der Kraftspitzen hilfreich. Durch bleibende Umlagerung des Schotters verändert sich aber die Gleislage nach ca. 20–40 Mio. Leistungstonnen, die deshalb beim Überschreiten eines Toleranzmasses regelmässig wiederhergestellt werden muss.

Das Schotterbett verteilt die Last gleichmässig auf den Untergrund und bildet für den Gleisrost die fehlende Diagonalverstrebung. Es sichert, zusammen mit der später behandelten Rahmensteifigkeit des Gleisrostes, die seitliche Gleislage. Querkräfte aus dem Fahrzeuglauf, aber auch aus Temperaturunterschieden in der Schiene lassen sich auf diese Weise abfangen. Damit die Schwellen die seitlichen Kräfte ableiten können, wird das Schotterbett über den Schwellenkopf hinaus um ca. 40 cm verbreitert und um ca. 10 cm überhöht. Eine Verbreiterung der Planie um ca. 65 cm auf Dämmen verhindert zudem das Abrollen des Schotters.

Um der Beanspruchung zu genügen, müssen die Körner, neben einer möglichst kantigen Form, eine hohe Druck- und Schlagfestigkeit besitzen. Andernfalls wird die Bettung durch Feinbestandteile verunreinigt und dadurch die Wasserdurchlässigkeit und Scherfestigkeit verschlechtert. Der Durchmesser soll durchschnittlich etwa 5 cm betragen und sich innerhalb einer normierten Kornverteilung bewegen. Die geforderten Mindestdruckfestigkeiten betragen 180–200 N/mm^2. Als Bettungsmaterial ist gebrochener Hartgesteinsschotter geeignet, zum Beispiel Kieselkalk, Porphyr, Basalt, Diabas, Diorit, Grauwacke oder Glaukoquarzit. Die Gesteinswahl richtet sich dabei insbesondere nach den regionalen Vorkommen, denn pro Laufmeter Gleis sind 1,7–4 t Schotter erforderlich, mit entsprechend hohen Transportkosten [Barth 2014].

Steifigkeitssprünge des Untergrundes, zum Beispiel beim Übergang von Tunnels oder von Brücken auf den Erdkörper, sind Störstellen und bewirken bei der Überfahrt eine periodische Anregung. Diese führt zur vorzeitigen Zerstörung des Schotters sowie zu den später erläuterten Riffeln. Durch den Einbau einer Unterschottermatte oder durch die Verwendung einer elastischen Schienenbefestigung kann dies abgeschwächt werden [Eisenmann 1985].

5.2.8 Unterbau

Der Unterbau setzt sich zusammen aus:

- *Sperrschicht:* Schützt den Unterbau vor eindringendem Wasser aus dem Untergrund, ebenso im Gegenzug das Grundwasser vor Schadstoffen aus dem Bahnbetrieb. Das Wasser wird an die Seiten geleitet, wo es kontrolliert abgeführt werden kann. Des Weiteren mindert sie den Pflanzenwuchs.

- *Fundationsschicht:* Hat eine lastverteilende Wirkung und reduziert die Beanspruchung der darunterliegenden Schichten.
- *Übergangsschicht:* Verhindert eine Durchmischung zwischen Fundationsschicht und den darunterliegenden Schichten; gewährleistet einen druckfreien Wasserdurchfluss.
- *Drainageschicht:* Gewährleistet die Ableitung von Wasser aus wasserführendem, verwitterungsempfindlichem Fels.
- *Verbesserter Untergrund:* Bei ungenügender Tragfähigkeit des Untergrundes wird das Bodenmaterial ersetzt oder verbessert.
- *Damm:* Schüttung zum Ausgleich des Längenprofils, Verbesserung der hydrologischen Situation.

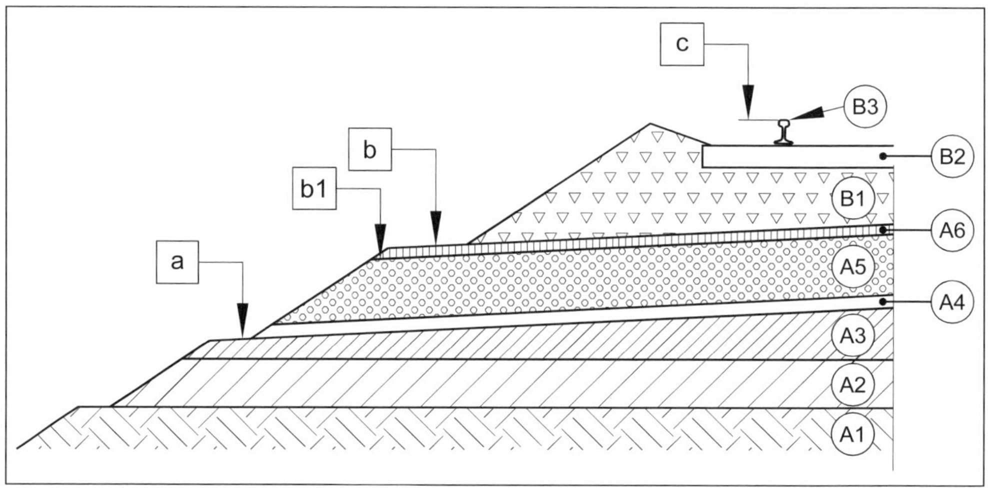

Abbildung 59 *Schematischer Querschnitt durch den Unterbau [VöV 2015].*

Eine gute Lastverteilung durch die verschiedenen Schichten ist für die langfristige Gleislagequalität zentral, denn eine zu hohe Beanspruchung des Unterbaus kann folgende Schädigungen auslösen:

- Bodenmechanische Überbeanspruchung.
- Verformungen des Planums.
- Schotterverunreinigung wegen unwirksamer Filterwirkung gegenüber dem Untergrund.
- Herabsetzen des E-Moduls des Schotters und damit dessen Tragfähigkeit.
- Überbeanspruchung von Schienen, Schwellen und Befestigung.

Zur bituminösen Sperrschicht wird heute zusätzlich eine bituminöse Schicht aus Asphaltgranulat eingebaut (Schichtdicke: 3–8 cm). Diese vergrössert die wirksame Höhe der Sperrschicht sowie die Elastizität. Frostschutzmassnahmen sind bei frostgefährdetem Untergrundmaterial zu prüfen, ebenso wenn gleichzeitig eine oder mehrere der folgenden hydrologisch ungünstigen Bedingungen zutreffen:

- Einschnitttiefe mehr als 3 m.
- Lage des Grundwasserspiegels höher als 2 m unter OK-Schwelle.
- Frosttiefe tiefer als der Grundwasserspiegel.

<table>
<tr><th></th><th>Schichten</th><th>Flächen</th><th colspan="2">Beispiele gebräuchlicher Materialien</th></tr>
<tr><td rowspan="4">B Oberbau</td><td></td><td>c Fahrebene (SOK)</td><td colspan="2"></td></tr>
<tr><td>B3 Schiene</td><td></td><td colspan="2">– Schienenstahl</td></tr>
<tr><td>B2 Schwelle</td><td></td><td colspan="2">– Beton
– Stahl
– Holz</td></tr>
<tr><td>B1 Schotter</td><td>b Planie</td><td colspan="2">– Gebrochenes Hartgestein</td></tr>
<tr><td rowspan="6">A Unterbau und Untergrund</td><td>A6 Sperrschicht</td><td>b1 Planie der Fundationsschicht</td><td>– bitumenhaltige Sperrschicht (+ Asphaltgranulat optional)
– Mineralische Sperrschicht</td><td rowspan="2">– Kiessand PSS</td></tr>
<tr><td>A5 Fundationsschicht</td><td></td><td>– Kiesgemisch (GW oder GP)</td></tr>
<tr><td>A4 Übergangsschicht
Drainage schicht [1)]</td><td>a Planum</td><td colspan="2">– Schotter
– Splitt
– Brechschotter
– Sand
– Geokunststoff</td></tr>
<tr><td>A3 Verbesserter Untergrund</td><td></td><td colspan="2">– Verdichteter Untergrund
– Stabilisierung
– Ersatzmaterialien</td></tr>
<tr><td>A2 Damm</td><td></td><td colspan="2">– verdichtetes Schüttmaterial</td></tr>
<tr><td>A1 Untergrund</td><td></td><td colspan="2">– Baugrund</td></tr>
</table>

Abbildung 60 *Aufbau von Oberbau und Unterbau [VöV 2015].*

Die Bemessung des Unterbaus auf Frosteinwirkung kann grundsätzlich anhand der einschlägigen Normen vorgenommen werden, wobei der Eisenbahnoberbau weniger sensibel auf

Frosteinwirkungen reagiert als der Strassenoberbau. Im Allgemeinen genügt deshalb eine Bemessung auf die mittlere Frosttiefe.

5.3 Bahnstromversorgung

5.3.1 Elemente der Bahnstromversorgung

Die Aufgabe der Bahnstromversorgung ist die Produktion sowie die Zu- und Wegführung elektrischer Energie für den Betrieb der Züge. Die Verfügbarkeit eines Bahnsystems ist dabei massgeblich von der Zuverlässigkeit der Bahnstromversorgung abhängig, da die elektrischen Triebfahrzeuge nicht über eigene Energiespeicher verfügen. Sie setzt sich aus den folgenden Elementen zusammen:

- Energieerzeugung (Kraftwerke)
- Energiegrobverteilung (Übertragungsleitung)
- Energieumspannung/-umformung (Unterwerke)
- Stromgleichrichtung (nur bei Gleichstrombahnen)
- Energiefeinverteilung (Speiseleitungen und Feeder)
- Energieübertragung und -abnahme (Fahrleitung)

Energieerzeugung und Energiegrobverteilung befinden sich ausserhalb der Bahnanlagen im engeren Sinn. Ob sie Teil des Bahnstromversorgungssystems sind oder nicht, hängt vom Stromsystem und vom Aufbau der Stromversorgung ab. Die mitteleuropäische Bahnstromfrequenz von 16,7 Hz war in der Vergangenheit nicht wirtschaftlich aus dem Landesnetz umformbar. Zudem war das öffentliche Stromnetz zur Zeit der frühen Bahnelektrifikation noch zu wenig leistungsfähig, um die nötigen Energiemengen zu liefern. Dies zwang die Bahnen zum Aufbau eines kompletten eigenen Stromversorgungssystems einschliesslich bahneigener Kraftwerke. Bei einer Bahnstromfrequenz von 50 Hz sowie bei Gleichstrombahnen baut die Versorgung dagegen stets auf dem allgemeinen Stromnetz auf und das eigenständige Bahnstromsystem beginnt erst bei den Unterwerken.

5.3.2 Bahnstromsysteme

5.3.2.1 Überblick

Im Kapitel 1 wurde gezeigt, dass zu Beginn der Elektrifizierung der Bahnen unterschiedlichste Gründe zur Wahl eines bestimmten Systems führten. In Europa besteht daher eine ausgesprochen uneinheitliche Situation, mit Gleichstrom- wie Wechselstromsystemen unterschiedlicher Parameter. Gebräuchlich sind bei den Vollbahnen:

- Wechselstrom 25 kV, 50 Hz
- Wechselstrom 15 kV, 16,7 Hz
- Gleichstrom 3000 V
- Gleichstrom 1500 V

In den meisten Fällen wurde das seinerzeit eingeführte System bis heute beibehalten, auch wenn sich zahlreiche Sonderlösungen heute technisch nicht mehr rechtfertigen. Die Umstellungskosten stehen aber in der Regel in keinem vertretbaren Verhältnis zu den potenziellen Einsparungen einer Vereinheitlichung. Die weltweite Verteilung der Stromsysteme zeigt, dass mittlerweile die direkte Versorgung aus dem Landesnetz mit rund der Hälfte der elektrischen Netzausdehnung klar überwiegt. Mit einem Anteil von über einem Viertel ist DC 3,0 kV am zweitbedeutendsten, während die Sonderfrequenz 16,7 Hz nur in Zentral- und Nordeuropa eingesetzt wird.

Für Neuelektrifikationen wird in Europa der Wechselstrom 25 kV 50 Hz bevorzugt, wenn die Wahlmöglichkeit besteht und nicht die Kompatibilität mit einem bestehenden Netz vorteilhafter ist. Bei den schweizerischen Regionalbahnen wird mehrheitlich Gleichstrom mit einer unternehmensspezifischen Spannung von 750–1500 V eingesetzt. Einige längere Netze, wie jene der Rhätischen Bahn, Matterhorn-Gotthard-Bahn oder Zentralbahn, nutzen Wechselstrom mit einer Spannung von 11'000 oder 15'000 V. Die schweizerischen Strassenbahnen verkehren mit Gleichstrom von 600 V Spannung.

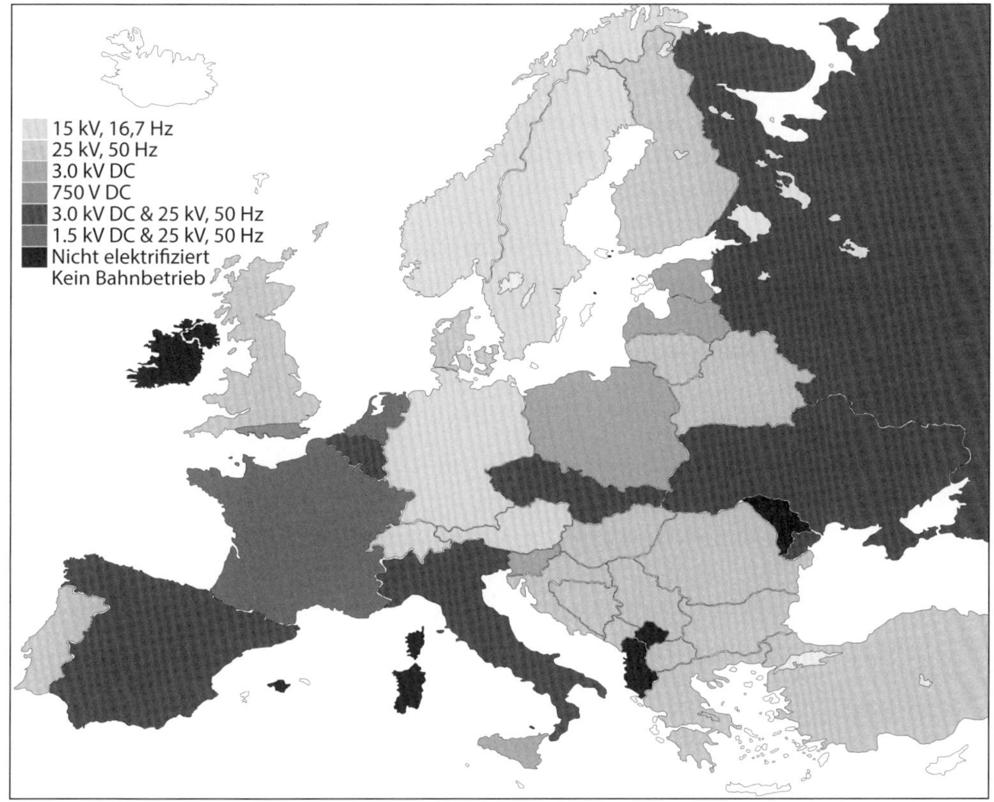

Abbildung 61 *Bahnstromsysteme der europäischen Vollbahnen [eigene Darstellung].*

5.3.2.2 Gleichstrom

Die einfachste und älteste Art der Bahnelektrifizierung ist der Gleichstrom, der aus dem Wechselstrom-Landesnetz umzuwandeln ist. Historisch geschah dies zunächst mittels Umformern. Ab etwa 1910 folgten Quecksilberdampfgleichrichter. Mit den Fortschritten der Leistungselektronik in den 1960er-Jahren begannen sich Diodengleichrichter durchzusetzen, später folgten steuerbare Gleichrichter. Durch Umkehrstromrichter (Vereinigung von Gleich- und Wechselrichter) wird die Rekuperation von Bremsenergie in das speisende Landesnetz ermöglicht. Sie werden auch als Inverter bezeichnet und eignen sich besonders, wenn bremsende Fahrzeuge Energie zurückspeisen, die aber nicht in jeder Betriebssituation durch ein anderes Fahrzeug im gleichen Versorgungsbezirk abgenommen werden kann.

5.3.2.3 Einphasenwechselstrom

Die Elektrifizierung mit Landesfrequenz war zu Beginn des 20. Jahrhunderts technisch nicht beherrschbar, da die damaligen Bahnmotoren die häufige Kommutierung (Stromwendung beim Nulldurchgang des Wechselstroms) aufgrund transformatorischer Spannungen nicht verkrafteten. Als Konsequenz musste eine tiefere Frequenz gewählt werden. Da zunächst nahezu jede Bahnverwaltung ihre eigene Frequenz wählte und dadurch eine sehr ineffiziente Situation entstand, wurde 1912 einheitlich ein Drittel der Landesfrequenz von 50 Hz, also 16 2/3 Hz, vereinbart, was seither in der Schweiz sowie Deutschland, Österreich, Norwegen, Schweden und Finnland gilt. Aus Gründen der Betriebsführung bei synchronem Landes- und Bahnenergienetz wurde die Netzfrequenz im Jahr 1995 auf 16,7 Hz erhöht, als neuer Sollwert der zentralen Bahnenergieversorgung.

Neuere Netzelektrifizierungen seit Mitte des 20. Jahrhunderts nutzen die Landesfrequenz, da die Traktionsmotoren mittlerweile auch höhere Frequenzen ertragen respektive der Wechselstrom in heutigen Triebfahrzeugen ohnehin in Drehstrom umgewandelt wird. Dies bietet den Vorteil, dass auf eine eigenständige Bahnstromproduktion und -verteilung verzichtet werden kann. Die höhere Landesfrequenz bewirkt grössere impedanzbedingte Energieverluste, weshalb die Nennspannung gegenüber der Sonderfrequenz auf 25 kV erhöht wurde.

5.3.2.4 Drehstrom

Während der einfache und wartungsarme Drehstrommotor mit Käfigläufer bereits 1889 entwickelt war, wurde seine effiziente (bahn-)technische Anwendung erst vor etwa vierzig Jahren realisierbar. Grund war die Notwendigkeit von Umrichtern auf dem Triebfahrzeug zur Erzeugung eines fahrzeugseitigen dreiphasigen Drehstroms aus der einphasig zugeführten Elektroenergie der Fahrleitung sowie zur Variation der Frequenz. Dies wurde erst ab den 1970er-Jahren durch leistungselektronische Bauteile möglich. Heute sind alle neuen Triebfahrzeuge mit Drehstrommotoren ausgestattet, die aus beliebigen Stromversorgungen gespiesen werden können.

Um die Vorteile des Drehstrommotors dennoch zu nutzen, waren bereits Ende des 19. und Anfang des 20. Jahrhunderts einzelne Netze mit dreiphasigem Drehstrom elektrifiziert worden, wozu aber zwei Fahrdrähte nötig waren; den dritten Pol bildeten die Schienen. Die komplexen

Fahrleitungskonstruktionen und die schlechte Steuerbarkeit der Motoren behinderten die Verbreitung und nur in Italien wurden während einiger Jahrzehnte grössere Netzteile auf diese Weise betrieben. In der Schweiz nutzen heute noch die Jungfraubahn und die Gornergratbahn diese Stromart.

5.3.3 Aufbau der Bahnstromversorgung

5.3.3.1 Struktureller Aufbau

Bei Bahnanwendungen sind die Leistungsanforderungen sehr hoch, weshalb grosse, üblicherweise zentrale Kraftwerke erforderlich sind. Der generelle Aufbau der Bahnstromversorgung ist in den Grundzügen für alle Systeme identisch, unterscheidet sich aber hinsichtlich der Verarbeitungsstufen zwischen Kraftwerk und Zug erheblich. Bei Elektrifizierung mit Landesfrequenz (50 Hz) kann das Unterwerk direkt zweiphasig an die allgemeine Hochspannungsebene angeschlossen werden. Die Elektrifizierung mit der mitteleuropäischen Sonderfrequenz von 16,7 Hz erfordert dagegen entweder eine bahneigene Produktion und eine bahneigene Grobverteilung oder die Kopplung mit dem Landesnetz mittels dezentraler Umformer beziehungsweise Umrichter am Unterwerksstandort. Bei Gleichstrombahnen wird das Gleichrichterunterwerk dreiphasig an die Mittelspannungsebene des Landesnetzes angeschlossen.

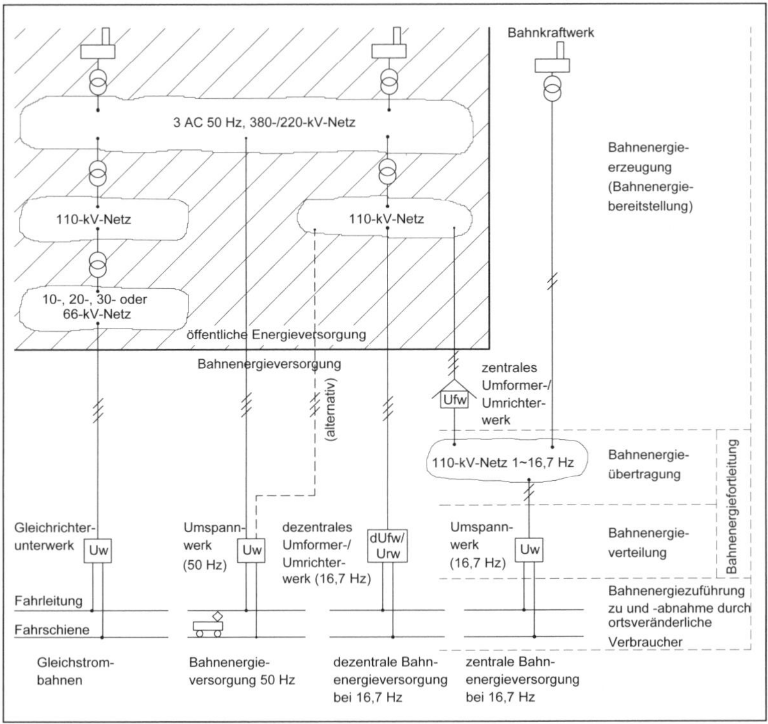

Abbildung 62
Aufbau der Bahnenergieversorgung von Gleichstrombahnen sowie von Wechselstrombahnen unterschiedlicher Frequenz und Versorgung [Kissling 2014], mit freundlicher Genehmigung von Wiley-VCH; basierend auf [Schmidt 1988].

5.3.3.2 Zentrale Bahnstromversorgung mit Sonderfrequenz

Bei der zentralen Bahnenergieversorgung wird ein bahneigenes 132-kV-Energieversorgungsnetz aufgebaut. Die Energiebereitstellung erfolgt in bahneigenen oder Gemeinschaftskraftwerken mit der Landesenergieversorgung, mit separaten Generatoren für die unterschiedlichen Frequenzen. Grundsätzlich kommen alle Kraftwerkstypen zum Einsatz, wobei aber die bahntypischen Lastspitzen einen erheblichen Anteil an Mittel- und Hochdruck-Wasserkraftwerken erfordern. Zusätzlich wird die Landesenergieversorgung genutzt. In diesem Fall wird die Sonderfrequenz durch zentrale rotierende Umformerwerke, neuerdings auch durch leistungselektronische Umrichterwerke erzeugt.

Abbildung 63 *Rotierender Umformer, Maschinenhalle [Foto: Steffen Schranil]*

5.3.3.3 Dezentrale Bahnstromversorgung mit Sonderfrequenz

Bei der dezentralen Bahnenergieversorgung wird die Sonderfrequenz erst beim Unterwerk ab einer mittleren Spannungsebene aus der Landesfrequenz umgewandelt. Früher geschah dies mit rotierenden Umformern, einer Kombination aus Synchronmotor und Synchrongenerator mit unterschiedlicher Polpaarzahl auf einer gemeinsamen Welle. Zur besseren Instandhaltung können diese auch fahrbar ausgeführt werden. Mit den Fortschritten der Leistungselektronik stehen heute statische Umrichter zur Verfügung, mit einer verlust- und wartungsärmeren Frequenzwandlung, aber auch einer geringeren Kurzschlussfestigkeit. Die Vorteile sind [Biesenack 2006]:

- Hoher Wirkungsgrad, auch im Teillastbereich.
- Hohe Verfügbarkeit und geringer Instandhaltungsaufwand.
- Geringerer Raumbedarf.
- Kurzfristige Übernahme von Lastspitzen (Sekundenbereich).

Umrichter entnehmen dem speisenden Netz jedoch nicht kontinuierlich Energie; man spricht vom „Takten". Daraus entstehen Oberschwingungen im speisenden Landesnetz, die wiederum zu Störungen bei anderen Verbrauchern führen können.

5.3.4 Bahnstromübertragung und -verteilung

Die *Bahnenergieübertragung* ist als hierarchisches Netz über mehrere Spannungsstufen aufgebaut. Möglichst lange Distanzen werden mit sehr hoher Spannung überbrückt, um grösste Energiemengen mit kleinstmöglichen Stromstärken und -verlusten übertragen zu können. Beim Landesnetz beträgt die oberste Spannungsebene 380 kV, das Hochspannungsnetz der SBB wird mit 132 kV betrieben. Für kürzere Distanzen sind auch Spannungen von 66 kV und 33 kV gebräuchlich. Diese Übertragung erfolgt aus Kostengründen meist mittels Freileitungen, nur in Ausnahmefällen mittels unterirdischer Hochspannungskabel. Auf tieferen Spannungsstufen sind nur geringere Leistungen zwischen Netzbereichen austauschbar, weshalb beim Ausfall der obersten Spannungsstufe in der Regel ein beträchtlicher Teil des Bahnnetzes lahmgelegt ist. Um solche Zusammenbrüche zu vermeiden, soll das Netz von mehreren Kraftwerken versorgt werden sowie eine redundante Netzstruktur aufweisen.

Unterwerke dienen der Transformation des hochgespannten Stroms aus der Fernübertragung auf die Traktionsspannung. Da die Spannung nach den Unterwerken vergleichsweise tief ist (bei Wechselstrom vorwiegend 25 kV, 15 kV oder 11 kV), soll die Distanz zwischen zwei Unterwerken nicht zu gross sein. Zudem sollen die Fahrleitungsabschnitte so geschaltet sein, dass sie aus Redundanzgründen von zwei unterschiedlichen Unterwerken gespiesen werden können. Die letzte Transformationsstufe auf die Motorspannung von etwa 700 V erfolgt bei Wechselstrombahnen durch den Triebfahrzeugtransformator.

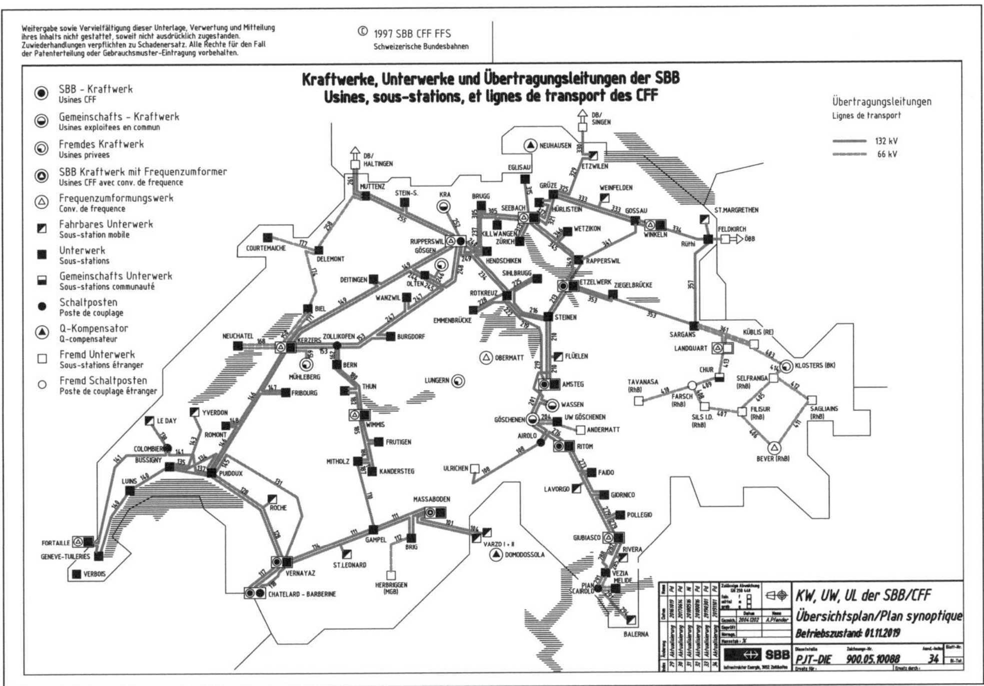

Abbildung 64 *Bahnenergieversorgung der Schweiz, Stand 1. November 2019 [Grafik: Schweizerische Bundesbahnen, Division Infrastruktur/Energie].*

Bei *Gleichstrombahnen* ist zusätzlich eine Gleichrichterstation erforderlich, die den Wechselstrom in Gleichstrom umwandelt. Da Gleichstrom nicht transformierbar ist, muss die Spannung auf einen Wert reduziert werden, die durch das Fahrzeug direkt nutzbar ist. Dieser Wert liegt bei maximal 3000 V, üblicher sind aber tiefere Werte zwischen etwa 600 und 1500 V. Bei diesen tiefen Spannungen werden die Ströme und damit die Übertragungsverluste sehr hoch, weshalb der Transportweg des Stroms auf tiefster Spannungsstufe durch dichte Anordnung der Unterwerke (Abstände von wenigen Kilometern) minimiert werden muss.

5.3.5 Elektrische Interaktionen

5.3.5.1 Stromkreis der Bahnstromversorgung

Die elektrische Energie wird bei Wechselstrombahnen am Unterwerk in die Fahrleitung eingespeist und gelangt so zum Triebfahrzeug. Dieses formt die elektrische in mechanische Energie um. Zur Schliessung des Stromkreises muss der Rückstrom zum speisenden Unterwerk zurückgeführt werden, was möglichst über die Schienen geschehen soll. Da die Schienen nicht oder nur unvollständig gegen das Erdreich isoliert sind, tritt ein Anteil des Rückstroms aus und nutzt das Erdreich sowie weitere parallele Leiter.

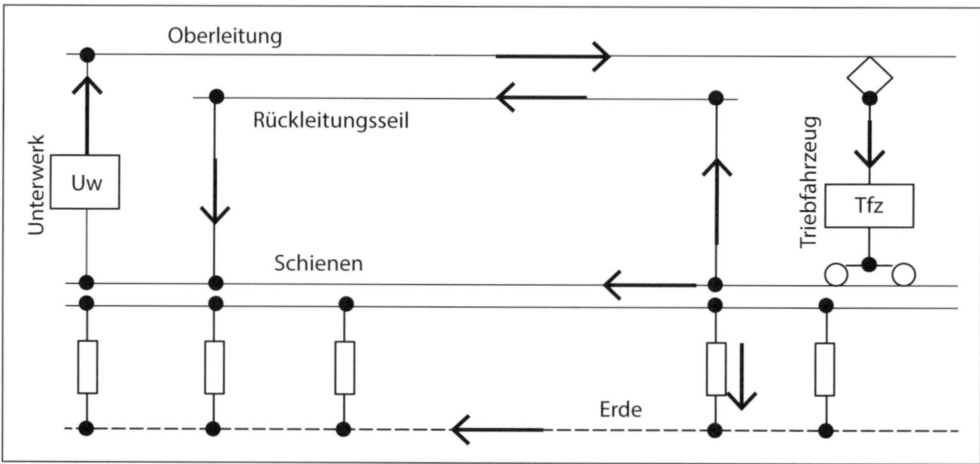

Abbildung 65 *Hauptstromkreis der Traktionsenergieversorgung bei Wechselstrombahnen; Zuleitung über Oberleitung, Rückleitung über Schienen, Erdreich und Rückleitungsseil [Freystein 2005].*

Die Rückströme verteilen sich entsprechend den elektrischen Widerständen auf die verfügbaren Leiter. Zur Minimierung der elektromagnetischen Einwirkungen des Bahnstromes bei Wechselstrombahnen (sogenannte nicht ionisierende Strahlung) wird in der Schweiz ein Rückleitungsseil an den Fahrleitungsmasten angebracht. Dem Rückstrom wird damit – zusätzlich zu Schienen und Erde – ein dritter widerstandsarmer Pfad angeboten, gleichzeitig heben sich die elektromagnetischen Wirkungen von Traktionsstrom und Rückstrom teilweise auf. Kritisch hinsichtlich der Rückstromführung sind feste Fahrbahnen, wenn sehr leistungsstarke Fahrzeuge eingesetzt werden. Da die Erde nicht als Rückleiter wirkt, sind Ersatzmassnahmen in Form zusätzlicher Rückleiterseile nötig, um den elektrischen Widerstand zu minimieren.

	Schienen	Erde	Rückleitseile	Bewehrung
Freie Strecke ohne Rückleitungsseile	50 bis 60 %	40 bis 50 %	–	–
Freie Strecke mit Rückleitungsseilen	40 %	30 %	30 %	–
Nähe Unterwerk (bis ca. 3 km)	70 bis 85 %	15 bis 30 %	–	–
Tunnel mit durchverbundener Bewehrung	35 %	35 %	–	30 %

Tabelle 12 *Verteilung der Rückströme auf die Rückleiter [Freystein 2005].*

5.3.5.2 Streustromkorrosion bei Gleichstrombahnen

Die Stromrückleitung von Gleichstrombahnen erfolgt ebenfalls über die Schienen sowie über die Erde sowie darin befindliche Leiter. Da der Gleichstrom, im Gegensatz zum Wechselstrom, seine Polarität nicht ändert, fliesst er stets in die gleiche Richtung. Er verursacht damit am Austrittsort des Stroms eine elektrochemische Korrosion, die sogenannte Streustromkorrosion, die beim Wechselstrom praktisch nicht auftritt.

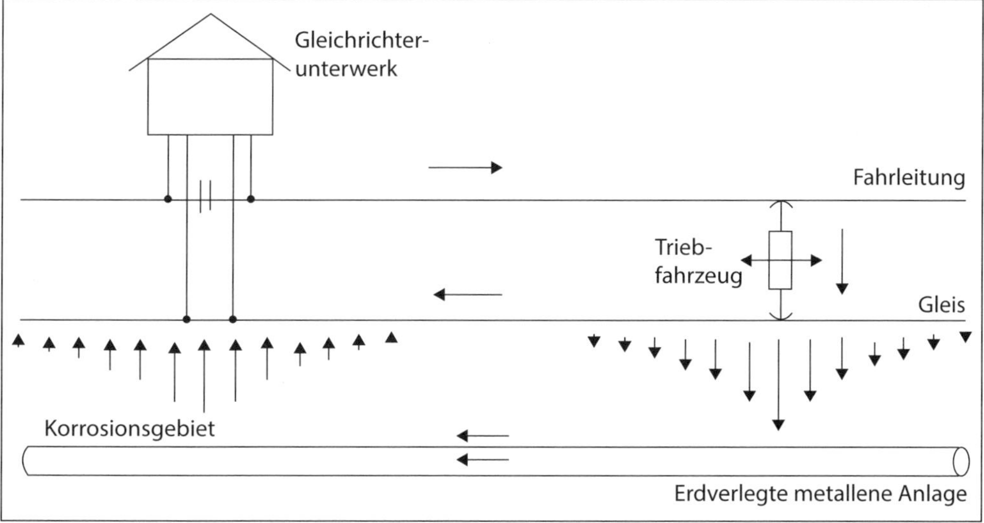

Abbildung 66 *Prinzip der Streustromkorrosion bei Gleichstrombahnen [Schmidt 1988].*

Es handelt sich dabei um ein kritisches Phänomen, das auch tragende Bauteile schädigen kann, sofern nicht gezielte Massnahmen vorgekehrt werden. Besonders zu berücksichtigen sind insbesondere [SN 2010]:

- Schienen.
- Metallene Rohrleitungen.
- Kabel mit metallener Bewehrung und/oder Metallmantel.
- Metallene Tank- und Kesselanlagen.
- Erdungsanlagen.

- Stahlbetonbauwerke.
- Erdverlegte Metallkonstruktionen.
- Signal- und Telekommunikationsanlagen.
- Wechselstrom- und Gleichstrom-Versorgungsanlagen, die nicht der Traktion dienen.
- Kathodische Schutzanlagen.

Je nach Polarität von Fahrleitung und Schienen tritt die Korrosion entweder im Umfeld des Unterwerks oder aber beim Leistungsbezüger auf. Da das Unterwerk im Gegensatz zum Fahrzeug ortsfest ist, empfiehlt sich eine positiv gepolte Fahrleitung mit besonderem Schutz von Rohrleitungen etc. am Unterwerk.

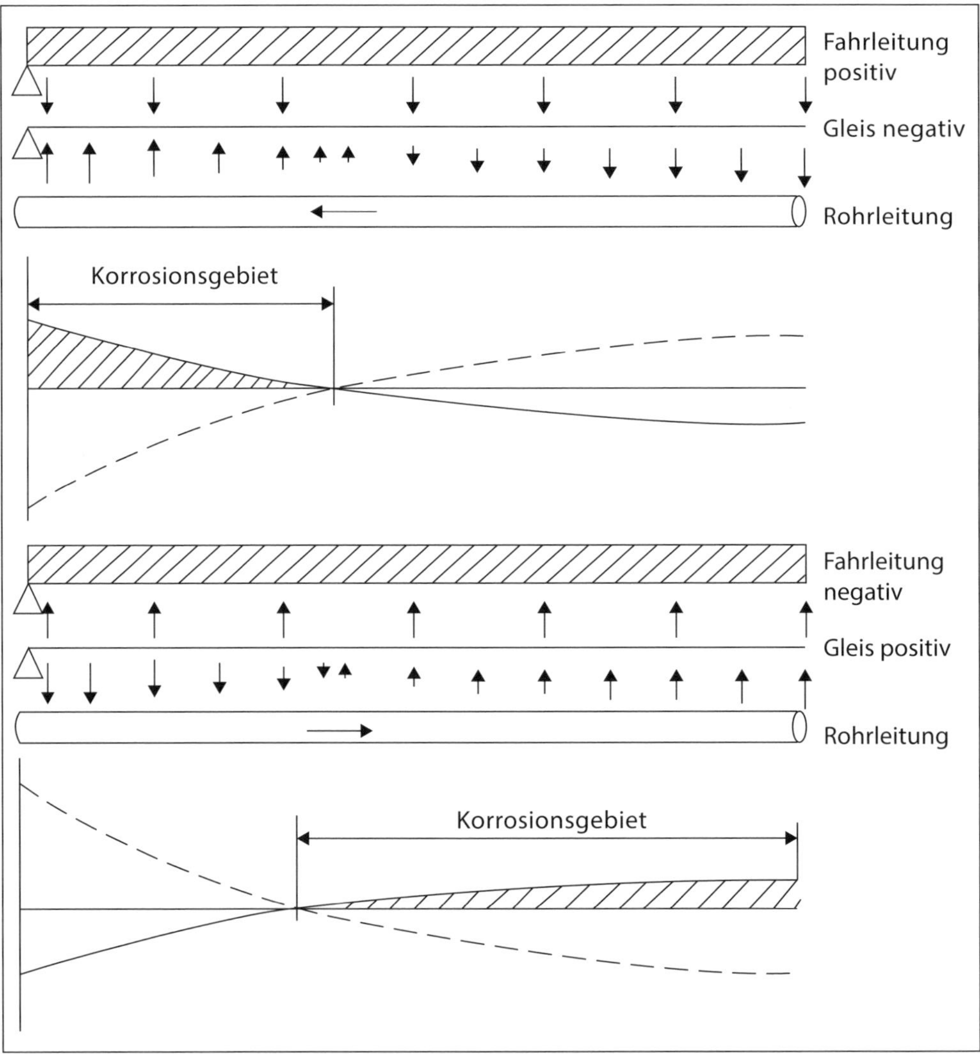

Abbildung 67 *Einfluss der Polarität auf die Lage des Korrosionsgebietes [Schmidt 1988].*

Um die schädlichen Auswirkungen von Streuströmen im Griff zu behalten, soll zudem präventiv der gemittelte Stromaustritt aus der Fahrbahn auf 2,5 mA/m Gleis limitiert werden. Dies wird insbesondere durch einen möglichst geringen elektrischen Widerstand der Schienen erreicht, zum Beispiel durch grosse Querschnitte, Längsverschweissung oder widerstandsarme elektrische Überbrückungen von Schienenstössen. Zur Isolation gegenüber dem Erdreich ist auch eine gute Drainagewirkung des Schotters erforderlich. Kritische metallische Bauteile in Bahnnähe, wie beispielsweise Armierungen und Spannkabel, sind zudem elektrisch zu erden. Rohrleitungen sind mit einem Korrosionsschutz zu versehen oder mit einem korrosionsbeständigen Metall zu umhüllen [SN 2010]. Eine Potenzialtrennung von korrosionsgefährdeten Anlagen, beispielsweise gegenüber Bauwerksarmierungen und Rohrleitungen, ist grundsätzlich anzustreben, aber nicht immer erreichbar, da die hohen Rückströme bei vollkommener Potenzialtrennung zu grosse Berührungsspannungen verursachen.

Zu beachten sind diese Risiken in der Schweiz insbesondere im Umfeld von Strassen- und Stadtbahnen sowie Schmalspurbahnen. Gleichstromeinflüsse lassen sich aber auch im Grenzgebiet zu den Gleichstromnetzen Italiens und Frankreichs beobachten, wobei sogar ein Gleichstromtransit auftreten kann.

5.3.5.3 Beeinflussung der Sicherungsanlagen durch Bahnstrom

Die im Fahrweg installierten elektrischen und elektronischen Einrichtungen für Zugsicherung und Zugsteuerung unterliegen definierten Restriktionen bezüglich der elektromagnetischen Verträglichkeit. Kritisch sind insbesondere die Rückströme von sehr leistungsstarken Triebfahrzeugen, zum Beispiel Hochleistungsloks oder von Triebzügen in Mehrfachtraktion. Störströme können zudem in den Armierungen von Stahlbetonschwellen auftreten, welche die darauf befestigten Balisen der Sicherungsanlagen beeinflussen. Die festgelegten Grenzwerte müssen durch die Triebfahrzeuge nachweislich eingehalten werden.

5.3.6 Fahrleitungen

5.3.6.1 Überblick

Fahrleitungen dienen der Energieübertragung von den Unterwerken und Schaltposten auf die Fahrzeugstromabnehmer. Dabei kommen drei Systeme zum Einsatz:

- *Oberleitungen* (elastische Fahrleitung – elastischer Stromabnehmer).
- *Untenliegende Stromschienen* (starre Fahrleitung – elastischer Stromabnehmer).
- *Aufgehängte Stromschienen* (starre Fahrleitung – elastischer Stromabnehmer).

Fahrleitungen sind Bestandteile des Fahrweges und in der Projektierung frühzeitig zu beachten, denn die Position der Fahrleitungsmasten ist nicht frei wählbar. Zudem erfordert jede Änderung der Topologie oder Änderung der Gleisgeometrie stets auch eine Anpassung der Fahrleitungsanlage; Gleisgeometrie und Fahrleitungsanlagen sind daher integral zu planen und projektieren.

Aus verschiedenen Gründen hat sich nur die Oberleitung breit durchgesetzt, während die untenliegende Stromschiene praktisch nur noch bei U-Bahnen angewandt wird. Die Regelbauhöhe des Fahrdrahtes beträgt je nach Bauart etwa 5,3–5,5 m über Schienenoberkante; hinzu kommt die Höhe des Tragwerkes von etwa 1,8 m, was einen regulären konstruktiven Höhenbedarf von über 7 m ergibt. Die Minimalwerte bewegen sich je nach Bauart zwischen etwa 5,7–7,4 m [Fendrich 2007]. Da die Regelwerte besonders in Tunnels oft nicht zur Verfügung stehen oder nur kostspielig erreichbar sind, sind dort – grundsätzlich unerwünschte – Mindestwerte anzuwenden. Als Alternative dazu verbreiten sich zunehmend die aufgehängten Stromschienen als Sonderbauform für beengte Platzverhältnisse und sehr hohe Verfügbarkeitsanforderungen.

Das dynamische Verhalten der Oberleitung erfordert eine Optimierung insbesondere bei Mehrfachtraktion mit mehreren gehobenen Stromabnehmern. Aus diesen Gründen sowie im Bestreben nach wirtschaftlichen Bauweisen wurde eine Vielzahl unterschiedlicher Fahrleitungstypen entwickelt.

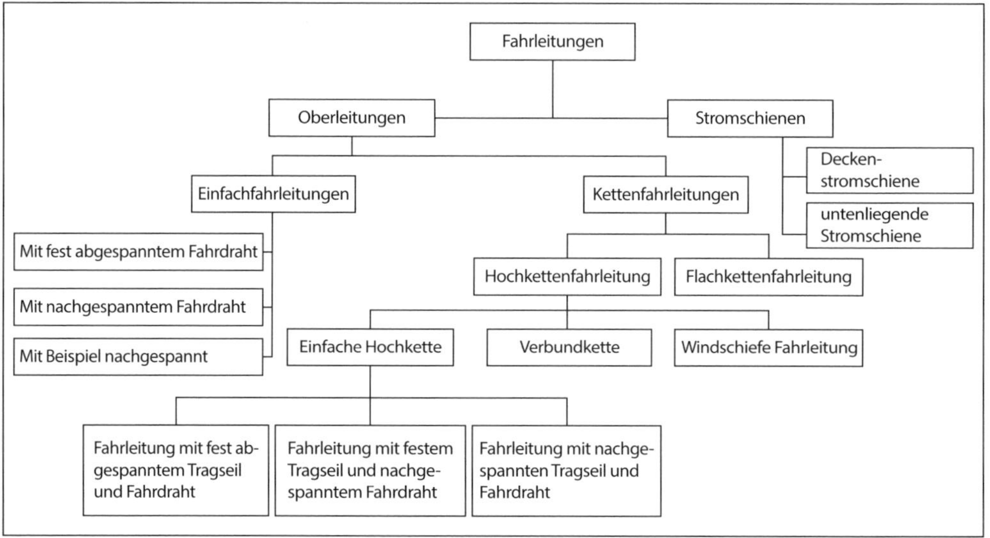

Abbildung 68 *Übersicht über die Fahrleitungsbauarten; Oberleitungen und Stromschienen [Schmidt 1988].*

5.3.6.2 Oberleitungsbauarten

Für den Nahverkehr genügen bei niedrigen Geschwindigkeiten in der Regel *Einfachfahrleitungen,* die nur aus einem Fahrdraht bestehen. Die einfachste Ausführung für Geschwindigkeiten bis zu 40 km/h ist die fest abgespannte Fahrleitung. Temperaturbedingte Längenänderungen des Fahrdrahtes verursachen allerdings einen Durchhang und für Geschwindigkeiten bis zu 60 km/h muss die Einfachfahrleitung beweglich abgespannt werden. Letzteres ist heute die Regelbauart.

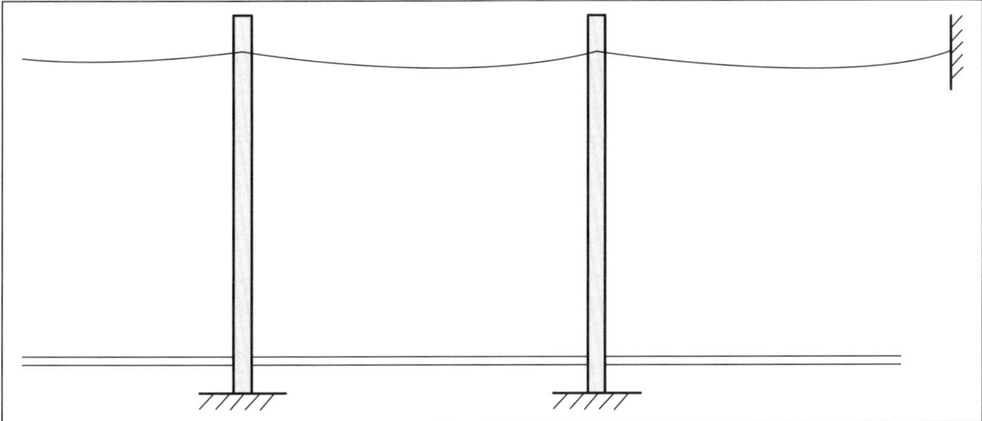

Abbildung 69 *Einfachfahrleitung, fest abgespannt [eigene Darstellung].*

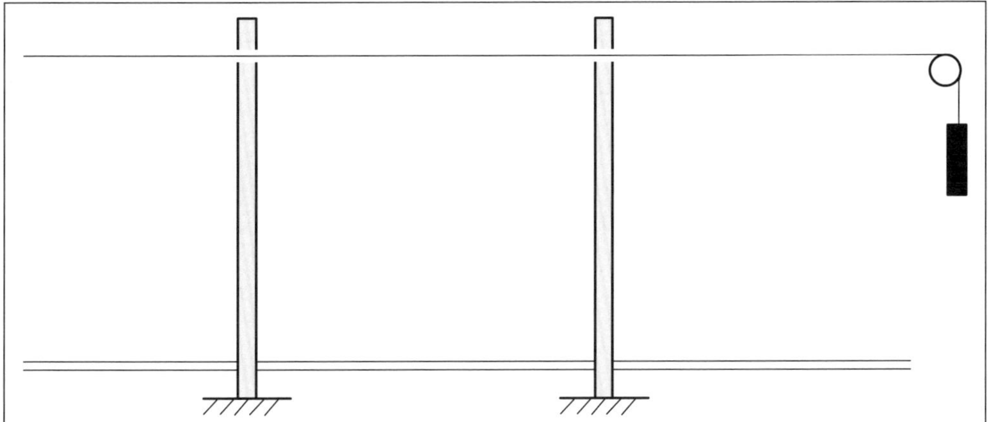

Abbildung 70 *Einfachfahrleitung, beweglich abgespannt [eigene Darstellung].*

Mit *Einfügen eines Beiseiles* können die Längsspannweiten der Einfachfahrleitung vergrössert und das Elastizitätsverhalten verbessert werden. Durch ein Beiseil bis etwa zu einem Drittel der Spannweite werden zwei oder mehrere Aufhängepunkte pro Stützpunkt geschaffen. Beiseilfahrleitungen eignen sich für Geschwindigkeiten bis zu 80 km/h.

Bei der *Kettenfahrleitung* (Name abgeleitet aus dem Tragseil mit dem Verlauf einer mathematischen Kettenlinie) ist der Fahrdraht zwischen den Stützpunkten in bestimmten Abständen an einem Tragseil aufgehängt. Für Geschwindigkeiten bis etwa 120 km/h wird in der Regel nur der Fahrdraht beweglich nachgespannt, für höhere Geschwindigkeiten zusätzlich das Tragseil, um die Schwingungen bei Stromabnehmerdurchgängen in Grenzen zu halten. Um über die gesamte Länge, insbesondere auch an den Stützpunkten, eine annähernd homogene Elastizität zu erreichen, wird der Fahrdraht beim Stützpunkt nur in seitlicher Richtung durch einen leichten Bügel gehalten, der Bewegungen in Längs- und Vertikalrichtung zulässt und keine Vertikalkräfte aufnimmt.

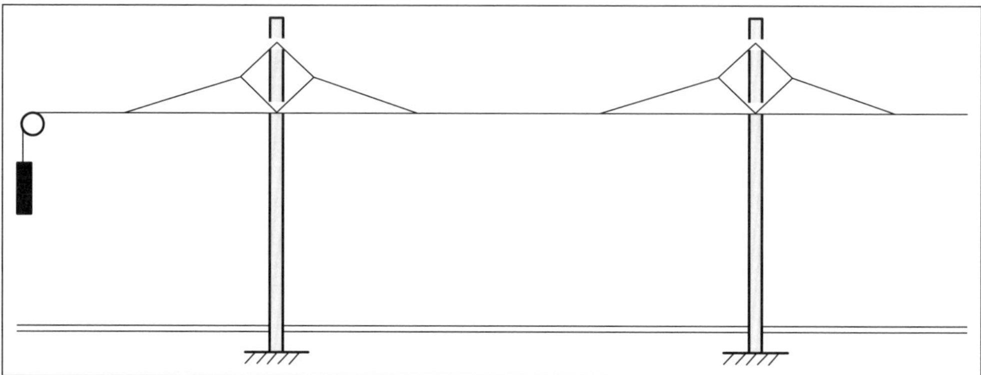

Abbildung 71 *Beiseilfahrleitung, beweglich abgespannt [eigene Darstellung].*

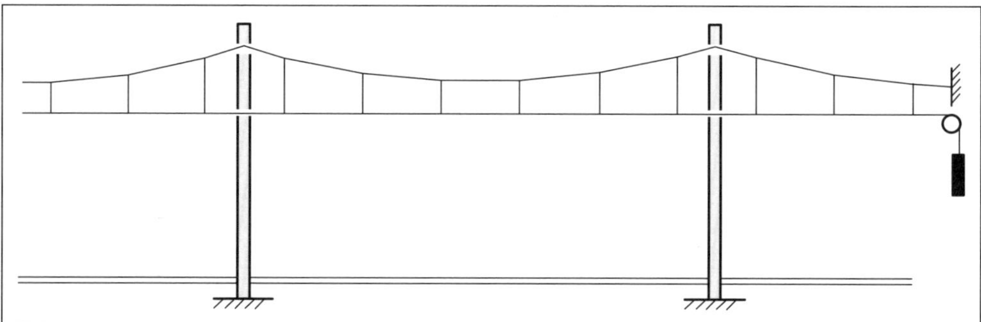

Abbildung 72 *Kettenfahrleitung, Fahrdraht beweglich abgespannt und Tragseil fest abgespannt [eigene Darstellung].*

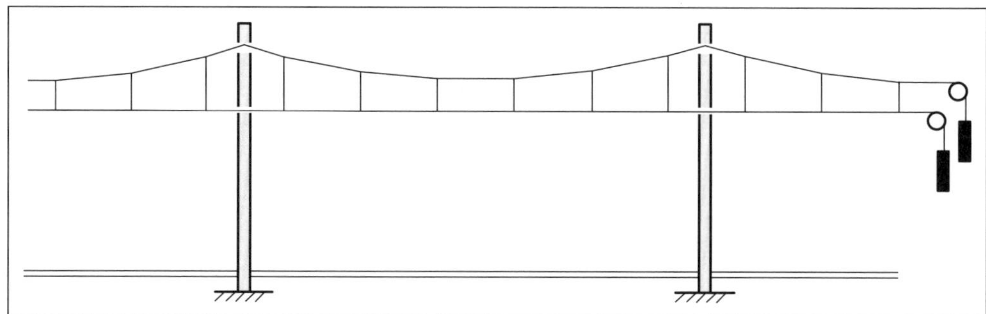

Abbildung 73 *Kettenfahrleitung, Fahrdraht und Tragseil beweglich abgespannt [eigene Darstellung].*

Weiter kann ein Y-Beiseil im Stützbereich zwischen Tragseil und Fahrdraht zwecks Verbesserung der dynamischen Eigenschaften eingefügt werden. Verbundkettenfahrleitungen mit einem durchgehenden Hilfstragseil zwischen Fahrdraht und Haupttragseil werden schliesslich im Hochgeschwindigkeitsverkehr und bei Gleichstromvollbahnen eingesetzt, bei Ersteren hauptsächlich aus Elastizitätsgründen, bei Letzteren zur Vergrösserung des Leitungsquerschnittes für die starken Ströme (Folge der tiefen Spannung).

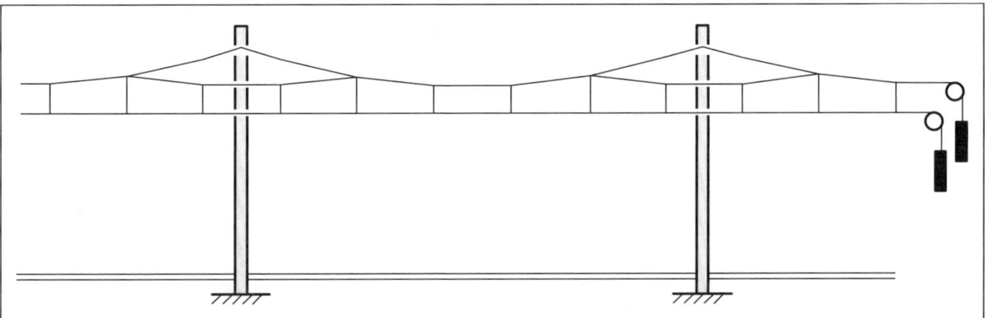

Abbildung 74 *Kettenfahrleitung mit Y-Beiseil; Fahrdraht und Tragseil beweglich abgespannt [eigene Darstellung].*

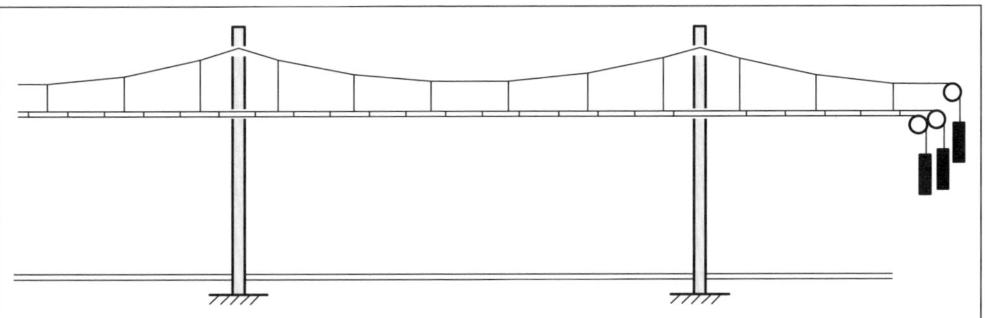

Abbildung 75 *Verbundkettenfahrleitung, Fahrdraht und Tragseil beweglich abgespannt [eigene Darstellung].*

5.3.6.3 Stützpunkte

Das Tragwerk der Fahrleitungen setzt sich aus den Stützpunkten und den Quertrageinrichtungen zusammen. Als *Stützpunkte* bezeichnet man alle Vorrichtungen, welche die Tragseile und Quertrageinrichtungen tragen. Sie umfassen im Wesentlichen die Masten, aber auch Befestigungen am Tunnelgewölbe etc. Bei den Masten unterscheidet man zwischen Tragmasten und Abspannmasten [Fendrich 2007]:

- *Tragmasten* übernehmen die Kräfte aus Eigen- und Zusatzlasten der Fahrleitung. Die Mastabstände messen auf geraden Abschnitten, je nach Bauart und Auslegungsgeschwindigkeit, typischerweise 65 bis 80 m, in Kurven weniger.
- *Abspannmasten* haben die Aufgabe der festen Verankerung oder der beweglichen Nachspannung der Fahrleitung und müssen grössere Horizontalkräfte ertragen. Die maximal zulässigen Nachspannlängen variieren je nach Bauart, Temperaturbereich, Gleisgeometrie und Zahl der Stützpunkte; sie liegen zwischen 1200 und 1500 m.

Als Materialien sind heute Metall (Profil- oder Gittermasten) und Beton in Verwendung. Zeitgemässe Fahrleitungsmasten werden vielfach mit Rohrschwenkausleger ausgerüstet. Diese sind am Mast drehbar gelagert und können den horizontalen Bewegungen der Fahrleitung folgen. Zweigleisige Strecken werden meist mit separaten Masten ausgerüstet, damit die beiden Streckengleise sowohl hinsichtlich der Projektierung als auch im Störungsfall unabhängig bleiben. Bei eingeschränkten Platzverhältnissen können Ausleger über mehrere Gleise verwendet werden.

Abbildung 76 *Fahrleitungsmasten, Ausführung als Stahlprofil [Foto: Ulrich Weidmann].*

Abbildung 77 *Fahrleitungsmasten, Ausführung als Gittermasten [Foto: Deutsche Bahn AG].*

Abbildung 78 *Fahrleitungsmasten, Ausführung als Betonmasten [Foto: Steffen Schranil].*

5.3.6.4 Quertrageinrichtungen

Zur *Quertrageinrichtung* zählen alle Bauteile, die am Fahrleitungsmast oder zwischen zwei Masten angeordnet sind. Sie fixieren Fahrdraht und Tragseil in vertikaler und horizontaler Richtung, können aber zusätzlich mehrere Gleise überbrücken und damit die Zahl der Masten reduzieren.

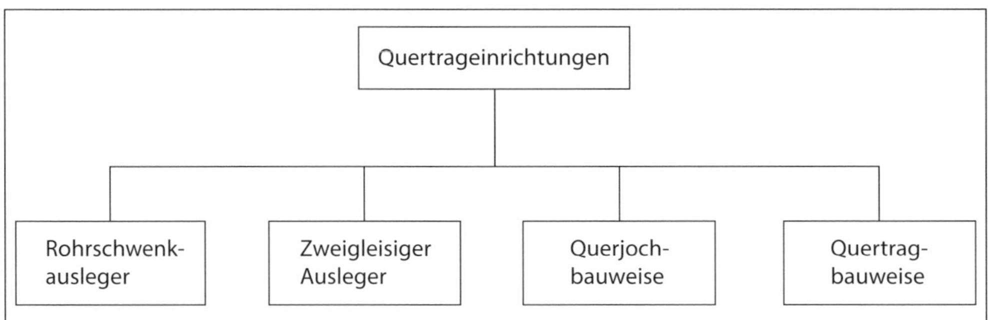

Abbildung 79 *Übersicht über die Quertrageinrichtungen [Schmidt 1988].*

Abbildung 80 *Mittige Betonmasten für zwei Geleise mit beidseitigen Auslegern [Foto: Steffen Schranil].*

Bei Bahnhöfen und Strecken mit mehreren Gleisen werden die Fahrleitungen vielfach an gleisfeldüberspannenden Quertrageinrichtungen aufgehängt. Dies verringert die Zahl der Masten, was gerade in Bahnknoten mit komplexen Weichengeometrien und knappen Platzverhältnissen erwünscht ist. Die Forderung nach gegenseitiger mechanischer Trennung der durchgehenden Hauptgleise wird dabei allerdings nicht erfüllt. Beim kollisionsbedingten Ausfall eines Mastes sind stets mehrere Gleise betroffen und nicht befahrbar. Bei der Konzeption ist daher hinsichtlich der Zusammenfassung benachbarter Gleise unter einer einzigen Quertrageinrichtung darauf zu achten, dass trotz Ausfalls eines Joches möglichst eine Fahrmöglichkeit pro Korridor gewahrt bleibt (Redundanz des Bahnnetzes respektive Robustheit des Bahnbetriebs).

Man unterscheidet Querjoche aus Metallträgern und solche aus Seilen. Querjoche sind formstabil und werden entweder als Gitterkonstruktion oder als Vollwandträger hergestellt. Wegen ihrer Biegesteifigkeit entstehen geringere Mastbelastungen als bei seilbespannten Quertragwerken. Müssen zahlreiche Gleise überspannt werden, so werden die Quertragjoche sehr massiv und ästhetisch fragwürdig. Sie sind aber die am häufigsten angewandte Bauform.

Abbildung 81 *Quertrageinrichtungen in Joch-Bauweise [Foto: Steffen Schranil].*

Bei Quertragseilen sind die mögliche Spannweite grösser, die Zahl der Masten kleiner und die Freiheitsgrade bei der Topologie grösser. Nachteilig ist, dass sich die Kettenwerke bei Zugdurchfahrten gegenseitig dynamisch beeinflussen können, was gegebenenfalls zu ungünstigem Kontaktkraftverhalten zwischen Schleifstück und Fahrdraht führen kann. Daher werden sie nur bei Geschwindigkeiten von unter 200 km/h eingesetzt. Sie sind vor allem bei der Deutschen Bahn in Verwendung.

Abbildung 82 *Quertrageinrichtungen mit Quertragseilen [Foto: Steffen Schranil].*

5.3.6.5 Stromschienen, Deckenstromschienen

Die *Stromschiene* ist ein starrer Leiter und wird neben den Fahrschienen isoliert montiert. Sie ist aus Gründen der Isolierbarkeit nur für Spannungen bis zu 1,2 kV geeignet. Die Stromschiene wird durch Stromabnehmer von oben, seitlich oder von unten bestrichen. Häufigste Verwendungsart ist die Bestreichung von unten, weil sie so am wirkungsvollsten gegen Berührung und gegen klimatische Einwirkungen geschützt werden kann. Die Leistung von Stromschienen ist wegen der tiefen Spannungen begrenzt. Zudem entstehen Lücken bei Weichen oder Bahnübergängen, die nur mit mehreren Schleifern entlang des Zuges überbrückt werden können. Aus diesen Gründen werden sie fast ausschliesslich bei Metro- und einzelnen S-Bahn-Systemen eingesetzt.

Für knappe Platzverhältnisse, zum Beispiel in Tunnels oder auf anderen unterirdischen Streckenabschnitten, eignen sich sogenannte *Profilfahrleitungen* oder *Deckenstromschienen,* bei denen der Fahrdraht überkopf in ein längsgeschlitztes Aluminiumprofil eingeklemmt wird. Sie sind grundsätzlich auch oberirdisch anwendbar. Übliche Lieferlängen des Aluminiumprofils sind 10 oder 12 m, die Stützabstände bewegen sich zwischen etwa 7 und 12 m, maximal bis etwa 15 m [Fendrich 2007], [Furrer 2012]. Insbesondere bei grosser Streckenbelastung und schlechter Zugänglichkeit bietet sich dieses äusserst störungsunempfindliche Fahrleitungssystem an, da der Fahrdraht nicht unter Zugspannung steht und deshalb nicht reisst. Nachteilig ist der weit geringere Stützpunktabstand als bei einer Kettenfahrleitung. Im Tunnel fällt dies allerdings wenig ins Gewicht, da die Aufhängungen einfach zu realisieren sind. Heute sind derartige Systeme bis 250 km/h zugelassen.

Abbildung 83 *Stromschienen, von unten bestrichen [Foto: Marc Sinner].*

Abbildung 84 *Deckenstromschienen [Foto: Ernst Bosina].*

5.3.6.6 Fahrdraht

Fahrdrähte sind in der EN 50149 normiert und bestehen aus Kupfer, hochfestem Kupfer oder einer Kupferlegierung. Kupfer erfüllt Bedingungen wie etwa hohe mechanische und elektrische Festigkeit, Korrosionsbeständigkeit, gleichbleibende Elastizität und geringe Abnutzung bei guter Leistungsübertragung sowie Gleitfähigkeit. Übliche Legierungen sind Kupfer-Silber, Kupfer-Magnesium und Kupfer-Zinn. Der Querschnitt des Fahrdrahtes ist abhängig von der Stromstärke und beträgt im Neuzustand je nach Typ 80 mm^2, 100 mm^2, 107 mm^2, 120 mm^2 oder 150 mm^2 [Fendrich 2007]. So ermöglichen hochgespannte Einphasenwechselströme (15 kV 16,7 Hz, 25 kV 50 Hz) leichtere Bauarten, während für Gleichstrom ein dickerer Fahrdraht – oftmals zuzüglich Verstärkungsleitungen – benötigt wird. Erfahrungen zeigen, dass der Fahrdraht nach etwa 2 Millionen Stromabnehmerdurchgängen (ca. 25 Jahre) ausgewechselt werden muss [Filipovic 2005].

5.3.7 Interaktionen Stromabnehmer – Fahrdraht

Fahrleitung und Stromabnehmer dienen der elektrischen Energieversorgung der Triebfahrzeuge und bilden zusammen ein dynamisches System, das zur Schwingungsanregung neigt. Um eine leistungsfähige, verschleissarme und unterbruchsfreie Energieübertragung zu erreichen, müssen folgende Parameter aufeinander abgestimmt sein:

- Fahrgeschwindigkeit des Fahrzeugs und Wellenausbreitungsgeschwindigkeit der Fahrleitung.
- Höhe des Fahrdrahts und Arbeitsbereich des Stromabnehmers.
- Seitliche Auslenkung des Fahrdrahts bei Windstille/Windeinwirkung und Wippenbreite.
- Anpresskraft des Stromabnehmers.
- Anzahl, Anordnung und Abstände der Stromabnehmer.
- Aerodynamik des Stromabnehmers und des Fahrzeugdaches.

Das Schwingungsverhalten kann durch genügende Nachspannung des Fahrleitungssystems reguliert werden. Übliche Zugkräfte liegen bei 10 bis 15 kN, auf Hochgeschwindigkeitsstrecken werden die Zugkräfte im Tragseil auf 21 kN und im Fahrdraht auf 27 kN erhöht [Lichtberger 2010].

Die Anpresskraft des Stromabnehmers soll so geregelt sein, dass folgende Ziele erreicht werden:

- Minimierung des mechanischen Verschleisses durch Vermeidung zu starker Reibung.
- Minimierung des elektrischen Verschleisses durch Vermeiden von Lichtbogen.
- Minimale Anhebung des Fahrdrahtes, um das Lichtraumprofil nicht zu verletzen.

Während der erste Punkt eine tiefe Anpresskraft an den Fahrdraht verlangt, folgt im Gegenzug aus dem zweiten Ziel ein hoher Wert. Die Minimierung der Summe aus mechanischem und elektrischem Verschleiss für die jeweiligen Geschwindigkeiten ist daher eine Optimierungsaufgabe.

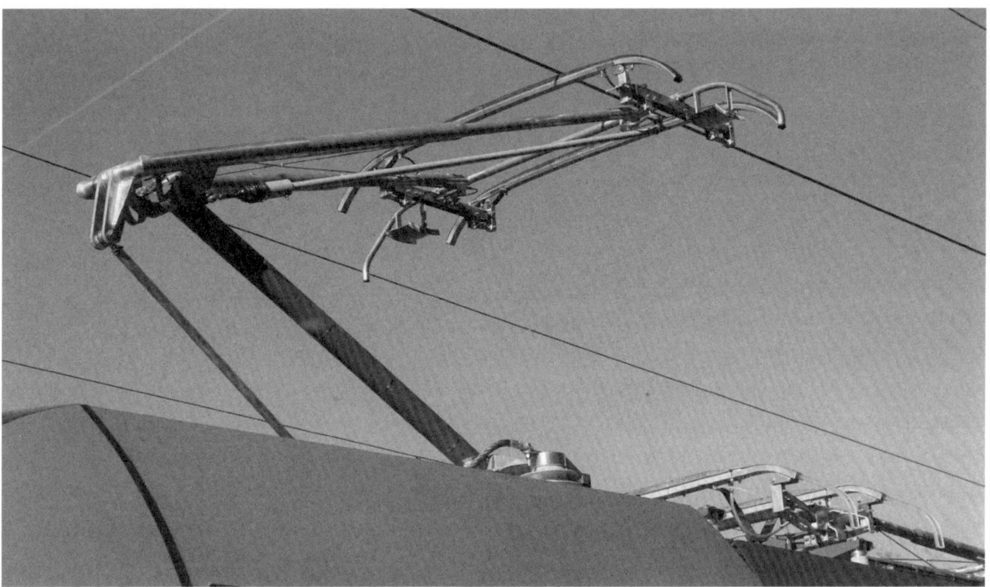

Abbildung 85 *Stromabnehmer und Fahrdraht als dynamisches System [Foto: Steffen Schranil].*

5.4 Telekommunikation

5.4.1 Überblick

Die Bahn mit ihren unzähligen, voneinander abhängigen und teilweise sicherheitskritischen Produktionsprozessen sowie verteilten und beweglichen Ressourcen bedarf leistungsfähiger Kommunikationssysteme. Informationsflüsse sind zum Beispiel:

- Informationsaustausch und Übermittlung von Handlungsanweisungen zwischen handelnden Personen.
- Übermittlung sicherheitsrelevanter Informationen und Anweisungen.
- Informationsübermittlung über Anlagenzustände von einem Teilsystem zu einem anderen.
- Übermittlung von Handlungsanweisungen an technische Systeme.
- Informationsübermittlung an Kundinnen und Kunden.

In der Anfangszeit der Bahn waren die technischen Möglichkeiten der Informationsübermittlung gegenüber den technisch-betrieblichen Potenzialen der Eisenbahn im Rückstand. Vergleichsweise hohe Geschwindigkeiten und Zugdichten mussten mit einfachsten Informationsmitteln gesteuert und gesichert werden. Erst die Entwicklung der Schwachstrom- und Nachrichtentechnik erlaubte sukzessive leistungsfähige und zuverlässige Informationsnetze.

Im Verlauf der bahntechnischen Entwicklung wurden parallel dazu immer mehr Funktionen vom Menschen auf technische Systeme verlagert, zum Teil sogar automatisiert. Stand zunächst die Kommunikation zwischen Menschen im Vordergrund, so verschob sich diese zunehmend auf jene zwischen Menschen und technischen Teilsystemen. Bei vollautomatisierten Bereichen kommunizieren sogar verschiedene technische Systeme untereinander und der Mensch ist nur noch in überwachender Funktion eingebunden. Für die Telekommunikation werden heute das Festnetz und drahtlose Systeme eingesetzt.

5.4.2 Festnetz der Bahn

Für grosse Datenmengen über alle Distanzbereiche standen während mehr als hundert Jahren nur bahneigene Festnetzverbindungen zur Verfügung. Das öffentliche Netz wurde nicht genutzt. Zunächst wurden die Nachrichtendrähte als offene Freileitungen entlang des Bahnkörpers geführt. Später wurde auf erdverlegte Kabel gewechselt. Dies erforderte einen spezifischen, robusten Kabelschutz, heute meist in Form modularer Betonelemente. Diese in die Fahrbahn integrierten Kabelkanäle sind hinderlich für den maschinellen Gleisunterhalt. In unterirdischen Bahnanlagen, insbesondere Tunnels, werden die Kabelkanäle in das Bankett integriert.

Während langer Zeit bildeten Kupferdrähte das am besten geeignete Material zur analogen Informationsübertragung. Die digitale Informationsübertragung erlaubte den Wechsel auf Glasfaserkabel mit praktisch unbegrenzter Kapazität. Die freien Kapazitäten werden teilweise an kommerzielle Anbieter von Informationsübertragung und -verarbeitung vermietet, zum Beispiel Unternehmungen der IT und der Telekommunikation.

Abbildung 86 *Modularer Kabelschutz in Betonbauweise [Foto: Ulrich Weidmann].*

5.4.3 Drahtlose Systeme

Über Festnetz sind nur jene Mitarbeitenden erreichbar, die einen ortsfesten Arbeitsplatz haben. Um auch das fahrende Personal wie etwa Lokomotivführer und Rangierarbeiter in die Kommunikation einzubinden, wurden seit den späten 1960er-Jahren bis etwa 2010 diverse national unterschiedliche Analogfunksysteme eingesetzt. Diese erlaubten zum Beispiel den Kontakt zwischen Betriebsleitzentralen und Zügen, zwischen Rangiermitarbeitenden und Rangierlokführern oder auf Baustellen [Fendrich 2007].

Die Analogfunktechnik stösst aber auf Kapazitätsgrenzen und wird technisch nicht mehr weiterentwickelt. Die Analogtechnik eignete sich aber auch nicht für das anschliessend vorgestellte ETCS, sodass nach einer neuen Lösung gesucht werden musste. Dabei entstand das bahneigene GSM-R-Netz (Global System for Mobile Communications – Railway) als das digitale Mobilfunk-Kommunikationssystem für Sprech- und Datenfunk, das speziell für Bedürfnisse der Eisenbahnanwendung angepasst wurde. GSM-R baut dabei auf dem GSM-Standard der Mobiltelefone auf. GSM-R wird für folgende Zwecke eingesetzt:

- Zugfunk, Rangierfunk, Baufunk.
- ETCS (Datenübertragung der ETCS-Telegramme bei Level 2 und Level 3).
- Notruf.

In der Schweiz ist die Ablösung des Analogfunks durch GSM-R praktisch abgeschlossen. Da die GSM-Technologie ihrerseits bereits veraltet ist, ist die Ablösung durch das Nachfolgesystem FRMCS (Future Railway Mobile Communication System) in Vorbereitung.

5.5 Sicherungs- und Leittechnik, Leitsysteme

5.5.1 Überblick

5.5.1.1 Sicherheit und Risiko

Sicherheit ist der Schutz der Unversehrtheit von Leben und Gesundheit sowie von materiellen Gütern. Das Risiko ist definiert als Produkt aus der Wahrscheinlichkeit eines Ereignisses und dessen Schadensausmasses. Daraus leiten sich die beiden grundsätzlichen Sicherheitsstrategien ab:

- *Aktive Sicherheit:* Minimierung der Ereignishäufigkeit.
- *Passive Sicherheit:* Minimierung des Schadensausmasses.

Risiken entstehen im Bahnsystem zum einen aus technischen Mängeln der Anlage wie zum Beispiel Schienenbrüche oder Einsturz einer Stützmauer. Zum anderen gefährden sich die Züge gegenseitig. Die Sicherungsanlagen als Teil des bahntechnischen Gesamtsystems befassen sich mit der zweitgenannten Risikokategorie. Ihre Ausprägungen leiten sich aus den drei generischen Systemeigenschaften des Schienenverkehrs ab:

- *Spurführung:* Keine Selbstorganisationsfähigkeit.
- *Geringe Haftreibung* zwischen Rad und Schiene: Lange Bremswege.
- *Trägheit der Züge*: Grosse betriebliche Auswirkungen ungeplanter Halte.

Bei der Bahn ist im Ereignisfall mit einem sehr grossen Schadensausmass zu rechnen. Somit muss primär die Strategie der aktiven Sicherheit verfolgt werden [Maschek 2012]. Die Wahrnehmung des Schadensausmasses wird dabei durch die sogenannte Risikoaversion gegenüber Grossrisiken gesteigert. Bei der Bahn ist daher ein deutlich höheres Sicherheitsniveau zu gewähren als beispielsweise im Strassenverkehr. In den vergangenen Jahrzehnten konnte die Sicherheit bei allen Verkehrsträgern markant erhöht werden. Im Vergleich mit den anderen landgebundenen Verkehrsträgern ist die Eisenbahn pro Transporteinheit aber nach wie vor am sichersten.

5.5.1.2 Sicherheitsaufgaben im Bahnsystem

Die generische Eigenschaft der Spurführung lässt ein Ausweichen von Zügen nur an definierten Punkten zu. Die geringe Haftreibung verursacht Bremswege, die bei höheren Geschwindigkeiten die üblichen Sichtweiten deutlich überschreiten. Beides führt dazu, dass das hochvernetzte System gesteuert und gegen verschiedene Risikofaktoren gesichert werden muss. Daraus leiten sich die Teilaufgaben der Sicherungs- und Leittechnik ab.

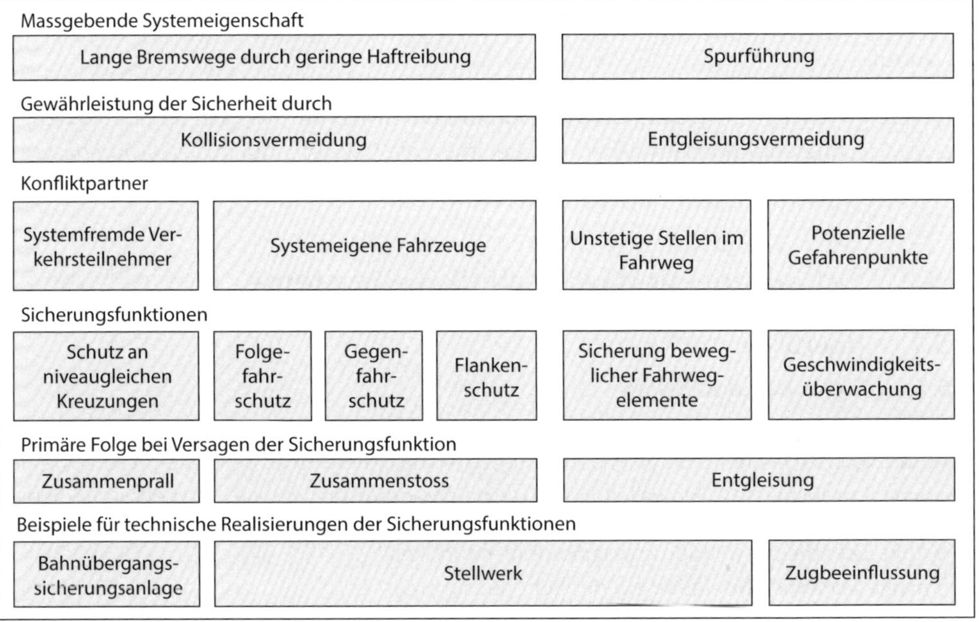

Abbildung 87 *Systemeigenschaften und resultierende Sicherungsfunktionen des Systems Bahn ([Maschek 2009], vereinfacht).*

5.5.1.3 Systemaufbau der Sicherungs- und Leittechnik

Die Sicherung und Regelung des Bahnbetriebs ist sowohl funktional wie technisch streng hierarchisch aufgebaut und kann als funktionale Pyramide verstanden werden, die sich auch in den technischen Teilsystemen widerspiegelt.

- Die *Durchführungsebene* als unterste Ebene wird auch Prozess-, Feld- oder Stellebene genannt. Sie umfasst die Aussenanlagen mit den Sensoren und den Aktoren. Dort wird das Endprodukt – für Transportunternehmungen das Durchführen des Fahrauftrags – hergestellt. Prägend für Bahnanwendungen ist die grosse geografische Ausdehnung.
- Die *Sicherungsebene* hat die Aufgabe, Bedieneingaben in Steuerbefehle umzusetzen, damit der Fahrauftrag ausgeführt werden kann. Falscheingaben der Bediener oder auch von übergeordneten Dispositions- und Fernsteuersystemen müssen abgefangen werden, um gefährliche Zustände oder sogar Unfälle zu verhindern.
- Auf der *Bedienebene* werden die Fahrten veranlasst und gesteuert. Ebenso können die vollautomatischen Abläufe überwacht und bei Bedarf korrigiert werden. Die Leittechnik übernimmt dabei Automatisierungsaufgaben, damit der Ablauf der Transportprozesse optimiert, schnell und kostengünstig ausgeführt werden kann.
- Infolge der fahrplantechnischen Abhängigkeiten zwischen den Angeboten und der weiträumigen gegenseitigen Abhängigkeiten der Infrastrukturnutzung ist eine netzweit wirkende *Dispositionsebene* erforderlich. Diese stellt sicher, dass die Anweisungen gesamthaft optimal sind.
- Die *Planungsebene* als oberste Ebene umfasst vorab Management-, Controlling-, Archivierungs- und Langzeitplanungsaufgaben. Der Zeithorizont kann mehrere Jahre umfassen. Instrumentell wird die Planungsebene zunehmend durch dieselben Systeme wie für die Disposition und Bedienung unterstützt.

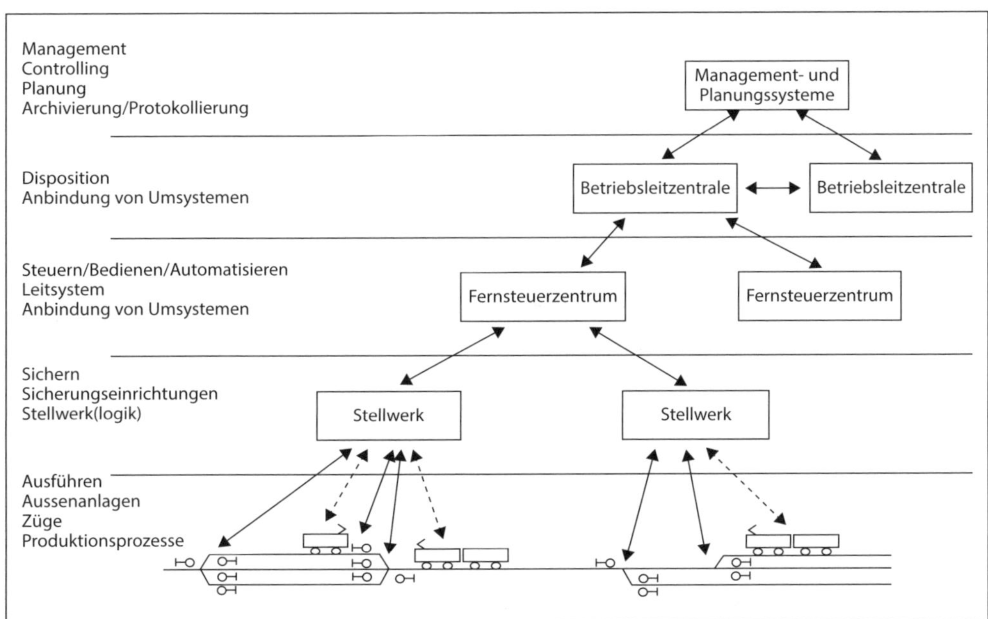

Abbildung 88 *Funktional-technischer Aufbau des Sicherungs- und Leitsystems der Bahn; hierarchische Gliederung der Ebenen [eigene Darstellung].*

5.5.2 Aussenanlagen

5.5.2.1 Aussensignale

Signale vermitteln den Lokomotivführern ausgewählte Informationen, die sich gliedern in:

- Informationen, die von der *momentanen Betriebslage unabhängig* sind: Vorab Zusammenspiel von Streckenmerkmalen und eingesetztem Rollmaterial. Die Mittel sind Vorschriften und ortsfeste Signale.
- Informationen, die *abhängig von der momentanen Betriebslage* sind: Ortsfeste Signale mit wechselnden Signalbildern zeigen Fahr-, Geschwindigkeits- oder Haltebefehle.

Für die Signalisierung freier Gleisabschnitte wird zwischen Haupt- und Vorsignal unterschieden. Hauptsignale stehen am Beginn eines Gleisabschnittes (Fahrstrasse, Block) und geben an, ob dieser befahren werden darf. Vorsignale weisen den Lokführer mindestens im Bremswegabstand auf den Signalbegriff des folgenden Hauptsignals hin, um eine geordnete Bremsung mit betrieblicher Bremsverzögerung zu erlauben. Nebst dem Fahr- oder Haltebefehl können meist unterschiedliche Geschwindigkeitsvorgaben übermittelt werden. Dies ist insbesondere bei Kurzblocksystemen von Bedeutung, bei denen die Blocklänge kürzer als der Bremsweg aus Höchstgeschwindigkeit ist.

In der Schweiz existieren derzeit zwei Lichtsignalsysteme:

- *System L („Licht"):* Geschwindigkeitssignalisierung mit Farb- und Positionssignalisierung.
- *System N („numerisch"):* Geschwindigkeitssignalisierung mit Farb- und Ziffernsignalisierung.

Abbildung 89 *Schweizerische Signalsysteme. Links und Mitte: Signalsystem L, Signalbegriffe und Geschwindigkeiten dargestellt durch eine oder mehrere farbige Lampen, Ziffernsignal benennt Gleis, für welches der Fahrbefehl gilt. Rechts: Signalsystem N, Signalbegriffe dargestellt durch jeweils eine einzige Signallampe unterschiedlicher Farbe sowie fallweise Ziffernangabe der zulässigen Geschwindigkeiten in 10 km/h-Schritten [Fotos: Ulrich Weidmann].*

Beide erlauben eine Geschwindigkeitsabstufung, das alte System L allerdings nur in wenigen grossen Schritten.

Die herkömmliche optische Signalisierung stösst beim neuzeitlichen Bahnbetrieb an Grenzen:

- Ortsfeste Signale sind nur bis rund 160 km/h zuverlässig erkennbar.
- Informationsdichte ist beschränkt. Verwechslungsgefahr der Signalbilder.
- Möglichkeiten zur Angabe der betrieblich optimalen Geschwindigkeit eingeschränkt.
- Nur punktuelle Information des Lokpersonals an definierten Stellen der Strecke möglich, damit keine maximale Nutzbarkeit der Infrastrukturkapazität.
- Aussensignale sehr teuer, erfordern aufwendige Kabelverbindungen zu den Stellwerken.

Die Verlagerung der Fahrbefehls- und Geschwindigkeitssignalisierung auf den Führerstand mittels sogenannter Führerstandssignalisierung erlaubt eine direkte, uneingeschränkte und kontinuierliche Übertragung aller Daten. Die Handlungen des Lokführers und die Fahrweise des Zuges können lückenlos überwacht werden, insbesondere die Geschwindigkeit des Zuges. Möglich ist zudem die zusätzliche Anzeige einer empfohlenen Geschwindigkeit, beispielsweise zur Konfliktvermeidung oder zum energieoptimalen Fahren.

5.5.2.2 Weichen

Der Weichenantrieb hat die Aufgabe, die Zungenvorrichtungen zu bewegen. Da es sich beim Weichenumstellvorgang um eine sicherheitsrelevante Funktion handelt, besteht ein enger steuerungstechnischer Zusammenhang mit dem Stellwerk. Handbediente Weichen sind nur noch auf Anschluss- und wenig befahrenen Rangiergleisen zu finden. Üblicherweise zählen die mechanischen Weichenverschlüsse noch zur Fahrbahn, die Weichenantriebe, deren Energieversorgung und die Einbindung in die Stellwerke sowie der sicherungslogische Weichenverschluss zu den Sicherungsanlagen. Dabei bestehen technische Abhängigkeiten zwischen der mechanischen Bauform der Weiche und deren sicherungstechnische Behandlung.

Abbildung 90 *Elektromechanischer Weichenantrieb mit Gestänge und Jüdelverschluss unter der mittigen Abdeckplatte [Foto: Ulrich Weidmann].*

Nebst dem verbreiteten Weichenantrieb mit Elektromotor und mechanischem Gestänge werden heute zunehmend elektrohydraulische Antriebe eingesetzt. Diese sind besonders geeignet für lange Weichen, da die konkrete Geometrie der Zunge an mehreren Stellen gesichert werden muss. Bei elektrohydraulischen Systemen ist nur eine einzige Pumpe notwendig, die über hydraulische Leitungen mehrere Stellzylinder ansteuert. Dadurch können die Antriebe vollständig zwischen den Schienen untergebracht werden, was Stopfarbeiten am Schotter entlang von Weichen vereinfacht.

Abbildung 91 *Elektrohydraulischer Weichenantrieb mit mehreren Stellzylindern [Foto: AlpTransit Gotthard AG].*

Eine wichtige Information ist die Bestätigung an das Stellwerk, dass die Weiche nach dem Umstellvorgang ihre Endlage eingenommen hat. Nur so besteht Gewähr, dass Entgleisungen ausgeschlossen sind. Ohne korrekte Rückmeldung der Weiche wird deshalb die Fahrt durch das Stellwerk nicht freigegeben. Zur Feststellung der Endlage dienen Endlagenprüfer am Weichenantrieb sowie zusätzliche Sensoren entlang der Weiche bei langen Weichen mit grossem Abzweigradius, insbesondere bei Schnellfahrweichen.

5.5.2.3 Gleisfreimeldeeinrichtungen

Gleisfreimeldeeinrichtungen haben die Belegung eines Gleisabschnitts durch einen Zug zu erkennen und diese Information dem Stellwerk mitzuteilen, wobei im Wesentlichen zwei Verfahren angewandt werden:

Bei *Gleisstromkreisen* werden die beiden Schienen über die gesamte Wirklänge gegeneinander elektrisch isoliert. Ausgehend vom Stellwerk wird über die beiden Schienen ein Stromkreis aufgebaut. Befindet sich ein Fahrzeug im Abschnitt, so wird der Stromkreis durch die Fahrzeugachsen kurzgeschlossen und der Abschnitt als besetzt erkannt. Das gegenseitige Isolieren der beiden Schienen erfordert einen Oberbau mit nicht leitenden Schwellen und möglichst sauberem Schotterbett. Ebenso muss der Abschnitt mittels der Isolierstösse von den benachbarten Gleisabschnitten elektrisch getrennt werden.

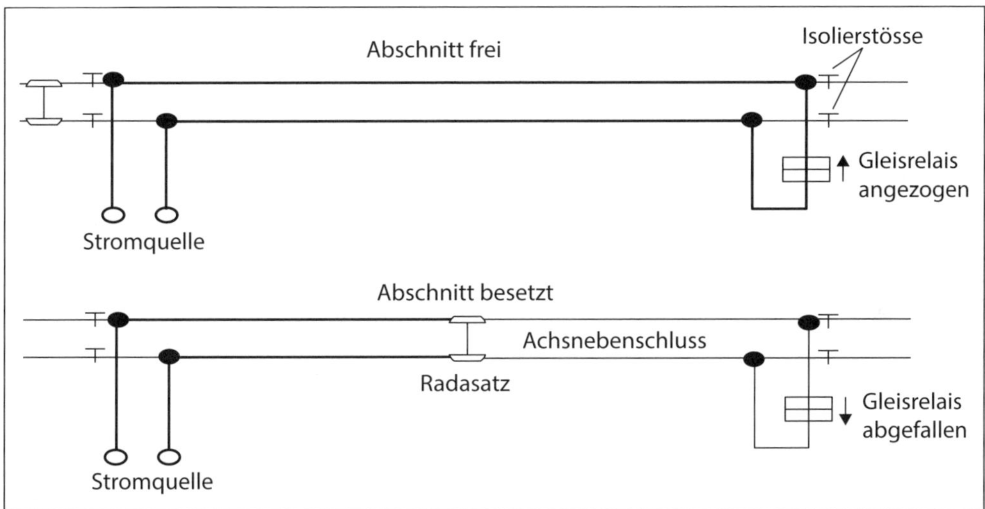

Abbildung 92 *Funktionsweise des Gleisstromkreises; Besetztmeldung durch Schliessen des Stromkreises durch die elektrisch leitenden Achsen der Fahrzeuge [Pachl 2004]*

Achszähler erfassen den Besetzungszustand indirekt durch den Vergleich der Anzahl in einen Abschnitt einfahrender mit derjenigen der ausfahrenden Fahrzeugachsen. Ein Abschnitt gilt als frei, wenn beide Zahlen identisch sind. Die Zählpunkte liegen dazu jeweils am Anfang und Ende eines Freimeldeabschnittes. Heute werden meist elektromagnetische Radsensoren verwendet. Passiert ein Rad einen Zählpunkt, beeinflusst es die Form und Stärke des Magnetfeldes, was von der Auswerteeinheit als Achsdurchgang registriert wird. Achszähler haben gegenüber den Gleisstromkreisen folgende Vorteile:

- Funktionsfähigkeit unabhängig von der Bauart des Oberbaus.
- Keine Isolierstösse erforderlich.
- Grössere Abschnittslängen erreichbar.

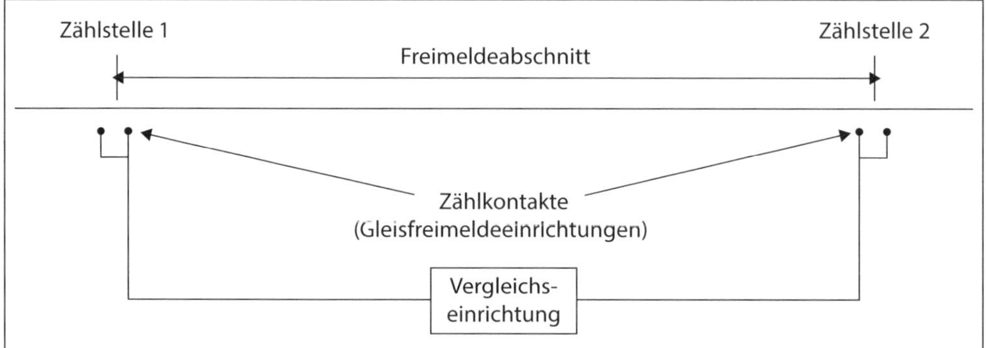

Abbildung 93 *Wirkungsprinzip eines Achszählers; Achsen werden bei Einfahrt und anschliessend bei Ausfahrt gezählt, Zählwerte werden verglichen [Pachl 2004]*

Abbildung 94 *Achszählpunkt [Foto: Steffen Schranil].*

5.5.2.4 Punktförmige Zugbeeinflussungseinrichtungen

Die Sicherheit ist nur garantiert, wenn die Vorgaben der Signale eingehalten werden. Da die menschliche Zuverlässigkeit weitaus niedriger ist als die technische, werden dazu Zugbeeinflussungseinrichtungen eingesetzt. Sie übertragen Informationen über die zulässige Fahrweise vom Fahrweg zum Fahrzeug und lösen bei Nichtbeachtung eine Zwangsbremsung aus. Nach Art der Informationsübertragung lassen sich punktförmig respektive linienförmig wirkende Systeme sowie kombinierte Systeme unterscheiden.

Bei einer *punktförmigen Zugbeeinflussung* erfolgt die Informationsübertragung zwischen Gleis und Fahrzeug an diskreten Stellen. Dies können Vorsignale, Hauptsignale oder Geschwindigkeitsüberwachungspunkte sein. Dazwischen ist keine Informationsübermittlung möglich. Genutzt werden unterschiedliche physikalische Übertragungsverfahren:

- Mechanische Übertragung.
- Elektromechanische Übertragung über Schleifkontakte.
- Dauermagnetische und elektromagnetische (induktive) Verfahren.
- Transpondersysteme.

In der Schweiz wurde zu Beginn der 1990er-Jahre zusätzlich das System ZUB 121 eingeführt. Beim Vorsignal werden die Stellung und die Distanz zum Hauptsignal übertragen. Daraus errechnet ein fahrzeugseitiger Computer die maximal zulässige Geschwindigkeit bei der Annäherung an das Hauptsignal, die sogenannte Bremskurve.

5.5.2.5 Linienförmige Zugbeeinflussungseinrichtungen

Bei der *linienförmigen Zugbeeinflussung* wird die Information kontinuierlich übertragen. Dadurch erfährt das Triebfahrzeug unverzüglich von jeder Veränderung der Geschwindigkeitsvorgaben und kann sein Fahrverhalten praktisch verzugsfrei anpassen, wodurch Betriebsbehinderungen reduziert werden. Kontinuierliche Übertragungssysteme sind für Hoch- und Höchstgeschwindigkeitssysteme unabdingbar, aber auch zur Automatisierung und Kapazitätsmaximierung. Als technische Verfahren haben sich zunächst induktive Verfahren über Kabellinienleiter oder codierte Gleisstromkreise durchgesetzt. Heute steht die Funkübertragung im Rahmen der Ausrüstung von Strecken mit ETCS Level 2 im Vordergrund.

Abbildung 95 *Kabellinienleiter mit Kreuzungsstelle zur Ortungsinformation [Foto: Steffen Schranil].*

Beim *Kabellinienleiter* wird ein Kabel zwischen den Schienen als Antenne genutzt. Eine Ader verläuft in Gleismitte, die andere seitlich auf dem Schienenfuss. In regelmässigen Abständen werden beide Adern gekreuzt, was vom Triebfahrzeug als Ortungsinformation verstanden wird. Die Blockteilung kann unabhängig vom Bremsweg gewählt werden, sodass in Bereichen mit planmässigen Anfahr- und Bremsvorgängen stark verkürzte Blockabschnitte vorgesehen werden können. Zur *Funkübertragung* wird das gezeigte GSM-R (Global System for Mobile Communication – Railway) verwendet.

5.5.3 Stellwerke, Streckenblock

5.5.3.1 Aufgaben der Stellwerke

Stellwerke haben drei Grundaufgaben:

- *Ansteuerung der Aussenanlagen,* insbesondere der Weichen und Signale, durch unterschiedliche Kraftübertragungsmedien (mechanischer Seilzug, Strom, Druckluft, Flüssigkeiten).
- *Sicherungslogik* zur Vermeidung sicherungskritischer Stellungen von Aussenanlagen durch sogenannte Verschlüsse (mechanisch, elektrisch, programmlogisch).
- *Mensch-Maschine-Schnittstelle* mit Bedienoberfläche für das Betriebspersonal (Hebel, Schalter, Druckknöpfe, Bildschirme, Tastaturen, Mausbedienungen).

Alle drei Grundaufgaben waren bei den traditionellen Bauarten in einem einzigen technischen Gerät vereinigt, am engsten verbunden bei den mechanischen Stellwerken. Mit fortschreitendem Einsatz elektrischer Komponenten eröffneten sich sukzessive Freiheitsgrade hinsichtlich des Bedienplatzes; bei zeitgemässen Computerstellwerken sind mittlerweile Bedienplatz und Stellwerkrechner oft durch grosse Distanzen voneinander getrennt.

5.5.3.2 Stellwerkbauformen

Die Einrichtungen zur Bedienung der Weichen und Signale sowie die Fahrwegsicherungslogik werden in Stellwerken zusammengefasst. Die Grenzen des Wirkbereichs eines Stellwerks sind bei älterer Technologie durch die Länge der realisierbaren Stellentfernungen gegeben, wurden aber auch aus Gründen der betrieblichen Abläufe lange Zeit nicht über die Bahnhofsgrenzen hinaus ausgedehnt. Der Wirkbereich moderner Stellwerke kennt dank der Fernsteuerung keine Grenzen mehr und wird demzufolge nach Gesichtspunkten der Zweckmässigkeit unterteilt.

Aufgrund der in den Sicherungsanlagen verwendeten Technik differenziert man vielfältige Stellwerksbauformen. Alle Bauformen realisieren grundsätzlich dieselben sicherungstechnischen Funktionen, unterscheiden sich jedoch in der Stell- und Verschlusstechnik, den betrieblichen Möglichkeiten und vor allem im Personalbedarf.

In *mechanischen* und *elektromechanischen Stellwerken* stellen mechanische Verschlussregister die Abhängigkeiten zwischen Weichenstellungen und Signalen her. Elektromechanische Stellwerke waren ein wichtiger Schritt zur Zentralisierung, da sie – in Verbindung mit Gleisfreimeldeanlagen und elektrischen Weichenantrieben – erstmalig die Steuerung eines ganzen Bahnhofes von einem Stellwerk aus erlaubten. Mit dem mechanischen Stellwerk gemeinsam ist die Sicherungslogik durch ein mechanisches Verschlussregister und das sukzessive Einstellen aller Elemente einer Fahrstrasse. Mechanische und elektromechanische Stellwerke sind nicht automatisierbar und deren Bedienelemente (Hebel, Schalter) sind physisch mit den Sicherheitselementen (mechanische und elektrische Schalter) verbunden. Sie bedingen daher eine örtliche Personalpräsenz während der gesamten Betriebszeit und sind mithin sehr teuer.

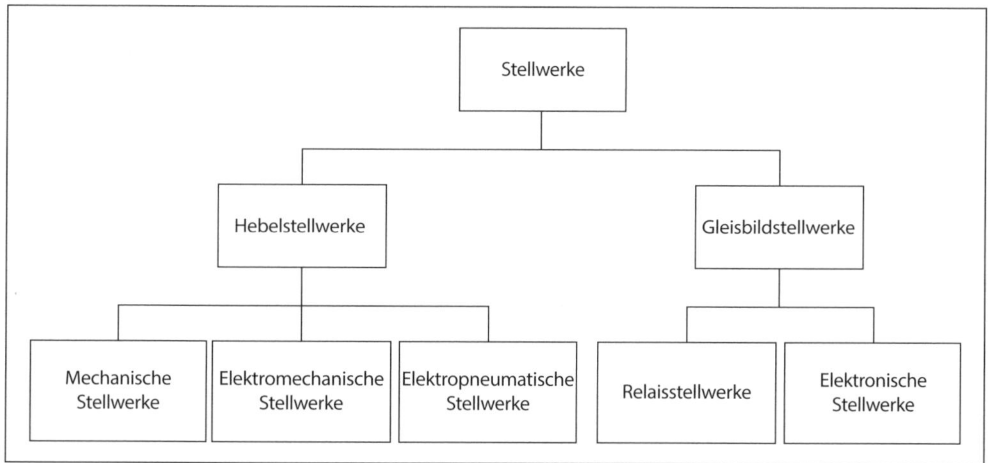

Abbildung 96 *Übersicht über die Stellwerksbauformen [eigene Darstellung].*

Abbildung 97 *Bedienoberfläche eines mechanischen Stellwerkes; Eisenbahn-Betriebslabor des IVT der ETH Zürich [Foto: Steffen Schranil].*

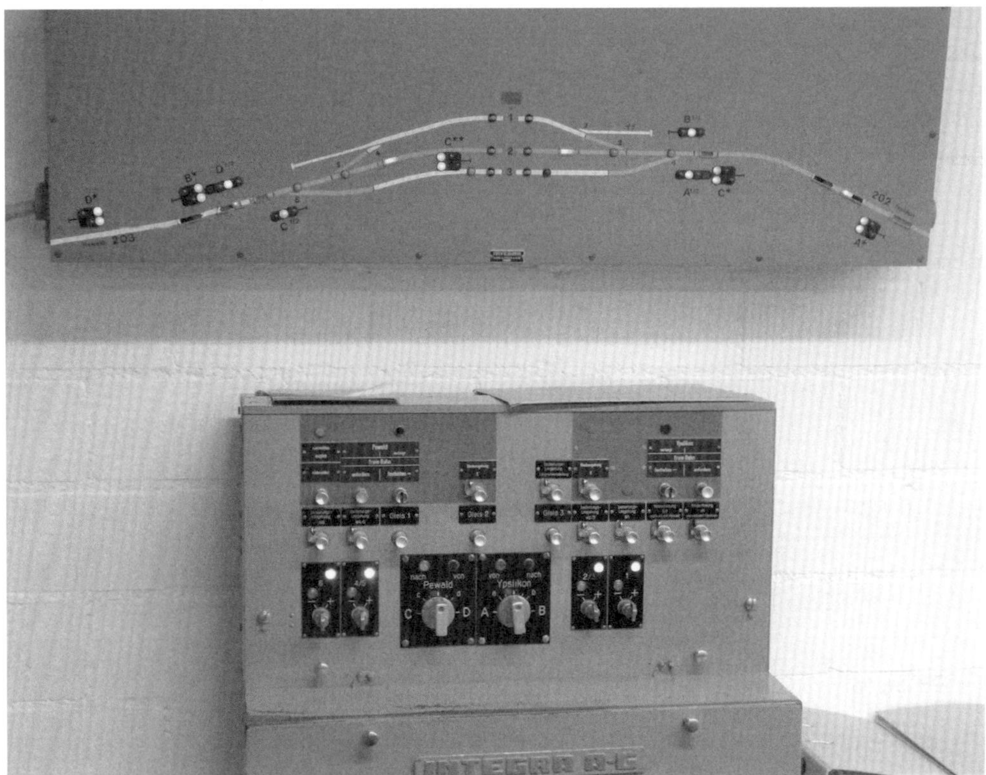

Abbildung 98 *Bedienoberfläche eines elektromechanischen Stellwerkes Bauform INTEGRA; Eisenbahn-Betriebslabor des IVT der ETH Zürich [Foto: Silko Hoeppner].*

Relaisstellwerke wurden aufgrund ihrer Bedienweise zuerst als Drucktastenstellwerke gebaut. Ein Relais ist ein elektromagnetischer Schalter, üblicherweise mit den zwei Zuständen *abgefallen* (Spule stromlos) und *angezogen* (Spule stromführend). In Relaisstellwerken werden die sicherungstechnischen Abhängigkeiten elektrisch – mittels Relaisschaltungen – realisiert, was eine verbesserte Bedienung auf einem Gleisbildpult erlaubte. Die Gleisanlagen sind schematisch dargestellt und die Bedienelemente sowie die Meldelampen sind integriert. Sämtliche Bedienungen erfolgen über Drucktasten als sogenannte Start-Ziel-Bedienungen. Mit den späteren Spurplanstellwerken und ihren standardisierten Baugruppen nach dem Spurplanprinzip wurde eine wesentliche Vereinfachung ihres Baus erzielt.

In computerbasierten *elektronischen Stellwerken* werden die sicherheitslogischen Abhängigkeiten in der Stellwerkssoftware implementiert und durch den laufenden Abgleich der Ergebnisse mindestens zweier paralleler Rechner gesichert. Die Software für die verschiedenen Verarbeitungsaufgaben wird in drei Ebenen aufgeteilt:

- *Bedienen und Anzeigen:* BAR (Bedien- und Anzeigerechner).
- *Zentrale Stellwerklogik:* STWR (Stellwerkrechner).
- *Ansteuern der Aussenanlage:* EAR (Ein-/Ausgabe-Rechner).

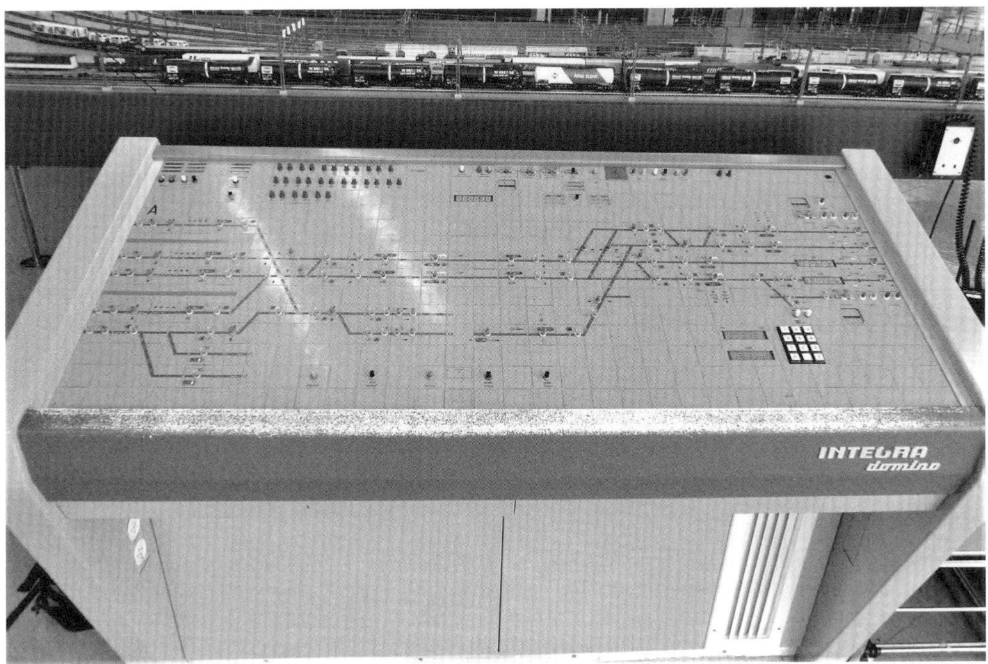

Abbildung 99 *Bedienoberfläche eines Spurplan-Stellwerkes Bauform INTEGRA-Domino; ehemalige Ausbildungsanlage Löwenberg der SBB [Foto: Silko Hoeppner].*

Die Kommunikation zwischen den verschiedenen Ebenen übernimmt ein Datenbus. Der Rechnerverbund hat zusätzliche Datenverbindungen mit weiteren Rechnern wie zum Beispiel Zugnummernmeldeanlagen, anderen Stellwerken, Zentralen, Dispositionssystemen, einem Datenarchivierungsrechner sowie Einrichtungen für Service, Diagnose und Wartung.

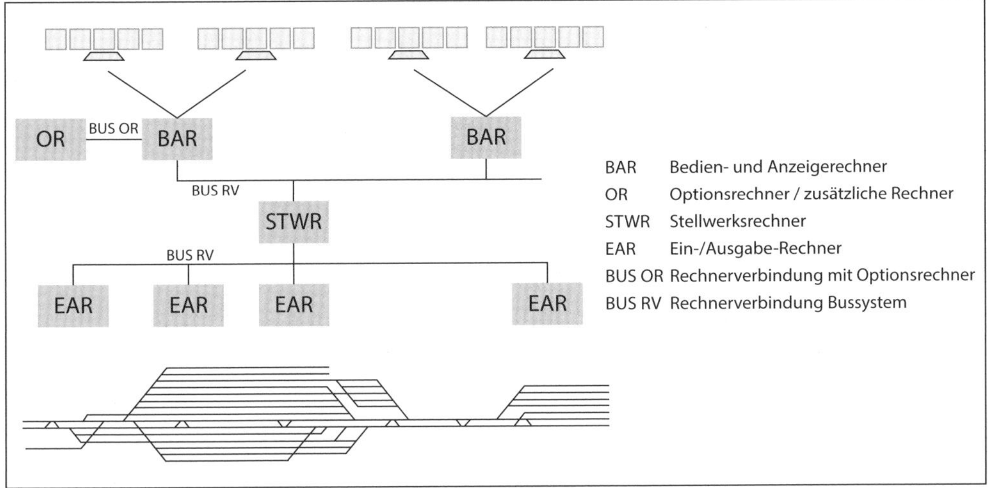

Abbildung 100 *Grundsätzliche Konfiguration eines elektronischen Stellwerks [Roiser 2006].*

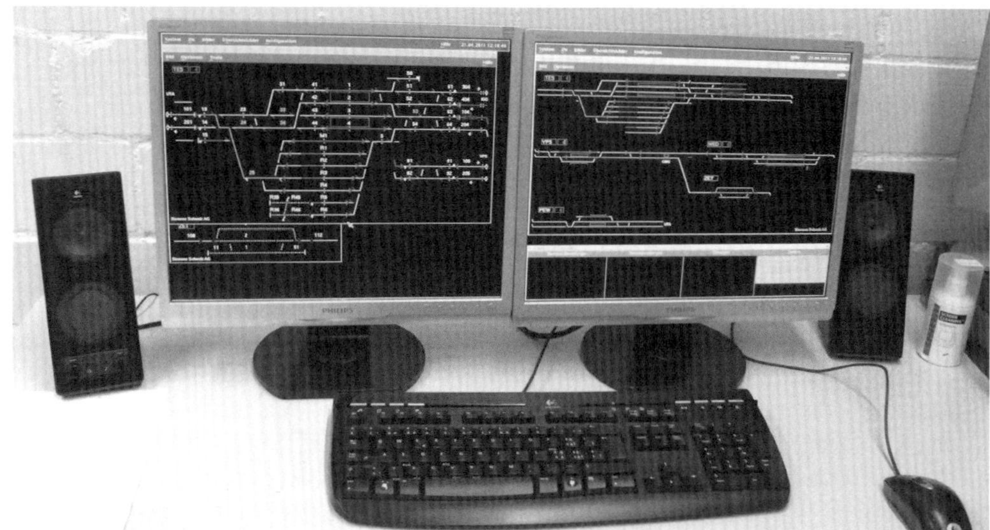

Abbildung 101 *Bedienoberfläche eines elektronischen Stellwerkes und der Fernsteuerung ILTIS; Eisenbahn-Betriebslabor des IVT der ETH Zürich [Foto: Silko Hoeppner].*

5.5.3.3 Streckenblock

Beim Fahren im festen Raumabstand wird die Strecke lückenlos in diskrete, örtlich festgelegte Abschnitte unterteilt. Vor jedem dieser Blockabschnitte steht ein Hauptsignal. Ein Zug darf nur eingelassen werden, wenn der vorausfahrende Zug den Abschnitt vollständig verlassen hat. Die Länge eines Blockabschnitts kann kürzer als die Zugslänge und/oder der Bremsweg sein; man spricht dann von einer *Mehrabschnittssignalisierung* und gewinnt dadurch erheblich an Streckenkapazität. Ist die Blocklänge grösser als die Bremslänge, so handelt es sich um eine *Einabschnittssignalisierung*. Zur Einfahrt in den Blockabschnitt müssen folgende Bedingungen erfüllt sein:

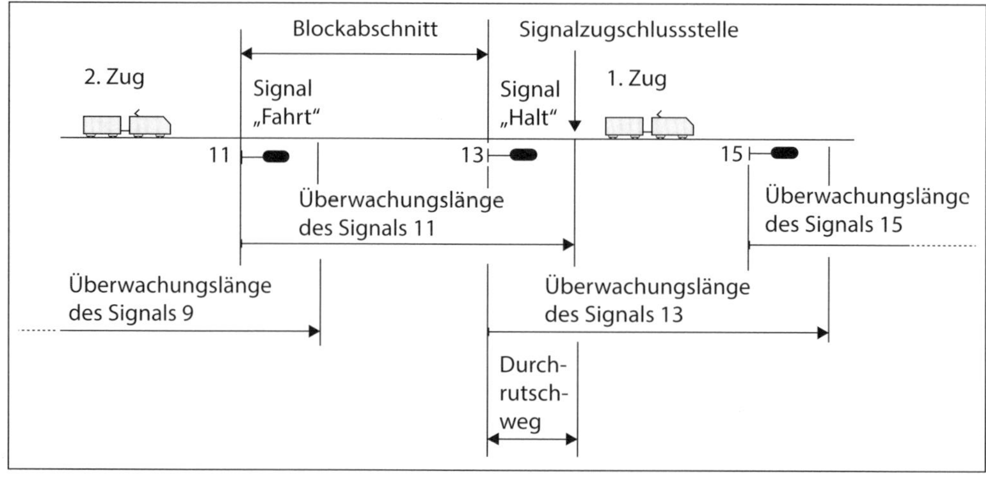

Abbildung 102 *Fahren im festen Raumabstand, Sicherung durch Streckenblock [Pachl 2004]*

- Blockabschnitt frei.
- Durchrutschweg hinter dem Signal am Ende des Blockabschnitts frei.
- Vorausgefahrener Zug durch Halt zeigendes Signal gedeckt.

Die Länge der Durchrutschwege ist insbesondere abhängig von Sicherheitsanforderungen, Fahrdienstvorschriften, Streckeneigenschaften und Fahrzeugeigenschaften.

5.5.4 ERTMS

5.5.4.1 Einführung

In Europa werden – wie früher gezeigt – vielfältige nationale Zugsicherungssysteme eingesetzt, was den grenzüberschreitenden Betrieb von Zügen erschwert und verteuert. Um den offenen Netzzugang und den grenzüberschreitenden Fahrzeugeinsatz zu erleichtern, strebt das Projekt ERTMS (European Rail Traffic Management System) der Europäischen Union die Harmonisierung der verschiedenen Zugbeeinflussungssysteme an. ERTMS ist dabei Teil der Technischen Spezifikation für die Interoperabilität (TSI) und damit auch für die Schweiz relevant. ERTMS umfasst insbesondere:

- *ETCS (European Train Control System):* Umfasst im Wesentlichen die neuen einheitlichen Zugsicherungssysteme aufgeteilt in verschiedene Levels.
- *GSM-R (Global System for Mobile Communication – Railway):* Digitales Mobilfunk-Kommunikationssystem für den Sprech- und Datenfunk.

GSM-R wurde bereits im Zusammenhang mit den Kommunikationssystemen dargestellt; die folgenden Ausführungen fokussieren auf die Zugbeeinflussung ETCS.

5.5.4.2 Konzeptelemente von ETCS

ETCS beruht auf vier zueinander kompatiblen Systemaufbaustufen (Level 0 bis 3), die schrittweise einführbar sind. Dazu werden verschiedene neue technische Systeme und Komponenten benötigt:

- *Eurobalise:* Nach dem Transponderprinzip arbeitendes System zur punktförmigen Datenübertragung von der Balise auf das Fahrzeug und umgekehrt.
- *Euroloop:* System zur linienförmigen Datenübertragung über begrenzte Entfernungen (nach Prinzip des Kabellinienleiters) zur räumlich begrenzten Ergänzung der punktförmigen Übertragung.
- *Euroradio:* Standardisiertes Übertragungsverfahren auf der Basis einer weiterentwickelten GSM-Funkverbindung (GSM-R) der Fahrzeuge mit einer Streckenzentrale als Basis der Zugbeeinflussung.
- *On-Board Unit (OBU):* ETCS-Fahrzeuggerät mit einer standardisierten Mensch-Maschine-Schnittstelle (DMI, Driver-machine interface).

- *RBC (Radio Block Center):* Auch Streckenzentrale oder Funkblockzentrale genannt. Das RBC überprüft die Einfahrberechtigung in den ETCS-Perimeter, ordnet die Züge den Gleisen zu, ermittelt die Position, Geschwindigkeit und Fahrtrichtung der Züge und erteilt den einzelnen Zügen die Fahrerlaubnis.
- *LEU (Lineside Electronic Unit):* Schnittstelle zwischen ortsfesten Signalen und Eurobalisen/ Euroloops.

5.5.4.3 Umsetzungsstufen von ETCS

ETCS Level 0 ist die (inoffizielle) Bezeichnung für ein mit dem ETCS-Fahrzeuggerät (OBU) ausgerüstetes Fahrzeug auf einer Strecke ohne ETCS-Ausrüstung auf Levels 1, 2 oder 3. Der einzige Unterschied zu einem Zug ohne OBU ist, dass Letztere die Höchstgeschwindigkeit des Zuges überwacht und bei Überschreiten eine Zwangsbremsung einleitet.

Bei *ETCS Level 1* übertragen signalgesteuerte (aktive) Balisen zwischen den Schienen die Daten des Fahrweges punktförmig auf den Zug. Der Bordrechner vergleicht den daraus berechneten Geschwindigkeitsverlauf mit der aktuellen Geschwindigkeit des Zuges und löst bei einer sicherheitskritischen Abweichung eine Zwangsbremsung aus.

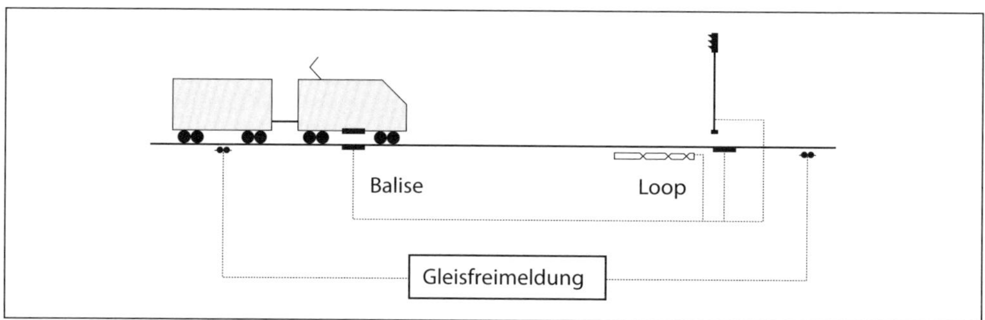

Abbildung 103 *Strecken- und Fahrzeugausrüstung bei ETCS Level 1 [Pachl 2004].*

Auch *ETCS Level 2* basiert auf konventionellen festen Blockeinteilungen, einer konventionellen Zugsintegritätskontrolle (Prüfung der Vollständigkeit der Züge) sowie einer Prüfung der Streckenbelegung durch streckenseitige Gleisfreimeldeeinrichtungen. Die ortsfeste Signalisierung wird dagegen durch eine Führerstandssignalisierung ersetzt. Das Zugbeeinflussungssystem des Zuges kommuniziert mit der Streckenzentrale (RBC), welche die Züge laufend mit Informationen über die zu befahrene Strecke versorgt und die Fahrerlaubnis erteilt. Fix programmierte (passive) Balisen dienen den Zügen zur Kalibration ihres Ortungssystems (Odometrie).

ETCS Level 3 verlagert Zugintegritätskontrolle und Prüfung der Streckenbelegung auf den Zug, womit die Gleisfreimeldeeinrichtungen entfallen. Die festen Blöcke werden durch einen virtuellen Schutzraum jedes Zuges ersetzt, der sich mitbewegt und seine Länge fortlaufend der Zuggeschwindigkeit anpasst. Das RBC erfasst die Standortmeldungen der Züge und erteilt im Abgleich mit den Stellwerken die Fahrerlaubnis an die Züge. Der Informationsaustausch läuft über GSM-R. ETCS Level 3 zählt zu den sogenannten Moving-Block-Systemen.

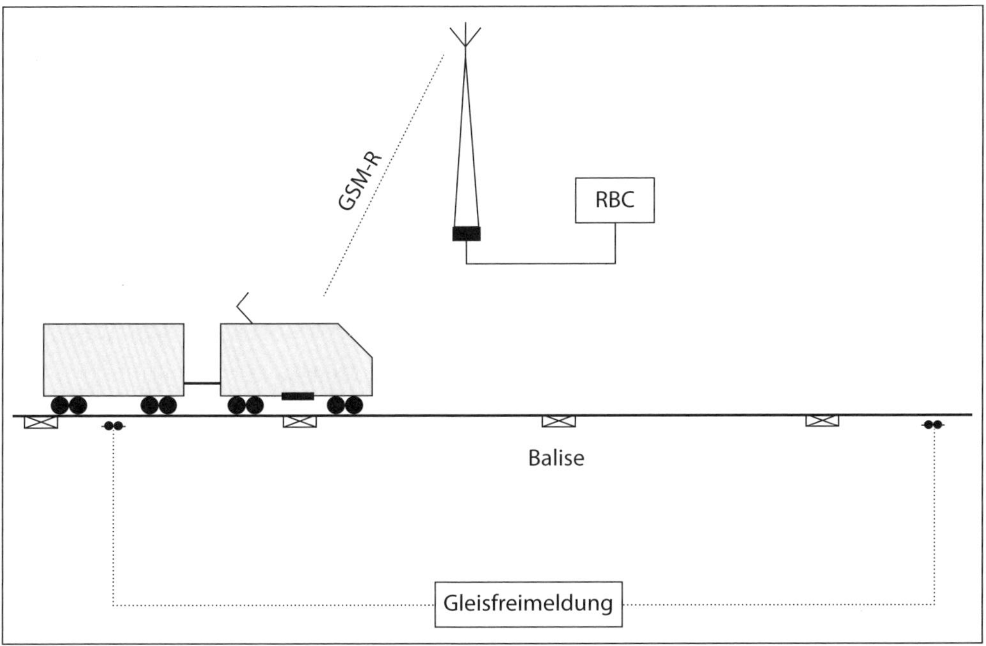

Abbildung 104 *Strecken- und Fahrzeugausrüstung bei ETCS Level 2 [Pachl 2004].*

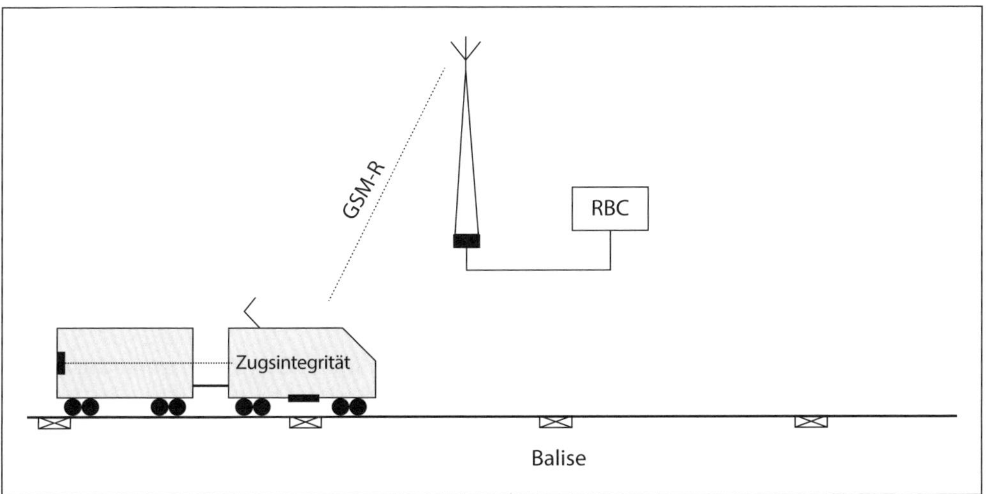

Abbildung 105 *Strecken- und Fahrzeugausrüstung bei ETCS Level 3 [Pachl 2004].*

5.5.4.4 Technischer und funktionaler Vergleich der ETCS-Levels

Die Sicherheits- und Kommunikationsaufgaben werden mit steigendem ETCS-Level sukzessive von der Strecke auf die Fahrzeuge verlagert. Die Streckenkapazität unter Level 2 ist bei sehr kurzen Blockabständen von unter hundert Metern fast identisch mit jener von Level 3. Aufgrund der hohen Kosten für die zahlreichen Gleisfreimeldeeinrichtungen und der Störungsrisiken sind solche Blockabstände allerdings nicht praktisch anwendbar. Level 3 verspricht zwar eine maximale Kapazitätsausnutzung und minimale Infrastrukturkosten, stellt indessen neuartige Anforderungen an die Zugintegritätskontrolle und ist mit den bisherigen Stellwerken nicht umsetzbar; er hat sich daher noch nicht durchgesetzt.

	Level 1	Level 2	Level 3
Streckenausrüstung	▪ Ortsfeste Signale ▪ Gleisfreimeldeeinrichtungen ▪ Schaltbare Balisen	▪ Gleisfreimeldeeinrichtung ▪ Nicht schaltbare Balisen ▪ Funkblockzentrale	▪ Nicht schaltbare Balisen ▪ Funkblockzentrale
Fahrzeugausrüstung	▪ ETCS-Fahrzeuggerät ▪ Ortungseinrichtung	▪ ETCS-Fahrzeuggerät ▪ Ortungseinrichtung ▪ GSM-R-Funkeinrichtung	▪ ETCS-Fahrzeuggerät ▪ Ortungseinrichtung ▪ GSM-R Funkeinrichtung ▪ Zugintegritätskontrolle
Blockeinteilung	Fest	Fest	Beweglich
Informationsübermittlung	Punktförmig (Balisen) oder linienförmig (Loop)	Kontinuierlich (GSM-R)	Kontinuierlich (GSM-R)
Balisen	Aktiv (Zugdetektierung und Datenübermittlung)	Passiv (elektronische Marken zur Ortung/ Positionsindikator)	Passiv (elektronische Marken zur Ortung/ Positionsindikator)
Zugschlusskontrolle (Zugintegrität)	An der Strecke	An der Strecke	Auf dem Zug

Tabelle 13 *Übersicht über die ETCS-Level und funktionaler Vergleich [eigene Darstellung].*

5.5.5 Leitsysteme

5.5.5.1 Steuerung und Regelkreise

Um das Bahnsystem plangemäss, in hoher Qualität und stabil zu betreiben, ist zusätzlich zur Sicherung eine übergreifende Koordination erforderlich. Dies ist die Folge der fehlenden Selbstorganisationsfähigkeit spurgeführter Systeme und damit eine regelungstechnische Aufgabe. Bei einer einfachen Steuerung von Systemen beeinflusst ein sogenannter *Regler* aufgrund von Eingangsgrössen die Anlagenteile und/oder Prozesse durch Aussendung von *Stellgrössen*. Dabei wird das Steuerungsergebnis nicht zurückgemeldet, sodass insbesondere die Einwirkung allfälliger Störungen nicht beeinflusst werden kann. Eine solche einfache Steuerung ist nicht in der Lage, die geforderte Betriebsqualität zu gewährleisten.

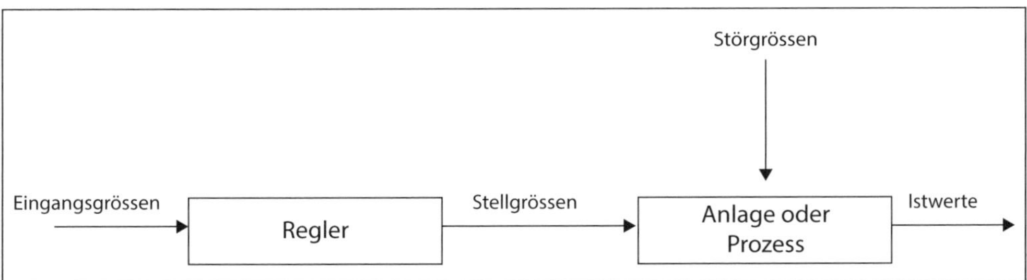

Abbildung 106 *Generisches Schema einer Steuerung; offener Regelkreis [Lüthi 2009].*

Damit ein Regler die bestmögliche Übereinstimmung zwischen Soll- und Istwert erreicht, ist er auf Rückmeldungen zum Erfüllungsgrad seiner Anweisungen angewiesen. Diese erhält er mittels eines sogenannten geschlossenen Regelkreises (Rückführung der Istwerte als Eingangsgrösse) und kann sie bei der Aussendung der nächsten Stellgrössen berücksichtigen. Ein Bahnsystem – sei es automatisiert, teilautomatisiert oder sogar noch manuell geregelt – besteht aus mehreren ineinandergreifenden, kaskadierten Regelkreisen, die zudem in hierarchische Ebenen gegliedert sind. Sie umfassen nicht nur operative, sondern auch taktische und sogar strategische Aufgaben. Der Transportprozess kann somit auch als mehrfache Verschränkung solcher Regelkreise verstanden werden [Fay 1999], [Fenner 2003]. Die technische Ausgestaltung kann sehr unterschiedlich sein und basierte während Jahrzehnten vorab auf manuellen Interaktionen. Je mehr Teilprozesse aber automatisiert sind, desto kürzer werden die Verarbeitungszeiten und desto reagibler wird das System.

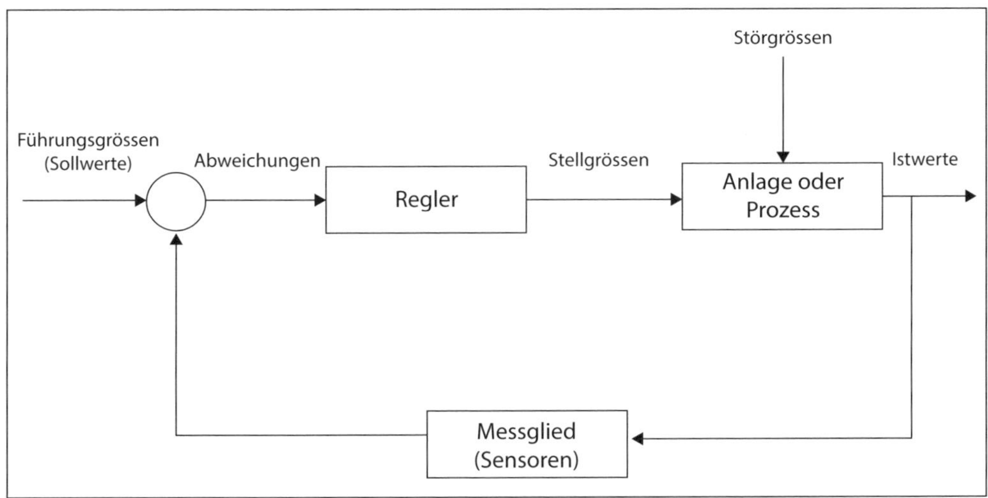

Abbildung 107 *Generisches Schema einer Steuerung; geschlossener Regelkreis [Lüthi 2009].*

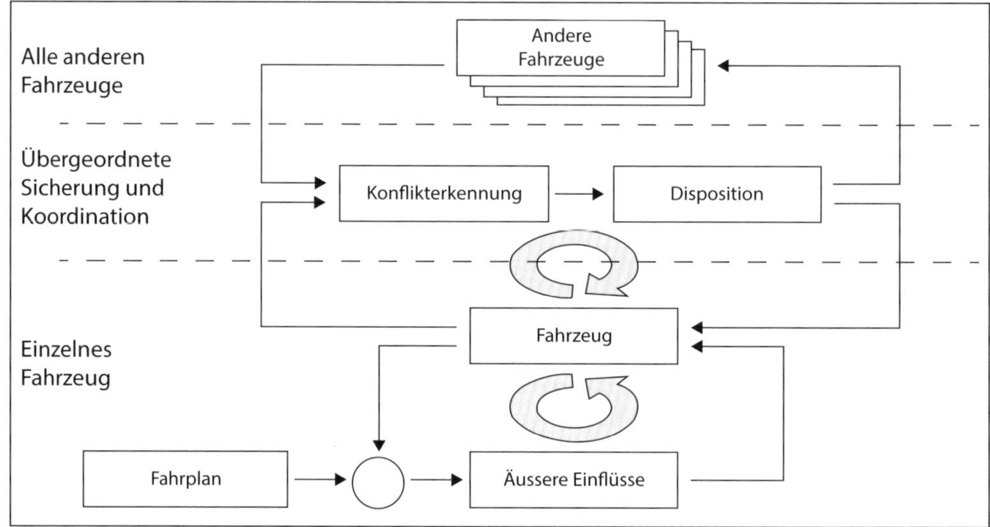

Abbildung 108 *Sicherung und Koordination der Fahrzeuge im Bahnsystem durch Regelkreise der Sicherungs- und Leittechnik [Grafik: Marco Lüthi].*

5.5.5.2 Aufgaben der Betriebslenkung und Leittechnik

Auf der Bedien- und Dispositionsebene überwacht die *Betriebslenkung* den Betriebsablauf und erteilt Anordnungen bei Abweichungen vom Regelbetrieb. Dazu gehören auch Entscheide über die Anschlussgewährung und das Störungsmanagement. Sie kann unterteilt werden in:

- *Bedienung/Ansteuerung der Stellwerke:* Ferneinwirkung, wenn Stellwerke nicht örtlich bedient werden. Manuell von einer Zentrale aus oder durch zentrales Automationssystem.
- *Grossräumige Betriebsüberwachung:* Netzweiter Überblick über die Zuglage in Echtzeit.
- *Disposition:* Eingriffe in den Betriebsablauf im Fall von Abweichungen vom Sollzustand.

Die *Leittechnik* fasst die informationstechnischen Datenströme aus den vernetzten Systemen zusammen, um dadurch den gesamten Fertigungs- oder Produktionsprozess zu überwachen und zu steuern [Freyberger 2002]. Ziel ist die Führung des Bahnbetriebes als geschlossenen Regelkreis aller Informationen, Anweisungen und Handlungen.

5.5.5.3 Stellwerkfernsteuerung, Fernsteuerzentren

Die automatisch betreibbaren Spurplanstellwerke sowie die elektronischen Stellwerke schufen die Voraussetzungen für *Fernsteuerzentren*. Hier werden alle angeschlossenen Stellwerke zentralisiert und aus Distanz angesteuert, wobei die Sicherungslogik und die Ansteuerung der Aussenanlagen weiterhin im sogenannten Ortsstellwerk verbleiben. Das Fernsteuersystem überträgt die Befehle vom Fernsteuerzentrum zum Ortsstellwerk. Es übernimmt aber von ihm auch die Informationen zum momentanen Stellzustand und übermittelt diese an das Fernsteuerzentrum.

Die Fernsteuerzentren repräsentieren damit eine übergreifende leittechnische Ebene. Lokale Bedienplätze müssen nicht mehr besetzt werden und die Übersicht über die aktuellen Zustände ermöglicht eine netzweit optimierte und rasche Disposition. Wesentlicher Bestandteil ist die Fernwirktechnik, die der Übermittlung der Meldungen und Kommandos zwischen der Fernsteuerzentrale und den Stellwerken dient.

5.5.5.4 Zuglenkung

Die *Zuglenkung* baut auf *Zugnummernmeldeanlagen* auf. Jeder Zug ist durch eine eineindeutige Zugnummer identifiziert, die nur einmal vergeben wird. Die Informationen über Position und Bewegung aller Züge bilden die Grundlage für betriebliche Entscheide. Zugnummernmeldeanlagen zeigen somit die Betriebslage zugsgenau an und sind die Voraussetzung für die Zuglenkung mit zugabhängiger Fahrwegwahl.

Im *automatischen Signalbetrieb* (auch Selbststellbetrieb genannt) werden in einem Fahrstrassenspeicher signalbezogen alle möglichen Fahrstrassen in einer vorausbestimmten, fahrplanabhängigen Reihenfolge abgespeichert. Ein sich dem Signal nähernder Zug löst den Stellbefehl für seine Fahrstrasse aus. Dieser Selbststellbetrieb setzt voraus, dass der Fahrplan mit sehr hoher Zuverlässigkeit eingehalten wird.

Anlagen mit zugabhängiger Fahrwegwahl identifizieren die zugbegleitenden Informationen bei Annäherung eines Zuges, insbesondere die Zugnummer aus der Zugnummernmeldeanlage. Die vor Fahrplanwechsel gespeicherten Zuglenkpläne enthalten für jeden Zug eines Fahrplanjahres alle erforderlichen Fahrstrassen. Abhängig von der Betriebslage wird beim Passieren des jeweiligen Anstosspunktes eine der Fahrstrassen eingestellt. Im Unterschied zum automatischen Signalbetrieb erfolgt die Fahrwegwahl nicht signalorientiert, sondern zugorientiert. Dadurch ist die Zuglenkung unempfindlicher gegenüber Änderungen in der Zugreihenfolge und damit flexibler.

5.5.6 Dispositionssysteme

In der zeitgemässen Informationstechnologie gehen Betriebsüberwachung und Disposition sukzessive in einander über und zunehmend wird der Begriff *Dispositionssystem* als übergreifende Bezeichnung verwendet. Der Soll-Ist-Vergleich aus der Überwachung wird damit zum Teil der Disposition. Solchermassen definierte Dispositionssysteme umfassen im Wesentlichen folgende Teilfunktionalitäten:

- *Zuglaufverfolgung:* Verfolgt die Standorte der einzelnen Züge und stellt dem Personal diese Informationen unter anderem für die Disposition zur Verfügung. Die Daten bilden auch die Grundlage für weitere automatische Systeme.
- *Betriebsüberwachung:* Führt die Informationen zur Betriebslage zusammen und beurteilt diese an zentraler Stelle. Sie vergleicht kontinuierlich Soll und Ist zwischen Produktionsplan und Realität und stellt Konflikte fest. Damit werden die Disponenten in der Lagebeurteilung unterstützt.

- *Disposition:* Setzt die Erkenntnisse aus der Betriebsüberwachung in Massnahmen zur Verringerung der Abweichung des Istzustandes zum Sollzustand um. Hauptziel ist das konfliktfreie Abwickeln des Bahnbetriebs möglichst nahe am vorgegebenen Fahrplan.

Netzgrösse, Netzdichte, Netzauslastung, Charakteristiken der Zugkategorien, Topologie und Betriebsführungsstrategie haben einen grossen Einfluss auf die Ausprägung der Dispositionssysteme. Besondere Unterschiede bestehen zwischen der Vollbahn einerseits und dem städtischen Nahverkehr andererseits. In jüngsten Entwicklungen werden die Funktionalitäten zudem sukzessive mit Algorithmen erweitert, die optimierte Konfliktlösungsvorschläge hervorbringen. Aufgrund der sehr grossen Zahl an Variablen und der ebenfalls zahlreichen Prozessabhängigkeiten handelt es sich mathematisch und informationstechnisch um äusserst komplexe Aufgabenstellungen mit sehr hohem Rechenbedarf.

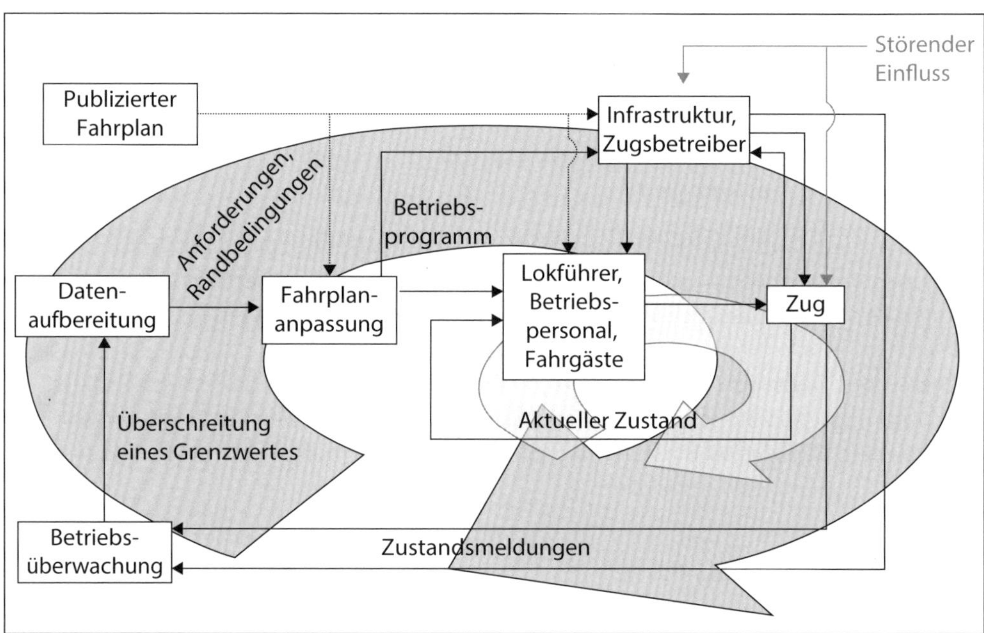

Abbildung 109 *Dispositionskreislauf im Bahnsystem [Lüthi 2009].*

5.5.7 Automationssysteme

Ursprünglich wurden technische Systeme rein manuell bedient. Die technische Entwicklung erlaubte die Übertragung von Routineaufgaben auf Geräte, zuerst basierend auf mechanischer, später elektrischer und schliesslich informationstechnischer Basis. Diese werden heute in Automatisierungssystemen zusammengefasst und ermöglichen gleichzeitig eine Steigerung der Sicherheit und Wirtschaftlichkeit [Glattfelder 1997].

Die *Automatisierungstechnik* umfasst Methoden und Mittel, um einem System ein zielorientiertes, sicheres und selbsttätig ablaufendes Verhalten aufzuprägen [Freyberger 2002]. Technologisch steht der rechnergesteuerte Ablauf industrieller Prozesse, zum Beispiel des Bahnbetriebs, im Vordergrund. Die Automatisierungstechnik ist ein interdisziplinäres Gebiet mit Beiträgen der Elektronik, Informatik, Kybernetik, Mathematik, Arbeitspsychologie und -physiologie sowie Ökonomie. Bei der Bahn vereinigt sie infrastrukturseitig die Fernsteuersysteme mit den weiterentwickelten Dispositionssystemen. Die Automatisierung kann verschiedene Gründe und Ziele haben (nach [Schnieder 1999]):

- Senkung der Produktionskosten oder Erhöhung der Produktivität bei gleichen Kosten.
- Kapazitätssteigerung, insbesondere in Knoten, und damit Erweiterung des Angebots.
- Senkung des Ressourcenverbrauchs, insbesondere Energie.
- Erhöhung von Sicherheit und Zuverlässigkeit.
- Erhöhung der Produktionsqualität.

Während die Stellwerkfernsteuerung vorab ökonomisch motiviert war, indem sie die örtliche Besetzung überflüssig machte, stehen bei der Automation die Maximierung der Produktionspräzision und die Reagibilität der Disposition im Vordergrund. Die Komplexität der Produktions- und Betriebsabläufe ist manuell nicht mehr innert nützlicher Frist zu bewältigen. Der gesamte Informationsfluss kann vom Personal nicht mehr verarbeitet werden, Genauigkeitsanforderungen oder zeitliche Reaktionsfähigkeiten sind nicht erfüllbar. Schliesslich ist keine marktgerechte Kundeninformation möglich.

Die Bahnautomation kann helfen, diese Engpässe zu beseitigen und die Kapazität der Bahninfrastruktur zu maximieren. Sie umfasst die folgenden drei Komponenten:

- Automatic Train Protection (ATP): Automatische Fahrwegsicherung und Fahrtüberwachung.
- Automated Train Operation (ATO): Automatische Fahr- und Bremssteuerung.
- Train Management System (TMS): Automatische Betriebslenkung/Disposition.

Dabei sind ATP und TMS die infrastrukturseitigen Komponenten, ATO die fahrzeugseitige.

5.5.8 Leit- und Störmeldesysteme

5.5.8.1 Überwachte und gesteuerte Anlagen

Leit- und Störmeldesysteme (LSS) dienen der Fernüberwachung und -bedienung technischer Einrichtungen und führen Betriebs- und Zustandsinformationen zentral zusammen. Sie werden beispielsweise in der Haustechnik angewandt, gelangen aber auch zunehmend bei der Bahn zur Anwendung. Sie überwachen nicht den Zugbetrieb, denn dies ist die Aufgabe der Sicherungs- und Leittechnik. Üblicherweise wird zudem das Bahnstromnetz mit separaten Systemen überwacht und gesteuert; sinngemäss handelt es sich aber auch um ein LSS. Zu den konventionellen Funktionen von LSS zählen etwa (nach [Fendrich 2007]):

- Beleuchtung.
- Raumtemperatur.
- Einbruchmeldeanlagen.

- Türschliessungen.
- Brandmeldeanlagen.
- Fernsehanlagen zur Betriebsüberwachung und für die Security.
- Klimaanlagen.
- Rolltreppen und Lifts.

Mit zunehmendem Ausrüstungsgrad wächst der Überwachungsbedarf und damit die Komplexität. Der Betrieb einer Strecke – insbesondere in langen Tunnels – erfolgt zudem erst sicher, wenn neben allen bahnsicherheitsrelevanten Aspekten auch die externen Systeme korrekt arbeiten. Dazu wurden die Leit- und Störmeldesysteme zu Tunnelleitsystemen weiterentwickelt. Sie verarbeiten unter anderem die Daten folgender Anlagen (nach [Fendrich 2007]):

- Energieversorgung (50 Hertz).
- Lösch- und Rettungsfunk.
- Pumpwerke.
- Tunnelbeleuchtung.
- Tunnelbrandnotbeleuchtung.
- Fluchttüren.
- Wasserhebeanlagen.
- Temperaturen, insbesondere in Schaltschränken.

Die Erfassung dieser Informationen erfordert zahlreiche Sensoren. Eine grosse Herausforderung bildet dabei insbesondere die Behandlung der zahlreichen, oft unvermeidlichen Fehlmeldungen.

5.5.8.2 Funktionen der Leit- und Störmeldesysteme

Die generischen Hauptfunktionen eines LSS sind:

- Bedienung und Überwachung der elektromechanischen Anlagen.
- Erfassung und Visualisierung von Ereignissen und technischen Störungen sowie Vorschläge für entsprechende Massnahmen (Alarm- und Checklisten).
- Übergeordnete Prozessfunktionen.
- Unterhaltsfunktionen (Planmässige und ausserplanmässige Instandhaltung).
- Dienste (Kommunikationsschnittstellen) für umliegende Leitsysteme.

Die Daten entstehen verteilt entlang der gesamten Bahnstrecke. Von den lokalen Leitsystemen, die insbesondere als Rückfallebene und für den Unterhalt dienen, werden sie zum sogenannten Datenkonzentrator transferiert. Eine Bildschirmübersicht ermöglicht es, Daten und Zustände anhand vordefinierter Kriterien zu erkennen. Die Visualisierung erfolgt meistens entweder geografisch-streckenorientiert oder anlagenspezifisch. So können entsprechende Massnahmen bei Ereignissen umgehend ergriffen werden, sofern diese nicht sogar automatisch ausgeführt werden.

In zeitgemässen Leitstellen sind Bahnbetriebsführung, Leit- und Störmeldesysteme, Kundeninformation und Bahnstromversorgung nahe beisammen angeordnet, um im Störungsfall rasch und gezielt alle wichtigen Informationen zur Verfügung zu haben sowie optimale Entschlüsse fassen und alle Akteure informieren zu können.

5.5.8.3 Interaktion mit der Bahnsicherungs- und Leittechnik

Bahnsicherungs- und Leittechnik einerseits, Leit- und Störmeldesysteme andererseits sind somit zwar zwei grundsätzlich getrennte Systeme mit unterschiedlichen Aufgaben. Bei komplexen Infrastrukturen wie etwa langen Bahntunnels oder Strecken in Gelände mit Naturgefahren werden allerdings die beiden Systeme technisch miteinander verbunden. Stellt ein LSS einen unzulässigen Umfeldzustand fest, so löst es im Bahnsicherungssystem entsprechende Massnahmen aus, zum Beispiel Geschwindigkeitsreduktion oder Streckensperrung. Bereits seit vielen Jahrzehnten werden zum Beispiel Lawinenhänge permanent überwacht und die Strecke wird nach einem Lawinenniedergang gesperrt. Dasselbe gilt für tiefliegende Streckenabschnitte hinsichtlich allfälliger Hochwasser und in den langen Tunnels wird kontinuierlich geprüft, ob die Querschlagtüren geschlossen sind. Dies erhöht einerseits die Sicherheit, andererseits reduziert es potenziell die Verfügbarkeit des Bahnsystems, da auch Fehlmeldungen des LSS zu einer Blockade des Bahnbetriebs führen können.

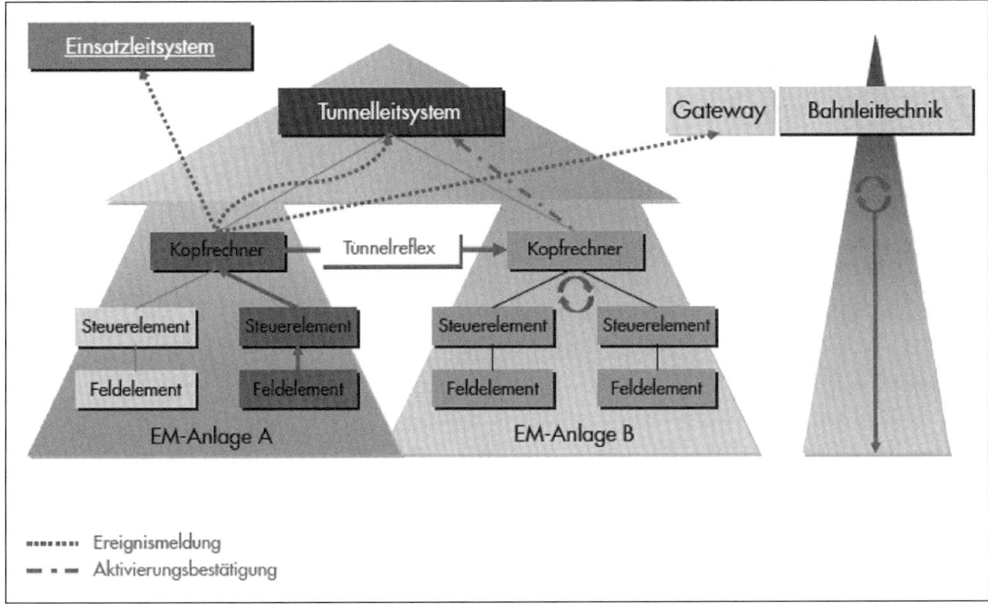

Abbildung 110 *Systemaufbau von Tunnelleitsystemen sowie Verknüpfung mit der Bahnsicherungs- und Leittechnik [Grafik: Amstein+Walthert].*

5.6 Technologiestrategie und Innovation

5.6.1 Technologiestrategie

5.6.1.1 Überblick

Der öffentliche Verkehr ist zwar eine Dienstleistung, deren Erstellung bedingt indessen zahlreiche technische Einrichtungen und Anlagen wie etwa Bahninfrastruktur, Rollmaterial oder Informatiksysteme. Der überwiegende Teil der Technologien ist dabei bahnspezifisch. Marktgerechte Leistungen in der geforderten Menge und Zuverlässigkeit zu tragbaren Kosten sind nur durch stete technische Innovation möglich. Innovation ist grundsätzlich *die Veränderung des Status quo (bestehender Zustand) mit dem Ziel der Verbesserung* [Fuchs, 2006]. Innovation ist mithin ein Prozess, der sich in drei Hauptphasen gliedert (nach Kurt Lewin):

1. *Defreeze* = Auftauen: Innovationen initiieren, konzipieren und breit abstützen.
2. *Move* = Bewegen: Innovationen entwickeln und implementieren.
3. *Refreeze* = Verfestigen: Innovationen optimieren und konsolidieren.

Unter Innovationsstrategie wird die Festlegung der Aktivitäten einer Unternehmung im Bereich der Forschung und Entwicklung verstanden. Die konkrete Anwendung des Innovationsprozesses wird in der Technologiestrategie festgelegt. Innovation und Technologiestrategie gehören mithin eng zusammen und die Innovation kann sogar als Teil des Technologiestrategieprozesses verstanden werden.

5.6.1.2 Ausprägungen von Innovationen

Innovationen können gerade bei der Bahn sehr unterschiedliche Ausprägungen aufweisen (nach [Fuchs 2006)]:

- Technologische Innovationen, Einführung neuer Produktionsmittel.
- Prozessinnovation, Prozessoptimierungen, innovative Leistungserstellungsprozesse.
- Informationstechnische Innovationen.
- Neue Formen der Zusammenarbeit mit den Kunden oder der Kundenbindung.
- Produktinnovation, Entwicklung und Einführung neuer Produkte.
- Einführung oder Verbesserung der Qualitätssicherung.
- Organisatorische Innovation, Einführung einer neuen Aufbauorganisation.

Innovationen können mithin von aussen adaptiert werden, aber auch in der Unternehmung selbst entstehen. Zu Ersteren zählen oft allgemein technische Innovationen, zu Letzteren eher Neuerungen bei den Prozessen oder der Kundenbindung.

5.6.1.3 Technologische Strategien

Die Technologiestrategie umfasst – in anderen Worten – die strukturierte Abstimmung von Innovation und Anwendung technischer Lösungen für künftige Erfordernisse. Im Wesentlichen lassen sich vier Strategieansätze voneinander unterscheiden:

1. *Strategie der technologischen Führerschaft (Innovatoren):* Eine Unternehmung erkennt einen Vorteil in der Erstanwendung innovativer Technologien. Der „First Mover"-Effekt erlaubt Kostensenkungen und/oder Qualitätssteigerungen, welche die Konkurrenz erst mit Verzug anbieten kann. Diese Strategie bedingt eine hohe Risikobereitschaft und einen grossen Mitteleinsatz. In der gesamten Breite ist sie nur für sehr grosse Infrastrukturunternehmungen gangbar, drängt sich aber auch nicht auf, ausser sie verspreche entscheidende Vorteile hinsichtlich Kostensenkung und/oder Leistungs-, Verfügbarkeits- und Sicherheitssteigerung.
2. *Strategie der raschen Nachahmung (Early Adopters):* Will man rasch von Fortschritten profitieren, kann oder will man aber das Risiko des „First Movers" nicht tragen, so bietet sich die Strategie des „Fast Followers" an. Die Technologieentwicklung und die Erfahrungen des Erstnutzers werden eng verfolgt. Eine neue Technologie wird eingeführt, sobald sich deren Eignung erwiesen hat. Die „Fast Follower"-Strategie ist effizient, setzt aber einen erfolgreichen „First Mover" voraus. Hat dieser indessen auf einen ungeeigneten Entwicklungspfad gesetzt, so verzögert es auch die Erneuerung des „Fast Followers".
3. *Strategie des Abwartens (Late Adopters):* Gerade kleineren EIU bleibt oft nur die Strategie des Abwartens, können sie sich doch höchstens punktuell am Innovationsprozess beteiligen. Sie warten ab, bis die neu entwickelten Produkte als Standards erhältlich sind. Da sich die Wettbewerbsfähigkeit kleinerer Nischenanbieter kaum aufgrund ihres technischen Niveaus, sondern primär aufgrund von spezifischen marktbezogenen Vorteilen ergibt, kann diese Strategie durch solche Unternehmungen ohne Risiko verfolgt werden.
4. *Strategie des Innovationsverzichts (Nachzügler):* In Einzelfällen wird auf Innovation gänzlich verzichtet, sei es, weil die Unternehmung selbst für die Strategie des Abwartens zu klein ist, sei es, weil man die alte Technologie bewusst zur Marktpositionierung einsetzt. Mag diese Strategie in Einzelfällen auch zweckmässig sein, so eignet sie sich nicht als generelle Verhaltensweise.

5.6.1.4 Prozess des Wissensmanagements

Zur Technologiestrategie gehört begleitend das (bahn)technische Wissensmanagement, bestehend aus folgenden drei Dimensionen:

- *Innovation:* Innovation ist bei Bahnen nicht an die Forschung im engeren Sinn gekoppelt. Quellen sind auch Entwicklungen von Lieferanten und Erfahrungsrückflüsse aus der Praxis.
- *Transaktion:* Die Wissensvermittlung erfolgt üblicherweise durch Aus- und Weiterbildung, aber insbesondere durch Selbststudium.
- *Applikation:* Erst in der praktischen Anwendung des Wissens entsteht eine ergebniswirksame Wertschöpfung, unterstützt durch die Normen und Regelwerke, die das Ergebnis der Technologiestrategie kodifizieren.

Diese drei Dimensionen sind zu einem Regelkreis mit folgenden Übergangsschritten gefügt:

- *Selektion* (von der Innovation zur Transaktion): Neues und bestehendes Wissen ist vor seiner Weitergabe auf seine Aktualität, Richtigkeit und Relevanz hin zu überprüfen.
- *Adaptation* (von der Transaktion zur Applikation): Die Empfänger des Wissens haben dieses in ihren bestehenden Wissens- und Erfahrungsschatz einzuordnen, überkommene Ansichten und Methoden zu eliminieren sowie Anwendungsfelder für das neue Wissen zu identifizieren.
- *Reflexion* (von der Applikation zur Innovation): In der Anwendung erweist sich die Tauglichkeit neuen Wissens und gleichzeitig entstehen neue Denkansätze. Die Rückkoppelung zur Innovation ist ein Mittel zur Qualitätssicherung, aber auch die Voraussetzung zur Weiterentwicklung der Technologiestrategie.

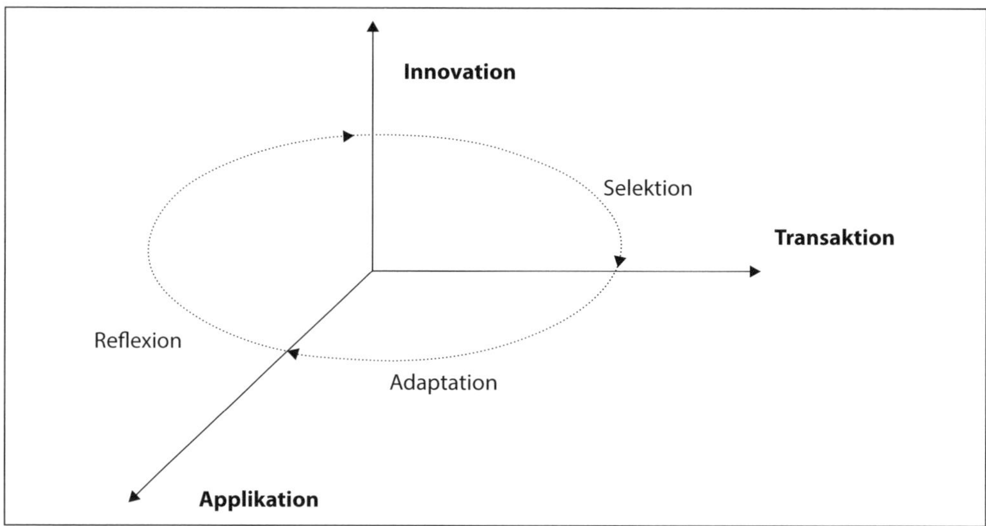

Abbildung 111 *Dimensionen des Wissensmanagements mit Innovation, Transaktion und Applikation; Transferprozesse der Selektion, Adaptation und Reflexion [eigene Darstellung].*

5.6.2 Herausforderungen und Schwerpunkte der bahntechnischen Innovation

5.6.2.1 Herausforderungen der Bahn

Innovation wird überlebenswichtig bleiben, denn die Bahn wird sich zur Mitte des Jahrhunderts in einem Umfeld bewegen, in dem die konkurrierenden Transportsysteme grosse Veränderungen erfahren. Die Automation des Strassenverkehrs wird Realität. Autonutzer können von der Privatheit im eigenen Wagen profitieren und gleichzeitig die Zeit zur Arbeit oder Erholung nutzen, wie ein Fahrgast der Bahn. Zudem wird der konventionelle Verbrennungsmotor durch neue Antriebe abgelöst sein, die ökologisch vorteilhafter sind. Lastwagen werden nicht nur billiger, sondern auch leiser und sauberer sein, womit politisch wichtige relative Systemvorteile der Bahn verlorengehen.

Es ist absehbar, dass die Bahn in verschiedenen heutigen Märkten kaum überleben kann. Selbst mit konsequenter Innovation ist es nicht möglich, grundlegende systemische Schwächen auszugleichen. Zum Beispiel werden Infrastruktur und Rollmaterial immer sehr teuer und langlebig sein. Allein die Infrastrukturkosten pro Zugfahrt entsprechen etwa den Vollkosten eines Busses einschliesslich des Fahrers. Die Netzdichte ist und bleibt rund 15 Mal kleiner als jene der Strasse und die Bahnhöfe können im ländlichen Raum nur wenige Fahrgäste direkt bedienen.

5.6.2.2 Konzentration auf komparative Stärken der Bahn

In dieser Situation muss sich die Bahn konsequent auf ihre drei früher dargestellten komparativen Stärken besinnen, nämlich Geschwindigkeit, Flächeneffizienz und Transporteffizienz. Diese Stärken sind von globaler Bedeutung, denn noch nie war die menschliche Gemeinschaft so urbanisiert wie heute, mit Ballungsräumen, die nur durch Bahnsysteme leistungsfähig und stadtverträglich erschliessbar sind. Noch nie war der Austausch zwischen Metropolen so gross, doch sind die Kapazität des Luftraumes und die Akzeptanz der Luftfahrt in der Bevölkerung begrenzt. Und noch nie war der weltweite Güteraustausch so intensiv. Die Konzentration auf die komparativen Stärken wird somit zwar Konsequenzen haben, zum Beispiel den Rückzug aus der Regionalerschliessung und die Aufgabe des Einzelwagenladungsverkehrs. Dafür wird die Bahn in ihren starken Gebieten der Gesellschaft umso essenziellere Dienste leisten können.

5.6.2.3 Schwerpunkte der bahntechnischen Innovation

Damit die Bahn im beschriebenen Kontext ihre drei komparativen Stärken ausnutzen kann, sind Innovationen vor allem in folgenden vier Schwerpunkten gefordert:

Leistungsfähigkeit: Die Anforderungen der Kundinnen und Kunden des Personen- und Güterverkehrs hinsichtlich Pünktlichkeit und Zuverlässigkeit werden weiter steigen. Je schwieriger die Verkehrssituation auf den Strassen und im Luftverkehr wird, desto höher steigt die Erwartung an die Bahn. Stark an Bedeutung gewinnen wird parallel dazu die geforderte Flexibilität im Güterverkehr.

Wirtschaftlichkeit: Trotz politischer Absichtserklärungen wird die Bahn in der Mehrzahl der europäischen Länder nicht substanziell stärker finanziell unterstützt. Die Maximierung der Wirtschaftlichkeit ist daher weiterhin gefordert, durch Minimierung der Investitionen, aber auch der Betriebskosten.

Adaptierbarkeit: Die Bahn ist ein starres System mit hohen Fixkosten. Der europäische Verkehrsmarkt reicht aber von höchstbelasteten Korridoren bis zu dünn besiedelten, nachfrageschwachen Regionen. Die Nachfrage schwankt zeitlich extrem und führt bei konventioneller Produktion zu durchschnittlichen Auslastungen von meist deutlich unter 30 %. Gleichzeitig verändert sich die Bevölkerungsverteilung durch innereuropäische Wanderungsbewegungen, was zu Wachstum in Teilen des Kontinents, aber zu Schrumpfung in anderen Teilen führt. Das System Bahn muss sich folglich an örtlich und zeitlich stark unterschiedliche Nachfragestärken möglichst gut anpassen können.

Ressourcenverbrauch: Die Bahn ist zwar umweltfreundlicher als andere Verkehrssysteme, doch vom energetischen Vorteil des zehn Mal geringeren Rollwiderstands bleibt derzeit im realen Betrieb etwa ein Faktor drei; teilweise ist ein Bus sogar vorteilhafter als die Regionalbahn. Die anderen Verkehrssysteme verbessern sich zudem ökologisch sukzessive. Die Bahnfahrzeuge wurden laufend schwerer und die Durchschnittsauslastung bleibt tief; pro Fahrgast werden deshalb zwei bis drei Tonnen Material mitbefördert.

5.6.3 Innovationsprozesse in der Bahntechnik

5.6.3.1 Definitionen und Innovationsprozess

Innovation bedeutet die Umsetzung von Erfindungen in Marktanwendungen [Stern 2007]. Erfindungen um ihrer selbst willen stellen keine Innovation dar, sondern es muss immer eine Umsetzung und damit ein wirtschaftlicher Nutzen verbunden sein. *Systemorientierte Innovationen* (oder Systeminnovationen) sind Innovationen, bei denen mindestens zwei Bereiche des Systems Bahn – Angebot, Produktion, Rollmaterial, Infrastruktur – verändert werden müssen, um die Wirkung zu erzielen. Aufgrund der Struktur des Systems Bahn bedeutet dies gleichzeitig den Einbezug mehrerer Akteure. Da die Bahn ein Verbundangebot verschiedener unabhängiger Bahnunternehmungen ist, ist zur Marktdurchsetzung die Beteiligung der anderen Marktteilnehmer erforderlich – und damit die Nachahmung, was ansonsten in Innovationsprozessen möglichst unterbunden wird.

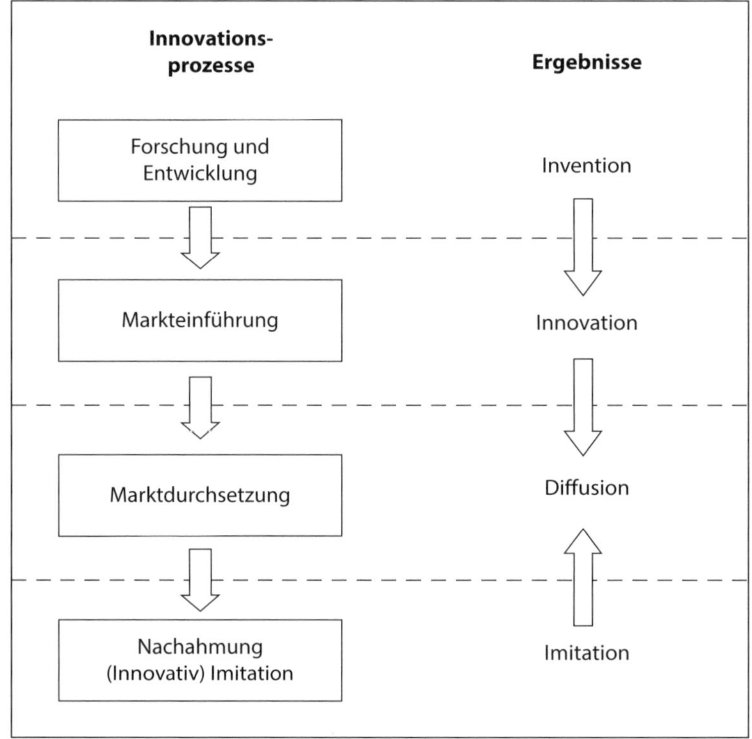

Abbildung 112
Allgemeine Aktivitäten und Ergebnisse von Innovationsprozessen (nach [Brockhoff 1999]).

5.6.3.2 Allgemeiner Innovationsprozess

Der übliche Innovationsprozess beginnt mit der Forschung und Entwicklung neuer Produkte und Produktionsverfahren *(Invention)*. Der nächste Schritt ist die Markteinführung der Inventionen und damit werden sie zur Innovation. Wenn ein Produkt erfolgreich ist, wird es am Markt durchgesetzt *(Diffusion)*. Die erfolgreiche Diffusion motiviert andere Marktteilnehmer zur Nachahmung *(Imitation)*. Während in Forschung und Entwicklung sowie Markteinführung zunächst Kosten ohne Erträge entstehen, erfolgt mit der Marktdurchsetzung eine Kompensation dieser Kosten durch Erträge. Wesentliche Grundlage dieses einfachen Modells ist daher die Vereinigung der ersten drei Schritte (Forschung und Entwicklung, Markteinführung und Marktdurchdringung) unter der wirtschaftlichen Verantwortung eines einzigen Akteurs, der seine Kosten für die Innovation durch spätere Erträge refinanzieren kann.

5.6.3.3 Bahntechnische Innovationsperioden

Die prägenden Innovationen der Bahn verbreiteten sich stets langsam, nicht weil die Bahn an sich innovationsarm wäre, sondern weil die Migration über das gesamte Netz viel Zeit, Geld und Organisationsaufwand auslöst. Wichtige Pionierleistungen gehen auf das späte 18. bis frühe 20. Jahrhundert zurück. Das Stahlrad auf Stahlschiene entstand um 1780, die Dampflokomotive um 1800, das mechanische Stellwerk um 1860, der elektrische Bahnantrieb und der automatische Streckenblock um 1880, die Diesellokomotive um 1910 oder die Hochgeschwindigkeitsbahn um 1930. In diesen und vielen anderen Fällen dauerte es rund vier Jahrzehnte von der Erstanwendung bis zur allgemeinen Verbreitung.

Diese Inkubationszeit lässt sich nach wie vor beobachten, wie ein Rückblick auf die jüngsten vierzig Jahre zeigt: Für die Fahrgäste direkt spürbar wurden flächendeckende integrierte Taktfahrpläne, die standardmässige Klimatisierung der Fahrzeuge, dynamische Fahrgastinformationssysteme, Mobiltelefon- und WLAN-Verbindungen auf Bahnhöfen und in den Zügen vieler Gesellschaften sowie Internet- und Electronic-Ticketing. Die durchgängige Behindertengerechtigkeit wurde gesetzlicher Standard. Im Güterverkehr haben sich intermodale Transport- und Logistikkonzepte verbreitet.

Im Fahrzeugbereich haben die Hochgeschwindigkeitsbahnen ihre Tauglichkeit für kommerzielle Höchstgeschwindigkeiten von bis zu 350 km/h belegt. Begannen die ersten ernsthaften neuzeitlichen Versuche zur Anwendung der Drehstromtechnik zu Beginn der Siebzigerjahre, so ist sie heute allgemeiner Stand. Sie erleichterte wesentlich die Entwicklung von Fahrzeugbaukästen für Hochleistungslokomotiven, Doppelstocktriebzüge sowie den Stadt- und Regionalverkehr. Luftgefederte Drehgestelle und Scheibenbremsen sind im Personenverkehr mittlerweile selbstverständlich.

Bei der Infrastruktur sind neue Formen des Fahrbahnaufbaus wie Betonschwelle, eine neue Schienengüte, durchgehend verschweisste Gleise und feste Fahrbahnen zu nennen. Durch die absolute Gleisversicherung und Diagnosefahrzeuge können die Soll-Lage des Gleises klar definiert, die reale Gleislage präzis erfasst und Lagefehler gezielt eliminiert werden. In Datenbanken sind Pläne und Sachinformationen digital, aktuell und oft mit Zeitreihen verfügbar. In der

Erhaltungstechnologie haben hochmechanisierte Maschinen oder die Just-in-time-Lieferung neuer Weichen Einzug gehalten. Parallel dazu hat sich die Elektronik in der Steuerung und Sicherung der Bahnbetriebsprozesse etabliert. Elektronische Stellwerke, Stellwerkfernsteuerungen sowie Leit- und Automationssysteme werden breit angewendet. Die eurokompatible Führerstandssignalisierung nach ETCS Level 2 ist operativ.

Kunden	Fahrzeuge	Fahrweg	Sicherung und Steuerung
▪ Integrierter Taktfahrplan ▪ Vollklimatisierung im Personenverkehr ▪ Fahrgastinformationssysteme ▪ WLAN ▪ Hindernisfreiheit ▪ Billettautomaten, Internetverkauf ▪ Container, Wechselbehälter, Sattelauflieger	▪ Hochgeschwindigkeit bis 350 km/h ▪ Doppelstocktriebzüge ▪ Neigezüge ▪ Hochleistungs-Drehstromlokomotiven ▪ Fahrzeugbaukasten, standardisierte Fahrzeuge ▪ Niederflurfahrzeuge ▪ Automatische Fahrgastzählsysteme ▪ Automatische Kupplung ▪ Luftgefederte Drehgestelle ▪ Scheibenbremsen	▪ Lückenlos verschweisstes Gleis ▪ Betonschwellen, auch in Weichen ▪ Feste Fahrbahn ▪ Just-in-Time-Lieferung von Weichen ▪ Hochmechanisierter Gleisunterhalt ▪ Absolute Gleisversicherung und 3D-Trassierung ▪ Diagnosefahrzeuge und -systeme	▪ Elektronische Stellwerke ▪ Stellwerkfernsteuerung und -automatisierung ▪ Führerstandssignalisierung / European Train Control System

Tabelle 14 *Breit eingeführte Innovationen bei der Bahn seit 1975 (nach [Weidmann 2013]).*

5.6.3.4 Systeminnovationen bei der Bahn

Die Herausforderungen der Bahn in den nächsten Jahrzehnten verlangen nach grundlegend neuen Eigenschaften, die substanzielle Fortschritte in den vier genannten Handlungsfeldern bringen. Die heutige Bahn ist indessen das Ergebnis einer Entwicklungsgeschichte von rund einem Vierteljahrtausend mit zahllosen Einzeloptimierungen, weshalb reine Komponenteninnovationen keine gänzlich neuen Eigenschaften bringen können. Grundlegende Innovationen müssen Systeminnovationen sein. Diese betreffen naturgemäss die Handlungssphäre mindestens zweier Akteure und damit auch die Schnittstellen zwischen diesen. Daraus folgt, dass eine Systeminnovation das Gesamtergebnis aller beteiligten Akteure zusammen optimieren muss, während sich die Zielerreichung für einzelne Akteure durchaus verschlechtern kann.

Aufgrund der Gegebenheiten der Bahn sind Systeminnovationen mit drei spezifischen Herausforderungen konfrontiert:

- Akteure.
- Innovationsprozesse und Migration.
- Finanzierung.

Sie werden im Folgenden vertieft.

5.6.4 Akteure im Innovationsprozess der Bahn

Die Bahn ist ein generisch arbeitsteiliges System. Hinzu kommt heute eine organisatorische Fragmentierung durch Aufteilung der Aufgaben auf unterschiedlichste, meist rechtlich und finanziell abgegrenzte Organisationen:

Nachfrage und Politik

- *Kunden:* Leistungsbezüger sowohl im Personen- als auch im Güterverkehr. Beide Gruppen verlangen ein gutes Verkehrs- oder Transportangebot zu geringen Preisen.
- *Politik:* Verfolgt als primäres Ziel ein qualitativ hochwertiges Angebot mit möglichst geringem Steuermittelbedarf. Weitere Ziele sind die Reduzierung der Lärm- und Schadstoffemission sowie des Energieverbrauchs, die Sicherung der Landeserschliessung sowie günstige Fahrpreise.
- *Regulierung:* Setzt die rechtlichen Rahmenbedingungen im Rahmen des von der Politik vorgegebenen Handlungsrahmens. Primäre Ziele sind ein sicherer Betrieb, die Sicherung der Interoperabilität und ein fairer Wettbewerb zwischen den Verkehrsunternehmen.

Angebot

- *Besteller:* Bestellt Transportleistungen oder Infrastrukturen, die nicht eigenwirtschaftlich erstellt werden können. Primäres Ziel ist eine angestrebte Leistung zu möglichst geringen Kosten und möglichst guter Qualität.
- *Anbieter von Transportdienstleistungen:* Haben ein Interesse, diese Leistungen zu möglichst tiefen Preisen bei möglichst hoher Qualität anzubieten und insbesondere so wenig wie möglich für die Infrastruktur zu bezahlen. Ein Ziel ist es, die Erträge zu optimierten, sei es über zusätzliche Kunden oder durch höhere Zahlungsbereitschaft.

Produktion

- *Ersteller von Transportdienstleistungen:* Möchte Transportdienstleistungen mit möglichst geringen eigenen Kosten produzieren. Damit verbunden sind niedrige Kosten für die Infrastrukturnutzung sowie für das Rollmaterial.
- *Industrie im Bereich Produktion:* Anbieter von produktionsrelevanten Systemkomponenten, zum Beispiel von Dispositionssoftware oder bestimmten Fahrzeugkomponenten. Hier besteht ein Interesse, möglichst viele Komponenten zu hohen Preisen zu verkaufen.

Rollmaterial

- *Wagenhalter:* Will geeignetes Rollmaterial mit möglichst geringen Anschaffungs- und Unterhaltskosten betreiben.
- *Triebfahrzeugeigner:* Will seine Triebfahrzeuge möglichst kostengünstig beschaffen und betreiben.
- *Fahrzeugindustrie:* Möchte möglichst viele Fahrzeuge zu möglichst hohen Preisen verkaufen.

Bereich	Infrastruktur			Rollmaterial			Produktion		Angebot		Umfeld		
Rolle der Akteure	Infrastrukturbesteller	Infrastrukturersteller	Infrastrukturbetreiber	Wagenhalter	Triebfahrzeugeigner	Fahrzeugindustrie	Ersteller von Transportleistungen	Industrie im Bereich Produktion	Besteller	Anbieter von Transportleistungen	Politische Gremien	Kunden	Regulation
Infrastruktur SBB		X	X										
Regionalverkehr SBB				X	X		X						
Fernverkehr SBB				X	X		X			X			
SBB Cargo				X	X		X			X			
Cargo Dritt-EVU					X		X			X			
Dritt-EVU Personenverkehr				(X)	(X)		X			(X)			
Andere Infra-strukturbetreiber		X	X										
Rollmaterial-vermieter				(X)	(X)								
Versender/ Empfänger im Güterverkehr				(X)					X				
Bundesamt für Verkehr	X										(X)		X
Kantone	(X)								X		X		
Bahnsystem-anbieter						X		X					
Fahrzeug-hersteller						X		(X)					

Tabelle 15 *Akteure und ihre Rollen im schweizerischen Bahnsystem [Weidmann 2015].*

Infrastruktur

- *Infrastrukturbesteller:* Bestellt und finanziert Bau und Betrieb von Infrastrukturanlagen. Er hat das Ziel, die Infrastrukturkapazität mit möglichst geringen Bau- und Betriebskosten bereitstellen zu lassen.
- *Infrastrukturersteller:* Baut die Infrastruktur und hat das Ziel, diese bei gegebenen Anforderungen möglichst kostengünstig zu erstellen.
- *Infrastrukturbetreiber:* Unterhält und betreibt die Infrastruktur. Er will Infrastruktur mit möglichst grosser Kapazität betreiben, um möglichst hohe Trasseneinnahmen zu erzielen. Weiterhin hat er das Ziel, die Infrastruktur mit möglichst geringen Kosten zu unterhalten.

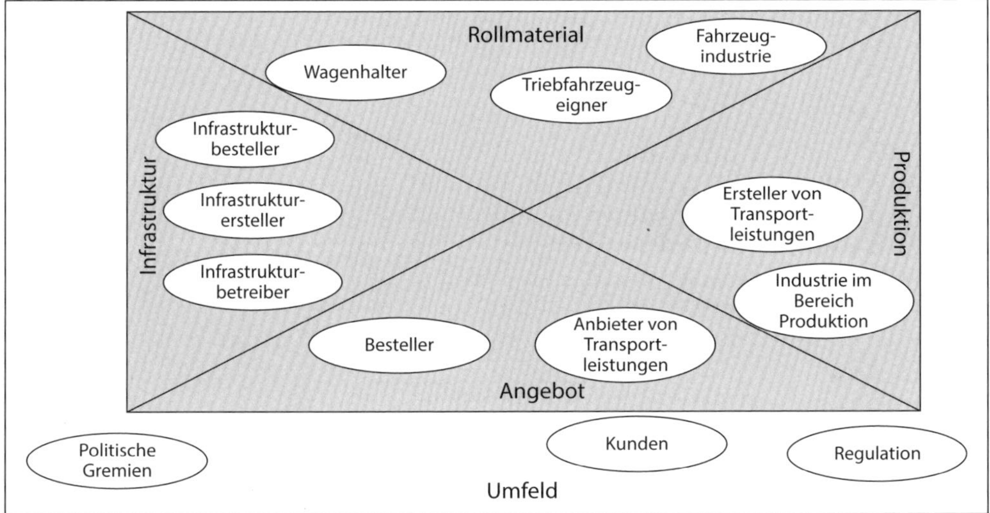

Abbildung 113 *Akteure bei Innovationen im Bahnsystem [Weidmann 2015].*

5.6.5 Innovationsprozess des Bahnsystems

Aufgrund der dargestellten Struktur des Systems Bahn mit einer Vielzahl beteiligter Akteure sowie der starken Rolle von Staat und Gesellschaft ergeben sich grosse Differenzen zur Innovation in herkömmlichen Unternehmen der produzierenden Industrie:

Die *Forschung und Entwicklung* erfolgt bei klassischen Unternehmen in der Regel unternehmensintern oder gesteuert durch das Unternehmen. Im Gegensatz dazu hatten viele Eisenbahnverkehrs- und -infrastrukturunternehmen nie eigene Forschungs- und Entwicklungsabteilungen oder haben diese reduziert und sind zur funktionalen Ausschreibung von Beschaffungen übergegangen. Marktanforderungen können daher nicht schnell und unter eigener Regie in neue Produkte umgewandelt werden.

Bei der *Markteinführung* von Neuerungen bei physischen Produkten kann der Kunde die Innovation direkt bei sich und zu seinem Nutzen anwenden. Da das Produkt der Eisenbahn aus fahrplanbestimmten und damit standardisierten Transportdienstleistungen besteht, erzeugt ein grosser Teil der technischen Innovationen bei den Endkunden keinen unmittelbaren Mehrwert. Die Innovation wird vielmehr zur Verbesserung der Produktion verwendet. Beispiele sind neue Antriebstechnologien von Triebfahrzeugen oder ein neuer Stellwerktyp.

Bei der *Marktdurchsetzung* hat ein Unternehmen üblicher Branchen einen Vorteil, wenn sich sein innovatives Produkt durch kundenorientiertere Eigenschaften positiv von Produkten anderer Unternehmen unterscheidet. Bei der Eisenbahn wird zum Ersten die Transportdienstleistung, wie bereits dargestellt, durch eine Innovation nur marginal unmittelbar verbessert. Zum Zweiten bedingen vielen Innovationen für ihre Umsetzung eine vollständige Marktdurchdringung. Damit kann das innovative Unternehmen eben gerade kein Alleinstellungsmerkmal erzeugen, da es auf die Mitwirkung der Mitbewerber angewiesen ist.

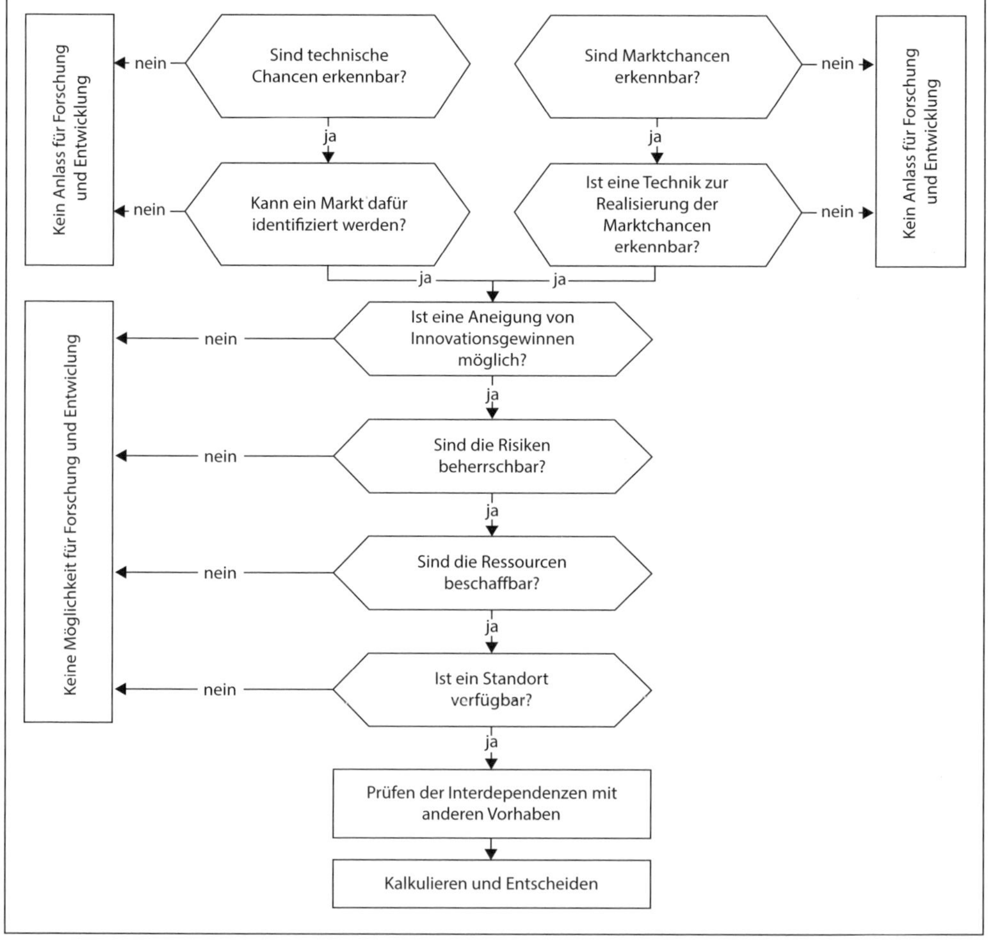

Abbildung 114 *Generischer Entscheidungsbaum bei der privatwirtschaftlichen Forschung und Entwicklung ([Weidmann 2015] nach [Brockhoff 1999]).*

Aus Sicht des innovationsführenden Unternehmens im Konsumgütermarkt ist eine *Nachahmung* der Innovation durch Wettbewerber nicht erwünscht. Diese wird aber bei der Eisenbahn häufig erforderlich, da Systeminnovationen erst dann ihre Wirkung entfalten, wenn alle Systembeteiligten und somit auch die Wettbewerber diese Innovation umsetzen. Damit sinkt naturgemäss die Bereitschaft, sich im Bereich der Forschung und Entwicklung als innovationsführendes Unternehmen zu engagieren, und es wird eher die Strategie des Abwartens oder der raschen Nachahmung angewandt.

In der Vergangenheit war die Co-Innovation von Bahn und Lieferanten sowie zwischen verschiedenen Bereichen innerhalb der Bahnunternehmungen üblich. Aus rechtlichen Gründen ist dies heute nicht zulässig, denn es fehlen die dazu nötigen legalen Strukturen. Viele wichtige Interaktionen im Innovationsprozess sind zudem explizit untersagt. Ein zentrales Hemmnis ist insbesondere die Regelung des geistigen Eigentums.

Effizienz des Gesamtsystems	Effizienz Akteur 1	Effizienz Akteur 2	Randbedingungen
Steigt	Steigt	Steigt	Innovation ist Selbstläufer
Steigt	Steigt	Konstant	Innovation ist einfach
Steigt	Steigt	Sinkt	Kompensation erforderlich / Akteur 1 muss Umsetzungsmacht haben
Konstant	Steigt	Sinkt	Kompensation erforderlich / Akteur 1 muss Umsetzungsmacht haben
Sinkt	Steigt	Sinkt	Akteur 1 muss Umsetzung erzwingen können

Tabelle 16 *Randbedingungen für die Umsetzung von Innovationen in Abhängigkeit von den Effizienzwirkungen auf das Gesamtsystem und beteiligte Akteure (vereinfachte Darstellung für zwei Akteure) [Weidmann 2015].*

5.6.6 Kosten, Erträge, Nutzentransfer

5.6.6.1 Finanzielle Herausforderungen von Systeminnovationen

Eine Systeminnovation soll mithin zur Verbesserung der Position der Bahn im intermodalen Wettbewerb führen. Nun liegt es in der Natur der Sache, dass bei einer Innovation (1) zuerst Kosten anfallen und erst später Mehrerträge folgen sowie (2) dass sich das relative Verhältnis von Kosten und Erträgen über den Verbreitungsgrad und die Abfolge der Anwendungsfelder einer Innovation sehr unterschiedlich entwickeln kann. Dies soll anhand generischer Verläufe erläutert werden.

5.6.6.2 Kostenverläufe

Der Kostenverlauf wird zunächst durch Initialkosten für die Entwicklung, die Vorbereitung der Einführung, die Schulung der Mitarbeiter etc. bestimmt, die vor der Inbetriebnahme der ersten Anwendung anfallen. Beim weiteren Kostenverlauf sind drei Fälle voneinander zu unterscheiden:

- *Lineare Kostenverläufe:* Stückkosten pro eingebautem Teil konstant. Derartige Kostenverläufe zeigt beispielsweise der Einbau von Massenbauteilen aus anderen Technikbereichen. Aufgrund der im Vergleich zum Gesamtmarkt geringen zusätzlich absetzbaren Stückzahl sind keine weiteren Economies-of-scale zu erwarten. Ein Beispiel sind Kommunikationskomponenten im Zug.
- *Degressive Kostenverläufe:* Kosten pro eingebautem Teil nehmen mit zunehmender Teileanzahl ab. Dies ist vor allem bei Innovationen zu erwarten, die speziell für den Eisenbahnbereich (weiter)entwickelt worden sind und zunächst in Testanwendungen oder als Prototypen erprobt werden. Anschliessend werden die Systeme in grossen Mengen eingebaut. Eine andere Ursache für diesen Verlauf ist die Einführung nur begrenzt mit der alten Technik kompatibler Systeme, die zunächst Mehrkosten infolge Inkompatibilität verursacht. Je breiter das neue System eingeführt ist, desto unwahrscheinlicher werden Schnittstellen mit Alttechnologie und die zugehörigen Mehrkosten ist. Ein Beispiel hierfür ist die automatische Kupplung.
- *Progressive Kostenverläufe:* Kosten pro eingebautem Teil nehmen mit zunehmender Zahl eingebauter Teile zu. Diese Kostenverlaufskurve tritt vor allem bei Systemen auf, bei denen zunächst die günstigen Fälle abgedeckt werden können und Fälle mit komplizierten Einbaubedingungen erst gegen Ende umgerüstet werden. Dies gilt beispielsweise bei der Einführung neuer Komponenten der Sicherungstechnik.

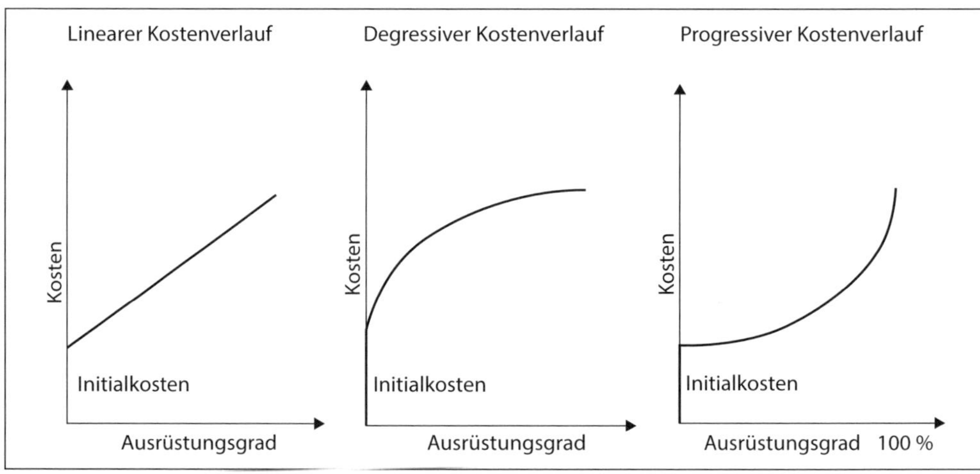

Abbildung 115 *Charakteristische Kostenkurven von Innovationen [Weidmann 2015].*

5.6.6.3 Ertragsverläufe

Bei den Ertrags- oder Nutzenverläufen einer Innovation treten ebenfalls charakteristische Verläufe auf:

- *Lineare Nutzenentwicklung:* Jede zusätzlich eingebaute neue Komponente generiert denselben Nutzen. Ein Beispiel dafür sind Bildschirme zur Information der Reisenden über Anschlüsse.

- *Zunehmender Grenznutzen:* Nutzen nimmt mit zunehmendem Migrationsgrad zu. Hierunter fallen unter anderem Komponenten, bei denen einzelne damit ausgestattete Wagen mit anderen Wagen interagieren müssen. Ein Beispiel dafür ist der Einsatz der Intra-Zugkommunikation von Güterzügen, die erst bei Ausstattung eines grossen Teiles der Wagen in einem Zug einen Nutzen generiert.
- *Abnehmender Grenznutzen:* Grenznutzen nimmt mit zunehmender Zahl eingebauter Komponenten ab. Ein Beispiel ist die adaptive Zuglenkung, die auf hochbelasteten Strecken einen deutlichen Kapazitätsgewinn bietet, aber auf Nebenstrecken nur einen geringen Nutzen bringt.

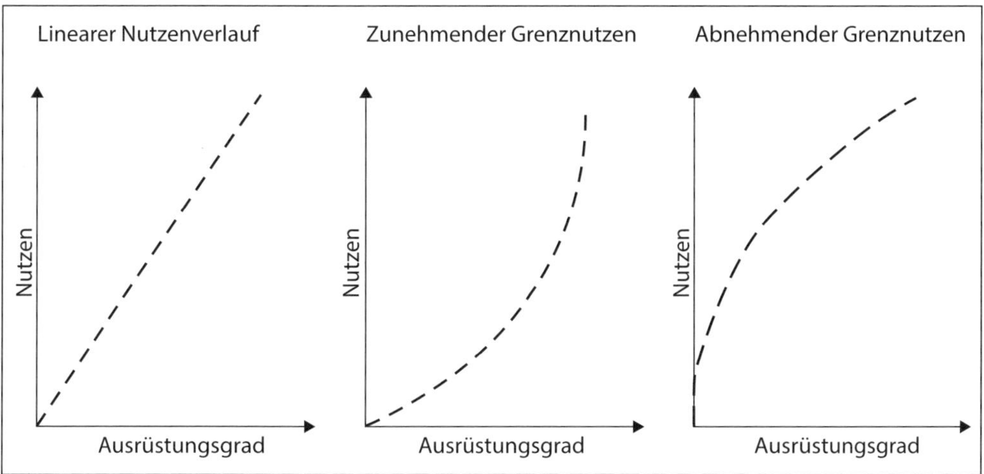

Abbildung 116 *Charakteristische Nutzenkurven von Innovationen [Weidmann 2015].*

5.6.6.4 Wirtschaftliche Tragfähigkeit und Transferbedarf

Die wirtschaftliche Tragfähigkeit von Innovationen ergibt sich aus der Differenz zwischen den Kosten- und Nutzenverläufen über die Zeit. Die Überlagerung der Ausstattungsgrad-Kosten-Kurven mit den Ausstattungsgrad-Nutzen-Kurven zeigt, dass der Break-even primär durch die Kostenkurve definiert wird. Systeme mit abnehmenden Grenznutzen erreichen ihn im Allgemeinen bei geringeren Ausstattungsgraden als solche mit progressivem Grenznutzen.

Dabei verteilen sich Kosten, Einsparungen und Mehrerträge meist ungleichmässig auf die beteiligten Akteure. Oft wird sich die wirtschaftliche Situation einzelner Akteure sogar dauerhaft verschlechtern, selbst wenn sich die Wettbewerbsfähigkeit des Systems Bahn insgesamt verbessert. In finanzieller Hinsicht ist somit ein Transfer von Anteilen des Nutzens zu jenen Akteuren erforderlich, bei denen die Hauptkosten anfallen. Dabei ist zwischen der Migrationsphase und dem dauerhaften Betrieb zu unterscheiden. Für diesen Transfer sind noch keine Mechanismen etabliert.

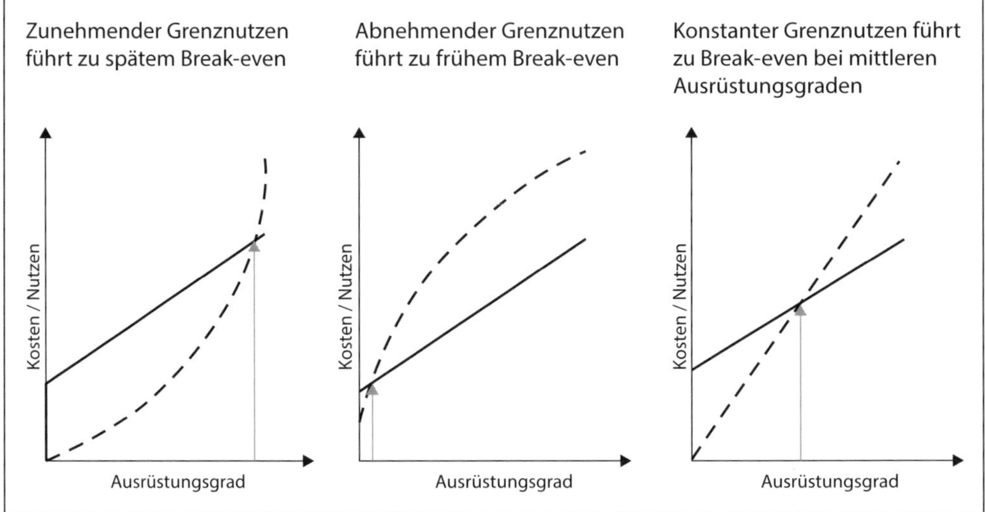

Abbildung 117 *Charakteristische Break-even-Punkte von Innovationen [Weidmann 2015].*

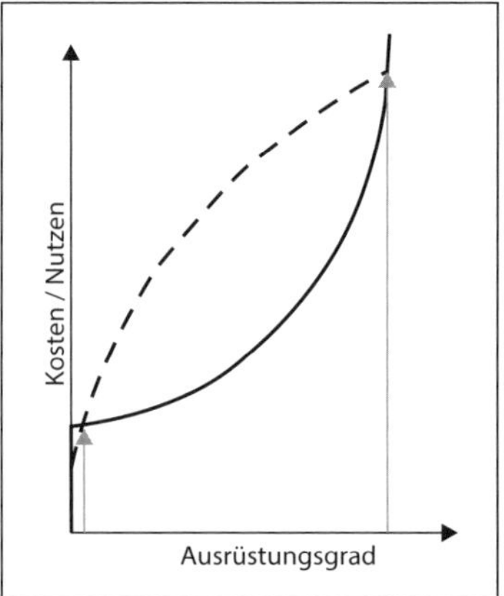

Abbildung 118 *Kombination von abnehmendem Grenznutzen und progressivem Kostenverlauf; Wirtschaftlichkeitslinse von Innovationen durch raschen Nutzenanstieg bei steigendem Ausrüstungsgrad und gleichzeitig zunächst verhalten steigenden Kosten [Weidmann 2015].*

5.6.7 Innovationsperspektiven

5.6.7.1 Aktuelle Innovationsansätze

Systeminnovationen können mithin nur erfolgreich sein, wenn sie ab kleinem Ausstattungsgrad einen hohen Nutzen bringen und gleichzeitig möglichst geringe Initialkosten verursachen. Innovationen entstehen derzeit auf vielen Gebieten des Bahnsystems; sie lassen sich wie folgt gruppieren:

- *Neue Angebotsformen des Personenverkehrs:* Seit der Entwicklung und Einführung des integrierten Taktfahrplans in den letzten Jahrzehnten wurden keine grundlegenden Erneuerungen der Angebotssysteme mehr verfolgt. Die weithin stagnierende Nachfrage zeigt aber, dass ein Innovationsschub gefordert ist. Ansätze gehen in Richtung einer Auflösung der starren Taktknoten.

- *Neue Angebots- und Produktionsformen des Güterverkehrs:* Zum Ersten wird der konventionelle Bahngüterverkehr weiterentwickelt, sei es mit automatischer Kupplung oder selbstfahrenden Fahrzeugen. Zum Zweiten entstand und entsteht eine Vielzahl intermodaler Transportsysteme, von denen allerdings die meisten bisher an den tiefen Kosten des konkurrierenden Lastwagentransportes scheitern.
- *Fahrzeugkonzepte und Fahrzeugbau:* Kennzeichnend ist die herstellerseitige Standardisierung und Modularisierung der Fahrzeuge in Typenbaukästen, die für die Bahnen spezifisch konfiguriert werden. Innovationen in der Fahrzeugkonstruktion hinsichtlich der Fahrzeuggewichte sind zwiespältig: Potenzielle Gewichtseinsparungen durch neue Konstruktionsmethoden und Materialien werden unter anderem durch stets strengere Sicherheitsnormen und Komforteinrichtungen kompensiert.
- *Fahrzeugsteuerung:* Die volle Digitalisierung zeitgemässer Triebfahrzeugsteuerung erlaubt neuartige Ansätze automatischer Zugführung (Automated Train Operation, ATO), sei es zur Entlastung der Lokführer, zur Ausrichtung der Fahrweise auf bestimmte Zielgrössen oder zum gänzlichen Verzicht auf Lokführer.
- *Infrastrukturentwurf:* Der Infrastrukturentwurf verfügt ohne gleichzeitige Änderung der Angebots- und Produktionskonzepte kaum über Innovationspotenzial. Die Separierung des Personen- vom Güterverkehr durch eigene Infrastrukturen ist eine alte Vorstellung, in der Realität aber praktisch kaum umsetzbar und sowohl ökonomisch wie ökologisch fragwürdig. Bei den Bahnhofsentwürfen besteht hingegen Innovationspotenzial hinsichtlich von Gesamtkonzepten, unter Berücksichtigung neuester Erkenntnisse des Fussgängerverkehrs.
- *Infrastruktur-Nutzungsplanung:* Neue Methoden aus dem Operations Research haben nachgewiesen, dass die automatisierte Fahrplangenerierung – das sogenannte Train Management System (TMS) – in Echtzeit machbar ist.
- *Infrastrukturbau und -erhaltung:* Vielversprechende Innovationen zeigen sich vorab in der Sensorik, Diagnostik und Zustandsvorhersage. Dieses Gebiet wird von den Entwicklungen bei Big Data profitieren und die weitere Mechanisierung des Unterhalts unterstützen. Zudem werden die Fahrbahnbauarten und ihre Komponenten laufend weiterentwickelt, allerdings ohne dass wirklich fundamentale Durchbrüche absehbar wären. Ein unterhaltsfreies Gleis zu den Kosten einer Schotterfahrbahn scheint leider nicht machbar zu sein.
- *Sicherungs- und Leittechnik:* Die Digitalisierung eröffnet in diesem Bereich die wohl grundlegendsten Umwälzungen. Erstens scheinen neue Stellwerkgenerationen ohne nationalen, sondern mit einem rein generischen Kern realisierbar zu sein. Zweitens wird die Leittechnik zur Vollautomation ausgebaut.
- *Energienutzung:* Neue Antriebs- und Speicherformen nebst elektrischem Antrieb ab Fahrdraht und Dieselmotor sind nicht absehbar. Die grossen Zuggewichte und Traktionsleistungen erfordern Energiemengen, die sich nur ab Fahrdraht gewinnen oder als fossiler Treibstoff mitführen lassen. Vielversprechender ist die intelligente Energienutzung durch automatisierte Fahrweise, aber auch die situative Speisung der Komforteinrichtungen des Zuges.

Von diesen Innovationsfeldern sind es vor allem die Automation der Fahrweise von Zügen in Verbindung mit der automatischen Fahrplanerstellung sowie die Digitalisierung des Anlagen-Monitorings und -Unterhalts, welche die formulierten wirtschaftlichen Umsetzungskriterien am besten erfüllen.

5.6.7.2 Potenziale der Bahnautomation

Die direkteste Leistungs- und Qualitätssteigerung für die Nutzenden des Bahnsystems bei geringstmöglichen Kosten und hohem Anfangsnutzen lässt sich durch Kombination von ATO und TMS zu einem vollautomatisierten Bahnsystem erreichen. Neuzeitliche Zugsicherungssysteme wie etwa ETCS Level 2 gestatten das Fahren im physikalisch kürzest möglichen Abstand von rund 100 s. Um dies operativ nutzen zu können, müssen alle ein bis zwei Minuten mittels TMS automatisch neue Fahrpläne unter Berücksichtigung der Betriebslage und ihrer mutmasslichen Entwicklung generiert werden. Damit die errechneten neuen Zeitfenster durch die Züge genutzt werden können, muss deren Fahrweise genau der vorausberechneten Trajektorie folgen. Da dies den Menschen überfordert, ist der automatische Betrieb ATO zumindest in den Knotenbereichen erforderlich.

Die Anwendung selbstlernender mathematischer Verfahren wie zum Beispiel neuronaler Netze erlaubt es, den zu erwartenden künftigen Ausfall von technischen Komponenten zu prognostizieren. Mittels proaktiver Erhaltungseingriffe können ausfallgefährdete Komponenten präventiv ersetzt und damit die Störungshäufigkeit gesenkt werden. Trotzdem werden Störungen nicht gänzlich ausbleiben. Lässt sich ihre mutmassliche Dauer aber genauer prognostizieren, so können angemessenere und wirtschaftlichere Dispositionsmassnahmen getroffen werden. Die dazugehörige Information der Personen- und Güterverkehrskunden lässt sich zudem markant verbessern.

5.6.7.3 Konsequenzen der Bahnautomation für das Gesamtsystem

Die Vollautomation des Bahnsystems, zusammen mit der Digitalisierung des Infrastrukturmanagements, ist die grösste absehbare Systeminnovation, denn sie verändert alle Teilsysteme tiefgreifend, von den Kunden bis zur Infrastruktur:

- *Standardisierung und durchgreifende Verdichtung der Angebote* mit dichteren und übersichtlicheren Fahrplänen für die Fahrgäste. Da die Züge keine Lokführer mehr benötigen, vermindern sich die Skaleneffekte sehr langer Züge und mehrere kürzere Züge werden kaum mehr kosten als ein einzelner sehr langer Zug. Damit lassen sich die Fahrpläne radikal verdichten und die Angebotssysteme analog zu Stadtverkehrssystemen aufbauen.
- *Standardisierung des Rollmaterials und der Produktionsprozesse*; grosse Serien einheitlicher Fahrzeuge mit Skaleneffekten in der Beschaffung sowie effizienzoptimierte Produktion mit minimierten Unproduktivitäten senken die Produktionskosten.
- *Konsequent vereinfachte Infrastrukturen und trotzdem gesteigerte Verfügbarkeit*; führt zu durchgreifenden Kostensenkungen der Bahninfrastrukturunternehmungen. Da die Fahrpläne sehr dicht sind, müssen Anschlüsse nicht mehr in Knotenbahnhöfen gebündelt werden. Die Gleisanlagen selbst grosser Bahnhöfe werden radikal einfacher und die Bahninfrastruktur orientiert sich insgesamt an einer Infrastruktur der Metro mit einer minimalen Topologie.

Die Migration wird schliesslich dadurch erleichtert, dass diese innovativen Ansätze modulartig und sukzessive implementiert werden können, aber bereits lokal einen grossen Nutzen bringen.

Literatur

[Barth 2014] Barth, Markus / Moser, Sepp (2014): Praxisbuch Fahrbahn; AS Verlag & Buchkonzept, Zürich

[Biesenack 2006] Biesenack, Hartmut / George, Gerhard / Hofmann, Gerhard / Schmieder, Alex (2006): Energieversorgung elektrischer Bahnen; Vieweg+Teubner Verlag, Wiesbaden

[Brockhoff 1999] Brockhoff, Klaus (1999): Forschung und Entwicklung – Planung und Kontrolle; R. Oldenbourg Verlag, München

[Darr 2000] Darr, Edgar (2000): Feste Fahrbahn – Konstruktion, Bauart, Gleislagestabilität, Instandhaltung und Systemvergleich; Eisenbahn-Technische Rundschau, 59. Jahrgang Heft 3, S. 138–148

[Darr 2006] Darr, Edgar / Fiebig, Werner (2006): Feste Fahrbahn – Konstruktion und Bauarten für Eisenbahn und Strassenbahn; Verlag Eurailpress, Hamburg

[Eisenmann 1985] Eisenmann, Josef (1985): Oberbauforschung – Oberbautechnik, Stand und Weiterentwicklung; Eisenbahn-Technische Rundschau, 34. Jahrgang Heft 10, S. 715–722

[Esveld 1989] Esveld, Coenraad (1989): Modern Railway Track; Verlag MRT-Productions, Duisburg

[Fay 1999] Fay, Alexander (1999): Wissensbasierte Entscheidungsunterstützung für die Disposition im Schienenverkehr; VDI Verlag, Düsseldorf

[Fendrich 2007] Fendrich, Lothar Hrsg. (2007): Handbuch Eisenbahninfrastruktur; Springer-Verlag, Berlin/Heidelberg

[Fenner 2003] Fenner, Wolfgang / Naumann, Peter / Trinckauf, Jochen (2003): Bahnsicherungstechnik – Steuern, Sichern und Überwachen von Fahrwegen und Fahrgeschwindigkeiten im Schienenverkehr; Publicis Corporate Publishing, Erlangen

[Fiedler 2005] Fiedler, Joachim (2005): Bahnwesen – Planung, Bau und Betrieb von Eisenbahnen, S-, U-, Stadt- und Strassenbahnen; Verlag Werner, Düsseldorf

[Filipovic 2005] Filipovic, Zarko (2005): Elektrische Bahnen – Grundlagen, Triebfahrzeuge, Stromversorgung; Springer-Verlag, Berlin/Heidelberg

[Freyberger 2002] Freyberger, Franz (2002): Leittechnik – Grundlagen, Komponenten, Systeme; Verlag Pflaum, München

[Freystein 2005] Freystein, Hartmut / Muncke, Martin / Schollmeier, Peter (2005): Handbuch Entwerfen von Bahnanlagen; Eurailpress Tetzlaff-Hestra, Hamburg

[Fuchs 2006] Fuchs, Jakob Hrsg. (2006): Betriebswirtschaft / Volkswirtschaft / Recht – Das wichtigste Grundwissen in einem Buch; Verlag Fuchs, Rothenburg

[Furrer 2012] Furrer+Frey AG (2012): Deckenstromschienen DSS System; Furrer+Frey, Bern

[Glattfelder 1997] Glattfelder, Adolf H. / Schaufelberger, Walte (1997): Lineare Regelungssysteme – Eine Einführung mit MATLAB; vdf Hochschulverlag an der ETH Zürich, Zürich

[Günther 2006] Günther, Hanns (2006): Das Buch von der Eisenbahn – Ihr Werden und Wesen (Reprint der Fassung von 1927); GeraMond Verlag, München

[Henn 1986] Henn, Wolfgang (1986): 150 Jahre Fahrweg für die Eisenbahn; in Weigelt, Horst Hrsg., Fünf Jahrhunderte Bahntechnik, Hestra-Verlag, Darmstadt, S. 74–79

[Kiessling 2014] Kiessling, Friedrich / Puschmann, Rainer / Schmieder, Axel (2014): Fahrleitungen elektrischer Bahnen – Planung, Berechnung, Ausführung, Betrieb; Publicis Publishing, Erlangen

[Koriath 2003] Koriath, Holger / Hamprecht, Andreas / Huesmann, Heiner / Ablinger, Peter (2003): Objektivierung der Systementscheidung Schotteroberbau versus Feste Fahrbahn; Eisenbahn-Technische Rundschau, 52. Jahrgang Heft 3, S. 113–122

[Lichtberger 2004] Lichtberger, Bernhard (2004): Handbuch Gleis – Unterbau, Oberbau, Instandhaltung, Wirtschaftlichkeit; Tetzlaff Verlag, Hamburg

[Lichtberger 2010] Lichtberger, Bernhard (2010): Handbuch Gleis, Unterbau, Oberbau, Instandhaltung, Wirtschaftlichkeit; Verlag DVV Media Group/Eurailpress, Hamburg

[Lüthi 2009] Lüthi, Marco (2009): Improving the Efficiency of Heavily Used Railway Networks through Integrated Real-Time Rescheduling; ETH Zürich, Dissertation 18615, Zürich

[Maschek 2009] Maschek, Ulrich (2009): Eine generische Sicht auf die Betriebssicherheit im spurgeführten Verkehr; Der Eisenbahningenieur, 60. Jahrgang Heft 2, S. 36–40

[Maschek 2012] Maschek, Ulrich (2012): Sicherung des Schienenverkehrs – Grundlagen und Planung der Leit- und Sicherungstechnik; Verlag Springer Vieweg, Wiesbaden

[Oberweiler 1989] Oberweiler, Günter (1989): Die Feste Fahrbahn – Entwicklung und Beurteilung aus der Sicht des Anwenders, Eisenbahn-Technische Rundschau, 38. Jahrgang Heft 3, S. 119–124

[Oberweiler 2002] Oberweiler, Günter (2002): Die Feste Fahrbahn – Eine kritische Zwischenbilanz nach 30 Jahren Forschung, Entwicklung und Erfahrung; Eisenbahn-Technische Rundschau, 51. Jahrgang Heft 1+2, S. 68–74

[Oury 2004] Oury, Jean-René / Christory, Jean-Pierre / Cluzaud, Jean-Marc / Leroux, Antoine (2004): Plates-formes de tramway – Pathologie et conception, Matériaux modulaires; dossiers CERTU 156, Verlag CERTU, Lyon

[Pachl 2004] Pachl, Jörn (2004): Systemtechnik des Schienenverkehrs – Bahnbetrieb planen, steuern und sichern; Verlag Teubner, Stuttgart

[Papacek 2004] Papacek, Friedrich / Stelzer, Franz (2004): Intelligente Weichensysteme – die steckerfertige Weiche, Technologieinnovation durch optimierte Lebenszykluskosten; ZEVrail Glasers Annalen, 128, Jahrgang Sonderheft Fahrwegoptimierung des Rad/Schiene-Systems, S. 56–59

[Preuss 1986] Preuss, Erich / Preuss, Rainer (1986): Lexikon der Erfinder und Erfindungen – Eisenbahn; Verlag R. v. Decker's, Heidelberg

[Roiser 2006] Roiser, Karl / Scharm, Christian (2006): Lebensdauer Elektronischer Stellwerke; Signal + Draht, 98. Jahrgang Heft 6, S. 15–18

[SBB 2020] Schweizerische Bundesbahnen (2020, im Entwurf): Herstellung und Unterhalt von Isolierstössen – Reglement I-22042, Bern

[Schilder 2002] Schilder, Rudolf / Pichler, Dieter (2002): Feste Fahrbahn und Masse-Feder-Systeme aus der Sicht des Betreibers und aus der Sicht des Planers; in PORR Nachrichten Nr. 140, S. 17–22

[Schmidt 1988] Schmidt, Peter (1988): Energieversorgung elektrischer Bahnen; transpress Verlag für Verkehrswesen, Berlin

[Schnieder 1999] Schnieder, Eckehard (1999): Methoden der Automatisierung – Beschreibungsmittel, Modellkonzepte und Werkzeuge für Automatisierungssysteme; Vieweg+Teubner Verlag, Braunschweig

[Schwach 1989] Schwach, Georg (1989): Oberleitungen für den hochgespannten Einphasenwechselstrom in Deutschland, Österreich und der Schweiz; Verlag Furrer+Frey, Bern

[SN 2010] Schweizerische Normenvereinigung (2010): Bahnanwendungen – Ortsfeste Anlagen – Elektrische Sicherheit, Erdung und Rückleitung – Teil 2: Schutzmassnahmen gegen Streustromwirkungen durch Gleichstrom-Zugförderungssysteme; Winterthur

[Stern 2007] Stern, Thomas / Jaberg, Helmut (2007): Erfolgreiches Innovationsmanagement, Erfolgsfaktoren – Grundmuster – Beispiele; GWV Fachverlag, Wiesbaden

[TPG 2016] Transport public genevois (2016) : Directives techniques pour TRAM / Chapitre 6 Infrastructure; Genève

[VöV 2010a] Verband öffentlicher Verkehr (2010): Regelwerk Technik Eisenbahn / Fahrbahnpraxis Normalspur – D RTE 22040; Bern

[VöV 2010b] Verband öffentlicher Verkehr (2010): Regelwerk Technik Eisenbahn / Systemtechnik Zahnradbahnen, Dokumentation – D RTE 29700; Bern

[VöV 2011] Verband öffentlicher Verkehr (2011): Fahrbahnpraxis Meterspur und Spezialspur / Handbuch – D RTE 22540; Bern

[VöV 2015] Verband öffentlicher Verkehr (2015): Regelwerk Technik Eisenbahn / Unterbau und Schotter, Normalspur und Meterspur – R RTE 21110; Bern

[Weidmann 2013] Weidmann, Ulrich (2013): Innovation für die Bahn der Zukunft – Ein Essay über den Weg zur Bahn 2053; Eisenbahn-Technische Rundschau, 62. Jahrgang Heft 10, S. 60–63

[Weidmann 2015] Weidmann, Ulrich / Schranil, Steffen / Bruckmann, Dirk / Fumasoli, Tobias / Herrigel-Wiedersheim, Sabrina (2015): Innovationen im Bahnsystem; ETH Zürich, Institut für Verkehrsplanung und Transportsysteme, Schriftenreihe des IVT 173, Zürich

6 Fahrbahnbau

6.1 Zusammenwirken von Fahrwerk und Schiene

6.1.1 Rad-Schiene-Geometrie

Das Zusammenwirken von Rad und Schiene ist für die Trag-, Führungs-, Antriebs- und Bremsfunktionen verantwortlich. Die Spurführung bedingt fahrbahnseitig zwei Schienen in definiertem Abstand und fahrzeugseitig zwei darauf abgestimmte Räder. Üblicherweise sind die Räder mittels starrer Achsen zu einem Radsatz verbunden. Erst in jüngster Zeit wird in Einzelfällen davon abgegangen, ohne aber das Prinzip des genau definierten Abstandes der Räderpaare zu verlassen.

Die geometrische Ausgestaltung der Räder, zusammen mit der Neigung der Schienen und der Form ihres Kopfes, ist massgebend für das stabile Laufverhalten im geraden Gleis und die Minimierung des Verschleisses in Kurven. Eine zylindrische Radform würde in Kurven zu starken Zwängungen des Radsatzes und damit zu hohem Verschleiss führen. In der Geraden würde sich der Radsatz im Spurkanal der beiden Schienen nicht selbst zentrieren, sondern sich undefiniert bewegen. In erster Näherung ist das Radprofil daher kegelförmig ausgebildet. Für einen optimalen Fahrzeuglauf muss die geometrische Form indessen feiner optimiert werden und zahlreiche geometrische Masse beider Teilsysteme (Rad und Schiene) müssen genau kompatibel sein.

Abbildung 1 *Radsatz in Drehgestell mit Scheibenbremsen [Foto: Michael Kohler].*

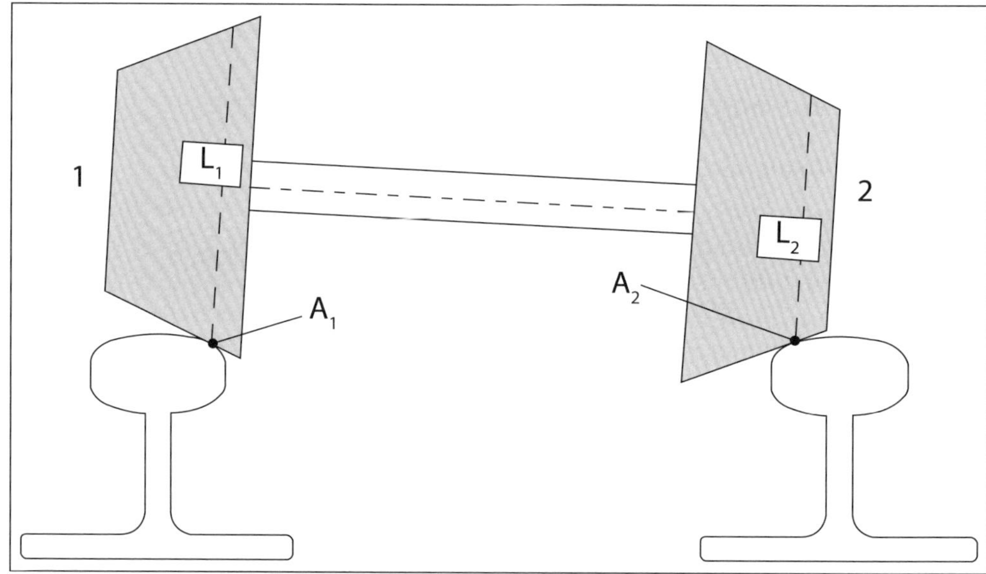

Abbildung 2 *Radsatz, verwindungssteife Verbindung der Räder durch sehr robuste Achse, idealisierte Kegelform; allgemeine Stellung im Spurkanal des Gleises. Aufstandspunkte und momentane Laufkreise verursachen Rollradiendifferenz zwischen linkem und rechtem Rad [Deutzer 2009].*

Bei der Berührung Rad-Schiene unterscheidet man zwischen Stützpunkten und Führungspunkten oder -flächen. Über die Stützpunkte werden vorwiegend vertikale Kräfte übertragen, über die Führungspunkte hauptsächlich seitliche Führungskräfte.

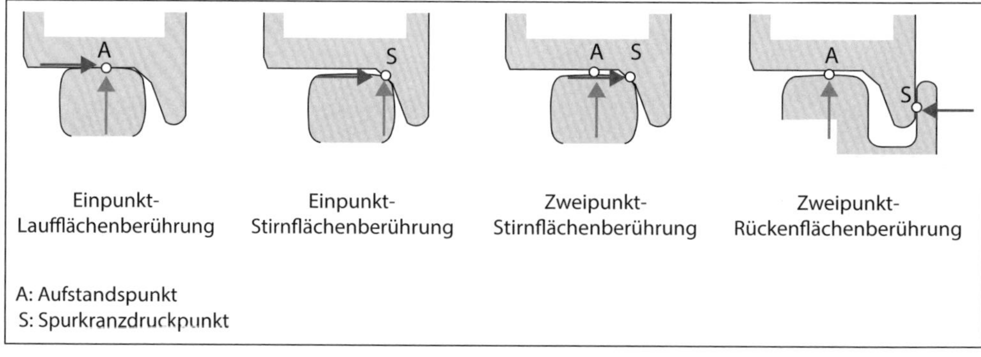

Abbildung 3 *Typologie der Berührungsformen zwischen Rad und Schiene [eigene Darstellung].*

Der durch den momentanen Stützpunkt eines Rades senkrecht zur Drehachse gelegte Kreis heisst Laufkreis, der Abstand der beiden benachbarten Laufkreise ist die Stützweite. Diese Masse verändern sich während der Fahrzeugbewegung je nach Lage des Radsatzes auf dem Gleis laufend. Sie sind deshalb als Nenngrössen ungeeignet. Die definitorische Nennspurweite ist vielmehr der Abstand der Schienenflanken, gemessen 14 mm unterhalb der Schienenoberkante, der bei der Normalspur auf 1435 mm festgelegt ist. Die zugehörige normierte Nennstützweite ist 1500 mm. Die Spurkranzhöhe ist das Mass, um das der Spurkranz über den durch den Laufkreis gebildeten Zylinder hinausragt. Das wirksame Spurmass ist die Entfernung der jeweiligen Spurkranzdruckpunkte beider Räder. Die Differenz von Spurweite und Spurmass nennt man Spurspiel.

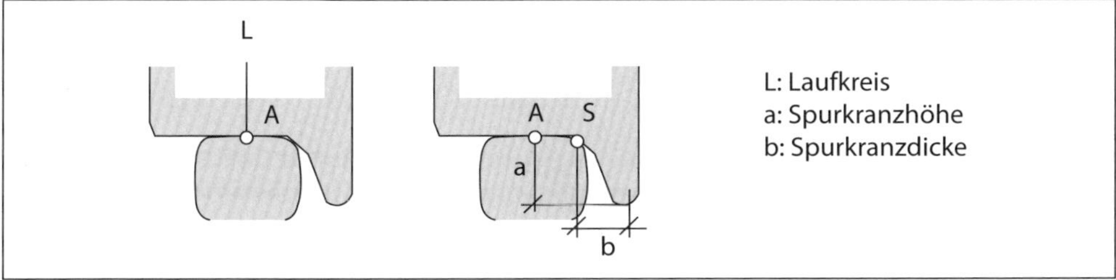

Abbildung 4 *Definition von Laufkreis, Spurkranzhöhe und Spurkranzdicke [eigene Darstellung].*

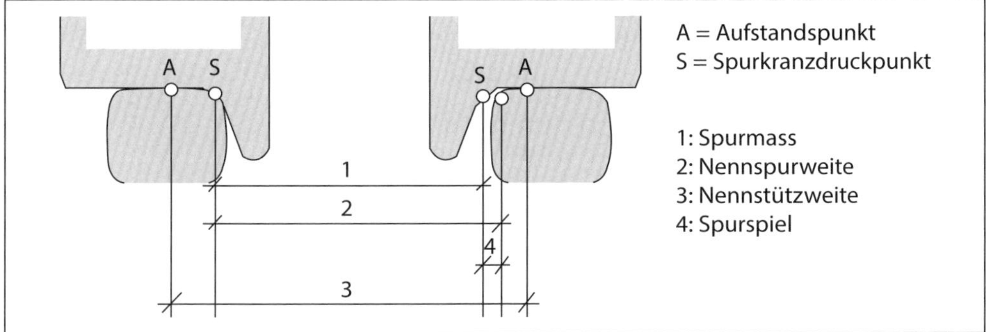

Abbildung 5 *Definition von Nennspurweite, Spurmass, Nennstützweite und Spurspiel [eigene Darstellung].*

6.1.2 Fahrzeuglauf in der Geraden

6.1.2.1 Sinuslauf des Radsatzes

Durch das quasi-kegelförmige Radprofil, verbunden mit der Form des Schienenprofils, zentriert sich ein Radsatz im geraden Gleis selbst. Da die Räder mittels der Achse starr verbunden sind, ist ihre Rotationsgeschwindigkeit zwangsläufig identisch. Liegt der Radsatz nicht genau zentrisch, so unterscheiden sich die Laufkreisdurchmesser des linken respektive des rechten Rades und es resultiert eine Wegedifferenz zwischen den beiden Kegeln. Zwischen der Differenz der Rollradien und dem Neigungswinkel des Radkegels besteht folgender Zusammenhang:

$$\Delta r_r = (r_1 - r_2) = 2 \cdot \tan \gamma_r \cdot y$$

mit

γ_r:	Neigung der Radkegelflächen [rad]
y:	Amplitude der Querbewegung des Radsatzmittelpunktes [m]
r_1, r_2:	Momentane Laufkreisradien [m]
Δr_r:	Differenz der Rollradien [m]

Das Rad mit dem momentan grösseren Laufkreis überholt das gegenüberliegende Rad, wodurch sich der Radsatz schräg stellt und sich sukzessive zur anderen Seite des Spurkanals verschiebt. Der Laufkreis des einen Rades verkleinert sich dadurch, jener des anderen vergrössert sich, bis eine spiegelbildliche momentane Lage erreicht ist. Dieser Vorgang wiederholt sich zyklisch und der Radsatz geht in einen sogenannten Sinuslauf über, der 1883 von Klingel entdeckt wurde.

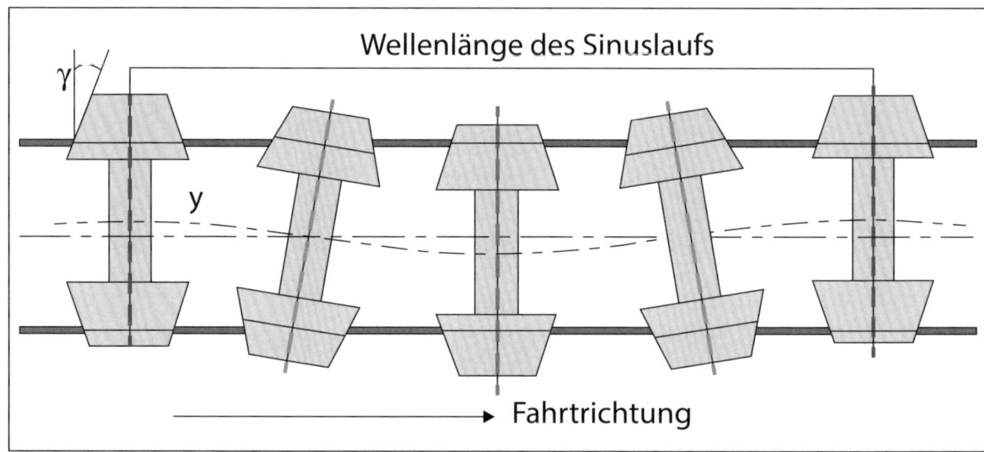

Abbildung 6 *Sinuslauf des freien Radsatzes aufgrund der jeweiligen Rollradiendifferenzen zwischen linkem und rechtem Rad; selbsttätige Zentrierung im Spurkanal [eigene Darstellung].*

Die Wellenlänge hängt von den geometrischen Abmessungen des Radsatzes und dem Stützpunktabstand ab, nicht aber von der Geschwindigkeit. Sie errechnet sich zu:

$$L_s = 2\pi \sqrt{\frac{r_n \cdot d_s}{2 \cdot \gamma_r}}$$

mit L_s: Wellenlänge des Sinuslaufes [m]
r_n: Radius des Nennlaufkreises [m]
d_s: Nennstützweite [m]
γ_r: Neigung der Radkegelflächen [rad]

Die Frequenz des Sinuslaufes und damit die seitliche Schwingfrequenz des Radsatzes ist daher durch die Wellenlänge und die Geschwindigkeit gegeben:

$$f = \frac{v}{L_s}$$

mit f: Frequenz [Hz]
v: Geschwindigkeit des Fahrzeugs [m/s]

Daraus folgt:

$$f = \frac{v}{2\pi} \cdot \sqrt{\frac{2 \cdot \gamma_r}{r_n \cdot d_s}}$$

Die Frequenz wächst unter folgenden Voraussetzungen an:

- Hohe Fahrgeschwindigkeit.
- Starke Neigung der Radkegelflächen.
- Kleiner Radius des Nennlaufkreises.
- Kleine Stützweite.

6.1.2.2 Laufinstabilität des Fahrzeugs

Die Radsätze sind über Federn und Dämpfer mit Drehgestell und Wagenkasten gekoppelt. Auf gerader Strecke schwingen die Radsätze aufgrund des beschriebenen Sinuslaufes in seitlicher Richtung, und zwar mit umso höherer Frequenz, je schneller der Zug fährt. Dabei wächst die Schwingungsenergie der Radsätze quadratisch mit der Geschwindigkeit an. Die Dämpfung im Fahrwerk bleibt dagegen trotz steigender Geschwindigkeit näherungsweise konstant. Mit wachsender Frequenz der Radsatzschwingungen nimmt schliesslich die Querreibung zwischen Rädern und Schienen ab, wodurch sich die reibungsbedingte Schwingungsdämpfung vermindert.

Abbildung 7 *Verschiebung des Gleisrostes infolge instabilen Laufes eines geschleppten Rangiertraktors; Sursee 2003 [Foto: Roland Müller].*

Der Fahrzeuglauf kann aufgrund dieser gegenläufigen, ungünstigen Effekte instabil werden, mit sehr grossen dynamischen Anlaufkräften. Die Schwingungsfrequenz der Radsätze von etwa 1–2 Hz kann zudem mit Eigenfrequenzen von Fahrzeugbauteilen – insbesondere des Wagenkastens – zusammenfallen, die damit ebenfalls zu Schwingungen angeregt werden. Die zusätzlich erhöhten seitlichen Kräfte aus diesen Schwingungen können zur Verschiebung des Gleisrostes und zum Entgleisen des Zuges führen. Gegenmassnahmen sind insbesondere die sorgfältige Abstimmung von Rad- und Schienenprofil, die Frequenzabstimmung des Fahrzeugs und aktive Gegenmassnahmen auf dem Fahrzeug zur Kompensation der Aufschaukelung.

6.1.2.3 Äquivalente Konizität

Zur Beurteilung der Laufstabilität kann die sogenannte äquivalente Konizität (tan g_e) berechnet werden. Die äquivalente Konizität eines Radsatzes ist der Tangens jenes fiktiven Kegelwinkels, der mit derselben Wellenlänge auf einer geometrisch genau definierten Schiene abrollen würde:

$$\tan\gamma_e = \frac{1}{2} \cdot \frac{r_1 \cdot r_2}{y}$$

Die realen Bahnräder haben keinen genau konischen Verlauf, sondern ihr Neigungswinkel vergrössert sich gegen den Spurkranz hin. Aufgrund des Verschleisses weicht zudem die effektive Form der Radsätze und Schienen von den ursprünglichen Profilen ab. Die eindeutige Berechnung der Konizität ist damit zunächst nur für den Neuzustand von Rädern und Schienen möglich; bei Vorliegen genügend genauer Messungen von realen Rad- und Schienenprofilen ist dies aber auch für beliebige Verschleisszustände machbar.

Eine grosse Konizität besagt eine hohe Erregerfrequenz des Radsatzes. Je schneller ein Fahrzeug verkehren soll, desto kleiner muss daher die Konizität sein. In Abhängigkeit von der Höchstgeschwindigkeit lassen sich folgende Grenzwerte formulieren:

Grenzwert der äquivalenten Konizität	Geschwindigkeitsbereich [km/h]
0,50	Bis höchstens 140
0,40	140 bis höchstens 200
0,35	200 bis höchstens 220
0,30	220 bis höchstens 250
0,25	250 bis höchstens 280
0,15	280 bis höchstens 350

Tabelle 1 *Grenzwerte der äquivalenten Konizität in Abhängigkeit von der Höchstgeschwindigkeit der Strecke [Lopéz 2006].*

Eine kleine Konizität ist somit günstig für hohe Geschwindigkeiten, bedeutet indessen einen erhöhten Verschleiss in Kurven. Man ist daher daran interessiert, den Neigungswinkel so gross wie möglich zu wählen, aber gerade so klein, dass das Laufverhalten in der Geraden noch stabil ist. Aus Gründen der Laufstabilität soll die äquivalente Konizität 0,5 nicht übersteigen. Um den Rückstellungseffekt nicht zu unterbinden, soll sie aber auch nicht unter 0,1 sinken [Lopéz 2006]. Die Radprofile der Fahrzeuge werden daher im Rahmen der genannten Grenzwerte auf ihr betriebliches Haupteinsatzgebiet (Hochgeschwindigkeitsstrecken, Gebirgsstrecken etc.) ausgerichtet.

Die Konizität wird – wie erläutert – nicht nur durch die Form der Räder beeinflusst, sondern auch durch die Schienen. Diese werden nicht rechtwinklig auf den Schwellen befestigt, sondern mit einem Winkel zwischen vertikaler Symmetrieachse der Schiene und Senkrechter zur Schwelle. Eine kleine Schienenneigung von 1:40, wie in der Schweiz, Deutschland und Österreich, ergibt eine grössere äquivalente Konizität als die stärkere Neigung von 1:20, die etwa in Frankreich und Grossbritannien üblich ist. Bei einem unter der Norm liegenden Schienenabstand verkleinert sich die Amplitude y, was ebenfalls zu einem starken Anstieg der äquivalenten Konizität und zu instabilem Fahrzeuglauf führen kann. Der präzise Schienenabstand ist daher durch periodische Messungen zu überprüfen.

6.1.3 Fahrzeuglauf im Bogen

6.1.3.1 Fahrzeugstellungen im Bogen

Ein Radsatz ist jeweils Teil eines Fahrwerkes, das zwei oder mehr Radsätze eines Fahrzeugs oder eines seiner Drehgestelle zusammenfasst. Durch die Interaktion zwischen den vereinigten Radsätzen können sich diese nicht mehr gänzlich frei im Gleis ausrichten (zur Vereinfachung nachfolgend für zweiachsiges Fahrwerk beschrieben):

- Bei der *Spiessstellung* läuft das Aussenrad der vorderen Achse an der Aussenschiene an, das innere Rad der hinteren Achse an der Innenschiene. Dies entsteht durch kleines Spurspiel, grossen starren Achsstand der Fahrzeuge oder kleinen Bogenradius. Die Innenschiene übt in diesem Fall ebenfalls eine Richtkraft auf den hinteren Radsatz aus.
- Berühren alle vier Räder das Gleis nur an ihren jeweiligen Aufstandspunkten, aber ohne Anlauf, so nennt man dies *Freilauf*. Dies tritt zum Beispiel bei voll kompensierter Seitenbeschleunigung auf.
- Die äussere Sehnenstellung entsteht bei einem Überhöhungsfehlbetrag und ergibt einen ruhigen, verschleissarmen Fahrzeuglauf durch den Bogen. Ein Überhöhungsüberschuss verursacht dagegen eine *innere Sehnenstellung,* die infolge der nachteiligen momentanen Laufkreise (kleiner Laufkreis aussen, grosser Laufkreis innen) zu Zwängungen und Verschleiss führt.

Bezeichnung	Berührungsform/Stellung
Spiessstellung	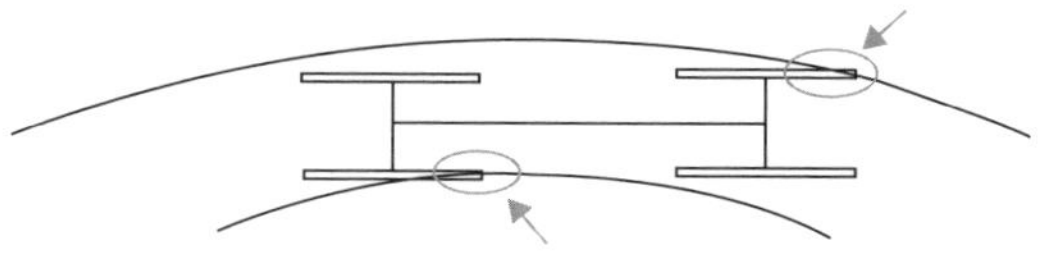
Freilaufstellung	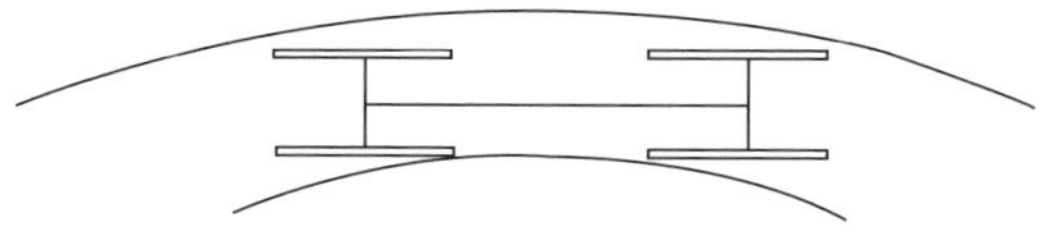
Sehnenstellung	äussere 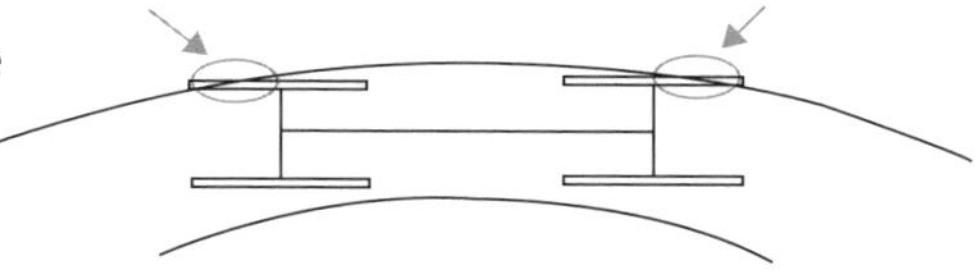 innere 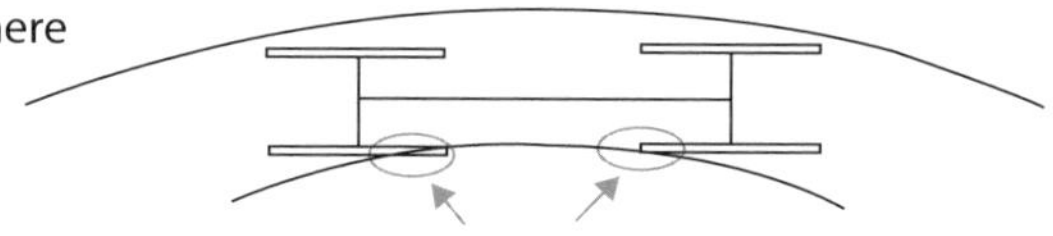

Abbildung 8 *Typologie der Stellungen eines zweiachsigen Fahrwerkes im Gleisbogen [eigene Darstellung].*

In einem zweiachsigen Fahrzeug oder Drehgestell stehen die beiden Radsätze infolge der Koppelung durch das Drehgestell mit einem Winkelfehler im Gleis. Die Verlängerung der beiden Achsen geht nicht durch den Bogenmittelpunkt O. Nur ein im Punkt M angebrachter Radsatz würde radial stehen. Der Winkelfehler ist der Winkel zwischen der Radialebene und der senkrechten Meridianebene des Radsatzes; er errechnet sich zu:

$$\alpha - \frac{p}{R};$$

Die gleiche Grösse wie der Winkelfehler hat der Anlaufwinkel des anlaufenden Radsatzes.

Durch die Wahl der Trassierungsparameter (Kurvenradius, Überhöhung) wird angestrebt, dass stets einer der Spurkränze an der Schiene anliegt, sodass kein instabiler Fahrzeuglauf entstehen kann. Ist das Fahrzeug vor Einfahrt in die Kurve instabil, so beruhigt es sich im Bogen umgehend. Hingegen legen die beiden Räder eines Radsatzes im Bogen geometrisch bedingt nicht dieselbe Weglänge zurück, was zu Zwängungen führt. Die konische Form der Räder vermindert diese zumindest teilweise, da der momentane Laufkreis des bogenäusseren Rades stets grösser ist als jener des bogeninneren. Dies erfüllt behelfsmässig die Funktion eines Differentialgetriebes, das bei der Bahn nicht angewendet wird.

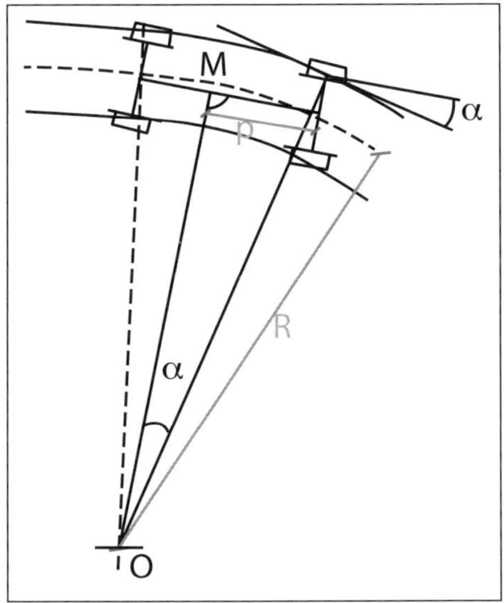

Abbildung 9 *Winkelfehler eines Radsatzes im Bogen, üblicherweise auftretend bei Drehgestellen und anderen mehrachsigen Fahrwerken [eigene Darstellung].*

6.1.3.2 Rad-Schiene-Kräfte bei der Bogenfahrt

Je enger der Radius und je höher die Geschwindigkeit, desto grösser werden die seitlich wirkenden Kräfte. Durch die besondere Form von Rad und Schiene wächst damit die Gefahr des Aufkletterns des Rades und einer Entgleisung. Entscheidend ist das Verhältnis der Querkraft Y zur Vertikalkraft Q. Bei Zweipunktberührung teilt sich Q in die zwei jeweils vertikalen Anteile an beiden Berührungspunkten auf. Weiter wirken die Reibungskräfte $\mu \cdot Q_A$ (waagrecht) und $\mu \cdot N$. Die Verteilung der Kräfte auf die beiden Berührungspunkte lässt sich nach einer Darstellung von Heumann wie folgt bestimmen:

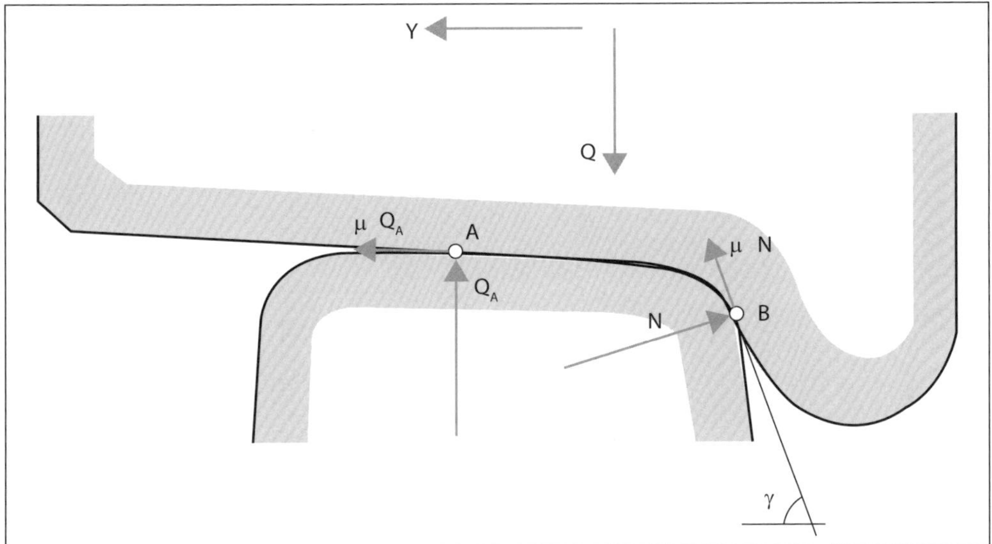

Abbildung 10 *Kräfte zwischen Rad und Schienenkopf bei Zweipunktberührung [eigene Darstellung].*

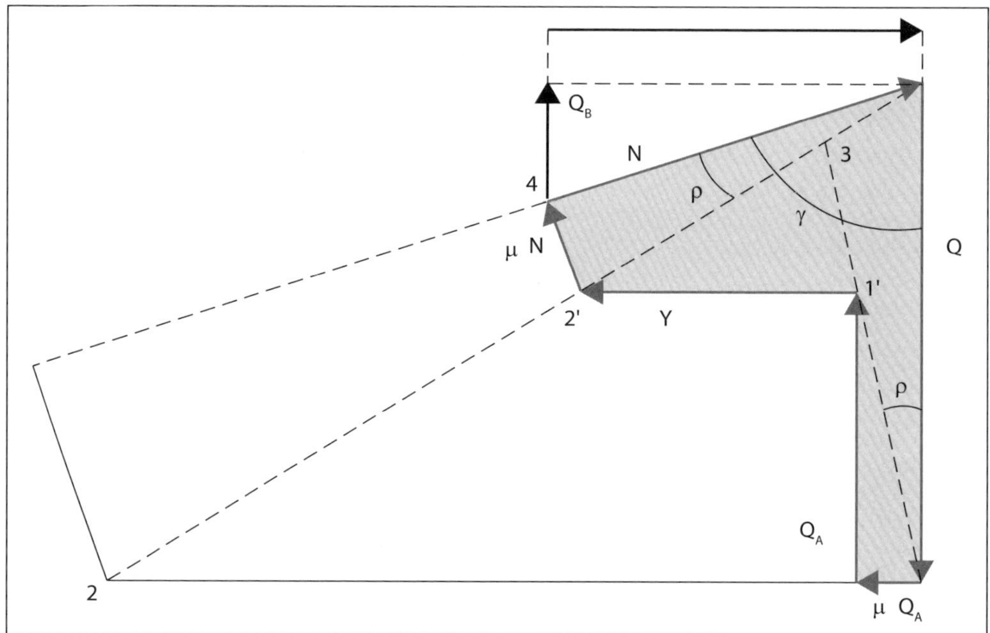

Abbildung 11 *Kräftepolygon bei Zweipunktberührung, aufgrund seiner Form auch als Heumann'sche Eins bezeichnet; es besteht keine Entgleisungsgefahr [eigene Darstellung].*

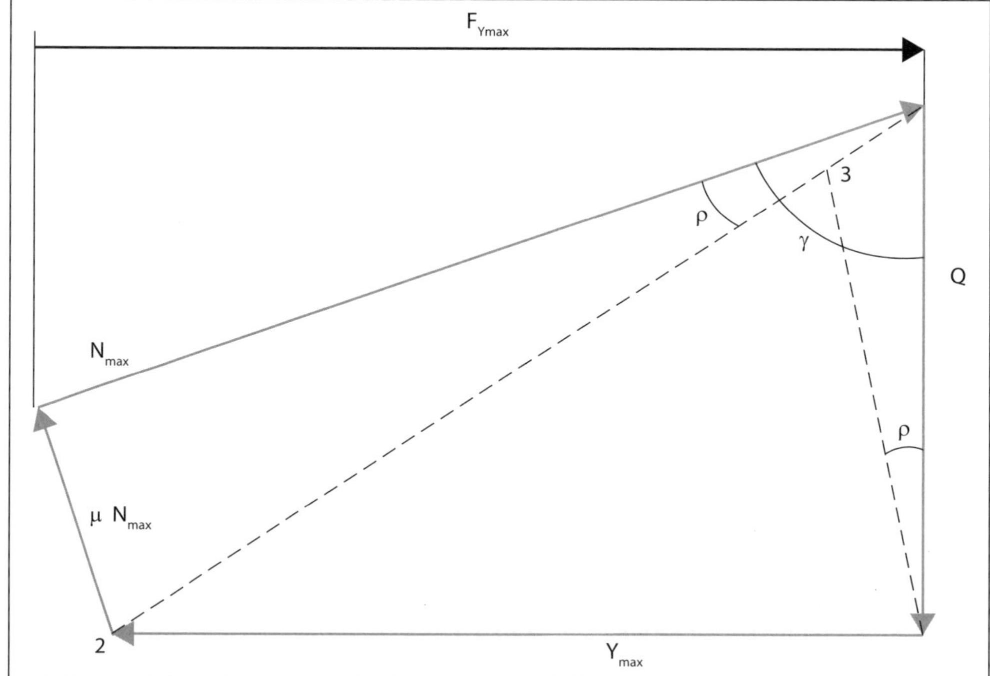

Abbildung 12 *Kräfte bei Einpunktberührung, Grenzfall unmittelbar vor der Entgleisung [eigene Darstellung].*

Die Kraft Q wird als senkrechter Vektor aufgetragen. Am oberen Ende von Q werden der Neigungswinkel γ am Spurkranz B und der Reibungswinkel ρ eingezeichnet, am unteren Ende von Q ebenfalls ρ. Die Querkraft Y wird waagrecht zwischen den beiden um den Reibungswinkel ρ geneigten Linien hinzugefügt (Punkte 1' und 2'). Damit folgt die Aufteilung der Radkraft in Q_A und Q_B (vertikaler Anteil von N). Die Reibkraft $\mu \cdot N$ steht senkrecht auf der um γ geneigten Linie (Punkt 4). Damit ergibt sich schliesslich die Normalkraft N im Berührungspunkt B.

Mit zunehmendem Y wird das Rad immer stärker an die Schiene gedrückt. Schliesslich wird der Grenzzustand erreicht, bei dem die Radaufstandskraft Q_A im Laufflächenberührungspunkt zu null wird. Damit geht Zweipunktberührung in Einpunktberührung über. Wird Y noch grösser, so wird das Rad der Schiene entlang angehoben, womit der Berührungspunkt B nach unten wandert und der Winkel γ grösser wird. Dadurch kann zunächst noch ein Gleichgewicht gefunden werden. Wird allerdings der maximale Spurkranzwinkel überschritten, so entgleist der Radsatz.

6.1.3.3 Sicherheit gegen Entgleisung

Im Gleichgewichtszustand ergibt sich die Grenzbedingung aus dem Kräftegleichgewicht der Kräfte in Quer- und Vertikalrichtung:

$$Y = N \sin\gamma - \mu N \cos\gamma \qquad Q = N \cos\gamma + \mu N \sin\gamma$$

Daraus leitet sich das Entgleisungskriterium nach Nadal ab:

$$\frac{Y}{Q} = \frac{\tan\gamma - \mu}{1 + \mu \tan\gamma}$$

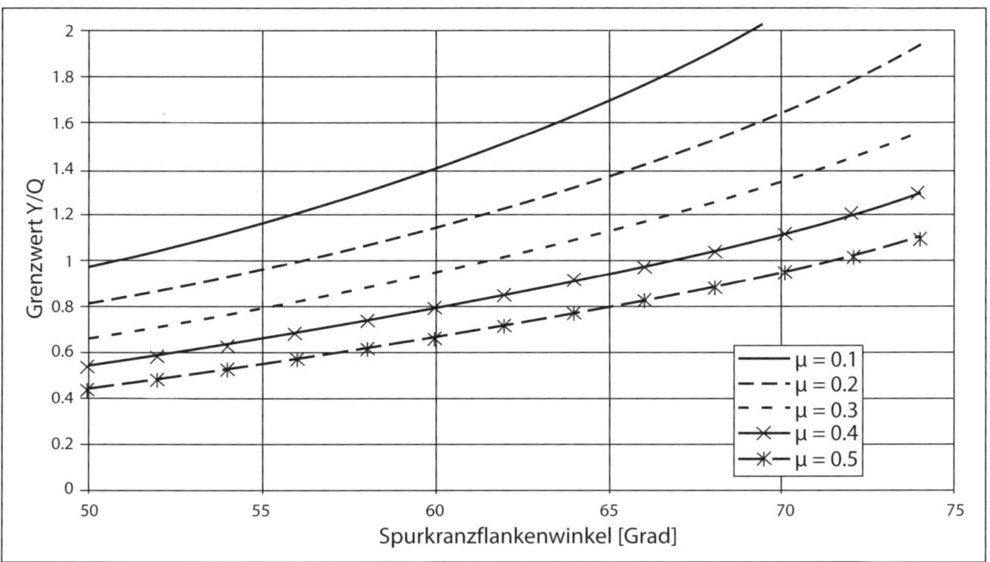

Abbildung 13 *Grenzwerte Y/Q in Funktion des Spurkranzflankenwinkels sowie in Abhängigkeit unterschiedlicher Reibungswerte μ; mit zunehmendem Spurkranzflankenwinkel und steigendem Reibungswert wächst das Entgleisungsrisiko stark an, übliche Reibungswerte bewegen sich um 0,3 (abgeleitet aus [Weber 1968]).*

Das zulässige Verhältnis Y/Q wird somit durch den Spurkranzwinkel und den Reibungswert am Spurkranzberührungspunkt bestimmt. Bei letzterem Parameter ist zu beachten, dass er in einer sehr grossen Bandbreite schwankt und sich bei extremem Schienenzustand eine Entgleisung an Orten ereignen kann, wo dies vorher nie auftrat. Durch die Abhängigkeit von μ und γ haben die Grenzwerte den Charakter von Konventionen und Erfahrungswerten. Bei der messtechnischen Überprüfung der Entgleisungssicherheit von Fahrzeugen gilt ein Grenzwert $Y/Q < 1{,}2$ für Gleisverwindungen im Bogenradius von 150–250 m und in Übergangsbogen sowie ein Grenzwert $Y/Q < 0{,}8$ für Fahrversuche in Vollbogen mit Bogenradien über 250 m [Polach 2017].

6.2 Statisches Modell der Kräfte in der Fahrbahn

6.2.1 Einwirkende Kräfte

6.2.1.1 Bewegungsformen der Fahrzeuge

Fahrweg und Fahrzeug bilden gemeinsam ein vielstufiges Masse-Feder-System. Ist ein Zug in Bewegung, so treten Erregungskräfte zwischen Rädern und Schienen in einem breitbandigen Frequenzspektrum auf, die sich frequenzabhängig auf weitere Elemente des Systems Fahrzeug – Fahrweg übertragen können. Als Folge der zahlreichen Federungsstufen, verbunden mit den Imperfektionen der Gleislage, folgt die effektive Bewegung des Fahrzeugs nie genau der idealen geometrischen Soll-Linie des Gleises. Hinzu kommen die dynamischen Zug- und Bremskräfte im Zugverband. Ein Fahrzeug wird dadurch in rotatorische und translatorische Bewegungen versetzt. Besonders kritisch ist das Schlingern, welches das Gleis starken seitlichen Beanspruchungen aussetzt und dessen Lagestabilität gefährdet.

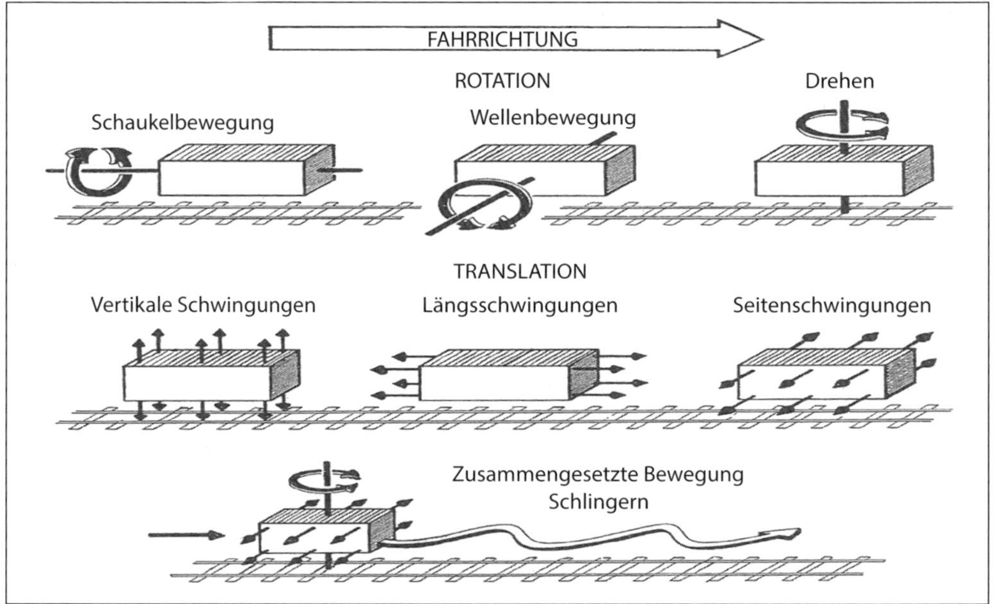

Abbildung 14 *Typologie der Bewegungsformen von Schienenfahrzeugen [Schenker 1955].*

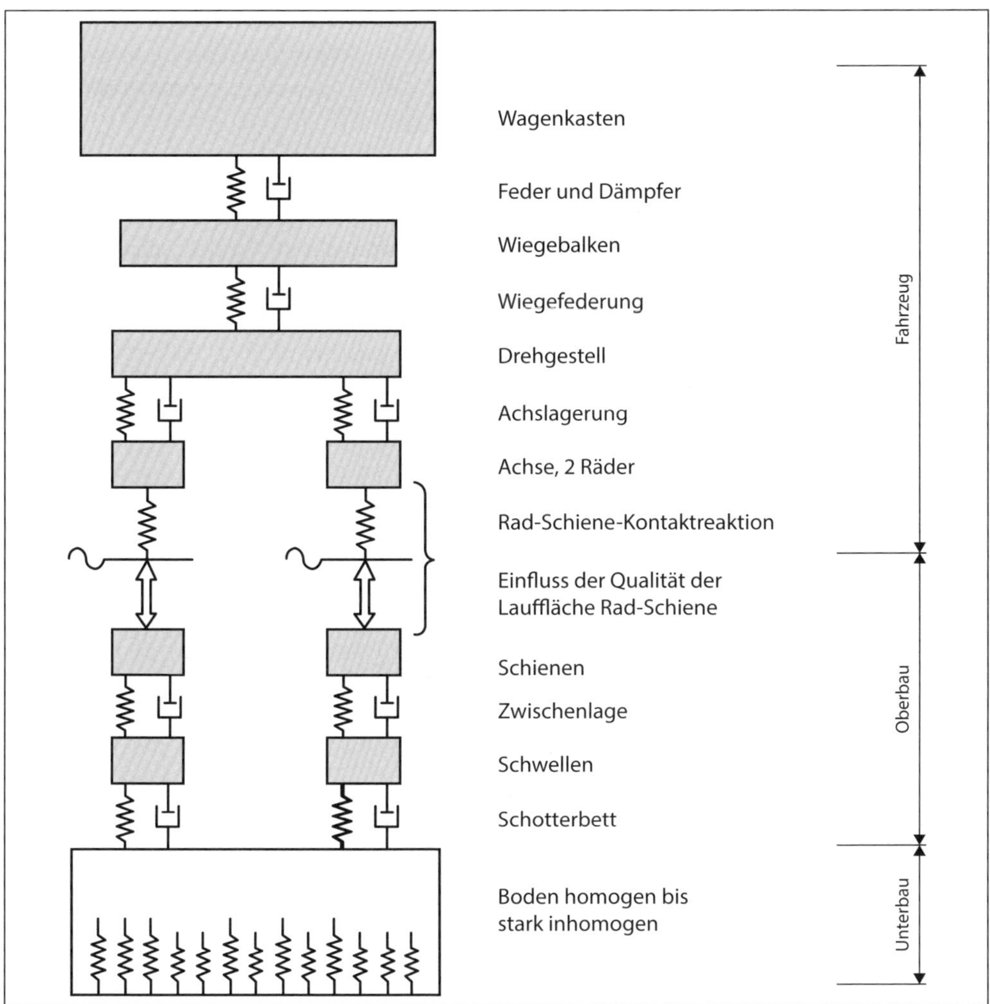

Abbildung 15 *Modellierung des Gesamtsystems Fahrzeug – Fahrbahn; sowohl Fahrzeug wie Fahrbahn setzen sich aus mehreren Teilkörpern zusammen, die untereinander mit Federn und Dämpfern verbunden sind [eigene Darstellung].*

6.2.1.2 Kräfte zwischen Fahrzeug und Fahrweg

Die Fahrbahn ist – wie gezeigt – meist als Gleisrost ausgebildet, der das vielfältige Kräftespiel in allen drei Richtungen aufzunehmen und an den Untergrund weiterzuleiten hat:

- *Vertikalkräfte:* Entstehen aus dem Eigengewicht der Fahrzeuge und Ladungen sowie aus den geschwindigkeitsabhängigen dynamischen Zusatzkräften aufgrund der Fahrzeugbewegung, der Federung und der Imperfektionen der Fahrbahn.
- *Seitliche Kräfte:* In jedem Bogen entstehen seitliche Führungskräfte durch die Ablenkung des Fahrzeugs. Seitliche Kräfte entstehen zudem in der Geraden aufgrund des Sinuslaufes der Radsätze sowie eventuell resultierender Laufinstabilitäten.

- *Längskräfte:* Über die Antriebsräder werden die Längskräfte zur Beschleunigung des Zuges übertragen. Die Bremskräfte wirken ebenfalls in Längsrichtung, wobei in der Regel alle Räder gebremst werden. Diese überlagern sich den temperaturbedingten Längskräften und Eigenspannungen der Schienen.

Die erste Bahn der Schweiz verkehrte 1847 noch mit 9 t Achslast und einer Höchstgeschwindigkeit von 40 km/h. Mittlerweile sind weltweit Achslasten bis 40 t (Heavy Haul-Bahnen) und kommerzielle Geschwindigkeiten bis 350 km/h (Hochgeschwindigkeitszüge) üblich. Auf dem schweizerischen Netz liegen diese Werte derzeit bei 22,5 t respektive bei 200 km/h. Da die dynamischen Vertikalkraftanteile erheblich sind und mit der Geschwindigkeit zunehmen, sind sehr grosse Achslasten bei gleichzeitig höchster Geschwindigkeit hinsichtlich des Verschleisses nicht beherrschbar. Sehr schwere Züge bedingen tiefe Geschwindigkeiten, sehr schnelle Züge müssen leicht gebaut sein.

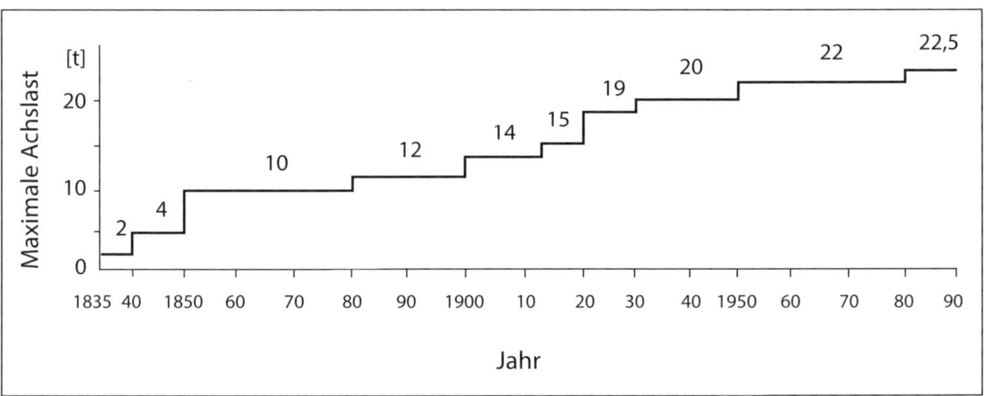

Abbildung 16 *Entwicklung der maximalen Achslasten von Reise- und Güterzügen in Deutschland [Göbel 1999].*

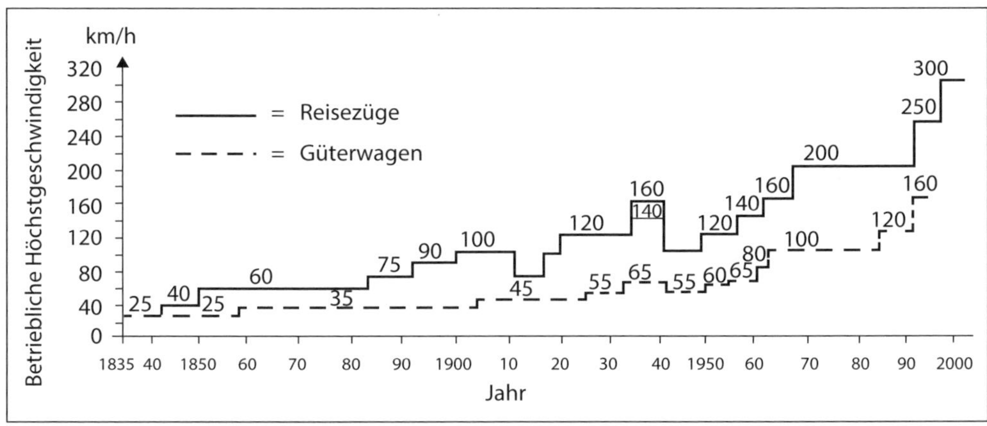

Abbildung 17 *Entwicklung der maximalen Geschwindigkeiten der Reisezüge und Güterwagen in Deutschland [Göbel 1999].*

Hochleistungslokomotiven weisen eine installierte Leistung von bis zu 1700 kW pro Achse auf. Pro Rad sind Anfahrzugkräfte von gegen 50 kN zu übertragen, was dem physikalisch möglichen

Maximum aus Radlast und Reibungsbeiwert entspricht und der halben statischen Vertikallast nahekommt. Die Bremskräfte eines Zuges erreichen insgesamt ebenfalls sehr hohe Werte, verteilen sich aber auf alle gebremsten Achsen und fallen daher pro Rad geringer aus. Sie sind jedoch bei der Bemessung von Brücken besonders zu beachten.

6.2.1.3 Systematik der Kräfte zwischen Fahrzeug und Fahrweg

Die Räder übertragen – wie im vorangehendem Kapitel gezeigt – horizontale und Längskräfte auf das Gleis. Auf den Schienenkopf wirken Radlast Q und Führungskraft Y. Ihre Grössen sind eine Funktion von Achslast, Geschwindigkeit, Radlaständerung durch Bogenfahrten oder ungleichmässige Beladung, Brems- und Anfahrvorgängen und Abrollen unrunder Räder auf fehlerhafter Fahrbahn. Zusätzlich zu den Rad-Schiene-Kräften unterliegt das Gleis den Längskräften infolge von Temperaturänderungen und Eigenspannungen.

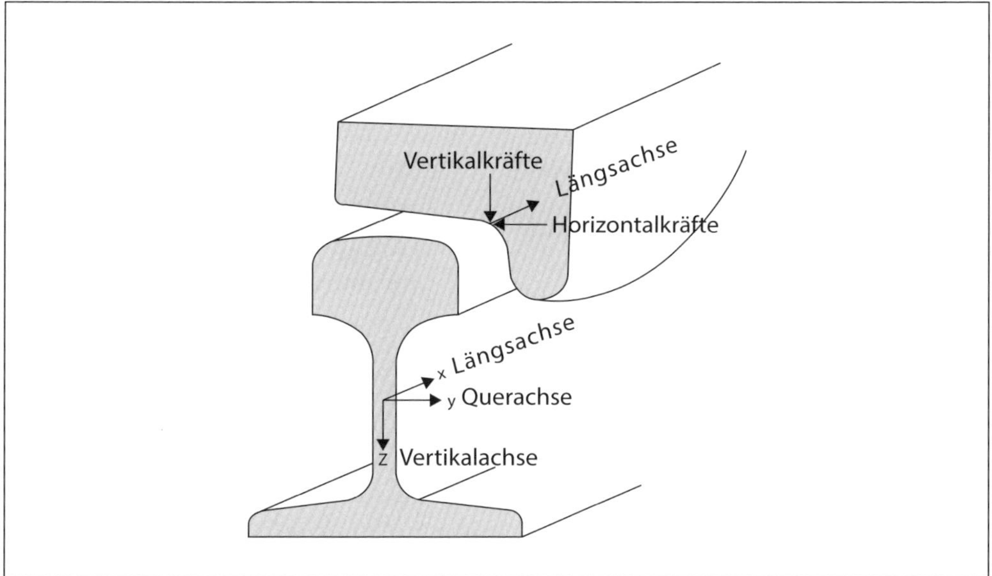

Abbildung 18 *Definition der Wirkungsebenen der Vertikal-, Horizontal- und Längskräfte an der Schiene [eigene Darstellung].*

	Vertikalkräfte	Horizontalkräfte	Längskräfte
Radschienen-Kräfte	Radlast	Richtkraft Drehreibungskraft Fliehkraft	Brems- und Beschleunigungskräfte
Innere Kräfte			Eigenspannungen Temperaturspannungen

Tabelle 2 *Übersicht über die wirkenden Kräfte im Gleis [eigene Darstellung].*

6.2.1.4 Beanspruchungsstufen für die Dimensionierung

Das Beanspruchungsspektrum ist mithin vielfältig und umfasst auch Anteile, die von Geschwindigkeit und Schwingungsanregung abhängen. Für die Bemessung wird ein vereinfachter dreistufiger Ansatz mit folgenden Definitionen verwendet:

- *Statische Beanspruchung:* Beanspruchung infolge stillstehenden Fahrzeugs (in geradem Gleis) oder Fahrt auf geradem Gleis (ideales Gleis und Fahrzeug) oder infolge Fahrt mit ausgleichender Überhöhung in der Kurve (ideales Gleis und Fahrzeug). Die statischen Vertikalkräfte werden durch das Eigengewicht der Fahrzeuge, die maximal zulässige Nutzlast und die Achslast bestimmt.
- *Quasistatische Beanspruchung:* Beanspruchung infolge Fahrt in der Kurve bei idealem Gleis und Fahrzeug, Berücksichtigung der Radlastverlagerungen bei nicht ausgeglichener Seitenbeschleunigung und ungleichmässiger Beladung des Fahrzeugs.
- *Dynamische Beanspruchung:* Beanspruchung infolge Fahrt bei nicht idealem Gleis- und Fahrzeugzustand (Unebenheiten im Gleis und beim Rad sowie Federwirkung des Fahrzeugs).

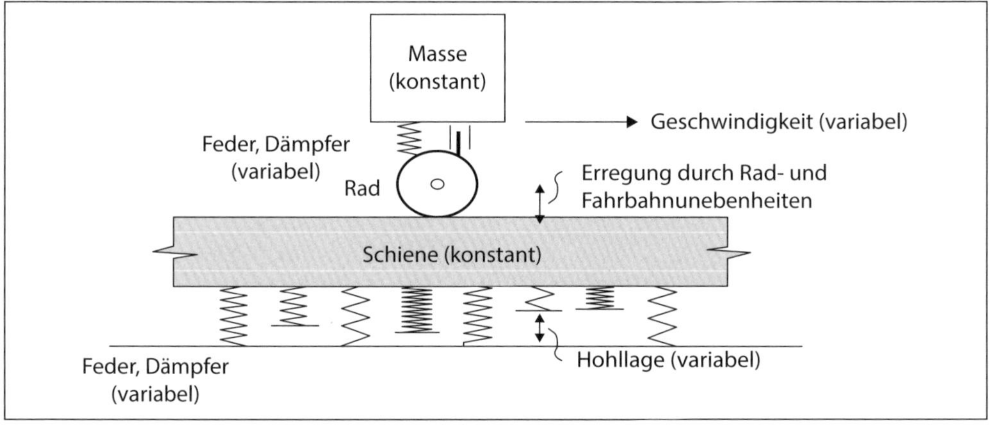

Abbildung 19 *Imperfektionen im realen Zustand des Systems Oberbau; die Parameter mehrerer Teilsysteme sind variabel und verändern sich teilweise stochastisch [Fastenrath 1977].*

6.2.1.5 Beanspruchungswerte der Oberbauberechnung

Die Oberbauberechnungen stützen sich auf die quasistatischen Werte ab, die den Charakter von Mittelwerten haben. Die dynamischen Werte sind normalverteilt um diesen Mittelwert (Gauss'sche Glockenkurve) und werden erst für die Dimensionierung der Oberbauteile eingeführt. Je schlechter der Oberbauzustand und/oder je höher Geschwindigkeiten sind, desto grösser wird die Streuung.

Diese Kräfte ermitteln sich wie folgt [Fastenrath 1977]:

Grösstwert = Mittelwert x Dynamikfaktor

Mittelwert = quasistatische Radlast = statische Radlast x 1,1 ÷ 1,2 (Zuschlag zwischen 10 % und maximal 20 %)

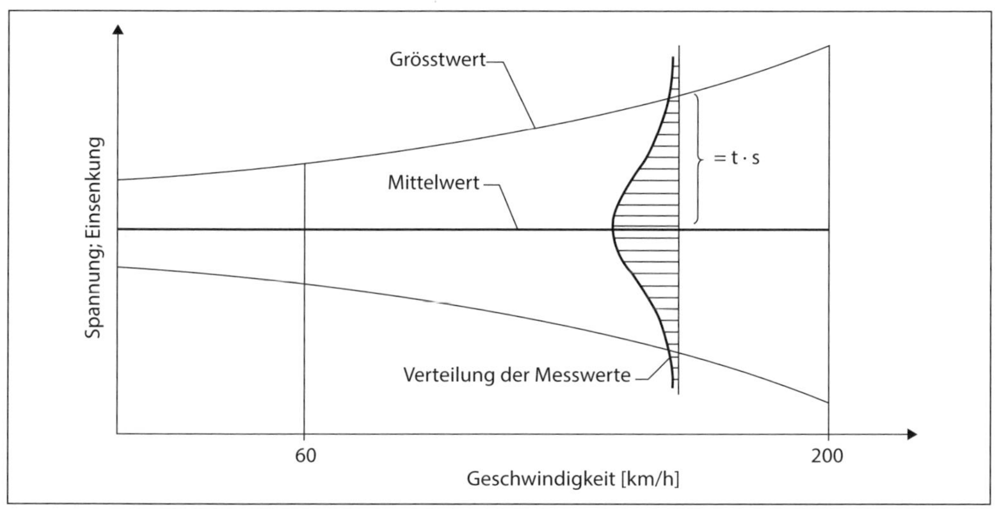

Abbildung 20 *Streuung gemessener Spannungen respektive Einsenkungen in Abhängigkeit der Geschwindigkeit und des Oberbauzustandes [Fastenrath 1977].*

Der *Dynamikfaktor* setzt sich aus drei Anteilen zusammen:

$$\vartheta = 1 + \psi\varphi t$$

ψ = Faktor zur Berücksichtigung des Oberbauzustandes
φ = Faktor zur Berücksichtigung der Geschwindigkeit
t = Faktor zur Berücksichtigung der statistischen Sicherheit

Für die Faktoren können nachstehende Werte eingesetzt werden [Fastenrath 1977]:

- Oberbauzustand, Faktor ψ:
  sehr guter Zustand: $\psi = 0.1$
  guter Zustand: $\psi = 0.2$
  schlechter Zustand: $\psi = 0.3$

  Zur Abdeckung von Spannungsspitzen infolge unrunder Räder sollte indessen in jedem Falle, auch bei schotterlosem Oberbau, mit einem ψ-Wert von nicht unter 0,15 gerechnet werden.

- Geschwindigkeit, Faktor φ:
  Die Streuung der Beanspruchung nimmt mit steigenden Geschwindigkeiten zu. Dazu wurde folgende Gebrauchsformel definiert (v in [km/h]) [Eisenmann 1997], [Lichtberger 2004]:

$$v < 60 \text{ km/h:} \quad \varphi = 1.0$$

$$v > 60 \text{ km/h:} \begin{cases} \varphi = 1.0 + \dfrac{v-60}{380} & \text{Reisezug} \\ \varphi = 1.0 + \dfrac{v-60}{160} & \text{Güterzug} \end{cases}$$

- Statistische Sicherheit, Faktor t:
  Die Wahrscheinlichkeit (statistische Sicherheit p), dass der effektive unterhalb des errechneten Wertes liegt, wird mit dem Faktor t definiert. Der Sicherheitsfaktor ist umso grösser zu wählen, je näher das Oberbauelement an der Kontaktstelle zwischen Rad und Schiene liegt, denn desto weniger werden die Kraftspitzen durch die einzelnen Bauelemente gedämpft.

p [%]	68,3	95,5	99,7
t	1,0	2,0	3,0
Massgebend für	Schotter	Schwellen	Schienen

Tabelle 3 *Statistische Unterschreitungswahrscheinlichkeiten und Anwendung auf Teilsysteme des Oberbaus [eigene Darstellung].*

6.2.2 Horizontalkräfte

6.2.2.1 Horizontalkräfte zwischen Rad und Schiene

Horizontalkräfte treten sowohl in Kurven wie auch in der Geraden auf. Aufgrund der geneigten Berührungsebene Rad – Schiene erzeugt auch eine vertikale Radlast einen, wenn auch kleinen, horizontalen Anteil der Reaktionskraft. Da bei der Fahrt durch eine Kurve meist die Fliehkraft wirkt und der Berührungspunkt in Richtung Spurkranz wandert, steigen die seitlichen Kräfte stark an.

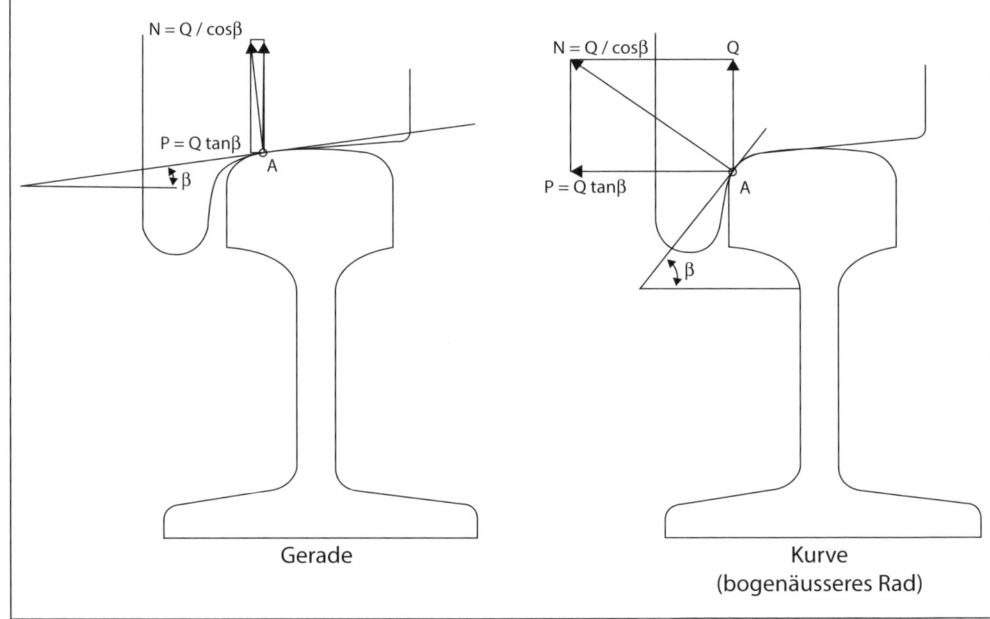

Abbildung 21 *Zwangskräfte auf die Schiene bei der Fahrt in der Geraden und in der Kurve [eigene Darstellung].*

6.2.2.2 Kräfte am gesamten Fahrwerk

Die Kräfte, die ein Radsatz auf die Fahrbahn ausübt, sind das Resultat des Kräftespiels im gesamten Fahrwerk und werden damit auch von den Interaktionen zwischen den verschiedenen Radsätzen beeinflusst. Damit spielen die konstruktiven Merkmale des Fahrzeugs eine wesentliche Rolle, die hier nicht vertieft werden; die folgende Modellvorstellung beschränkt sich auf ein zweiachsiges Fahrzeug oder Drehgestell. Es wird im Bogen um den sogenannten Reibungsmittelpunkt M gedreht. Damit wird nur auf das bogenäussere Rad der führenden Achse eine Richtkraft P ausgeübt. Die Drehreibungskräfte wirken hingegen auf alle Räder. Während der Bogenfahrt herrscht in diesem Modell ein kräftemässiges Gleichgewicht.

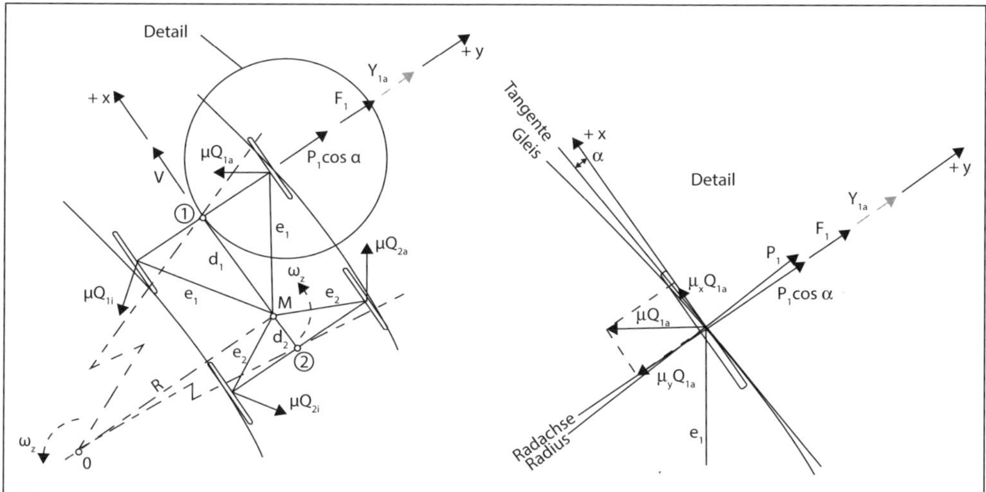

Abbildung 22 *Kräfte an den Radsätzen eines zweiachsigen Drehgestells bei Bogenfahrt, dargestellt bezogen auf die Schiene (Achtung: x-y-Koordinatensystem orientiert sich an der Radachse und nicht am Gleis), [eigene Darstellung] abgeleitet aus [Fastenrath 1977], [Weber 1968].*

Die Momente der Drehreibungswiderstände (μQ_i) sind entgegengesetzt zu den Momenten, welche die Richtkraft P um M erzeugen. Gleichgewicht herrscht, wenn folgende Bedingung erfüllt ist:

$$\Sigma \mu \, Q_i \, e_i = P_1 d_1$$

Dabei gilt:

Q = Vertikale Radlast

P = Richtkraft (senkrecht zur Gleisachse) in Gleisebene

F = Nicht kompensierte Fliehkraft (oder Hangabtrieb bei überhöhten Gleisen und zu kleiner Geschwindigkeit)

Y	=	Führungskraft
		Index 1 = führende Achse
		Index 2 = nachlaufende Achse
		Index a = bogenäussere Schiene
		Index i = bogeninnere Schiene
S	=	Gleiskraft: Reaktion des Gleises auf die Summe aller Führungskräfte
M	=	Reibungsmittelpunkt (fällt nicht mit dem Drehzapfen zusammen)
μ	=	Drehreibungskoeffizient
μ_y	=	Querreibungskoeffizient
μ_x	=	Rollreibungskoeffizient
α	=	Anlaufwinkel Rad-Schiene
d	=	Abstand zwischen Reibungsmittelpunkt und Richtkraft
e	=	Abstand zwischen Reibungsmittelpunkt und Radaufstandspunkt

Die Kräfte, die das Fahrwerk in das Gleis einträgt, sind durch die Gleiskraft aufzunehmen. Dabei gilt:

- Führungskraft am äusseren Rad: $Y_{1a} = P_1 \cos\alpha - \mu_y Q_{1a} + F_1$
- Gleiskraft: $S_1 = Y_{1a} + Y_{1i}$

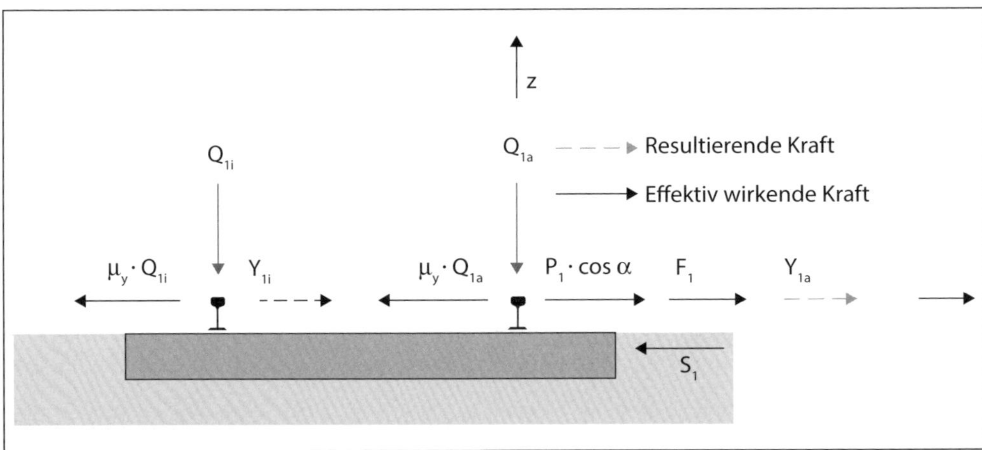

Abbildung 23 *Kräfte am Gleis in der Kurve unter dem führenden Radsatz in der y-z-Ebene (Bezugsachse = Radachse) [Weber 1968].*

Die Führungskraft Y lässt sich nur schlecht berechnen, da sie von einer Vielzahl von Faktoren abhängt. Dazu gehören Fahrzeugbauart, Geschwindigkeit, Drehreibungskoeffizient, Kurvenradius und Gleiszustand. Zur genauen Erfassung müssen Messungen der Rad-Schienen-Kräfte an jedem einzelnen Fahrzeugtyp durchgeführt werden.

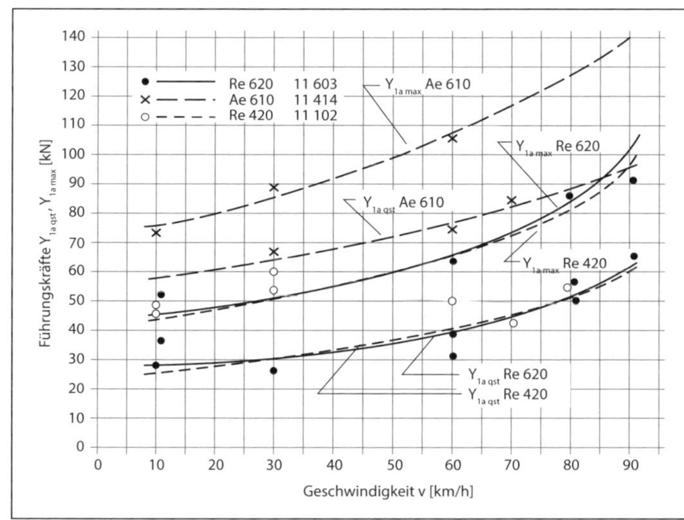

Abbildung 24 *Vergleich der quasistatischen und maximalen Führungskräfte für Ae 610, Re 420 und Re 620 in einem 300 m-Bogen. Ae 610, 2 Drehgestelle mit je 3 Achsen (Co'Co'); Re 420, 2 Drehgestelle mit je 2 Achsen (Bo'Bo'); Re 620, 3 Drehgestelle mit je 2 Achsen (Bo'Bo'Bo'). Gut erkennbar ist der ungünstige Einfluss von Drehgestellen mit grossem Achsstand ([eigene Darstellung] nach verschiedenen Untersuchungen von H. H. Weber).*

Bezeichnung	Ansicht
Ae 6/6 SBB / Ae 610	
Re 4/4 II SBB / Re 420	
Re 6/6 SBB / Re 620	

Abbildung 25 *Lokomotivtypen der SBB, für welche die Führungskräfte dargestellt sind [Foto: Ulrich Weidmann].*

6.2.2.3 Kraftkomponenten der Führungskraft

Die verschiedenen dargestellten horizontalen Kräfte, die der führende Radsatz auf das Gleis ausübt, lassen sich auch wie folgt zusammenfassen:

Kraftkomponente	Ursache
Richtkraft (P)	Entsteht durch Drehung des Fahrzeugs/Fahrwerkes
Drehreibungskraft (G)	Ist Gegenreaktion auf Richtkraft, entsteht aus Relativbewegung zwischen den Laufflächen der Räder und der Schienenoberfläche
Fliehkraft	Entsteht durch Bewegung des Massenpunktes und nicht kompensierter Seitenbeschleunigung

Tabelle 4 *Überblick über die Kraftkomponenten der Führungskraft Y [eigene Darstellung].*

Die *Richtkraft P* ist eine Rechengrösse für die horizontale Komponente der Spurkranz-Normalkraft N zwischen Spurkranz und Fahrkante. Die gesamte örtliche Schienenbeanspruchung wird durch N erzeugt. N kann viel höher sein als die Richtkraft P. P ist rechnerisch definiert als (mit β = Spurkranzflankenwinkel gegenüber der Horizontalen):

$$P = N \sin \beta$$

oder

$$P = Q_A \tan \beta$$

Infolge der üblichen Zweipunktberührung zwischen Rad und Schiene kann dieser Anteil nicht direkt aus der Radlast Q abgeleitet werden. Vielmehr muss der Neigungswinkel β der Berührungsebene Rad – Schiene gegenüber der Horizontalen bekannt sein, ebenso die Aufteilung von Q auf die beiden Berührungspunkte.

Die Trägheitsmomente des Radsatzes oder des Drehgestells widersetzen sich beim Kurvenlauf der aufgezwungenen Drehbewegung durch eine *Drehreibungskraft G*. Die Räder gleiten auf den Fahrflächen in nahezu horizontaler Ebene. Es gilt:

$$G = \mu Q$$

wobei Q und Drehreibungskoeffizient μ je nach Achse und Rad variieren können. Da hinsichtlich der Führungskräfte die horizontalen Kraftkomponenten interessieren, wird oft nicht der Drehreibungskoeffizient μ, sondern der Querreibungskoeffizient μ_y verwendet. Die gesamte Reibungskraft am Rad wird zudem der Drehreibungskraft G zugeschlagen, auch der zusätzliche Reibungswiderstand am Spurkranz. Der Reibungswiderstand, verursacht durch die Spurkranz-Normalkraft N, beträgt:

$$\mu_{sp} N$$

wobei μ_{sp} die Reibungsziffer der Spurkranzreibung ist.

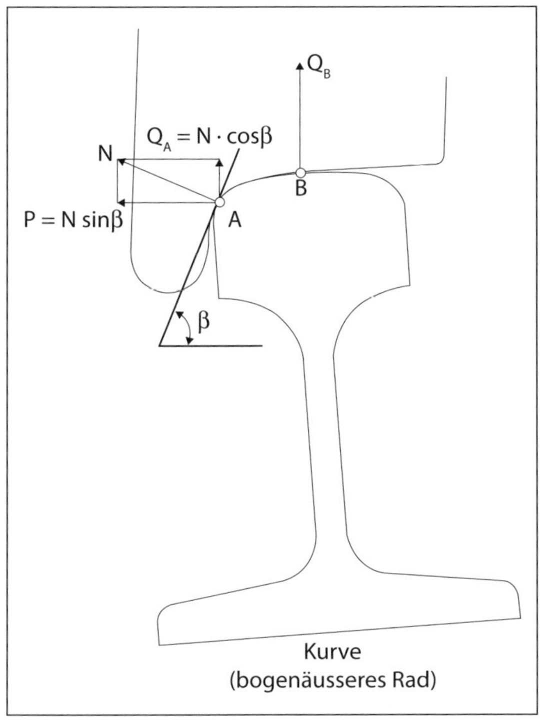

Abbildung 26 *Spurkranz-Normalkraft N und Richtkraft P bei Zweipunktberührung zwischen Rad und Schiene, bezogen auf das Rad [Fastenrath 1977].*

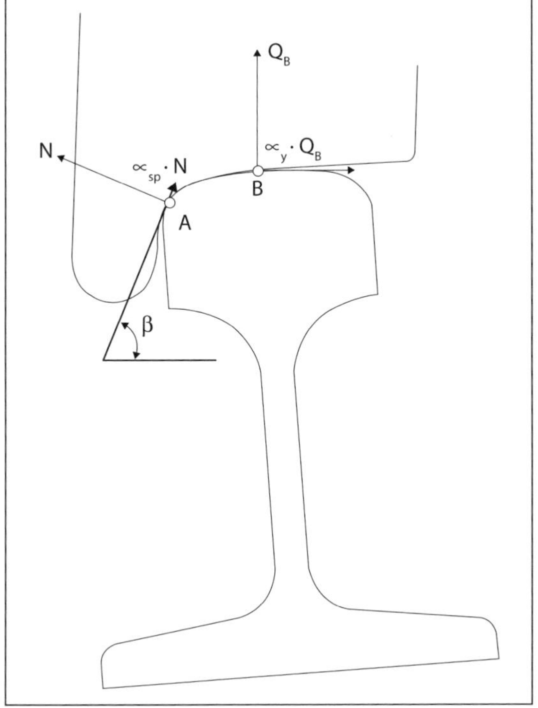

Abbildung 27 *Reibungskräfte bei Zweipunktberührung zwischen Rad und Schiene, bezogen auf das Rad [Fastenrath 1977].*

Der Drehreibungskoeffizient μ ist eine Funktion von Anlaufwinkel α, Geschwindigkeit und Schienenzustand. μ_{y1} nimmt mit grösserem α zu, was bewirkt, dass auch die Horizontalkräfte Y mit kleiner werdendem Kurvenradius sowie grösserem Achsstand der Drehgestelle (führt üblicherweise zu grösseren Anlaufwinkeln) ansteigen. Enge Kurvenradien und grosse Drehgestellachsstände sind mithin hinsichtlich Beanspruchung, Verschleiss und Fahrwiderstand sehr ungünstig.

Anlaufwinkel α [°]	μ_{y1}
0	ca. 0,00
1	ca. 0,11
2	ca. 0,19
3	ca. 0,26
4	ca. 0,32
5	ca. 0,37
6	ca. 0,47
7	ca. 0,52
8	ca. 0,55

Tabelle 5 *Querreibungskoeffizient* m_{y1} *in Funktion des Anlaufwinkels α [Weber 1968].*

Ist die Geschwindigkeit höher als die ausgeglichene Geschwindigkeit, so wirkt eine *Fliehkraft F* nach bogenaussen, ist sie niedriger, dann entsteht der *Hangabtrieb* nach bogeninnen. Letzterer ist für die Gleislage nicht kritisch.

6.2.2.4 Gleiskraft und Grenze der zulässigen horizontalen Kräfte

Die Querkräfte im Gleisbogen, aber auch jene des instabilen Fahrzeuglaufs in Geraden, müssen vom Gleisrost an das Schotterbett abgegeben werden können. Prud'homme entwickelte dazu eine Gebrauchsformel, wonach die sogenannte Gleiskraft S_{zul} grösser bleiben muss als die Summe aller auftretenden Querkräfte des Fahrzeugs S, gemessen über eine Gleislänge von 2 m. Es gilt folgende Bedingung [Rangosch 1995], [BAV 2016]:

$$S = (\Sigma Y)_{max(\text{über } 2m)} = \alpha \cdot (10 + P/3) \text{ [kN]}$$

S = Effektive gesamte Gleiskraft über 2 m Gleislänge [N]
P = Statische Achslast [N]
α = Rechenwert, im Regelfall in der Schweiz: 0,85, Ausnahmewert je nach Gleiskonstruktion: 1,00 [-]

Der Prud'homme-Wert wurde seinerzeit für Holzschwellen in lockerem Schotter bestimmt. Nach heutigem Kenntnisstand ist er eher pessimistisch [Lichtberger 2004].

6.2.3 Längskräfte

6.2.3.1 Überblick

Im Gleis können folgende Längskräfte auftreten:

- Verhinderte temperaturbedingte Längenänderung der Schienen.
- Beschleunigen und Bremsen der Fahrzeuge.
- Schrumpfspannungen nach Schweissarbeiten (hier nicht näher diskutiert).

Aus diesen Kräften entstehen Spannungen, die sich überlagern und zu einem kombinierten Spannungszustand führen. Hinzu kommen die Eigenspannungen aus dem Fabrikationsprozess.

6.2.3.2 Längskräfte infolge von Temperaturänderungen

Sowohl im lückenlos verschweissten als auch im verlaschten Gleis entstehen Längsspannungen infolge von komplett oder teilweise behinderter Längsdehnung durch Temperaturveränderungen. Verlaschte Schienen verhalten sich daher aufgrund des Durchschubwiderstandes ab einer gewissen Länge wie verschweisste Schienen. Die maximale Längskraft P_{max} wird erreicht, wenn das Gleis keinerlei Möglichkeit zur Längenänderung hat. Umgekehrt entfaltet sich die maximale Längenänderung Δ l nur, wenn sich die temperaturbedingte Längskraft P vollständig abbauen kann und das Gleis komplett spannungsfrei bleibt. Dies definiert die zwei Extremzustände:

Frei bewegliches Gleis:

$$\Delta l = \alpha \cdot l \cdot \Delta T \qquad [mm]$$

Vollständig behindertes Gleis:

$$P_{max} = \alpha \cdot \Delta T \cdot E \cdot F \qquad [N]$$

ΔT	=	Temperaturänderung [°C]
α	=	Wärmeausdehnungskoeffizient von Stahl = $1{,}15 \cdot 10^{-5}$ [°C^{-1}]
l	=	Schienenlänge [mm]
Δl	=	Längenänderung [mm]
E	=	Elastizitätsmodul des Schienenstahls = $2{,}1 \cdot 10^5$ [N/mm^2]
F	=	Schienenquerschnittsfläche [mm^2]
P_{max}	=	Maximale Druckkraft in der vollkommen dehnungsbehinderten Schiene [N]

Zwischen diesen extremen Zuständen besteht eine lineare Abhängigkeit.

Die maximalen Schienentemperaturen und Temperaturdifferenzen sind vor allem von der Sonneneinstrahlung und der Exposition, sekundär von der Lufttemperatur abhängig. Die Temperaturdifferenz während eines Jahres an exponierten Standorten beträgt in Mitteleuropa etwa 75 °C, mit einem Maximum von etwa + 60 °C und einem Minimum von rund – 15 °C. Lagespezifisch kann die Differenz auch kleiner ausfallen. Die maximalen Sommertemperaturen treten bei Schienen mit westlicher Ausrichtung auf, und zwar zwischen etwa 13 und 15 Uhr. Die maximalen Schienentemperaturen eines Tages können potenziell während fast eines halben Jahres von Mitte April bis Ende September auf bis zu 50 °C ansteigen und damit eine erhebliche thermische Belastung darstellen. Dies ist insbesondere bei Bauarbeiten am Gleis zu beachten [Braess 2018].

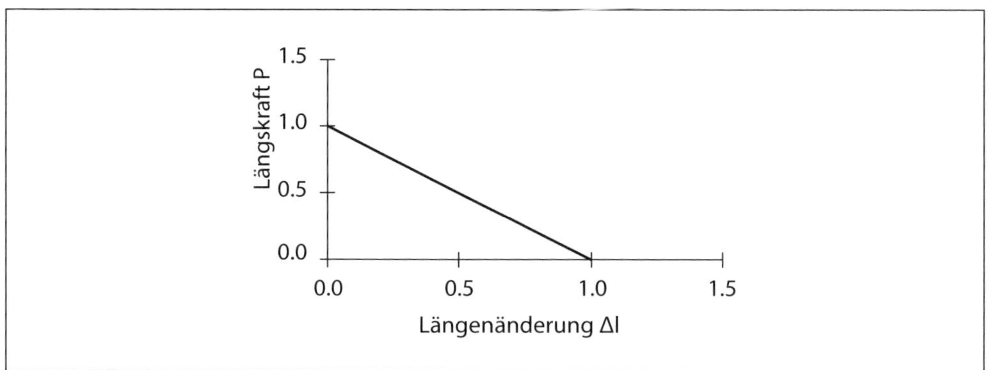

Abbildung 28 *Allgemeiner Zusammenhang zwischen Längskraft P in der Schiene und ihrer Längenänderung Δl aufgrund von Temperaturveränderungen [eigene Darstellung].*

Durch die Zugspannungen im Winter wird zusätzlich die ertragbare Beanspruchung der Schiene auf Biegung herabgesetzt, was Schienenbrüche begünstigt. Insbesondere in den ersten Frostperioden häufen sich die Schienenbrüche an bereits geschwächten Stellen.

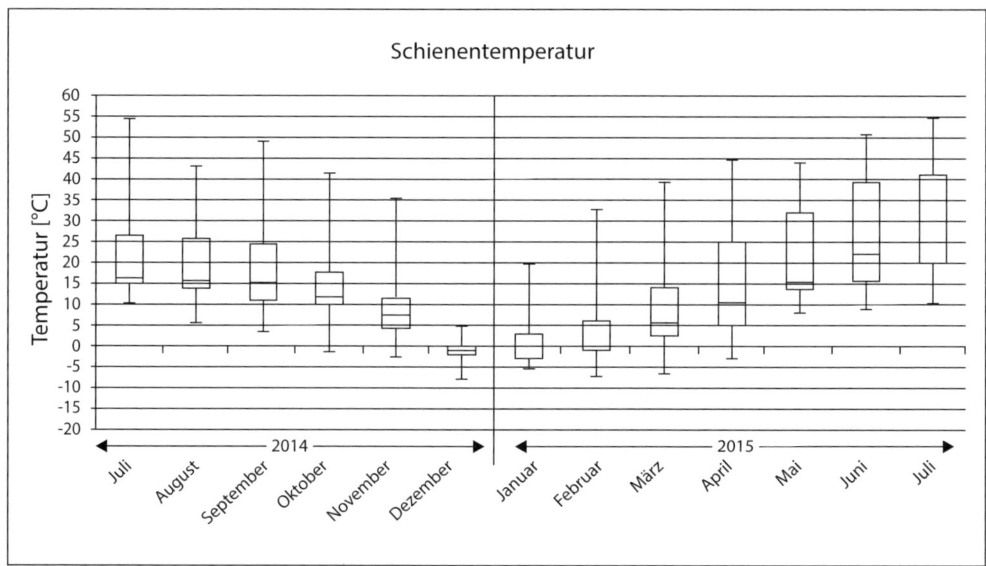

Abbildung 29 *Jahresverlauf der Schienentemperaturen und deren Schwankungen, Verteilung der monatlichen Temperaturwerte; Beispiel des Brazer Bogens an der Arlbergbahn (ÖBB) [Pospischil 2015a].*

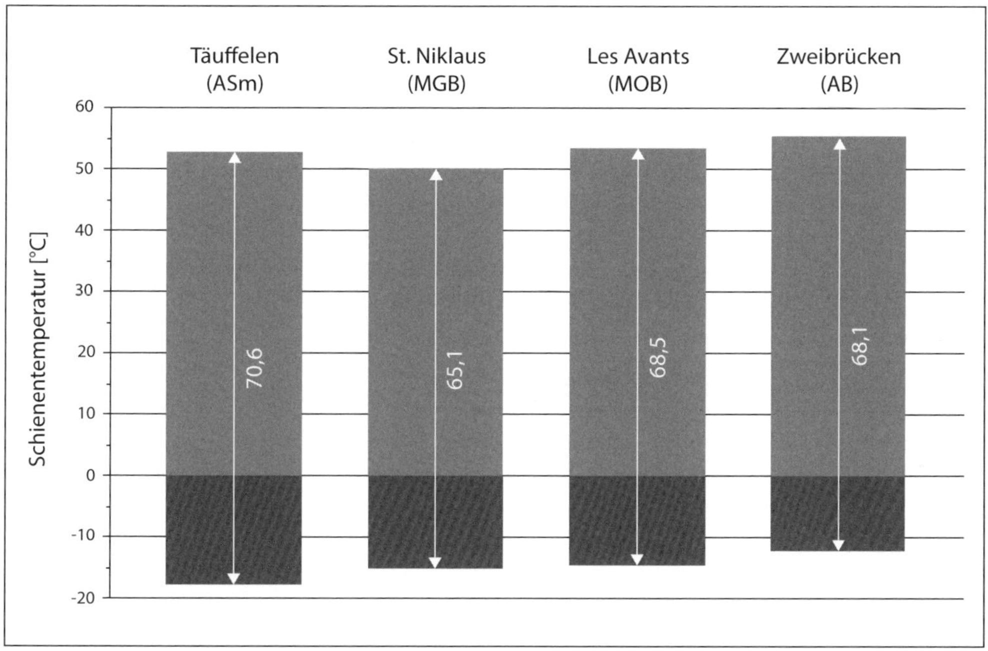

Abbildung 30 *Extremwerte der Schienentemperatur an vier engen Bögen schweizerischer Meterspurbahnen; Spanne zwischen tiefster und höchster Temperatur liegt bei 65–70 °C [Bopp 2014].*

6.2.3.3 Längskräfte infolge des Beschleunigens und Bremsens

Die Beschleunigungs- und Bremskräfte werden über die Schienen in den Oberbau respektive Unterbau abgeleitet. Bei der Beschleunigung treten vor der angetriebenen Achse Zug-, dahinter Druckkräfte auf. Solange die Längskräfte nicht grösser als 5 % der temperaturbedingten Längskräfte werden, können sie vernachlässigt werden. Beim Abbremsen des Zuges werden ebenfalls Längskräfte aufgebaut. Die bremsbedingten Längskräfte können bis zu 15 % der maximalen temperaturbedingten Längskräfte betragen und sind zu berücksichtigen [Lichtberger 2004].

6.3 Oberbaudimensionierung

6.3.1 Statische Modelle für gesamte Fahrbahn und Oberbaukomponenten

Bei der Oberbaudimensionierung ist eine geschlossene Detailberechnung aller Beanspruchungen und Spannungen im mehrschichtigen und dynamischen Fahrbahnsystem bis heute nicht möglich. Vielmehr wendet man zwei getrennte statische Modelle an:

1. *Oberbau als Einheit:* Der Oberbau wird als Einheit betrachtet, was eine statisch und mathematisch geschlossene Berechnung ermöglicht. Dabei wird insbesondere die Längsverteilung der Lasten präzise berücksichtigt.

2. *Einzelne Oberbaukomponenten:* Bei Betrachtung der einzelnen Oberbaukomponenten werden vereinfachende, aber auf der sicheren Seite liegende Annahmen getroffen. Dies erlaubt zwar deren Dimensionierung, die Annahmen der jeweiligen Teilmodelle sind untereinander aber nicht immer kompatibel.

Im Folgenden wird zuerst das Gesamtmodell des Oberbaus dargestellt, im anschliessenden Kapitel die komponentenspezifischen Teilmodelle.

6.3.2 Oberbaumodell nach Zimmermann und Winkler

Die Theorie von Zimmermann und Winkler betrachtet den Oberbau als Ganzes und beruht auf dem Bettungszifferverfahren. Die Punktlagerung der Schienen wird durch eine elastische Linienlagerung auf fiktiven Langschwellen ersetzt. Vereinfachend wird vorausgesetzt, dass die Einsenkung y des Gleises proportional zur Belastung sei. Die Nachgiebigkeit wird durch die Bettungszahl C (auch Bettungsmodul, Bettungsziffer, C-Wert) beschrieben. Sie kann als Federkonstante aufgefasst werden und umfasst alle an der Einsenkung beteiligten Komponenten von der Schiene bis zum Untergrund als *eine* Einheit.

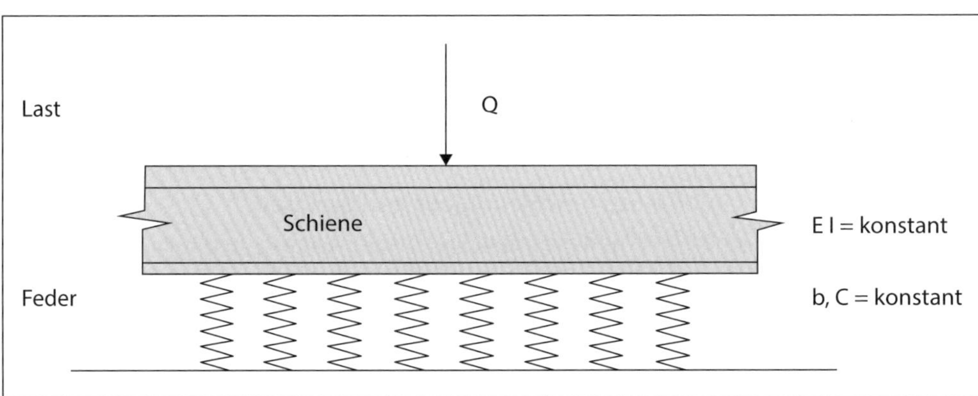

Abbildung 31 *Vereinfachtes Oberbaumodell nach Zimmermann und Winkler; die Schiene wird als unendlich langer und durchgehend elastisch gelagerter Stab modelliert [Fastenrath 1977].*

p = Flächenpressung zwischen Schwelle und Schotterbett [N/mm²]
y = Einsenkung der Schiene infolge Elastizität des gesamten Gleiskörpers [mm]

$$C = \frac{p}{y}\ [\mathrm{N/mm^3}] = \text{Bettungszahl}$$

Die Schiene wirkt in Längsrichtung als unendlicher Durchlaufträger. Der Gleisrost liegt auf einer kontinuierlichen elastischen Unterlage. Diese wird durch eine modellmässige Umwandlung der Querschwellen in Langschwellen mit identischen Schwellenauflagerflächen abgebildet. Damit lässt sich die Biegelinie der Schiene mathematisch formulieren.

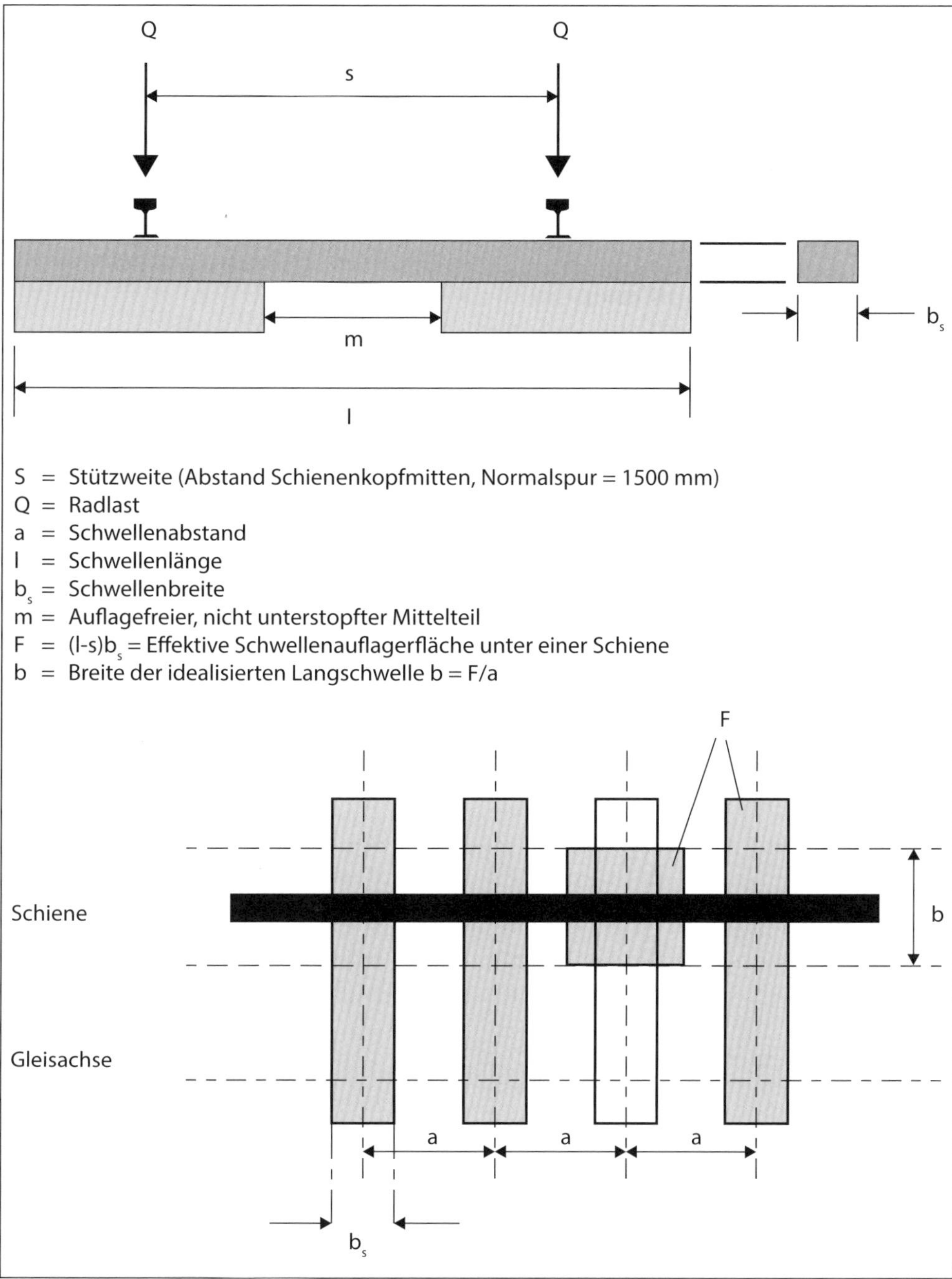

Abbildung 32 *Modellmässige Umwandlung des Querschwellenoberbaus in einen fiktiven Langschwellenoberbau; nach Zimmermann [eigene Darstellung].*

6.3.3 Oberbauberechnung

6.3.3.1 Biegelinie der Schiene und abgeleitete Grössen

Zur Vereinfachung der Formeln zur Biegelinie wird ein Grundwert L [mm] des Langschwellenoberbaus als Grösse eingeführt, der ohne direkte physikalische Bedeutung ist:

$$L = \sqrt[4]{\frac{4\,E\,I}{b\,C}} \quad \text{[mm]}$$

- E = Elastizitätsmodul [N/mm^2]
- I = Flächenträgheitsmoment der Schiene [mm^4]
- b = Breite der idealisierten Langschwelle [mm]
- C = Bettungszahl [N/mm^3]

Die Differentialgleichung der Biegelinie:

$$\frac{d^4y}{dx^4} = -\,4y$$

kann durch Einsetzen der entsprechenden Randbedingungen aufgelöst und mithilfe des Grundwerts L umgeformt werden. Daraus folgen:

- Gleichung der Biegelinie: $y = \dfrac{Q}{2\,b C\,L}\,\eta$
- Verlauf der Schotterpressung: $p = \dfrac{Q}{2\,b L}\,\eta$
- Biegemoment: $M = \dfrac{QL}{4}\,\mu$

η und μ sind Funktionen von $\xi = \frac{|x|}{L}$ [im Bogenmass] und stellen die Einflusslinien in Abhängigkeit des Abstandes x von der Last dar. Dadurch können die vertikale Lageänderung und das Biegemoment der Schiene im Abstand x zur Radachse bestimmt werden:

$$\eta = \frac{\sin\xi + \cos\xi}{e^{\xi}} \qquad \mu = \frac{-\sin\xi + \cos\xi}{e^{\xi}}$$

ξ	μ	h	x	m	η	ξ	μ	η
0,0	**1,000**	**1,000**	2,7	– 0,089	– 0,032	5,4	0,006	– 0,001
0,1	0,810	0,991	2,8	– 0,078	– 0,037	5,5	0,006	0,000
0,2	0,640	0,965	2,9	– 0,067	– 0,040	5,6	0,005	0,001
0,3	0,489	0,927	3,0	– 0,056	– 0,042	5,7	0,005	0,001
0,4	0,356	0,878	3,1	– 0,047	– 0,043	5,8	0,004	0,001
0,5	0,241	0,823	3,2	– 0,038	– 0,043	5,9	0,004	0,002
0,6	0,143	0,763	3,3	– 0,031	– 0,042	6,0	0,003	0,002
0,7	0,060	0,700	3,4	– 0,024	– 0,041	6,1	0,003	0,002
0,8	– 0,009	0,635	3,5	– 0,018	– 0,039	6,2	0,002	0,002
0,9	– 0,066	0,571	3,6	– 0,012	– 0,037	6,3	0,002	0,002
1,0	– 0,111	0,508	3,7	– 0,008	– 0,034	6,4	0,001	0,002
1,1	– 0,146	0,448	3,8	– 0,004	– 0,031	6,5	0,001	0,002
1,2	– 0,172	0,390	3,9	– 0,001	– 0,029	6,6	0,001	0,002
1,3	– 0,190	0,336	4,0	0,002	– 0,026	6,7	0,001	0,002
1,4	– 0,201	0,285	4,1	0,004	– 0,023	6,8	0,000	0,002
1,5	– 0,207	0,238	4,2	0,006	– 0,020	6,9	0,000	0,001
1,6	– 0,208	0,196	4,3	0,007	– 0,018	7,0	0,000	0,001
1,7	– 0,205	0,158	4,4	0,008	– 0,015	7,1	0,000	0,001
1,8	– 0,199	0,123	4,5	0,009	– 0,013	7,2	0,000	0,001
1,9	– 0,190	0,093	4,6	0,009	– 0,011	7,3	0,000	0,001
2,0	– 0,179	0,067	4,7	0,009	– 0,009	7,4	0,000	0,001
2,1	– 0,168	0,044	4,8	0,009	– 0,007	7,5	0,000	0,001
2,2	– 0,155	0,024	4,9	0,009	– 0,006	7,6	0,000	0,001
2,3	– 0,142	0,008	5,0	0,008	– 0,005	7,7	0,000	0,001
2,4	– 0,128	– 0,006	5,1	0,008	– 0,003	7,8	0,000	0,000
2,5	– 0,115	– 0,017	5,2	0,007	– 0,002	7,9	0,000	0,000
2,6	– 0,102	– 0,025	5,3	0,007	– 0,001	8,0	0,000	0,000

Tabelle 6 *Einflusszahlen nach Zimmermann.*

6.3.3.2 Extremwerte

Für $x = 0$ bzw. $\xi = 0$ ergeben sich für die Beanspruchungen direkt unter dem Lastangriffspunkt:

- *Maximale Durchbiegung y* der Schiene:

$$y = \frac{Q}{2\ bC\ L}$$

Aus der Durchbiegung y der Schiene können die Schienenkraft auf die Schwelle und damit deren Biegebeanspruchung sowie die Schwellenkraft S ermittelt werden:
S = b a p = b a C y

- *Maximale Schotterpressung p*:

$$p = \frac{Q}{2bL}$$

- *Maximales Biegemoment M* in der Schiene:

$$M = \frac{Q\ L}{4}$$

In der Nähe des Radaufstandspunkts tritt ein negatives Moment auf. Gemäss dieser Formel ist es gross, wenn L und/oder Q gross sind. L wiederum ist gross, wenn die Aufstandsfläche und/oder die Bettungszahl klein sind. Ein guter Unterbau, ein korrektes Schotterbett sowie eine hochwertige Stopfung des Gleisrostes vermindern somit die Biegebeanspruchung der Schiene.

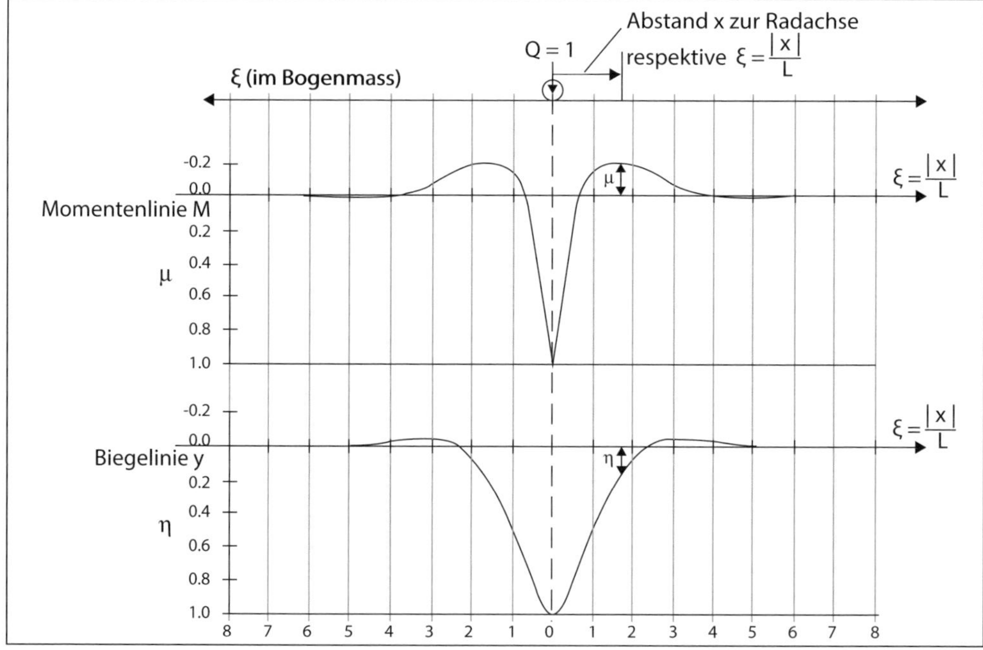

Abbildung 33 *Momenten- und Biegelinie der Schiene unter Einzellast bei Modellierung als Langschwellenoberbau nach Zimmermann und Winkler [eigene Darstellung].*

6.3.3.3 Überlagerung mehrerer Lastangriffspunkte

Moment und Biegelinie von mehreren benachbarten Achsen leiten sich durch Superposition der einzelnen Einflusslinien jeder Achse respektive aus der Addition ihrer jeweiligen Einflusszahlen ab. Der Verlauf der Resultierenden wird durch die Höhe der einwirkenden Kräfte, vor allem aber durch die Achsabstände des Fahrzeugs bestimmt. Bei gewissen Abständen überlagern sich die Spitzen, was besonders ungünstig ist. Wenn dagegen eine Radlast dort angreift, wo das negative Moment der anderen Radlast maximal ist, so entlasten sich die beiden Achsen gegenseitig, was die resultierenden Biegespannungen um 5–10 % reduzieren kann.

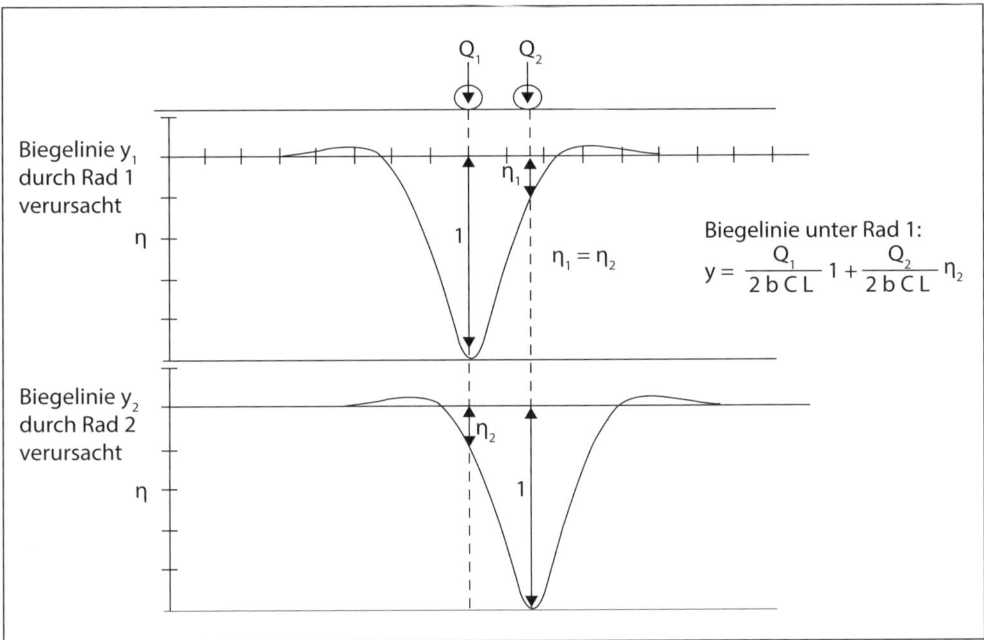

Abbildung 34 *Berechnung des Einflusses zweier Achsen mittels Superposition der jeweiligen Einflusszahlen [eigene Darstellung].*

6.3.3.4 Grundwert des Langschwellenoberbaus

Der Grundwert des Langschwellenoberbaus L hat zwar – wie erwähnt – keine direkte Bedeutung, er lässt sich aber wie folgt veranschaulichen: Das Biegemoment M sowie die Einsenkung y unter einer mittigen Einzellast Q entsprechen den Werten, die ein kontinuierlich gelagerter Träger der Länge 2L unter dieser Last aufweisen würde. L ist damit ein Indikator dafür, über welche Schienenlänge eine Einzellast in den Untergrund abgetragen wird. Ist L gross, so ist diese Spannweite gross. Die Schiene muss ein grösseres Moment M aufnehmen (L im Zähler der Momentenlinie), dafür fällt die Einsenkung y geringer aus (L im Nenner der Biegelinie).

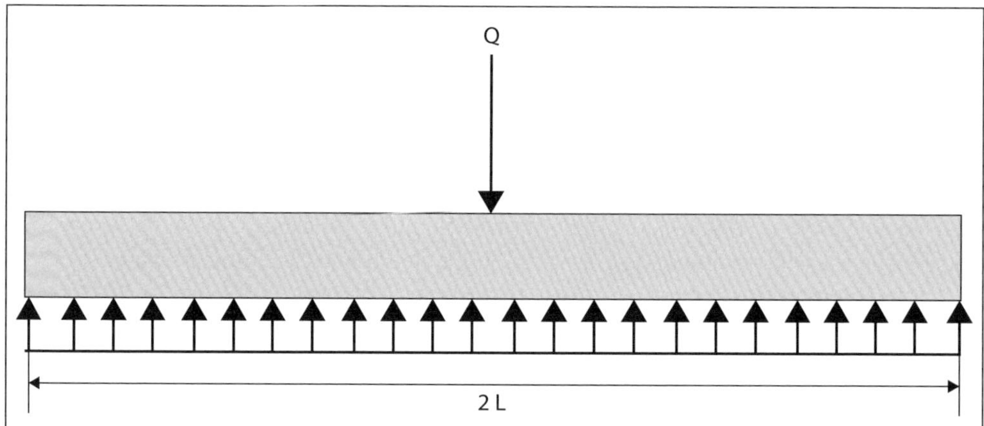

Abbildung 35 *Fiktiver biegesteifer Träger mit der doppelten Länge des Grundwerts des Langschwellenoberbaus [eigene Darstellung].*

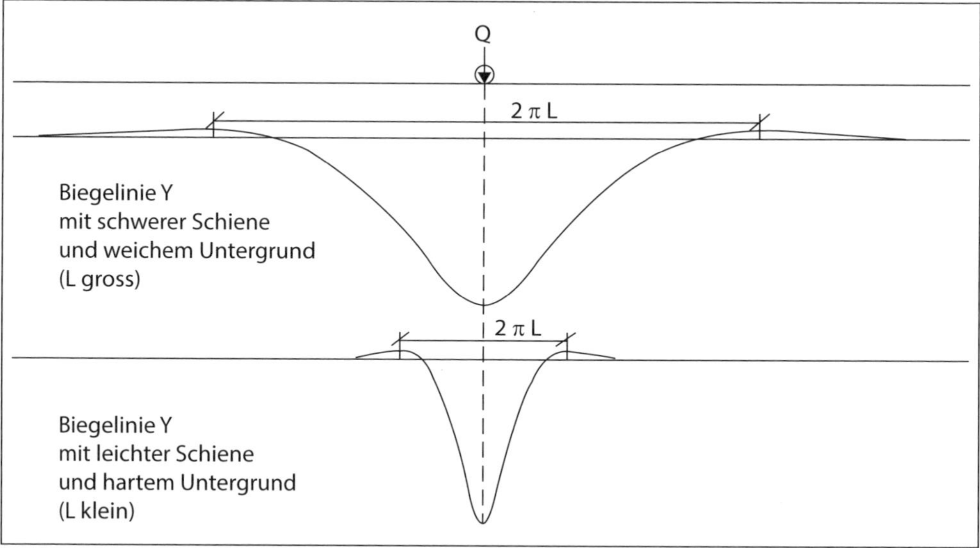

Abbildung 36 *Veränderung der Biegelinie bei unterschiedlicher Grösse des Grundwerts des Langschwellenoberbaus L [eigene Darstellung].*

6.3.3.5 Bettungszahl

Die Bettungszahl C hängt von folgenden Faktoren ab:

- Schienenprofil.
- Elastizität der Schienenbefestigung (insbesondere elastische Zwischenlagen).
- Schwellenauflagefläche im Schotter.
- Elastizität des Schotterbettes.
- Elastizität des Unterbaus bzw. des Untergrundes.

Die Richtwerte für C in Abhängigkeit von den Untergrundverhältnissen beziehen sich vereinfacht auf eine Achslast von 20 t, variieren aber effektiv je nach Achslast und Geschwindigkeit. In der Schweiz kann üblicherweise von einem guten Untergrund ausgegangen werden.

Bettungszahl C	Untergrund
0,02 N/mm³	Sehr schlechter Untergrund; weicher Ton, Schluff, gleichförmiger Sand
0,05 N/mm³	Schlechter Untergrund; Ton, Lehm, Schluff (bindige Böden)
0,10 N/mm³	Guter Untergrund; Grobsand bis Kies
0,10–0,20 N/mm³	Sehr guter Untergrund; Kies, Fels
0,15–0,30 N/mm³	Steifer Untergrund; Fels, Betonplatten, steiniger Boden

Tabelle 7 *Richtwerte der Bettungszahl C in Abhängigkeit des Untergrundes [Lichtberger 2004].*

6.4 Dimensionierung der Oberbaukomponenten

6.4.1 Dimensionierung der Schiene

6.4.1.1 Beanspruchung des Schienenkopfes

Die Berührungspunkte Rad – Schiene sind schmale elliptische Flächen, sogenannte Hertz'sche Flächen. Deren Form ist von den Abmessungen der sich berührenden Körper bestimmt, ihre Grösse von der Normalkraft. Bei einer Achslast von 22,5 t können die Normalspannungen bis zu 1300 N/mm² erreichen, bei Bogenfahrten sogar bis zu 2500 N/mm² [Lichtberger 2004].

Zur Berechnung der Schienenkopfbeanspruchung muss diese Berührungsfläche gemäss Hertz ermittelt werden. Zur Vereinfachung werden dabei ein zentrischer Angriff von Q und eine gleichmässige Flächenpressung p angenommen [Fendrich 2007]. Dies führt zu einer Näherungsformel, die recht genaue Werte für Radradien von 300–600 mm liefert.

$$p \cong 43.5 . \sqrt{\frac{Q}{r}} \; [\mathrm{N/mm^2}]$$

Q = Radlast [N]
2 d = Aufstandsbreite = 12 mm (Annahme) [mm]
2 c = Aufstandslänge $\left(2c \cong 3.04 . \sqrt{\frac{Q\,r}{2d\,E}}\right)$ [mm] [mm]
r = Radradius [mm]
E = Elastizitätsmodul = $2{,}1 \cdot 10^5$ [N/mm²]
p = Flächenpressung zwischen Rad und Schiene $p = \frac{Q}{2c\,2d} \; [\mathrm{N/mm^2}]$

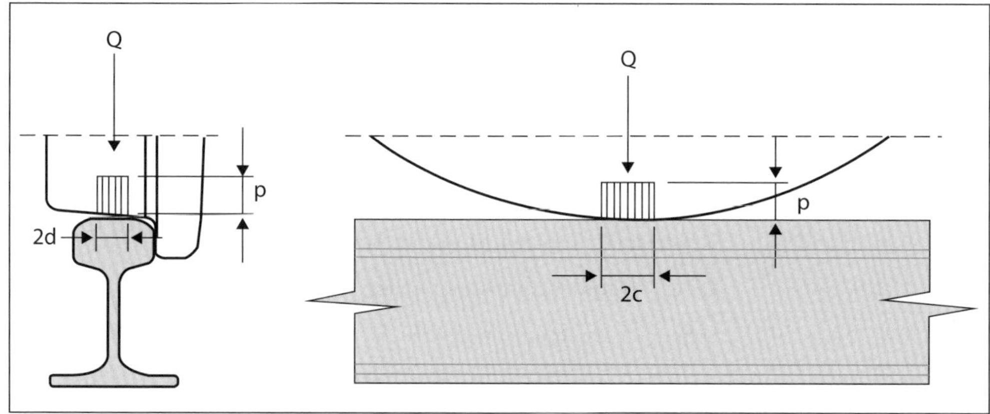

Abbildung 37 *Beanspruchung des Schienenkopfs unter vertikaler Radlast Q; Annahme einer rechteckigen Aufstandsfläche und einer Walzenberührung [Eisenmann 1966].*

Die Spannungsverhältnisse im Schienenkopf können nach der Halbraumtheorie von Boussinesq berechnet werden. Die Hauptspannungen an der Berührungsstelle Rad – Schiene sind demnach in den drei Hauptrichtungen annähernd gleich gross und bewirken somit hier nur sehr geringe Schubspannungen [Fendrich 2007]. Trotz der erwähnten extremen Druckspannungen tritt keine Zerstörung auf; die allseitigen Druckspannungen bewirken vielmehr eine Plastifizierung und eine Verfestigung des Stahls in den obersten Zonen.

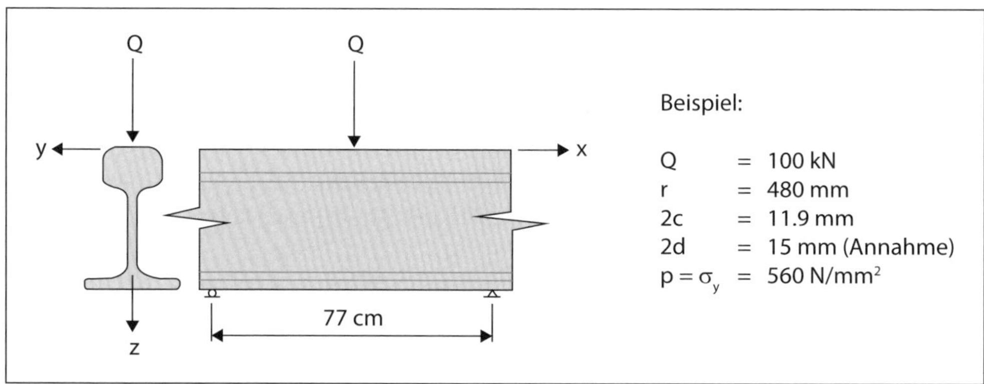

Abbildung 38 *Krafteinwirkungen auf den Schienenkopf; Beispielwerte [eigene Darstellung].*

Die senkrechten Hauptspannungen klingen mit zunehmender Tiefe nur langsam ab, die horizontalen Hauptspannungen dagegen rasch, sodass sich sukzessive Schubspannungen aufbauen. Die maximalen Schubspannungen finden sich 5–7 mm unter Schienenoberkante. Werden die zulässigen Schubspannungen ständig überschritten, so nehmen hier bestimmte Schädigungsformen des Schienenkopfes ihren Anfang.

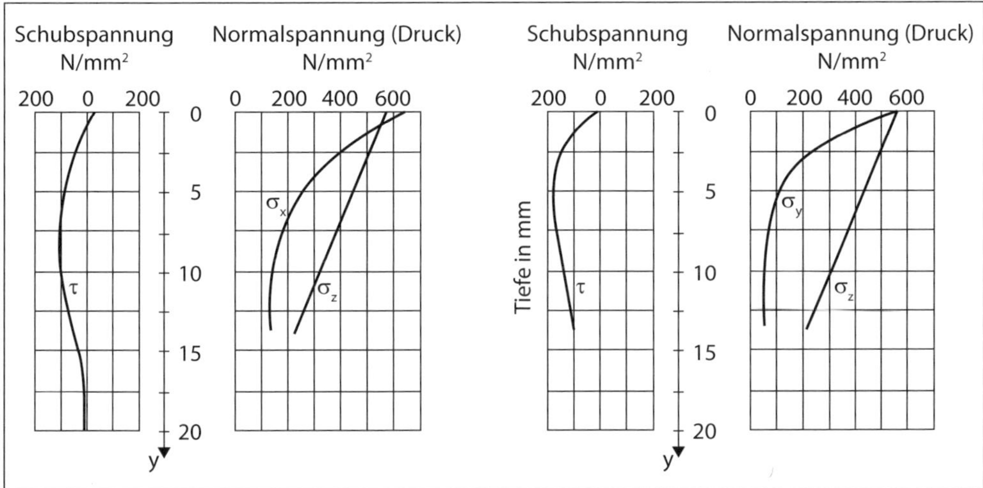

Abbildung 39 *Verlauf der Normal- und Schubspannungen im Schienenkopf, Laborversuch [Eisenmann 1966].*

Die Grösse der maximalen Schubspannungen in Schienenquerrichtung kann mit folgender Formel abgeschätzt werden [Fendrich 2007]:

$$\tau_{max} \cong 0.3p \text{ [N/mm}^2\text{]}$$

Daraus folgt als Gebrauchsformel:

$$\tau_{max} \approx 13.05.\sqrt{\frac{Q}{r}} \text{ [N/mm}^2\text{]}$$

τ_{max} = Maximale Schubspannung in 5–7 mm Tiefe
Q = Vertikale Radlast [N]
r = Radradius [mm], gültig für 300 mm < r < 600 mm
(angenommene Aufstandsbreite des Rades: 12 mm)

Durch Antriebs- oder Bremskräfte entstehen im Schienenkopf zusätzliche Schubspannungen, die aber die erwähnten Schubspannungen der vertikalen Krafteinleitung nicht beeinflussen. Anhand der maximal zulässigen Schubspannungen (30 % der Zugfestigkeit σ_{Bruch}) kann nun auf die maximal zulässige Radlast in Abhängigkeit des Radradius oder aber auf den kleinsten zulässigen Radradius in Abhängigkeit von der vorgesehenen Radlast geschlossen werden:

$$13.05.\sqrt{\frac{Q}{r}} = 0.3\ \sigma_{Bruch}$$

Aufgelöst ergeben sich die Gebrauchsformeln für

- Maximal zulässige Radlast:
  $Q_{\text{max zul}} = 5.28 \cdot 10^{-4}\, r\sigma^2_{\text{Bruch}}\,[\text{N}]$
- Minimal zulässiger Radradius:
  $$r_{\text{min zul}} = 1.89 \cdot 10^3 \frac{Q}{\sigma^2_{\text{Bruch}}} \;[\text{mm}]$$

Dieser Zusammenhang ist insbesondere bei Fahrzeugen mit unüblich kleinen Rädern wie Niederflurstrassenbahnen und Tragwagen der rollenden Landstrasse zu beachten.

Abbildung 40 *Drehgestell eines Tragwagens der rollenden Landstrasse mit sehr kleinen Rädern; Lastverteilung auf vier Achsen zur Begrenzung der Flächenpressung [Foto: Michael Kohler].*

6.4.1.2 Biegebeanspruchung des Schienensteges und -fusses

In erster Näherung kann die durch die Biegebeanspruchung hervorgerufene Spannung gemäss Zimmermann und Winkler berechnet werden:

$$\sigma = \frac{M}{W}$$

M = Moment nach Zimmermann und Winkler infolge Radlast Q
W = Widerstandsmoment der Schiene

Die Schienenform bewirkt, dass die Spannungen nicht nach Navier über die Profilhöhe verteilt sind. Im unmittelbaren Wirkungsbereich der vertikalen Kraft (rund 15 cm langer Schienenabschnitt) wird der Steg etwas gestaucht, sodass sich der Schienenkopf selbst zusätzlich durchbiegt. Er kann mithin näherungsweise für sich allein als prismatischer Stab betrachtet werden. Schienenkopf und Steg übernehmen dabei etwa jene Anteile der Last, die dem Verhältnis der partiellen Widerstandsmomente entsprechen. Die partiellen Spannungszustände von Schienenkopf und Steg können überlagert werden, woraus sich die Spannungsverteilung über das Profil ableiten lässt.

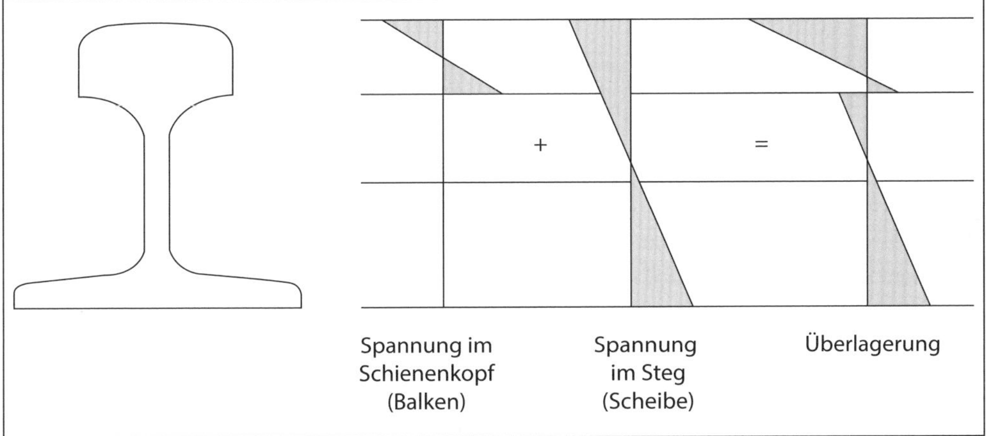

Abbildung 41 *Vereinfachtes Modell der Spannungsüberlagerung in der Schiene infolge zentrisch einwirkender Vertikalkraft Q und daraus entstehender Biegebeanspruchung des Profils; Aufteilung auf Schienenkopf und Steg sowie Überlagerung [Fastenrath 1977].*

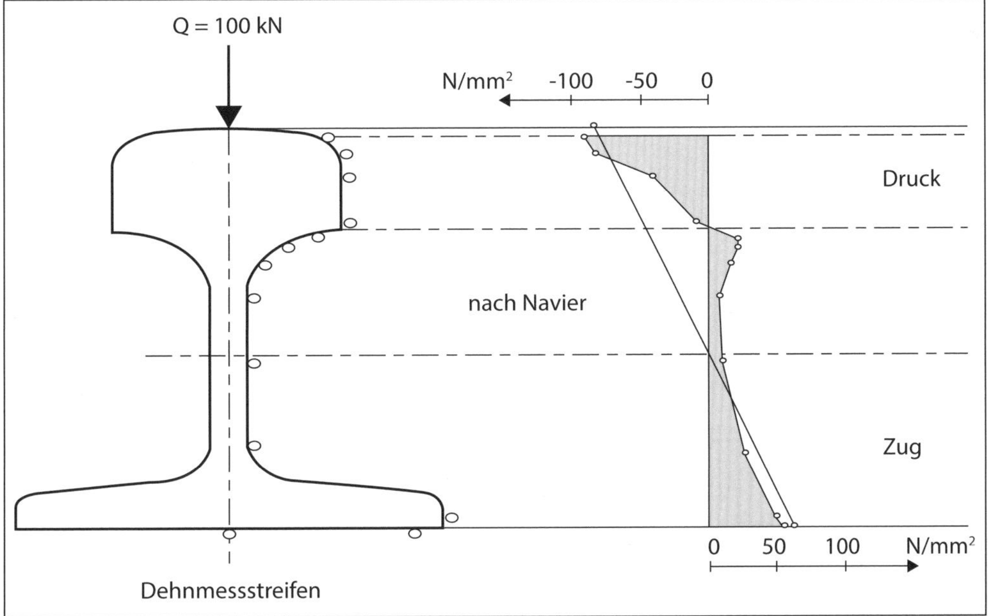

Abbildung 42 *Mittels Dehnmessstreifen (Anbringungsorte: o) gemessene Längsspannungen an einer Schiene; gute Übereinstimmung mit vereinfachtem Modell [Fastenrath 1977].*

6.4.1.3 Verbiegen der Schienen

Beim Verbiegen der Schienen in Gleisbögen treten Biegezugspannungen auf, die am äusseren Schienenfussrand ihre grössten Werte erreichen. Sie können mit der folgenden Formel berechnet werden:

$$\sigma_{F,R} = \frac{E}{R}\frac{f}{2}$$

$\sigma_{F,R}$ = Normalspannungen infolge Verbiegens [N/mm²]
E = $2{,}1 \cdot 10^5$ [N/mm²]
R = Radius des Gleisbogens [mm]
f = Schienenfussbreite [mm]

Diese Spannungen sind nicht vernachlässigbar klein, aber unkritisch, da sie nur am äusseren Schienenfussrand auftreten und nach innen sehr rasch abnehmen.

6.4.1.4 Innere Spannungen der Schiene

Die inneren lastunabhängigen Spannungen der Schiene setzen sich aus den Temperaturspannungen und den Eigenspannungen zusammen. Erstere wurden bereits behandelt, auf die Eigenspannungen wurde beim Herstellprozess hingewiesen. Sie sind auf die Form des Schienenquerschnittes zurückzuführen, der ungleichmässig abkühlt, sowie auf das Richten der abgekühlten Schiene.

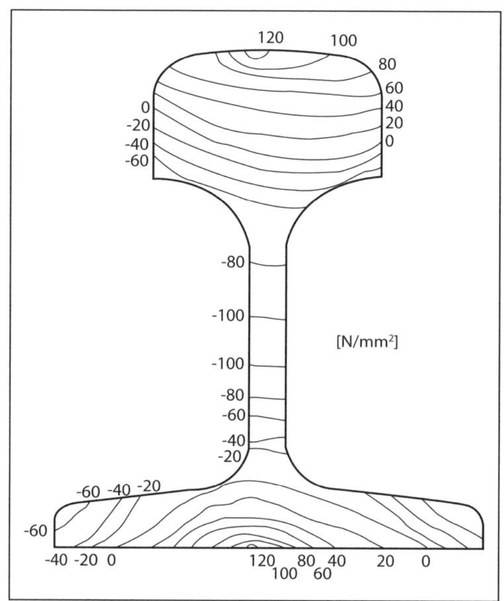

Abbildung 43 *Verteilung der Eigenspannungen über den Schienenquerschnitt einer gerichteten Schiene; Spannungsverteilungen unterscheiden sich je nach Herstellungsprozess der Schienen [Fastenrath 1977].*

Die Grösse der Eigenspannungen hängt von Herstellungsart und Schienenprofil ab. Sie können bis zu 100 N/mm² betragen, wobei die Zugspannungen in Fuss und Kopf etwa gleich gross werden wie die Druckspannungen im Steg. Eigenspannungen sind kaum kontrollierbar und nicht berechenbar. Sie können im ungünstigsten Fall eine Grössenordnung annehmen, die in Überlagerung mit der Verkehrslast zum Schienenbruch führen (insbesondere Schlagbeanspruchungen durch Räder mit Flachstellen).

6.4.1.5 Dauerfestigkeit und Ermüdung

In der Regel wird die Liegedauer von Eisenbahnschienen durch den Verschleiss bestimmt. Die Einwirkungen der Fahrzeuge treten aber als periodische Last auf, während die Eigen- und Temperaturspannungen vergleichsweise konstant sind. Daher ist die Ermüdung vor allem bei zunehmender Beanspruchung zu beachten. Die Eigenspannungen und die Temperaturspannungen bilden dabei die Unterspannung σ_u, die Verkehrslast bildet die periodische Schwingung mit der Spannungsschwingbreite 2 σ_a.

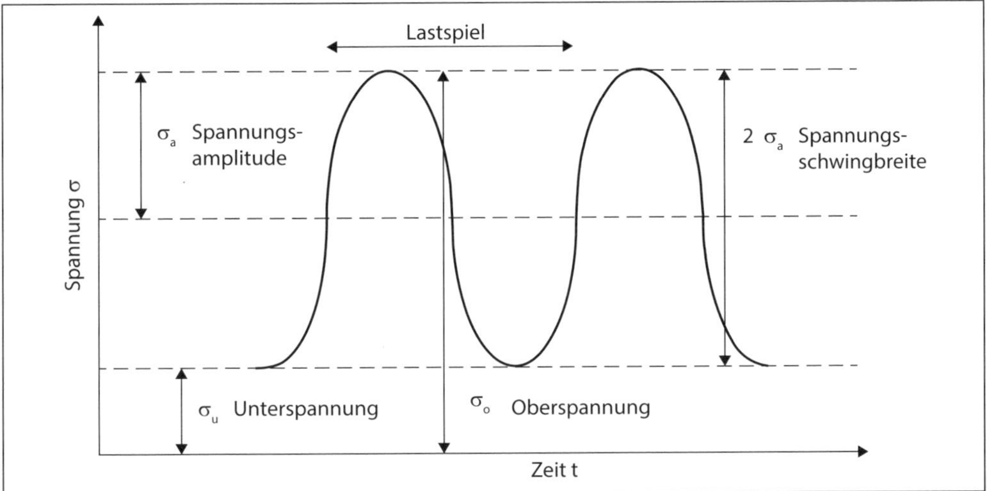

Abbildung 44 *Genereller Beanspruchungsverlauf der Schiene aus den periodischen Belastungen durch die Zugfahrten sowie die lastunabhängige Unterspannung [eigene Darstellung].*

Kritisch für ermüdungsbedingte Schienenbrüche ist die Schienenfussmitte. Bei der Auslegung von Schienen wird üblicherweise von der Dauerfestigkeit σ_D des Schienenfusses ausgegangen, welche die beliebig häufige (oder häufiger als eine Grenzschwingspielzahl, bei Schienen $2 \cdot 10^6$) ertragbare Spannungsschwingbreite $2 \cdot \sigma_a$ ist. Die Dauerfestigkeit ist abhängig von der Unterspannung σ_u und kann in einem Schaubild nach Smith abgelesen werden. Da die genauen Zusammenhänge recht komplex sind, darf für das Dimensionieren des Oberbaus die vereinfachte und zudem die grössten Risiken abdeckende Beziehung verwendet werden:

$$\sigma_D \cong \frac{1}{3} \sigma_{Bruch}$$

σ_D = Dauerfestigkeit [N/mm²]
σ_{Bruch} = Zugfestigkeit, Nennfestigkeit [N/mm²]

Bei der Beanspruchung der Schiene soll die *Dauerfestigkeit* σ_D möglichst in keinem Zeitpunkt überschritten werden. Tritt ein gelegentliches Überschreiten auf, so ist kein vorzeitiger Dauerbruch zu erwarten. Für übliche Schienentypen kann mit folgenden kumulierten Belastungen gerechnet werden, bis zu denen diese als dauerfest betrachtet werden können [Lichtberger 2004]:

Schienentyp	Liegedauer = Grenze der Dauerfestigkeit [Mio. t]
49E1	280
54E2	380
60E1	2780

Tabelle 8 *Ertragbare kumulierte Belastungen von Schienen respektive Grenze der Dauerfestigkeit [Lichtberger 2004].*

6.4.2 Dimensionierung der Schwelle

6.4.2.1 Schwellenkraft

Für die Beanspruchung der Schwelle sind die Vertikalkräfte oder deren Kombination mit der Horizontalkraft massgebend. Für die *Vertikalbeanspruchung* oder Schwellenkraft S einer bestimmten Schwelle kann man näherungsweise davon ausgehen, dass sie 50 % der direkten Auflast zu tragen hat. Dies entspricht dem ungünstigsten Fall einer sehr grossen Bettungszahl C. Differenzierter lässt sich S – wie gezeigt – auch aus der Biegelinie y nach Zimmermann und Winkler berechnen. Für die auf eine einzelne Schwelle wirkenden *Horizontalkräfte* kann angenommen werden, dass sie 80 % der Horizontalkraft von einer direkt darüber befindlichen Achse übernimmt.

6.4.2.2 Tragwirkung der Schwelle

Eine Schwelle soll die Kräfte nicht auf ihrer gesamten Länge auf den Schotter übertragen und ihre Stopfung ist darauf auszurichten, dass der Mittelbereich nicht auf dem Schotterbett aufliegt. Andernfalls würden die äusseren, direkt unter den Schienen liegenden Bereiche unter der Vertikallast stärker einsinken als die Schwellenmitte und die Schwelle würde zu kippen beginnen. Eine unkorrektes Unterstopfen kann somit zur Überbeanspruchung führen. Für die wirksame Schwellenauflagerfläche gilt:

$$F = a\,b_s = 2(l - s)\,b_s.$$

F = Totale Schwellenauflagerfläche [mm^2]
a = Auflagerlänge = 2 (l – s) = 4 ü [mm]
b_s = Schwellenbreite [mm]
l = Schwellenlänge [mm]
s = Stützweite [mm]
ü = Schwellenüberstand [mm]

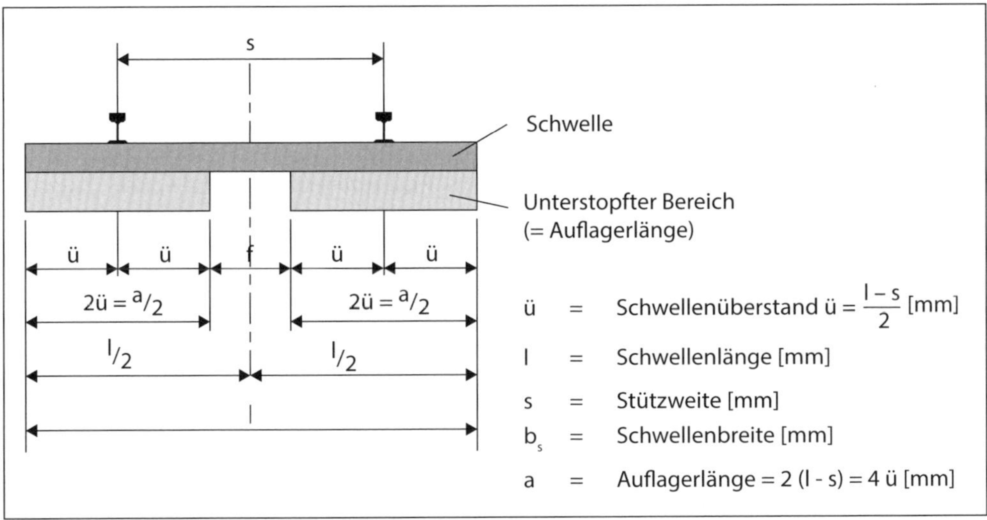

Abbildung 45 *Effektiv wirksame Auflagerlänge und -fläche einer Querschwelle [eigene Darstellung].*

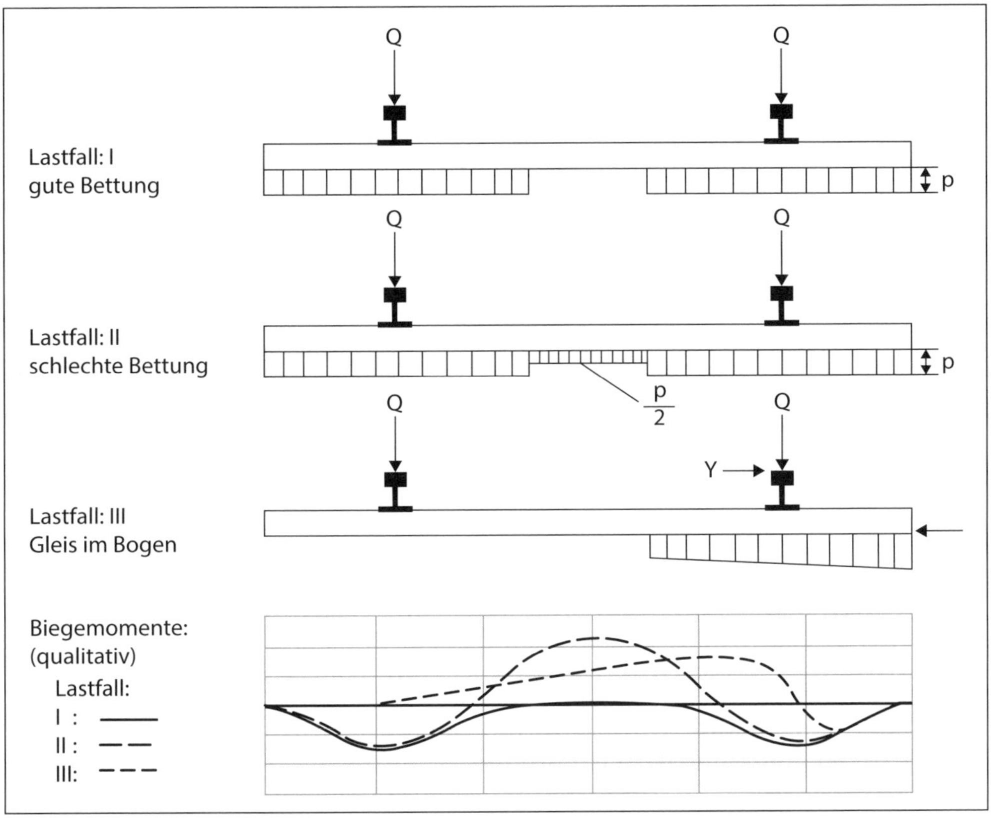

Q Q
Lastfall: I
gute Bettung
p
Q Q
Lastfall: II
schlechte Bettung
p
$\frac{p}{2}$
Q Q
Y
Lastfall: III
Gleis im Bogen
Biegemomente:
(qualitativ)
Lastfall:
I :
II :
III:

Abbildung 46 *Schwellenbeanspruchung unter verschiedenen Lastfällen und Qualitäten der Stopfung [Schiemann 2002].*

6.4.2.3 Schwellenbeanspruchung unter vertikaler Last

Die Beanspruchung der Schwelle auf Biegung kann unter vereinfachenden Annahmen wie folgt berechnet werden:

- Gesamte Auflagerkraft gleichmässig verteilt.
- Schwellenbelastung Q_{Sw} beträgt maximal die Hälfte der massgebenden Radlast.

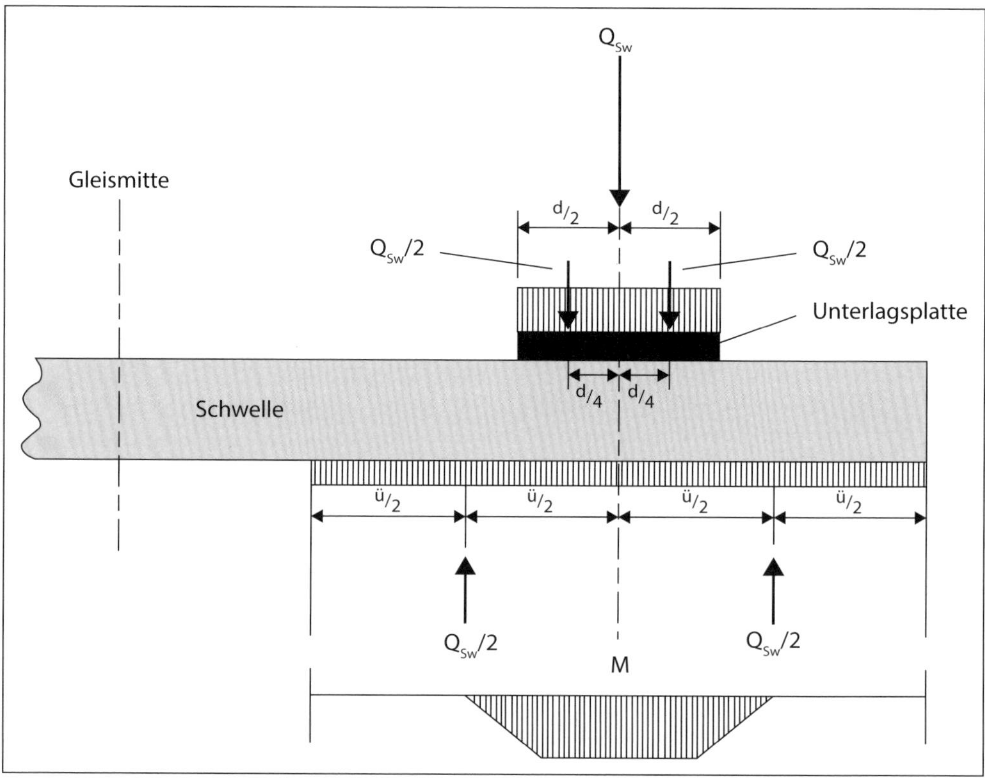

Abbildung 47 *Biegebeanspruchung der Schwelle, Momentenverteilung unter zentrischer Last [Schramm 1973].*

Für die Biegemomente gilt:

$$M_{max} = \frac{Q_{Sw}}{2}\left(\frac{ü}{2} - \frac{d}{4}\right) \quad [\text{Nm m}]$$

M_{max} = Maximales Biegemoment in der Schwelle [Nmm]

Q_{Sw} = Schwellenbelastung (maximal 50 % der Radlast) [N]

ü = Schwellenüberstand $ü = \frac{l - s}{2}$ [mm]

l = Schwellenlänge [mm]

s = Stützweite (ca. Abstand Schienenkopfmitte) [mm]

d = Breite der Unterlagsplatte (beziehungsweise des Schienenfusses bei direkter Schienenauflagerung) [mm]

Die Biegezugspannungen an der Schwellenunterseite betragen:

$$\sigma_{M,max} = \frac{M_{max}}{W_{Sw}} \ [N/mm^2]$$

Die grösste Beanspruchung der Schwelle befindet sich an der Schwellenunterseite direkt unter den Schienen. Bei Holzschwellen (Eiche, Buche) darf mit einer zulässigen Biegezugspannung von 14 N/mm² gerechnet werden.

6.4.2.4 Schwellenbeanspruchung unter kombinierter Last

Eine einfache Näherungsbetrachtung für die kombinierte Schwellenbeanspruchung infolge Q und Y zeigt schliesslich folgendes Modell:

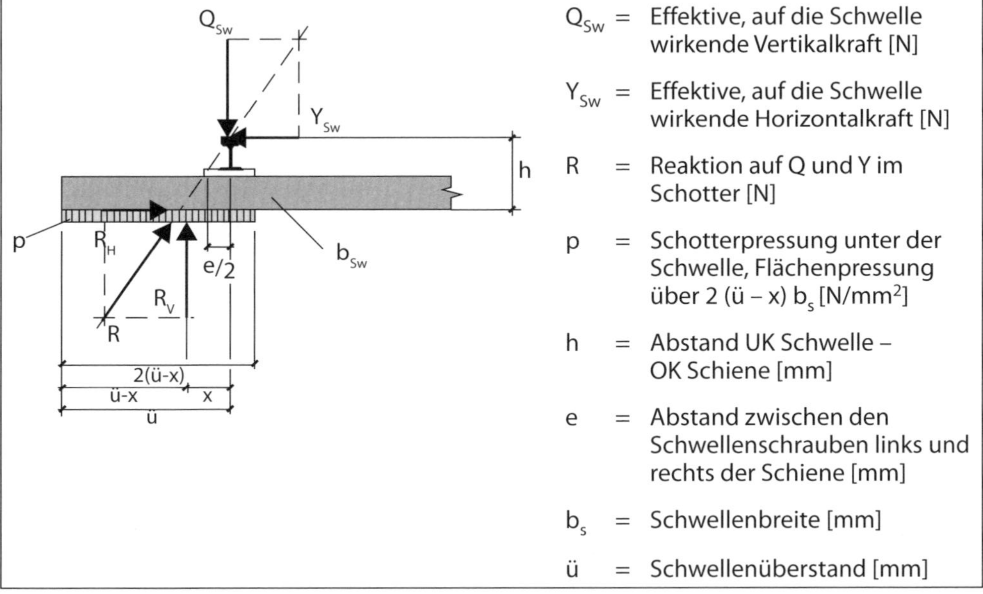

Abbildung 48 *Biegebeanspruchung der Schwelle, Momentenverteilung unter kombinierter Last [eigene Darstellung].*

Es gilt die Momentenbedingung aus den äusseren Kräften bezüglich des Angriffspunktes von R_V:

$$Y_{Sw}\,h = Q_{Sw}\,x$$

und daraus

$$x = \frac{Y_{Sw}\,h}{Q_{Sw}}$$

Das maximale Biegemoment in der Schwelle wird in erster Näherung im Abstand $^e/_2$ von der Schienenachse auftreten und beträgt mit $R_V = Q_{Sw}$:

$$M_{max} = Q_{Sw}\left(x - \frac{e}{2}\right)$$

Die maximale Biegezugspannung ist wiederum:

$$\sigma_{M,max} = \frac{M_{max}}{W_{Sw}}$$

6.4.3 Dimensionierung des Schotters

6.4.3.1 Spannungsverteilung in Schotter und Unterbau

Die Spannungsverteilung in Schotter und Unterbau kann durch die Halbraumtheorie nach Boussinesq berechnet werden, mit der sich auch der Einfluss benachbarter Schwellen erfassen lässt. In erster Näherung werden Schotter und Unterbau als homogenes Medium betrachtet. Die Schotterpressung p an der Schwellenunterseite ergibt sich dabei – bezogen auf *eine* Schiene – zu:

$$p = \frac{Q_{Sb}}{F}$$

p = Schotterpressung [N/mm²]
Q_{Sb} = Schotterbettbelastung [N]
F = Wirksame Schwellenauflagerfläche unter einer Schiene [mm²]
$F = (l - s)\, b_s$ bzw. $F = 2\,ü\,b_s$

und damit wird:

$$p = \frac{Q_{Sb}}{2üb_S}$$

Die maximal zulässige Schotterpressung unter der Schwelle ist:

$p_{max\,zul} = 0{,}3$ bis $0{,}4\ N/mm^2$

Durch den unterschiedlichen Spannungsabbau in seitlicher respektive vertikaler Richtung baut sich eine Schubspannung auf, die in einer Tiefe von etwa der halben Schwellenbreite, also 100–200 mm unter der Schwellensohle, ihr Maximum erreicht. Sie klingt anschliessend nur langsam wieder ab, mit etwa 70 % des Maximums in 300 mm Tiefe und 50 % des Maximalwertes bei 500 mm. Wird die zulässige Schubspannung überschritten, so steigt feines Material aus dem Unterbau in das Schotterbett hoch. Eine optimierte Schotterbettdicke trägt deshalb dazu bei, dass die Schubspannungen an der Schichtgrenze zum Unterbau genügend reduziert sind. Als zusätzliche Vorkehrung kann eine Schutzschicht mit höherer zulässiger Schubspannung (zum Beispiel Asphalt, Bodenverbesserung etc.) eingebaut werden.

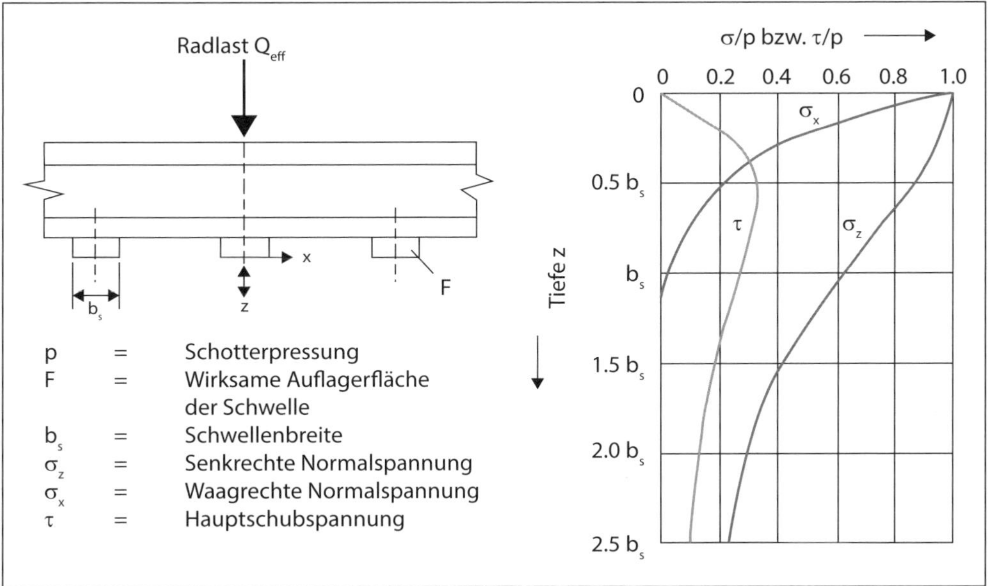

Abbildung 49 *Verlauf der Hauptspannungen σ_z und σ_x sowie der Hauptschubspannung τ im Schotter unter der Schwelle ([eigene Darstellung] nach Eisenmann).*

6.4.3.2 Spannungen im Schotter

Die resultierende Spannung an der Grenze zwischen Oberbau und Unterbau ist das Resultat aus:

- Lastverteilungswirkung der Schiene.
- Überlagerung der Lasten mehrerer benachbarter Fahrzeugachsen.
- Schwellenabstände.
- Lastverteilung durch den Schotter und dessen Lastverteilungswinkel.
- Schotterbettstärke.

Für die optimale Schotterhöhe gilt [Lichtberger 2004]:

$h = a / 2 \tan\alpha$

h : Schotterbetthöhe unter der Schwelle [mm]
a : Schwellenabstand [mm]
α : Lastverteilungswinkel

Schwellenabstände und Schotterbettdicke müssen so gewählt werden, dass der Unterbau möglichst gleichmässig belastet wird. Die Flächenpressung des Schotters verteilt sich mit zunehmender Tiefe, wobei sich der Lastverteilungswinkel des Schotters im Laufe seines Lebenszyklus verändert. Am vorteilhaftesten ist er mit 42° bei kantigem Neuschotter, um mit zunehmender Liegedauer auf 39° abzusinken. Ist der Schotter verschmutzt, so beträgt der Winkel nur noch 30°. Der Schwellenabstand darf bautechnisch nicht beliebig verkleinert werden, da die mechanischen Stopfmaschinen auf eine bestimmte Arbeitsfläche angewiesen sind. In der Praxis hat sich ein Schwellenabstand von 600 mm als zweckmässig erwiesen. Aus diesem Schwellenabstand und einem üblichen Lastverteilungswinkel von 39° für Gebrauchtschotter ergibt sich eine optimale Schotterbettdicke ab Unterkante der Schwelle von 37 cm [Lichtberger 2004].

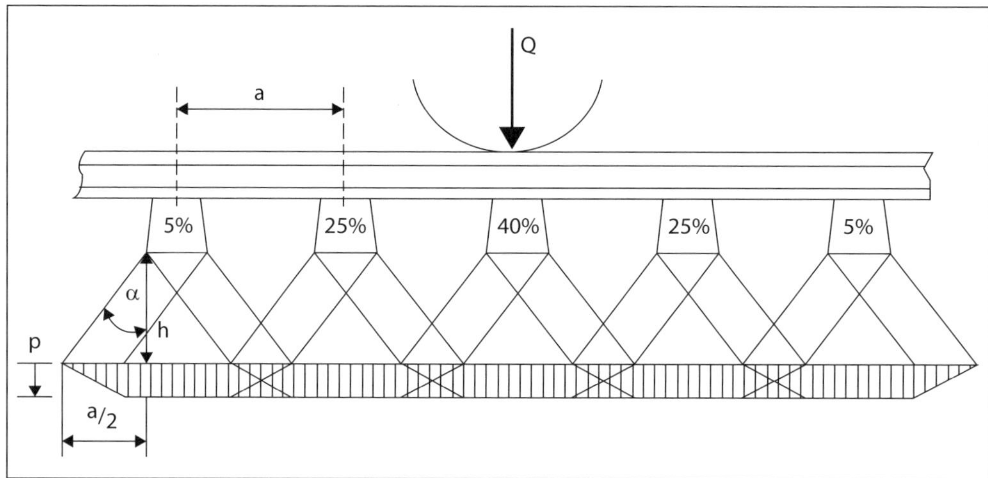

Abbildung 50 *Vereinfachte Druckverteilung auf den Unterbau und Herleitung der optimalen Schotterbettdicke [Lichtberger 2004].*

6.4.3.3 Massnahmen zur Verminderung der Schotterbeanspruchung

Die Beanspruchung des Schotterbettes kann durch folgende Massnahmen beeinflusst werden:

- Ein grösseres Schienenprofil setzt die Beanspruchung herab. Eine Schiene mit doppelt so grossem Trägheitsmoment reduziert die Beanspruchung des Untergrundes um 20 %.
- Eine breitere Schwelle hat auf die Beanspruchung des Unterbaus direkt unter der belasteten Schwelle kaum einen Einfluss. Hingegen ergibt sich zwischen den Schwellen und unter den Nachbarschwellen ein günstigerer Spannungsverlauf.
- Eine Verlängerung der Schwelle hat einen grossen Einfluss auf die Spannungen im Unterbau. So führt zum Beispiel eine Verlängerung von 2,4 m auf 2,7 m zu einer Reduktion der Spannungen um 15 %.
- Den grössten Einfluss hat die Schwellenteilung, insbesondere das Verhältnis Schwellenabstand zu Schotterbetthöhe.

Bei der kombinierten Beanspruchung durch Horizontal- und Vertikalkräfte ist die Schwelle nicht mehr symmetrisch belastet. Mit zunehmender Horizontalkraft wandert der Angriffspunkt der Reaktion (Schotterpressung) nach aussen und die Reaktionsfläche unter der Schwelle wird kleiner. Lokale Überbeanspruchungen führen zu Setzungen im Schotter, die eine weitere Verlagerung der Auflagerkräfte zur Folge haben können. Dadurch kann der Schotter lokal nachgeben, was wiederum die wirksame Fläche vergrössert. Es stellt sich zwar ein neuer Gleichgewichtszustand ein, der aber zusätzliche Momente in der Schwelle verursacht.

6.5 Gleislagestabilität

6.5.1 Überblick

Werden Gleise lückenlos verschweisst, so muss auch deren seitliche Lagestabilität unter temperaturbedingten Längskräften gesichert sein. Bei hohen Schienentemperaturen sind sowohl gerade Streckenabschnitte als auch enge Kurven bezüglich Lageveränderungen besonders gefährdet. Im ersten Fall knicken die Schienen seitlich aus, man spricht von einer *Gleisverwerfung*. Eine solche verursacht fast immer eine Entgleisung, weil sich die Schienendruckkräfte schlagartig entspannen. Die Wellenlängen betragen 10–25 m, die Amplituden erreichen Grössenordnungen bis 1 m. Im zweiten Fall, der als *Gleisverdrückung* bezeichnet wird, wird ein Bogen polygonförmig nach aussen geschoben mit Verformungsabständen von 5–10 m und Lageabweichungen von 2–3 cm. Örtlich ergeben sich daraus sehr enge Radien. Ein Bogen reagiert auf hohe Temperaturen mithin kombiniert sowohl mit einem Druckkraftaufbau als auch einer Schienendehnung durch Verschiebung des Gleisrostes.

Abbildung 51 *Ausknicken des Gleises in der Geraden durch zentrischen Druck; Beispiel Gleisverwerfungsversuch der Deutschen Bahn, Orxhausen 26. Juni 2017 [Foto: Michael Kohler].*

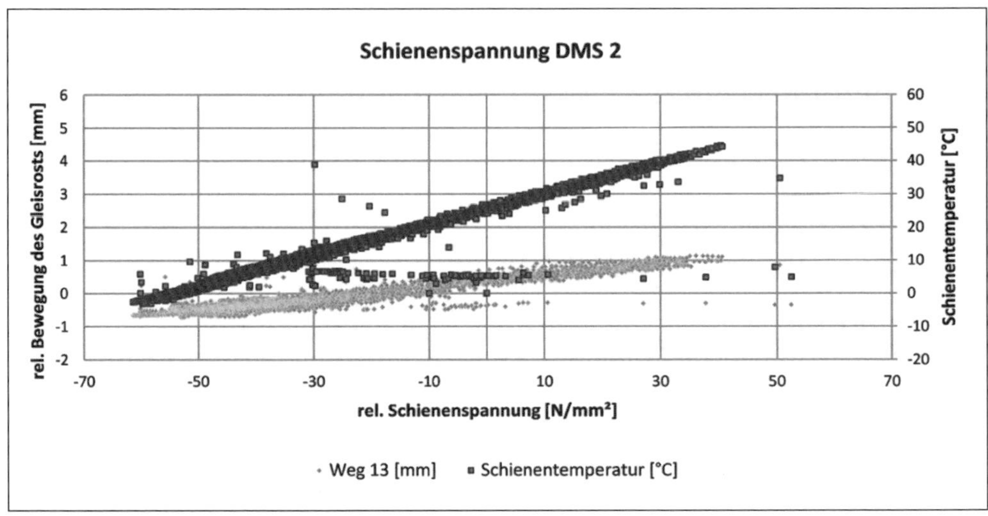

Abbildung 52 *Kombinierte Reaktion des Gleisrostes im Bogen auf Temperaturveränderungen mittels Spannungsveränderung und Verschiebung; Beispiel Brazer Bogen der Arlbergbahn (ÖBB) [Pospischil 2015a].*

Abbildung 53 *Gleisverdrückung im Übergangsbogen auf einen Radius von 300 m auf einer Länge von etwa 8 m um maximal 30 mm [Foto: Ernst Aeschlimann].*

6.5.2 Verlaschtes Gleis und Dilatationsvorrichtungen

6.5.2.1 Kräfteverlauf im verlaschten Gleis

Einen Einblick in das Verhalten der Schiene bei unterschiedlichen Temperaturen vermittelt die Betrachtung der verlaschten, also nicht durchgehend verschweissten Schiene. Auch sie ist nicht gänzlich frei in ihren Längsbewegungen, sondern diese werden durch die Schienenbefestigungen behindert (Durchschubwiderstand von 5–7 kN pro Befestigung). Ihre temperaturbedingten Längskräfte werden über die Schienenbefestigungen und Schwellen stufenweise in den Unterbau abgeleitet, sodass am freien Schienenende nur ein Bruchteil der theoretischen Längenänderung auftreten kann. Deshalb steht die Schiene trotz Stosslücken bei hoher Temperatur unter Druckspannung und es treten in Schienenmitte nahezu gleich grosse Druckkräfte auf wie bei einem lückenlosen Gleis.

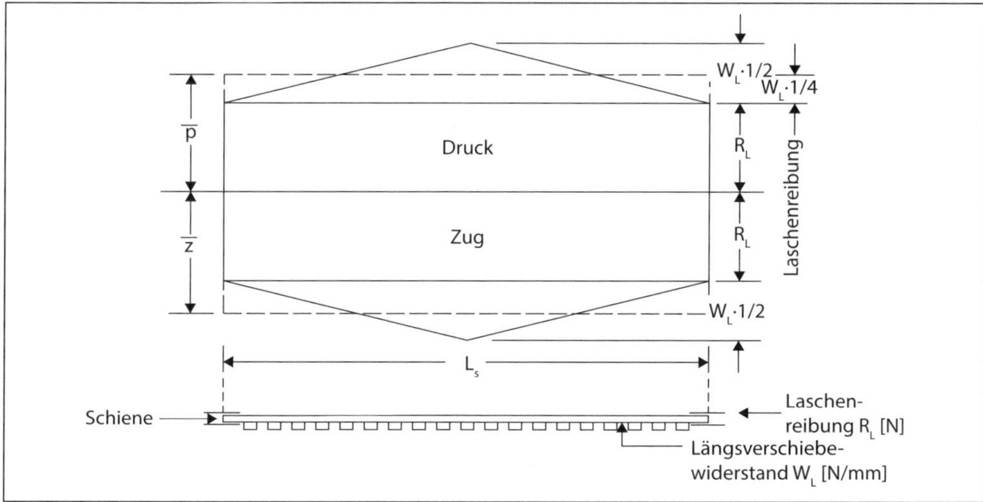

Abbildung 54 *Längskraftverlauf in der verlaschten Schiene infolge von Temperaturdifferenzen [Eisenmann 1986].*

Vereinfacht man den dreieckförmigen Druck-/Zugkraftverlauf über der Schienenlänge l zu einem konstanten Rechteckverlauf, so gilt:

Gemittelte Längskraft:

$$\bar{P} = L + p\frac{l}{4} \; [N]$$

Fiktive Temperaturerhöhung zur Erreichung von $\bar{P}$

$$\Delta T_P = \frac{\bar{P}}{\alpha EF} \; [°C]$$

L = Reibung der Verbindungslaschen an den Schienenenden [N]

p = Längsverschiebewiderstand der Schwellen im Schotter pro mm Schienenlänge [N/mm]

6.5.2.2 Hysteresis der Längenveränderung

Erst wenn ΔT grösser wird als ΔT_P und ΔT_Z und somit die Laschenreibung überwunden ist, bewegt sich das Schienenende in der Stosslasche und die Stosslückenweite ändert sich. Die Stosslücke beschreibt dadurch eine Hysteresisschleife in Temperatur-Kraft- und Temperatur-Weg-Diagrammen. Die Stosslückenöffnung ist mithin nur zum Zeitpunkt des Verlegens (T_o) der Schienen einer bestimmten Temperatur zugeordnet. Ab der ersten temperaturbedingten Verschiebung des Schienenendes lässt sie keinen Rückschluss mehr auf die Schienentemperatur zu.

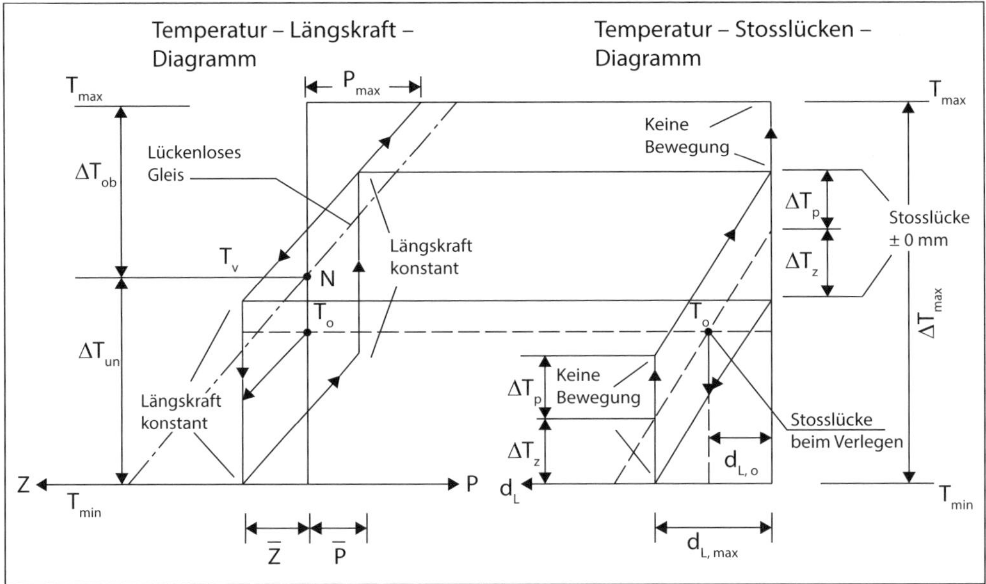

Abbildung 55 *Temperatur-Längskraft-Verlauf und zugehöriger Temperatur-Stosslücken-Verlauf des verlaschten Gleises bei Temperaturschwankungen [Fastenrath 1977].*

6.5.2.3 Schienenbewegung auf Brücken

Auch Bahnbrücken verändern ihre Länge infolge von Schwankungen ihrer Temperatur. Naturgemäss wirken Witterungseinflüsse wie Sonne und Wind sehr unterschiedlich auf die verschiedenen Bereiche des Bauwerkes (besonnt/schattig, windzugewandt/windabgewandt). Die grossen Bauwerksdimensionen verunmöglichen einen raschen Temperaturausgleich innerhalb des Bauwerks, was zu Verformungen in allen drei Dimensionen führt. Um Zwängungen zu vermeiden, werden die Träger nur an einer einzigen Stelle fest mit dem Untergrund verbunden, die anderen Lagerungspunkte sind längsbewegliche Rollenlager. Ausgehend vom festen Lager dehnt sich der Brückenträger oder er zieht sich zusammen und verformt sich. An seinem freien Ende entstehen Relativbewegungen gegenüber dem gewachsenen Boden.

Die Schienen sind je nach Brückenbauweise und Oberbauform fix mit dem Träger verbunden oder in einem Schottertrog beweglich gelagert. Die Brückenbewegungen übertragen sich dabei gänzlich oder grossmehrheitlich auf die Schienen. Sind die Schienen nun gleichzeitig lückenlos mit dem Gleisrost auf gewachsenem Boden verbunden, so entstehen Zwängungen am freien Brückenende. Bleiben die Relativbewegungen zwischen Brücke und Boden klein, erträgt der Oberbau diese zusätzlichen Schienenkräfte schadlos. Wenn aber Bewegungen von über etwa 10 mm auftreten können, müssen Dilatationsvorrichtungen über den beweglichen Lagern angeordnet und die Eigenbewegung der Brücke vom anschliessenden Gleis entkoppelt werden.

6.5.2.4 Massgebende Dehnungslängen der Brücken

Die Notwendigkeit einer Dilatationsvorrichtung wird vor allem anhand der sogenannten *Dehnungslänge* beurteilt. Ebenfalls einzubeziehen sind Oberbautyp, Brückenbauweise, Eigenschaften des Schotters sowie Gleisgeometrie. Die Dehnungslänge wird vom festen Lager aus gemessen und kann daher der Gesamtbrückenlänge entsprechen oder auch geringer sein.

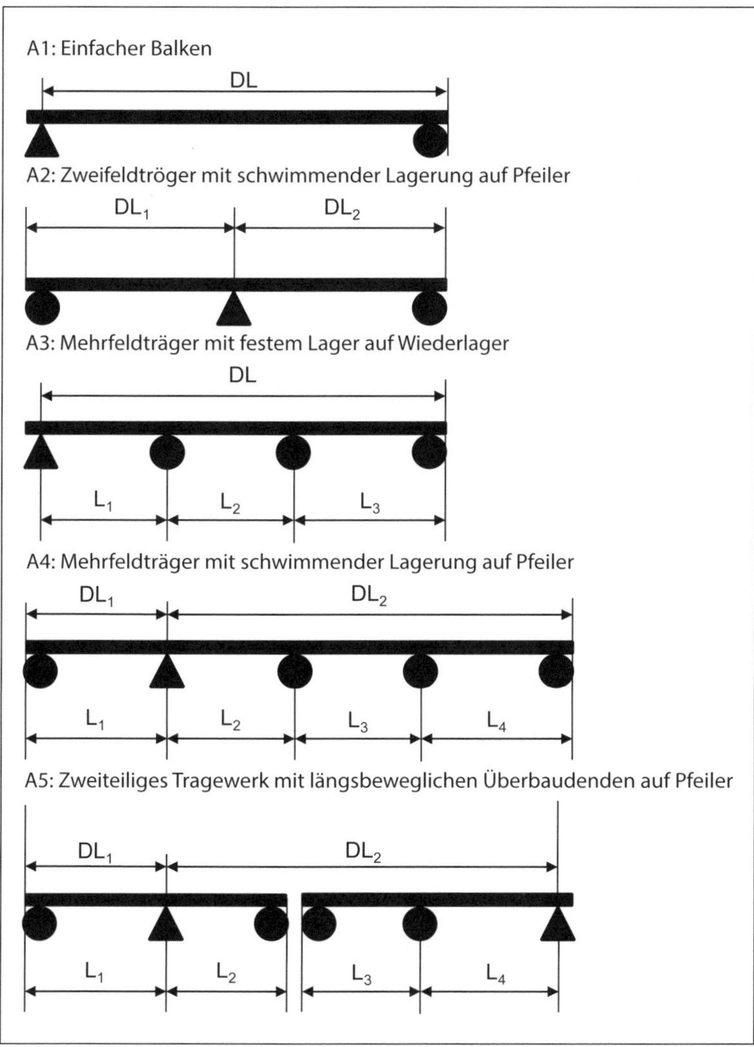

Abbildung 56
Bestimmung der Dehnungslängen (DL) bei unterschiedlichen Lagerungskonzepten von Brücken [SBB 2015].

6.5.2.5 Anordnung von Dilatationsvorrichtungen

Üblicherweise werden Beton- und Stahlbrücken mit Schottertrog ausgeführt. Eine Dilatationsvorrichtung ist am Ort des beweglichen Widerlagers anzuordnen. Auf Brücken mit durchgehendem Schotterbett können zudem am Ort der Dilatation ergänzende Schotterbetttrennungen nötig werden. Die zulässigen maximalen Dehnungslängen sind in Funktion der Brückenbauweise, des Oberbaumaterials und der Gleisgeometrie festgelegt.

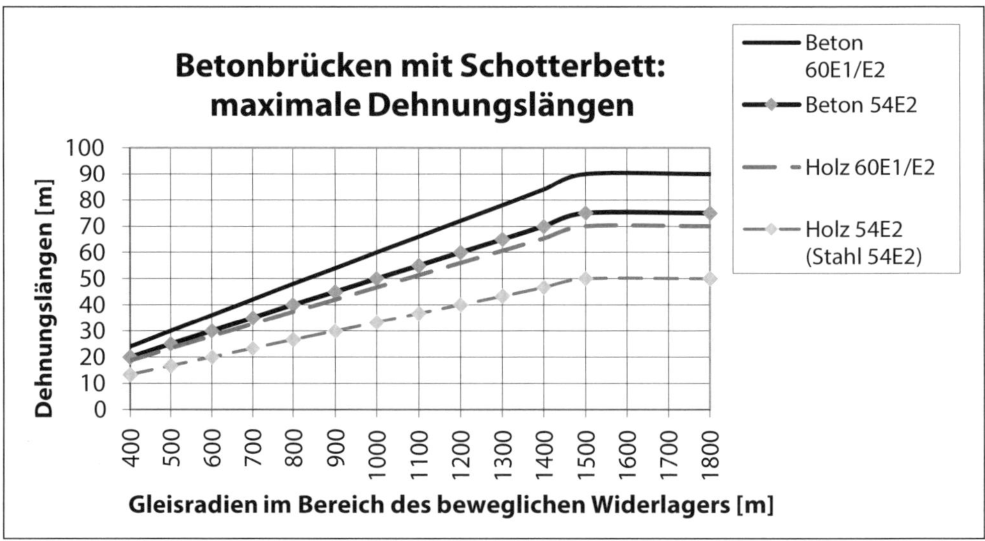

Abbildung 57 *Zulässige Dehnungslängen ohne Dilatationsvorrichtungen in Funktion der Gleisgeometrie und des Oberbaumaterials bei Betonbrücken [SBB 2015].*

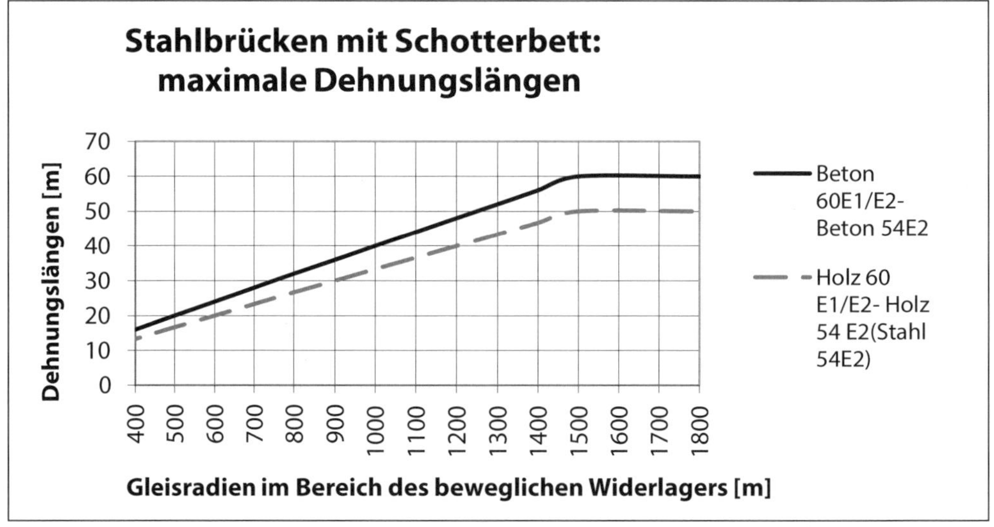

Abbildung 58 *Zulässige Dehnungslängen ohne Dilatationsvorrichtungen in Funktion der Gleisgeometrie und des Oberbaumaterials bei Stahlbrücken [SBB 2015].*

Durch zweckmässige Wahl von Tragwerkskonzept und Anordnung der festen respektive beweglichen Lager können die Dehnungslängen oft so begrenzt werden, dass sich Dilatationsvorrichtungen selbst bei längeren Brücken vermeiden lassen. Auf Brücken ohne bewegliche Auflager wie zum Beispiel Viadukte in Mauerwerk kann generell auf Dilatationsvorrichtungen verzichtet werden. Dasselbe gilt für sogenannte integrale Brücken ohne Fugen und Lager. Diese Brückenbauform ist insbesondere dann zu bevorzugen, wenn sich Weichen im Einflussbereich des Tragwerkes befinden [SBB 2015].

Beim Verschweissen der Gleise muss darauf geachtet werden, dass zu einem Zeitpunkt neutralisiert wird, in dem sich die Brücke annähernd in Null-Lage befindet. Dies ist in der Regel unter folgenden Bedingungen der Fall [SBB 2015]:

- Betonbrücken: Monate April – Mai und September – Oktober.
- Stahlbrücken: Temperaturen von 10–15 °C.

6.5.3 Querverschiebewiderstand, Rahmensteifigkeit, Neutralisationstemperatur

6.5.3.1 Haupteigenschaften für die Lagestabilität

Das lückenlos verschweisste Gleis ist somit bei hoher Temperatur in einem statisch labilen Zustand und ein Ausknicken wäre sicherheitskritisch. Die Lagestabilität auf dem geforderten Sicherheitsniveau kann aber durch drei Haupteigenschaften des Oberbaus gewährleistet werden:

- Querverschiebewiderstand.
- Rahmensteifigkeit.
- Neutralisationstemperatur.

Kritisch ist dabei stets das horizontale Ausknicken. Ein vertikales Ausknicken mit Anheben des Gleisrostes ist aufgrund seines hohen Gewichtes nicht zu erwarten und erfordert keine gesonderten Massnahmen.

6.5.3.2 Querverschiebewiderstand

Der Querverschiebewiderstand w ist definiert als seitlicher Widerstand pro Längeneinheit, den das Gleis einer Verschiebung aus seiner Soll-Lage entgegensetzen kann [N/mm]. Er ist insbesondere abhängig von:

- Schwellenart (Werkstoff, Gewicht, Form, Abmessungen).
- Bettung (Verdichtung, Kornzusammensetzung, Einschotterungsgrad).
- Grösse der Abhebewelle des Gleisrostes bei Belastung.

Er setzt sich je nach spezifischen Gegebenheiten näherungsweise aus folgenden Anteilen zusammen [Lichtberger 2004]:

- Sohlreibung 45–50 %
- Vorkopfwiderstand 35–40 %
- Schwellenflankenwiderstand 10–15 %

Besonders vorteilhaft sind daher hohe Schwellen, Zweiblockschwellen, Sicherungskappen, Erhöhung der seitlichen Schotterschultern, Schottererhöhung im Zwischenfach und dynamische Gleisstabilisation. Ebenfalls günstig wirken hohe Gewichte, grosse Breiten und Längen von Schwellen oder hohe Achslasten [Lichtberger 2004]. Die seitliche Anhäufung von Schotter vermag ihn zudem substanziell heraufzusetzen. Der Querverschiebewiderstand von Betonschwellen ist etwa doppelt so gross wie von Holzschwellen [Eisenmann 1985].

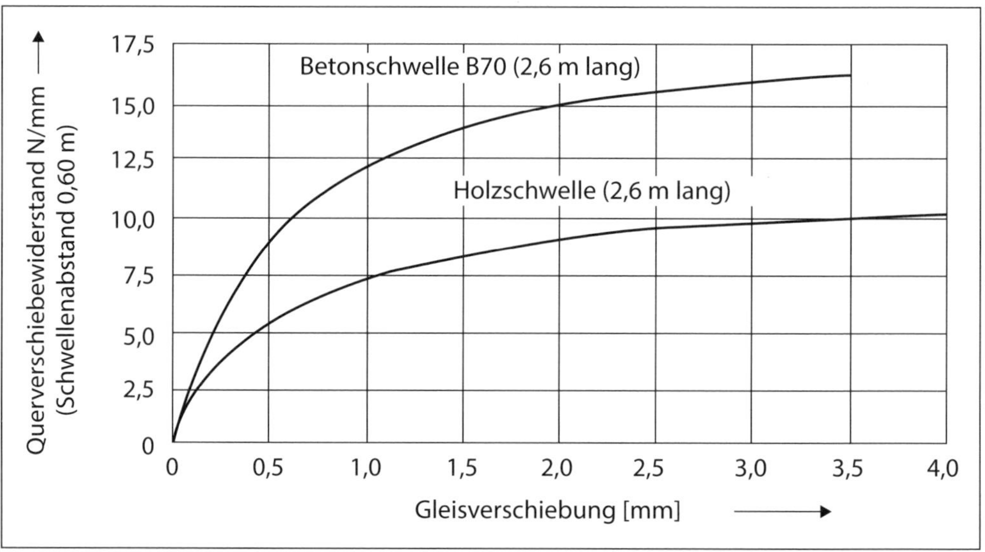

Abbildung 59 *Verlauf des Querverschiebewiderstandes für Beton- und Holzschwellen nach langer Liegedauer (statischer Wert = ohne Zugüberfahrt) [Eisenmann 1985].*

Der Querverschiebewiderstand baut sich erst mit zunehmender Seitenverschiebung des Gleisrostes, also *nach* einer ersten Lagestörung, sukzessive auf, erreicht aber immerhin bereits ab etwa 3 mm asymptotisch seinen Maximalwert. Er leistet damit zwar einen wichtigen Beitrag an die Lagestabilität, kann diese aber nicht allein gewährleisten, sondern nur im Zusammenwirken mit der Rahmensteifigkeit. Die Rahmensteifigkeit muss die Initialauslenkung limitieren, der Querverschiebewiderstand bremst die Weiterverformung respektive Störungspropagation.

Für die Meterspur gelten prinzipiell die gleichen Überlegungen wie für die Normalspur, die Werte sind aber tendenziell etwas kleiner. Ursache dafür sind die geringere Reibungsfläche zwischen Schwelle und Schotter und die kürzeren Flanken der Schwellen der Meterspur. Es wird eine Reduktion der w-Werte der Normalspur um 10 % empfohlen.

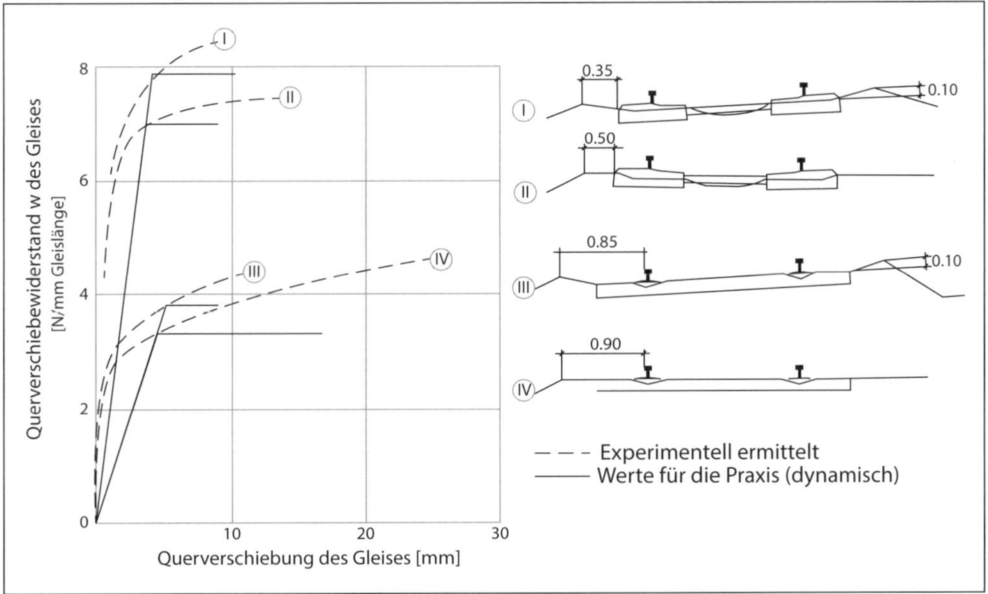

Abbildung 60 *Querverschiebewiderstand in Abhängigkeit der Oberbauausführung [eigene Darstellung; Messungen SBB Infrastruktur].*

6.5.3.3 Einflüsse von Nutzung und Erhaltung auf den Querverschiebewiderstand

Die Verzahnungen zwischen Schwelle und Schotter sowie der Widerstand des Schotters gegen eine Verschiebung werden bei der Durchfahrt eines Zuges und bei Gleisbauarbeiten substanziell abgemindert. Bei Zugdurchfahrt löst sich der Verbund aufgrund zweier Effekte etwas auf: Zum Ersten reduziert sich die Reibung zwischen Schwellenunterseite und Schotter unter der früher gezeigten *Abhebewelle* vor und hinter den Achsen eines Zuges (20–40 %), zum Zweiten wird der gesamte Widerstand des Gleisrostes infolge der Vibration herabgesetzt (10–20 %). Daher ist bei der Berechnung der kritischen Temperaturerhöhung immer von den kleineren, dynamischen Werten auszugehen.

Nach einer *Gleisdurcharbeitung* fällt der Querverschiebewiderstand zufolge Auflockerung des Schotters zunächst etwa auf 55 % ab und wächst erst allmählich durch eine Verdichtungsarbeit der Züge von etwa 200'000 Bruttotonnen wieder auf den ursprünglichen Wert an [Fastenrath 1977]. Ein dynamischer Gleisstabilisator kann diese Verdichtungsarbeit maschinell vorwegnehmen. Ebenfalls eine Verbesserung des Querverschiebewiderstandes erreicht man durch den Einbau von Schwellenbesohlungen [Loy 2015].

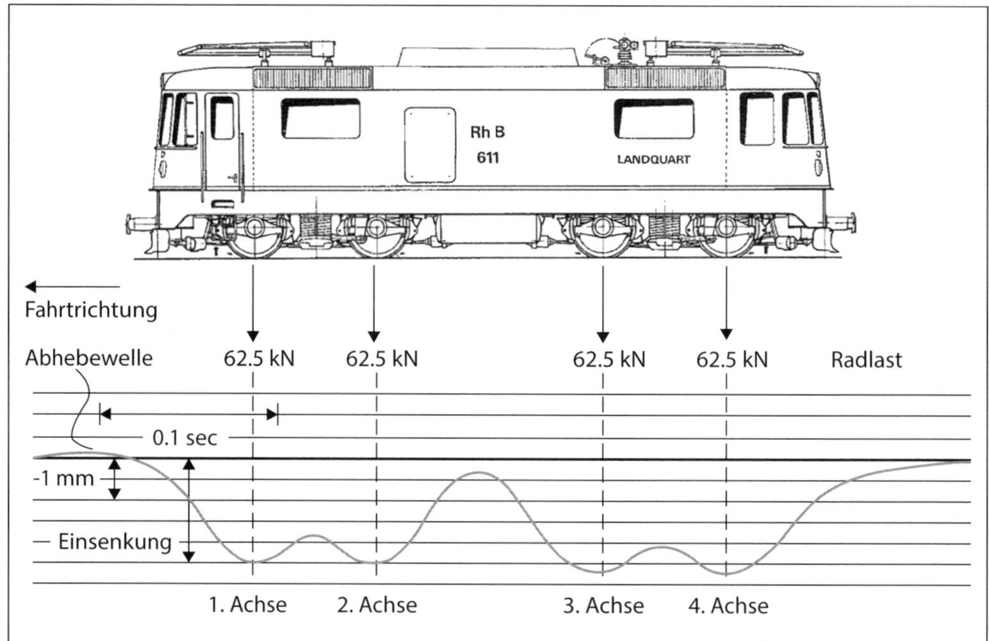

Abbildung 61 *Einsenkung der Schiene unter einer Zugsdurchfahrt; Beispiel Lokomotive Ge 4/4 der Rhätischen Bahn bei v = 90 km/h auf schotterlosem Oberbau (Fuchsenwinkeltunnel), Schwellen in Gummischuh, gerades Gleis [eigene Darstellung].*

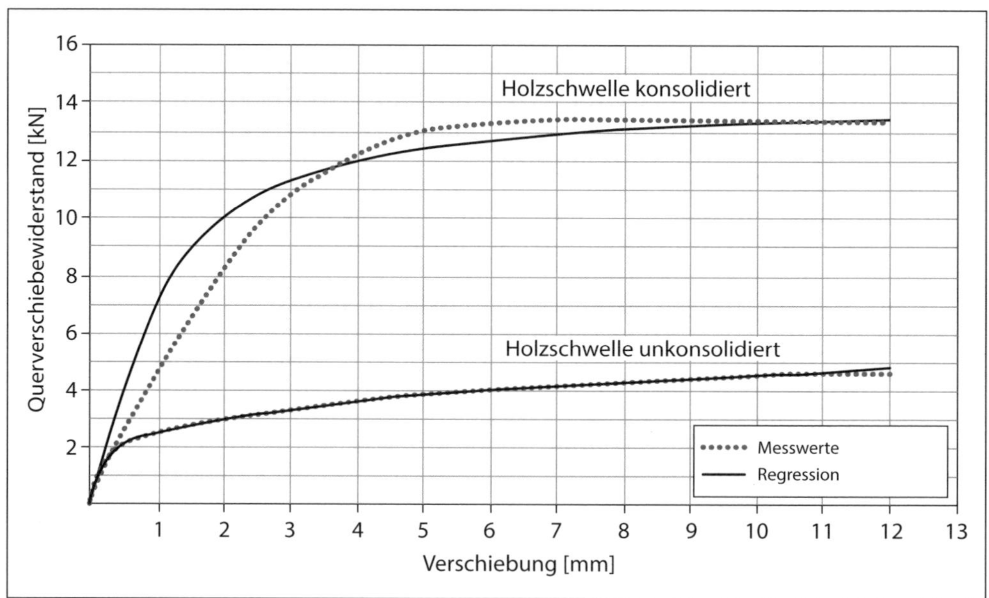

Abbildung 62 *Empirischer Verlauf des Querverschiebewiderstandes für ein Holzschwellengleis im unkonsolidierten respektive konsolidierten Zustand ([Braess 2018] mit Daten von [Pospischil 2015b]).*

6.5.3.4 Rahmensteifigkeit

Die beiden Schienen bilden zwar zusammen mit den Schwellen ein horizontal liegendes Gitter, das aber statisch kein vollwertiger biegesteifer Rahmen ist, da die Schienenbefestigungen als nicht reibungsfreies Gelenk wirken. Dennoch entwickelt er eine gewisse Rahmenwirkung, insbesondere durch [Braess 2018]:

- Seitliches Trägheitsmoment der beiden Schienen.
- Verdrehungswiderstand zwischen Schiene und Schwelle in der Schienenbefestigung.
- Durchschubwiderstand zwischen Schiene und Schwelle, ebenfalls in der Befestigung.
- Schwellenabstand.
- Spurweite respektive Schienenabstand.

Für die Rahmensteifigkeit kann in erster Näherung das Ersatzträgheitsmoment I_e des Gleisrostes angesetzt werden. Bei einer spannungshaltenden Schienenbefestigung und Normalspur sowie einem Schwellenabstand von 60–65 cm beträgt dieses unter Betriebsbedingungen ein Mehrfaches der Summe der Trägheitsmomente I_y der beiden Schienen. Für eine starke Rahmensteifigkeit sind somit gut verspannte Schienenbefestigungen essenziell.

Da das statische System einem Hybrid aus gelenkig verbundenen Stäben und einem Vierendeelträger entspricht, ist der Schubmodul zur Beurteilung der Rahmensteifigkeit miteinzubeziehen. Bei Vierpunktversuchen, welche diesen Aspekt ebenfalls berücksichtigen, erweist sich die Schwellenbauart als Haupteinflussgrösse. Die Rahmenwirkung verstärkt sich demnach beträchtlich, wenn die Schiene an zwei Punkten auf der Schwelle fixiert ist. Dies lässt sich alternativ durch die biegesteife Verbindung zweier benachbarter Schwellen erreichen [Braess 2018].

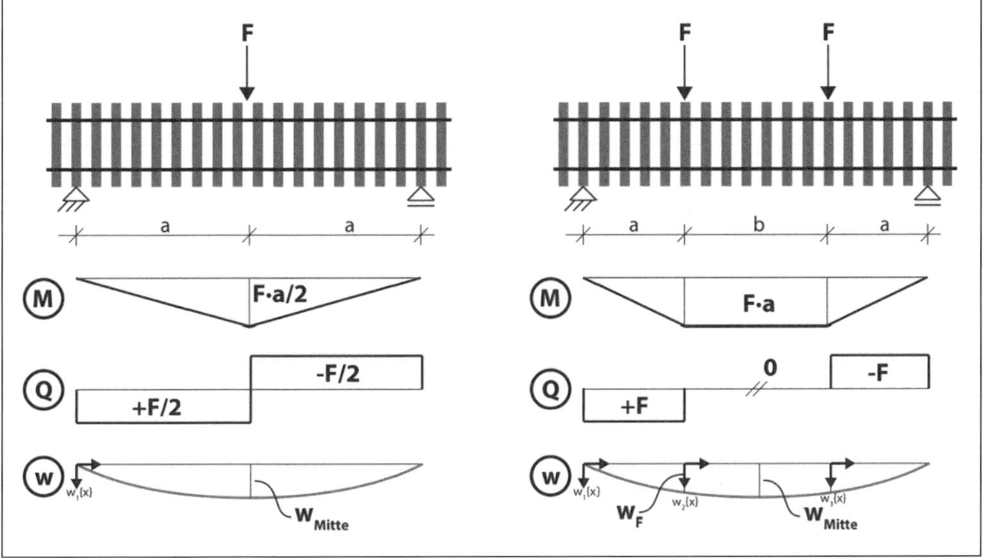

Abbildung 63 *Vergleich der Versuchsaufbauten von Drei- respektive Vierpunktversuch [Braess 2018].*

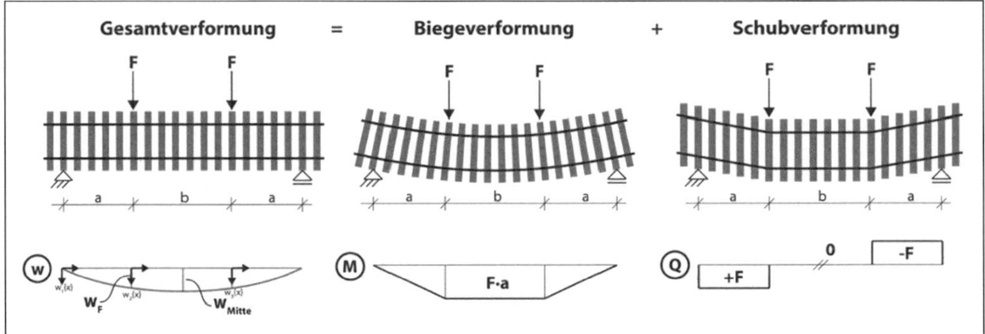

Abbildung 64 *Zusammensetzung der Gesamtverformung beim Vierpunktbiegeversuch aus Biegeverformung und Schubverformung [Braess 2018].*

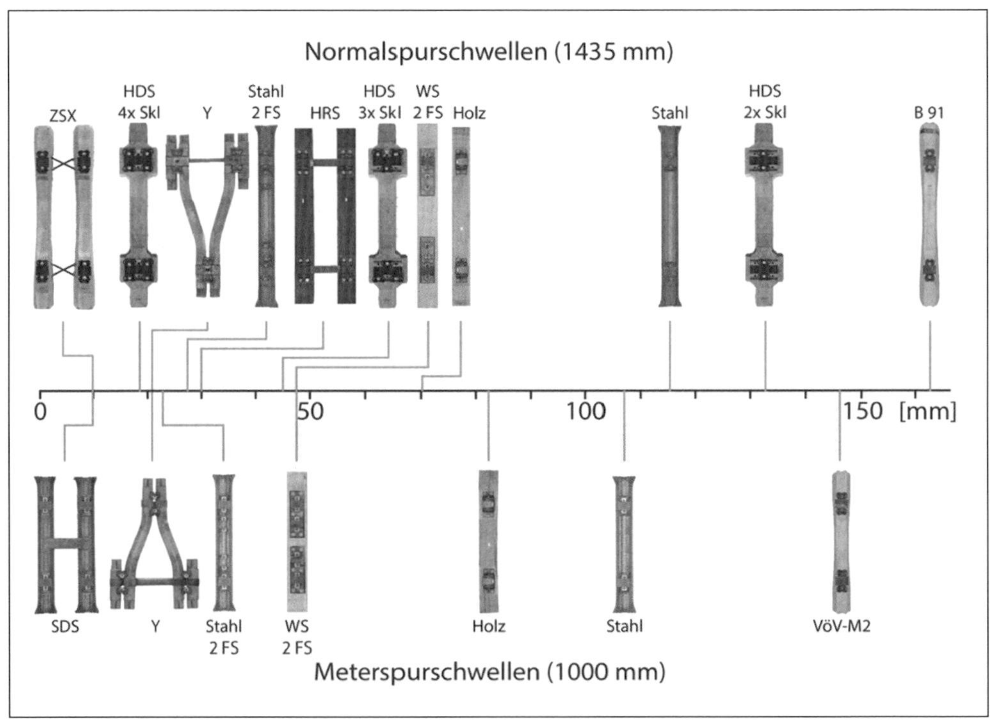

Abbildung 65 *Rahmensteifigkeit verschiedener Oberbauarten, dargestellt als äquivalente Verformung bei Vierpunktversuch in [mm] bei gleichen Randbedingungen; Schienenprofil 54E2, Kraft = 10 kN, a = 3,0 m, b = 4,2 m [Braess 2018].*

6.5.3.5 Verlegetemperatur, Neutralisationstemperatur, Neutraltemperatur

In den Schienen des lückenlos verschweissten Gleises können mithin sicherheitskritische temperaturbedingte Spannungen auftreten, die gleisbautechnisch bewältigt werden müssen. Sie entstehen aus der Differenz zwischen momentaner Schienentemperatur und jener Temperatur, bei der das Gleis spannungsfrei wäre. Letztere Temperatur wird im Rahmen eines Gleisbauprojektes festgelegt, abhängig von den örtlichen klimatischen Verhältnissen. Dabei wird unterschieden zwischen der *Verlegetemperatur*, der *Neutralisationstemperatur* und der *Neutraltemperatur*. Im Folgenden werden die in der Schweiz gebräuchlichen Definitionen verwendet [Braess 2018].

Die *Verlegetemperatur* ist die momentane Temperatur beim Verlegen der Schienen. Sie ist demnach auch innerhalb kurzer Gleisabschnitte sehr variabel. Die Stosslücken werden beim Verlegen provisorisch verlascht, ohne jedoch verschweisst zu werden, und die Schienenbefestigungen werden ebenfalls nur provisorisch angezogen [Braess 2018].

Land	Region	Neutralisationstemperatur (°C)			Regelwerk
		Regelwert	Unterer Wert	Oberer Wert	
Schweiz		25			Ausführungsbestimmungen zur Eisenbahnverordnung 2014
Schweiz Normalspur HG und NG 1 (NG2 und NG3)	Nördlich Biasca	25 (22)	22 (16)	28 (28)	Lückenlose Gleise, lückenlos verschweisste Weichen und verlaschte Gleise Normalspur, I-ASM, Bern, VöV R 220.41
	Südlich Biasca	28 (28)	25 (22)	31 (34)	
Schweiz Meterspur		25	22	28	Lückenlos verschweisstes Gleis (LVG), lückenlos verschweisste Weichen und verlaschte Gleise für Meterspur, VöV, R RTE 22541
Deutschland		23	20	26	Deutsche Bahn, Bautechnik, Leit-, Signal- und Kommunikationstechnik – lückenlose Gleise, Weichen und Stosslückengleise herstellen, RIL 824.5010
Österreich	Schotteroberbau		24	26	Österreichische Bundesbahn, lückenlose Gleise und verschweisste Weichen, RW 07.06.05
	Feste Fahrbahn		10	20	
Frankreich		25	25	32	Société des Chemins de fer Français, Libérations des LRS avec tendeurs hydrauliques ou à température naturelle
Australien	New South Wales	35			Rail Corporation, Rail Adjustment, TMC 223

Tabelle 9 *Vorgeschriebene Neutralisationstemperaturen in einigen Normen [Braess 2018].*

Die *Neutralisationstemperatur* wird in den nationalen Regelwerken mit Blick auf die klimatischen Bedingungen festgelegt. Dabei soll das Gesamtrisiko aus Schienenbruch im Winter und Gleisverwerfung im Sommer minimiert werden. Aufgrund der niedrigen Stahlqualität war die Gefahr eines Schienenbruchs in den Anfangsjahren des lückenlos verschweissten Gleises wesentlich höher als heute, weshalb Neutralisationstemperaturen von nur 5 °C gewählt wurden.

Dank erhöhter Zugfestigkeit des Schienenstahls kann sie heute leicht über dem Mittel aus Maximal- und Minimaltemperatur festgelegt werden, womit Verwerfungen und Ausknicken besser begegnet wird. Beim Gleiseinbau wird die Neutralisationstemperatur durch den sogenannten Neutralisationsprozess erreicht. Dazu werden die Schienenbefestigungen wieder gelöst und die Schienen mittels Schienenwärme- oder Schienenspanngeräten auf diejenige Länge gebracht, die ihrer Länge bei Neutralisationstemperatur entspricht [Braess 2018].

Die *Neutraltemperatur* bezeichnet jene Temperatur, bei der das eingebaute und genutzte Gleis effektiv spannungsfrei ist. Auch wenn das Gleis bei der vorgeschriebenen Neutralisationstemperatur verschweisst wurde, kann sich die spannungsfreie Temperatur durch Setzungen, Bogenatmung, Verdrückungen, Verschiebungen, Schienenwandern oder Hangbewegungen verändern. Bei der Bogenatmung ist die Neutraltemperatur sogar über den Tagesverlauf variabel. Messungen zeigen eine starke Variation und deuten darauf hin, dass die Neutraltemperatur üblicherweise unter der Neutralisationstemperatur liegt [Bopp 2014], [Braess 2018].

6.5.3.6 Reparaturen ausserhalb der Neutralisationstemperatur

Ein Verschweissen bei Schienentemperaturen ausserhalb der Neutralisationstemperatur kann auch bei Schienenbrüchen in der kalten Jahreszeit erforderlich sein. Dazu sind die zu verschweissenden Schienen mittels Wärme oder Zugkraft auf jene Länge zu bringen, die sie bei Neutralisationstemperatur hätten. Dadurch wird die Neutralisationstemperatur imitiert. Das Vorgehen ist damit grundsätzlich identisch wie bei der Neuverlegung [VöV 2003].

6.5.4 Nachweisverfahren für die Lagestabilität

6.5.4.1 Überblick

Ein Gleis unter temperaturbedingtem zentrischem Druck stellt in erster Näherung einen Druckstab dar. Eine horizontal ausweichende Bewegung wird durch den Querverschiebewiderstand und die Rahmensteifigkeit behindert. Beide wiederum sind nicht konstant, sondern steigen mit zunehmender Auslenkung an. Die üblichen Gleichungen für das Knicken zentrisch gedrückter Stäbe lassen sich mithin nicht direkt respektive nur mit grossem Rechenaufwand anwenden. Da ein temperaturbedingtes Versagen des Gleises sicherheitskritisch ist, ist ein rechnerischer Stabilitätsnachweis aber trotz der Komplexität zwingend. Prinzipiell stehen dazu die Differentialgleichung der elastischen Biegelinie, die Finite-Elemente-Methode und die sogenannte Energiemethode nach Meier zur Verfügung [Meier 1937].

6.5.4.2 Differentialgleichung der elastischen Biegelinie

Mit der Differentialgleichung der elastischen Biegelinie können die Stabilitätsverhältnisse von Gleisen unter Einwirkung thermischer Druckkräfte unter den tatsächlich vorhandenen Bedingungen behandelt werden. Es ist eine nicht lineare Differentialgleichung vierter Ordnung, die im Wesentlichen auf empirischen Funktionen für den Querverschiebewiderstand und der Rahmensteifigkeit aufbaut.

Die laufende Veränderung von Querverschiebewiderstand und Rahmensteifigkeit während des Knickvorgangs führt zu äusserst komplexen Randbedingungen. Letztlich kann diese Differentialgleichung nur unter grossem rechnerischem Aufwand aufgelöst werden [Gallati 2001]. Im Gegensatz zur Energiemethode ist dieses Verfahren auch für sehr kleine Radien anwendbar, für praktische Nutzungen aber derzeit noch zu komplex.

6.5.4.3 Finite-Elemente-Methode für die Verformung des Bogens

Das Verformungsverhalten eines Gleisbogens, zum Beispiel bei Bogenatmung, lässt sich mittels der Finite-Elemente-Methode simulieren. Der Gleisrost wird dazu als gekrümmter Ersatzbalken modelliert, der durch diskrete Federn elastisch gebettet ist. Jede Schwelle ist als radial gerichtete Feder zu verstehen. Am Bogenanfang und -ende kann die Steifigkeit des angrenzenden Gleisrostes mit einer Drehfeder wiedergegeben werden. Die Bogenlänge wird in Abhängigkeit des Öffnungswinkels berechnet und so angepasst, dass ein achsensymmetrisches System entsteht. Der Gleisrost wird mit der Ersatzträgheit idealisiert. Der Querverschiebewiderstand wird als nicht lineare Federsteifigkeit abgebildet und durch normalverteilte Zufallszahlen für jede Schwelle einzeln angepasst [Braess 2018]. Die Anwendung der Finite-Elemente-Methode für gleisbautechnische Fragestellungen ist noch in den Anfängen, aber vielversprechend.

6.5.4.4 Energiemethode bei geradem Gleis

Die Energiemethode nach Meier eignet sich vor allem zur Berechnung der kritischen Temperaturerhöhung ΔT für eine horizontale Gleisverwerfung. Trotz der vereinfachenden Annahmen, wie gleichbleibend angenommenes Ersatzträgheitsmoment sowie konstanter Querverschiebewiderstand während des Verschiebevorgangs, erlaubt es hinreichend genaue Aussagen für Radien von über etwa 200 m. Dies wird durch die Annahme ermöglicht, dass das Gleis bereits in der Ausgangslage eine definierte Störung der Lage aufweise. Die anzunehmende Grösse dieses fiktiven Gleisfehlers f hängt vom Gleiszustand ab. Bei gutem Gleiszustand kann für f = 15–20 mm, bei schlechtem Zustand f = 20–25 mm angesetzt werden.

Den weiteren Überlegungen liegt für das gerade Gleis eine sinusförmige Biegelinie zugrunde. Die zur Erzeugung des Ausknickens notwendige Energie (Überwindung der Widerstände) wird verglichen mit derjenigen, die aufgrund der aufgebauten Druckkraft frei wird. Ausknicken tritt demnach ein, sobald das Freiwerden an Energie überwiegt.

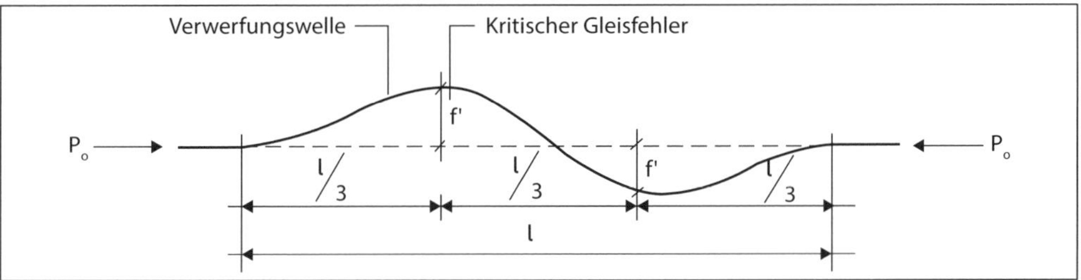

Abbildung 66 *Gerades Gleis, Verwerfungsbild beziehungsweise angenommene Biegelinie der Energiemethode nach Meier im geraden Gleis [Fastenrath 1977].*

Die kritischen Werte, bei denen eine Gleisverwerfung beginnt, lauten [Fendrich 2007]:

Länge der Biegewelle:

$$l = 3\pi\sqrt{\frac{2EI_e}{P_0}} \quad [mm]$$

Kritischer Gleisfehler:

$$f' = 8.7w\frac{EI_e}{P_0^2} \quad [mm]$$

Kritische Temperaturerhöhung:

$$\Delta T_{krit} = \sqrt{\frac{8.7I_e w}{\alpha^2 F_{(2)}^2 Ef}} \quad [°C]$$

Die Sicherheit gegen Gleisverwerfungen ist definiert mit:

$$\frac{\Delta T_{krit}}{\Delta T} \geq 2$$

ΔT_{krit}	=	Kritische Temperaturerhöhung des Gleises über der Neutraltemperatur, wo Ausknicken beginnt [°C]
ΔT	=	Temperaturerhöhung des Gleises über der Neutraltemperatur [°C]
P_o	=	Kritische Druckkraft im Gleis [N]
l	=	Länge der Verwerfungswelle [mm]
f	=	Angenommener Gleisfehler [mm]
f'	=	Kritischer Gleisfehler, wo Ausknicken beginnt [mm]
E	=	Elastizitätsmodul des Schienenstahls = $2{,}1 \cdot 10^5$ [N/mm²]
$F_{(2)}$	=	Querschnittsfläche beider Schienen [mm²]
α	=	Temperaturkoeffizient von Stahl = $1{,}15 \cdot 10^{-5}$ [°C⁻¹]
I_e	=	Ersatzträgheitsmoment des Gleisrostes [mm⁴]
w	=	Querverschiebewiderstand des Gleisrostes im Schotter pro Längeneinheit [N/mm]
R	=	Kurvenradius des Gleises [mm]

6.5.4.5 Energiemethode im Bogen

Im Bogen geht die Energiemethode davon aus, dass das Gleis trotz steigender Temperatur seine Lage beibehalten soll. Der kritische Gleisfehler ist mithin auch hier als Abweichung von der geometrischen Soll-Lage definiert [Meier 1937].

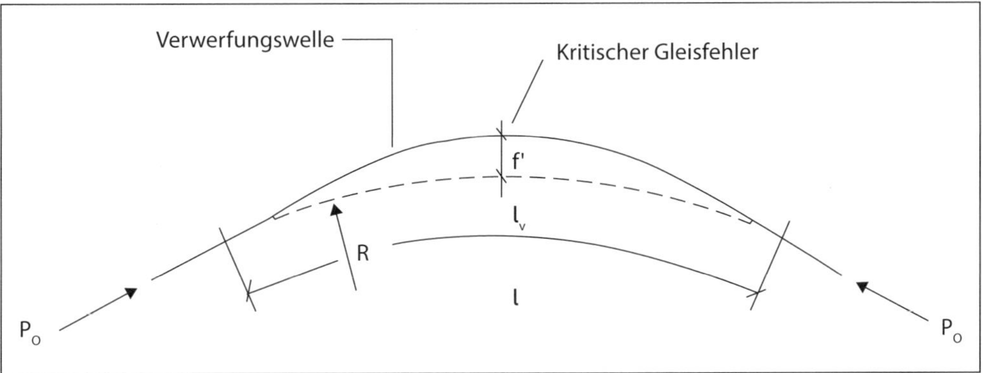

Abbildung 67 *Gebogenes Gleis, Verwerfungsbild beziehungsweise angenommene Biegelinie der Energiemethode nach Meier im gebogenen Gleis [Fastenrath 1977].*

Mit den eingangs definierten Begriffen und Abkürzungen lauten die Formeln für die kritischen Werte im Bogen [Fendrich 2007]:

Länge der Biegewelle:

$$l = 2\pi\sqrt{\frac{2EI_e}{P_0}}\ [\text{mm}]$$

Kritischer Gleisfehler:

$$f' = \left(w - \frac{P_0}{R}\right)\frac{16EI_e}{P_0^2}\ [\text{mm}]$$

und für die kritische Temperaturerhöhung

$$\Delta T_{krit} = \sqrt{\left(\frac{8I_e}{\alpha F_{(2)}Rf}\right)^2 + \frac{16I_e w}{\alpha^2 F_{(2)}^2 Ef}} - \frac{8I_e}{\alpha F_{(2)}Rf}\ [°C]$$

Die sicherheitsmässig erforderliche Temperaturdifferenz steigt mit der Geschwindigkeit der Züge auf dem betreffenden Gleis und beträgt zwischen 10 und 50 °C.

Geschwindigkeit [km/h]	Bis 80	100	120	140	160	Über 160
Zulässige Temperaturdifferenz [°C]	10	20	25	30	40	50

Tabelle 10 *Sicherheitsmässig erforderliche Temperaturdifferenz für die Lagestabilität des lückenlos verschweissten Gleises in Abhängigkeit von der Geschwindigkeit [Fendrich 2007].*

6.5.4.6 Radialatmung des lückenlos verschweissten Bogens

Es hat sich in der Realität gezeigt, dass die Formeln nach Meier bei Gleisbögen für ΔT_{krit} einen zu restriktiven Wert ergeben, denn mit den Temperaturveränderungen atmet das Gleis radial. Zumindest ein Teil der Druck- respektive Zugspannungen wird dabei durch Längenänderung der Schienen abgebaut. Die freie unbehinderte Bogenatmung mit vollständiger Entspannung kann geometrisch berechnet werden. Dieser Wert ist für die Praxis bedeutungslos, denn eine gänzlich unbehinderte Bogenatmung ist nie möglich. Messungen an engen Bögen haben zudem gezeigt, dass die Form des Bogens bei der Atmung nicht gleichmässig ist, sondern dass sich bei Temperaturen oberhalb der Neutraltemperatur ein Polygon bildet [Bopp 2014], [Braess 2018].

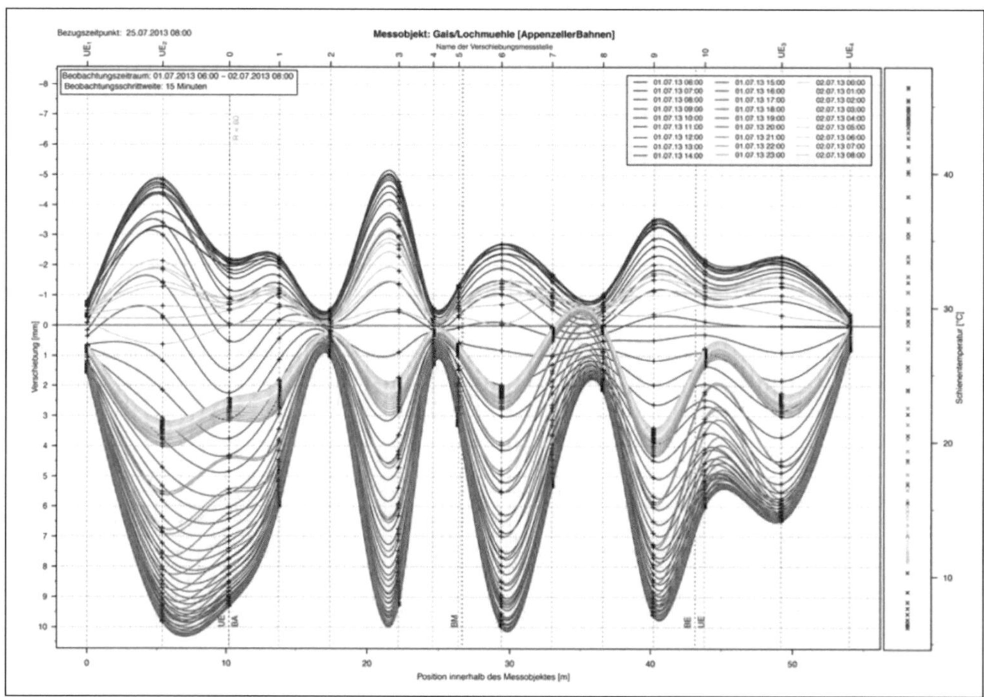

Abbildung 68 *Verlauf der seitlichen Gleisverschiebungen während eines Jahres; Beispiel Bogen Lochmühle / Gais der Appenzeller Bahnen [Bopp 2014].*

6.5.5 Anwendung des lückenlos verschweissten Gleises

6.5.5.1 Voraussetzungen für lagestabiles lückenlos verschweisstes Gleis

Für ein lagestabiles und sicher befahrbares lückenlos verschweisstes Gleis müssen folgende oberbautechnische Voraussetzungen erfüllt sein (nach [VöV 2003]):

- Fixierung der Schienen beim Einbau im Temperaturbereich der normgemässen Neutralisationstemperatur.
- Kraftschlüssige und verdrehungssteife Schienenbefestigung mit ausreichendem Durchschubwiderstand, dadurch möglichst hohe Rahmensteifigkeit.

- Vertikal ausreichend tragfähige Schwellen mit gutem Quer- und Längsverschiebewiderstand.
- Genügend mächtiges Schotterbett zur gleichmässigen Lagerung des Gleises. Insbesondere Verbreiterung und Erhöhung der Schotterbettflanken, um einen ausreichenden Querverschiebewiderstand aufbauen zu können.
- Stabile Untergrundverhältnisse; Setzungen oder Rutschungen des Bahnkörpers könnten andernfalls das Kräftegleichgewicht örtlich gefährlich stören.
- Besondere Vorkehrungen bei Linienführungen mit kleinen Radien.
- Generell gute Gleislagequalität.

Werden die erwähnten Punkte beachtet, kann eine dauerhaft sehr gute Gleislage erzielt werden. Besonders in engen Bögen leisten zudem Schwellen mit hoher Rahmensteifigkeit einen Beitrag zur Verstetigung der Verformung. Schliesslich kann die Erwärmung der Schiene durch eine einfache weisse Lackierung um einige Grade reduziert werden, was insbesondere die Spannungsspitzen erheblich dämpft. Unter experimentellen Bedingungen wurde eine Temperaturreduktion von rund 7–10 °C erreicht [Braess 2018].

6.5.5.2 Risiken für die Lagestabilität

Insbesondere in folgenden Fällen muss aber aufgrund lokaler Spannungsspitzen mit einem erhöhten Verwerfungsrisiko gerechnet werden:

- Fixpunkte im Kräfteverlauf wie Bahnübergänge, Brücken, Wechsel der Oberbauform, vor denen sich ein Kräftestau aufbauen könnte.
- Neutralisationstemperatur nicht vorschriftsgemäss eingehalten, Einbauprotokolle nicht vollständig und korrekt ausgefüllt.
- Unsorgfältiges Vorgehen bei der Neutralisation, indem zum Beispiel die Schienenbefestigungen ungenügend gelöst beziehungsweise angezogen werden.
- Unbemerkte Veränderung des Spannungszustandes im Laufe der Zeit aus unterschiedlichen Gründen (gefährlich vor allem in Kurven).
- Über Erwarten starkes örtliches Aufheizen des Gleises durch Sonneneinstrahlung (zum Beispiel
  Reflexion durch Stützmauern, Felspartien oder an windgeschützten Stellen; Fällen von Bäumen oder Abbruch von Gebäuden, die das Gleis zuvor vor Sonneneinstrahlung geschützt hatten).
- Konzentration von Anfahr- und Bremskräften auf Fixpunkte (Weichen, Bahnübergänge), insbesondere auf stark geneigten Strecken.
- Zu grosse Bewegungen über beweglichen Lagern auf Brücken ohne Dilatationsvorrichtung.
- Neu verlegte Gleise, die noch nicht den vollen Querverschiebewiderstand aufbauen konnten.
- Ungeeignete oder nicht mehr spannungshaltende Befestigungen können die Rahmensteifigkeit auf die Hälfte bis ein Viertel herabsetzen.

6.5.5.3 Grenzwerte für lückenlos verschweisste Gleise

Aufgrund des begrenzten Querverschiebewiderstandes des Gleisrostes können Gleise unterhalb gewisser Radien nicht mehr verschweisst werden. Im Bogengleis sind Δ_{Tkrit} und damit die Verwerfungssicherheit des Gleises vom Kurvenradius R und der Bauart des Oberbaus abhängig. Mit kleiner werdendem Radius nimmt die Sicherheit ab. Die Grenzwerte (Minimalradien) für lückenlos verschweisste Gleise bei Normalspurbahnen ist in RTE 220.41 geregelt [VöV 2003]. Zu beachten ist dabei, dass die in der Schweiz häufigen Radien von 300 m zwar im Grenzbereich liegen, aber unter bestimmten baulichen Voraussetzungen dennoch verschweisst werden dürfen.

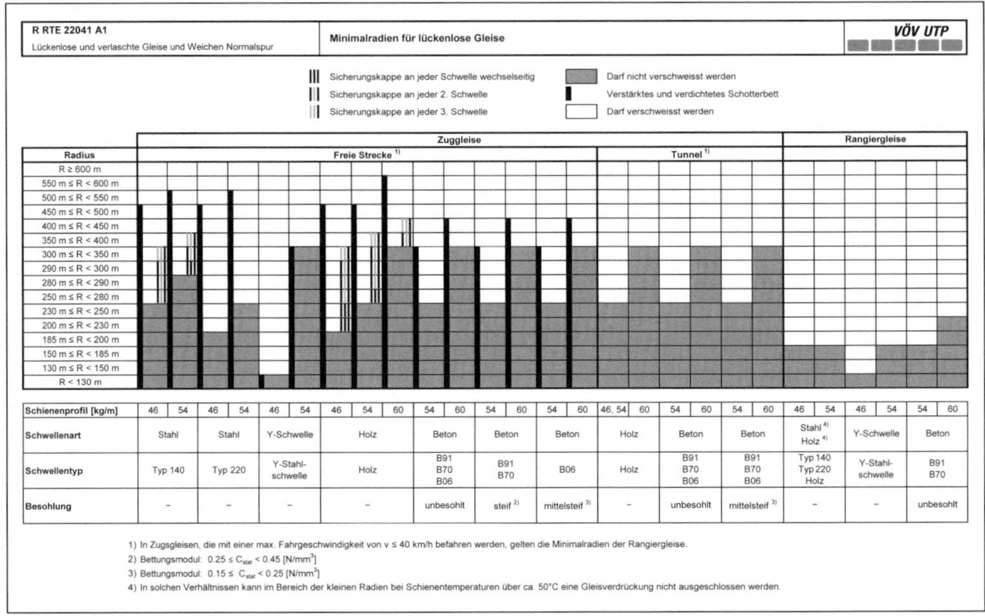

R RTE 22041 A1
Lückenlose und verlaschte Gleise und Weichen Normalspur

Minimalradien für lückenlose Gleise

VÖV UTP

Sicherungskappe an jeder Schwelle wechselseitig
Sicherungskappe an jeder 2. Schwelle
Sicherungskappe an jeder 3. Schwelle
Darf nicht verschweisst werden
Verstärktes und verdichtetes Schotterbett
Darf verschweisst werden

Zuggleise: Freie Strecke [1)], Tunnel [1)] — Rangiergleise

Radius: R ≥ 600 m; 550 m ≤ R < 600 m; 500 m ≤ R < 550 m; 450 m ≤ R < 500 m; 400 m ≤ R < 450 m; 350 m ≤ R < 400 m; 300 m ≤ R < 350 m; 290 m ≤ R < 300 m; 280 m ≤ R < 290 m; 250 m ≤ R < 280 m; 230 m ≤ R < 250 m; 200 m ≤ R < 230 m; 185 m ≤ R < 200 m; 150 m ≤ R < 185 m; 130 m ≤ R < 150 m; R < 130 m

Schienenprofil [kg/m]	46 / 54	46 / 54	46 / 54	46 / 54 / 60	54 / 60	54 / 60	54 / 60	46, 54 / 60	54 / 60	54 / 60	46 / 54	46 / 54	54 / 60
Schwellenart	Stahl	Stahl	Y-Schwelle	Holz	Beton	Beton	Beton	Holz	Beton	Beton	Stahl [4)] Holz [4)]	Y-Schwelle	Beton
Schwellentyp	Typ 140	Typ 220	Y-Stahl-schwelle	Holz	B91 B70 B06	B91 B70	B06	Holz	B91 B70 B06	B91 B70 B06	Typ 140 Typ 220 Holz	Y-Stahl-schwelle	B91 B70
Besohlung	–	–	–	–	unbesohlt	steif [2)]	mittelsteif [3)]	–	unbesohlt	mittelsteif [3)]	–	–	unbesohlt

1) In Zugsgleisen, die mit einer max. Fahrgeschwindigkeit von v ≤ 40 km/h befahren werden, gelten die Minimalradien der Rangiergleise.
2) Bettungsmodul: $0.25 \le C_{stat} < 0.45$ [N/mm³]
3) Bettungsmodul: $0.15 \le C_{stat} < 0.25$ [N/mm³]
4) In solchen Verhältnissen kann im Bereich der kleinen Radien bei Schienentemperaturen über ca. 50°C eine Gleisverdrückung nicht ausgeschlossen werden.

Abbildung 69 *Grenzwerte (Minimalradien) für lückenlos verschweisste Gleise von Normalspurbahnen; Radialatmung wird nicht zugelassen [VöV 2003].*

Bei Meterspurbahnen ist der Querverschiebewiderstand kleiner als bei Normalspur und es werden engere Bögen angewandt. Für die Untergrenzen des Verschweissens in Bögen gelten daher die Vorgaben von RTE 22541 für das zulässige ΔT_{max} [VöV 2005]:

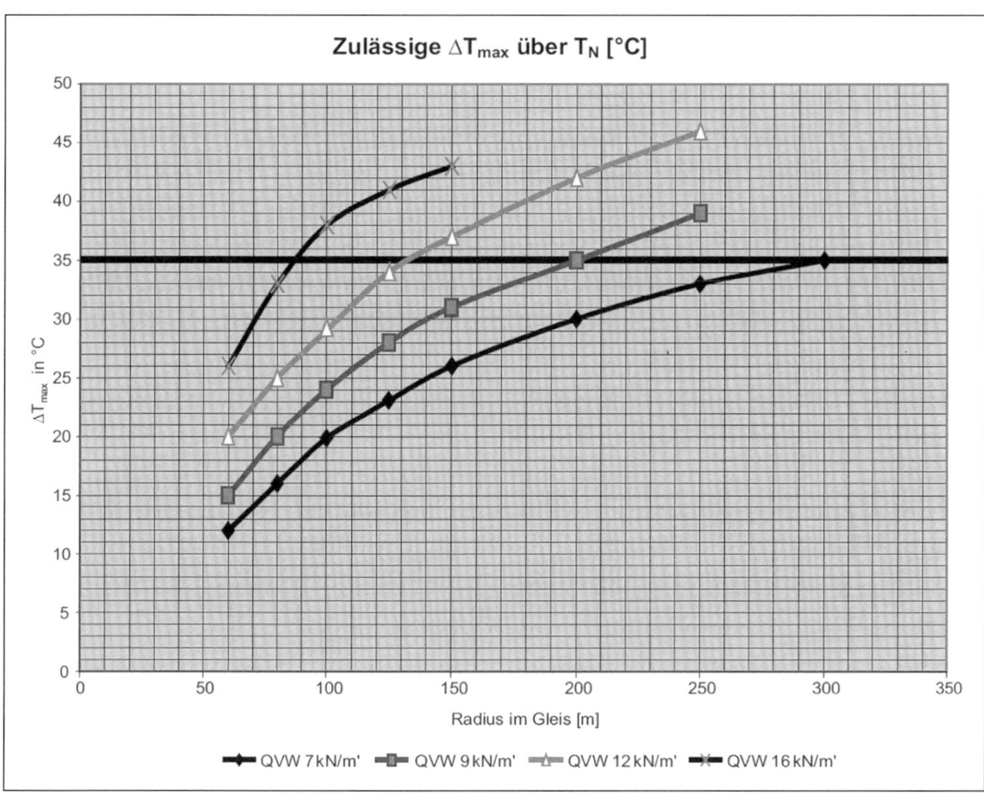

Abbildung 70 *Zulässige ΔT_{max} in Abhängigkeit des Kurvenradius von lückenlos verschweissten Gleisen der Meterspurbahnen; Radialatmung wird vorausgesetzt [VöV 2005].*

Literatur

[BAV 2016] Bundesamt für Verkehr (2016): Ausführungsbestimmungen zur Eisenbahnverordnung AB-EBV; SR 742.141.11, Bern

[Bopp 2014] Bopp, Bernd (2014): Das Verhalten von lückenlos verschweissten Gleisen (LVG) in engen Radien der Meterspur; ETH Zürich, Dissertation 21943, Zürich

[Braess 2018] Braess, Hermann Patrick (2018): Sicherstellung einer langfristig guten Gleislage in atmenden Bögen; ETH Zürich, Dissertation 25112, Zürich

[Deutzer 2009] Deutzer, Manfred (2009): Untersuchungen zum Lauf der Räder im Gleis; Verkehr und Technik, 62. Jahrgang Heft 10, S. 375–382

[Eisenmann 1966] Eisenmann, Josef (1966): Beanspruchung der Schiene – neue Erkenntnisse; Der Eisenbahningenieur, 17. Jahrgang Heft 7, S. 171–177

[Eisenmann 1985] Eisenmann, Josef (1985): Theorie und Praxis des durchgehend verschweissten Gleises; Eisenbahn-Technische Rundschau, 34. Jahrgang Heft 4, S. 317–324

[Eisenmann 1986] Eisenmann, Josef (1986): Der Eisenbahnoberbau und seine Bauteile – Skript; Technische Universität München, Lehrstuhl für Bau von Landverkehrswegen und Eisenbahnbau, München

[Eisenmann 1997] Eisenmann, Josef (1997): Anforderung der Fahrbahn an das Fahrzeug; Der Eisenbahningenieur, 48. Jahrgang Heft 7, S. 8–13

[Fastenrath 1977] Fastenrath, Fritz Hrsg. (1977): Die Eisenbahnschiene – Theoretische und praktische Hinweise zur Beanspruchung, Werkstoffbeschaffenheit, Profilwahl, Verschweissung und Behandlung in Gleis und Werkstatt; Verlag Wilhelm Ernst & Sohn, Berlin/München/Düsseldorf

[Fendrich 2007] Fendrich, Lothar Hrsg. (2007): Handbuch Eisenbahninfrastruktur; Springer-Verlag, Berlin/Heidelberg

[Gallati 2001] Gallati, Franz (2001): Stabilitätsprobleme lückenloser Meterspurgleise in engen Radien und in Übergangsbögen; ETH Zürich, Dissertation 13319, Zürich

[Göbel 1999] Göbel, Claus (1999): Ausbau und Instandhaltung bestehender Eisenbahnstrecken – Geotechnische, geometrische und ökologische Probleme; Der Eisenbahningenieur, 50. Jahrgang Heft 6, S. 56–60

[Lichtberger 2004] Lichtberger, Bernhard (2004): Handbuch Gleis – Unterbau, Oberbau, Instandhaltung, Wirtschaftlichkeit; Tetzlaff Verlag, Hamburg

[Lichtberger 2010] Lichtberger, Bernhard (2010): Handbuch Gleis, Unterbau, Oberbau, Instandhaltung, Wirtschaftlichkeit; Verlag DVV Media Group/Eurailpress, Hamburg

[Lopéz 2006] Lopéz Pita, Andrés (2006): Infraestructuras ferroviarias; Edicions de la Universitat Politècnica de Catalunya, Barcelona

[Loy 2015] Loy, Harald / Augustin, Andreas (2015): Minderung von Erschütterungsemissionen und sekundärem Luftschall durch Schwellenbesohlungen – Wirkungsweise und Erfahrungen; ZEVrail, 139. Jahrgang Sonderheft Juni 2015 Lärmschutz und Umwelt, S. 50–57

[Meier 1937] Meier, Hermann (1937): Ein vereinfachtes Verfahren zur theoretischen Untersuchung der Gleisverwerfung; Organ für Fortschritte im Eisenbahnwesen, 92. Jahrgang Heft 20, S. 369–381

[Polach 2017] Polach, Oldrich (2017): Interaktion Fahrzeug – Fahrweg, Vorlesung im Rahmen der Reihe „Eisenbahnbau und -erhaltung"; ETH Zürich, Zürich

[Pospischil 2015a] Pospischil, Ferdinand / Steiner, Ekkehard / Prager, Günter (2015): Gleislagestabilität auf Bergstrecken – Untersuchung der Bogenatmung; Eisenbahn-Technische Rundschau, 64. Jahrgang Heft 9, S. 74–77

[Pospischil 2015b] Pospischil, Ferdinand (2015): Längsverschweisstes Gleis im engen Bogen – eine Betrachtung der Gleislagestabilität; Technische Universität Innsbruck, Dissertation / Schriftenreihe des Arbeitsbereichs Intelligente Verkehrssysteme der Universität Innsbruck, Band 1, Innsbruck

[Rangosch 1995] Rangosch, Severin (1995): Lagestabilität lückenloser Meterspurgleise in kleinen Bogenradien; ETH Zürich, Dissertation 11322, Zürich

[SBB 2015] Schweizerische Bundesbahnen (2015): Anforderungen der Fahrbahn an Brücken und oberbautechnische Massnahmen im Einflussbereich der Brücken – Regelwerk SBB I-22068; Bern

[Schenker 1955] Schenker, Ernst (1955): Die Geheimnisse der Eisenbahn – Technik, Betrieb und Organisation der Eisenbahn; Verlag für Wissenschaft, Technik und Industrie, Basel

[Schiemann 2002] Schiemann, Wolfgang (2002): Schienenverkehrstechnik – Grundlagen der Gleistrassierung; Vieweg+Teubner Verlag, Stuttgart

[Schramm 1973] Schramm, Gerhard (1973): Oberbautechnik und Oberbauwirtschaft; Verlag Otto Elsner, Darmstadt

[Symon 2005] Symon, Alain / Hérissé, Philippe / Mirville, Philippe / Grassart, Pascal (2005) : 1955 – Un record d'avance ; La vie du Rail, Paris

[VöV 2003] Verband öffentlicher Verkehr (2003): Lückenlose Gleise, lückenlos verschweisste Weichen und verlaschte Gleise / Normalspur – R RTE 220.41; Bern

[VöV 2005] Verband öffentlicher Verkehr (2003): Lückenlos verschweisstes Gleis (LVG), lückenlos verschweisste Weichen und verlaschte Gleise für Meterspur – Anforderungen an den regelkonformen Zustand des LVG im Schottergleis – R RTE 22541; Bern

[Weber 1968] Weber, Hans Heinrich (1968): Zur Ermittlung der Kräfte zwischen Rad und Schiene; ETH Zürich, Dissertation 4117, Zürich

7 Inbetriebnahme von Bahninfrastrukturen

7.1 Überblick

7.1.1 Definitionen

Der Übergang von der Realisierung einer Anlage zu ihrer Nutzung ist die *Inbetriebnahme*. Die *Inbetriebnahme* ist allgemein das Einschalten einzelner Apparate oder Systeme. Die Inbetriebnahme einer Bahninfrastruktur ist die Übergabe einer fertiggestellten, voll funktionsfähigen Anlage an den Betreiber und die Aufnahme des kommerziellen Betriebs mit Zügen der EVU. Damit gehen oft Rechte, Pflichten und Eigentum von einer Organisation auf eine andere über und der Zeitpunkt ist werkvertraglich von hoher Bedeutung.

Vor der formellen Inbetriebnahme sind im Rahmen der *Inbetriebnahmephase* diverse *Inbetriebsetzungen* von Teilsystemen und Komponenten vorzunehmen. Sie umfassen technische und betriebliche Prüfungen, Schulungen der Mitarbeitenden und sonstige Vorbereitungen, die zur Abnahme des Gesamtsystems, zur Erlangung der Betriebsbewilligung und zur Aufnahme des kommerziellen Betriebs erforderlich sind.

Aufgrund der grossen Bedeutung sowie des beträchtlichen Zeit- und Kostenaufwandes handelt es sich bei der Inbetriebnahmephase um einen eigenständigen Projektschritt und sie muss als integraler Projektbestandteil geplant werden. Sie lässt sich zudem kaum beschleunigen, da zahlreiche sequenzielle Prozesse zu durchlaufen sind.

Die Inbetriebnahmephase im engeren Sinn beginnt, wenn die ersten Komponenten oder Subsysteme für Tests bereitstehen. Die dazugehörigen bauherrenseitigen Planungen bilden indessen bereits Teil der Ausschreibung und Offertstellung, denn die Inbetriebnahmephase ist zeitlich nicht von der Realisierungsphase trennbar und der erfolgreiche Test einzelner Komponenten und Teilsysteme kann sogar die Voraussetzung für anschliessende Realisierungsschritte sein. Auch wird mit dem Probebetrieb (zumindest abschnittsweise) begonnen, bevor die Realisierungsphase komplett abgeschlossen ist. Realisierungs- und Inbetriebnahmephase verlaufen somit ab einem gewissen Zeitpunkt parallel, mit zunehmender Gewichtsverschiebung auf letztere. Voraussetzung für den Abschluss der Inbetriebnahme ist die komplette Fertigstellung sämtlicher Realisierungsarbeiten einschliesslich der zugehörigen Inbetriebsetzungen.

Die Eisenbahn-Verkehrsunternehmungen als künftige Nutzer der Infrastruktur müssen jederzeit eng einbezogen sein. Im Falle von Gesamtsystemen wie zum Beispiel neuen Hochgeschwindigkeitsstrecken verläuft die Entwicklung neuer Fahrzeuge oft naturgemäss parallel zur Anlagenrealisierung. Ihr Inbetriebnahmeprozess ist daher mit der Infrastruktur zeitlich und inhaltlich zu koordinieren. Besonders anspruchsvoll ist jene Inbetriebsetzungsphase, in der das Zusammenwirken der neuen Fahrzeuge mit der neuen Infrastruktur geprüft wird. Spätestens auf diesen Zeitpunkt müssen demnach Fahrzeugbeschaffungen und die Infrastrukturerstellung synchronisiert sein, nicht erst zur Inbetriebnahme.

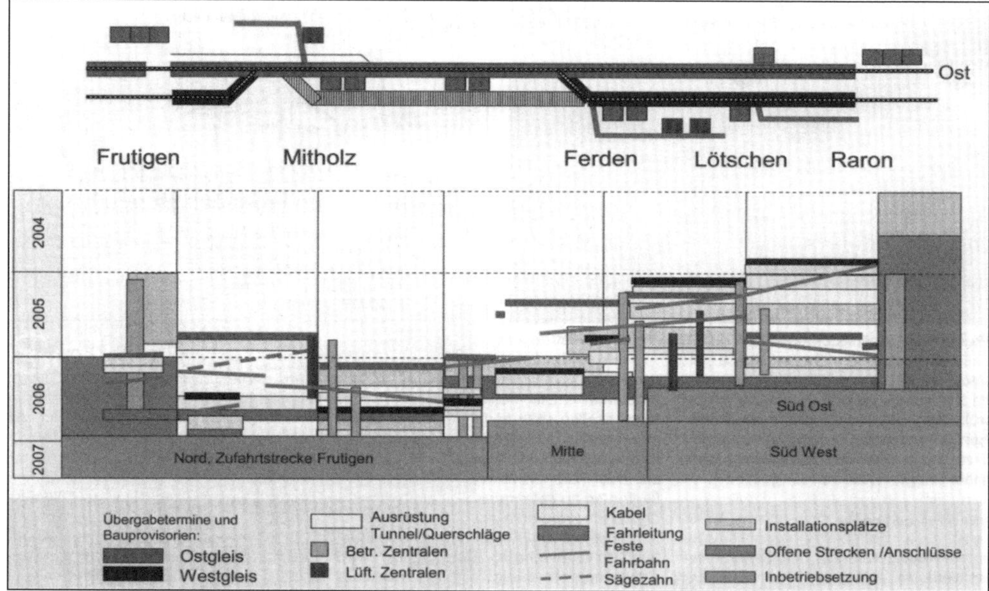

Abbildung 1 *Inbetriebsetzungsplanung des Lötschberg-Basistunnels; erkennbar sind die längeren zeitlichen Parallelitäten zwischen Bau- und Installationsarbeiten einerseits, Inbetriebsetzungsschritten andererseits [Grafik: BLS AlpTransit].*

7.1.2 Zielsetzungen der Inbetriebnahme

Vor allem grosse Infrastrukturvorhaben wie Neubaustrecken oder neu gestaltete Bahnknoten stehen in der Regel im Kontext struktureller Veränderungen des Angebots, welche die neuen Anlagen voraussetzen. Oft bedingt dies synchrone weitere Infrastrukturanpassungen ausserhalb des engeren Projektperimeters sowie am Rollmaterial und an den Betriebsprozessen. Die Ziele der Inbetriebnahmephase lassen sich mithin in drei Gruppen gliedern:

1. *Ordnungsgemässe Realisierung:* Sicherstellen, dass die Infrastruktur ordnungsgemäss entworfen und realisiert sowie durch Tests auf ihre vollständige Funktionstüchtigkeit überprüft worden ist, sodass ein sicherer und zuverlässiger Betrieb garantiert werden kann.
2. *Betriebsvorbereitung:* Vorbereitung des Betriebs der neuen Infrastruktur selber und ihrer kommerziellen Nutzung. Aufbau der Erhaltungsorganisation. Vorbereitung und Umsetzung der neuen Angebots- und Produktionskonzepte einschliesslich der Ereignisorganisation.
3. *Rahmenbedingungen:* Gewährleistung der äusseren Voraussetzungen, dass die Infrastruktur ihrem Zweck entsprechend genutzt werden kann, insbesondere in Netzbereichen ausserhalb des Projektperimeters und bei den Fahrzeugen.

Ordnungsgemässe Realisierung	Betriebsvorbereitung	Rahmenbedingungen
	Infrastrukturunternehmung	
Konformität mit dem Werkvertrag Vollständigkeit und Korrektheit der Ausführung Funktionsfähigkeit der Komponenten und Subsysteme Zusammenwirken der Komponenten und Subsysteme im Gesamtsystem (statisch, dynamisch) Benutzbarkeit gemäss funktionalen Vorgaben der Bestellung Abschlussdokumentation des ganzen Projektes Projektabrechnung und Projektabschluss	Erhaltungskonzept und Beschaffung der nötigen Infrastrukturen, Fahrzeuge und Geräte, Ausbildung des Unterhaltspersonals Ausbildung des Bedien- und Wartungspersonals Interventionskonzept für Lösch- und Rettungsdienste, Beschaffung der nötigen Rettungsfahrzeuge, Ausbildung des Rettungspersonals Aufstellen der Bedienvorschriften, Dokumentationen und Supportsysteme	Anlagenanpassungen ausserhalb des Projektperimeters, insbesondere zur Sicherstellung der nötigen Zulaufkapazität; Sicherung der dazu nötigen Finanzierung Sicherstellung der Finanzierung des laufenden Betriebs der Anlage
	Verkehrsunternehmungen	
	Fahrzeugtests, Zulassungen Personalinstruktion Dokumentation der Anlagenbenützung Interventions- und Rettungskonzept in Zusammenarbeit mit Infrastruktur	Ausarbeitung der neuen Angebotskonzepte im Personen- und Güterverkehr Umrüstung oder Anpassung vorhandener Fahrzeuge, Zulassungen Beschaffung, Test und Inbetriebnahme neuer Fahrzeuge, Zulassungen Betriebsplanung Kundenkommunikation und Werbung, Verkauf der neuen Angebote

Tabelle 1 *Teilziele der Inbetriebnahmephase, getrennt nach Infrastruktur sowie Verkehrsunternehmungen [eigene Darstellung].*

7.1.3 Beteiligte Akteure

In der Inbetriebnahmephase werden alle Auftrags- und Lieferungsverhältnisse des Projektes in entgegengesetzter Richtung zur Realisierung nochmals durchlaufen. Schrittweise wird – ausgehend von den Komponenten über die Teilgewerke bis zum Gesamtprojekt – geprüft, ob die bestellten Leistungen in der vereinbarten Qualität erbracht wurden. Die Inbetriebnahmephase schafft damit die inhaltliche Grundlage zum Abschluss der diversen Verträge. Daran sind mithin alle Akteure beteiligt, die im Projekt in irgendeiner Weise involviert sind:

- *Staat:* Grosse Infrastrukturerweiterungen vermögen die Bahnen nicht aus eigener wirtschaftlicher Kraft zu erstellen. Oft sind diese zudem verkehrspolitisch motiviert. Der Staat finanziert daher die Projekte, gegebenenfalls im Rahmen von PPP-Modellen zusammen mit der Privatwirtschaft. Er kann auch als oberster Bauherr auftreten (Beispiel: AlpTransit Lötschberg, Gotthard-Ceneri). Die Bauherrenfunktion wird in diesen Fällen in der Schweiz durch das Bundesamt für Verkehr (BAV) ausgeübt.
- *Erstellerorganisation:* Die sogenannte Erstellerorganisation gibt ein Projekt bei einem Ersteller (Lieferant) in Auftrag. Bei Bahn-Infrastrukturprojekten wird diese Rolle meist durch jene Eisenbahn-Infrastrukturunternehmung (EIU) wahrgenommen, welche die Infrastruktur später betreibt (Beispiel Bahn 2000, S-Bahn Zürich). Bei sehr grossen Projekten kann aber auch eine Tochtergesellschaft zur Realisierung und betriebsfertigen Übergabe der Anlage gegründet werden (Beispiel: AlpTransit Lötschberg, Gotthard-Ceneri). Die Beauftragung kann je nach Konstellation durch die EIU oder durch den Staat erfolgen.
- *Infrastrukturbetreiberin:* Die EIU ist nach Fertigstellung die Infrastrukturbetreiberin. Sie vertritt bereits in der Projektphase ihre entsprechenden Interessen. Wird für die Erstellung eine eigenständige Erstellergesellschaft gegründet, so übernimmt die EIU von ihr die Anlage mit allen Rechten und Pflichten. Sie tritt an ihre Stelle für die Gewährleistungs- und Garantiephase des Werkvertrages. War die EIU bereits die Erstellerin der Anlage, so erfolgt der Verantwortungsübergang zwischen ihren internen Organisationseinheiten, ohne rechtliche Konsequenzen.
- *Ersteller (Lieferant):* Die Wahl des Vergabemodells ist vor der Ausschreibung festzulegen. Oft, aber nicht immer, tritt ein einzelner Ersteller als Generalunternehmer (GU) gegenüber dem Auftraggeber auf. Bei der Vergabe an einen GU ist dieser auch in der Inbetriebsetzungsphase für die Gesamtintegration aller Teilgewerke verantwortlich. Bei einem Teilleistungsträger-Modell für die Teilgewerke liegt die Integrationsverantwortung (auch rechtlich) bei der Erstellerorganisation. In diesem Fall gehen mit der Inbetriebnahme (oder sukzessive zuvor) mehrere Teilgewerke von den Erstellern an die Erstellerorganisation über.
- *Unterlieferanten:* Bei Infrastrukturprojekten sind immer zusätzliche Subunternehmer beteiligt, die zum Beispiel vom GU zur Erstellung einzelner Teilsysteme beauftragt werden und ihm gegenüber verantwortlich sind. Die Teilsysteme werden in der Inbetriebnahmephase zunächst separat abgenommen und anschliessend in das Gesamtsystem integriert. Ein GU ist gegenüber der Erstellerorganisation für die korrekte Integration und Funktionsweise verantwortlich, kann bei Mängeln aber auf seine Unterlieferanten zurückgreifen.
- *Zulassungsbehörde:* Die Zulassungsbehörde, in der Schweiz das BAV, überwacht die Einhaltung der Vorschriften hinsichtlich Sicherheit und Interoperabilität. Sie überprüft technische Nachweise, Sicherheitsnachweise sowie Gesamt-Dokumentationen und verfügt die Freigabe der Anlage für den Probebetrieb. Bei der Inbetriebnahme vergibt sie die Betriebsbewilligung und damit die Zulassung für den kommerziellen Betrieb. Diese Funktion ist nicht mit der oben erwähnten Bauherrenfunktion zu verwechseln, die das BAV in bestimmten Fällen ebenfalls, aber intern organisatorisch getrennt, wahrnehmen kann.

- *Nutzer der Anlage:* Die Eisenbahn-Verkehrsunternehmungen (EVU) sind die Nutzer der Anlage. Sie müssen dafür sorgen, dass sie von der Zulassungsbehörde eine Betriebszulassung für das auf der neuen Anlage einzusetzende Rollmaterial bis zur Inbetriebnahme erhalten. Zudem müssen sie ihre neuen Betriebsprozesse implementieren und das Personal ausbilden.

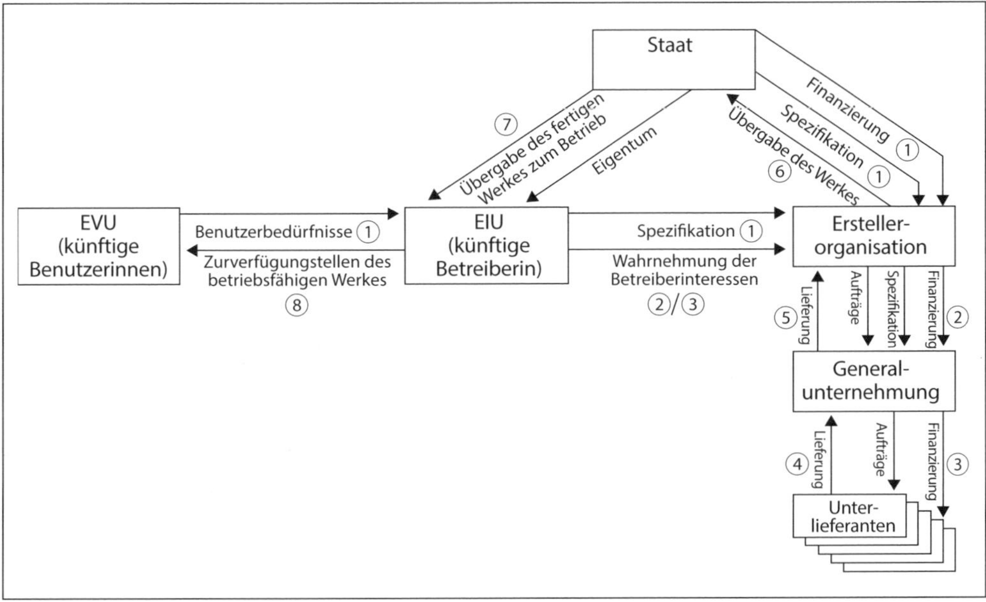

Abbildung 2 *Grossprojekt mit ausgelagerter Erstellerorganisation; Beauftragungs-, Erstellungs- und Inbetriebnahmeschritte in der Reihenfolge der Nummern [eigene Darstellung].*

7.1.4 Zeitliche und räumliche Abgrenzung, Koordination

7.1.4.1 Zeitliche Abgrenzung

Der wichtigste Eckpunkt der *zeitlichen Abgrenzung* ist die vereinbarte Inbetriebnahme. Mit ihr geht das Werk vom Ersteller zum Betreiber über und die Inbetriebnahmephase ist abgeschlossen. Werkvertraglich schliesst indessen die Phase der Mängelbehebung und Gewährleistung an. Letztere beeinflussen zwar die operative Nutzung nicht mehr (ausser bei sehr tiefgreifenden Nacharbeiten), die organisatorischen Zuständigkeiten sind aber frühzeitig zu regeln.

Je nach Komplexität des Projektes werden vorgängige Teilinbetriebnahmen eingeplant, um zumindest Teile des Projektes möglichst rasch kommerziell nutzen zu können. Ob dies im Einzelfall möglich ist, hängt von der Art des Projektes ab. Während etwa Bahn 2000 oder die Teilergänzungen der S-Bahn Zürich über einen Zeitraum von mehreren Jahren sukzessive in Betrieb genommen wurden, bildete der Lötschberg-Basistunnel ein nicht etappierbares Ganzes, ohne Möglichkeit zur Teilinbetriebnahme. Zumindest in zwei Etappen kann die Gotthard-Ceneri-Basislinie in Betrieb genommen werden, mit dem Gotthard-Basistunnel im Jahr 2016 und dem Ceneri-Basistunnel im Jahr 2020.

7.1.4.2 Räumliche Abgrenzung

Zusätzlich ist der Inbetriebnahmeprozess in *vier räumliche Bereiche* zu strukturieren:

- Der übergreifende Perimeter ist der *Korridor,* in dem ein Projekt liegt und der von den Angebots- und Produktionsveränderungen betroffen ist. In diesem befinden sich potenziell weitere Infrastrukturanpassungen, die im sachlichen und zeitlichen Zusammenhang mit dem Projekt stehen. Dieser Perimeter greift räumlich, inhaltlich und hinsichtlich der beteiligten Akteure oft weit über die werkvertraglichen Projektgrenzen hinaus und dient insbesondere dazu, die Integration des Projektes in das gesamte Bahnsystem zu gewährleisten.
- Der zweite Perimeter ist das *Gesamtprojekt* oder *Gesamtwerk* gemäss Werkvertrag. Grossprojekte sind aus organisatorischen Gründen in hierarchische Stufen unterteilt. Als Gesamtwerk bezeichnet man dabei das Gesamtprojekt im physischen Sinne.
- *Teilprojekte* oder *Teilgewerke* bilden in sich abgeschlossene Teilbereiche des Gesamtwerkes. Dabei kann es sich zum Beispiel um die Baulose einer Neubaustrecke oder deren Anschlüsse an das bestehende Netz handeln.
- Die einzelnen *Teilwerke oder Gewerke* wiederum bilden Subsysteme der Teilprojekte. Als Teilwerke werden meist technisch in sich geschlossene Systeme bezeichnet, insbesondere Fahrbahn, Fahrstrom, Sicherungsanlagen etc. Diese Leistungen werden häufig vom Ersteller an Subunternehmer vergeben. Sie können je nach Projekt auf unterschiedliche Weise in einem Werkvertrag zusammengefasst werden.

7.1.4.3 Koordinationsaufgaben

Aus der räumlichen und vertraglichen Projektaufteilung, verbunden mit der zeitlichen Gliederung und der Akteursstruktur, leiten sich anspruchsvolle Koordinationsaufgaben ab, insbesondere:

- *Inhaltliche und zeitliche Koordination* zwischen dem Gesamtprojekt und den weiteren Infrastrukturmassnahmen im Korridor.
- *Inhaltliche und zeitliche Koordination* zwischen Korridor und Gesamtprojekt einerseits, Anpassungsprojekten der EVU andererseits (Angebots- und Produktionsplanung, Rollmaterialbeschaffung, Personalausbildung).
- *Prozessuale Koordination* zwischen den Projektorganisationen des Gesamtprojektes, der EIU für Anpassungen im Korridor, der EVUs und der Aufsichtsbehörden.

Diese Aufgaben werden vorteilhafterweise durch eine gemeinsame übergreifende Projektorganisation für die gesamte Inbetriebnahmephase wahrgenommen.

7.1.5 Formelle Vorgaben und Nachweisführung

7.1.5.1 Abnahme und Betriebsbewilligung

Mit den Inbetriebnahmeprüfungen sind die Nachweise für zwei Bereiche zu erbringen:

- Erfüllung der *vertragskonformen Leistungen gemäss Werkvertrag*. Voraussetzung für die Abnahme des Werkes durch den Bauherrn, den Verantwortungsübergang und die im Werkvertrag vorgesehenen Zahlungen. Die Abnahme definiert zudem, zusammen mit vorgängigen Teilabnahmen, den Beginn der Garantiefristen.
- *Erfüllung aller gesetzlichen Vorgaben*. Voraussetzung für die Erteilung der Betriebsbewilligung durch die Aufsichtsbehörde. Die Betriebsbewilligung berechtigt die EIU, die Anlage den EVU für die geplanten kommerziellen Nutzungen zur Verfügung zu stellen.

Auch wenn die werkvertraglichen und die gesetzlichen Nachweise formell zwei getrennte Verfahren sind, so sind sie aus Effizienzgründen inhaltlich und zeitlich möglichst eng aufeinander abzustimmen. Zahlreiche Prüfungen lassen sich für beide Nachweisprozesse nutzen, was nicht nur Zeit und Kosten spart, sondern auch die Konsistenz beider Verfahren unterstützt. Referenzgrösse sämtlicher Nachweise sind stets die vereinbarten Anforderungen und die gesetzlichen Grundlagen. Vor allem die vereinbarten – und im Projektablauf gegebenenfalls im gegenseitigen Einvernehmen aktualisierten – Anforderungen können von den Wünschen der Betreiber und Nutzer zum Inbetriebnahmezeitpunkt abweichen. Sie sind indessen für diese Prozesse unerheblich und erst im Rahmen späterer Anlagenanpassungen umzusetzen.

Die Inbetriebnahme im engeren Sinn besteht somit aus (in dieser Reihenfolge):

1. Abnahme des Gesamtwerkes durch die Erstellerorganisation vom GU oder den Lieferanten.
2. Übertragung des Gesamtwerkes von der Erstellerorganisation an die betreibende EIU.
3. Erteilung der Betriebsbewilligung durch die Aufsichtsbehörde an die EIU.

Aufgrund der Komplexität gelingt es in der Regel nicht, das Gesamtwerk bereits zum Zeitpunkt der Inbetriebnahme vollumfänglich konform mit den Vorgaben fertigzustellen. Werkvertraglich schliesst sich deshalb eine Phase der Mängelbehebung an, während die Aufsichtsbehörde die Betriebsbewilligung mit sogenannten Auflagen erteilt. Letztere können in technischen und prozessualen Nachbesserungen bestehen, es können aber auch Nutzungseinschränkungen bis zur Erledigung verfügter Auflagen sein.

7.1.5.2 Relevante Normen

Für die Inbetriebnahme ist die Einhaltung aller einschlägigen Gesetze und Normen nachzuweisen, in der Schweiz nebst der Gesetzgebung namentlich RTE sowie die Normen von VSS und SIA. Eine besondere Bedeutung für den Planungs-, Ausführungs- und Inbetriebsetzungsprozess von Bahnanlagen haben zudem folgende europäischen Normen:

- EN 50126, Bahnanwendungen – Spezifikation und Nachweis der Zuverlässigkeit, Verfügbarkeit, Instandhaltbarkeit, Sicherheit (RAMS).
- EN 50128, Bahnanwendungen – Telekommunikationstechnik, Signaltechnik und Datenverarbeitungssysteme.
- EN 50129, Bahnanwendungen – Telekommunikationstechnik, Signaltechnik und Datenverarbeitungssysteme – Sicherheitsrelevante elektronische Systeme für Signaltechnik.

Auch wenn sie ursprünglich aus der Elektrotechnik stammen, wurde ihr Gültigkeitsbereich dennoch auf die Entwicklung und Erstellung beliebiger Systeme der Bahn ausgedehnt. Da es sich derzeit um die einzige in sich geschlossene Systematik zum gesamten technischen Lebenszyklus einer Bahninfrastruktur handelt, haben sie sich als Referenz breit durchgesetzt. Bei grossen und komplexen Bauvorhaben werden EN 50126 ff. oftmals bereits bei der Ausschreibung der Bahntechnik als Grundlagen vereinbart. In diesem Zusammenhang werden bestimmte Verfügbarkeits- und Sicherheitswerte definiert, deren Erfüllung in der Offerte nachgewiesen werden muss.

7.1.5.3 Lebenszyklus nach EN 50126

EN 50126 beschreibt den Lebenszyklus eines Systems und unterteilt ihn in vierzehn Phasen. Zur Verdeutlichung der Zusammenhänge zwischen den Lebenszyklusphasen stellt die Norm die Abfolge V-förmig dar, weshalb man bisweilen vom „V-Modell" spricht. Auf der Abszisse verläuft die Zeit, die Ordinate gibt den Konsolidierungsgrad wieder, wobei die Phasen mit dem höchsten Konsolidierungsgrad zuoberst angeordnet sind.

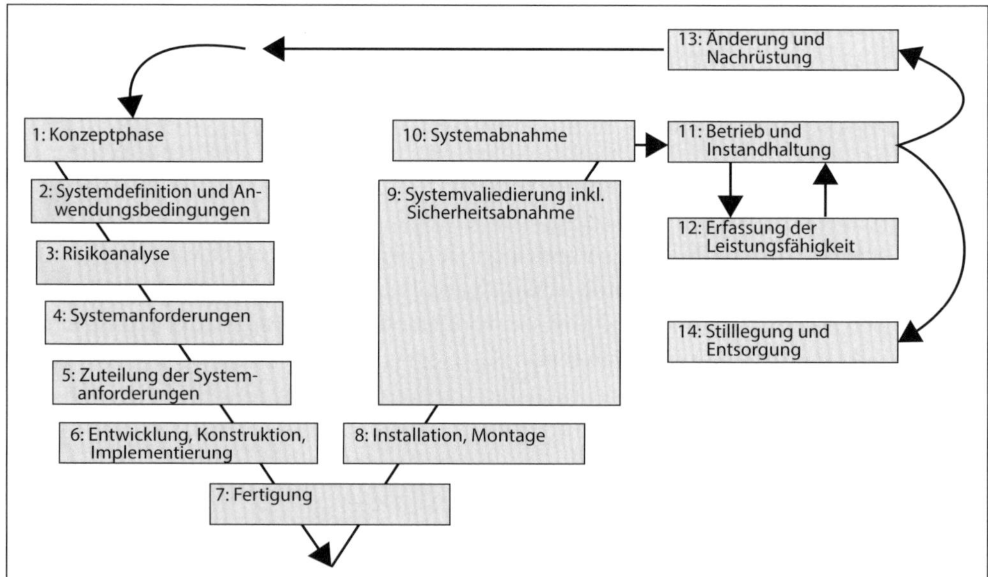

Abbildung 3 *Lebenszyklus einer Bahninfrastruktur nach dem sogenannten „V-Modell" von EN 50126 [Grafik: ENOTRAC AG / BLS AlpTransit].*

Es leiten sich daraus drei Hauptabschnitte des Lebenszyklus ab:

- Der abwärts gerichtete Ast beschreibt die *Entwicklung des Systems*. Er beginnt mit der Formulierung der funktionalen Anforderungen an das Gesamtwerk sowie seiner Subsysteme. Schrittweise werden diese Spezifikationen verfeinert und technisch entwickelt. Dieser Hauptabschnitt endet mit der Komponentenfertigung.
- Auf dem aufsteigenden Ast folgen in Phase 8 die *Installation der Komponenten und deren bauliche Integration*. Es schliessen sich Phasen 9 und 10 an, die der Inbetriebsetzung und Inbetriebnahme entsprechen. Der zweite Hauptabschnitt repräsentiert somit die Erstellung des Werkes von den einzelnen Komponenten zum fertigen Gesamtsystem.
- Die *Betriebsphase* umfasst Betrieb, Instandhaltung, Anpassung an neue Anforderungen sowie Stilllegung und Entsorgung.

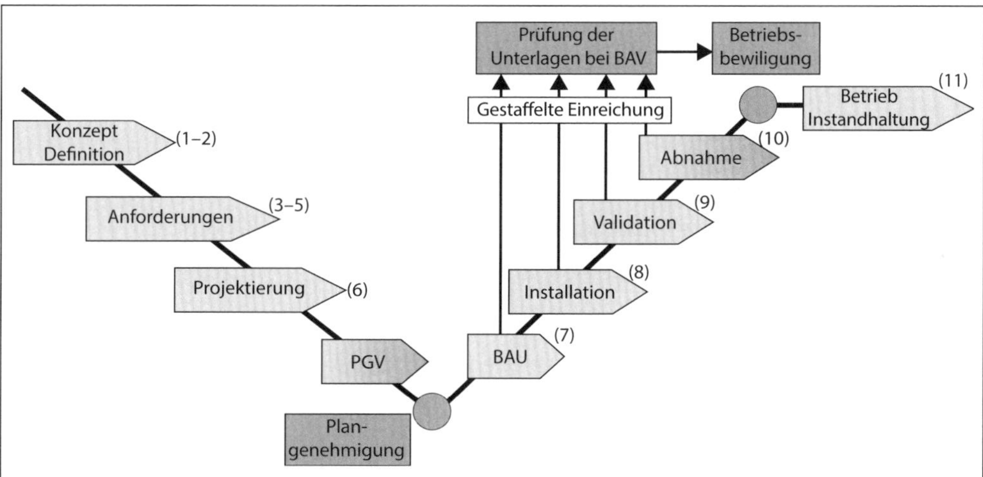

Abbildung 4 *Zusammenhang zwischen dem amtlichen Bewilligungsverfahren und den Lebenszyklusphasen nach EN 50126 [Grafik: ENOTRAC AG / BLS AlpTransit].*

7.1.5.4 Verifizierung und Validierung

EN 50126 verlangt somit, dass der Lebenszyklus eines Objektes als Einheit zu betrachten ist, denn die geforderten Leistungen der neuen Bahninfrastruktur werden erst durch die Gesamtheit des Werkes erreicht. Daher beginnen die Überlegungen zu Inbetriebsetzung und Erhaltung bereits in der Konzeptphase und die Konsistenz des Gesamtprojektes wird fortlaufend durch Verifizierungen und Validierungen geprüft und gesichert:

- Bei der *Verifizierung* wird im Entwicklungs- und Fertigungsprozess phasenweise geprüft, ob die Anforderungen aus der jeweils vorangehenden Phase korrekt umgesetzt wurden. Es handelt sich im V-Modell um eine vertikale Prüfung, welche die Güte des Fertigungsprozesses unterstützt.

- Die *Validierung* vergleicht, ob das erstellte Werk im ursprünglich beabsichtigten Sinn genutzt werden kann. Sie prüft insbesondere, ob das Werk den zu Beginn spezifizierten und vereinbarten Nutzen für die EVU zu erbringen vermag. Dies ist im V-Diagramm eine horizontale Prüfung, unter Rückgriff auf die initial formulierten Anforderungen.

Dies bedingt, dass bereits die für die Ausschreibung erstellten Dokumente auf ihre Verwendung zur Validierung in der Inbetriebsetzungsphase ausgerichtet sind. Dazu gehören nebst technischen Anforderungen insbesondere auch die Angebots- und Betriebskonzepte, welche die verlangte Leistungsfähigkeit definieren und zudem die nutzungsseitige Referenzgrösse für die Sicherheitsnachweise sind. Dies ist anspruchsvoll, da die Spezifikationen aus frühen Projektphasen in der Regel im Verlauf des Projektes modifiziert werden, um möglichst viele neue Erkenntnisse zu berücksichtigen. Zentral ist ein eindeutiger Referenzzustand, weshalb alle Spezifikationsänderungen mit den Akteuren auszuhandeln und transparent zu dokumentieren sind. Zudem sind Änderungen ab einem definierten Zeitpunkt zu unterbinden, da eine zeit-, kosten- und qualitätsgerechte Umsetzung nicht mehr möglich ist (Freezing).

7.2 Inbetriebnahmephasen und Teilprüfungen

7.2.1 Hauptaktivitäten der Inbetriebnahmephase

Drei Aktivitätspfade prägen die Inbetriebnahmephase:

- *Erstellung des Werkes:* Ersteller.
- *Betriebsvorbereitung:* Künftige Anlageneignerin und -betreiberin (EIU).
- *Fahrzeugbereitstellung:* Eisenbahn-Verkehrsunternehmungen (EVU).

Während der Ersteller die baulichen Inbetriebsetzungen durchführt, um das Werk für den zukünftigen Betreiber übergabefähig zu machen, schafft Letzterer durch den operativen Probebetrieb die Voraussetzungen für die definitive Betriebsbewilligung. Sie ist die notwendige Bedingung für die Inbetriebnahme und den Regelbetrieb des Gesamtsystems.

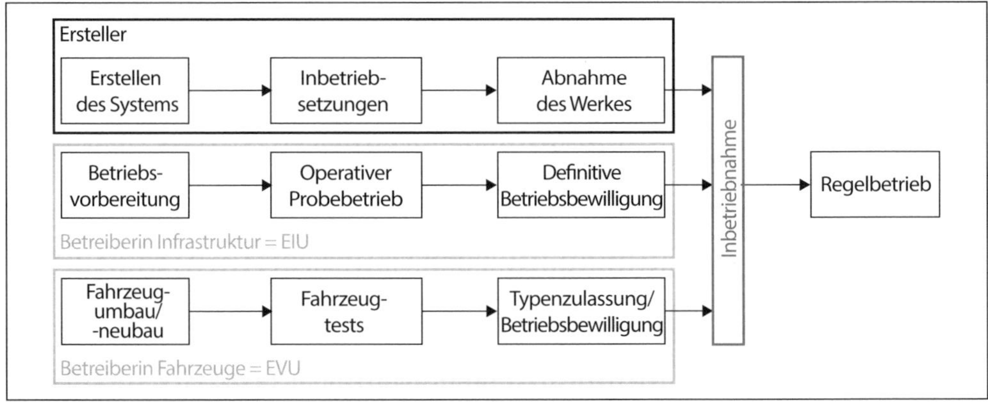

Abbildung 5 *Aktivitätenpfade und involvierte Akteure in der Inbetriebnahmephase [eigene Darstellung].*

7.2.2 Inbetriebnahmephasen

Der Inbetriebnahmeprozess folgt inhaltlich der Struktur von EN 50126 mit schrittweiser Prüfung der einzelnen Komponenten und Subsysteme inklusive ihres Zusammenwirkens sowie des Gesamtsystems, unter sukzessive verstärktem Einbezug der Fahrzeuge und Betriebsprozesse. Dabei besteht ein enger Zusammenhang zwischen der Fertigstellung des Werkes, der zweckmässigen Prüfabfolge und den Bewilligungsverfahren.

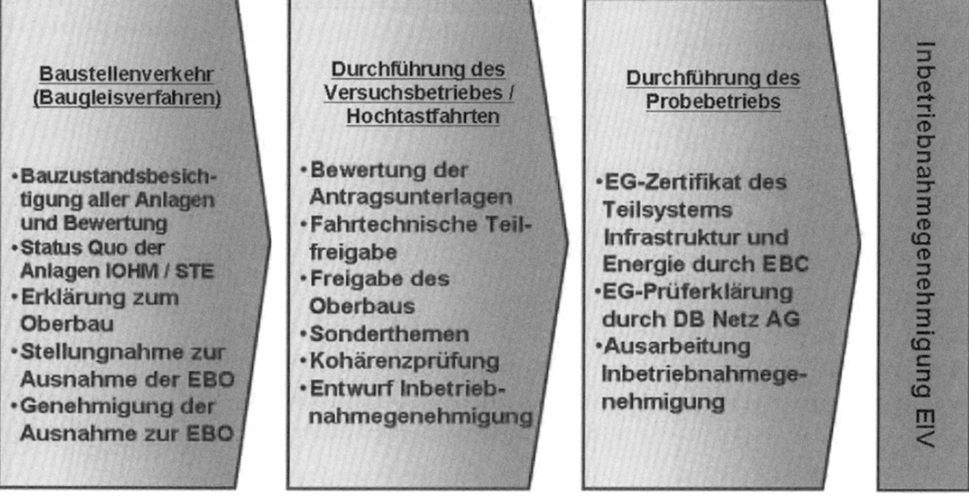

Abbildung 6 *Vorbereitungsphasen zur Inbetriebnahmegenehmigung (Betriebsbewilligung) am Beispiel der Neubaustrecke Nürnberg – Ingolstadt [Schollmeier 2007].*

Drei Hauptziele sind zu erreichen [Schülke 2003]:

- Abnahme von Streckeninfrastruktur, technischer Ausrüstung sowie Leit- und Sicherungstechnik.
- Sicheres und zuverlässiges Zusammenwirken Fahrzeug – Infrastruktur.
- Nachweis der Verfügbarkeit der neuen Systeme vor Inbetriebnahme.

Der erforderliche Prüfumfang lässt sich in vier wesentliche Teilprüfungen gliedern, die je nach Projekt auch andere Bezeichnungen tragen können [Orsenigo 2006], [Wymann 2009]:

- *1. Teilprüfung:* Komponenten- und Subsystemtests, teilweise Versuchsfahrten mit kleiner Geschwindigkeit (statische Tests).
- *2. Teilprüfung:* Zusammenwirken aller Subsysteme der Gesamtanlage, Tests mit hohen Geschwindigkeiten zur Prüfung dynamischer Effekte (dynamische Tests).
- *3. Teilprüfung:* Operativer Probebetrieb.
- *4. Teilprüfung:* Reduzierter kommerzieller Betrieb.

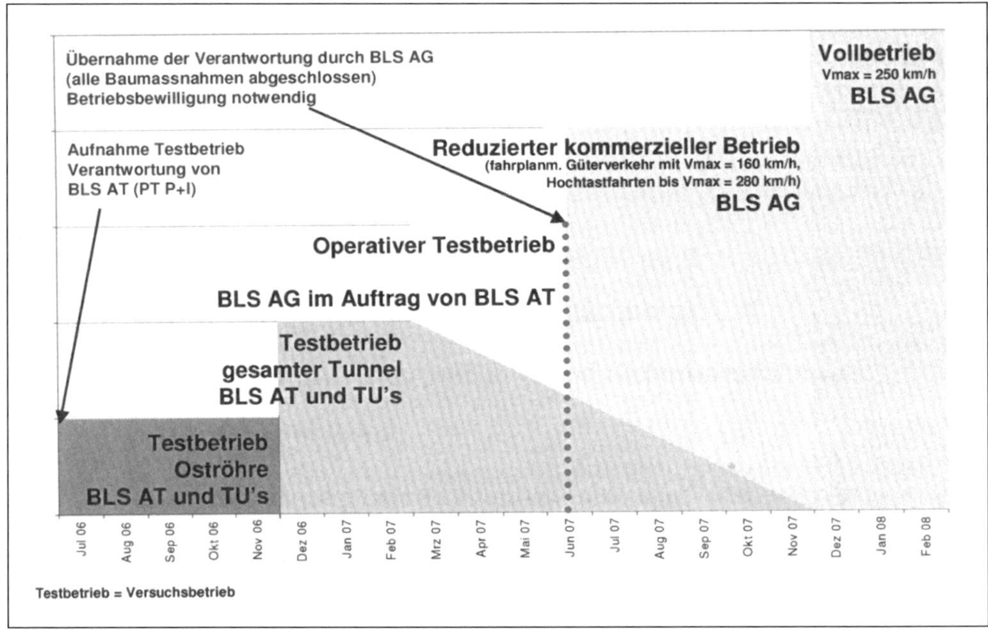

Abbildung 7 *Verantwortlichkeiten für die Inbetriebnahmephasen am Beispiel des Lötschberg-Basistunnels; zeitliche Verschränkung der Phasen [Grafik: ENOTRAC AG / BLS AlpTransit].*

7.2.3 1. bis 4. Teilprüfung

7.2.3.1 Prüfungen pro Werk (1. Teilprüfung)

Nach Fertigstellung der Montage und Vorliegen der formellen Bereitschaft zur Inbetriebsetzung beginnt die 1. Teilprüfung in jedem Einbauabschnitt für die jeweiligen Komponenten und Teilsysteme. Jene Teilgewerke werden der 1. Teilprüfung unterzogen, die keine Fahrten mit höheren Geschwindigkeiten erfordern. Man spricht von statischen Tests, da die dynamischen Effekte zwischen Zug und Infrastruktur unterschiedlicher – insbesondere hoher – Geschwindigkeiten noch nicht Prüfgegenstand sind. Die 1. Teilprüfung ist in der Verantwortung des Erstellers. Die Prüfungen pro Gewerk entsprechen der RAMS-Phase 9: System-Validation pro Einbauabschnitt von EN 50126.

Gemäss EN 50126 beginnt die 1. Teilprüfung bei den einzelnen Komponenten. Erst wenn deren korrekte Funktion nachgewiesen oder notfalls durch Nachbesserung erreicht ist, werden sie zu Subsystemen zusammengeschaltet und ihr Zusammenwirken geprüft. Besonders in dieser Phase ist eine Vielzahl von Tests an diversen Stellen des Projektes durchzuführen und optimal aufeinander abzustimmen. In Tunnels ist auf die limitierten Zufahrts- und Logistikkapazitäten zu achten.

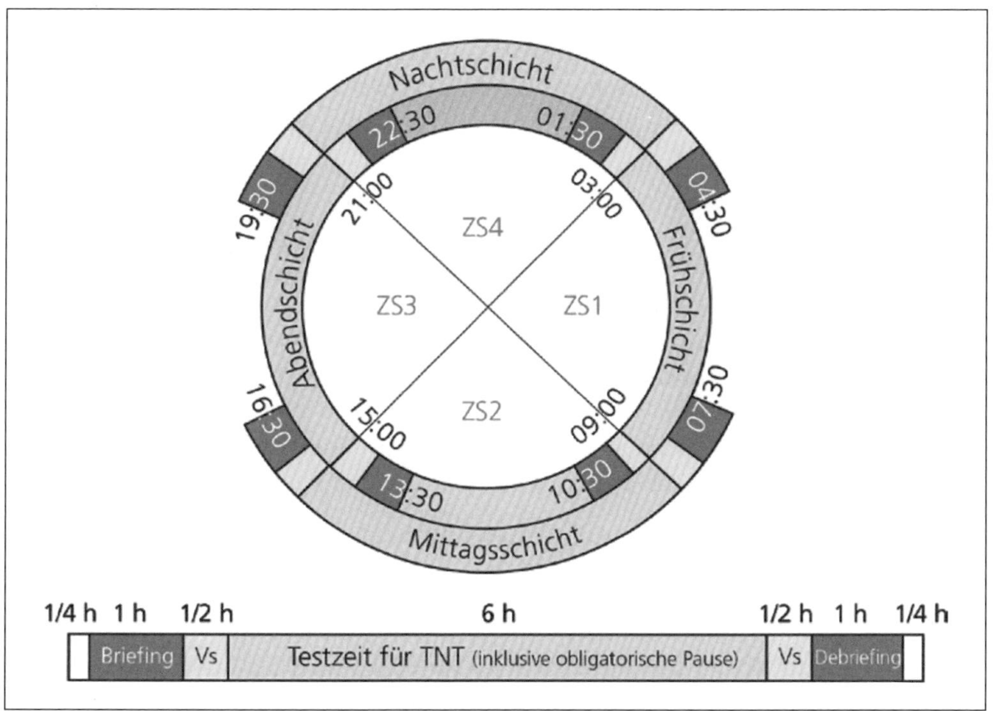

Abbildung 8 *Vierschichtmodell für den Testbetrieb des Gotthard-Basistunnels zur Minimierung der Länge der Inbetriebnahmephase durch intensivst möglichen Testbetrieb (TNT = Test- und Nachweisteams; Vs = Örtliche Verschiebungen) [Bratschi 2016].*

7.2.3.2 Integration der Gesamtanlage (2. Teilprüfung)

Die 2. Teilprüfung dient dem Nachweis, dass sämtliche Gewerke fehlerfrei zusammenarbeiten. Sie muss zudem zeigen, dass das gesamte Infrastruktursystem korrekt und zuverlässig mit den Fahrzeugen interagiert, und zwar bei allen geplanten Geschwindigkeiten, also einschliesslich dynamischer Effekte. Sie erfolgt ebenfalls unter der Verantwortung des Erstellers. Die 2. Teilprüfung erfordert eine besonders leistungsfähige Testorganisation unter engem Einbezug der EVU.

Um die zur Verfügung stehende Zeit optimal auszunutzen, beginnt man die 2. Teilprüfung frühzeitig, auch wenn die 1. Teilprüfung noch nicht überall abgeschlossen ist. Steht die Gesamtanlage für Prüfungen zur Verfügung, sind zuerst noch ausstehende Teile der 1. Teilprüfung sowie die 2. Teilprüfung zu absolvieren. Die Fahrgeschwindigkeit wird schrittweise bis auf die maximal zulässige Betriebsgeschwindigkeit gesteigert. Die maximale Testgeschwindigkeit der dynamischen Tests liegt üblicherweise um 10 % über der geplanten kommerziellen Höchstgeschwindigkeit.

Fahrten mit höheren Geschwindigkeiten sind typischerweise für Fahrbahn, Fahrleitung, Sicherungsanlagen und Funk/Telekommunikation erforderlich, teilweise in grosser Zahl, um statistisch aussagekräftige Ergebnisse zu erhalten [Currat 2007]. Die Integration der Gesamtanlage entspricht den RAMS-Phasen 9 (System-Validation des Gesamtsystems) und 10 (Systemabnahme). Allerdings handelt es sich noch um eine Testsituation mit einer kleinen Anzahl an Fahrzeugen, die zwar möglichst repräsentativ ausgewählt werden, aber nicht jede reale Situation wiedergeben können.

7.2.3.3 Operativer Probebetrieb (3. Teilprüfung)

Nach Abschluss der 2. Teilprüfung kann die Infrastruktur als funktionsfähig betrachtet werden. Der anschliessende operative Probebetrieb respektive die 3. Teilprüfung hat nun den Nachweis zu erbringen, dass alle Interaktionen mit realen Zügen sowie insbesondere die neu definierten Betriebsprozesse beherrscht werden. Sie dient im Weiteren der Instruktion von Personal und Rettungsdiensten. Schliesslich prüft die Aufsichtsbehörde das Vorliegen aller Nachweise. Bei komplexen Sicherungssystemen ist gegenwärtig von etwa 10'000 bis 15'000 Testfahrten auszugehen. In einem fortgeschrittenen Stadium und nach erfolgtem Nachweis der Sicherheit können dazu bereits die kommerziellen Fahrten der 4. Teilprüfung mitgenutzt werden.

Die 3. Teilprüfung ist aufgrund dieser Aufgaben und Ziele in der Verantwortung der künftigen Anlagebetreiberin, also der EIU. Zum Abschluss wird die provisorische Betriebsbewilligung erteilt. Der operative Probebetrieb entspricht der RAMS-Phase 10 (Systemabnahme).

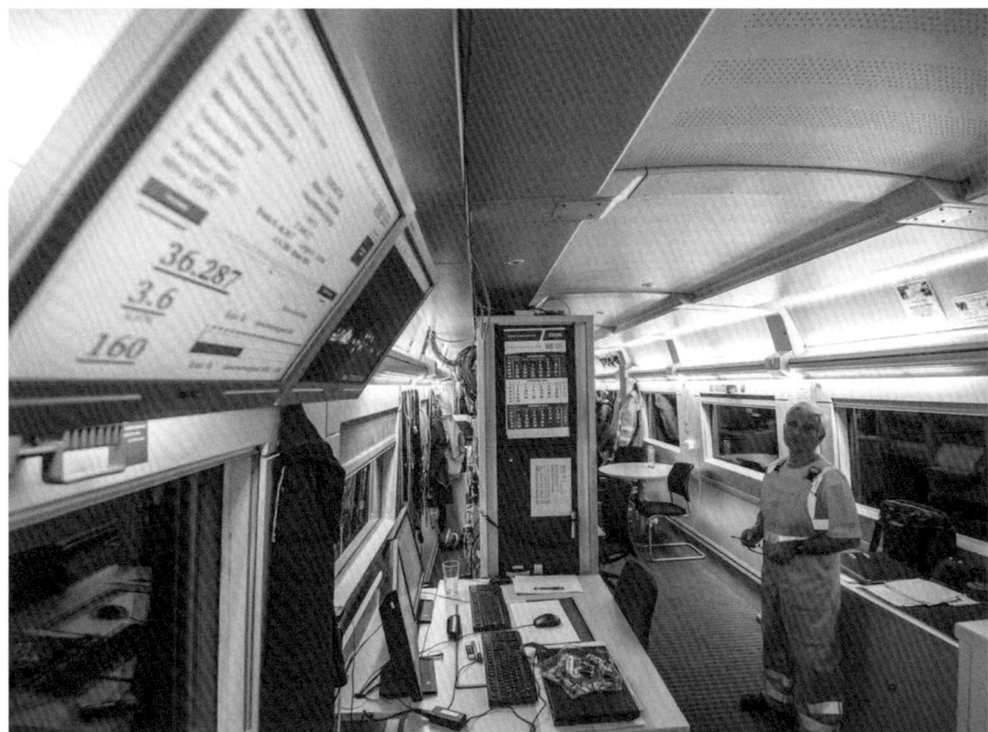

Abbildung 9 *Testfahrt im Gotthard-Basistunnel; Innenraum des Versuchstriebzuges ICE-S der DB AG für die Hochtastfahrten im Hochgeschwindigkeitsbereich [Foto: AlpTransit Gotthard AG].*

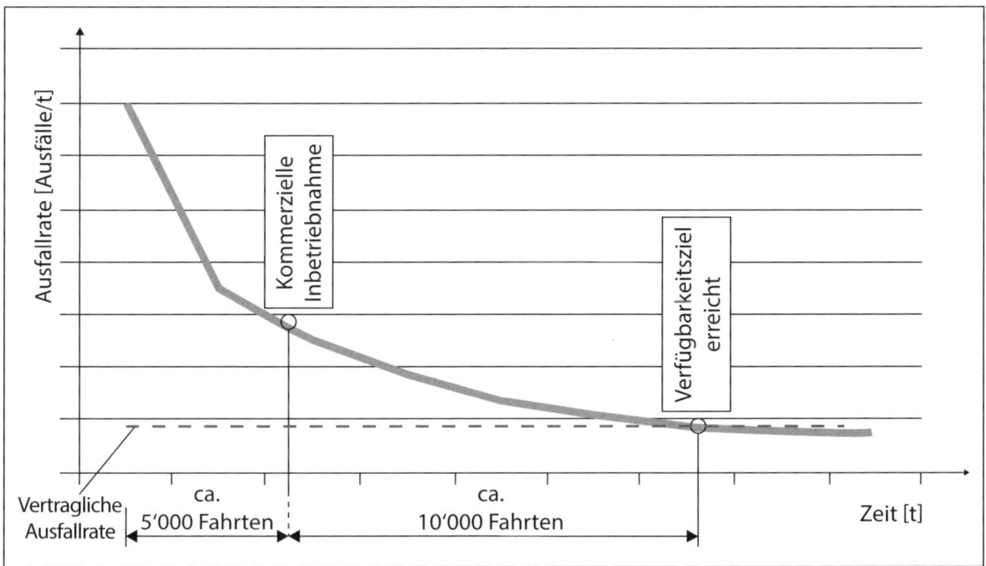

Abbildung 10 *Abnehmende Ausfallhäufigkeit mit zunehmender Zahl von Versuchsfahrten; Erfahrungswerte für erforderliche Fahrtenzahl bis zur Erreichung der vertraglich zulässigen Ausfallrate [eigene Darstellung].*

7.2.3.4 Reduzierter kommerzieller Betrieb (4. Teilprüfung)

Zur endgültigen Ertüchtigung der Anlage ist eine bestimmte Zahl von Fahrten unter realen Betriebsbedingungen erforderlich. Dies gilt insbesondere für die Steuerungs-, Regel- und Sicherungstechnik. Oft zeigt sich dabei ein Optimierungsbedarf bei den Prozessvorschriften und

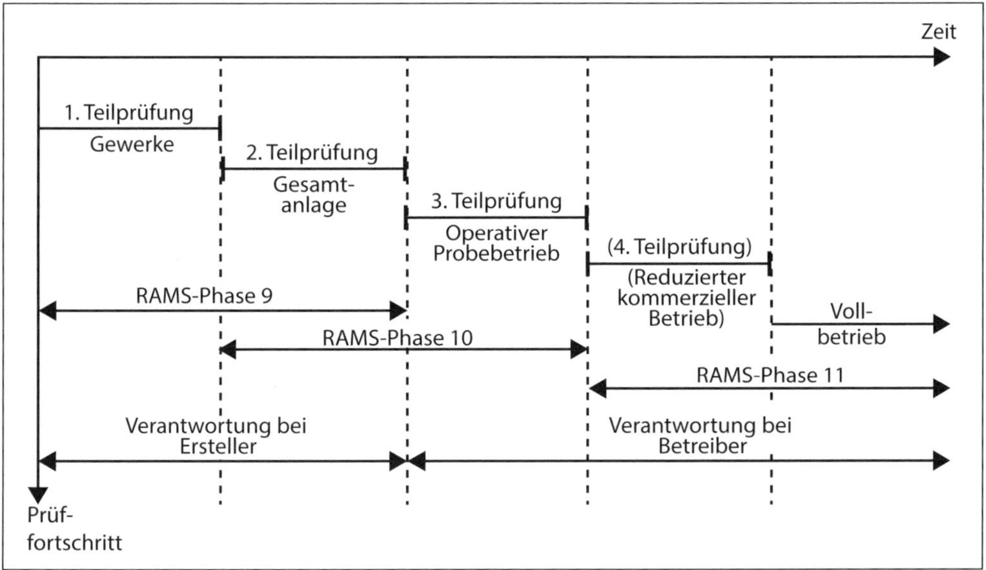

Abbildung 11 *Teilprüfungen und ihre Einordnung in die RAMS-Phasen nach EN 50126 [eigene Darstellung].*

der Dokumentation. Es empfiehlt sich deshalb, komplexe Anlagen zunächst mit reduziertem Fahrplan in Betrieb zu nehmen. In dieser Phase unter Verantwortung der Infrastrukturbetreiberin verkehren bereits kommerzielle Züge. Da das Gesamtsystem noch nicht die endgültige Verfügbarkeit aufweist, sind Hilfsszenarien auszuarbeiten. Sie haben sicherzustellen, dass die Züge durch den Ausfall der neuen Anlage möglichst wenig beeinträchtigt und über bestehende Strecken geleitet werden.

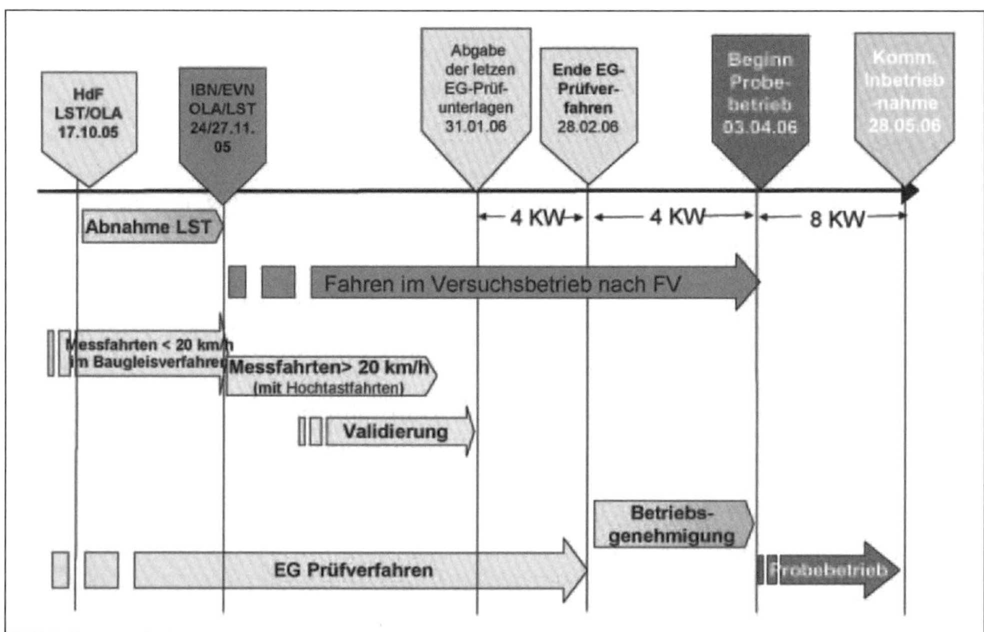

Abbildung 12 *Meilensteine der Inbetriebnahmephase am Beispiel der Neubaustrecke Nürnberg – Ingolstadt [Seiler 2006].*

7.2.4 Inbetriebsetzungen von Verkehrsunternehmungen

Weitreichende Anpassungen sind bei den Eisenbahn-Verkehrsunternehmungen (EVU) insbesondere in folgenden Fällen vorzunehmen:

- Neue Hochgeschwindigkeitsstrecken.
- Neue Alpentransversalen.
- S-Bahn-Systeme.
- Stadt- und U-Bahn-Systeme.

Die Inbetriebnahmevorbereitungen der EVU gliedern sich in folgende wesentlichen Bereiche:

- *Ausarbeitung der neuen Angebotskonzepte im Personen- und Güterverkehr:* Dies erfolgt zwar bereits bei der Spezifikation der Anforderungen. Die strukturellen Vorstellungen sind aber etwa drei bis vier Jahre vor Inbetriebnahme zu detaillierten Fahrplankonzepten zu verfeinern und zu bereinigen. Daraus gehen gegebenenfalls zusätzliche Anforderungen an das Rollmaterial hervor. Grundsätzlich sollen Konzeptanpassungen während der Anlagenrealisierung nur noch restriktiv vorgenommen werden, da sie Auswirkungen auf die Anlagenerstellung und die RAMS-Nachweise haben können.
- *Fahrzeugbeschaffung und/oder Fahrzeugumbau:* Fahrzeugbeschaffungen sind meist erforderlich, weil eine neue Anlage in der Regel veränderte Anforderungen stellt und/oder das Angebotsvolumen erhöht werden soll. Die Spezifikation der neuen Fahrzeuge muss rund 6–8 Jahre vor Inbetriebnahme erfolgen. Zudem sind oft Teile der bestehenden Flotte anzupassen, wenn sie bisher gewisse Anforderungen der neuen Infrastruktur nicht erfüllen. Erste angepasste Fahrzeuge müssen bereits ab der 1. Teilprüfung für statische und dynamische Tests betriebsbereit sein.
- *Tests und Inbetriebsetzung der Fahrzeuge:* Die neuen und/oder geänderten Fahrzeuge sind sowohl auf den bestehenden wie auch auf der neuen Anlage zu testen und zu ertüchtigen. Zudem erfordern sie eine amtliche Zulassung.
- *Anpassung/Neubau von Unterhaltsanlagen:* Häufig erfordern die neuen oder angepassten Fahrzeuge einen neuartigen Unterhalt, weshalb die Unterhaltsanlagen zu erweitern oder anzupassen sind. Die geänderten Angebots- und Produktionskonzepte bedingen bisweilen auch neue Unterhaltsstandorte. Die Unterhaltsprozesse sind daher zu beschreiben und beim Personal zu instruieren.
- *Spezifikation der Betriebsprozesse:* Die Betriebsprozesse der EVU auf der neuen Anlage sind zu entwickeln und zu dokumentieren. Mittels bahnbetrieblicher Untersuchungen und Simulationen ist sicherzustellen, dass der Betrieb hinsichtlich Kapazität und Qualität in geplanter Weise abgewickelt werden kann.
- *Personalinstruktion:* Das Personal ist für die Benützung der neuen Anlage auszubilden. Teilweise kann dies auf Simulatoren erfolgen, teilweise müssen die Instruktionen auf der neuen Strecke stattfinden.
- *Kommunikation:* Gegenüber den Kundinnen und Kunden sind die neuen Angebote zeitgerecht zu kommunizieren. Die Tarif- und Verkaufssysteme sind vorzubereiten. Die Fahrgastinformation ist sicherzustellen.

Auch seitens der EVU ist ein schrittweises Hochfahren des Angebots respektive des Betriebsprogrammes sinnvoll, beginnend mit einfachen Betriebsprozessen [Bohndorf 2000]. Damit können die Auswirkungen allfälliger technischer Störungen, von Mängeln in den Prozessspezifikationen und -beschreibungen sowie von ungenügender Personalschulung eingegrenzt werden.

7.3 Testmethoden

7.3.1 Überblick

Die Prüfmethoden, die für die Nachweise zum Einsatz kommen, müssen namentlich die Besonderheiten grosser bahntechnischer Anlagen berücksichtigen:

- Hohe Kosten des Gesamtwerkes, aber auch der Komponenten; selbst kleine Mängel haben beträchtliche Kostenfolgen.
- Forderung nach sehr hoher Lebensdauer der Komponenten mit minimalen Ausfällen und einfacher Reparierbarkeit aufgrund der grossen Investitionen und anspruchsvollen Kundenanforderungen an die Verfügbarkeit, aber auch wegen logistischer Schwierigkeiten eines Komponentenersatzes unter Betrieb.
- Oft technische Unikate oder Sonderentwicklungen; damit häufig keine oder wenig praktische Erfahrung.
- Spezielle Bewilligungen für sicherheitsrelevante Komponenten und Bauteile; es sind besondere sicherheitsorientierte Nachweise beizubringen.
- Hohe Logistikkosten und lange Zugangszeiten für Transporte zur Baustelle und Tests vor Ort. Möglichst viele Versuche sind ausserhalb des Bauwerks durchzuführen.
- Kapazitätsengpässe und gegenseitige Behinderungen gleichzeitiger Tests vor Ort; vor allem Tests mit Versuchsfahrten verunmöglichen oft weitere Tests. Kapazitätsplanung der Tests muss integraler Bestandteil des Prüfkonzeptes sein.

7.3.2 Reliability, Availability, Maintainability, Safety (RAMS)

7.3.2.1 Grundsätze

Die Prüfverfahren sind darauf auszurichten, dass sie als Ganzes die Gesetzeskonformität und die Erfüllung der werkvertraglichen Anforderungen nachweisen. Wie bereits dargelegt, werden Letztere heute gemäss Norm EN 50126 spezifiziert, die inhaltlich auf den vier grundlegenden Anforderungen an ein System und die einzelnen Komponenten basiert:

- Zuverlässig funktionieren (Zuverlässigkeit, Reliability R).
- Jederzeit verfügbar sein (Verfügbarkeit, Availability A).
- Schnell repariert sein (Instandhaltbarkeit, Maintainability M).
- Sicherheit in jedem Fall garantiert (Sicherheit, Safety S).

Aus den Anfangsbuchstaben der vier englischen Bezeichnungen leitet sich das Akronym der *RAMS-Anforderungen* ab. Das sogenannte *RAMS-Management* beschreibt, wie eine zu erstellende Bahninfrastruktur den zu Projektbeginn spezifizierten sicheren und zuverlässigen Betrieb garantieren kann. Sicherheit und Verfügbarkeit sind dabei eng miteinander gekoppelt. Sehr ambitiöse Sicherheitsziele können die Komplexität der Anlage in einem Ausmass erhöhen, dass die geforderte Verfügbarkeit nicht mehr erreichbar ist.

7.3.2.2 Zuverlässigkeit/Reliability

Die *Zuverlässigkeit R* bezieht sich auf einzelne Komponenten und Subsysteme. Sie beschreibt die Wahrscheinlichkeit, dass eine technische Einheit ihre geforderte Funktion unter spezifizierten Bedingungen für eine gegebene Zeitspanne erfüllen kann:

$R = 1 - \lambda,$

Folgende Parameter werden zur Quantifizierung verwendet:

- λ = Ausfallwahrscheinlichkeit
- $\lambda = \frac{1}{MT\ BF}$
- MTBF = Mean time between failure; mittlere Zeit zwischen zwei Ausfällen
- MUT = Mean up time; mittlere Betriebszeit

Für mechanische Elemente und elektronische Komponenten sinkt die Ausfallrate zu Beginn ihres Lebenszyklus leicht ab und nimmt allmählich wieder zu, je länger sie in Betrieb sind. Wegen des speziellen Verlaufs der Ausfallrate über die Zeit spricht man häufig auch von Badewannenkurven. Die kommerzielle Nutzung einer Anlage soll mit Rücksicht auf die Frühausfälle erst nach einer eingehenden Testphase beginnen.

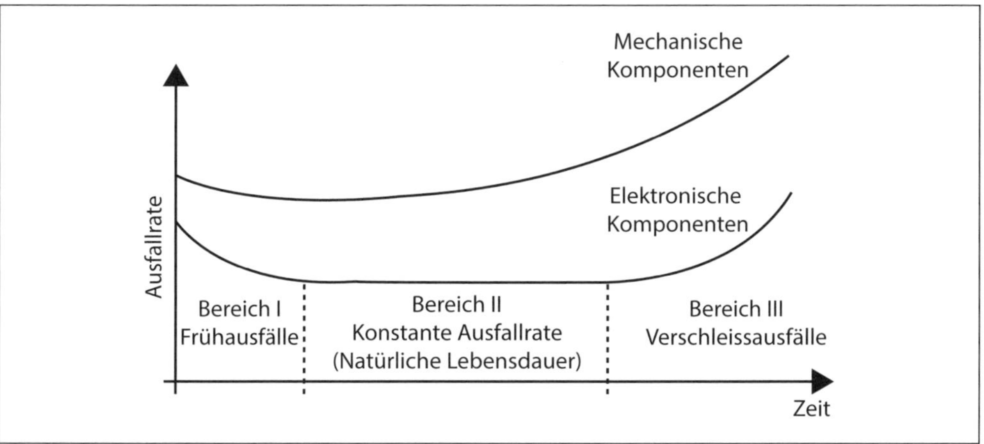

Abbildung 13 *Ausfallrate für mechanische und elektronische Komponenten im Verlauf des Lebenszyklus [CENELEC 2003].*

7.3.2.3 Verfügbarkeit/Availability

Im Fokus des Verfügbarkeitsnachweises steht das Gesamtsystem mit seiner geforderten Leistung. Die *Verfügbarkeit A* ist die Fähigkeit dieser Infrastruktur, eine spezifizierte Funktion unter vorgegebenen Bedingungen sowie zu einem vorgegebenen Zeitpunkt oder während einer vorgegebenen Zeitspanne zu erfüllen. Dies ist zum Beispiel das festgelegte Betriebsprogramm einschliesslich der darin eingeplanten Sperrzeiten der Anlage. Die Verfügbarkeit wird beschrieben mit der MUT und der MDT:

$$A = \frac{MUT}{MUT + MDT}$$

- MUT = Mean up time; Zeit, in der geforderte Leistung erbracht wird
- MDT = Mean down time; beinhaltet Reparatur, Service und Ausfallzeit

7.3.2.4 Instandhaltbarkeit/Maintainability

Die *Instandhaltbarkeit M* ist die Wahrscheinlichkeit, dass eine bestimmte Instandhaltungsmassnahme an einer Komponente innerhalb einer festgelegten Zeitspanne unter gegebenen Einsatzbedingungen ausgeführt werden kann, wenn festgelegte Verfahren und Hilfsmittel eingesetzt werden. Sie wird anhand folgender Parameter quantifiziert:

- MDT.
- MTTM = Mean time to maintain; mittlere Zeit für die Instandhaltung.
- MTTR = Mean time to repair; mittlere Zeit zur Wiederherstellung.

Als Konsequenz muss das Interventions- und Erhaltungskonzept eines Gesamtsystems bereits in der Offerte beschrieben sein, da die Logistik- und Reparaturzeiten auch davon bestimmt werden. Eine möglichst gute Verfügbarkeit lässt sich in der Folge auf zwei Wegen erreichen, die sich kombinieren lassen:

- Möglichst hohe Zuverlässigkeit der Komponenten (R).
- Möglichst gute und schnelle Instandsetzbarkeit (M).

7.3.2.5 Sicherheit/Safety

Die *Sicherheit S* beschreibt das Nichtvorhandensein (Freisein) eines unzulässigen Schadensrisikos. Die Sicherheitsnachweise sind streng formalisiert und werden mit spezialisierten Methoden erbracht, meist getrennt von den Nachweisen für R, A und M. Die hohen formalen Anforderungen begründen sich insbesondere durch die potenziellen Schäden an Leib und Leben bei einem Sicherheitsversagen, während sich RAM-Mängel einzig ökonomisch äussern.

7.3.3 Prüfverfahren vor der Installation der Anlage

Vor der Installation in der Anlage sind folgende Prüfmethoden anwendbar:

1. *Materialprüfungen:* Materialprüfungen im Herstellerwerk dienen der Qualitätssicherung bei der Herstellung von Materialien und Bauteilen (zum Beispiel Schienen) und werden während des Produktionsprozesses selbst oder unmittelbar danach durchgeführt. Sie eignen sich primär für mechanische Bauteile und Hardwarekomponenten. Damit ist sichergestellt, dass nur korrekt gefertigte, werkvertragskonforme Bauteile eingebaut werden.

2. *Simulationslabors:* Simulationen lassen sich früh für jene Subsysteme durchführen, deren Funktionalität sich bereits vor der Integration in das Gesamtsystem rechnergestützt überprüfen lässt. Dies betrifft zum Beispiel elektronische Stellwerke, die üblicherweise vor dem Einbau am Simulator auf Sicherheit und Zuverlässigkeit überprüft werden. Der Vorteil von Simulationen ist der vergleichsweise geringe finanzielle und zeitliche Aufwand sowie die Minimierung der noch erforderlichen Funktionsprüfungen nach Integration in das Gesamtsystem. Da sie nicht auf dem Baugelände erfolgen, sind sie örtlich und zeitlich entkoppelt sowie unabhängig vom Bauablauf und allfälligen Verzögerungen. Sie sind primär für die Sicherungs- und Automationstechnik sowie für die Steuerungs- und Regelungsanlagen anwendbar.
3. *Testhallen:* Eine besondere Form von Labortests ist der Aufbau der bahntechnischen Ausrüstung (insbesondere Sicherungs- und Leittechnik, Tunnelleittechnik) in Versuchshallen oder ähnlichen Einrichtungen. Dabei wird jene reale Hard- und Software ausserhalb des Bauwerkes vormontiert und getestet, die anschliessend eingebaut wird. Beim Projekt des Lötschberg-Basistunnels wurde zum Beispiel die gesamte Sicherungs-, Bahnleit- und Tunnelleittechnik in Containern montiert. Nach erfolgreichem Abschluss der Tests wurden die Technikcontainer einschliesslich der Einbauten in den Tunnel verbracht. Bei den Tests wurden folgende Stufen der sogenannten *Site Acceptance Tests (SAT)* unterschieden:
   - *SAT1:* Teilgewerksprüfung zwischen zwei Standorten oder innerhalb eines Standortes. Unter Standort wurde dabei jeweils ein Einbaucontainer verstanden.
   - *SAT2:* Integration eines Teilgewerkes in das Tunnelleitsystem.
   - *SAT3:* Partielles Gesamtsystem über verschiedene Teilgewerke und Standorte.

   Aufgrund der Testergebnisse können schadhafte Komponenten oder Softwares noch vor dem Einbau ausgetauscht werden. Zudem sind die Tests nicht vom Baufortschritt der Anlage abhängig und können daher bereits früh durchgeführt werden [Frank 2008].

Abbildung 14 *Labortests in einer Testhalle; Beispiel Lötschberg-Basistunnel, Testhalle Bern für die bahntechnische Ausrüstung mit Aufbau und Zusammenschaltung aller Bahntechnik in den Containern [Foto: BLS AlpTransit].*

Abbildung 15
Labortests in einer Testhalle; Beispiel Lötschberg-Basistunnel, Einbau der vormontierten Container im Lötschberg-Basistunnel [Foto: BLS AlpTransit].

4. *Einbautests:* Vor allem in langen Tunnels stellt der Einbau bahntechnischer Komponenten ein erhebliches Termin- und Qualitätsrisiko dar. Eine unzweckmässige Ausgestaltung der Bauteile und eine schlechte Wahl der Einbaumethode summieren sich zu einem hohen Zeit- und Geldverlust. Es empfehlen sich daher Einbautests, mit denen die Einbaubarkeit der Komponenten und die Eignung der Einbaumethoden geprüft werden können. Prüfpunkte können etwa Betoniervorgang, Leitungsmontage oder Kabeleinbau sein. Die Tests können in einem separaten Teil der Anlage oder auf einem eigenen Prüfgelände ausserhalb der Baustelle erfolgen. Weitere Tests zur Brand- und Explosionssicherheit lassen sich in spezialisierten Einrichtungen durchführen [Frank 2008]. Diese Tests müssen so frühzeitig geplant werden, dass die Erkenntnisse für Detailprojektierung, Ausführung und Bauprozessplanung noch nutzbar sind.

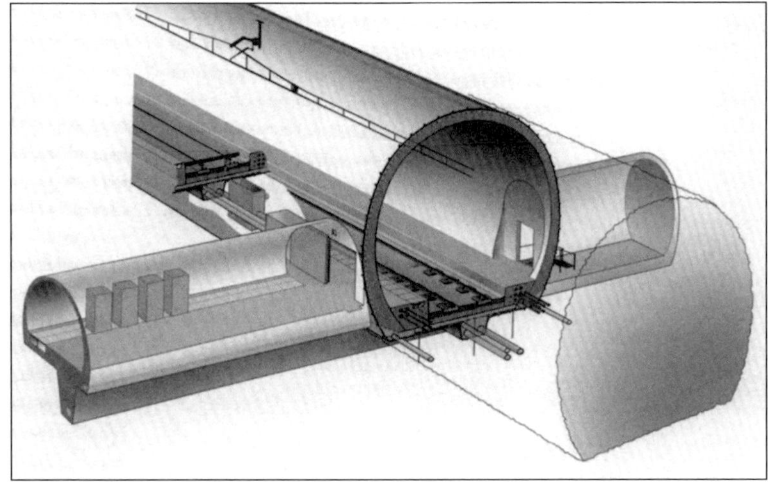

Abbildung 16
Lötschberg-Basistunnel; Versuchsstrecke Mitholz für die Einbautests [Grafik: BLS AlpTransit].

7.3.4 Prüfverfahren nach der Installation der Anlage

Die Prüfverfahren nach Installation der Anlage wurden bereits im Zusammenhang mit dem Inbetriebnahmeprozess erwähnt. Sie sind nachfolgend unter dem Aspekt der Nachweismethodik nochmals zusammengefasst:

1. *Teilprüfung einzelner Subsysteme:* Nach dem Einbau eines Subsystems wird eine Teilprüfung verlangt, als Voraussetzung für die funktionale Integration in das Gesamtsystem. Sie dient der Prüfung der Komponenten und Subsysteme selbst unter den spezifischen Einsatzbedingungen (Temperatur, Schwingungen etc.). Dabei gelangen vorab die fachspezifischen Prüfverfahren zur Anwendung. Zu diesen Teilprüfungen zählen aber auch Messfahrten mit spezialisierten Messfahrzeugen zum Nachweis von Lagequalität des Gleises, Elastizität des Bahnkörpers, Lage und Flexibilität des Fahrdrahtes und Funkempfang bei unterschiedlichen Geschwindigkeiten.

2. *Testbetrieb:* Der Testbetrieb überprüft die Gesamtheit der integrierten Subsysteme auf Sicherheit und Zuverlässigkeit im Zusammenwirken untereinander. Bei Bahntunnelprojekten, aber zunehmend auch bei Hochgeschwindigkeitsstrecken und anderen komple-

Abbildung 17 *Inbetriebnahme eines Elektroschrankes in der Multifunktionsstelle Sedrun des Gotthard-Basistunnels [Foto: AlpTransit Gotthard AG].*

xen Bahninfrastrukturen, sind zum Beispiel die Wechselwirkungen zwischen der Bahnleittechnik und den Leit- und Störmeldesystemen nachzuweisen.

3. *Probebetrieb:* Der Probebetrieb bezweckt die Prüfung des Gesamtsystems mit sämtlichen Funktionalitäten einschliesslich der Betriebsprozesse auf Sicherheit und Zuverlässigkeit. Dazu gehören auch die Abläufe und Ausrüstungen zur Evakuation der Fahrgäste im Ereignisfall. Dabei ist das Zusammenwirken mit den zivilen Krisen- und Führungsstäben sowie den Wehrdiensten zu testen. Die Ausrüstung aller beteiligten Organisationen ist auf Gebrauchstauglichkeit zu prüfen und die geforderten Evakuationszeiten sind nachzuweisen. Die Ergebnisse dienen unter anderem der Zulassungsbehörde zur Erteilung der Betriebsbewilligung.

Im Gegensatz zur Material- und Laborprüfung müssen die Teilprüfung einzelner Subsysteme sowie der Test und Probebetrieb am realen Gesamtsystem durchgeführt werden und stellen somit deutlich grössere Anforderungen an die Planung. Da zur Prüfung der Subsysteme und Funktionalitäten zum Teil gegensätzliche Prüfszenarien verlangt werden, können nicht sämtliche Prüfungen gleichzeitig durchgeführt, sondern müssen im Vorfeld detailliert koordiniert werden. Da alle Zugbewegungen noch Testcharakter haben und keine konzessionierten kommerziellen Züge involviert sind, gelten nicht die Fahrdienstvorschriften, sondern die SUVA-Vorschriften.

7.4 Organisation und Durchführung der Inbetriebnahme

7.4.1 Organisation

Die Inbetriebnahmephase gliedert sich somit organisatorisch und verantwortungsmässig in zwei Abschnitte: Zunächst prüft der Ersteller mittels der Tests das technische Zusammenwirken des Gesamtsystems und übergibt dieses anschliessend der zukünftigen Betreiberin. Die zweite Phase unter Verantwortung der Betreiberin umfasst die Planungs- und Organisationsarbeiten für Nutzung und Betrieb (Personal, Material, Erhaltung, Intervention etc.).

Der Zeitbedarf für die örtlichen Inbetriebsetzungstests von Grossprojekten liegt bei rund 12–18 Monaten, nicht eingerechnet die vorgelagerten Labortests. Die Inbetriebsetzungskonzepte sind dabei bereits mit Beginn der Realisierungsphase zu konkretisieren. Sie beeinflussen sowohl die Terminplanung wie den Ressourcenbedarf erheblich. Die operative Projektorganisation der Inbetriebnahme nimmt ihre Arbeit auf, wenn das Projekt etwa zur Hälfte realisiert ist (bei Grossprojekten etwa sechs Jahre vor dem Beginn der Inbetriebsetzungsaktivitäten).

Da die Funktionstüchtigkeit der Anlage ein korrektes Zusammenwirken mit den Fahrzeugen bedingt, aber auch mit Blick auf Anpassungen und Neuentwicklungen an den Fahrzeugen selber sowie an den Betriebsprozessen, sind die EVU frühzeitig in die Projektorganisation zu integrieren. Im Kontext der Liberalisierung der Bahn ist dabei auf den diskriminierungsfreien Einbezug aller potenziell interessierten EVU zu achten.

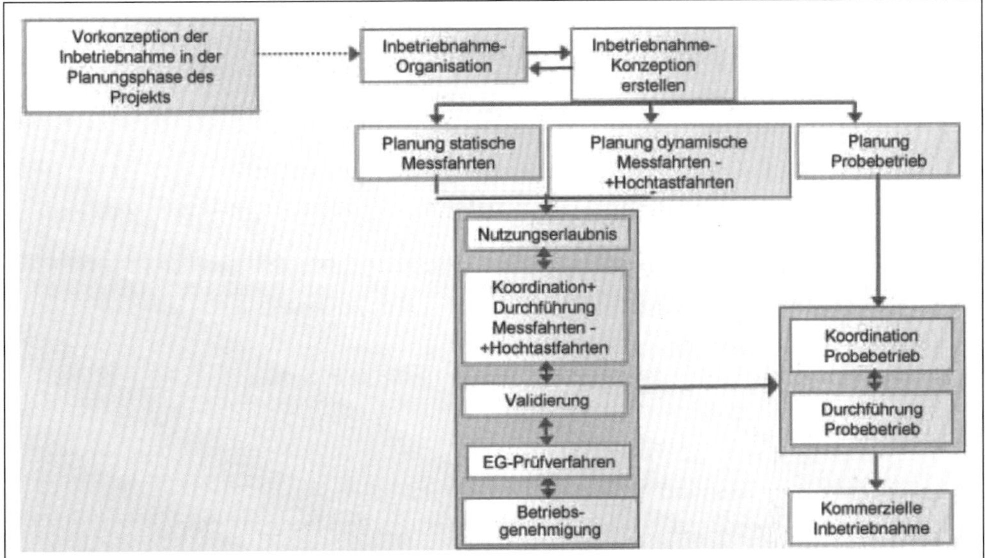

Abbildung 18 *Überblick über eine Inbetriebnahmeplanung am Beispiel der Neubaustrecke Nürnberg – Ingolstadt [Seiler 2006].*

7.4.2 Verantwortlichkeiten

Am Inbetriebsetzungs- und Bewilligungsverfahren sind die Erstellerorganisation des Gesamtprojektes, der GU Bahntechnik, die EIU als künftige Betreiberin sowie das Bundesamt für Verkehr als Zulassungsbehörde beteiligt. Sie zeichnen im Rahmen der dargestellten Nachweisführungen und Bewilligungsverfahren jeweils im Wesentlichen für folgende Punkte verantwortlich:

Erstellerorganisation des Gesamtprojektes:

- Freigabe der Ausführungsplanung und der Detailprojekte des GU respektive der Lieferanten.
- Erstellen der übergeordneten Prüfplanung für das Gesamtprojekt.
- Erstellen eines Überwachungsplans für jeden Ersteller von Teilwerken (Bahntechnik, Rohbau).
- Freigabe der Prüfplanung des Unternehmers Bahntechnik.
- Prüfung der Nachweise des Unternehmers Bahntechnik.
- Erstellen des gesamten Sicherheitsnachweises bezüglich aller Anlagen.
- Zusammenführen des Sicherheitsnachweises bezüglich der Anlagen mit denjenigen betreffend Betrieb und Instandhaltung zu einem gesamten Sicherheitsnachweis.
- Erstellen eines Gesamt-Sicherheitsgutachtens.
- Erstellen des Nachweises, dass das Gesamtwerk der Bestellung entspricht.
- Einholen sämtlicher Genehmigungen und Bewilligungen beim BAV, ausser der Betriebsbewilligung.
- Organisation und Leitung der übergreifenden Inbetriebsetzungsorganisation unter Einbezug der EIU sowie der EVU.

GU Bahntechnik/Lieferanten:

- Erstellen einer genehmigungsfähigen Ausführungsplanung und von Detailprojekten der sicherheitsrelevanten Anlagen.
- Erstellen einer Prüfplanung für seinen Verantwortungsbereich.
- Durchführen der Prüfungen für seinen Verantwortungsbereich.
- Erbringen eines genehmigungsfähigen Sicherheitsnachweises für seinen Verantwortungsbereich.
- Erstellen der Sicherheitsgutachten durch die Sachverständigen.
- Erbringen des Nachweises der Funktionalität und Leistungsfähigkeit.
- Erbringen des Nachweises der Interoperabilität.
- Einholen arbeitsrechtlicher Genehmigungen für die Prüfaktivitäten.

EIU als spätere Betreiberin:

- Stellungnahme zu Bau- und Ausführungsprojekt Bahntechnik.
- Erstellen des Sicherheitsnachweises betreffend Betrieb und Instandhaltung.
- Erstellung der Betriebs- und Erhaltungsprozesse.
- Aufbau und Prüfung der Notfall- und Interventionsorganisation mit den örtlichen Wehrdiensten.
- Einholen der Betriebsbewilligung.
- Erbringen des Nachweises, dass die Auflagen aus der Freigabeverfügung für den Probebetrieb erfüllt sind.

Zulassungsbehörde (BAV):

Das UVEK, vertreten durch das BAV, ist in der Schweiz die Genehmigungsbehörde für die Detailprojekte. Das BAV erteilt die Freigabeverfügungen für das erstmalige Einschalten der Fahr-

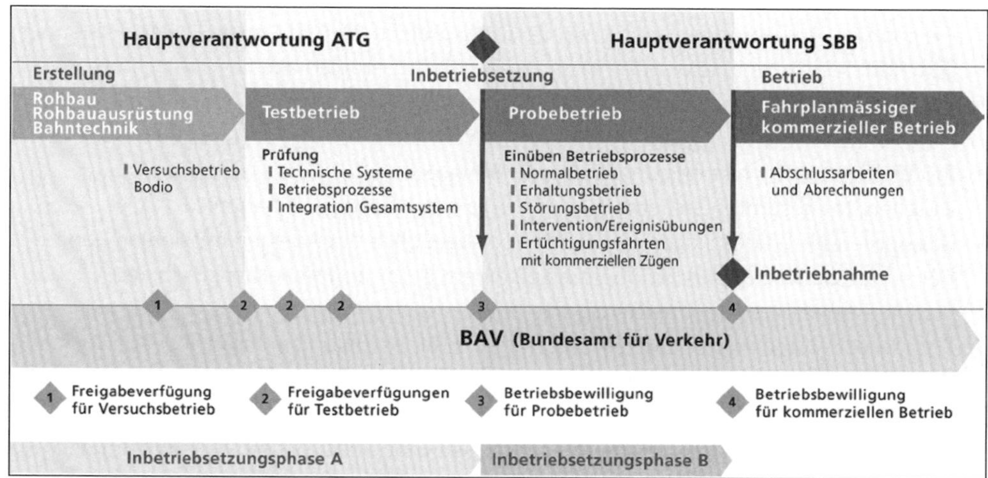

Abbildung 19 *Ablauf und Verantwortlichkeiten zur Erteilung der Betriebsbewilligung, Beispiel AlpTransit Gotthard [Bratschi 2016].*

leitungen und für den Testbetrieb sowie die Betriebsbewilligung. Diese Rolle wird getrennt von jener des obersten Bauherrn wahrgenommen, falls das BAV auch diese Funktion innehat.

7.4.3 Planung

Bei der Planung der Inbetriebnahmephase sind sämtliche Pläne, Programme usw. zu erarbeiten, die zur Durchführung der Inbetriebsetzungsarbeiten erforderlich sind. Die zu erarbeitenden Grundlagen gliedern sich in folgende Gruppen:

- Identifikation des Prüfbedarfs, abgeleitet aus werkvertraglichen und amtlichen Nachweispflichten, Erstellung der Prüfprogramme.
- Termin- und Ressourcenplanung.
- Sicherstellung des spezialisierten Personals zum erforderlichen Zeitpunkt.
- Beschaffung respektive Anmietung von geeignetem Rollmaterial, Messfahrzeugen, Messmitteln für den geforderten Zeitpunkt.
- Technische Prozessbeschriebe.
- Betriebsvorschriften (Prozessbeschreibungen Normal- und gestörter Betrieb, Standards usw.).
- Betriebsunterlagen (Checklisten und Fahrpläne für Testbetrieb usw.).
- Weitere Hilfsmittel zur Leitung der Inbetriebsetzung, insbesondere Beschaffung von IT-Planungswerkzeugen für die effiziente Unterstützung aller Planungs- und Koordinationsprozesse.
- Aufbau der Inbetriebsetzungsorganisation, Beschreibung der Zusammenarbeitsprozesse, Bestimmung der Vertretungen aller involvierter Akteure.

In die Inbetriebsetzungsorganisation sind alle Akteure einzubeziehen, die in die Inbetriebsetzungen involviert sind:

- *Erstellerorganisation* als Gesamtleiterin der ersten Inbetriebnahmephase.
- *Generalunternehmer* als Verantwortlicher für den Werkvertrag und damit aller Leistungen, die für die Erstellerorganisation zu erbringen sind.
- *Subunternehmer* als Werkverantwortliche und Verantwortliche für die Teilprüfungen ihrer Teilwerke.
- *Künftige Betreiberin EIU* als Herausgeberin von Betriebsvorschriften als Grundlage für die Testfälle, als Beteiligte bei der ersten Inbetriebnahmephase und Hauptverantwortliche der zweiten Inbetriebnahmephase.
- *Vertreter der Umsysteme* (Betreiber der Anschlussstrecken, Steuerung Bahnstromversorgung, übergeordnete Leittechnik etc.) unter klarer Abgrenzung der Schnittstellen und Verantwortungen.

Sämtliche Vorbereitungsdokumente müssen durch ein Begleitgremium überprüft werden, in dem die Aufsichtsbehörde, weitere massgebende Stellen und Experten vertreten sind. Die Planung der Inbetriebsetzungen dauert bis zum Abschluss des letzten Tests. Die erforderlichen personellen und technischen Ressourcen sind mehrheitlich sehr spezialisiert und langfristig verpflichtet, weshalb eine frühzeitige Sicherstellung erforderlich ist.

7.4.4 Durchführung

Die Erstellerorganisation zeichnet verantwortlich für die kosten-, qualitäts- und termingerechte Übergabe des Gesamtbauwerks an die spätere Betreiberin und führt deshalb mit diesem Fokus die Testarbeiten in der ersten Phase. Die EIU als spätere Betreiberin der Infrastruktur obliegt die zweite Phase und sie verantwortet die Arbeiten, die zu einer rechtzeitigen Betriebsbewilligung führen.

Der Akt der Inbetriebnahme des Gesamtwerks bildet den Abschluss der Inbetriebsetzungen. Voraussetzungen dafür sind erstens die Abnahme des Gesamtwerks vom Ersteller durch die Betreiberin und zweitens das Erlangen der Betriebsbewilligung der Betreiberin durch die Zulassungsbehörde. Damit ist die Tätigkeit des Erstellers beendet; er kann in Garantiefällen gegebenenfalls noch zur Verantwortung gezogen werden. Die Betreiberin übernimmt die Verantwortung und bewirtschaftet die neue Infrastruktur.

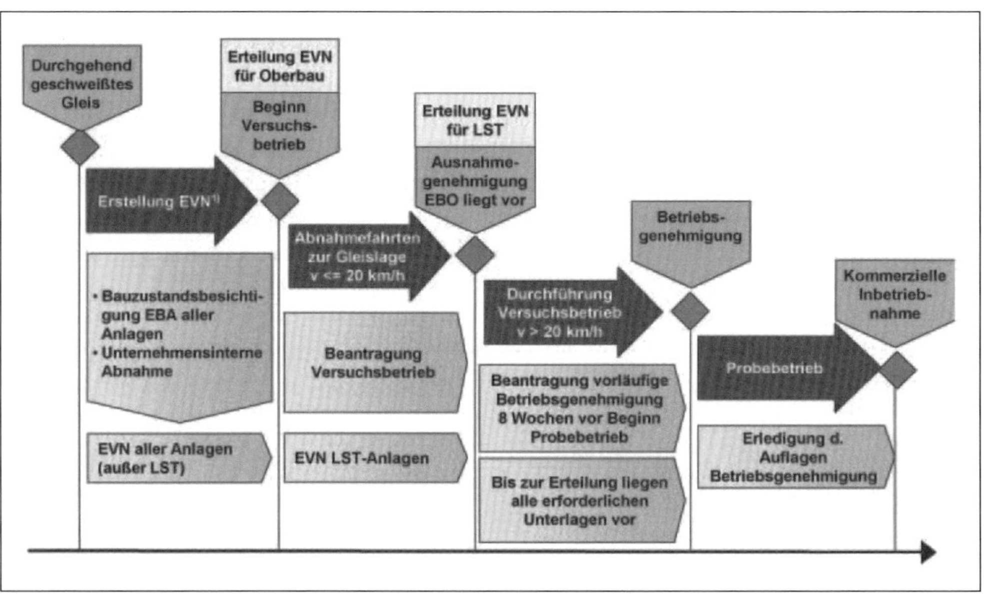

Abbildung 20 *Inbetriebnahmephasen und Genehmigungen am Beispiel der Neubaustrecke Nürnberg – Ingolstadt [Seiler 2006].*

Literatur

[Bohndorf 2000] Bohndorf, Joachim / Görnemann, Jan S. (2000): Wie nimmt man eine S-Bahn in Betrieb? Methodik und Verfahrensweisen am Beispiel Hannover; Der Nahverkehr, 18. Jahrgang Heft 4, S. 58–62

[Bratschi 2016] Bratschi, Oliver [2016]: Das Testprogramm vor der Inbetriebnahme des Gotthard-Basistunnels; Eisenbahn-Technische Rundschau, 60. Jahrgang ETR SWISS Spezial NEAT – AlpTransit Lötschberg und Gotthard, S. 66–68

[CENELEC 2003] CENELEC (2003): Bahnanwendungen / Telekommunikationstechnik, Signaltechnik und Datenverarbeitungssysteme / Sicherheitsrelevante elektronische Systeme für Signaltechnik – EN 50129; Brüssel

[Currat 2007] Currat, Fabien (2007): Kurze Bauzeit – Lange Testphase; TEC2, 125. Jahrgang Heft 27-28, S. 26–31

[Frank 2008] Frank, Felix Hrsg. (2008): Lötschberg-Basistunnel – Vom Rohbau zum Bahntunnel; Stämpfli Verlag, Bern

[Orsenigo 2006] Orsenigo, Valentina / Chappuis, Fabienne (2006): Lötschberg-Basistunnel – Fertigstellungsarbeiten und Testfahrten; Der Eisenbahningenieur, 57. Jahrgang Heft 12, S. 24–31

[Schollmeier 2007] Schollmeier, Peter / Körülü, Kemal / Rübsam, Marco (2007): Inbetriebnahmegenehmigung der NBS Nürnberg – Ingolstadt nach der Eisenbahn-Interoperabilitätsverordnung; Der Eisenbahningenieur, 58. Jahrgang Heft 4, S. 12–18

[Schülke 2003] Schülke, Holger / Weishaar, Herbert / Ziegler, Dirk (2003): Systemtechnische Herausforderungen und Umsetzung auf der NBS Köln – Rhein/Main aus Sicht des Projektes Inbetriebnahme Neubaustrecken; Eisenbahn-Technische Rundschau, 47. Jahrgang Heft 7-8, S. 412–418

[Seiler 2006] Seiler, Jürgen (2006): Das Grossprojekt NBS Nürnberg – Ingolstadt vor der Fertigstellung – Die Inbetriebnahme; Eisenbahn-Technische Rundschau, 50. Jahrgang Heft 1-2, S. 12–22

[Wymann 2009] Wymann, Eduard / Lörtscher, Manfred / Würgler, Dieter (2009): Erfahrungen mit RAMS-Prozess, Betriebsbewilligung und Betrieb des Lötschberg-Basistunnels; Elektrische Bahnen, 107. Jahrgang Heft 1-2, S. 48–61

8 Erhaltung von Bahninfrastrukturen

8.1 Aufgaben der Erhaltung und des Betriebs, Anlagenerhaltung

8.1.1 Erhaltung und Betrieb von Bahninfrastrukturen

Die Nutzungs- oder Betriebsphase einer Bahninfrastruktur beginnt mit der Inbetriebnahme. In dieser hat die Eisenbahn-Infrastrukturunternehmung folgende Hauptaufgaben:

- *Kapazitätsbewirtschaftung:* Fahrplanplanung und -gesamtintegration, betriebliche Machbarkeitsprüfungen, Kapazitäts- und Stabilitätsoptimierung.
- *Operative Betriebsabwicklung:* Sicherung, Steuerung und Disposition des Zugbetriebs.
- *Infrastrukturerhaltung:* Gewährleistung eines sicheren und verfügbaren Anlagenzustandes, langfristige Substanzerhaltung.
- *Weiterausbau und Adaptierung:* Ausbau und funktionale Anpassungen der Bahninfrastruktur für künftige Anforderungen.

Die *Kapazitätsbewirtschaftung* der EIU erfolgt in enger Kooperation mit den EVU. Letztere formulieren ihre marktorientierten Anforderungen, die EIU sammelt diese für jeden Planungszeitraum, konsolidiert sie zu einem Gesamtfahrplan, prüft dessen Machbarkeit auf der zur Verfügung stehenden Anlage und vereinbart die Trassen mit den EVU. Zur *operativen Betriebsabwicklung* setzt die EIU ihre Sicherungs-, Leit- und Dispositionssysteme ein. Sie disponiert sämtliche Zugfahrten mit dem Ziel einer möglichst geringen Abweichung vom vereinbarten Soll-Fahrplan. Auch wenn diese Aufgabe ebenfalls in enger Kooperation mit den EVU erfüllt wird, ist sie dennoch in der übergreifenden Verantwortung der EIU.

Die *Infrastrukturerhaltung* bildet den Hauptteil dieses Kapitels und vervollständigt den Lebenszyklus einer Bahninfrastruktur. Es handelt sich dabei um die RAMS-Phasen 11, 12 und 14. Die Infrastrukturerhaltung verändert die grundlegenden Eigenschaften der Bahninfrastruktur nicht. Zeigen sich funktionale Mängel hinsichtlich Kapazität, Betriebsstabilität oder technischer Verfügbarkeit, so sind Änderungsprojekte auszulösen. Damit schliesst sich der Kreis zu den früher dargestellten Planungs- und Entwurfsphasen respektive mit der RAMS-Phase 13 *Weiterausbau und Adaptierung*. Eine essenzielle Führungsaufgabe der EIU besteht somit in der strukturierten Erfassung neuer Anforderungen, ihrer Verortung in den Zeithorizonten, in der Formulierung entsprechender Projekte, der Sicherstellung der Finanzierung und der finanziellen Führung.

Die Betriebsphase einer Bahninfrastruktur unterscheidet sich grundlegend von den anderen dargestellten Phasen:

- *Planung, Entwurf, Projektierung, Bau:* Abgegrenzte Projekte mit definiertem Beginn und Ende. Referenz für deren Führung ist der Projektauftrag mit der darin geforderten Qualität sowie der zur Verfügung stehenden Zeit und Finanzierung.

- *Betrieb, Erhaltung:* Kontinuierlicher Prozess im Jahresrhythmus; permanente Parallelität zahlreicher Vorhaben und Prozesse. Referenz für die Führung sind zum Beispiel Abfolge der Jahresfahrpläne, vereinbarte Pünktlichkeitsstandards, Zustandsstandards für die Bahninfrastruktur, Jahresbudgets für die Infrastrukturerhaltung.

Dies erfordert völlig unterschiedliche Aufbau- und Ablauforganisationen gegenüber der Projektführung. Im Gegensatz zum vergleichsweise linearen und möglichst von äusseren Einflüssen abgegrenzten Projektprozess ist die Betriebsphase durch eine Vielzahl zyklischer, oft ineinander verschränkter Prozesse, mit zahlreichen Interaktionen untereinander geprägt.

8.1.2 Herausforderungen und Teilaufgaben der Anlagenerhaltung

Der Erhaltungsbedarf der Infrastruktur ergibt sich aus der allmählichen zeit- und beanspruchungsbedingten Zustandsverschlechterung. Fahrbahn, elektrische Anlagen und Ingenieurbauten werden durch die intensive Nutzung stark beansprucht. Die hohen statischen und dynamischen Lasten erreichen oft die materialtechnischen Grenzen. Praktisch sämtliche Anlagenteile sind den Klima-, Vegetations- und geologischen Einflüssen ausgesetzt. Hinzu kommen wechselnde Nutzungsanforderungen und technische Entwicklungen, weshalb die Komponenten den Anforderungen sukzessive nicht mehr genügen. Ersatzbedarf entsteht schliesslich, wenn bestimmte Technologien und Produkte von der Industrie nicht mehr angeboten werden.

In den meisten Erhaltungsfällen lässt sich der Eingriffszeitpunkt in einem Zeitraum von mehreren Jahren relativ frei wählen. Je später aber die Anlage erneuert wird, desto überproportional schlechter ist ihr Zustand, desto häufiger müssen bereits vorgängig kleinere Erhaltungsarbeiten ausgeführt werden und desto grösser ist das Störungsrisiko. Je rascher dagegen die Anlage ersetzt wird, desto früher fallen die hohen Erneuerungskosten an und desto grösser ist die Wahrscheinlichkeit, dass die technisch-funktionale Nutzungsdauer gar nicht ausgenutzt wurde. Anlagenerhaltung ist mithin eine dynamische Optimierungsaufgabe über den Lebenszyklus. Erschwerend sind dabei die sehr unterschiedlichen Lebenszyklen der verschiedenen Komponenten der Bahninfrastruktur. Die Festlegung des richtigen Eingriffszeitpunktes ist somit von hoher betriebswirtschaftlicher Relevanz und erfordert eine fundierte technologische Fachkompetenz.

Die Spurgebundenheit der Eisenbahn, verbunden mit den Zuverlässigkeitsanforderungen der Betreiber und Benutzer, erfordert während der ganzen Nutzungszeit eines jeden Bauteils eine weitgehend uneingeschränkte Zuverlässigkeit. Bei Erhaltungsarbeiten und Interventionen stehen allerdings die betreffenden Bauteile und die Anlagen im Umfeld vorübergehend nicht zur Verfügung und die Nutzbarkeit der Infrastruktur ist reduziert, bis hin zur gänzlichen Betriebseinstellung. Dies ist grundsätzlich unerwünscht und oft sogar unzulässig. Es entstehen daraus enge Wechselwirkungen zwischen Betrieb und Erhaltung:

- Die Nutzung der Bahninfrastruktur durch Züge in bestimmter Häufigkeit und Bauart bestimmt den Verschleiss.
- Die Anlagenerhaltung beeinträchtigt die Nutzbarkeit der Infrastruktur durch Langsamfahrstellen und Streckensperrungen.

Daraus leiten sich folgende wesentliche Teilaufgaben der Anlagenerhaltung ab:

- Kenntnis der Alterungsprozesse und ihrer Einflüsse.
- Inventar des Bestandes einschliesslich der erforderlichen Sachinformationen.
- Diagnose des Zustandes einschliesslich Zeitreihen.
- Finanzielle Optimierungsstrategie über den Lebenszyklus
- Lebenszyklusorientierte Produktestrategie.
- Effiziente Erhaltungsverfahren.
- Strukturierte Abstimmung von Infrastrukturnutzung und Bahnbetrieb.

8.1.3 Gesetzliche Vorgaben

Die EIU als Eignerin der Anlagen ist gesetzlich verpflichtet, die Infrastrukturen in einem zeitgemässen und sicheren Zustand zu halten. Art. 17 des schweizerischen Eisenbahngesetzes schreibt vor [BV 2018]:

„Art. 17 Abs. 1: Die Eisenbahnanlagen und Fahrzeuge sind nach den Anforderungen des Verkehrs, des Umweltschutzes und gemäss dem Stande der Technik zu erstellen, zu betreiben, zu unterhalten und zu erneuern. […].

Art. 17 Abs. 4: Die Eisenbahnunternehmen sind im Rahmen der Vorschriften für den sicheren Betrieb der Eisenbahnanlagen und Fahrzeuge verantwortlich. Sie haben die für einen sicheren Betrieb erforderlichen Vorschriften zu erstellen und dem BAV vorzulegen."

Die Erfüllung dieser Pflicht wird anhand der diversen gesetzlichen Bestimmungen, des Regelwerks Technik Eisenbahn (RTE) sowie der weiteren einschlägigen Normen beurteilt. Die EIU müssen dabei nicht nur ihre eigenen Anlagen in gesetzeskonformem Stand halten, sondern sie sind für den sicheren Betrieb integral verantwortlich und müssen daher auch allfällige Gefahren von mangelhaften fremden Infrastrukturen im Bahnumfeld abwenden. Dies können beispielsweise fremde Strassenbrücken über die Bahngleise oder Stützbauwerke sein.

8.1.4 Unterhalt und Erneuerung

Auslöser jeder Erhaltungsmassnahme ist eine erfolgte oder absehbare Schädigung einer Komponente, die deren Funktion beeinträchtigt und Lebensdauer verkürzt. Unter dem Oberbegriff der *Erhaltung* versteht man die Gesamtheit aller Massnahmen zur Feststellung und Beurteilung des Istzustandes sowie zur Wiederherstellung des Sollzustandes, mit den beiden Hauptaufgaben *Unterhalt* und *Erneuerung*.

Im schweizerischen Sprachgebrauch hat man sich auf den Begriff *Erhaltung* analog zur SIA-Norm 469 *Erhaltung von Bauwerken* geeinigt und somit für den gesamten Baubereich eine homogene Terminologie eingeführt. In Deutschland verwendet man stattdessen den Begriff der *Instandhaltung*. In eidgenössischen Gesetzestexten wird in den meisten Fällen ebenfalls von der Instandhaltung gesprochen.

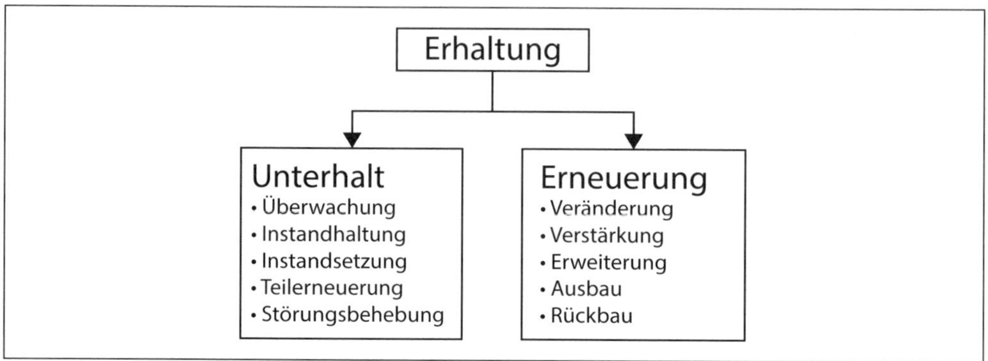

Abbildung 1 *Gliederung der Erhaltung von Bahninfrastrukturen in Unterhalt und Erneuerung mit ihren jeweiligen Teilaufgaben [eigene Darstellung].*

Nebst der *Überwachung* beinhaltet der *Unterhalt* mit der *Instandhaltung* auch den *geplanten* Kleinunterhalt wie Weichenschmierung, Grünpflege oder Reinigung. *Instandsetzung* ist dagegen der *ungeplante* Kleinunterhalt wie etwa die Bankettsicherung. Als *Teilerneuerung* gilt beispielsweise ein Austausch des Schotterbettes. Unter die *Erneuerung* fallen *Veränderungen* und *Verstärkungen* der Fahrbahn, aber auch die Leistungssteigerung der Infrastruktur als Ganzes durch *Erweiterung* und *Ausbau* der Anlagen. Schliesslich wird auch der *Rückbau* unter der Erneuerung subsumiert.

Überwachung	Instandhaltung	Instandsetzung	Teilerneuerung	Störungsbehebung
		Hauptaufgaben		
Feststellung und Beurteilung des Istzustandes, Bestimmung der Ursachen der Abnutzung sowie der Konsequenzen für die künftige Nutzung	Geplante Massnahmen zur Verzögerung der Abnützung oder der Zustandsverschlechterung	Ungeplante Massnahmen zur Rückführung der Betrachtungseinheit in den funktionsfähigen Zustand	Ersatz von abgenutzten Teilen zur Vermeidung von Störungen	Ersatz oder Reparatur von unerwartet gestörten Teilen
		Beispiele		
Messfahrten Visuelle Überwachung	Schienenschleifen Reinigung der Entwässerung Wiederherstellung von Befestigungen Weichenschmierung Grünpflege	Richten und Stopfen der Gleise Teilersatz von Komponenten wie Leuchten, Isolatoren Bankettsicherung	Schottererneuerung Ersatz von Weichenkomponenten, zum Beispiel Zungenvorrichtung	Auswechseln von Signallampen Auswechseln defekter Isolatoren Reparatur von Rolltreppen

Tabelle 1 *Hauptaufgaben und Beispiele des Unterhalts [Wolter 2014], [eigene Darstellung].*

Veränderung	Verstärkung	Erweiterung	Ausbau	Rückbau
		Hauptaufgaben		
Ersatz von Komponenten durch neue Produkte oder Technologien	Ersatz bestehender Komponenten und Teilsysteme durch stärkere Ausführung derselben Technologie	Anpassung der Infrastruktur an gesteigerte funktionale und/ oder technische Anforderungen	Erweiterung der Infrastruktur für neue Funktionalitäten und Anforderungen	Abbruch nicht mehr benötigter Komponenten, Subsysteme und Netzteile
		Beispiele		
Austausch von Holzschwellen durch Betonschwellen	Austausch schwacher durch stärkere Schienenprofile Leistungssteigerung eines Unterwerkes	Bahnübergangssicherung durch neue Barrierensicherung Zusätzliche Spurwechsel	Zusätzliche Perrongleise Lichtraumprofilerweiterung Neubaustrecke	Abbruch ungenutzter Gütergleise Busumstellung einer Regionalbahn

Tabelle 2 *Hauptaufgaben und Beispiele der Erneuerung [Wolter 2014], [eigene Darstellung].*

8.2 Arten von Wertminderungen, Einflussfaktoren

8.2.1 Überblick über die Wertminderungen

Eine Schädigung besagt zunächst nur, dass eine Komponente den Anforderungen nicht (mehr) gerecht wird. Die wertvermindernden Einflüsse unterscheiden sich daher nach Art, Erscheinungsform, Ursache und zeitlichem Verlauf. Sie lassen sich in die zwei Hauptgruppen der technisch-physikalischen und der technisch-ökonomischen Einflüsse unterteilen [Schmidt 1998]:

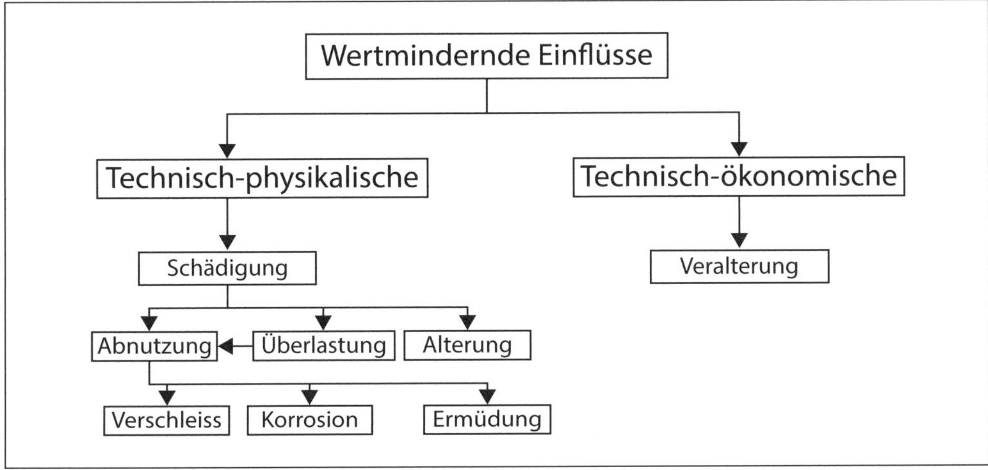

Abbildung 2 *Überblick über die wertmindernden Einflüsse auf technische Anlagen [Schmidt 1998].*

8.2.2 Technisch-physikalische Wertminderung

8.2.2.1 Abnutzung

Die *Abnutzung* ist der Oberbegriff für Verschleiss, Korrosion und Ermüdung als wesentlichste Erscheinungsformen, die kaum vermeidbar sind [Schmidt 1998]. Der *Verschleiss* kann verstanden werden als *„der fortschreitende Materialverlust aus der Oberfläche eines festen Körpers, hervorgerufen durch mechanische Ursachen, d. h. Kontakt und Relativbewegung eines festen, flüssigen oder gasförmigen Gegenkörpers"* [DIN 1979]. Er lässt sich weiter unterteilen in adhäsiven und abrasiven Verschleiss (Mikrobrechen), Oberflächenzerrüttung sowie Tribooxidation (Zusammenspiel von Reibung, Verschleiss und Schmierung). *Korrosion* ist die Werkstoffschädigung, ausgehend von der Oberfläche, durch chemische Reaktion mit Flüssigkeiten oder Gasen [Christ 1997]. Die *Ermüdung* ist die Folge wechselnder Belastungen und führt nach einer bestimmten Lastwechselzahl zum Bruch.

8.2.2.2 Überlastung

Ursachen der *Überlastung* sind insbesondere fehlerhafte Benutzungen, die zum Schaden führen:

- Zu hohe Gesamttonnage der Züge.
- Zu hohe Achslasten.
- Zu hohe dynamische Beanspruchungen aufgrund von Fahrwerksmängeln.
- Zu hohe Geschwindigkeiten.
- Instabiler Fahrzeuglauf.

Sie tritt somit immer dann ein, wenn die der Konstruktion und Dimensionierung zugrunde gelegten Anforderungen überschritten werden.

8.2.2.3 Alterung und Obsoleszenz

Als *Alterung* wird ein innerer Vorgang in Werkstoffen bezeichnet, in dessen Verlauf eine bleibende Veränderung der Festigkeit oder anderer Eigenschaften eintritt [Schmidt 1998]. Einen besonderen Stellenwert hat die Alterung bei der elektronischen Hardware, wo sie auch als *Obsoleszenz* bezeichnet wird. Aufgrund dieses Zersetzungsprozesses muss nach 15–20 Jahren mit dem Systemausfall gerechnet werden, falls nicht vorher eine Portierung der Software auf eine neue Hardware erfolgte. Verschärft werden deren Auswirkungen durch das Fehlen von Ersatzteilen infolge immer kürzerer Produktlebenszyklen, während eine Einsatzdauer von 40 Jahren und mehr bei Bahnanwendungen üblich ist. Die bereits vorhandenen, im Netz eingebauten Komponenten eines Typs können in diesen Fällen mangels Ersatzteilen nicht repariert werden. Zudem lassen sie sich beim Totalausfall nicht mehr ersetzen. Da nur wenige Hersteller im Bahnbereich tätig sind, besteht die Option des Ausweichens auf andere Hersteller meist nicht [Molinari 2014].

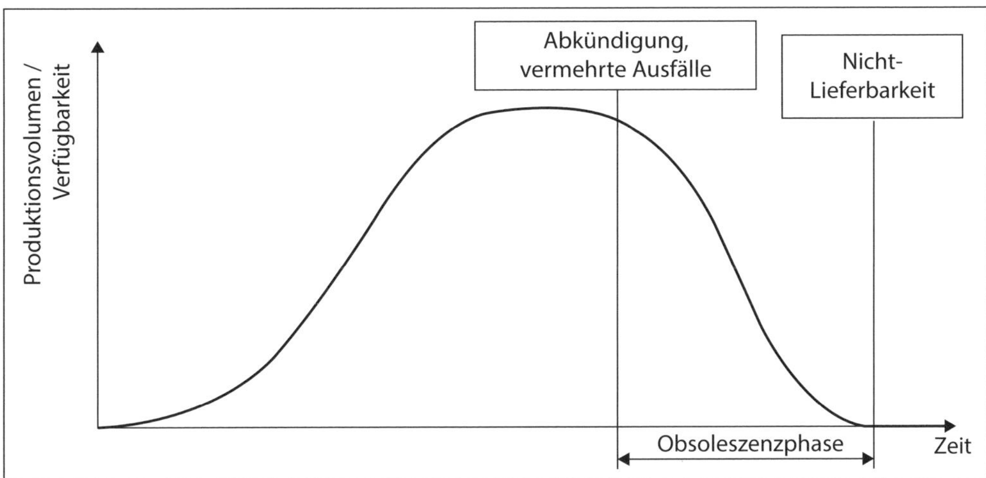

Abbildung 3 *Obsoleszenzphase als letzter Teil eines Produktlebenszyklus [Molinari 2014].*

Im weiteren Sinn zählen auch die Vegetationseinflüsse zur Alterung, die unter anderem folgenden Erhaltungsbedarf auslösen:

- *Wuchs im Nahbereich:* Verletzung des Lichtraumprofils, Beeinträchtigung der Sichtbarkeit von Signalen, Erschwerung der Zugänglichkeit, Gefährdung von Unterhaltspersonal durch toxische Pflanzen.
- *Humusbildung im Schotterbett:* Beeinträchtigung der Fahrbahnentwässerung, Erschwerung der Regulierbarkeit, Verschlechterung der Elastizitätseigenschaften.

8.2.3 Technisch-ökonomische Wertminderung

Die technische Entwicklung führt laufend zu neuen Komponenten, Materialien, Verfahren etc., die den früheren Ausführungen überlegen sind. Man spricht auch von technisch-ökonomischen Einflüssen, die zur Wertminderung vorhandener Anlagen führen [Schmidt 1998]. Es handelt sich somit nicht um eine Wertverminderung im engeren Sinne, sondern um die Nichtausschöpfung des Mehrnutzens neuer Technologien. Im weiteren Sinn zählt auch die Produktionseinstellung bestimmter Komponenten durch die Industrie dazu (Abkündigungen). Die Antizipierung solcher Entwicklungen ist eine wichtige Aufgabe der früher erwähnten Technologiestrategie.

Eine technisch-ökonomische Wertverminderung kann aber auch durch gewandelte und/oder gesteigerte Anforderung eintreten. Spezifisch sind dies Änderungen des Fahrplanes und der Betriebsprozesse. Dies veranlasst zum Beispiel den Neubau von Bahnhofsköpfen mit neuen Weichen oder Fahrleitungen für höhere Geschwindigkeiten. Auf Strecken entsteht oft Anpassungsbedarf zur Geschwindigkeitserhöhung und Leistungssteigerung, was Neutrassierungen, das Versetzen von Vorsignalen, Blockverdichtungen etc. auslöst. Dabei sind bestehende Anlagenteile zu demontieren, die in technischer Hinsicht noch einwandfrei funktionieren. Diese funktionalen Anpassungen leisten einen indirekten Beitrag zur Substanzerhaltung des Netzes.

8.2.4 Einflussfaktoren auf die Wertminderung

Alterung und Korrosion werden auch als zeitabhängige, Verschleiss und Ermüdung als beanspruchungsabhängige Wertverminderungen bezeichnet. Die technisch-ökonomische Wertminderung lässt sich anforderungsbedingt nennen. Die Komponenten des Fahrweges unterliegen diesen Einflüssen in unterschiedlichem Mass. Eine Folge der sehr unterschiedlichen Alterungsmuster ist ein asynchroner Verlauf des Erhaltungsbedarfs und damit der Eingriffszeitpunkte bei den Anlagengattungen. Die Synchronisierung ist eine zentrale Aufgabe der später dargestellten integrierten Erhaltungsplanung.

Komponente	Wertverminderung		
	Zeitabhängig	Beanspruchungsabhängig	Anforderungsabhängig
Schotter		×	
Schwelle	(×)	×	(×)
Schiene		×	(×)
Befestigungsmittel		×	
Fahrdraht		×	(×)
Tragwerk	×		(×)
Fahrleitungsmast	×		(×)
Tunnel	×		(×)
Brücken	×	(×)	×
Stützbauwerke	×		
Signalmasten	×		×
Stellwerke	×	(×)	×

Tabelle 3 *Bedeutung der Wertverminderungen bei den verschiedenen Komponenten des Fahrwegs; x = starker Einfluss, (x) = mässiger respektive ergänzender Einfluss [eigene Darstellung].*

8.2.5 Insbesondere Wertminderung und Schädigungsformen der Fahrbahn

Aufgrund ihrer zentralen Funktion im Rad-Schiene-System kommt der Fahrbahn und ihrem Verschleissverlauf bezüglich Sicherheit, Verfügbarkeit und Wirtschaftlichkeit eine besondere Bedeutung zu. Verstärkt wird dies durch die laufende Leistungssteigerung neuzeitlicher Triebfahrzeuge. Durch die Krafteintragung in allen räumlichen Dimensionen bei stark variierendem gegenseitigem Verhältnis der Kraftrichtungen sowie durch dynamische Effekte sind die Schädigungsformen vielfältig. Entsprechend verlaufen auch die Verschleissprozesse situativ unterschiedlich und erfordern differenzierte Massnahmen.

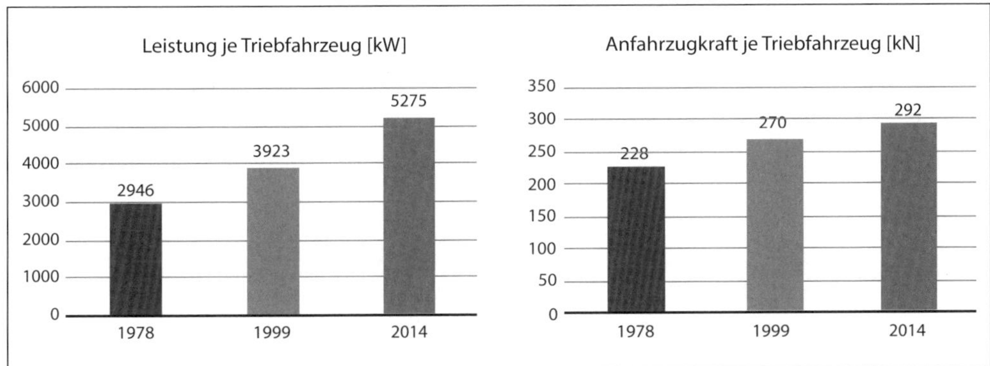

Abbildung 4 *Beispiel für sukzessive steigende Beanspruchung der Schienen durch Weiterentwicklung der Fahrzeuge; durchschnittliche Leistung pro Triebfahrzeug und mittlere Anfahrzugkraft bei der ÖBB zwischen 1978 und 2014 [Mach 2015].*

Einige charakteristische Schädigungsformen sind [Barth 2014], [Fendrich 2007], [Lichtberger 2004]:

- *Schienenabnützung und Rollkontaktermüdung* sind das Ergebnis der ausserordentlich hohen Spannungen an der Kontaktstelle Rad – Schiene von oft deutlich über 1000 N/mm^2. Diese führen zu plastischen Verformungen und zur Rissbildung, das heisst zu sukzessivem Materialabtrag durch Überrollvorgänge, zur Materialermüdung an der Kontaktstelle und allmählichen geometrischen Veränderung des Schienenprofils. Damit verändert sich auch die Berührgeometrie Rad – Schiene.
- *Riffel* sind regelmässige Unebenheiten der Schienenoberfläche in Abständen von 1–8 cm und einer Tiefe von 0,1–0,4 mm, verursacht durch Sinuslauf, Fahrzeugschwingungen, Radimperfektionen und Verschmutzungen. Die Wellenberge entwickeln eine ausserordentliche Materialhärte bis zum dreifachen Wert des Grundmaterials. Fahrzeugseitig resultiert erhöhter Lärm und verschlechterter Fahrkomfort, oberbauseitig erhöht sich die Beanspruchung und führt im Extremfall zum Schienenbruch. Riffel treten auf geraden Abschnitten sowie in Bogen mit grossem Radius auf.
- *Schlupfwellen* sind ein Schädigungsbild in Bogen unter etwa 800 m Radius, vorzugsweise am inneren Strang. Die Wellenlänge beträgt 80–300 mm, die Tiefe 0,3–1,0 mm. Verursacht werden sie durch die Relativbewegungen zwischen Rad und Schienenoberfläche; sie werden gefördert durch die sehr hohe Antriebsleistung pro Triebrad und die maximale Ausnutzung des Schlupfes bei neuzeitlichen Triebfahrzeugen.
- *Schleuderstellen* bilden sich, wo Triebfahrzeuge häufig beschleunigen oder wo die Triebräder aus anderen Gründen ins Schleudern geraten. Die Folge ist eine ovale Oberflächenhärtung der Schiene bis in eine Tiefe von 1 mm.
- *Head Checks* werden durch Rollkontaktermüdung verursacht und entstehen vorab durch starke Längskräfte der Triebräder und Makroschlupf zwischen Triebrad und Schiene; besonders gefährdet sind die Innenkanten der Aussenschienen in Gleisbogen mit Radien bis 1200 m. Oberflächliche Risse in Abständen von wenigen mm setzen sich sukzessive

in einem Winkel von 35–70 Grad (üblicherweise 45 Grad) in den Schienenkopf fort (in Längsrichtung gesehen) und verursachen im Endstadium einen Schienenausbruch oder Schienenbruch.

- *Squats* sind mit den Head Checks verwandt, treten aber zufällig aufgrund einer Kombination von Überbelastung und Materialfehler auf, vorzugsweise auf geraden Streckenabschnitten mit Fahrgeschwindigkeiten von über 200 km/h oder in Bogen mit Radien über 1000 m.
- *Shelling* bildet sich im Bereich des Schubspannungsmaximums in einer Tiefe von 3–10 mm unter der Schienenoberfläche und tritt bei den Aussenschienen von Bogen mit Radien von 200–800 m auf. Im Spätstadium kann sich ein Fahrkantenausbruch ereignen.
- *Schienenbrüche* sind Ermüdungserscheinungen, die allerdings eine Schädigung des Materialgefüges bei der Herstellung, Anrisse aufgrund von Materialverhärtungen an der Schienenoberkante oder Störstellen im Schotter und Unterbau bedingen. Die Profilstärke der Schienen ist auf die Dauerfestigkeit des Stahls ausgelegt, sodass unter ordnungsgemässen Bedingungen grundsätzlich keine Brüche auftreten.
- *Schotterzerstörung* wird zum einen durch die Lastwechsel aufgrund der Zugsdurchfahrten verursacht, zum anderen durch die maschinellen Stopfarbeiten. Die Schottersteine verlieren ihre Kantigkeit, das Gefüge entspricht nicht mehr der optimalen Grössenverteilung und der Abrieb füllt die Hohlräume. Dadurch verschlechtert sich die Elastizität und die Gleislage ist schwieriger wiederherzustellen respektive aufrechtzuerhalten.

Abbildung 5 *Riffelbildung auf der Kurveninnenseite [Foto: Michael Kohler].*

Diese Schädigungen sind weitgehend belastungsabhängig, entwickeln sich unterschiedlich schnell und treten an unterschiedlichen Stellen der Fahrbahn auf. Es ist eine grosse Herausforderung der Erhaltungsplanung, den voraussichtlichen Verschleiss genügend zuverlässig zu prognostizieren und zu detektieren sowie die Korrekturmassnahmen so zu bündeln, dass keine sicherheitskritischen Situationen entstehen. Schliesslich sollen die Erhaltungskosten beherrschbar bleiben.

Abbildung 6 *Schotterzerstörung mit Bildung von Feinmaterial [Foto: Michael Kohler].*

8.3 Überwachung und Zustandsbewertung

8.3.1 Zielsetzungen

Die Grundlagen einer sicherheits-, verfügbarkeits- und wirtschaftlichkeitsorientierten Anlagenerhaltung sind die regelmässige Kontrolle des Anlagenzustandes sowie die übergreifende Zustandsbewertung. Die Aufgabe der Überwachung ist es, Differenzen zwischen Soll- und Istzustand festzustellen:

1. Erkennen von akuten Sicherheitsmängeln und Auslösen einer sofortigen Intervention.
2. Erkennen von nicht akuten Sicherheitsmängeln und Auslösen von zeitgerechten Massnahmen.
3. Erkennen von Verfügbarkeitsrisiken und Auslösung von zeit- und wirtschaftlichkeitsgerechten Massnahmen.
4. Erfassung des generellen Zustandes und des Zustandsverlaufs über die Zeit für die Erhaltungsplanung einschliesslich der Bestimmung des Finanzbedarfs.

Traditionell stand die punktuelle Erfassung des Zustandes einzelner Komponenten und deren Korrektur im Fokus. Der Finanzbedarf leitete sich situativ aus der Summe der Korrekturmassnahmen ab. Da der Anlagenzustand in der Regel höchstens ein Mal pro Jahr umfassend erhoben werden konnte, musste man die Anlagen oft präventiv in festgelegten Intervallen sanieren, unabhängig vom konkreten Zustand. Dies war zwar bezüglich des Überwachungs- und Planungsaufwands anspruchslos, hatte aber überhöhte Lebenszykluskosten zur Folge. Unterhaltsarbeiten wurden an zahlreichen Komponenten ausgeführt, noch bevor dies erforderlich gewesen wäre, wodurch deren Nutzungsdauer nicht ausgeschöpft wurde. Ergänzend wurde das Netz in kurzen Abständen von Streckenwärtern abgeschritten, die kleinere akute Mängel erkannten und Massnahmen auslösten.

Seit einiger Zeit entwickelt sich auch bei der Bahninfrastruktur das neuzeitliche und ganzheitliche Erhaltungsmanagement auf Grundlage der Life-Cycle-Costs (LCC). Wesentliche Voraussetzungen dafür sind:

- Dokumentation der Mengengerüste aller vorhandenen Komponenten und deren finanzielle Bewertung.
- Detaillierte Bestandesinformation für alle Komponenten, umfassend technische Eigenschaften, Einbaujahr und Beanspruchungshistorie.
- Detaillierte Zustandserfassung zu möglichst vielen Komponenten, mit konsistenten Zeitreihen.
- Mathematische Modelle zur Auswertung der Erfassungen sowie zur verlässlichen Prognose künftiger Veränderungen, basierend auf den erwarteten Beanspruchungen.
- Konsolidierung des Anlagenzustandes zu aussagekräftigen Bewertungsindikatoren.

8.3.2 Inhaltliche und räumliche Erfassung der Objekte

8.3.2.1 Informationsinhalte

Detaillierte Datenbanken bilden somit das informationstechnische Rückgrat des Anlagenmanagements. Unerlässlich sind etwa folgende Informationen:

- Geometrische Lage und Ausprägung der Objekte.
- Nicht materielle, raumrelevante Sachverhalte (Grundstückgrenzen, Rechte und Dienstbarkeiten).
- Typen/Bauarten der Komponenten (Schienentypen, Schwellentypen etc.).
- Einbaujahre der Komponenten, Jahre und Art der Erhaltungsmassnahmen.
- Belastungen (zum Beispiel Bruttotonnen pro Gleis, Lastkollektive).

Mussten die Infrastrukturdaten in früheren Jahren auf Papierplänen, in Datentabellen und Büchern sowie in umfangreichen Fotoarchiven abgelegt werden, wird heute der Zugriff für Planungs- und Projektierungsarbeiten durch die Digitalisierung erheblich erleichtert. Indem jedes Projekt, das eine Veränderung der Bahnanlage auslöst, erst mit der entsprechenden Datenbanknachführung finanziell abgeschlossen werden kann, wird zudem die Datenaktualisierung zwingend in den Bau- und Erhaltungsprozess eingebunden [Bellotto 2004].

8.3.2.2 Positionierungstypen

Nebst den finanziellen Inventaren aller Komponenten ist deren eindeutige räumliche Positionierung unerlässlich. Die Lage der Objekte relativ zueinander mag unter einfachen Verhältnissen zweckmässig sein, zum Beispiel basierend auf der hergebrachten Streckenkilometrierung. Bei grossen und komplexen Eisenbahninfrastrukturen besteht dagegen Bedarf nach drei unterschiedlichen weiterentwickelten Positionierungstypen [Hintze 2018]:

- *Geografische Positionierung* auf einem einheitlichen Koordinatennetz mittels Lagekoordinaten, vorzugsweise den Landeskoordinaten. Dieses ist robust gegen Veränderungen der relativen Bezugsbasis, sehr genau und zudem anschlussfähig an andere räumliche Datensysteme, insbesondere GIS.
- *Topologische Positionierung* zwecks logischer Zuordnung von Objekten zu den Elementen der Gleistopologie.
- *Lineare Positionierung* von Objekten mit einem Zahlenwert, der die Lage bezüglich einer eindimensionalen Bezugsbasis benennt. Traditionell ist dies die Streckenkilometrierung, die aber heutigen Genauigkeitsanforderungen nicht genügt und durch weiterentwickelte Verfahren zu ersetzen ist. Die lineare Positionierung wird beispielsweise zur Berechnung von Durchrutschwegen, Distanzen von Gefahrenpunkten und Bremskurven benötigt.

Die Verortung der Infrastrukturobjekte hinsichtlich der drei Positionierungstypen sowie deren gegenseitige Konsistenz erfordert spezialisierte mathematische Verfahren [Hintze 2018].

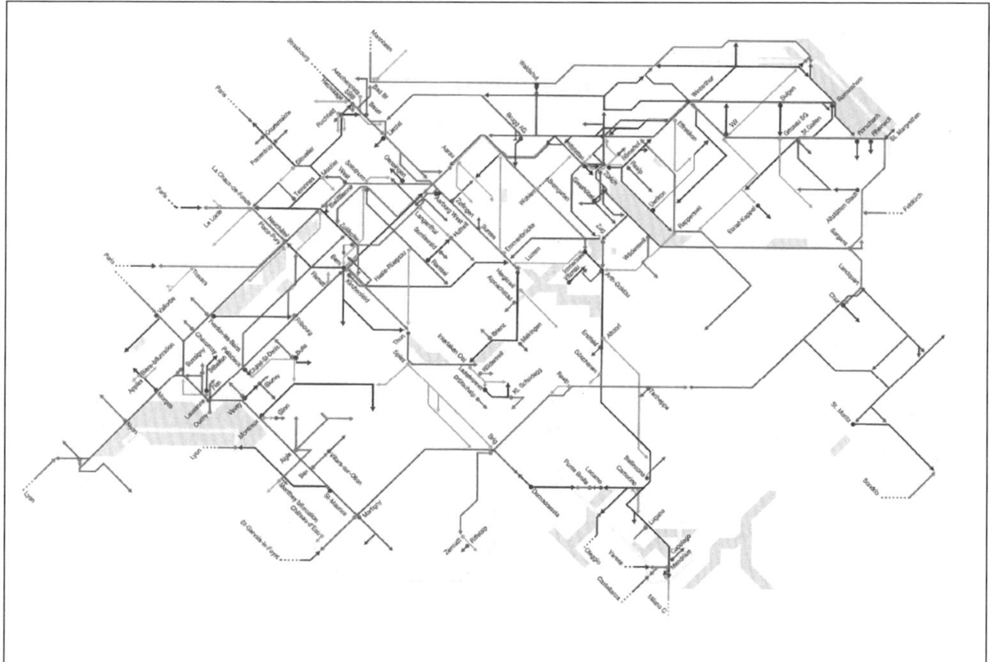

Abbildung 7 *Ausgangspunkte der Kilometrierung der schweizerischen Eisenbahnstrecken [Wägli 2010].*

8.3.2.3 Informationstechnische Systeme

Alle Informationen bezüglich der Infrastruktur sind in einer zentralen Datenbank abzulegen, zum Beispiel in Form digitaler Pläne des Gleisnetzes und weiterer Anlagengattungen. Als Umsysteme können Applikationen für die Projektierung und Zustandsüberwachung über entsprechende Schnittstellen verknüpft werden, insbesondere zur Fahrbahnprojektierung, Fahrleitungsprojektierung oder Grünraumpflege. Da die Daten in digitaler Form vorliegen, lassen sie sich zusätzlich zur Steuerung von Fertigungsprozessen, zum Beispiel beim Weichenbau oder zur Steuerung von Gleisbaumaschinen, verwenden. So entsteht eine integrierte Datenkette von den Einbaudaten, über Zustandsdaten und Neuprojektierung bis zu Fertigung und Einbau. Dies minimiert die manuellen Datenmanipulationen, verringert Übertragungsfehler und maximiert die Produktivität.

Eine zentrale Anforderung ist die Verlässlichkeit der Datenbank hinsichtlich Vollständigkeit, Aktualität und Richtigkeit. Jedes Anlagenobjekt ist dazu ausschliesslich von wenigen explizit verantwortlichen Personen nachzuführen. Der Zeitverzug zwischen Anlagenanpassung und Nachführung des Planwerkes muss sich auf wenige Tage bis Wochen beschränken. Durch verbindliche Prozesse ist sicherzustellen, dass jede Anlagenanpassung sowie relevante Unterhaltsarbeiten nachgeführt werden. Damit bestehen keine Zweifel über die Gültigkeit der Pläne respektive Sachinformationen. In Abständen von einigen Jahren ist dennoch ein manueller Abgleich mit dem realen Anlagenzustand erforderlich.

8.3.3 Überblick über die Methoden des Zustandsmonitorings

Die Anlagenerhaltung basiert somit auf Zustandsdaten in verlässlicher Qualität und genügendem Detaillierungsgrad sowie konsistentem zeitlichem Verlauf. Bis vor Kurzem liessen sich diese vorab aus den punktuellen Inspektionen gewinnen. Viele Beobachtungen waren durch Fachpersonen vor Ort durchzuführen oder verlangten eine kostspielige Befahrung der Strecken mit Sonderzügen. Die Zeitabstände von zwischen einem Jahr bei der Fahrbahn und bis zu zehn Jahren bei Tunnels waren viel zu gross, um die Daten in mathematischen Erklärungs- und Prognosemodellen zu verwenden. Aussagen bezüglich zu erwartender Zustandsentwicklungen hatten daher qualitativen und spekulativen Charakter. Zudem waren sie von der individuellen Expertise der prognostizierenden Person abhängig.

Die Entwicklungen bei Sensorik, Datenübertragung und Datenverarbeitung haben jüngst vielfältige neue Möglichkeiten eröffnet, die sukzessive genutzt werden. Weder die Erfassung von Zustands- und Betriebsdaten noch die Übermittlungs- oder Verarbeitungskapazität sind mittlerweile limitierend. Der manuelle Aufwand reduziert sich auf einen Bruchteil früherer Methoden und skaliert kaum mit dem Datenumfang. Im Gegenzug müssen die zu überwachenden Bauteile oft mit Sensoren ausgerüstet und an Übermittlungssysteme angeschlossen sein.

Die neuen technischen Möglichkeiten erlauben zusätzlich ganzheitliche Überwachungskonzepte. Zunächst überwachen sich einerseits Infrastrukturen respektive Fahrzeuge jeweils selbst. Im Weiteren lassen sich aber weitere Systeme schaffen, welche die Zustandsüberwachung auf Interaktionsparameter zwischen Infrastruktur und Fahrzeug aufbauen. Dies ergibt vier Ansätze:

- *Selbstüberwachung der Infrastruktur:* Manuelle Inspektion, Nutzung von Betriebsdaten wie zum Beispiel Stromstärkeverläufe bei Umstellvorgängen von Weichen, infrastrukturseitige Sensorik.
- *Selbstüberwachung der Fahrzeuge:* Fahrzeugdiagnosesysteme, Nutzung von Betriebsdaten (hier nicht vertieft).
- Überwachung der *Infrastruktur durch Regelfahrzeuge:* Sensorik zur Erfassung von Infrastrukturdaten auf Regelfahrzeugen.
- Überwachung der *Regelfahrzeuge durch die Infrastruktur:* Sensorik der Infrastruktur zur Überwachung des Fahrzeugzustandes am Fahrweg montiert.

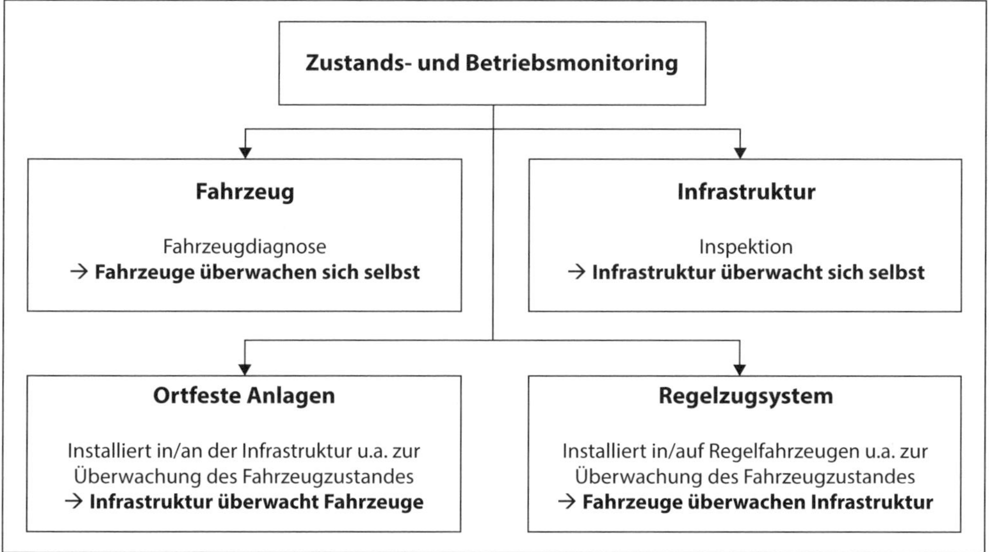

Abbildung 8 *Methoden des zeitgemässen Zustandsmonitorings bei Bahnen [Wolter 2014].*

8.3.4 Diagnose und Prognose des Anlagenzustandes

8.3.4.1 Beobachtungen und Begehungen

Zur Entdeckung von Einzelschäden am Oberbau sowie zur Überwachung des Unterbaus und der Kunstbauten sind periodische visuelle Kontrollen durch Begehungen heute oft noch sinnvoll:

- *Streckenwärter:* Dieser läuft periodisch eine ihm zugeteilte Strecke ab. Nebst der Kontrolle der Fahrbahn obliegt ihm die Ausführung kleiner Unterhaltsarbeiten wie das Anziehen von Befestigungen, das Reinigen der Entwässerungen oder das Schmieren von Weichen. Zudem erkennt er mögliche Beeinträchtigungen und Gefahren aus dem Umfeld (Pflanzenbewuchs, instabile Böschungen und Stützmauern, verstopfte Durchlässe etc.).
- *Inspektionen:* Periodisch sind Inspektionen von Bauwerken und der gesamten Anlage durch die Anlagenverantwortlichen oder spezialisierte Beauftragte erforderlich. Insbesondere werden die Brücken und Tunnels in einem Turnus von üblicherweise fünf Jahren bei Brücken und zehn Jahren bei Tunnels überprüft.

Zudem muss das Betriebspersonal, insbesondere die Lokomotivführer, allfällige Beobachtungen rechtzeitig melden, beispielsweise Schienenbrüche. Bei sehr intensiv ausgelasteten Strecken mit hohen Zuggeschwindigkeiten und schlechter Zugänglichkeit werden diese Formen der Inspektion durch technische Verfahren ersetzt.

8.3.4.2 Fahrbahnmessungen mit Gleismessfahrzeugen

Erste Fahrzeuge zur Messung der Gleislage gehen etwa auf 1875 zurück. Bereits damals war es möglich, Spurweite und gegenseitige Höhenlage der Schienen zu messen und aufzuzeichnen. Anfangs des 20. Jahrhunderts wurden zusätzlich die Stosseinsenkung bei jeder Schiene, der Bogenverlauf und die Kilometrierung gefordert [Walter 2010]. Heute ermitteln die Gleismesswagen die Verschiebe- und Hebewerte des Gleisrostes, Spurweite, Überhöhung, Schienenoberfläche und Schienenprofil, bei einer Messgeschwindigkeit von bis zu 120 km/h. Ähnliche Fahrzeuge werden zur Ausmessung der Höhen- und Seitenlage der Fahrleitungen verwendet [Wehrhahn 2012].

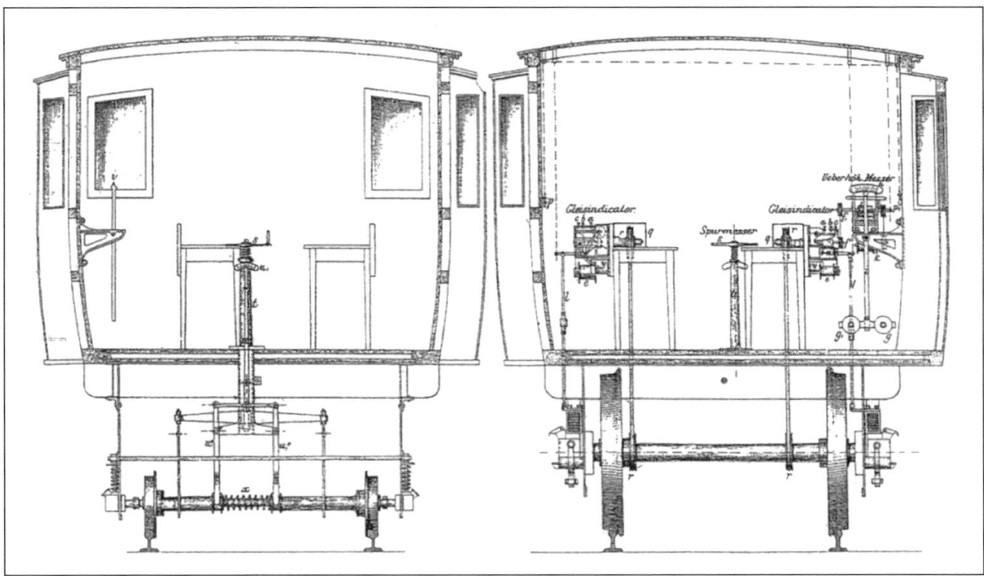

Abbildung 9 *Messwagen nach Claus um 1880 mit Messung der Spurweite und der Höhenlage der Schienen [Walter 2010].*

Die erfassten Daten können mit dem Sollzustand gemäss Bestandesdatenbank verglichen werden. Oft können erste Auswertungen direkt im Gleismessfahrzeug erfolgen und Gütewerte sowie Mängellisten sofort erstellt werden. Anhand der jährlichen oder halbjährlichen Messwagenbefunde werden die jährliche Planung des Unterhalts des Streckennetzes und gegebenenfalls die Erneuerung von Abschnitten festgelegt [Güldenapfel 2004]. Bleiben Erfassungsmethoden und Bewertung der Befunde über längere Zeit identisch, so gewinnt man konsistente Zeitreihen zur Zustandsentwicklung. Diese geben insbesondere Hinweise zur Angemessenheit des Mitteleinsatzes für die Erhaltung.

Verformungen des Unterbaus und Untergrundes können zu grossräumigen Lageveränderungen des Gleises mit Wellenlängen von Hunderten von Metern führen, die bei hohen Fahrgeschwindigkeiten bestimmte Eigenfrequenzen der Züge anregen können. Dies verschlechtert den Fahrkomfort und erhöht den Verschleiss zusätzlich. Die Erkennung dieser Störungen erfordert spezifische Messfahrzeuge, die auf laseroptischer Verfahren basieren [Kipper 2013].

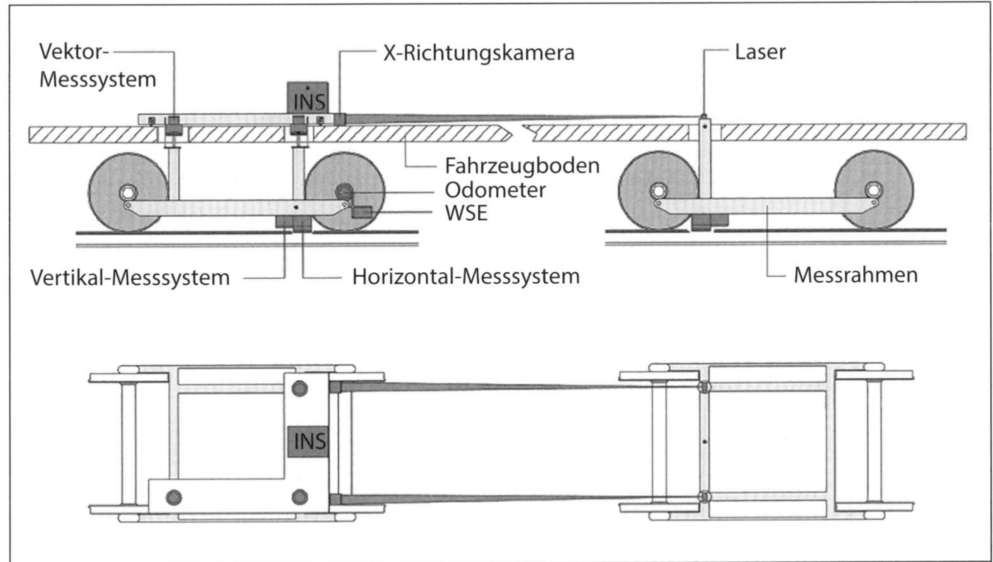

Abbildung 10 *Messprinzip der Gleisgeometriemessung, insbesondere zur Erfassung langwelliger Störungen mit Railab der DB AG [Kipper 2013].*

8.3.4.3 Überwachung mit tragbaren Geräten

Aus Effizienzgründen wird die manuelle Inspektion vor Ort zwar sukzessive durch fahrzeuggestützte Messtechnik und Fernüberwachung ersetzt, in ausgewählten Fällen kann Erstere aber immer noch vorteilhaft oder sogar unumgänglich sein. Ein Beispiel dafür ist die Ausmessung der Weichengeometrie einschliesslich des Verschleisszustandes aller Schienen-, Zungen- und Herzstückprofile. Diese bestimmen, zusammen mit den realen Radprofilen, die Entgleisungsrisiken und damit den Ersatzbedarf. Tragbare Lasermesssysteme erlauben die dreidimensionale Erfassung aller relevanten geometrischen Werte für Entgleisungssimulationen [Schmid 2014]. Manuelle Geräte sind aber beispielsweise auch für Ultraschallprüfungen einsetzbar und – als gleisgestütztes System – zur Einmessung von Laser-Fixpunkten. Letzteres ermöglicht nicht nur die Prüfung von Hindernissen, sondern auch die Einhaltung des Lichtraumprofils und der Gleisgeometrie selbst.

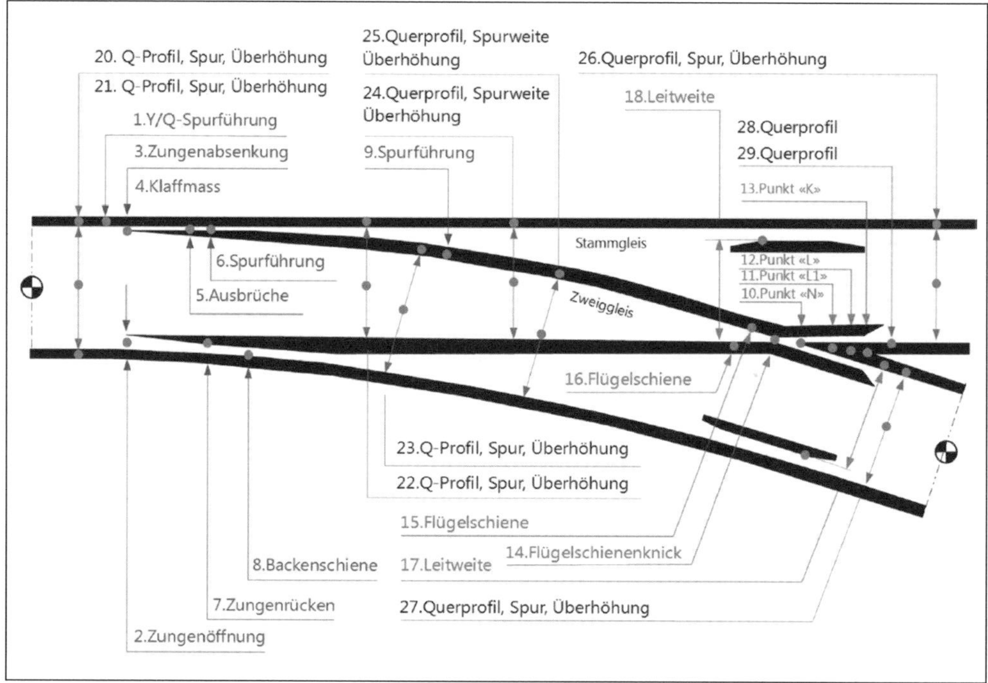

Abbildung 11 *Mögliche Weichenmesspunkte für tragbares lasergestütztes Weichenmesssystem „Railmonitor" [Schmid 2014].*

Abbildung 12 *Mobiles Laserfixpunkt-Messgerät „Mephisto" für Profil-, Fixpunkt- und Fahrleitungsmessungen [Foto: Patrick Braess].*

8.3.5 Integrale Fahrweganalyse mit Diagnosefahrzeugen

Die neuzeitliche Diagnosetechnik erlaubt es, zusätzliche Beobachtungsaufgaben vom Menschen auf Messfahrzeuge zu verlegen, verbunden mit einer Vervielfachung der Informationsdichte. Dazu gehören beispielsweise Zustand der Schienenoberfläche, Kontrolle des Lichtraumprofils oder des Schotterbettes. Die früher auf eigenen Messfahrzeugen der Disziplinen Fahrbahn, Fahrleitung und Funk installierten Messeinrichtungen werden auf interdisziplinären Fahrzeugen zusammengefasst. Von besonderer Bedeutung sind neue Diagnosetechnologien auf Hochgeschwindigkeitsstrecken und in langen Alpentunnels. Infolge der hohen Zuggeschwindigkeiten können diese aus Sicherheitsgründen nicht mehr durch den traditionellen Streckenwärter inspiziert werden. Sie müssen vielmehr in Intervallen von etwa zwei Wochen von Diagnosefahrzeugen befahren werden.

Serienmässige Messsysteme	Variable Messsysteme
▪ Berührungsloses Gleisgeometriemesssystem mit integrierter GPS-Navigation und optischer Spurweitenmessung zur Aufzeichnung der Gleisgeometrie.	▪ Schienenprofilmesssystem (optional: Softwarepaket zur Berechnung der äquivalenten Konizität). ▪ Achslagerbeschleunigungsmesssystem. ▪ Riffelmesssystem (optional: Software zur automatischen Stosslückenmessung). ▪ Lichtraumprofilmesssystem/Schotterprofilmesssystem. ▪ Fahrleitungsgeometriemesssystem mit Mastortungssystem. ▪ Stromabnehmer für dynamische Fahrleitungsmessung. ▪ Fahrleitungsparametermesssystem (Spannung, Stromabnehmeranpresskraft, Beschleunigungen). ▪ Überwachungssystem für Fahrdrahtstärkeabnutzung. ▪ Ultraschallschienenfehlererkennungssystem.
Videoüberwachungssysteme	**Weitere Parameter**
▪ Gleisumgebungsvideo in Fahrtrichtung (aus Sicht des Fahrers), ggf. Tunnelbeleuchtung. ▪ Videosystem zur Überwachung der dynamischen Fahrdrahtlage. ▪ Gleiskomponentenüberwachungssystem (Schienenoberfläche, Befestigungsmittel, Schienenlaschen, Schwellenzustand). ▪ Aufnahme der Stromschienen. ▪ Gleisumgebungsvideo mittels Wärmebildkamera. ▪ Head-Check-Überwachungssystem (Risse an der Fahrkante).	▪ Innen- und Umgebungstemperatur. ▪ Luftfeuchtigkeit. ▪ Schienentemperatur. ▪ Heissläufersimulation. ▪ Dynamische Schienenbefestigungsmessung (Gage-Restraint-Messsystem). ▪ Profilmessung der Stromschienen. ▪ Schienenlärmmessung. ▪ Wagenkastenbewegungen.

Tabelle 4 *Überblick über die Messsysteme in multidisziplinären Diagnosefahrzeugen [Auer 2013].*

Abbildung 13 *Universalmesstriebwagen Xtmass 99 85 91 60 001-5 der SBB, Baujahr 2005, Aussenansicht [Foto: Peter Wälchli].*

Abbildung 14 *Universalmesstriebwagen Xtmass 99 85 91 60 001-5 der SBB, Innenansicht [Foto: Peter Wälchli].*

8.3.6 Fahrweganalyse mit Regelfahrzeugen

Alle bisher dargestellten Verfahren beruhen auf eigens organisierten und durchgeführten Messaktivitäten mit besonders geschultem Personal und speziellen Geräten oder Fahrzeugen. Sie sind vergleichsweise teuer und rechtfertigen nur in Ausnahmefällen eine engmaschige Beobachtung; im Regelfall liefern sie deshalb zeitlich weit auseinanderliegende Messwerte. Damit fehlen Zeitreihen mit dichten Datenfolgen, die eine Mustererkennung und zuverlässige Verlaufsprognosen durch komplexe Algorithmen ermöglichen würden.

Die zeitgemässe Sensor- und Übermittlungstechnik bietet erweiterte Diagnoseverfahren, die diese Lücke zu schliessen vermögen. Dazu werden Regelfahrzeuge mit Sensorik zur Messung ausgewählter verschleissrelevanter Parameter ausgerüstet. Bereits die Ausstattung weniger Regelfahrzeuge genügt, um eine grosse und zeitlich enge Datenfolge zu erhalten. Eine spezielle Umlaufplanung für deren Einsatz ist nicht erforderlich.

Als Basis dienen Beschleunigungssensoren an bestimmten Fahrzeugkomponenten. Zur Erfassung von Gleislagegüte, Einzelfehlern und Verschleisszustand von Weichenherzstücken werden sie auf Radsatzlager montiert, wo sie die Beschleunigungen in allen drei Dimensionen erfassen. Der Fahrleitungszustand lässt sich mittels Sensoren am Stromabnehmer verfolgen. Zusätzlich sind ein Ortungssystem, ein Bordrechner für die Datenhaltung und eine drahtlose Datenübertragung erforderlich [Boronakhin 2012], [Linder 2014], [Wolters 2014]. Die Genauigkeit der Sensorik, verbunden mit den häufigen Überfahrten, erkennt insbesondere auch kurzwellige Höhenfehler mit Längen von unter 3 m und deren rasche Propagation, die bei konventioneller Diagnose späte kostspielige Korrekturarbeiten erfordern würden. Die Früherfassung erlaubt dagegen gezielte Eingriffe zu einem technisch und wirtschaftlich günstigen Zeitpunkt [Linder 2014].

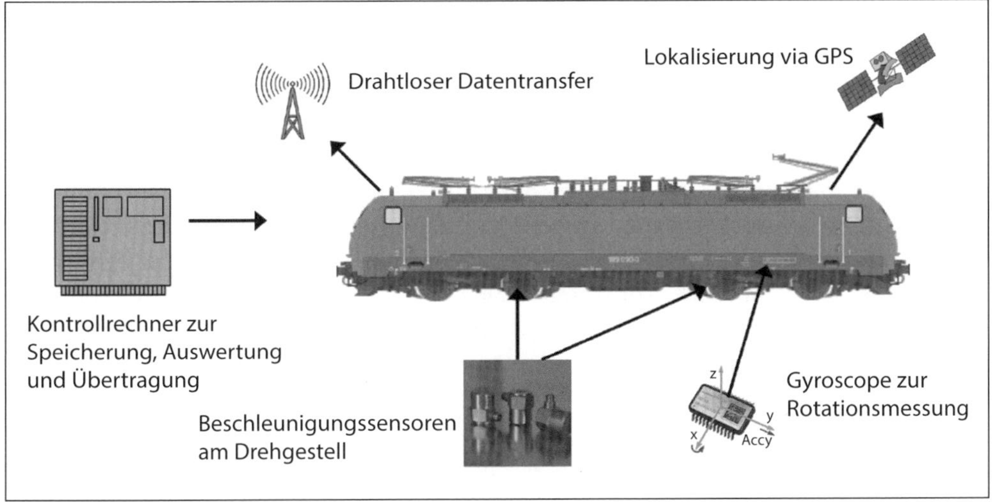

Abbildung 15 *Ausrüstungselemente einer Güterzugslokomotive der DB AG zur Fahrwegüberwachung mit Regelzügen [Linder 2014].*

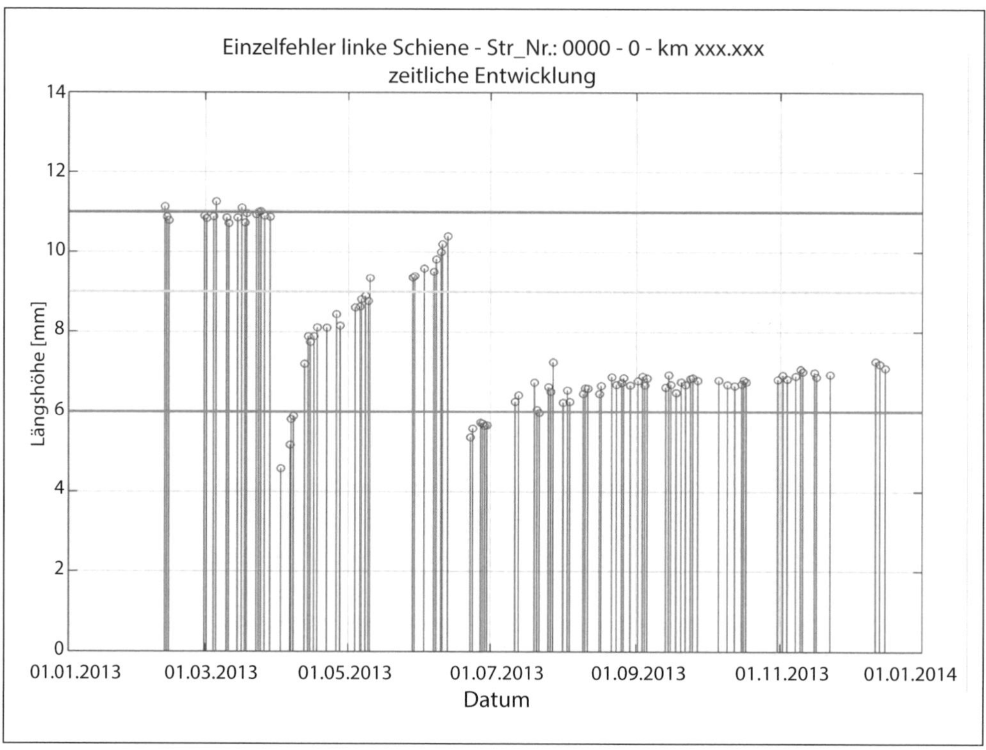

Abbildung 16 *Zeitliche Entwicklung einer Einzelstörstelle, erfasst mit Regelzügen [Wolter 2014].*

8.3.7 Fernüberwachung und Fernentstörung

Eine weitere Form der Zustandsbeobachtung, die ebenfalls keine örtliche Präsenz erfordert und stark an Bedeutung gewinnen wird, ist die Fernüberwachung durch Leit- und Störmeldesysteme (LSS). Sie liefert Informationen über haustechnische Systeme wie Rolltreppen, Lifts, Beleuchtungsanlagen, Klimaanlagen etc. Zunehmend werden aber auch bahntechnische Systeme fernüberwacht, wie etwa Stellwerke, Bahnleittechnik, Funksysteme, Stromversorgungssysteme oder Weichen. Zusätzliche Sensoren werden an ausgewählten Stellen der Infrastruktur angebracht, um den Komponentenzustand oder die Umgebungsbedingungen permanent zu erfassen. Bei Weichen wird beispielsweise der Umstellstrom und dessen Verlauf übermittelt. Induktive Sensoren überwachen die korrekte Lage der Zunge. LSS und die weiteren Fernüberwachungssysteme erlauben es schliesslich, gewisse Erhaltungs- und Entstörungsarbeiten an informations- und elektrotechnischen Anlagen aus der Distanz vorzunehmen. Dies beschleunigt die Erhaltungsarbeiten und erhöht die Anlagenverfügbarkeit.

8.3.8 Zugkontrolleinrichtungen

Defekte oder Mängel an Fahrzeugen können sicherheitskritisch werden. Mit ortsfesten Zugkontrolleinrichtungen werden fahrende Züge automatisch überwacht, was rechtzeitige Massnahmen ermöglicht. Auf dem Netz der SBB sind folgende Anlagentypen im Einsatz [Wälchli 2017]:

- *Heissläufer- und Festbremsortungsanlagen:* Verhinderung von Entgleisungen, Drehgestellbränden, Böschungsbränden.
- *Radlast-Checkpoints:* Erkennen von Ladungsverschiebungen, Überladung, grobe Mängel am Rad.
- *Lichtraumprofil- und Antennenortungsanlagen:* Verhinderung von Lichtraumprofilverletzungen, Verhinderung von Fahrleitungsberührungen durch Fahrzeugantennen bei der rollenden Landstrasse.
- *Brand- und Chemieortungsanlagen:* Verhinderung von Gefährdung durch Chemikalienaustritt und Brand.
- *Stromabnehmer-Anhubmessanlagen:* Verhinderung von Fahrleitungsstörungen.
- *Dragging Equipment Detection:* Verhinderung von Schäden durch herunterhängende Objekte.

Die Anlagen sind risikoorientiert über das Netz verteilt, die Heissläufer- und Festbremsortungsanlagen zum Beispiel etwa alle 30 km. Alle Alarme werden zentral erfasst, ausgewertet und notfalls in Interventionen umgesetzt.

Abbildung 17 *Heissläufer- und Festbremsortungsanlage der SBB [Foto: SBB Infrastruktur, Zugkontrolleinrichtungen].*

Abbildung 18 *Profil- und Antennenortungsanlage der SBB [Foto: SBB Infrastruktur, Zugkontrolleinrichtungen].*

8.4 Erhaltungsstrategie und Substanzerhaltungsbedarf

8.4.1 LCC als wirtschaftliches Konzept der Anlagenerhaltung

8.4.1.1 Wirtschaftliche Herausforderungen

Erstellung, Erhaltung, Anpassung und Rückbau verursachen zusammen die Gesamtheit der Kosten einer Infrastruktur über ihren Lebenszyklus. Hinzu kommen die hier nicht betrachteten Kosten des Bahnbetriebs. Die Kosten gliedern sich vereinfacht in:

- *Investitionskosten:* Einmalig, meist hoch. Sie fallen bei Erstellung, Erneuerung, Anpassung und Rückbau an.
- *Unterhaltskosten:* Kontinuierlich, mit sehr variabler Höhe, pro Jahr viel kleiner als Investition, über den Lebenszyklus der Anlage bisweilen höher als Erstinvestition.

Investitionen und Erhaltungskosten bilden die gesamten Lebenszykluskosten und bestimmen zusammen das Finanzergebnis einer EIU. Erneuerungsinvestitionen stehen dabei in Konkurrenz zu Investitionen in neue sowie funktionale Anpassungen bestehender Infrastrukturen. Naturgemäss verändert oder verbessert sich die Funktionalität der Infrastruktur durch reine Erhaltungsmassnahmen nicht, was Investitionen in Neuanlagen als zukunftsorientierter erscheinen lässt. Die Unterhaltskosten sind Bestandteil der jährlichen Betriebsrechnung und stehen wiederum in Konkurrenz mit den anderen laufenden Kosten, zum Beispiel für den Infrastrukturbetrieb. Zudem lässt sich die Unternehmensrechnung durch Verminderung der Unterhaltsarbeiten kurzfristig verbessern.

Das Bestimmen des Gleichgewichts in diesen Spannungsfeldern ist eine grosse Herausforderung, vor allem da das Bahnsystem aufgrund der Veränderungen im Verkehrsmarkt und der Konkurrenz durch andere Transportsysteme beständig seine Leistungsfähigkeit und Funktionalität verbessern muss. Vorgehens- und Variantenentscheide der Infrastrukturerhaltung sollen zudem unbeeinflusst von der momentanen Verfügbarkeit bestimmter Mittel sein. Schliesslich lassen sich die Unterhaltskosten durch hohe Erstinvestitionen in bester Qualität oft minimieren, aber dies ist nicht zwangsläufig wirtschaftlich. Genauso wenig ist es zielführend, bestehende Anlagen durch hohe Unterhaltsaufwendungen vor einer Totalerneuerung noch möglichst lange nutzbar zu halten.

8.4.1.2 LCC bei Bahninfrastrukturen

Die Methode der Life Cycle Costs (LCC) bildet dies finanziell ab, indem der Lebenszyklus eines Produktes (oder einer Infrastruktur) von der Produktidee (oder vom Entwurf) bis und mit Rücknahme vom Markt und Entsorgung (Umbau, Abbruch) betrachtet wird. Dabei werden ausschliesslich die Kosten – aber alle Kosten – einbezogen. Die finanziellen Belastungen aus einem Investitionsentscheid werden ganzheitlich und dynamisch, unter Berücksichtigung der Zinsen, abgeschätzt. LCC liefert mithin eine Aussage darüber, welche Lösung eine gegebene Spezifikation am wirtschaftlichsten zu erfüllen vermag und welches dabei die optimale Erhaltungsstrategie ist. Bei der Anwendung auf Bahninfrastrukturen sind folgende Merkmale besonders prägend:

- Bahninfrastrukturen sind sehr zuverlässig konstruiert und extrem langlebig.
- Sie sind aber auch ausgesprochen teuer.
- Ihr Neubau erfolgt oft ausserhalb des Betriebs, ihre Erhaltung muss unter Betrieb vorgenommen werden; die Kosten pro Arbeitsmenge können sich verdoppeln.
- Für viele Kostenanteile bestehen kaum Marktpreise, da es sich bei der Beschaffung jeweils um Business-to-Business-Transaktionen handelt.
- Viele Arbeiten werden als Eigenleistungen durch die Bahninfrastrukturunternehmungen ausgeführt und bedingen ein entsprechend detailliertes innerbetriebliches Rechnungswesen.

Trotz dieser Einschränkungen erweist sich LCC als wertvolle Entscheidungsgrundlage zur Führung von Bahninfrastrukturen.

8.4.1.3 Wertmässige Anteile des Erhaltungsbedarfs

Von den verschiedenen Anlagengattungen sind üblicherweise die Buchwerte und eventuell die Wiederbeschaffungswerte bekannt. Aus diesen kann aber nicht direkt auf den Erhaltungsbedarf geschlossen werden, insbesondere aus folgenden Gründen:

- Die Lebensdauern der verschiedenen Anlagengattungen und damit deren Ersatzkadenz unterscheidet sich stark.
- Die Alterung der Anlagengattungen wird – wie gezeigt – unterschiedlich durch zeit- respektive beanspruchungsabhängige Einflüsse bestimmt; insbesondere bei Anlagenteilen mit hoher Beanspruchungsempfindlichkeit kann der Substanzerhaltungsbedarf je nach Belastungsbild sehr stark schwanken.
- Der aktuelle Zustand bildet das physische Alter, den bisherigen Wertverzehr und die bereits ausgeführten Erhaltungsarbeiten ab. Diese Historie kann sich je nach Gattung stark unterscheiden.

Die Ingenieurbauten machen aufgrund dessen zwar einen hohen Anteil des Wiederbeschaffungswertes aus, während ihr Substanzerhaltungsbedarf aber durch die lange Lebensdauer erstaunlich klein bleibt. Demgegenüber liegen die Anteile von Fahrbahn, Sicherungsanlagen sowie Telekommunikation und IT am Substanzerhaltungsbedarf aufgrund der starken Beanspruchung respektive der kurzen Produktlebenszyklen deutlich über ihrem jeweiligen Wiederbeschaffungswert.

Anlagengattung	Anteil am Wiederbeschaffungswert [%]	Anteil an Erneuerung und Unterhalt [%]
Kunstbauten	44	9
Fahrbahn	20	42
Bahnstromanlagen	15	11
Sicherungsanlagen	8	18
Niederspannungs- und Telekomanlagen	3	5
Publikumsanlagen	8	9
Fahrzeuge für die Instandhaltung	1	1
Betriebsmittel und Diverses	1	5

Tabelle 5 *Prozentuale Anteile der Anlagengattungen der SBB am Wiederbeschaffungswert respektive an Erneuerung und Unterhalt, Stand 2017 [SBB 2018].*

8.4.1.4 Haupteinflüsse auf die Kosten, Sensitivitäten

Angesichts der langen Lebenszyklen und langsamen Zustandsveränderung der Bahninfrastrukturen ist eine proaktive Berücksichtigung der Hauptkostentreiber entscheidend. Es sind dies insbesondere [Weidmann 2003]:

- Ungenügende *Anfangsqualität* der Anlagenteile.
- Schlechter *Unterhaltszustand.*
- Kurze *Unterhaltsintervalle,* insbesondere kurze nächtliche Zugpausen.
- Hohe *Verkehrsdichte,* die das Mengengerüst, die Komplexität der Topologie und den Aufwand für Sicherheitsdispositive bei Bauarbeiten bestimmen.
- Hohe *Belastung,* bestimmt massgeblich Verschleiss, Lebensdauer und Unterhaltsaufwand anfälliger Anlagenelemente wie Weichenzungen und Herzstücke.
- Vielfältige *Produktstruktur* bei der Bahntechnik, indem gleiche Funktionalitäten mit mehreren Produkten erfüllt werden, was den Engineeringaufwand steigert.

Einige Beispiele illustrieren die Bedeutung dieser Kostentreiber: Die kurzen Unterhaltsintervalle bei zunehmender Zugdichte und täglicher Betriebsdauer macht zum Beispiel das Arbeiten in Fahrplanlücken aufgrund kürzerer Maschineneinsatzzeiten immer unwirtschaftlicher. Die Kürzung des betriebsfreien Intervalls um eine Stunde kann die Baukosten eines Objektes um 20–30 % erhöhen [SBB 2005a]. Die Infrastruktur reagiert verzögert, dafür dauerhaft auf ungenügenden Unterhalt. Der Zeitverzug lässt sich im Durchschnitt mit etwa drei Jahren beziffern, mit einer Bandbreite zwischen einem Jahr bei Grünflächen und über zehn Jahren bei Ingenieurbauten. Es bestehen zudem deutliche Auswirkungen der Geschwindigkeit und der Zugdichte auf den Substanzerhaltungsbedarf [SBB 2005a]:

- Eine Erhöhung der Geschwindigkeit im Güterverkehr von 80 auf 100 km/h führt zur Erhöhung des Substanzerhaltungsbedarfs um ca. 1,2 %.
- Eine Steigerung der Zugdichte um 30 % führt zu einer Erhöhung des Substanzerhaltungsbedarfs um 20 %.

Der Erhaltungsbedarf kann mithin bereits dadurch ansteigen, dass die Zugdichte zunimmt. Eine Prognose des künftigen Erhaltungsbedarfs bedingt deshalb stets eine Verkehrsprognose.

8.4.2 Zustandsbewertung und -prognose

8.4.2.1 Netzzustandsbeurteilungen

Die Grundlage einer strukturierten Infrastrukturerhaltung und einer ausgewogenen Mittelverwendung sind systematisierte Netzzustandsbeurteilungen. Sie erfassen alle relevanten Anlagengattungen und geben den Zustand pro Anlagengattung in untereinander vergleichbarer Form wieder. Dies setzt für jede Anlagengattung voraus:

- Vollständiges mengenmässiges Inventar.
- Finanzielle Bewertung der inventarisierten Anlagenteile.
- Quantifizierte Zustandsbeurteilungen.
- Standardisierte Zustandsklassierung.

Aggregierte Zustandsindizes ermöglichen den Quervergleich zwischen allen Anlagengattungen und erleichtern die transparente Prioritätensetzung bei den Erhaltungsmassnahmen und ihrer Finanzierung. Wird die Zustandsbewertung mit dem Anlagenwert verknüpft, leitet sich daraus die finanzielle Differenz zwischen Neuwert und Zeitwert ab. Wird zusätzlich definiert, ab welcher Zustandsbeurteilung eine Erhaltungsmassnahme umgesetzt werden muss, wird der Erhaltungsbedarf mengenmässig, zeitlich und finanziell bezifferbar.

8.4.2.2 Netzzustandsbericht

Für die schweizerischen Bahninfrastrukturen erfolgt die Zustandsbeurteilung nach einem standardisierten Verfahren und jede EIU hat ihren Anlagenzustand in einem Netzzustandsbericht darzustellen [VöV 2018]. Dies erlaubt den Quervergleich zwischen den Bahnen sowie die Konsolidierung zu einer schweizerischen Gesamtbewertung. Die Anlagen sind dabei in folgende Gattungen zu gliedern:

Zustandsklasse	Beschreibung	Erneuerungs-massnahmen	Klassenübergänge
ZK 1 „neuwertig“	Neue oder neuwertige Anlage, welche **keine oder unbedeutende, substanzbasierte Abweichungen** aufweist (verschleissgetriebener Schaden/Abnützung).	keine	< 1.75 „neuwertig“ 1.75–2.24 „neuwertig bis gut“
ZK 2 „gut“	Die Anlage weist substanzbasierte Abweichungen auf, welche in absehbarer Zeit **keine Beeinträchtigung für den Betrieb** darstellen.	keine	2.25–2.74 „gut“ 2.75–3.24 „gut bis ausreichend“
ZK3 „ausreichend“	Die Anlage weist substanzbasierte Abweichungen auf, welche den **Betrieb potenziell beeinträchtigen** können und/oder bei Nichtbeheben Folgekosten verursachen werden.	keine	3.25–3.74 „ausreichend“ 3.75–4.24 „ausreichend bis schlecht“
ZK4 „schlecht“	Die Anlage weist substanzbasierte Abweichungen auf, welche den **Betrieb beeinträchtigen können** und/oder bei Nichtbeheben **hohe Folgekosten** verursachen werden .	Planung und Ausführung von ordentlichen Erneuerungs-arbeiten	4.25–4.74 „schlecht“ 4 .75–4 .99 „schlecht bis ungenügend“
ZK5 „ungenügend“	Die Anlage weist substanzbasierte Abweichungen auf, die den **Betrieb unmittelbar beeinflussen** können und **Massnahmen zur Folge** haben, um den uneingeschränkten Betrieb zu gewährleisten.	Terminierte Massnahmen oder ggf. Sofort-massnahmen	5.00 „ungenügend“

Tabelle 6 *Definition der Zustandsklassen für Netzzustandsberichte gemäss R RTE 29900 [VöV 2018].*

- Gebäude und Grundstücke.
- Kunstbauten (Brücken, Tunnels etc.).
- Fahrbahn (Gleise, Weichen etc.).
- Bahnstromanlagen (Fahrleitungsanlagen etc.).
- Sicherungsanlagen (Stellwerke, Zugbeeinflussungsanlagen etc.).
- Niederspannungs- und Telecomanlagen.
- Publikumsanlagen (Perrons, Zugänge etc.).
- Fahrzeuge Infrastruktur (Schienenfahrzeuge für Bahninfrastrukturzwecke).
- Betriebsmittel und Diverses.

Die Zustandsbeurteilung baut auf den Komponenten und Teilanlagen auf, deren Zustand in die fünf Zustandsklassen *neuwertig*, *gut*, *ausreichend*, *schlecht* und *ungenügend* einzuteilen ist. Bei der Wahl der Methodik der Zustandsbeurteilung ist eine Infrastrukturunternehmung frei; es können alle vorher beschriebenen Verfahren angewandt werden. Lässt sich der Zustand nicht ermitteln oder ist eine detaillierte Beurteilung nicht verhältnismässig, so kann die Zustandsklasse aus der erwarteten Restlebensdauer abgeleitet werden. Der Zustandsmittelwert pro Anlagengattung sowie für die gesamte Infrastruktur errechnet sich als gewichtetes Mittel aller Einzelbeurteilungen. Als Gewichtungsfaktor dient im Regelfall der Wiederbeschaffungswert, im Ausnahmefall die vorhandene Stückzahl [VöV 2018].

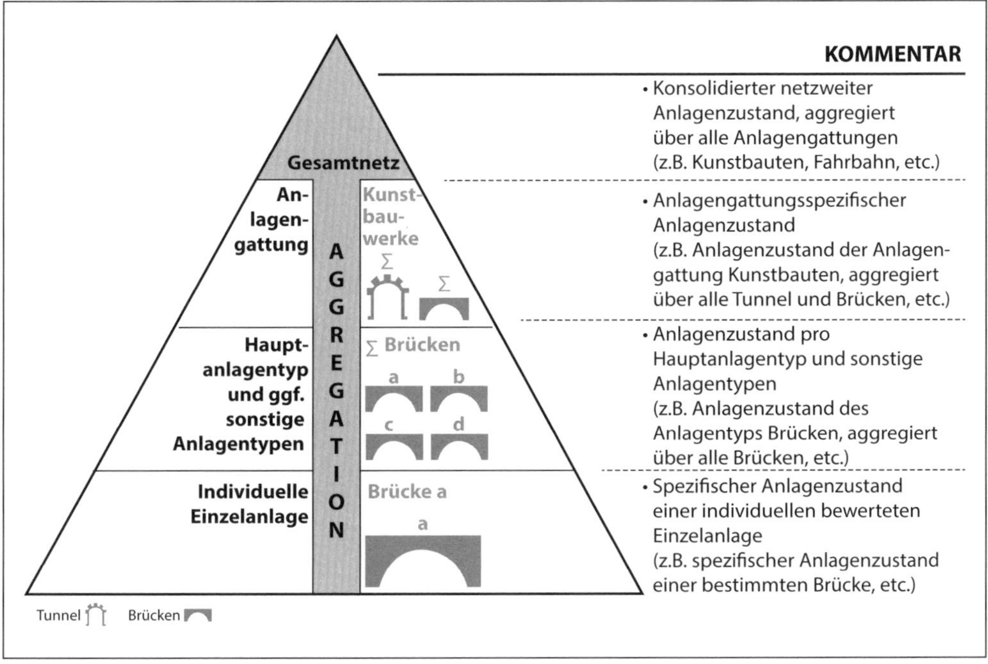

Abbildung 19 *Vorgehen bei der Aggregation des Anlagenzustandes gemäss R RTE 29900 [VöV 2018].*

8.4.2.3 Verlaufsverfolgung

Konsistente Zeitreihen zur Zustandsentwicklung liefern gegenüber punktuellen Messungen wertvolle weitere Einblicke in die Veränderungsdynamik, denn punktuelle Informationen sind für sich allein nicht immer aussagekräftig. Bisweilen ist zum Beispiel ihre Skala nicht direkt als quantitative Zustandsinformation interpretierbar. Zudem verschlechtert sich der Zustand vieler Anlagengattungen sehr langsam und wird oft erst über die Jahre augenfällig. Nur Zeitreihen ermöglichen den Aufbau quantitativer Prognoseverfahren für den Gesamterhaltungsbedarf. Der Zustandsverlauf pro Anlagengattung sagt zudem aus, ob sich die Gesamtsituation verbessert oder verschlechtert hat. Dies wiederum ist ein wichtiger Hinweis dafür, ob zu viel, zu wenig oder genug in die Substanzerhaltung investiert wird. Die Kombination von absolutem Zustandsniveau und Zustandsveränderung vermittelt ein sehr verlässliches Bild der Substanzerhaltung.

8.4.2.4 Zustandsprognosen

Zur präventiven Erhaltung muss sich die Zustandsentwicklung über einen grösseren Zeitraum zuverlässig prognostizieren lassen. Die traditionelle Erhaltungsplanung baut dazu vorab auf Fachwissen und Erfahrung von Experten auf. Dies stösst indessen vor allem bei dynamischen Zustandsveränderungen, nicht sichtbaren Schädigungen sowie Belastungsänderungen (höhere Zugsdichte, schnellere und/oder schwerere Züge, neue Triebfahrzeugkonstruktionen) rasch an seine Grenzen. Neue Möglichkeiten bieten die grossen und dichten Datenmengen der Diagnosesysteme. Gewisse Aussagen lassen sich bereits durch herkömmliche Methoden wie lineare und nicht lineare Regressionen gewinnen. Auch deren Anwendungsmöglichkeiten sind indessen limitiert, da die Zustandsveränderung das Resultat zahlreicher gleichzeitiger Einflussfaktoren ist. Um statistisch signifikante und genügend differenzierte Aussagen zu erhalten, wären mehrdimensionale Datenpunkte über eine entsprechend lange Periode erforderlich, was meist nicht möglich ist.

Ein grosses Anwendungspotenzial bieten demgegenüber selbstadaptive Algorithmen, zum Beispiel neuronale Netze. Diese gehören zu den Methoden des maschinellen Lernens und lassen sich sowohl zur Verschleissprognose als auch zur Prognose der Ausfallzeitpunkte technischer Komponenten nutzen. Je nach Anlagengattung und Aufgabenstellung eignen sich bestimmte Typen besser als andere. Gemeinsam ist allen Typen, dass sie Verschleiss- und Ausfallmuster aus den Eigenschaften der Komponenten und den Anwendungsbedingungen ableiten. Je nach Komponente müssen zum Beispiel Belastungshäufigkeit und -intensität, Temperatur, Luftfeuchtigkeit, Erschütterungswirkungen etc. bekannt sein. Besondere Stärken dieser Verfahren sind Prognosefähigkeit, vergleichsweise kleine erforderliche Datenmengen sowie eigenständiges Erkennen der relevanten Einflussfaktoren [Fink 2014].

8.4.3 Abbildung der Substanzerhaltung in der Finanzplanung

Finanztechnisch wird der Unterhalt in der Erfolgsrechnung verbucht, die Erneuerungen dagegen in der Investitionsrechnung. Während Unterhaltsarbeiten keinen höheren Anlagenwert generieren und die Bilanz nicht beeinflussen, sind Erneuerungsarbeiten wertvermehrend. Unterhaltsarbeiten beeinflussen dafür direkt den jährlichen Finanzerfolg der Unternehmung. Bei den Erneuerungsarbeiten stellt sich hingegen vorab die Herausforderung ihrer Finanzierbarkeit, zum

Beispiel die Sicherstellung der grossen Beträge über längere Zeit im Voraus. Die Erfolgsrechnung der Unternehmung wird nur indirekt über die Abschreibungen belastet, die regelmässig in konstanter Höhe anfallen und nach getätigter Investition nicht mehr beeinflussbar sind.

Diese Abschreibungen genügen nicht zur Refinanzierung, da sie sich oft auf den Erstellungswert beziehen, der zum Beispiel teuerungsbedingt nicht mehr den heutigen Kosten entspricht. Zudem konnten neue Anlagen ohne gleichzeitige Nutzung realisiert werden, während Unterhalt und Erhaltung meist unter Betrieb mit erhöhten Kosten ausgeführt werden müssen. Die Substanzerhaltung tendiert damit dazu, systematisch unterfinanziert zu sein.

Im Gegenzug werden zahlreiche Anlagen noch vor Ablauf ihrer technischen Lebensdauer ersetzt, weil sie nicht mehr den betrieblich-technischen Anforderungen genügen. Diese funktional motivierten Um- und Neubauten erneuern gleichzeitig die Substanz, auch wenn die entsprechenden Kosten nicht ohne Weiteres als Substanzerhaltungskosten erscheinen. Die finanziell korrekte Abbildung und Vorausberechnung des Finanzbedarfs für die Substanzerhaltung ist mithin schwierig und nicht direkt aus der Jahresrechnung und Bilanz ableitbar.

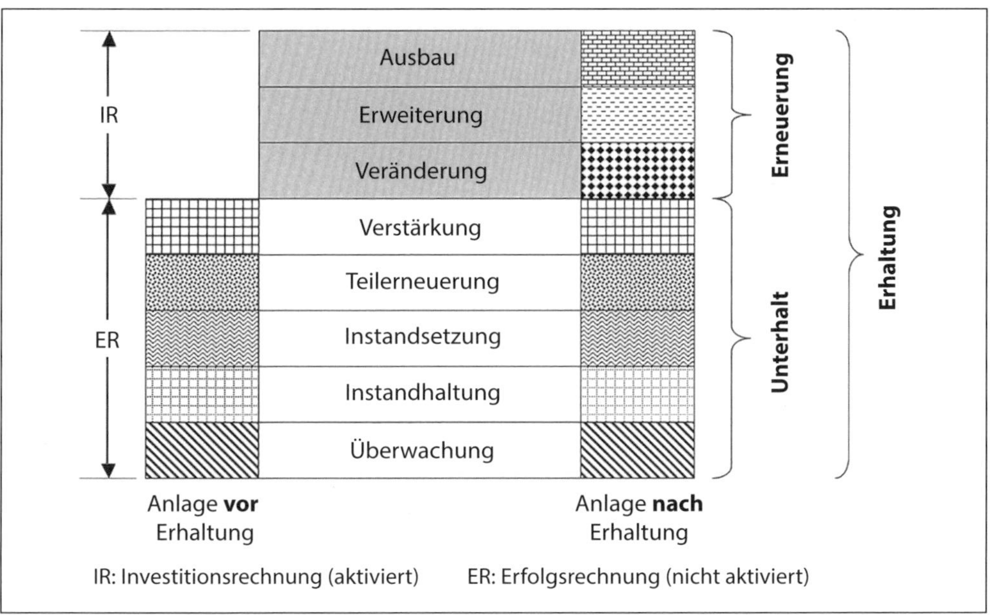

Abbildung 20 *Bilanzwirksamkeit von Unterhalt und Erneuerung; Erneuerungsarbeiten bedeuten buchhalterisch einen Anlagenmehrwert, Unterhaltsarbeiten sind laufende Ausgaben [eigene Darstellung].*

8.4.4 Erhaltungsstrategie

8.4.4.1 Grundstrategien der Erhaltung

Die Erhaltungsstrategie ist auf die *langfristige Substanzerhaltung* sowie die ständige Einhaltung der *Sicherheits- und Verfügbarkeitsanforderungen* auszurichten, und zwar mit *minimalen Kosten pro Zugkilometer*. Bei den Erhaltungsmassnahmen werden folgende Strategien unterschieden:

- *Präventive Erhaltung:* Die Erhaltungsarbeiten erfolgen in einem vorausgeplanten Rhythmus aufgrund von Erfahrungswerten zu den Alterungsprozessen von Anlagenteilen (im Idealfall unmittelbar vor Erreichung eines unzulässigen Anlagenzustandes).
- *Vorausschauende Erhaltung:* Die Erhaltungsmassnahmen werden aufgrund von Zustandskontrollen geplant und bereits ausgeführt, bevor der Schädigungsprozess zu stark fortgeschritten ist. Die Massnahmen unterliegen keinem bestimmten Rhythmus.
- *Korrektive Erhaltung:* Es erfolgt erst eine Erhaltungsarbeit, wenn der Zustand der Anlage eine bestimmte Schwelle unterschritten hat. Die Verfügbarkeit ist bis zur Ausführung der Instandsetzung vermindert.

Diese Strategien können kombiniert werden. Der Schwerpunkt soll auf vorausschauende und korrektive Erhaltung gelegt werden. Die präventive Erhaltung ist demgegenüber unwirtschaftlich und kann mit heutiger Überwachungs- und Messtechnologie schrittweise aufgegeben werden.

8.4.4.2 Grenzwerte, Eingriffsschwellen

Mit Erhaltungsarbeiten wird ein Anlagezustand gewährleistet, der die Anforderungen hinsichtlich Betriebssicherheit, Verfügbarkeit und Fahrkomfort erfüllt. Die Intervalle zwischen den Erhaltungsarbeiten sind aufgrund der entsprechenden Grenzen dieser Anforderungen zu wählen. In der Regel gilt:

- Teile, die keine Komfortmerkmale tangieren, dürfen bis zur Sicherheitsgrenze beziehungsweise bis zur Zuverlässigkeitsgrenze genutzt werden.
- Teile, die den Fahrkomfort beeinflussen, dürfen nur bis zur Komfortgrenze genutzt werden.

Die Komfortgrenze ist – mehr noch als die Sicherheitsgrenze – aufgrund der Nutzung zu definieren. So sind etwa bezüglich der Gleislagefehler andere Anforderungen an Abstell- und Nebengleise zu stellen als an Gleise mit hoher befahrener Geschwindigkeit.

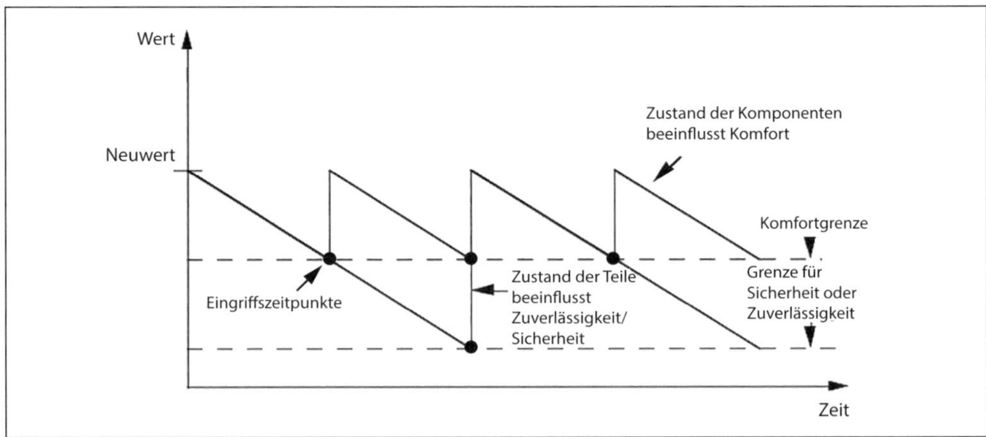

Abbildung 21 *Wertverlust im Verlauf der Nutzungszeit; komponentenabhängige Eingriffszeitpunkte bestimmt durch Komfortgrenze oder Sicherheits-/Zuverlässigkeitsgrenze; in Einzelfällen kann die Sicherheit beeinträchtigt sein, bevor sich der Komfort reduziert [eigene Darstellung].*

8.4.4.3 Erhaltungsmanagement

Verantwortlich für die Erhaltung der Bahninfrastrukturen ist die Eisenbahn-Infrastrukturunternehmung. Sie ist dabei zusammenfassend mit folgenden Herausforderungen konfrontiert:

- Die Kosten der Anlagenerhaltung sind für die wirtschaftliche Situation der EIU grundlegend; in der Regel ist der Substanzerhaltungsbedarf höher als die Mittel für Erweiterung und Neubau.
- Je mehr Mittel für den Substanzerhalt gebraucht werden, desto weniger steht für Anlagenanpassungen und -erweiterungen zur Verfügung; die zukunftsorientierte Weiterentwicklung der Bahninfrastruktur ist infrage gestellt, wenn die Substanzerhaltung unwirtschaftlich vorgenommen wird.
- Die Anlagengattungen und ihre Komponenten unterliegen den kombinierten Verschleisseinflüssen. Der künftige Verschleissverlauf ist zwar eine entscheidende Planungsgrösse, aber nicht einfach prognostizierbar.
- Es ist zu wählen zwischen präventiven, vorausschauenden und korrektiven Vorgehensweisen.
- Die auf dem Netz eingesetzten Bahntechnologien veralten sukzessive und werden ab einem gewissen Zeitpunkt nicht mehr geliefert; sie müssen zeitgerecht durch neue Technologien ersetzt werden.
- Die Nutzungsanforderungen des Personen- und Güterverkehrs verändern und erhöhen sich (meist); dies bedingt Anlagenanpassungen oft vor Erreichen der technischen Nutzungsdauer.
- Die geplanten Leistungen für die Kunden des Personen- und Güterverkehrs sind uneingeschränkt zu erbringen. Alle Anlagenteile müssen daher jederzeit in einem sicheren und zuverlässigen Zustand sein.

Diese Optimierungsaufgabe ist Gegenstand des Erhaltungsmanagements. Dessen übergeordnetes Ziel ist die langfristig wirtschaftlichste Erhaltung und Erweiterung aller Bahninfrastrukturen unter jederzeitiger Wahrung von Sicherheit und Verfügbarkeit sowie unter strukturierter technologischer Erneuerung. Dies umfasst insbesondere folgende Teilarbeiten (nach [Mach 2013], ergänzt):

- Identifikation erforderlicher Erhaltungs- und Investitionsmassnahmen.
- Zentrales Steuerungs- und Prognoseinstrument für Instandhaltung und Reinvestition.
- Anlagengattungsübergreifende quantifizierte Zustandsanalyse und -bewertung.
- Anlagengattungsübergreifende quantifizierte und objektivierte Zustandsprognose und -bewertung.
- Mittel- und langfristige Planung der Erweiterungs- und Ergänzungsprojekte.
- Umfassende Technologie- und Migrationsstrategie zur strukturierten Ablösung obsoleter Produkte.
- Proaktive Berücksichtigung der Änderungen von Gesetzen und Normen.
- Erstellung und laufende Aktualisierung eines langfristigen und optimierten Erhaltungsplans für alle Anlagengattungen.
- Identifikation der LCC-optimalen Eingriffszeitpunkte pro Anlagengattung und zugehöriger Komponenten.

Zur detaillierten Zustandserfassung stehen mittlerweile die gezeigten und sich weiter entwickelnden Methoden zur Verfügung. Zusammen mit neuen mathematischen Prognoseverfahren ermöglicht dies eine konsequent wirtschaftlich optimierte *zustandsorientierte Erhaltungsstrategie*.

8.4.5 Ermittlung des Substanzerhaltungsbedarfs

8.4.5.1 Grundmodelle

Das Erhaltungsmanagement und die Ermittlung des finanziellen Substanzerhaltungsbedarfs erfolgen auf zwei Steuerungsebenen:

- *Netzweite Zustandsermittlung* und Ableitung des gesamthaften finanziellen Bedarfs pro Anlagengattung und Jahr. Ziel: Grundlagen für mittel- und langfristige Finanzplanung.
- *Erhaltungsplanung und -organisation* für jede Anlagengattung auf jeder Strecke. Ziel: Planung der Unterhaltsarbeiten, insbesondere des Folgejahres.

Dies sind zwei unterschiedliche und in der Regel getrennt zu lösende Aufgabenstellungen, die sich bisher nur beschränkt mit denselben Methoden bearbeiten lassen. Für die erstgenannte Aufgabe stehen aggregierte Modelle im Vordergrund, basierend auf globalen Kennwerten oder den Mengengerüsten und Beanspruchungen. Sie können nicht den Anspruch einer konkreten Erhaltungsplanung für jede einzelne Komponente erfüllen, sondern es handelt sich stets um übergreifende Gesamtschätzungen.

Die Erhaltungsplanung basiert demgegenüber auf den Diagnosen und Inspektionen der Strecken und Knoten; sie bezieht Expertenbeurteilungen sowie Aspekte der Ausführungsplanung ein. Aufgrund von Einzelfallbetrachtungen, der bahnbetrieblichen Gegebenheiten und der verfügbaren Ausführungskapazitäten werden die Erhaltungsarbeiten jährlich festgelegt.

8.4.5.2 Pauschale netzweite Bedarfsschätzung

Ein konventionelles und vergleichsweise einfach anwendbares Verfahren ist die pauschale netzweite Bedarfsschätzung. Sie basiert im Wesentlichen auf den durchschnittlich zu erwartenden Komponentenauswechslungen und den weiteren Erhaltungsmassnahmen. Für alle relevanten Anlagenkategorien und deren wichtigste Komponenten müssen folgende Daten verfügbar sein:

- Mengengerüste (Zahl der vorhandenen Einheiten auf dem Netz).
- Wiederbeschaffungswerte pro Einheit (Beschaffung und Einbau).
- Zu erwartende durchschnittliche Lebensdauern.
- Mengengerüste weiterer Erneuerungseingriffe ohne Komponentenauswechslung (zum Beispiel Schienenschleifen).
- Einheitskosten der weiteren Erneuerungseingriffe.

Das Produkt aus Mengengerüst jeder Komponente und den zugehörigen Wiederbeschaffungswerten ergibt den Wiederbeschaffungswert pro Komponente. Wird dieser durch die mittlere Lebensdauer dividiert, so erhält man den jährlichen Finanzbedarf für die betreffende

Komponente. Zusammen mit den weiteren Erneuerungseingriffen ohne Komponentenersatz ergibt sich daraus der Finanzbedarf für die Substanzerhaltung.

Arbeitsgattung	Zeitintervall [Jahre]
Schienen schleifen	2–5
Schotter stopfen, Gleis richten	5–7
Schotter reinigen	25
Schotterersatz	30
Entwässerungen spülen	3
Schienenwechsel	15–25
Weichenersatz	25
Schwellenwechsel Holzschwellen	25
Schwellenwechsel Betonschwellen	45
Erneuerung Tunnels	80–150
Erneuerung Brücken, Stützbauwerke, Galerien, Schutzwände, Schutzverbauungen	80–120
Erneuerung Erdbauwerke	80–150
Ersatz der Fahrleitungsstützpunkte, Tragwerke	50
Fahrdrahtersatz	25
Ersatz elektronische Stellwerke	25–30
Ersatz Relaisstellwerke	50
Ersatz Telekommunikation und IT	3–15

Tabelle 7 *Durchschnittliche Zyklen für Unterhalt und Erneuerung; Auswahl relevanter Arbeitsgattungen (Grössenordnungen für Gleise mittlerer Belastung; nach [Barth 2014], [VöV 2018], ergänzt).*

Bei der Anwendung dieses Verfahrens ist zu beachten:

- Bahnanlagen erreichen sehr hohe Lebensdauern; es ist schwierig, den aktuellen Wert einer Investition zu ermitteln, die vor Jahrzehnten getätigt wurde. Die Anwendung üblicher Teuerungsindizes ist aus verschiedenen Gründen wenig zielführend. Der Wiederbeschaffungswert ist daher aufgrund aktueller Marktpreise neu zu bestimmen und nicht aus früheren Werten hochzurechnen.
- Ob eine Erneuerung ausserhalb des laufenden Betriebes möglich ist oder unter Betrieb erfolgen muss, beeinflusst die Produktivität der Erhaltungsarbeiten massgeblich. Bei Ingenieurbauten liegt der Kostenunterschied bei einem Faktor von 1,5–2,0. Die Erneuerung unter Betrieb ist stets wesentlich teurer als der seinerzeitige Neubau.
- Wie bereits erwähnt, erfolgt ein Teil der Substanzerhaltung durch Um- und Neubauten. Dieser Anteil ist von der Hochrechnung abzuziehen, da der Substanzerhaltungsbedarf sonst überschätzt würde.

8.4.5.3 Detaillierte netzweite Bedarfsschätzung

Die pauschale netzweite Bedarfsschätzung lässt sich zwar vergleichsweise einfach anwenden, hat aber einige substanzielle Nachteile:

- Keine Berücksichtigung der Altersstruktur der eingebauten Komponenten, die in der Regel nicht zufällig verteilt ist, sondern bestimmte Zyklen aufweist; die pauschale Methode erkennt diesen zyklischen Mehr- oder Minderbedarf nicht. Zyklen können sich durch frühere konzentrierte Erneuerungsprogramme ergeben oder durch die Inbetriebnahme grosser neuer Teilinfrastrukturen (integral erneuerte grosse Bahnhöfe, Neubaustrecken etc.).
- Keine Berücksichtigung der Beanspruchung durch Zugfahrten und deren Veränderungen hinsichtlich Zugdichte, Gewichte, Geschwindigkeiten, Fahrzeugbauarten. Damit verliert vor allem die Schätzung des Erneuerungsbedarfs der Fahrbahn mit ihrem hohen Anteil des belastungsabhängigen Verschleisses erheblich an Aussagekraft, wenn sich deren Nutzungsmuster verändert.
- Keine Aussagekraft hinsichtlich der zeitlichen Dringlichkeit der Eingriffe auf den einzelnen Strecken.

Die pauschale Bedarfsschätzung ist somit nur sehr beschränkt prognosefähig und kann einzig die Grössenordnung als mehrjährigen Mittelwert liefern. Diesen Schwächen begegnet eine detaillierte netzweite Bedarfsschätzung mit Modellrechnungen, Simulationen oder ähnlichen Verfahren. Da sich Alterungsverhalten, Altersverteilung und Anzahl Objekte je nach Anlagentyp stark unterscheiden, ist es nicht möglich, mit einem einzigen Modell alle Bedürfnisse abzudecken. Es sind somit für die einzelnen Fachbereiche differenzierte Betrachtungen anzustellen, was aber wiederum methodisch bedingte Unterschiede zwischen den jeweiligen Resultaten nach sich ziehen kann [SBB 2005a]. Als Basisdaten dieser Verfahren dienen:

- Mengengerüst der wesentlichen Komponenten (zum Beispiel Anzahl, angesteuerte Stellelemente etc.).
- Typen der relevanten Komponenten (zum Beispiel Schwellentypen, Gleislängen pro Radienbereich, Stellwerkstypen etc.).
- Zustandsinformationen zu allen Komponenten.
- Einbaujahre respektive bisherige Nutzungsjahre der Komponenten.
- Belastungsprognosen (zum Beispiel Bruttotonnen pro Gleis bei der Fahrbahn, Stromabnehmerdurchgänge bei der Fahrleitung).
- Verschleissfunktionen pro Komponententyp, unterschieden nach zeitabhängigem und beanspruchungsabhängigem Anteil.
- Wiederbeschaffungswerte (Marktpreise bei Neubeschaffung zuzüglich Einbaukosten).

Diese Zusammenstellung zeigt, dass die Anforderungen an die Grundlagendaten deutlich höher sind als bei der pauschalen Schätzung. Erforderlich sind zum Beispiel nicht nur detaillierte Bestandesinformationen, sondern auch entsprechend differenzierte Angaben zu Art und Intensität der Betriebsbelastung sowie eine Quantifizierung des Verschleissverhaltens.

Die Betriebsbelastung muss eine gleisgenaue langjährige Prognose der Zahl der Züge, ihrer Geschwindigkeiten und Gewichte sowie der Fahrzeugbauarten und installierten Leistungen der Triebfahrzeuge umfassen.

Liegt dies vor, so lässt sich der Substanzerhaltungsbedarf aus dem Verschleissverlauf aller Komponenten des Netzes hochrechnen. Pro Komponente sind Menge, Altersverteilung und Belastung in die Alterungsfunktion einzufügen, womit pro Prognosejahr die zu ersetzende Komponentenzahl ermittelt werden kann. Multipliziert mit den Einheitskosten ergeben sich die komponentenweisen Annuitäten des Substanzerhaltungsbedarfs. Diese wiederum lassen sich zum Gesamtbedarf hochrechnen.

8.4.5.4 Bedarfserhebung für die Erhaltungsplanung

Die streckenweise Zustandsbeurteilung ist nach wie vor die Grundlage der konkreten Erhaltungsprogramme. Der Erhaltungsbedarf wird aufgrund der früher dargestellten Überwachungen und Zustandsbewertungen durch Fachkräfte und Diagnosesysteme vor Ort erhoben. Zeitabstände und Methodik müssen langjährig möglichst unverändert bleiben, um eine netzweit einheitliche Mittelzuteilung zu gewährleisten sowie um homogene Zeitreihen zu gewinnen. Einzubeziehen sind dabei auch situative Aspekte sowie Synergien durch koordinierte Ausführung verschiedener Arbeiten. Der schliesslich festgelegte Eingriffszeitpunkt kann sich daher von einem rechnerisch ermittelten unterscheiden.

Das Resultat dieser Bedarfsplanung für ein bestimmtes Jahr besteht zum einen in der Arbeitsplanung einschliesslich des Maschineneinsatzes. Zum anderen sind die geplanten Arbeiten zu kalkulieren und daraus die finanziellen Bedarfswerte für Budget und Mittelfristplanung abzuleiten. Eine Herausforderung besteht darin, dass die mittel- und längerfristigen Bedarfswerte aus der vorher dargestellten netzweiten Bedarfsermittlung stammen, die Budgetwerte dagegen aus der konkreten Erhaltungsplanung. Aufgrund der unterschiedlichen Methodik sind Differenzen unvermeidlich.

8.5 Ansätze zur Kostenminimierung

8.5.1 Überblick über die Ansätze

Die Minimierung der Erhaltungskosten ist ein wichtiger Beitrag zur Gesamtkostenminimierung der Bahninfrastruktur und bedingt die Betrachtung des ganzen Lebenszyklus. Dazu dienen verschiedene sich ergänzende Ansätze, insbesondere in Anforderungsmanagement, Technologiestrategie, unterhaltsoptimierter Bahntechnik, Zustandssteuerung, Arbeitsorganisation, Arbeitsproduktivität und Beschaffungsstrategie. Sie werden im Folgenden beispielhaft kurz dargestellt.

Ansätze zur Kostenminimierung	Ausprägungen
Anforderungsmanagement	Festlegung funktionaler Anforderungen an die Anlagen (künftige Fahrpläne, Reisezeiten, Fahrzeugeinsatz) anstelle standardisierter technischer Parameter
	Strukturierte Berücksichtigung von Anforderungsänderungen
Technologiestrategie	Standardisierung der Bahntechnik
	LCC-optimale Migrationsstrategien für alle Anlagengattungen
Unterhaltsoptimierte Bahntechnik	Einbau robuster, unterhaltsarmer und -freundlicher Komponenten
	Optimierung der Anlagen in Bezug auf geringen und einfachen Unterhalt mit kurzen Montagezeiten
	Vorgefertigte und vormontierte Weichen, Industrialisierung der Ingenieurbauten (vorfabrizierte Kleinbrücken, vorfabrizierte Betonunterführungen etc.)
	Einbau von Komponenten zur Verschleissminderung
Zustandssteuerung	Optimale Lebensdauer der Komponenten
	Eingriff zum LCC-optimalen Zeitpunkt des Verschleissverlaufs
	Hohe Einbauqualität durch präzise Fertigung und absolute Gleislage
	Hohe und gleichbleibende Qualität der Bauteile über den Lebenszyklus
Arbeitsorganisation, Unterhaltsplanung	Synchronisierung der Erhaltungsmassnahmen beim Schotteroberbau
	Optimale Nutzung der Arbeitsintervalle
	Konzentrierte Gesamterneuerung durch Kombinationen einzelner Unterhalts- und Erneuerungsmassnahmen
Arbeitsproduktivität	Maschinelle Gleiserneuerung
	Maschinelles Richten und Stopfen
	Dynamische Gleisstabilisierung
	Profilierung des Schotterbetts
	Schienenschleifen
	Schotterbettreinigung
	Maschineller Weichenumbau
Beschaffungsstrategie	Kosten- und qualitätsorientierte Entscheidung über Eigenfertigung versus Arbeitsvergabe an externe Lieferanten

Tabelle 8 *Strategische Ansätze zur Kostenminimierung einer Bahninfrastruktur [eigene Darstellung].*

8.5.2 Anforderungsmanagement

Das Anforderungsmanagement ist eine wesentliche Aufgabe der Planung und des Entwurfs von Bahninfrastrukturen (Kapitel 2 und 3). Diese Planungsprozesse müssen insbesondere sicherstellen, dass die Infrastrukturen bedarfsgerecht ausgestaltet werden, wozu sie die funktionalen Anforderungen des Personen- und Güterverkehrs in Projektanforderungen überführen. Sie sind hinsichtlich der Mengengerüste, des Ausbaustandards und des Bedarfszeitpunkts zu beschreiben. Im Anforderungsmanagement ist sicherzustellen, dass die Anlage alle geplanten Betriebsprogramme abwickeln kann, es hat aber auch den Bau von Anlagenteilen und die Festlegung von Standards zu vermeiden, die funktional nicht erforderlich sind. Jede eingesparte Komponente reduziert nicht nur die Investitionen, sondern auch die Unterhalts- und Erneuerungskosten.

Eine Herausforderung besteht in den bisweilen kurzfristigen Änderungen der Nutzeranforderungen, während die wesentlichen Projekteckwerte oft mehrere Jahre vor Inbetriebnahme festgelegt werden müssen. Nutzungsänderungen noch während der Ausführung sind grundsätzlich unerwünscht und bringen Projektrisiken hinsichtlich Terminen, Kosten und Qualität. Sie lassen sich indessen nicht gänzlich vermeiden und zum Anforderungsmanagement gehört auch der zweckmässige Umgang mit nachträglichen Spezifikationsänderungen.

8.5.3 Technologiestrategie

Parallel dazu ist die Technologiestrategie auf eine LCC-optimale Erfüllung der Anforderungen auszurichten. Ein Kernelement ist die Standardisierung der Bahntechnik und ihrer Produkte, was nicht nur kostensenkend in Beschaffung (Kostendegression durch grosse Mengen) und Engineering (kleiner technischer Betreuungsaufwand für Produkteportfolio) ist. Sie erlaubt es auch, die Vielfalt der vorzuhaltenden Werkzeuge und Erhaltungseinrichtungen sowie der Ersatzteile zu minimieren, ebenso den Schulungs- und Dokumentationsaufwand. Ein Risiko besteht aber darin, dass dadurch für einen Teil des Netzes zu hohe Anlagenstandards angewandt werden und die Kostensenkungspotenziale bedarfsgerechter Komponenten nicht genutzt werden können.

Die LCC-Optimierung verlangt eine dynamische Technologiestrategie, indem sie alle Phasen von der Produkteeinführung auf einem Netz über die Produkteweiterentwicklung bis zum Ersatz zu beschreiben und zu optimieren hat. Dies ist die Aufgabe der integrierten Migrationsstrategie, die insbesondere den Ablauf bei der Verbreitung der Produkte und auch bei ihrem späteren Ersatz zu beschreiben hat, unter Berücksichtigung allfälliger Produktionseinstellungen der Industrie bei veralteten Produkten.

Eine Herausforderung stellen die Vorgaben des öffentlichen Beschaffungswesens nach WTO respektive Bundesgesetz über das öffentliche Beschaffungswesen dar. Diese verlangen eine offene Ausschreibung aller Beschaffungen und es können daher grundsätzlich sämtliche Produkte offeriert werden, die eine bestimmte Spezifikation erfüllen. Die Anforderungen sollen so offen formuliert sein, dass mehrere Unternehmungen eine Chance haben. Im Regelfall kann daher nicht zwingend ein bestimmtes Produkt gemäss Technologiestrategie der EIU ausgeschrieben werden. Eine Lösungsmöglichkeit sind Rahmenverträge für ausgewählte Produkte mit längerer Laufzeit, unter denen die für die Projekte benötigten Komponenten abgerufen werden können. Damit müssen die Beschaffungen nicht für jedes einzelne Projekt separat ausgeschrieben werden und man erhält eine gewisse Planungssicherheit hinsichtlich der Produktepalette.

8.5.4 Unterhaltsoptimierte Bahntechnik

8.5.4.1 Unterhaltsarmut und rasche Reparierbarkeit

Unterhalt und Ersatz bahntechnischer Komponenten verursachen dreierlei Kosten:

- Beschaffungskosten der Ersatzteile.
- Personalaufwand für die Ausführung von Unterhalt und Ersatz.
- Betriebserschwerniskosten durch temporäre Nichtverfügbarkeit der Anlage, betrieblicher Mehraufwand für Ersatzbetrieb oder Umleitungen.

Diese Kosten lassen sich zunächst durch den Einbau robuster, unterhaltsarmer Komponenten minimieren. Damit reduzieren sich der Ersatzbedarf und die Häufigkeit der Eingriffe. Im Weiteren sind die Komponenten auf rasche Reparier- und Auswechselbarkeit auszulegen. Dadurch verringert sich die MTTR (Mean Time to Repair). Die Anlagen sind schliesslich als Ganzes so zu konzipieren, dass die Betriebseinschränkungen im Unterhaltsfall minimal bleiben und die Verfügbarkeit MUT (Mean Up Time) maximal bleibt.

8.5.4.2 Vorfertigung und rasche Montage

Die konventionelle Fertigung vor Ort ist in verschiedener Hinsicht nachteilig: Meist wird der Betrieb durch die Baustelle beeinträchtigt, die möglichen Nachtpausen sind kürzer als die Schichtlängen, es sind Nachtzuschläge zu bezahlen und tagsüber ist die Produktivität wegen kurzer, von Zugfahrten unterbrochener Arbeitsphasen tief. Schliesslich ist die geforderte Ausführungsgüte schwieriger zu erreichen als auf einer betriebsfreien Baustelle. Einen Ausweg bietet die Vorfertigung ganzer Anlagenteile oder wenigsten von Komponentengruppen:

- Vorgefertigte und vormontierte Weichen.
- Vorfabrizierte Kleinbrücken.
- Vorfabrizierte Personenunterführungen.
- Lärmschutzwände.
- Vormontierter Gleisrost bei Oberbauerneuerungen von Schotterfahrbahnen.
- Vorfabrizierte Plattenelemente bei gewissen Bauarten der festen Fahrbahn.

Dies erlaubt die effiziente und hochwertige Fertigung unter kontrollierten Bedingungen im Werk. Für die Montage vor Ort sind zwar meist auch Betriebsunterbrüche von mehreren Stunden bis einzelnen Tagen erforderlich, dafür kann auf langdauernde Langsamfahrstellen verzichtet werden. Als willkommener Zusatznutzen werden die Baustellen- und Logistikflächen viel kleiner oder entfallen fast gänzlich. Dies gilt insbesondere für vorgefertigte Weichen, die bei konventionellem Vorgehen zunächst auf einer ebenen Fläche vor Ort aus den Einzelteilen zusammengebaut werden müssen und erst anschliessend versetzt werden können.

Abbildung 22 *Just-in-Time-Anlieferung vorgefertigter Weichen [Foto: Steffen Schranil].*

Abbildung 23 *Einbau einer vorfabrizierten Unterführung, Projekt Neubau Industrieweg Bronschhofen [Foto: GEOINFO Ingenieure AG 2018 / www.geoinfo.ch].*

8.5.4.3 Komponenten zur Verschleissminderung

Viele Verschleissvorgänge werden durch hohe Kraftspitzen bei Zugdurchfahrten beschleunigt, zum Beispiel die Zerstörung des Schotters. Zusätzliche Bauteile, die diese Spitzenbelastungen dämpfen, können die Zerstörungsgeschwindigkeit verlangsamen. Durch elastische Schwellenbesohlungen und Schienenzwischenlagen werden beispielsweise der Schotter geschont und die Elastizität des Oberbaus als Ganzes verbessert. Dies verlangsamt die Zustandsverschlechterung des Schotters und die Setzungsraten vermindern sich. In der Folge ist ein Gleisstopfen seltener erforderlich, wodurch Unterhalts- und Betriebserschwerniskosten sinken [Mach 2013], [Marschnig 2013].

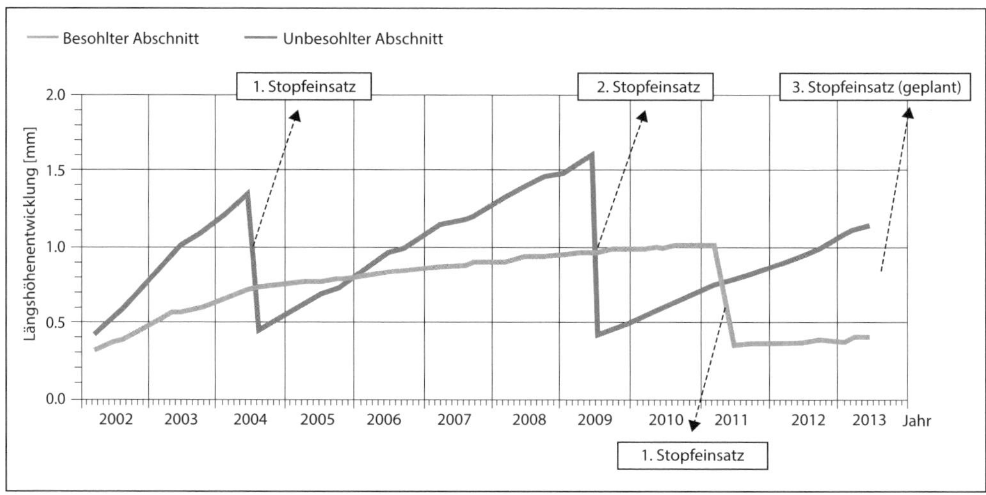

Abbildung 24 *Langjährige Längshöhenentwicklung eines besohlten respektive eines unbesohlten Abschnittes; durch Besohlung ist ein Stopfen des Gleises deutlich seltener erforderlich [Mach 2013].*

8.5.5 LCC-orientierte Zustandssteuerung

8.5.5.1 Zielsetzung

Ziel der Zustandssteuerung ist es, für jede Komponente den LCC-optimalen Eingriffszeitpunkt zu bestimmen und zudem mit geeigneten Massnahmen möglichst weit hinauszuzögern. Die Zustandssteuerung stützt sich auf Anlagenhistorie und Bestandesinformationen sowie prognostizierte Anlagenbelastungen und technologiespezifische Verschleissverläufe. Dies unterscheidet sich vom traditionellen Unterhalt, bei dem die Arbeiten mehrheitlich in fest vorgegebenen Zeitintervallen ausgeführt wurden. Tendenziell erfolgten dadurch die Eingriffe aus LCC-Perspektive entweder zu früh (potenzielle Komponentenlebensdauer nicht ausgenutzt) oder zu spät (zu hohe Unterhaltskosten durch fortgeschrittenen Verschleissprozess). Beides war unwirtschaftlich.

8.5.5.2 Optimale Lebensdauer der Komponenten

Zunächst ist die technische Lebensdauer der Komponenten zu optimieren. Bei einer zu langen Nutzungsdauer können die technologischen Entwicklungen nicht genutzt oder noch gebrauchstaugliche Elemente müssen vorzeitig ersetzt werden. Zudem steigt mit wachsender technischer Lebensdauer die Wahrscheinlichkeit, dass die Komponenten aufgrund geänderter funktionaler Nutzungsanforderungen ersetzt werden müssen. Die technisch mögliche Nutzungsdauer ist dann aus funktionalen Gründen gar nicht erreichbar. Es ist daher meist nicht sinnvoll, die Erhaltungskosten durch sehr hohe Anfangsinvestitionen zu minimieren, um die Lebensdauer zu maximieren. Die optimale technologische Lebensdauer ist pro Anlagengattung separat festzulegen und abzustimmen auf die funktional mutmasslich erreichbare Nutzungsdauer.

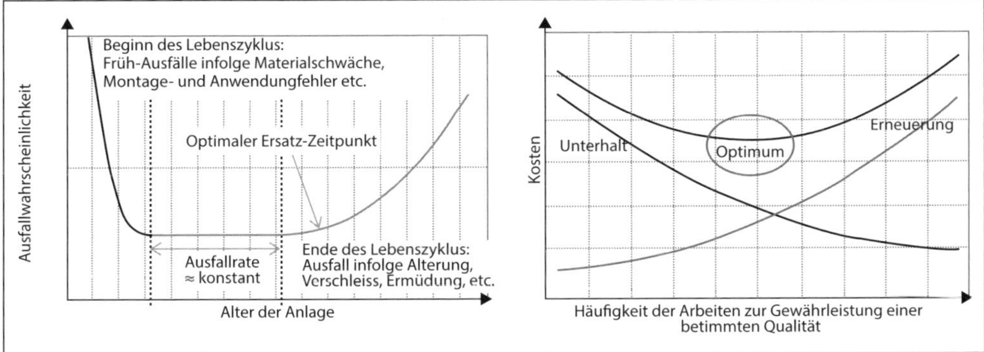

Abbildung 25 *Links: Optimaler Ersatzzeitpunkt einer Anlage oder einer Komponente in Funktion von Ausfallwahrscheinlichkeit und Alter; rechts: Optimierung der LCC durch Bestimmung des Minimums der Summenkurve aus Unterhalt und Erneuerung [Weidmann 2003].*

8.5.5.3 Hohe Einbauqualität

Der Kostenminimierung dient im Weiteren eine hohe Einbauqualität. Sie gewährleistet nicht nur, dass der Eingriffszeitpunkt möglichst weit in die Zukunft verschoben werden kann, sondern verlangsamt auch die Dynamik des Verschleisses. Beispielhaft dafür ist die Gleisqualität, bei der die Setzungen stellvertretend für die Qualitätseinbussen und damit für den Unterhaltsbedarf stehen. Sorgt man beim Einbau für eine hohe Lagequalität, so erreicht man eine namhafte Verlängerung des Intervalls bis zur nächsten Intervention und damit insgesamt eine Kostensenkung.

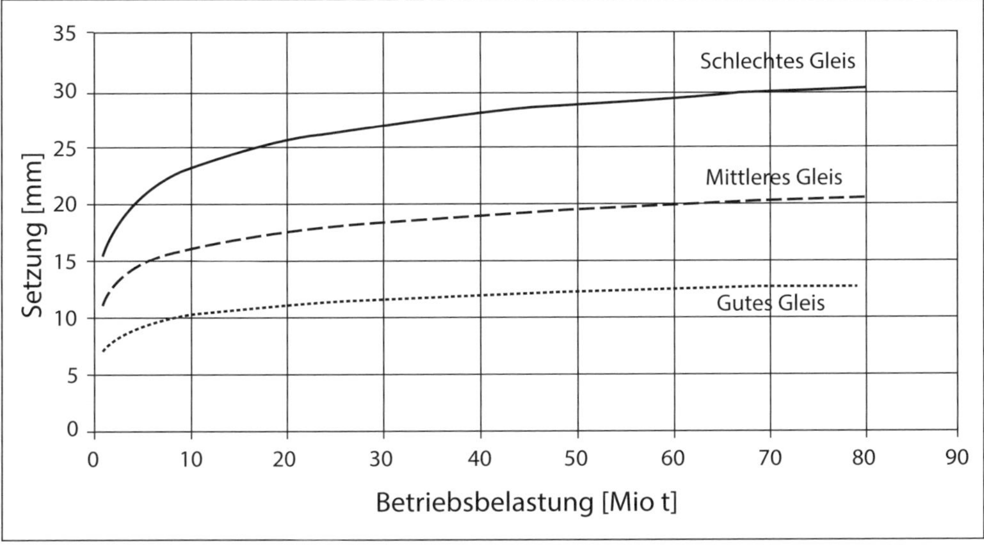

Abbildung 26 *Setzungen des Gleises in Funktion der Belastung und der initialen Gleisqualität; ein gut erstelltes und unterhaltenes Gleis behält seine Qualität auch bei grosser Beanspruchung nahezu bei und der Qualitätsunterschied gegenüber Gleisen mittlerer und schlechter Qualität erhöht sich [Lichtberger 2004].*

8.5.5.4 Absolute Gleislage

Ebenfalls zur guten Anfangsqualität zählt die bestmögliche geometrische Lage des Gleises. Während die geometrische Soll-Lage des durchzuarbeitenden Gleisabschnittes früher von den beiden anschliessenden Streckenabschnitten her bestimmt wurde (relative Gleislage), so werden zeitgemässe Gleisbaumaschinen in alle drei geometrischen Dimensionen (x, y, z) auf die ursprünglich projektierte sogenannte absolute Gleislage hin gesteuert. Diese numerischen Maschinen orientieren sich an Fixpunkten entlang des Bahntrassees, erkennen automatisch die Differenz zwischen Soll- und Istlage des Gleises und stellen die ursprünglich geplante Lage wieder her. Potenzielle Anfangsfehler durch eine nicht korrekte geometrische Lage der Anschlussstrecken können sich damit nicht fortpflanzen und Vermessungsungenauigkeiten lassen sich vermeiden.

Die absolute Gleislage verbessert den Fahrkomfort, ermöglicht höhere Geschwindigkeiten und erlaubt eine weitergehende Ausnutzung der Toleranzen des Lichtraumprofils. Die Gleisbelegung für den Unterhalt reduziert sich, da keine Vermessungsarbeiten vor und nach der Gleisdurcharbeitung erforderlich sind [Güldenapfel 2004]. Da die Projektierungsregeln der geometrischen Linienführung auch auf minimalen Verschleiss ausgerichtet sind, verlängert sich zudem die Lebensdauer.

8.5.5.5 Hohe Qualität der Bauteile über Lebenszyklus

Der Zustand vieler Komponenten verschlechtert sich progressiv während ihrer Nutzungszeit in Funktion der kumulierten Beanspruchung. Entsprechend erhöht sich der Instandhaltungsaufwand mit zunehmender Nutzungsdauer überproportional. In vielen Fällen sind daher frühere und häufigere, aber einfachere und kostengünstigere Interventionen vorteilhaft, die zudem die Gesamtlebensdauer verlängern.

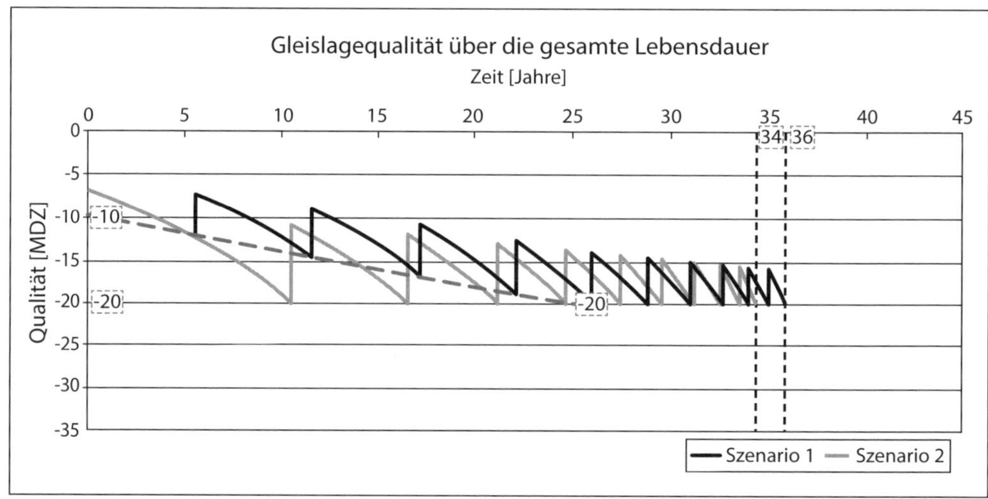

Abbildung 27 *Verlängerung der Lebensdauer einer Fahrbahn durch Optimierung des Eingriffszeitpunktes (Szenario 1) [Marschnig 2012].*

8.5.6 Arbeitsorganisation, Unterhaltsplanung

8.5.6.1 Überblick

Zusätzlich verbessert werden kann die Effizienz der Substanzerhaltung durch die Unterhaltsplanung und Arbeitsorganisation, mit folgenden Stossrichtungen:

- *Synchronisierung der Eingriffe* bei verschiedenen bahntechnischen Komponenten auf derselben Strecke, mit dem Ziel, den Bahnbetrieb möglichst wenig zu beeinträchtigen und von Synergien bei der Baustellenlogistik zu profitieren.
- Möglichst *lange Arbeitsintervalle und Losgrössen,* um die volle Länge der Arbeitsschichten ausnützen zu können sowie um – bei grösseren Eingriffen – vom Produktivitätsvorteil hochmechanisierter Grossmaschinen zu profitieren.
- *Zusammenlegung sämtlicher Arbeiten* an einer Strecke oder in einem Knoten und Ausführung während einer langen Sperre, um die Arbeiten ohne Beeinträchtigung durch den Bahnbetrieb ausführen zu können und bestmöglich von der gemeinsamen Baustellenlogistik zu profitieren.

8.5.6.2 Synchronisierung der Erhaltungsmassnahmen beim Schotteroberbau

Ein Beispiel für die Synchronisierung von Arbeitsgattungen ist das Schottergleis. Es erfordert sehr unterschiedliche Unterhaltsarbeiten in jeweils periodischen Abständen. Mit dem Ziel einer

	DB (normal hoch beanspruchtes Hauptgleis)		SBB (25t GBRT/d)
Stopfen	40–70 Mio. t	4–5 Jahre	6 Jahre
Schleifen	20–30 Mio. t	1–3 Jahre	6 Jahre
Schotterreinigung	150–300 Mio. t	12–15 Jahre	
Schienenerneuerung	300–1000 Mio. t	10–15 Jahre	30 Jahre (UIC 60)
Holzschwellenerneuerung	250–600 Mio. t	20–30 Jahre	25 Jahre
Betonschwellenerneuerung	350–700 Mio. t	30–40 Jahre	49 Jahre
Befestigungsmittel	100–500 Mio. t	10–30 Jahre	
Schottererneuerung	200–500 Mio. t	20–30 Jahre	
Sanierung Untergrund	> 500 Mio. t	> 40 Jahre	
Weichenlebensdauer: Holzschwellen			rund 20 Jahre
Weichenlebensdauer: Betonschwellen			rund 30 Jahre
Lebensdauer Weichenherzstück			rund 5 Jahre (bei Extrembelastungen: Ersatz 3 mal pro Jahr)

Tabelle 9 *Durcharbeitungszyklen beziehungsweise Lebensdauern für Gleiskomponenten; orientierende Richtwerte [Lichtberger 2004], [SBB 2005b].*

integrierten Gleiserhaltung sind diese Arbeiten zeitlich aufeinander abzustimmen, um die Auswirkungen auf den Verkehr durch deren Bündelung zu minimieren. Dazu ist ein regelmässiges Raster mit möglichst wenigen, aber konzentrierten Eingriffen zu definieren, ausgehend von den zu erwartenden Lebensdauern der Komponenten.

8.5.6.3 Optimale Nutzung der Arbeitsintervalle

Bei Baustellen am Gleis sollen die Sperrzeiten so lange wie betrieblich möglich festgelegt werden [Lichtberger 2004]. Sperrdauern von deutlich unter 8 h sind grundsätzlich unwirtschaftlich, da sich der Zeitbedarf für Anfahrt, Einrichten der Baustelle und abschliessende Wiederbereitstellung für den Bahnbetrieb nicht straffen lässt. Entsprechend verkürzt sich die produktive Arbeitszeit mit sinkender Intervalldauer überproportional. Zudem sind für die eingesetzten Arbeitskräfte jeweils volle Arbeitsschichten zu bezahlen, auch wenn diese wegen zu kurzer Sperrzeit gar nicht ausgeschöpft werden können. Sperrdauern von über 9 h bringen hingegen aufgrund arbeitsrechtlicher Einschränkungen, der physischen Leistungsfähigkeit der Mitarbeitenden sowie der Baustellenlogistik nur noch einen unterproportionalen Produktivitätsgewinn.

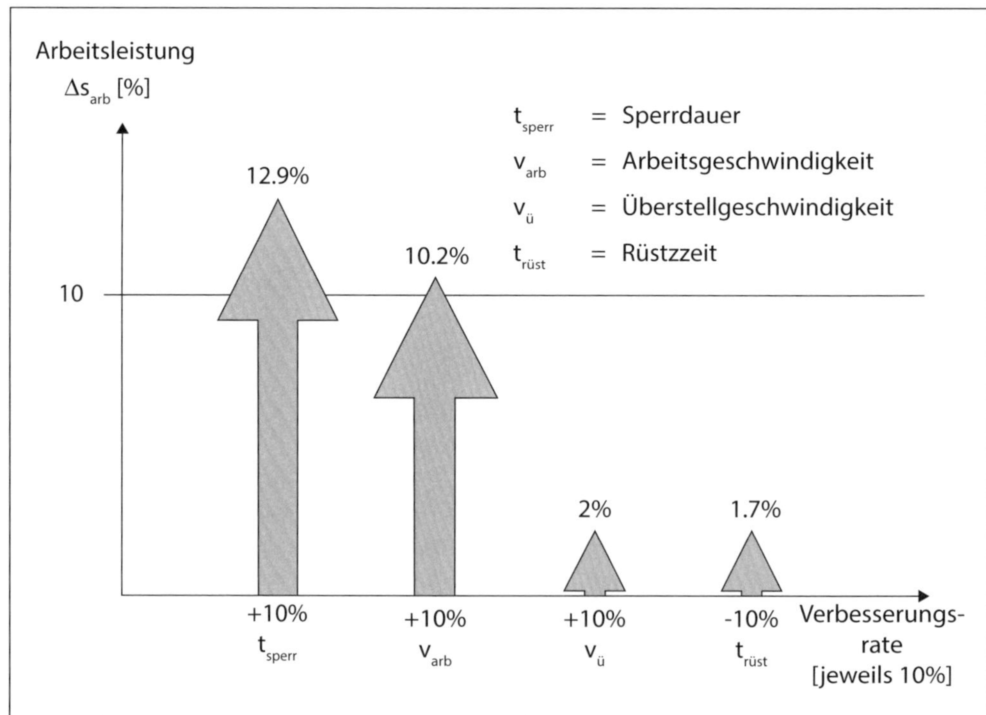

Abbildung 28 *Relativer Einfluss der Verbesserung der Einzelparameter um jeweils 10 % auf die Arbeitsleistung der Oberbauerhaltung; besonders zu beachten ist die überproportionale Steigerung der Arbeitsleistung um 13 % [Lichtberger 2004].*

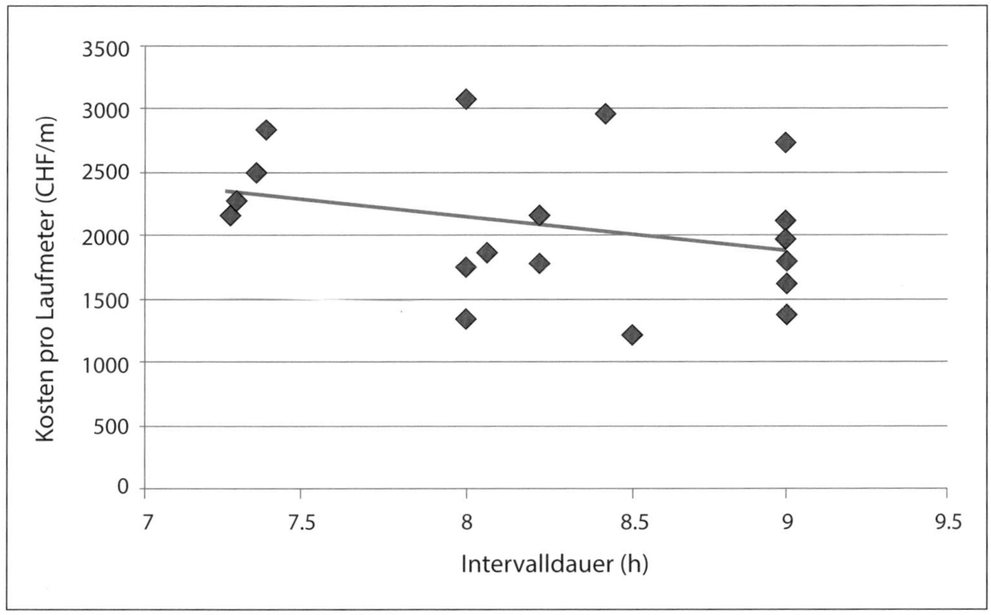

Abbildung 29 *Empirische Kosten pro Meter Oberbauerneuerung (Schotterreinigung und Schotterersatz) in Funktion der Intervalldauer bei der SBB auf Grundlage verschiedener Erhaltungsprojekte; eine Ausdehnung der Arbeitsintervalle reduziert die Einheitskosten substanziell [Vogel 2015].*

8.5.6.4 Konzentrierte Gesamterneuerung

Die grösste organisatorische Effizienzsteigerung ist möglich, wenn die Erhaltungsarbeiten aller Anlagengattungen eines Streckenabschnitts oder eines Knotens zusammengefasst und gleichzeitig ausgeführt werden. Dies können zum Beispiel sein:

- *Strecke:* Oberbauerneuerung, Brückensanierung, Tunnelsanierung, Fahrleitungserneuerung, Grünraumpflege.
- *Knoten:* Perronerhöhung, Bau einer neuen Unterführung, Anpassung der Topologie mit Weichenersatz und Fahrleitungsumbau, Stellwerkersatz.

Die komplette simultane Demontage der alten Anlagenteile erlaubt den Neuaufbau des Fahrweges mit möglichst wenigen Randbedingungen sowie mit maschinellen Mitteln und gemeinsamer Baulogistik. Dies maximiert die Produktivität der Mitarbeitenden und Maschinen, was insgesamt zu Kostensenkungen im zweistelligen Prozentbereich führt, verglichen mit der traditionellen Vorgehensweise. Voraussetzungen zur Anwendung der konzentrierten Gesamterneuerung sind:

- Klares, verlässliches betriebliches und technisches *Anforderungsprofil* für die zu erneuernde Strecke oder den Bahnhof.
- Näherungsweise *ähnliche Lebenszyklusphase* aller Anlagenteile, mit Eingriffszeitpunkt im Umfeld des LCC-optimalen Zeitpunktes.

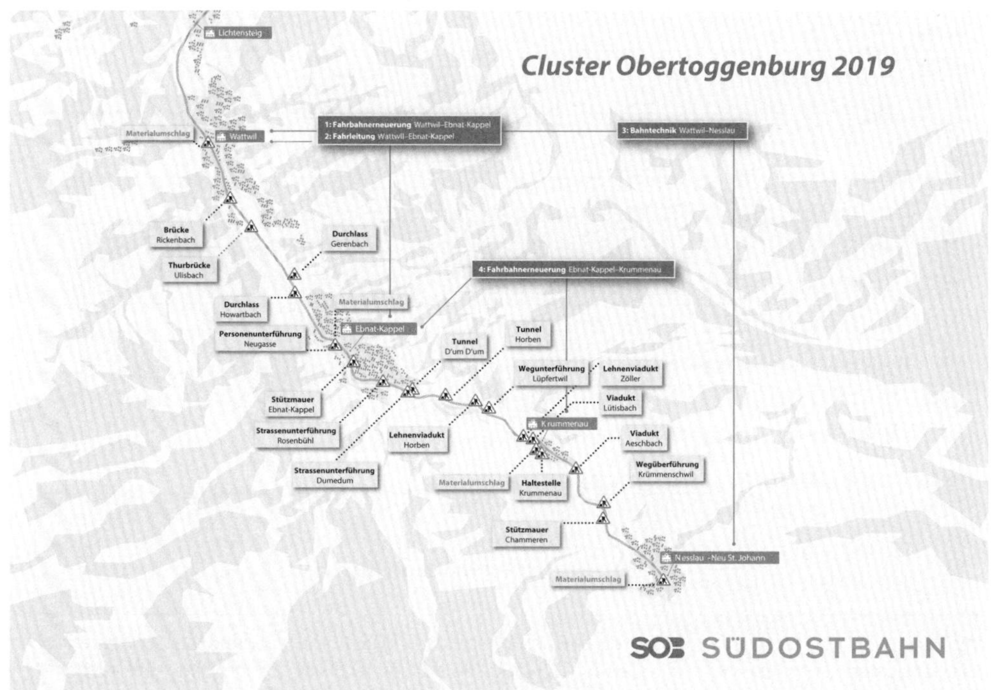

Abbildung 30 *Konzentrierte Gesamterneuerung, Beispiel Cluster Obertoggenburg 2019 der Südostbahn [SOB 2019].*

Abbildung 31 *Konzentrierte Gesamterneuerung mit Fahrbahnsanierung; Beispiel Krummenau der Südostbahn [Foto: SOB].*

Abbildung 32 *Konzentrierte Gesamterneuerung mit Fahrbahnsanierung und Niveauübergang; Beispiel Ebnat-Kappel der Südostbahn [Foto: SOB].*

8.5.7 Arbeitsproduktivität

8.5.7.1 Maschinelle Gleiserneuerung

Die Oberbauerneuerung ist eine Linienbaustelle, bei der bestimmte gleichartige Arbeiten repetitiv entlang der Strecke auszuführen sind, was sich für eine Mechanisierung anbietet. Dazu werden heute zwei Grundtypen von Gleisumbauzügen eingesetzt:

Bei *kontinuierlich arbeitenden Gleisbaumaschinen* werden die alten Schienen von den Schwellen getrennt und ausgeschwenkt. Mit einem Schwellenaufnehmer werden die Schwellen aus der Bettung gehoben und der Schotter seitlich des Gleises zwischengelagert. Anschliessend wird zumeist das hergestellte Schotterplanum im Auflagerbereich der Schwellen verdichtet. Die neuen Schwellen werden mit einem Portalkran von mitlaufenden Güterwagen zum Arbeitsbereich gebracht und die alten Schwellen bei der Rückfahrt abtransportiert. Die neuen Schwellen werden über einen Schwellenleger im richtigen Abstand auf das Schotterbett abgelegt. Die neben dem Gleis liegenden neuen Schienen werden anschliessend auf die Schwellen eingespreizt und befestigt. Zuletzt wird der zwischengelagerte Schotter wieder ins Gleis eingebracht.

Bei *zyklisch arbeitenden Maschinen* werden jeweils ganze Gleisjoche mittels Portalkran aus dem Gleis gehoben und durch ein neues Joch ersetzt. Die zunächst angebrachten Montageschienen werden in einem weiteren Arbeitsschritt mittels einer separaten Maschine durch Langschienen getauscht.

Bei beiden Arbeitsweisen muss das neue Gleis in einem separaten Arbeitsgang gerichtet und gestopft sowie lückenlos verschweisst und neutralisiert werden [Lichtberger 2004]. Da nach einer Gleiserneuerung ein hoher Korrekturaufwand der Gleislage besteht, wird das Gleis drei Mal gerichtet und gestopft. Die 1. und 2. Gleisdurcharbeitung erfolgt unmittelbar nach der Gleiserneuerung, die 3. Stopfung erst, nachdem sich die Gleislage durch die Zugüberfahrten im Schotterbett verfestigt hat.

Naturgemäss lassen sich besonders hohe Produktivitätsgewinne durch möglichst mechanisierte Maschinen sowie grosse jährliche Einsatzdauern erzielen; es ist mithin entscheidend, diese Skaleneffekte durch die Planung möglichst grosser Bauabschnitte sowie die zeitliche Abstimmung aller Baustellen auf dem Netz (Vermeidung von Stillstandszeiten der Maschinen) zu erreichen.

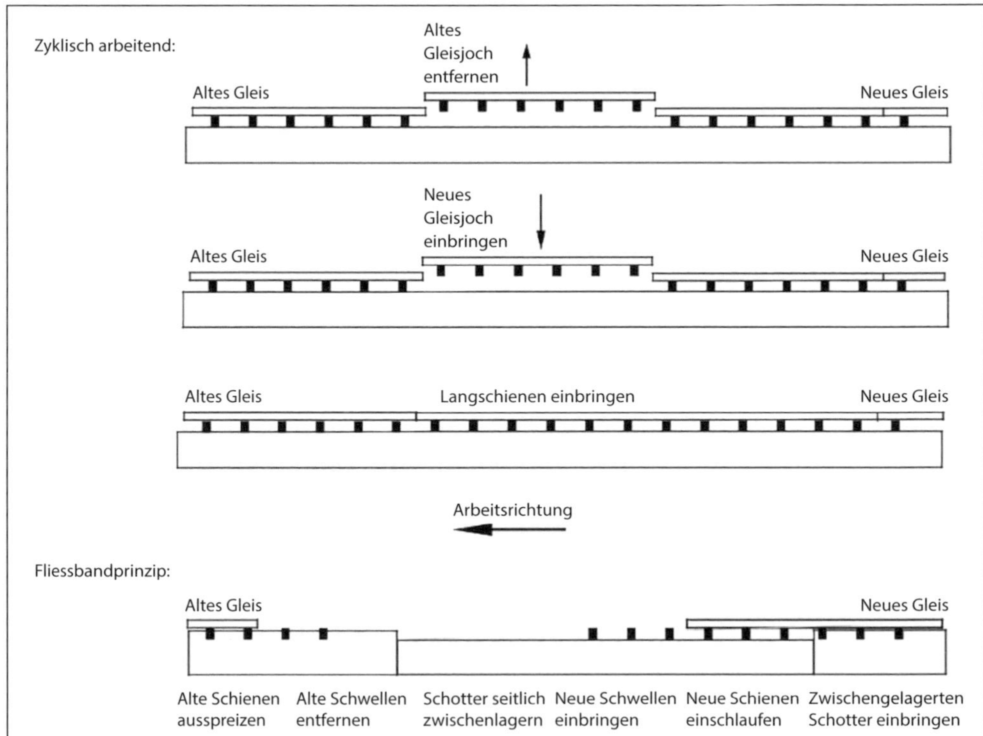

Abbildung 33 *Grundtypen der Gleisumbaumaschinen; Unterscheidung zwischen zyklisch arbeitenden Maschinen und Maschinen nach dem Fliessbandprinzip [eigene Darstellung].*

8.5.7.2 Richten und Stopfen

Da sich das Schottergleis durch die Zugfahrten mit der Zeit verschiebt und setzt, muss es periodisch wieder in die richtige Lage gebracht werden und durch Stopfen des Schotters fixiert werden. Man spricht dabei von einer Gleisdurcharbeitung, die früher mit grossem Personalaufwand manuell erfolgte. Heute werden dazu sogenannte Hebe-, Richt- und Stopfmaschinen eingesetzt [Lichtberger 2004]. Dazu werden Stopfpickel unter Einwirkung von Vibration und druckgesteuerter Beistellkraft unter die Schwelle geführt und der Schotter so lange bearbeitet, bis der optimale Verdichtungsgrad erreicht ist. Dank automatisierter Stopfmaschinen können die Kosten pro Laufmeter Gleis gegenüber der Handstopfung um einen zweistelligen Faktor reduziert werden, sofern die Maschinen voll ausgelastet werden.

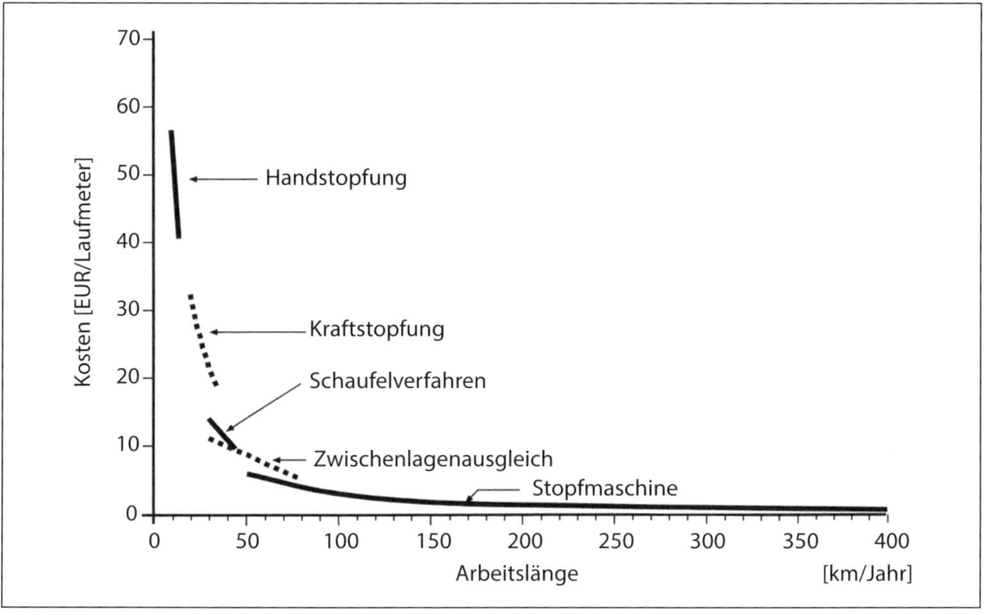

Abbildung 34 *Kosten der Schotterstopfung je Laufmeter Gleis und jährliche Arbeitsleistung in Funktion des Stopfverfahrens [Lichtberger 2004].*

8.5.7.3 Dynamische Gleisstabilisierung

Die finale Stabilisierung des Gleises erfolgt traditionell durch die ersten Züge, die einen durchgearbeiteten Streckenabschnitt befahren. Sie ist aber auch vorgängig durch einen *dynamischen Gleisstabilisator (DGS)* möglich. Dessen Schwingaggregat erfasst beide Schienen und bringt das Gleis unter vertikaler Auflast in horizontale Schwingungen. Die vertikale Auflast wird über zwei Hydraulikzylinder je Stabilisierungsaggregat eingebracht. Dynamische Gleisstabilisatoren werden entweder als Einzelmaschine oder integriert in eine Hebe-, Richt- und Stopfmaschine eingesetzt. Dabei wird sowohl der Quer- als auch der Längsverschiebewiderstand erhöht. In vertikaler Richtung kommt es zu einer Homogenisierung der Schotterbettung und einer Verringerung der Schwellenhohllagen.

Ein DGS kann rund 30–50 % der Anfangssetzungen eines Gleises nach einer Instandhaltung vorwegnehmen. Dadurch kann die übliche sicherheitsbedingte temporäre Langsamfahrstelle entfallen oder stark gekürzt werden, was die Betriebserschwernisse verringert und die Fahrplanstabilität verbessert. Zudem bleibt die Gleislage länger stabil und die Zeitdauer bis zum nächsten Stopfdurchgang vergrössert sich, da die anfänglichen Gleislageverschiebungen des Gleisrostes nach dessen Wiederinbetriebnahme geringer sind.

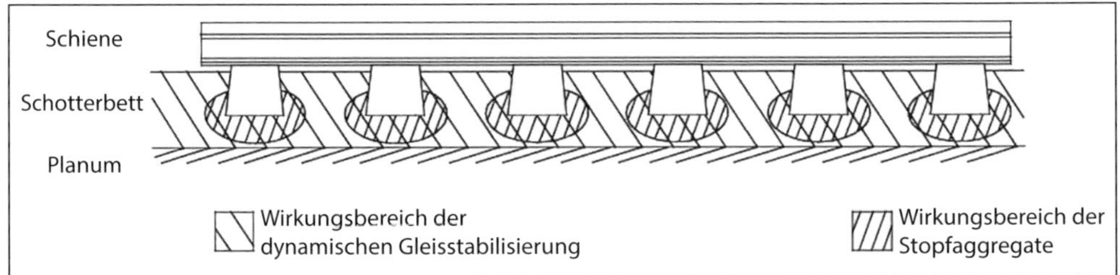

Abbildung 35 *Wirkungsbereiche einer Stopfung und dynamischen Gleisstabilisierung [eigene Darstellung].*

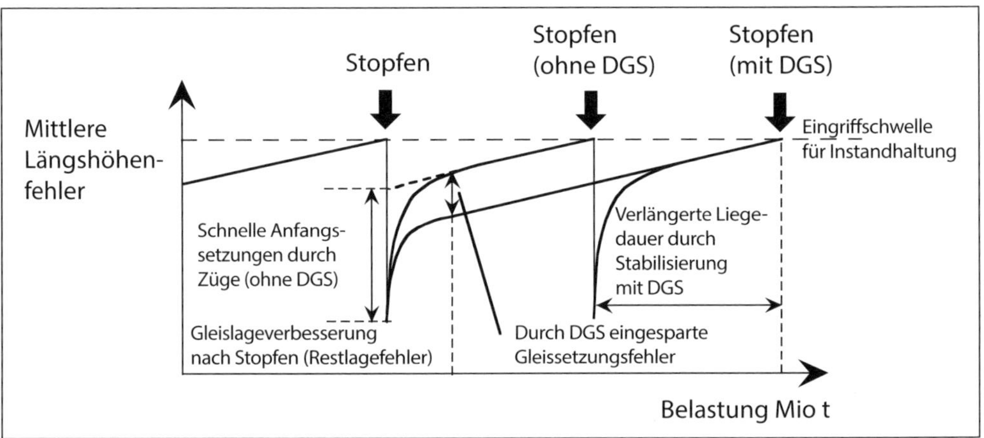

Abbildung 36 *Verlängerung des Instandhaltungszyklus durch gezielte Vorwegnahme der Anfangssetzungen mit dynamischer Gleisstabilisierung [Lichtberger 2004].*

8.5.7.4 Profilierung des Schotterbetts

Muss ein Gleis um einen grösseren Betrag angehoben werden, so ist es vorgängig zusätzlich einzuschottern. Nachlaufend ist das Schotterbett mit sogenannten Planiermaschinen zu planieren, die den überschüssigen Schotter mittels Schotterpflügen abtragen und ihn an Stellen mit Schottermangel wieder einfügen. Durch eine exakte Formgebung des Schotterbettes kann, über das gesamte Steckennetz gesehen, eine wesentliche Einsparung der Schottermenge erzielt werden [Lichtberger 2004].

8.5.7.5 Schienenschleifen

Die Schiene und insbesondere die Geometrie des Schienenkopfes werden durch die Zugdurchfahrten sukzessive verschlissen. Zudem bilden sich Riffel und andere Fehlstellen, die zu Ausgangspunkten von Ausbrüchen und Schienenbrüchen werden können. Durch das Schienenschleifen wird das verhärtete Material entfernt und das Sollprofil wiederhergestellt. Bei geeignetem Eingriffszeitpunkt kann zudem die Liegedauer verlängert werden.

Das Schienenschleifen subsumiert drei unterschiedliche Verfahren, nämlich Schleifen, Hobeln und Fräsen. Dazu werden entsprechend ausgerüstete Schleifzüge eingesetzt. Das Schleifen mit rotierenden Schleifscheiben unterschiedlicher Ausführung (Topfscheiben, zylindrische Scheiben) eignet sich besonders zur Beseitigung kleiner Unebenheiten wie zum Beispiel Riffel sowie zur Herstellung einer hohen Oberflächengüte. Pro Arbeitsgang werden etwa 0,02–0,15 mm Material abgetragen. Das Hobeln mit oszillierenden Schleif- oder Rutschersteinen ist eher zur Behebung grösserer Störstellen zweckmässig, auch bei grosser Wellenlänge. Das Fräsen schliesslich gelangt zum Einsatz, wenn ein grosser Materialabtrag von bis zu 1,5 mm erforderlich ist [Fendrich 2007], [Lichtberger 2010].

Abbildung 37 *Schleifscheibe für das Schienenschleifen [Foto: Michael Kohler].*

Abbildung 38 *Frässcheibe für das Schienenfräsen [Foto: Michael Kohler].*

8.5.7.6 Schotterbettreinigung

Absplitterungen und Abrieb der Schotterkörner unter Betriebslast, aufsteigendes Material aus dem Untergrund bei mangelnder Filterwirkung, herabfallendes Ladegut wie Kies oder Erz sowie Laubanfall und Wildkrautbewuchs verunreinigen sukzessive das Schotterbett. Dadurch verliert es seine elastischen Eigenschaften und das eindringende Oberflächenwasser vermag nicht mehr abzufliessen. Dies kann üblicherweise ab einem Verschmutzungsgrad von 30 % Feinanteilen am Gesamtvolumen beobachtet werden. Kennzeichnend ist ein sehr rascher Gleislagequalitätsverfall nach den Instandhaltungsmassnahmen [Lichtberger 2004].

Diese unerwünschten Feinanteile lassen sich mit Reinigungsmaschinen effizient entfernen. Sie verfügen über eine Räumkette, die unter dem Gleis hindurchgeführt wird und den Schotter wegräumt. Dieser Schotter wird gesiebt und das Überkorn ausgeschieden. Der gereinigte Schotter wird mit Neuschotter ergänzt und über schwenkbare Förderbänder dem Gleis wieder zugeführt. Hinter der Schotterverteileinrichtung ist ein Pflugabstreifer angeordnet, der den auf den Schwellen und eventuell Schienen abgelagerten Schotter abstreift und gleichzeitig die Bettungskrone planiert. Da die Schotterbettreinigung oftmals gleichzeitig mit der Gleiserneuerung ausgeführt wird, werden auch kombinierte Maschinen eingesetzt.

Abbildung 39 *Maschinelle Schotterbettreinigung; Einbringen des gereinigten Schotters [Foto: Matthias Mannhart].*

8.5.8 Beschaffungsstrategie

8.5.8.1 Aufgaben und Zielsetzungen der Beschaffungsstrategie

Zur Minimierung der Erhaltungskosten bei bestmöglicher Qualität ist auch zu entscheiden, ob eine Eisenbahn-Infrastrukturunternehmung die Arbeiten selbst ausführt oder spezialisierte Firmen beauftragt. Die Beschaffungs- oder Sourcing-Strategie hat dazu die Grundsätze der Wertschöpfungstiefe respektive den Eigenfertigungsanteil festzulegen. Diese Frage stellt sich auf zwei Ebenen:

- *Geschäftsmodell:* Auf strategischer Ebene ist zu entscheiden, ob eine Unternehmung in gewissen Fertigungsbereichen überhaupt selbst tätig sein soll. Das Ergebnis dieser Entscheidung ist Teil des Geschäftsmodells.
- *Operative Prozesse:* Bei gegebenem Geschäftsmodell ist auf der operativen Ebene der einzelnen Fertigungsprozesse zu prüfen, welchen Anteil man mit eigenen Ressourcen bewältigen will und welcher Anteil als Fremdleistungen beschafft werden soll.

Nebst internen Überlegungen zu den Möglichkeiten und Grenzen einer EIU spielt die Situation auf dem Anbietermarkt eine wesentliche Rolle. Unproblematisch ist die Fremdbeschaffung bei spielendem Wettbewerb zwischen verschiedenen unabhängigen und ähnlich qualifizierten Lieferanten. Demgegenüber begibt sich eine Infrastrukturunternehmung in die Abhängigkeit eines einzigen Monopolanbieters (oder eines Oligopols), wenn eine bestimmte Leistung nur von einer einzigen Firma (oder einer sehr kleinen Gruppe) angeboten wird. Dies kann die Eigenfertigung nahelegen, selbst wenn dies nicht Teil des eigenen Geschäftsmodells ist. Soll eine Leistung trotzdem auf dem Markt eingekauft werden, so ist mittels entsprechender Ausgestaltung der Vertragsverhältnisse, Benchmarkings und anderen Vorkehrungen ein angemessenes Preisniveau sicherzustellen.

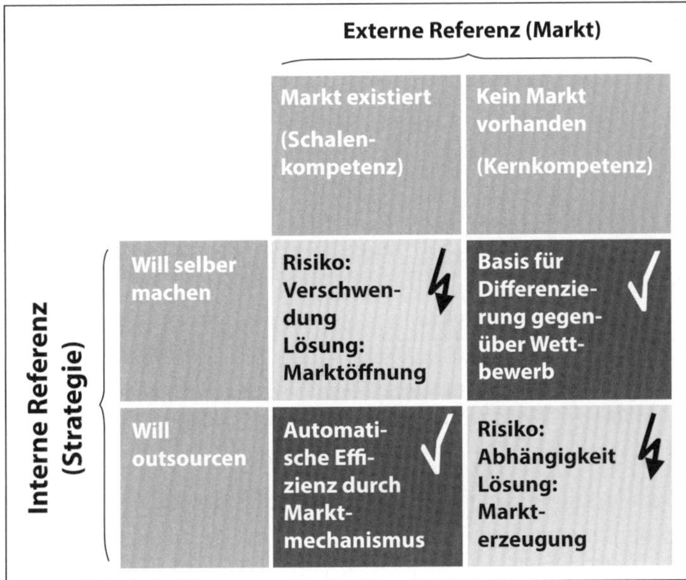

Abbildung 40 *Beurteilung der Fremdvergabe von Leistungen in Funktion der eigenen Strategie und der Marktsituation [Wohland 2007].*

8.5.8.2 Bestimmungsgrössen für den Eigenfertigungsanteil

Die Festlegung des Eigenfertigungsanteils hat folgende Eckwerte zu berücksichtigen:

- *Hoher Eigenfertigungsanteil:* Integrale Kompetenz ist in eigener Unternehmung, maximale Unabhängigkeit von anderen Unternehmungen, geringe Anfälligkeit gegenüber Preissteigerungen; dafür oft Produktivitäts-, Innovations- und/oder Qualitätsnachteile gegenüber spezialisierten Zulieferern.
- *Tiefer Eigenfertigungsanteil:* Freiheit, die am besten geeigneten Leistungen einzukaufen, keine Notwendigkeit eigener Fertigungsstätten und spezialisierter Maschinen; damit geringe fixe Kapitalbelastung. Möglichkeit zur Nutzung der Konkurrenz zwischen Zulieferern und Auslagerung von Bedarfsschwankungen. Erfordert professionelles Lieferantenmanagement, Abhängigkeit von den Lieferanten.

Hinsichtlich der Marktverhältnisse sind insbesondere zwei weitere Bestimmungsgrössen strategierelevant:

- Zur Minimierung der Preisabhängigkeit von einem einzigen Lieferanten ist der grössere Teil des Gesamtbestellvolumens an mehrere andere Lieferanten zu vergeben. Optimalerweise ist der Lieferanteil des grössten Lieferanten deutlich kleiner als die Hälfte des gesamten Bestellvolumens.
- Jeder Lieferant muss über genügend Kapazität zur Abdeckung von Bedarfsspitzen verfügen und soll gleichzeitig stark genug sein, um eine vorübergehend verminderte Bestellmenge wirtschaftlich zu überstehen. Dazu soll das jeweilige Bestellvolumen einer einzelnen EIU nicht mehr als etwa 30–40 % des gesamten Geschäftsvolumens des betreffenden Lieferanten ausmachen.

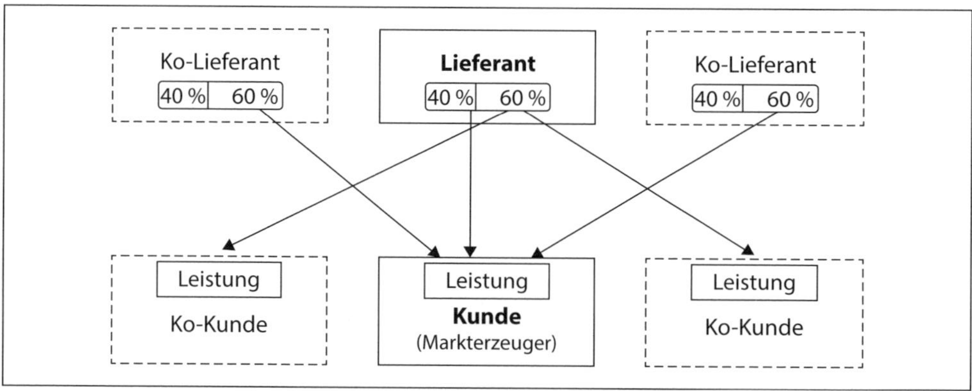

Abbildung 41 *Gegenseitige Abhängigkeiten zwischen Kunde und Lieferanten; für gleichartige Leistungen sollen mehrere Lieferanten berücksichtigt werden und kein Lieferant soll nur einen einzigen Kunden bedienen [Wohland 2007].*

Aufgrund dessen kann der Eigenfertigungsanteil nicht für alle Zeit festgelegt werden, denn die EIU selbst wie auch die Lieferanten entwickeln sich laufend. Bestimmte technische Innovationen können möglicherweise nicht mehr beherrscht werden und zwingen zur Auslagerung

(Outsourcing). Veränderte Preisverhältnisse bei Zulieferern oder das Verschwinden von Lieferanten können dagegen die Eigenfertigung vorteilhaft werden lassen oder sogar erzwingen (Insourcing).

8.5.8.3 Beschaffungsstrategie bei der Bahninfrastruktur

Die Wahl der Beschaffungsstrategie einer EIU hat von ihrer Kernaufgabe auszugehen: Sie soll Infrastrukturen zur Beförderung von Personen und Gütern in Zügen zur Verfügung stellen. Die Bau- und Unterhaltsleistungen gehören mithin grundsätzlich nicht zu ihren Kernaufgaben, was für die Auslagerung aller Aufgaben spricht, die nicht direkt mit Infrastrukturmanagement und -betrieb zu tun haben. Allerdings sind viele Bau- und Erhaltungsarbeiten sicherheits- und qualitätsrelevant; oft ist zudem ein sehr spezifisches Know-how erforderlich. Generell gilt daher:

- Je kundennäher eine Teilleistung ist sowie je stärker Qualität, Verfügbarkeit und Sicherheit tangiert sind, desto eher ist eine Eigenfertigung angebracht. Nicht auslagerungsfähig ist daher zum Beispiel der Betrieb der Bahninfrastruktur.
- Je kundenferner eine Teilleistung und je stärker ihr technischer Charakter ist, je mehr ein spielender Anbietermarkt existiert und je eher es sich um nicht bahnspezifische Leistungen handelt, desto eher ist eine Auslagerung zu erwägen.

Spezifische Gründe für die Auslagerung bestimmter Leistungen im Infrastrukturbereich können sein:

- Eigenfertigung nicht im Geschäftsmodell vorgesehen.
- Fehlende Unternehmensgrösse zum Aufbau einer eigenen Entwicklungs- und Engineeringabteilung.
- Zu wenig anspruchsvolle Projekte zur Auslastung und Bindung hochqualifizierter Spezialisten.
- Fehlendes Investitionskapital zum Aufbau eines Maschinenparks.
- Fehlende kritische Grösse für den effizienten Einsatz mechanisierter Geräte.
- Möglichkeit zur Nutzung der jeweils modernsten Technologie auf dem Anbietermarkt.
- Kostenvorteile durch Marktlöhne und flexiblere Anstellungsbedingungen privatwirtschaftlicher Anbieter.
- Auslagerung des Auslastungsrisikos aus schwankendem Arbeitsvolumen.

In der Regel werden daher Projektierung und Ausführung von Bahnanlagen ausgelagert, wobei aber die Planung und die bauherrenseitige Betreuung der Beauftragten eine hohe eigene Fachkompetenz erfordern. Bei der Infrastrukturerhaltung ist eine Auslagerung immer dann sinnvoll, wenn dadurch der Einsatz hochmechanisierter Geräte möglich wird, sich die Arbeiten gut abgrenzen und beschreiben lassen sowie möglichst ausserhalb des Betriebs ausgeführt werden können. Ebenso durch Fremdfirmen ausgeführt werden sollen alle Erhaltungsarbeiten an nicht bahnspezifischen Hochbauten und Ingenieurbauten. Auf diesen Gebieten verfügen Drittfirmen über fundierteres und aktuelleres Wissen. Durch die zunehmende Komplexität der Leit-, Sicherungs- und Kommunikationstechnologie, verbunden mit dem proprietären Wissen der Lieferanten, vermindert sich in diesen Anlagengattungen zudem sukzessive das Potenzial zur Eigenfertigung.

Kaum zur Auslagerung geeignet sind alle Formen des betriebsnahen und bahnspezifischen Kleinunterhalts. Inspektion und Diagnose sind vorab durch die Infrastrukturunternehmung durchzuführen. Je stärker diese allerdings technisch unterstützt wird, desto eher ist auf spezialisierte Firmen zurückzugreifen. Der Einsatz eigener komplexer Diagnosefahrzeuge ist nur für sehr grosse Infrastrukturunternehmungen möglich, dann aber vorteilhaft.

8.6 Bahnbetriebliche Erhaltungsplanung

8.6.1 Aufgaben der Baubetriebsplanung

Die Durchführung der Erhaltungsarbeiten hängt eng mit dem Bahnbetrieb zusammen: Einerseits beeinträchtigen die Bauarbeiten den Bahnbetrieb auf vielfältige Weise [Heister 2006]:

- Unbefahrbarkeit eines Gleises oder Nichtnutzbarkeit der Oberleitung durch demontierte Anlagenteile.
- Besetzung der Gleise durch Maschinen oder Arbeitskräfte.
- Belastbarkeitseinschränkungen von Gleisen oder Oberleitung durch Bauprovisorien.
- Beeinträchtigte Funktionstüchtigkeit von Signalanlagen während der Bauphase.
- Einschränkungen durch Unfallbestimmungen auf Baustellen oder an Gleisen.
- Geschwindigkeitsreduktion durch Langsamfahrstellen.

Andererseits werden die Bauverfahren und deren Produktivität – wie gezeigt – durch die Art und Dauer der möglichen Betriebseinschränkungen mitbestimmt. Die Baubetriebsplanung hat die Aufgabe, die Auswirkungen der Erhaltungsarbeiten auf den Fahrplanbetrieb zu minimieren und gleichzeitig eine möglichst wirtschaftliche Erhaltung zu ermöglichen. Die Aufgaben sind im Einzelnen (nach [Heister 2006]):

- Berücksichtigung der Kundenanforderungen, Akzeptanz der Ersatzverkehre.
- Festlegung der Betriebsweise bei Bauarbeiten und Koordination der Betriebsbeeinflussungen.
- Festlegung der Dauer und Lage von Totalsperrungen; Sicherstellung ihres Einbezugs in die Bahnbetriebsplanung.
- Aushandlung der maximalen Geschwindigkeiten im Bauabschnitt.
- Einflussnahme auf Wahl der Bau- und Erhaltungsverfahren.
- Festlegung befristeter Infrastrukturergänzungen (zum Beispiel temporärer Spurwechsel).
- Durchführen von Kostenvergleichen unterschiedlicher Bau- und Betriebskonzepte (zum Beispiel Bau unter Betrieb versus Busersatzverkehr).
- Erstellung der erforderlichen Planungsdokumente zur Umsetzung der bahnbetrieblich koordinierten Erhaltungsarbeiten.

8.6.2 Berücksichtigung der Bau- und Erhaltungsarbeiten in der Fahrplan- und Betriebsplanung

Bei der Infrastrukturentwicklung wurden die Topologie und deren Eigenschaften eng auf den Nutzungszweck abgestimmt, beschrieben durch das Betriebsprogramm. Steht ein Teil der Infrastruktur erhaltungsbedingt nicht zur Verfügung, so lässt sich meist auch der Fahrplan nicht unverändert umsetzen. Die baulichen Eingriffe äussern sich bahnbetrieblich insbesondere durch Fahrzeitverlängerungen, fehlende Fahrmöglichkeiten sowie totale Sperrungen. Die Fahrplan- und Betriebsplanung berücksichtigt diese Beeinträchtigungen etwa mittels folgender Anpassungen:

- *Permanent eingebaute Fahrzeitzuschläge* auf allen Strecken als integraler Bestandteil der Fahrzeitreserven, die in der Fahrplanplanung standardmässig berücksichtigt werden. Diese bewegen sich im tiefen Minutenbereich und decken nur Fahrzeitverlängerungen durch kleine Eingriffe ab.
- *Fahrzeitzuschläge für grosse Vorhaben,* die in den standardmässigen Fahrzeiten nicht berücksichtigt sind. Sie sind fallspezifisch mittels einer Zuglaufrechnung zu ermitteln und zusätzlich in den Fahrplan einzubauen.
- *Kleine Anpassung der Fahrplanlage* eines Teils der Züge, um den Topologiebedarf an der Stelle des baulichen Eingriffs zu vermindern; zum Beispiel Verschiebung der Zugbegegnungen aus dem Bereich einer baubedingten Einspurstrecke auf eine anschliessende Doppelspur.
- *Streichung ausgewählter Züge,* um den Betrieb mit der zur Verfügung stehenden reduzierten Topologie abwickeln zu können; gegebenenfalls zusätzliche Halte der verkehrenden Züge und/oder teilweiser Busersatz.
- *Umleitung ausgewählter oder aller Züge;* wird vor allem im Güterverkehr und teilweise Fernverkehr praktiziert.
- *Busersatz für den Gesamtverkehr;* wird vor allem im Regional- und Interregionalverkehr praktiziert.

Mit Ausnahme der fest eingebauten kleinen Fahrzeitzuschläge sowie kleiner Schiebungen der Fahrplanlage greifen alle Massnahmen erheblich in das Regelangebot ein und müssen hinsichtlich der Kundenakzeptanz beurteilt werden. Baumassnahmen verschlechtern zudem die Fahrplanstabilität durch verminderte Fahrzeitreserven und fehlende Topologieelemente für flexible Dispositionsmassnahmen des Zugsverkehrs. Nebst der Prüfung der strukturellen Machbarkeit des Ersatzfahrplans ist daher auch die Betriebsstabilität unter Einbezug netzweiter Aspekte zu beurteilen.

8.6.3 Baubetriebliche Planungsphasen

Sowohl Bauplanung als auch Fahrplanplanung erfolgen in mehrjährigen Prozessen, in denen sich die Festlegungen sukzessive konkretisieren. Die Baubetriebsplanung hat diese beiden Prozesse zusammenzuführen und hinsichtlich der Abhängigkeiten von Erhaltung und Bahnbetrieb zu koordinieren. Entsprechend ist auch die Baubetriebsplanung mehrjährig auszulegen und mit den beiden genannten Hauptprozessen zu synchronisieren. In beiden übergeordneten Planungen werden schrittweise und oft mehrere Jahre im Voraus bestimmte Festlegungen getroffen, die in der späteren Detailplanung nicht mehr verändert werden können. Diese müssen mit der jeweils anderen Parallelplanung abgeglichen werden. Im Verlauf der Baubetriebsplanung nimmt somit der Detaillierungsgrad schrittweise zu und die planerischen Spielräume nehmen ab.

Strukturelle fahrplantechnische Festlegungen im Verlauf des Fahrplanplanungsprozesses sind zum Beispiel (Herleitung hier nicht vertieft):

- Festlegung der Systemknoten und der geforderten Kantenfahrzeiten von integrierten Taktfahrplänen.
- Strukturelle Angebotsveränderungen, die bestimmte Topologien voraussetzen, zum Beispiel Fahrplanverdichtungen mit erforderlichen Doppelspurstrecken oder neuen Kreuzungsstellen.
- Formelle Prozessvorgaben des Offertverfahrens für den regionalen Personenverkehr.
- Publikation und Festlegung des Jahresgesamtfahrplanes.

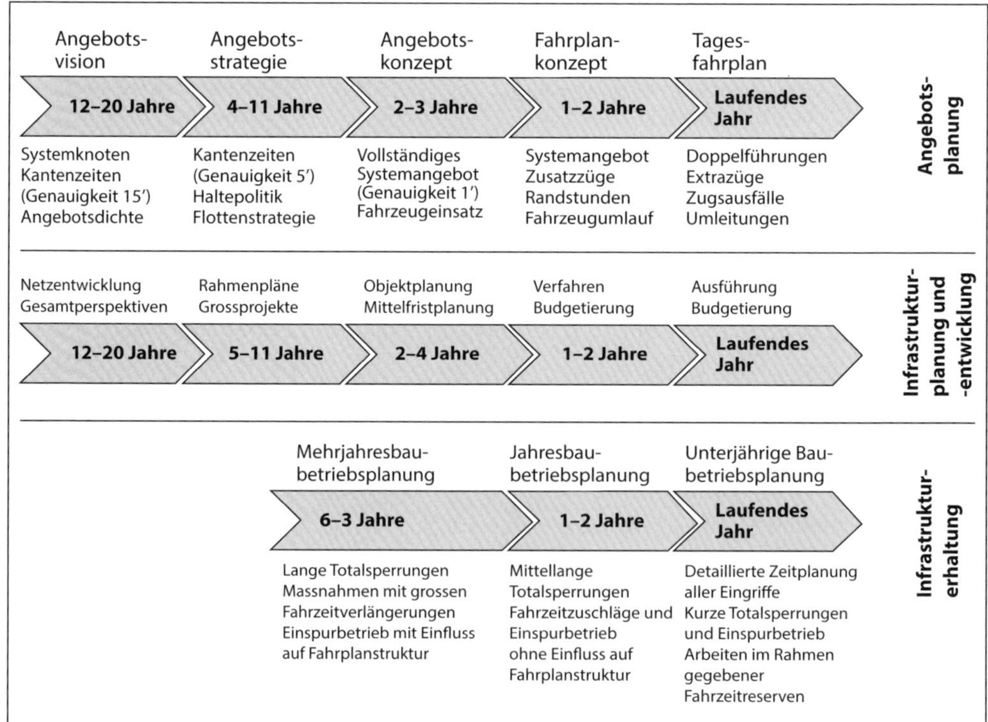

Abbildung 42 *Prozessmässiger Zusammenhang zwischen Angebotsplanung, Infrastrukturplanung/-entwicklung und Infrastrukturerhaltung [eigene Darstellung].*

Parallele strukturelle bau- und erhaltungsplanerische Festlegungen sind:

- Grosse Erhaltungsmassnahmen mit substanzieller Fahrzeitausdehnung oder reduzierter Topologie, zum Beispiel lange dauernder Einspurbetrieb.
- Geplante Totalsperrungen.
- Ausführung grösserer Erhaltungsarbeiten mit zusätzlich erforderlichen Fahrzeitzuschlägen.
- Festlegung der baulichen Jahresbauplanung und Budgetierung.

Aus der Kombination der strukturellen Festlegungen in diesen beiden Planungsprozessen leiten sich drei wesentliche Planungsphasen ab:

- *Mehrjahresbaubetriebsplanung:* Zeitlicher Vorlauf ergibt sich aus den situativen Zeitpunkten der strukturellen Entscheidungen; umfasst oft mehrere Zwischenpunkte.
- *Jahresbaubetriebsplanung:* Umfasst immer ein definiertes Fahrplanjahr.
- *Unterjährige Baubetriebsplanung:* Detaillierte Festlegung der Arbeiten im Rahmen der Eckwerte der Jahresbaubetriebsplanung sowie der fest eingebauten Fahrzeitreserven. Planung möglichst vieler Bauarbeiten in den Phasen eines Jahres mit schwachem Verkehrsaufkommen.

8.6.4 Sperrkonzepte

8.6.4.1 Formen der Nutzungsbeeinträchtigung

Praktisch jeder Eingriff an den Aussenanlagen bedingt somit kleinere oder grössere Einschränkungen der Anlagennutzung. Dies können zum Beispiel sein:

- Geschwindigkeitsbeschränkungen/Langsamfahrstellen.
- Kurzzeitige Sperrung einzelner Gleise oder Weichen.
- Fahrleitungsabschaltungen.
- Sperrung von Streckengleisen, zum Beispiel Einspurbetrieb bei Doppelspurstrecken.
- Totalsperrung einer Strecke während der Nacht, Busumstellung in den Randzeiten.
- Totalsperrung einer Strecke während einer längeren Zeit.

Genügten früher die ordentlichen Zugintervalle für viele Arbeiten auf Strecken mit geringer Zugdichte (1–2 Züge pro Gleis und h), so können diese heute nur noch in wenigen Fällen auf diese Art ausgeführt werden. Mit zunehmender Zugdichte und gleichzeitig stärkerem Maschineneinsatz wird das Arbeiten in den Fahrplanlücken immer unwirtschaftlicher. Bei Erneuerungen von Fahrbahn, Brücken und Tunnels sowie der Fahrleitungsanlagen sind längere Betriebspausen auch auf stark belasteten Strecken unumgänglich.

8.6.4.2 Systematik der Sperrkonzepte

Ist eine Anlage in diesem Sinn während einer bestimmten Zeit nicht nutzbar, so bezeichnet man dies als *Intervall*. Über ein ganzes Betriebsjahr betrachtet, kann der Verlust an verplanbarer Kapazität bis zu 25 % betragen. Allein bei der SBB werden jährlich rund 10'000 Intervalle verfügt [Vogel 2015]. Deren Festlegung erfolgt in der Intervallplanung. Während in anderen Ländern teilweise systematische Unterhaltsfenster während des Tages im Fahrplan vorgesehen sind (*heures blanches* der SNCF), wurden die Intervalle in der Schweiz im Regelfall ausgehend von ohnehin vorhergesehenen Betriebspausen – vorab nachts – eingeplant. Durch Busersatz in Tagesrandstunden wurden die verfügbaren Arbeitszeiten ausgeweitet. Insgesamt resultierten daraus aber oft unwirtschaftlich kurze Intervalllängen. Die wachsende Anlagennutzung mit erhöhtem Verschleiss bei kaum steigenden finanziellen Mitteln führen nun zum Ansatz systematisierter Intervalle. Diese werden fest in den Fahrplan eingebaut.

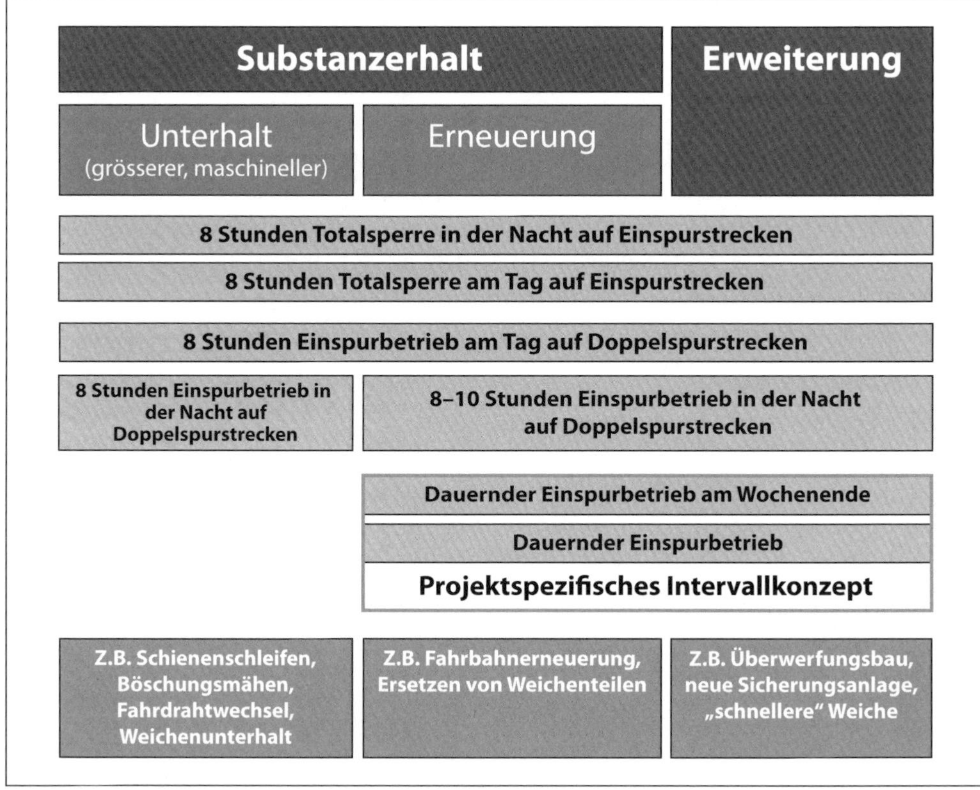

Abbildung 43 *Systematik der Standardintervalle der SBB für Substanzerhaltung und Erweiterung [Vogel 2015].*

8.6.4.3 Interdisziplinäre Gesamtsanierungen

Den spürbarsten und kundenrelevantesten Eingriff in Angebot und Betrieb bilden die Totalsperrungen für interdisziplinäre Gesamtsanierungen, die allerdings maximale Produktivität und Ausführungsqualität versprechen. Die erforderliche Totalsperre kann sich auf wenige Tage beschränken, sie kann aber auch 1–2 Jahre dauern. Ob und wie solche Totalsperrungen umsetzbar sind, ist situativ zu beurteilen und hängt insbesondere vom Betriebsprogramm, der Lage und Funktion der Strecke im Netz sowie den strassenseitigen Gegebenheiten für Ersatzverkehre ab.

Kriterium	Ausprägungen
Angebotshierarchie	Höchstgeschwindigkeitsverkehr Konventioneller internationaler Verkehr Binnenfernverkehr S-Bahn-Systeme Regionaler Personenverkehr Systemgüterzugverkehr Ganzzugverkehr
Einbindung in Anschlussgruppen	Einbindung auf einer Seite der Baustelle Einbindung beidseits der Baustelle
Angebotssystem	Taktverkehr Überlagerte Angebote, Tag Überlagerte Angebote, Nacht
Ersetzbarkeit	Kein Ersatz möglich Umleitungsmöglichkeit Ersatz durch Autobusse möglich

Tabelle 10 *Kriterien zur Beurteilung der Anwendbarkeit unterschiedlicher Sperrungsarten [eigene Darstellung].*

Abbildung 44 *Baubedingter Einspurbetrieb [Foto: Ernst Bosina].*

Abbildung 45 *Baubedingter Bahnersatz [Foto: Marc Sinner].*

Literatur

[Auer 2013] Auer, Florian (2013): Internationaler Trend in Richtung Multifunktions-Messfahrzeuge; Eisenbahn-Technische Rundschau, 62. Jahrgang Heft 12, S. 26–30

[Barth 2014] Barth, Markus / Moser, Sepp (2014): Praxisbuch Fahrbahn, AS Verlag & Buchkonzept, Zürich

[Bellotto 2004] Bellotto, Giorgio (2004): DfA das zentrale GIS der SBB; Geomatik Schweiz, 102. Jahrgang Heft 12, S. 724–729

[Boronakhin 2012] Boronakhin, Alexander / Filatov, Yury / Filipenya, Natalia / Podgornaya, Lyudmila / Zyuzev, Gennady (2012): Das neue Gleisgeometriemesssystem RailwayTrack; Eisenbahningenieur, 63. Jahrgang Heft 12, S. 28–31

[BV 2018] Bundesversammlung (2018): Eisenbahngesetz (EBG) vom 20. Dezember 1957, Stand vom 1. Januar 2018, SR 742.101, Bern

[Christ 1997] Christ, Hans-Jürgen (1997): Werkstofftechnik II / Vorlesung am Institut für Werkstofftechnik; Universität Gesamthochschule Siegen, Siegen

[DIN 1979] Deutsches Institut für Normung DIN (1979): Verschleiss / Begriffe, Systemanalyse von Verschleissvorgängen, Gliederung des Verschleissgebietes – DIN 50320; Berlin

[Fendrich 2007] Fendrich, Lothar Hrsg. (2007): Handbuch Eisenbahninfrastruktur; Springer-Verlag, Berlin/Heidelberg

[Fink 2014] Fink, Olga (2014): Failure and Degradation Prediction by Artificial Neural Networks: Applications to Railway Systems; ETH Zürich, Dissertation Nr. 21648, Zürich

[Güldenapfel 2004] Güldenapfel, Peter (2004): Vom Bildschirm zum Schotterbett – Die absolute Positionierung der Gleistrassierung bei den SBB; tec21, 122. Jahrgang Heft 12, S. 6–9

[Heister 2006] Heister, Gert et al. (2006): Eisenbahnbetriebstechnologie; Bahn-Fachverlag, Heidelberg/Mainz

[Hintze 2018] Hintze, Peter / Prüter, Felix (2018): „Im Plan steht aber ein anderer Kilometer" – Das Potential georeferenzierter Bahninfrastrukturdaten; Signal+Draht, 113. Jahrgang Heft 11, S. 6–15

[Lichtberger 2004] Lichtberger, Bernhard (2004): Handbuch Gleis – Unterbau, Oberbau, Instandhaltung, Wirtschaftlichkeit; Tetzlaff Verlag, Hamburg

[Lichtberger 2010] Lichtberger, Bernhard (2010): Handbuch Gleis, Unterbau, Oberbau, Instandhaltung, Wirtschaftlichkeit; Verlag DVV Media Group/Eurailpress, Hamburg

[Kipper 2013] Kipper, René / Gerber, Ulf / Schmeister, Jörg (2013): Bestimmung langwelliger Gleisverformungen und deren Bewertung; Eisenbahningenieur, 64. Jahrgang Heft 2, S. 11–16

[Linder 2014] Linder, Christian / Oehler, Alexander (2014): Klassifikation von Oberbaufehlern am Beispiel Weichen; Eisenbahningenieur, 65. Jahrgang Heft 11, S. 19–22

[Mach 2013] Mach, Michael (2013): Life Cycle Management bei den ÖBB – Von der Schiene zur Strecke; Eisenbahn-Technische Rundschau, 62. Jahrgang Heft 12, S. 62–64

[Mach 2015] Mach, Michael (2015): Integriertes Fahrwegmanagement bei der ÖBB Infrastruktur; Eisenbahn-Technische Rundschau, 64. Jahrgang Heft 12, S. 81–84

[Marschnig 2012] Marschnig, Stefan / Holzfeind, Jochen (2012): Vom reaktiven zum proaktiven Anlagenmanagement; Internationales Verkehrswesen, 64. Jahrgang Heft 4, S. 36–39

[Marschnig 2013] Marschnig, Stefan / Berghold, Armin (2013): Besohlte Schwellen im netzweiten Einsatz; Eisenbahn-Technische Rundschau, 62. Jahrgang Heft 5, S. 10–12

[Molinari 2014] Molinari, Michele / Kometer, Josef / Hassler, Christian / Hermanns, Marcel (2014): Obsoleszenz-Management als Erfolgsfaktor für moderne Schienenfahrzeuge; ZEVrail, 138. Jahrgang Tagungsband Graz 2014, S. 181–189

[SBB 2005a] SBB Infrastruktur (2005): Substanzerhaltung – Definitionen, Bern

[SBB 2005b] SBB Infrastruktur (2005): Systementscheidung Feste Fahrbahn – Schotteroberbau, Bern

[SBB 2018] SBB Infrastruktur (2018): Netzzustandsbericht 2017, Bern

[Schmid 2014] Schmid, Marco / Müller, Hans-Peter (2014): Zustandsorientierte Inspektion und Instandhaltung an der Weiche; Eisenbahningenieur, 65. Jahrgang Heft 12, S. 40–45

[Schmidt 1998] Schmidt, Rolf (1998): Beitrag zur Instandhaltungs-Strategie von Schienenfahrzeugen; Rheinisch-Westfälische Technische Hochschule, Dissertation, Aachen

[SOB 2019] Schweizerische Südostbahn (2019): https://www.sob.ch/fileadmin/images/pdf/unternehmen/aktuelles/UEbersicht_CL_OT_19.pdf [Abfrage vom 7. Mai 2019]

[Vogel 2015] Vogel, Thomas (2015): Konzept Intervalle – effiziente Nutzung von Intervallen bei Unterhalts- und Bauarbeiten; Eisenbahn-Technische Rundschau, 64. Jahrgang Heft 6, S. 70–74

[VöV 2018] Verband öffentlicher Verkehr (2018): RTE – Regelwerk Technik Eisenbahn / Netzzustandsbericht, Minimalanforderungen – R RTE 29900; Bern

[Walter 2010] Walter, Günter (2010): Die Geschichte der Gleismessfahrzeuge; Eisenbahningenieur, 61. Jahrgang Heft 6, S. 61–63

[Wägli 2010] Wägli, Hans (2010): Schienennetz Schweiz, Strecken, Brücken, Tunnels – Ein technisch-historischer Atlas; AS Verlag, Zürich

[Wälchli 2017] Wälchli, Peter (2017): Überwachung der Netznutzung – Zugkontrolleinrichtungen ZKE / Vorlesung im Rahmen der Reihe „Eisenbahnbau und -erhaltung"; ETH Zürich, Zürich

[Weidmann 2003] Weidmann, Ulrich (2003): Innovation für die Infrastruktur der Zukunft / Vortrag TS-Tagung, Schweizerische Bundesbahnen, Bern

[Wohland 2007] Wohland, Gerhard / Wiemeyer, Matthias (2007): Denkwerkzeuge der Höchstleister – Wie dynamikrobuste Unternehmen Marktdruck erzeugen; Murmann Verlag, Hamburg

[Wolter 2014] Wolter, Klaus Ulrich / Erhard, Franz / Gabler, Hans / Hempe, Thomas (2014): Fahrzeugseitige Überwachung der Infrastruktur im Regelbetrieb; Eisenbahn-Technische Rundschau, 63. Jahrgang Heft 7+8, S. 32–36